Martin Schottenloher

Geometrie und Symmetrie in der Physik

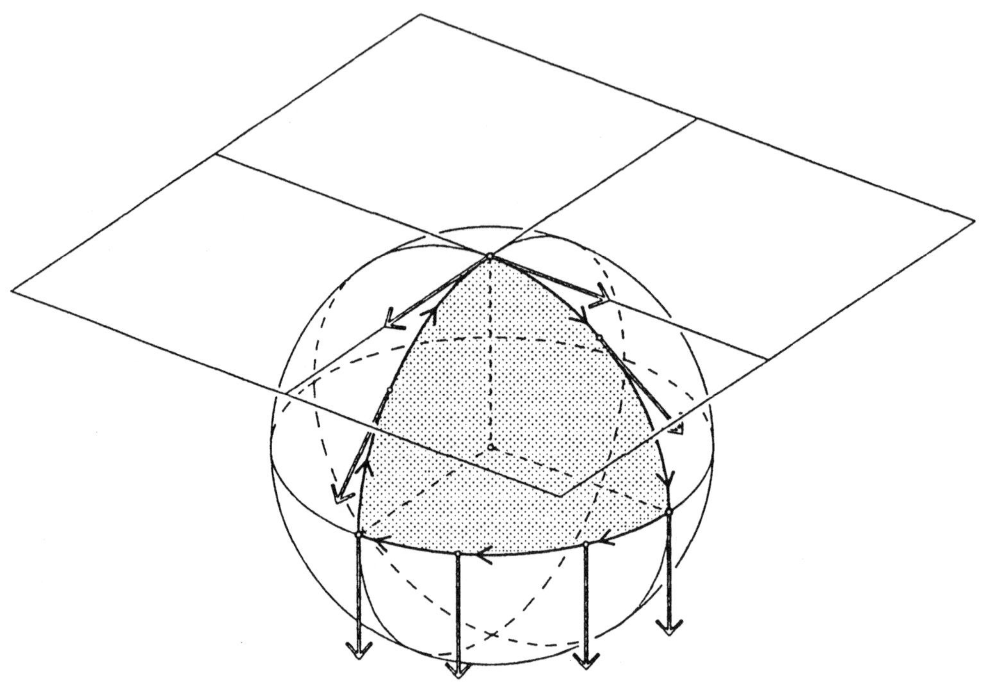

Paralleltransport längs eines geodätischen Dreiecks auf der Sphäre

Martin Schottenloher

Geometrie und Symmetrie in der Physik

Leitmotiv der
Mathematischen Physik

Prof. Dr. Martin Schottenloher
Fakultät für Mathematik
Ludwig-Maximilian-Universität
Theresienstraße 39
80333 München

schotten@rz.mathematik.uni-muenchen.de

ISBN 978-3-528-06565-2   ISBN 978-3-322-89928-6 (eBook)
DOI 10.1007/978-3-322-89928-6

Die letzte Hand an sein Werk
legen, das heißt verbrennen.
(Lichtenberg,
Aphorismus 173, Sb F)

VORWORT

Inhalt

In der Physik des 20. Jahrhunderts haben geometrische Methoden ständig an Bedeutung gewonnen. Das beginnt mit der geometrischen Formulierung der Allgemeinen Relativitätstheorie durch Einstein und setzt sich fort in der Quantenfeldtheorie, in der eine eichtheoretische Beschreibung der Feldtheorie und damit die Geometrie der Faserbündel zugrundegelegt wird. Auch andere geometrische Methoden neben der Differentialgeometrie werden in aktuellen Entwicklungen der Physik angewendet, z.B. aus der Darstellungstheorie der Lie-Gruppen und Lie-Algebren, der Algebraischen Geometrie und der Algebraischen Topologie sowie über Supersymmetrie, Konforme Symmetrie und Quantengruppen.

Das Ziel des Buches ist es, an einen Teil dieser geometrische Strukturen und Symmetrieprinzipien heranzuführen; und zwar im Rahmen der Klassischen Mechanik, der Elektrodynamik, der Relativitätstheorie und der Quantentheorie. Als Höhepunkte in diesem Sinne lassen sich nennen: In der Klassischen Mechanik die Noetherschen Sätze und die Reduktion der Freiheitsgrade mittels Bewegungskonstanten oder Momentenabbildung. In der Quantenmechanik die Relevanz der unitären, irreduziblen Darstellungen von bestimmten Lie-Gruppen und der Übergang von projektiven zu unitären Darstellungen. In der Elektrodynamik die Bedeutung der Poincaré-Gruppe anstelle der Galilei-Gruppe als Symmetriegruppe mit den Konsequenzen der Poincaré-Invarianz für die Spezielle und die Allgemeine Relativitätstheorie. In der Quantenelektrodynamik und der Quantenfeldtheorie die Beschreibung der Eichtheorien und ihre geometrische Interpretation als Theorie des Parallelismus in Prinzipalfaserbündeln.

Diese vier im Buch behandelten Hauptthemen geben auch einen Überblick über den Inhalt, sie entsprechen nämlich den Kapiteln II, III, IV und V, während das Kapitel I eine ausführliche Einführung zum Thema "Geometrie und Symmetrie in der Physik" darstellt. In den drei Anhängen über Mannigfaltigkeiten, Differentialgeometrie und Lie-Algebren wird ein Teil der verwendeten Mathematik bereitgestellt.

Entstehung

Das vorliegende Buch ist aus Begleittexten zur Vorlesung "Geometrie und Symmetrie in der Physik" entstanden, die von mir als Fortbildungsveranstaltung für Gymnasiallehrer im Sommersemester 1989 an der Ludwig-Maximilians-Universität München gehalten wurde. Diese Texte hatten zunächst den Sinn, den Hörern der Vorlesung einige Zitate großer Forscher über Physik und Mathematik zugänglich zu machen. Sie wurden dann auch dazu benutzt, eine Reihe von Beispielen gründlicher zu behandeln und Ergänzungen zu liefern. Die Zusammenstellung der Begleittexte ergab ein im Sommer 1989 fertiggestelltes Manuskript von etwa 160 Seiten. Dieses Manuskript wurde überarbeitet und erweitert. Das Ergebnis ist dieses Buch.

Die Grundstruktur der Begleittexte ist beibehalten worden. Dadurch ergibt sich ein relativ breit angelegtes erstes Kapitel über Mathematik, Physik, Geometrie und Symmetrie. In den darauffolgenden Kapiteln wird von ausführlich behandelten, einfachen Beispielen und Strukturen (wie z.B. das "Pendel" oder die "Zentralkraftfelder auf $\mathbb{R}^3 \setminus \{0\}$") ausgegangen, um dann sukzessive abstraktere Gesichtspunkte darzulegen. Die dazu benötigten mathematischen Begriffe und Ergebnisse werden in dem jeweiligen Kontext schrittweise vorgestellt, und nicht im voraus systematisch entwickelt, bevor sie angewendet werden. Es wird dabei nicht so sehr Wert darauf gelegt, die benutzten Begriffe und Resultate in voller Allgemeinheit zu erläutern, sondern es wird an einfachen, speziellen Situationen die jeweils relevante mathematische Struktur so herausgearbeitet, daß einerseits auf das Wesentliche hingewiesen werden kann und sich andrerseits – bei ausreichender Kenntnis abstrakter mathematischer Begriffe – die Struktur leicht auf allgemeinere Situationen übertragen läßt. So sind zum Beispiel in der Klassischen Mechanik die Konfigurationsräume zunächst nur offene Teilmengen Q des $\mathbb{R}^n$, bevor kurz auf den Fall von allgemeine Mannigfaltigkeiten Q eingegangen wird. Entsprechend werden vor der Behandlung von Symmetrien, die durch Lie-Gruppen als Symmetriegruppen gegeben sind, erst einmal die Rotationen des $\mathbb{R}^3$ in ihrer Bedeutung für die Zentralkraftfelder ausführlich untersucht und damit die Drehgruppe SO(3) als Symmetriegruppe studiert. Ähnlich sind die Phasenräume bei der Darstellung der Hamiltonschen Formulierung der Klassischen Mechanik zunächst für längere Zeit von der Form $Q \times \mathbb{R}^n$, $Q \subset \mathbb{R}^n$ offen, bevor kurz der allgemeine Fall einer symplektischen Mannigfaltigkeit als Phasenraum behandelt wird.

Einige einfache Beispiele werden besonders ausführlich behandelt. Selbst im Vergleich zu elementaren Lehrbüchern erscheinen diese Beispiele vielleicht als übertrieben ausführlich dargestellt. Aber es gehört zu den Zielen des Buches, die jeweils dargelegten Strukturen, wie z.B. "holonome Zwangsbedingungen", gründlich herauszuarbeiten. Auf diese Weise werden zum Beispiel der Herleitung des eigentlichen Konfigurationsraumes des Kreisels einige Seiten gewidmet, obwohl dem Physiker in der Regel wenige Zeilen ausreichen werden, um einzusehen und zu erläutern, warum der Konfigurationsraum des Kreisels die Drehgruppe SO(3) ist.

Der *Stil* dieses Buches unterscheidet sich vom Stil anderer auch dadurch, daß einerseits im Vergleich zu Lehrbüchern der Physik die jeweils auftretenden mathematischen Strukturen im Vordergrund des Interesses stehen und daß andrerseits im Vergleich zu Lehrbüchern der Mathematik weniger Beweise vorkommen und stattdessen viel Wert auf Motivationen und Beispiele sowie auf Erläuterungen der Begriffe gelegt wird.

Aufbau

Eine mathematisch vollständige und befriedigende Darstellung der angesprochenen geometrischen Methoden in der modernen Physik ist allerdings mit einem erheblichen Aufwand verbunden, es sei denn, man setzt eine Fülle von mathematischen Strukturen und Resultaten als bekannt voraus; z.B. aus der Differentialgeometrie, über die Analysis auf Mannigfaltigkeiten und aus der Darstellungstheorie von Lie-Gruppen und Lie-Algebren. Die nötigen mathematischen Kenntnisse sind nicht nur umfangreich sondern in der Regel auch von einem hohen Abstraktionsgrad; eine systematische Darstellung würde wohl einige mathematische Lehrbücher umfassen. An interessanten und guten Lehrbüchern und Monographien über die geometrische Formulierung physikalischer Theorien fehlt es eigentlich nicht. Diesem Thema widmen sich – jeweils mit verschiedenen Schwerpunkten – etwa vierzig der im Literaturverzeichnis angegebenen Bücher, von denen ich nur die folgenden hervorheben möchte: [ABM], [ARN], [AT1], [BEE], [DYS IV], [GUS], [MAN2], [WAW]. In allen diese Büchern werden allerdings die genannten mathematischen Vorkenntnisse entweder vorausgesetzt oder systematisch entwickelt. Aus Sicht eines Nichtexperten wird bei dem Studium dieser Bücher die Hürde des zu beherrschenden mathematischen Stoffes sehr groß sein, und er wird in der Regel ausführlich dargestellte elementare Beispiele vermissen.

Dagegen wird in diesem Buch der Versuch unternommen, die notwendigen mathematischen Begriffe und Ergebnisse zur Geometrie und zur Symmetrie gemeinsam mit der Darstellung der physikalischen Modelle zu entwickeln. An mathematischen Fertigkeiten werden daher nicht mehr als Grundkenntnisse in Analysis und Linearer Algebra vorausgesetzt, und selbst diese Kenntnisse werden gelegentlich noch kurz wiederholt. Die jeweiligen physikalischen Theorien werden nur als mathematische Modelle beschrieben, ohne daß viel auf Motivationen und Interpretationen eingegangen werden kann. In gewisser Weise wird die jeweilige physikalische Theorie nicht anders als eine mathematische Struktur behandelt. In diesem Sinne kann zum Beispiel ein Großteil der (konservativen) Klassischen Mechanik als die Theorie der symplektischen Mannigfaltigkeiten mit einer jeweils ausgezeichneten Hamiltonfunktion aufgefaßt werden.

Diese Darstellungsweise, in der darauf verzichtet wird, die mathematischen Hilfsmittel von vornherein systematisch und vollständig zu entwickeln oder sie einfach vorauszusetzen, hat den Nachteil, daß sich einige der Argumentationen wiederholen und daß eine Reihe von Brüchen, Sprüngen und Unvollständigkeiten unvermeidlich sind. Sie hat den Vorteil, daß der interessierte Nichtexperte zumindestens den jeweiligen Beginn

der Kapitel und vielfach auch den Beginn der fortgeschrittenen Paragraphen ohne besondere Vorkenntnisse und ohne großen Aufwand verstehen kann und dadurch einen ersten
Eindruck zum Thema "Geometrie und Symmetrie in der Physik" gewinnen wird. Das Buch
wendet sich ausdrücklich an einen solchen interessierten Nichtexperten, der sich dann
mit einem gewissen Einsatz durch ein weiteres Studium des Buches einen Grundstock
von abstrakten Konzepten der Mathematik und von ihren Anwendungen in der Physik
erarbeiten kann. Damit sollte es möglich sein, die oben genannten Bücher und auch
Originalliteratur zur geometrischen Formulierung physikalischer Theorien mit Verständnis zu lesen.

Im übrigen werden die oben genannten Brüche und Unvollständigkeiten auf
mathematischer Seite teilweise ausgeglichen durch die drei Anhänge über Mannigfaltigkeiten, Differentialgeometrie und Lie-Gruppen, in denen die für das Buch wesentlichen
Begriffe und Ergebnisse aus der Mathematik so dargestellt werden, daß sie zumindestens als Nachschlagewerk dienen können. Diese Anhänge sind als Steilkurse in die
jeweiligen Themenkreise konzipiert.

Bedeutung

Die Bedeutung von Geometrie und Symmetrie für die Physik kann gar nicht
unterschätzt werden. Zum einen sind geometrische Grundkonzepte in einigen physikalischen Theorien wie zum Beispiel in der Klassischen Mechanik oder in der Allgemeinen
Relativitätstheorie zwingend vorgegeben. Zum anderen haben Geometrie und Symmetrie
einen ästhetischen Reiz, der bei der Entdeckung von Theorien eine große Rolle spielt.
Darüberhinaus hat des Auffinden von Symmetrien auch immense praktische Bedeutung,
weil nach dem Satz von Noether mit einer kontinuierlichen Symmetrie immer auch eine
Bewegungskonstante verbunden ist, die zum Beispiel in der Klassischen Mechanik zu
einer Reduktion der Freiheitsgrade führt und in den anderen Theorien von vergleichbarer
Wichtigkeit ist. Für die Entwicklung neuer Theorien schließlich spielen geometrische
Überlegungen und Symmetriebetrachtungen die Rolle von Leitlinien. Das gilt besonders
für die Elementarteilchenphysik, für die beispielsweise im Bereich der Größenordnung
von 10^{-13} cm oder kleiner keine experimentellen Befunde zur Verfügung stehen und
wegen der großen Energien, die man für solche Experimente bräuchte, auch für lange
Zeit nicht zur Verfügung stehen werden. Geometrie und Symmetrie — als Einheit verstanden — dient daher in der aktuellen Modellbildung der Physik als *Leitmotiv*.

Ein Beispiel für die Entdeckung neuer Bestandteile einer Theorie durch Symmetriebetrachtungen und dann auch zur Entdeckung der entsprechenden physikalischen
Phänomene wird Maxwell zugesprochen, der bei der Aufstellung der Gleichungen für die
elektromagnetischen Wechselwirkungen (den sogenannten Maxwell-Gleichungen, vgl.
Kapitel III) aus Symmetriegründen den Gleichungen einen Term hinzugefügt hat, welcher
die danach erst entdeckte Stromerzeugung durch Bewegung von Magneten erklärt. Ein
anderes Beispiel ist ebenfalls mit den Maxwell-Gleichungen verbunden, nämlich die

Vermutung, daß es analog zu den positiven und negativen elektrischen Ladungen auch magnetische Monopole mit entgegengesetzter Feldwirkung existeren (Vgl. dazu die Erläuterung am Ende des dritten Paragraphen in Kapitell III). Bisher wurde die Existenz von Monopolen allerdings nicht durch Experimente bestätigt.

Das Thema "Symmetrie und Geometrie in der Physik" eignet sich besonders gut für eine elementare und doch übergreifende mathematische Behandlung physikalischer Theorien. Zum einen finden sich einfache und anschauliche Beispiele zu diesem Thema. Zum anderen lassen sich anhand von Geometrie und Symmetrieprinzipien einige wesentliche moderne Entwicklungen der Theoretischen Physik aus mathematischer Sicht erläutern, ohne allzu viel mathematisches Wissen voraussetzen zu müssen. Darüber hinaus können gemeinsame Aspekte von Symmetrie und Geometrie in allen weiter oben genannten Theorien herausgearbeitet werden. Das Thema ermöglicht es außerdem, die Bedeutung der Mathematik hervorzuheben als die Sprache, in der Geometrie und Symmetrie und schließlich auch Physik beschrieben werden können.

Hinweise

An Voraussetzungen für die Lektüre des Buches sind elementare Kenntnisse aus Analysis und Linearer Algebra nützlich, wie sie zum Beispiel in [FOR] bzw. [ART] dargestellt sind. Darüber hinaus wird öfters die Sprache der Topologie verwendet, ohne allerdings auf besondere Resultate zurückzugreifen. Über diesen Sprachgebrauch kann man sich ebenfalls in [FOR] oder in den Anfangsparagraphen aus [OSS] informieren. Ansonsten wird die benötigte Mathematik im Verlaufe des Buches eingeführt oder in den Anhängen erklärt. Natürlich wird auch eine gewisse Vertrautheit mit der Physik vorausgesetzt.

Die Kapitel sind voneinander logisch unabhängig, nur der Symmetriebegriff aus dem dritten Paragraphen im ersten Kapitel wird im gesamten Buch benötigt. Die Kapitel II — IV können also in beliebiger Reihenfolge gelesen werden. Innerhalb der Kapitel sind die Paragraphen in der Regel fortschreitend voneinander abhängig. Innerhalb der Kapitel wie auch der Paragraphen findet oft eine deutliche Steigerung von ausführlich dargestellten und vergleichsweise konkreten Situationen zu abstrakten Konzepten statt. Ein Teil der komplizierteren mathematischen Definitionen und Ergebnisse ist nur in den Anhängen zu finden.

Viele der benutzten Symbole werden im Symbolverzeichnis erklärt, oder es wird dort auf eine entsprechende Erklärung verwiesen. Die numerierten Abschnitte werden folgendermaßen zitiert: "II.6.8" weist auf den Abschnitt oder die Formel (6.8) im Kapitel II hin; entsprechend II.5.7.12° auf den Unterabschnitt 12° von (5.7) in Kapitel II; oder "L.6.13°" auf den Unterabschnitt 13° von Abschnitt 6 in Anhang L. Innerhalb der Kapitel wird die Kapitelnummer oft fortgelassen, also z.B. "6.8" statt "II.6.8". Entsprechendes gilt für die Abschnitte: Z.B. "12°" statt "5.7.12°" oder gar "II.5.7.12°".

Danksagung

Für zahlreiche Anregungen und Korrekturvorschläge möchte ich mich bei V. Aurich, H. Bremer, M. Ehrmann, H. Friedrich, H. Gebert, M. Gutfleisch, G. Heß, U. Jentschura, U. Lück, H. Osswald, M. Pflaum, W. Posch, H. Schneider, L. Weikl und I. Wolf herzlich bedanken. Herrn W. Schwarz vom Vieweg-Verlag danke ich für die Unterstützung und Ermunterung während der Anfertigung des Buches.

München, den 5. November 1994

INHALTSVERZEICHNIS

Anhang M: Mannigfaltigkeiten   295

Offene Untermannigfaltigkeiten des $\mathbb{R}^n$ — Tangentialvektoren — k-dimensionale Untermannigfaltigkeiten des $\mathbb{R}^n$ — Beispiele — Karten — Tangentialraum — Tangentialbündel und Vektorfelder — Abstrakte Mannigfaltigkeiten. Quotienten — Der projektive Raum — Tangentialbündel und Tangentialabbildung — Kotangentialbündel — Vektorfelder als Derivationen — Vektorfelder und autonome Differentialgleichungen auf dem $\mathbb{R}^n$ — Vektorfelder auf Mannigfaltigkeiten und dynamische Systeme — Pfaffsche Formen — Tensorfelder und Differentialformen — Äußere Ableitung und Lemma von Poincaré — Orientierung und Integration von Differentialformen — Symplektische Mannigfaltigkeiten

Anhang G: Geometrie der Flächen und Riemannsche Mannigfaltigkeiten   329

Kurven in $\mathbb{R}^2$ und $\mathbb{R}^3$ — Flächen im $\mathbb{R}^3$ — Beispiele von Flächen im Raum — Flächeninhalt — Bogenlänge und Geodätische — Beispiele von Geodätischen — Weitere Bedeutung der Christoffelsymbole — Parallelverschiebung auf Flächen — Kovariante Ableitung — Isometrien und Isometriegruppen — Krümmungstheorie der Flächen — Krümmung und Paralleltransport — Riemannsche Mannigfaltigkeiten — Parallelverschiebung auf Riemannschen Mannigfaltigkeiten — Krümmung Riemannscher Mannigfaltigkeiten — Zusammenhang und semi-Riemannsche Geometrie — Der Hodge-Operator

Anhang L: Lie-Gruppen und Lie-Algebren   364

Die Kreisgruppe — Die spezielle unitäre Gruppe SU(2) — Die allgemeine lineare Gruppe — Matrixgruppen — Lie-Algebren — Lie-Algebren zu Matrixgruppen und zu Lie-Gruppen — Homomorphismen von Lie-Gruppen und Lie-Algebren — Universelle Überlagerungen von Lie-Gruppen — Adjungierte und koadjungierte Darstellung — Halbeinfache Lie-Algebren und Killingform

Symbolverzeichnis

Eine Reihe der üblichen Symbole aus der Analysis und der Linearen Algebra wird als bekannt vorausgesetzt. In der folgenden Liste sind die Einträge der Symbole in der Regel geordnet nach dem ersten Auftreten im Text mit gelegentlichen Hinweisen auf spätere Erweiterungen der Bedeutung. Wiederholungen in der Liste kommen vor, wenn das Symbol in verschiedener Weise benutzt wird (z.B. ω als Winkelgeschwindigkeit, symplektische Form, Faktor bei einer zentralen Erweiterung einer Gruppe oder Zusammenhangsform auf einem Prinzipalfaserbündel).

Φ — Gruppenwirkung $\Phi : G \times M \longrightarrow M$ 1, 25

$\langle x,y \rangle$ — Skalarprodukt auf $\mathbb{R}^2$ und $\mathbb{R}^n$ 13

$|x|$ — Norm des Vektors x 13

$B(\gamma)$ — Bogenlänge der Kurve γ 14, 113, 123, 330, 356

$\mathbb{S}^n$ — n-Sphäre im $\mathbb{R}^{n+1}$ 14, 61

$d(a,b)$ — Distanz zweier Punkte 14, 28, 50

$\mathbb{P}_n(\mathbb{R})$, $\mathbb{P}_n(\mathbb{C})$ — projektive Räume über $\mathbb{R}$ bzw. $\mathbb{C}$ 15, 84, 306

$\langle x,y \rangle$ — Minkowski-Skalarprodukt 15; anderswo η 197

ℓ^2 — Raum der quadratsummierbaren komplexen Zahlenfolgen 16, 157

$\langle \zeta,\zeta' \rangle$ — Skalarprodukt in ℓ^2 16

$\|\zeta\|$ — Norm in ℓ^2 16

e, e_G — neutrales Element der Gruppe G 21; je nach Kontext auch 1 oder 0

$\mu(x,y)$, xy, $x \cdot y$, $x + y$ — Gruppenoperation 21/22

x^{-1} — Inverse der Gruppenoperation 22

$S(M)$ — Permutationsgruppe, Gruppe aller Bijektionen $M \longrightarrow M$ 22

Ker — Kern von einem Homomorphismus 22, 301

Im — Bild von einem Homomorphismus 22, 301

e^{it} — $= \cos t + i \sin t$ 23

$\mathfrak{S}_n$ — Permutationsgruppe der Menge $\{1, 2, \ldots, n\}$ 23

Z_n — zyklische Gruppe der Ordnung n 23

$\mathbb{R}(n)$, $\mathbb{C}(n)$ — Raum der $n \times n$-Matrizen mit Koeffizienten aus $\mathbb{R}$ bzw. $\mathbb{C}$ 23/24, 366

$GL(n,\mathbb{R})$, $GL(n,\mathbb{C})$ — allgemeine lineare Gruppe 24, 366

$O(n)$ — orthogonale Gruppe 24, 367

$SO(n)$ — spezielle orthogonale Gruppe 24, 85, 368

$SU(n)$ — spezielle unitäre Gruppe 24, 365, 368

$U(1)$ — Kreisgruppe 24, 364

$\mathrm{Mor}(M)$ — volle Symmetriegruppe zu einer Struktur auf M 25

$GL(V)$	Gruppe der Vektorraumisomorphismen auf V	26
$x^\nu e_\nu$	$= \sum_{\nu=1}^{n} x^\nu e_\nu$ (Einsteinsche Summenkonvention)	26
$x^\nu a_\nu^\mu e_\mu$	Einsteinsche Summenkonvention	26, 49
T_b	Translation um den Vektor b	27
$Aff(V)$	affine Gruppe	27
$Aut(M)$	Gruppe der Automorphismen einer Gruppe M	27
Ad	Adjungierte einer Gruppe: $Ad : G \longrightarrow Aut(G)$	27, 383
$Top(M)$	Gruppe der topologischen Abbildungen eines topologischen Raumes M	27
(M,d)	metrischer Raum	28
$Is(m,d)$	Gruppe der Isometrien eines metrischen Raumes (M,d)	28
$Diff(M)$	Gruppe der Diffeomorphismen	28
$Hol(M)$	Gruppe der biholomorphen Abbildungen	28
$E(2)$	Gruppe der Bewegungen der euklidischen Ebene	30
D_n	Diedergruppe	31
$E(n)$	euklidische Gruppe	32, 49, 55
δ_{ij}	Kronecker-Symbol	33, 164
$GL_+(V)$	Gruppe der orientierungserhaltenden Vektorraumisomorphismen	34
$Vol(P)$	Volumen eines Parallelepipeds P	34
$SL(n,\mathbb{R})$	spezielle lineare Gruppe	34, 366
$O(p,q)$, $SO(p,q)$	verallgemeinerte orthogonale Gruppen	35, 370
$Sp(2n)$	symplektische Gruppe	36, 140, 371
$\varphi \times \psi$	$(x,y) \longmapsto (\varphi(x),\psi(y))$	36, 22, 305
$\mathcal{U}(\ell^2)$	unitäre Gruppe des Hilbertraumes ℓ^2	36, 160
$U(n)$	unitäre Gruppe der $n \times n$-Matrizen	36, 368
G/H	Quotient nach Untergruppe $H \subset G$	38
G_α	Standgruppe oder Isotropiegruppe	38
$G(\alpha)$	Orbit der Gruppenwirkung durch α	40
$\mathfrak{g}$	Lie-Algebra, Supersymmetrie-Algebra	43
E	euklidischer dreidimensionaler Raum	47, 67
$\overrightarrow{ab}$	$= b - a$ Verbindungsvektor von a nach b in einem affinen Raum	48
G_v	spezielle Galileitransformation	53
Γ	Galilei-Gruppe	53
$G \ltimes H$	semidirektes Produkt der Gruppen G und H	56
$\dot{q}$	$= \frac{d}{dt}q$	57
$\ddot{q}$	zweite Ableitung von $q(t)$	57
F	Kraftfeld	58
(P,L)	Lagrange-System	58, 91
S	Wirkungsfunktional	58, 118, 203
∇U	Gradient von U: $\nabla U = (\frac{\partial U}{\partial q^1}, \frac{\partial U}{\partial q^2}, \dots, \frac{\partial U}{\partial q^n})$	59/62, 192, 297
$(\mathbb{R}^n)^*$	Dualraum von $\mathbb{R}^n$, d.h. Raum der Linearformen auf $\mathbb{R}^n$	60
S_r^n	n-Sphäre mit Radius r	61/64/66
$\mathcal{E}(U,\mathbb{R}^n)$	Raum der differenzierbaren Abbildungen von U nach $\mathbb{R}^n$	62, 296, 304

$\mathcal{E}(U)$	Raum der differenzierbaren Funktionen auf U 62, 296
$Df(a)$	Ableitung von $f : U \longrightarrow \mathbb{R}^n$, Jacobi-Matrix 63, 297, 310
$Df(a).X$	Auswertung von $Df(a)$ in X 63, 297, 301
$T_a M$	Tangentialraum 63, 301, 308
TM	Tangentialbündel 64, 302, 308
τ	$\tau : TM \longrightarrow M$ zugehörige Projektion 64, 302, 308
$\mathbb{T}$	Torus 66
B^T	Transponierte einer Matrix 69/70, 138
$\mathfrak{so}(3)$	Lie-Algebra zu SO(3) 72
e^X	Exponentialreihe für Matrizen X 72, 373
M_1, M_2, M_3	infinitesimale Drehungen 72, 374
Spur X	Spur der Matrix X 72
1	Einheitsmatrix 72
$\mathcal{R}_A$	Rechtsmultiplikation 73
$\mathfrak{Ab}_A$	Adjungierte 73, 384
$[X,Y]$	$= X \circ Y - Y \circ X$ Kommutator von Endomorphismen 74, 163, 372
$a \times b$	Kreuzprodukt 74
$[[a,b]]$	$= a \times b$ 75
ω	natürlicher Isomorphismus $\omega : \mathfrak{so}(3) \longrightarrow E$ (Winkelgeschwindigkeit) 75
$\langle\!\langle X,Y \rangle\!\rangle$	durch ω auf $\mathfrak{so}(3)$ induziertes Skalarprodukt 75
ad	Adjungierte 75, 383
$\omega(t), \omega_R$	Winkelgeschwindigkeit in räumlichen Koordinaten 77/78, 125
$\Omega(t), \omega_K$	Winkelgeschwindigkeit in körpereigenen Koordinaten 77/78, 125
T	kinetische Energie 77
Θ	Trägheitstensor 77/79
I_1, I_2, I_3	Hauptträgheitsmomente 79
I_e	Trägheitsmoment in Richtung e 79
$\mathcal{E}_I$	Trägheitsellipsoid 79
ℓ	Drehimpuls (in räumlichen Koordinaten) 79/80, 125
L	Drehimpuls in körpereigenen Koordinaten 80
$\langle\ ,\ \rangle$	Summation wie beim euklidische Skalarprodukt, z.B. $\langle \nabla f, \dot{q} \rangle = \partial_\mu f \dot{q}^\mu$ 82
H	Energiefunktion 82, Hamiltonfunktion in II.9
B_E	Bahnenraum zur Energie E 83
$M/{\sim}$	Quotient nach Äquivalenzrelation 83, 305
Σ_E	$= H^{-1}(E)$ Energieniveaufläche zur Energie E 84
U	Potential 87
E	Energie 87
v^2	$= |v|^2$ 87
I	$= q \times mv$ (Drehimpuls) 87
L	Lagrangefunktion 88, 58
I_X	$= \frac{\partial L}{\partial v} X$ (Bewegungskonstante zur infinitesimalen Symmetrie X) 89/90/91; vgl. auch 122

φ_s 1-Parameter-Gruppe 89, 315/316

(TQ,L) Lagrange-System 91, 118

R Runge-Lenz-Vektor 95, 130

C_E zum Bahnenraum diffeomorphe Untermannigfaltigkeit (Keplerproblem) 99

$\hat{T}$ Transformierte von T bezüglich einer Parametrisierung ψ 107

$L = T - U$ natürliche Lagrange-Funktion 110, 124

Γ_{ij}^{k} Christoffelsymbole 112, 125, 338, 360

$f_{,k}$ partielle Ableitung der Funktion f nach q^k 112, 125

g Riemannsche Metrik 113, 123, 330, 355

$g_{\nu\mu}$ Koordinatendarstellung der Metrik g 113, 123

g^* Jacobi-Metrik 117

(TM,L) Lagrange-System 118

$[\gamma]_{\alpha}$ Tangentenvektor in α, definiert durch die Kurve γ 118, 301/309

$\dot{\gamma}(t)$ $= [\gamma(t + s)]_{\alpha}$ der durch die Kurve γ gegebene Tangentenvektor im Punkte $\alpha = \gamma(t)$ 118, insbesondere:

$\partial_{\mu} = [\psi(\varphi(\alpha) + te_{\mu})]_{\alpha}$ Tangentenvektor in Koordinatenrichtung 118

e_{μ} Standard-Einheitsvektor 118, 297

$\partial_{\mu} = \dfrac{\partial}{\partial q^{\mu}}$ durch lokale Koordinaten gegebene Basis des Tangentialraumes $T_{\alpha}M$ 118, 302, 308

$T_q\psi$ Tangentialabbildung 118, 310

$\hat{L}$ Transformierte von L bezüglich einer Parametrisierung ψ 119

$\mathcal{F}L$ Faserableitung 121

$\mathcal{L}_B$ Linksmultiplikation 124, 377

$D_Y X$ kovariante Ableitung 125, 345, 357, 360

$\mathrm{grad}_g f$ Gradient bezüglich der Metrik g 125

$\mathfrak{g} = \mathrm{Lie}\, G$ Lie-Algebra zu einer Lie-Gruppe 132, 144, 373, 377

$\mathfrak{g}^*$ Dualraum von $\mathfrak{g}$ 133

(P,H) Hamilton-System 134

$g^{\mu\nu}$ Komponenten der zu $(g_{\mu\nu})$ inversen Matrix 135

$\{F,G\}$ Poissonklammer 136, 150, 312, 327/328

σ symplektische Involution 138

X_I Hamiltonsches Vektorfeld zur Funktion I 138, 151, 328

ω symplektische Form 138, 150, 325

dF totales Differential von F 138, 317

L_X Lie-Ableitung 139, 312, 321

$\varphi^*\omega$ Pullback von ω 140, 319

$H_{dR}^{1}(M)$ 1. deRhamsche Kohomologiegruppe 142, 322

$\tilde{X}$ Fundamentalfeld zu einem Element $X \in \mathfrak{g}$ 145, 256

m Momentenabbildung 145

T^*M Kotangentialbündel 149, 311

$\mathfrak{K}$ Atlas kanonischer Karten einer symplektischen Mannigfaltigkeit 150, 328

(P,ω)	symplektische Mannigfaltigkeit 151, 325
P_c	$= F^{-1}(c)$ invariante Mannigfaltigkeit 153
$(\mathbb{H},\mathscr{H})$	quantenmechanisches System 157
$\mathbb{H}$	komplexer Hilbertraum 157
$\mathscr{H}$	Hamiltonoperator, Schrödingeroperator 157
$\langle\ ,\ \rangle$	hermitesches Skalarprodukt 157
$\|\ \|$	zugehörige Norm 157
$L^2(Q)$	Hilbertraum der quadratintegrierbaren Funktionen auf Q 158
$\mathbb{P}(\mathbb{H})$	projektiver Raum der Geraden in $\mathbb{H}$ 158
γ	zugehörige kanonische Projektion $\gamma : \mathbb{H}\backslash\{0\} \longrightarrow \mathbb{P}(\mathbb{H})$ 158
$\langle\varphi,\psi\rangle$	Pseudometrik für $\varphi,\psi \in \mathbb{P}(\mathbb{H})$ 158
$\mathcal{O}$	Menge der selbstadjungierten Operatoren auf $\mathbb{H}$ 159
$D(T)$	Definitionsbereich $D(T) \subset \mathbb{H}$ eines Operators $T \in \mathcal{O}$ 159
Q	Ortsoperator $Qf(q) = qf(q)$ für $f \in L^2(\mathbb{R})$ 160
P	Impulsoperator 160
$\mathcal{U}(\mathbb{H})$	unitäre Gruppe der unitären Operatoren auf $\mathbb{H}$ 160
U_s	$= e^{isT}$ 1-Parametergruppe von unitären Operatoren zu $T \in \mathcal{O}$ 161
$\mathscr{H}$	Hamiltonoperator bzw. Schrödinger–Operator 161
(E_λ)	Spektralschar 162
$[S,T]$	Kommutator von Operatoren 163
δ^ν_μ	Kronecker-Symbol 164
Δ	$= \delta^{\mu\nu}\partial_\mu\partial_\nu$ Laplace-Operator 165
Z, Z^*, N	zur kanonischen Quantisierung des Harmonischen Oszillators 165
$\sigma(X)$	infinitesimaler Erzeuger einer unitären 1–Parametergruppe 175, 177
$\oplus\mathbb{H}_j$	orthogonale Summe 176
$\oplus R_j$	Zerlegung einer unitären Darstellung 176
Lie R	Lie-Algebra-Darstellung zur Darstellung R 177, 269, 380
J_k	quantenmechanische Drehimpulskomponente 177
J	$= J_1^2 + J_2^2 + J_3^2$ 177
A, A^*, H	Operatoren zur Beschreibung der Darstellungen von $\mathfrak{so}(3)$ 177
$\rho^{(j)}$	irreduzible Darstellung von $\mathfrak{so}(3)$ mit *Spin* j 179
$R^{(j)}$	irreduzible unitäre Darstellung von SU(2) mit Spin j 179
$R^{(j)}$	irreduzible unitäre Darstellung von SO(3) mit Spin $j \in \mathbb{N}$ 180
$Aut(\mathbb{P})$	Gruppe der projektiven Automorphismen von $\mathbb{P}(\mathbb{H})$ 181
$\widehat{U}$	durch $U \in \mathcal{U}(\mathbb{H})$ induzierter Automorphismus $\widehat{U} \in Aut(\mathbb{P})$ 181
γ^*	$\gamma^*(U) = \widehat{U}$ 182
1	triviale Gruppe 184
$\mathcal{U}(\mathbb{P})$	Gruppe der unitären projektiven Transformationen 184
$\widetilde{G}$	universelle Überlagerung von G 185
E_ω	zentrale Erweiterung von G durch den "Faktor" ω 186
rot, div	Rotation, Divergenz 191

E, B	elektrisches Feld , magnetische Induktion	191
H, D	Magnetfeld, elektrische Verschiebung	191
ρ, j	Ladungsdichte, Stromdichte	191
A	Vektorpotential zu B: $B = \mathrm{rot}\, A$	191
V	skalares Potential	192
$\Box$	Wellenoperator	192
$\bar{j}'$	$= (\rho, j_1, j_2, j_3)$	194
F	Feldstärketensor: $F_{\mu\nu} = \partial_\mu A_\nu - \partial_\nu A_\mu$	194
G	analoger Tensor zu H, D	194
$d\alpha$	äußere Ableitung einer Differentialform	195,
η	$= \mathrm{diag}(+1, -1, -1, -1)$ Minkowski-Metrik	197
μ	Standardvolumenform auf $\mathbb{R}^4$	197
$\mathbb{M}$	Minkowski-Raum	197
$\mathscr{A}^s(M)$	Raum der s-Formen auf M	197, 245, 318
$*$	Hodge-Operator	197, 284, 363
δ	$= *d*$ Kodifferential	199
$SO(1,3)$	Lorentzgruppe	200, auch $SO(3,1)$ 364
$P(1,3)$	Poincaré-Gruppe	200
$\mathscr{L}$	Lagrangedichte	203
$\mathscr{A}^1_c(\mathbb{M})$	Raum der 1-Formen mit kompaktem Träger	203
$\mathscr{A}^1_0(\mathbb{M})$	Raum der "integrierbaren" 1-Formen	203
Θ	Energie-Impuls-Tensor	204
T	symmetrischer Energie-Impuls-Tensor	205
Mb	Gruppe der Möbiustransformation	208
$\mathbb{P}$	$= \mathbb{P}_1(\mathbb{C})$ Riemannschen Zahlenkugel	208
$\mathrm{Hol}\,\mathbb{P}$	Gruppe der biholomorphen Abbildungen von $\mathbb{P}$	209
C_-	Rückwärtslichtkegel	209, 213
M_+	De-Sitter-Raumzeit	212
M_-	Anti-De-Sitter-Raumzeit	213
$\mathbb{H}^3_r$	dreidimensionaler hyperbolischer Raum mit Radius r	214
D_μ	kovariante Ableitung in Richtung ∂_μ	220, 247
e	Kopplungskonstante in der $U(1)$-Eichtheorie	220
$\mathscr{L}_0$	"Ausgangs"-Lagrangedichte	220
γ^μ	Gamma-Matrizen	222
c	Kopplungskonstante in der $SU(2)$-Eichtheorie	225
B_μ	Eichpotentiale der $SU(2)$-Eichtheorie	225, 247
$G_{\mu\nu}$	Feldstärke der $SU(2)$-Eichtheorie	226, 247
$\mathbb{K}$	$\mathbb{R}$ oder $\mathbb{C}$	227
$\mathbb{F}$	endlichdimensionaler Vektorraum über $\mathbb{K}$	227
E	Vektorbündel über $\mathbb{K}$	227, 242
E_α	Faser über α zumVektorbündel E	227, 242

$\mathcal{E}(U,E)$	$= \Gamma(U,E)$ Raum der Schnitte im Vektorbündel E über $U \subset M$ 228, 243
$\mathfrak{B}(W)$	Raum der Vektorfelder auf $W \subset M$ 228, 313/314
$\mathcal{A}^1(W,\mathbb{F})$	$\mathbb{F}$-wertige 1-Formen auf $W \subset M$ 228, 319
$\mathcal{A}^1(W,E)$	E-wertige 1-Formen auf $W \subset M$ für ein Vektorbündel E 228, 245
D	Zusammenhang auf einem Vektorbündel E 229, 245
D_X	kovariante Ableitung auf einem Vektorbündel E 230, 245
A	Eichpotential zu D 230, 246
V	vertikales Bündel eine Vektorbündels $V \subset TE$ 232, 246
H	horizontales Bündel 233, 246
v	horizontale Projektion $v : TE \longrightarrow TE$ mit $H = \operatorname{Im} v$ 233, 246
m_c	$m_c : E \longrightarrow E$ Multiplikation mit $c \in \mathbb{K}$ 234
$\mathbb{P}^{\alpha}_{t_0,t_1}$	Parallelverschiebung längs der Kurve α 239, 246, 261, 342
$F_D = F$	Krümmung des Zusammenhangs D 240
$\mathcal{A}^k(U,E)$	Raum der E-wertigen k-Formen 241, 245
$\theta \wedge \phi$	Dachprodukt für E-wertige 1-Formen 241
$(g_{\iota\kappa})$	Verklebungsfunktionen eines nichttrivialen Vektorbündels, Kozyklus 243
f^*E	Pullback eines Bündels E 244
$E^x, E \oplus F, \operatorname{Hom}(E,F),\ E \otimes F$	für Vektorbündel E, F 245
$\operatorname{End}(E)$	$\cong E^* \otimes E$ Endomorphismenbündel 245
$\mathcal{A}^k(M)$	$= \Gamma(M, \Lambda^k T^*M)$ Raum der k-Formen auf M 245, 318
$\mathcal{A}^k(M,E)$	$= \Gamma(M, \Lambda^k T^*M \otimes E)$ Raum der E-wertigen k-Formen 245
A_ι	lokale Eichpotentiale eines Zusammenhangs 246
$A \wedge F$	Dachprodukt für $\operatorname{End}(E)$-wertige Formen 248, 321
Ψ	Rechtsaktion bie einem Prinzipalfaserbündel 250, 251
(P, M, G, π)	Prinzipalfaserbündel mit Strukturgruppe 250
P_a	$= \pi^{-1}(a)$ Faser über a eines Prinzipalfaserbündels 250
$\Gamma(U,P)$	Raum der Schnitte über U 251
$R(M)$	$= GL(TM)$ Reperbündel einer Mannigfaltigkeit 253
$R(M,g)$	Reperbündel der Orthonormalbasen 253
$GL(E)$	Bündel der Basen eines Vektorbündels 254
V	vertikales Bündel $V \subset TP$ eines Prinzipalfaserbündels 254
$H_p \oplus V_p$	Zerlegung von T_pP durch einen Zusammenhang 255
v, v_p	horizontale Projektion $v_p : T_pP \longrightarrow T_pP$ mit $H_p = \operatorname{Ker} v_p$ 254
$\tilde{X}$	Fundamentalfeld beim Prinzipalfaserbündel 256
ω	Zusammenhangsform 256
A^σ, A	lokales Eichpotential 257
ϱ	vertikale Projektion: $\varrho \oplus v = \operatorname{id}_{TP}$ 262
$\mathcal{A}^k(U,\mathbb{F})$	k-Formen auf U mit Werten in Vektorraum $\mathbb{F}$ 262, 319
ϱ^*	induzierte Projektion auf den Formen 262
D	$= \varrho^* \circ d$ kovariante Ableitung 263
d	äußere Ableitung 263,

$Tf, T_a f$	Tangentialabbildung 310
T^*Q, T_a^*Q	Kotangentialbündel, Kotangentialraum 311
dq^ν	duale Basis zu ∂_ν 311
$\hat\varphi$	Bündelkarte für T^*M 312
$[X,Y]$	Lie-Klammer von Vektorfeldern 313
$\mathfrak{B}(W)$	Lie-Algebra der Vektorfelder 313/314
φ_X	lokaler Fluß zu einem Vektorfeld X 314–316
φ_s	lokale 1-Parametergruppe 315/316
$\mathfrak{B}(W)^*$	Dual zu $\mathfrak{B}(W)$ 317
df	totales Differential 317
$\mathscr{T}_s^r(W)$	Raum der $\binom{r}{s}$-Tensoren auf W 318
$\mathscr{T}(W)$	Raum der tensoren auf W 318
$t \otimes t'$	Tensorprodukt von Tensoren 318
$\mathscr{A}^s(W)$	Raum der s-Formen auf W 318
$\alpha \wedge \beta$	äußeres Produkt von Differentialformen 319
$\varphi^*\alpha$	Pullback einer Differentialform 319
$\mathscr{A}^s(W,\mathbb{F})$	Raum der $\mathbb{F}$-wertigen s-Formen 319
$\eta \otimes f$	für skalare s-Formen η und vektorwertige Funktionen f 319
$[\alpha,\theta]$	für Lie-Algebra-wertige Differentialformen 320
$\alpha \wedge \theta$	für Differentialformen in einer Matrix-Algebra 320
d	äußere Ableitung 320/321
ι_X	Kontraktion 321
$L_X\alpha$	Lie-Ableitung einer Differentialform α 321
$\int_\gamma \alpha$	Wegintegral einer 1-Form α 322
$[\eta]$	Orientierung als Äquivalenzklasse von Volumenformen 324
$\int_Q f dq$	Integral über offene $Q \subset \mathbb{R}^n$ 324
$\int_U \theta$	Integral einer n-Form über $U \subset M$ 325
$(M,\{\ ,\ \})$	Poisson-Mannigfaltigkeit 328
$\varkappa$	Krümmung eine Kurve 330
v, n	begleitendes Zweibein 331
v, n, b	begleitendes Dreibein 331
$g = I$	$= (g_{\mu\nu})$ 1. Fundamentalform einer Fläche Σ 332
$\mathbb{H}_R^2$	Pseudosphäre 336
G_f	Graph von f 336
$A(S)$	Flächeninhalt von $S \subset \Sigma$ 337
Γ_{ij}^k	Christoffelsymbole einer Fläche 338
D_Y	kovariante Ableitung auf einer Fläche Σ 345
$\mathrm{Isom}(\Sigma,g)$	Isometriegruppe einer Fläche 347
$\varkappa_N$	Normalkrümmung einer Kurve in Σ 348
II_a	2. Fundamentalform auf einer Fläche 348
W_a	Weingarten-Abbildung 350

I Einführung in Geometrie, Symmetrie und Physik

Das ganze erste Kapitel ist als eine ausführliche Einleitung zum Thema des Buches aufzufassen. Wesentlich für die nachfolgenden Kapitel ist dabei die grundlegende Behandlung des mathematischen Begriffs der "Symmetrie" im dritten Paragraphen dieses ersten Kapitels. Unter einer Symmetrie verstehen wir in diesem Buch eine Gruppenwirkung

$$G \times M \longrightarrow M$$

einer Gruppe G (G ist die "Symmetriegruppe") auf einer Menge M. Auf M ist noch eine (z.B. algebraische, topologische, geometrische, analytische, ...) Struktur vorgegeben, derart daß die Wirkung die vorgegebene Struktur invariant läßt. Durch eine Reihe von Beispielen wird dieser Symmetriebegriff illustriert. Wegen der grundsätzlichen Bedeutung des Gruppenbegriffs in diesem Zusammenhang wird vorher auf die Definition der Gruppe eingegangen.

Vor dem zentralen dritten Paragraphen wird im zweiten Paragraphen erläutert, was im Sinne dieses Buches unter Geometrie zu verstehen ist, nämlich Differentialgeometrie in einer sehr allgemeinen Auffassung. Anstatt nun genauer zu klären, was Geometrie oder Differentialgeometrie eigentlich ist, gehen wir auf einige Entwicklungsphasen der Geometrie ein und beschreiben kurz eine Reihe von bekannten geometrischen Strukturen, wie zum Beispiel die euklidische Struktur der Ebene und des $\mathbb{R}^n$, die Geometrie der Kurven und Flächen im $\mathbb{R}^3$ und die Geometrie des Minkowski-Raumes. Diese exemplarische Erläuterung des Begriffs Geometrie findet nach der Bereitstellung der Definition des Symmetriebegriffs im dritten Paragraphen ihre Fortsetzung und Präzisierung im vierten Paragraphen. Hier werden zunächst einfache Beispiele von Symmetrien im Rahmen der Geometrie behandelt, also Gruppenwirkungen, bei der die jeweilige geometrische Struktur invariant gelassen wird, um dann nach und nach anhand von weitergehenden Beispielen zu zeigen, daß umgekehrt die Vorgabe einer Symmetrie die Geometrie einschränkt oder sogar vollständig bestimmt. Dieser Gesichtspunkt der Einheit von Geometrie und Symmetrie ist in der Mathematik seit Felix Kleins Erlanger Programm geläufig. Zum Schluß des Paragraphen wird daher kurz auf das Erlanger Programm eingegangen.

Statt auch nur mit dem Versuch zu beginnen, zu erklären, was eigentlich Mathematik ist oder Physik, finden sich im ersten Paragraphen eine Reihe von Zitaten bedeutender Naturforscher, welche als Denkanstöße zu dem vielschichtigen Verhältnis zwischen Mathematik und Physik dienen können. Daneben wird kurz auf Einflüsse von mathematischen Theorien auf wichtige Entwicklungen der theoretischen Physik in diesem Jahrhunderts eingegangen. Viele der Zitate wie auch einen Teil der Darstellung habe ich den Artikeln von R. Jost [1] und D. Gross [2] entnommen. Der Paragraph schließt mit der Beschreibung einer neuen und unerwarteten Entwicklung in dem Wechselspiel zwischen Mathematik und Physik, daß nämlich neuerdings Ideen, Methoden und Ergebnisse aus der Quantenfeldtheorie erfolgreich auf Probleme der Mathematik angewandt werden und dort zu tiefliegenden Ergebnissen führen.

Im fünften und letzten Paragraphen dieses Kapitels wird auf das Phänomen der Vereinheitlichung von physikalischen Theorien hingewiesen, indem einerseits Beispiele von bereits erfolgten und erfolgreichen Vereinheitlichungen aufgezeigt werden und indem andrerseits neue Ansätze dazu kurz vorgestellt werden. Für unser Thema ist dabei wichtig, die Rolle von Geometrie und Symmetrie bei diesen Vereinheitlichungen hervorzuheben. Das gilt insbesondere für die neuen Ansätze, bei denen die Struktur von Symmetrie und Geometrie – als Einheit verstanden – einen wesentlichen Bestandteil der Modelle ausmacht, und daher als ein *Leitmotiv* der Modellbildung bezeichnet werden kann.

---

[1] JOST, R.: Mathematics and Physics since 1800. Discord and Sympathy. In: *Relativité, groupes et topologie II.* Les Houches 1983. Session XL (Eds.: DEWITT, B.S. / STORA, R.). Amsterdam: North-Holland, 1984, pp. 1–35.

[2] GROSS, D.: *Physics and Mathematics at the Frontier.* Lecture at the International Center of Physics in Trieste at the occasion of receiving the Dirac Medal 1988.

1 MATHEMATIK UND PHYSIK

Bis etwa 1800 haben sich Mathematik und Physik im großen und ganzen gemeinsam entwickelt. Das läßt sich besonders gut verdeutlichen, wenn man versucht, die großen Physiker und die großen Mathematiker vor 1800 aufzuzählen: Fast alle großen Physiker seit Newton (1642-1727) und vor 1800 waren auch bedeutende Mathematiker und umgekehrt, oder sie werden jedenfalls aus heutiger Sicht so eingeschätzt. Dieser Sachverhalt läßt sich zum Beispiel belegen anhand einer Zeittafel der bedeutendsten Zahlentheoretiker, welche E. Hecke in seinem Buch *"Vorlesungen über die Theorie der algebraische Zahlen"* (Akademische Verlagsanstalt, Leipzig, 1923) veröffentlicht hat:

Euclid	(um 300 v. Chr.)	Kummer	(1810-1893)
Diophant	(um 300 n. Chr.)	Galois	(1811-1832)
Fermat	(1601-1665)	Hermite	(1822-1901)
Euler	(1707-1783)	Eisenstein	(1823-1852)
Lagrange	(1736-1813)	Kronecker	(1823-1891)
Legendre	(1752-1833)	Riemann	(1826-1866)
Fourier	(1768-1830)	Dedekind	(1831-1916)
Gauß	(1777-1855)	Bachmann	(1837-1920)
Cauchy	(1789-1857)	Gordan	(1837-1912)
Abel	(1802-1829)	H. Weber	(1842-1913)
Jacobi	(1804-1851)	G. Cantor	(1845-1918)
Dirichlet	(1805-1859)	Hurwitz	(1859-1919)
Liouville	(1809-1882)	Minkowski	(1864-1909)

Abgesehen von den beiden Griechen wird man alle hier aufgeführten bedeutenden Vertreter der Zahlentheorie vor 1800 — also Fermat, Euler, Lagrange, Legendre, Fourier — auch als bedeutende Physiker erkennen. Für die in der Zeittafel aufgeführten Mathematiker nach 1800, also ab Gauß, gilt das nur eingeschränkt; einige dieser Mathematiker werden den meisten Physikern nicht einmal namentlich bekannt sein.

Seit Beginn des 19. Jahrhunderts gehen Mathematik und Physik getrennte Wege mit mehr oder weniger starken Berührungen.

Als eine der wesentlichen Ursachen dieser Trennung läßt sich der Einfluß der Naturphilosophie auf die Physik ausmachen, wie sich zum Beispiel durch das folgende Zitat belegen läßt:

> *Als getrennt muß sich darstellen: Physik von Mathematik.*
> *Jene muß in einer entschiedenen Unabhängigkeit bestehen und mit*
> *allen liebenden, verehrenden, frommen Kräften in der Natur und das*
> *heilige Leben derselben einzudringen suchen, ganz unbekümmert, was*
> *die Mathematik von ihrer Seite leistet und tut. Diese muß sich dage-*
> *gen unabhängig von allem Äußern erklären, ihren eigenen großen*
> *Geistesgang gehen und sich selber reiner ausbilden als es geschehen*
> *kann, wenn sie wie bisher sich mit dem Vorhandenen abgibt und die-*
> *sem etwas abzugewinnen oder anzupassen trachtet.*
>
> **Johann Wolfgang von Goethe**: *Wilhelm Meisters Wan-*
> *derjahre*, Zweites Buch, *Betrachtungen im Sinne der*
> *Wanderer, Aphorismus 134* (verfaßt ca. 1830).

Exponent für die damals erfolgreiche Physik ohne Mathematik ist M. Faraday (1791–1867), der in den dreißiger Jahren des letzten Jahrhunderts die Feldtheorie erfindet, um elektrische und magnetische Wechselwirkungen darzustellen. Bei der Beschreibung seiner so erfolgreichen Theorie, die er unmittelbar aus seinen Experimenten entwickelt, vermeidet er den Gebrauch von jeglicher Mathematik; mehr noch, er hält mathematisch formulierte physikalische Theorien für suspekt.

Es ist in diesem Zusammenhang bemerkenswert, daß diese zum Teil aus der Naturphilosophie entstandene Feldtheorie – die nach Faradays Intention ganz ohne Mathematik formuliert werden sollte – heute sehr mathematisch und geometrisch aufgefaßt wird (siehe zum Beispiel [FEL] oder [PER]): In der heute gebräuchlichen abstrakten und geometrischen Formulierung ist die Feldtheorie als Eichfeldtheorie zu den wesentlichen Werkzeugen der modernen Theoretischen Physik zu zählen (vgl. Kapitel V).

Faradays intuitives Konzept eines Feldes im Raum mit den zugehörigen *Feldlinien* (oder *Kraftlinien*) erfährt bereits einige Zeit nach seiner Entdeckung eine Mathematisierung durch J.C. Maxwell (1831–1879), der zur Begründung der Theorie der Elektrodynamik eine der bedeutendsten Errungenschaften der Theoretischen Physik entwickelt: Die Maxwell-Gleichungen. Lassen wir Faraday zu Wort kommen durch eine Passage aus einem 1857 geschriebenen Brief an Maxwell, in dem seine Zweifel zum Ausdruck kommen, aber auch sein Respekt vor der Leistung Maxwells:

> *... My Dear Sir – I received your paper, and thank you very*
> *much for it. I do not say I venture to thank you for what you have*
> *said about "Lines of Force", because I know you have done it for the*
> *interests of philosophical truth; but you must suppose it is work grace-*
> *ful to me, and gives me much encouragement to think on. I was at*
> *first frightened when I saw such mathematical force made to bear upon*
> *the subject, and then wondered to see that the subject stood so well.*
>
> **M. Faraday**

Auch auf mathematischer Seite lassen sich Ursachen für die Auseinanderentwicklung von Physik und Mathematik angeben. In diesem Zusammenhang ist vor allem die zunehmend abstraktere Auffassung der Mathematik zu nennen. Am deutlichsten läßt sich diese Entwicklung mit dem Namen C.F. Gauß verbinden, welcher in seinen zahlentheoretischen Untersuchungen (vor allem in seinen *"Disquisitiones Arithmeticae"*) neue Wege eröffnet hat. Als Folge nicht nur seines Einflusses sind die Untersuchungsmethoden in der Mathematik im Laufe des letzten Jahrhunderts zunehmend abstrakter und die Anforderungen an die Rigorosität der Beweisführungen immer höher geworden. Die mathematischen Begriffe selber und damit die Gegenstände mathematischer Untersuchungen sind dabei ebenfalls abstrakter geworden. Das steht offensichtlich im Gegensatz zu der oben erwähnten Entwicklung der Physik und hat daher die Mathematik für viele Physiker jener Zeit immer weniger zugänglich gemacht (vgl. den zitierten Artikel von Jost [1]).

Daß es dennoch immer gegenseitige Einflußnahmen und starke Beziehungen zwischen Mathematik und Physik gegeben hat und gerade heute wieder in besonderem Maße gibt, ist nicht zu bestreiten. Einen Beleg dafür gibt Hermann Weyl (1885–1955), den man als den größten Mathematiker dieses Jahrhunderts ansehen kann (wenn man Hilbert und Poincaré dem letzten Jahrhundert zuordnet):

> *Ich kann es nun einmal nicht lassen, in diesem Drama von*
> *Mathematik und Physik – die sich im Dunkeln befruchten, aber von*
> *Angesicht zu Angesicht so gerne einander verkennen und verleugnen*
> *– die Rolle des (wie ich genügsam erfuhr, oft unerwünschten) "Boten"*
> *zu spielen.*
>
> **Hermann Weyl** im Vorwort des Buches: *Gruppentheorie*
> *und Quantenmechanik.* Leipzig: Hirzel–Verlag, 1928.

Die folgenden Zitate dreier bedeutender Physiker dieses Jahrhunderts zeigen, daß H. Weyl nicht allein steht mit seiner Einstellung, daß eine enge Beziehung zwischen Mathematik und Physik nicht geleugnet werden kann. Alle drei bringen ihre Verwunderung über die Wirksamkeit der Mathematik in der Physik zum Ausdruck:

> *How is it possible that mathematics, a product of human*
> *thought that is independent of experience, fits so excellently the ob*
> *jects of physical reality ?*
>
> **Albert Einstein**

> *The enormous usefulness of mathematics in the natural*
> *sciences is something bordering in the mysterious and there is no*
> *rational explanation for it. It is not at all natural that "laws of nature"*

exist, much less that man is able to discover them. The miracle of the language of mathematics for the formulation of the laws of physics is a wonderful gift which we neither understand nor deserve.

Eugene Wigner In: *The Unreasonable Effectiveness of Mathematics.* Commun. Pure Appl. Math. **13** (1969), 1-14.

It seems to be one of the fundamental features of nature that fundamental physical laws are described in terms of great beauty and power. ...

As time goes on it becomes increasingly evident that the rules that the mathematician finds interesting are the same as those that Nature has chosen.

P.A.M. Dirac

Der oben zitierten These Goethes, daß Mathematik und Physik sich als getrennt darstellen sollen und die Physik ganz unabhängig von der Mathematik zu bestehen habe, ist in den vorangehenden Zitaten bereits widersprochen worden. Aber auch Goethes Vorstellung von der "reinen" Mathematik als ein eigener Geistesgang ganz unabhängig von der Außenwelt, wie sie in dem zitierten Aphorismus zum Ausdruck kommt, kann nicht so ohne weiteres hingenommen werden. So meint G.H. Hardy, einer der größten Zahlentheoretiker dieses Jahrhunderts, zur Frage der Realität mathematischer Objekte:

I believe that mathematical reality lies outside us, that our function is to discover or observe it, and that the theorems we prove and which we describe grandiloquently as our "creations" are simply notes of our observations.

G.H. Hardy

Diese Auffassung von der Existenz von mathematischen Strukturen und Theoremen unabhängig von der Entdeckung durch den Mathematiker kann helfen, eine Erklärung für die oben so bewunderte Effektivität der Mathematik in den Naturwissenschaften zu finden; jedenfalls dann, wenn man sich diese Existenz eben doch als mit der Außenwelt, also letztlich mit der Natur gekoppelt vorstellt.

In dem nachfolgenden Zitat bringt B. Riemann, der wie kein zweiter Mathematiker seiner Zeit durch seine visionären Vorstellungen die Mathematik beeinflußt hat (vgl. [WE3]), unter anderem zum Ausdruck, daß Geometrie sehr wohl Aussagen über reale Probleme des Raumes macht:

Die Frage über die Gültigkeit der Voraussetzungen der Geometrie im Unendlichkleinen hängt zusammen mit der Frage nach dem

*innern Grunde der Massverhältnisse des Raumes. Bei dieser Frage,
welche wohl noch zur Lehre vom Raume gerechnet werden darf,
kommt die obige Bemerkung zur Anwendung, dass bei einer discreten
Mannigfaltigkeit das Princip der Massverhältnisse schon in dem Begriffe dieser Mannigfaltigkeit enthalten ist, bei einer stetigen aber anders woher hinzukommen muss. Es muss also entweder das dem Raume zu Grunde liegende Wirkliche eine discrete Mannigfaltigkeit bilden, oder der Grund der Massverhältnisse ausserhalb, in darauf wir-
kenden bindenden Kräften, gesucht werden.*

*Die Entscheidung dieser Fragen kann nur gefunden werden,
indem man von der bisherigen durch die Erfahrung bewährten Auffassung der Erscheinungen, wozu Newton den Grund gelegt, ausgeht
und diese durch Thatsachen, die sich aus ihr nicht erklären lassen,
getrieben allmählich umarbeitet; solche Untersuchungen, welche, wie
die hier geführte, von allgemeinen Begriffen ausgehen, können nur
dazu dienen, dass diese Arbeit nicht durch die Beschränktheit der
Begriffe gehindert und der Fortschritt im Erkennen des Zusammenhangs der Dinge nicht durch überlieferte Vorurtheile gehemmt wird.*

*Es führt dies hinüber in das Gebiet einer andern Wissen-
schaft, in das Gebiet der Physik, welches wohl die Natur der heutigen
Veranlassung nicht zu betreten erlaubt.*

> **Bernhard Riemann** am Schluß seiner Antrittsvorlesung
> (Göttingen 1854): *"Über die Hypothesen, welche der
> Geometrie zu Grunde liegen."*

Gerade Riemanns Vision von der Entwicklung interessanter, neuer Strukturen
des Raumes, die er in dem oben zitierten Schluß seiner Antrittsvorlesung entwickelt,
ist heutzutage hochaktuell: Eine zufriedenstellende Strukturtheorie des "Raumes im
Kleinen" gibt es nicht, wird aber für die Formulierung einer Quantentheorie der Gravitation dringend benötigt.

Die Wechselfälle der Beziehungen zwischen Mathematik und Physik in der
Zeit nach Gauß und Faraday möchte ich hier nicht weiter vertiefen. Stattdessen gehe ich
zum Abschluß dieses Paragraphen nur auf zwei gegenläufige Entwicklungen ein, welche
in diesem Jahrhundert zu beobachten sind:

Eine verstärkte Trennung von Physik und Mathematik trat auf in den Jahren
zwischen 1930 und 1970. Auf mathematischer Seite ist in dieser Zeit eine weitere Ab-
straktion in den grundlegenden Methoden und Konzepten sowie eine Formalisierung der
mathematischen Untersuchungen zu verzeichnen, die es — nicht nur für den Physiker —
oft sehr erschweren, überhaupt noch Ideen oder gar Intuition in der Mathematik zu
erkennen. Wenn man diese Entwicklung wieder mit einem Namen belegen will, so bietet

sich N. Bourbaki an. Auf physikalischer Seite ist in den Gründerjahren der Quantenmechanik und Quantenfeldtheorie die Suche nach einer strukturierten Theorie zu kurz
gekommen. Stattdessen standen umfangreiche störungstheoretische Rechnungen und
Abschätzungen im Vordergrund, die nötig waren, um der vielen neuen Phänomene (zum
Beispiel in Form von neu entdeckten Teilchen) Herr zu werden, die aber wenig Kenntnis
von allgemeineren mathematischen Strukturen verlangten.

Im Gegenzug zu diesen Tendenzen der Trennung von Mathematik und Physik
lassen sich aber für dieses Jahrhundert auch besonders erfolgreiche Verbindungen zwischen Mathematik und Physik aufzeigen. Und es sind gerade diese Verbindungen, die
uns in diesem Buch interessieren:

1. A. Einstein formuliert 1915 die Allgemeine Relativitätstheorie als neue
Theorie der Gravitation mit der Sprache der Riemannschen Geometrie, welche in der
zweiten Hälfte des 19. Jahrhunderts als abstrakte, rein mathematische Theorie zu einer
gewissen Blüte entwickelt wurde. Die Allgemeine Relativitätstheorie ist bis heute eine
sehr "geometrische" Theorie, und die Wissenschaftler, die in der Allgemeinen Relativitätstheorie arbeiten, werden von einigen Physikern gelegentlich eher als Mathematiker
denn als Physiker eingestuft.

2. 1925 wird als weiterer großer Umbruch in der Physik dieses Jahrhunderts
die Quantenmechanik von W. Heisenberg, E. Schrödinger und anderen aufgestellt, die
kurz danach unter Rückgriff auf die Theorie der linearen Operatoren im Hilbertraum
formuliert wird. Diese neue Physik hatte und hat großen Einfluß auf die Entwicklung
wichtiger Bereiche der Mathematik wie zum Beispiel Operatortheorie, Funktionalanaly-
sis und Darstellungstheorie von Lie-Gruppen.

3. Seit etwa 1970 stellt sich eine neue enge Beziehung zwischen Mathematik
und Physik ein. In der Quantenfeldtheorie und auch in der klassischen Feldtheorie gewinnen *Eichtheorien* (auch *Yang-Mills-Theorien* genannt) zunehmend an Bedeutung
und damit auf mathematischer Seite die Geometrie der Faserbündel, in der die Symmetrie bezüglich einer Lie-Gruppe grundsätzlich von vornherein eine ausgezeichnete Rolle
spielt. Die Eichtheorien als wichtiges Werkzeug der Elementarteilchentheorie werden
von den Physikern Yang und Mills im Jahre 1954 [3] eingeführt in Form einer zunächst
wenig mathematisch strukturierten Theorie, in der allerdings (sogenannte *interne*) Symmetrien bezüglich der Gruppe SU(2) bereits eine entscheidende Rolle spielen.

Erst in den siebziger Jahren setzt sich die Erkenntnis durch, daß es sich bei
den physikalisch formulierten Eichtheorien um nichts anderes als um die Geometrie von
Faserbündeln handelt. (Eine mathematische Behandlung der Eichtheorien unter dem
Aspekt der Anwendungen in der Theoretischen Physik findet man zum Beispiel in [CO]]

---

[3]   YANG, C.N. / MILLS, R.L.: Conservation of Isotopic Spin and Isotopic Gauge In-
      variance. *Phys. Lett.* 96 (1954), 191-195. ABERS, E.S. / LEE. B.W.: Gauge Theories
      Phys. Reports 9 (1973), 1-141.

und in [PER]. Eine Einführung dazu geben wir im fünften Kapitel.) Es stellt sich außerdem heraus, daß bereits 1918 durch Hermann Weyl [4] eine Art Eichtheorie als Bündeltheorie vorgeschlagen wurde, um die damals neue Allgemeine Relativitätstheorie zusammen mit der Elektrodynamik in einer einheitlichen Theorie gemeinsam behandeln zu können.

Heutzutage werden drei der vier bekannten fundamentalen Wechselwirkungen der Elementarteilchen, die elektrodynamische, die starke und die schwache Wechselwirkung, als Eichtheorien formuliert. Auch die vierte fundamentale Wechselwirkung, die Gravitation, läßt sich als eine Eichtheorie auffassen.

Seit der Entdeckung, daß physikalische Eichtheorien mit der Geometrie von Faserbündeln gleichzusetzen sind, stehen neue Entwicklungen in der Quantenfeldtheorie in enger Beziehung zu abstrakten Fragestellungen in Geometrie, Topologie und Darstellungstheorie von Gruppen und Algebren. So lassen sich zum Beispiel verschiedene geometrische, topologische und algebraische Invarianten physikalisch relevanter Räume in einer geeigneten Theorie als *Quantenzahlen* interpretieren. (Eine elementare Darstellung zu diesem Fragenkreis findet sich zum Beispiel in [MON].) Es ist ganz offensichtlich, daß auf diese Weise Resultate aus der sogenannten reinen Mathematik erfolgreich in der Physik angewendet werden können, und es verwundert nicht, daß durch physikalische Motivationen mathematische Fragestellungen neu aufgeworfen oder aktualisiert werden. Es wird damit ein wichtiger Teil der Mathematik durch die Physik entscheidend beeinflußt. Als Beispiele für solche Entwicklungen lassen sich unter vielen anderen nennen: Die *Knotentheorie* (im letzten wie in diesem Jahrhundert, vgl. [AT2]), die *Darstellungstheorie nichtkompakter Lie-Gruppen* (wie etwa die Darstellungstheorie der Poincaré-Gruppe nach E. Wigner und W. Mackey), gewisse Fortschritte in der *Algebraischen Geometrie* zur Beschreibung von *Instantonen* (vgl. z.B. [AT1]), die *nichtkommutative Differentialgeometrie* (vgl. z.B. [CON]) und die Einflüsse auf die Theorie der *Hopf-Algebren* durch die neuerlich in der Quantentheorie untersuchten *Quantengruppen* (vgl. z.B. [MAN3]).

Der Einfluß der Physik auf die Mathematik geht aber in manchen Fällen noch weiter: Neueste Entwicklungen basieren auf physikalische Anwendungen innerhalb der Mathematik, das heißt, es werden Ideen, Methoden und Eingebungen aus der Physik erfolgreich auf wichtige mathematische Probleme angewendet, für die es in der Mathematik bisher keine Lösung gibt. Wenn man bei dem oben dargelegten Bild der engen Beziehung zwischen Quantenzahlen und Invarianten bleibt, so haben viele diese Anwendungen ihren Ursprung und ihre Erklärung letztlich darin, daß man geeignete Quantenzahlen, von deren Existenz man aus physikalischer Einsicht überzeugt ist, auffaßt als Invarianten der jeweiligen geometrischen, topologischen oder algebraischen Struktur.

---

[4] WEYL, H.: *Gesammelte Abhandlungen. Band 2.* (1918), Seite 1 und Seite 29.

Als bekanntestes Beispiel für dieses Phänomen ist ein Resultat zu nennen, welches seinerzeit sogar Schlagzeilen in der Presse gemacht hat. Es handelt sich um die Existenz von *exotischen Strukturen* auf dem $\mathbb{R}^4$, also um die Tatsache, daß der $\mathbb{R}^4$ (als topologischer Raum) in verschiedener Weise als differenzierbare Mannigfaltigkeit realisiert werden kann [5]. Dieses Resultat wird mit eichtheoretischen Methoden erzielt. Es sei in diesem Zusammenhang noch erwähnt, daß es für die Fälle $n \neq 4$ auf dem $\mathbb{R}^n$ nur eine einzige differenzierbare Struktur gibt, nämlich die übliche. Insofern spielt der vierdimensionale Raum in der Mathematik ebenso wie in der Physik eine Sonderrolle. Ein weiteres Beispiel für Anwendungen der Physik innerhalb der Mathematik ist die Weiterentwicklung der Morse-Theorie durch E. Witten in [6]. Ebenso beruhen verschiedenen mathematische Fortschritte in der Darstellungstheorie von gewissen unendlichdimensionalen Lie-Algebren auf Erkenntnissen über physikalische Modelle [7]. Ein weiteres Beispiel liefert E. Wittens Anwendung seiner Topologischen Quantenfeldtheorie auf neue Entwicklungen in der Knotentheorie [8], welche wiederum auf eine physikalisch motivierte Entdeckung von neuen Invarianten der Knoten im $\mathbb{R}^3$, den sogenannten *Jones-Polynomen*, durch V.F.R. Jones [9] beruhen. In Wittens Ansatz werden Invarianten von Knoten und insbesondere die Jones-Polynome mit Ideen und Methoden aus der Quantenfeldtheorie auf geometrische Art begründet. Eine kurze Einführung zu diesen neuen, noch längst nicht abgeschlossenen Entwicklungen der Knotentheorie wird in [AT2] gegeben.

      Es liegt in der Natur dieser "physikalischen Anwendungen" auf Probleme in der Mathematik, daß Prinzipien der Physik, die nicht immer mathematisch rigoros sind, an entscheidender Stelle benutzt werden. Aus diesem Grunde sind zum Teil erhebliche Anstrengungen nötig, um aus den physikalisch motivierten, mathematischen "Ergebnissen" vollständig bewiesene mathematische Resultate zu machen. Das trifft insbesondere zu für die Begründung der oben erwähnten Knoteninvarianten nach Witten [8], bei der Pfadintegrale verwendet werden, die mathematisch nicht wohldefiniert sind. Das trifft ebenfalls zu für ein weiteres von Witten erzieltes Resultat über den Dirac-Operator auf

---

[5] Die Existenz von exotischen Strukturen kann aus den Ergebnissen von S. Donaldson und M. Freedman gefolgert werden, wie in dem Buch [FRU] von Freed und Uhlenbeck ausführlich dargelegt wird. Vergleiche dazu: DONALDSON, S.K.: An Application of Gauge Theory to the Topology of 4-Manifolds. *J. Differential Geometry* **18** (1983), 279-315; FREEDMAN, M.: The Topology of Four-Dimensional Manifolds *J. Differential Geometry* **17** (1982), 357-354; und [DOK].

[6] WITTEN, E.: Supersymmetry and Morse Theory. *J. Differential Geom.* **17** (1982), 661-692.

[7] FRENKEL, I.B. / KAC, V.G.: Basic Representations of Affine Lie Algebras and Dual Resonance Models. *Inv. Math.* **62** (1980), 23-67.

[8] WITTEN, E.: Quantum Field Theory and the Jones Polynomial. *Commun. Math. Physics* **121** (1989), 351-399.

[9] JONES, V.F.R.: Hecke Algebra Representations of Braid Groups and Link Polynomials. *Ann. Math.* **126** (1987), 59-126.

dem Schleifenraum einer Mannigfaltigkeit [10]. Für ein wesentliches Teilergebnis dieses Resultats, das letztlich zu einer neuen Kohomologietheorie – der *elliptischen Kohomologie* – führt, hat Taubes einen mathematisch vollständigen Beweis geliefert [11]. Schließlich trifft dieser jetzt bereits mehrfach erwähnte Sachverhalt von physikalisch begründeten Ergebnissen, die mathematisch noch nicht vollständig verstanden sind, in besonderem Maße zu auf diverse Folgerungen aus der in [12] begründeten Konformen Feldtheorie in 2 Dimensionen. Eine dieser Folgerungen sind die sogenannten "Fusionsregeln", die unter anderem zu einer Reihe von wichtigen Identitäten in der Algebraischen Geometrie (vgl. z.B. [13]) führen.

Im übrigen hat die Anwendung von Physik auf die Mathematik gute Tradition. Zum Beispiel hat B. Riemann seinen Uniformisierungssatz für *Riemannsche Flächen* und auch die Gültigkeit des *Dirichletschen Prinzips* physikalisch begründet.

[10]   WITTEN, E.: The Index of the Dirac Operator in Loop Space. In: *Elliptic Curves and Modular Forms in Algebraic Topology. Proceedings, Princeton 1986.* (Ed.: LANDWEBER, P.S.) Berlin: Springer-Verlag (1988), 161–181.

[11]   TAUBES, C.: S^1 Actions and Elliptic Genera. *Commun. Math. Phys.* 122 (1989), 455–526.

[12]   BELAVIN, A.A. / POLYAKOV, A.M. / ZAMOLODCHIKOV, A.B.: Infinite Conformal Symmetry in Two Dimensional Quantum Field Theory. *Nucl. Phys.* B 241 (1984), 333–380.

[13]   BOTT, R.: On E. Verlinde's Formula in the Context of Stable Bundles. In: *Trieste Conference on Topological Methods in Quantum Field Theories, June 1990.* (Eds.: NAHM, W. et al.) Singapore: World Scientific (1991), 84–95.

2 GEOMETRIE

Um zu erläutern, was Geometrie ist, sei kurz auf drei wesentlichen Entwicklungsphasen der Geometrie eingegangen: Die erste Phase führte zur *synthetischen Geometrie* mit ihren Ursprüngen in der Antike, die zweite Phase zur *analytischen Geometrie* von Fermat und Descartes, und die dritte Phase schließlich zur *Differentialgeometrie* von Gauß, Monge, Riemann, E. Cartan u.a.

1. Die erste Phase betrifft die synthetische Sicht der Elementargeometrie, die bereits im Altertum eine hohen Blüte erlangt hat, wie sich insbesondere in Euklids Werken zeigt. Die synthetische Geometrie ist bis heute von Interesse. Das drückt sich vor allem in Hilberts Axiomatik der affinen und projektiven Geometrie sowie in den daran anschließenden Untersuchungen aus.

2. In der analytischen Geometrie sind im Unterschied zur synthetischen Geometrie die Punkte durch ihre Koordinaten und die geometrischen Figuren durch (zumeist lineare oder quadratische) Gleichungen in den Koordinaten gegeben. Die Resultate der Geometrie werden zurückgeführt auf algebraisches Rechnen mit diesen Gleichungen. In ihrer modernen Fortentwicklung ist die analytische Geometrie zu dem geworden, was heute mit der *Algebraischen Geometrie* umschrieben wird.

3. Zur Beschreibung von Tangenten an Kurven und Flächen sowie an allgemeineren geometrischen Gebilden wie auch zur Definition der Krümmung und weiterer geometrischen Größen sind differentielle Methoden vonnöten, und das ist der Ursprung der Differentialgeometrie als Fortentwicklung der analytischen Geometrie in der dritten Phase. Wesentliche neue Arbeitsmittel sind Ableitung und Integral. Die Resultate der Differentialgeometrie werden einerseits wie in der analytischen Geometrie auf das algebraische Rechnen mit den einschlägigen Gleichungen und andrerseits auf den Differentialkalkül zurückgeführt. Ein Beispiel für das Zusammenwirken von algebraischen und differentiellen Methoden als die für die Differentialgeometrie typische Argumentationsweise stellt der Beweis des "theorema egregium" (vgl. Anhang G.10.10°/11°) dar.

Zur Formulierung physikalischer Theorien trägt die synthetische Geometrie kaum etwas bei. Auch die analytischen Geometrie ohne den Differentialkalkül ist als geometrische Methode für die Physik nur eingeschränkt einsetzbar. Erst die Differentialgeometrie liefert die für die Physik adäquate Sprache der Geometrie. Aus diesem Grunde wird Geometrie im Sinne des Titels dieses Buches im folgenden meistens gleichgesetzt mit der Differentialgeometrie. Dabei ist unter der Differentialgeometrie nicht nur die Geometrie der Kurven und Flächen (vgl. z.B. [DOC]) zu verstehen, sondern die von Riemann projektierte Geometrie mit modernen Erweiterungen und unter Einbezug von Symmetriebetrachtungen. (Die Differentialgeometrie in diesem Sinne wird z.B. in der

Enzyklopädie [GEOM] umfassend dargestellt.) Wir sind damit bei dem zweiten Begriff im Titel des Buches. Mehr über das Zusammenspiel von Geometrie und Symmetrie wird im 4. Paragraphen dieses Kapitels durch die Behandlung von Beispielen dargelegt.

Eine ausführliche und präzise Bestimmung des Begriffs Differentialgeometrie und damit des Begriffs Geometrie im Sinne des Buches würde eine grundlegende Einführung in diese Theorie etwa im Umfang der einschlägigen Lehrbücher, wie z.B. [DFN], [ONE], [KON], [POO], [WAR] oder der bereits erwähnten Enzyklopädie [GEOM] erfordern. Statt einer solchen Einführung sollen im folgenden einige Beispiele aufgeführt werden, die zum Teil vertraut sein müßten, die aber auch in späteren Teilen des Buches zunehmend ausführlicher dargestellt werden. Im übrigen kann der Anhang G einen ersten Eindruck über die Differentialgeometrie vermitteln.

(2.1) *Euklidische Geometrie* im $\mathbb{R}^2$ und $\mathbb{R}^3$. Wesentliche geometrische Bestandteile dieser Geometrie sind die *Längenmessung* und die *Winkelmessung*, die sich mittels des *euklidischen Skalarprodukts* $\langle \, , \, \rangle$ auf $\mathbb{R}^2$ beschreiben lassen. Für Vektoren $x = (x_1, x_2)$ und $y = (y_1, y_2)$ des $\mathbb{R}^2$ in kartesischen Koordinaten ist das Skalarprodunkt: $\langle x, y \rangle = x_1 y_1 + x_2 y_2$. Die *Länge* bzw. die *Norm* $|x|$ des Vektors x ist durch die Quadratwurzel aus $\langle x, x \rangle = x_1^2 + x_2^2$ gegeben. Der *Abstand* zweier Punkte der euklidischen Ebene, die durch die Vektoren x und y repräsentiert werden, ist die Norm $|x - y|$ des Differenzvektors. Der *Winkel* α zwischen zwei Richtungen, die durch die Vektoren x und y gegeben sind, ist schließlich durch $|x||y| \cos \alpha = \langle x, y \rangle$ festgelegt.

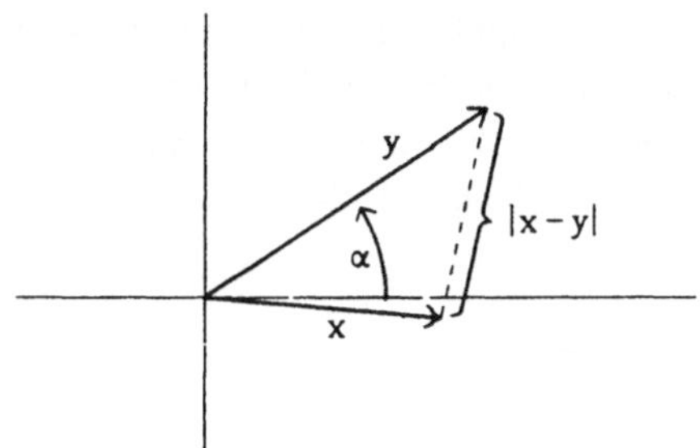

(2.2) Theorie der *Kurven und Flächen* im euklidischen $\mathbb{R}^3$. Zur Längen- und Winkelmessung kommt als wesentliche geometrische Größe die *Krümmung* hinzu. In diesem Sinne ist die in 2.1 vorgestellte Geometrie eine *"flache" Geometrie*, das heißt eine Geometrie, in der sämtliche Krümmungen Null sind. Eine Einführung in die Differentialgeometrie der Flächen wird im Anhang G gegeben.

(2.3) Als Verallgemeinerung von 2.1 hat man die *Euklidische Geometrie* des $\mathbb{R}^n$ als flache Geometrie in der Dimension n. Wie in 2.1 lassen sich die geometrischen Größen wie Länge, Abstand und Winkel durch das *euklidische Skalarprodukt* "$\langle \, , \, \rangle$" ausdrücken: Für Vektoren $x, y \in \mathbb{R}^n$ mit den üblichen kartesischen Koordinaten x_ν, y_ν ist $\langle x, y \rangle := \sum_{\nu=1}^{n} x_\nu y_\nu$. *Abstand, Länge* und *Winkel* definiert man wie in 2.1. (Vgl. aber

II.1 für eine koordinatenfreie Behandlung der euklidischen Geometrie.) Auch den differenzierbaren Kurven $\gamma : [t_0,t_1] \longrightarrow \mathbb{R}^n$ kommt eine Länge zu, nämlich die *Bogenlänge*

$$B(\gamma) \; := \; \int_{t_0}^{t_1} \sqrt{\langle \dot\gamma(t),\dot\gamma(t)\rangle} \; dt \,.$$

Damit ist allerdings ein erster Schritt von der analytischen Geometrie zur Differentialgeometrie im Rahmen der euklidischen Geometrie getan.

(2.4) Als entsprechende Verallgemeinerung von 2.2 ergibt sich die Geometrie der *k-dimensionale Flächen* ($1 \le k \le n-1$, auch *k-dimensionale Untermannigfaltigkeiten* genannt, vgl. Anhang M) im euklidischen Raum $\mathbb{R}^n$. In der Klassischen Mechanik treten Untermannigfaltigkeiten des $\mathbb{R}^n$ zum Beispiel durch *holonome Zwangsbedingungen* oder durch *Bewegungskonstanten* auf, wie im zweiten Kapitel erläutert wird. Typisches und bereits interessantes Beispiel dazu ist die (n-1)-dimensionale *Sphäre* S^{n-1} im $\mathbb{R}^n$, das ist die Oberfläche der n-dimensionalen euklidischen Vollkugel vom Radius 1 :

$$S^{n-1} := \{ x \in \mathbb{R}^n : \langle x,x \rangle = 1 \},$$

wobei "$\langle \, , \, \rangle$" wieder das euklidische Skalarprodukt ist.

Als Abstand zwischen zwei Punkten a und b auf S^{n-1} ist jetzt nicht einfach der Abstand in $\mathbb{R}^n$ nach 2.3 zu nehmen, sondern er wird ganz und gar in der Sphäre gemessen. Das führt dazu, daß der Abstand $d(a,b)$ die Länge des kürzeren der zwei Großkreisbögen ist, die die beiden Punkte verbindet. (Ein *Großkreis* auf S^{n-1} ist bekanntlich die Schnittkurve einer durch den Nullpunkt verlaufenden Ebene in $\mathbb{R}^n$ mit S^{n-1}.) Im Falle $a \neq b$ und $a \neq -b$ gibt es genau einen Großkreis durch a und b. Im Falle $a = -b$ gibt es unendlich viele Großkreise durch a und $b = -a$, und es ist $d(a,-a) = \pi$. Aus der nachfolgenden Abbildung liest man $d(a,b) = \varphi$ ab (im Falle $\varphi \in \,]0,\pi]$). Zum Vergleich: $|a - b| = 2\sin(\tfrac{1}{2}\varphi) < \varphi$.

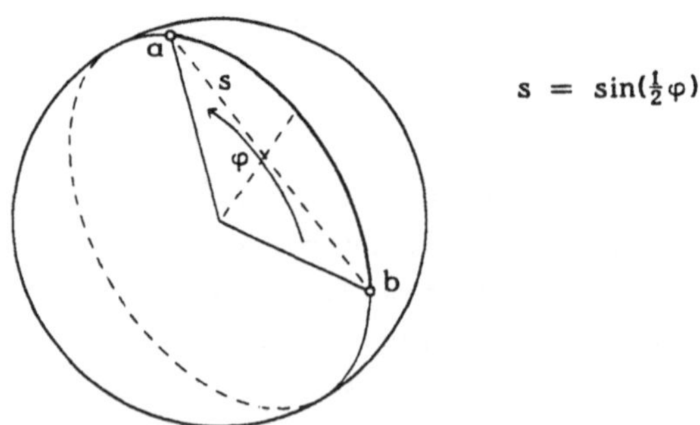

In allgemeineren Untermannigfaltigkeiten M des $\mathbb{R}^n$ definiert man als Analoga zu den Geraden des euklidischen $\mathbb{R}^n$ und zu den Großkreisen der Sphäre S^k die *Geodätischen*, das sind Kurven in M, die lokal die Bogenlänge in M minimieren (vgl. Anhang G und II.8). Ein wesentlicher Bestandteil des Studiums der Geometrie der Untermannigfaltigkeiten des $\mathbb{R}^n$ ist daher die Untersuchung der Geodätischen auf einer solchen Untermannigfaltigkeit. Im Anhang G wird darauf ausführlicher eingegangen, hauptsächlich im Rahmen der 2-dimensionalen Untermannigfaltigkeiten des $\mathbb{R}^3$.

(2.5) Als Erweiterung des Vorangehenden untersucht man die zu 2.4 analoge Geometrie auf abstrakten endlichdimensionalen Mannigfaltigkeiten. Beispiele von abstrakten Mannigfaltigkeiten sind die Lie-Gruppen, die projektiven Räume $\mathbb{P}_n(\mathbb{R})$, $\mathbb{P}_n(\mathbb{C})$ (vgl. M.9) und allgemeine Quotienten von Mannigfaltigkeiten (vgl. M.8), die auch in den physikalischen Anwendungen ihre Bedeutung haben. Beispiele von Quotienten in der Klassischen Mechanik sind die Bahnenräume (z.B. zum harmonischen Oszillator, vgl. II.6 oder zum Keplerproblem, vgl. II.7.6) oder die Reduktion von Phasenräumen nach Gruppensymmetrien (vgl. II.9).

Die zugehörige Geometrie nennt man die *Riemannsche Geometrie*. Im Anhang G geben wir eine kurze Einführung in die Riemannsche Geometrie. Die engen Beziehungen zwischen Riemannscher Geometrie und Klassischer Mechanik sind Gegenstand der Untersuchungen des achten Paragraphen im zweiten Kapitel.

(2.6) Eine ganz anders geartete Geometrie ist die *Geometrie des Minkowski-Raumes* $\mathbb{R}^{3,1}$ mit der *Lorentzmetrik*, die durch das *Minkowski-Skalarprodukt*

$$\langle x,y \rangle := x_1 y_1 + x_2 y_2 + x_3 y_3 - x_4 y_4 =: \eta(x,y)$$
$$(\text{oder auch durch } \langle x,y \rangle = -x_1 y_1 + x_2 y_2 + x_3 y_3 + x_4 y_4$$
$$\text{bzw. } \langle x,y \rangle = x_1 y_1 - x_2 y_2 - x_3 y_3 - x_4 y_4)$$

anstelle des euklidischen Skalarprodukts gegeben ist.

(2.7) Als Verallgemeinerung von 2.6 untersucht man die Geometrie auf endlichdimensionalen abstrakten Mannigfaltigkeiten, die lokal wie in 2.6 gegeben ist. Die Mannigfaltigkeiten mit einer solchen Geometrie nennt man *Lorentz-Mannigfaltigkeiten*, oder *semi-Riemannsche Mannigfaltigkeiten*, und die zugehörige Theorie heißt *semi-Riemannsche Geometrie*. Vierdimensionale Lorentz-Mannigfaltigkeiten haben eine grundlegende Bedeutung bei der Formulierung der Allgemeinen Relativitätstheorie. (Eine kurze Beschreibung der semi-Riemannschen Mannigfaltigkeiten findet sich am Ende des Anhangs G; für die allgemeine Theorie konsultiere man z.B. [BEE] oder [ONE]; mathematisch orientierte Einführungen in die Theorie der semi-Riemannschen Räume im Rahmen der Allgemeinen Relativitätstheorie werden auch in [HAE] oder in [ST2] gegeben.)

(2.8) Schließlich studiert man *Parallelismus* in Mannigfaltigkeiten und in Faserbündeln als Verallgemeinerung der vorher genannten Strukturen. Darauf gehe ich im fünften Kapitel im Rahmen der Beschreibung von Eichtheorien ein.

Hauptbegriff der Differentialgeometrie ist der Begriff der Krümmung, der schon in der Theorie der Kurven und Flächen eine hervorgehobene Rolle spielt. Aus physikalischer Sicht entspricht die Krümmung der Feldstärke. Allgemein werden in der modernen Differentialgeometrie die geometrischen Objekte wie Krümmung, Metrik, Tensoren, Paralleltransport, etc... beschrieben durch Schnitte in geeigneten Vektorbündeln über dem Raum, dessen Struktur zur Untersuchung ansteht.

(2.9) In den Anwendungen in der Physik kommen zunehmend auch unendlichdimensionale Räume und unendlichdimensionale Mannigfaltigkeiten mit geometrischer Struktur vor. (Der Begriff der unendlichdimensionalen Mannigfaltigkeit wird z.B. in [ABM] ausführlich dargestellt.) Wir werden in diesem Buch nur den Fall eines unendlichdimensionalen komplexen Hilbertraumes (im Rahmen der Quantenmechanik) und keine allgemeinen unendlichdimensionalen Mannigfaltigkeiten benötigen (obwohl sie implizit in V.6 auftreten). Ein komplexer Hilbertraum stellt im Vergleich zu den euklidischen Räumen in 2.3 eine Verallgemeinerung in zweierlei Hinsicht dar: Der Skalarenkörper $\mathbb{R}$ wird durch den Körper $\mathbb{C}$ der komplexen Zahlen ersetzt, und anstelle des n-dimensionalen Punkteraumes $\mathbb{R}^n$ tritt ein mit einem hermiteschen Skalarprodukt versehener unendlichdimensionaler komplexer Vektorraum. Die Hilберträume, die im Zusammenhang mit der Quantenmechanik von Interesse sind, haben bis auf unitäre Isomorphie alle die Form des folgenden Beispiels:

$$\ell^2 := \{ (\zeta_\nu) \in \mathbb{C}^{\mathbb{N}} : \sum_{\nu=1}^{\infty} |\zeta_\nu|^2 < \infty \} \text{ mit}$$

$$\langle \zeta, \zeta' \rangle = \sum_{\nu=1}^{\infty} \overline{\zeta}_\nu \zeta'_\nu \text{ für } \zeta = (\zeta_\nu) \in \ell^2 \text{ und } \zeta' = (\zeta'_\nu) \in \ell^2.$$

Über das Skalarprodukt "$\langle\ ,\ \rangle$" führt man dann wieder wie in 2.1 und 2.3 den *Abstand* zwischen je zwei Punkten aus ℓ^2, den *Winkel* zwischen Vektoren aus ℓ^2 und die *Länge* von Vektoren ein. Insbesondere ist die Länge eines Vektors $\zeta \in \ell^2$ durch die *Norm* $\|\zeta\|$ von ζ gegeben:

$$\|\zeta\| := \sqrt{\langle \zeta, \zeta \rangle}.$$

(ℓ^2 heißt Raum der *quadratsummierbaren komplexen Zahlenfolgen*.)

Zur Geometrie wird man im allgemeinen auch die Topologie oder aber zumindest Teile der Algebraischen Topologie und der Differentialtopologie zählen. Tatsächlich kommt eine Reihe von topologischen Resultaten in verschiedenen Bereichen der Physik zur Anwendung, so zum Beispiel bei Dynamischen Systemen (vgl. z.B. [ABM] oder [ARN]) und in der Quantenfeldtheorie. Da in diesem Buch aber auf diese und andere schöne Anwendungen der Topologie in der Physik nicht eingegangen werden kann, erscheint es gerechtfertigt, im Sinne des Buches die Topologie nicht der Geometrie zuzurechnen. Als Literatur zu einer geometrisch orientierten Topologie sind [FO1] oder [DFN, Band III] zu nennen; eine historisch motivierte Einführung in Geometrie und Topologie mit Anwendungen in der Physik findet sich in [MON].

3 Symmetrie

Bei dem Thema "Symmetrie" liegt es nahe, historisch zu beginnen und die Bedeutung der Symmetrie in fast allen Kulturleistungen der Menschheit aufzuspüren und darzulegen. Dieser Zugang zur "Symmetrie" wird hier nicht verfolgt, und zwar nicht nur weil mir Wissen und Sachkenntnis für dieses Vorgehen fehlen, sondern auch um möglichst direkt zu dem in der Mathematik und in der Physik gebräuchlichen Symmetriebegriff zu kommen. Also wird hier nicht über die vielfältigen Beziehungen und Zusammenhänge zwischen Symmetrie einerseits und Kunst oder Technik oder Religion oder Philosophie andrerseits gesprochen. H. Weyl schreibt dazu in [WE2]:

> *Symmetrie, ob man ihre Bedeutung weit oder eng faßt, ist eine Idee, vermöge derer der Mensch durch Jahrtausende seiner Geschichte versucht hat, Ordnung, Schönheit und Vollkommenheit zu begreifen und zu schaffen.*
>
> **H. Weyl**

Auch in Mathematik und Physik wird Symmetrie stets mit Schönheit und Harmonie in Verbindung gebracht. Neben Diracs Zitat über die Bedeutung der Schönheit in der Physik (vgl. Paragraph 1) möchte ich noch einmal Hermann Weyl zu diesem Thema zu Wort kommen lassen:

> *My work always tried to unite the true with the beautiful, but when I had to choose one over the other, I usually chose the beautiful.*
>
> **H. Weyl**

Diese Ästhetik in Mathematik und Physik ist allerdings nicht leicht zu erkennen und wertzuschätzen, selbst für den Experten. Was ist zum Beispiel an der folgenden Formel schön, welche nach dem seit längerem anerkannten Standardmodell die drei fundamentalen Wechselwirkungen (ohne die gravitative Wechselwirkung) zwischen Elementarteilchen bei niedrigen Energien beschreibt?

$$S = \int d^4x \sqrt{g} \left(\tfrac{1}{4} g_{\alpha\beta} g_{\gamma\delta} (A^{\alpha\gamma}A^{\beta\delta} + \mathrm{Tr}\, B^{\alpha\gamma}B^{\beta\delta} + \mathrm{Tr}\, C^{\alpha\gamma}C^{\beta\delta}) + \right.$$

$$\frac{1}{32\pi^2}(\theta_2\, \mathrm{Tr}\, B^{\mu\nu}\tilde{B}_{\mu\nu} + \theta_3\, \mathrm{Tr}\, C^{\mu\nu}\tilde{C}_{\mu\nu}) + \sum_{i=1}^{3} g_{\mu\nu}(\overline{Q}_i\gamma^\mu D^\nu_{\,Q} Q_i + \overline{L}_i\gamma^\mu D^\nu_{\,L} L_i) +$$

$$g_{\mu\nu}\mathrm{Tr}(D^\mu_{\,\Phi}\Phi)^\dagger(D^\nu_{\,\Phi}\Phi) - V(\Phi) + \sum_{ija}(\overline{Q}_i\Gamma^{ij}_{Q\,a} Q_j\Phi^a + \overline{L}_i\Gamma^{ij}_{L\,a} L_j\Phi^a) + R \bigg)$$

Ein wesentlicher Aspekt von Ästhetik und Harmonie in Mathematik und Physik läßt sich jedenfalls durch Symmetrien ausdrücken. Etwas zu eng formuliert könnte man sogar behaupten, daß eine mathematische oder auch eine physikalische Theorie gerade so schön ist, wie sich in dieser Theorie (zum Teil sehr komplizierte oder verborgene) Symmetrien auffinden lassen.

Neben dem ästhetischen Aspekt sind Symmetrien in der Physik vor allem von praktischer Bedeutung. Sowohl bei der Formulierung von physikalischen Theorien als auch bei der Lösung von vielen konkreten physikalischen Problemen werden häufig und an entscheidender Stelle die offensichtlichen oder verborgenen Symmetrien des jeweiligen physikalischen Systems benutzt. In der Klassischen Mechanik hat man in diesem Zusammenhang den Satz von Noether, der besagt, daß eine "1-Parameter-Symmetrie" immer eine Bewegungskonstante liefert. (Vgl. dazu die Paragraphen 7-9 in Kapitel II.) Eine Bewegungskonstante wiederum versetzt einen in der Regel in die Lage, die Anzahl der Freiheitsgrade zu reduzieren. Allgemeiner liefert eine Lie-Gruppe von Symmetrien die zugehörige Momentenabbildung, welche das vorgegebene Problem auf ein Problem mit weniger Freiheitsgraden reduziert. In der Quantenmechanik führt die Wirkung einer Symmetriegruppe in den meisten Fällen zu einer unitären Darstellung der Symmetriegruppe (vgl. Kap. III); dabei kann die Symmetriegruppe als externe Symmetrie wirken, wie zum Beispiel die Poincaré-Gruppe, oder als interne Symmetrie, wie zum Beispiel die Isospingruppe SU(2). In der Allgemeinen Relativitätstheorie und in der modernen Quantenfeldtheorie werden die Symmetrien des Systems von Anfang an bei der Formulierung der jeweiligen Theorie mitbenutzt und benötigt. Der allgemeine Rahmen, in derm sich fast jede kontinuierliche Symmetrie der Physik darstellen und untersuchen läßt, ist die Eichtheorie (vgl. Kapitel V).

Die Beschreibung und Untersuchung von Symmetrien sind daher von zentraler Bedeutung in der Physik. Das geht sogar so weit, daß einige Theoretiker postulieren, daß Teilchen, Raum, Zeit, Wechselwirkungen,... letztlich alles nur Manifestationen von Symmetrien sind. Ein Teilchen ist nach dieser Vorstellung eine Darstellung einer geeigneten Symmetriegruppe, physikalische Gesetze sind Wirkungen der verschiedenen Symmetriegruppen, Bewegungen werden durch zugehörige Orbits beschrieben.

Vor dem eigentlichen, mathematisch gefaßten Begriff von Symmetrie sollen einige bekannte Beispiele von Symmetrien dargestellt werden, um damit den abstrakten Begriff vorzubereiten und nahezubringen:

(3.1) Zweiseitige Symmetrie, auch bilaterale Symmetrie oder Spiegelsymmetrie genannt: Es handelt sich um die einfachste Symmetrie. Für den Nichtfachmann ist die zweiseitige Symmetrie oft dasselbe wie Symmetrie überhaupt. Die zweiseitige Symmetrie wird zum Beispiel realisiert durch die Achsenspiegelung in der Ebene: Invariant unter Achsenspiegelungen sind unter anderem die folgenden ebenen Figuren:

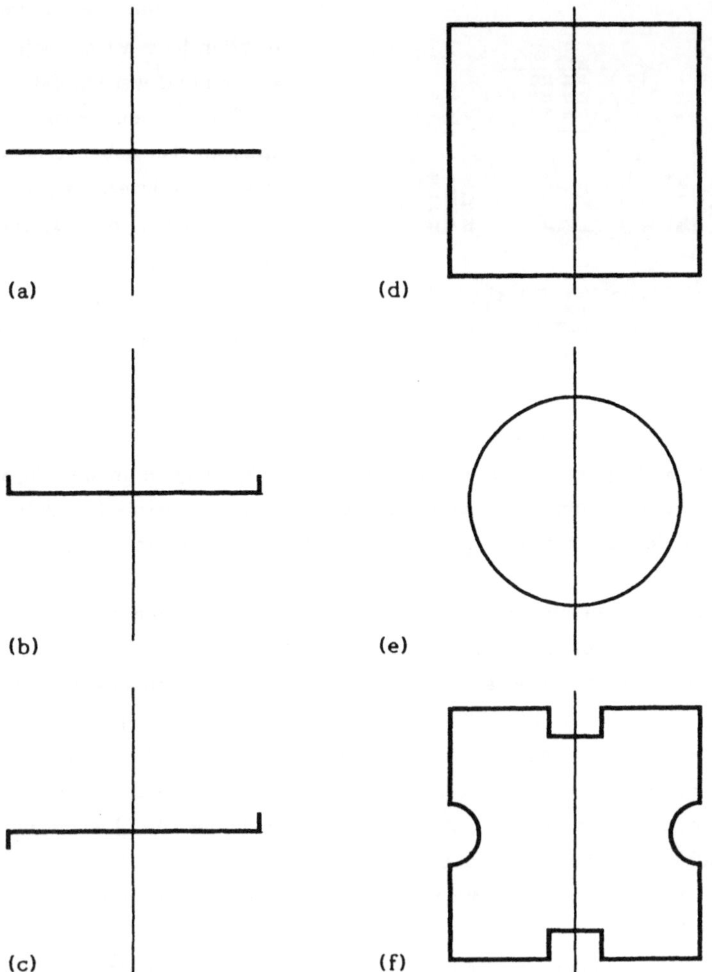

Dabei sind die in (a) und (b) abgebildeten Figuren rein spiegelsymmetrisch, während (c) nicht spiegelsymmetrisch bezüglich der eingezeichneten Achse ist. Die in (c) abgebildete Figur ist aber bilateral symmetrisch bezüglich 180°-Drehungen um den Schnittpunkt der Figur mit der Achse. Das Quadrat (d) gestattet mehr Symmetrien als nur die Spiegelung an der eingezeichneten Achse, nämlich weitere Spiegelungen an den Diagonalen sowie an einer horizontalen Achse, und auch Drehungen um 90°, 180°, 270°. Die Kreislinie in (e) hat eine kontinuierliche Schar von Symmetrien neben der Spiegelungssymmetrie, nämlich Drehungen um beliebige Winkel. Die Figur in (f) hat ebenfalls mehr Symmetrie als nur die Spiegelung an der vertikalen Achse, nämlich die Spiegelung an der horizontalen Achse und die Drehung um 180°. Diese Figur ist aber weniger symmetrisch als das Quadrat, denn sie ist nicht spiegelsymmetrisch bezüglich der Diagonalen.

Manche bilaterale Symmetrien lassen sich nicht sofort erkennen und werden daher verborgene Symmetrien genannt. Zum Beispiel ist das nebenstehende Symbol "I Ging" bilateral symmetrisch: Es gilt zunächst, eine Symmetrieachse ausfindig zu machen und dann nach der Spiegelung der gesamten Figur an dieser Achse, die "Dreier-Symbole" zu invertieren, indem ein durchgezogener Balken durch einen unterbrochenen Balken ersetzt wird und umgekehrt.

Ein wichtiges Beispiel für eine bilaterale Symmetrie in der Physik ist die Symmetrie der Zeitumkehr: Viele klassische und quantenmechanische Systeme bleiben invariant unter der Ersetzung des Zeitparameters t durch $-t$.

(3.2) Allgemeine diskrete Symmetrien: Diskrete Symmetrien finden sich bei den Symmetriebetrachtungen von regelmäßigen Figuren im $\mathbb{R}^2$, wie zum Beispiel im Falle des oben diskutierten Quadrats oder allgemeiner bei regelmäßigen Polygonen, bei sternförmigen Figuren und bei vielen anderen geometrischen Konfigurationen. Analog erhält man für Tetraeder und andere regelmäßige Körper im $\mathbb{R}^3$ interessante diskrete Symmetrien. Ebenfalls in diese Rubrik passen Symmetrien, die durch ebene Ornamente, Friese oder Parkettierungen gegeben sind (vgl. [GRS] oder [ART], siehe auch das Bild zu 4.3 im nächsten Paragraphen) oder durch Kristalle (vgl. [KLE]), sowie die Symmetrien, welche in den graphischen Werken von M.C. Escher verborgen sind (vgl. [COX]).

(3.3) Kontinuierliche und höhere Symmetrien: Ein einfaches Beispiel einer kontinuierlichen Symmetrie liefert die oben bereits diskutierte Kreislinie. Andere kontinuierliche Symmetrien erhält man zum Beispiel bei der Betrachtung aller Kongruenztransformationen oder aller Ähnlichkeitstransformationen der euklidischen Ebene. Weitere kontinuierliche Symmetrien ergeben sich beim Übergang zu höheren Dimensionen, also bei der Untersuchung aller "Drehungen" des euklidischen $\mathbb{R}^n$ oder des unitären Raumes $\mathbb{C}^n$. Auch der in der Quantenmechanik so wichtige Begriff des "Spins" eines Teilchens steht in enger Beziehung zu einer kontinuierlichen Symmetrie (vgl. III.3). Weiterhin sind unendlichdimensionale kontinuierliche Symmetrien von Bedeutung, wie etwa die Symmetrie unter beliebigen differenzierbaren Abbildungen (bzw. Parametrisierungen) oder die Symmetrie der Winkelerhaltung in $\mathbb{C}$, welche bekanntlich zu den holomorphen Funktionen führt; denn eine komplexwertige Funktion f auf einer offenen Menge U der komplexen Ebene ist genau dann winkelerhaltend, wenn f oder $\bar{f}$ holomorph ist mit nirgends verschwindender Funktionaldeterminante.

Als geeignetes mathematisches Werkzeug zur Beschreibung von Symmetrien erweist sich der Gruppenbegriff, an den wir wegen seiner Bedeutung für unser Thema in dem nachfolgenden Abschnitt 3.4 erinnern wollen. Der Zusammenhang zwischen dem Gruppenbegriff und dem Begriff der Symmetrie ist der folgende: Symmetrie im mathematischen Sinne wird zunächst durch *Symmetrietransformationen* beschrieben. Eine *Symmetrietransformation* eines Objektes ist eine Transformation (das heißt eine bijektive Abbildung auf diesem Objekt), welche das Objekt im wesentlichen unverändert läßt, das bedeutet, daß eine vorher festgelegte Struktur nicht verändert wird. Zum Beispiel kann es sich um eine algebraische Struktur wie Gruppenstruktur, Ringstruktur oder Vektorraumstruktur handeln. In diesem Fall heißen solche strukturerhaltende Transformationen in der Regel *Automorphismen*. Es kann sich auch um eine topologische bzw. eine differenzierbare Struktur handeln, dann heißen die entsprechenden Transformationen *Homöomorphismen* oder *topologische Abbildungen* bzw. *Diffeomorphismen*. In diesem Buch interessieren vor allem geometrische Strukturen. In den ebenen Figuren (a) – (f) wird zum Beispiel der (euklidische) Abstand bei den Spiegelungen und bei den übrigen erwähnten Symmetrietransformationen unverändert gelassen. (Auf Strukturen und strukturerhaltende Transformationen gehen wir ausführlicher in den Beispielen am Ende dieses Paragraphen und im nächsten Paragraphen ein.)

Es ist eine sehr einfache aber wichtige Tatsache, daß die Symmetrietransformationen eines Objekts mit vorgegebener Struktur eine Gruppe bilden; und zwar ist diese Gruppe um so größer je symmetrischer das Objekt ist. Auf diese Weise wird der Zusammenhang zwischen dem gerade geschilderten Konzept einer Symmetrie und dem Gruppenbegriff hergestellt. Daß die Gesamtheit der Symmetrietransformationen eine Gruppe bildet, ist nichts anderes als festzustellen, daß für je zwei Symmetrietransformationen die Komposition, also die Hintereinanderausführung dieser zwei Symmetrietransformationen, wieder die Struktur erhält, also eine Symmetrietransformation ist, und daß die Umkehrtransformation einer Symmetrietransformation auch eine Symmetrietransformation ist. In der Tat ist der Gruppenbegriff eine Abstrahierung einer Vielzahl von explizit untersuchten Symmetrien in der Natur, in der Physik, in der Mathematik und insbesondere in der Geometrie. In dieser abstrakten Version des Symmetriebegriffs ist die Gesamtheit der jeweils betrachteten Symmetrietransformationen eines Objekts gegeben durch die Wirkung einer Gruppe (der sogenannten "Symmetriegruppe") auf dem Objekt, derart, daß die vorgegebene Struktur des Objekts unverändert bleibt. Wir benötigen diesen abstrakten Begriff von Symmetrie, und wollen ihn daher im folgenden ausführlich darstellen und durch Beispiele illustrieren. Wir beginnen damit, indem wir an den Gruppenbegriff erinnern.

(3.4) Definition: Eine Menge G mit einer Abbildung $\mu : G \times G \longrightarrow G$ und einem ausgezeichneten Element $e \in G$ ("*neutrales Element*" oder "*Einselement*") heißt *Gruppe*, wenn für alle $x,y,z \in G$ gilt:

1° $\mu(x,\mu(y,z)) = \mu(\mu(x,y),z)$,

2° $\mu(x,e) = \mu(e,x) = x$,

3° es gibt $x' \in G$ mit $\mu(x,x') = \mu(x',x) = e$.

(3.5) Notationen und Beispiele:

1° x' in 3° ist eindeutig bestimmt und heißt das zu x *inverse* Element, welches häufig als x^{-1} geschrieben wird.

2° Abkürzung: $xy := \mu(x,y)$ oder auch $x{\cdot}y := \mu(x,y)$. Dann wird aus den Gruppenaxiomen $1^{\circ} - 3^{\circ}$: $x(yz) = (xy)z$, $xe = ex = x$ und $xx^{-1} = x^{-1}x = e$. μ wird als *Gruppenoperation* oder auch als *Multiplikation* bezeichnet.

3° Eine Gruppe heißt *abelsch* oder *kommutativ*, wenn $xy = yx$ für alle x, $y \in G$ gilt. In diesem Falle wird die Gruppenoperation μ meistens additiv geschrieben: $x + y := \mu(x,y)$ anstelle von xy. Das zu x inverse Element wird dann entsprechend mit $-x$ bezeichnet. Wohlbekannt ist die abelsche Gruppe der ganzen Zahlen $\mathbb{Z}$ mit der üblichen Addition als Gruppenoperation, oder die abelsche Gruppe $\mathbb{R}$ der reellen Zahlen bezüglich der Addition. Bezüglich der Multiplikation von Zahlen ist $\mathbb{R}$ keine Gruppe, denn 1 ist das neutrale Element, und 0 hat keine Inverse bezüglich der Multiplikation, das heißt es gibt keine reelle Zahl r mit $0{\cdot}r = 1$. Aber $\mathbb{R}\backslash\{0\}$ ist eine abelsche Gruppe bezüglich der Multiplikation.

4° Sei M eine nichtleere Menge. Dann ist die Menge S(M) der bijektiven Abbildungen von M auf M, $S(M) := \{f : M \longrightarrow M : f \text{ bijektiv}\}$, mit der Komposition $fg := f \circ g$ für $f,g \in S(M)$ als Gruppenoperation eine Gruppe. S(M) wird die *Permutationsgruppe* oder *symmetrische Gruppe* von M genannt. Neutrales Element ist die Identität id_M: $id_M(x) = x$ für alle $x \in M$. Das inverse Element zu $f \in S(M)$ ist die Umkehrabbildung. Wenn M mehr als 2 Elemente enthält, ist S(M) nicht kommutativ.

5° Ein (*Gruppen-*) *Homomorphismus* von G nach H ist eine Abbildung $\varphi : G \longrightarrow H$ mit $\varphi(xy) = \varphi(x)\varphi(y)$ für alle $x,y \in G$. Man beachte, daß auf der linken Seite der Gleichung die Gruppenoperation von G und auf der rechten Seite die von H gemeint ist. In der nicht abgekürzten Schreibweise mit μ_G bzw. μ_H als Gruppenoperationen von G bzw. H ist diese Gleichung gleichbedeutend mit der Identität $\varphi(\mu_G(x,y)) = \mu_H(\varphi(x),\varphi(y))$. $\varphi : G \longrightarrow H$ ist also genau dann ein Homomorphismus, wenn $\varphi \circ \mu_G = \mu_H \circ (\varphi \times \varphi)$ gilt. Dabei ist $\varphi \times \varphi : G \times G \longrightarrow H \times H$ durch $(\varphi \times \varphi)(x,y) := (\varphi(x),\varphi(y))$ definiert. Für einen Homomorphismus φ gilt $\varphi(e_G) = e_H$, wobei mit e_G das neutrale Element von G und mit e_H das von H bezeichnet wird.

Für einen Homomorphismus $\varphi : G \longrightarrow H$ ist der *Kern von* φ definiert als $\operatorname{Ker}\varphi := \{g \in G : \varphi(g) = e_H\} \subset G$ und das *Bild von* φ als $\operatorname{Im}\varphi := \{\varphi(g) : g \in G\}$, also $\operatorname{Ker}\varphi = \varphi^{-1}(0)$ und $\operatorname{Im}\varphi = \varphi(G)$. Ein *Isomorphismus* ist ein bijektiver Homomorphismus, das heißt ein Homomorphismus φ mit $\operatorname{Ker}\varphi = \{e_G\}$ und $\operatorname{Im}\varphi = H$. Zwei Gruppen G und H heißen *isomorph*, wenn es einen Isomorphismus zwischen ihnen gibt.

Für zwei Gruppen G und H ist die *Produktgruppe* (oder einfach das *Produkt* der Gruppen G und H) definiert durch die Menge $G \times H$ der Paare (g,h), $g \in G$ und $h \in H$, mit der folgenden Multiplikation: $(g,h)(g',h') := (gg',hh')$ für Paare (g,h), (g',h') ∈ G × H. (e_G,e_H) ist offenbar das neutrale Element der Produktgruppe. Man hat sofort die natürlichen Homomorphismen ι_G : G $\longrightarrow$ G × H, g $\longmapsto$ (g,e_H) für g ∈ G, und π_G : G × H $\longrightarrow$ G, (g,h) $\longmapsto$ g für (g,h) ∈ G × H.

6° Die Permutationsgruppe der n−elementigen Menge {1,2, ... ,n} wird auch mit $\mathfrak{S}_n$ bezeichnet: $\mathfrak{S}_n$:= S({1,2, ... n }). Es gilt: Jede Gruppe S(M) einer n−elementigen Menge M ist isomorph zu $\mathfrak{S}_n$. Die *Ordnung* einer endlichen Gruppe ist die Anzahl ihrer Elemente. Also hat $\mathfrak{S}_n$ die Ordnung n! .

7° Die *zyklische Gruppe der Ordnung n* ist die Gruppe

$$Z_n := \{\, e^{it} :\ t = 0, \frac{2\pi}{n}, 2\frac{2\pi}{n}, \ldots, n\frac{2\pi}{n} = 2\pi \,\}$$

mit der Multiplikation $e^{it}e^{is} := e^{i(t+s)}$ als Gruppenoperation. Wegen $e^{2\pi i} = 1 = e^0$ ist die Multiplikation wohldefiniert. Z_n ist eine abelsche Gruppe der Ordnung n. Z_n enthält ein ("erzeugendes") Element z, nämlich $z := e^{it}$ für $t = \frac{1}{n}2\pi$, mit $z^n = 1$ und der Eigenschaft, daß jedes Element aus Z_n von der Form z^k mit einem geeigneten k ∈ ℕ ist. Z_n läßt sich auffassen als die Gruppe der Drehungen der euklidischen Ebene um die Winkel $0, \frac{2\pi}{n}, 2\frac{2\pi}{n}, \ldots, n\frac{2\pi}{n} = 2\pi$. Aus algebraischer Sicht ist Z_n die Gruppe der *n−ten Einheitswurzeln*, denn Z_n ist gerade die Menge der komplexen Zahlen w mit $w^n = 1$. Zur zyklischen Gruppe Z_n gibt es den Homomorphismus $\varphi : Z \longrightarrow Z_n$, $k \longmapsto \exp(ik\frac{2\pi}{n})$, für den gilt: Ker$\varphi$ = {k ∈ Z : k ist ganzzahliges Vielfaches von n} und Imφ = Z_n.

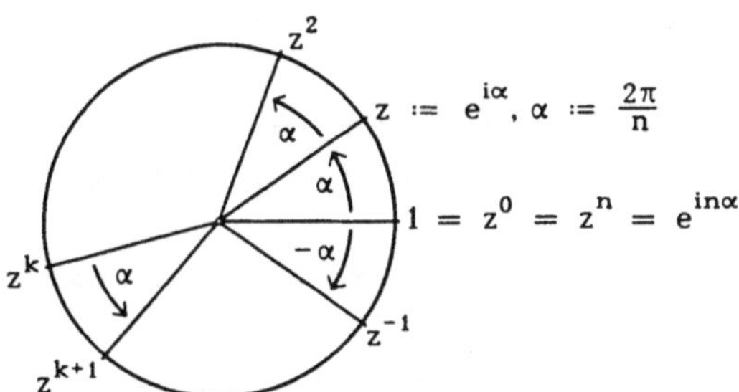

8° Eine *Untergruppe* einer vorgegebenen Gruppe G ist eine Teilmenge H von G, so daß die Einschränkung $\mu_H := \mu|_{H \times H}$ von μ auf die Menge H × H bezüglich der Teilmenge H die oben zitierten Gruppenaxiome $1^{\circ} - 3^{\circ}$ erfüllt. Eine Teilmenge H ⊂ G mit e ∈ H ist also Untergruppe von G, wenn μ(H × H) ⊂ H gilt und zu jedem x ∈ H die Inverse x^{-1} in H liegt. Zum Beispiel kann $\mathfrak{S}_k$ für alle k ≤ n als Untergruppe von $\mathfrak{S}_n$ aufgefaßt werden. Ähnlich ist Z_2 Untergruppe von Z_4 und allgemeiner Z_n Untergruppe von Z_k, wenn k ein ganzzahliges Vielfaches von n ist. Für jeden Homomorphismus φ : G $\longrightarrow$ H von Gruppen sind Kerφ und Imφ Untergruppen von G bzw. H.

9° Von besonderer Bedeutung für dieses Buch sind die *Matrixgruppen*. Die Matrixgruppen liefern viele wichtige Beispiele für Gruppen (und sogar für Lie−Gruppen, vgl. Anhang L). Zunächst werde für natürliche Zahlen n > 0 mit ℝ(n) (bzw. mit ℂ(n)) der Vektorraum der n×n-Matrizen mit reellen (bzw. mit komplexen) Koeffizienten bezeichnet. Die *allgemeine lineare Gruppe* ist

$$GL(n,\mathbb{R}) := \{A \in \mathbb{R}(n) : \det A \neq 0\}, \text{ bzw. } GL(n,\mathbb{C}) := \{A \in \mathbb{C}(n) : \det A \neq 0\},$$

wobei als Gruppenoperation jeweils die Matrixmultiplikation dient. Das ist gerade die Gruppe der invertierbaren Matrizen und entspricht daher der Gruppe der bijektiven $\mathbb{R}$-linearen (bzw. $\mathbb{C}$-linearen) Abbildungen von $\mathbb{R}^n$ nach $\mathbb{R}^n$ (bzw. von $\mathbb{C}^n$ nach $\mathbb{C}^n$) mit der Komposition als Gruppenoperation. $GL(n,\mathbb{R})$ läßt sich also als Untergruppe von $S(\mathbb{R}^n)$ auffassen. Unter einer *Matrixgruppe* G versteht man eine abgeschlossene Untergruppe G der allgemeinen linearen Gruppe. (Dabei heißt eine Teilmenge G in $GL(n,\mathbb{R})$, bzw. in $GL(n,\mathbb{C})$, abgeschlossen, wenn für jede Folge (A_n) von Matrizen aus G, die komponentenweise gegen eine Matrix $A \in GL(n,\mathbb{R})$, bzw. $GL(n,\mathbb{C})$ konvergiert, bereits $A \in G$ gilt.) Auf die Matrixgruppen gehen wir im Anhang L ausführlicher ein.

Hier werden kurz einige der Matrixgruppen aufgelistet, die in der Geometrie und auch in der Physik von Bedeutung sind:

a) SO(2), die Gruppe der Matrizen, welche die euklidischen Drehungen des $\mathbb{R}^2$ repräsentieren:

$$SO(2) = \left\{A \in \mathbb{R}(2) : A = \begin{pmatrix} a & -c \\ c & a \end{pmatrix} \text{ mit } a^2 + c^2 = 1\right\}.$$

b) O(2), die Gruppe der orthogonalen 2×2-Matrizen, welche diejenigen linearen Abbildungen von $\mathbb{R}^2$ nach $\mathbb{R}^2$ repräsentieren, die das euklidische Skalarprodukt invariant lassen.

c) SO(3), die Gruppe der euklidischen Drehungen des $\mathbb{R}^3$.

d) SO(n), die Gruppe der euklidischen "Drehungen" des $\mathbb{R}^n$, und O(n), die Gruppe der orthogonalen Matrizen:

$$O(n) := \{A \in \mathbb{R}(n) : \text{Für alle } x \in \mathbb{R}^n \text{ ist } \langle Ax,Ax \rangle = \langle x,x \rangle \},$$

wobei "$\langle\ ,\ \rangle$" das euklidische Skalarprodukt bezeichnet (vgl. Paragraph 2).

$$SO(n) := \{A \in O(n) : \det A = 1\}.$$

O(n) ist die *orthogonale Gruppe*, und SO(n) ist die *spezielle orthogonale Gruppe*.

e) SU(n), die *speziellen unitären Gruppen*

$$SU(n) := \{A \in \mathbb{C}(n) : \text{Für alle } z \in \mathbb{C}^n \text{ gilt } \langle Az,Az \rangle = \langle z,z \rangle \text{ und } \det A = 1\}.$$

Dabei steht "$\langle\ ,\ \rangle$" jetzt aber für das *hermitesche Skalarprodukt* (vgl. 2.9)

$$\langle z,w \rangle = \sum_{\nu=1}^{n} \overline{z}_\nu w_\nu$$

anstelle des euklidischen Skalarproduktes.

f) U(1), die *unitäre Gruppe* der unitären Transformationen von $\mathbb{C}$ nach $\mathbb{C}$. U(1) kann auch als die Kreislinie $\{z \in \mathbb{C} : |z| = 1\}$ mit der von $\mathbb{C}$ induzierten komplexen Multiplikation $(z,w) \longmapsto zw$ aufgefaßt werden. U(1) enthält alle zyklischen Gruppen $\mathbb{Z}_n$ (vgl. 7°) als Untergruppen. U(1) ist im übrigen isomorph zu SO(2).

10° Weitere interessante Beispiele von Gruppen sind die *Zopfgruppen*, die neuerdings auch in der Quantenfeldtheorie von Bedeutung sind. (Zur Definition kann man zum Beispiel [ARM] konsultieren.)

Der Hauptbegriff dieses Paragraphen ist der Begriff der *Symmetriegruppe*. Um diesen Begriff einführen zu können, war es nötig, zunächst an den Begriff der Gruppe zu erinnern. Als weitere Vorbereitung dient der Begriff der *Wirkung* einer Gruppe auf einer Menge, bzw. der Begriff der *Transformationsgruppe*:

(3.6) Definition: G sei eine Gruppe und M sei eine nichtleere Menge. Eine *Wirkung von* G *auf* M ist eine Abbildung

$$\Phi : G \times M \longrightarrow M,$$

mit den folgenden Eigenschaften: Für alle $m \in M$ und alle $x, y \in G$ gilt

$$\Phi(e,m) = m \quad \text{und}$$
$$\Phi(x,\Phi(y,m)) = \Phi(xy,m).$$

G heißt dann auch *Transformationsgruppe* auf M, und man sagt: G *wirkt von links auf* M (*durch* Φ).

(3.7) Folgerungen: Setze $\Phi_x(m) := \Phi(x,m)$. Dann ist die durch Φ gegebene Abbildung $\Phi_x : M \longrightarrow M$ für jedes $x \in G$ bijektiv, also $\Phi_x \in S(M)$. Außerdem ist die Abbildung $x \longmapsto \Phi_x$, welche mit $\tilde{\Phi}$ bezeichnet werde, ein Homomorphismus $\tilde{\Phi} : G \longrightarrow S(M)$ von Gruppen. Die Vorgabe einer Transformationsgruppe G auf M mit der Wirkung Φ ist daher gleichbedeutend mit der Festlegung eines Homomorphismus von Gruppen $\tilde{\Phi} : G \longrightarrow S(M)$: Jeder Homomorphismus $\varphi : G \longrightarrow S(M)$ induziert durch $\Phi(x,m) := \varphi(x)(m)$ eine Wirkung Φ von G auf M.

(3.8) Definition: Wir kommen jetzt zur eigentlichen Definition der Symmetriegruppe. Vorgegeben ist in dem Rahmen, in dem in diesem Buch der Begriff der Symmetriegruppe benutzt wird, immer eine Menge M mit einer festgelegten Struktur. (Beispiele von dem jetzt undefinierten Strukturbegriff folgen gleich.) Man spricht von einer *Symmetrie* oder einer *Symmetriegruppe* G, wenn G eine Transformationsgruppe auf M ist, derart daß die zugehörige Wirkung Φ die vorgegebene, festgelegte Struktur auf M nicht verändert. (Oder, wie man in diesem Zusammenhang auch sagt: *invariant* läßt.) Das soll heißen, daß für jedes Gruppenelement $x \in G$ die zugehörige bijektive Abbildung $\Phi_x : M \longrightarrow M$ die jeweilige Struktur auf M nicht verändert.

Unter der *vollen* Symmetriegruppe Mor(M) einer vorgegebenen Struktur auf der Menge M versteht man die Gruppe Mor(M) := {$f : M \longrightarrow M : f$ ist bijektiv und läßt die vorgegebene Struktur auf M invariant} mit der Wirkung $\Phi(f,m) := f(m)$ für $f \in$ Mor(M) und $m \in M$. Mor(M) ist eine Untergruppe von S(M) und steht für die Gruppe der umkehrbaren "Morphismen" der Struktur. Eine allgemeine Symmetriegruppe ist daher nach 3.7 gegeben durch einen Homomorphismus $\tilde{\Phi} : G \longrightarrow$ Mor(M) von G in die volle Symmetriegruppe Mor(M). Unter einer *Struktur auf einer Menge* M kann man ganz abstrakt die Festlegung einer Untergruppe Mor(M) $\subset$ S(M) verstehen. Wir sind aber mehr an konkret gegebenen Strukturen interessiert, wie in den folgenden Beispielen.

(3.9) Beispiele. Abschließend zu diesem Paragraphen eine Reihe von Beispielen zum Begriff Symmetriegruppe, die im folgenden Paragraphen noch ergänzt wird durch Symmetrien von geometrischen Strukturen:

1° **Leere Struktur.** Für jede Menge $M \neq \emptyset$ ist $S(M)$ – die Permutationsgruppe von M – eine Symmetriegruppe auf M, wenn auf M keine Struktur (das heißt die *leere* Struktur) festgelegt wird. Die Wirkung ist einfach die *Auswertung*

$$\Phi : S(M) \times M \longrightarrow M, \quad \Phi(f,m) := f(m),$$

für $f \in S(M)$ und $m \in M$. $S(M)$ ist die volle Symmetriegruppe der *leeren Struktur*. Jede Untergruppe $H \subset S(M)$ ist ebenfalls eine Symmetriegruppe auf M. Jede weitere Symmetriegruppe G von M bezüglich der leeren Struktur ist gegeben durch einen Homomorphismus von Gruppen $\varphi : G \longrightarrow S(M)$.

2° **Lineare Struktur.** Für einen Vektorraum V über $\mathbb{R}$ sei die festgelegte Struktur die lineare Struktur von V, das heißt die Vektorraumstruktur (vgl. z.B. [ART] für die Grundbegriffe über Vektorräume). Eine Abbildung $g : V \longrightarrow V$ läßt die lineare Struktur invariant, wenn g bijektiv und $\mathbb{R}$-linear ist. Die volle Symmetriegruppe in dieser Situation ist also die Gruppe der Vektorraumisomorphismen

$$GL(V) := \{g : V \longrightarrow V \mid g \text{ ist } \mathbb{R}\text{-linear und bijektiv}\} \subset S(V)$$

mit der Wirkung $\Phi(g,v) := g(v)$, $v \in V$, $g \in G$ (analog zu 1°). Wie in 1° ist jede Untergruppe $G \subset GL(V)$ eine Symmetriegruppe. Insbesondere erhält man auf diese Weise für endlichdimensionale Vektorräume $V \cong \mathbb{R}^{n}$ und abgeschlossene Untergruppen G von $GL(V)$ die Matrixgruppen, denn für $V = \mathbb{R}^{n}$ läßt sich jede $\mathbb{R}$-lineare Abbildung

$$g : \mathbb{R}^{n} \longrightarrow \mathbb{R}^{n}$$

durch eine zugehörige Matrix $A_{g} = (a_{\nu}^{\mu})_{1 \leq \mu, \nu \leq n}$ bezüglich der Standardbasis (e_{ν}) ($e_{\mu} := (0,\ldots 1,\ldots 0)$ der μ-te Einheitsvektor) beschreiben: Die Koeffizienten a_{ν}^{μ} bestimmen sich durch

$$g(e_{\nu}) = \sum_{\mu=1}^{n} a_{\nu}^{\mu} e_{\mu},$$

und für jeden Vektor $x = \sum_{\nu=1}^{n} x^{\nu} e_{\nu} \in V$ gilt dann

$$g(x) = g(x^{1},\ldots x^{n}) = \sum_{\nu=1}^{n} x^{\nu} g(e_{\nu}) = \sum_{\mu=1}^{n} \sum_{\nu=1}^{n} x^{\nu} a_{\nu}^{\mu} e_{\mu}.$$

Unter Verwendung der Einsteinschen Summenkonvention lesen sich die Formeln wie folgt: $g(e_{\nu}) = a_{\nu}^{\mu} e_{\mu}$, $x = x^{\nu} e_{\nu}$ und $g(x) = x^{\nu} a_{\nu}^{\mu} e_{\mu}$. Analoge Überlegungen kann man für $\mathbb{C}$ anstelle von $\mathbb{R}$ durchführen, oder auch für beliebige Körper.

Ein schönes geometrisches Kriterium, zu entscheiden, wann eine bijektive Abbildung eines reellen Vektorraumes bereits $\mathbb{R}$-linear ist, liefert der Fundamentalsatz der affinen Geometrie (vgl. [BER, I, S. 52 ff.]):

Satz: Für einen endlichdimensionalen Vektorraum V über $\mathbb{R}$ der Dimension $d > 1$ ist eine Bijektion $f : V \longrightarrow V$ mit $f(0) = 0$ bereits $\mathbb{R}$-linear, wenn f stets drei kollineare $x,y,z \in V$ in kollineare $f(x), f(y), f(z)$ überführt.

Dabei heißen $x,y,z \in V$ *kollinear*, wenn sie auf einer *Geraden* liegen, und das ist gleichbedeutend damit, daß es ein $\lambda \in \mathbb{R}$ mit $x = y + \lambda(z - y)$ gibt.

Wie die Vektorraumisomorphismen $g \in GL(V)$ haben auch die Translationen $T_b : V \longrightarrow V, x \longmapsto T_b(x) := x + b$, die Eigenschaft, daß stets drei kollineare $x, y, z \in V$ in kollineare $f(x), f(y), f(z)$ überführt werden. Der Fundamentalsatz besagt eigentlich, daß eine beliebige Bijektion $f \in S(V)$ mit dieser Eigenschaft die Komposition von einer Translation und einer Abbildung g aus $GL(V)$ ist. Das ergibt sich leicht aus dem oben zitierten Satz: Es sei $b := f(0)$ und $g(x) := f(x) - b$. Dann ist g bijektiv mit $g(0) = 0$, und g überführt je drei kollineare $x, y, z \in V$ in kollineare $g(x), g(y), g(z)$. Nach Satz gilt also $g \in GL(V)$, und es folgt: $f(x) = g(x) + b$, also $f = T_b \circ g$.

Die Kompositionen $f = T_b \circ g$ mit $g \in GL(V)$ und $b \in V$ heißen *affine Transformationen* von V, und man bezeichnet die Gruppe aller affine Transformationen von V als die *affine Gruppe* $Aff(V)$ von V. Im Sinne des Fundamentalsatzes besteht die affine Gruppe also genau aus denjenigen Transformationen, welche je drei kollineare Punkte in kollineare Punkte überführen, das heißt welche die "Geradenstruktur" von V invariant lassen. (Vgl. mit der Struktur eines affinen Raumes in II.1.)

3° **Darstellungen von Gruppen.** Eine *Darstellung* einer Gruppe G in einem Vektorraum V über $\mathbb{R}$ ist ein Homomorphismus

$$\varphi : G \longrightarrow GL(V).$$

φ realisiert also über die Wirkung $\Phi(g,v) := \varphi(g)(v)$ für $g \in G$ und $v \in V$ die Gruppe G als Symmetriegruppe von V bezüglich der Vektorraumstruktur. Die Klasse der Symmetriegruppen von V bezüglich der $\mathbb{R}$-linearen Struktur ist insofern gleichzusetzen mit der Klasse aller Darstellungen in V.

4° **Gruppenstruktur.** Sei M eine Gruppe. Eine Abbildung $g : M \longrightarrow M$ erhält genau dann die Gruppenstruktur von M, wenn g ein bijektiver Homomorphismus ist. Einen solchen bijektiven Homomorphismus nennt man auch *Automorphismus*. Die Menge $Aut(M)$ der Automorphismen von M ist eine Untergruppe von $S(M)$. Sie heißt die *Automorphismengruppe* von M. Auf M wirke jetzt eine weitere Gruppe G nach 3.6. Wie in 3.7 induziert die Wirkung Φ einen Homomorphismus $\tilde{\Phi} : G \longrightarrow S(M)$. Offensichtlich ist G mit der Wirkung Φ genau dann eine Symmetriegruppe der Gruppenstruktur von M, wenn jedes Φ_g, $g \in G$, ein Automorphismus ist, das heißt, wenn $\tilde{\Phi}(G) \subset Aut(M)$ gilt. Insbesondere ist $Aut(M)$ die volle Symmetriegruppe von M.

Im Falle von $G = M$ ist zum Beispiel durch die Gruppenoperation μ in natürlicher Weise eine Wirkung $\Phi := \mu$ gegeben, welche G zur Symmetriegruppe von sich selbst macht. Wegen $(g,x) \longmapsto gx = \mu(g,x)$ für $g \in G$ und $x \in M = G$, heißt diese Wirkung von G auf sich selbst auch *Linksmultiplikation*. Ähnlich hat man die Selbstwirkung durch die sogenannten *inneren Automorphismen* $(g,x) \longmapsto gxg^{-1}$. Der zugehörige Homomorphismus $\tilde{\Phi}$ heißt in diesem Falle die *Adjungierte* von G und wird mit Ad bezeichnet: $Ad : G \longrightarrow Aut(G)$.

5° **Topologische Struktur.** M sei ein topologischer Raum. (Zum Beispiel: $M \subset \mathbb{R}^n$ mit der Topologie, die durch $\mathbb{R}^n$ auf M gegeben ist. Über Grundbegriffe zur Topologie vgl. [OSS].) Die volle Symmetriegruppe von M bezüglich der topologischen Struktur auf M ist die Gruppe $Top(M)$ der *topologischen* Abbildungen $f : M \longrightarrow M$

mit der Komposition als Gruppenoperation. Dabei heißt f topologisch, wenn f stetig und bijektiv ist, und wenn auch die Umkehrabbildung f^{-1} stetig ist.

6° **Metrische Struktur.** Es sei $d : M \times M \longrightarrow \mathbb{R}$ eine Metrik auf einer Menge M, also $d(x,y) = d(y,x) \geq 0$ und $d(x,z) \leq d(x,y) + d(y,z)$ für alle $x,y,z \in M$, sowie $d(x,y) = 0$ genau dann, wenn $x = y$. Beispiele: Euklidischer Abstand zwischen Vektoren x,y aus $\mathbb{R}^n = M$ (vgl. 2.3) oder der Abstand $d(\zeta,\zeta') := \|\zeta - \zeta'\|$ zwischen Vektoren im Hilbertraum $\ell^2 = M$.

Eine Metrik d definiert auf M eine *metrische Struktur*, und (M,d), also M zusammen mit der Metrik d, heißt *metrischer Raum*. Die volle Symmetriegruppe der metrischen Struktur ist die Gruppe Is(M,d) der Isometrien. Dabei ist eine *Isometrie* eine bijektive Abbildung $f : M \longrightarrow M$ mit $d(x,y) = d(f(x),f(y))$ für alle $x,y \in M$. Beispiele von Isometrien des euklidischen Raumes sind die Translationen $x \longmapsto x + b$ und die in $(3.5.9^{\circ}d))$ beschriebenen orthogonalen linearen Abbildungen (vgl. auch 4.4).

Eine Metrik d auf M definiert immer auch eine Topologie, die zugehörige *metrische Topologie*. Dabei ist eine Teilmenge $U \subset M$ bezüglich der metrischen Topologie genau dann *offen*, wenn es zu jedem $x \in U$ aus U ein $r > 0$ gibt, so daß die "Kugel" $B(x,r) := \{y \in M : d(x,y) < r\}$ ganz in U liegt. Eine Isometrie ist immer auch eine topologische Abbildung bezüglich der zugehörigen metrischen Topologie. Daher ist Is(M,d) eine Untergruppe von Top(M). Im allgemeinen gilt $\text{Is}(M,d) \neq \text{Top}(M)$.

7° **Differenzierbare Struktur.** M sei offen in $\mathbb{R}^n$ (oder eine Fläche in $\mathbb{R}^3$, oder eine differenzierbare Mannigfaltigkeit, vgl. Anhang M). Die festgelegte Struktur sei die differenzierbare Struktur auf M. Die volle Symmetriegruppe ist jetzt die Gruppe Diff(M) der *Diffeomorphismen*, das sind alle bijektiven Abbildungen $f : M \longrightarrow M$, für die f und die Umkehrabbildung f^{-1} beliebig oft differenzierbar sind. Diff(M) ist Untergruppe von Top(M).

8° **Konforme Struktur.** M sei eine offene, nichtleere Menge in der komplexen Zahlenebene $\mathbb{C}$, und die festgelegte Struktur sei die *konforme* (oder auch *holomorphe*) Struktur. Die volle Symmetriegruppe Hol(M) ist dann die Gruppe aller *biholomorphen* Abbildungen, das heißt aller injektiven und holomorphen Funktionen $f : M \longrightarrow \mathbb{C}$ mit $f(M) = M$ und holomorpher Umkehrabbildung f^{-1}. (Im übrigen ist für eine injektive, holomorphe Funktion $f : M \longrightarrow \mathbb{C}$ mit $f(M) = M$ die Umkehrabbildung f^{-1} immer holomorph.) Hol(M) ist eine Untergruppe von Diff(M) und damit auch eine Untergruppe von Top(M).

In den letzten fünf Fällen ist eine Symmetriegruppe G der jeweiligen Struktur gegeben durch einen Homomorphismus $\tilde{\Phi} : G \longrightarrow \text{Mor}(M)$, wobei Mor(M) die Gruppe Aut(M), Top(M), Is(M,d), Diff(M) bzw. Hol(M) ist.

Für manche Symmetriebetrachtungen in der Physik sind die hier eingeführten Symmetriegruppen nicht allgemein genug. Als Verallgemeinerungen von Gruppensymmetrien werden daher auch Supersymmetrien (vgl. [FRE]) oder Quantengruppen (vgl. [MAN3]) studiert.

4 SYMMETRIE UND GEOMETRIE

Dieser Paragraph handelt von Symmetrien *geometrischer Strukturen*. Dabei ist Symmetrie natürlich im Sinne des vorangehenden Paragraphen zu verstehen. Es werden einige Beispiele bereitgestellt, um den Zusammenhang von Symmetrie und Geometrie zu erläutern. Dieser Zusammenhang kann hier nicht in voller Allgemeinheit beschrieben werden. Es sei aber darauf hingewiesen, daß durch die entsprechende Symmetriegruppe einer geometrischen Struktur in vielen Fällen diese Struktur weitgehend festgelegt, also klassifiziert wird. Dieser Gesichtspunkt entspricht dem *Erlanger Programm* von Felix Klein [KLEI], auf das am Schluß dieses Paragraphen kurz eingegangen wird.

Für die Entwicklung des Symmetriekonzepts im letzten Jahrhundert ist [YAG] eine gute Quelle. Ein allgemeinverständlicher Zugang zu einem wichtigen Teilaspekt wird durch [NIS] vermittelt. Ein elementares und ausführliches Lehrbuch über grundlegende Eigenschaften von Gruppen unter besonderer Berücksichtigung von Symmetriegruppen geometrischer Strukturen ist [ARM]. Eine schöne und umfassende Darstellung der synthetischen und der analytischen Geometrie unter Zugrundelegung von Symmetriebetrachtungen wird in [BER] gegeben. Schließlich führt die Untersuchung von Symmetrien in der Differentialgeometrie zu symmetrischen Räumen und zur Geometrie der Faserbündel; vgl. [GEOM], [HEL], [KON] oder [POO] für mathematische Monographien zu diesem Gegenstand und [BLE], [COJ], [CUM], [GÖS] oder [PER] für physikalisch orientierte Darstellungen.

(4.1) Euklidische Ebene. Ein wichtiges elementares Beispiel ist die euklidische Ebene im Rahmen der analytischen Geometrie, also $\mathbb{R}^2$ mit dem Skalarprodukt

$$\langle (x,y),(x',y')\rangle := x\,x' + y\,y'$$

für $x, x', y, y' \in \mathbb{R}$, der zugehörigen euklidischen Länge (oder Norm)

$$|(x,y)| = \sqrt{x^2 + y^2} = \sqrt{\langle (x,y),(x,y)\rangle}$$

für $(x,y) \in \mathbb{R}^2$, sowie dem euklidischen Abstand

$$d(v,w) := |v - w|$$

für $v, w \in \mathbb{R}^2$. (Siehe 2.1. Man vergleiche allerdings diesen Begriff der euklidischen Ebene mit dem allgemeineren Begriff der euklidischen affinen Ebene, wie er in II.1 erläutert wird.) Unter der *euklidischen Struktur* auf $\mathbb{R}^2$ versteht man die durch den euklidischen Abstand d gegebene metrische Struktur im Sinne von $3.9.6^\circ$ (und man nimmt häufig noch eine Orientierung (vgl. 4.7) dazu).

Zu den Abbildungen $g : \mathbb{R}^2 \longrightarrow \mathbb{R}^2$, welche den Abstand d invariant lassen, gehören offenbar alle Translationen $T_b : \mathbb{R}^2 \longrightarrow \mathbb{R}^2$

$$v \longmapsto v + b, \quad v \in \mathbb{R}^2,$$

um einen festen Vektor $b \in \mathbb{R}^2$, und alle Rotationen

$$g_\alpha : \mathbb{R}^2 \longrightarrow \mathbb{R}^2$$

aus SO(2), repräsentiert durch den Winkel $\alpha \in [0,2\pi]$. Es ist dabei (unter Verwendung der Abkürzungen $c := \cos\alpha$ und $s := \sin\alpha$)

$$g_\alpha(x,y) = \begin{pmatrix} \cos\alpha & -\sin\alpha \\ \sin\alpha & \cos\alpha \end{pmatrix}\begin{pmatrix} x \\ y \end{pmatrix} = (cx - sy, sx + cy).$$

Zu den abstandserhaltenden Abbildungen der euklidischen Ebene gehören außerdem noch die *Spiegelungen* wie z.B. $(x,y) \longmapsto (y,x)$ oder $(x,y) \longmapsto (-x,y)$.

Die *euklidische Gruppe* E(2) sei an dieser Stelle definiert als diejenige Untergruppe von $S(\mathbb{R}^2)$, die von den Translationen und den Rotationen aus SO(2) erzeugt wird. E(2) ist also eine Symmetriegruppe der euklidischen Struktur. Weiter unten (in 4.4) werden wir sehen, daß die volle Symmetriegruppe der euklidischen Struktur (also die Gruppe aller bijektiven Abbildungen, welche den euklidischen Abstand invariant lassen) erzeugt wird von E(2) und den Spiegelungen, während die Gruppe aller Transformationen, welche den euklidischen Abstand und eine Orientierung von $\mathbb{R}^2$ (vgl. 4.7) erhalten, gerade die Gruppe E(2) ist. Die Transformationen aus der euklidischen Gruppe E(2) werden oft als *ebene Bewegungen* bezeichnet.

(4.2) Ebene Figuren. Für ebene Figuren $F \subset \mathbb{R}^2$ ist es üblich, die von der euklidischen Ebene $\mathbb{R}^2$ auf F übertragene Struktur als die vorgegebene Struktur zu betrachten. Die volle Symmetriegruppe G_F ist dann die Gruppe aller bijektiven Abbildungen $g : F \longrightarrow F$, zu denen es eine abstandserhaltende Abbildung $A : \mathbb{R}^2 \longrightarrow \mathbb{R}^2$ gibt mit $A|_F = g$.

Mit diesem Symmetriebegriff lassen sich jetzt die Beispiele (a)—(f) in 3.1 genauer untersuchen: Neben der Identität e hat das Beispiel (a) nur noch die Spiegelung σ als Symmetrie (oder die Drehung um 180°, die aber auf der Figur (a) dieselbe Abbildung ist). Die volle Symmetriegruppe ist daher isomorph zur zyklischen Gruppe $\mathbb{Z}_2$ mit zwei Elementen (vgl. $3.5.7^\circ$): $\mathbb{Z}_2 \cong \{e,\sigma\}$, $1 = e \neq \sigma$, $e\sigma = \sigma e = \sigma$ und $\sigma\sigma = e$. (b) und (c) haben ebenfalls $\mathbb{Z}_2$ als Symmetriegruppe, bei (b) ist das von der Identität verschiedene Element die Spiegelung an der x-Achse und bei (c) die Drehung um 180°. Das Quadrat (d) hat als Untergruppe der vollen Symmetriegruppe sicherlich die zyklische Gruppe $\mathbb{Z}_4$ der Drehungen um 0°, 90°, 180° und 270°. Als weitere Symmetrietransformationen treten die Spiegelungen an den Diagonalen und an der x- sowie an der y-Achse auf. Die volle Symmetriegruppe des Quadrats wird von diesen Drehungen und Spiegelungen erzeugt und besteht aus 8 Elementen (ist als D_4 s.u.). Die Kreislinie (e) hat als Symmetriegruppe die Gruppe $U(1) \cong SO(2)$ (vgl. $3.5.9^\circ$ f)); weitere Symmetrien sind die Spiegelungen an beliebigen Geraden durch 0. Schließlich hat die Figur (f) die vierelementige Produktgruppe $\mathbb{Z}_2 \times \mathbb{Z}_2$ als volle Symmetriegruppe, die in anderem Zusammenhang auch als *Kleinsche Vierergruppe* bezeichnet wird.

Einigermaßen übersichtlich ist die Struktur der Symmetriegruppe G_F für die regelmäßigen Polygone $P \subset \mathbb{R}^2$ mit $0 \in \mathbb{R}^2$ als Mittelpunkt. Ein solches Polygon $P = P_n$ mit n Ecken läßt sich durch die Eckpunkte $\{e_1, e_2, \dots, e_n\} \subset P_n$ repräsentieren.

Die volle Symmetriegruppe $D_n := G_{P_n}$ kann daher als Untergruppe von $\mathfrak{S}_n$ aufgefaßt werden. Im Falle $n = 3$ gilt dann $D_3 \cong \mathfrak{S}_3$, während für $n \geq 4$ die sogenannte *Diedergruppen* D_n nichttriviale Untergruppen von $\mathfrak{S}_n$ sind. ($n = 4$ ist das uns bereits bekannte Beispiel (d) des Quadrates in 3.1.) Die Diedergruppe D_n enthält als Untergruppe die zyklische Gruppe Z_n (3.5.7°) der Ordnung n der Drehungen um die Winkel $\frac{k}{n} 360^\circ$, $k \in Z$, und außerdem natürlich die n Spiegelungen an den durch den Mittelpunkt verlaufenden Geraden durch die Eckpunkte oder durch die Seitenhalbierenden des regulären Polygons. D_n wird von diesen Transformationen erzeugt. Daraus ergibt sich, daß D_n eine nichtabelsche Gruppe mit $2n$ Elementen ist. D_n ist aber nicht isomorph zum Produkt $Z_2 \times Z_n$, denn dieses Produkt ist immer abelsch. Allerdings ist D_n isomorph zu einem semidirekten Produkt von Z_2 und Z_n (vgl. II.2 für den Begriff des semidirekten Produktes). Die Symmetrietransformationen eines regelmäßigen Polygons P kann man sich auch vorstellen als die Drehungen im $\mathbb{R}^3$, welche ein leicht verdicktes Polygon in sich überführen. Für den Fall $k = 7$ erhält man so die folgenden Veranschaulichung der Diedergruppe D_7:

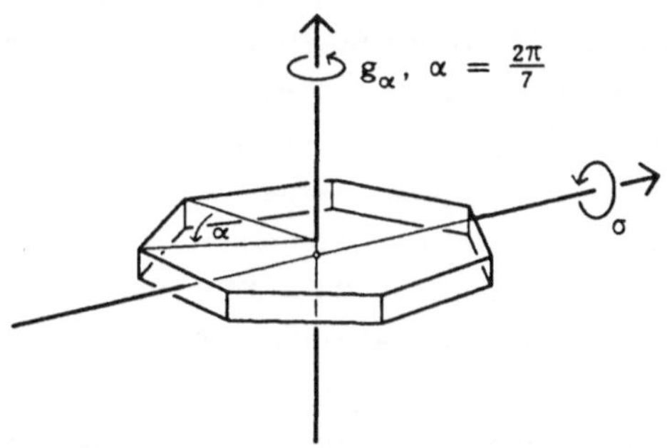

(4.3) Alhambragruppen. Ebene *regelmäßige Ornamente* (auch als *Parkettierungen* der Ebene bekannt) und *Friese* lassen sich klassifizieren, je nachdem welche Bewegungen oder Spiegelungen das jeweilige Ornament invariant lassen. Zum Beispiel:

Die Symmetriegruppen, die dabei auftreten, nennt man *Alhambragruppen*. Wenn man auf diese Weise einen Überblick über die Reichhaltigkeit aller regelmäßigen Ornamente gewinnen will, welche in der Kunst oder in mathematischen Überlegungen auftreten, so stellt sich heraus, daß es genau siebzehn verschiedene Alhambragruppen gibt, und daß zu allen diesen siebzehn Gruppen entsprechende Ornamente auch in der Alhambra vorzufinden sind. (Zu diesem Thema findet man elementare Einführungen in [ARM], [KLE], [ART] und [BER] und eine ausführliche Darstellung unter anderem auch über nicht mehr regelmäßige Ornamente und Muster mit vielen weiteren Problemen in [GRS].)

(4.4) Euklidischer Raum. Analog zu 4.1 ist für den n-dimensionalen Raum $\mathbb{R}^n$ die *euklidische Struktur* durch den euklidischen Abstand $d(x,y) := |x - y|$ gegeben, in der Regel wieder zusammen mit einer Orientierung von $\mathbb{R}^n$. ($|x| := \sqrt{\langle x,x \rangle}$, wobei $\langle\ ,\ \rangle$ das euklidische Skalarprodukt bezeichnet, vgl. 2.1) Eine bijektive Abbildung $f \in S(\mathbb{R}^n)$ läßt also die euklidische Struktur invariant, wenn für alle $x,y \in \mathbb{R}^n$ stets $|f(x) - f(y)| = |x - y|$ gilt. In der Terminologie von $3.9.6^\circ$ ist eine solche Abbildung eine Isometrie bezüglich der euklidischen Distanz.

Als Symmetriegruppen auf dem euklidischen $\mathbb{R}^n$ (also $\mathbb{R}^n$ versehen mit der euklidischen Struktur) können wir sofort die orthogonale Gruppe $O(n)$ (vgl. $3.5.9^\circ$d)), die spezielle orthogonale Gruppe $SO(n)$ der Rotationen und auch die Gruppe der Translationen angeben. Die *euklidische Gruppe* $E(n)$ werde definiert als diejenige Untergruppe von $S(\mathbb{R}^n)$, welche von $SO(n)$ und der Gruppe der Translationen, die im übrigen zu $\mathbb{R}^n$ isomorph ist, erzeugt wird. Später werden wir im Rahmen der Klassischen Mechanik eine Beschreibung von $E(n)$ als semidirektes Produkt von $SO(n)$ und der Gruppe der Translationen kennenlernen (vgl. II.2). $E(n)$ kann im übrigen auch aufgefaßt werden als die Gruppe aller bijektiven Abbildungen von $\mathbb{R}^n$ nach $\mathbb{R}^n$, welche den euklidischen Abstand und eine Orientierung (vgl. 4.7) von $\mathbb{R}^n$ invariant lassen. Das ergibt sich aus dem nachfolgenden Satz, der zugleich zeigt, daß die volle Symmetriegruppe der euklidischen Struktur nicht viel größer als die euklidische Gruppe ist.

Satz: Jede bijektive Abbildung $f \in S(\mathbb{R}^n)$, welche den euklidischen Abstand invariant läßt, ist von der Form $f = T_b \circ g$ mit $g \in O(n)$ und $b \in \mathbb{R}^n$. Der Translationsvektor $b \in \mathbb{R}^n$ und die orthogonale Abbildung g sind bei dieser Darstellung eindeutig bestimmt. Die volle Symmetriegruppe der euklidischen Struktur ist also die von $O(n)$ und der Translationsgruppe erzeugte Untergruppe von $S(\mathbb{R}^n)$.

Beweis: Dieser Satz läßt sich im Gegensatz zum Fundamentalsatz der affinen Geometrie (vgl. $3.9.2^\circ$) ganz einfach beweisen: Zunächst sei $f(0) = 0$. Wir zeigen, daß f linear ist. Nach Voraussetzung gilt $|f(x)| = d(f(x),0) = d(x,0) = |x|$ für alle $x \in \mathbb{R}^n$. Weil zwischen dem euklidischen Skalarprodukt und der zugehörigen euklidischen Norm $|\ |$ die Identität

$$|x - y|^2 = \langle x - y, x - y \rangle = |x|^2 + |y|^2 - 2\langle x,y \rangle$$

besteht, gilt

$$2\langle f(x), f(y) \rangle = |f(x)|^2 + |f(y)|^2 - |f(x) - f(y)|^2 = |x|^2 + |y|^2 - |x - y|^2 = 2\langle x,y \rangle,$$

also läßt f auch das euklidische Skalarprodukt invariant. Es sei $(e_1, e_2, \ldots, e_n)$ eine Orthonormalbasis von $\mathbb{R}^n$, also $\langle e_i, e_j \rangle = \delta_{ij}$, wobei δ_{ij} das *Kronecker-Symbol* bezeichne: $\delta_{ii} = 1$ und $\delta_{ij} = 0$ für $i \neq j$, $1 \le i, j \le n$. Da f das Skalarprodukt invariant läßt, ist auch $(f(e_1), f(e_2), \ldots, f(e_n))$ ein Orthonormalsystem. Für alle $x \in \mathbb{R}^n$ gibt es eindeutig bestimmte reelle Koeffizienten $x^i \in \mathbb{R}$ mit

$$x = \sum_{i=1}^{n} x^i e_i =: x^i e_i,$$

Diese Koeffizienten haben die Form $x^i = \langle x, e_i \rangle$, so daß folgt: $x^i = \langle f(x), f(e_i) \rangle$ und daher $f(x) = x^i f(e_i)$. Für einen weiteren Vektor $y = y^i e_i$ aus $\mathbb{R}^n$ ergibt sich $f(x + y) = (x^i + y^i) f(e_i) = x^i f(e_i) + y^i f(e_i) = f(x) + f(y)$. Ähnlich zeigt man für $\lambda \in \mathbb{R}$ und $x \in \mathbb{R}^n$: $f(\lambda x) = \lambda f(x)$. f ist also linear und läßt das Skalarprodukt invariant, und das bedeutet $f \in O(n)$ (oder genauer, die Matrix, welche die lineare Abbildung f bezüglich der Basis $(e_1, e_2, \ldots, e_n)$ repräsentiert, liegt in $O(n)$).

Für den allgemeinen Fall sei $b := f(0)$. Man setze $g(x) := f(x) - b$, $x \in \mathbb{R}^n$. Man sieht sofort, daß auch die Abbildung g den Abstand invariant läßt. Außerdem gilt $g(0) = 0$. Nach dem Vorangehenden ist also $g \in O(n)$. Schließlich ist $f(x) = g(x) - b$, das heißt $f = T_b \circ g$, und für jede andere solche Darstellung $f = T_c \circ h$ mit $c \in \mathbb{R}^n$ und $h \in O(n)$ folgt zunächst $b = f(0) = c$ und dann $g(x) + b = f(x) = h(x) + b$, also $g = h$. Damit ist der Satz bewiesen.

Der richtige Rahmen für die euklidische Geometrie und ihrer Symmetriegruppen ist eigentlich erst durch den Begriff des euklidischen affinen Raumes gegeben. Wir kommen darauf zu Beginn des nächsten Kapitels zurück.

(4.5) Reguläre Körper. Analog zu 4.2 untersucht man geometrische Gebilde im $\mathbb{R}^3$ mit der von $\mathbb{R}^3$ induzierten euklidischen Struktur auf Symmetrie. Dabei ergeben sich interessante Symmetriegruppen für allgemeine Polyeder und insbesondere für die regulären Körper wie Tetraeder, Würfel, Oktaeder, Dodekaeder und Isokaeder. Entsprechend der Anzahl k der Ecken sind die vollen Symmetriegruppen der regelmäßigen Körper als Untergruppen von $\mathfrak{S}_k$ aufzufassen. Für das Tetraeder mit 4 Eckpunkten ist die zugehörige volle Symmetriegruppe zum Beispiel isomorph zur *alternierenden Gruppe* A_4 in $\mathfrak{S}_4$, die Symmetriegruppe des Würfels ist isomorph zu $\mathfrak{S}_4$ und die Symmetriegruppe des Dodekaeders ist isomorph zur alternierenden Gruppe A_5 in $\mathfrak{S}_5$ mit bereits 60 Elementen (vgl. [ART]).

(4.6) Kristallographische Gruppen. Die Untersuchung von regelmäßigen Überdeckungen des $\mathbb{R}^3$ durch einen Körper aus $\mathbb{R}^3$ und dessen Translationen und Drehungen führt in Analogie zu 4.3 zu den kristallographischen Gruppen, von denen es 230 verschiedene gibt. Es sei auf [KLE] und [BER] verwiesen sowie auf die weiterführende Literatur in [BER]. Physikalische Anwendungen findet man z.B. in [FAL]. Natürlich hat die Theorie wie auch 4.5 eine entsprechende Verallgemeinerung auf höhere Dimensionen.

(4.7) Orientierung. Sei V ein reeller n-dimensionaler Vektorraum ($n > 0$). Zwei Vektorraumbasen $(v_1, v_2, \ldots, v_n)$ und $(u_1, u_2, \ldots, u_n)$ von V heißen *gleichorientiert*, wenn die durch $f(u_j) := v_j$, $j = 1, 2, \ldots, n$, definierte eindeutig bestimmte lineare Abbildung $f : V \longrightarrow V$ eine positive Determinante $\det f > 0$ hat. Offensichtlich gilt: Es gibt immer zwei Basen $v = (v_1, v_2, \ldots, v_n)$ und $u = (u_1, u_2, \ldots, u_n)$ mit der folgenden Eigenschaft: Die zugehörige lineare Abbildung f erfüllt $\det f < 0$, und jede weitere Basis w von V ist mit u oder mit v gleichorientiert. "Gleichorientierung" definiert daher auf der Menge aller Basen von V eine Äquivalenzrelation, welche diese Menge in zwei Äquivalenzklassen zerlegt. Jede dieser Äquivalenzklassen heißt *Orientierung* von V. V hat also zwei Orientierungen und jede dieser Orientierungen ε wird repräsentiert durch jede Basis v aus ε. Ein *orientierter Vektorraum* ist ein endlichdimensionaler reeller Vektorraum zusammen mit einer Orientierung ε. Im Falle eines orientierten Vektorraumes (V, ε) nennt man jede Basis v aus ε *positiv orientiert.*

Eine $\mathbb{R}$-lineare und bijektive Abbildung $f : V \longrightarrow V$ eines orientierten Vektorraumes V auf sich heißt *orientierungstreu*, wenn f eine (und dann jede) positiv orientierte Basis in eine positiv orientierte Basis überführt. Das ist genau dann der Fall, wenn die Determinante von f positiv ist. Die volle Symmetriegruppe der linearen und orientierten Struktur von V ist demnach $GL_+(V) := \{ f \in GL(V) : \det f > 0 \}$.

Damit ist klar, daß für den euklidischen $\mathbb{R}^n$ die volle Symmetriegruppe bezüglich der linearen Struktur zusammen mit der euklidischen Struktur und einer Orientierung gerade die spezielle orthogonale Gruppe $SO(n)$ ist, und daß die volle Symmetriegruppe der euklidischen Struktur zusammen mit einer Orientierung gerade die in 4.4 definierte euklidische Gruppe $E(n)$ ist.

(4.8) Volumen. Im $\mathbb{R}^n$ sei eine Basis $(v_1, v_2, \ldots, v_n)$ ausgezeichnet. Das *Volumen* (bezüglich dieser Basis) eines von n Vektoren $a_1, a_2, \ldots, a_n$ aufgespannten *Parallelepipeds* $P := \{ t^j a_j : 0 \leq t^j \leq 1 \}$ ist definiert als

$$\text{Vol}(P) := |\det(a_1, a_2, \ldots, a_n)| = |\det a|,$$

wobei $(a_1, a_2, \ldots, a_n) =: a$ die Matrix mit den a_ν als Spaltenvektoren bezüglich der Basis $(v_1, v_2, \ldots, v_n)$ ist (das heißt es gilt $a = (\alpha_\nu^\mu)$, wobei $a_\nu = \alpha_\nu^\mu v_\mu$). Für linear abhängige a_ν gilt $\text{Vol}(P) = 0$, und für das von $v_1, v_2, \ldots, v_n$ aufgespannte Parallelepiped, also für $a_\nu = v_\nu$, ist $\text{Vol}(P) = 1$. Die bijektiven Abbildungen f von $\mathbb{R}^n$ nach $\mathbb{R}^n$, welche die lineare Struktur zusammen mit dem Volumen als geometrische Struktur invariant lassen, sind wegen der Formel

$$\det(f(a_1), f(a_2), \ldots, f(a_n)) = \det(f \circ a) = \det f \, \det a$$

gerade die Abbildungen f bzw. Matrizen aus $GL(n, \mathbb{R})$ mit $\det(f) = 1$. Damit ergibt sich als geometrische Interpretation der *speziellen linearen Gruppe*

$$SL(n, \mathbb{R}) := \{ f \in GL(n, \mathbb{R}) : \det(f) = 1 \} :$$

$SL(n, \mathbb{R})$ ist die volle Symmetriegruppe bezüglich der durch die lineare Struktur zusammen mit dem Volumen und einer Orientierung gegebenen Struktur. Für den Fall, daß die vorgegebene Basis $v_1, v_2, \ldots, v_n$ eine Orthonormalbasis zum euklidischen Skalarprodukt ist, folgt wegen $SO(n) \subset SL(n,\mathbb{R})$ außerdem noch, daß die Drehungen volumentreue Abbildungen sind.

(4.9) Allgemeine Geometrien durch symmetrische Bilinearformen auf $\mathbb{R}^n$.
Ganz andere Symmetriegruppen ergeben sich bei Zugrundelegung von anderen Geometrien auf $\mathbb{R}^n$ als der euklidischen, die ja in 4.1-4.6 vorausgesetzt wurde. Solche Geometrien werden zum Beispiel gegeben durch nichtausgeartete, symmetrische Bilinearformen, die nicht positiv definit sind. Im Fall $n = 2$, also $\mathbb{R}^2$ mit

$$\langle (x,y),(x',y') \rangle := x\,x' - y\,y' \quad \text{für} \quad x,x',y,y' \in \mathbb{R},$$

(vgl. 2.6) gehören neben den Translationen die *"hyperbolischen"* Drehungen (oder *"Boosts"*), die durch Matrizen der Form

$$g_s := \begin{pmatrix} \cosh s & \sinh s \\ \sinh s & \cosh s \end{pmatrix}, \ s \in \mathbb{R},$$

gegeben sind, zur Symmetriegruppe dieses "Skalarprodukts". Die Gruppe dieser Drehungen kann in natürlicher Weise als eine Matrixgruppe aufgefaßt werden, nämlich als die Gruppe der 2×2-Matrizen, welche das gerade definierte Skalarprodukt invariant lassen und deren Determinante 1 ist.

Im Falle der Dimension 4 kommt man auf analoge Weise unter Verwendung der Lorentzmetrik (vgl. 2.6) zur *Lorentzgruppe* als Matrixgruppe und zur *Poincaré-Gruppe*, zwei Gruppen, welche in der Elektrodynamik und in der Relativitätstheorie von großer Bedeutung sind und auf die wir an geeigneter Stelle noch zurückkommen werden (vgl. Kapitel IV und Anhang L.4.4°).

Für allgemeine n und nichtausgeartete, symmetrische Bilinearformen β erhält man die in L.4.5° beschriebenen Matrixgruppen $O(p,q)$ und $SO(p,q)$ als Symmetriegruppen. Dabei ist p die Anzahl der positiven Eigenwerte der Bilinearform β und $q := n - p$ die Anzahl der negativen Eigenwerte.

(4.10) Konforme Struktur. Die zur euklidischen Struktur auf $\mathbb{R}^n$ gehörige *konforme Struktur* ist die Menge $C := \{\lambda d : \lambda \in \mathbb{R}, \ \lambda > 0\}$ der positiven Vielfachen des euklidischen Abstands d. Eine bijektive Abbildung f von $\mathbb{R}^n$ nach $\mathbb{R}^n$ läßt die konforme Struktur invariant, wenn es eine geeignete positive Konstante λ so gibt, daß $d(f(a),f(b)) = \lambda\,d(a,b)$ für alle $a,b \in \mathbb{R}^n$ gilt, oder wenn, anders ausgedrückt, $d \circ (f \times f) \in C$ erfüllt ist. Das bedeutend insbesondere, daß die Abbildung f differenzierbar ist und die Winkel invariant läßt. Transformationen des $\mathbb{R}^n$, welche die konforme Struktur invariant lassen, sind natürlich die orthogonalen Abbildungen und die Translationen. Dazu gehören aber auch die *Dilatationen*, $D_\lambda : \mathbb{R}^n \longrightarrow \mathbb{R}^n$, $v \longmapsto \lambda v$, für positive $\lambda \in \mathbb{R}$, sowie spezielle *konforme Inversionen*, wenn man gewisse Singularitäten zuläßt. Die volle Symmetriegruppe der konformen Struktur — die *konforme Gruppe* — wird von den gerade beschriebenen Transformationen erzeugt, und sie läßt sich als die Matrixgruppe $O(n+1,1)$ (vgl. Anhang L.4.5° für die Notation) darstellen.

Analog erhält man für den Fall einer nichtausgearteten, symmetrischen Bilinearform β auf $\mathbb{R}^n$ $(n > 2)$ mit p positiven Eigenwerten die konforme Gruppe

O(p+1,q+1). Im Falle n = 2 und p = 1 enthält die konforme Gruppe alle Diffeomorphismen der Form $f = \varphi \times \psi$, wobei φ und ψ Restriktionen von Diffeomorphismen der Einpunktkompaktifizierung S^1 von $\mathbb{R}$ sind. Damit ist die konforme Gruppe in 2 Dimensionen keine Matrixgruppe, und sie läßt sich auch nicht als endlichdimensionale Lie-Gruppe auffassen. Tatsächlich ist sie eine unendlichdimensionale Lie-Gruppe, und es ist gerade diese unendlichdimensionale Schar von Symmetrien, die das besondere an der zweidimensionalen Konformen Feldtheorie ausmacht (vgl. Bemerkung am Schluß des ersten Paragraphen).

(4.11) Geometrisch definierte Matrixgruppen. In den vorangehenden Beispielen 4.1, 4.4, 4.7–4.10 haben wir gesehen, wie geometrische Strukturen zu diversen speziellen Matrixgruppen führen. Damit wird die geometrische Natur dieser Matrixgruppen herausgestellt.

Auch die in der Hamiltonschen Mechanik so wichtigen *symplektische Gruppe* Sp(2n) paßt in dieses Schema. Sie läßt sich direkt als diejenige Untergruppe von GL(2n,$\mathbb{R}$) definieren, deren Matrizen die sogenannte *symplektische Form* auf $\mathbb{R}^{2n}$ invariant lassen. Für Einzelheiten verweisen wir auf II.9 und Anhang M.19.

(4.12) Unitäre Räume. Schließlich haben auch die unitären Gruppen U(n) und die speziellen unitären Gruppen SU(n) eine direkte geometrische Interpretation als Symmetriegruppen zum hermiteschen Skalarprodukt auf $\mathbb{C}^n$. Das läßt sich aus der entsprechenden unendlichdimensionalen Situation ablesen:

Unter der *unitären Struktur* von ℓ^2 versteht man in der Regel die $\mathbb{C}$-lineare Struktur zusammen mit der durch das hermitesche Skalarprodukt gegebenen Struktur (vgl. 2.9). Die $\mathbb{C}$-linearen und bijektiven Abbildungen f von ℓ^2 nach ℓ^2, welche die unitäre Struktur erhalten, sind dementsprechend die $\mathbb{C}$-linearen, bijektiven Abbildungen mit $\langle f(\zeta), f(\zeta')\rangle = \langle \zeta, \zeta'\rangle$ für alle $\zeta, \zeta' \in \ell^2$ (oder äquivalent dazu: mit $\|f(\zeta)\| = \|\zeta\|$ für alle $\zeta \in \ell^2$). Diese Abbildungen heißen *unitäre Abbildungen* oder besser: *unitäre Operatoren*, weil man in der Hilbertraumtheorie die linearen Abbildungen *Operatoren* nennt. Unitäre Operatoren sind automatisch stetig. Die volle Symmetriegruppe der unitären Struktur ist die *unitäre Gruppe*

$$\mathcal{U}(\ell^2) := \{\, f \in GL(\ell^2) : \langle f(\zeta), f(\zeta')\rangle = \langle \zeta, \zeta'\rangle \text{ für alle } \zeta, \zeta' \in \ell^2 \,\}.$$

(vgl. 3.5.9° f), Kapitel III sowie L.4.3° für den endlichdimensionalen Fall).

(4.13) Isometriegruppen der Riemannschen Geometrie. Im Vorgriff auf den erst in II.8 und in G.12 definierten aber in 2.5 bereits erwähnten Begriff einer Riemannschen Mannigfaltigkeit M sei hier nur festgestellt, daß auf einer Riemannschen Mannigfaltigkeit auf geometrische Weise ein Abstand d definiert ist (vgl. auch 2.4). Und zwar ist für Punkte a,b $\in$ M der Abstand d(a,b) das Infimum über die Bogenlängen aller die beiden Punkte verbindenden Kurven. Unter der *Riemannschen Struktur* von M versteht man nun die differenzierbare Struktur von M zusammen mit der durch d gegebenen metrischen Struktur. Die bijektiven Abbildungen, welche diese beiden Strukturen invariant lassen, sind die Diffeomorphismen, welche den Abstand d erhalten. Sie werden in der Regel *Isometrien* genannt. (Der Isometriebegriff ist hier etwas anders gefaßt als in 3.9.6°.) Riemannsche Mannigfaltigkeiten M mit viel Symmetrie haben vergleichsweise große Isometriegruppen. M heißt zum Beispiel *homogen*, wenn es zu je zwei Punkten $a, b \in M$ stets eine Isometrie f mit $f(a) = b$ gibt. Zu den homogenen Riemannschen Mannigfaltigkeiten gehören insbesondere die von E. Cartan eingeführten und klassifizierten *symmetrischen Räume*, das sind Riemannsche Mannigfaltigkeiten mit genügend vielen "Spiegelungen" (vgl. [ONE, S. 315 ff.], [FO1, S. 179 ff.] oder das Standardlehrbuch [HEL] über symmetrische Räume).

Der in Paragraph 2 formulierten Vereinbarung, daß in diesem Buch unter Geometrie im wesentlichen Differentialgeometrie verstanden werden soll, ist in den vorangehenden Beispielen wenig Beachtung geschenkt worden. Abgesehen von 4.13 sind die Beispiele ohne Differentialrechnung formuliert worden. Das hat seinen Grund darin, daß Symmetriebetrachtungen in der Differentialgeometrie komplizierter werden, und es sollte in diesem Paragraphen zunächst einmal der Symmetriebegriff für geometrische Strukturen an relativ einfachen Beispielen nahegebracht werden.

Ungeachtet der zusätzlichen Schwierigkeiten bei Symmetriebetrachtungen in der Differentialgeometrie soll hier als Ausklang des Paragraphen doch kurz darauf eingegangen werden, selbst wenn die Gefahr besteht, daß ähnlich wie in 4.10 und 4.13 vieles an dieser Stelle nicht vollständig erklärt werden kann. Selbstverständlich kann der Rest des Paragraphen bei einem ersten Lesen ausgelassen werden, was im übrigen auch für die meisten der vorher diskutierten Beispiele zutrifft. Für die nachfolgenden Kapitel wird lediglich das grundsätzliche Konzept der Symmetriegruppe benötigt, das hier an vielen Beispielen illustriert wurde, sowie einige Tatsachen über euklidische Räume und eine gewisse Vertrautheit mit Matrixgruppen.

Was die Symmetriebetrachtungen in der Differentialgeometrie so viel schwieriger erscheinen läßt, ist die Verbindung von algebraischer und differentieller Struktur bei den Symmetriegruppen. Das macht aber auch die Stärke der Theorie aus. Die auftretenden Symmetriegruppen besitzen neben der Gruppenstruktur noch eine differenzierbare Struktur, derart daß die Multiplikation und die Inversenbildung differenzierbare Abbildungen sind. Solche Gruppen mit differenzierbarer Struktur heißen *Lie-Gruppen* (vgl. Anhang L).

(4.14) Differenzierbare Wirkung. Bei der Definition der *Transformationsgruppe* G auf einem Raum M mit differenzierbarer Struktur, also einer differenzierbaren Mannigfaltigkeit M, kommt im Falle einer Lie-Gruppe G in Ergänzung zu den Eigenschaften in 3.6 noch die folgende Bedingung hinzu: Die Gruppenwirkung

$$\Phi : G \times M \longrightarrow M$$

muß eine differenzierbare Abbildung sein.

Wichtige Beispiele für Lie-Gruppen sind die bereits mehrfach erwähnten Matrixgruppen; für viele Untersuchungen genügt es, sich ganz auf Matrixgruppen zu beschränken. Die Ableitung als wesentliches zusätzliches mathematisches Werkzeug in der Differentialgeometrie führt im Falle einer differenzierbaren Gruppenwirkung bei einer einzelnen Symmetrietransformation $f : M \longrightarrow M$ aus der Symmetriegruppe G zum Begriff des Vektorfeldes auf M, welches f infinitesimal erzeugt, und sie führt bei der Lie-Gruppe G zur zugehörigen *Lie-Algebra* von G. Die Lie-Algebra zu G als lineares Modell von G erlaubt es, Untersuchungen über die Gruppe und über ihre Wirkung auf M weitgehend auf Probleme der Linearen Algebra zurückzuführen.

(4.15) Homogene Räume. Eine typische Situation ist die einer differenzierbaren Wirkung $\Phi : G \times M \longrightarrow M$, die auf M *transitiv* ist. Das heißt, es gibt zu jedem Paar von Punkten $a, b \in M$ ein $g \in G$ mit $g(a) = b$. Eine solche transitive Wirkung liegt zum Beispiel für den euklidischen Raum $M = \mathbb{R}^n$ mit der euklidischen Gruppe $E(n)$ als Symmetriegruppe vor oder für S^n mit $SO(n+1)$ als Symmetriegruppe.

Bei einer differenzierbaren Wirkung ist für jeden Punkt $a \in M$ die *Standgruppe* $G_a := \{ g \in G : \Phi(g,a) = ga = a \}$ (G_a wird auch *Isotropiegruppe* genannt) eine abgeschlossene Untergruppe von G. Für abgeschlossene Untergruppen $H \subset G$ einer Matrixgruppe (oder auch einer Lie-Gruppe) ist der Quotient G/H (bezüglich der Äquivalenzrelation: $g \sim g' \Leftrightarrow \exists\, h \in H : g = hg'$) nicht nur mit einer natürlichen Topologie versehen, sondern G/H hat eine wohldefinierte Mannigfaltigkeitsstrukur als Quotientenmannigfaltigkeit. (Zu dem Problem der Existenz des Quotienten für allgemeine Äquivalenzrelationen auf Mannigfaltigkeiten sei auf 8.7° in Anhang M verwiesen.) Für den Fall einer differenzierbaren und transitiven Wirkung sind nun alle Standgruppen G_a konjugiert zueinander und der Quotient G/H bezüglich irgendeiner dieser Standgruppen $G_a = H$ ist in natürlicher Weise diffeomorph zu der Ausgangsmannigfaltigkeit M. Die gesamte Information über die Wirkung ist also auch durch die Symmetriegruppe G und durch die Angabe einer geeigneten abgeschlossenen Untergruppe H gegeben. Man nennt solche Mannigfaltigkeiten $M = G/H$ *homogene Mannigfaltigkeiten* oder *homogen Räume*. Diese Bezeichnung paßt zu der weiter oben in 4.13 diskutierten Homogenität von Riemannschen Mannigfaltigkeiten, wenn die Symmetriegruppe der Riemannschen Struktur eine Lie-Gruppe ist.

(4.16) Das Erlanger Programm. Im Rahmen der vorangehenden Erläuterungen läßt sich jetzt auf das von F. Klein im Jahre 1872 formulierte Erlanger Programm eingehen [KLEI]. Die Untersuchung einer geometrischen Theorie hat gemäß dem Erlanger Programm die folgende Aufgabe zum Gegenstand (nach F. Klein): "Es ist eine Mannigfaltigkeit und eine Transformationsgruppe gegeben; man soll die der Mannigfaltigkeit angehörigen Gebilde hinsichtlich solcher Eigenschaften untersuchen, die durch die Transformationen der Gruppe nicht geändert werden." Das soll heißen, daß die relevanten geometrischen Größen und damit die geometrische Struktur auf der Mannigfaltigkeit genau die sind, welche durch die Transformationsgruppe invariant gelassen werden. Gegenüber der allgemeinen Definition 3.8 einer Symmetriegruppe bezüglich einer Struktur hat sich hier der Blickpunkt folgendermaßen umgedreht: Gegeben ist nicht die Struktur auf der Mannigfaltigkeit M, zu der dann die volle Symmetriegruppe gesucht wird, sondern vorgegeben ist eine Transformationsgruppe G, welche die einschlägige Struktur auf M erst definiert als diejenige Struktur, welche durch G festgelassen wird und zu der G dann natürlich automatisch Symmetriegruppe ist. Nach dem Standpunkt von F. Klein sind also nicht die geometrischen Größen wie Abstand, Winkel etc. die Grundgrößen der Geometrie, sondern das fundamentale Objekt der Geometrie ist die Transformationsgruppe als Symmetriegruppe, und die geometrischen Größen ergeben sich erst daraus. In vielen wichtigen Fällen sind die auftretenden Gruppenwirkungen im Zusammenhang mit den auf diese Weise definierten geometrischen Strukturen transitiv, die zugehörigen Mannigfaltigkeiten sind also homogene Mannigfaltigkeiten. Dazu einige konkrete Beispiele:

(4.17) Standardgeometrien nach dem Erlanger Programm.

1° **Euklidische Geometrie.** Die fundamentale Gruppe dieser Geometrie ist die euklidische Gruppe $E(n)$. Standgruppe ist $SO(n)$, und die homogene Mannigfaltigkeit $M := E(n)/SO(n)$ liefert uns wegen 4.4 den Raum $\mathbb{R}^n$ zurück (allerdings ohne Festlegung des Nullpunktes, vgl. II.1): Es gibt eine (bis auf einen skalaren Faktor eindeutige) invariante Riemannsche Metrik auf M, welche M zum n-dimensionalen euklidischen orientierten Raum und die vorgegebene Transformationsgruppe $E(n)$ zur vollen Symmetriegruppe macht.

2° **Affine Geometrie.** Die fundamentale Gruppe ist die Gruppe aller affinen Transformationen (vgl. $3.9.2^\circ$) mit $GL(n,\mathbb{R})$ als Standgruppe. Der Quotient gibt uns wieder den Raum $\mathbb{R}^n$ zurück, aber in dieser Situation nicht mit einer invarianten Metrik, sondern nur mit einem invarianten Zusammenhang (vgl. Kapitel V), welcher es aber ermöglicht, "Geraden" und "Parallelität von Geraden" zu definieren. Auf diese Weise erhält man den Begriff des affinen Raumes im Sinne des nächsten Kapitels (II.1).

Ähnlich läßt sich der projektive Raum $\mathbb{P}_n(\mathbb{R})$ mit seiner Geometrie über die projektive Gruppe einführen.

3° **Konforme Geometrie.** Die fundamentale Gruppe ist (im positiv definiten Fall) die konforme Gruppe $SO(n+1,1)$ und als Quotienten erhält man den Raum $\mathbb{R}^n$, jetzt aber nicht mit einer invarianten Metrik, sondern mit einer invarianten konformen Struktur versehen.

4° **Sphärische Geometrie.** (Vgl. auch $II.8.11.2^\circ$ und Anhang $G.2.3^\circ$.) Die fundamentale Gruppe ist $SO(n+1)$ mit $SO(n)$ als Standgruppe und S^n als Quotienten. Die übliche Metrik auf der Sphäre ist invariant und bestimmt daher die Geometrie zur Gruppe $SO(n+1)$. Gut zu erkennen ist die Situation im Falle $n = 2$.

5° **Hyperbolische Geometrie.** (Vgl. auch $II.8.11.3^\circ$ und Anhang $G.2.6^\circ$.) Die hyperbolische Geometrie wird in der Dimension 2, auf die wir uns hier beschränken

wollen, durch die Gruppe SL(2,ℝ) gegeben mit Standgruppe SO(2) . Der Quotient kann
in natürlicher Weise mit der oberen Halbebene in ℂ (oder der Kreisscheibe bzw. der
Pseudosphäre) identifiziert werden. Es gibt wieder eine (bis auf einen skalaren Faktor
eindeutige) invariante Riemannsche Metrik, die sogenannte hyperbolische Metrik, welche die Geometrie bestimmt und die Gruppe SL(2,ℝ) zur Symmetriegruppe macht.

Der im Erlanger Programm vertretene Standpunkt ist auch dem Physiker vertraut. Ihm geht es allerdings nicht nur um geometrische, sondern vor allem um physikalische Größen. Die relevanten physikalischen Größen sind in der jeweiligen Theorie
invariant gegenüber gewissen ausgezeichneten Transformationen. In der Klassischen
Mechanik sind das für freie Systeme zum Beispiel die Galilei-Transformationen (vgl.
II.2), für Zentralfelder die Rotationen (II.7) und für allgemeine Hamiltonsche Systeme
die kanonischen Transformationen (II.9). In der Elektrodynamik und in der Speziellen
Relativitätstheorie liegt dagegen eine Invarianz gegenüber Poincaré-Transformationen
vor, während in den Eichtheorien ähnlich wie beim Erlanger Programm von vornherein
von einer (internen) Symmetriegruppe ausgegangen wird.

(4.18) Prinzipalfaserbündel. Auch die Prinzipalfaserbündel (anderswo Hauptfaserbündel genannt) lassen sich im Rahmen des Erlanger Programms beschreiben, obwohl das nicht der übliche Zugang zum Begriff des Prinzipalfaserbündels ist. Als Ausgangssituation hat man in dieser Beschreibung auf einer Mannigfaltigkeit P eine differenzierbare Wirkung $\Phi : P \times G \longrightarrow P$ einer Lie-Gruppe G (von *rechts* d.h.
$\Phi(\Phi(h,a),g) = \Phi(a,hg)$ anstelle von $\Phi(g,\Phi(h,a)) = \Phi(gh,a)$), von der verlangt wird,
daß sie *frei* ist (d.h. aus $\Phi(a,g) = a$ für einen Punkt $a \in P$ folgt stets $g = e$). Es
folgt dann, daß jede *Bahn* (= *Orbit*) $G(a) := \{ \Phi(a,g) : g \in G \}$ über $g \longmapsto \Phi(a,g)$
in natürlicher Weise diffeomorph zur Gruppe G ist.

Außerdem sei der Graph $\{(a,b) \in P \times P: a \in P, b \in G(a)\}$ der zugehörigen
Äquivalenzrelation eine abgeschlossene Untermannigfaltigkeit von P × P. Dann besitzt
der *Bahnenraum* $M := P/_G := \{G(a) : a \in P\}$ (also der Raum der Äquivalenzklassen)
die Struktur einer differenzierbaren Mannigfaltigkeit, für welche die kanonische Projektion $\pi : P \longrightarrow M, a \longmapsto G(a)$, eine differenzierbare Abbildung ist. (M ist der Quotient von P bezüglich der Äquivalenzrelation auch als differenzierbare Mannigfaltigkeit, vgl. M.8.7° und M.10.3°.) Die Fasern $\pi^{-1}(b) = G(b)$, $b \in M$, sind alle diffeomorph zu G. Das ganze Gebilde (P,M,G,π) heißt dann *Prinzipalfaserbündel* mit dem
Totalraum P, der *Basis* M und der *Strukturgruppe* G. Ein Beispiel dazu: Das *triviale*
Prinzipalfaserbündel $P := M \times G$ mit Wirkung $\Phi((a,g),h) := (a,gh)$. Weitere Beispiele
werden durch die homogenen Räume $M = G/_H$ im Sinne von 4.15 gegeben. In diesen
Beispielen ist die Isotropiegruppe H die Strukturgruppe und G der Totalraum. Auf
die Geometrie solcher Bündel wird im Kapitel V eingegangen.

5 PHYSIK

In diesem Buch ist im wesentlichen von "fundamentaler" Physik die Rede. Dabei ist "fundamental" nicht im Sinne von dominant, wesentlich oder wichtiger als anderes zu verstehen, sondern im Sinne von elementar, grundsätzlich oder zugrundeliegend. Gegenstand einer fundamentalen Physik sind demnach die fundamentalen Gesetze der Physik, welche sich nicht aus allgemeineren physikalischen Gesetzen durch Spezialisierung ableiten lassen. Diese Vorstellung von fundamentaler Physik sollte nicht allzu strikt aufgefaßt werden, sie hängt ja insbesondere auch von dem jeweiligen Wissensstand ab. Etwas genauer betrachtet kann man höchstens von "relativ" fundamental sprechen, insofern als bei zwei physikalischen Theorien gelegentlich ganz klar festgestellt werden kann, daß die eine fundamentaler als die andere ist, das heißt, daß die eine die andere durch Spezialisierung enthält.

Zum Beispiel könnte man unter diesem Zugang zur Physik die Gesetze der Hydromechanik sehen als klassisches System mit sehr vielen kleinen identischen Teilchen, also als Teil der Klassischen Mechanik; und die Systeme der Klassischen Mechanik würde man verstehen als Approximation von nichtrelativistischer Quantenmechanik von Atomen und Molekülen. Atome wiederum müßte man darstellen mit Hilfe der Quantenmechanik oder Quantenfeldtheorie von Elektronen, welche mit den Atomkernen wechselwirken; die Atomkerne schließlich würde man beschreiben mit der Quantenfeldtheorie der Wechselwirkungen zwischen Quarks und Gluonen. Insgesamt sind wir so bei dem heutzutage gut bestätigten Standardmodell der Elementarteilchen angelangt, welches die drei fundamentalen Wechselwirkungen abgesehen von der Gravitation bei niedrigen Energien beschreibt. Es wird von vielen Physikern vermutet, daß dieses Standardmodell zusammen mit der Allgemeinen Relativitätstheorie Bestandteil einer allgemeineren fundamentalen Theorie ist. Das Aufstellen einer solchen fundamentalen Theorie ist eines der großen Probleme der Theoretischen Physik im ausgehenden 20. Jahrhundert. Gesucht ist also die nächste Sprosse auf der Leiter, eine umfassende neue Theorie, von der wir die heute bekannten und teilweise unvollständigen Theorien als Spezialfälle oder als Approximation ableiten können.

Zur Verdeutlichung dieses Programms, welches vielfältige Beziehungen zu Geometrie und Symmetrie aufweist, möchte ich kurz einige historische Entwicklungslinien der Physik darlegen. Insbesondere soll auf Unvollständigkeiten der bisher bekannten Theorien hingewiesen werden, ohne Details der Theorien kennen zu müssen und ohne physikalische oder mathematische Formeln zu studieren. Und es soll außerdem belegt werden, daß die Struktur von Geometrie und Symmetrie ein wesentlicher Bestandteil der fundamentalen physikalischen Theorien ist.

In diesem Jahrhundert haben sich bisher mindestens die folgenden zwei fundamentalen physikalischen Theorien durchgesetzt:

Erstens: Die Allgemeine Relativitätstheorie. Einsteins Allgemeine Relativitätstheorie (erstmals veröffentlicht von Einstein und Hilbert im Jahre 1915) ist eine rein geometrisch formulierte Theorie, die sich auf den Begriff der *Raumzeit* stützt. Eine Raumzeit ist eine vierdimensionale Mannigfaltigkeit mit einer geometrischen Struktur, die durch eine Lorentzmetrik gegeben ist. Symmetrie ist über das *Relativitätsprinzip* bzw. über das *Äquivalenzprinzip* der Ausgangspunkt der gesamten Theorie. Weitere Symmetriebetrachtungen kommen in der Kosmologie durch *Isotropie* und *Homogenität* ins Spiel und in der sonstigen Theorie zum Beispiel als *konforme Symmetrie* bei der Untersuchung der *Kausalstruktur* in der Allgemeinen Relativitätstheorie (vgl. VI.4).

Zweitens: Die Quantentheorie der Elementarteilchen. Die Quantentheorie der Elementarteilchen, welche sich auf die ab 1925 entwickelte Quantenmechanik gründet, hat sich als eine sehr geometrische Theorie mit viel Symmetrie erwiesen. Bereits in der Quantenmechanik sind Symmetriebetrachtungen mit Hilfe der Darstellungstheorie von Lie-Gruppen von großer Bedeutung (vgl. III). In der Quantenfeldtheorie kommen Geometrie und Symmetrie einerseits allgemein über den *Feldbegriff* ins Spiel und andrerseits durch die Tatsache, daß zur theoretischen Beschreibung der Elementarteilchen maßgeblich die *Eichtheorien* (bzw. *Yang-Mills-Gleichungen*) verwendet werden, die in enger Verbindung mit der Geometrie von Faserbündeln mit Symmetriegruppe stehen. (Vgl. Paragraph 1; in Kap. V gehen wir darauf ausführlich ein.) Beispielweise hat man bei dem gerade erwähnten Standardmodell die Produktgruppe $SU(3) \times SU(2) \times U(1)$ als interne Symmetriegruppe.

Auch in den Vorläufern dieser zwei fundamentalen Theorien, finden sich viele Aspekte der Geometrie und Symmetrie, wie zum Beispiel in der Klassischen Mechanik, Elektrodynamik, Hydrodynamik, Quantenmechanik, Elastizitätstheorie, Thermodynamik, Speziellen Relativitätstheorie u.a.

Einige dieser geometrische Strukturen und Symmetrieprinzipien werden in diesem Buch behandelt und durch Beispiele erläutert; und zwar im Rahmen der Klassischen Mechanik, der Quantenmechanik, der Elektrodynamik, der Relativitätstheorie und der Quantenfeldtheorie.

Die beiden oben besprochenen fundamentalen Theorien passen nach dem heutigen Kenntnisstand nicht zusammen und sind daher unvollständig: Die Allgemeine Relativitätstheorie ist gültig nur im Großen, die Quantenfeldtheorie nur im Kleinen; die Allgemeine Relativitätstheorie ist bisher nicht quantisierbar, und – was fast dasselbe ist – die Quantenfeldtheorien lassen keine Beschreibung der Gravitation zu. Die oben erwähnte angestrebte Vereinheitlichung der beiden Theorien ist also eine hypothetische neue Theorie, die die beiden Theorien als Sonderfälle umfaßt. In der Geschichte der

Physik finden sich aufsehenerregende Beispiele für analoge Vereinheitlichungen von physikalischen Theorien, die sich wie eine Erfolgsbilanz der eingangs des Abschnitts beschriebenen fundamentalen Physik lesen:

1. Die *Planetengesetze Keplers* und die *Fallgesetze Galileis* wurden vereinheitlicht zu *Newtons Mechanik*.

2. Die Theorien über *Elektrizität* und *Magnetismus* wurden von Faraday und Maxwell vereinheitlicht zur *Elektrodynamik* (Maxwell-Gleichungen).

3. Die *Spezielle Relativitätstheorie* und die *Gravitation* wurden von Einstein vereinheitlicht zur *Allgemeinen Relativitätstheorie*.

4. Die *Spezielle Relativitätstheorie* und die *Quantenmechanik* wurden zur *Quantenelektrodynamik* vereinheitlicht.

5. Die *Elektrodynamik* und die *Theorie der schwachen Wechselwirkung* wurden vereinheitlicht zur *elektroschwachen Wechselwirkung* durch das sogenannte *Salam-Weinberg-Modell*.

6. Das *Standardmodell der Elementarteilchentheorie* (siehe oben) umfaßt die *elektroschwache* und die *starke Wechselwirkung*.

Hier eine Liste einiger Ansätze aus neuerer Zeit, eine vereinheitlichte Theorie aller vier Wechselwirkungen zu begründen:

a) *Grand Unification*: Gesucht ist eine große Symmetriegruppe G, welche die Gruppe $SU(3) \times SU(2) \times U(1)$ des Standardmodells umfaßt, aber selbst nicht in ein Produkt von Lie-Gruppen zerfällt, und welche als interne Symmetriegruppe der entsprechenden Eichtheorie dient. Auf das Standardmodell kommt man über die *Symmetriebrechung*.

b) *Kaluza-Klein-Modelle*: Statt einer vierdimensionalen Raumzeit M geht man in diesem Ansatz von einem Produktraum $M \times K$ aus mit einem kompakten Raum K, welcher noch eine Symmetriegruppe G zuläßt. Den Raum K stellt man sich so klein vor, daß er bei den bisherigen Beobachtungen nicht von einem Punkt zu unterscheiden ist. Genauer: Die von uns beobachteten Punkte werden aufgefaßt als $\{m\} \times K$, $m \in M$. Dieser Ansatz der Kaluza-Klein-Modelle umfaßt die "Grand Unification" mit G als interner Symmetriegruppe.

c) *Supersymmetrie*: Statt einer Lie-Gruppe als Symmetriegruppe oder einer Lie-Algebra als die zugehörige infinitesimale Version wird ein allgemeineres "Symmetrie-Objekt", die *Supersymmetrie-Algebra* $\mathfrak{g}$ an den Anfang der Theorie gestellt. Diese Algebra enthält die zu $SU(3) \times SU(2) \times U(1)$ gehörige Lie-Algebra und die Poincaré-Algebra, sie umfaßt also die internen und die externen infinitesimalen Symmetrien einer Elementarteilchentheorie. (Nach einem Satz von Coleman und Mandula reichen unter bestimmten Hypothesen die klassischen Lie-Gruppen zur Beschreibung von Symmetrien in der Elementarteilchentheorie nicht aus, vgl. z.B. [FRE]; dieses Resultat begründet das Interesse an Symmetrieobjekten wie den Supersymmetrie–Algebren oder den Quantengruppen (s.u.), die den Begriff der Lie–Gruppe verallgemeinern.) Auch die daraus entwickelte Theorie der Supergravitation hat (bisher) nicht zum Ziel geführt.

d) *Stringtheorie*: Die Stringtheorie ist eine geometrische Theorie mit viel Symmetrie. In der klassischen Beschreibung der Stringtheorie sind die Grundobjekte der Theorie keine Massenpunkte, sondern Kurven in $\mathbb{R}^d$ oder in allgemeineren Räumen. Die Bewegungen dieser Kurven definieren dann Flächen im $\mathbb{R}^d$. Die Schwingungen der Kurven entsprechen nach der Quantisierung den verschiedenen Elementarteilchen. Trotz vielversprechender Ansätze hat auch die Stringtheorie bisher keinen Durchbruch erzielt. Bei geeigneter Wahl der Ausgangsgrößen umfaßt die Stringtheorie bzw. die Theorie der Superstrings die drei oben erwähnten Ansätze.

Schwierigkeiten treten bei all diesen Ansätzen unter anderem bei sehr kleinen Distanzen auf, wodurch eine Revision der Begriffe des geometrischen Raumes im Kleinen erforderlich wird. Damit kommt also der von Riemann formulierten Aufgabe (siehe Paragraph 1) eine neue, besondere Bedeutung zu.

e) *Konforme Feldtheorie*. Die Stringtheorie liefert Beispiele einer allgemeineren Theorie, der Konformen Feldtheorie (in der Dimension 2). Beide Theorien zeichnen sich aus durch eine unendlichdimensionale Symmetrie–Algebra, der *Virasoro–Algebra*. Aus mathematischer Perspektive steht die Konforme Feldtheorie in enger Beziehung zur Theorie der Riemannschen Flächen und zur Algebraischen Geometrie über $\mathbb{C}$.

f) *Quantengruppen*. Hier handelt es sich um neuere Ansätze, die den Symmetriebegriff noch weiter als in c) abwandeln. Zur Beschreibung von Symmetrien wird die Struktur einer Quantengruppe herangezogen, welche die Lie–Algebra–Struktur bzw. Lie–Gruppen–Struktur noch umfassender verallgemeinert als die Struktur einer Super–Algebra. (Lie–Algebren und Super–Algebren sind spezielle Quantengruppen.) Quantengruppen sind aus mathematischer Sicht *Hopf–Algebren* mit speziellen Eigenschaften. Viele physikalisch relevante Quantengruppen entstehen durch *Deformation* von Matrixgruppen wie SU(2) oder SL(2,$\mathbb{C}$) nach einem kontinuierlichen Parameter.

Angesichts der Aufgabe, eine vereinheitlichte Theorie der fundamentalen Wechselwirkungen zu finden, kommt der Theorie in der Physik und der zugehörigen Mathematik eine neue Aufgabe zu: Die vereinheitlichte Theorie muß Aussagen machen können über Wechselwirkungen innerhalb äußerst kleiner Distanzen (ca. 10^{-33} cm = Planck–Länge). Für entsprechende Experimente wären sehr hohe Energien nötig, welche in heutigen Beschleunigern um etwa 13 Zehnerpotenzen zu klein sind. Als Leitlinien können also bis auf weiteres keine experimentellen Befunde erwartet werden. Die Theorie muß daher den Experimenten weit vorangehen, und das ist neu für den Theoretiker. Geometrie und Symmetrie sind in diesem Zusammenhang von besonderer Bedeutung für die Theorienbildung; denn als Rahmen, an den sich der Physiker bei der Entwicklung neuer fundamentaler Theorien halten kann, bleibt ihm als wesentlicher Bezugspunkt und als *Leitmotiv* die Struktur von Geometrie und Symmetrie.

II Klassische Mechanik

Dieses Kapitel ist der These gewidmet, daß eine mathematische Formulierung der Klassischen Mechanik im wesentlichen auf Geometrie und Symmetrie aufgebaut ist. Eine erste Bestätigung erhält diese These bei der Einführung der physikalischen Konzepte Raum und Zeit in der Klassischen Mechanik und mehr noch bei der präzisen Behandlung des Trägheitssatzes und des Relativitätsprinzips von Galilei. Das wird in den ersten zwei vorbereitenden Paragraphen dargelegt, indem im 1. Paragraphen zunächst für die physikalisch angepaßte Behandlung der Begriffe Raum und Zeit die euklidische Geometrie aus affiner Sicht eingeführt wird und im 2. Paragraphen dann gezeigt wird, daß eine adäquate mathematische Formulierung des Relativitätsprinzips zu einer geometrischen Struktur führt, nämlich zur Galilei-Raumzeit. Die Symmetriegruppe der Galilei-Raumzeit ist die Galilei-Gruppe.

Der Rest des Kapitels ist dann folgendermaßen aufgebaut: Ausgehend von einigen Beispielen bekannter Systeme der Klassischen Mechanik wie Pendel, harmonischer Oszillator, Kreisel und Keplerproblem soll sukzessive die eigentliche Struktur der Klassischen Mechanik als *Symplektische Geometrie* mit ihrer *Dynamik* und zugehöriger *Symmetrie* erarbeitet werden. Für die Beispiele benötigen wir als Ausgangsrahmen eine einfache Formulierung der Struktur von klassischen Systemen (Paragraph 3), welche im weiteren Verlauf dieses Kapitels dann verallgemeinert werden soll. Nach der Behandlung des Pendels (Paragraph 4), des Kreisels (Paragraph 5) und des harmonischen Oszillators (Paragraph 6), bei der hauptsächlich die Geometrie der jeweiligen Phasenräume ausführlich diskutiert wird, kommen wir dann zu dem Hauptanliegen des Kapitels, nämlich zu dem wichtigen Satz von Noether über den Zusammenhang von Symmetrie und Erhaltungsgrößen in verschiedenen Varianten.

Den Noetherschen Sätzen sind die restlichen drei vergleichsweise umfangreichen Paragraphen gewidmet. In den zugehörigen Fragenkreis wird im 7. Paragraphen behutsam eingeführt, indem zunächst Zentralfelder und ihre Erhaltungsgrößen studiert werden, um dann die an diesem Fall gewonnenen Erkenntnisse auf Lagrange-Systeme mit Symmetrien zu verallgemeinern. Das Wesentliche an diesem Prozeß der Erzeugung von Erhaltungsgrößen durch kontinuierliche Symmetrien läßt sich bereits für den Fall einer offenen Menge Q des $\mathbb{R}^n$ als Konfigurationsraum verstehen, weshalb der Paragraph vorwiegend für diesen Fall formuliert ist. Der Hauptteil des Paragraphen besteht aus ausführlich behandelten Beispielen.

Im 8. Paragraphen wird dieses Thema fortgeführt durch die Untersuchung natürlicher Lagrange-Systeme, das sind in unserer Terminologie Lagrange-Systeme, deren Lagrangefunktion sich als Differenz von kinetischer Energie und potentieller

Energie schreiben läßt, derart daß die kinetische Energie von einer Riemannschen Metrik kommt (das heißt nichts anderes, als daß die kinetische Energie punktweise die quadratische Form zu einer positiv-definiten, symmetrischen Bilinearform ist). Damit wird die Klassische Mechanik von natürlichen Lagrange-Systemen ein Teilgebiet der Riemannschen Geometrie und umgekehrt. Diese enge Beziehung zwischen natürlichen Lagrange-Systemen und Riemannscher Geometrie auf Mannigfaltigkeiten wird ausführlich herausgearbeitet, und die oben angegebenen Beispiele werden unter den neuen Gesichtspunkten weiterbehandelt und teilweise verallgemeinert.

Der 9. Paragraph ist den Symmetriebetrachtungen in der Hamiltonschen Mechanik gewidmet. An die Hamiltonsche Mechanik wird schrittweise herangeführt, beginnend mit offenen Mengen des $\mathbb{R}^n$ als Konfigurationsraum, und weiterführend über das Kotangentialbündel einer Mannigfaltigkeit als Impulsphasenraum bis zu allgemeinen symplektischen Mannigfaltigkeiten. Symmetriebetrachtungen in der Hamiltonschen Mechanik führen zu einer besonders ansprechenden Form des Satzes von Noether. Als Ergebnis werden schließlich die Erhaltungsgrößen der Symmetriegruppe eines Hamiltonschen Systems durch die Momentenabbildung beschrieben. Die Momentenabbildung ist die Grundlage, um auf abstrakter Ebene zu verstehen, was bei der Reduktion der Freiheitsgrade eines klassischen Systems passiert und auf welche Probleme man bei einer solchen Reduktion stößt. Abschließend wird kurz auf die vollständig integrablen Systeme eingegangen, die als Hamilton-Systeme mit einer hinreichend großen abelschen Symmetrie verstanden werden können.

Die Bedeutung der Noetherschen Sätze geht weit über das hinaus, was in diesen drei Paragraphen dargelegt wird. Zum einen führen die physikalisch sinnvollen Symmetrien zu *physikalischen Größen* wie Energie, Drehimpuls, etc., die sich aus der Masse der Observablen herausheben. Zum anderen ist in vielen Fällen bei der Behandlung eines physikalischen Problems keineswegs von vornherein klar, wie die Bewegungsgleichungen aussehen. Aus der Kenntnis der Symmetrien aber zusammen mit einigen natürlichen Zusatzannahmen lassen sich häufig die Bewegungsgleichungen im Rahmen eines Lagrange-Systems oder eines Hamilton-Systems bestimmen.

Diese beiden Aspekte des Nutzens von Symmetrien haben bereits in der Klassischen Mechanik ihre Bedeutung, werden aber noch wichtiger in anderen Bereichen der Theoretischen Physik, wie in der Quantenmechanik, der Elektrodynamik, der Relativitätstheorie und der Quantenfeldtheorie: Symmetriebetrachtungen und Invariantentheorie werden ausgedehnt auf neue Bereiche, in denen man sich viel weniger auf die direkte Erfahrung und Beobachtung stützen kann als bei den klassischen Raumzeit-Symmetrien. Dort haben sie aber besondere Erfolge aufzuweisen in der theoretischen Beschreibung und Durchdringung von Naturgesetzen. Als Rückwirkung auf die Klassische Mechanik läßt sich feststellen, daß seit der Entdeckung und Verwendung von Symmetrien in der Elektrodynamik, Quantenmechanik und Relativitätstheorie auch den Symmetrien in der Klassischen Mechanik eine erhöhte Aufmerksamkeit gewidmet wird.

Literatur zur Klassischen Mechanik: [ABM, ARN, GUS, LIM, MAR, ST1, WOO].

1 RAUM UND ZEIT

Der Begriff des Raumes in der Klassischen Mechanik ist untrennbar mit der Geometrie verbunden. Aus Sicht des Physikers ist es gar nicht möglich, die Geometrie von Raum und Zeit unabhängig von den übrigen Gesetzen der Physik zu betrachten. Denn die Struktur von Raum und Zeit wird festgelegt durch das Messen mit Maßstäben und Uhren, welche selbst wieder physikalischen Gesetzen unterliegen. Also kann die Struktur von Raum und Zeit nur gemeinsam mit anderen physikalischen Gesetzen empirisch überprüft werden. Bei H. Weyl liest sich dieser Gesichtspunkt zum Beispiel folgendermaßen:

> *Gegen das Argument, daß in eine versuchte experimentelle Prüfung der Geometrie immer auch physikalische Aussagen über das Verhalten von starren Körpern und Lichtstrahlen hineinspielen, ist zu sagen, daß die physikalischen Gesetze so wenig wie die geometrischen, jedes für sich, eine Prüfung in der Erfahrung zulassen, sondern die "Wahrheit" einer konstruktiven Theorie nur im Ganzen geprüft werden kann.*
>
> **Hermann Weyl**
> in *"Philosophie der Mathematik und Naturwissenschaft"*, S. 271.

Der Begriff des "physikalischen" Raumes wird durch den dreidimensionalen euklidischen Raum repräsentiert. Das ist jedenfalls unumstritten in dem heute gebräuchlichen Modell der Klassischen Mechanik, welches seinen Ursprung in den Werken von Galilei und Newton hat. Für Raum und Zeit ergibt sich damit zunächst die folgende Struktur:

(1.1) Raum. Der *Raum* ist ein dreidimensionaler, orientierter euklidischer Raum E.

(1.2) Zeit. Die *Zeit* wird durch einen eindimensionalen, orientierten euklidischen Raum T beschrieben. Dabei läßt sich T durch das Kontinuum $\mathbb{R}$ der reellen Zahlen repräsentieren unter Verwendung der Ordnung $\leq$ auf $\mathbb{R}$ als Orientierung ("früher" und "später") und des üblichen Abstands von Zahlen.

Eine mathematisch vollständige Behandlung des euklidische Raumes verlangt im Rahmen der Klassischen Mechanik den Begriff des *affinen Raumes*, welcher zugleich ein weiteres Beispiel einer Symmetrie im Sinne von I.3 liefert. Ziel dieses Paragraphen

ist es, den Begriff des affinen Raumes und den des (affinen) euklidischen Raumes be-
reitzustellen. (Mehr über affine Räume findet man z.B. in [BER] oder [DOP].)

Ein *affiner Raum* ist eine Menge A zusammen mit einem Vektorraum V
über $\mathbb{R}$ und einer Abbildung $\Phi : V \times A \longrightarrow A$, so daß für alle $a, b \in A$ und $v, w \in V$
die folgenden Eigenschaften erfüllt sind (unter Benutzung der naheliegenden Notation:
$v + a = a + v := \Phi(v, a)$):

1° $(v + w) + a = v + (w + a)$ und $0 + a = a$. (Das heißt Φ ist eine
Gruppenwirkung im Sinne von I.3.6 bezüglich der dem Vektorraum V unterliegenden
additiv geschriebenen abelschen Gruppe.)

2° $v + a = a$ bedeutet schon: $v = 0$. (Man sagt: V wirkt *frei*.)

3° Es gibt $z \in V$ mit $z + a = b$. (Man sagt: V wirkt *transitiv*.)

Unter der *Dimension* des affinen Raumes A versteht man die Dimension von V.

Die Elemente aus A bezeichnet man als die *Punkte* des affinen Raumes, und
V in seiner Wirkung auf A wird auch die *Translationsgruppe* des affinen Raumes
genannt. Eine (affine) *Gerade* G in A wird durch zwei nicht zusammenfallende Punkte
a und b aus A bestimmt, sie schreibt sich deshalb als $G = \{tz + a \mid t \in \mathbb{R}\}$, wobei
z der durch 3° definierte Vektor ist. Entsprechend sind (affine) *Ebenen* und höherdimensionale *affine Teilräume* in A definiert.

Der nach 3° eindeutig bestimmte Vektor z zu beliebigen vorgegebenen
Punkten a,b mit $z + a = b$ wird mit $\overrightarrow{ab}$ (oder mit $b - a$) bezeichnet. $\overrightarrow{ab}$ heißt
der *Verbindungsvektor* (oder *Verschiebungsvektor*) von a nach b : $a + \overrightarrow{ab} = b$. Die
Gerade G durch a,b läßt sich dann als $G = \{a + t(b - a) \mid t \in \mathbb{R}\}$ schreiben.

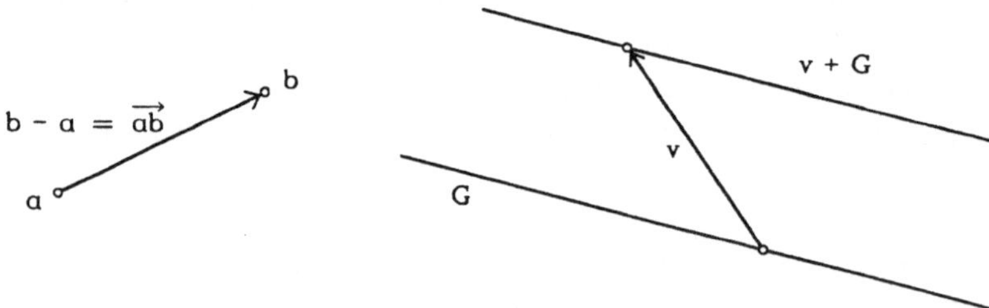

Die beiden *Grundbegriffe* der affinen Geometrie sind *Parallelverschiebung*
und *Inzidenz*: Dabei ist die Parallelverschiebung einer Geraden G um den Vektor $v \in V$
gegeben als $v + G := \{v + b \mid b \in G\}$, entsprechend für Ebenen, ... etc. Die Inzidenzre-
lationen zwischen verschiedenen geometrischen Gebilden wie Punkte, Geraden, Ebenen,
etc. sind einfach die entsprechenden Mengenrelationen. Sie geben an, ob z.B. ein Punkt
auf einer Geraden liegt oder nicht, ob sich zwei Geraden schneiden, ob eine Gerade in
einer Ebene liegt, usw.

Es wird im folgenden vorausgesetzt, daß A (also V) endlichdimensional ist. Unter dieser Voraussetzung läßt sich für den durch A, V und Φ gegebenen affinen Raum stets ein *affines Koordinatensystem* einführen, das ist definitionsgemäß die Festlegung einer Basis $(v_1, v_2, ..., v_n)$ des Vektorraums V als ein Satz von unabhängigen, bevorzugten *Richtungen* des affinen Raumes und die Fixierung eines Punktes $o \in A$ als *Ursprung* des affinen Raumes. Für jeden Punkt $b \in A$ des affinen Raumes gibt es einen eindeutig bestimmtem Vektor $v \in V$ mit $v + o = o + v = b$ und deshalb auch eindeutig bestimmte Zahlen $q^\nu \in \mathbb{R}$ mit $b = o + q^\nu v_\nu$. Dabei ist

$$q^\nu v_\nu := \sum_{\nu=1}^{n} q^\nu v_\nu$$

nach der *Einsteinschen Summenkonvention*. Die q^ν sind die *affinen Koordinaten* des Punktes b in bezug auf das Koordinatensystem (o, v_ν) . Bezüglich eines anderen affinen Koordinatensystems (o', v'_ν) hat der Punkt dann die Koordinaten $q'^\mu = c^\mu + \alpha^\mu_\nu q^\nu$, wobei (α^μ_ν) eine nichtsinguläre $n \times n$ – Matrix ist, die den Basiswechsel beschreibt. Die volle Symmetriegruppe des affinen Raumes A ist daher die affine Gruppe $\text{Aff}(\mathbb{R}^n)$ (vgl. I.3.9.2°). Als Modell für einen n–dimensionalen affinen Raum hat man $A := \mathbb{R}^n$ als Punkteraum, $V := \mathbb{R}^n$ als Raum der Verschiebungsvektoren und $\Phi(v, a) := v + a$. Gegenüber dem üblichen Vektorraum $\mathbb{R}^n$ von Zahlentupeln hat sich bei dem Begriff des affinen Raumes lediglich geändert, daß es keinen ausgezeichneten Ursprung gibt und keine bevorzugten Richtungen. Das entspricht den physikalischen Erfordernissen.

Die Struktur des affinen Raumes reicht allerdings nicht aus, um den physikalischen Raum zu beschreiben. Dazu fehlt es an Möglichkeiten, von Längen und Winkeln zu sprechen. Diese geometrischen Grundbegriffe haben ihren Platz im Rahmen der euklidischen affinen Räume. Ein *euklidischer (affiner) Raum* ist ein affiner Raum E mit Vektorraum V und Wirkung $\Phi : V \times E \longrightarrow E$, für den noch ein *euklidisches Skalarprodukt* auf dem Vektorraum V gegeben ist, das heißt eine symmetrische Bilinearform $\langle \, , \, \rangle : V \times V \longrightarrow \mathbb{R}$ mit $\langle v, v \rangle > 0$ für alle $v \in V$, $v \neq 0$. Dadurch läßt sich der Abstand $d(a, b)$ zweier Punkte a, b aus E als $d(a, b) := |\overrightarrow{ab}| := \sqrt{\langle \overrightarrow{ab} \, \overrightarrow{ab} \rangle}$ definieren. Unter einem *kartesischem Koordinatensystem* eines euklidischen Raumes versteht man die Fixierung eines Punktes $o \in E$ als Ursprung und die Auswahl einer Orthonormalbasis $e_\nu, 1 \leq \nu \leq n = \dim V$, von V bezüglich des Skalarproduktes $\langle \, , \, \rangle$ auf V: $\langle e_\nu, e_\mu \rangle = \delta_{\nu\mu}$. Die *kartesischen Koordinaten* eines Punktes $b \in E$ bezüglich des vorgegebenen kartesischen Koordinatensystems sind dann die eindeutig bestimmten Koeffizienten $(q^1, q^2, ..., q^n)$ mit $\overrightarrow{ob} = q^\nu e_\nu$, also $b = o + q^\nu e_\nu$. Zu je zwei verschiedenen kartesischen Koordinatensystemen (o, e_ν) und (o', e'_ν) gibt es eine eindeutig bestimmte orthogonale Matrix $R \in O(n)$ und einen eindeutig bestimmten Vektor $z \in V$, so daß für die zugehörigen Koordinaten $q' = Rq + z$ gilt. Die euklidische Gruppe $E(n)$, die wir in Paragraph 4 des ersten Kapitels beschrieben haben, parametrisiert also gerade die kartesischen Koordinatensysteme mit gleicher Orientierung. Anders ausgedrückt: Die euklidische Gruppe $E(n)$ ist eine Symmetriegruppe des euklidischen Raumes E; die volle Symmetriegruppe von E ist die von $E(n)$ und den Spiegelungen erzeugte Gruppe. Das ist der Inhalt von I.4.4.

Gegenüber der Beschreibung des euklidischen Raumes und der euklidischen
Gruppe im letzten Kapitel hat sich durch die Einführung von affinen Räumen im wesentlichen nur geändert, daß die Wahl eines Ursprungs und die Wahl eines kartesischen Koordinatensystems in der neuen Version des Begriffs vom euklidischen Raum noch nicht
festgelegt ist. Diese vielleicht unwesentliche Präzisierung ist für die Einführung des
euklidischen Raumes als Modell für den Raum in der Klassischen Mechanik allerdings
von entscheidender Bedeutung, da im physikalischen Raum weder Ursprung noch Koordinaten ausgezeichnet sind. Insbesondere ist in der Formulierung 1.1 ein dreidimensionaler, orientierter euklidischer Raum ohne festgelegtes kartesisches Koordinatensystem
gemeint. Die zugehörige Symmetriegruppe ist E(3) . Analoges gilt für 1.2.

In einem *physikalischen Bezugssystem*, wie es zum Beispiel durch ein Labor
gegeben ist, wird die geometrische Struktur des euklidische Raumes realisiert durch
Maßstäbe und starre Körper, mit denen man sich, jedenfalls im Kleinen, ein rechtwinkliges, normiertes Koordinatensystem aufbauen kann. Die anschließend gemessenen Abstände zwischen Punkten a und b sollten in diesen Koordinaten mit der Formel
$d(a,b) = |q(a) - q(b)|$ übereinstimmen, wobei $q(a)$ die Koordinaten des Punktes a
bezeichne. Ob diese Formel zutrifft, ist auch eine Frage der Experimente und damit der
Physik. Insofern dreht sich der zu Beginn des Paragraphen geäußerte Standpunkt herum,
Geometrie läßt sich nicht trennen von Physik. Dieser Aspekt kommt auch in B. Riemanns
Antrittsvorlesung (siehe Auszug in Paragraph 1 des ersten Kapitels) deutlich zum Ausdruck sowie in den folgenden Zitaten:

> *Insofern die Geometrie als die Lehre von den Gesetzmäßig*
> *keiten der gegenseitigen Lagerung praktisch starrer Körper aufgefaßt*
> *wird, ist sie als der älteste Zweig der Physik anzusehen.*

Albert Einstein

> *Die Geometrie hat demnach ihre Basis in der praktischen*
> *Mechanik, und sie ist derjenige Teil der allgemeinen Mechanik, wel*
> *cher die Kunst, genau zu messen, aufstellt und beweist.*

Isaac Newton in "Principia"

Natürlich gehören in der Physik Raum und Zeit ganz eng zusammen, es gibt
keine Beobachtung des Ortes ohne Zeit und keine Zeitmessung ohne Ort. Ein Teil dieser
engen Beziehung wird im nächsten Paragraphen erläutert, der sich insofern dem Thema
dieses Paragraphen unterordnet: Bei gemeinsamer Betrachtung von Raum und Zeit gilt
es, die zugehörige Raum–Zeit zu studieren. Diese hat eine größere Symmetriegruppe als
E(3) , nämlich die Galilei–Gruppe.

2 RELATIVITÄTSPRINZIP VON GALILEI

Die Festlegung der Begriffe Raum und Zeit nach 1.1 und 1.2 hat für sich allein wenig Inhalt, solange nicht geklärt ist, wie Raum und Zeit zusammenwirken. Der naive Standpunkt, daß sich die Bewegung (etwa eines idealisierten Punktteilchens) unmittelbar durch eine Kurve im Raum (mit der Zeit als Parameter) beschreiben ließe, kann nicht befriedigen, weil er die Existenz eines absoluten Raumes fordern würde. Stattdessen kann man sich in einem ersten Schritt die Beziehung zwischen Raum und Zeit so vorstellen, daß es zu jedem Zeitpunkt t einen zeitabhängigen Raum E_t mit 1.1 gibt. Diese Räume zu verschiedenen Zeitpunkten liegen allerdings nicht völlig amorph nebeneinander, sondern sie werden durch Bezugssysteme miteinander in Verbindung gebracht. Ein Bezugssystem, wie es auf der vorangehenden Seite beschrieben worden ist, liefert zu einem Zeitpunkt t ein kartesisches Koordinatensystem von E_t und kurz danach zum Zeitpunkt t + h ein kartesisches Koordinatensystem von E_{t+h}. Dabei wird die bemerkenswerte Annahme gemacht, daß die verwendeten Maßstäbe und starren Körper ihre Identität bewahren und sich auch in ihrer Form nicht verändern. Auf diese Weise werden zwischen verschiedenen E_t durch das Bezugssystem bijektive Abbildungen gegeben, die es erlauben, diese Räume miteinander zu identifizieren.

Je zwei Bezugssysteme lassen sich vergleichen, da ja ihre jeweiligen kartesischen Koordinaten auf den E_t nach Paragraph 1 in der Beziehung $q' = R(t)q + z(t)$ stehen, wobei $z(t)$ der Verschiebungsvektor zwischen den beiden auftretenden Ursprüngen der Bezugssysteme ist und $R(t)$ die relative Drehung der Orthonormalbasen. Offensichtlich kann man davon sprechen, daß zwei Bezugssysteme relativ zueinander in Ruhe sind, nämlich wenn R und z konstant sind, oder daß sie relativ zueinander nicht beschleunigt sind, nämlich wenn R konstant ist und z nur linear von t abhängt: $z(t) = tv + w$ mit konstanten Verschiebungsvektoren v und w. Aber es gibt wenig Sinn, bei einem einzigen Bezugssystem davon zu sprechen, daß es nicht beschleunigt sei.

Trotzdem ist man bei der Grundlegung der Mechanik daran interessiert, bestimmte Bezugssysteme auszuzeichnen, die dann als nichtbeschleunigt gelten können und in denen die Gesetze der Mechanik eine einfache Form haben. Diese Bezugssysteme heißen Inertialsysteme. Hier eine Definition, in der bereits ein Trägheitssatz eingeht:

(2.1) Inertialsystem. Ein *Inertialsystem* läßt sich kennzeichnen dadurch, daß die Bahnen von drei vom gleichen Punkt des Raumes aus nach linear unabhängigen Richtungen fortgeschleuderten und dann sich selbst überlassenen (das heißt *"freien"*) Massenpunkten geradlinig in diesem Bezugssystem verlaufen.

In dieser Festlegung des Grundbegriffs "Inertialsystem" werden weitere Grundbegriffe der Mechanik wie Masse oder Massenpunkt verwendet, die – wie auch der

Begriff der Kraft – hier nicht weiter diskutiert werden sollen und stattdessen als bekannt vorausgesetzt werden. Daß auf die Grundbegriffe Raum und Zeit und ihr Zusammenwirken etwas länger zu Beginn dieses Kapitels eingegangen wird, hat seinen Sinn darin, daß dadurch die geometrischen Grundlagen der Mechanik bereitgestellt werden können. Außerdem führt der Begriff des Inertialsystems auf diese Weise in Verbindung mit dem Relativitätsprinzip von Galilei zu einer interessanten Symmetrie, nämlich der Symmetrie der Galilei-Gruppe.

Ein *freier Massenpunkt* ist im Sinne von 2.1 ein Massenpunkt, auf den keine Kräfte wirken; insbesondere werden bei der idealen Vorstellung in 2.1 die Gravitationskräfte zwischen den drei auftretenden Massenpunkten vernachlässigt.

Die Erfahrung zeigt, daß es Inertialsysteme gibt. Für die Theorie bedeutet das, daß man die Existenz eines Inertialsystems zu fordern hat. Es gibt zum Beispiel gute Gründe anzunehmen, daß die Fixsterne ein solches Inertialsystem liefern.

Eine weitere Erfahrungstatsache ist, daß auch jeder weitere freie Massenpunkt in einem Inertialsystem eine geradlinige Bahn hat.

(2.2) Inertialzeitskala. Bezüglich der Zeit kann analog eine *Inertialzeitskala* definiert werden als eine Zeitskala, nach der ein vorgegebener, in einem Inertialsystem bewegter, freier Massenpunkt gleiche Strecken in gleichen Zeitabschnitten zurücklegt.

Wieder wird aus der Erfahrung gefordert, daß es Inertialzeitskalen gibt und daß alle freien Massenpunkte die in 2.2 formulierte Eigenschaft haben. Zusammenfassend erhält man den

(2.3) Trägheitssatz von Galilei: In einem Inertialsystem bewegt sich ein freier Massenpunkt geradlinig und gleichförmig. Anders ausgedrückt: In einem Inertialsystem hat ein Massenpunkt, der keinen Kräften ausgesetzt ist, eine konstante Geschwindigkeit.

Der Zusammenhang des Konzepts des Inertialsystems mit Geometrie und Symmetrie ist tiefer, als daß zur Definition die geometrischen Terme "Raum", "geradlinig", "Strecke" und "Zeitabschnitt" benötigt werden. So läßt sich zum Beispiel die Erkenntnis, daß dem Begriff der "absoluten" Geschwindigkeit keine Bedeutung gegeben werden kann, in dem (speziellen) *Relativitätsprinzip von Galilei* ausdrücken:

(2.4) Die grundlegenden physikalischen Gesetze der Klassischen Mechanik sind (bei abgeschlossenen Systemen) identisch in allen Bezugssystemen, die sich mit gleichförmiger Geschwindigkeit zueinander bewegen.

Ein *abgeschlossenes System* ist dabei ein System von Massenpunkten, das keinen äußeren Kräften unterworfen ist, in dem allerdings die einzelnen Massenpunkte durchaus Kräfte aufeinander ausüben können.

Unter einer gleichförmigen Geschwindigkeit zwischen zwei Bezugssystemen kann man nach den zu Beginn des Paragraphen durchgeführten Überlegungen verstehen, daß der Verschiebungsvektor der Ursprünge der beiden Bezugssysteme von der Form $z(t) = vt$, mit $v \in V = \mathbb{R}^3$, ist und daß sie als Koordinatensysteme dieselben Orthonormalbasen haben. Daher bedeutet das spezielle Relativitätsprinzip 2.4, daß die sogenannten *speziellen Galileitransformationen* $G_v : \mathbb{R}^3 \times \mathbb{R} \longrightarrow \mathbb{R}^3 \times \mathbb{R}$, gegeben durch

$$(q,t) \longmapsto (q + vt, t) =: G_v(q,t), \quad (q,t) \in \mathbb{R}^3 \times \mathbb{R},$$

für jedes $v \in V = \mathbb{R}^3$ die Gesetze der Physik invariant lassen und daher Symmetrien des physikalischen Systems sind. Außerdem werden durch G_v Inertialsysteme in Inertialsysteme überführt.

Neben der Relativität der Geschwindigkeit ist auch die Richtung im Raum relativ ("*Isotropie*" des Raumes). Weiterhin sind die Fixierungen des Ursprungs im Raum und in der Zeit relativ (siehe Paragraph 1, dafür wurde ja gerade der Begriff des affinen Raumes eingeführt). Das bedeutet, daß die physikalischen Gesetze abgeschlossener Systeme auch invariant sind gegenüber Rotationen $A \in SO(3)$, $(q,t) \longmapsto (Aq,t)$, sowie gegenüber Translationen in Raum- und Zeitkoordinaten: $T_w(q,t) = (q + w, t)$, $T_\beta(q,t) = (q, t + \beta)$. Die Gruppe von bijektiven Abbildungen $\mathbb{R}^3 \times \mathbb{R} \longrightarrow \mathbb{R}^3 \times \mathbb{R}$, die von all den gerade genannten Transformationen, also von den G_v, $A \in SO(3)$, T_w und T_β, erzeugt wird, heißt die *eigentliche, (orthochrone) Galilei-Gruppe* und wird im folgenden mit Γ bezeichnet. Das erweiterte *Relativitätsprinzip von Galilei* besagt:

(2.5) Relativitätsprinzip: Alle Inertialsysteme sind in der Klassischen Mechanik gleichberechtigt. Die grundlegenden physikalischen Gesetze abgeschlossener Systeme sind invariant gegenüber Transformationen der eigentlichen Galilei-Gruppe.

Γ ist also eine Symmetriegruppe der Mechanik abgeschlossener Systeme. In dieser Aussage steckt bereits sehr viel physikalischer Inhalt; denn durch Symmetrien werden in der Regel, wie wir später sehen werden, Erhaltungsgrößen gegeben, welche in den wesentlichen Fällen auch noch wichtigen physikalische Größen entsprechen. Im Falle der Galilei-Gruppe sind das die folgenden 10 Erhaltungsgrößen: Die drei Komponenten des Impulses, die Energie, die drei Komponenten des Drehimpulses und die drei Geschwindigkeitskoordinaten des Massenschwerpunktes. (Für eine ausführliche Diskussion dieser Erhaltungsgrößen vgl. 7.10.)

In der uns bereits vertrauten Weise (vgl. Paragraph 4 in Kapitel I) legt die Gruppe Γ eine Geometrie fest, welche als die grundlegende Geometrie der Klassischen Mechanik angesehen werden kann, und welche insbesondere auch eine zum Schluß des ersten Paragraphen geforderte Verbindung zwischen Raum und Zeit herstellt. Es handelt sich um die *Galilei-Raumzeit*, welche durch die folgende Daten gegeben ist:

(2.6) Definition: Eine *Galilei-Raumzeit* ist ein vierdimensionaler affiner Raum M (zum Begriff "affiner Raum" vgl. Paragraph 1) mit folgenden Eigenschaften:

1° Auf dem zu M gehörigen vierdimensionalen Vektorraum V ist eine nichtverschwindende Linearform $\Delta : V \longrightarrow \mathbb{R}$ gegeben.

2° Auf dem Kern $V_0 := \operatorname{Ker} \Delta = \{v \in V : \Delta(v) = 0\}$ von Δ ist ein euklidisches Skalarprodukt gegeben, das V_0 zu einem dreidimensionalen euklidischen Vektorraum macht.

Erläuterung: M ist zu interpretieren als der Raum der Elementarereignisse. Zu den Ereignissen $a,b \in M$ ist $\Delta(\overrightarrow{ab})$ der *objektive Zeitunterschied*. Die *Fasern* $V_t := \Delta^{-1}(t)$ beschreiben in V und damit in M Schichten gleicher Zeit, welche durch die euklidische Metrik von V_0 ebenfalls eine Metrik erhalten: Für Punkte $a, b \in M$ aus der *gleichen Zeitschicht*, also mit $\Delta(\overrightarrow{ab}) = 0$, ist $d(a,b) := |\overrightarrow{ab}|$ wegen $\overrightarrow{ab} \in V_0$ wohldefiniert. Durch diese Metrik auf V_t wird also der Abstand von Ereignissen in einer Zeitschicht festgelegt. Punkten aus verschiedenen Zeitschichten ist kein Abstand zugeordnet.

Als Standardmodell für eine Galilei-Raumzeit kann $M = \mathbb{R}^4$ als affiner Raum dienen, auf dem der Vektorraum $V = \mathbb{R}^4$ als Gruppe von Translationen wirkt. Die Zeitfunktion $\Delta : V \longrightarrow \mathbb{R}$ wähle man durch die Zerlegung $V = \mathbb{R}^3 \times \mathbb{R}$ als die Projektion auf die letzte Koordinate: $\Delta(q,t) := t$ für $(q,t) \in V$, und als das Skalarprodukt nehme man das übliche Skalarprodukt auf $\mathbb{R}^3$, und übertrage es direkt auf $V_0 = \mathbb{R}^3 \times \{0\}$.

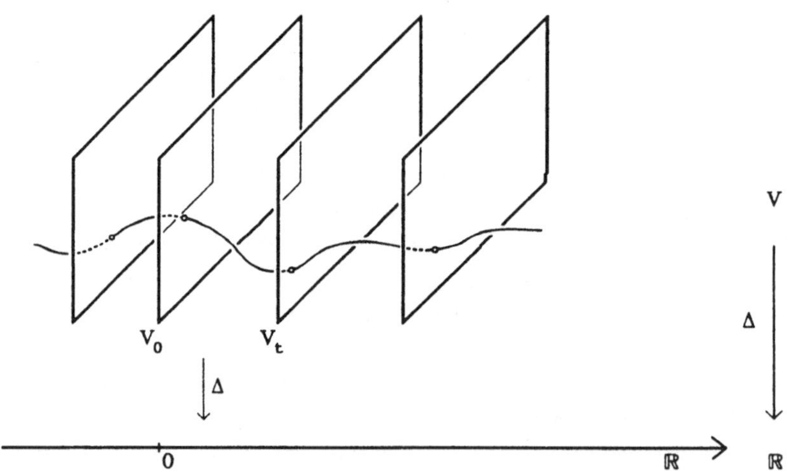

Bild: Das Standardmodell einer Galilei-Raumzeit mit $V = \mathbb{R}^4$ über der Zeitachse $\mathbb{R}$ und einer Bewegung ("Weltlinie") eines Massenpunktes $(b(t),t)$, skizziert als Kurve in $\mathbb{R}^3 \times \mathbb{R}$.

Ein Isomorphismus zwischen zwei Galilei-Raumzeiten ist eine Abbildung, welche die Zeitstruktur und die Abstände in den Schichten gleicher Zeit erhält. Es ist leicht zu sehen, daß jede Galilei-Raumzeit in diesem Sinne zu dem Standardmodell isomorph ist. Wir sprechen daher von *der* Galilei-Raumzeit.

Jedes Element der Galilei-Gruppe definiert auf der Galilei-Raumzeit M einen Isomorphismus $M \longrightarrow M$. Die Galilei-Gruppe ist also eine Symmetriegruppe der Raumzeit. Man kann — genau wie bei der euklidischen Gruppe und dem dazugehörigen euklidischen Vektorraum der Dimension n, vgl. I.4.4 — zeigen, daß die volle Symmetriegruppe Mor(M) der Galilei-Raumzeit M, also die Gruppe aller Bijektionen des Raumes der Translationen V auf sich, welche Δ auf V und $\langle \, , \, \rangle$ auf V_0 invariant lassen, erzeugt wird von Γ zusammen mit den *Raumspiegelungen* $(q,t) \longmapsto (-q,t)$ und den *Zeitspiegelungen* $(q,t) \longmapsto (q,-t)$ Diese Gruppe Mor(M) wird ebenfalls *Galilei-Gruppe* genannt, die oben definierte Gruppe Γ heißt deshalb zur Unterscheidung gelegentlich die *eigentliche, orthochrone* Galilei-Gruppe.

Will man die Gruppe Γ als die volle Symmetriegruppe der Mechanik, also als die volle Symmetriegruppe der Galilei-Raumzeit im Sinne von I.3.8 erhalten, wie es wohl den meisten physikalischen Situationen entspricht, so muß man bei der Definition 2.6 des Konzeptes der Galilei-Raumzeit noch die Orientierung (vgl. I.4.7) in einem dritten Axiom fordern:

$2.6.3^{\circ}$ Die Vektorräume V und V_0 sind orientiert.

Diese Bedingung kann auch so verstanden werden, daß der "Raumanteil" V_0 und die "Zeitachse" $\Delta(V) = \mathbb{R}$ (vgl. 1.2) orientiert sind.

Wegen der Bedeutung der Galilei-Gruppe als die Symmetriegruppe der Klassischen Mechanik soll zum Schluß des Paragraphen ein Resultat zur Struktur der Galilei-Gruppe dargelegt werden. Unter anderem erweist sich aufgrund dieser Beobachtungen die Galilei-Gruppe als eine Matrixgruppe und daher als eine Lie-Gruppe.

Ein wesentlicher Bestandteil der Galilei-Gruppe Γ ist die euklidische Gruppe E(3) als Untergruppe von Γ. Deshalb werden wir uns erst einmal mit der euklidischen Gruppe E(n) und ihrer Darstellung als *semidirektes Produkt* befassen. Zugleich wird damit der Begriff des semidirekten Produktes motiviert.

Jede Transformation $g \in E(n)$ ist nach I.4.4 zusammengesetzt aus der durch $v := g(0)$ gegebenen Translation $T_v : \mathbb{R}^n \longrightarrow \mathbb{R}^n$, $q \longmapsto q + v$, und der Rotation $A := g - v \in SO(n) : g(q) = Aq + v = T_v \circ A(q)$. Die Komposition von zwei Transformationen $g,h \in E(n)$, die auf diese Weise durch (A,v) bzw. durch (B,w) dargestellt werden, ist dann: $g \circ h(q) = g(Bq + w) = A(Bq + w) + v = ABq + (Aw + v)$. Die Komposition $g \circ h$, also das Produkt von g und h in der Gruppe E(n) wird also durch das Paar (AB, Aw + v) repräsentiert in dem Sinne, daß die zu $g \circ h$ gehörige Translation Aw + v und die zugehörige orthogonale Transformation AB ist:

$$g \circ h = T_{Aw+v} \circ AB.$$

Deshalb ist die euklidische Gruppe E(n) isomorph zu der Gruppe, die folgendermaßen definiert ist: Die Elemente der Gruppe seien die Paare $(A,v) \in SO(n) \times \mathbb{R}^n$

und die Gruppenoperation für je zwei Paare $(A,v),(B,w)$ sei $(A,v)(B,w) := (AB,Aw+v)$.
Schreibt man diese Operation in Blockmatrizen und dem zugehörigen Matrizenprodukt,
so hat die letzte Gleichung die folgende Form:

$$\begin{pmatrix} A & v \\ 0 & 1 \end{pmatrix} \begin{pmatrix} B & w \\ 0 & 1 \end{pmatrix} = \begin{pmatrix} AB & Aw+v \\ 0 & 1 \end{pmatrix}.$$

$E(n)$ wird daher auch als eine Gruppe von $(n+1)\times(n+1)$-Matrizen aufgefaßt.

Dieses Beispiel gibt Anlaß, die folgende Definition zu treffen: Zu zwei Grup-
pen G und H sei ein Homomorphismus $\sigma : G \longrightarrow \mathrm{Aut}(H)$ von G in die Gruppe
$\mathrm{Aut}(H)$ der Automorphismen von H vorgegeben. Dabei sind die Automorphismen von
H gerade die bijektiven Homomorphismen von H nach H. (Nach I.3.8 ist G vermöge
σ eine Symmetriegruppe auf H bezüglich der Gruppenstruktur von H, und jede
Symmetriegruppe ist von dieser Form.)

(2.7) **Definition:** Das *semidirekte Produkt von* G *und* H *über* σ ist folgendermaßen definiert: Die Elemente der Gruppe sind die Paare $(g,h) \in G \times H$, und die
Gruppenoperation ist definiert als $(g,h)(f,k) := (gf,(\sigma(g)k)h)$ für $(g,h),(f,k) \in G \times H$.

Bei dem Beispiel der euklidischen Gruppe gilt: $G = SO(n)$, $H = \mathbb{R}^n$ als
additive Gruppe der Translationen und σ die natürliche Injektion $SO(n) \subset \mathrm{Aut}(\mathbb{R}^n)$.

Die Bezeichnung für das semidirekte Produkt ist $G \ltimes H$. Also für das Beispiel der euklidischen Gruppe $E(n) \cong SO(n) \ltimes \mathbb{R}^n$. Der Nachweis der Gruppenaxiome
(vgl. I.3.4) für $G \ltimes H$ erfolgt durch einfaches Einsetzen. Als Übung weise man das in
I.3.4.1^{O} formulierte Assoziativgesetz für das semidirekte Produkt nach.

Als weitere Beispiele von Gruppen mit der Darstellung als ein semidirektes
Produkt lassen sich die affine Gruppe $\mathrm{Aff}(\mathbb{R}^n) \cong GL(n,\mathbb{R}) \ltimes \mathbb{R}^n$ und die Diedergruppen $D_k \cong Z_2 \ltimes Z_k$ angeben. Auch die Galilei-Gruppe hat eine Beschreibung als semi-
direktes Produkt, und zwar von $E(3)$, das ja selbst ein semidirektes Produkt ist, und
der Translationsgruppe $V = \mathbb{R}^4$. Die Wirkung σ ist hier für $g = (A,v) \in SO(3) \ltimes \mathbb{R}^3$
und $(q,t) \in \mathbb{R}^3 \times \mathbb{R}$: $\sigma(g)(q,t) = (Aq + tv,t)$. $\Gamma \cong E(3) \ltimes \mathbb{R}^4$ läßt sich jetzt leicht
verifizieren. Entsprechend der Darstellung von Γ als ineinandergeschachteltes semi-
direktes Produkt $\Gamma = (SO(3) \ltimes \mathbb{R}^3) \ltimes \mathbb{R}^4$ läßt sich die Gruppenmultiplikation von Γ
als Multiplikation von 3×3-Blockmatrizen schreiben.

$$\begin{pmatrix} A & v & q \\ 0 & 1 & t \\ 0 & 0 & 1 \end{pmatrix} \begin{pmatrix} B & w & p \\ 0 & 1 & s \\ 0 & 0 & 1 \end{pmatrix} = \begin{pmatrix} AB & Aw+v & Ap+sv+q \\ 0 & 1 & t+s \\ 0 & 0 & 1 \end{pmatrix}$$

Insbesondere läßt sich die Galilei-Gruppe auf diese Weise als eine abgeschlossene Untergruppe der invertierbaren 5×5-Matrizen — also als Matrixgruppe –
auffassen. Daran erkennt man unmittelbar, daß die Gruppenwirkung $\Gamma \times M \longrightarrow M$
differenzierbar ist (vgl. I.4.14 und L.4). Da Γ transitiv wirkt, erhält man die Galilei-
Raumzeit zurück als homogene Mannigfaltigkeit $\Gamma/H \cong M$ mit geometrischer Struktur (analog zur euklidischen oder sphärischen Geometrie vgl. I.4.17).

3 Einfache klassische Systeme

Nach der Erläuterung des Raumbegriffes in der Klassischen Mechanik zu Beginn dieses Kapitels soll in diesem Paragraphen ein einfaches Modell vorgestellt werden, welches erlaubt, die Wirkung von Kräften der Klassischen Mechanik mathematisch zu beschreiben. Es handelt sich dabei um das Modell eines einfachen klassischen Systems, unter dem hier die folgende Struktur verstanden werden soll:

Konfigurationsraum. Zu einem *einfachen klassischen System* gehört zunächst eine offene Menge $Q \subset \mathbb{R}^n$, die als der *Raum der Ortskoordinaten* $q = (q^1, q^2, \dots, q^n)$, $q \in Q$, aufgefaßt wird. Q wird *Ortsraum, Lageraum* oder *Konfigurationsraum* des klassischen Systems genannt und gibt die *kinematisch* möglichen Lagen des Systems an. Unter der Anzahl der *Freiheitsgrade* des jeweiligen klassischen Systems versteht man die Dimension n des Konfigurationsraumes $Q \subset \mathbb{R}^n$. Bei einem System von k Massenpunkten $P_1, P_2, \dots, P_k$ werden zum Beispiel durch Zusammenfassung der kartesischen Raumkoordinaten der einzelnen Massenpunkte die Ortskoordinaten $q = (q^1, q^2, \dots, q^{3k})$ gegeben, und als Konfigurationsraum wird man daher eine offene Teilmenge von $\mathbb{R}^n$ mit $n = 3k$ wählen.

Phasenraum. Zur Beschreibung des jeweiligen klassischen Systems gehört neben dem Ortsraum Q auch noch der Raum $\mathbb{R}^n$ der *Geschwindigkeitsvektoren* oder *Tangentialvektoren* $v = (v^1, v^2, \dots, v^n) \in \mathbb{R}^n$. (Auf eine alternative Formulierung von klassischen Systemen mit Impulsvektoren anstelle von Geschwindigkeitsvektoren kommen wir am Schluß dieses Paragraphen zu sprechen.) Der Raum $P := Q \times \mathbb{R}^n$ gibt dann die *kinematisch möglichen Zustände* des klassischen Systems an und wird der *Phasenraum* des klassischen Systems genannt. Der Phasenraum läßt sich auch als das Tangentialbündel TQ zu Q auffassen (vgl. M.7).

Bewegungsgleichungen. Zu dem klassischen System gehört schließlich noch ganz wesentlich die *Dynamik* des Systems. Die Dynamik legt fest, welche unter den kinematisch möglichen Kurven $q(t)$ in Q (für t aus einem Intervall $J \subset \mathbb{R}$) als die *dynamisch* zugelassenen *Bewegungen* anzusehen sind. Diese Festlegung geschieht für klassische Systeme in der Regel durch ein System von gewöhnlichen Differentialgleichungen zweiter Ordnung, den sogenannten *Bewegungsgleichungen* des Systems,

$$(3.1) \quad q = \Phi(\ddot{q}, \dot{q}, t),$$

wobei $\Phi : P \longrightarrow \mathbb{R}^n$ eine stetig differenzierbare Abbildung und $\dot{q} := \frac{d}{dt}q$ die Ableitung von $q : J \longrightarrow Q$ nach dem Parameter $t \in J$ ist. Eine solche vektorwertige, zweimal stetig differenzierbare Funktion q auf einem Intervall $J \subset \mathbb{R}$ ist bekanntlich genau dann Lösung des Systems 3.1, wenn — ausführlich geschrieben - für alle $t \in I$

und alle $\nu \in \{1,2, \dots ,n\}$ die Gleichungen

$$\ddot{q}^{\nu}(t) = \Phi^{\nu}(q^1(t),q^2(t), \dots ,q^n(t),\dot{q}^1(t),\dot{q}^2(t), \dots ,\dot{q}^n(t),t)$$

erfüllt sind. Eine Kurve $q : I \longrightarrow Q$ ist genau dann eine (dynamisch zugelassene) *Bewegung* des Systems, wenn sie der Differentialgleichung 3.1 genügt.

Warum es ausreicht, als Bewegungsgleichungen nur Differentialgleichungen zweiter Ordnung zuzulassen, läßt sich nur mit der Erfahrung begründen. In der konservativen Klassischen Mechanik hat sich dieser Ansatz bewährt.

Ein zentrales Beispiel für eine Differentialgleichung vom Typ 3.1 ist das *Newtonsche Kraftgesetz* (zum *Kraftfeld* F)

$$(3.2) \quad m\ddot{q} = F(q,\dot{q},t)$$

für einen Massenpunkt der Masse m mit den Koordinaten $q = (q^1,q^2,q^3)$. Dadurch ergibt sich also ein einfaches klassisches System mit drei Freiheitsgraden.

Viele einfache klassische Systeme werden gegeben als (einfache) Lagrange-Systeme. Ein *Lagrange-System* (P,L) besteht aus dem Phasenraum $Q \times \mathbb{R}^n = P$, $Q \subset \mathbb{R}^n$ offen, zusammen mit einer zweimal stetig differenzierbaren Funktion $L : P \longrightarrow \mathbb{R}$, welche die *Lagrangefunktion* genannt wird. Die Bewegungsgleichungen des Systems sind die sogenannten *Euler-Lagrange-Gleichungen*

$$(3.3) \quad \frac{d}{dt}\frac{\partial L}{\partial v} = \frac{\partial L}{\partial q}.$$

Eine differenzierbare Kurve $q : J \longrightarrow Q$ mit Werten im Konfigurationsraum $Q \subset \mathbb{R}^n$ ist also genau dann eine Bewegung des Systems, wenn für alle $t \in J$ gilt:

$$\frac{d}{dt}\left(\frac{\partial L}{\partial v^{\nu}}(q(t),\dot{q}(t))\right) = \frac{\partial L}{\partial q^{\nu}}(q(t),\dot{q}(t)), \quad 1 \le \nu \le n.$$

Die Bedeutung von 3.3 ist die folgende: Die Lösungen von 3.3 auf abgeschlossenen, beschränkten Intervallen $J = [t_0,t_1]$ sind genau die stationären Kurven des *Wirkungsfunktionals*

$$(3.4) \quad S(q) := \int_J L(q(t),\dot{q}(t))\,dt.$$

Dabei heißt eine Kurve $q = q(t)$ *stationär*, wenn für alle stetig differenzierbaren (Vergleichskurven) $h : J \longrightarrow \mathbb{R}^n$ mit $h(t_0) = h(t_1) = 0$ stets gilt:

$$\frac{d}{d\varepsilon} S(q + \varepsilon h)\big|_{\varepsilon=0} = 0.$$

Es soll kurz gezeigt werden, daß stationäre Kurven $q(t)$ die Gleichungen 3.3 erfüllen und umgekehrt: Aus $h(t_0) = h(t_1) = 0$ folgt

$$0 = \frac{\partial L}{\partial v^{\nu}} h^{\nu}\Big|_{t_0}^{t_1} = \int_J \frac{d}{dt}\left(\frac{\partial L}{\partial v^{\nu}} h^{\nu}\right) dt = \int_J \left(\frac{d}{dt}\left(\frac{\partial L}{\partial v^{\nu}}\right) h^{\nu} + \frac{\partial L}{\partial v^{\nu}} \dot{h}^{\nu}\right) dt,$$

also

$$\int_J \frac{d}{dt}\left(\frac{\partial L}{\partial v^\nu}\right) h^\nu \;=\; -\int_J \frac{\partial L}{\partial v^\nu}\, \dot h^\nu \; dt\,.$$

Eingesetzt in

$$0 = \frac{d}{d\varepsilon} S(q + \varepsilon h)\big|_{\varepsilon=0} = \int_J \frac{d}{d\varepsilon} L(q + \varepsilon h, \dot q + \varepsilon \dot h)\big|_{\varepsilon=0} dt = \int_J \left(\frac{\partial L}{\partial q^\nu} h^\nu + \frac{\partial L}{\partial v^\nu}\,\dot h^\nu\right) dt$$

erhält man

$$\int_J \left(\frac{\partial L}{\partial q^\nu} - \frac{d}{dt}\frac{\partial L}{\partial v^\nu}\right) h^\nu\, dt = 0$$

für alle stetig differenzierbaren h mit $h(t_0) = h(t_1) = 0$. Deshalb ist 3.3 erfüllt. Die
Umkehrung läßt sich aus den gerade bereitgestellten Formeln ebenfalls ablesen.

Im übrigen sind die Euler-Lagrange-Gleichungen 3.3 nur dann von der expliziten Form 3.1, wenn sich die Gleichungen 3.3 nach den $\ddot q^\nu$ auflösen lassen. Das ist
zum Beispiel immer dann lokal möglich, wenn die Matrix $\left(\frac{\partial^2 L}{\partial v^\nu \partial v^\mu}\right)$ invertierbar ist.

Das Beispiel des Newtonschen Kraftgesetzes ordnet sich dem Begriff des
einfachen Lagrange-Systems unter, jedenfalls für den Fall eines konservativen Kraftfeldes der Form $F = -\nabla U$ mit einer differenzierbaren Funktion U auf dem Konfigurationsraum Q: Denn die Euler-Lagrange-Gleichungen für $L := \frac{1}{2}mv^2 - U$ als Lagrangefunktion sind dann genau die Gleichungen des Newtonschen Kraftgesetzes 3.2, wie sich
sofort nachprüfen läßt. Denn es ist $\frac{\partial L}{\partial v^\nu} = mv_\nu$ und $\frac{\partial L}{\partial q^\nu} = -\frac{\partial U}{\partial q^\nu} = F_\nu$ für $\nu = 1,2,3$,
wobei $F = (F_1, F_2, F_3)$.

Zur Frage nach der allgemeinen Lösbarkeit des Systems 3.1 von Differentialgleichungen steht das folgende Resultat der Mathematik als Antwort zur Verfügung:
Zu vorgegebenen *Anfangswerten* $(\overset{\circ}{q}, \overset{\circ}{v}) \in P$ gibt es stets ein Intervall $J = \,]a,b[$ mit
$a < 0 < b$ und eine (im wesentlichen eindeutige Lösung) $q : J \longrightarrow Q$ von 3.1 auf J
mit $(q(0), \dot q(0)) = (\overset{\circ}{q}, \overset{\circ}{v})$, wenn die Abbildung Φ genügend gute Eigenschaften hat, zum
Beispiel, wenn sie stetig differenzierbar ist (vgl. [BRÖ], [ABM] oder [DYS I]). Damit ist
klar, daß der Phasenraum P sich in natürlicher Weise in disjunkte Bahnen des klassischen Systems zerlegt, und wir haben ein erstes geometrisches Bild eines klassischen
Systems vor uns.

Die Grundaufgabe der Klassischen Mechanik besteht jetzt einerseits darin,
für ein gegebenes mechanisches Problem den Phasenraum P aufzufinden und dazu Φ
aufzustellen, und andererseits darin, die Bewegungsgleichungen 3.1 zu lösen. Mit der
prinzipiellen Lösbarkeit, über die im letzten Absatz berichtet wurde, kann sich der
Physiker allerdings nur selten zufrieden geben, er sucht nach expliziten Lösungen, die
sich durch bekannte Funktionen ausdrücken lassen. Wenn sich explizite Lösungen nicht
finden lassen, und auch Näherungslösungen kein zufriedenstellendes Bild des speziellen
klassischen Systems geben, wird anstelle des Lösens von 3.1 die Aufgabe gestellt, das
lokale und globale Verhalten der Lösungen möglichst detailliert zu analysieren und
qualitativ zu beschreiben. Die meisten Differentialgleichungen der Physik lassen sich

nicht explizit lösen, so daß der zuletzt genannte Weg beschritten werden muß. Dieser führt dann häufig auf abstrakte Methoden meist geometrischer Art. Eine generelle Methode, die in vielen Situationen erfolgversprechend ist und in diesem Buch wiederholt in Beispielen besprochen wird, ist die Verringerung der Dimension 2n des Phasenraumes auf eine Dimension 2k, also die Reduktion der n Freiheitsgrade auf ein System mit k Freiheitsgraden. Das geschieht in der Regel durch *Zwangsbedingungen*, welche häufig einen geometrischen Ursprung haben, und durch *Erhaltungsgrößen*, welche immer durch Symmetrien erzeugt werden.

In der oben erwähnten alternativen Formulierung eines einfachen klassischen Systems gehört zu dem Raum Q der Ortskoordinaten der Raum der *Impulsvektoren* $p = (p_1, p_2, \ldots, p_n) \in (\mathbb{R}^n)^*$. $((\mathbb{R}^n)^*$ ist der *Dualraum* von $\mathbb{R}^n$.) Entsprechend hat man den *(Impuls-)Phasenraum* $P = Q \times (\mathbb{R}^n)^*$. Aus mathematischer Sicht läßt sich der Impulsphasenraum als das Kotangentialbündel (vgl. M.11 und M.19) zu Q auffassen. Die Dynamik des Systems wird jetzt gegeben durch ein System

$$(3.5) \quad (\dot{q}, \dot{p}) = \Psi(q, p)$$

von Differentialgleichungen erster Ordnung. Auf Beispiele gehen wir hier nicht ein, sondern verweisen auf Paragraph 9.

In beiden Formulierungen gilt es zu beachten, daß die Ortskoordinaten q nicht die kartesischen Koordinaten unseres Anschauungsraumes sein müssen, sondern daß eine weitreichende Allgemeinheit der Formulierung von vornherein dadurch erreicht wird, daß die q für allgemeinere Koordinaten wie zum Beispiel Winkelvariable, Abstandsvariable u.a. stehen können.

Schließlich ist noch eine Erklärung dafür angebracht, daß die hier vorgestellten klassischen Systeme als "einfach" bezeichnet werden. Der Hauptgrund dafür ist in der Tatsache zu sehen, daß es wichtige klassische Systeme gibt, die sich nur lokal, also Stück für Stück, wie die hier einfach genannten Systeme beschreiben lassen. Der allgemeinere Begriff eines klassischen Systems verwendet Mannigfaltigkeiten und lautet in Kurzform: Ein klassisches System ist eine Mannigfaltigkeit P mit einer auf P definierten geeigneten Differentialgleichung, die lokal von der Form 3.1 (oder 3.5) ist. Die einfachen Systeme ergeben sich dann aus den allgemeinen durch Beschränkung der Untersuchung auf eine Karte (vgl. M.5 und M.8) der Mannigfaltigkeit. Solche allgemeinen klassischen Systeme werden in den Paragraphen 8 und 9 studiert und kommen sporadisch auch schon in den davorliegenden Paragraphen vor. Der Begriff des einfachen klassischen Systems wird gerade für diese Paragraphen 4-7 und auch für die Anfänge der Paragraphen 8 und 9 als vorläufiger Hilfsbegriff bereitgestellt.

4 DAS PENDEL

Zunächst soll der Phasenraum des *ebenen mathematischen Pendels* ausführlich behandelt werden. Das vorgegebene Pendel der festen Länge $r > 0$ denke man sich an einem Ende festgehalten im Nullpunkt, während die Koordinaten $(x,y) \in \mathbb{R}^2$ des anderen Endes die Ortskoordinaten des Systems beschreiben. Der Ortsraum ist also zunächst $Q = \mathbb{R}^2$, der Phasenraum $P = Q \times \mathbb{R}^2$. Ganz unabhängig von der Dynamik des Systems ist klar, daß sämtliche Bewegungen $q(t) = (x(t),y(t))$ der Zwangsbedingung $|q(t)| = \sqrt{x(t)^2 + y(t)^2} = r$ unterliegen. Die möglichen Bewegungen verlaufen also auf der Kreislinie

$$S_r^1 := \{ (x,y) \in \mathbb{R}^2 : x^2 + y^2 = r^2 \}.$$

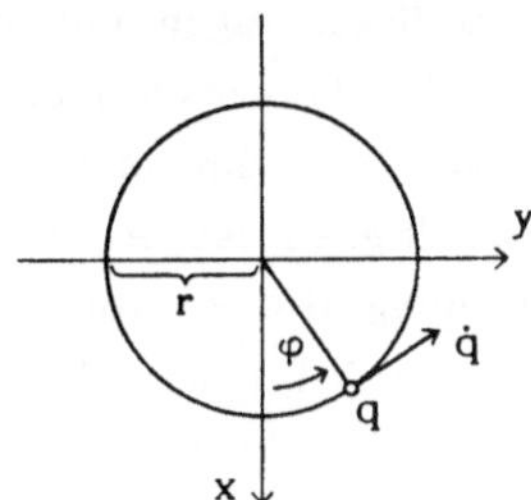

Sie sind daher von der Form $q(t) = r(\cos\varphi(t),\sin\varphi(t)) = re^{i\varphi(t)}$ mit einer Funktion $\varphi : {]}a,b{[} \longrightarrow \mathbb{R}$. Für den Geschwindigkeitsvektor $\dot{q}(t)$ aus $\mathbb{R}^2$ gilt $\langle q(t),\dot{q}(t)\rangle = 0$, was man wegen $|q(t)|^2 = r^2$ aus $\frac{d}{dt}|q(t)|^2 = 2\langle q,\dot{q}\rangle = 0$ sofort ablesen kann. Der ursprüngliche Phasenraum des klassischen Systems ist daher ohne Kenntnis der Dynamik bereits reduzierbar auf den einfacheren Raum

$$P' := S_r^1 \times \mathbb{R},$$

wie wir in Kürze genauer begründen werden.

P' ist insofern einfacher als P, als nur noch 2 statt 4 Variable involviert sind. Unter zwei Aspekten kann P' aber auch als komplizierter angesehen werden: Einerseits ist der neue "Ortsraum" $Q_0 := S_r^1$ keine offene Menge in $\mathbb{R}$ $(= \mathbb{R}^1)$. Q_0 ist stattdessen eine 1-dimensionale Untermannigfaltigkeit von $\mathbb{R}^2$. Andererseits ist die Bedeutung des Produkts $S_r^1 \times \mathbb{R}$ in $P' = S_r^1 \times \mathbb{R}$ sowie die Rolle von $\mathbb{R}$ in diesem Produkt noch nicht ganz klar. Gemeint ist eigentlich, den ursprünglichen Phasenraum $P = Q \times \mathbb{R}^2$ mittels der Zwangsbedingung $|q(t)| = r$ durch den *reduzierten* Phasenraum

$$P_0 := \{ (q,v) \in Q \times \mathbb{R}^2 \mid q \in S_r^1 \text{ und es gibt eine differenzierbare}$$
$$\text{Kurve } \gamma : {]}-\varepsilon,\varepsilon{[} \longrightarrow S_r^1 \text{ mit } \gamma(0) = q \text{ und } \dot{\gamma}(0) = v\}$$

zu ersetzen. Wegen $\langle \gamma, \dot\gamma \rangle = 0$ (siehe oben) gilt:

$$(4.1) \quad P_0 = \{(q,v) \in \mathbb{R}^2 \times \mathbb{R}^2 : |q| = r \ \text{und} \ \langle q,v \rangle = 0\},$$

wobei $\langle \ , \ \rangle$ das euklidische Skalarprodukt in $\mathbb{R}^2$ bezeichnet. P_0 wird im Raum $P = \mathbb{R}^4 = \mathbb{R}^2 \times \mathbb{R}^2$ offensichtlich von der euklidischen Struktur des $\mathbb{R}^2$ bestimmt. Man stellt leicht fest, daß P_0 eine zweidimensionale Untermannigfaltigkeit (also Fläche) im $\mathbb{R}^4$ ist, denn die stetig differenzierbaren Funktionen $q \longmapsto |q|^2 =: g(q)$ und $(q,v) \longmapsto \langle q,v \rangle =: f(q,v)$ erfüllen für $(q,v) \in P_0$: $\nabla g = \text{grad} \, g = (2q,0)$ und $\nabla f = \text{grad} \, f = (v,q)$ sind linear unabhängig wegen $q \neq 0$. Außerdem läßt sich zeigen, daß diese Fläche mit $S^1_r \times \mathbb{R}$ identifiziert werden kann (das heißt, es gibt einen Diffeomorphismus von P_0 nach $S^1_r \times \mathbb{R}$).

Bereits bei diesem einfachen Beispiel wird klar, daß es sinnvoll ist, als Ortsräume und Phasenräume auch Mannigfaltigkeiten zuzulassen; jedenfalls dann, wenn man globale Fragen der Theorie berücksichtigen und den Vorteil der Verringerung der Freiheitsgrade ausnutzen will. Wir erinnern an dieser Stelle an den Begriff der Untermannigfaltigkeit im $\mathbb{R}^n$ (vgl. M.3): Eine Menge $M \subset \mathbb{R}^n$ ist nach Definition eine k-*dimensionale Untermannigfaltigkeit* des $\mathbb{R}^n$ $(0 \leq k \leq n, k \in \mathbb{N})$, wenn es zu jedem Punkt $a \in M$ eine offene Umgebung $U \subset \mathbb{R}^n$ von a sowie eine Abbildung $g \in \mathcal{E}(U, \mathbb{R}^{n-k})$ (wobei $\mathcal{E}(U,V) := \{f : U \longrightarrow V \mid f \ \text{ist beliebig oft differenzierbar}\}$) gibt mit

$(4.2.1^\circ)$ $U \cap M = g^{-1}(0) = \{q \in M \mid g(q) = 0\}$, sowie

$(4.2.2^\circ)$ für alle $x \in U \cap M$ sind die Gradientenvektoren $\nabla g^1(x), \nabla g^2(x),$
... $\nabla g^{n-k}(x)$ linear unabhängig.

Wie in dem Beispiel des Pendels treten ganz allgemein im Rahmen der Klassischen Mechanik Untermannigfaltigkeiten des $\mathbb{R}^n$ durch Zwangsbedingungen auf. Eine *Zwangsbedingung* eines einfachen klassischen Systems (vgl. Paragraph 3) mit Konfigurationsraum Q und Phasenraum $P = Q \times \mathbb{R}^n$ ist zunächst einmal eine Funktion f auf Q (oder auf einer offenen Menge V in Q), derart daß alle Bewegungen $q(t)$ des Systems die Gleichung $f(q(t)) = 0$ erfüllen. Beim Pendel ist also $f(q) = |q| - r$ eine Zwangsbedingung. Eine solche Zwangsbedingung heißt *holonom*, wenn f differenzierbar ist und in allen Punkten q mit $f(q) = 0$ der Gradient $\nabla f(q)$ nicht verschwindet. $f = 0$ ist also genau dann eine holonome Zwangsbedingung, wenn die Menge $f^{-1}(0) = \{q \in Q : f(q) = 0\}$ der Nullstellen von f eine $(n-1)$-dimensionale Untermannigfaltigkeit ist. Allgemeiner sei festgelegt:

(4.3) Definition. 1° Ein Satz von *(lokalen) Zwangsbedingungen* eines einfachen klassischen Systems mit Konfigurationsraum Q auf der offenen Teilmenge V

von Q ist durch eine Abbildung $f : V \longrightarrow \mathbb{R}^s$ gegeben, derart daß für jede Bewegung $q(t)$ des klassischen Systems mit $q(t) \in V$ die Gleichung $f(q(t)) = 0$, das heißt $q(t) \in f^{-1}(0)$, erfüllt ist.

2° Die (lokalen) Zwangsbedingungen heißen *holonom*, wenn die Abbildung f differenzierbar ist und wenn der Rang der Ableitung $Df(q)$ auf der Nullstellenmenge $f^{-1}(0) \subset V$ konstant ist.

Es sei zum Beispiel der Rang konstant gleich $n-k$. Dann gibt es zu jedem Punkt $q \in V$ eine offene Umgebung U von q, so daß für geeignete $n-k$ der s Komponenten von $f = (f^1, f^2, ..., f^s)$, die wir mit $g^1, g^2, ..., g^{n-k}$ bezeichnen, gerade die Bedingung $4.2.2^o$ erfüllt ist und außerdem $g^{-1}(0) \cap U = f^{-1}(0) \cap U$ gilt (vgl. M.3, Satz vom Rang). Daher ist durch holonome Zwangsbedingungen $f = 0$ eine Untermannigfaltigkeit $f^{-1}(0)$ in V der Dimension k gegeben.

Holonome Zwangsbedingungen auf ganz Q sind zum Beispiel durch differenzierbare Funktionen auf ganz Q (also $Q = V$) gegeben oder nur lokal wie in der obigen Definition mit genügend vielen offenen V's, welche den Konfigurationsraum Q überdecken, und für die der Rang der Funktionalmatrizen der lokalen Zwangsbedingungen immer gleich ist. Statt diese Bedingungen präzise auszuformulieren, genügt es aber aufgrund der vorangegangen Überlegungen einfach festzustellen, daß ganz allgemein holonome Zwangsbedingungen durch eine Untermannigfaltigkeit M im Konfigurationsraum gegeben sind (vgl. Schluß von M.3).

Für den Fall, daß bei einem vorgegebenen klassischen System mit einer offenen Menge Q aus $\mathbb{R}^n$ als Konfigurationsraum (globale) holonome Zwangsbedingungen vorliegen, sind diese also durch eine Untermannigfaltigkeit M der Dimension k, $k \leq n$, gegeben. Als der eigentliche Konfigurationsraum ist unter Berücksichtigung der holonomen Zwangsbedingungen daher die Mannigfaltigkeit M anzusehen. Aus diesem Grunde wird M auch als der *reduzierte Konfigurationsraum* bezeichnet. Wie sieht nun der zu M zugehörige Phasenraum aus? Ganz analog zu unserem Beispiel des Pendels: In jedem Punkt $a \in M$ einer solchen Untermannigfaltigkeit läßt sich der *Tangentialraum* $T_a M$ von M in a als der folgende Untervektorraum von $\mathbb{R}^n$ definieren:

$$T_a M := \{ \dot{\gamma}(0) \in \mathbb{R}^n : \gamma \in \mathscr{E}(\,]-\varepsilon,\varepsilon[\,,\mathbb{R}^n), \ \gamma(\,]-\varepsilon,\varepsilon[\,) \subset M, \ \gamma(0) = a \}.$$

$T_a M$ läßt sich auffassen als der Vektorraum der Geschwindigkeitsvektoren von stetig differenzierbaren Kurven durch a, die ganz in M verlaufen. Es gilt offenbar für Punkte $a \in M \cap U$ (mit U und g wie in 4.2):

$$\begin{aligned}
(4.4) \quad T_a M &= \{ X \in \mathbb{R}^n \mid \langle \nabla g^j(a), X \rangle = 0 \ \text{für alle} \ j = 1,2,...,n-k \} \\
&= \{ X \in \mathbb{R}^n \mid Dg(a).X = 0 \}
\end{aligned}$$

(vgl. 4.1), wobei $Dg(a)$ die Jacobi-Matrix (Ableitung) von g bezeichnet und $Dg(a).X$ für die Auswertung von $Dg(a)$ an der Stelle X steht. $T_a M$ ist daher ein k-dimensionaler Untervektorraum von $\mathbb{R}^n$. In jedem Punkt $a \in M$ kann man den Tangentialraum

$T_a M$ an M anlegen und erhält so das *Tangentialbündel von M* (vgl. M.7 und allgemeiner in M.10):

$$(4.5) \quad TM := \bigcup \Big\{ \{a\} \times T_a M \mid a \in M \Big\} \subset M \times \mathbb{R}^n$$

mit der natürlichen Projektion $\tau : TM \longrightarrow M$, $\tau(a,X) := a$ für $X \in T_a M$.

Mit U und g wie in 4.2 hat das Tangentialbündel TM lokal folgende Beschreibung:

$$TU = TM \cap (U \times \mathbb{R}^n) = \{(a,X) \in U \times \mathbb{R}^n : g(a) = 0 \text{ und } Dg(a).X = 0\}.$$

Der *Phasenraum zum reduzierten Konfigurationsraum* M (beim Vorliegen
von holonomen Zwangsbedingungen, die durch M gegeben sind) ist in natürlicher Weise das Tangentialbündel TM von M. In diesem Zusammenhang wird das Tangentialbündel TM auch als der *reduzierte Phasenraum* (zur holonomen Zwangsbedingung M)
bezeichnet. Das reduzierte System hat dann $k = \dim M$ Freiheitsgrade.

In der obigen Situation des ebenen Pendels mit der holonomen Zwangsbedin-
gung $|q|^2 - r^2 = 0$ ist der reduzierte Konfigurationsraum die Kreislinie $Q_0 = S_r^1$ und
der reduzierte Phasenraum das Tangentialbündel $P_0 = TS_r^1$. Im übrigen kann auch der
Phasenraum $P = Q \times \mathbb{R}^n$ aus den vorangehenden Paragraphen als Tangentialbündel
TQ von Q aufgefaßt werden, weil $TQ = Q \times \mathbb{R}^n$ gilt (mit $k = n$ in 4.2 und $g \equiv 0$).

TS_r^1 ist diffeomorph zum Produkt $S_r^1 \times \mathbb{R}$, wie wir weiter oben bereits festgestellt haben. Einen expliziten Diffeomorphismus erhält man folgendermaßen: Für
$q = (q^1, q^2) \in S_r^1$ bezeichne $q^\perp := (q^2, -q^1)$ den zu q *orthogonalen* Vektor. Für
$(q,v) \in TS_r^1 = P_0$ gilt dann (vgl. 4.1) wegen $\langle q,v \rangle = 0$: $v = \lambda(q,v) q^\perp$ mit einer geeigneten Zahl $\lambda(q,v) \in \mathbb{R}$, und zwar ist $\lambda = \dfrac{v^1}{q^2}$ für $q^2 \neq 0$ und entsprechend
$\lambda = -\dfrac{v^2}{q^1}$ für $q^1 \neq 0$. In jedem Falle ist die Abbildung $\Lambda : TS_r^1 \longrightarrow S_r^1 \times \mathbb{R}$, definiert
durch $\Lambda(q,v) := (q, \lambda(q,v))$ für $(q,v) \in TS_r^1$, wohldefiniert und beliebig oft differen-
zierbar. Λ ist ein Diffeomorphismus, denn die inverse Abbildung zu Λ ist
$\Lambda^{-1} : S_r^1 \times \mathbb{R} \longrightarrow TS_r^1$ mit $\Lambda^{-1}(q,\lambda) = (q, \lambda q^\perp)$ für $(q,\lambda) \in S_r^1 \times \mathbb{R}$. Im übrigen gilt
$\tau(q,v) = pr_1 \circ \Lambda(q,v)$ $(=q)$, und sämtliche Restriktionen $\Lambda|_{T_{(q,v)}S_r^1}$ sind linear als Ab-
bildungen von $T_{(q,v)} S_r^1$ nach $\{q\} \times \mathbb{R} \cong \mathbb{R}$. Das bedeutet, daß Λ eine Trivialisierung
von TS_r^1 als Vektorbündel ist (vgl. V.4).

Eine Identifizierung des Tangentialbündels TM mit der entsprechenden
Produktmannigfaltigkeit $M \times \mathbb{R}^k$ (wie zum Beispiel im Falle des ganzen Konfigurationsraumes $M = Q$ oder beim Pendel $M = S_r^1$) ist keinesfalls immer möglich, es
werden durch diese Eigenschaft gerade die sogenannten *parallelisierbaren* Mannigfaltigkeiten charakterisiert. Als Beispiel einer recht einfachen Fläche im $\mathbb{R}^3$, die nicht parallelisierbar ist, sei die 2-Sphäre S_r^2 genannt. (Das folgt aus dem "Satz vom Igel" vgl.
z.B. [BRÖ, S. 314].)

Durch das Tangentialbündel einer Mannigfaltigkeit haben wir das Beispiel
eines *Vektorbündels* $\tau : TM \longrightarrow M$ mit den Fasern

(4.6) $\tau^{-1}(a) = T_a M \cong \mathbb{R}^k$,

und damit ein spezielles Beispiel für ein *Faserbündel* mit Faser $\mathbb{R}^k$ und Strukturgruppe GL(k,$\mathbb{R}$) (vgl Kapitel V.5.4.1°). Dieses Bündel hat Symmetrie, nämlich die Symmetrie des Basiswechsels mit der Symmetriegruppe GL(k,$\mathbb{R}$). Außerdem erhält dieses Bündel (im Falle von Untermannigfaltigkeiten $M \subset \mathbb{R}^n$ wie in unserem Beispiel) durch die euklidische Struktur des $\mathbb{R}^n$ eine geometrische Struktur, denn die Vektoren $X \in T_a M$ haben als Vektoren in $\mathbb{R}^n$ eine euklidische Länge. M mit dieser Struktur ist eine Riemannsche Mannigfaltigkeit (vgl. Anhang G.12).

Nach diesem Ausflug ins Abstrakte zurück zu unserem Pendel: Wenn man nur an lokalen Fragen interessiert ist, zum Beispiel bei kleinen Auslenkungen, so hat es natürlich auch Sinn sich auf einen Teilraum $T \subset S^1_r$ zu beschränken, zu dem ein offenes Intervall $J \subset \mathbb{R}$ gehört, so daß die Abbildung $\psi : J \longrightarrow T$, $\varphi \longmapsto r e^{i\varphi}$, ein Diffeomorphismus ist (z.B. $J =]-\varepsilon,\varepsilon[$ mit $0 < \varepsilon < \tfrac{1}{2}\pi$ für kleine Auslenkungen aus der Ruhelage $x = r$, $y = 0$). Als (lokalen) Phasenraum bezüglich der Winkelvariablen $\varphi \in J$ hat man dann den einfachen Fall

(4.7) $P_1 = J \times \mathbb{R}$

mit nur einem Freiheitsgrad zu behandeln.

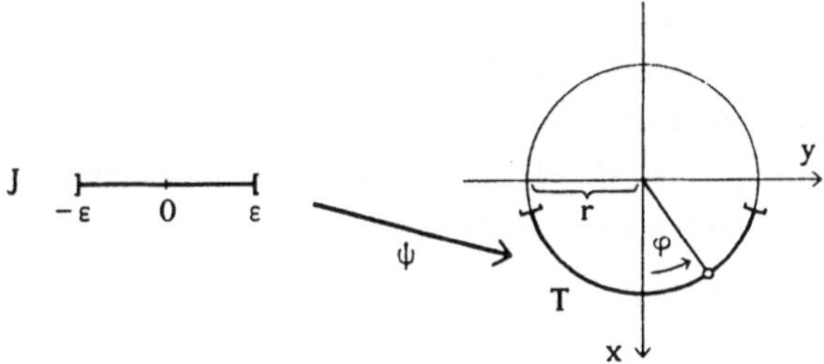

Bevor in diesem Paragraphen noch weitere zu Pendelbewegungen gehörige Phasenräume geometrisch beschrieben werden, gehen wir noch kurz auf die Dynamik des ebenen Pendels ein: Je nachdem, welche Kräfte auf das Pendel wirken, hat man natürlich wesentlich verschiedene Bewegungsgleichungen zu erwarten. Ein vergleichsweise einfacher Fall ist durch ein konstantes Schwerefeld gegeben. In diesem Fall kann man die folgende Differentialgleichung als Bewegungsgleichung herleiten (vgl. 8.22.1°): $\ddot{\varphi} = -\frac{g}{r}\sin\varphi$. Bei Beschränkung auf kleine Auslenkungen aus der Ruhelage erhält man daraus durch Linearisierung (wegen $\varphi \sim \sin\varphi$) die lineare gewöhnliche Differentialgleichung:

(4.8) $\ddot{\varphi} = -\frac{g}{r}\,\varphi$.

Dabei ist $\varphi = \varphi(t)$ wie oben der zeitabhängige Winkel, durch den die Bewegung $q(t) = r e^{i\varphi(t)}$ gegeben wird. Die einfach zu lösende Gleichung 4.7 ist zugleich die Bewegungsgleichung des eindimensionalen harmonischen Oszillators und wird im sechsten Paragraphen weiter besprochen.

Geometrisch von Interesse ist auch das *ebene Doppelpendel*. Ein Pendel der Länge $r = 1$ sei fest aufgehängt im Ursprung, ein weiteres Pendel der Länge 1 sei am freien Ende des ersten Pendels aufgehängt. Als Konfigurationsraum ergibt sich erst einmal der $\mathbb{R}^4$ als Raum der Koordinaten (x_1,y_1,x_2,y_2), wobei (x_1,y_1) die Koordinaten des ersten und (x_2,y_2) die Koordinaten des zweiten Pendels sind. Dann hat man die folgenden zwei holonomen Zwangsbedingungen mit Rang 2:

$$x_1^2 + y_1^2 = 1 \quad \text{und} \quad (x_1 - x_2)^2 + (y_1 - y_2)^2 = 1.$$

Diese Gleichungen beschreiben eine zweidimensionale Untermannigfaltigkeit im $\mathbb{R}^4$, und zwar den Torus $\mathbb{T}$, welcher zu dem Produkt $S_r^1 \times S_r^1$ mit $r = 1$ diffeomorph ist. $\mathbb{T}$ kann man sich im dreidimensionalen Raum unserer Anschauung vorstellen als die Oberfläche eines "Vollreifens". Ein einfacher Diffeomorphismus $f : \mathbb{T} \longrightarrow S^1 \times S^1$ ist zum Beispiel $f(x_1,y_1,x_2,y_2) = ((x_1,y_1),(x_1 - x_2, y_1 - y_2))$. Als reduzierter Phasenraum mit nur noch zwei Freiheitsgraden ergibt sich das Tangentialbündel $\mathbb{T}\mathbb{T}$, das wieder diffeomorph zu dem Produkt $\mathbb{T} \times \mathbb{R}^2$ ist.

Ein weiteres Beispiel für die Reduktion des Phasenraumes liefert das *sphärische Pendel* der Länge $r > 0$. Im Unterschied zum ebenen Pendel ist das sphärische Pendel nicht gezwungen, sich in der (x,y)-Ebene zu bewegen. Der Konfigurationsraum ist zunächst $Q = \mathbb{R}^3$ mit dem dazugehörigen Phasenraum $P = TQ \cong Q \times \mathbb{R}^3$. Die Pendellänge liefert $x^2 + y^2 + z^2 = r^2$ als holonome Zwangsbedingung. Die möglichen Bewegungen verlaufen also alle in der 2-Sphäre

$$S_r^2 := \{(x,y,z) \in \mathbb{R}^3 : x^2 + y^2 + z^2 = r^2\}.$$

Als reduzierten Lageraum erhalten wir $Q_0 := S_r^2$ und als reduzierten Phasenraum $P_0 = TS_r^2$. Im Gegensatz zu den vorhergehenden Beispielen ist S_r^2 nicht parallelisierbar, das bedeutet, daß P_0 nicht zu dem Produkt $S_r^2 \times \mathbb{R}^2$ diffeomorph ist (s.o.). P_0 ist aber eine vierdimensionale Untermannigfaltigkeit des $\mathbb{R}^6$ und ein Vektorbündel mit zweidimensionalen Fasern.

Schließlich kann man analog das *sphärische Doppelpendel* studieren. Der Phasenraum ist zunächst $P = \mathbb{R}^6 \times \mathbb{R}^6$ und reduziert sich unter Berücksichtigung der Zwangsbedingungen zu der achtdimensionalen Untermannigfaltigkeit $P_0 = TQ_0$ des $\mathbb{R}^{12}$, wobei $Q_0 = S^2 \times S^2$, also zu $P_0 \cong TS^2 \times TS^2$.

5 Der starre Körper und die Drehgruppe

Das klassische System, welches durch einen starren Körper gegeben wird, kann in seiner komplizierten Dynamik eigentlich nicht als ein einfaches Beispiel angesehen werden. In diesem Paragraphen interessieren wir uns aber unter dem Aspekt von *Geometrie und Symmetrie in Phasenräumen* zunächst nicht für die Dynamik, sondern nur für die natürliche Reduktion des Phasenraumes. Diese Reduktion hat wie schon beim Pendel ihren Ursprung in *holonomen Zwangsbedingungen*.

Wie im ersten Teil dieses Paragraphen ausführlich dargelegt wird, führt diese Reduktion zur Matrixgruppe SO(3) als Konfigurationsraum, wenn ein Punkt des Körpers festgehalten wird. Damit gibt das Beispiel des starren Körpers die Gelegenheit, die *Drehgruppe* SO(3) als Untermannigfaltigkeit von $\mathbb{R}(3)$ und als Lie-Gruppe zu beschreiben. Der zweite Teil des Paragraphen ist daher einer ausführlichen Beschreibung von SO(3) gewidmet sowie den engen Beziehungen zur *Geometrie* des dreidimensionalen, *orientierten euklidischen Raumes*. Im dritten Teil werden dann einige physikalische Größen zur Kinematik des *Kreisels* wie *Winkelgeschwindigkeit*, *kinetische Energie*, *Drehimpuls* und *Trägheitstensor* eingeführt und als Funktionen auf dem Phasenraum TSO(3) ausgedrückt.

1. SO(3) als Konfigurationsraum des Kreisels.

Definition. Ein *starrer Körper* ist ein System $\mathcal{K}$ einer großen Anzahl N von Massenpunkten im dreidimensionalen euklidischen Raum E, für das bei allen Bewegungen sämtliche Abstände

(5.1) $\quad |P - Q| = r_{PQ}, \quad P, Q \in \mathcal{K}$, konstant

bleiben. $\mathcal{K}$ ist vollständig festgelegt durch diese Abstände r_{PQ} und die Massen m_P der Massenpunkte.

Daß die Zwangsbedingungen 5.1 überhaupt erfüllt werden können, ist eine Annahme, die im folgenden wie ein Axiom behandelt wird. Genau genommen stellt diese Annahme eine Erweiterung der Klassischen Mechanik dar.

Den (affinen) euklidischen Raum E haben wir im ersten Paragraphen eingeführt. Als Standardmodell von E verwenden wir den $\mathbb{R}^3$, in dem aber weder Ursprung noch Basis ausgezeichnet sind. Unter dieser Annahme macht es Sinn, mit der Differenz $P - Q \ (= \overrightarrow{QP}$, vgl. Paragraph 1) von Punkten aus E zu arbeiten: Es handelt sich dabei um nichts anderes als dem Verschiebungsvektor v mit $Q + v = P$.

Der Konfigurationsraum für die Kinematik der N Punkte ist erst einmal $E^N \cong \mathbb{R}^{3N}$. Die Bedingungen 5.1 reduzieren den Konfigurationsraum aber sofort auf E^4. Obwohl das unmittelbar einsichtig ist, wollen wir der Vollständigkeit halber dafür einen Beweis führen, der sich nur auf die bisher eingeführten Begriffe stützt. Wir setzen voraus, daß es 4 Punkte $Q, P_1, P_2, P_3 \in \mathcal{K}$ gibt, die nicht in einer affinen Ebene liegen (das heißt die Vektoren $P_1 - Q$, $P_2 - Q$, $P_3 - Q$ sind linear unabhängig).

(5.2) Lemma. Jeder Punkt $P \in E$ ist durch die vier Abstände

$$|P - Q| = r_0, \quad |P - P_j| = r_j, \, j = 1, 2, 3,$$

bereits eindeutig festgelegt.

Beweis. Zu zeigen ist, daß es zu jedem Quadrupel (r_0, r_1, r_2, r_3), $r_j \geq 0$, von Abständen höchstens ein $P \in E$ gibt mit $|P - Q| = r_0$ und $|P - P_j| = r_j$. Dazu wähle man ein Koordinatensystem mit Q als Ursprung und $v_j := P_j - Q$, $j = 1, 2, 3$, als Basis. Dann hat für $P \in E$ der Vektor $P - Q$ die eindeutige Darstellung $P - Q = q^\mu v_\mu$ mit $q^\mu \in \mathbb{R}$, $\mu = 1, 2, 3$. Aus dem System von vier Gleichungen $|P - Q|^2 = r_0^2$ und $|P - P_j|^2 = |P - Q - v_j|^2 = |P - Q|^2 + |v_j|^2 - 2\langle P - Q, v_j \rangle = r_j^2$ ergibt sich durch Einsetzen das lineare System von drei Gleichungen

$$2q^\mu \langle v_\mu, v_j \rangle = r_0^2 - r_j^2 + |v_j|^2, \quad j = 1, 2, 3.$$

Da $(\langle v_\mu, v_j \rangle)$ eine invertierbare 3×3-Matrix ist (sonst wäre (v_1, v_2, v_3) keine Basis), hat dieses lineare Gleichungssystem in den Unbekannten q^1, q^2, q^3 bei der Vorgabe von r_0, r_1, r_2, r_3 genau eine Lösung $(q^1, q^2, q^3) \in \mathbb{R}^3$. Also gibt es höchstens einen Punkt P mit den vorgegebenen Abständen, nämlich $P := Q + q^\mu v_\mu$. (Nur wenn diese Lösung auch noch $|q^\mu v_\mu| = r_0$ erfüllt, gilt $|P - Q| = r_0$ und $|P - P_j| = r_j$.)

Zur Reduktion: Eine Konfiguration des starren Körpers $\mathcal{K}$ in E ist nach Definition 5.1° eine Abbildung $P : \{1, 2, 3, \dots, N\} \longrightarrow E$, $P_j := P(j)$, mit $|P_i - P_j| = r_{ij}$, wobei die r_{ij} die zu $\mathcal{K}$ gehörigen festen Abstände sind. Die Numerierung der Punkte sei so vorgenommen, daß die $P_1 - P_4$, $P_2 - P_4$, $P_3 - P_4$ linear unabhängig sind. Diese Bedingung ist gleichbedeutend mit einer Reihe von Ungleichungen zwischen den r_{ij}, $1 \leq i, j \leq 4$; z.B. muß $|r_{ij} - r_{ik}| < r_{jk} < r_{ij} + r_{ik}$ gelten, um zu garantieren, daß je zwei dieser Verschiebungsvektoren linear unabhängig sind, und es müssen zusätzlich noch komplizertere Ungleichungen erfüllt sein, die bedeuten, daß die vier Punkte nicht in einer affinen Ebene liegen. In jedem Falle sind diese Bedingungen unabhängig von der jeweiligen Konfiguration $P : \{1, 2, 3, \dots, N\} \longrightarrow E$ von $\mathcal{K}$ immer erfüllt oder nie. Wenn sie erfüllt sind, so sind die restlichen Punkte $P_5, P_6, \dots, P_N$ aufgrund des Lemmas durch die Lage der Punkte P_1, P_2, P_3, P_4 vollständig bestimmt. Das bedeutet, daß sich der Konfigurationsraum direkt auf E^4 reduziert (vorläufig noch ohne Berücksichtigung der verbleibenden Zwangsbedingungen 5.1° für die vier Punkte P_1, P_2, P_3, P_4). (Es kann übrigens gezeigt werden, daß die Zwangsbedingungen $g_{\nu j}(P) := |P_j - P_\nu|^2 - r_{\nu j}^2$, $1 \le j \le 4 < \nu$, auf E^N holonom sind; und die Untermannigfaltigkeit $M = \{P \in E^N : g_{\nu j}(P) = 0$ für alle $1 \le j \le 4 < \nu\}$ ist unmittelbar diffeomorph zu E^4 vermöge der Projektion $E^N \longrightarrow E^4$.)

Sollten alle Punkte von $\mathcal{K}$ in einer affinen Ebene von E liegen, so reduziert sich in analoger Weise der Konfigurationsraum sogar auf E^3, weil dann jeder Punkt in $\mathcal{K}$ festgelegt ist durch die Kenntnis der Abstände zu drei geeigneten Punkten aus $\mathcal{K}$. Im allgemeinen kommt man jedoch nicht mit drei Punkten aus.

Eine kinematisch mögliche Bewegung des starren Körpers $\mathcal{K}$ setzt sich zusammen aus einer Bewegung eines ausgezeichneten Punktes $Q \in \mathcal{K}$ und der zu Q relativen Bewegung der übrigen Punkte des starren Körpers. Als Q kann auch ein Punkt "außerhalb" des Körpers festgelegt werden, der sich wie ein Punkt von $\mathcal{K}$ bewegt (d.h. $|P - Q|$ bleibt konstant für alle $P \in \mathcal{K}$). Ein Beispiel dazu ist der *Massenschwerpunkt*

$$C := \Big(\sum_{\varkappa=1}^{N} m_\varkappa \Big)^{-1} \sum_{\varkappa=1}^{N} m_\varkappa P_\varkappa \, ,$$

wobei mit $m_\varkappa > 0$ die jeweilige Masse des Punktes $P_\varkappa$ bezeichnet wird. Im kräftefreien Fall bewegt sich C mit konstanter Geschwindigkeit, wie wir später noch sehen werden.

Im folgenden sind wir nur an der zu Q relativen Bewegung des starren Körpers interessiert, da sich Q wie ein einzelner Massenpunkt bewegt und solche Bewegungen ein anderes Problem darstellen. Deshalb beziehen sich die nachfolgenden Überlegungen auf ein Bezugssystem, in dem Q in Ruhe ist, und das ist dasselbe, wie anzunehmen, daß der Punkt Q festgehalten wird. Ein solcher starrer Körper mit einem festgehaltenen Punkt wird hier auch *Kreisel* genannt, der zugehörige (reduzierte) Konfigurationsraum ist dann vorerst E^3. (Wir benutzen diese Festlegung des Begriffes "Kreisel" zur Abkürzung. Häufig wird von einem Kreisel in der einschlägigen Literatur außerdem noch verlangt, daß zwei seiner Hauptträgheitsmomente (siehe 5.13) übereinstimmen.)

Wir beschreiben die kinematisch möglichen Lagen von $\mathcal{K}$ in E durch Einführung eines kartesischen Koordinatensystems in E mit Q als Ursprung (vgl. Paragraph 1). Es seien (b_j^1, b_j^2, b_j^3), $j = 1, 2, 3$, die Koordinaten der früher schon ausgewählten Punkte P_1, P_2, P_3. Sie lassen sich auffassen als die Koordinaten

$$\big(b_1^1, \ b_1^2, \ b_1^3, \ b_2^1, \ b_2^2, \ b_2^3, \ b_3^1, \ b_3^2, \ b_3^3\big)$$

des Konfigurationsraumes $\mathbb{R}^9$ von drei Massenpunkten, den wir hier aber als den Raum $\mathbb{R}(3) = \mathbb{R}^{3\times3} \cong \mathbb{R}^9$ der 3×3-Matrizen verstehen wollen mit $b_j := \big(b_j^1, b_j^2, b_j^3\big)^T$, $j = 1, 2, 3$, als Spaltenvektoren (A^T ist die *Transponierte* einer Matrix bzw. eines Vektors) und $B := (b_1, b_2, b_3) = (b_j)$ als zugehöriger Matrix $B \in \mathbb{R}(3)$. Es gilt:

(5.3) Satz. Die sechs Zwangsbedingungen

$$|b_j| = r_j > 0, \quad |b_j - b_k| = r_{jk} > 0, \quad j, k \in \{1, 2, 3\}, \ j < k,$$

sind holonom.

Um das einzusehen, setzt man für $B = (b_1, b_2, b_3)$:

$$g_j(B) := |b_j|^2 - r_j^2, \quad j = 1, 2, 3$$

$$g_{k+j+1}(B) := |b_j - b_k|^2 - r_{jk}^2, \quad 1 \le j < k \le 3.$$

Alle Funktionen $g_j : \mathbb{R}(3) \longrightarrow \mathbb{R}$ sind beliebig oft differenzierbar als Funktionen in den Variablen (b_j^i). Die zugehörigen Gradienten ∇g_j, $j = 1, 2, \ldots, 6$, sind auf der Menge

$$M := \{ B \in \mathbb{R}(3) \mid g_j(B) = 0 \text{ für } j = 1, \ldots 6 \}$$

linear unabhängig, wie man durch einige Rechnerei zeigt. Also sind die Zwangsbedingungen $g_j = 0$ holonom und definieren die dreidimensionale Untermannigfaltigkeit M von $\mathbb{R}(3)$ (vgl. 4.3 und M.3).

Im Falle $r_j^2 = 1$ und $r_{jk}^2 = 2$ gilt:

$$
\begin{aligned}
M &= \{ B \in \mathbb{R}(3) \mid B = (b_1, b_2, b_3) \text{ mit } |b_j| = 1, \ |b_j - b_k| = 0 \text{ für } j \neq k \} \\
&= \{ B \in \mathbb{R}(3) \mid B = (b_1, b_2, b_3) \text{ mit } \langle b_j, b_k \rangle = \delta_{jk} \} \\
&= \{ B \in \mathbb{R}(3) \mid \text{Für alle } x, y \in E \text{ ist } \langle Bx, By \rangle = \langle x, y \rangle \} \\
&= \{ B \in \mathbb{R}(3) \mid BB^T = \mathrm{id}_E \}.
\end{aligned}
$$

Also gilt in diesem Fall: M ist gerade die Gruppe $O(3)$ der orthogonalen 3×3-Matrizen (vgl. L.4.2°).

(5.4) Auch für allgemeine positive r_j und r_{ij} ist M in natürlicher Weise diffeomorph zu $O(3)$.

Das sieht man zum Beispiel, wenn man die b_1, b_2, b_3 zu einem Orthonormalsystem e_1', e_2', e_3' in Bezug setzt mit konstanten Abständen $|b_j - e_k'| = R_{jk}$ und dann 5.2 anwendet, oder indem man auf E ein neues euklidisches Skalarprodukt $\langle \ , \ \rangle'$ mit $\langle b_j, b_k \rangle' = \delta_{jk}$ einführt. Ein unmittelbarer Diffeomorphismus $\varphi : O(3) \longrightarrow M$ wird außerdem durch jedes $A \in O(3)$ definiert, wenn man $\varphi(B) := A \circ B$ setzt (siehe unten 5.6.5°).

Der Konfigurationsraum $M = \bigcap_{j=1}^{6} g_j(0)$ kann noch weiter eingeschränkt werden, indem berücksichtigt wird, daß bei aktuellen Bewegungen des Kreisels die Orientierung (vgl. I.4.7) erhalten bleibt. Das bedeutet, daß als eigentlicher Konfigurationsraum des Kreisels die Teilmenge

(5.5.1°) $S := \{ B \in \mathbb{R}(3) : g_j(B) = 0 \text{ für } j = 1, \ldots 6 \text{ und } \det B > 0 \}$

von $\bigcap_{j=1}^{6} g_j^{-1}(0)$ sinnvoll ist. Bei der Identifizierung von M mit $O(3)$ entspricht der neue Konfigurationsraum S gerade der Gruppe

(5.5.2°) $SO(3) = \{ A \in O(3) : \det A = 1 \}$

der *speziellen orthogonalen* Matrizen, die wir als die eigentliche *Drehgruppe* ansehen.

(5.6.) Zusammenfassung. Die ausführlichen Vorüberlegungen zur Untersuchung des Kreisels und seines natürlichen Konfigurationsraumes ergeben das folgende Bild:

1° Der reduzierte Konfigurationsraum ist die dreidimensionale Untermannigfaltigkeit S von $\mathbb{R}(3)$ (vgl. $5.5.1^{\circ}$).

2° Der reduzierte Phasenraum ist das zugehörige Tangentialbündel TS (vgl. 4.5), eine 6-dimensionale Untermannigfaltigkeit von $\mathbb{R}(3) \times \mathbb{R}(3) \cong \mathbb{R}^{18}$: Der Tangentialraum $T_A S$ an S im Punkte $A \in S$ ist $T_A S := \{ \dot{\gamma}(0) \mid \gamma : J \longrightarrow \mathbb{R}(3)$ differenzierbare Kurve mit $\gamma(J) \subset S$ und $\gamma(0) = A \}$, und das Tangentialbündel TS ist $TS := \bigcup \{ \{A\} \times T_A S : A \in S\} \subset \mathbb{R}(3) \times \mathbb{R}(3) \cong \mathbb{R}^{18}$. Unter Verwendung der sechs definierenden Funktionen $g_1, g_2, \ldots, g_6$ aus 5.3 und der zugehörigen Abbildung

$$g := (g_1, g_2, \ldots, g_6) : \mathbb{R}(3) \longrightarrow \mathbb{R}^6$$

haben die Räume S, $T_A S$ und TS die folgende explizite Darstellung als Nullstellenmengen: $S = g^{-1}(0)$, $T_A S = \mathrm{Ker}\, Dg(A) = \{ B \in \mathbb{R}(3) : Dg(A).B = 0 \}$ mit der Jacobi-Matrix $Dg(A)$ von g in A und $TS = G^{-1}(0)$, wobei $G : \mathbb{R}(3) \times \mathbb{R}(3) \longrightarrow \mathbb{R}^{12}$ durch $G(A,B) := (g(A), Dg(A).B)$ für $(A,B) \in \mathbb{R}(3) \times \mathbb{R}(3)$ definiert ist.

3° Die kinematisch möglichen Bewegungen des Kreisels sind Kurven $B : J \longrightarrow S$, bzw. Kurven $V : J \longrightarrow TS$ mit $V = (B, \dot{B})$. (J ist ein Intervall.)

4° S ist in natürlicher Weise diffeomorph zur Drehgruppe SO(3) und kann durch SO(3) ersetzt werden. Insbesondere ist SO(3) kompakt und zusammenhängend als topologischer Raum (vgl. $L.4.2^{\circ}$).

5° SO(3) wirkt auf S von links durch

$$\Phi : SO(3) \times S \longrightarrow S, \quad \Phi(A,B) := A \circ B = AB,$$

denn für $A \in SO(3)$ und $B \in S$, $B = (b_1, b_2, b_3)$ gilt $A \circ B = (Ab_1, Ab_2, Ab_3)$, also $g_j(A \circ B) = g_j(B) = 0$, $j = 1, \ldots 6$, und $\det(A \circ B) > 0$. SO(3) ist also eine Transformationsgruppe auf S im Sinne von I.3, und die Wirkung Φ ist differenzierbar (vgl. I.4.14). Im übrigen ist die Abbildung $A \longmapsto A \circ B$ für festes $B \in S$ ein Diffeomorphismus von SO(3) nach S.

6° SO(3) als reduzierter Konfigurationsraum des Kreisels kann auch auf die folgende Weise verstanden werden: Eine ausgezeichnete Lage von $\mathscr{K}$ wird fixiert durch $\mathscr{K} \subset E$ mit dem festgehaltenen Punkt als Ursprung eines kartesischen Koordinatensystems. Alle übrigen Lagen werden eindeutig festgelegt durch $A\mathscr{K} \subset E$, wobei $A \in SO(3)$. Daher wird der Konfigurationsraum des Kreisels durch SO(3) beschrieben. Die obigen Überlegungen zeigen nichts anderes, als daß in dieser Beschreibung des Konfigurationsraumes die Mannigfaltigkeitsstruktur von SO(3) mit der durch die holonomen Zwangsbedingungen 5.1 gegebenen Mannigfaltigkeitsstruktur übereinstimmt.

2. Geometrie von SO(3).

(5.7) Geometrie von SO(3) und $\mathfrak{so}(3)$. Ausgangspunkt zum Verständnis der Drehgruppe SO(3) ist natürlich die geometrische Bedeutung von SO(3) für den dreidimensionalen, orientierten euklidischen Raum E. Die Orientierung von E ist durch ein kartesisches Koordinatensystem mit Orthonormalbasis e_1, e_2, e_3 gegeben. Auf E wirkt jede 3×3-Matrix $A \in \mathbb{R}(3)$, $(A^\mu_\nu)_{1 \leq \mu, \nu \leq 3}$ mit $A^\mu_\nu \in \mathbb{R}$, als lineare Abbildung

$$A : E \longrightarrow E, \quad A(x^\nu e_\nu) = A^\mu_\nu x^\nu e_\mu, \quad x^1, x^2, x^3 \in \mathbb{R}.$$

Diejenigen $A \in \mathbb{R}(3)$, welche die euklidische Struktur und die Orientierung erhalten (das heißt, welche $\langle Ax, Ay \rangle = \langle x, y \rangle$ für alle $x, y \in E$ und $\det A > 0$ erfüllen), sind genau die speziellen orthogonalen Transformationen $A \in SO(3)$:

$$1^\circ \quad SO(3) = \{A \in \mathbb{R}(3) : \langle Ax, Ay \rangle = \langle x, y \rangle \text{ für alle } x, y \in E \text{ und } \det A = 1\}$$
$$= \{A \in \mathbb{R}(3) : A^T A = 1 := id_{\mathbb{R}^3} \text{ und } \det A = 1\}.$$

Von besonderem Interesse ist die zugehörige Lie-Algebra (vgl. Anhang L.6)

$$2^\circ \quad \mathfrak{so}(3) := \{X \in \mathbb{R}(3) : X + X^T = 0\}$$

der *schiefsymmetrischen* Matrizen. Als Untervektorraum von $\mathbb{R}(3)$ ist $\mathfrak{so}(3)$ dreidimensional, eine Basis wird zum Beispiel durch die *infinitesimalen Drehungen* M_1, M_2, M_3 (vgl. L.6.9°), gegeben.

Für jede Matrix $X \in \mathbb{R}(3)$ konvergiert die Exponentialreihe $e^X := \sum\limits_{\nu=1}^{\infty} \frac{1}{\nu!} X^\nu$ mit dem Ergebnis $e^X \in \mathbb{R}(3)$. Beispielsweise ergibt sich für $X = tM_1$ wegen

$$M_1 \circ M_1 = M_1^2 = \begin{pmatrix} 0 & 0 & 0 \\ 0 & -1 & 0 \\ 0 & 0 & -1 \end{pmatrix}$$

und der daraus folgenden Identitäten $M_1^{\nu+2} = -M_1^\nu$ und $M_1^{\nu+4} = M_1$ $(\nu > 0)$, also $M_1^{2\nu} = -(-1)^\nu M_1^2$ und $M_1^{2\nu+1} = (-1)^\nu M_1$ zunächst

$$e^{tM_1} = 1 - \sum\limits_{\nu=1}^{\infty} \frac{t^{2\nu}}{(2\nu)!}(-1)^\nu M_1^2 + \sum\limits_{\nu=0}^{\infty} \frac{t^{2\nu+1}}{(2\nu+1)!}(-1)^\nu M_1 \quad \text{und deshalb}$$

$$3^\circ \quad e^{tM_1} = \begin{pmatrix} 1 & 0 & 0 \\ 0 & \cos t & -\sin t \\ 0 & \sin t & \cos t \end{pmatrix}.$$

Also $e^{tM_1} \in SO(3)$. Allgemein gilt

$$4^\circ \quad e^X \in SO(3) \quad \text{für alle } X \in \mathfrak{so}(3).$$

Denn wegen $XX^T = -XX = X^T X$ für $X \in \mathfrak{so}(3)$ ist $e^{X^T} e^X = e^{X^T + X}$, also $(e^X)^T e^X = e^{X^T} e^X = e^{X^T + X} = e^0 = 1$. Außerdem $\det e^X = e^{\text{Spur} X} = e^0 = 1$. Also ist $e^X \in SO(3)$ nach 1°.

Wir wollen jetzt die Tangentialräume $T_A SO(3)$ für $A \in SO(3)$ und das Tangentialbündel $TSO(3)$ explizit beschreiben.

Sei $v \in T_A SO(3)$ ein Tangentialvektor an $SO(3)$ im Punkte $A \in SO(3)$ ist gegeben durch eine stetig differenzierbare Kurve $\gamma :]-\varepsilon, \varepsilon[\longrightarrow SO(3)$ mit $\gamma(0) = A$ und $v = \dot{\gamma}(0) \in \mathbb{R}(3)$ (vgl. 5.6.2°). Für den nach $T_1 SO(3)$ "verschobenen" Tangentialvektor $X := \dot{\gamma}(0)A^T = vA^T$ zur Kurve $\gamma(t)A^T$ gilt dann $X + X^T = 0$, denn

$0 = \frac{d}{dt}(\gamma(t)\gamma(t)^T)\big|_{t=0} = \dot{\gamma}(0)A^T + A\dot{\gamma}(0)^T = X + X^T$. Andrerseits gilt für beliebige $X \in \mathfrak{so}(3)$: $\gamma(t) := e^{tX}A$ ist eine stetig differenzierbare Kurve in SO(3) nach $4°$ mit $\gamma(0) = A$ und $\dot{\gamma}(0) = XA$. Deshalb gilt für festes $A \in SO(3)$:

$5°$ Die Abbildung $j_A : \mathfrak{so}(3) \longrightarrow T_A SO(3)$,

$$X \longmapsto XA = \frac{d}{dt}(e^{tX}A)\big|_{t=0} =: j_A(X)$$

ist ein $\mathbb{R}$-Vektorraumhomomorphismus mit Umkehrabbildung $j_A^{-1} : T_A SO(3) \longrightarrow \mathfrak{so}(3)$. $j_A^{-1}(v) = vA^T$. Insbesondere ist

$6°$ $\mathfrak{so}(3) = T_1 SO(3)$

wegen $j_1(X) = X$ (1 = Einheitsmatrix). Weiterhin folgt:

$7°$ Die Abbildung $j : SO(3) \times \mathfrak{so}(3) \longrightarrow TSO(3)$,

$(A,X) \longmapsto j(A,X) := (A,XA) = (A,j_A(X))$

ist ein Diffeomorphismus mit der Umkehrabbildung $j^{-1}(A,v) = (A,vA^T)$ und mit $j|_{\{A\} \times \mathfrak{so}(3)} = j_A$. Die Mannigfaltigkeit SO(3) ist also parallelisierbar (das heißt das Bündel TSO(3) ist diffeomorph zu dem Produkt $SO(3) \times \mathbb{R}^3$), ein Resultat welches für alle Matrixgruppen Gültigkeit hat (vgl. L.4.8$°$). Der reduzierte Phasenraum des Kreisels läßt sich also als $SO(3) \times \mathbb{R}^3$ auffassen.

$5° - 7°$ haben ihre Ursache in der Rechtsmultiplikation $\mathcal{R}_A : G \longrightarrow G$, $B \longmapsto BA$, von $G = SO(3)$, also der Selbstwirkung $\mathcal{R} : G \times G \longrightarrow G$. Denn es gilt:

$8°$ Die Tangentialabbildung

$$T_1\mathcal{R}_A : T_1 SO(3) \longrightarrow T_A SO(3)$$

(das heißt die Ableitung von $\mathcal{R}_A$ in 1) stimmt wegen $T_1\mathcal{R}_A(X) = \frac{d}{dt}(e^{tX}A)\big|_{t=0} = XA$ mit j_A überein (man beachte dabei $\mathfrak{so}(3) = T_1 SO(3)$).

Eine analoge Trivialisierung j' des Tangentialbündels TSO(3) erhält man durch die Linksmultiplikation:

$9°$ $j' : SO(3) \times \mathfrak{so}(3) \longrightarrow TSO(3)$

$j'(A,Y) := (A,AY) = (A,\frac{d}{dt}(Ae^{tY})\big|_{t=0})$

Die Verbindung zwischen den verwandten Abbildungen j und j' wird über die Identität $j'(A,Y) = j(A,AYA^T) = j(A,\mathfrak{Ad}_A Y)$ hergestellt, wobei $\mathfrak{Ad}_A$ die "Adjungierte" von A bezeichnet:

$$\mathfrak{Ad}_A : \mathfrak{so}(3) \longrightarrow \mathfrak{so}(3), \quad Y \longmapsto \mathfrak{Ad}_A Y := AYA^{-1}.$$

$10°$ Die Abbildung $\exp : \mathfrak{so}(3) \longrightarrow SO(3)$, $X \longmapsto e^X$, ist differenzierbar. Sie liefert lokale Parametrisierungen von SO(3).

Auch dieses Resultat ist für alle Lie-Gruppen richtig (vgl. z. B. [BRD], sowie L.6.15$°$). Für den Kreisel wird oft eine verwandte Parametrisierung durch die Eulerwinkel benutzt, auf die wir im 8. Paragraphen eingehen.

11° $\mathfrak{so}(3)$ ist Lie–Algebra bezüglich der von $\mathbb{R}(3)$ induzierten Lie–Klammer $[X,Y] := X \circ Y - Y \circ X$ (vgl. L.5 für den Begriff Lie–Algebra). Dazu muß für beliebige $X,Y \in \mathfrak{so}(3)$ lediglich $[X,Y] \in \mathfrak{so}(3)$ gezeigt werden:

$$[X,Y] + [X,Y]^T = XY - X^TY^T - YX + Y^TX^T$$
$$= (XY + X^TY) - (X^TY + X^TY^T) - (YX + Y^TX) - (Y^TX + Y^TX^T) = 0.$$

Außerdem wird auf $T_1 SO = \mathfrak{so}(3)$ über die Vektorfelder $\tilde{X}(A) = AX$, $A \in SO(3)$ für $X \in \mathfrak{so}(3)$, eine weitere Lie–Algebra–Struktur $[X,Y]' := [\tilde{X}, \tilde{Y}]$ festgelegt, wobei jetzt $[\tilde{X}, \tilde{Y}]$ die Lie–Klammer von Vektorfeldern auf $SO(3)$ ist (vgl. M.12 und L.6).

12° Es gilt $[\ ,\ ] = [\ ,\ ]'$ auf $\mathfrak{so}(3)$ (vgl. Lemma L.6.13°).

Die bisher aufgelisteten Eigenschaften von $SO(3)$ behalten im Wesentlichen ihre Gültigkeit für beliebige Matrixgruppen. Dagegen sind die folgenden geometrischen Sachverhalte, die in enger Beziehung zum Kreuzprodukt des dreidimensionalen, orientierten euklidischen Raumes E stehen, spezifisch für die Drehgruppe. Es sind gerade diese geometrischen Sachverhalte mit den zugehörigen Formeln, welche für die Beschreibung des Kreisels von Bedeutung sind.

Daß es zu je zwei Vektoren a und b aus E eine eindeutige orthogonale, orientierte Richtung gibt, wird algebraisch durch das *Kreuzprodukt* $a \times b \in E$ von a und b ausgedrückt:

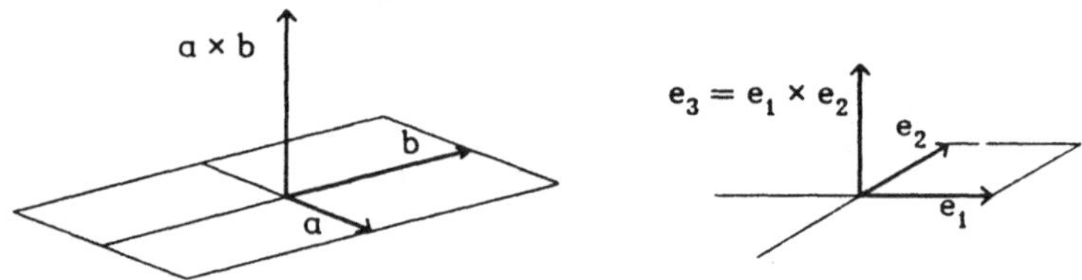

13° Es gibt genau eine bilineare Abbildung

$\times : E \times E \longrightarrow E, \quad (a,b) \longmapsto a \times b$

mit   i) $\quad a \times b = - b \times a$

        ii) $\quad e_1 \times e_2 = e_3, \quad e_2 \times e_3 = e_1, \quad e_3 \times e_1 = e_2$

Denn unter Ausnutzung der in 13° aufgezeigten Eigenschaften muß "$\times$" für $a = a^\mu e_\mu, b = b^\nu e_\nu$ die folgende Form haben

$$a \times b = (a^2 b^3 - a^3 b^2)e_1 + (a^3 b^1 - a^1 b^3)e_2 + (a^1 b^2 - b^2 a^1)e_3.$$

Diese Formel liefert zugleich die Existenz des Kreuzprodukts.

14° Rechenregeln für das Kreuzprodukt:

a) $\langle a \times b, c \rangle = \det(a,b,c) = \langle a, b \times c \rangle$, wobei (a,b,c) wieder die Matrix mit den Spaltenvektoren der Komponenten von a, b, c bezüglich der Orthonormalbasis e_1, e_2, e_3 bezeichne.

b) $a \times (b \times c) = \langle a,c \rangle b - \langle a,b \rangle c$.

c) $a \times (b \times c) + b \times (c \times a) + c \times (a \times b) = 0$, also ist E mit $[[a,b]] := a \times b$ eine Lie-Algebra (vgl. L.5).

d) $|a \times b|^2 = \det(a,b,a \times b) = |a|^2 |b|^2 - \langle a,b \rangle^2$.

e) $|a \times b| = |a||b||\sin\varphi|$, wobei φ der Winkel zwischen a und b ist.

f) $|a \times b| =$ Flächeninhalt des von a,b aufgespannte Parallelogramms.

g) $|e \times b| = \mathrm{dist}(b, \mathbb{R}e)$ $(= \min\{|b - \lambda e| : \lambda \in \mathbb{R}\})$ für $b,e \in E$, mit $|e| = 1$.

h) $Ab \times Ac = A(b \times c)$ für $b,c \in E$ und $A \in SO(3)$.

Beweise. a) Die über dem Körper $\mathbb{R}$ trilineare Abbildung $\rho : E^3 \longrightarrow \mathbb{R}$, $\rho(a,b,c) := \langle a \times b, c \rangle$ erfüllt $\rho(e_i, e_j, e_k) = \det(e_i, e_j, e_k)$ nach 13° i), also $\rho = \det$. Die zweite Gleichung gilt wegen $\det(a,b,c) = \det(b,c,a)$.

b) folgt analog mit $\sigma(a,b,c) := a \times (b \times c)$, $\sigma : E^3 \longrightarrow E$.

c) ergibt sich aus b).

d) sieht man nach Einsetzen von $a \times (b \times a)$ nach b) in die nach a) gültige Identität $|a \times b|^2 = \langle (a \times b) \times a, b \rangle$.

e) folgt wegen $|a|^2 |b|^2 \cos^2\varphi = \langle a,b \rangle^2$.

f) ergibt sich aus e) in bezug auf eine Seitenlänge $|a|$ des Parallelogramms und die zugehörige Höhe $|b||\sin\varphi|$.

g) folgt dann, weil in dem von e und b aufgespannten Parallelogramm die Höhe $|b||\sin\varphi| = |e \times b|$ gerade die Distanz von b zur Geraden $\mathbb{R}e$ ist.

h) folgt aus a).

Die Struktur des orientierten euklidischen Raumes auf E liefert auch einen interessanten Vektorraumisomorphismus $\omega : \mathfrak{so}(3) \longrightarrow E$: Jedes $X \in \mathfrak{so}(3)$ hat bezüglich der Basis e_1, e_2, e_3 wegen $X + X^T = 0$ die Matrixdarstellung

$$X = \begin{pmatrix} 0 & -X^3 & X^2 \\ X^3 & 0 & -X^1 \\ -X^2 & X^1 & 0 \end{pmatrix}$$

Setze $\omega(X) := X^\mu e_\mu$. Es gilt

15° a) $\omega : \mathfrak{so}(3) \longrightarrow E$ ist Vektorraumisomorphismus, welcher bezüglich der Basen M_1, M_2, M_3 (vgl. L.6.9°), und e_1, e_2, e_3 durch die Einheitsmatrix dargestellt wird : $\omega(X^\mu M_\mu) = X^\mu e_\mu$.

b) Aus 13° ii) folgt für alle $a \in E$: $M_\mu(a) = e_\mu \times a = \omega(M_\mu) \times a$, daher allgemein $X(a) = \omega(X) \times a$ für $X \in \mathfrak{so}(3)$. Diese Identität kann auch als Definition von ω dienen.

c) ω ist Lie-Algebra-Isomorphismus (vgl. L.7), das heißt es gilt noch $\omega([X,Y]) = [[\omega(X), \omega(Y)]]$, $X, Y \in \mathfrak{so}(3)$.

Dazu muß nur $\omega([X,Y]) = \omega(X) \times \omega(Y)$ aus b) und der Kenntnis von $[M_\mu, M_\nu]$ (vgl. L.6.9°) hergeleitet werden.

Weiterhin ist ω *äquivariant* in folgendem Sinne:

16° $\omega(AXA^T) = A\omega(X)$ gilt für alle $X \in \mathfrak{so}(3)$ und $A \in SO(3)$, also mit der Notation $\mathfrak{Ad}_A X := AXA^{-1}$: $\omega \circ \mathfrak{Ad}_A = A \circ \omega$.

Durch $\omega : \mathfrak{so}(3) \longrightarrow E$ wird die euklidische Struktur von E auf $\mathfrak{so}(3)$ übertragen: Die Definition

$$\ll X, Y \gg := \langle \omega(X), \omega(Y) \rangle, \quad X, Y \in \mathfrak{so}(3),$$

vermittelt ein euklidisches Skalarprodukt auf $\mathfrak{so}(3)$. Schließlich rechnet man leicht die folgenden Identitäten nach:

17° $\ll X, Y \gg = \frac{1}{2}$ Spur $(X^T Y) = -\frac{1}{2}$ Spur XY und $\ll \,,\, \gg$ erweist sich als ein Vielfaches der Killingform (vgl. L.10.8°). Deshalb auch:

18° $\ll [Z, Y], X \gg + \ll X, [Z, Y] \gg = 0$ also mit $ad_Z X := [Z, X]$ für $Z \in \mathfrak{so}(3)$ (vgl. L.9): $\ll ad_Z X, Y \gg + \ll X, ad_Z Y \gg = 0$.

19° $\ll \mathfrak{Ad}_A(X), \mathfrak{Ad}_A(Y) \gg = \ll X, Y \gg$ für $X, Y, Z \in \mathfrak{so}(3)$ und $A \in SO(3)$.

3. Kinematik des Kreisels

Nach dieser ausführlichen Beschreibung von $SO(3)$ und $\mathfrak{so}(3)$ soll jetzt auf die Kinematik des Kreisels eingegangen werden. Der Konfigurationsraum ist nach 5.5 die dreidimensionale Untermannigfaltigkeit S in $\mathbb{R}(3)$, die aufgrund von 5.4 oder 5.6.5° mit $SO(3)$ identifiziert werden kann: Im folgenden ist also $S = SO(3)$.

Eine Bewegung des Kreisels (mit festgehaltenem Punkt) wird durch eine differenzierbare Kurve $A : J \longrightarrow S$ gegeben, wobei $J \subset \mathbb{R}$ ein Intervall ist (vgl. 5.6). Zu einem vorgegebenen Punkt des Kreisels sei $P : J \longrightarrow E$ die zu dieser Bewegung gehörige Kurve, also die Bewegung des Punktes. Bezüglich des *festen Koordinatensystems* des Raumes E mit Nullpunkt in dem festgehaltenen Punkt des Kreisels und mit (e_1, e_2, e_3) als positiv orientierte Orthonormalbasis habe $P(t) \in E$ die Koordinaten $q^1(t)$, $q^2(t), q^3(t)$, also $P(t) = q^\mu(t)e_\mu$. Für den Spaltenvektor $q(t) = (q^1(t), q^2(t), q^3(t))^T$ sei $q(t_0) = A(t_0)Q(t_0)$ zu einem Zeitpunkt t_0, also $Q(t_0) = A^T(t_0)q(t_0)$. Die Korrelation zwischen $A(t)$ und $P(t)$ ist durch $q(t) = A(t)Q(t_0)$ gegeben. Daher ist $Q(t_0) = A^T(t)q(t) =: Q$ unabhängig von t_0. Es sei $A(t) = (A^\mu_\nu(t))$ bezüglich der Basis (e_1, e_2, e_3). Es folgt

$$P(t) = q^\mu{}_0(t)e_\mu = A(t)Q = Q^\nu A^\mu_\nu(t)e_\mu = Q^\nu E_\nu(t),$$

mit $E_\nu(t) := A^\mu_\nu(t)e_\mu = A^T(t)e_\nu$, $\nu = 1, 2, 3$. Die Gleichung $P(t) = Q^\mu E_\mu(t)$ bedeutet daher, daß die Koordinaten Q^1, Q^2, Q^3 von $P(t)$ bezüglich des durch $A(t)$ mitbewegten, *körpereigenen Koordinatensystem* $E_1(t), E_2(t), E_3(t)$ konstant sind.

Aus $q(t) = A(t)Q$ ergibt sich sofort

$$\frac{d}{dt}q(t) = \dot{q}(t) = \dot{A}(t)Q = \dot{A}(t)A(t)^{-1}q(t) = X(t)q(t),$$

wobei $X(t) := \dot{A}(t)A^T(t) \in \mathfrak{so}(3)$. Das bedeutet, daß der Tangentialvektor $\dot{A}(t)$ an $SO(3)$ im Punkte $A(t)$ die Form $\dot{A}(t) = X(t)A(t)$ mit $X(t) \in \mathfrak{so}(3)$ hat, vgl. $5.7.5^{\circ}$. Mit der Definition $\omega(t) := \omega(X(t))$ (vgl. $5.7.15^{\circ}$) folgt

$$(5.8) \quad \dot{q}(t) = \omega(t) \times q(t).$$

$\omega(t)$ heißt *Winkelgeschwindigkeit* des Kreisels in bezug auf das feste Koordinatensystem e_1, e_2, e_3 des Raumes. Stellt man $\dot{A}(t)$ dar als $\dot{A}(t) = A(t)Y(t)$ (vgl. $5.7.9^{\circ}$) mit $Y(t) := A^T(t)\dot{A}(t) \in \mathfrak{so}(3)$, so gilt für $\Omega(t) := \omega(Y(t))$ wegen $X = AYA^{-1} = \mathfrak{Ad}_A Y$ und nach $5.7.16^{\circ}$: $A\Omega = A\omega(Y) = \omega(\mathfrak{Ad}_A Y) = \omega(X)$. Daraus folgen die Identitäten $A(t)(\Omega(t) \times Q) = A(t)\Omega(t) \times A(t)Q = \omega(t) \times q(t) = \dot{q}(t)$, also

$$(5.9) \quad A^T(t)\dot{q}(t) = \Omega(t) \times Q.$$

Da $Q(t) := A^T(t)\dot{q}(t)$ die Geschwindigkeitskoordinaten bezüglich des körpereigenen Systems $E_1(t), E_2(t), E_3(t)$ sind, ist 5.9 so zu verstehen, daß $\Omega(t)$ die *Winkelgeschwindigkeit* des Kreisels in bezug auf das körpereigene Koordinatensystem ist.

Die *kinetische Energie* eines klassischen Systems von N Massenpunkten ist ganz allgemein

$$T := \tfrac{1}{2} \sum_{\varkappa=1}^{N} m_\varkappa |\dot{q}_\varkappa(t)|^2 \, ,$$

wenn $q_\varkappa(t)$ die Geschwindigkeit und $m_\varkappa > 0$ die Masse des $\varkappa$-ten Massenpunktes bezeichnet. Im Falle des Kreisels ergibt sich für eine Bewegung $(A(t), \dot{A}(t))$ des Systems im Phasenraum TS unter Verwendung von 5.8 und 5.9 für $q = q_\varkappa$, $\varkappa = 1, \dots N$, sowie $5.7.14^{\circ}$ h):

$$T(A(t), \dot{A}(t)) = \tfrac{1}{2} \sum_{\varkappa=1}^{N} m_\varkappa |\omega(t) \times q_\varkappa(t)|^2 \qquad (5.8)$$

$$= \tfrac{1}{2} \sum_{\varkappa=1}^{N} m_\varkappa \langle \omega(t) \times q_\varkappa(t), \omega(t) \times q_\varkappa(t) \rangle$$

$$= \tfrac{1}{2} \langle \sum_{\varkappa=1}^{N} m_\varkappa q_\varkappa(t) \times (\omega(t) \times q_\varkappa(t)), \omega(t) \rangle \qquad (7.14^{\circ} a))$$

$$= \tfrac{1}{2} \langle \sum_{\varkappa=1}^{N} m_\varkappa Q_\varkappa \times (\Omega(t) \times Q_\varkappa), \Omega(t) \rangle \qquad (7.14^{\circ} h), 5.9.).$$

$Q_\varkappa$ sind die bezüglich des körpereigenen Systems $E_1(t), E_2(t), E_3(t)$ konstanten Koordinaten des $\varkappa$-ten Massenpunktes, und es gilt $q_\varkappa(t) = A(t)Q_\varkappa$. Mit der Abkürzung $\Theta(b) := \tfrac{1}{2} \sum_{\varkappa=1}^{N} m_\varkappa Q_\varkappa \times (b \times Q_\varkappa)$ für $b \in E$ gilt also:

$$(5.10) \quad T(A(t), \dot{A}(t)) = \tfrac{1}{2} \langle \Theta \Omega(t), \Omega(t) \rangle.$$

Um die kinetische Energie als Funktion T auf dem Phasenraum TS ohne dynamischen Parameter t ausdrücken zu können, setzen wir für einen beliebigen kinematischen Zustand $(A, v) \in TS$, $v \in T_A S$, mit $v = XA = AY$, $X, Y \in \mathfrak{so}(3)$:

(5.11) $\omega_R(v) := \omega(vA^T)$, das heißt $\omega_R(v) = X$, sowie

$\omega_K(v) := \omega(A^Tv)$, das heißt $\omega_K(v) = Y$.

In der oben dargestellten Situation ist also $\omega(t) = \omega_R(\dot{A}(t))$ und $\Omega(t) = \omega_K(\dot{A}(t))$, und es gilt allgemein $A\omega_K(v) = \omega_R(v)$ wegen 5.7.16°. Entsprechend heißt $\omega_R(v)$ die *Winkelgeschwindigkeit von* (A,v) *in räumlichen Koordinaten* und $\omega_K(v)$ die *Winkelgeschwindigkeit* von (A,v) in *körpereigenen Koordinaten*.

(5.12) Satz. 1° $\Theta : E \longrightarrow E$ ist symmetrische lineare Abbildung und positiv-definit.

2° Die Koeffizienten $\Theta_{\mu\nu}$ der Matrix von Θ in bezug auf die Basis e_1, e_2, e_3 sind

$$\Theta_{\mu\nu} = \sum_{\varkappa=1}^{N} m_\varkappa (|Q_\varkappa|^2 \delta_{\mu\nu} - Q_\varkappa^\mu Q_\varkappa^\nu), \quad \text{(keine Summation über } \mu, \nu \text{ !)}.$$

Dabei ist $Q_\varkappa = Q_\varkappa^\mu e_\mu$.

3° Die kinetische Energie T auf dem Phasenraum TS ist

$$T(A,v) = \tfrac{1}{2} \langle \Theta\omega_K(v), \omega_K(v) \rangle.$$

Beweis. 1° Für alle $b, c \in E$ ist

$$\langle \Theta(b), c \rangle = \langle \sum_{\varkappa=1}^{N} m_\varkappa Q_\varkappa \times (b \times Q_\varkappa), c \rangle$$

$$= \sum_{\varkappa=1}^{N} m_\varkappa \langle b \times Q_\varkappa, c \times Q_\varkappa \rangle.$$

$$= \langle \Theta(c), b \rangle \qquad (\text{vgl. } 5.7.14° \text{ a)}).$$

Also ist Θ symmetrisch. Ferner ist für $b \in E \setminus \{0\}$ stets

$$\langle \Theta(b), b \rangle = \sum_{\varkappa=1}^{N} m_\varkappa |b \times Q_\varkappa|^2 > 0,$$

das heißt Θ ist positiv-definit.

2° folgt aus dem Ansatz $\langle \Theta(b), b \rangle = \Theta_{\mu\nu} b^\mu b^\nu$ über

$$\langle \Theta(b), b \rangle = \sum_{\varkappa=1}^{N} m_\varkappa (|b|^2 |Q_\varkappa|^2 - \langle Q_\varkappa, b \rangle^2).$$

3° Zum Tangentialvektor $(A,v) \in TS$ sei $A : J \longrightarrow S$ eine differenzierbare Kurve mit $(A,v) = (A(t), \dot{A}(t))$ für ein $t \in J$. Wegen $\Omega(t) = \omega_K(\dot{A}(t))$ folgt aus 5.10 sofort: $T(A,v) = \tfrac{1}{2} \langle \Theta\omega_K(v), \omega_K(v) \rangle$.

(5.13) Bemerkung. Durch die kinetische Energie T bzw. durch den Tensor Θ wird auf jedem Tangentialraum $T_A S$, $A \in S$, eine symmetrische, positiv-definite Bilinearform definiert:

$$g_A(v,w) := \langle \Theta\omega_K(v), \omega_K(w) \rangle, \quad v, w \in T_A S.$$

Eine solche Bilinearform ist eine Riemannsche Metrik (vgl. 8.20 in diesem Kapitel und auch G.12).

Der Tensor $\Theta : E \longrightarrow E$ ist der *Trägheitstensor* des Kreisels und hängt nach Definition

$$\Theta(b) = \sum_{\varkappa=1}^{N} m_\varkappa Q_\varkappa \times (b \times Q_\varkappa)$$

nur von der Massenverteilung ab. Da Θ symmetrisch und positiv-definit ist, kann Θ durch eine Hauptachsentransformation auf Diagonalform $\Theta = \mathrm{diag}(I_1, I_2, I_3)$ mit positiven Eigenwerten $I_j > 0$ gebracht werden. Es gibt also eine nur von e_1, e_2, e_3 und der Massenverteilung des Kreisels abhängige Drehung $D \in SO(3)$, so daß bezüglich der gedrehten Orthonormalbasis $e'_\mu := De_\mu$, $\mu = 1, 2, 3$, gilt: $\Theta e'_\mu = I_\mu e'_\mu$. Die e'_1, e'_2, e'_3 heißen die *Hauptachsen* des Trägheitstensors und die I_1, I_2, I_3 hießen die zugehörigen *Hauptträgheitsmomente*.

(5.14) Das feste Koordinatensystem e_1, e_2, e_3 sei von nun an ohne Einschränkung der Allgemeinheit so gewählt, daß $e_\mu = e'_\mu$ gilt. T hat dann die einfache Form

$$T(A,v) = \tfrac{1}{2} I_\mu (\omega_K(v)^\mu)^2, \quad (A,v) \in TS.$$

Die Hauptträgheitsmomente haben eine Verallgemeinung in bezug auf beliebige Einheitsvektoren in E. Ist $e \in E$ ein solcher Einheitsvektor, so ist $\Delta_\varkappa := |e \times Q_\varkappa|$ der Abstand des Punktes $Q_\varkappa$ von der Achse $\mathbb{R}e$ (vgl. 5.7.14 g)). Für eine Winkelgeschwindigkeit $\Omega = \lambda e$, $\lambda \in \mathbb{R}$, also $(A,v) \in TS$ mit $\omega_K(v) = \omega(A^T v) = \Omega$ hat die kinetische Energie den Wert

$$T(A,v) = \tfrac{1}{2}\langle \Theta\Omega, \Omega \rangle = \tfrac{1}{2}\lambda^2 \left(\sum_{\varkappa=1}^{N} m_\varkappa \Delta_\varkappa^2 \right)$$

Mit der Definition des *Trägheitsmomentes* $I_e := \sum_{\varkappa=1}^{N} m_\varkappa \Delta_\varkappa^2$ *in Richtung* e folgt

(5.15) $T = \tfrac{1}{2}\lambda^2 I_e$ für $\Omega = \lambda e$.

Für die Richtung der Hauptachsen e_1, e_2, e_3 folgt $T = \tfrac{1}{2}\lambda I_{e_j}$, wobei I_{e_j} mit dem Eigenwert I_j von Θ übereinstimmt.

Θ legt das sogenannte *Trägheitsellipsoid*

$$\mathscr{E}_1 := \{\Omega \in E : \langle \Theta\Omega, \Omega \rangle = 1\} \subset E$$

fest. Die Hauptachsen von $\mathscr{E}_1$ haben die Richtungen e_1, e_2, e_3 mit Längen $I_j^{-\frac{1}{2}}$, $j = 1, 2, 3$.

Der *Drehimpuls* eines klassischen Systems von N Punkten ist ganz allgemein:

$$\ell := \sum_{\varkappa=1}^{N} q_\varkappa(t) \times m_\varkappa \dot{q}_\varkappa(t).$$

Im Falle des Kreisels also:

$$(5.16) \quad \ell = \sum_{\varkappa=1}^{N} m_\varkappa q_\varkappa(t) \times (\omega(t) \times q_\varkappa(t))$$

Der Drehimpuls L im körpereigenen Koordinatensystem ist $L = A^T \ell$, also nach 5.7.14 h):

$$(5.17) \quad L = \sum_{\varkappa=1}^{N} m_\varkappa Q_\varkappa \times (\Omega(t) \times Q_\varkappa) = \Theta \Omega(t) \, .$$

Als Vektorfunktionen auf TS sind die Drehimpulse $L : TS \longrightarrow \mathbb{R}^3$ bzw. ℓ gegeben als

$$(5.18) \quad L(A,v) = \Theta \omega_K(v) \, , \text{ bzw. } \ell(A,v) = A \Theta \omega_K(v) \, .$$

Bei der Untersuchung eines starren Körpers mit unendlich vielen Punkten in einem kompakten Bereich $\mathcal{K} \subset E$ mit Massendichte $\rho : \mathcal{K} \longrightarrow [0,\infty[$ ergeben sich folgende Verallgemeinerungen:

Konfigurationsraum ist wieder $S = SO(3)$, wenn ein Punkt von $\mathcal{K}$ festgehalten wird. Die Formel 5.12.2° für die Koeffizienten von Θ im diskreten Fall überträgt sich unmittelbar auf den kontinuierliche Fall, für den wir definieren:

$$(5.19) \quad \Theta_{\mu\nu} := \int_{\mathcal{K}} \rho(Q)(|Q|^2 \delta_{\mu\nu} - Q^\mu Q^\nu) d^3 Q$$

Der Trägheitstensor $\Theta = (\Theta_{\mu\nu})$ ist dann symmetrisch und positiv, wenn die *Massendichte* ρ geeignet vorgegeben wird (z.B. ρ stetig und $\rho > 0$), und es ergeben sich

$$(5.20) \quad T(A,v) = \tfrac{1}{2} \langle \Theta \omega_K(v), \omega_K(v) \rangle \quad \text{als } \textit{kinetische Energie,} \text{ sowie}$$

$L(A,v) = \Theta \omega_K(v)$ als *Drehimpuls* im körpereigenen System.

Analog zu I_e im diskreten Fall ist $I_e := \int_{\mathcal{K}} \rho(Q) |e \times Q|^2 d^3 Q$ das *Trägheitsmoment* in Richtung e. Entsprechend ist

$$\mathcal{E}_1 = \{ \Omega \in E : \langle \Theta \Omega, \Omega \rangle = 1 \} = \{ \Omega : I_\mu (\Omega^\mu)^2 = 1 \}$$

das *Trägheitsellipsoid*.

6 Der harmonische Oszillator

Der *eindimensionale harmonische Oszillator* ist gegeben durch den Konfigurationsraum $Q = \mathbb{R}$ mit der Bewegungsgleichung

$$(6.1) \quad \ddot{q} = -kq$$

für eine Konstante $k > 0$. (k ist die "Rückstellkonstante".) Dieses einfache klassische System mit einer Bewegungsgleichung von der Form 3.1 steht in enger Beziehung zu dem im vierten Paragraphen behandelten Beispiel des ebenen Pendels (vgl. 4.8). Mit $p := m\dot{q}$ als *Impulskoordinate* (für $m > 0$) erhält man in der Formulierung 3.5 das entsprechende System von Differentialgleichungen erster Ordnung:

$$(6.2) \quad \dot{q} = \frac{1}{m}\, p, \quad \dot{p} = -mk\,q.$$

Bei geeigneter Skalierung der Maßeinheiten kann man $k = m = 1$ annehmen und erhält so:

$$\ddot{q} = -q \quad \text{bzw.} \quad \dot{q} = p, \quad \dot{p} = -q.$$

Natürlich läßt sich in diesem Beispiel sofort eine explizite Lösung angeben. Zur Lage $\mathring{q} \in \mathbb{R}$ und zum Impuls $\mathring{p}$ findet man die eindeutig bestimmte Lösung von $\dot{q} = p$, $\dot{p} = -q$ mit den Anfangsdaten $q(0) = \mathring{q}$ und $p(0) = \mathring{p}$ als

$$(6.3) \quad
\begin{aligned}
q(t) &= \mathring{q}\cos t + \mathring{p}\sin t, \\
p(t) &= \mathring{p}\cos t - \mathring{q}\sin t, \quad \text{für } t \in \mathbb{R}.
\end{aligned}$$

Diesen einfachen Fall eines klassischen Systems mit Dynamik wollen wir aber im Hinblick auf das Thema des Buches benutzen, um ein allgemeines geometrisches Prinzip der Reduktion des Phasenraumes exemplarisch kennenzulernen. Im Gegensatz zu den Beispielen der letzten zwei Paragraphen haben wir jetzt keine von außen gegebene Zwangsbedingungen. Das System ist ja bereits reduziert, wenn es zum Beispiel vom ebenen Pendel kommt (vgl. 4.8), und hat nur noch einen Freiheitsgrad. Stattdessen liegt hier der Fall einer natürlich gegebenen "Zwangsbedingung" durch die Erhaltung der Energie vor.

Ganz allgemein sind neben den von außen gegebenen Zwangsbedingungen auch die inneren, physikalischen Zwangsbedingungen von Interesse, welche besser bekannt sind unter den folgenden Namen: *Erhaltungsgröße, Erhaltungssatz, 1. Integral, Bewegungskonstante, Bewegungsinvariante.*

(6.4) Definition. Eine *Bewegungskonstante* (bzw. *Erhaltungsgröße, 1. Integral* etc.) eines klassischen Systems $P = Q \times \mathbb{R}^n$, mit $\ddot{q} = \Phi(q, \dot{q}, t)$ ist eine differenzierbare Funktion $F : P \longrightarrow \mathbb{R}$, die auf allen Bewegungen des Systems konstant ist.

$F : P \longrightarrow \mathbb{R}$ ist also eine Bewegungskonstante des Systems, wenn für jede Lösung $q : J \longrightarrow Q$ von $\ddot{q} = \Phi(q, \dot{q}, t)$ auf einem Interval $J \subset \mathbb{R}$ die Funktion $t \longmapsto F(q(t), \dot{q}(t))$, $t \in J$, konstant ist. Damit gleichbedeutend ist

$$\frac{d}{dt} F(q(t), \dot{q}(t)) = 0 \quad \text{bzw.} \quad \langle \nabla F(q(t), \dot{q}(t)), (\dot{q}(t), \ddot{q}(t)) \rangle = 0$$

für alle $t \in J$. Man spricht von einer *lokalen Bewegungskonstanten* F, wenn F nur auf $V \times \mathbb{R}^n$ definiert ist, mit $V \subset Q$ offen, und dort Bewegungskonstante ist.

Einen analogen Begriff von Bewegungskonstanten hat man für die am Ende von Paragraph 3 eingeführten Impulsphasenräume $P = Q \times (\mathbb{R}^n)^*$ mit den entsprechenden Bewegungsgleichungen $(\dot{q}, \dot{p}) = \Psi(q, p, t)$.

Es ist klar, daß eine Bewegungskonstante F als Zwangsbedingung gewertet werden kann: Ist $q : J \longrightarrow Q$ eine Bewegung des Systems und $t_0 \in J$ ein beliebiger Punkt, so gilt $F(q(t), \dot{q}(t)) = F(q(t_0), \dot{q}(t_0)) = c \in \mathbb{R}$ für alle $t \in J$. Also liegt für die zugehörige Kurve β des Phasenraumes (d. h. $\beta(t) = (q(t), \dot{q}(t))$ für $t \in J$) die Menge $\beta(J)$ vollständig in $\{(q, v) \in P : F(q, v) = c\} = F^{-1}(c)$. Analog hat man bei Impulsphasenräumen und $\alpha(t) := (q(t), p(t))$, $t \in J$: $\alpha(J) \subset F^{-1}(\alpha(t_0))$.

In vielen klassischen Systemen, nämlich in den *konservativen* klassischen Systemen, ist die Energie des Systems eine Bewegungskonstante ("Energieerhaltungssatz"). Im nächsten Paragraphen werden wir erläutern, in welchem Sinne dieser Erhaltungssatz die Folge einer Symmetrie ist.

In unserem Beispiel ist $H(q, p) := \frac{1}{2}(p^2 + q^2)$ die Energie und tatsächlich eine Bewegungskonstante: Für Bewegungen $q : J \longrightarrow \mathbb{R}$ des Systems gilt ja

$$\frac{d}{dt} H(q(t), p(t)) = p\dot{p} + q\dot{q} = p(-q) + qp = 0.$$

Man beachte, daß zum Nachweis von $\frac{d}{dt}H = 0$ nur die Bewegungsgleichungen 6.2 und nicht etwa die Lösungen benutzt wurden. Mit H als "Zwangsbedingung" und $E \in \mathbb{R}$ als "Energiewert" erhält man jetzt die *Energieniveauflächen*

$$H^{-1}(E) := \{(q, p) \in \mathbb{R}^2 \mid q^2 + p^2 = 2E\}$$

mit der bereits oben allgemein formulierten Invarianzeigenschaft: Ist $(q(t), p(t))$ Bewegung des Systems mit $(q(t_0), p(t_0)) \in H^{-1}(E)$, so verläuft $(q(t), p(t))$ ganz in $H^{-1}(E)$. Ist also eine Lösung zum Energiewert E gesucht, so kann $H^{-1}(E)$ als ein neuer, reduzierter Phasenraum angesehen werden. In unserer speziellen Situation liefert dieses Vorgehen: Für $E > 0$ ist $H^{-1}(E) = S_r^1$ mit $r = \sqrt{2E}$, für $E = 0$ gilt $H^{-1}(E) = \{0\}$, und für $E < 0$ hat man $H^{-1}(E) = \emptyset$. Im interessanten Fall $E > 0$ beschreibt $H^{-1}(E)$ bereits die Punkte einer Bahn, ohne den zeitlichen Verlauf innerhalb $H^{-1}(E)$ festzulegen. Dieser ergibt sich aus dem Ansatz $q(t) = r\cos\varphi(t)$, $p(t) = r\sin\varphi(t)$. Aus 6.2

folgt $\dot{\varphi} = -1$ und daher $\varphi(t) = -t + \alpha$ mit $\alpha \in \mathbb{R}$. Deshalb ist $q(t) = r\cos(-t+\alpha)$, $p(t) = r\sin(-t+\alpha)$, für alle t aus dem Definitionsintervall J, in Übereinstimmung mit der Lösung aus 6.3. (r und α errechnen sich aus den Anfangsdaten $(\mathring{q}, \mathring{p}) \in \mathbb{R}^2$ durch $r^2 = \mathring{q}^2 + \mathring{p}^2$ und $r(\cos\alpha, \sin\alpha) = (\mathring{q}, \mathring{p})$.)

Der *n-dimensionale harmonische Oszillator* ist gegeben durch den Konfigurationsraum $Q = \mathbb{R}^n$ mit den Bewegungsgleichungen

$$(6.5) \quad \ddot{q} = -q, \quad q = (q^1, \dots, q^n),$$

wobei die zum j-ten Freiheitsgrad gehörigen Rückstellkonstanten k^j bereits auf $k^j = 1$ skaliert wurden. Mit den weiteren Normierungen $m_j = 1$ für die j-ten Massen sind die *Impulse* $p_j := \dot{q}^j$. Daher ist das in 6.5 gegebene System 2. Ordnung unter Verwendung der Notation $p = (p_1, \dots, p_n)$ äquivalent zu dem folgenden System 1. Ordnung:

$$(6.6) \quad \dot{q} = p, \quad \dot{p} = -q.$$

Lösungen von 6.6 ergeben sich ganz leicht aus den Lösungen von 6.3. Ohne diese Lösungen zu benutzen, ist wieder klar, daß die Gesamtenergie des Systems

$$H = \tfrac{1}{2}(|p|^2 + |q|^2), \quad |p|^2 := \sum_{\nu=1}^{n} p_\nu^2,$$

eine Bewegungsinvariante ist. Denn es gilt:

$$(6.7) \quad \frac{d}{dt} H(q(t), p(t)) = \langle p, \dot{p} \rangle + \langle q, \dot{q} \rangle = \langle p, -q \rangle + \langle q, p \rangle = 0.$$

Als "Energieniveauflächen" hat man jetzt für $E > 0$:

$$(6.8) \quad H^{-1}(E) = \{(q,p) \in \mathbb{R}^n \times \mathbb{R}^n \mid |q|^2 + |p|^2 = 2E\} = S_r^{2n-1},$$

mit $r = \sqrt{2E}$. Jede Bahn des Systems mit der Energie E verläuft ganz in der Hyperfläche $H^{-1}(E)$. Will man eine Übersicht über alle Bahnen zu einer festen Energie $E > 0$ erhalten, so kann man auf $H^{-1}(E)$ die folgende Äquivalenzrelation einführen: Für $a, b \in H^{-1}(E)$ sei $a \sim b$, wenn es eine Bahn des Systems mit der Energie E gibt, die a und b miteinander verbindet.

Der Quotient $B_E := H^{-1}(E)/_\sim$ ist dann der *Bahnenraum* zur Energie E und parametrisiert offenbar alle möglichen Bahnen des Systems mit Energie E.

In unserer Situation lassen sich die Bahnen mit Hilfe der komplexen Struktur auf $\mathbb{R}^{2n}$ besonders einfach beschreiben: Für (q,p) schreibe man $z := p + iq$ und verstehe die Komponenten z^ν von z als komplexe Koordinaten $z^\nu := p_\nu + iq^\nu \in \mathbb{C}$. Auf diese Weise ist $\mathbb{R}^{2n}$ mit $\mathbb{C}^n$ identifiziert, und wir werden gleich zeigen: $a \sim b$ gilt genau dann, wenn es $\varphi \in \mathbb{R}$ mit $a = e^{i\varphi} b$ gibt. Denn $\dot{z} = \dot{p} + i\dot{q} = -q + ip$ nach 6.6.

Wegen $-q + ip = i(p + iq) = z$ lauten die Bewegungsgleichungen in der komplexen Schreibweise einfach:

(6.9) $\dot{z} = iz$.

In jeder Komponente ist $\dot{z}^k = iz^k$. Die Lösung ist $z^k(t) = z^k(0)e^{it}$ nach 6.3, also $z(t) = z(0)e^{it}$. Sind a und b auf der Bahn zur Bewegung $z(t) = z(0)e^{it}$, so gilt $z(t_0) = a$ und $z(t_1) = b$ für geeignete t_0, t_1. Es folgt $z(t_0) = z(0)e^{it_0}$, also $z(t_0) = e^{i(t_0 - t_1)}z(0)e^{it_1} = e^{i(t_0 - t_1)}z(t_1)$. Daher ist $a = e^{i\varphi} b$ mit $\varphi = t_0 - t_1$. Gilt umgekehrt $a = e^{i\varphi}b$ für ein $\varphi \in \mathbb{R}$, so hat man für die Bahn $z(t) = ae^{it}$: $z(0) = a$ und $z(-\varphi) = ae^{i\varphi} = b$.

An dieser Stelle sei an den komplex-projektiven Raum $\mathbb{P}_{n-1}(\mathbb{C})$ erinnert (vgl. Anhang M.9). $\mathbb{P}_{n-1}(\mathbb{C}) := S_r^{2n-1}/_\sim$ mit der folgenden Äquivalenzrelation: $a \sim b$, wenn es $\lambda \in U(1) = \{\lambda \in \mathbb{C} : |\lambda| = 1\}$ mit $a = \lambda b$ gibt. Insgesamt ist damit gezeigt worden:

(6.10) Satz: Der Bahnenraum B_E für den n-dimensionalen harmonischen Oszillator zur Energie $E > 0$ ist der komplex-projektive Raum $\mathbb{P}_{n-1}(\mathbb{C})$, und die Quotientenabbildung $\varphi : H^{-1}(E) \longrightarrow B_E = \mathbb{P}_{n-1}(\mathbb{C})$ hat als Fasern $\varphi^{-1}(x)$ gerade die Bahnen zur Energie E.

Im übrigen bezeichnet man ganz allgemein in konservativen Systemen die Mengen $\Sigma_E := H^{-1}(E)$ als *Energieniveauflächen*, wenn H die Energiefunktion ist. Dabei impliziert diese Formulierung noch nicht, daß Σ_E wirklich immer eine Hyperfläche ist, im Sinne einer Untermannigfaltigkeit (vgl. Anhang M). In unserem Beispiel ist Σ_E genau dann eine Untermannigfaltigkeit der Dimension $2n - 1$, also eine Hyperfläche im $\mathbb{R}^{2n}$, wenn $E > 0$ gilt.

Daß die Energie eine Bewegungskonstante ist, läßt sich ganz einfach bestätigen durch das Einsetzen der Bewegungsgleichungen (vgl. 6.7), kann aber auch als Folge der natürlichen $SO(2)$-Symmetrie des Systems verstanden werden: $SO(2)$ wird realisiert durch die zu $SO(2)$ isomorphe Gruppe $U(1) = \{\lambda \in \mathbb{C} \mid |\lambda| = 1\}$, und für die zu $\lambda \in U(1)$ gehörige Transformation $\lambda : z \longmapsto z' := \lambda z$ gilt: $\dot{z}' = \lambda \dot{z} = \lambda iz = i\dot{z}'$; die Bewegungsgleichungen sind also invariant unter dieser Transformation. Diese Invarianz führt zu H als Bewegungskonstante (vgl. 9.12.1°). Auf den Zusammenhang von Symmetrie und Erhaltungsgrößen, das eigentliche Thema dieses Kapitels, komme ich in den nächsten Paragraphen zu sprechen.

Der n-dimensionale harmonische Oszillator hat weit mehr Symmetrie als nur die $SO(2)$-Symmetrie. Zum Beispiel können die Komponenten z^k von z unabhängig voneinander "gedreht" werden, ohne die Bewegungsgleichungen 6.9 zu verändern: Sei $(\lambda_1,...,\lambda_n) \in U(1)^n \cong SO(2)^n$ mit der zugehörigen Transformation $z \longmapsto z' := (\lambda_1 z^1, ...,\lambda_n z^n)$. Aus $\dot{z} = iz$ folgt $\dot{z}' = i\dot{z}'$ und vice versa.

(6.11) Als Erhaltungsgrößen erhält man daraus die "partiellen Energien"

$$H_k = \tfrac{1}{2}\left((q^k)^2 + p_k^2\right) = \tfrac{1}{2}\,|z^k|^2$$

(Beweis wie im eindimensionalen Fall) und zu den Vektoren $E = (E_1, E_2, \dots, E_n) \in \mathbb{R}^n$, $E_k > 0$, gehören die n-dimensionalen invarianten Untermannigfaltigkeiten

$$M_E := \{z \in \mathbb{C}^n : H_k(z) = E_k \text{ für } k = 1,\dots n\} = S_{r_1}^1 \times \dots \times S_{r_n}^1$$

mit $r_k = \sqrt{2E_k}$. Jede Bahn, die M_E trifft, verläuft vollständig in M_E.

Eine andere Symmetrie des Systems ist durch die spezielle unitäre Gruppe $SU(n)$ gegeben, wie man an den Bewegungsgleichungen 6.9 sofort sieht; denn $SU(n)$ kann als die folgende Gruppe von komplexen $n \times n$ - Matrizen definiert werden:

$$SU(n) = \{A \in \mathbb{C}(n) : \text{Für alle } z \in \mathbb{C}^n \text{ gilt } |Az| = |z| \text{ und } \det A = 1\},$$

wobei $|z|$ die euklidische Norm mit $|z|^2 = \sum_{\nu=1}^{n} |z^\nu|^2$ ist. Im Falle $n = 2$ erhält man zur dreidimensionalen Gruppe $SU(2)$ die drei Bewegungskonstanten

$$
\begin{aligned}
\textbf{(6.12)} \quad \varphi^1(z) &= \mathrm{Re}(\bar{z}^1 z^2) = q^1 q^2 + p_1 p_2 \\
\varphi^2(z) &= \mathrm{Im}(\bar{z}^1 z^2) = q^1 p_2 - q^2 p_1 \\
\varphi^3(z) &= \tfrac{1}{2}\left(|z^1|^2 - |z^2|^2\right) = H_1 - H_2
\end{aligned}
$$

Man prüft leicht nach, daß φ^1, φ^2, φ^3 wirklich Erhaltungsgrößen sind (z.B. $\frac{d}{dt}\varphi^1(z) = \mathrm{Re}(\dot{\bar{z}}^1 z^2 + \bar{z}^1 \dot{z}^2) = \mathrm{Re}(-i\,\bar{z}^1 z^2 + i\,\bar{z}^1 z^2) = 0$). (In welchem Sinne diese Erhaltungsgrößen von der $SU(2)$-Symmetrie stammen, wird später erläutert, vgl. 9.12.1°, im Rahmen über des allgemeinen Zusammenhang von Symmetrien und Erhaltungsgrößen.) Durch 6.12 ist eine Abbildung

$$\textbf{(6.13)} \quad \varphi : \mathbb{C}^2 \longrightarrow \mathbb{R}^3, \quad \varphi := (\varphi^1, \varphi^2, \varphi^3), \quad P = \mathbb{C}^2,$$

des Phasenraumes P nach $\mathbb{R}^3$ gegeben, welche später als die *Momentenabbildung* erkannt werden wird (in 9.14.4°). Auf der Energieniveaufläche

$$H^{-1}(1) = \Sigma_1 = \{z \in P : \tfrac{1}{2}(|z^1|^2 + |z^2|^2) = 1\} = S_r^3,\ r = \sqrt{2},$$

ist φ natürlich als Restriktion ebenfalls definiert, und es gilt $\varphi(\Sigma_1) \subset S_1^2 =: S^2$. Die Einschränkung von φ auf $\Sigma := \Sigma_1$ werde wieder mit φ bezeichnet. Dann ist diese Einschränkung $\varphi : \Sigma \longrightarrow S^2$ eine surjektive Abbildung, deren Fasern $\varphi^{-1}(x)$, $x \in S^2$, jeweils Kreislinien in Σ sind. Und zwar sind diese Kreislinien gerade die Bahnen des Systems zur Energie $E = 1$ und den speziellen Werten $x \in S^2$ für φ: Zu $a \in \varphi^{-1}(x)$ ist $z(t) = ae^{it}$ Lösung durch a mit Bahn $\{\lambda a : \lambda \in U(1)\} = \varphi^{-1}(x)$. φ ist also wegen $S^2 \cong \mathbb{P}_1(\mathbb{C})$ die Projektionsabbildung der oben beschriebenen Äquivalenzrelation (vgl. 6.10), und $\varphi(\Sigma_1) = S^2$ ist der Bahnenraum B_1 der Bewegungen zu Energie $E = 1$. Im übrigen wird die Projektionsabbildung $\varphi : S_r^3 \longrightarrow \mathbb{P}_1(\mathbb{C}) = S^2$ in anderem Zusammenhang auch die *Hopf-Abbildung* oder die *Hopf-Faserung* genannt.

7 Zentralfelder und Satz von Noether

Am Beispiel der Zentralfelder soll das Hauptthema dieses Kapitels, nämlich der Zusammenhang zwischen Symmetrien und Erhaltungssätzen in der Klassischen Mechanik, exemplarisch dargestellt werden. Danach werden Symmetrien in allgemeinen Lagrange-Systemen studiert, und der Satz von Noether wird in verschiedenen Versionen bewiesen. Dabei steht zunächst einmal der Fall einer offenen Menge des $\mathbb{R}^n$ als Konfigurationsraum im Vordergrund. Der allgemeinere Fall einer Mannigfaltigkeit als Konfigurationsraum wird hier nur kurz gestreift. (Mehr darüber findet man im achten Paragraphen.) Der Paragraph endet mit einer ausführlichen Behandlung von Beispielen.

Ein *Zentralfeld* (oder *Zentralkraftfeld*) $F: \mathbb{R}^3 \setminus \{0\} \longrightarrow \mathbb{R}^3$ ist ein Vektorfeld F auf dem Ortsraum $Q := \mathbb{R}^3 \setminus \{0\}$ von der Form $F(q) = \varphi(|q|)\frac{q}{|q|}$, $q \in \mathbb{R}^3 \setminus \{0\}$, wobei $\varphi:]0, \infty[\longrightarrow \mathbb{R}$ eine geeignete Funktion ist.

Beispiele für Zentralkraftfelder: $F(q) := -q$, $q \in \mathbb{R}^3$, beim dreidimensionalen harmonischen Oszillator. $F(q) := -kq(|q|)^{-3}$, $q \in \mathbb{R}^3 \setminus \{0\}$, beim Keplerproblem (mit einer Konstanten $k > 0$, vgl. das ausführlich behandelte Beispiel 7.12 am Ende dieses Paragraphen). Natürlich ist auch $F = 0$ ein Zentralkraftfeld.

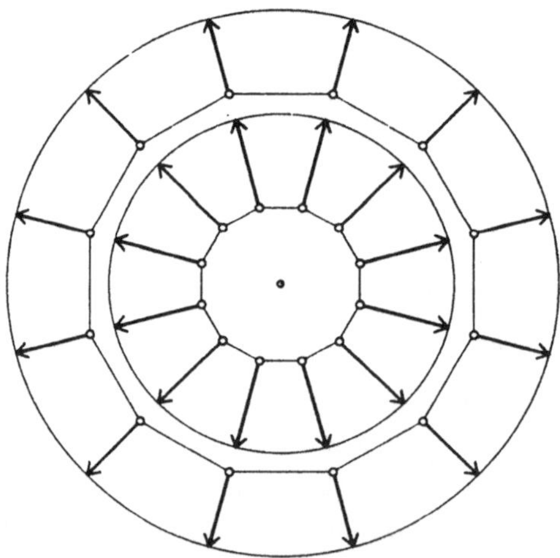

Ein stetiges Zentralfeld ist immer ein konservatives Vektorfeld. Dabei heißt ein stetiges Vektorfeld $F : Q \longrightarrow \mathbb{R}^n$ auf einer offenen Menge Q des $\mathbb{R}^n$ *konservativ*, wenn es Gradientenfeld ist, also von der Form $F = -\nabla U$ für eine differenzierbare Funktion U auf Q, die dann *Potential* von F genannt wird. (Es ist im übrigen leicht zu sehen, daß ein stetiges Vektorfeld F genau dann konservativ ist, wenn es wegunabhängig integrierbar ist.) Denn ein Zentralfeld F mit einer Funktion φ wie oben ist genau dann stetig, wenn φ stetig ist; und für eine stetige Funktion φ mit Stammfunktion Φ wird durch $U(q) := - \Phi(|q|)$, $q \in \mathbb{R}^3 \setminus \{0\}$, ein *Potential* von F definiert: Es gilt ja $F = - \mathrm{grad}\, U = - \nabla U$.

Für konservative Felder gilt stets der *Energieerhaltungssatz*. Das soll heißen, daß in dem einfachen klassischen System (vgl. Paragraph 3) mit dem Konfigurationsraum $Q \subset \mathbb{R}^3$, dem Phasenraum $Q \times \mathbb{R}^3$ und den klassischen Newtonschen Bewegungsgleichungen $m\ddot{q} = F(q)$ zum "Kraftfeld" F (vgl. 3.2) die Funktion "Energie"

$$E(q,v) := \tfrac{1}{2} mv^2 + U(q)$$

auf dem Phasenraum $P = Q \times \mathbb{R}^3$ eine Bewegungskonstante ist (vgl. Definition 6.4): Für jede Bewegung $q = q(t)$ des Systems ist $E(q(t),\dot{q}(t))$ konstant bezüglich t, denn

$$\frac{d}{dt} E(q(t),\dot{q}(t)) = \frac{\partial E}{\partial q^\mu} \dot{q}^\mu + \frac{\partial E}{\partial v^\mu} \ddot{q}^\mu = \langle m\dot{q}(t),\ddot{q}(t)\rangle + \langle \nabla U(q(t)),\dot{q}(t)\rangle$$
$$= \langle m\dot{q}(t),\ddot{q}(t)\rangle - \langle F(\dot{q}(t)),\dot{q}(t)\rangle$$
$$= \langle m\dot{q}(t),\ddot{q}(t)\rangle - \langle m\ddot{q}(t),\dot{q}(t)\rangle = 0 \,.$$

Am Ende dieses Paragraphen (Beispiel 7.10.3°) werden wir sehen, daß der Energieerhaltungssatz von einer Symmetrie des klassischen Systems kommt. Vorerst wollen wir uns bei den Zentralfeldern aber der offensichtlichen Drehungssymmetrie des Systems zuwenden, welche zur Erhaltung des Drehimpulses führt.

Ein Zentralfeld F ist stets *SO(3)-invariant*: Für jede Rotation $A \in SO(3)$ gilt wegen $|Aq| = |q|$: $AF(q) = F(Aq)$ für alle $q \in \mathbb{R}^3 \setminus \{0\}$. Aufgrund dieser Symmetrie sind die Komponenten des *Drehimpulsvektors* $I := q \times mv$ Bewegungskonstanten auf dem Phasenraum $P = Q \times \mathbb{R}^3$, wie man durch einfache Rechnung zeigen kann: Für jede Bewegung des Systems, also für jede Kurve $q: J \longrightarrow \mathbb{R}^3$ ($J \subset \mathbb{R}$ ein Intervall) mit $m\ddot{q} = F(q)$ und daher $m\dot{v} = F(q)$ für $v := \dot{q}$ gilt $I(q(t),v(t)) = \mathrm{constans}$ wegen

$$(7.1) \quad \frac{d}{dt} I = \dot{q} \times mv + q \times m\dot{v} = v \times mv + q \times \varphi(|q|)\frac{q}{|q|} = 0 \,,$$

da ja für linear abhängige Vektoren v_1, v_2 im $\mathbb{R}^3$ das Kreuzprodukt $v_1 \times v_2$ verschwindet (vgl. 5.7.13°).

Mit diesem Resultat kann man zum Beispiel das Keplerproblem auf ein System mit nur einem Freiheitsgrad reduzieren, welches sich dann einigermaßen einfach behandeln und lösen läßt (vgl. 7.12).

Was steht unter dem Aspekt allgemeiner Symmetriegruppen hinter diesem Beispiel? Inwiefern ergibt sich die Erhaltung des Drehimpulses aus der Symmetrie? SO(3) wird als Gruppe von den Matrizen der Form

$$A_s = \begin{pmatrix} 1 & 0 & 0 \\ 0 & \cos s & -\sin s \\ 0 & \sin s & \cos s \end{pmatrix} \quad \text{und} \quad B_s = \begin{pmatrix} \cos s & -\sin s & 0 \\ \sin s & \cos s & 0 \\ 0 & 0 & 1 \end{pmatrix},$$

$s \in \mathbb{R}$, erzeugt (vgl. Anhang L.4.2°). Wendet man die parameterabhängige orthogonale Transformation $A_s : \mathbb{R}^3 \longrightarrow \mathbb{R}^3$ auf eine Lösung $q(t)$, $t \in J$, der Bewegungsgleichungen $m\ddot{q} = F(q)$ an, so ist für festes s die Kurve $q_s(t) := A_s(q(t))$, $t \in J$, wieder eine Lösung der Bewegungsgleichungen: $m\ddot{q}_s = A_s(m\ddot{q}) = A_sF(q) = F(A_sq) = F(q_s)$. Auch die *Lagrangefunktion* L auf P (vgl. Paragraph 3)

$$(7.2) \quad L := \tfrac{1}{2}mv^2 - U(q), \quad (q,v) \in \mathbb{R}^6, \quad q \neq 0,$$

die als Euler-Lagrange-Gleichungen gerade die Bewegungsgleichungen $m\ddot{q} = F$ hat, ist SO(3)-invariant: Es gilt $L(Aq, Av) = L(q,v)$ für alle $A \in SO(3)$ und für alle $(q,v) \in P$. Insbesondere ist $L(q_s(t), \dot{q}_s(t))$ unabhängig von $s \in \mathbb{R}$: Differenziert man nach dem Parameter s, so liefert das mit Hilfe der Kettenregel

$$(7.3) \quad 0 = \frac{d}{ds} L(q_s(t), \dot{q}_s(t)) = \langle m\dot{q}_s(t), X\dot{q}_s(t) \rangle + \langle F(q_s(t)), Xq_s(t) \rangle,$$

wobei X die eindeutig bestimmte Matrix mit $A_s = \exp(sX)$ (Exponentialreihe, vgl. L.6 und 5.7.3°) ist, also hier:

$$(7.4) \quad X = \begin{pmatrix} 0 & 0 & 0 \\ 0 & 0 & -1 \\ 0 & 1 & 0 \end{pmatrix} = M_1.$$

Aus 7.3 läßt sich nun noch einmal herleiten (vgl. 7.1), daß die erste Komponente
$$I_X(q,v) := \langle mv, Xq \rangle = m(q^2v^3 - q^3v^2)$$
des Drehimpulses $I = q \times mv$ eine Bewegungskonstante ist:

$$(7.5) \quad \frac{d}{dt} I_X(q(t), \dot{q}(t)) = \frac{d}{dt} I_X(A_sq(t), A_s\dot{q}(t)) = \frac{d}{dt}(mA_s\dot{q}(t), XA_sq(t))$$

$$= \langle mA_s\ddot{q}(t), XA_s\dot{q}(t) \rangle + \langle mA_s\ddot{q}(t), XA_sq(t) \rangle$$

$$= \langle m\dot{q}_s(t), X\dot{q}_s(t) \rangle + \langle F(q_s(t)), Xq_s(t) \rangle$$

$$= 0 \quad \text{nach 7.3.}$$

Natürlich ist die gerade durchgeführte Rechnung über die Stationen 7.2 bis 7.5 mit der Schar (A_s) von Rotationen viel komplizierter als der Nachweis in 7.1, und man erhält zunächst nur $I_X = I_1$, die erste Komponente des Drehimpulses I, als eine Bewegungskonstante. Aber diese scheinbar so komplizierte Herleitung läßt erkennen, in welcher Weise die Symmetrien A_s des Systems eine Bewegungskonstante erzeugen, nämlich durch 7.3, und diese Methode der Herleitung ist verallgemeinerungsfähig: Für Lagrange-Systeme mit einer Schar von linearen Symmetrien erhält man so eine erste Version des Satzes von Noether.

(7.6) Satz von Noether I. Sei $Q \subset \mathbb{R}^n$ offen, und sei L Lagrangefunktion auf dem Geschwindigkeitsphasenraum $P := TQ = Q \times \mathbb{R}^n$. Es sei ferner $X \in \mathbb{R}(n)$ eine $(n \times n)$-Matrix, so daß L invariant ist bezüglich der 1-Parametergruppe e^{sX}, $s \in \mathbb{R}$, das heißt es gilt $L(q,v) = L(e^{sX}q, e^{sX}v)$ für alle s, q, v, wobei $s \in \mathbb{R}$ und $(q,v) \in Q \times \mathbb{R}^n$. Dann ist $I_X(q,v) := \langle \frac{\partial L}{\partial v}(q,v), Xq \rangle$, kurz: $I_X = \langle \frac{\partial L}{\partial v}, X \rangle = \frac{\partial L}{\partial v} X$, eine Bewegungskonstante des Lagrange-Systems (P,L), also des einfachen klassischen Systems mit dem Phasenraum P und den Bewegungsgleichungen 3.3.

Der Beweis verläuft wie in 7.3–7.5 : Statt 7.3 erhält man unter Verwendung der Kettenregel mit $A_s := e^{sX}$:

$$0 = \frac{d}{ds} L(A_s q(t), A_s \dot{q}(t)) =$$

$$= \left\langle \frac{\partial L}{\partial q}(A_s q(t), A_s \dot{q}(t)), \frac{d}{ds} A_s q(t) \right\rangle + \left\langle \frac{\partial L}{\partial v}(A_s q(t), A_s \dot{q}(t)), \frac{d}{ds} A_s \dot{q}(t) \right\rangle$$

Analog zu 7.5 folgt:

$$\frac{d}{dt} I_X(q(t), v(t)) = \frac{d}{dt} \left\langle \frac{\partial L}{\partial v}(A_s q(t), A_s \dot{q}(t)), \frac{d}{ds} A_s q(t) \right\rangle \Big|_{s=0}$$

$$= \left\langle \frac{d}{dt}\Big(\frac{\partial L}{\partial v}(A_s q(t), A_s \dot{q}(t))\Big), \frac{d}{ds} A_s q(t) \right\rangle + \left\langle \frac{\partial L}{\partial v}(A_s q(t), A_s \dot{q}(t)), \frac{d}{dt}\frac{d}{ds} A_s q(t) \right\rangle \Big|_{s=0}$$

$$= \left\langle \frac{\partial L}{\partial q}(A_s q(t), A_s \dot{q}(t)), \frac{d}{ds} A_s q(t) \right\rangle + \left\langle \frac{\partial L}{\partial v}(A_s q(t), A_s \dot{q}(t)), \frac{d}{ds} A_s \dot{q}(t) \right\rangle \Big|_{s=0} = 0.$$

Damit ist der Satz von Noether, der die Beziehung zwischen Erhaltungsgrößen und Symmetrien herstellt, formuliert und bewiesen. Zur Behandlung und Lösung eines klassischen Systems sollte man angesichts dieses Resultats folgendermaßen vorgehen: Man bestimme genügend viele Symmetrien, berechne die zugehörigen Bewegungskonstanten und reduziere das System, indem man die Bewegungskonstanten als Zwangsbedingungen behandelt, auf ein System mit weniger Freiheitsgraden. Im Falle des harmonischen Oszillators haben wir dieses Programm im vorangehenden Paragraph durchgeführt, ohne allerdings die Bewegungskonstanten als Größen wie im Satz 7.8 zu erhalten. Für den Kreisel und das Keplerproblem wird auf diese Methode in den Beispielen 7.13 und 7.12 ausführlich eingegangen.

Vor den Beispielen wollen wir noch auf **fünf** wichtige Verallgemeinerungen des in Satz 7.8 dargelegten Resultats eingehen:

1.   Statt die Transformationen A_s für jedes $s \in \mathbb{R}$ als spezielle Exponentialreihe zu einer infinitesimalen Matrix X und damit als lineare Transformationen zu erhalten, kann man auch folgende allgemeinere Situation voraussetzen:

α) $\varphi_s : Q \longrightarrow Q$ ist Diffeomorphismus für jedes $s \in \mathbb{R}$, und die Abbildung $(s,q) \longmapsto \varphi_s q = \varphi_s$ ist differenzierbar.

β) $\varphi_{s+t} = \varphi_s \varphi_t$ für alle $s, t \in \mathbb{R}$.

γ) $L(\varphi_s q, D\varphi_s(q).v) = L(q,v)$ für alle $s \in \mathbb{R}$ und $(q,v) \in P$.

Eine Schar von Diffeomorphismen φ_s mit $\alpha)$ und $\beta)$ nennt man *1-Parametergruppe*. Sie heißt *1-Parametergruppe von Symmetrien des Lagrange-Systems* (TQ,L), wenn auch noch $\gamma)$ gilt. In $\gamma)$ ist $D\varphi_s(q)$ die Ableitung (bzw. Jacobi-Matrix) von φ_s im Punkte $q \in Q$ als lineare Abbildung $D\varphi_s(q) : \mathbb{R}^n \longrightarrow \mathbb{R}^n$ und $D\varphi_s(q).v$ ist der Wert der Abbildung $D\varphi_s(q)$ in v. (Im Formalismus der Mannigfaltigkeiten ist $D\varphi_s(q)$ die Tangentialabbildung $D\varphi_s(q) = T_q\varphi_s : T_qQ \longrightarrow T_{\varphi_s q}Q$, vgl. Anhang M.10). Im übrigen ist durch $\alpha)-\gamma)$ tatsächlich eine Symmetrie im Sinne von I.3 gegeben: Die Symmetriegruppe ist die additive Gruppe $\mathbb{R}$, die Wirkung auf Q ist

$$\Phi : \mathbb{R} \times Q \longrightarrow Q , \quad (s,q) \longmapsto \varphi_s q,$$

und die Struktur, die von der Wirkung invariant gelassen wird, ist durch die Lagrangefunktion L und daher durch die Gesamtheit der Bewegungen von (TQ,L) gegeben.

Durch $X(q) := \frac{d}{ds}\varphi_s q\big|_{s=0}$ wird dann ein Vektorfeld $X : Q \longrightarrow \mathbb{R}^n$ auf Q definiert. X wird der *infinitesimale Erzeuger* der 1-Parametergruppe (φ_s) genannt (vgl. M.14). Als nichtlineare Version von 7.6 erhält man:

(7.7) Satz von Noether I. Sei (φ_s) eine 1-Parametergruppe von Symmetrien des Lagrange-Systems (TQ,L) mit dem infinitesimalen Erzeuger X. Dann ist die Größe

$$I_X := \frac{\partial L}{\partial v}\, X$$

eine Bewegungskonstante des Systems.

Der Beweis dieses Satzes folgt dem Beweis des letzten Satzes; zu beachten ist im Vergleich zur Situation in 7.6, daß dort die Transformationen A_s linear sind, also $DA_s = A_s$ gilt.

2. Der infinitesimale Erzeuger X einer 1-Parametergruppe (φ_s) von Symmetrien eines Lagrange-Systems (TQ,L) erfüllt die Identität

$$\frac{\partial L}{\partial q}\, X + \frac{\partial L}{\partial v}\frac{\partial X}{\partial q}\, v = 0 .$$

Denn es ist

$$0 = \frac{d}{ds}L(q,v) = L(\varphi_s q, D\varphi_s(q).v)\big|_{s=0} = \frac{\partial L}{\partial q}\frac{d}{ds}\varphi_s q\big|_{s=0} + \frac{\partial L}{\partial v}\frac{d}{ds}D\varphi_s(q).v\big|_{s=0}$$

$$= \frac{\partial L}{\partial q}\, X + \frac{\partial L}{\partial v}\frac{\partial X}{\partial q}\, v .$$

Für solche X gilt die folgende infinitesimale Version von 7.7:

(7.8) Satz von Noether I': Es sei (TQ,L) ein Lagrange-System wie in 7.8 mit einem Vektorfeld $X : Q \longrightarrow \mathbb{R}^n$, welches die Invarianzbedingung

$$\frac{\partial L}{\partial q}\, X + \frac{\partial L}{\partial v}\frac{\partial X}{\partial q}\, v = 0$$

erfüllt. Dann ist $I_X(q,v) = \frac{\partial L}{\partial v}\, X$ eine Bewegungskonstante.

Beweis. Einfach differenzieren und Bewegungsgleichungen einsetzen:

$$\frac{d}{dt} I_X(q,\dot{q}) := \frac{d}{dt}\left(\frac{\partial L}{\partial v}\right) X + \frac{\partial L}{\partial v}\frac{d}{dt}X = \frac{\partial L}{\partial q}X + \frac{\partial L}{\partial v}\frac{\partial X}{\partial q}\dot{q} = 0.$$

Man nennt ein Vektorfeld X mit $\frac{\partial L}{\partial q}X + \frac{\partial L}{\partial v}\frac{\partial X}{\partial q}v = 0$ eine *infinitesimale Symmetrie* von (TQ,L). Im übrigen folgt 7.7 aus 7.8. Es gibt aber Vektorfelder X, deren maximale Lösungsschar φ_s, das heißt $\frac{d}{ds}\varphi_s(q) = X(\varphi_s(q))$ und $\varphi_0(q) = q$, nicht aus globalen Diffeomorphismen besteht. Insofern ist 7.8 allgemeiner als 7.7.

3. Das Resultat überträgt sich von offenen Mengen $Q \subset \mathbb{R}^n$ als Konfigurationsräumen auf beliebige Mannigfaltigkeiten Q (Eine Mannigfaltigkeit ist in diesem Buch stets eine differenzierbare Mannigfaltigkeit (vgl. Anhang M); Funktionen, Abbildungen, Vektorfelder, etc. sind stets beliebig oft differenzierbar, wenn nicht ausdrücklich etwas anderes angegeben wird.):

(7.9) Satz von Noether II. Sei Q eine Mannigfaltigkeit, $P := TQ$ das zugehörige Tangentialbündel (vgl. M.7 und M.10) und $L: P \longrightarrow \mathbb{R}$ eine *Lagrangefunktion*. (P,L) ist dann ein *Lagrange-System* mit dem *Konfigurationsraum* Q, *(Geschwindigkeits-) Phasenraum* P und der *Dynamik*, die lokal durch 3.3 gegeben ist. Eine *1-Parametergruppe von Symmetrien* des Systems (P,L) ist eine Schar von Diffeomorphismen

$$\varphi_s : Q \longrightarrow Q , \; s \in \mathbb{R},$$

mit den zu $\alpha) - \gamma)$ analogen Eigenschaften. Eine solche Schar von Symmetrien erzeugt über das Vektorfeld X gegeben durch $X(q) := \frac{d}{ds}\varphi_s q\big|_{s=0}$, $q \in Q$, wieder eine Bewegungskonstante I_X, welche in lokalen Koordinaten der Mannigfaltigkeit Q wie oben durch $I_X(q,v) := \langle\frac{\partial L}{\partial v}(q,v), X(q)\rangle$, $I_X = \frac{\partial L}{\partial v}X$, gegeben ist.

Auf Lagrange-Systeme mit einer Mannigfaltigkeit Q als Konfigurationsraum gehen wir ausführlicher im nächsten Paragraphen ein, vgl. 8.14 ff. Analog zu dem Übergang von 7.7 nach 7.8 hat man auch eine infinitesimale Version des Noetherschen Satzes für Mannigfaltigkeiten als Konfigurationsräume.

4.   Infinitesimale Symmetrien und 1-Parametergruppen kommen häufig von der differenzierbaren Wirkung einer Matrixgruppe $\Phi : G \times Q \longrightarrow Q$, welche das Lagrange-System (TQ,L) in folgendem Sinne invariant läßt:

$$L(q,v) = L(\Phi_g(q), T_q\Phi_g(v)) \quad \text{für alle } g \in G \text{ und alle } (q,v) \in TQ.$$

(In dem Beispiel von Zentralfeldern F zu einem Potential U mit der Lagrangefunktion $L = \frac{1}{2}mv^2 - U(q)$ wie in 7.2 ist $SO(3)$ eine solche Symmetriegruppe.) Der entsprechende Noethersche Satz besagt dann, daß jedes Element X der Lie-Algebra von G eine Bewegungskonstante I_X erzeugt,und man erhält auf diese Weise eine vektorwertige Bewegungskonstante (wie zum Beispiel den Drehimpuls bei Zentralfeldern). Wir kommen auf solche Gruppensymmetrien in dem allgemeineren Rahmen von Hamilton-Systemen im neunten Paragraphen zurück (vgl. 9.13/14).

5.   Die fünfte angesprochene Verallgemeinerung betrifft solche klassischen Systeme, die über den Impulsphasenraum als Hamilton-Systeme gegeben sind (vgl. 3.3). Manche Symmetrien eines Hamilton-Systems lassen sich nicht als Symmetrien des zugehörigen Lagrange-Systems auffassen (vgl. das Beispiel des harmonischen Oszillators 7.11), insofern handelt es sich bei der Untersuchung von Symmetrien von Hamilton-Systemen um ein echte Verallgemeinerung gegenüber der in diesem Paragraphen betrachteten Situation. Statt den entsprechenden allgemeinen Satz hier zu erläutern, zu dessen Formulierung man den Hamiltonformalismus benötigt (vgl. Satz 9.17), wollen wir uns jetzt den Beispielen zuwenden:

(7.10) Beispiel: Die klassischen Erhaltungssätze. Zunächst behandeln wir die 10 Erhaltungsgrößen, die bei freien Systemen aufgrund der Galilei-Invarianz vorliegen.

1° **SO(3)-Invarianz.** Beginnen wollen wir mit der SO(3)-Invarianz von Lagrangefunktionen der Form 7.2 und nur noch einmal darauf hinweisen, daß die drei *Drehimpulskoordinaten* tatsächlich als Bewegungskonstanten der Form I_X, $X = M_1$, M_2, M_3, wie im Satz von Noether erhalten werden können.

2° **Translationsinvarianz.** Für offene $Q \subset \mathbb{R}$ sei $L : Q \times \mathbb{R}^n \longrightarrow \mathbb{R}^n$ eine Lagrangefunktion, welche für ein $b \in \mathbb{R}^n$ gegenüber allen Translationen der Form $q \longmapsto q + sb$, $s \in \,]-\varepsilon, \varepsilon[$ invariant ist. Dann definiert $A_s q := q + sb$ eine 1-Parameterschar von Symmetrien. Das zugehörige Vektorfeld $Xq = \frac{d}{ds}(q + sb)\big|_{s=0}$ erfüllt $X(q) = b$, ist also ein konstantes Vektorfeld. Die gesuchte Bewegungskonstante ist daher $I_X = \langle \frac{\partial L}{\partial v}, b \rangle$. Für den Fall von $L = T - U$ als Differenz von kinetischer Energie $T := \frac{1}{2}mv^2$ und potentieller Energie $U = U(q)$ (U ist hier das Potential zu einem konservative Kraftfeld; vgl. die Erläuterungen zu Beginn dieses Paragraphen und die ausführlichere Darstellung im nächsten Paragraphen) erweist sich $I_X = \langle mv, b \rangle$ als der (lineare) *Impuls* in Richtung b. Man nennt im Falle vom $b = e_\mu$ die Variable q^μ eine *zyklische* Variable. Die zugehörige Bewegungskonstante ist $\frac{\partial L}{\partial v^\mu}$.

3° **Zeittranslationen.** Der Fall der *Energie* als Bewegungskonstante ist in dem gerade entwickelten Formalismus etwas komplizierter, weil die Zeit eine Sonderrolle spielt: Einerseits ist sie Komponente der Galilei-Raumzeit, andererseits wird sie in diesem ganzen Paragraphen als der dynamische Parameter benutzt, nach dem sich alle Größen entwickeln.

Zunächst läßt sich durch einfaches Differenzieren und Ausnutzen der Euler-Lagrange-Gleichungen leicht nachprüfen, daß für eine Lagrangefunktion $L : Q \longrightarrow \mathbb{R}$ die "Energie" $E := \frac{\partial L}{\partial v} v - L$ stets eine Bewegungsinvariante ist:

$$\frac{d}{dt} E = \frac{d}{dt}\left(\frac{\partial L}{\partial v}\right) v + \frac{\partial L}{\partial v} \frac{d}{dt} v - \frac{d}{dt} L = \frac{\partial L}{\partial q} \dot{q} + \frac{\partial L}{\partial v} \ddot{q} - \frac{d}{dt} L = 0.$$

Um den Zusammenhang zwischen Erhaltung der Energie und Symmetrie bei Zeittranslationen aufzuzeigen, ist es nötig, die oben genannte Doppelrolle der Zeit in zwei getrennte "Rollen" zu zerlegen. Es sei also wie oben in 3.3 ein Lagrange-System durch einen Konfigurationsraum $Q \subset \mathbb{R}^n$ und eine Lagrangefunktion $L : P \longrightarrow \mathbb{R}$ vorgegeben. Wir erweitern Q zu dem neuen Konfigurationsraum $Q' := Q \times \mathbb{R}$ mit Koordinaten (q,τ) und P zu $P' = Q' \times \mathbb{R}^{n+1}$ mit den Koordinaten (q,τ,v,ν). Die neue Lagrangefunktion ist $L'(q,v,\nu) := L(q,\frac{v}{\nu})\nu$, insbesondere ist L' unabhängig von τ, genauso wie L von t unabhängig ist. Deshalb ist L' invariant gegenüber Zeittranslationen $\tau \longmapsto \tau + sb$. Die zugehörigen Euler-Lagrange-Gleichungen von L' führen unter Normierung von $\dot{\tau} = 1$, also $\tau(t) = t + c$ und $\nu(t) = \dot{\tau} = 1$, zu den gleichen Bewegungsgleichungen wie die von L, zuzüglich der Gleichung

$$(*) \qquad \frac{d}{dt}\frac{\partial L'}{\partial \nu} = \frac{\partial L'}{\partial \tau}, \quad \text{bei} \quad \nu = 1.$$

Die Schar von (Zeit-)Translationen $A_s : Q' \longrightarrow Q'$, $(q,\tau) \longmapsto (q,\tau + sb)$, erfüllt offenbar $L'(A_s(q,\tau),DA_s(v,\nu)) = L'(q,v,\nu)$ wegen $DA_s = A_0 = \text{id}$, so daß sich nach dem Satz von Noether I' über $X(q,\tau) = \frac{d}{ds}(q,\tau + sb) = (0,b)$ als Bewegungskonstante I_X folgende Funktion ergibt:

$$I_X(q,v) = \langle\frac{\partial L'}{\partial v},0\rangle + \frac{\partial L'}{\partial \nu}(q,v,1)b = b(L(q,v) - \langle\frac{\partial L}{\partial v}(q,v),v\rangle) = -bE.$$

Den Namen "Energie" verdient die Funktion E im übrigen zu Recht. Zum Beispiel gilt im Falle $L = T - U$ mit kinetischer Energie $T = \frac{1}{2}mv^2$ und potentieller Energie U die Identität $\langle\frac{\partial L}{\partial v}(q,v),v\rangle = 2T$ und daher $E = 2T - L = T + U$.

4° Spezielle Galilei-Transformationen. Die speziellen Galilei-Transformationen G_b, $b \in \mathbb{R}^3$, die wir im zweiten Paragraphen kennengelernt haben, und die ebenfalls zu den fundamentalen Symmetrien der Klassischen Mechanik gehören, führen im Lagrange-Formalismus ähnlich wie in 3° nicht ohne besondere Anstrengungen zu Bewegungskonstanten. Der Grund dafür ist die Zeitabhängigkeit der Transformationen, so daß auf jeden Fall dem Konfigurationsraum die Zeit als weitere Koordinate hinzugefügt werden muß. Wir behandeln hier den Fall eines Lagrange-Systems mit k Massenpunkten mit Massen $m_\varkappa > 0$ und Konfigurationsraum $Q \subset \mathbb{R}^{3k}$, dessen Koordinaten in Dreiervektoren $q_\varkappa = (q_\varkappa^1,q_\varkappa^2,q_\varkappa^3) \in \mathbb{R}^3$ geschrieben werden, bezüglich der Lagrange-Funktion

$$L(q,v) = \frac{1}{2}\sum_{\varkappa=1}^k m_\varkappa v_\varkappa^2 - \sum_{\varkappa<\lambda} V_{\varkappa\lambda}(|q_\varkappa - q_\lambda|),$$

wobei die $V_{\varkappa\lambda}$ Funktionen in einer Variablen sind, die zugehörigen Potentiale also nur von den Abständen der Massenpunkte abhängen.

Zu der 1-Parametergruppe $s \longmapsto G_{sb}$, $G_{sb}(q,t) = (q + stb,t)$, $(q,t) \in \mathbb{R}^3 \times \mathbb{R}$, $b \in \mathbb{R}^3$ fest, von Symmetrien der Galilei-Raumzeit gehört die Bewegungskonstante $I = \langle b,A\rangle$, wobei $A := tP - MC$ mit

$$P := \sum_{\varkappa=1}^k m_\varkappa v_\varkappa \quad (\textit{Gesamtimpuls}),$$

$$M := \sum_{\varkappa=1}^k m_\varkappa \quad (\textit{Gesamtmasse}),$$

$$C := M^{-1}\sum_{\varkappa=1}^k m_\varkappa q_\varkappa \quad (\textit{Schwerpunkt}).$$

Die Invarianz von A folgt direkt aus $\dot{P} = 0$ (vgl. 2°) und $MC = P$.

Will man verstehen, wie die Bewegungskonstante A von den speziellen Galilei-Transformationen über den Satz von Noether erzeugt wird, so kann man folgendermaßen vorgehen:

Man erweitert den Konfigurationsraum $Q \subset \mathbb{R}^{3k}$ um die Zeitachse $\mathbb{R}$ zu $Q' := Q \times \mathbb{R}$ und nimmt als zugehörige Lagrangefunktion

$$L'(q,t,v,\nu) := L(q,v) - M\nu \quad \text{für} \quad (q,t,v,\nu) \in TQ' \cong Q' \times \mathbb{R}^{3k+1} .$$

Als die zu G_b gehörige Galilei-Transformation G'_b auf Q' definiert man sich

$$G'_b(q_1,q_2,\dots,q_k,t) := (q_1 + bt, q_2 + bt,\dots,q_k + bt, t, \langle b,C\rangle + \tfrac{1}{2}|b|^2(t)).$$

Man prüft jetzt nach, daß G'_b auf Q dieselbe Wirkung hat wie G_b , daß L' auf Q dieselben Bewegungen erzeugt wie L , daß L' invariant ist bezüglich G'_b und daß der infinitesimale Erzeuger von (G'_{sb}) die Form

$$X(q_1,q_2,\dots,q_k,t) = (bt, bt,\dots,bt,\langle b,C\rangle)$$

hat. Also ist nach dem Noetherschen Satz die folgende Größe eine Bewegungskonstante:

$$I_X = \langle \tfrac{\partial L'}{\partial v'}, X\rangle = (\textstyle\sum m_x v_x)bt - M\langle b,C\rangle = \langle b, Pt - MC\rangle = \langle b,A\rangle .$$

Da dies für alle $b \in \mathbb{R}^3$ gilt, ist natürlich auch der Vektor A bewegungsinvariant.

(7.11) Beispiel: Der harmonische Oszillator. Beim eindimensionalen harmonischen Oszillator, der in Paragraph 6 behandelt wurde, hat man natürlich die offensichtliche SO(2)-Symmetrie des Systems. Diese läßt sich aber im Lagrange-Formalismus nicht über den Satz von Noether als eine Symmetrie des Systems einstufen, wie im folgenden gezeigt wird: Eine Lagrange-Funktion des Systems, welche zu der in 6.1 beschriebenen Gleichung $\ddot{q} = -q$ (für m = k = 1) führt, ist $L = \tfrac{1}{2}(v^2 - q^2)$. Jede Transformation $\varphi : Q \longrightarrow Q$ des Konfigurationsraumes $Q = \mathbb{R}$, die L invariant läßt, erfüllt $L(q,v) = L(\varphi q, D\varphi(q).v)$ für alle $(q,v) \in \mathbb{R}^2$, also insbesondere für v = 0: $(\varphi q)^2 = q^2$ für alle $q \in \mathbb{R}$, und das bedeutet $\varphi q = q$ oder $\varphi q = -q$. Man erhält daher nur triviale 1-Parametergruppen φ_s von Symmetrien des Lagrange-Systems, die in Abhängigkeit von s konstant sind, und daher als zugehörige Bewegungskonstante des Lagrange-Systems nur die Funktion I = 0 haben.

Der n-dimensionale harmonische Oszillator mit n > 1 dagegen hat mit der gerade eingeführten Lagrange-Funktion $L = \tfrac{1}{2}(v^2 - q^2)$, $(q,v) \in \mathbb{R}^n \times \mathbb{R}^n$, immerhin alle Drehungen $A \in SO(n)$ des Konfigurationsraumes $Q = \mathbb{R}^n$ als Symmetrien des Lagrange-Systems. Infolgedessen ergeben sich über den Noetherschen Satz zu den 1-Parametergruppen $\varphi_s := e^{sX}$, $X \in o(n)$ (= Lie SO(n) , vgl. Anhang L.6), als zugehörige Bewegungskonstanten die Funktionen $I_X = \langle v,Xq\rangle$. Diese Bewegungskonstanten kann man als verallgemeinerte Drehimpulskomponenten ansehen. Im Falle n = 3 erhält man ja gerade die Komponenten des üblichen Drehimpulsvektors, wie zu Beginn dieses Paragraphen gezeigt wurde.

Die Energie H wie auch die Energien H_k oder die drei Bewegungskonstanten φ^ν des zweidimensionalen harmonischen Oszillators, die zum Schluß des sechsten
Paragraphen vorgestellt wurden, kann man aber im Lagrange–Formalismus nicht auf diese Weise als von Symmetrien erzeugt erkennen. Dazu ist es günstig, den Hamilton–Formalismus heranzuziehen, wie das im übernächsten Paragraphen geschehen soll. (Vgl.
$9.12.1^\circ$)

(7.12) Beispiel: Das Keplerproblem. Ein spezielles Zentralkraftfeld soll hier
ausführlich untersucht werden. Es handelt sich um das Kraftfeld

$$F(q) := -k\frac{q}{|q|^3} = -\frac{k}{|q|^2}\frac{q}{|q|}, \text{ für } q \in \mathbb{R}^3\backslash\{0\} = Q,$$

wobei $k > 0$ eine positive Konstante ist. Es gilt also $F = -\nabla U$ mit dem Potential
$U(q) = -\frac{k}{|q|}$. Die Bewegungsgleichungen $m\ddot{q} = -k\frac{q}{|q|^3}$ beschreiben das *Keplerproblem*, welches sich aus einfachen Idealisierungen des *Zweikörperproblems* ergibt
und insbesondere auch für die quantenmechanische Beschreibung des Wasserstoffatoms
von Bedeutung ist. Eine zugehörige Lagrange–Funktion ist

$$L(q,v) = \tfrac{1}{2}mv^2 + \frac{k}{|q|}, \text{ für } (q,v) \in Q \times \mathbb{R}^3,$$

und als Energie erhält man in Abhängigkeit von q und $p := mv$

$$H(q,p) := \frac{1}{2m}p^2 - \frac{k}{|q|}.$$

Die entsprechenden Bewegungsgleichungen sind

$$m\ddot{q} = -k\frac{q}{|q|^3}$$

oder in kanonischer Form (vgl. 3.5 und Paragraph 9):

$$\dot{q} = \frac{1}{m}p, \quad \dot{p} = -k\frac{q}{|q|^3}.$$

Wir wollen in diesem Abschnitt drei Aspekte des Keplerproblems darstellen:
In 1° zeigen wir, daß es neben dem Drehimpuls I weitere interessante Bewegungskonstanten gibt, nämlich die Komponenten des Runge–Lenz–Vektors R. In 2° verwenden
wir die Bewegungskonstanten H, I und R, um sämtliche Bahnen des Keplerproblems
anzugeben. Und in 3° nutzen wir diese Informationen, um den Bahnenraum zu negativen
Energien zu beschreiben. Schließlich wird in 4° dieser Bahnenraum mit der Produktmannigfaltigkeit $S^2 \times S^2$ identifiziert.

1° **Runge–Lenz–Vektor.** Als Bewegungskonstanten hat man auf dem (Impuls–) Phasenraum $P := Q \times \mathbb{R}^3 = \{(q,p) \in \mathbb{R}^3 \times \mathbb{R}^3 : q \neq 0\}$ neben H (nach $7.10.3^\circ$)
natürlich auch die Komponenten des Drehimpulsvektors $I = q \times p$ aufgrund von $7.10.1^\circ$,
und alle vier Bewegungskonstanten werden von Symmetrien erzeugt. Als weitere Bewegungskonstanten des Systems ergeben sich die Komponenten des *Runge–Lenz–Vektors*:

$$R := \frac{1}{m}(I \times p) + k\frac{q}{|q|}.$$

Nachweis:

$$\dot{R} = \frac{1}{m}(I \times \dot{p}) + k(\frac{\dot{q}}{|q|} - \frac{q\langle q,\dot{q}\rangle}{|q|^3})$$

$$= \frac{1}{m}(I \times (-k\frac{q}{|q|^3})) + \frac{k}{m}(\frac{p}{|q|} - \frac{q\langle q,p\rangle}{|q|^3})$$

$$= \frac{k}{m}\frac{1}{|q|^3}(-I \times q + p\langle q,q\rangle - q\langle q,p\rangle) = 0 ,$$

wegen $I = q \times p$ und $(q \times p) \times q = p\langle q,q\rangle - q\langle q,p\rangle$ (vgl. 5.7.14°).

R ist ähnlich wie der Impuls I Erhaltungsgröße zu einer Symmetrie. Es handelt sich um eine weitere SO(3)–Symmetrie, die in diesem Fall eine verborgene Symmetrie ist und sich mit der SO(3)–Symmetrie des Drehimpulses I zu einer Symmetrie der 6-dimensionalen Rotationsgruppe SO(4) ergänzt (vgl. dazu 8.23.5°).

Die sieben Bewegungskonstanten $I_1, I_2, I_3, R_1, R_2, R_3$ und H sind nicht unabhängig. Es gelten die folgenden Identitäten:

$$(*) \quad \langle R,I\rangle = 0 \quad \text{und} \quad m^2|R|^2 = m^2k^2 + 2Hm|I|^2 .$$

Beweis von (*). $\langle R,I\rangle = 0$ ergibt sich sofort aus $\langle q,I\rangle = \langle q, q \times p\rangle = 0$ und $\langle I \times p, I\rangle = 0$. Die andere Identität folgt aus

$$m^2|R|^2 = \langle mR, mR\rangle$$

$$= |I \times p|^2 + 2mk\langle I \times p, \frac{q}{|q|}\rangle + m^2k^2\langle \frac{q}{|q|}, \frac{q}{|q|}\rangle$$

$$= |I|^2|p|^2 + 2mk\frac{1}{|q|}\langle I, p \times q\rangle + m^2k^2$$

$$= m^2k^2 + |I|^2(|p|^2 - 2mk\frac{1}{|q|}) = m^2k^2 + 2Hm|I|^2 .$$

$2°$ **Bahngleichungen.** Mit Hilfe der in $1°$ angegebenen Bewegungskonstanten lassen sich jetzt sämtliche Bahnen von Bewegungen des Keplerproblems genau angeben. Sei also $q(t)$ eine Bewegung des Lagrange-Systems, das heißt die Kurve $q : J \longrightarrow Q$, J ein Intervall, erfüllt die Differentialgleichung $m\ddot{q} = -k\frac{q}{|q|^3}$. Es sei $p(t) := m\dot{q}(t)$. Die Konstanz des Drehimpulses

$$I(t) = q(t) \times p(t) = q(t_0) \times p(t_0) = I(t_0) = I_0$$

hat die geometrische Bedeutung, daß $q(t)$ und $p(t)$ stets senkrecht zu dem Vektor I_0 stehen.

Fall $I_0 \neq 0$: Im Falle $I_0 \neq 0$ ist die Bewegung von q deshalb bereits auf eine zweidimensionale Bewegung reduziert, sie verläuft ganz in der Ebene

$$\Lambda_0 := \{q \in \mathbb{R}^3 : \langle q, I_0\rangle = 0\}.$$

(Das gilt übrigens für alle Zentralfelder!) Es ist also $q(t) \in \Lambda_0$ für alle $t \in J$, sowie $(q(t),p(t)) \in \Lambda_0 \times \Lambda_0$.

Zur genaueren Beschreibung der Bahn hat man außer I noch den invarianten Runge-Lenz-Vektor $R(t) = R(t_0) = R_0$ zur Verfügung.

Fall $R_0 = 0$: Es ist $I_0 \neq 0$ wegen (*). Außerdem folgt $\frac{q}{|q|} = -\frac{1}{mk}I \times p$, so daß für $r(t) := |q(t)|$ gilt

$$r(t) = \frac{\langle q,q \rangle}{|q(t)|} = -\frac{1}{mk} \langle I \times p,q \rangle = -\frac{1}{mk} \langle I, p \times q \rangle = \frac{1}{mk} \langle I,I \rangle .$$

Also verläuft die Bewegung von $q(t)$ in einer Kreisbahn in der Ebene Λ_0 mit dem Radius $r(t) = \frac{1}{mk} |I_0|^2$. Aufgrund der allgemeinen Beziehung (∗) ist

$$|R_0|^2 = k^2 + \frac{2E}{m} |I_0|^2 ,$$

und der Radius $d := \frac{1}{mk} |I_0|^2$ der Kreisbahn kann in Abhängigkeit von der (konstanten) Energie $E := H(q(t),p(t))$ als $d = -\frac{k}{2E}$ geschrieben werden. Insbesondere folgt in der Situation $I_0 \neq 0 = R_0$: Die Energie E ist negativ.

Fall $I_0 \neq 0 \neq R_0$: In dem wesentlichen Fall $I_0 \neq 0 \neq R_0$ bilden die Einheitsvektoren zu R_0 , $I_0 \times R_0$ und I_0 ein orientiertes Orthonormalsystem von $\mathbb{R}^3$, und die Bewegungsebene Λ_0 wird durch die ersten beiden Vektoren R_0 , $I_0 \times R_0$ aufgespannt. Eine Bahngleichung erhält man auf ähnliche Weise wie für $R_0 = 0$: Einerseits ist

$$\langle q(t),R(t) \rangle = \frac{1}{m} \langle I \times p,q \rangle + k \frac{\langle q,q \rangle}{|q(t)|} = \frac{1}{m} \langle I, p \times q \rangle + k\, r(t) =$$
$$= -\frac{1}{m} |I_0|^2 + k\, r(t)$$

für $r(t) := |q(t)|$. Andererseits gilt

$$\langle q(t),R(t) \rangle = |q(t)|\,|R_0| \cos \varphi(t) = r(t)\,|R_0| \cos \varphi(t) .$$

In bezug auf die Polarkoordinaten (r,φ) zu der durch R_0 und $I_0 \times R_0$ gegebenen Orthonormalbasis in der Ebene Λ_0 erfüllt die Bewegung daher

$$-\frac{1}{m} |I_0|^2 + k\, r(t) = r(t)\,|R_0| \cos \varphi(t) .$$

Also folgt mit $\varepsilon := \frac{1}{k} |R_0|$ und mit $d := \frac{1}{mk} |I_0|^2$ zunächst

$$-d + r(t) = r(t)\, \varepsilon \cos \varphi(t)$$

und daher schließlich

$$(**)\quad r = \frac{d}{1 - \varepsilon \cos \varphi} .$$

Das ist die Gleichung eines Kegelschnitts in Polarkoordinaten mit *Parameter* d und *Exzentrizität* ε! (Vgl. z. B. [KLI, S. 193])

Es gilt nach (∗): $\varepsilon^2 = 1 + \frac{2E}{mk^2} |I_0|^2$.

Für $E > 0$ ist daher $\varepsilon > 1$, und (∗∗) beschreibt einen Hyperbelast in der Ebene Λ_0 .

Für $E = 0$ ist $\varepsilon = 1$, und (∗∗) beschreibt eine Parabel.

In dem für das Folgende wichtigen Fall negativer Energie $E < 0$ ist $\varepsilon \in [0,1[$, und es wird durch (∗∗) eine Ellipse in der Ebene Λ_0 bestimmt. Für den Sonderfall $\varepsilon = 0$, also $E = -\frac{1}{2} mk^2 |I_0|^{-2}$, finden wir die oben hergeleitete Kreisbahn wieder. Für $0 < \varepsilon < 1$ fällt einer der beiden Brennpunkte der Ellipse mit dem Nullpunkt zusammen.

Die große Halbachse verläuft in Richtung R_0 und hat die Länge $a := d(1 - \varepsilon^2)^{-1}$, also $a = -\frac{k}{2E}$ (unabhängig von I_0 und R_0, wenn nur $I_0 \neq 0 \neq R_0$!), die beiden Brennpunkte haben den Abstand $2c$ mit $c = a\varepsilon = -\frac{1}{2E}|R_0|$ und die kleine Halbachse hat die Länge $b = \frac{1}{\rho}|I_0|$, wobei $\rho := \sqrt{-2Em}$. Tatsächlich gilt für $x = r\cos\varphi - a\varepsilon$ und $y := r\sin\varphi$:

$$\left(\frac{x}{a}\right)^2 + \left(\frac{y}{b}\right)^2 = 1,$$

genau dann, wenn (∗∗) erfüllt ist.

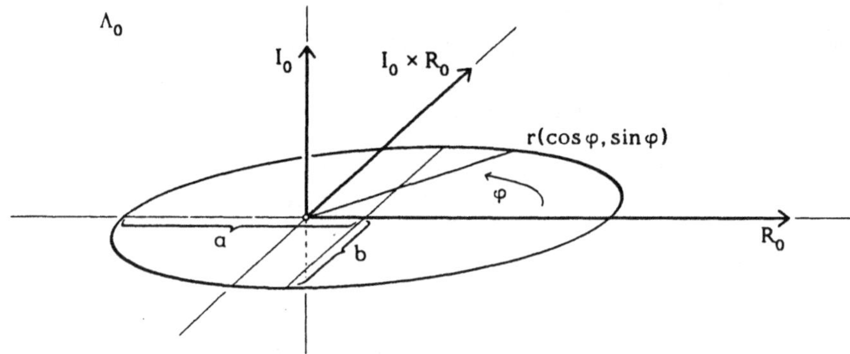

Fall $I_0 = 0$: Es bleibt noch der Fall $I_0 = 0$ zu untersuchen. In dieser Situation sind $q(t)$ und $m\dot{q}(t)$ proportional wegen $0 = I = q \times m\dot{q}$, und das bedeutet, daß die Bahn von $q(t)$, also $q(J)$, ein Geradenstück ist. Es gilt $q(t) = \lambda(t)R_0$ mit einer differenzierbaren Funktion $\lambda : J \longrightarrow]0,\infty[$, und λ erfüllt aufgrund der Bewegungsgleichungen für q die Differentialgleichung

$$\ddot{\lambda} = -(mk^2\lambda^2)^{-1} \quad \text{im Intervall} \quad J.$$

Im Falle negativer Energie E ergibt sich wegen $k = |R_0|$ (vgl. (∗)) aus der Gleichung $E = \frac{1}{2}m\dot{q}^2 - \frac{k}{|q|}$: $\lambda \leq -E^{-1}$ mit $-E^{-1} > 0$, also ist $|q(t)| \leq -\frac{k}{E}$ mit $|q(t)| < -\frac{k}{E}$ für $\dot{q}(t) \neq 0$. $q(t)$ kann sich deshalb vom Zentrum 0 nicht beliebig weit entfernen. Eine gründliche Analyse der Differentialgleichung für λ liefert bei der Wahl eines maximalen Definitionsintervalls $J \subset \mathbb{R}$ die folgenden Resultate: $J =]t_0 - t_1, t_0 + t_1[$ für $t_0, t_1 \in \mathbb{R}$, $t_1 > 0$, mit $\lambda(t_0) = \max\{\lambda(t) : t \in J\} = -E^{-1}$, $\dot{\lambda}(t_0) = 0$, $\lambda(t_0 + t) \longrightarrow 0$ für $t \longrightarrow +t_1$ und für $t \longrightarrow -t_1$, sowie $\dot{\lambda}(t_0 + t) \longrightarrow -\infty$ (bzw. $+\infty$) für $t \nearrow t_1$ (bzw. $t \searrow -t_1$). Insbesondere ist das Geradenstück $q(J) = \{\lambda R_0 \mid \lambda \in]0, -E^{-1}[\}$ die Bahn von q in Q, und es ist $(q,\dot{q})(J) = \{(\tilde{\lambda}(v)R_0, vR_0) \in Q \times \mathbb{R}^3 \mid v \in \mathbb{R}\}$ die Bahn im Phasenraum P, wobei $\tilde{\lambda}(v) := (\frac{1}{2}mk^2v^2 - E)^{-1}$. Es handelt sich also im Falle von $I_0 = 0$ und negativer Energie um *Kollisionsbahnen*, bei denen die Kollision in "endlicher Zeit mit unendlich großer Geschwindigkeit" stattfindet.

Wir fassen die Ergebnisse von 2° zusammen:

Satz. Sei $E < 0$. Zu jedem Paar (I, R) von Vektoren aus $\mathbb{R}^3$ mit

$$(*) \quad \langle I, R \rangle = 0 \quad \text{und} \quad m^2 |R|^2 = m^2 k^2 - \rho^2 |I|^2$$

$(\rho = \sqrt{-2Em}$ wie oben$)$ gibt es genau eine maximale Bahn $\Gamma(I, R) \subset Q \times \mathbb{R}^3$ der Keplerbewegung mit Energie E, Drehimpuls I und Runge-Lenz-Vektor R. Für $I \neq 0$ ist $\Gamma(I, R)$ eine geschlossene Ellipsenbahn mit periodischer Bewegung in der zu I senkrechten Ebene mit Definitionsbereich $J = \mathbb{R}$. Die Bahngleichung für die Ortskoordinaten ist $(**)$. Im Falle $I = 0$ handelt es sich um eine Kollisionsbahn mit endlichen Definitionsintervall J: $\Gamma(0, R) = \{ (\tilde{\lambda}(v) R_0, v R_0) \in Q \times \mathbb{R}^3 \mid v \in \mathbb{R} \}$ mit $\tilde{\lambda}(v)$ wie oben.

3° **Der Bahnenraum zu negativer Energie** E. Der vorangehende Satz kann als Grundlage zur Beschreibung des Bahnenraumes verwendet werden. Unter Berücksichtigung von $(*)$ kann aus dem Satz zunächst herausgelesen werden, daß die Menge aller Keplerbahnen mit Energie $E < 0$ durch die vierdimensionale Untermannigfaltigkeit

$$C_E := \{ (I, R) \in \mathbb{R}^6 \mid \langle I, R \rangle = 0 \quad \text{und} \quad m^2 |R|^2 + \rho^2 |I|^2 = m^2 k^2 \}$$

des $\mathbb{R}^6$ parametrisiert wird. Diese Beobachtung hilft, die Struktur des Bahnenraumes zu beschreiben als eine Mannigfaltigkeit, die zu C_E diffeomorph ist. Das soll in den folgenden fünf Schritten dargelegt werden.

1. Schritt: Die Definition des Bahnenraumes. Die *Energieniveaufläche* zur Energie $E < 0$ ist

$$\Sigma_E := H^{-1}(E) = \{ (q, p) \in Q \times \mathbb{R}^3 : \tfrac{1}{2m} p^2 - \tfrac{k}{|q|} = E \},$$

vgl. Definition im Anschluß von 6.8. Σ_E ist eine 5-dimensionale Untermannigfaltigkeit von $Q \times \mathbb{R}$, da $\nabla H(q, p) \neq 0$ für alle $(q, p) \in \Sigma_E$ gilt. Zwei Punkte $x, y \in \Sigma_E$ heißen äquivalent $(x \sim y)$, wenn es eine Bahn Γ in Σ_E gibt, die beide Punkte x und y enthält (vgl. Paragraph 6 im Anschluß an 6.8; mit Bahn ist jetzt eine (q,p)-Bahn in Σ_E gemeint.) Nach den im Satz zusammengefaßten Ergebnissen gilt für $x, y \in \Sigma_E$:

$$x \sim y \iff \exists (I, R) \in C_E : x, y \in \Gamma(I, R) \iff I(x) = I(y) \quad \text{und} \quad R(x) = R(y).$$

Dabei ist $I(x) = I(q, p) := q \times p$ und $R(q, p) := \tfrac{1}{m}(I \times p) + k \tfrac{q}{|q|}$ für $x = (q, p)$.

Mit $\pi : \Sigma_E \longrightarrow B_E := \Sigma_E / \sim$ werde die Quotientenabbildung bezeichnet, die jedem Punkt x seine Äquivalenzklasse zuordnet, also seine maximale Bahn, der er angehört. B_E erhält zunächst die *Quotiententopologie*: Eine Teilmenge $W \subset B_E$ ist demnach *offen*, wenn $\pi^{-1}(W) \subset \Sigma_E$ in Σ_E offen ist. Im allgemeinen ist ein solcher Quotientenraum B_E einer Mannigfaltigkeit Σ_E nicht automatisch wieder eine Mannigfaltigkeit, mit der Eigenschaft, daß die kanonische Projektion π eine differenzierbare Abbildung ist. Daß dem in unserer Situation doch so ist (wie auch beim harmonischen Oszillator vgl. 6.10), und B_E darüber hinaus die Struktur einer *Quotientenmannigfaltigkeit*

(vgl. M.8) hat, soll im folgenden aus der genauen Kenntnis der Bahnen gefolgert werden. Es wird sich dabei schließlich ergeben, daß B_E mit dieser Quotientenstruktur
diffeomorph zu C_E und zu $S_r^2 \times S_r^2$ ist.

    2. Schritt: Als erstes muß dafür gezeigt werden, daß B_E mit der Quotien-
topologie ein Hausdorffraum ist (vgl. M.10), denn jede Mannigfaltigkeit ist insbesondere
auch ein Hausdorffraum. Seien also Γ_1 und Γ_2 zwei verschiedene maximale Bahnen
aus B_E. Nach Satz gibt es eindeutig bestimmte (I_1,R_1) und (I_2,R_2) aus C_E mit
$\Gamma_1 = \Gamma(I_1,R_1)$ und $\Gamma_2 = \Gamma(I_2,R_2)$. Wegen der Voraussetzung $\Gamma_1 \neq \Gamma_2$ gilt auch
$(I_1,R_1) \neq (I_2,R_2)$. Sei etwa $I_1 \neq I_2$. (Der Fall $R_1 \neq R_2$ läßt sich analog behandeln.)
Setze $\delta := \frac{1}{3}|I_1 - I_2|$. Für $x \in \Sigma_E$, $x = (q,p)$, und beliebige $h = (u,v) \in \mathbb{R}^6$ ist
$I(x + h) = (q + u) \times (p + v) = I(x) + u \times p + q \times v + u \times v$. Für $|u| < \varepsilon$ und $|v| < \varepsilon$ folgt
daher $|I(x) - I(x + h)| \leq |u||p| + |q||v| + |u||v| < \varepsilon|p| + \varepsilon|q| + \varepsilon^2$. Also ist $I : \Sigma_E \longrightarrow \mathbb{R}^3$
eine stetige Abbildung, und die Mengen

$$W_j := \{x \in \Sigma_E \mid |I(x) - I_j| < \delta \}, \quad j = 1,2,$$

sind offene Teilmengen von Σ_E. Es gilt nun $\pi^{-1}(\pi(W_j)) = W_j$, weil I als Abbildung
auf den Bahnen konstant ist. Also sind die Mengen $U_1 := \pi(W_1)$ und $U_2 := \pi(W_2)$
offen in B_E nach Definition der Quotiententopologie. Wegen $\Gamma_1 \in U_1$ und $\Gamma_2 \in U_2$
ist nur noch $U_1 \cap U_2 = \emptyset$ nachzuprüfen: Aber $\Gamma \in U \cap U'$ würde $\Gamma = \pi(w_1) = \pi(w_2)$
bedeuten mit $w_j \in W_j$, also auch $I(w_1) = I(w_2)$. Das steht im Widerspruch zu

$$|I(w_1) - I(w_2)| = |I(w_1) - I_1 + I_1 - I_2 + I_2 - I(w_2)| \geq |I_1 - I_2| - \delta - \delta \geq \delta > 0.$$

    Die vorangegangenen Überlegungen zum Nachweis der Hausdorffeigenschaft
für den Quotientenraum B_E beruhen auf nichts anderem, als daß I und R stetige
Abbildungen auf Σ_E sind und die Äquivalenzrelation respektieren, das heißt konstant
auf den Äquivalenzklassen sprich Bahnen sind. Daher ist nach Definition der Quotiententopologie die Abbildung $\Gamma^{-1} : B_E \longrightarrow C_E$, die jeder Bahn $\Gamma = \Gamma(I,R)$ das eindeutig bestimmte Paar (I,R) zuordnet, ebenfalls stetig. Da Γ^{-1} die Punkte von B_E trennt,
ist B_E Hausdorffsch.

    3. Schritt: Vergleich mit der Parametrisierung durch C_E. Wir benutzen für
den Nachweis der Existenz der Quotientenstruktur auf dem Bahnenraum B_E die zu π
verwandte Abbildung

$$P : \Sigma_E \longrightarrow C_E, \quad x = (q,p) \longmapsto (I(x),R(x)).$$

Es ist leicht einzusehen, daß C_E eine 4-dimensionale Untermannigfaltigkeit von $\mathbb{R}^6$
ist, indem man nachprüft, daß die beiden definierenden Funktionen $g(I,R) := \langle I,R \rangle$
und $h(I,R) := m^2|R|^2 + \rho^2|I|^2 - m^2k^2$ linear unabhängige Gradienten in allen Punkten
von C_E haben (vgl. M.3). Als abgeschlossene und beschränkte Teilmenge ($|R| \leq k$,
$|I| \leq \frac{mk}{\rho}$) von $\mathbb{R}^6$ ist im C_E kompakt. P ist differenzierbar, weil P als Abbildung in
den $\mathbb{R}^6$ differenzierbar ist. Aus dem Satz (in 2°) ergibt sich, daß $P : \Sigma_E \longrightarrow C_E$ surjektiv ist, mit den maximalen Bahnen der Keplerbewegung als Fasern: Für alle Punkte
$(q,p) \in \Sigma_E$ der Energieniveaufläche ist

$$\pi^{-1}(\pi(q,p)) = P^{-1}(P(p,q)) = \Gamma(I(q,p),R(q,p)) \,.$$

Die Abbildung $\Gamma : C_E \longrightarrow B_E$, die jedem Paar (I,R) aus C_E die zugehörige maximale Bahn zur Energie E zuordnet, ist also bijektiv und erfüllt offensichtlich $\pi = \Gamma \circ P$. Das heißt das folgende Diagramm ist kommutativ:

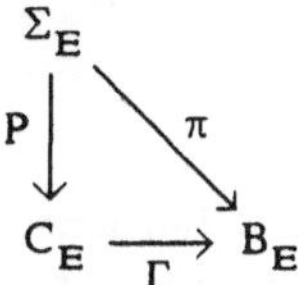

4. Schritt: $P : \Sigma_E \longrightarrow C_E$ ist Quotientenabbildung. Das soll heißen, daß die auf C_E durch die Einbettung $C_E \subset \mathbb{R}^6$ festgelegte Struktur als Mannigfaltigkeit mit der Quotientenstruktur auf C_E übereinstimmt, welche sich bei der Berücksichtigung der durch P gegebenen Äquivalenzrelation mit $P^{-1}(I,R)$, $(I,R) \in C_E$, als Äquivalenzklassen ergibt. (Dieser etwas knifflige Teil der Beschreibung des Bahnenraumes liefert dann auch sofort das gewünschte Ergebnis, wie gleich im fünften Schritt gezeigt wird.) Es gilt also zu beweisen, daß folgende universelle Eigenschaft gilt:

Für Abbildungen $f : C_E \longrightarrow Y$ in Mannigfaltigkeiten Y ist f immer schon dann differenzierbar, wenn die Komposition $f \circ P : \Sigma_E \longrightarrow Y$ differenzierbar ist (vgl. M.8). Ferner muß die analoge Eigenschaft erfüllt sein, wenn Y topologischer Raum ist und "differenzierbar" durch "stetig" ersetzt wird.

Die beiden universellen Eigenschaften sind offenbar bereits dann nachgewiesen, wenn man die Existenz von genügend vielen lokalen Schnitten zu P zeigen kann. Gibt es nämlich zu jedem Punkt $(I,R) \in C_E$ eine offene Umgebung U in C_E und eine differenzierbare Abbildung $\sigma : U \longrightarrow \Sigma_E$ mit $P \circ \sigma = \mathrm{id}_U$ (d.h. σ ist ein *differenzierbarer Schnitt zu P* über U), so ist f differenzierbar (bzw. stetig): Auf U gilt ja $f|_U = f \circ (P \circ \sigma) = (f \circ P) \circ \sigma$, also ist $f|_U$ als Komposition der differenzierbaren (bzw. stetigen) Abbildungen $(f \circ P)$ und σ differenzierbar (bzw. stetig).

$$\begin{array}{ccc}
\Sigma_E \supset P^{-1}(U) & & \\
P \downarrow \quad \uparrow \sigma & \searrow & \\
C_E \supset U & \xrightarrow{\ f\ } & Y
\end{array}$$

Solche Schnitte gibt es immer dann, wenn P eine Submersion ist, das heißt, wenn alle Tangentialabbildungen $T_x P : T_x \Sigma_E \longrightarrow T_{P(x)} C_E$, $x \in \Sigma_E$, surjektiv sind, also den Rang 4 haben (vgl. Schluß von M.10). Statt die entsprechende 6×6-Matrix der partiellen Ableitungen der Komponenten von P aufzustellen und die Rangbedingung nachzuprüfen, sollen hier unter Vermeidung des Rangsatzes direkt geeignete Schnitte angegeben werden.

Dazu sei erst einmal ein Punkt $(I_0, R_0) \in C_E$ mit den Bedingungen $I_0 \neq 0$ und $R_0 \neq 0$ gegeben. Auf der Suche nach (q,p), welche $I = I(q,p)$ und $R = R(p,q)$ in einer Umgebung von (I_0, R_0) beschreiben, kommt man durch das Auflösen von $R(p,q) = \frac{1}{m}(I \times p) + k\frac{q}{|q|} = \frac{1}{m}((q \times p) \times p) + k\frac{q}{|q|}$ nach q und weiteres Einsetzen zum Beispiel zu folgendem Ansatz: $\sigma(I,R) := (q,p)$, mit

$$q = q(I,R) := \frac{|I|^2}{m(k-|R|)}\frac{R}{|R|},$$

$$p = p(I,R) := \frac{m(k-|R|)}{|I|}\frac{I \times R}{|I \times R|},$$

für alle (I,R) aus $W := \{(I,R) \in \mathbb{R}^6 : I \neq 0 \neq R, \ |R| < k\}$. Offensichtlich ist die Abbildung $\sigma : W \longrightarrow \mathbb{R}^6$, $\sigma(I,R) := (q(I,R), p(I,R))$ für $(I,R) \in W$, differenzierbar und damit auch die Restriktion der Abbildung σ auf die in C_E offene Umgebung $U := W \cap C_E$ von (I_0, R_0), die wieder mit σ bezeichnet werden soll. Man rechnet leicht nach, daß für die so definierten q, p gilt:

$$q \times p = |I|\frac{I}{|I|} = I,$$

wegen $\langle R, I \rangle = 0$ und $\frac{R}{|R|} \times \frac{I \times R}{|I \times R|} = \frac{I}{|I|}$, und weiter

$$\frac{1}{m}(I \times p) + k\frac{q}{|q|} = \frac{1}{m}(m(k-|R|)\frac{I}{|I|} \times \frac{I \times R}{|I \times R|} + k\frac{R}{|R|}) = |R|\frac{R}{|R|} = R,$$

wegen $\frac{I}{|I|} \times \frac{I \times R}{|I \times R|} = -\frac{R}{|R|}$.

Deshalb gilt $P \circ \sigma(I,R) = (I,R)$ auf W, und damit auch auf U. Schließlich bleibt $\sigma(U) \subset \Sigma_E$ zu zeigen: Für $(I,R) \in \Sigma_E$ ist

$$H(q,p) = \tfrac{1}{2}m\left(\frac{(k-|R|)}{|I|}\right)^2 - k\frac{m(k-|R|)}{|I|^2}$$

$$= \tfrac{1}{2}\frac{m}{|I|^2}(k^2 - 2k|R| + |R|^2 - 2k^2 + 2k|R|) = \tfrac{1}{2}\frac{m}{|I|^2}(|R|^2 - k^2)$$

$$= \tfrac{1}{2}\frac{m}{|I|^2}\left(\frac{\rho}{m}|I|\right)^2 = E, \text{ wegen } \rho^2 = -2Em.$$

Die Abbildung $\sigma : U \longrightarrow \mathbb{R}^6$ hat also ihre Werte alle in Σ_E. Ein differenzierbarer Schnitt σ auf einer Umgebung von (I_0, R_0) ist damit gefunden.

Im Falle $R_0 = 0$ ist der oben beschriebene Schnitt nicht in einer Umgebung von (I_0, R_0) definiert, weil in den Ausdrücken für q und p der Betrag von R im Nenner auftritt. Aus diesem Grunde läßt sich ein lokaler Schnitt nicht ohne weiteres als Restriktion einer einfach gegebenen Abbildung auf einer offenen Menge W des $\mathbb{R}^6$ angeben, wie das oben möglich war. Mittels einer geeigneten Parametrisierung einer Umgebung V von (I_0, R_0), die auch ein wenig die Gestalt von C_E erkennen läßt, wird im folgenden ein lokaler Schnitt zu P auf V angegeben. Aufgrund allgemeiner Resultate über Untermannigfaltigkeiten weiß man, daß es viele Parametrisierungen von C_E in einer Umgebung von $(I_0, 0)$ gibt (vgl. Anhang M.5); es gilt aber, hier eine Parametrisierung zu finden, mit der man gut rechnen kann, um so zu einem lokalen Schnitt zu kommen. Die vereinfachte Situation mit den Konstanten $m = k = \rho = 1$ zeigt, daß C_E in diesem Fall auf der fünfdimensionalen Sphäre $S^5 = \{(I,R) \in \mathbb{R}^6 : |I|^2 + |R|^2 = 1\}$

liegt, und zwar ist C_E der Durchschnitt $S^5 \cap Q$ mit der Quadrik $Q := \{ (I,R) \in \mathbb{R}^6 :$ $\langle I,R \rangle = 0 \}$. Diese Feststellung legt nahe, die üblichen Winkelvariablen für S^5 auch für C_E zu verwenden. Sei zunächst (e_1,e_2,e_3) ein orientiertes Orthonormalsystem von $\mathbb{R}^3$ mit $I_0 = |I_0| e_3$. Zum Beispiel erhält man ein solches Orthonormalsystem, indem man von beliebigen (q_0,p_0) mit $P(q_0,p_0) = (I_0,0)$ ausgeht. Wegen $R_0 = 0$ gilt $\langle q_0,p_0 \rangle = 0$, also liefern die Einheitsvektoren zu q_0, p_0 und $I_0 = q_0 \times p_0$ ein solches Orthonormalsystem: $q = |q_0| e_1$, $p_0 = |p_0| e_2$ und $I_0 = |I_0| e_3$. Das Orthonormalsystem werde bezüglich der Variablen s und t auf folgende Weise gedreht:

$$
\begin{aligned}
E_1 = E_1(s,t) &:= \quad \cos t\, e_1 \;+\; \cos s\, \sin t\, e_2 \;+\; \sin s\, \sin t\, e_3 \\
E_2 = E_2(s,t) &:= -\sin t\, e_1 \;+\; \cos s\, \cos t\, e_2 \;+\; \sin s\, \cos t\, e_3 \\
E_3 = E_3(s,t) &:= \qquad\qquad\quad -\sin s\, e_2 \;+\; \qquad \cos s\, e_3 .
\end{aligned}
$$

Setze

$$
\begin{aligned}
R = R(u,v,s,t) &:= k(u\, E_1(s,t) + v\, E_2(s,t)), \\
I = I(u,v,s,t) &:= |I_0| \sqrt{1 - (u^2 + v^2)}\, E_3(s,t) \quad \text{und} \\
\psi(u,v,s,t) &:= (I(u,v,s,t), R(u,v,s,t))
\end{aligned}
$$

für $(u,v,s,t) \in \mathbb{R}^4$ aus einer offenen Umgebung V von $0 \in \mathbb{R}^4$. Dann ist die Abbildung $\psi : V \longrightarrow \mathbb{R}^6$ differenzierbar mit $\psi(0) = (I_0,R_0) = (I_0,0)$, und man sieht unmittelbar $\psi(V) \subset C_E$: Denn es ist $\langle I,R \rangle = 0$ sowie wegen $\rho^2|I_0|^2 = m^2k^2$ auch noch $m^2|R|^2 + \rho^2|I|^2 = m^2k^2(u^2 + v^2) + m^2k^2(1 - (u^2 + v^2)) = m^2k^2$. Die partiellen Ableitungen von ψ in 0 haben die Werte

$$
\frac{\partial \psi}{\partial u}\Big|_0 = (0, kE_1), \quad \frac{\partial \psi}{\partial v}\Big|_0 = (0, kE_2), \quad \frac{\partial \psi}{\partial s}\Big|_0 = (|I_0| e_3, 0), \quad \frac{\partial \psi}{\partial t}\Big|_0 = (- |I_0| e_2, 0).
$$

Also gilt $\operatorname{rg} D\psi(0) = 4$. Daher liefert ψ eine Parametrisierung von $U := \psi(V) \subset C_E$, wenn nur die offene Umgebung V von 0 so klein gewählt wird, daß ψ dort injektiv ist und den Rang 4 in allen Punkten aus V hat. Nach M.5 muß dazu nur noch nachgeprüft werden, daß die Umkehrabbildung $\varphi := \psi^{-1} : U \longrightarrow V$ stetig ist. Aus der Definition von ψ läßt sich ablesen, daß aus der Konvergenz von $\psi(u_n,v_n,s_n,t_n)$ gegen $\psi(u,v,s,t)$ für (u_n,v_n,s_n,t_n), $(u,v,s,t) \in V$ auch die Konvergenz von (u_n,v_n,s_n,t_n) gegen (u,v,s,t) folgt.

Nach diesen Vorbereitungen über eine geeignete Parametrisierung einer Umgebung $U := \psi(V)$ von $(I_0,0)$ in C_E kann der gesuchte lokale Schnitt in Abhängigkeit von den Variablen aus V definiert werden: $\sigma(I,R) = (q,p)$ mit

$$
q := \frac{|I|}{mk} (1 - u)^{-1} E_1(s,t)
$$

und

$$
p := \frac{mk}{|I|} (v\, E_1(s,t) + (1 - u) E_2(s,t)).
$$

Hier ist $I = I(u,v,s,t)$ natürlich in Abhängigkeit von den Parametern aus V zu verstehen. q und p und damit auch σ sind differenzierbar. Es gilt $\sigma(U) \subset \Sigma_E$, denn

$$
\begin{aligned}
|p|^2 - 2mk\frac{1}{|q|} &= \left(\frac{mk}{|I|}\right)^2(v^2 + (1 - u)^2) - 2\left(\frac{mk}{|I|}\right)^2(1 - u) = \\
&= \left(\frac{mk}{|I|}\right)^2(u^2 + v^2 - 1) = -\rho^2 = 2Em,
\end{aligned}
$$

da $|I|^2 = (\frac{mk}{\rho})^2 (1 - (u^2 + v^2))$. Schließlich gilt $P \circ \sigma = id_U$ wegen

$$q \times p = \frac{|I|^2}{mk}(1 - u)^{-1} \frac{mk}{|I|}(1 - u) E_1 \times E_2 = I$$

sowie

$$\frac{1}{m}(I \times p) + k\frac{q}{|q|} = \frac{1}{m}|I|(\frac{mk}{|I|} v E_3 \times E_1 + (1 - u) E_3 \times E_2) + k E_1$$

$$= k(v E_2 - (1 - u) E_1) + k E_1 = R ,$$

Also ist $\sigma : U \longrightarrow \Sigma_E$ ein differenzierbarer Schnitt.

Anmerkung: Der Fall $I_0 = 0$, also $|R_0| = k^2$ läßt sich ganz analog behandeln. Mit nur wenig mehr Aufwand läßt sich zeigen, daß es zu jedem $x_0 \in \Sigma_E$ eine offene Umgebung U von $P(x_0) = (I_0 R_0)$ und einen differenzierbaren Schnitt $\sigma : U \longrightarrow \Sigma_E$ mit $\sigma(I_0,R_0) = x_0$ gibt. Daraus folgt dann, daß die Quotientenabbildung P eine offene Abbildung ist.

5. Schritt: Die Quotientenstruktur auf dem Bahnenraum. Beim zweiten Schritt wurde bereits festgestellt, daß die Umkehrabbildung $\Gamma^{-1} : B_E \longrightarrow C_E$ zu der natürlichen Abbildung $\Gamma : C_E \longrightarrow B_E$, welche jedem Paar $(I,R) \in C_E$ die zugehörige Bahn $\Gamma(I,R) \in B_E$ zuordnet, eine stetige Abbildung ist. Aus der im 4. Schritt nachgewiesenen Existenz von genügend vielen differenzierbaren lokalen Schnitten zu P folgt jetzt außerdem, daß auch Γ stetig ist. Denn es gilt ja lokal: $\Gamma|_U = \Gamma \circ P \circ \sigma = \pi \circ \sigma$, also ist $\Gamma|_U$ stetig als Komposition von stetigen Abbildungen. (π ist stetig nach Definition der Quotiententopologie.) Insgesamt ist Γ also eine topologische Abbildung, welche erlaubt, die differenzierbare Struktur von C_E auf Σ_E zu übertragen: Dazu sei $\mathfrak{A} = \{ \varphi : U \longrightarrow V \}$ irgendein Atlas, welcher die differenzierbare Struktur von C_E bestimmt (vgl. M.8). Dann ist $\mathfrak{A}' := \{ \varphi \circ \Gamma^{-1} : \Gamma^{-1}(U) \longrightarrow V \mid \varphi : U \longrightarrow V$ Karte aus $\mathfrak{A} \}$ ein Atlas auf dem Bahnenraum B_E , der die gewünschte differenzierbare Struktur definiert. Denn $\Gamma^{-1}(U) \subset B_E$ ist offen, weil U offen und Γ stetig ist, und $\varphi \circ \Gamma^{-1}$ ist topologisch auf $\Gamma^{-1}(U)$, weil φ und Γ^{-1} topologisch sind. Also sind die Abbildungen aus $\mathfrak{A}'$ topologisch und daher Karten. Diese sind differenzierbar verträglich, weil im Falle von zwei Karten $\varphi \circ \Gamma^{-1}$ und $\overline{\varphi} \circ \Gamma^{-1}$ aus $\mathfrak{A}'$ der Kartenwechsel

$$\overline{\varphi} \circ \Gamma^{-1} \circ (\varphi \circ \Gamma^{-1})^{-1} = \overline{\varphi} \circ \Gamma^{-1} \circ \Gamma \circ \varphi^{-1} = \overline{\varphi} \circ \varphi^{-1}$$

differenzierbar ist; nach Voraussetzung sind ja φ und $\overline{\varphi}$ differenzierbar verträglich als Karten von $\mathfrak{A}$. Daß die so definierte differenzierbare Struktur auf dem Bahnenraum diesen zu einer Quotientenmannigfaltigkeit macht, ist jetzt klar. Denn offensichtlich ist $\Gamma : C_E \longrightarrow B_E$ bezüglich dieser differenzierbaren Struktur ein Diffeomorphismus, so daß zunächst die kanonische Projektion $\pi : \Sigma_E \longrightarrow B_E$ als Komposition $\pi = \Gamma \circ P$ differenzierbarer Abbildungen differenzierbar ist. Außerdem ist für jede Abbildung $f : B_E \longrightarrow Y$ in eine differenzierbare Mannigfaltigkeit Y, für die $f \circ \pi$ auf Σ_E

$$
\begin{array}{ccc}
\Sigma_E & \xrightarrow{\quad P \quad} & C_E \\
\pi \downarrow & {\searrow}^{f \circ \pi} & \downarrow {f \circ \Gamma^{-1}} \\
B_E & \xrightarrow{\quad f \quad} & Y
\end{array}
$$

differenzierbar ist, wegen $f \circ \pi = f \circ \Gamma \circ \Gamma^{-1} \circ \pi = (f \circ \Gamma^{-1}) \circ P$ auch die Abbildung $f \circ \Gamma^{-1}$ stets differenzierbar, wie weiter oben ausführlich begründet wurde. Also ist schließlich auch $f = f \circ \Gamma^{-1} \circ \Gamma$ als Komposition differenzierbarer Abbildungen differenzierbar. Damit ist die universelle Eigenschaft einer Quotientenstruktur für den Bahnenraum B_E nachgewiesen.

Die Existenz der Quotientenstruktur auf B_E folgt im übrigen auf ganz andere Weise auch aus der Regularisierung des Keplerproblems, die im achten Paragraph besprochen wird (vgl. $8.23.2^\circ$).

4° **Der Bahnenraum als Produkt von Sphären.** Abschließend zu diesem Abschnitt 4.12 soll gezeigt werden, daß der Bahnenraum B_E diffeomorph zu dem Produkt $S_r^2 \times S_r^2$ von zwei Sphären mit dem Radius $r := mk$ ist. Dazu genügt es nach dem Vorangehenden zu zeigen, daß C_E diffeomorph zu $S_r^2 \times S_r^2$ ist. Diese Diffeomorphie wird ganz einfach durch die folgende lineare Transformation $T : \mathbb{R}^6 \longrightarrow \mathbb{R}^6$ vermittelt: $T(I,R) := (\rho I + mR, \rho I - mR)$ für $(I,R) \in \mathbb{R}^6$. T hat die Umkehrabbildung

$$T^{-1}(\xi,\eta) = \left(\frac{1}{2\rho}(\xi + \eta), \frac{1}{2m}(\xi - \eta)\right), \quad (\xi,\eta) \in \mathbb{R}^6,$$

wie man sofort sieht. Für $(I,R) \in C_E$ gilt $\langle I,R \rangle = 0$ und $\rho^2|I|^2 + m^2|R|^2 = m^2k^2$, also $|\rho I + mR|^2 = \rho^2|I|^2 + 2\rho m\langle I,R \rangle + m^2|R|^2 = m^2k^2$. Ebenso folgt $|\rho I - mR| = mk$ und damit $T(C_E) \subset S_r^2 \times S_r^2$. Umgekehrt ist $\left(\frac{1}{2\rho}(\xi + \eta), \frac{1}{2m}(\xi - \eta)\right) \in C_E$ für alle $(\xi,\eta) \in S_r^2 \times S_r^2$, denn

$$\langle \frac{1}{2\rho}(\xi + \eta), \frac{1}{2m}(\xi - \eta) \rangle = \frac{1}{4\rho m}(|\xi|^2 - |\eta|^2) = 0 \quad \text{und}$$

$$m^2|R|^2 + \rho^2|I|^2 = \tfrac{1}{4}(|\xi|^2 - 2\langle\xi,\eta\rangle + |\eta|^2) + \tfrac{1}{4}(|\xi|^2 + 2\langle\xi,\eta\rangle + |\eta|^2) = m^2k^2.$$

Weil T als linearer Isomorphismus auch ein Diffeomorphismus ist und weil $T(C_E) = S_r^2 \times S_r^2$ gilt, liefert schließlich die Restriktion von T auf C_E einen Diffeomorphismus zwischen C_E und $S_r^2 \times S_r^2$.

(7.13) Beispiel. Der freie Kreisel. Der Konfigurationsraum des Kreisels (also des starren Körpers mit einem festgehaltenen Punkt) ist die Drehgruppe $S = SO(3)$, wie in Paragraph 5 ausführlich dargestellt wurde. Dort finden sich auch die Formeln für die kinetische Energie T und den Drehimpuls L in körpereigenen Koordinaten:

$$T(A,v) = \tfrac{1}{2} \langle \Theta\omega(A^T v), \omega(A^T v) \rangle = \tfrac{1}{2} \langle L(A,v), \omega(A^T v) \rangle$$
$$L(A,v) = \Theta\omega(A^T v)$$

für $(A,v) \in TS$, $A \in S$, $v \in T_A S$. Dabei ist $\Theta : E \longrightarrow E$ eine feste $\mathbb{R}$-lineare, symmetrische und positiv-definite Abbildung des dreidimensionalen euklidischen Raumes in sich: Θ ist der Trägheitstensor des Kreisels. Die Abbildung $\omega : \mathfrak{so}(3) \longrightarrow E$ identifiziert die Lie-Algebra $\mathfrak{so}(3)$ mit dem euklidischen Raum E (vgl. $5.7.15^\circ$).

Ein freier Kreisel ist ein Kreisel, auf den keine äußeren Kräfte einwirken, der sich daher nur entsprechend seiner Trägheit bewegt. In diesem Fall ist die kinetische

Energie T bereits die Gesamtenergie und kann als Lagrangefunktion $L = T : TS \longrightarrow \mathbb{R}$ auf dem Phasenraum dienen.

Wir wollen hier vier Aspekte des freien Kreisels darstellen: In 1° zeigen wir als Anwendung des Noetherschen Satzes für Mannigfaltigkeiten 7.9 die Erhaltung des Drehimpulses ℓ in bezug auf das feste Koordinatensystem des Raumes. In 2° wird ähnlich wie beim Keplerproblem der Verlauf der Bewegungen des Systems (TS, T) ohne Kenntnis der Bewegungsgleichungen oder gar der Lösungen weitgehend qualitativ bestimmt. In 3° wird die Bestimmung der räumlichen Winkelgeschwindigkeit $\omega(t)$ einer Bewegung des freien Kreisels auf ein geometrisches Problem zurückgeführt und in 4° werden aus $\ell = $ constans die Eulerschen Gleichungen hergeleitet. Außerdem wird ein Lösungsansatz vorgestellt.

1° SO(3)-Invarianz und Drehimpuls. Auf dem Konfigurationsraum S des Kreisels wirkt die Drehgruppe SO(3) durch Linksmultiplikation (vgl. $5.6.5^\circ$, $5.7.9^\circ$) $\mathscr{L}_g : S \longrightarrow S$ für jedes $g \in SO(3)$ mit $\mathscr{L}_g(A) := gA$, $A \in S = SO(3)$.

Für jeden Punkt $A \in S$ und jeden Tangentialvektor $AY \in T_A S$, $Y \in \mathfrak{so}(3)$, ist $T_A\mathscr{L}_g(AY) = \frac{d}{dt}(gAe^{tY})|_{t=0} = gAY$. Daraus folgt unmittelbar die SO(3)-Invarianz der kinetischen Energie T als Lagrangefunktion auf TS: Für alle $Y \in \mathfrak{so}(3)$ gilt

$$T(\mathscr{L}_g A, T_A\mathscr{L}_g(AY)) = \tfrac{1}{2}\langle \Theta\omega(Y), \omega(Y)\rangle = T(A, AY).$$

Nach dem Noetherschen Satz 7.9 gehört daher zu jedem $Z \in \mathfrak{so}(3)$ über die 1-Parametergruppe $\varphi_s(A) := e^{sZ}A$, $s \in \mathbb{R}$, $A \in S$, und dem zugehörigen infinitesimalen Erzeuger $X(A) := \frac{d}{ds}\varphi_s(A)|_{s=0} = ZA$ die Bewegungskonstante $I_Z = \frac{\partial T}{\partial v} X$.

Mit formalen Rechenschritten kommt man über

$$\frac{\partial T}{\partial v}(A,v) = \frac{\partial}{\partial v}(\tfrac{1}{2}\Theta\omega(A^T v)) = \Theta\omega(A^T v)\,A^T$$

zu

$$I_Z = \Theta\omega(A^T v)\,A^T ZA = \langle \Theta\omega(A^T v), \omega(A^T ZA)\rangle$$
$$= \langle A\Theta\omega(A^T v), A\omega(A^T ZA)\rangle = \langle A\Theta\omega(A^T v), \omega(Z)\rangle$$

(SO(3)-Invarianz von $\langle\ ,\ \rangle$ und $5.7.13^\circ$). Da also $(A, V) \longmapsto \langle A\Theta\omega(A^T v), \omega(Z)\rangle$ für alle $Z \in \mathfrak{so}(3)$ eine Bewegungskonstante ist, folgt:

Satz: Der Drehimpuls $\ell(A, v) = A\Theta\omega(A^T v)$ bezüglich des räumlichen Koordinatensystems ist eine vektorwertige Bewegungskonstante des freien Kreisels.

Wir begründen den Satz noch einmal ausführlich, um exemplarisch zu zeigen, wie der Noethersche Satz 7.9 auf Mannigfaltigkeiten zu verstehen ist. Die Euler-Lagrange-Gleichungen 3.3 sind invariant unter beliebigen Koordinatentransformationen. Das sieht man direkt durch Einsetzen oder über die im Anschluß an 3.4 formulierte koordinatenunabhängige Variationsbedingung. Deshalb liefert jedes differenzierbare $L : TQ \longrightarrow \mathbb{R}$ auch für Mannigfaltigkeiten Q Differentialgleichungen 2. Ordnung, die in lokalen Koordinaten die Form 3.3 haben. Wie 3.3 ist auch die Formel $I_X = \frac{\partial L}{\partial v} X$ unabhängig von der Wahl der Koordinaten. Wir werden die Lagrange-Mechanik auf

Mannigfaltigkeiten und insbesondere die Koordinatenunabhängigkeit von 3.3 und I_X im nächsten Paragraphen ausführlich behandeln (vgl. 8.14 – 8.17) und leiten hier nur den obigen Satz mittels beliebiger Koordinaten her: Sei also in einer offenen Umgebung $U \subset S$ von $A \in S$ eine Parametrisierung

$$\psi : Q \longrightarrow U \subset S \, , \quad Q \subset \mathbb{R}^3 \quad \text{offen,}$$

gegeben, das heißt ψ und die Karte $\psi^{-1} : U \longrightarrow Q$ sind differenzierbar. ψ vermittelt auf $TU \subset TS$ Koordinaten über

$$(q, v) \longmapsto (\psi(q), D\psi(q).v) \, , \quad (q, v) \in Q \times \mathbb{R}^3 \, .$$

Bezüglich dieser Koordinaten im Phasenraum TS hat die Energie T die Form

$$\hat{T}(q, v) := T(\psi(q), D\psi(q).v) = \tfrac{1}{2} \langle \Theta\omega(\psi^T(q)\,D\psi(q).v), \, \omega(\psi^T(q)\,D\psi(q).v) \rangle \, .$$

Es sei $B = A^T D\psi(q)$ mit $A = \psi(q) \in S$. Dann ist $\hat{T}(q, v) = \tfrac{1}{2}\langle \Theta\omega(B.v), \omega(B.v)\rangle$. B hat als lineare Abbildung von $\mathbb{R}^3$ nach $\mathfrak{so}(3)$ (vgl. 5.7.9°) die Darstellung durch eine (B^μ_ν) (bezüglich der Basen wie in 5.7.15°). $\hat{T}$ ist daher von der Form

$$\hat{T}(q, v) = \tfrac{1}{2} \Theta_{\mu\nu}\, B^\mu_j v^j\, B^\nu_i v^i \, .$$

Also ist $\frac{\partial}{\partial v^j}\hat{T}(q, v) = \Theta_{\mu\nu} B^\mu_i v^i B^\nu_j$ für $j = 1,2,3$. Sei ferner $e^{sZ}\psi(q) = \psi(\varphi_s(q))$. Dann gilt

$$\begin{aligned}
X(q) &= \tfrac{d}{ds}\varphi_s(q)\big|_{s=0} = \tfrac{d}{ds}\psi^{-1}(e^{sZ}\psi(q))\big|_{s=0} \\
&= D\psi^{-1}(q).Z\psi(q) = D\psi^{-1}(q).\psi(q)\psi(q)^T Z\psi(q) \\
&= B^{-1}(A^T Z A) \quad \text{für } \psi(q) = A \, .
\end{aligned}$$

Also $I_Z = \frac{\partial \hat{T}}{\partial v} X = \langle \Theta\omega(Bv), \omega(A^T Z A)\rangle = \langle A\Theta\omega(Bv), \omega(Z)\rangle$. Daraus folgt wie oben der Satz.

2° Reduktion mit Hilfe von Bewegungskonstanten. Zu vorgegebenen Werten $c \in \mathbb{R}^3$ des Drehimpulsvektors ℓ betrachte man die Menge

$$\ell^{-1}(c) = \{(A, v) \mid \ell(A, v) = c\} = \{(A, AY) \mid Y = (A\Theta\omega)^{-1}(c)\} \, .$$

$\ell^{-1}(c)$ ist für jedes c eine Untermannigfaltigkeit von TS und $\ell^{-1}(c)$ ist diffeomorph zu $SO(3)$. Ein natürlicher Diffeomorphismus ist zum Beispiel

$$A \longmapsto (A, A\omega^{-1}\Theta^{-1}A^T c) =: \sigma(A) \, , \quad A \in SO(3) = S \, .$$

$(\sigma : S \longrightarrow TS$ entspricht einem Vektorfeld, $\sigma(S) = \ell^{-1}(c)$ ist der "Schnitt" von σ.)

Außer den Komponenten von ℓ hat man noch die Gesamtenergie T des Systems als Bewegungskonstante. Daß T Bewegungskonstante ist, sieht man wie in 7.10.3°, und eine weitere Begründung im Rahmen der natürlichen Systeme folgt im nächsten Paragraphen (vgl. 8.4). In den meisten Fällen ist zu einem Energiewert $E > 0$ die Niveaumenge

$$\Sigma_E := T^{-1}(E) \cap \ell^{-1}(c)$$

eine zweidimensionale Untermannigfaltigkeit von TS, nämlich immer wenn $\nabla T \neq 0$ auf Σ_E gilt. (Weil T in $\sigma(A) \in \ell^{-1}(c)$ den Wert $T(\sigma(A)) = \tfrac{1}{2}\langle A\Theta^{-1}A^T c, c\rangle$ hat, gilt $\nabla T \neq 0$ genau dann, wenn $c \neq 0$ und $\Theta \neq \lambda\,\mathrm{id}_E$, für alle $\lambda \in \mathbb{R}$.) Σ_E ist *invariant*, das heißt, daß jede Bewegung des Systems (TS,T), die Σ_E trifft, vollständig in Σ_E verläuft.

Mit Kenntnissen über die *Klassifikation von kompakten Flächen* (das sind zweidimensionale, kompakte Mannigfaltigkeiten), läßt sich Σ_E qualitativ noch etwas genauer beschreiben. Zu jedem Punkt $a \in \Sigma_E$ hat man die eindeutig bestimmte Bewegung $\gamma_a : J \longrightarrow \Sigma_E$ durch a, $\gamma_a(0) = a$. Durch $X(a) := \dot{\gamma}_a(0) \in T_a\Sigma_E$ wird ein differenzierbares Vektorfeld X auf Σ_E definiert. Es gilt $X(a) \neq 0$ für alle $a \in \Sigma_E$ wegen $c \neq 0$. Unter den orientierbaren, kompakten und zusammenhängenden zweidimensionalen Mannigfaltigkeiten gibt es bis auf Diffeomorphie nur den Torus $S^1 \times S^1$, der ein nichtverschwindendes, differenzierbares und globales Vektorfeld besitzt (vgl. [SIT]). Da Σ_E orientierbar ist und kompakt (wegen $\Sigma_E \subset \sigma(S) \cong SO(3)$), besteht Σ_E daher aus einer endlichen disjunkten Vereinigung von Mannigfaltigkeiten, die alle zu $S^1 \times S^1$ diffeomorph sind.

3° Geometrische Beschreibung der Bewegung nach Poinsot. Für eine kräftefreie Bewegung $A(t)$ des Kreisels mit Drehimpuls $\ell \neq 0$ verläuft die Winkelgeschwindigkeit $\omega(t) = (\dot{A}(t)A^T(t))$ bezüglich der räumlichen Koordinaten in einer raumfesten Ebene H: Es ist ja $T(A(t),\dot{A}(t)) = \frac{1}{2}\langle\Theta\Omega(t),\Omega(t)\rangle = E_0$ konstant, also folgt aus $\langle\Theta\Omega(t),\Omega(t)\rangle = \langle A\Theta\Omega(t),A\Omega(t)\rangle = \langle\ell,\omega(t)\rangle$ die Bedingung

$$\langle\omega(t),\ell\rangle = 2E_0$$

$\omega(t)$ liegt also in der zu ℓ senkrechten affinen Ebene H (H ist die sogenannte *invariable Ebene*), welche den Punkt $\omega_0 = \frac{2E_0}{|\ell|^2}\ell$ enthält und beschreibt dort eine Kurve $\omega : J \longrightarrow H$. Diese Kurve wird auch bestimmt durch das zeitabhängige *Energieellipsoid*

$$\begin{aligned}
\mathcal{E}(t) &= \{A(t)\Omega \in E \mid \langle\Theta\Omega,\Omega\rangle = 2E_0\} \\
&= \{\omega \in E \mid \langle\theta(t)\omega,\omega\rangle = 2E_0\}.
\end{aligned}$$

Dabei ist $\theta(t) := A(t)\Theta A^T(t)$, der *Trägheitstensor in räumlichen Koordinaten*. Wegen $\frac{\partial T}{\partial\Omega} = \Theta\Omega$ ist $\Theta\Omega(t) = L\Omega(t)$ Normalenvektor in $\Omega(t)$ an das Ellipsoid

$$\mathcal{E} = \{\Omega \in E \mid \langle\Theta\Omega,\Omega\rangle = 2E_0\},$$

also ist $\ell = A\Theta\Omega(t)$ Normale an $\mathcal{E}(t) = A(t)(\mathcal{E})$ im Punkte $\omega(t)$. Das bedeutet, daß das Ellipsoid $\mathcal{E}(t)$ die invariable Ebene H in dem Punkt $\omega(t)$ tangential berührt. Das Energieellipsoid rollt daher auf der Ebene H ab ohne zu gleiten.

Die Bestimmung der Bahn von $\omega(t)$ ist damit auf das folgende geometrische Problem zurückgeführt: Zu vorgegebenen $\mathcal{E}(0) = \{\omega \in E \mid \langle\theta(0)\omega,\omega\rangle = 2E_0\}$ und $\omega(0) \in H$ mit tangentialer Berührung von $\mathcal{E}(0)$ und H in $\omega(0)$ bestimme man die Bahn von $\omega(t)$ auf H, die durch das Abrollen des Ellipsoids auf H bei festgehaltenem Mittelpunkt $0 \in E$ entsteht.

Für den Fall eines symmetrischen Kreisels, das heißt $I_1 = I_2 > I_3$, ist $\mathcal{E} = \{\Omega \mid I_\mu(\Omega^\mu)^2 = 2E_0\}$ mit den Halbachsen $a_\mu = \sqrt{\frac{2E_0}{I_\mu}}$ also $a_1 = a_2 < a_3$. Die

Kurve $\omega(t)$ beschreibt daher eine Kreisbahn auf H. Die Rotation von $\omega(t)$ um die Achse ℓ ist konstant mit Winkelgeschwindigkeit ω_0; man nennt diese Bewegung von $\omega(t)$ eine *reguläre Präzession*.

4° Eulergleichungen. Die Bewegungskonstante $\ell = AL$ liefert für jede Bewegung $A(t)$ des Lagrange-Systems (TS, T) die Gleichung

$$0 = \frac{d}{dt}\ell = \dot{A}L + A\frac{d}{dt}L, \quad \text{also} \quad \frac{d}{dt}L = -A^T\dot{A}L = -\Omega \times L = L \times \Omega.$$

Mit $L = \Theta\Omega$, $\Theta = \operatorname{diag}(I_1, I_2, I_3)$, (vgl. 5.13), schreibt sich das System $\frac{d}{dt}L = L \times \Omega$ von Differentialgleichungen ausführlich als

$$I_1 \frac{d}{dt}\Omega^1 = (I_2 - I_3)\Omega^2\Omega^3$$

$$I_2 \frac{d}{dt}\Omega^2 = (I_3 - I_1)\Omega^1\Omega^3$$

$$I_3 \frac{d}{dt}\Omega^3 = (I_1 - I_2)\Omega^1\Omega^2.$$

Das sind die *Eulerschen Gleichungen* für den kräftefreien Kreisel. Es sind auch zugleich die Bewegungsgleichungen des Systems (TS, T).

Es handelt sich bei den Eulerschen Gleichungen um ein nichtlineares System von Differentialgleichungen. Hat der Kreisel Symmetrien, etwa $I_1 = I_2$ oder gar $I_1 = I_2 = I_3$, vereinfachen sich die Gleichungen erheblich. Im letzteren Fall ist Ω konstant, bei $I_1 = I_2$ ist die dritte Komponente Ω^3 von Ω konstant und die Eulerschen Gleichungen reduzieren sich auf das lineare System von nur noch zwei Gleichungen

$$\frac{d}{dt}\Omega^1 = k_1\Omega^2 \qquad \text{mit} \quad k_1 := \frac{\Omega^3}{I_1}(I_2 - I_3) \quad \text{und} \quad k_2 = \frac{\Omega^3}{I_2}(I_3 - I_1).$$
$$\frac{d}{dt}\Omega^2 = k_2\Omega^1$$

Dieses Differentialgleichungssystem führt zu einer regulären Präzession von $\omega(t) = A(t)\Omega(t)A^T(t)$ (siehe oben).

Bei paarweise verschiedenen Hauptträgheitsmomenten, etwa $I_1 > I_2 > I_3$, führt folgender Ansatz zu einer vollständigen Lösung der Eulerschen Gleichungen: Die Bewegungskonstanten

$$I_\mu(\Omega^\mu)^2 = 2E_0 \quad \text{und} \quad (I_1\Omega^1)^2 + (I_2\Omega^2)^2 + (I_3\Omega^3)^2 = |L|^2$$

der Eulerschen Gleichungen können nach Ω^1 und Ω^2 so aufgelöst werden, daß ihre Quadrate linear in $(\Omega^3)^2$ sind. Mit $z := \Omega^3$ gilt für durch die Größen I_μ, E_0 und $|L|^2$ bestimmte Konstante β_j, $j = 1, 2, 3, 4$:

$$\Omega^1 = \sqrt{\beta_1 - \beta_2 z^2} \qquad \Omega^2 = \sqrt{\beta_3 - \beta_4 z^2}.$$

Für $z(t)$ erhält man auf diese Weise folgende Differentialgleichung 1. Ordnung:

$$\dot{z} = \frac{I_1 - I_2}{I_3}\sqrt{\beta_1 - \beta_2 z^2}\,\sqrt{\beta_3 - \beta_4 z^2}.$$

8 Natürliche Systeme und Riemannsche Geometrie

Zu den wichtigsten Lagrange-Systemen (TQ, L) gehören die natürlichen Systeme, bei denen sich die Lagrangefunktion L als Differenz von kinetischer Energie und potentieller Energie schreiben läßt: $L = T - U$. Der Spezialfall $U = 0$ ist im wesentlichen gleichzusetzen mit der Riemannschen Geometrie und ihren Geodätischen, wie in diesem Paragraphen dargelegt wird. Die Riemannsche Geometrie hat ihre Bedeutung vor allem für allgemeine Mannigfaltigkeiten und nicht nur für offene $Q \subset \mathbb{R}^n$ mit einer geeigneten Metrik. Aus diesem Grunde und weil holonome Zwangsbedingungen auch für klassische physikalische Systeme bei globalen Fragen zu allgemeinen Mannigfaltigkeiten führen, soll die Lagrange-Mechanik auf einer Mannigfaltigkeit als Konfigurationsraum ausführlicher als im letzten Paragraphen behandelt werden. Aber wie in den letzten Paragraphen beginnen wir erst einmal mit einer offenen Menge $Q \subset \mathbb{R}^n$ als Konfigurationsraum. Die wesentlichen Aussagen der Theorie werden für diese spezielle Situation dargestellt und übertragen sich später ohne viel Mühe auf den Fall allgemeiner Mannigfaltigkeiten. Diese Verallgemeinerung wird vor allem für die Beispiele am Ende des Paragraphen benötigt.

(8.1) Definition. Sei $Q \subset \mathbb{R}^n$ offen. Ein Lagrange-System (TQ, L) heißt *natürlich*, wenn die Lagrangefunktion $L : TQ \longrightarrow \mathbb{R}$ die folgende Gestalt hat:
$$L(q, v) = T(q, v) - U(q)$$
für $(q, v) \in Q \times \mathbb{R}^n \cong TQ$, wobei $U : Q \longrightarrow \mathbb{R}$ eine differenzierbare Funktion ist (das "Potential"), und wobei
$$T(q, v) = \tfrac{1}{2} g_{\mu\nu}(q) v^\mu v^\nu$$
gilt mit differenzierbaren Funktionen $g_{\mu\nu} : Q \longrightarrow \mathbb{R}$, für die noch $g_{\mu\nu} = g_{\nu\mu}$ für alle μ, ν, $1 \leq \mu, \nu \leq n$, sowie $T(q, v) > 0$ für alle $(q, v) \in Q \times \mathbb{R}^n$, $v \neq 0$, erfüllt ist.

Diesem Begriff ordnen sich die Lagrange-Systeme zu konservativen Zentralkraftfeldern mit der Lagrangefunktion $L = \tfrac{1}{2} m v^2 - U(q)$ und allgemeine konservative Systeme mit $m\ddot{q} = -\nabla U$ unter. Auch das freie System von N Massenpunkten mit gegenseitiger Abstoßung oder Anziehung (vgl. $7.10.4°$) gehört dazu. Ein weiteres interessantes Beispiel liefert der Kreisel in einem homogenen Schwerefeld; dazu benötigen wir allerdings den Begriff des natürlichen Systems für die Mannigfaltigkeit $S = SO(3)$ als Konfigurationsraum.

Bevor wir natürliche Systeme eingehender untersuchen, soll noch eine unscheinbare aber für allgemeine Betrachtungen wichtige Eigenschaften der in 3.3 vorgestellten Euler-Lagrange-Gleichungen nachgetragen werden: Die Invarianz gegenüber Koordinatentransformation.

Es sei $L : TQ \longrightarrow \mathbb{R}$ eine Lagrangefunktion, und es sei $F : \overline{Q} \longrightarrow Q$ eine Koordinatentransformation, das heißt F ist differenzierbar mit einer differenzierbaren Inversen $F^{-1} : Q \longrightarrow \overline{Q}$. In den neuen Koordinaten $(\overline{q}, \overline{v}) \in \overline{Q} \times \mathbb{R}^n = T\overline{Q}$ hat dann L die Form

$$\overline{L}(\overline{q}, \overline{v}) := L(F(\overline{q}), DF(\overline{q}).\overline{v}), \quad (\overline{q}, \overline{v}) \in T\overline{Q}.$$

Für eine differenzierbare Kurve $\gamma : J \longrightarrow Q$ in dem Konfigurationsraum Q, definiert auf einem Intervall $J \subset \mathbb{R}$, ist $\overline{\gamma} := F^{-1} \circ \gamma : J \longrightarrow \overline{Q}$ die zugehörige Transformierte.

(8.2) Satz. γ ist genau dann Bewegung von (TQ, L) (vgl. 3.3), wenn $\overline{\gamma} = F^{-1} \circ \gamma$ Bewegung von $(T\overline{Q}, \overline{L})$ ist.

Diese Invarianzeigenschaft läßt sich damit begründen, daß das Wirkungsfunktional $S(\gamma) = \int_{t_0}^{t_1} L(\gamma, \dot{\gamma}) dt$ (vgl. 3.4) koordinatenabhängig ist. Sie folgt aber auch durch direktes Nachprüfen unter mehrfacher Anwendung der Kettenregel: Ist γ Lösung der Euler-Lagrange-Gleichungen von L, so erfüllt $\overline{\gamma}$ eingesetzt in $\overline{L}$

$$\frac{d}{dt}\left(\frac{\partial \overline{L}}{\partial \overline{v}}\right) = \frac{d}{dt}\left(\frac{\partial L}{\partial v} DF(\overline{q})\right) = \frac{d}{dt}\left(\frac{\partial L}{\partial v}\right) DF(\overline{\gamma}) + \frac{\partial L}{\partial v} \frac{d}{dt}(DF(\overline{\gamma}))$$

wegen $\quad \dfrac{\partial \overline{L}}{\partial \overline{v}} = \dfrac{\partial L}{\partial v} \dfrac{\partial}{\partial \overline{v}}(DF(\overline{q}).\overline{v}) = \dfrac{\partial L}{\partial v} DF(\overline{q})$; also, da $\dfrac{d}{dt}\dfrac{\partial L}{\partial v} = \dfrac{\partial L}{\partial q}$:

$$\frac{d}{dt}\left(\frac{\partial \overline{L}}{\partial \overline{v}}\right) = \frac{\partial L}{\partial q} \frac{\partial F}{\partial \overline{q}} + \frac{\partial L}{\partial v} \frac{\partial}{\partial \overline{q}}(DF(\overline{\gamma}).\dot{\overline{\gamma}}) = \frac{\partial \overline{L}}{\partial \overline{q}}.$$

(8.3) Invarianz natürlicher Systeme. Auf natürliche Systeme angewandt ergibt eine Koordinatentransformation $F : \overline{Q} \longrightarrow Q$:

$$\overline{L}(\overline{q}, \overline{v}) = \overline{T}(\overline{q}, \overline{v}) - \overline{U}(\overline{q})$$

wobei $\overline{U}(\overline{q}) = U(F(\overline{q}))$, $\overline{T}(\overline{q}, \overline{v}) = T(F(\overline{q}), DF(\overline{q}).\overline{v})$, und $\overline{T}(\overline{q}, \overline{v}) = \frac{1}{2} \overline{g}_{\mu\nu}(\overline{q}) \overline{v}^\mu \overline{v}^\nu$ für $(\overline{q}, \overline{v}) \in T\overline{Q}$ mit

$$\overline{g}_{\mu\nu}(\overline{q}) = g_{ij}(F(\overline{q})) \frac{\partial F^i}{\partial \overline{q}^\mu}(\overline{q}) \frac{\partial F^j}{\partial \overline{q}^\nu}(\overline{q}).$$

Also ist auch $(T\overline{Q}, \overline{L})$ ein natürliches System.

Nach diesen zwei Invarianzeigenschaften kann erklärt werden, warum in der Definition 8.1 die Matrix $(g_{\mu\nu})$ nicht einfach als konstante Matrix angenommen wird, obwohl die oben angeführten Beispiele mit Ausnahme des Kreisels konstante Diagonalmatrizen als $g_{\mu\nu}$ haben: Man möchte beliebige Koordinatentransformationen zulassen, die ja die Lösungen nach 8.2 nicht verändern, und dabei passiert es zwangsläufig, daß die $\overline{g}_{\mu\nu}$ von $\overline{q}$ abhängig werden (siehe 8.3), auch wenn die $g_{\mu\nu}$ bzgl. q konstant sind. Anders ausgedrückt: Will man den Begriff der "Natürlichkeit" eines Lagrange-Systems (TQ, L) invariant gegenüber Koordinatentransformationen definieren, so dürfen die $g_{\mu\nu}$ nicht konstant gewählt werden.

In einem natürlichen System mit Lagrangefunktion $L = T - U$ ist die Funktion $E := T + U$ als die Gesamtenergie aufzufassen. Im Hinblick auf den Hamiltonformalismus wird gelegentlich auch H anstelle von E geschrieben, obwohl H genau genommen nicht von den Variablen q und v, sondern von q und dem verallgemeinerten Impuls $p = \frac{\partial L}{\partial v}$ abhängt (vgl. 9.2). E ist Bewegungskonstante. Das folgt wie im Beispiel 7.10.8°:

(8.4) Energieerhaltung. Für jedes Lagrange-System (TQ, L) ist die Funktion $E := \frac{\partial L}{\partial v^\mu} v^\mu - L$ eine Bewegungskonstante. Im Falle $L = T - U$ gilt $E = T - U$.

Denn für Bewegungen $q(t)$ ist

$$\frac{d}{dt} E(q(t), \dot{q}(t)) = \frac{d}{dt}\left(\frac{\partial L}{\partial v}\right)\dot{q} + \frac{\partial L}{\partial v}\ddot{q} - \frac{d}{dt}L = \frac{\partial L}{\partial q}\dot{q} + \frac{\partial L}{\partial v}\ddot{q} - \frac{d}{dt}L = 0.$$

(8.5) Die Euler-Lagrange-Gleichungen (vgl. 3.3) für ein natürliches System haben die Form

$$\frac{d}{dt}(g_{\mu\nu}\dot{q}^\nu) - \tfrac{1}{2}\frac{\partial}{\partial q^\mu}(g_{\lambda\nu})\dot{q}^\lambda\dot{q}^\nu = -\frac{\partial U}{\partial q^\mu}, \quad \mu = 1, \dots n.$$

Eine Bewegung zu 8.5 läßt sich daher auffassen als eine "freie Bewegung" (mit $U = 0$), welche aufgrund der durch U bestimmten Kraft $-\nabla U$ gestört wird. In diesem Sinne sollen erst einmal natürliche Systeme mit verschwindender potentieller Energie U studiert werden.

Mit der Abkürzung $g_{ij,k} := \frac{\partial}{\partial q^k} g_{ij}$ sind die Euler-Lagrange-Gleichungen von $L = T = \tfrac{1}{2} g_{ij} v^i v^j$

$$g_{i\mu}\ddot{q}^i + \left(g_{i\mu,j} - \tfrac{1}{2}g_{ij,\mu}\right)\dot{q}^i\dot{q}^j = 0, \quad \mu = 1, 2. \dots, n.$$

Es sei $(g^{k\mu})$ die zu $(g_{i\nu})$ inverse Matrix. Dann ist $\ddot{q}^k = g^{k\mu}g_{i\mu}\ddot{q}^i$, und daher

$$\ddot{q}^k + \tfrac{1}{2}g^{k\mu}(2g_{i\mu,j} - g_{ij,\mu})\dot{q}^i\dot{q}^j = 0.$$

Wegen $(g_{i\mu,j} + g_{j\mu,i})\dot{q}^i\dot{q}^j = 2g_{i\mu,j}\dot{q}^i\dot{q}^j$ sind daher mit der Definition

$$\Gamma_{ij}^k := \tfrac{1}{2}g^{k\mu}(g_{i\mu,j} + g_{j\mu,i} - g_{ij,\mu})$$

die Euler-Lagrange-Gleichungen von natürlichen Systemen $L = T - U$ äquivalent zu

(8.6) $1°$ $\ddot{q}^k + \Gamma_{ij}^k\dot{q}^i\dot{q}^j = -g^{k\mu}\frac{\partial U}{\partial q^\mu}$, also

        $2°$ $\ddot{q}^k + \Gamma_{ij}^k\dot{q}^i\dot{q}^j = 0$, falls $U = 0$, jeweils für $k = 1, 2, \dots, n$.

Die Γ_{ij}^k heißen die *Christoffelsymbole* zur Matrix $(g_{\mu\nu})$. Da die Funktionen $g_{\mu\nu}$ und U differenzierbar sind, hat das System 8.6 zu beliebigen Anfangswerten $(\overset{\circ}{q}, \overset{\circ}{v}) \in Q \times \mathbb{R}^n$ eine eindeutige Lösung $q(t)$ mit $q(0) = \overset{\circ}{q}$, $\dot{q}(0) = \overset{\circ}{v}$ (vgl. die Bemerkungen zur Lösbarkeit im Anschluß von 3.4 oder ausführlicher z.B. [DYS I]). In der Situation $U = 0$ läßt sich die Energie im Voraus festlegen in folgendem Sinne:

(8.7) Satz. Sei (TQ,T) natürliches System (mit T wie in 8.1). Zu jedem Energiewert $E > 0$, zu jedem Punkt $\mathring{q} \in Q$ und zu jeder Richtung $v \in \mathbb{R}^n$, $v \neq 0$, gibt es eine eindeutig bestimmte Bewegung $q(t)$ des Systems (TQ,T) mit $T(q(t),\dot{q}(t)) = E$, $q(0) = \mathring{q}$ und $\dot{q}(0) = \lambda v$ für ein $\lambda > 0$.

Denn es gibt eine eindeutig bestimmte Lösung $q(t)$ mit $q(0) = \mathring{q}$ und $\dot{q}(0) = \mathring{v} := \lambda v$, wobei $\lambda > 0$ so gewählt ist, daß $\lambda^2 T(\mathring{q},v) = E$. Wegen 8.4 ist $T(q(t),\dot{q}(t)) = T(q(0),\dot{q}(0))$, und aus $T(\mathring{q},\mathring{v}) = \lambda^2 T(\mathring{q},v) = E$ folgt die Behauptung.

Um jetzt die enge Beziehung der Bewegungen von natürlichen Systemen zur Riemannschen Geometrie erläutern zu können, benötigen wir die folgenden Definitionen:

(8.8) Definition. Sei $Q \subset \mathbb{R}^n$ offen.

1° Für einen $\mathbb{R}$-Vektorraum V bezeichne $\mathrm{Sym}^2(V)$ den $\mathbb{R}$-Vektorraum aller *bilinearen und symmetrischen Abbildungen* $V \times V \longrightarrow \mathbb{R}$. Ist V endlichdimensional, so ist auch $\mathrm{Sym}^2(V)$ endlichdimensional und bezüglich einer Basis $(e_1, \dots e_n)$ von V hat jedes $B \in \mathrm{Sym}^2(V)$ die Darstellung $B(v,w) = B_{\mu\nu} v^\mu w^\nu$, $v = v^\mu e_\mu$, $w = w^\nu e_\nu$, für eine zugehörige symmetrische $(n \times n)$-Matrix $(B_{\mu\nu})$. Mit $\mathrm{Sym}^2_+(V)$ werde die offene Teilmenge der *positiv definiten* symmetrischen Bilinearformen bezeichnet. Dabei ist $B \in \mathrm{Sym}^2_+(V)$ positiv definit, wenn $B(v,v) > 0$ für alle $v \in V$, $v \neq 0$. Jedes B liefert also über

$$\langle v, w \rangle := B(v,w) \quad \text{für} \quad v, w \in V$$

ein *euklidisches Skalarprodukt*, und $\mathrm{Sym}^2_+(V)$ kann aufgefaßt werden als die Menge aller euklidischen Skalarprodukte auf V.

2° Eine *Riemannsche Metrik* auf Q ist eine differenzierbare Abbildung $g : Q \longrightarrow \mathrm{Sym}^2_+(\mathbb{R}^n)$. g vermittelt in jedem Punkt $q \in Q$ ein euklidisches Skalarprodukt $g(q)$ auf dem Tangentialraum $T_q Q = \mathbb{R}^n$ (vgl. M.2). Bezüglich einer festen Basis $(e_1, \dots e_n)$ von $\mathbb{R}^n$ hat g die Darstellung

$$g(q)(v,w) = g_{\mu\nu}(q) v^\mu w^\nu$$

mit differenzierbaren $g_{\mu\nu} : Q \longrightarrow \mathbb{R}$. g ist also genau dann eine Riemannsche Metrik, wenn die Koeffizienten $g_{\mu\nu}$ die Koeffizienten einer kinetischen Energie im Sinne von 8.1. sind.

3° Die *Bogenlänge* einer differenzierbaren Kurve $q : [t_0,t_1] \longrightarrow Q$ bezüglich der Riemannschen Metrik g ist

$$B(q) := \int_{t_0}^{t_1} \sqrt{g_{\mu\nu}(q)\dot{q}^\mu \dot{q}^\nu}\, dt = \int_{t_0}^{t_1} \sqrt{g(\dot{q}, \dot{q})}\, dt.$$

B ist also im Sinne von 3.4 die Wirkung zur Lagrangefunktion $\sqrt{g_{\mu\nu}(q) v^\mu v^\nu} = \sqrt{2T}$.

Die Bogenlänge ist unabhängig von der speziellen Parametrisierung der Kurve q, das heißt invariant gegenüber differenzierbaren und bijektiven Parameterwechsel

$\varphi : [s_0, s_1] \longrightarrow [t_0, t_1]$: Für $\bar{q} := q \circ \varphi$ stimmen die Bahnen $\bar{q}([s_0, s_1])$ und $q([t_0, t_1])$ überein und es gilt mit der Bezeichnung "$\frac{d}{ds} = $ ' "

$$B(q) = \int_{t_0}^{t_1} \sqrt{g_{\mu\nu} \, \dot{q}^\mu \dot{q}^\nu} \, dt = \int_{t_0}^{t_1} \sqrt{g_{\mu\nu}(q \circ \varphi(s)) \, \dot{q}^\mu \dot{q}^\nu} \, \varphi'(s) ds \quad \text{(falls } \varphi' > 0)$$

$$= \int_{t_0}^{t_1} \sqrt{g_{\mu\nu}(\bar{q}(s)) \, \dot{q}^\mu \varphi' \, \dot{q}^\nu \varphi'} \, ds = \int_{t_0}^{t_1} \sqrt{g_{\mu\nu}(\bar{q}(s)) \, \bar{q}'^\mu \, \bar{q}'^\nu} \, ds = B(\bar{q}) .$$

4° Für Kurven q mit $g_{\mu\nu}(q) \dot{q}^\mu \dot{q}^\nu = 1$ ist $B(q|_{[t_0, s]}) = \int_{t_0}^{s} dt = s - t_0$, und solche Kurven heißen *natürlich parametrisiert*. Eine natürliche Parametrisierung ist eindeutig bis auf Translationen $\varphi : [t_0, t_1] \longrightarrow [t_0, t_1] + c$, $\varphi(t) = c + t$ des Parameterintervalls oder Parameterinversionen $\varphi : [t_0, t_1] \longrightarrow [t_0, t_1]$, $t \longmapsto t_0 + t_1 - t$. Jede Kurve $q : [t_0, t_1] \longrightarrow Q$ mit $\dot{q}(t) \neq 0$ für alle $t \in [t_0, t_1]$ besitzt eine Reparametrisierung $\sigma : [0, B] \longrightarrow [t_0, t_1]$, $B := B(q)$, so daß $\dot{q} \circ \sigma$ natürlich parametrisiert ist. σ ist die Umkehrfunktion zu $B(t) := B(q|_{[t_0, t]})$, $t \in [t_0, t_1]$.

5° Eine *Geodätische* von g ist eine natürlich parametrisierte Kurve q, welche zugleich stationäre Kurve bezüglich der Bogenlänge B als Wirkung ist (vgl. 3.4). Geodätische sind also, naiv gesehen, natürlich parametrisierte kürzeste Verbindungen.

Der enge Zusammenhang zwischen der Klassischen Mechanik (natürlicher Systeme) und der Riemannschen Geometrie wird durch das folgende einfache Resultat deutlich gemacht.

(8.9) Satz. Sei g eine Riemannsche Metrik auf $Q \subset \mathbb{R}^n$ mit der zugehörigen kinetische Energie $T(q, v) = \frac{1}{2} g_{\mu\nu}(q) v^\mu v^\nu$. Dann gilt: Die Geodätischen der Riemannschen Metrik g sind genau die Bewegungen des Lagrange-Systems (TQ, T) mit Energie $\frac{1}{2}$.

Beweis. Die Lagrangefunktion zur Bogenlänge B als Wirkungsfunktional ist $L = \sqrt{2T}$, die zugehörigen Euler-Lagrange-Gleichungen sind daher

$$\frac{d}{dt}\left(\frac{\partial L}{\partial v}\right) = \frac{d}{dt}\left(\frac{1}{L}\right) \frac{\partial T}{\partial v} + \frac{1}{L} \frac{d}{dt}\left(\frac{\partial T}{\partial v}\right) = \frac{1}{L} \frac{\partial T}{\partial q} .$$

Ist nun $q(t)$ eine Bewegung von (TQ, T), so ist nach 8.4 die Energie $T(q, \dot{q})$ konstant, also auch $L(q, \dot{q}) = \sqrt{2T(q, \dot{q})}$. Die Euler-Lagrange-Gleichungen zu L reduzieren sich daher für Bewegungen von (TQ, T) mit $T(q, \dot{q}) \neq 0$ auf

$$\frac{d}{dt}\left(\frac{\partial T}{\partial v}\right) = \frac{\partial T}{\partial q},$$

und deshalb ist q Bewegung von (TQ, L). Gilt außerdem noch $T(q, \dot{q}) = \frac{1}{2}$, so ist $g_{\mu\nu} \dot{q}^\mu \dot{q}^\nu = 1$, das heißt q ist Geodätische. Umgekehrt gilt eine analoge Argumentation.

Insbesondere folgt aus diesem Satz die Existenz einer Geodätischen durch jeden Punkt $q \in Q$ und zu jeder Richtung $v \in \mathbb{R}^n$ (vgl. 8.7). Die Beziehung zwischen allgemeinen Bewegungen von (TQ, L), $L = \sqrt{g}$, und Geodätischen klärt die folgende Bemerkung.

(8.10) Bemerkung. Eine allgemeine Bewegung q von $(TQ, \sqrt{g})$ bleibt Bewegung bei beliebigen Umparametrisierungen. Insbesondere gibt es zu jeder Bewegung $q : [t_0, t_1] \longrightarrow Q$ im Falle $\dot{q}(t) \neq 0$ für alle $t \in [t_0, t_1]$ eine Parametrisierung $\sigma : [s_0, s_1] \longrightarrow [t_0, t_1]$ (nach der Bogenlänge), so daß $\overline{q} = q \circ \sigma$ Geodätische von g ist.

Die Invarianz von Bewegungen gegenüber Umparametrisierungen folgt aus der entsprechenden Invarianz der Bogenlänge (vgl. $8.8.3^\circ$), läßt sich aber auch durch Einsetzen in die im letzten Beweis benutzten Euler-Lagrange-Gleichungen nachprüfen. Daß die Bahnen $q([t_0, t_1])$ von regulären Bewegungen $(\dot{q} \neq 0)$ dann die Bahnen von Geodätischen sind, ergibt sich aus $8.8.4^\circ$.

Nachdem wir jetzt die Geodätischen in der Riemannschen Geometrie auf die kräftefreie Bewegungen der klassischen Mechanik zurückgeführt haben, sollen drei fundamentale geometrische Beispiele dargestellt werden.

(8.11) Beispiele.

1° **Euklidische Geometrie.** Es sei g_{ij} konstant bezüglich kartesischer Koordinaten des $\mathbb{R}^n$, wie das in vielen klassischen Systemen der Fall ist, zum Beispiel $T(q, v) = \frac{1}{2} m_j \delta_{ij} v^i v^j$ oder im Falle von N freien Massenpunkten:

$$T(q, v) = \frac{1}{2} \sum_{\varkappa=1}^{N} m_\varkappa \, \delta_{ij} \, v^i_\varkappa \, v^j_\varkappa$$

Dann reduzieren sich die Euler-Lagrange-Gleichungen $8.6.2^\circ$ auf $\ddot{q}^k = 0$, $k = 1, \dots n$, weil $\Gamma^k_{ij} = 0$ gilt. Jede Lösung von $\ddot{q}^k = 0$ hat die Form $q(t) = \alpha t + b$ mit Vektoren $a, b \in \mathbb{R}^n$ und die Bedingung mit $g_{ij} \dot{q}^i \dot{q}^k = 1$ erzwingt $g_{ij} a^i a^j = 1$. Die Bahnen der Geodätischen sind also genau die Geraden. Im übrigen gilt bei geeigneter Koordinatenwahl $g_{ij} = \delta_{ij}$, so daß mit diesem Beispiel gerade der n-dimensionale euklidische Raum und damit die *euklidische Geometrie* beschrieben wird.

2° **Sphärische Geometrie.** Zu jedem $R > 0$ wird auf $Q = \mathbb{R}^n$ durch

$$g_{ij}(q) := \frac{4R^4}{(R^2 + |q|^2)^2} \, \delta_{ij}, \quad q \in \mathbb{R}^n,$$

eine Riemannsche Metrik definiert, wobei die Indizes sich auf die üblichen kartesischen Koordinaten des $\mathbb{R}^n$ beziehen. Wie in $G.5.3^\circ$ erläutert wird, sind sämtliche Bahnen von Geodätischen dieser Metrik Kreise (oder Geraden durch 0). Sie entstehen durch stereographische Projektion von den Großkreisen der n-Sphäre $\mathbb{S}^n_R \subset \mathbb{R}^{n+1}$ auf $\mathbb{R}^n$:

$$(x^0, \dots x^n) \longmapsto \frac{R}{R - x^0} (x^1, \dots x^n) \quad, \quad x^0 \in [-R, R\,[\,,$$

(vgl. auch $8.22.2^\circ$).

3° **Hyperbolische Geometrie.** Analog sei

$$g_{ij}(q) := \frac{4R}{(R^2 - |q|^2)^2} \, \delta_{ij}, \quad q \in B_R,$$

wobei $B_R := \{q \in \mathbb{R}^n : |q| < R\}$ die offene euklidische Vollkugel vom Radius R ist. Die Bahnen der Geodätischen sind die Kreisbögen in B_R, welche auf dem Rand ∂B_R

von B_R, $\partial B_R = S_R^{n-1}$, senkrecht stehen (vgl. G.5.6°). Für $n = 2$ und $R = 1$ ergibt das die Kreisscheibe $D = B_1 = \{(x,y) \in \mathbb{R}^2 : x^2 + y^2 < 1\}$ mit $g_{ij} = 4(1 - x^2 - y^2)^{-2}\delta_{ij}$ als Riemannscher Metrik: Das *Poincaré-Modell* der hyperbolischen Ebene. Dazu ein Bild des Poincaré-Modells mit einigen Bahnen von Geodätischen:

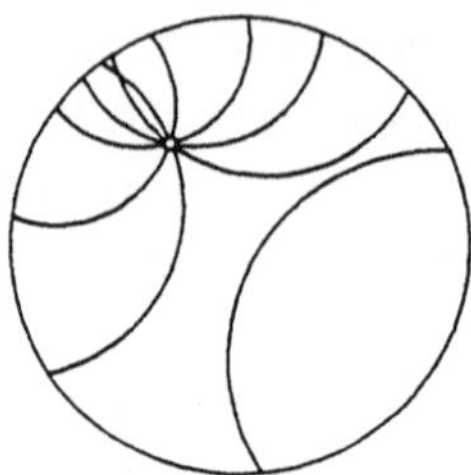

Die geometrische Bedeutung der vorangehenden Beispiele für das *Parallelenaxiom von Euklid* ist die folgende: Die Bahnen der maximalen Geodätischen faßt man als die "Geraden" der jeweiligen Riemannschen Geometrie auf. Für $n = 2$ definiert man: Eine *Parallele* zu einer Geraden ist eine weitere Gerade, die die vorgegebene Gerade nicht schneidet. Bei einer Vorgabe einer Geraden γ gilt jetzt:

Im Falle 1°: Durch jeden vorgegebenen Punkt außerhalb von γ verläuft genau eine Parallele zu γ. (Das Parallelenaxiom von Euklid ist also in der euklidischen Geometrie erfüllt.)

Im Falle 2°: γ hat keine Parallelen. Je zwei maximale Geodätische haben immer mindestens zwei Schnittpunkte (vgl. die Beschreibung der Geodätischen in G.5.3° und 8.18.2°).

Im Falle 3°: Durch jeden Punkt außerhalb von γ verlaufen unendlich viele Parallelen zu γ (s.o. Bild).

Viele geometrische und physikalische Beispiele erfordern die Ausdehnung der Riemannschen Geometrie und der Lagrange-Mechanik auf Mannigfaltigkeiten. Bevor wir diese Verallgemeinerung beschreiben und Beispiele dazu bringen, wollen wir aber noch erläutern, daß der Zusammenhang zwischen Riemannscher Geometrie und Klassischer Mechanik tiefer ist, als daß kräftefreie Bewegungen den Geodätischen entsprechen. Denn auch allgemeine natürliche Systeme lassen sich so verstehen, daß ihre Bewegungen den Geodätischen einer geeigneten Metrik entsprechen.

Dazu sei $L = T - U$ mit $T(q,v) = \frac{1}{2} g_{\mu\nu}(q) v^\mu v^\nu$ ein natürliches System auf $Q \subset \mathbb{R}^n$. Es sei $E \in \mathbb{R}$ ein Energiewert mit $H(q,v) := T(q,v) + U(q) = E$ (vgl. 8.4) für geeignete $(q,v) \in Q \times \mathbb{R}^n$. Die möglichen Bewegungen $q(t)$ von (TQ,L) mit Energie $H(q,\dot{q}) = E$ verlaufen ganz in $Q_E := \{q \in Q \mid U(q) \le E\}$ und solche mit Energie E und nichtverschwindender kinetischer Energie in $Q_E \setminus \Delta_E$, $\Delta_E := \{q \in Q \mid U(q) = E\}$ (vgl. 8.4). Die Bewegungen mit $\dot{q}(t) \ne 0$ und Energie E verlaufen also ganz in der offenen Menge $Q^* := \{q \in Q : U(q) < E\}$.

(8.12) Satz. Es sei $q : [t_0,t_1] \longrightarrow Q$ eine Kurve in dem natürlichen System (TQ,L), $L = T - U$, mit $q([t_0,t_1]) \subset Q^*$. Dann gilt:

1° Ist q Bewegung von (TQ,L) mit Energie $H(q,\dot{q}) = E$, so ist q auch eine Bewegung von $(TQ^*,\sqrt{4(E-U)T})$. Außerdem gibt es eine Umparametrisierung $\sigma : [s_0,s_1] \longrightarrow [t_0,t_1]$, so daß $\bar{q} = q\circ\sigma$ Geodätische in Q^* zur Riemannschen Metrik $g^*_{\mu\nu} := 2(E-U)g_{\mu\nu}$ ist. (g^* heißt die *Jacobi-Metrik* zur Energie E.)

2° Ist umgekehrt q^* eine Geodätische der Jacobi-Metrik g^* in Q^*, so gibt es eine Umparametrisierung $\beta : [t_0,t_1] \longrightarrow [s_0,s_1]$, so daß $q = q^*\circ\beta$ Bewegung von (TQ,L) in Q^* mit Energie E ist.

Beweis. Die Lagrangefunktion zu g^* ist $L^* := \sqrt{4(E-U)T}$. Es gilt

$$\frac{\partial L^*}{\partial v} = \frac{2}{L^*}(E-U)\,\frac{\partial T}{\partial v} \quad \text{und} \quad \frac{\partial L^*}{\partial q} = \frac{2}{L^*}\Big((E-U)\frac{\partial T}{\partial q} - \frac{\partial U}{\partial q}\,T\Big)$$

Im Falle $H(q,\dot{q}) = E$, also $T = E - U$ und daher $L^* = 2T$, reduzieren sich die Euler-Lagrange-Gleichungen

$$\frac{d}{dt}\Big(\frac{\partial L^*}{\partial v}\Big) = \frac{d}{dt}\Big(\frac{2T}{L^*}\frac{\partial T}{\partial v}\Big) = \frac{\partial L^*}{\partial q} = \frac{2T}{L^*}\Big(\frac{\partial T}{\partial q} - \frac{\partial U}{\partial q}\Big)$$

von L^* auf

$$\frac{d}{dt}\Big(\frac{\partial T}{\partial v}\Big) = \Big(\frac{\partial T}{\partial q} - \frac{\partial U}{\partial q}\Big) = \frac{\partial L}{\partial q}$$

Da q nach Voraussetzung die Euler-Lagrange-Gleichungen

$$\frac{d}{dt}\Big(\frac{\partial L}{\partial v}\Big) = \frac{\partial L}{\partial q}$$

erfüllt und da $\frac{\partial L}{\partial v} = \frac{\partial T}{\partial v}$ gilt, ist q also Bewegung von (TQ^*,L^*). Schließlich läßt sich q natürlich parametrisieren wie in 8.8.4° und ist dann Geodätische nach 8.10, da $U(q(t)) < E$ und $H(q,\dot{q}(t)) = E$, also $\dot{q}(t) \neq 0$ für alle $t \in [t_0,t_1]$.

Ist umgekehrt $q^* : [s_0,s_1] \longrightarrow Q^*$ Geodätische zu g^*, so gilt unter anderem $g^*(\dot{q}^*,\dot{q}^*) = 1 = 4(E - U(q^*))\,T(\dot{q}^*,\dot{q}^*)$, also $E - U(q^*) > 0$. Setze

$$\alpha(s) := \int_{s_0}^{s} \tfrac{1}{2}\big(E - U(q^*(\tau))\big)^{-1}d\tau \quad \text{für } s \in [s_0,s_1].$$

α ist differenzierbar und streng monoton wachsend. Die Umkehrfunktion $\beta = \alpha^{-1}$ von $[0,\alpha(s_1)] = [t_0,t_1]$ nach $[s_0,s_1]$ erfüllt $\dot{\beta}^2 = 4\big(E - U(q^*\circ\beta(t))\big)^2$. Deshalb folgt für $q := q^*\circ\beta$:

$$H(q,\dot{q}) = \tfrac{1}{2}\,g_{ij}\,\dot{q}^{*i}\dot{q}^{*j}\dot{\beta}^2 + U = \big(2(E-U)\,g_{ij}\dot{q}^{*i}\dot{q}^{*j}\big)(E-U) + U = E,$$

da $2(E-U)\,g_{ij}\dot{q}^{*i}\dot{q}^{*j} = g^*_{ij}\dot{q}^{*i}\dot{q}^{*j} = 1$ nach Voraussetzung. Nach 8.9 ist q^* Bewegung des Systems (TQ^*,L^*) und wegen $H(q,\dot{q}) = E$ sieht man wie oben, daß q Bewegung zu L ist.

(8.13) Beispiele.

1° **Der harmonische Oszillator.** Eine geeignete Lagrangefunktion, die zu den Bewegungsgleichungen

$$\ddot{q} = -q$$

des n-dimensionalen harmonischen Oszillators (vgl. 6.5) führt, ist $L(q,v) = \frac{1}{2}v^2 - \frac{1}{2}q^2$, $q \in Q = \mathbb{R}^n$ und $v \in \mathbb{R}^n$, mit $T = \frac{1}{2}v^2$ als kinetischer und $U = \frac{1}{2}q^2$ als potentieller Energie ($v^2 = |v|^2$ und analog für q). $q(t) = a \cos t + b \sin t$ ist eine allgemeine Lösung mit $a, b \in \mathbb{R}^n$. Es ist $H(q,\dot{q}) = \frac{1}{2}(|a|^2 + |b|^2) = E$. Der Satz besagt, daß die durch $q = a \cos t + b \sin t$, $|a|^2 + |b|^2 = 2E$, gegebenen Ellipsenbahnen die Bahnen von Geodätischen zur Metrik $g_{ij} = (2E - q^2)\delta_{ij}$ in der Vollkugel $Q^* = \{|q|^2 < 2E\}$ sind.

2° **Keplerproblem.** Wir setzen $k = m = 1$ und haben dann die Lagrangefunktion (vgl. 7.12)

$$L(q,v) = \tfrac{1}{2}v^2 - \frac{1}{|q|}, \quad (q,v) \in Q \times \mathbb{R}^3, \quad Q = \mathbb{R}^3 \setminus \{0\}.$$

Zu $E \in \mathbb{R}$ ist die Jacobi-Metrik auf $Q^* = \{-\frac{1}{|q|} < E\}$ durch $g_{ij}^* = 2(E + \frac{1}{|q|})\delta_{ij}$ gegeben. Im Falle $E < 0$ ist Q^* die punktierte Kugel $Q^* = \{q \in \mathbb{R}^3 \setminus \{0\} : |q| < -\frac{1}{E}\}$. Die Bahnen der Bewegungen q mit Energie $E < 0$, die wir in 7.12 ausführlich beschrieben haben, sind also die Bahnen von Geodätischen in Q^* zur Metrik $2(E + \frac{1}{|q|})\delta_{ij} = g_{ij}^*$. Die Energieniveaufläche Σ_E entspricht daher dem "Sphärenbündel" $S(Q^*)$ über Q^*:

$$S(Q^*) := \{(q,v) \in Q^* \times \mathbb{R}^3 \mid g^*(q)(v,v) = 1\}.$$

Die Metrik g^* steht mit der sphärischen 3-dimensionalen Metrik in einer engen Beziehung. Insbesondere entsprechen die Bahnen des Keplerproblems den geodätischen Bahnen der Sphäre S^3. Wir kommen darauf in 8.23 zurück.

(8.14) Definition. Sei M eine (beliebig oft differenzierbare) Mannigfaltigkeit mit Tangentialbündel TM (vgl. Anhang M.10).

1° Eine *Lagrangefunktion* ist eine differenzierbare Funktion $L : TM \longrightarrow \mathbb{R}$. (TM, L) heißt dann *Lagrange-System* mit M als *Konfigurationsraum*, TM als (*Geschwindigkeits-*) *Phasenraum* und

$$S(\gamma) := \int_{t_0}^{t_1} L(\dot{\gamma}(t)) \, dt$$

als zugehörige *Wirkung* auf Kurven $\gamma : [t_0, t_1] \longrightarrow M$. Dabei ist $\gamma(t) \in T_{\gamma(t)}M$ derjenige Tangentialvektor an M in $\gamma(t) = a$, der durch

$$\dot{\gamma}(t) = [\gamma(t + s)]_a$$

definiert wird. Liegt die Bahn $\gamma([t_0, t_1])$ von γ ganz in einer Karte $\varphi : U \longrightarrow Q \subset \mathbb{R}$, also $\gamma([t_0, t_1]) \subset U$, so wird durch γ und φ eine Kurve $q(t) = \varphi \circ \gamma(t) \in Q$ gegeben, welche γ und $\dot{\gamma}$ über die zu φ gehörige Parametrisierung $\psi = \varphi^{-1}$ beschreibt: Es ist $\gamma(t) = \psi(q(t))$ und $\dot{\gamma}(t) = T_{q(t)}\psi(\dot{q}(t))$, wobei $T_q\psi$ die Tangentialabbildung $T_q\psi : \mathbb{R}^n \cong T_qQ \longrightarrow T_{\psi(q)}M$ bezeichnet. In den durch φ gegebenen Koordinaten von TM gilt

$$\dot{\gamma}(t) = \dot{q}^\mu(t)\frac{\partial}{\partial q^\mu}, \text{ oder genauer } \dot{\gamma}(t) = \dot{q}^\mu(t)\frac{\partial}{\partial q^\mu, \gamma(t)},$$

wobei $q(t) = (q^1(t)...q^n(t))$ und $\frac{\partial}{\partial q^\mu, a} = [\psi(\varphi(a) + te_\mu)]_a$ (vgl. M.7 und M.10). Mit

$$\hat{L}(q,v) := L(T_q\psi(v)) \quad \text{für} \quad (q,v) \in Q \times \mathbb{R}^n$$

ist dann $S(\gamma) = \int_{t_0}^{t_1} \hat{L}(q(t),\dot{q}(t))\, dt$ wie in 3.4.

$2°$ Eine *Bewegung* des Lagrange-Systems (TM,L) ist eine Kurve γ, für die die Wirkung S *stationär* wird. Das bedeutet für Mannigfaltigkeiten das folgende: Unter einer *Variation* von $\gamma : [t_0,t_1] \longrightarrow M$ wollen wir eine differenzierbare Abbildung $\Gamma : [t_0,t_1] \times\,]-1,+1[\longrightarrow M$ mit $\Gamma(t,0) = \gamma(t)$ für alle $t \in [t_0,t_1]$ und $\Gamma(t_j,\varepsilon) = \gamma(t_j)$ für alle $\varepsilon \in\,]-1,+1[$ und $j = 0,1$ verstehen. Wir schreiben auch $\gamma_\varepsilon(t)$ für $\Gamma(t,\varepsilon)$. γ ist *stationär* für S, also Bewegung von (TM,L), wenn

$$\frac{d}{d\varepsilon} S(\gamma_\varepsilon)\Big|_{\varepsilon=0} = 0 \ .$$

für alle Variationen γ_ε von γ.

(8.15) Satz. Sei (TM,L) Lagrange-System. Eine Kurve $\gamma : [t_0,t_1] \longrightarrow M$ ist genau denn Bewegung, wenn γ für alle Karten die Euler-Lagrange-Gleichungen

$$\frac{d}{dt}\Big(\frac{\partial\hat{L}}{\partial v}\Big) = \frac{\partial\hat{L}}{\partial q}$$

erfüllt $\Big($mit $\hat{L}(q,v) = L(T_q\psi(v))$ wie in $8.14.1°\Big)$. Die Euler-Lagrange-Gleichungen heißen deshalb auch die *Bewegungsgleichungen* des Systems.

Beweis. Wir wollen diesen Satz ausführlich erläutern. Aus der Invarianz der Euler-Lagrange-Gleichungen 8.2 ergibt sich die Aussage ziemlich einfach, wenn die Kurve γ ihre Bahn $\gamma([t_0,t_1])$ ganz in einer Koordinatenumgebung U bezüglich einer Karte $\varphi : U \longrightarrow Q$ hat. Der allgemeine Fall kann auf verschiedene Weise auf diese spezielle Situation zurückgeführt werden. Im folgenden geschieht das durch Einführung von koordinatenunabhängigen Euler-Lagrange-Gleichungen α_L zu L und durch die Herleitung einer wichtigen Variationsformel.

Sei also $\gamma : [t_0,t_1] \longrightarrow M$ zunächst irgendeine Kurve in M. Für eine Karte $\varphi : U \longrightarrow Q$ betrachtete man den Ausdruck

$$\frac{d}{dt}\Big(\frac{\partial\hat{L}}{\partial v}(q(t),\dot{q}(t))\Big) - \frac{\partial\hat{L}}{\partial q}(q(t),\dot{q}(t))$$

längs $q(t) = \varphi\circ\gamma(t)$ für solche $t \in [t_0,t_1]$ für die $\gamma(t) \in U$. Sei $\overline{\varphi} : U \longrightarrow \overline{Q}$ eine weitere Karte (mit derselben Koordinatenumgebung U) und sei $F := \varphi\circ\overline{\psi} : \overline{Q} \longrightarrow Q$ der zugehörige Kartenwechsel $(\overline{\psi} := \overline{\varphi}^{-1})$. Dann gilt

$$\overline{L}(\overline{q},\overline{v}) := L(T_{\overline{q}}\overline{\psi}(\overline{v})) = L\big(T_{F(q)}\psi(T_{\overline{q}}F(\overline{v}))\big) = \hat{L}(F(q),DF(\overline{q}).\overline{v}) \ .$$

Die Rechnung im Beweis der Invarianz der Euler-Lagrange-Gleichungen 8.2 zeigt, daß für den obigen Ausdruck das folgende Transformationsverhalten vorliegt:

$$\frac{d}{dt}\Big(\frac{\partial\overline{L}}{\partial\overline{v}}\Big) - \frac{\partial\overline{L}}{\partial\overline{q}} = \Big(\frac{d}{dt}\big(\frac{\partial\hat{L}}{\partial v}\big) - \frac{\partial\hat{L}}{\partial q}\Big)DF(\overline{q}(t)) \ .$$

Für einen Tangentialvektor $X \in T_{\gamma(t)}M$ mit den Darstellungen

$$X = X^k \frac{\partial}{\partial q^k} \quad \text{bzw.} \quad X = \overline{X}^k \frac{\partial}{\partial \overline{q}^k}$$

bezüglich der Karten φ bzw. $\overline{\varphi}$ folgt wegen $X^j = \overline{X}^k \frac{\partial F^j}{\partial \overline{q}^k}$, $F = (F^1, \ldots F^n)$:

$$\left(\frac{d}{dt}\left(\frac{\partial \overline{L}}{\partial \overline{v}^k}\right) - \frac{\partial \overline{L}}{\partial \overline{q}^k}\right)\overline{X}^k = \left(\frac{d}{dt}\left(\frac{\partial \widehat{L}}{\partial v^\mu}\right) - \frac{\partial \widehat{L}}{\partial q^\mu}\right)\frac{\partial F^\mu}{\partial \overline{q}^k}\overline{X}^k = \left(\frac{d}{dt}\left(\frac{\partial \widehat{L}}{\partial v^\mu}\right) - \frac{\partial \widehat{L}}{\partial q^\mu}\right)X^\mu.$$

Wir haben damit ausführlich gezeigt, daß der Ausdruck

$$\alpha_L(t)X := \left(\frac{d}{dt}\left(\frac{\partial \widehat{L}}{\partial v^\mu}\right) - \frac{\partial \widehat{L}}{\partial q^\mu}\right)X^\mu \quad \text{für} \quad X \in T_{\gamma(t)}M$$

unabhängig von der Wahl der speziellen Karte ist und damit Linearformen

$$\alpha_L(t) : T_{\gamma(t)}M \longrightarrow \mathbb{R}$$

auf den Tangentialräumen längs $\gamma(t)$ definiert. Sei $t_0 = s_0 < s_1 < \ldots < s_k = t_1$ eine Zerlegung des Intervalls mit $\gamma([s_{j-1}, s_j]) \subset U_j$ für geeignete Karten $\varphi_j : U_j \longrightarrow Q_j$. Dann ist

$$S(\gamma) = \sum_{j=1}^{k} \int_{s_{j-1}}^{s_j} L(q, \dot{q}) \, dt$$

wobei L (statt etwa $\widehat{L}^j$) die zu φ_j gehörige Lagrangefunktion auf $Q_j \times \mathbb{R}^n$ bezeichne. Entsprechend seien $q_\varepsilon, \dot{q}_\varepsilon$ die Koordinaten bzgl. φ_j für eine Variation $\Gamma(t,\varepsilon) = \gamma_\varepsilon(t)$ von γ. Dann ist

$$\frac{d}{d\varepsilon}S(\gamma_\varepsilon)\big|_{\varepsilon=0} = \sum_{j=1}^{k} \frac{d}{d\varepsilon}\left(\int_{s_{j-1}}^{s_j} L(q_\varepsilon, \dot{q}_\varepsilon)dt\right)\Big|_{\varepsilon=0}$$

und

$$\frac{d}{d\varepsilon}\left(\int_{s_{j-1}}^{s_j}L(q_\varepsilon, \dot{q}_\varepsilon)dt\right)\Big|_{\varepsilon=0} = \int_{s_{j-1}}^{s_j}\left(\frac{\partial L}{\partial q}\frac{\partial q_\varepsilon}{\partial \varepsilon}(t) + \frac{\partial L}{\partial v}\frac{\partial \dot{q}_\varepsilon}{\partial \varepsilon}(t)\right)dt\Big|_{\varepsilon=0}$$

$$= \int_{s_{j-1}}^{s_j}\left(\frac{\partial L}{\partial q} - \frac{d}{dt}\left(\frac{\partial L}{\partial v}\right)\right)\frac{\partial q_\varepsilon}{\partial \varepsilon}(t)\Big|_{\varepsilon=0} dt + \frac{\partial L}{\partial v}\frac{\partial q_\varepsilon}{\partial \varepsilon}(t)\Big|_{s_{j-1}}^{s_j}$$

Sei jetzt W das durch $W(t) := \frac{d}{d\varepsilon}\Gamma(t,\varepsilon)\big|_{\varepsilon=0} \in T_{\gamma(t)}M$ definierte Vektorfeld längs der Kurve γ. Dann ist $W(t_j) = 0$ für $j = 0,1$ wegen $\Gamma(t_j,\varepsilon) = \gamma(t_j)$ für alle ε. Es folgt insgesamt durch Aufsummieren die folgende *Variationsformel*, die unabhängig von den speziellen Koordinaten ist:

$$\frac{d}{d\varepsilon}S(\gamma_\varepsilon)\big|_{\varepsilon=0} = \int_{t_0}^{t_1}\alpha_L(t)(W(t)) \, dt.$$

Ist nun γ Bewegung des Lagrange-Systems, so gilt $\alpha_L(t)(W(t)) = 0$ für alle Variationen von γ, also $\alpha_L(t) = 0$, da es zu jedem vorgegebenen $W \in T_{\gamma(t)}M$, $t \in \,]t_0,t_1[$, eine Variation Γ von γ gibt mit $\frac{d}{d\varepsilon}\Gamma(t,0) = W(t) = W$. Umgekehrt garantiert $\alpha_L(t) = 0$, daß γ Bewegung des Systems ist.

Wir haben gezeigt: γ ist genau dann Bewegung, wenn $\alpha_L(t) = 0$ für alle $t \in [t_0,t_1]$ gilt, und das ist wiederum äquivalent dazu, daß $\gamma(t)$ in allen Koordinaten die Euler-Lagrange-Gleichungen erfüllt. Damit ist der Satz bewiesen.

Bemerkung: Die Lagrangefunktion L definiert also eine Differentialform α_L längs der Kurve γ mit der Eigenschaft: γ ist genau dann Bewegung des Lagrange-Systems (TM,L), wenn $\alpha_L(\dot{\gamma}) = 0$ gilt. Die Differentialform α_L entspricht der in der physikalischen Literatur benutzten Variationsableitung von L, und zwar gilt in lokalen Koordinaten:

$$\frac{\delta L}{\delta q}\,dq = -\alpha_L \,.$$

Wir kommen jetzt auf den in 7.9 formulierten Satz von Noether für Mannigfaltigkeiten zurück. Um I_X koordinatenfrei für allgemeine Vektorfelder X auf M und Funktionen L auf TM definieren zu können, kann man wie im letzten Beweis vorgehen: Für Karten $\varphi : U \longrightarrow Q \subset \mathbb{R}^n$ mit Parametrisierung $\psi = \varphi^{-1}$ hat das Vektorfeld X die Darstellung $X(a) = X^k(a)\frac{\partial}{\partial q^k}$, $a \in U$, $q = \varphi(a)$, und L die Form $\hat{L}(q,v) = L(T_q\psi(v))$, $(q,v) \in Q \times \mathbb{R}^n$. Es sei für $Y \in T_aM$ mit $Y = T_q\psi(w)$

$$I_X(Y) := \frac{\partial \hat{L}}{\partial v^k}(q,w)X^k(a)\,.$$

Dann ist dieser Ausdruck unabhängig von der speziellen Wahl der Karten. Eine direkte Definition von I_X ohne Karten benutzt die *Faserableitung* $\mathcal{F}L$ von L: Für $X,Y \in T_aM$ setze

$$\mathcal{F}L(Y)\,X := \frac{d}{dt}L(Y + tX)\big|_{t=0}\,.$$

Dann gilt mit $L_a := L|_{T_aM}$: Die Abbildung $\mathcal{F}L(Y) = T_YL_a = DL_a(Y) : T_aM \longrightarrow \mathbb{R}$ ist die übliche Ableitung von $L_a : T_aM \longrightarrow \mathbb{R}$ in Y. ($\mathcal{F}L : TM \longrightarrow T^*M$ ist im übrigen ein Vektorbündelhomomorphismus.) In lokalen Koordinaten ist

$$\mathcal{F}L(Y)\,X = \frac{\partial \hat{L}}{\partial v^k}(q,w)X^k\,,$$

daher gilt für Vektorfelder $X : M \longrightarrow TM$ auf M stets $I_X(Y) = \mathcal{F}L(Y)\,X(\tau(Y))$, wobei $\tau : TM \longrightarrow M$ die übliche Projektion ist.

Sei jetzt X *infinitesimaler Erzeuger* einer lokalen 1-Parametergruppe von Symmetrien des Lagrange-Systems (TM,L). X ist also ein Vektorfeld, zu dem es Diffeomorphismen $\varphi_t : M_t \longrightarrow M_{-t}$, $M_t \subset M$ offen, für kleine $|t|$ gibt, so daß gilt: $\varphi_0 = \mathrm{id}_M$, sowie $\varphi_t \circ \varphi_s = \varphi_{s+t}$ (soweit definiert) und $X(a) = \frac{d}{dt}(\varphi_t(a))\big|_{t=0}$ (vgl. M.14). Alle φ_t sind Symmetrien, das heißt sie erfüllen $L \circ T\varphi_t = L$ auf TM_t. Diese Symmetriebedingung hat zur Folge, daß in lokalen Koordinaten für alle $Y \in TM_t$ gilt:

$$(8.16) \quad \frac{\partial \hat{L}}{\partial q}\,X + \frac{\partial \hat{L}}{\partial v}\,\frac{\partial X}{\partial q}\,Y = 0$$

wie man aus $0 = \frac{d}{dt}(L \circ T\varphi_t(Y))\big|_{t=0} = \frac{\partial \hat{L}}{\partial q}\frac{d\varphi_t}{dt}\big|_{t=0} + \frac{\partial \hat{L}}{\partial v}\frac{d}{dt}(T\varphi_t(Y))\big|_{t=0}$ abliest. Im übrigen hat jedes Vektorfeld X eine zugehörige lokale 1-Parametergruppe (φ_t). Ob aber alle φ_t Symmetrien sind, ist gerade gleichbedeutend damit, ob X die Bedingung 8.16 erfüllt. Ein Vektorfeld X mit 8.16 heißt deshalb *infinitesimale Symmetrie* des Systems (TM,L) (vgl. auch 7.8).

Genauso leicht wie der Satz von Noether I' in 7.8 läßt sich nach diesen Vorbereitungen der folgende Satz beweisen, aus dem insbesondere die in 7.9 formulierte Version II des Noetherschen Satzes unmittelbar folgt:

(8.17) Satz von Noether II'. Sei X infinitesimale Symmetrie des Lagrange-Systems (TM, L) . Dann ist die Funktion $I_X : TM \longrightarrow \mathbb{R}$, $I_X(Y) := \mathscr{F}L(Y) X(a)$ für $Y \in T_a M$, eine Bewegungskonstante.

(8.18) Beispiele.

1° **Energie.** Die *Energie* eines allgemeinen Lagrange-Systems (TM, L) ist definiert durch $E(Y) := \mathscr{F}L(Y) Y - L(Y)$, $Y \in TM$, mit der oben eingeführten Faserableitung $\mathscr{F}L(Y)$ (vgl. 8.4). In lokalen Koordinaten also $\widehat{E}(q,v) = \frac{\partial}{\partial v}\widehat{L}(q,v)v - \widehat{L}(q,v)$, $(q,v) \in Q \times \mathbb{R}^n$. Wie in 8.4 sieht man sofort, daß E Bewegungskonstante ist, ohne 8.17 heranziehen zu müssen (vgl. aber $7.10.3^\circ$).

2° **Sphärisches Pendel.** Das kräftefreie sphärische Pendel hat S_R^2 als Konfigurationsraum (vgl. Paragraph 4) und als Lagrangefunktion die kinetische Energie $\frac{1}{2}m|v|^2 = L$. Für $m = 1$ hat L bezüglich der Parametrisierung

$$\psi(\theta,\varphi) = R(\sin\theta\cos\varphi, \sin\theta\sin\varphi, \cos\theta),$$

$(\theta,\varphi) \in]0,\pi[\times]-\pi,\pi[$ (vgl. G.2.4°), die Form $\widehat{L}(\theta,\varphi) = \frac{1}{2}R^2(\dot\theta^2 + \dot\varphi^2 \sin^2\theta)$ wie man direkt nachrechnet. Die Bewegungsgleichungen in den Koordinaten θ, φ ergeben sich aus $\widehat{L}_{\dot\theta} = \dot\theta$, $\widehat{L}_{\dot\varphi} = R^2 \dot\varphi \sin^2\theta$, $\widehat{L}_\varphi = 0$, sowie $\widehat{L}_\theta = R^2 \sin\theta\cos\theta\, \dot\varphi^2$ als

$$\ddot\theta = \dot\varphi^2 \sin\theta\cos\theta,$$
$$\ddot\varphi \sin^2\theta + 2\dot\varphi\,\dot\theta\cos\theta\sin\theta = 0.$$

(Die Bewegungsgleichungen sind damit äquivalent zu den in G.5.3° hergeleiteten Gleichungen für die Geodätischen auf S_1^2 . Nach dem für diesen Paragraphen zentralen Satz 8.9 über die Äquivalenz von kräftefreien Bewegungen und Geodätischen ist dieser Sachverhalt nicht überraschend, zumal 8.9 eine Verallgemeinerung auf Mannigfaltigkeiten hat, über die wir gleich berichten werden.)

Diese nichtlinearen Bewegungsgleichungen lassen sich jetzt mit Hilfe von Bewegungskonstanten leicht lösen: L ist invariant gegenüber beliebigen Drehungen $A \in SO(3)$, deshalb erhält man wie erwartet den Drehimpulsvektor $q \times v$ $(m = 1)$ als vektorielle Bewegungskonstante. Abgesehen von der Ruhelage $(v = 0)$ liegt also jede Bahn einer Bewegung in der zu $q \times v$ senkrechten Ebene. Jede solche Bahn verläuft also in einem Großkreis von S^2 . (Wir haben damit auch nachgewiesen, daß die Geodätischen von S^2 die natürlich parametrisierten Großkreise sind (vgl. G.5.3°).)

3° **Der freie Kreisel.** Hier soll nur auf das Beispiel des freien Kreisels hingewiesen werden, der ein natürliches System ohne potentielle Energie darstellt und für den ebenfalls eine $SO(3)$-Symmetrie vorliegt. Man erhält den Drehimpuls als bewegungsinvarianten Vektor (siehe 7.13).

Weitere Beispiele folgen im Anschluß an die Ausdehnung der Begriffe "Riemannsche Metrik" und "natürliches System" auf Mannigfaltigkeiten.

(8.19) Definition. Sei M wieder eine Mannigfaltigkeit und TM das zugehörige Tangentialbündel mit Projektion $\tau : TM \longrightarrow M$.

1° Eine *Riemannsche Metrik* auf M ist in Verallgemeinerung zur Definition 8.8.2° eine Abbildung

$$g : M \longrightarrow \bigcup \{ \mathrm{Sym}^2_+(T_a M) \mid a \in M \}$$

mit $g(a) \in \mathrm{Sym}^2_+(T_a M)$ für alle $a \in M$, so daß für alle differenzierbaren Vektorfelder $X, Y \in \mathfrak{V}(U)$ auf offenen Mengen $U \subset M$ die Funktion $g(X, Y) : U \longrightarrow \mathbb{R}$, $a \longmapsto g(a)(X(a), Y(a))$ für $a \in U$, differenzierbar ist. (M,g) mit Riemannscher Metrik g wird auch *Riemannscher Raum* oder *Riemannsche Mannigfaltigkeit* genannt.

Für jedes $a \in M$ ist $g(a)$ also auf $T_a M$ ein euklidisches Skalarprodukt $g(a) : T_a M \times T_a M \longrightarrow \mathbb{R}$ und wird als solches auch mit g abgekürzt. Auf dem *Faserprodukt* $TM \times_\tau TM := \{ (X, Y) \in TM \times TM \mid \tau(X) = \tau(Y) \}$ ergibt sich somit die Abbildung $g : TM \times_\tau TM \longrightarrow \mathbb{R}$, $(X, Y) \longmapsto g(a)(X, Y)$ für $X, Y \in T_a M$, $a \in M$, und die zugehörige Lagrangefunktion $\sqrt{g} : TM \longrightarrow \mathbb{R}$, $Y \longmapsto \sqrt{g(Y, Y)}$ für $Y \in TM$.

In lokalen Koordinaten bezüglich einer Karte $\varphi : U \longrightarrow Q \subset \mathbb{R}^n$ mit der zugehörigen Parametrisierung $\psi = \varphi^{-1}$ und der Basis $(\frac{\partial}{\partial q^\mu} \mid \mu = 1, \dots n)$ der Tangentialräume $T_a M$, $a \in U$ (vgl. M.10), hat g die Darstellung

$$g(X, Y) = g_{\mu\nu}(q) X^\mu Y^\nu,$$

wobei $g_{\mu\nu}(q) = g(\psi(q)) \left(\frac{\partial}{\partial q^\mu}, \frac{\partial}{\partial q^\nu} \right)$ gilt für Vektoren $X = X^\mu \frac{\partial}{\partial q^\mu}$, $Y = Y^\nu \frac{\partial}{\partial q^\nu}$ aus $T_a M$, $\varphi(a) = q$. Für eine weitere Karte $\overline{\varphi} : U \longrightarrow \overline{Q} \subset \mathbb{R}^n$ sind die Koeffizienten $\overline{g}_{ij}(\overline{q}) = g(\overline{\psi}(q)) \left(\frac{\partial}{\partial \overline{q}^i}, \frac{\partial}{\partial \overline{q}^j} \right)$ mit $g_{\mu\nu}(q)$ durch die in 8.3 bewiesene Relation verknüpft:

$$\overline{g}_{ij}(\overline{q}) = g_{\mu\nu}(F(q)) \frac{\partial F^\mu}{\partial \overline{q}^i} \frac{\partial F^\nu}{\partial \overline{q}^j}, \text{ kurz } \overline{g}_{ij} = g_{\mu\nu} \frac{\partial q^\mu}{\partial \overline{q}^i} \frac{\partial q^\nu}{\partial q^j},$$

wobei $F := \varphi \circ \overline{\psi} : \overline{Q} \longrightarrow Q$ den Kartenwechsel bezeichnet.

(Kürzer ausgedrückt, aber mit entsprechend mehr Vorwissen belastet, ist g ein symmetrisches, positiv definites Tensorfeld 2. Stufe, oder – damit gleichbedeutend – ein differenzierbarer Schnitt in dem entsprechenden Bündel $\mathrm{Sym}^2_+(M)$ über M.)

2° Die *Bogenlänge* einer Kurve $\gamma : [t_0, t_1] \longrightarrow M$ bezüglich g ist analog zu 8.8.3° definiert durch

$$B(\gamma) := \int_{t_0}^{t_1} \sqrt{g(\dot\gamma, \dot\gamma)} \, dt.$$

Die Aussagen und Definitionen von 8.8.3° und 4° über Invarianz der Bogenlänge in bezug auf Parametrisierungen, über *natürliche Parameter* und über *Geodätische* übertragen sich unmittelbar. Insbesondere ist eine *Geodätische* des Riemannschen Raumes eine natürlich parametrisierte Kurve γ die zugleich stationär (siehe 8.14.2°) bezüglich der Wirkung B und daher Bewegung des Systems $(TM, \sqrt{g})$ ist.

3° Ein *natürliches System* (TM,L) ist eine Lagrange-System auf einem Riemannschen Raum (M,g), zu dem es eine differenzierbare Funktion $U : M \longrightarrow \mathbb{R}$ ("potentielle Energie") gibt, so daß mit $T(Y) := \frac{1}{2}g(Y,Y)$, $Y \in TM$, ("kinetische Energie") die Lagrangefunktion L die Form

$$L(Y) = T(Y) - U(\tau(Y)), \quad Y \in TM,$$

hat (vgl. auch 8.1 und 8.3).

Eine Reihe von Beispielen Riemannscher Mannigfaltigkeiten finden sich im Anhang G. Wir wollen hier nur auf Matrixgruppen mit Riemannscher Metrik eingehen.

(8.20) Beispiel. Sei G eine Matrixgruppe. Zu jedem euklidischen Skalarprodukt

$$g_1 : T_1G \times T_1G \longrightarrow \mathbb{R}$$

auf dem Tangentialraum T_1G in der Eins $1 \in G$ gibt es eine zugehörige linksinvariante Riemannsche Metrik g auf G, die wie folgt konstruiert wird.

Matrixgruppen haben wir als Untermannigfaltigkeiten $G \subset \mathbb{C}(n)$ kennengelernt (siehe Anhang L.4), für die das Tangentialbündel TG als Untermannigfaltigkeit $TG \subset \mathbb{C}(n) \times \mathbb{C}(n)$ direkt angegeben werden kann:

$$
\begin{aligned}
TG &= \{\,(A,v) \in \mathbb{C}(n) \times \mathbb{C}(n) \mid A \in G \text{ und } A^{-1}v \in T_1G\,\} \\
&= \{\,(A,AX) \mid A \in G \text{ und } X \in T_1G\,\}
\end{aligned}
$$

(siehe auch 5.7 im Falle der Drehgruppe SO(3)). Für Tangentialvektoren $\xi = (A,v)$ und $\eta = (A,w)$ aus T_AG wird jetzt gesetzt:

$$g_A(\xi,\eta) := g_1(A^{-1}v, A^{-1}w), \text{ also auch}$$

$$g_A(AX, AY) := g_1(X,Y) \quad \text{für } X,Y \in T_1G.$$

Die Riemannsche Metrik $g : G \longrightarrow \bigcup \{\, \text{Sym}^2_+(T_AG) \mid A \in G\,\}$ ist dann *linksinvariant* in folgendem Sinne: Für die Linksmultiplikation $\mathscr{L}_B : G \longrightarrow G$, $A \longmapsto BA$, gilt stets

$$g_{BA}(T_A\mathscr{L}_B(\xi), T_A\mathscr{L}_B(\eta)) = g_A(\xi,\eta) \quad \text{für } \xi, \eta \in T_AG,$$

wie man durch Einsetzen sofort erkennt.

Ein Beispiel für eine solche allgemeine linksinvariante Metrik ist uns durch die Beschreibung der kinetischen Energie T beim Kreisel im Prinzip bekannt: Mit Hilfe des Trägheitstensors Θ des Kreisels (vgl. 5.13 und 5.19), der nichts anderes als eine positiv definite, symmetrische lineare Abbildung des euklidischen Raumes E auf sich ist, wird über die Identifizierung $\omega : \mathfrak{so}(3) \longrightarrow E$ (vgl. 5.7.15°) ein euklidisches Skalarprodukt

$$g_1(X,Y) := \langle \Theta\omega(X), \omega(Y)\rangle, \quad X,Y \in \mathfrak{so}(3),$$

auf $\mathfrak{so}(3)$ definiert. ("$\langle\ ,\ \rangle$" ist das euklidische Skalarprodukt auf E.) Wegen

$T_1 SO(3) = \mathfrak{so}(3)$ erhält man so eine durch Θ induzierte linksinvariante Riemannsche Metrik $g = g_\Theta$ auf $G = SO(3)$: $g_\Theta(AX,AY) = g_1(X,Y) = \langle \Theta\omega(X), \omega(Y) \rangle$. Nach 5.12 ist die kinetische Energie T des Kreisels für $\eta = AY \in T_A G$ deshalb gerade durch $T(A,AY) = \tfrac{1}{2} g_\Theta(\eta,\eta)$ gegeben, denn es ist $g_\Theta(\eta,\eta) = g_1(Y,Y) = \big(\Theta\omega(Y), \omega(Y) \big)$.

Es ist klar, wie man jetzt eine abstrakte Kreiseltheorie auf Matrixgruppen formulieren kann. Bevor wir das in $8.24.3°$ tun und noch weitere physikalische Beispiele zum Abschluß dieses Paragraphen darstellen, sollen erst einmal die bisher erzielten Ergebnisse für natürliche Systeme (TQ,L), $Q \subset \mathbb{R}^n$ offen, auf allgemeine natürliche Systeme (TM,L) übertragen werden.

Dazu sei (M,g) eine Riemannsche Mannigfaltigkeit. In lokalen Koordinaten bezüglich einer Karte $\varphi : U \longrightarrow Q \subset \mathbb{R}^n$ habe $g(a)$ für $a \in U$ die Matrixdarstellung $g(X,Y) = g_{\mu\nu} X^\mu X^\nu$ mit $g = g(a)$ und $g_{\mu\nu} = g_{\mu\nu}(q) = g(a)\big(\frac{\partial}{\partial q^\mu}, \frac{\partial}{\partial q^\nu}\big)$ (vgl. $8.19.1°$). Die Basisvektorfelder $\frac{\partial}{\partial q^\nu}$ haben auch die Bedeutung einer speziellen Richtungsableitung von differenzierbaren Funktionen $f : U \longrightarrow \mathbb{R}$:

$$\frac{\partial f}{\partial q^\mu}(a) := \frac{d}{dt}\big(f \circ \varphi^{-1}\big)\big(\gamma(a) + t e_\mu\big)$$

für $a \in U$ und $\mu = 1,\dots n$, wobei $(e_1, e_2 \dots e_n)$ die übliche Basis von $\mathbb{R}^n$ bezeichne. Abkürzend: $f_{,\mu} := \frac{\partial f}{\partial q^\mu}$. Die *Christoffelsymbole* bezüglich φ werden jetzt wie oben definiert:

$$\Gamma^k_{ij} := \tfrac{1}{2} g^{k\mu}\big(g_{i\mu,j} + g_{j\mu,i} - g_{ij,\mu}\big),$$

jeweils in Abhängigkeit von $q \in Q$. Bei einem Kartenwechsel $F : \overline{Q} \longrightarrow Q$, $\overline{\varphi} := F^{-1} \circ \varphi$ transformiert sich Γ^k_{ij} nicht wie ein Tensor (vgl. M.16), es gilt stattdessen

$$\overline{\Gamma}^k_{ij}(\overline{q}) = \Gamma^\rho_{\mu\nu}(F(\overline{q}))\, q^\mu_{,i}\, q^\nu_{,j}\, \overline{q}^k_\rho + q^\nu_{,ij}\, \overline{q}^k_\nu ,$$

wobei $F^\mu(\overline{q}) = q^\mu$ und $(F^{-1})^\nu = \overline{q}^\nu$. Mit den Γ^k_{ij} läßt sich für $Y \in T_a M$ und Vektorfelder X in einer Umgebung von a die *kovariante Ableitung* (*von* X *längs* Y) ausdrücken durch

$$D_Y X := \big(\dot{X}^k + \Gamma^k_{ij}\, Y^i\, X^k\big)\frac{\partial}{\partial q^k}$$

als eine von den jeweiligen Koordinaten unabhängige Abbildung. $\dot{X}^k$ ist dabei die Ableitung von $X^k(\gamma(t))$ nach t, wobei $\gamma :]{-}\varepsilon, \varepsilon[\longrightarrow U$, $\varepsilon > 0$, eine Kurve ist, welche Y repräsentiert: $\gamma(0) = a$ und $\dot{\gamma}(0) = Y$. Man sieht, daß X nur auf dem Kurvenstück $\gamma(]{-}\varepsilon,\varepsilon[) \subset U$ definiert sein muß. (Siehe auch G.8 und $G.13.3°$.)

Es sei schließlich noch der geometrische *Gradient* $\text{grad}_g f$ für differenzierbare $f : W \longrightarrow \mathbb{R}$, $W \subset M$ offen, definiert: $\text{grad}_g f$ ist das Vektorfeld auf W, welches für alle weiteren Vektorfelder X auf W die Gleichung

$$g(X, \text{grad}_g f) = L_X f$$

erfüllt. Dabei ist L_X die Lie-Ableitung von f nach X, also $L_X f = X^j f_{,j}$ in lokalen Koordinaten. Daher gilt in lokalen Koordinaten $\text{grad}_g f = g^{ij} f_{,j}\frac{\partial}{\partial q^i}$.

Wir haben damit die nötigen Bezeichnungen zusammengetragen, um den folgenden Satz zu formulieren, der aus den entsprechenden Resultaten für offene $Q \subset \mathbb{R}^n$ anstelle von Mannigfaltigkeiten M unmittelbar folgt:

(8.21) Satz. Sei (TM, L) ein natürliches System auf der Riemannschen Mannigfaltigkeit (M, g) mit potentieller Energie $U : M \longrightarrow \mathbb{R}$ und kinetischer Energie $T = \frac{1}{2} g$: $L = T - U$.

1° Für Kurven $\gamma : J \longrightarrow M$ sind die Bewegungsgleichungen des Systems (TM, L) äquivalent zu

$$D_\gamma \dot{\gamma} = - \mathrm{grad}_g U(\gamma) \quad \text{(vgl. 8.6)}.$$

2° Zu jedem Punkt $a \in M$ und jedem Tangentialvektor $v \in T_a$ gibt es lokal genau eine Bewegung γ mit $\gamma(0) = a$ und $\dot{\gamma}(0) = v$. Es gilt auch der zu 8.7 analoge Satz.

3° Die Geodätischen von (M, g) sind genau die Bewegungen γ von (TM, T) mit Energie $T(\dot{\gamma}) = \frac{1}{2}$. Insbesondere gilt für natürlich parametrisierte γ: $D_\gamma \dot{\gamma} = 0$ $\Leftrightarrow$ γ ist Geodätische.

4° Sei $M' := \{ a \in M \mid U(a) < E \}$ für ein $E \in \mathbb{R}$ mit $M \neq \emptyset$. Eine Kurve $\gamma : [t_0, t_1] \longrightarrow M$ mit $\gamma([t_0, t_1]) \subset M'$ ist genau dann Bewegung von (TM, L) mit Gesamtenergie $T(\dot{\gamma}) + U(\gamma) = E$, wenn γ nach einer geeigneten Umparametrisierung Geodätische des Riemannschen Raumes (M^*, g^*) mit $g^* := 2(E - U)g$ ist.

(8.22) Beispiele.

1° **Das ebene Pendel.** Das bereits im vierten Paragraphen diskutierte Beispiel des ebenen Pendels hat als Phasenraum TS_r^1 ($r = $ Pendellänge). Die kinetische Energie $T = \frac{1}{2} m|v|^2$ ist von der Form $T(Y) = \frac{1}{2} g(Y, Y)$, $Y \in TS_r^1$, mit der Riemannschen Metrik $g(X, Y) = m \langle X, Y \rangle$ auf S_r^1 ($m > 0$). Im kräftefreien Fall ist T die Lagrangefunktion. Der Fall eines konstanten homogenen Schwerefeldes mit Schwerkraft $F(x, y) = (mg, 0)$ wird ebenfalls durch ein natürliches System $L = T - U$ mit Potential $U = - mg\,x$ beschrieben. In den lokalen Koordinaten $\psi(\theta) = r(\cos\theta, \sin\theta)$, $\theta \in \,]-\pi, \pi[$, um die Ruhelage $\psi(0) = (r, 0)$ (vgl. Abbildung in Paragraph 4) hat die Lagrangefunktion die Form $\hat{L} = \frac{1}{2} mr^2 \dot{\theta}^2 + mgr\cos\theta$, wegen $\hat{T}(\theta, \dot{\theta}) = \frac{1}{2} mr^2 \dot{\theta}^2$ und $U(\theta) = - mg(r\cos\theta)$. Die zugehörige Bewegungsgleichung in diesen lokalen Koordinaten ist daher $\ddot{\theta} = - \frac{g}{r} \sin\theta$. Für kleine $|\theta|$ entspricht die letzte Gleichung wegen $\sin\theta \approx \theta$ der Differentialgleichung des harmonischen Oszillators $\ddot{\theta} = - k\theta$, $k > 0$ (vgl. Paragraph 4 und 6).

2° **Das sphärische Pendel.** Der kräftefreie Fall des sphärischen Pendels im $\mathbb{R}^3$ wurde in 8.18.2° behandelt. Phasenraum ist TS_R^2 ($R = $ Pendellänge) und kinetische Energie ist $T = \frac{1}{2} m|v|^2$. Im konstanten homogenen Schwerefeld $F(x, y, z) = (mg, 0, 0)$ ergibt sich analog zu 1° ein natürliches System: $L = T + mg\,x$. In den lokalen Koordinaten (anders als is 8.18.2°)

$$\psi(\theta, \varphi) = R(\cos\theta\cos\varphi, \cos\theta\sin\varphi, \sin\theta), \quad (\theta, \varphi) \in \,]-\tfrac{1}{2}\pi, \tfrac{1}{2}\pi[\times \,]-\pi, \pi[,$$

ist $\hat{L} = \frac{1}{2} mR^2(\dot{\theta}^2 + \dot{\varphi}^2\cos^2\theta) + mgR\cos\theta$ mit den entsprechenden Euler-Lagrange-Gleichungen

$$\ddot{\theta} = -\dot{\varphi}^2 \sin\theta \cos\theta - \frac{g}{R}\sin\theta,$$
$$\ddot{\varphi}\cos^2\theta - 2\dot{\varphi}\dot{\theta}\cos\theta\sin\theta = 0.$$

3° Das freie sphärische Pendel in beliebiger Dimension. In Verallgemeinerung zu 2° betrachten wir ein abstraktes Pendel im $\mathbb{R}^{n+1}$ mit der holonomen Zwangsbedingung $|q|^2 - R^2 = 0$, $R > 0$, und mit der Masse $m = 1$. Der Konfigurationsraum ist die n-Sphäre $S_R^n = \{ q \in \mathbb{R}^{n+1} \mid \langle q, q \rangle = R^2 \}$ und der Phasenraum ist das zugehörige Tangentialbündel $TS_R^n = \{ (q,v) \in \mathbb{R}^{n+1} \mid q \in S_R^n \text{ und } \langle q, v \rangle = 0 \}$. Die kräftefreie Bewegung wird durch die kinetische Energie $T(q,v) = \frac{1}{2}|v|^2 = \frac{1}{2}\langle v, v \rangle = \frac{1}{2}g(v,v)$ beschrieben, wobei g die übliche (vom euklidischen Skalarprodukt $\langle \ , \ \rangle$ des $\mathbb{R}^{n+1}$ induzierten) Riemannsche Metrik auf der Sphäre S_R^n ist. T ist invariant gegenüber Drehungen $A \in SO(n+1)$: $T(Aq, Av) = T(q,v)$. Wegen $\mathscr{F}T(Y)(X) = \langle Y, X \rangle$ hat das Lagrange-System (TS_R^n, T) nach dem Satz von Noether (8.17 bzw. 7.8) die Bewegungskonstanten $I_X(q,v) = (v, Xq)$ für $X \in \mathfrak{so}(n+1)$. Bezüglich der üblichen kartesischen Koordinaten $q = (q^0, q^1, \ldots q^n)$ in $\mathbb{R}^{n+1}$ erhält man auf diese Weise insbesondere die Bewegungskonstanten $I^{\mu\nu}(q,v) := q^\mu v^\nu - q^\nu v^\mu$, $\mu < \nu$, die von den infinitesimalen Drehungen des $\mathbb{R}^{n+1}$ erzeugt werden.

Mit Hilfe dieser Bewegungskonstanten lassen sich die Bewegungsgleichungen auf einfache Weise lösen: Zu $a \in S_R^n$ und $v \in T_a S_R^n \setminus \{ 0 \}$ bestimme man ein Orthonormalsystem $(e_0, e_1, \ldots e_n)$ mit $a = Re_0$ und $v = |v|e_1$. Für die Bewegung γ mit $\gamma(0) = a$ und $\dot{\gamma}(0) = v$ gilt $I^{01}(\gamma, \dot{\gamma}) = |v|R \neq 0$ und $I^{\mu\nu}(\gamma, \dot{\gamma}) = 0$ für alle anderen $I^{\mu\nu}$, $\mu < \nu$. Daher verläuft die Bewegung γ ganz in der von e_0 und e_1 aufgespannten Ebene. Daraus folgt $\gamma(t) = \cos(|v|\frac{t}{R})a + \frac{R}{|v|}\sin(|v|\frac{t}{R})v$ wegen $|\dot{\gamma}(t)|^2 = |v|^2$ und $|\gamma(t)| = R$. Wir haben damit nach Satz 8.21.3° auch gezeigt: Die Geodätischen von (S_R^n, g) sind die natürlich parametrisierten Großkreise: $\cos(\frac{t}{R})a + \sin(\frac{t}{R})b$, $t \in \mathbb{R}$, mit $a, b \in S_R^n$, $\langle a, b \rangle = 0$.

4° Das freie Doppelpendel. Ein ebenes Doppelpendel hat den Torus $S_r^1 \times S_R^1$ als Konfigurationsraum, wie im vierten Paragraphen erläutert wurde. Ohne die Bahnen der freien Bewegungen, also der Geodätischen, explizit zu kennen, läßt sich zeigen, daß es zu $n, m \in \mathbb{N}$, $n > 0$, $m > 0$, stets eine periodische Geodätische $\gamma(t) = (\alpha(t), \beta(t))$ auf $S_r^1 \times S_R^1$ gibt, so daß innerhalb einer Periode die Kreislinie S_r^1 von α n-mal durchlaufen wird und die Kreislinie S_R^1 von β m-mal. Entsprechend gibt es eine Bewegung, bei der innerhalb einer Periode das erste Pendel n volle Rotationen und das zweite Pendel m volle Rotationen macht. Wie zuvor ergibt sich im Falle eines konstanten homogenen Schwerefeldes ebenfalls ein natürliches System.

(8.23) Beispiel: Keplerbewegung als geodätischer Fluß der 3-Sphäre. Im Beispiel 8.13.2° wurden die Bahnen der Bewegungen des Keplerproblems zu einer festen Energie $E < 0$ als die Bahnen der Geodätischen zur Jacobi-Metrik $g^* = 2(E + \frac{1}{|q|})\delta$ erkannt. Im folgenden wird gezeigt, daß diese Bahnen bis auf Isometrie und eine Parametertransformation den Bahnen der Geodätischen auf der 3-Sphäre S^3 entsprechen

$(1° - 3°)$. Als Konsequenzen aus diesem Resultat ergeben sich in $4°$ eine Regularisierung der Kollisionsbahnen und in $5°$ eine Erklärung des Runge–Lenz–Vektors als Bewegungskonstante zur natürlichen $SO(4)$-Symmetrie von S^3. Schließlich werden in $6°$ und $7°$ Verallgemeinerungen auf beliebige Dimensionen und beliebige Energien E angesprochen.

$1°$ **Zeittransformation.** Sei (q,p) eine Keplerbewegung zur Energie $E < 0$ (mit $k = m = 1$, vgl. 7.12), also $q : [t_0, t_1] \longrightarrow Q = \mathbb{R}^3 \setminus \{0\}$ Kurve mit $\dot{q} = p$, $\dot{p} = -\frac{q}{|q|^3}$ und $\frac{1}{2}|p|^2 - \frac{1}{|q|} = E$. Um zu erkennen, welche Geometrie sich hinter der Jacobi-Metrik verbirgt, ist es günstig eine Zeittransformation $t = \tau(s)$ durchzuführen mit $\frac{d\tau}{ds}(s) = \frac{r\circ\tau(s)}{\rho^2}$ ($\rho := \sqrt{-2E}$ und $r(t) := |q(t)|$). $\tau : [0, s_1] \longrightarrow [t_0, t_1]$ erhält man als Umkehrfunktion von

$$\sigma(t) = \int_{t_0}^{t} \rho^2 |q(t')|^{-1} dt' , \quad s = \sigma(t).$$

Für $T(x,v) := \frac{1}{2} \frac{4\rho^4}{(\rho^2 + |x|^2)^2} |v|^2$, $(x,v) \in T\mathbb{R}^3 \cong \mathbb{R}^3 \times \mathbb{R}^3$ und

$$x(s) := \dot{q}(\tau(s)), \quad x' := \frac{d}{ds}x(s) \text{ etc.}$$

rechnet man jetzt leicht nach:

$$\rho^2 + |x|^2 = -2E + |p|^2 = \frac{2}{|q|} = \frac{2}{r},$$

$$x' = \frac{d}{ds}x = \dot{q}' = \ddot{q}\frac{d\tau}{ds} = \ddot{q}\frac{r}{\rho^2} = -\frac{1}{\rho^2 r^2}q, \text{ sowie}$$

$$T(x,x') = \tfrac{1}{2} \text{ (denn } T(x,x') = \tfrac{1}{2}\rho^4 r^2 |x'|^2 \text{ und } |x'|^2 = \rho^{-4}r^{-2}).$$

Wegen $\frac{\partial T}{\partial v}(x,x') = -\rho^2 q$, $\frac{\partial T}{\partial x}(x,x') = -rx$ und $\frac{d}{ds}(-\rho^2 q) = -\rho^2 \dot{q}\tau' = -r\dot{q} = -rx$ erfüllt (x,x') also die Euler-Lagrange-Gleichungen zu T. Damit ist eine Richtung der folgenden Äquivalenz bewiesen.

Satz. Sei $q : [t_0, t_1] \longrightarrow Q$ Kurve. $(q,\dot{q})$ ist genau dann Bewegung von (TQ, L), $L = \frac{1}{2}|\dot{q}|^2 + \frac{1}{|q|}$, mit Energie $E < 0$, wenn $x(s) := \dot{q}\circ\tau(s)$ Bewegung von $(T\mathbb{R}^3, T)$ mit Energie $T(x,x') = \frac{1}{2}$ ist (τ und T wie oben).

Um die Umkehrung des Satzes zu zeigen, sei $x = x(s)$ Bewegung von $(T\mathbb{R}^3, T)$ mit Energie $\frac{1}{2}$. Sei $s = \sigma(t)$ die Umkehrfunktion von

$$\tau(s) := \int_{s_0} 2\rho^{-2} (|x(s')|^2 + \rho^2)^{-1} ds'$$

auf dem Intervall $[0, t_1]$, $t_1 = \tau(s_1)$. Dann ist

$$q(t) := -4\rho^2 (|x\circ\sigma(t)|^2 + \rho^2)^{-2} x'(\sigma(t))$$

Lösung von $\ddot{q} = -\frac{q}{|q|^3}$ mit Energie E: Denn wegen $T(x,x') = \frac{1}{2}$ ist zunächst

$$\rho^2 + |x|^2 = \frac{2}{r}, \quad r = |q|, \text{ also}$$

$$q(t) = -\rho^2 r^2 x'\circ\sigma(t) \text{ und } \tau' = r\rho^{-2}.$$

Aus

$$\frac{d}{ds}\frac{\partial T}{\partial v} = \frac{\partial T}{\partial x}$$

für (x,x') ergibt sich wegen $\frac{\partial T}{\partial v} = \frac{4\rho^4}{(\rho^2 + |x|^2)^2}x' = \rho^4 r^2 x' = -\rho^2 q'$ und entsprechend $\frac{\partial T}{\partial x} = -rx : \rho^2 q' = rx$. Wegen $q' = \dot{q}\tau' = \dot{q}r\rho^{-2}$ folgt $rx = \rho^2 q' = r\dot{q}$, das heißt $\dot{q} = x$. Schließlich folgt daraus $\frac{1}{2}|\dot{q}|^2 - r^{-1} = E$ und $q = -\rho^2 r^2 x' = -\rho^2 r^2 \dot{q}' = -r^3 \ddot{q}$, das heißt $\ddot{q} = -\frac{q}{r^3}$. Damit ist der Satz bewiesen.

2° **Interpretation des Satzes.** Sei jetzt $\Sigma_E = \{(q,p) : \frac{1}{2}|p|^2 - \frac{1}{|q|} = E\}$ die Energieniveaufläche zur Energie $E < 0$. Der in 1° bewiesene Satz gibt Anlaß, die folgende differenzierbare Abbildung

$$F : \Sigma_E \longrightarrow T\mathbb{R}^3 \cong \mathbb{R}^3 \times \mathbb{R}^3$$

einzuführen: $F(q,p) := \left(p, -\frac{1}{\rho^2}\frac{q}{|q|^2}\right)$. Durch F werden im wesentlichen nur die Rollen von q und p vertauscht. Die Bildmenge $F(\Sigma_E)$ liegt im "Sphärenbündel"

$$S(\mathbb{R}^3, g_\rho) := \{(x,v) \in T\mathbb{R}^3 \mid g_\rho(v,v) = 1\}$$

zur sphärischen (vgl. 8.11.2°) Metrik

$$g_\rho(v,w) := \frac{4\rho^4}{(\rho^2 + |x|^2)^2}\langle v,w\rangle,$$

wie man durch Einsetzen unter Verwendung von $\frac{1}{2}|p|^2 - |q|^{-1} = E$ nachprüft. Die Abbildung $F : \Sigma_E \longrightarrow S(\mathbb{R}^3, g_\rho)$ ist sogar Diffeomorphismus; die Umkehrabbildung $G := F^{-1}$ läßt sich direkt angeben $G(x,v) = (-\frac{1}{\rho^2}\frac{v}{|v|^2}, x)$. Mit dem Resultat des Satzes gilt daher:

Folgerung: $F : \Sigma_E \longrightarrow S(\mathbb{R}^3, g_\rho)$ ist ein Diffeomorphismus, der die Bahnen der Keplerbewegung genau auf die Bahnen der Geodätischen von $(\mathbb{R}^3, g_\rho)$ abbildet. Die Kollisionsbahnen (vgl. 7.12.2°) werden dabei auf die Geraden durch $0 \in \mathbb{R}^3$ abgebildet: $F(\Gamma(0,R)) = \{(\alpha R, -\frac{1}{2}(\alpha^2 + \rho^2)\rho^{-2}R) : \alpha \in \mathbb{R}\} \subset T\mathbb{R}^3$, wobei $R \in \mathbb{R}^3$, $|R| = 1$.

3° **Vergleich mit dem geodätischen Fluß von S^3.** Der *Geodätische Fluß* einer Riemannschen Mannigfaltigkeit (M,g) ist die Gesamtheit aller Kurven $\dot{\gamma}$ in TM, für die γ eine maximale Geodätische von (M,g) ist. Wegen $\dot{\gamma}(t) \in S(M,g) := \{Y \in TM \mid g(Y,Y) = 1\}$ für Geodätische γ liefert der geodätische Fluß eine Zerlegung des *"Sphärenbündels"* $S(M,g)$ in die Bahnen der Geodätischen.

Die Abbildung $F : \Sigma_E \longrightarrow S(\mathbb{R}^3, g_\rho)$ liefert laut Folgerung einen Isomorphismus zwischen den Keplerbahnen auf Σ_E und dem geodätischen Fluß auf $(\mathbb{R}^3, g_\rho)$.

Die Geometrie von $(\mathbb{R}^3, g_\rho)$ ist über die stereographische Projektion $\varphi : S_\rho^3 \setminus \{N\} \longrightarrow \mathbb{R}^3$, $N := (\rho, 0, 0, 0)$,

$$\varphi(x^0, x^1, x^2, x^3) := \frac{\rho}{\rho - x^0}(x^1, x^2, x^3), \quad x \in S_\rho^3 \setminus \{N\},$$

mit der Geometrie der 3-Sphäre (S_ρ^3, g) verbunden: Für die Parametrisierung $\psi := \varphi^{-1}$, $\psi : \mathbb{R}^3 \longrightarrow S_\rho^3 \setminus \{N\}$,

$$\psi(x^1, x^2, x^3) = \frac{1}{|x|^2 + \rho^2}\left(\rho(|x|^2 - \rho^2), 2\rho^2 x^1, 2\rho^2 x^2, 2\rho^2 x^3\right),$$

gilt $\qquad g_{ij} = \langle \partial_i \psi, \partial_j \psi \rangle = \dfrac{4\rho}{(\rho^2 + |x|^2)^2}\, \delta_{ij}$ (vgl. G.2.3°).

Also ist ψ eine Isometrie von $(\mathbb{R}^3, g_\rho)$ nach $(\mathbb{S}^3_\rho, g)$. Die Komposition $\Phi := T\psi \circ F : \Sigma_E \longrightarrow \mathbb{S}(\mathbb{R}^3, g_\rho) \longrightarrow \mathbb{S}(\mathbb{S}^3_\rho, g) =: \mathbb{S}$ bildet daher die Keplerbahnen von Σ_E auf die Geodätischen von $(\mathbb{S}^3_\rho, g)$ ab, welche in $\Phi(\Sigma_E)$ liegen. Die Konstruktion von F und T_ψ zeigt: $\Phi(\Sigma_E) = \mathbb{S} \setminus \tau^{-1}(N)$, wobei $\tau : T\mathbb{S}^3_\rho \longrightarrow \mathbb{S}^3_\rho$ die übliche Projektion des Tangentialbündels $T\mathbb{S}^3_\rho$ ist.

4° **Regularisierung.** Damit lassen sich die Kollisionsbahnen in Σ_E regularisieren: Zu jeder Kollisionsbahn $\Gamma(0,R)$ in Σ_E (mit Drehimpuls $I = 0$ und mit dem Runge-Lenz-Vektor $R \in \mathbb{R}^3$, $|R| = 1$, vgl. 7.12.2°) gibt es einen natürlich parametrisierten Großkreis γ_R (festgelegt durch die Bedingungen $N \in \gamma_R$ und $(0,\rho R) \in \gamma_R$), so daß für die Projektion $\tau\Phi(\Gamma(0,R))$ von $\Phi(\Gamma(0,R))$ gilt: $\tau\Phi(\Gamma(0,R)) \subset \gamma_R(\mathbb{R})$ und $\gamma_R(\mathbb{R}) \setminus \tau\Phi(\Gamma(0,R)) = \{N\}$. $\gamma_R(\mathbb{R}) \subset \mathbb{S}^3_\rho$ bzw. $\dot\gamma_R(\mathbb{R}) \subset \mathbb{S}$ kann daher als die natürliche Fortsetzung der Kollisionsbahn $\Phi(\Gamma(0,R))$ in den Kollisionspunkt N angesehen werden: Denn es gilt für jede Folge $(q_n, p_n) \in \Gamma(0,R)$ mit $q_n \longrightarrow 0$: $|p_n| \longrightarrow \infty$ sowie $\Phi(q_n, p_n) \longrightarrow \dot\gamma_R(0)$, wenn $\gamma_R(0) = N$. (Eine naheliegende Parametrisierung von γ_R ist $\gamma_R(t) = (\cos\frac{t}{\rho})N + (\sin\frac{t}{\rho})(0,\rho R)$).

5° **Symmetrien und Runge-Lenz-Vektor.** Eine Symmetrie, die für die Bewegungsinvarianz des Runge-Lenz-Vektors verantwortlich ist, kann jetzt in natürlicher Weise explizit angegeben werden: Die 3-Sphäre $\mathbb{S}^3_\rho$ ist mit ihrer Metrik g invariant gegenüber Drehungen des $\mathbb{R}^4$, also gegenüber allen $A \in SO(4)$. Es ergeben sich die Bewegungskonstanten $I^{\mu\nu}(x,v) = v^\mu x^\nu - v^\nu x^\mu$, $\mu < \nu$, aufgrund des Satzes von Noether (vgl. 8.22.3°). Deshalb sind insbesondere auch die Größen

$$R^\nu(q,p) := -\frac{1}{\rho}\, I^{0\nu} \circ \Phi(q,p), \quad \nu = 1,2,3,$$

Bewegungskonstanten auf Σ_E. Eine kurze Rechnung zeigt: Diese R^ν sind die Komponenten des in 7.12 definierten Runge-Lenz-Vektors R. Die $\frac{1}{\rho^2}I^{\mu\nu}$, $0 < \mu < \nu$, sind im übrigen bis auf Vorzeichen die Komponenten des Drehimpulsvektors.

6° **n-dimensionale Version.** Statt im $\mathbb{R}^3$ kann analog das n-dimensionale Keplerproblem mit Lagrangefunktion $L = \frac{1}{2}|v|^2 + \frac{1}{|q|}$, $q \in Q = \mathbb{R}^n \setminus \{0\}$ untersucht werden. Für $n \geq 2$ übertragen sich alle Resultate 1°–5° ohne nennenswerte Änderungen.

7° **Nichtnegative Energiewerte.** Für $E = 0$ erhält man analog einen Isomorphismus der Keplerbahnen in Σ_0 mit dem geodätischen Fluß auf einem n-dimensionalen Paraboloid im $\mathbb{R}^{n+1}$. Für $E > 0$ erhält man einen Isomorphismus der Keplerbahnen in Σ_E mit dem geodätischen Fluß einer n-dimensionalen Pseudosphäre im $\mathbb{R}^{n+1}$.

(8.24) Beispiel: Der schwere Kreisel. Auch der Kreisel in einem konstanten, homogenen Schwerefeld läßt sich als natürliches System auffassen, wie wir in 1° zeigen. Neben der Gesamtenergie hat man aber im allgemeinen nur eine weitere Bewegungskonstante. Für einen symmetrischen Kreisel ergibt sich in 2° noch eine Bewegungskonstante, so daß die Bewegungsgleichungen sich auf ein eindimensionales Problem reduzieren lassen. Abschließend wird in $3°$ kurz auf einen allgemeinen freien Kreisel mit beliebiger Matrixgruppe eingegangen.

$1°$ **Der schwere Kreisel als natürliches System.** Bereits in 8.20 haben wir festgestellt, daß die kinetische Energie T des Kreisels nach 5.13 von einer linksinvarianten Riemannschen Metrik auf dem Lageraum $S \cong SO(3)$ des Kreisels herrührt. Die potentielle Energie des Kreisels in einem homogenen und konstanten Schwerefeld beschreibt sich wie folgt: Das feste Koordinatensystem e_1, e_2, e_3 des Raumes E sei so gewählt, daß das Schwerefeld die Form $(0,0,-g)$ hat, und natürlich der Ursprung $0 \in E$ der festgehaltene Punkt des Kreisels ist. $1 = \mathrm{id}_E \in SO(3)$ im Konfigurationsraum $S \cong SO(3)$ sei so gewählt, daß der Schwerpunkt C des Kreisels (vgl. Paragraph 5) in der Lage $A = 1$ bezüglich e_1, e_2, e_3 die Koordinaten $(0,0,z)$ mit $z \geq 0$ hat. Dann hat die potentielle Energie folgende Form

$$U(A) := Mgz \langle e_3, A^T e_3 \rangle = Mgz \cos\vartheta, \quad A \in S.$$

Dabei ist M die Masse des Kreisels und ϑ der Winkel zwischen der raumfesten Achse e_3 und der körpereigenen Achse $E_3 = A^T e_3$. Im Falle $z = 0$ liegt eine kräftefreie Bewegung vor.

Das natürliche System $(TS, T - U)$ beschreibt also den schweren Kreisel. Dabei ist $L = T - U$ offensichtlich invariant gegenüber Drehungen um die e_3-Achse. Nach dem Satz von Noether ist also die Komponente ℓ_3 des räumlichen Drehimpulses (vgl. 5.18) neben der Gesamtenergie eine Bewegungskonstante.

$2°$ **Der symmetrische schwere Kreisel.** Unter einem *symmetrischen schweren Kreisel* versteht man einen in einem Punkte festgehaltenen starren Körper, für den zwei der drei Hauptträgheitsmomente übereinstimmen (vgl. 5.14) und bei dem der Schwerpunkt C auf der (Symmetrie-)Achse $E_3 = A^T e_3$ des jeweiligen körpereigenen Koordinatensystems liegt. (Vielfach wird nur der symmetrische schwere Kreisel als "Kreisel" bezeichnet.) Es sei jetzt e_1, e_2, e_3 ein raumfestes Koordinatensystem, für das der Trägheitstensor Θ die Diagonalform $\Theta = \mathrm{diag}\,(I_1, I_2, I_3)$ mit $I_1 = I_2$ hat, und es sei $1 \in S \cong SO(3)$ so gewählt, daß C in der Position $A = 1 \in S$ die Koordinaten $(0,0,z)$, $z \geq 0$, bezüglich e_1, e_2, e_3 hat. Wie in $1°$ ist $L = T - U$ eine Lagrangefunktion des Systems mit potentieller Energie $U(A) = Mgz \cos\vartheta$. Neben ℓ_3 erwartet man wegen der Symmetrie des Systems bzgl. der Rotationen um die körpereigene Achse $E_3 = A^T e_3$ auch L_3 (vgl. 5.18) als Bewegungskonstante.

Bezüglich der *Eulerwinkel* als lokale Koordinaten lassen sich diese Bewegungskonstanten direkt aus der Form der Lagrangefunktion ablesen. Es sei

$$R_j(t) := e^{t M_j}, \ t \in \mathbb{R}, \ j = 1, 2, 3,$$

wobei die M_j die drei infinitesimalen Drehungen um die drei Hauptachsen sind (vgl. L.6 i) und 5.7.$3°$). Dann liefert

$$R : [0, 2\pi[\ \times \ ]0, \pi[\ \times \ ]0, 2\pi[\ =: \ Q \longrightarrow SO(3)$$
$$R(q) = R(\varphi, \vartheta, \psi) := R_3(\varphi) R_1(\vartheta) R_3(\psi)$$

eine Parametrisierung (eines offenen Teils) von $SO(3)$. Die Berechnung der kinetischen Energie $\widehat{T}(q,v) = T(T_q R(v))$ für $(q,v) \in Q \times \mathbb{R}^3$ bezüglich dieser Parametrisierung:

$$\widehat{T}(q,v) = \tfrac{1}{2} \langle \Theta \omega_K(T_q R(v)), \omega_K(T_q R(v)) \rangle, \quad \text{wobei}$$
$$\omega_K(T_q R(v)) = \omega(R(v)^T T_q R(v)) \quad (\text{vgl. } 5.12).$$

Aus $T_q R(v) = \dfrac{d}{dt} R(q + tv)\big|_{t=0}$ ergibt sich mit der Notation $q = (\varphi, \vartheta, \psi)$ und $v = (v_\varphi, v_\vartheta, v_\psi)$ wegen $\dfrac{d}{dt} R_3(\varphi + tv_\varphi)\big|_{\varphi=0} = v_\varphi M_3 R_3(\varphi)$ etc.:

$$T_q R(v) = v_\varphi M_3 R_3(\varphi) R_1(\vartheta) R_3(\psi) + R_3(\varphi) v_\vartheta M_1 R_1(\vartheta) R_3(\psi)$$
$$+ R_3(\varphi) R_1(\vartheta) v_\psi M_3 R_3(\psi), \quad \text{also}$$

$$R(q)^T T_q R(v) = R_3(-\psi) R_1(-\vartheta) R_3(-\varphi) T_q R(v)$$
$$= v_\varphi R_3(-\psi) R_1(-\vartheta) M_3 R_1(\vartheta) R_3(\psi) + v_\vartheta R_3(-\psi) M_1 R_3(\psi) + v_\psi M_3.$$

Es folgt wegen $\Theta = \text{diag}(I_1, I_2, I_3)$ und $\omega = \text{diag}(1,1,1)$:

$$\widehat{T}(q,v) = \tfrac{1}{2} I_1 (v_\varphi \sin\vartheta \sin\psi + v_\vartheta \cos\psi)^2$$
$$+ \tfrac{1}{2} I_2 (v_\varphi \sin\vartheta \cos\psi - v_\vartheta \sin\psi)^2$$
$$+ \tfrac{1}{2} I_3 (v_\varphi \cos\vartheta + v_\psi)^2$$

Diese Herleitung ist gültig für den allgemeinen Kreisel. Im symmetrischen Fall $(I_1 = I_2)$ haben wir die Vereinfachung

$$\widehat{T}(q,v) = \tfrac{1}{2} I_2 (v_\vartheta^2 + v_\varphi^2 \sin^2\vartheta) + \tfrac{1}{2} I_3 (v_\varphi \cos\vartheta + v_\psi)^2.$$

Mit $\widehat{U}(q,v) = U(R(q)) = Mgz \langle e_3, R(q)^T e_3 \rangle = Mgz \cos\vartheta$ läßt sich aus der Lagrangefunktion $\widehat{L}(q,v) = \widehat{T}(q,v) - \widehat{U}(q)$ unmittelbar ablesen, daß $\widehat{L}$ translationsinvariant ist gegenüber $\varphi \longmapsto \varphi + \varphi_0$ und $\psi \longmapsto \psi + \psi_0$ (φ und ψ sind zyklische Koordinaten bezüglich $\widehat{L}$). Daher sind

$$k(q,v) := \frac{\partial L}{\partial v_\varphi}(q,v) = v_\varphi (I_1 \sin^2\vartheta + I_3 \cos^2\vartheta) + v_\psi I_3 \cos\vartheta$$

und

$$K(q,v) := \frac{\partial L}{\partial v_\psi}(q,v) = v_\varphi I_3 \cos\vartheta + v_\psi I_3$$

Bewegungskonstante. Ein Vergleich mit 5.18 und den obigen Rechnungen zeigt: $k = \widehat{\ell}_3(q,v)$, $K = \widehat{L}_3(q,v)$.

Mit Hilfe der drei Bewegungskonstanten $T + U$, ℓ_3 und L_3 lassen sich die Bewegungsgleichungen für den symmetrischen Kreisel auf ein 1-dimensionales Problem reduzieren und dann lösen. Wir verweisen dazu auf [ARN, S. 152 ff.] und [ST1, S. 338 ff.] sowie auf 9.20 ff.

Bemerkung: Aus dem Ausdruck $\widehat{T}(q,v)$ für die kinetische Energie läßt sich auch folgern: Die Euler-Lagrange-Gleichungen für den kräftefreien Kreisel sind genau die in 5.13.4° hergeleiteten Eulerschen Gleichungen.

3° **Der allgemeine freie Kreisel.** Es sei G eine Matrixgruppe mit ihrer Lie-Algebra $\mathfrak{g} = \text{Lie } G$. Das Tangentialbündel ist

$$TG = \{(A,v) \mid A \in G \text{ und } A^{-1}v \in \mathfrak{g}\} = \{(A,v) \mid A \in G \text{ und } vA^{-1} \in \mathfrak{g}\}$$

(vgl. L.4.8°). Wie in 8.20 gezeigt wurde, wird zu jedem euklidischen Skalarprodukt $g_1 : g \times g \longrightarrow \mathbb{R}$ auf $g = T_1 G$ eine linksinvariante Riemannsche Metrik g durch

$$g_A(v,w) = g_1(A^{-1}v, A^{-1}w) \quad \text{für} \quad (A,v), (A,w) \in T_A G$$

definiert. g_1 wird eindeutig bestimmt durch eine symmetrische bilineare Abbildung $\lambda_1 : g \longrightarrow g^*$ mit $\lambda_1(X)(Y) = g_1(X,Y)$. Entsprechend hat man symmetrische Isomorphismen

$$\lambda_A : T_A G \longrightarrow T_A G^*, \quad \lambda_A(v)(w) = g_A(v,w).$$

G kann man in Analogie zu SO(3) auffassen als den *Konfigurationsraum* eines *verallgemeinerten Kreisels*. Als Winkelgeschwindigkeit in $(A,v) \in T_A G$ dienen entsprechend der Beschreibung in 5.8 und 5.11 die Vektoren

$$\omega_K(A,v) := A^{-1}v \quad \text{und} \quad \omega_R(A,v) := vA^{-1},$$

wobei ω_K die *Winkelgeschwindigkeit in körpereigenen Koordinaten* ist und ω_R die *Winkelgeschwindigkeit in räumlichen Koordinaten*. Die kinetische Energie ist

$$T(A,v) = \tfrac{1}{2} g_A(v,v)$$

mit der linksinvarianten Metrik g. Die Bahnen der Bewegungen des Systems (TG,T) sind die Geodätischen zu g (vgl. 8.21). Die Operatoren λ_A sind dann als Trägheitstensor aufzufassen. Diese λ_A erlauben es, verallgemeinerte Drehimpulse zu definieren. Der *körpereigene Drehimpuls* ist die Abbildung $L : TG \longrightarrow g^*$, wobei $L(A,v) \in g^*$ als $Y \longmapsto \lambda_A(v,AY) = g_1(A^{-1}v, Y)$ wirkt. Der *räumliche Drehimpuls* ist die Abbildung $\ell : TG \longrightarrow g^*$, wobei $\ell(A,v)$ durch $X \longmapsto \lambda_A(v,XA) = g_1(A^{-1}v, A^{-1}XA)$ gegeben ist. Für den aus dem fünften Paragraph bekannten Fall $G = SO(3)$ stimmen diese Definitionen mit den dortigen überein, abgesehen von geeigneten Identifikationen von $\mathbb{R}^3$ mit $\mathfrak{so}(3)$ bzw. $\mathfrak{so}(3)^*$. Der in 7.13.1° hergeleitete Erhaltungssatz hat folgende unmittelbare Verallgemeinerung:

Satz. Das System (TG,T) hat ℓ als Bewegungskonstante.

Der Satz ist wie in 7.13.1° eine Anwendung des Satzes von Noether, zu dem wir jetzt durch 8.17 einen glatteren Formalismus zur Verfügung haben. Die Faserableitung von T ist

$$\mathscr{F}T(A,v)(A,w) = \frac{d}{dt} T(v + tw)\Big|_{t=0} = g_A(v,w).$$

Für jeden Vektor $X \in g$ läßt $A \longmapsto e^{sX}A$ die Lagrangefunktion invariant, weil ja g linksinvariant ist. Der infinitesimale Erzeuger von $A \longmapsto e^{sX}A$ ist das Fundamentalfeld $A \longmapsto XA =: \tilde{X}(A)$. Also ist

$$I_X(A,v) = \mathscr{F}T(A,v)\tilde{X}(A) = g_A(v,XA) = \ell(A,v)(X)$$

die zugehörige Bewegungskonstante.

Natürlich ist auch T (nach 8.4) eine Bewegungskonstante. Wie in 7.13.4° führt die Ausnutzung von $\frac{d}{dt}\ell = 0$ zu verallgemeinerten Eulergleichungen zwischen L und ω_K, die zugleich die Bewegungsgleichungen sind. Mehr zu diesem Thema findet man zum Beispiel in [ARN, S. 325 ff.].

9 Symmetrie in der Hamiltonschen Mechanik

Unter verschiedenen Gesichtspunkten ist die Hamiltonsche Formulierung der Klassischen Mechanik vorteilhafter als die Formulierung im Rahmen von Lagrange-Systemen. In den vorangehenden Paragraphen haben wir bereits den harmonischen Oszillator wie auch das Keplerproblem in Hamiltonscher Form dargestellt und allgemein die Hamilton-Systeme in 3.5 vorbereitet. Dieser neunte Paragraph des Kapitels über Geometrie und Symmetrie in der Mechanik zielt darauf ab, die Hamiltonsche Formulierung der Klassischen Mechanik vorzustellen, Noethersche Sätze für Hamilton-Systeme zu beweisen, und dazu die Momentenabbildung einzuführen. An den bereits bekannten Beispielen werden die neuen Begriffe erläutert. Der Paragraph schließt ab mit einer kurzen Abhandlung über vollständig integrable Systeme.

Sei $Q \subset \mathbb{R}^n$ zunächst wieder offen und $P = Q \times (\mathbb{R}^n)^*$ der Impulsphasenraum mit Koordinaten (q,p), $q = (q^1, \dots, q^n)$, $p = (p_1, p_2, \dots, p_n)$. Ein *Hamilton-System* ist ein einfaches klassisches System im Sinne des 3. Paragraphen, in dem die Bewegungsgleichungen in der Form 3.5 mittels einer einmal stetig differenzierbaren Funktion $H : P \longrightarrow \mathbb{R}$, der sogenannten *Hamiltonfunktion*, auf die folgende Art gegeben sind:

$$(9.1) \quad \dot{q} = \frac{\partial H}{\partial p}, \quad \dot{p} = - \frac{\partial H}{\partial q}.$$

Eine Kurve $\gamma : J \longrightarrow P$ im Phasenraum P ist also genau dann eine Bewegung des Hamilton-Systems (P,H), wenn für $\gamma(t) = (q(t), p(t))$, $t \in J$, und für alle $k \in \{1, \dots n\}$ gilt:

$$\dot{q}^k(t) = \frac{\partial H}{\partial p_k}(q(t), p(t)), \quad \dot{p}_k(t) = - \frac{\partial H}{\partial q^k}(q(t), p(t)).$$

Man nennt 9.1 die *kanonischen Gleichungen* des Hamilton-Systems (P, H).

An Beispielen kennen wir bereits den harmonischen Oszillator mit $P \cong \mathbb{R}^{2n}$, $H(q,p) = \frac{1}{2}(|p|^2 + |q|^2)$, sowie allgemeiner die Bewegungsgleichungen
$$\dot{q} = \frac{1}{m}p, \quad \dot{p} = -\nabla U(q),$$
für konservative Zentralkraftfelder $F = -\nabla U$ mit der zugehörigen Hamiltonfunktion $H(q,p) = \frac{1}{2}\frac{p^2}{m} + U(q)$, insbesondere als spezielles Beispiel das Keplerproblem mit

$$H(q,p) = \frac{1}{2}\frac{p^2}{m} - k\frac{1}{|q|}.$$

Den Übergang von einem Lagrange-System $(Q \times \mathbb{R}^n, L)$ mit Lagrangefunktion $L = L(q,v)$ zu einem äquivalenten Hamilton-System mit Hamiltonfunktion H erhält man, falls überhaupt durchführbar, mit Hilfe der *Legendretransformation*. Man macht den Ansatz $p := \frac{\partial L}{\partial v}$, versteht diese p als einen *verallgemeinerten Impulsvektor* und löst die Gleichung $p = \frac{\partial L}{\partial v}(q,v)$ nach $v = \Phi(q,p)$ auf. Das ist nach dem Satz über implizite Funktionen (vgl. M.3.5°) jedenfalls dann lokal möglich, wenn die Matrix der zweiten Ableitungen von L nach den Variablen v^μ, also

$$\left(\frac{\partial^2 L}{\partial v^i \partial v^j}(q,v)\right),$$

invertierbar ist. Eine Lagrangefunktion, die dieser Bedingung genügt, heißt *regulär*. Für solche reguläre L ist die transformierte Funktion

$$(9.2)\quad H(q,p) := p\,\Phi(q,p) - L(q,\Phi(q,p))$$

lokal eine geeignete Hamiltonfunktion. ($p\Phi(q,p)$ steht abkürzend für $\sum_{\nu=1}^{n} p_\nu \Phi^\nu(q,p)$; noch kürzer wird H anderswo gelegentlich als $H(q,p) = pv - L(q,v)$ geschrieben.)

Im Falle eines natürlichen Systems $L = T - U$ mit $T(q,v) = \frac{1}{2} g_{\mu\nu}(q)v^\mu v^\nu$ (vgl. 8.1) ergibt sich: L ist regulär und die verallgemeinerten Impulse $p_\mu = g_{\mu\nu}(q)v^\nu$ lassen sich auflösen nach $v^\nu = \Phi^\nu(q,p) = g^{\nu\mu}(q)p_\mu$, wenn $(g^{\mu\nu}(q))$ die zu $(g_{\mu\nu}(q))$ inverse Matrix bezeichnet, und daher $H(q,p) = \frac{1}{2} g^{\mu\nu}(q)p_\mu p_\nu - U(q)$.

Die Gleichwertigkeit der Bewegungen des Lagrange-Systems (TQ,L) mit den Bewegungen des Hamilton-Systems (P,H) mit H wie in 9.2 sieht man folgendermaßen:

Sei $q(t)$ Lösung des Lagrange-Systems und setze $p(t) := \frac{\partial L}{\partial v}(q(t),\dot{q}(t))$. Dann ist $\dot{q}(t) = \Phi(q(t),p(t))$ und es gilt:

$$\frac{\partial H}{\partial p}(q(t),p(t)) = \Phi(q(t),p(t)) + p(t)\frac{\partial \Phi}{\partial p} - \frac{\partial L}{\partial v}\frac{\partial \Phi}{\partial p} = \Phi(q(t),p(t)) = \dot{q}(t),$$

$$\frac{\partial H}{\partial q}(q(t),p(t)) = p(t)\frac{\partial \Phi}{\partial q}(q(t),p(t)) - \frac{\partial L}{\partial q} - \frac{\partial L}{\partial v}\frac{\partial \Phi}{\partial q}$$

$$= -\frac{\partial L}{\partial q}(q(t),\dot{q}(t)) = -\frac{d}{dt}\frac{\partial L}{\partial v}(q(t),\dot{q}(t)) = -\dot{p}(t).$$

Dabei gilt die vorletzte Gleichung aufgrund der Bewegungsgleichungen 3.3.

Umgekehrt sei (q,p) Lösung des Hamilton-Systems mit H wie in 9.2. Dann ist $p = \frac{\partial L}{\partial v}(q,\Phi(q,p))$ nach Definition von Φ, und die kanonischen Gleichungen liefern

$$\dot{q} = \frac{\partial H}{\partial p}(q(t),p(t)) = \Phi(q(t),p(t)) + p\frac{\partial \Phi}{\partial p} - \frac{\partial L}{\partial v}(q,\Phi(q,p))\frac{\partial \Phi}{\partial p}$$

$$= \Phi(q(t),p(t))$$

$$\dot{p} = -\frac{\partial H}{\partial q}(q(t),p(t)) = -p\frac{\partial \Phi}{\partial q} + \frac{\partial L}{\partial q}(q,\Phi(q,p)) + \frac{\partial L}{\partial v}(q,\Phi(q,p))\frac{\partial \Phi}{\partial p}$$

$$= \frac{\partial L}{\partial q}(q,\Phi(q,p)) = \frac{\partial L}{\partial q}(q,\dot{q}).$$

Also sind die Euler-Lagrange-Gleichungen 3.3 erfüllt: $\frac{d}{dt}\frac{\partial L}{\partial v}(q,\dot{q}) = \dot{p} = \frac{\partial L}{\partial q}(q,\dot{q})$.

Die wichtigsten Vorteile der Formulierung eines klassischen Systems als Hamilton-System sind im Rahmen dieses Buches die folgenden:

Erstens ist H im Gegensatz zu L eindeutig bestimmt bis auf eine additive Konstante. Das ist jedenfalls richtig für zusammenhängende Phasenräume P und es ist keine Einschränkung an physikalische Gesetze, wenn P immer als zusammenhängend angenommen wird. Daher kommt H im Gegensatz zu L eine physikalische Bedeutung zu, H ist nämlich die "Energie" des Systems (vgl. 7.10.3° und 8.4).

Zweitens lassen sich die Bewegungskonstanten über einen entsprechenden Satz von Noether für Hamilton-Systeme immer als von Symmetrien erzeugt auffassen (vgl. 9.19).

Drittens hat ein Hamilton-System, welches über die Legendretransformation von einem Lagrange-System stammt, in der Regel mehr Symmetrien als das Lagrange-System. Wie wir weiter unten zeigen werden, läßt sich das schon an so einem einfachen Beispiel wie dem harmonischen Oszillator erkennen.

Viertens ist es bei der Quantisierung von klassischen Systemen günstig, von Hamilton-Systemen auszugehen, die man direkt quantisieren kann (in der sogenannten "Kanonischen Quantisierung"; vgl. Paragraph 2 in Kapitel III).

Fünftens hat der Phasenraum P eine geometrische Zusatzstruktur, nämlich die *symplektische Struktur*, welche den Übergang von H zu den Bewegungsgleichungen bewirkt und welche bei Symmetrien erhalten sein muß. Diese Zusatzstruktur hat daher Konsequenzen für die Formulierung der Bewegungsgleichungen und für das Studium von Erhaltungsgrößen. Will man abstraktere Konzepte, wie zum Beispiel Differentialformen und symplektische Mannigfaltigkeiten (vgl. M.19), bei der Erläuterung dieser Zusatzstruktur zunächst vermeiden, so bietet sich die Poissonklammer (vgl. die nachfolgende Definition) als das wesentliche rechnerische Werkzeug der symplektischen Struktur an.

Definition. Für je zwei differenzierbare Funktionen $F, G : P \longrightarrow \mathbb{R}$ auf dem Phasenraum $P \cong Q \times \mathbb{R}^n$ ist die *Poissonklammer* definiert als

$$\{F,G\} := \frac{\partial F}{\partial q}\frac{\partial G}{\partial p} - \frac{\partial F}{\partial p}\frac{\partial G}{\partial q} = \frac{\partial F}{\partial q^\nu}\frac{\partial G}{\partial p_\nu} - \frac{\partial F}{\partial p_\mu}\frac{\partial G}{\partial q^\mu},$$

wobei wieder über die Indizes $\mu, \nu \in \{1, 2, \ldots n\}$ summiert wird.

Mit "differenzierbar" ist hier beliebig oft differenzierbar gemeint, und mit $\mathcal{S}(P)$ wird die Menge aller beliebig oft differenzierbaren Funktionen auf P bezeichnet. $\mathcal{S}(P)$ ist in natürlicher Weise ein $\mathbb{R}$-Vektorraum, und es gilt stets $\{F,G\} \in \mathcal{S}(P)$ für alle $F, G \in \mathcal{S}(P)$. Die Elemente $F \in \mathcal{S}(P)$ sind als die *"Observablen"* des klassischen Phasenraumes P aufzufassen.

(9.3) Satz von Poisson. Sei (P, H) ein Hamilton-System mit einer Kurve $(q,p) = \gamma : J \longrightarrow P$ im Phasenraum. (q,p) ist genau dann Bewegung des Hamilton-Systems (P, H), wenn für alle differenzierbaren $F : P \longrightarrow \mathbb{R}$ gilt

$$\dot{F} = \{F, H\}.$$

(Dies ist die Kurzschreibweise für: $\frac{d}{dt}F(\gamma(t)) = \{F(\gamma(t)), H(\gamma(t))\}$ für alle $t \in J$.)

Denn für $F(t) = F(\gamma(t))$ gilt, falls 9.1 vorausgesetzt werden kann:

$$\dot{F} = \frac{\partial F}{\partial q}\,\dot{q} + \frac{\partial F}{\partial p}\,\dot{p} = \frac{\partial F}{\partial q}\frac{\partial H}{\partial p} - \frac{\partial F}{\partial p}\frac{\partial H}{\partial q} = \{F,H\}.$$

Andererseits folgt 9.1 aus $\dot{F} = \{F,H\}$ für alle F, denn für $F = q^k$ und $F = p_j$:

$$\dot{q}^k = \{q^k,H\} = \frac{\partial q^k}{\partial q^\nu}\frac{\partial H}{\partial p_\nu} - \frac{\partial q^k}{\partial p_\nu}\frac{\partial H}{\partial q^\nu} = 1\frac{\partial H}{\partial p_k},$$

$$\dot{p}_j = \{p_j,H\} = \quad 0 \quad - 1\frac{\partial H}{\partial q^j} = \frac{\partial H}{\partial q^j}.$$

Wegen der Aussage in 9.3 nennt man $\dot{F} = \{F,H\}$ die *Bewegungsgleichungen in Poissonform*.

(9.4) Folgerung. Eine differenzierbare Funktion $F : P \longrightarrow \mathbb{R}$ ist genau dann Bewegungskonstante des Hamilton–Systems (P,H), wenn $\{F,H\} = 0$ gilt.

Für die Poissonklammer stellen wir die folgenden Eigenschaften fest, die man direkt nachrechnen kann.

(9.5) Satz. Für alle $F,G,I \in \mathcal{E}(P)$ und $c \in \mathbb{R}$ gilt:

1° $\{cF,G\} = c\{F,G\}$, $\{F+G,I\} = \{F,I\} + \{G,I\}$ $\qquad$ (*Linearität*)

2° $\{F,G\} = -\{G,F\}$ $\qquad$ (*Antisymmetrie*)

3° $\big\{F,\{G,I\}\big\} + \big\{G,\{I,F\}\big\} + \big\{I,\{F,G\}\big\} = 0$ $\qquad$ (*Jacobi-Identität*)

4° $\{F,GI\} = G\{F,I\} + \{F,G\}I$ $\qquad$ (*Produktregel*)

5° G ist konstant, wenn $\{F,G\} = 0$ für alle F $\qquad$ (*Vollständigkeit*).

Die Eigenschaft $1^\circ-3^\circ$ bedeuten, daß $\mathcal{E}(P)$ mit $\{\ ,\ \}$ eine Lie–Algebra ist (vgl. Anhang L.5), die sogenannte *Poisson–Algebra* der Observablen auf dem Phasenraum P.

Für das Aufspüren von Bewegungskonstanten benötigen wir Vektorfelder wie im Paragraphen 7 als Kandidaten für infinitesimale Symmetrien, aber hier nicht gegeben als Vektorfelder auf dem Ortsraum Q, sondern als Vektorfelder auf dem ganzen Phasenraum $P = Q \times (\mathbb{R}^n)^* \cong Q \times \mathbb{R}^n$. Sei X ein Vektorfeld auf P, also eine beliebig oft differenzierbare Abbildung $X : P \longrightarrow \mathbb{R}^{2n}$. Bezüglich der konstanten (Einheits–) Felder $\xi_\mu, \eta^\nu : P \longrightarrow \mathbb{R}^{2n}$, $\xi_\mu(q,p) = (0, \dots ,1, \dots ,0,0, \dots ,0)$ bzw. $\eta^\nu(q,p) = (0, \dots ,0,0, \dots ,1, \dots ,0)$ mit der 1 nur an der μ-ten bzw. an der $(n + \nu)$-ten Stelle für $1 \leq \mu$, $\nu \leq n$, hat X die eindeutige Darstellung $X = X^\mu\xi_\mu + Y_\nu\eta^\nu$ mit $X^\mu, Y_\nu \in \mathcal{E}(P)$. (Anmerkung: ξ_μ entspricht $\frac{\partial}{\partial q^\mu}$, η^ν entspricht $\frac{\partial}{\partial p_\nu}$ in dem üblichen Formalismus auf Mannigfaltigkeiten, vgl. Anhang M.6.) Als wichtigen Begriff benötigen wir:

(9.6) Definition. Ein Vektorfeld $X : P \longrightarrow \mathbb{R}^{2n}$ heißt *Hamiltonsches Vektorfeld*, wenn es eine Funktion $I \in \mathcal{E}(P)$ gibt mit

$$X^\mu = \frac{\partial I}{\partial p_\mu} \quad \text{und} \quad Y_\nu = -\frac{\partial I}{\partial q^\nu}.$$

Kurz: $X = \sigma\nabla I = (\frac{\partial I}{\partial p}, -\frac{\partial I}{\partial q})$, wobei die *symplektische Involution* $\sigma : \mathbb{R}^{2n} \longrightarrow \mathbb{R}^{2n}$ durch $\sigma(q,p) := (p,-q)$ definiert ist. In Abhängigkeit von I wird ein solches Hamiltonsches Vektorfeld mit X_I bezeichnet und auch *symplektischer Gradient* von I genannt. X heißt *lokal Hamiltonsches Vektorfeld*, wenn es zu jedem Punkt $a \in P$ eine offene Umgebung U von a und $I \in \mathcal{E}(U)$ mit $X|_U = \sigma\nabla I$ gibt.

Bei dieser Definition wird die *symplektische Struktur* des Phasenraumes P wesentlich herangezogen, welche an dieser Stelle durch die symplektische Involution $\sigma : \mathbb{R}^{2n} \longrightarrow \mathbb{R}^{2n}$ in natürlicher Weise auf P gegeben ist. (σ heißt Involution, weil $\sigma^2 = \sigma\circ\sigma = -\,\mathrm{id}_{\mathbb{R}^{2n}}$ ist.) Ein direkter Zusammenhang zwischen σ und dem Hamilton-Formalismus ergibt sich durch die Beschreibung der kanonischen Gleichungen 9.1, die jetzt die Form

$$(\dot{q},\dot{p}) = X_H(q,p) \quad \text{oder} \quad \dot{\gamma} = X_H(\gamma)$$

für $\gamma := (q,p)$ haben. Ein weiterer Zusammenhang besteht zwischen σ und der Poissonklammer, der sich sich mit Hilfe der *symplektischen Form* ω auf dem Tangentialraum von P beschreiben läßt. ω ist folgendermaßen definiert:

$$\omega(X,\overline{X}) = \langle X,\overline{X}\rangle_\sigma := \sum_{\nu=1}^{n} X^\nu \overline{Y}_\nu - \overline{X}^\nu Y_\nu$$

für Vektorfelder $X = X^\nu \xi_\nu + Y_\mu \eta^\mu$ und $\overline{X} = \overline{X}^\nu \xi_\nu + \overline{Y}_\mu \eta^\mu$ auf dem Phasenraum P und kann auch einfach als $X^T \sigma \overline{X} = \omega(X,\overline{X})$ geschrieben werden. (Als Differentialform ist ω die Form $dq^\nu \wedge dp_\nu$ auf dem Phasenraum P (vgl. M.16). Auf $\mathbb{R}^{2n} \times \mathbb{R}^{2n}$ ist ω alternierende Bilinearform. "T" bezeichnet die Transposition einer Matrix.) Der angesprochene Zusammenhang ergibt sich über 9.3 durch

(9.7) Satz. Für Observable $F,G \in \mathcal{E}(P)$ gilt

$$\{F,G\} = \omega(X_F,X_G).$$

Denn es ist $\omega(X_F,X_G) = (\frac{\partial F}{\partial p}, -\frac{\partial F}{\partial q}) \, \sigma \, (\frac{\partial G}{\partial p}, -\frac{\partial G}{\partial q}) = (\frac{\partial F}{\partial p}, -\frac{\partial F}{\partial q}) (-\frac{\partial G}{\partial q}, -\frac{\partial G}{\partial p})$

$$= -\frac{\partial F}{\partial p}\frac{\partial G}{\partial q} + \frac{\partial F}{\partial q}\frac{\partial G}{\partial p} = \{F,G\}.$$

Die bisher auf verschiedene Art eingeführte "symplektische Struktur" von $P \times \mathbb{R}^n$ läßt sich also wahlweise beschreiben durch die Poissonklammer, durch die symplektische Involution σ oder durch die symplektische Form ω. Denn $\{\ ,\ \}$ bestimmt die Komponenten von σ über $\{F,G\}$ für $F,G \in \{q^\mu,p_\nu\}$, σ definiert ω wie oben und ω liefert $\{\ ,\ \}$ nach Satz 9.7. Zur symplektischen Struktur gehören schließlich alle drei Objekte: $\{\ ,\ \}$, σ und ω; und alle drei können zur Formulierung der kanonischen Gleichungen dienen. (Vgl. auch M.19.)

Weitere nützliche Identitäten bezüglich der Poissonklammer, die aus 9.7 unmittelbar folgen, sind $dF(X_G) = \omega(X_F,X_G)$ und $dF(Y) = \omega(X_F,Y)$ für Vektorfelder

Y. Dabei ist dF das totale Differential $dF := \frac{\partial F}{\partial q^\nu} dq^\nu + \frac{\partial F}{\partial p_\mu} dp_\mu$ (vgl. M.15). Mit Hilfe der *Lie-Ableitung* L_X, definiert durch $L_X F := dF(X)$, also

$$L_X F := X^\nu \frac{\partial F}{\partial q^\nu} + Y_\mu \frac{\partial F}{\partial p_\mu}$$

für $X = X^\nu \xi_\nu + Y_\mu \eta^\mu$ (vgl. M.12) gilt außerdem: $L_{X_G} F = \{F,G\}$.

Der wichtigste Zusammenhang zwischen der symplektischen Struktur σ und der Poissonklammer im Hinblick auf die Suche nach Bewegungskonstanten ist die folgende Charakterisierung:

(9.8) Satz. Ein Vektorfeld $X : P \longrightarrow \mathbb{R}^{2n}$ auf P ist genau dann lokal Hamiltonsch, wenn für alle $F,G \in \mathscr{S}(P)$ gilt

$$L_X \{F,G\} = \{L_X F,G\} + \{F,L_X G\}.$$

Beweis. Sei etwa $X = X_I$ in einer offenen Menge $U \subset P$. Dann folgt aus $L_X \{F,G\} = \big\{\{F,G\},I\big\}$ und $\{L_X F,G\} + \{F,L_X G\} = \big\{\{F,I\},G\big\} + \big\{F,\{G,I\}\big\}$ zusammen mit der Jacobi-Identität $9.5.3^\circ$ die erforderliche Identität $L_X \{F,G\} = \{L_X F,G\} + \{F,L_X G\}$.

Es sei umgekehrt $L_X \{F,G\} = \{L_X F,G\} + \{F,L_X G\}$ für alle $F,G \in \mathscr{S}(P)$. Angewandt auf $F = q^\mu$, $G = q^\nu$, folgt wegen $L_X q^\mu = X^\mu$:

$$\text{auf} \quad q^\mu, q^\nu : \qquad \frac{\partial X}{\partial q^\nu} - \frac{\partial X}{\partial q^\mu} = 0$$

$$\text{ebenso auf} \quad p_\mu, p_\nu : \qquad \frac{\partial Y_\mu}{\partial p_\nu} - \frac{\partial Y_\nu}{\partial p_\mu} = 0 ;$$

$$\text{ebenso auf} \quad q^\mu, p_\nu : \qquad \frac{\partial X^\mu}{\partial q^\nu} + \frac{\partial Y_\nu}{\partial p_\mu} = 0 .$$

Für das Vektorfeld $Z = -\sigma X$ mit $Z_j = -X_j$ und $Z_{n+j} = X^j$ als Komponenten folgt daher bezüglich der Koordinaten $x = (x^j) := (q,p)$:

$$\frac{\partial}{\partial x^i} Z_j = \frac{\partial}{\partial x^j} Z_i$$

für $i,j \in \{1,\dots 2n\}$. Das ist die Integrabilitätsbedingung (auch oft rot $Z = 0$ geschrieben und im Formalismus der Differentialformen für $\alpha := Z_j dx^j$ zu $d\alpha = 0$ äquivalent), welche nach dem Lemma von Poincaré garantiert, daß Z auf konvexen (oder sternförmigen, oder einfach zusammenhängenden) offenen Mengen $U \subset P$ ein Gradientenfeld ist (vgl. M.17), das heißt es gibt $I \in \mathscr{S}(U)$ mit $Z|_U = \nabla I$. Zurückgerechnet folgt wegen $X|_U = \sigma Z|_U$: $X|_U = \sigma(\nabla I) = X_I$, was gezeigt werden sollte.

Jetzt endlich der Zusammenhang zu den Bewegungskonstanten durch den folgenden Satz (anders als im 7. Paragraphen kommt die infinitesimale Version zuerst):

(9.9) Satz von Noether III'. Sei (P,H) ein Hamilton-System mit einem Vektorfeld $X : P \longrightarrow \mathbb{R}^{2n}$, so daß:

1° X läßt $\{\ ,\ \}$ invariant, d.h. $L_X \{F,G\} = \{L_X F,G\} + \{F,L_X G\}$ für alle $F,G \in \mathscr{S}(P)$.

2° X läßt H invariant, d.h. $L_X H = 0$.

Dann ist X lokal Hamiltonsches Vektorfeld, und es gilt für jede Funktion $I \in \mathcal{E}(U)$ mit $X|_U = X_I$: I ist eine (lokale) Bewegungskonstante des Hamilton-Systems.

Denn nach 9.8 ist X wegen 1° ein lokal Hamiltonsches Vektorfeld; zu jedem Punkt $a \in P$ gibt es daher eine Umgebung U von a und eine Funktion $I \in \mathcal{E}(U)$ mit $X|_U = X_I$. Wegen 2° ist $L_X H = \{H,I\} = 0$. Also ist I eine Bewegungskonstante auf U nach 9.4.

Ein Vektorfeld X mit 1° und 2° nennt man *infinitesimale Symmetrie* von (P,H). Satz 9.9 entspricht der in 7.8 bewiesenen infinitesimalen Version des Satzes von Noether für Lagrange-Systeme. Es sei zum Beispiel das Hamilton-System (P,H) aus einem Lagrange-System mit einer Lagrangefunktion L nach 9.2 entstanden. Ist dann $X : Q \longrightarrow \mathbb{R}^n$ eine infinitesimale Symmetrie des Lagrange-Systems im Sinne von 7.8, so ist das Hamiltonsche Vektorfeld $X_I : P \longrightarrow \mathbb{R}^{2n}$ zu $I(q,p) := p\,X(q)$ eine infinitesimale Symmetrie des Hamilton-Systems (P,H): Natürlich gilt $9.9.1^{\circ}$, da X_I als Hamiltonsches Vektorfeld definiert ist, und es gilt $9.9.2^{\circ}$: Wegen $L_{X_I} H = \{H,I\}$ und weil I ja nach 7.8 eine Bewegungskonstante ist, folgt $L_{X_I} H = 0$ nach 9.4. $\{H,I\} = 0$ ergibt sich natürlich auch direkt durch Einsetzen der zur Verfügung stehenden Identitäten.

Daß eine solche infinitesimale Symmetrie X auf P mit Symmetrie mehr gemeinsam hat als nur den Namen, wird nach Einführung des folgenden Konzepts klar:

Wir erinnern zunächst an die *symplektische Gruppe* (vgl. $L.4.6^{\circ}$)

$$Sp(2n) = \{A \in \mathbb{R}(2n) \mid \text{für alle } x,y \in \mathbb{R}^{2n} \text{ gilt } \langle Ax, Ay \rangle_{\sigma} = \langle x,y \rangle_{\sigma}\}$$
$$= \{A \in \mathbb{R}(2n) \mid A^T \circ \sigma \circ A = \sigma\},$$

wobei wie oben $\langle x,y \rangle_{\sigma} := x^T \sigma y$.

Definition. Ein Diffeomorphismus $\varphi : P \longrightarrow P$ heißt *kanonische Transformation* oder *Symplektomorphismus*, wenn für alle $a \in P$ gilt: $D\varphi(a) \in Sp(2n)$.

Das bedeutet, daß φ die Form ω invariant läßt im folgenden Sinne: Für alle $a \in P$ und $X,Y : P \longrightarrow \mathbb{R}^{2n}$ gilt $\omega(D\varphi(a).X, D\varphi(a).Y) = \omega(X,Y)$ (i.e. $\varphi^* \omega = \omega$, vgl. M.16).

Wir wollen jetzt zeigen, daß kanonische Transformationen $\varphi : P \longrightarrow P$ die kanonischen Bewegungsgleichungen invariant lassen: Setze $(Q,P) := \varphi(q,p)$ und sei $\psi = \varphi^{-1} : P \longrightarrow P$ die Umkehrabbildung von φ. Die Bedingung $D\varphi(a) \in Sp(2n)$ kann mittels der Darstellung von $D\varphi(a)$ als Blockmatrix

$$D\varphi(a) = \begin{pmatrix} A & B \\ C & D \end{pmatrix} = \begin{pmatrix} \dfrac{\partial Q}{\partial q} & \dfrac{\partial Q}{\partial p} \\ \dfrac{\partial P}{\partial q} & \dfrac{\partial P}{\partial p} \end{pmatrix}$$

genauer analysiert werden: Aus $D\varphi(a)^T = \begin{pmatrix} A^T & C^T \\ B^T & D^T \end{pmatrix}$ und $D\varphi(a)^T \circ \sigma \circ D\varphi(a) = \sigma$

folgt für $b = \varphi(a)$:

$$D\psi(b) = (D\varphi(a))^{-1} = \sigma^{-1} \circ D\varphi(a)^T \circ \sigma = \begin{pmatrix} 0 & -1 \\ 1 & 0 \end{pmatrix}\begin{pmatrix} A^T & C^T \\ B^T & D^T \end{pmatrix}\begin{pmatrix} 0 & 1 \\ -1 & 0 \end{pmatrix} = \begin{pmatrix} D^T & -B^T \\ -C^T & A^T \end{pmatrix}.$$

Daher gelten für eine kanonische Transformation die folgenden Gleichungen, aus denen sich alles Wesentliche ableiten läßt:

$$(K) \qquad \begin{aligned} \frac{\partial \psi^\nu}{\partial Q^k}(b) &= \frac{\partial \varphi^{n+k}}{\partial p_\nu}(a), & \frac{\partial \psi^\nu}{\partial P_k}(b) &= -\frac{\partial \varphi^k}{\partial p_\nu}(a) \\[2mm] \frac{\partial \psi^{n+\nu}}{\partial Q^k}(b) &= -\frac{\partial \varphi^{n+k}}{\partial q^\nu}(a), & \frac{\partial \psi^{n+\nu}}{\partial P_k}(b) &= \frac{\partial \varphi^k}{\partial q^\nu}(a). \end{aligned}$$

Kurz:
$$\frac{\partial q}{\partial Q} = \frac{\partial P}{\partial p}, \quad \frac{\partial q}{\partial P} = -\frac{\partial Q}{\partial p}$$
$$\frac{\partial p}{\partial Q} = -\frac{\partial P}{\partial q}, \quad \frac{\partial p}{\partial P} = \frac{\partial Q}{\partial q}$$

Für die transformierte Hamiltonfunktion $K(Q,P) := H \circ \psi(Q,P)$ folgt

$$\begin{aligned} \frac{\partial K}{\partial Q^k} &= \frac{\partial H}{\partial q^\nu}\frac{\partial \psi^\nu}{\partial Q^k} + \frac{\partial H}{\partial p_\nu}\frac{\partial \psi^{n+\nu}}{\partial Q^k} = \frac{\partial H}{\partial q^\nu}\frac{\partial \varphi^{n+k}}{\partial p_\nu} - \frac{\partial H}{\partial p_\nu}\frac{\partial \varphi^{n+k}}{\partial q^\nu} \\[2mm] &= -\{\varphi^{n+k},H\} = -\{P_k,H\}, \end{aligned}$$

sowie analog

$$\frac{\partial K}{\partial P_k} = \frac{\partial H}{\partial q^\nu}\left(-\frac{\partial \varphi^k}{\partial p_\nu}\right) + \frac{\partial H}{\partial p_\nu}\frac{\partial \varphi^k}{\partial q^\nu} = \{Q^k,H\}.$$

Sei jetzt $(q(t),p(t))$ eine Lösung von 9.1, also $\dot{q} = \frac{\partial H}{\partial p}$, $\dot{p} = -\frac{\partial H}{\partial q}$. Dann gilt für $(Q(t),P(t)) := \varphi(q(t),p(t))$:

$$\dot{Q}^k(t) = \{Q^k,H\} \qquad \text{also} \qquad \dot{Q}^k = \frac{\partial K}{\partial P_k},$$

und

$$\dot{P}_k = \{P_k,H\} \qquad \text{also} \qquad \dot{P}_k = -\frac{\partial K}{\partial Q^k}.$$

Insgesamt ist 9.1 also äquivalent zum System der kanonischen Gleichungen:

$$\dot{Q} = \frac{\partial K}{\partial P}, \quad \dot{P} = -\frac{\partial K}{\partial Q}.$$

Das ist gemeint, wenn festgestellt wird, daß die kanonischen Transformationen die kanonischen Bewegungsgleichungen invariant lassen.

Mit den Gleichungen (K) kann man auch zeigen, daß die Poissonklammer insofern invariant bleibt bei kanonischen Transformationen, als
$$\{F,G\} \circ \varphi = \{F \circ \varphi, G \circ \varphi\}$$
für alle $F, G \in \mathscr{E}(P)$ gilt. Insgesamt erhält man:

(9.10) Satz. Für einen Diffeomorphismus $\varphi : P \longrightarrow P$ sind die folgenden Aussagen äquivalent:

1° φ ist kanonisch.

2° $\{F,G\} \circ \varphi = \{F \circ \varphi, G \circ \varphi\}$ für alle $F, G \in \mathscr{E}(P)$.

$3°$ Für alle $H \in \mathcal{E}(P)$ läßt φ die kanonischen Bewegungsgleichungen invariant.

$4°$ $\varphi^* \omega = \omega$.

Der Zusammenhang zwischen infinitesimalen Symmetrien und eigentlichen Symmetrien von P stellt sich zunächst einmal über 1-Parametergruppen ein, die uns ja auch schon im 7. Paragraphen begegnet sind. Ist jetzt (φ_s) eine *1-Parametergruppe von kanonischen Transformationen* — d.h. alle $\varphi_s : P \longrightarrow P$ sind kanonisch, die Wirkung $\mathbb{R} \times P \longrightarrow P$, $(s,a) \longmapsto \varphi_s(a)$, ist differenzierbar, und es gilt $\varphi_s \circ \varphi_t = \varphi_{s+t}$ für alle $s,t \in \mathbb{R}$ — so ist der *infinitesimale Erzeuger* X,

$$X(a) := \frac{d}{ds}\varphi_s(a)\big|_{s=0},$$

der 1-Parametergruppe ein lokal Hamiltonsches Vektorfeld: Es gilt ja

$$L_X F(a) = \frac{d}{ds}F(\varphi_s(a))\big|_{s=0} \qquad (\textit{"Flußgleichung"}, \text{ vgl. Anhang M.14})$$

aufgrund der Definition von X und daher:

$$L_X\{F,G\} = \frac{d}{ds}\{F,G\}\circ\varphi_s\big|_{s=0} = \frac{d}{ds}\{F\circ\varphi_s, G\circ\varphi_s\}\big|_{s=0} \quad \text{nach 9.10, also}$$

$$= \Big\{\frac{d}{ds}F\circ\varphi_s, G\Big\}\big|_{s=0} + \Big\{F, \frac{d}{ds}G\circ\varphi_s\Big\}\big|_{s=0} = \{L_X F, G\} + \{F, L_X G\}.$$

Deshalb ist X nach 9.8 ein lokal Hamiltonsches Vektorfeld.

(9.11) Definition. Sei (P,H) ein Hamilton–System. Eine *1-Parametergruppe von Symmetrien des Systems* (P,H) ist eine 1-Parametergruppe von kanonischen Transformationen $\varphi_s : P \longrightarrow P$, welche H invariant läßt in folgendem Sinne: $H\circ\varphi_s = H$ für alle $s \in \mathbb{R}$.

Der infinitesimale Erzeuger X einer solchen 1-Parametergruppe von Symmetrien ist eine infinitesimale Symmetrie des Systems (P,H), denn es gilt ja $9.9.1°$, wie gerade gezeigt wurde, und es ist wegen $L_X H = \frac{d}{ds}H\circ\varphi_s\big|_{s=0} = 0$ offenbar auch $9.9.2°$ erfüllt. Damit haben wir einen weiteren Noetherschen Satz bewiesen, dessen infinitesimale Version in Satz 9.9 bereits vorweggenommen wurde:

(9.12) Satz von Noether III. Sei (φ_s) eine 1-Parametergruppe von Symmetrien des Hamilton–Systems (P,H) mit infinitesimalen Erzeuger X. Dann gibt es zu jedem Punkt $a \in P$ eine offene Umgebung U von a und eine Bewegungskonstante $I \in \mathcal{E}(U)$, die mit der infinitesimalen Symmetrie X über $X|_U = X_I$ in Beziehung steht.

Im Vergleich mit den Noetherschen Sätzen des 7. Paragraphen ist es angemessen, diese Funktion $I \in \mathcal{E}(U)$, die ja für zusammenhängende U bis auf eine additive Konstante eindeutig bestimmt ist, mit I_X zu bezeichnen. Wenn Q konvex oder einfach zusammenhängend ist (oder ganz allgemein $H^1_{dR}(Q,\mathbb{R}) = 0$ erfüllt, vgl. M.17), so gibt es unter den Voraussetzungen von 9.12 immer eine globale Bewegungskonstante $I \in \mathscr{E}(P)$ auf ganz P mit $X_I = X$. (Zum Beispiel ist $Q = \mathbb{R}^3 \setminus \{0\}$, der übliche Konfigurationsraum von Zentralfeldern, einfach zusammenhängend.) Für allgemeine Konfigurationsräume Q existiert die Bewegungskonstante immer dann als globale Funktion auf P, wenn die φ_s als die Ableitungen von Diffeomorphismen ψ_s von Q auftreten, wenn also $\varphi_s = (\psi_s, D\psi_s)$ gilt, wie das in den Noethersätzen für Lagrange-Systeme des 7. Paragraphen der Fall ist. Man vergleiche dazu die Diskussion im Anschluß von Satz 9.9.

Beispiele.

1° Der Zusammenhang zwischen den Symmetrien und Bewegungskonstanten beim harmonischen Oszillator ist jetzt besser als in 6 zu verstehen. Die Hamiltonfunktion $H = \frac{1}{2}(|p|^2 + |q|^2)$ hat die folgende 1-Parametergruppe von Symmetrien:

$$\varphi_s(q,p) = (\cos s\, q + \sin s\, p, -\sin s\, q + \cos s\, p),$$

mit der infinitesimalen Symmetrie $X(q,p) = \frac{d}{ds}\varphi_s(q,p)\big|_{s=0} = (p,-q) = \sigma(q,p)$ und der zugehörigen Bewegungskonstanten I : $X = \sigma\nabla I$ bedeutet $\frac{\partial I}{\partial p} = p$ und $\frac{\partial I}{\partial q} = q$, also $I = H + c$ für eine Konstante $c \in \mathbb{R}$. Analog hat man die Symmetrie bezüglich der k-ten Koordinaten

$$(q^k, p_k) \longmapsto (\cos s\, q^k + \sin s\, p_k, -\sin s\, q^k + \cos s\, p_k)$$

und die zugehörigen "Energien" H_k als Bewegungskonstanten.

Schließlich der 2-dimensionale harmonische Oszillator in komplexer Schreibweise mit $SU(2)$-Symmetrie: Die drei 1-Parametergruppen

$$\varphi_s = \begin{pmatrix} \cos s & i\sin s \\ i\sin s & \cos s \end{pmatrix}, \quad s \in \mathbb{R},$$

$$\psi_s = \begin{pmatrix} \cos s & \sin s \\ -\sin s & \cos s \end{pmatrix}, \quad s \in \mathbb{R},$$

$$\gamma_s = \begin{pmatrix} e^{is} & 0 \\ 0 & e^{-is} \end{pmatrix}, \quad s \in \mathbb{R},$$

sind Symmetrien des Systems $(\mathbb{C}^2, H)$, $H(z) = \frac{1}{2}|z|^2$, wegen $SU(2) \subset Sp(4)$ (man beachte $\sigma(z) = iz$). Diese erzeugen auf die oben dargelegte Weise die drei Bewegungskonstanten, die wir aus 6.12 bereits kennen: Zum Beispiel ist für φ_s

$$X(z) = \frac{d}{ds}\varphi_s(z^1, z^2)\big|_{s=0} = i(z^2, z^1) \cong (p_2, p_1, -q^2, -q^1)$$

also in Matrixschreibweise $X = -\tau_1$ (vgl. L.2). Für $I = \mathrm{Re}(\bar{z}^1 z^2)$ ist der Gradient in $\mathbb{R}^4$: $\nabla I = (q^2, q^1, p_2, p_1) \cong (z^2, z^1)$, also $X_I(z) = i\nabla I = X$. Deshalb ist $I = \mathrm{Re}(\bar{z}^1 z^2)$ die zugehörige Bewegungskonstante. Analoges gilt für $\mathrm{Im}(\bar{z}^1 z^2)$ und $\frac{1}{2}(|z^1|^2 - |z^2|^2)$. Mit den Noetherschen Sätzen des 7. Paragraphen kann man diese wichtigen Bewegungskonstanten, die ja die Bahnen vollständig beschreiben (vgl. Paragraph 6), nicht erhalten.

2° Beim Keplerproblem kann man umgekehrt vorgehen. Zu den drei Komponenten des Runge-Lenz-Vektors $R = (R_1, R_2, R_3)$ (vgl. $7.12.1^\circ$) erhält man die Hamiltonschen Vektorfelder $X_j = X_{R_j}$, $j = 1,2,3$. Die Relationen der Lie-Klammern für die

Vektorfelder (vgl. Anhang L) zeigen nach aufwendigen Rechnungen, daß die X_1, X_2, X_3 eine zur Lie-Algebra $\mathfrak{so}(3)$ isomorphe Lie-Algebra erzeugen und daß deshalb R von einer weiteren SO(3)-Symmetrie oder SU(2)-Symmetrie herkommt (vgl. auch $8.23.5^\circ$). Insgesamt hat man so eine SO(4)-Symmetrie.

In konkreten Anwendungen wie auch in abstrakten Formulierungen treten 1-Parametersymmetrien meistens als Bestandteile von Gruppensymmetrien auf, wie wir das zum Beispiel als Drehungen A_s mit einen Winkel s beim Zentralfeld gesehen haben mit $\{A_s : s \in \mathbb{R}\}$ als Untergruppe von SO(3). Es ist daher von Interesse, den gerade vorgestellten Symmetriebegriff von 1-Parametergruppen (das sind ja nichts anderes als Wirkungen der additiven Gruppe $\mathbb{R}$ als Transformationsgruppe) zu übertragen auf Wirkungen von allgemeineren Lie-Gruppen. Wir beschränken uns dabei auf die *Matrixgruppen*, also auf abgeschlossene Untergruppen G von der *allgemeinen linearen Gruppe*

$$GL(n, \mathbb{C}) = \{A \in \mathbb{C}(n) \mid \det A \neq 0\} \subset \mathbb{C}(n) \cong \mathbb{C}^{n^2}$$

für ein $n \in \mathbb{N}$ (vgl. Anhang L und I.4.11). Eine solche Matrixgruppe G ist eine differenzierbare Untermannigfaltigkeit von $\mathbb{C}^{n^2} \cong \mathbb{R}^{4n^2}$. Daher steht die Differentialrechnung auf G zur Verfügung (vgl. Anhänge L und M). Insbesondere ist klar, was differenzierbare Abbildungen $f : G \longrightarrow \mathbb{R}^n$ oder $\Phi : G \times P \longrightarrow P$ für Phasenräume P sind.

(9.13) Definition. Eine Matrixgruppe G heißt *symplektische Symmetriegruppe* auf dem Phasenraum $P \cong Q \times \mathbb{R}^n$, wenn G auf P differenzierbar und kanonisch wirkt. Das heißt es gibt eine Wirkung

$$\Phi : G \times P \longrightarrow P \qquad \text{(vgl. I.3.6 und I.4.14)},$$

so daß (neben den Bedingungen $\Phi(f, \Phi(g, a)) = \Phi(fg, a)$ und $\Phi(e, a) = a$)

1° Φ beliebig oft differenzierbar ist, und

2° $\Phi_g : P \longrightarrow P$ für jedes $g \in G$ kanonisch ist.

Im Sinne von I.3.8 läßt eine symplektische Symmetriegruppe also die symplektische und die differenzierbare Struktur des Phasenraumes invariant. Darüber hinaus ist die Gruppenwirkung selbst eine differenzierbare Abbildung. Sei Symp(P) die Gruppe aller kanonischen Transformationen auf P. Symp(P) $\subset$ S(P) ist dann die volle Symmetriegruppe der symplektischen Struktur von P (vgl. I.3.8 und 9.10) und hat Sp(2n) als Untergruppe im Falle $P = \mathbb{R}^{2n}$. Eine symplektische Symmetriegruppe G nach Definition 9.13 liefert dann einen Gruppenhomomorphismus $\varphi : G \longrightarrow$ Symp(P).

Sei G symplektische Symmetriegruppe und $g = $ Lie G die zugehörige *Lie-Algebra*. (Also $g = \{X \in \mathbb{C}(n) : $ für alle $t \in \mathbb{R}$ ist $e^{tX} \in G\}$, vgl. Anhang L.6.) Jedes $X \in g$ erzeugt dann eine 1-Parametergruppe $\varphi_s(a) := \Phi(e^{sX}, a)$, $s \in \mathbb{R}$, $a \in P$, von kanonischen Diffeomorphismen. Für den infinitesimalen Erzeuger

$$Z(a) = \frac{d}{ds}\varphi_s(a)\big|_{s=0}$$

gilt

$$L_Z F(a) = \frac{d}{ds} F(\varphi_s(a))\big|_{s=0}$$

für beliebige $F \in \mathcal{E}(P)$ (diese Flußgleichung gilt allgemein für 1-Parametergruppen und ihren Erzeugern, vgl. M.14). Es folgt insbesondere

$$L_Z\{F,G\} = \frac{d}{ds}(\{F,G\}\circ\varphi_s)\big|_{s=0} = \frac{d}{ds}\{F\circ\varphi_s, G\circ\varphi_s\}\big|_{s=0} \quad \text{nach 9.10}$$

$$= \{\frac{d}{ds}F\circ\varphi_s\big|_{s=0}, G\} + \{F, \frac{d}{ds}G\circ\varphi_s\big|_{s=0}\} = \{L_Z F, G\} + \{F, L_Z G\}.$$

Daher ist Z nach 9.8 lokal Hamiltonsch, und wir finden zu jedem $a \in P$ eine offene Umgebung $U \subset P$ von a und eine Funktion $I \in \mathcal{E}(P)$ mit $Z|_U = X_I$.

Um die Herkunft des infinitesimalen Erzeugers Z von $\varphi_s = \Phi(e^{sX},)$ zu dokumentieren, wird $\tilde{X}$ statt Z geschrieben, und man nennt $\tilde{X}$ wird das *Fundamentalfeld* zu $X \in g$. Es ist also $\tilde{X}(a) = \frac{d}{ds}\varphi_s(a)\big|_{s=0}$ wie in dem folgenden Bild veranschaulicht ($\Phi_a(g) := \Phi(g,a)$, also $\varphi_s(a) = \Phi_a(e^{sX})$):

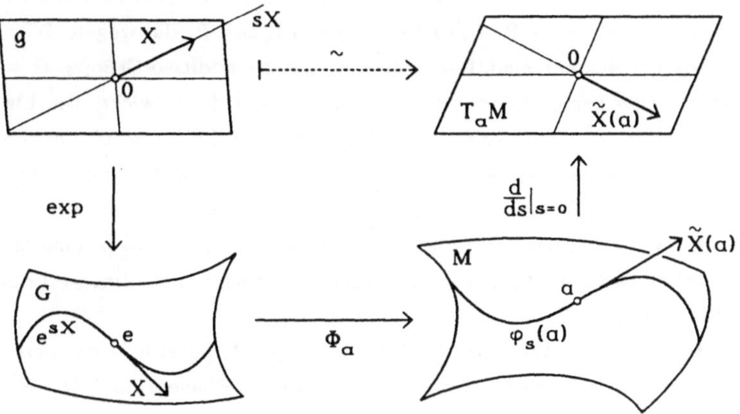

Wir nehmen der Einfachheit halber an, daß es stets eine globale Funktion $I \in \mathcal{E}(P)$ mit $\tilde{X} = X_I$ gibt (das z.B., wenn Q einfach zusammenhängend ist). Dann gibt es zu jedem X ein $I_X \in \mathcal{E}(P)$ mit $\tilde{X} = X_{I_X}$. Die Zuordnung $X \longmapsto I_X$ kann so gewählt werden, daß für alle $a \in P$ die Abbildungen $X \longmapsto I_X(a)$ $\mathbb{R}$-linear sind. (Dazu bestimme man die Funktionen $I_{X_\varkappa}$, $\varkappa \in \{1,2, \dots ,k\}$, für eine Vektorraumbasis $(X_1, X_2, \dots ,X_k)$ von g und setze $I_X := \lambda^\varkappa I_{X_\varkappa}$ für $X = \lambda^\varkappa X_\varkappa$.) $X \longmapsto I_X(a)$ ist dann eine Linearform auf g, also ein Element des Dualraums g^* von g. Man erhält so eine

(9.14) Momentenabbildung. Eine *Momentenabbildung* einer symplektischen Symmetriegruppe G auf P ist eine differenzierbare Abbildung

$$m : P \longrightarrow g^*$$

mit der folgenden Eigenschaft: Ist I die durch $I(a) := m(a)(X)$ für $a \in P$ gegebene Funktion auf dem Phasenraum P, so gilt $\tilde{X} = X_I$. Eine *lokale Momentenabbildung* einer symplektischen Symmetriegruppe ist entsprechend eine differenzierbare Abbildung $m : U \longrightarrow g^*$ auf einer offenen Teilmenge $U \subset P$ mit $\tilde{X}|_U = X_I$, wenn $I \in \mathcal{E}(U)$ wie oben als $I(a) := m(a)(X)$, $a \in U$, definiert wird.

Wir haben gerade gezeigt, daß es eine Momentenabbildung zu einer symplektischen Symmetriegruppe immer lokal gibt: Zu jedem Punkt $q \in Q$ gibt es eine konvexe Umgebung $V \subset Q$. Auf der konvexen offenen Menge $U := V \times \mathbb{R}^n$ hat dann nach dem Lemma von Poincaré (vgl. M.17) jedes lokal Hamiltonsche Vektorfeld die Form X_I mit $I \in \mathcal{E}(U)$. Daher existiert eine lokale Momentenabbildung $m : U \longrightarrow g^*$. Eine lokale Momentenabbildung ist für zusammenhängende U eindeutig bestimmt bis auf eine konstante Form $m_0 \in g^*$, das heißt für je zwei Momentenabbildungen m, m' auf U ist die Differenz $m_0 = m - m'$ konstant.

Beispiele: $1°$ Sei $Q = \mathbb{R}^n$ und $P = \mathbb{R}^n \times \mathbb{R}^n$. Die Translationen auf dem Ortsraum Q, also die $T_v : Q \longrightarrow Q$, $q \longmapsto q + v$, für $v \in \mathbb{R}^n$, lassen sich liften zu Transformationen $T_v : P \longrightarrow P$, $(q,p) \longmapsto (q+v,p)$, auf P, die wegen $DT_v = \mathrm{id}_{\mathbb{R}^{2n}}$ kanonische Transformationen sind. Das bedeutet, daß die additive Gruppe $G = \mathbb{R}^n$ der Translationen als eine symplektische Symmetriegruppe auf P wirkt. Die Lie–Algebra g von $\mathbb{R}^n$ ist wieder $\mathbb{R}^n$ (mit der trivialen Lie-Klammer $[X,Y] = 0$ für alle g). Für $X \in g$ ist das Fundamentalfeld $\tilde{X}(q,p) = \frac{d}{dt}(q + tX,p) = (X,0)$, und daher ist durch $m(q,p)(X) := pX = p_\nu X^\nu$ eine Momentenabbildung gegeben. Denn für die Funktion $I = pX$ gilt $X_I = (X,0)$, das heißt $\tilde{X} = X_I$. Insgesamt ist $m = p$ eine Momentenabbildung bezüglich der Translationsgruppe, und das ist gerade der lineare Impuls (bzw. das lineare "Moment").

$2°$ Bei einem Zentralfeld $F \in \mathcal{E}(Q,\mathbb{R}^3)$ (vgl. Paragraph 7) mit dem Konfigurationsraum $Q = \mathbb{R}^3 \setminus \{0\}$ wird aus dem ursprünglichen Phasenraum $Q \times \mathbb{R}^3$ mit den Koordinaten (q,v) beim Übergang zur Hamiltonschen Formulierung zunächst der Impulsphasenraum $P \cong Q \times (\mathbb{R}^3)^* \cong Q \times \mathbb{R}^3$ mit den Koordinaten (q,p). Die Drehgruppe $SO(3)$ wirkt auf P durch $\Phi(A,(q,p)) = \varphi(A)(q,p) := (Aq, Ap)$, wobei $A \in SO(3)$ und $(q,p) \in P$. Offenbar ist $\varphi(A) \in Sp(6)$: $\varphi(A)^T \circ \sigma \circ \Phi(A) = \sigma$ folgt wegen $A^T A = \mathrm{id}$ aus $\varphi(A)^T \circ \sigma \circ \varphi(A)(q,p) = \varphi(A)^T(Ap,-Aq) = (A^T Ap, -A^T Aq)$. Weil $D\varphi(A) = \varphi(A)$ gilt, wie stets für lineare Abbildungen, ist $SO(3)$ also eine symplektische Symmetriegruppe. Für $X \in \mathfrak{so}(3)$ ergibt sich $\tilde{X}(q,p) = (Xq, Xp)$ als das Fundamentalfeld, und mit $I(q,p) = \langle p, Xq \rangle = p_\nu X^\nu_\mu q^\mu$ folgt $(X = (X^\nu_\mu))$:

$$X_I = \sigma \nabla I = \left(\frac{\partial I}{\partial p}, -\frac{\partial I}{\partial q} \right) = (X^1_\mu q^\mu, X^2_\mu q^\mu, X^3_\mu q^\mu, -p_\nu X^\nu_1, -p_\nu X^\nu_2, -p_\nu X^\nu_3)$$

$$= (Xq, -X^T p) = (Xq, Xp) = \tilde{X}(q,p),$$

$X + X^T = 0$. Also ist $m(q,p)(X) := \langle p, Xq \rangle$ Momentenabbildung. Mit der üblichen Identifizierung von $\mathfrak{so}(3)$ mit $\mathbb{R}^3$ (vgl. $5.7.15°$ b)) kann Xq als Kreuzprodukt $X \times q$ geschrieben werden. Wegen $\langle p, X \times q \rangle = \langle q \times p, X \rangle$ ist die gefundene Momentenabbildung also nichts anderes als der Drehimpuls $m = q \times p$.

3° Auf dem Phasenraum $P = \mathbb{R} \times \mathbb{R}$ gibt es auch die "diagonale" Wirkung von $U(1)$: $(\theta,q,p) \longmapsto \varphi_{\theta}(q,p) := (\cos\theta\,q, \sin\theta\,p)$, wenn die Elemente $z = e^{i\theta}$ von $U(1)$ durch ihren Winkel θ repräsentiert werden. So einfach diese Wirkung auch ist, im Gegensatz zu den vorangehenden Beispielen entsteht sie nicht durch die Liftung einer Wirkung auf dem Ortsraum, hier $\mathbb{R}$ (vgl. 7.11). φ_{θ} ist wegen $D\varphi_{\theta} = \varphi_{\theta} \in SO(2)$ und $SO(2) \subset Sp(2)$ eine kanonische Transformation. Eine natürliche Momentenabbildung ist $m(q,p) = \frac{1}{2}(p^2 + q^2)$, also die Energie des harmonischen Oszillators (vgl. Paragraph 6). Etwas allgemeiner kann man die Torusgruppe $\mathbb{T} := (U(1))^k$ auf den ersten k Koordinatenpaaren von $P := \mathbb{R}^n \times \mathbb{R}^n$ diagonal wirken lassen und erhält so die Momentenabbildung $m = (H_1, H_2, \dots, H_k)$ auf P, wobei $H_j(q,p) = \frac{1}{2}(p_j^2 + (q^j)^2)$ wie in 6.11.

4° Ein weiteres Beispiel liefert die Untersuchung des 2-dimensionalen harmonischen Oszillators in komplexer Notation (vgl. Paragraph 6 und $9.12.1^{\circ}$). $SU(2)$ ist symplektische Symmetriegruppe, wie weiter oben bereits festgestellt wurde. Jede Matrix $X \in \mathfrak{su}(2) = \text{Lie } SU(2)$ hat die Form

$$X = \begin{pmatrix} i\alpha & \beta + i\gamma \\ -\beta + i\gamma & -i\alpha \end{pmatrix} \qquad \text{mit} \quad \alpha, \beta, \gamma \in \mathbb{R} \ (\text{vgl. L.6.3}^{\circ}).$$

Der Ansatz $X_I = \sigma \nabla I = \tilde{X} \ (= X)$ führt nach einiger Rechnerei zu

$$I(z^1, z^2) = -\left(\tfrac{1}{2}\alpha(|z^1|^2 - |z^2|^2) + \beta \, \text{Im}(\bar{z}^1 z^2) + \gamma \, \text{Re}\,(\bar{z}^1 z^2) \right)$$

Eine Momentenabbildung ist also

$$m(z^1, z^2)(X) = -\left(\tfrac{1}{2}\alpha(|z^1|^2 - |z^2|^2) + \beta \, \text{Im}(\bar{z}^1 z^2) + \gamma \, \text{Re}\,(\bar{z}^1 z^2) \right),$$

wobei $X = \begin{pmatrix} i\alpha & \beta + i\gamma \\ -\beta + i\gamma & i\alpha \end{pmatrix} \in \mathfrak{su}(2)$. Das ist die Abbildung, die am Schluß des 6. Paragraphen als vektorwertige Bewegungsinvariante bestimmt wurde (Hopf-Faserung).

Den Beispielen ist gemeinsam, daß die auftretenden Funktionen I, welche die Hamiltonschen Vektorfelder $\tilde{X} = X_I$ erzeugen, bereits Bewegungskonstanten für eine geeignete Dynamik sind. Das liegt daran, daß die Symmetriegruppen auch die Hamiltonfunktion H des Systems respektieren. Das führt uns zu der folgenden Definition:

Definition. Eine *Symmetriegruppe* eines Hamilton-Systems (P, H) ist eine symplektische Symmetriegruppe G von P mit Wirkung Φ, welche H invariant läßt, d.h. es gilt $H \circ \Phi_g = H$ für alle $g \in G$.

Aus dem Satz von Noether 9.12 folgt mit diesen Begriffsbildungen sofort:

(9.15) Satz von Noether IV. Sei G Symmetriegruppe des Hamilton-Systems (P, H). Dann gilt:

1° Eine Momentenabbildung existiert immer lokal.

2° Ist $m : P \longrightarrow g^*$ eine Momentenabbildung, dann ist m bewegungsinvariant; alle Komponenten von m sind Bewegungskonstanten des Systems.

(9.16) Reduktion. Eine wichtige Methode zur Lösung der Bewegungsgleichungen eines klassischen mechanischen Systems ist die Reduktion der Freiheitsgrade mit

Hilfe von einer oder mehrerer Bewegungskonstanten. Das ist bereits in verschiedenen Beispielen angesprochen worden (vgl. $7.13.2^{\circ}$ und $8.24.2^{\circ}$) und kann für die Momentenabbildung systematisch behandelt werden. Darüber soll im folgenden kurz berichtete werden; weitergehende Untersuchungen zur Reduktion mit Hilfe Momentenabbildung findet man zum Beispiel in [ABM], [GUS], [MAR], [MSSV].

Will man den Satz 9.15 zum Auffinden von Lösungen des jeweiligen Hamilton-Systems nutzen, so muß man bei der Vorgabe einer Symmetrie G von (P, H) erst einmal prüfen, ob es m als globale (das heißt auf ganz P definierte) Abbildung gibt. Hat man sich dessen vergewissert oder gegebenenfalls P verkleinert, so wird man zur Verringerung der Freiheitsgrade die Komponenten der Abbildung m als Zwangsbedingungen auffassen: Zu $c \in g^*$ betrachte man

$$m^{-1}(c) = \{a \in P \mid m(a) = c\} =: \Sigma_c.$$

Σ_c ist eine verallgemeinerte Energieniveaufläche (vgl. Paragraph 6) und *invariant*, das heißt: Trifft eine Bewegung des Systems auf Σ_c zu irgendeinem Zeitpunkt, so verläuft die Bewegung vollkommen in Σ_c. In vielen Fällen ist Σ_c eine k-dimensionale Untermannigfaltigkeit von P. (Auch das muß geprüft werden. Als hinreichendes Kriterium hat man: Σ_c ist immer dann eine k-dimensionale Untermannigfaltigkeit, wenn die Jacobi-Matrix $Dm(a)$ von m in allen Punkten $a \in \Sigma_c$ den Rang $d := 2n - k$ hat (vgl. M.3).) Im Beispiel 1° gilt $m^{-1}(c) = \mathbb{R}^n \times \{c\}$ für $c \in g^* \cong \mathbb{R}^n$, im Beispiel 2° ergibt sich $m^{-1}(c) = \{(q,p) \in \mathbb{R}^3 \times \mathbb{R}^3 : q$ und p sind senkrecht zu c und $\det(q,p,c) = |c|^2\}$ und im Beispiel 3° ist Σ_c im Falle $k = 1$ und $n = 2$ eine Art "Zylinder" über $\mathbb{R}^2$: $m^{-1}(c) = \{(q,p) \in \mathbb{R}^2 \times \mathbb{R}^2 : p_1^2 + (q^1)^2 = 2c\}$.

Unter der Voraussetzung, daß die invariante Menge $\Sigma := \Sigma_c = m^{-1}(c)$ eine Untermannigfaltigkeit von P ist, betrachte man in $a \in \Sigma$ diejenigen Tangentialvektoren $Z \in T_a\Sigma$, welche $Z^T \sigma X = \omega(Z,X) = 0$ für alle $X \in T_a\Sigma$ erfüllen. Zusammengefaßt bilden diese Z einen d-dimensionalen Unterraum F_a von $T_a\Sigma$. Zu diesen Teilräumen F_a von $T_a\Sigma$ gibt es (lokal) d-dimensionale Untermannigfaltigkeiten $N \subset \Sigma$ mit $T_aN = F_a$ für alle $a \in N$. ($F = (F_a) \subset T\Sigma$ heißt *Distribution* und N ist die zugehörige *Integralmannigfaltigkeit* oder *Blätterung*; im Falle $d = 1$ sind das die Integralkurven γ zu einem Vektorfeld X, $\dot{\gamma} = X(\gamma)$, mit $F_a = \mathbb{R}X(a)$. Im d-dimensionalen Fall ist die Existenz der Integralmannigfaltigkeiten zu F durch den Satz von Frobenius gewährleistet (vgl. z.B. [ABM, S.93] oder [WAR]), weil die hier konstruierte Distribution F involutiv ist.) Damit ergibt sich eine Äquivalenzrelation auf Σ, welche zwei Punkte $a, b \in \Sigma$ als äquivalent erklärt, wenn es eine solche zusammenhängende Untermannigfaltigkeit N mit $a, b \in N$ gibt.

Der Quotient $P_0 = \Sigma/_\sim$ bezüglich dieser Äquivalenzrelation steht in Analogie zum Bahnenraum, den wir in Paragraph 6 eingeführt und beim Keplerproblem (vgl. $7.12.3^{\circ}$) eingehend studiert haben. Wieder gilt es zu überprüfen, ob P_0 als Quotient überhaupt eine Mannigfaltigkeit ist und die Quotientenstruktur trägt (vgl. M.8). Wenn das zutrifft, dann hat P_0 die Dimension $2n - 2d$ und erhält von P eine natürliche *symplektische Struktur* (ein Begriff, der für diese allgemeinere Situation noch definiert werden muß, siehe unten). P_0 mit dieser symplektischen Struktur heißt der *Marsden-Weinstein-Quotient* von P bezüglich m (und c), und die in diesem Abschnitt vorgestellte Reduktion der Freiheitsgrade heißt *Marsden-Weinstein-Reduktion*. Das ursprüngliche Problem ist um d Freiheitsgrade reduziert worden, P_0 ist ein $2(n-d)$-dimensionaler Phasenraum, und die ganze Prozedur kann von vorne beginnen mit der Suche nach Symmetrien auf P_0.

Abgesehen von mehreren technischen Schwierigkeiten dieses Programms der Reduktion muß in jedem Falle der Begriff des Phasenraumes verallgemeinert werden von $P \cong Q \times (\mathbb{R}^n)^* \cong Q \times \mathbb{R}^n \subset \mathbb{R}^{2n}$, also offenen Teilräumen von $\mathbb{R}^{2n}$ mit der zugehörigen symplektischen Struktur, auf allgemeine differenzierbare (Unter-) Mannigfaltigkeiten mit symplektischer Struktur.

Der erste Schritt einer Verallgemeinerung ist, statt von einer offenen Menge $Q \subset \mathbb{R}^n$ als Konfigurationsraum, von einer differenzierbaren Untermannigfaltigkeit $M \subset \mathbb{R}^m$ als Konfigurationsraum auszugehen. Diese Situation tritt ja stets bei holonomen Zwangsbedingungen auf und ist uns bekannt von den Beispielen Pendel und starrer Körper (Paragraph 4 und 5). Als Phasenraum der Hamiltonschen Mechanik hat man dann nicht das Tangentialbündel TM zu nehmen, wie es für die Lagrange-Systeme angemessen ist, sondern das *Kotangentialbündel* T^*M. T^*M ist als Menge einfach

$$T^*M := \bigcup \{\{a\} \times (T_a M)^* : a \in M\},$$

mit $(T_a M)^* := \{\alpha : T_a M \longrightarrow \mathbb{R} \mid \alpha \text{ ist } \mathbb{R}\text{-linear}\}$ als Dualraum des Tangentialraumes $T_a M$ an M in a. T^*M ist in natürlicher Weise eine differenzierbare Mannigfaltigkeit, die für Untermannigfaltigkeiten $M \subset \mathbb{R}^m$ als Untermannigfaltigkeit von $\mathbb{R}^m \times (\mathbb{R}^m)^*$ aufgefaßt werden kann (vgl. M.7). Auch für beliebige Mannigfaltigkeiten M ist T^*M eine Mannigfaltigkeit, deren Struktur durch die Bündelkarten gegeben wird. Dabei gehört zu einer Karte $\varphi : U \longrightarrow V \subset \mathbb{R}^n$ der Mannigfaltigkeit M die Bündelkarte

$$\hat{\varphi} : T^*U \longrightarrow V \times (\mathbb{R}^n)^* \quad (\text{vgl. Anhang M.11}),$$

welche T^*U mit *kanonischen Koordinaten* $(q,p) = \hat{\varphi}(\alpha)$, $\alpha \in T^*U$, versieht. Bezüglich dieser kanonischen Koordinaten läßt sich für $F, G \in \mathscr{E}(T^*U)$ die Poissonklammer

$$\{F,G\} := \frac{\partial F}{\partial q^\mu} \frac{\partial G}{\partial p_\mu} - \frac{\partial F}{\partial p_\mu} \frac{\partial G}{\partial q^\mu}$$

einführen, und es ergibt sich, daß $\{F,G\}(\alpha)$, $\alpha \in T^*M$, für alle kanonischen Koordinaten den gleichen Wert liefert. Eine Erklärung für diesen Umstand ist zum Beispiel, daß die lokalen Ausdrücke $dq^\mu \wedge dp_\mu$ in den speziellen Bündelkarten $\hat{\varphi}$ eine globale 2-Form ω auf T^*M definieren (die *symplektische Form* auf dem Kotangentialbündel), welche die Poissonklammer $\{\ ,\ \}$ analog zu 9.7 bestimmt (vgl. M.19). Auf diese Weise wird $\{\ ,\ \}$ auf $\mathscr{E}(T^*M) \times \mathscr{E}(T^*M)$ global definiert.

Mit dem Kotangentialbündel $P = T^*M$ als Phasenraum läßt sich das gesamte Programm dieses Paragraphen durchführen, um insbesondere auch die Noetherschen Sätze 9.9, 9.12 und 9.15 für die allgemeinere Situation zu erhalten.

Es ist jetzt nicht schwer zu erraten, wie der nächste Schritt der Verallgemeinerung auszusehen hat. Bei der im Anschluß an 9.15 vorgestellten Reduktion kann man nicht erwarten, daß die reduzierte Mannigfaltigkeit P_0 ein Kotangentialbündel ist. Beispielsweise ist der Bahnenraum B_E beim harmonischem Oszillator, der ja eine solche Reduktion darstellt, kein Kotangentialbündel. B_E wurde in Paragraph 6 als komplexprojektiver Raum beschrieben. $\mathbb{P}_n(\mathbb{C})$ ist immer kompakt, während Kotangentialbündel der Dimension > 0 nie kompakt sind. Der Bahnenraum beim Keplerproblem ist ebenfalls kompakt ($7.12.3°$).

Als weitere Verallgemeinerung für die Beschreibung von Phasenräumen der Hamiltonschen Mechanik benötigt man daher den Begriff der symplektischen Mannigfaltigkeit. Eine *symplektische Mannigfaltigkeit* P ist eine 2n-dimensionale abstrakte Mannigfaltigkeit (vgl. M.8), auf der ein ausgezeichneter Atlas $\mathfrak{K}$ gegeben ist mit den folgenden Eigenschaften:

$1°$ Jede Karte aus $\mathfrak{K}$ ist von der Form $\varphi : U \longrightarrow V \times W$, mit $V \subset \mathbb{R}^n$ und $W \subset (\mathbb{R}^n)^*$ offen, sowie $U \subset M$ offen.

$2°$ Je zwei Karten φ und $\overline{\varphi}$ aus $\mathfrak{K}$ sind *kanonisch verträglich*, das heißt, $\overline{\varphi} \circ \varphi^{-1}$ ist nicht nur Diffeomorphismus, sondern es gilt stets $D(\overline{\varphi} \circ \varphi^{-1})(q,p) \in Sp(2n)$.

Anders ausgedrückt (mit Hilfe von 9.10): Die Poissonklammern auf $U \cap \overline{U}$ bezüglich der Koordinaten $(q,p) = \varphi(\alpha)$ und $(\overline{q},\overline{p}) = \overline{\varphi}(\alpha)$, $\alpha \in U \cap \overline{U}$, sind dieselben. Auf einer symplektischen Mannigfaltigkeit P hat man daher wie auf einem Kotangentialbündel stets eine global definierte Poissonklammer, die $\mathcal{E}(P)$ zu einer Lie-Algebra macht, und für die alle in 9.3 – 9.10 bewiesenen Aussagen gelten. Die Karten φ aus $\mathfrak{K}$ heißen *kanonische Karten* und entsprechend heißen die durch φ gegebenen Koordinaten $(q,p) = \varphi(\alpha)$ *kanonische Koordinaten*. Symplektische Mannigfaltigkeiten P haben eine durch den Atlas $\mathfrak{K}$ festgelegt *symplektische* 2-Form ω, welche in den kanonischen Koordinaten durch $\omega|_U = dq^\mu \wedge dp_\mu$ gegeben ist (vgl. M.19). Neben den Kotangentialbündeln sind beispielsweise auch die Bahnenräume $\mathbb{P}_{n-1}(\mathbb{C})$ (harmonischer Oszillator) und $\mathbb{S}^2 \times \mathbb{S}^2$ (Keplerproblem) in natürlicher Weise symplektische Mannigfaltigkeiten; die symplektische Form ist jeweils die 2-Form, die durch die Projektion von der symplektischen Form auf der Ausgangsmannigfaltigkeit kommt.

Im Anhang M.19 gehen wir ausführlicher auf den Begriff einer symplektischen Mannigfaltigkeit ein. Weitergehende Informationen über symplektische Mannigfaltigkeiten findet man in verschiedenen Monographien insbesondere bei der Beschreibung des Satzes von Darboux (zum Beispiel in [ABM], [ARN], [GUS], [LIM]).

Für die neu eingeführte, allgemeine Situation wollen wir noch einen weiteren Noetherschen Satz formulieren. Gegenüber 9.12 und 9.15 ändert sich nichts außer, daß jetzt allgemeinere Phasenräume zugelassen sind, nämlich symplektische Mannigfaltigkeiten (P,ω). Ein (*allgemeines*) *Hamilton-System* (P,H) ist eine symplektische Mannigfaltigkeit (P,ω) mit einer Hamiltonfunktion $H \in \mathcal{E}(P)$. Die *Bewegungen* des Systems sind die Lösungen von

$$\dot{F} = \{F,H\},$$

das heißt die differenzierbaren Kurven $\gamma : J \longrightarrow P$ mit $\frac{d}{dt}F\circ\gamma = \{F\circ\gamma, H\circ\gamma\}$. Äquivalent dazu ist die autonome Differentialgleichung $\dot{\gamma} = X_H(\gamma)$, wobei das *Hamiltonsche Vektorfeld* X_H mit Hilfe der Poissonklammer oder der symplektischen Form ω definiert wird. In kanonischen Koordinaten $\varphi = (q,p)$ ist diese Differentialgleichung auch äquivalent zu den *kanonischen Gleichungen*

$$\dot{q} = \frac{\partial H}{\partial p}, \quad \dot{p} = -\frac{\partial H}{\partial q}.$$

Die *kanonischen Transformationen* der symplektischen Mannigfaltigkeit P sind die Diffeomorphismen $\varphi : P \longrightarrow P$, welche die symplektische Form invariant lassen: $\varphi^*\omega = \omega$; und eine *symplektische Symmetriegruppe* G ist durch eine differenzierbare Wirkung $\Phi : G \times P \longrightarrow P$ einer Lie-Gruppe G gegeben, für die sämtliche $\Phi_g : P \longrightarrow P$, $g \in G$, kanonisch sind. Die Noetherschen Sätze 9.9, 9.12 und 9.15 (und die aus Paragraph 7) haben die folgenden Verallgemeinerungen auf den Fall von symplektischen Mannigfaltigkeiten als Phasenräume. Die Beweise lassen sich direkt übertragen.

(9.17) Satz von Noether. Sei (P, H) ein Hamilton-System auf einer symplektischen Mannigfaltigkeit (P, ω).

1° Sei X eine *infinitesimale Symmetrie* von (P, H), also ein Vektorfeld X auf P mit $L_X\{F, G\} = \{L_X F, G\} + \{F, L_X G\}$ für alle $F, G \in \mathcal{E}(P)$ und $L_X H = 0$ (vgl. 9.9). Dann gibt es lokal stets eine Bewegungskonstante $I \in \mathcal{E}(U)$ mit $X|_U = X_I$. (Dabei ist X_I in kanonischen Koordinaten durch $X_I := \frac{\partial I}{\partial p_\mu}\frac{\partial}{\partial q^\mu} - \frac{\partial I}{\partial q^\mu}\frac{\partial}{\partial p_\mu}$ definiert.)

2° Sei (φ_s) eine 1-Parametergruppe von Symmetrien von (P, H), das heißt φ_s läßt $\{\ ,\ \}$ und H invariant. Dann ist der infinitesimale Erzeuger $X = \frac{d}{dt}\varphi_t|_{t=0}$ von (φ_s) eine infinitesimale Symmetrie und 1° kommt zur Anwendung.

3° Sei G Symmetriegruppe von (P, H), d. h. G ist symplektische Symmetriegruppe und läßt die Hamiltonfunktion invariant. Dann gibt es lokal immer eine Momentenabbildung $m : M \longrightarrow \mathfrak{g}^*$. Die Komponenten einer Momentenabbildung m sind Bewegungskonstanten.

(9.18) Satz. (Zur Existenz von globalen Bewegungskonstanten) Unter den jeweiligen Voraussetzungen des vorangehenden Satzes existieren I bzw. m jedenfalls dann global, d.h. auf ganz P, wenn eine der folgenden Bedingungen erfüllt ist:

1° P ist Kotangentialbündel $P = T^*M$ und φ_s wird durch eine 1-Parametergruppe $\psi_s : M \longrightarrow M$ von sogenannten *Punkttransformationen* als die zugehörige (geliftete) Schar $\varphi_s = T\psi_s$ von Tangentialabbildungen gegeben. (Das ist die Situation im Falle von Lagrange-Systemen.)

2° P ist eine einfach zusammenhängende Mannigfaltigkeit (oder erfüllt zumindest $H^1_{dR}(P, \mathbb{R}) = 0$, vgl. M.17).

3° G ist *perfekt*, das heißt es gilt $\mathfrak{g} = \{[X, Y] : X, Y \in \mathfrak{g}\}$ für die Lie-Algebra $\mathfrak{g} = \text{Lie}\,G$. Insbesondere sind die *einfachen Lie-Gruppen* wie $SO(n)$, $SU(n)$, $Sp(2n)$ perfekte Matrixgruppen (vgl. L.10.8°).

Beweis. 1° und 2° sind klar. Um 3° einzusehen, sei $X \in g$ mit $X = [Y,Z]$ für $Y, Z \in g$. Man muß nur nachrechnen, daß mit der globalen Funktion $I := \omega(\tilde{Y},\tilde{Z})$ die Identität $\tilde{X} = X_I$ gilt.

Zum Abschluß dieses Paragraphen noch zwei Resultate: Die Umkehrung der Noetherschen Sätze und der Satz von Liouville–Arnold über vollständig integrable Systeme.

Als Umkehrung der Noetherschen Sätze hat man die Aussage, daß jeder Bewegungskonstanten I eines Hamilton–Systems (P,H) eine Symmetrie entspricht, welche I erzeugt. Um das zu erklären und zu präzisieren, benötigen wir die Lösungsschar zu einem beliebigen Vektorfeld als lokale 1–Parametergruppe (vgl. M.14). Zu jedem Vektorfeld X auf P gibt es eindeutig bestimmte, maximale Lösungen zu dem *Anfangswertproblem*

$$\dot{\gamma} = X(\gamma), \quad \gamma(0) = a,$$

auf einem Intervall $]t_a, s_a[$ und man schreibt $\gamma = \gamma_a$ in Abhängigkeit von dem Anfangswert a. Bei Vertauschung von a und t in $\gamma_a(t)$ erhält man $\varphi_t(a) := \gamma_a(t) \in P$ für $t \in \mathbb{R}$ und $a \in P_t$, wobei $P_t := \{a \in P \mid t \in]t_a, s_a[\}$. P_t ist offen in P und $\varphi_t : P_t \longrightarrow P_{-t}$ ist Diffeomorphismus. Für $t, s \in \mathbb{R}$ gilt $\varphi_s \circ \varphi_t(a) = \varphi_{s+t}(a)$, falls $a \in P_t \cap P_{s+t} \cap P_s$. Damit ist (φ_s) eine *lokale 1–Parametergruppe* von Diffeomorphismen mit dem infinitesimalen Erzeuger X, und man schreibt auch φ_s^X anstelle von φ_s, wenn die Abhängigkeit von X betont werden soll.

(9.19) Satz. Sei I eine Bewegungskonstante des Hamiltonschen Systems (P,H) mit Hamiltonschen Vektorfeld $X := X_I$. Dann sind alle (φ_t^X) kanonische Transformationen und es ist $H \circ \varphi_t = H$, denn es gilt $\frac{d}{dt}(H \circ \varphi_t) = L_{X_I} H = \{I,H\} = 0$. Also hat man zur Bewegungskonstanten I die gesuchte *lokale* Symmetrie von (P,H) als (φ_t^X) gefunden.

Bei einem vorgegebenen Hamilton–System wird man versuchen, so viel an Symmetrie ausfindig zu machen, daß die Reduktion nur noch einen Freiheitsgrad hat, also gerade die gesuchte Bahn ist. Ein solcher Fall bei den vollständig integrablen Systemen vor: Ein Hamilton–System (P,H) mit $\dim P = 2n$ heißt *vollständig integrabel*, wenn es n Bewegungskonstante $F_1 = H, F_2, F_3, \ldots, F_n$ in *Involution* (das heißt $\{F_\mu, F_\nu\} = 0$ für alle $\mu, \nu \in \{1, 2, \ldots, n\}$) gibt, die *unabhängig* sind (das heißt die zugehörige Abbildung $F := (F_1, F_2, \ldots, F_n) : P \longrightarrow \mathbb{R}^n$ hat Maximalrang $\operatorname{rg} TF = n$).

(9.20) Satz von Liouville–Arnold. Sei (P,H) ein vollständig integrables Hamilton–System mit $F = (F_1, F_2, \ldots, F_n) : P \longrightarrow \mathbb{R}^n$ als den zugehörigen unabhängigen Bewegungskonstanten in Involution. Es sei außerdem H als eine Linearkombination der F_μ darstellbar. Dann gilt für $c \in F(P)$:

1° $P_c := F^{-1}(c)$ ist n–dimensionale invariante Untermannigfaltigkeit.

2° Ist P_c kompakt, so ist P_c diffeomorph zu einer disjunkten Vereinigung von n-dimensionalen Tori $\mathbb{T}_n := (S^1)^n$. Es gibt *Winkelkoordinaten* $\varphi = (\varphi_1, \varphi_2, \ldots, \varphi_n)$ auf $\mathbb{T}_n = \{\varphi \bmod 2\pi : \varphi \in \mathbb{R}^n\}$ und einen Vektor $\omega = \omega(c) \in \mathbb{R}^n$, so daß die Bewegungen des Systems in $\mathbb{T}_n$ durch die Differentialgleichungen $\frac{d\varphi}{dt} = \omega$ gegeben sind. Diese Koordinaten erhält man durch Integration von elementaren Funktionen ("*Quadraturen*").

3° Sind alle Vektorfelder $X_{F_i}|_{P_c}$ *vollständig* auf P_c (das heißt, es gilt stets $(P_c)_t = P_c$ in der oben verwendeten Notation), so ist P_c diffeomorph zu einer disjunkten Vereinigung von Untermannigfaltigkeiten der Form $\mathbb{T}_k \times \mathbb{R}^{n-k}$, $0 \leq k \leq n$.

Einen Beweis dieses Satzes findet man zum Beispiel in [ARN], Seite 271 ff. Ein enger Zusammenhang dieses Resultates mit der Theorie der Momentenabbildung und der weiter oben besprochenen Reduktion ergibt sich durch den folgenden Vergleich: Ist G eine abelsche Symmetriegruppe des Hamilton–Systems (P,H), und gibt es eine globale Momentenabbildung $m : P \longrightarrow \mathfrak{g}^*$, so sind die Komponenten von m in Involution. Also ist das System vollständig integrabel, wenn $\dim G = \frac{1}{2}\dim P$ gilt, wenn m überall Maximalrang hat und wenn H Linearkombination der Komponenten von m ist. Umgekehrt ist ein vollständig integrables System ein System mit der abelschen Symmetriegruppe $\mathbb{R}^n$ für den Fall, daß die Hamiltonschen Vektorfelder zu den Funktionen F_μ vollständig sind.

Mehrere Beispiele von vollständig integrablen Systemen sind uns bereits bekannt. Dazu gehören die translationsinvarianten $H(q,p) = H(p)$ auf $P = \mathbb{R}^n \times \mathbb{R}^n$ mit der Momentenabbildung $m(q,p) = p$ (vgl. $9.14.1^o$ und $7.10.2^o$ und $7.10.4^o$). Mit $F = m$ ist $F^{-1}(c) = P_c = \mathbb{R}^n \times \{c\} \cong \mathbb{R}^n$. Ähnlich einfach ist das System des n-dimensionalen harmonischen Oszillators mit $F = (H_1, H_2, \ldots, H_n)$ (vgl. 6.11). Auch hier hat F die Interpretation als Momentenabbildung (vgl. $9.14.3^o$). Die Rangbedingung ist allerdings nicht auf dem ganzen Phasenraum $\mathbb{R}^n \times \mathbb{R}^n$, sondern nur auf $P = \{(q,p) : H_\mu(q,p) > 0$ für alle $\mu = 1,2, \ldots, n\}$ erfüllt. Für $c \in \mathbb{R}^n$ ist $P_c = \{(q,p) : H_\mu(q,p) = c_\mu\} \cong \mathbb{T}^n$, falls $c_\mu > 0$. Auf dem Torus P_c hat man die Winkelvariablen $\theta = (\theta_1, \theta_2, \ldots, \theta_n)$ und einen festen Vektor $\omega = \omega(c) \in \mathbb{R}^n$, und mit diesen Daten sind die Bewegungsgleichungen durch $\dot{\theta} = \omega$ gegeben. Daß alle vollständig integrablen Systeme mit kompakten Fasern von F im wesentlichen gerade so aussehen, ist Teil der Aussagen des Satzes 9.20.

Weitere Beispiele von vollständig integrablen Systemen:

1° Systeme mit einem Freiheitsgrad sind vollständig integrabel auf dem Teilraum des Phasenraums, wo der Gradient der Hamilton–Funktion H nicht verschwindet. Denn H ist ja eine Konstante der Bewegung. Neben dem harmonische Oszillator ist also auch das mathematische Pendel im konstanten Schwerefeld (vgl. Paragraph 4) vollständig integrabel. In diesem Fall hat man bezüglich der Winkelkoordinate θ und einer geeigneten Konstanten $k > 0$: $H = \frac{1}{2}k p_\theta^2 + \cos\theta$.

2° Zentralkraftfelder (vgl. Paragraph 7) sind vollständig integrabel. Die Hamilton–Funktion ist $H = \frac{1}{2} p^2 + U(q)$ mit SO(3)-invariantem Potential U. Typische

Bewegungskonstante in Involution sind $F_1 = H$, $F_2 = |I|^2$ und $F_3 = I_3$. Dazu muß $\{|I|^2, I_3\} = 0$ nachgerechnet werden. Außerdem gilt es, die Rangbedingung zu prüfen, die je nach Hamilton-Funktion zu verschiedenen Phasenräumen führt. Die n-dimensionale Version des Keplerproblems (vgl. $8.23.6^\circ$) führt ebenfalls zu einem vollständig integrablen System.

3° Der kräftefreie Kreisel mit $P = T^*SO(3) \cong SO(3) \times \mathbb{R}^3 \cong TSO(3)$ (vgl. Paragraph 5) und mit der kinetischen Energie $H = T$ als Hamilton-Funktion ist vollständig integrabel. Die benötigten Bewegungskonstanten sind ähnlich wie beim Zentralkraftfeld H, $|\ell|^2$ und ℓ_3 (vgl. $7.13.1^\circ$). Entsprechendes gilt für den abstrakten kräftefreien Kreisel auf einer Matrixgruppe (vgl. $8.24.3^\circ$).

4° Der schwere Kreisel (in einem konstanten, homogenen Schwerefeld, vgl. 8.24) ist nur in einigen Sonderfällen vollständig integrabel. Der Phasenraum ist P wie in 3°, und die Hamilton-Funktion ist $H = T + U$. Als Bewegungskonstante in Involution hat man immer H und ℓ_3, wie wir in $8.24.1^\circ$ gezeigt haben. Im Falle eines symmetrischen Kreisels (oder *Lagrange*-Kreisels) ist die dritte Komponente L_3 des körpereigenen Drehimpulses eine weitere Bewegungskonstante (vgl. $8.24.2^\circ$), und es gilt $\{\ell_3, L_3\} = 0$. Weitere vollständig integrable Systeme liegen vor im Falle des sogenannten *Euler*-Kreisels mit festgehaltenem Massenschwerpunkt, bei dem der totale Drehimpuls $|L|^2$ eine weitere Bewegungskonstante in Involution liefert, und im Falle des *Kowalewski*-Kreisels (siehe z.B. [FOM]).

Diejenigen klassischen mechanischen Systeme, die sich vollständig und global integrieren lassen, sind die Ausnahmen in der großen Vielfalt aller dynamischen Systeme. Daß die vollständig integrablen Systeme trotzdem so wichtig sind in der Klassischen Mechanik, liegt nicht so sehr daran, daß einige besonders interessante und naheliegende Systeme dazu gehören, sondern vor allem daran, daß bei einer kleinen Störung eines vollständig integrablen Systems wesentliche qualitative Eigenschaften erhalten bleiben. Die entsprechende Theorie ("KAM-Theorie") findet man z.B. in [ARN], [LAZ], [GUT].

III Quantenmechanik

Nachdem im zweiten Kapitel die Klassische Mechanik als eine geometrische Theorie dargestellt worden ist, sollen jetzt auch in der Quantenmechanik Aspekte von Geometrie und Symmetrie herausgearbeitet werden. Tatsächlich haben Symmetriebetrachtungen in der Quantenmechanik, die mit Hilfe der Darstellungen von Lie–Gruppen Eingang in die Theorie finden, eine noch bedeutendere Stellung als die Symmetriebetrachtungen in der Klassischen Mechanik.

Um aber *Geometrie und Symmetrie in der Quantenmechanik* überhaupt mit einiger Tiefe behandeln zu können, ist es nötig, erst einmal die *Struktur* der Quantenmechanik mathematisch zu beschreiben. Das geschieht im ersten Paragraphen dieses Kapitels, in dem ein System von vier Axiomen als die mathematische Grundlage der Quantenmechanik an den Anfang gestellt wird. Zur eigentlichen Physik kommt man im Rahmen der dargelegten Theorie erst durch eine geeignete Interpretation, die insbesondere eine Erklärung des quantenmechanischen Meßprozesses einschließt. Diesen interessanten und noch nicht vollständig geklärten Aspekt der Quantenmechanik lassen wir hier völlig außer acht (vgl. dazu z.B. die Lehrbücher [BÖH, GAP, SUD] und auch [PEN, chapter 6] sowie [DAB2]).

Die Axiome der Quantenmechanik machen deutlich, daß die Quantenmechanik in ihren grundlegenden Konzepten eine geometrische Theorie ist: Die fundamentalen Objekte der Theorie sind der komplexe Hilbertraum $\mathbb{H}$ mit seiner unitären Struktur und dem zugehörigen Raum $\mathbb{P}(\mathbb{H})$ der Geraden (welcher der Raum der quantenmechanischen Zustände ist) sowie die Menge $\mathcal{O}$ der selbstadjungierten Operatoren auf $\mathbb{H}$ (in der die quantenmechanischen Observablen enthalten sind). Die unitäre Struktur des Hilbertraumes $\mathbb{H}$, welche durch das hermitesche Skalarprodukt gegeben ist, ist ein rein geometrisches Konzept. Sie erlaubt Längen, Winkel, Orthogonalität, Inhalt etc. einzuführen und läßt sich umgekehrt auch durch diese geometrischen Größen definieren. Die volle Symmetriegruppe der unitären Struktur im Sinne der Paragraphen 3 und 4 im ersten Kapitel ist die Gruppe $\mathcal{U}(\mathbb{H})$ der unitären Transformationen auf dem Hilbertraum $\mathbb{H}$, welche zwar im unendlichdimensionalen Fall (also $\dim \mathbb{H} = \infty$) nicht als Lie–Gruppe aufgefaßt werden kann, die aber immerhin noch eine topologische Gruppe bezüglich der starken Topologie ist. Die selbstadjungierten Operatoren sind ebenfalls geometrischer Natur, da sie als die infinitesimalen Erzeuger der 1–Parametergruppen von unitären Transformationen $U_s : \mathbb{H} \longrightarrow \mathbb{H}$ aufgefaßt werden können, und die unitären Transformationen ja gerade die unitäre Struktur von $\mathbb{H}$ widerspiegeln.

Zu physikalisch relevanten quantenmechanischen Systemen, wie sie im ersten Paragraphen vorgestellt werden, kommt man in der Regel durch eine Quantisierung von klassischen mechanischen Systemen. Im zweiten Paragraphen werden Beispiele von quantenmechanischen Systemen anhand der kanonischen Quantisierung erläutert, und es wird auch kurz auf das Programm der Geometrischen Quantisierung eingegangen.

Bei der Quantisierung von klassischen Systemen bleiben die klassischen Symmetrien im großen und ganzen erhalten. Sie manifestieren sich nach der Quantisierung als unitäre oder als projektive Darstellungen der entsprechenden klassischen Symmetriegruppe. Die Darstellungstheorie ist ein äußerst effizientes Werkzeug der elementaren Quantenmechanik, erlaubt sie doch viele Beziehungen und Quantenzahlen explizit auszurechnen. Um davon einen ersten Eindruck zu vermitteln, wird die Darstellungstheorie der Drehgruppe SO(3) und der "Isospingruppe" SU(2) in Paragraph 3 ausführlich behandelt. Eine einfache Anwendung der vorgestellten SO(3)–Theorie (auf die wir im Rahmen des Buches leider nicht eingehen können) ist zum Beispiel die Behandlung von Mehrteilchensystemen, wo es zunächst darum geht, Tensorprodukte $R \otimes R'$ von irreduziblen Darstellungen von SO(3) oder von SU(2) in ihre irreduziblen Bestandteile zu zerlegen (vgl. *Clebsch–Gordan–Koeffizienten* und Satz von *Wigner–Eckart*, z.B. in [BÖH] oder [SUD]).

Der vierte Paragraph handelt von dem Problem, daß es nicht ausreichend ist, nur unitäre Darstellungen der klassischen Symmetriegruppen G zu betrachten, und daß man stattdessen auch projektive Darstellungen zulassen muß. Häufig vernachlässigt wird der mathematisch interessante Übergang von projektiven zu unitären Darstellungen, der gegebenenfalls bei der Quantisierung eine leichte Veränderung der Symmetriegruppe verlangt. Auf diese Weise erklärt sich zum Beispiel, daß in der Quantenmechanik SU(2) die "richtige" Drehgruppe und in der relativistischen Quantenmechanik SL(2,ℂ) die "richtige" eigentliche Lorentzgruppe ist. Insbesondere findet man damit auch eine mathematische Erklärung dafür, daß Teilchen mit halbzahligen Spin auftreten können. Ganz allgemein besagen die Sätze von Bargmann und Wigner, daß es bei den Symmetriebetrachtungen der Quantenmechanik ausreicht, nur die unitären Darstellungen zu untersuchen, wenn die klassische Symmetriegruppe G durch eine geeignete quantenmechanische Symmetriegruppe $\hat{G}$ ersetzt wird. Diese quantenmechanische Symmetriegruppe $\hat{G}$ ist eine zentrale Erweiterung der universellen Überlagerung von G .

Der Übergang von projektiven zu unitären Darstellungen hat beispielhaften Charakter für die *Quantenfeldtheorie*, in der die klassischen Symmetrien bei der Quantisierung sich ebenfalls als projektive Darstellungen manifestieren und dann zu zentralen Erweiterungen der Symmetriegruppen und –algebren führen. Ein Beispiel dafür ist die *Virasoro–Algebra* in der Stringtheorie, die eine zentrale Erweiterung der unendlichdimensionalen Lie–Algebra aller polynomialen Vektorfelder auf S^1 ist.

1 Axiome der Quantenmechanik

Für den Fortgang des Buches wird eigentlich kaum mehr benötigt als die Feststellung, daß die Zustände eines quantenmechanischen Systems durch die komplexen Geraden eines fest vorgegebenen Hilbertraumes $\mathbb{H}$ gegeben sind. Symmetrien des Systems sind daher in erster Linie Transformationen auf dem System aller Geraden oder auf dem Hilbertraum selbst.

Um diese Aussagen ein wenig in einen Gesamtzusammenhang zu stellen, wird in diesem Paragraphen ein gebräuchliches Modell der Quantenmechanik durch ein Axiomensystem eingeführt, das aus vier Axiomen (bzw. Postulaten) besteht. Dabei liegt für die Belange der Darstellung in diesem Buch der Schwerpunkt auf dem Axiom 1. Außerdem wird Axiom 3 benötigt, während die vom mathematischen Standpunkt komplizierteren Axiome 2 und 4 nur für weitergehende Untersuchungen von Bedeutung sind.

Inwiefern durch die angegebenen Axiome tatsächlich ein Teil der Quantenphysik beschrieben wird, kann hier nicht weiter erörtert werden. Wir verweisen dazu auf die einschlägigen Lehrbücher, z. B. [SUD, BÖH, GAP]. Die nötigen Begriffe und Resultate aus der Theorie der linearen Operatoren auf einem Hilbertraum kann man z. B. dem Lehrbuch [TRI] entnehmen.

Definition: Ein *quantenmechanisches System* ist durch ein Paar $(\mathbb{H}, \mathcal{H})$ gegeben, welches den folgenden vier *Axiomen* genügt:

Axiom 1. $\mathbb{H}$ *ist ein separabler Hilbertraum über dem Körper* $\mathbb{C}$ *der komplexen Zahlen mit dem Skalarprodukt* $\langle \ , \ \rangle$. *Die Zustände des quantenmechanischen Systems sind die komplexen Geraden in* $\mathbb{H}$, *die den Nullvektor von* $\mathbb{H}$ *enthalten.*

Bemerkungen und Erläuterungen zum Axiom 1:
1° Ein *komplexer Hilbertraum* $\mathbb{H}$ ist ein komplexer Vektorraum zusammen mit einem (hermiteschen) Skalarprodukt $\langle \ , \ \rangle$, so daß $\mathbb{H}$ bezüglich der durch $\langle \ , \ \rangle$ gegebenen Norm vollständig ist. Dabei ist ein *Skalarprodukt* eine Abbildung
$$\langle \ , \ \rangle : \mathbb{H} \times \mathbb{H} \longrightarrow \mathbb{C},$$
mit den folgenden Eigenschaften: Für alle $f, g, h \in \mathbb{H}$ und $\lambda \in \mathbb{C}$ gilt:

i) $\langle f + g, h \rangle = \langle f, h \rangle + \langle g, h \rangle$ und $\langle f, g + h \rangle = \langle f, g \rangle + \langle f, h \rangle$, sowie $\langle \lambda f, g \rangle = \overline{\lambda} \langle f, g \rangle$ und $\langle f, \lambda g \rangle = \lambda \langle f, g \rangle$; das heißt: $\langle \ , \ \rangle$ ist $\mathbb{R}$-bilinear, komplex-linear im zweiten und komplex-antilinear im ersten Argument.

ii) $\langle f, g \rangle = \overline{\langle g, f \rangle}$.

iii) $\langle f, f \rangle > 0$, falls $f \neq 0$.

Ein solches Skalarprodukt definiert durch $\|f\| := \sqrt{\langle f,f \rangle}$ eine *Norm* auf dem Vektorraum $\mathbb{H}$, und $\mathbb{H}$ heißt *vollständig*, wenn $\mathbb{H}$ bezüglich dieser Norm vollständig ist, das heißt, wenn jede *Cauchyfolge* (f_ν) aus $\mathbb{H}$ in $\mathbb{H}$ konvergiert.

$2°$ Zu den wichtigsten komplexen Hilberträumen gehören natürlich erst einmal die endlichdimensionalen komplexen Hilberträume, die man auch *unitäre Räume* nennt, und die man bis auf Isomorphie durch $\mathbb{H} = \mathbb{C}^n$ mit dem Skalarprodukt

$$\langle z,w \rangle = \sum_{\nu=1}^{n} \overline{z}^{\,\nu} w^{\nu}$$

angeben kann. Analog lassen sich unendlichdimensionale komplexe Hilberträume als Räume von quadratsummierbaren Folgen darstellen (vgl. 2.9 in Kapitel I). In der Quantenmechanik treten unendlichdimensionale Hilberträume konkret auf als die Räume von quadratintegrierbaren Funktionen auf einem geeigneten Konfigurationsraum: Zum Beispiel ist für offene $Q \subset \mathbb{R}^n$

$$L^2(Q) := \left\{ f : Q \longrightarrow \mathbb{C} : \int_Q |f(q)|^2 dq < \infty \right\}$$

ein solcher Hilbertraum, wenn als Skalarprodukt $\langle f,g \rangle := \int_Q \overline{f}(q)g(q)dq$ definiert wird. Dabei ist $\int h(q)dq$ als das *Lebesgue-Integral* aufzufassen, und Funktionen, die sich nur auf einer Nullmenge unterscheiden, sind zu identifizieren. Ohne Benutzung des Lebesgue-Integrals gelangt man zu $L^2(Q)$, indem man zunächst mit dem Raum

$$R^2(Q) := \left\{ f : Q \longrightarrow \mathbb{C} : f \text{ ist stetig und } \int_Q |f(q)|^2 dq < \infty \right\}$$

beginnt, wobei jetzt $\int h(q)dq$ als das übliche *Riemannsche Integral* aufzufassen ist. Dann definiert man $\langle \, , \, \rangle$ wie oben mit dem Unterschied, daß jetzt das Skalarprodukt $\langle f,g \rangle := \int_Q \overline{f}(q)g(q)dq$ das Riemann-Integral ist. Schließlich vervollständigt man den noch nicht vollständigen Raum $R^2(Q)$ zu $L^2(Q)$ analog zur Vervollständigung des Raumes $\mathbb{Q}$ der rationalen Zahlen zum Raum $\mathbb{R}$ der reellen Zahlen.

$3°$ Der Raum der Zustände ist also der zu $\mathbb{H}$ gehörige *projektive Raum* $\mathbb{P}(\mathbb{H})$: Auf $\mathbb{H}$ hat man die Äquivalenzrelation $f \sim g \; :\Longleftrightarrow \; \exists \lambda \in \mathbb{C}: f = \lambda g$, welche die Vektoren, die auf einer durch 0 verlaufenden komplexen Geraden liegen, miteinander identifiziert. Bezeichnet man für $f \in \mathbb{H}$ mit $\gamma(f)$ die jeweilige Äquivalenzklasse, so ist der projektive Raum als der Quotientenraum

$$\mathbb{P}(\mathbb{H}) := \mathbb{H} \setminus \{0\} /_\sim = \left\{ \gamma(f) : f \in \mathbb{H} \setminus \{0\} \right\}$$

definiert. Der Raum $\mathbb{P}(\mathbb{H})$ der Zustände des quantenmechanischen Systems erhält durch die kanonische Quotientenabbildung $\gamma : \mathbb{H} \setminus \{0\} \longrightarrow \mathbb{P}(\mathbb{H})$ eine natürliche Topologie, nämlich die *Quotiententopologie*: Eine Teilmenge $U \subset \mathbb{P}(\mathbb{H})$ heißt *offen*, wenn die Urbildmenge $\gamma^{-1}(U)$ in $\mathbb{H}$ offen ist. Die Abbildung γ ist dann stetig und offen.

$4°$ Im Vergleich zur Klassischen Mechanik auf einem Phasenraum P mit einer symplektischen Struktur, die durch σ bzw. ω gegeben ist (vgl. II.9), übernimmt jetzt $\mathbb{P}(\mathbb{H})$ die Rolle des klassischen Phasenraumes P, und die Rolle der symplektischen Form ω wird in gewisser Weise von der von $\langle \, , \, \rangle$ erzeugten *"Pseudometrik"*

$$\langle \varphi,\psi \rangle := \left| \langle \frac{f}{\|f\|}, \frac{g}{\|g\|} \rangle \right| \quad \text{für } \varphi = \gamma(f) \text{ und } \psi = \gamma(g) \text{ aus } \mathbb{H},$$

übernommen. $\langle\,,\,\rangle$ auf $\mathbb{P}(H) \times \mathbb{P}(H)$ ist offenbar unabhängig von der speziellen Wahl der Repräsentanten f und g und damit wohldefiniert.

$5°$ Die Pseudometrik (aus $4°$) hat die folgende Bedeutung im Rahmen der physikalischen Interpretation der 4 Axiome, auf die wir hier ansonsten nicht weiter eingehen können (vgl. z.B. [SUD, S. 36 ff. und S. 117 ff.]): Die Größe $\langle\varphi,\psi\rangle^2 \in [0,1]$ für zwei Zustände φ,ψ ist die *Übergangswahrscheinlichkeit von φ nach ψ*. Das heißt, wenn das System sich im Zustand φ befindet, ist $\langle\varphi,\psi\rangle^2$ die Wahrscheinlichkeit dafür, daß sich bei einer Messung herausstellt, daß sich das System im Zustand ψ befinden wird. Für die Darstellung in den nächsten Paragraphen ist in diesem Zusammenhang nur wichtig, daß die Pseudometrik bei der Beschreibung von Symmetrien eines quantenmechanischen Systems zu berücksichtigen ist als eine Größe, die bei Symmetrietransformationen invariant ist.

$6°$ Beispiel (nichtrelativistisches Teilchen in $Q \subset \mathbb{R}^3$): $Q \subset \mathbb{R}^3$ sei offen. $H = L^2(\mathbb{R}^3)$ ist der Hilbertraum der quadratintegrierbaren Funktionen auf Q, die Elemente f von H sind die *Wellenfunktionen*, und die $\varphi = \gamma(f)$ repräsentieren die Zustände des Systems. Im Falle $\|f\| = 1$ hat man noch die folgende Interpretation für eine meßbare Teilmenge $B \subset Q$: Die Größe $\int_B |f(x)|^2 dx \leq 1$ ist die Wahrscheinlichkeit dafür, daß sich das Teilchen im Zustand φ in der Menge B befindet.

Axiom 2. *Die Observablen des Systems werden durch die selbstadjungierten Operatoren im Hilbertraum repräsentiert. Anders ausgedrückt: Die Menge $\mathcal{O}$ aller möglichen Observablen ist*

$$\mathcal{O} := \{T : D(T) \longrightarrow H : D(T) \subset H \text{ dicht und } T \text{ selbstadjungiert}\}.$$

Bemerkungen und Erläuterungen zum Axiom 2.

$7°$ Ein *selbstadjungierter Operator* T in H ist eine $\mathbb{C}$-lineare Abbildung $T : D(T) \longrightarrow H$ von einem (zu T gehörigen) linearen Unterraum $D(T) \subset H$ mit den folgenden Eigenschaften:

i) $D(T)$ ist dicht in H.

ii) T ist *abgeschlossen*, das heißt für $f_n \in D(T)$ mit $f_n \longrightarrow f \in H$ und $Tf_n \longrightarrow g$ gilt stets: $f \in D(T)$ und $Tf = g$.

iii) Für alle $f,g \in D(T)$ gilt $\langle Tf,g \rangle = \langle f,Tg \rangle$.

$8°$ Im Falle $H = \mathbb{C}^n$ und dem üblichen Skalarprodukt auf $\mathbb{C}^n$ (vgl. $2°$) gilt: Jeder dichte lineare Teilraum von $\mathbb{C}^n$ stimmt bereits mit $\mathbb{C}^n$ überein, und jede $\mathbb{C}$-lineare Abbildung $T : \mathbb{C}^n \longrightarrow \mathbb{C}^n$ ist automatisch stetig und damit insbesondere auch abgeschlossen; T ist genau dann selbstadjungiert, wenn für die darstellende Matrix $M_T = M$ von T bezüglich einer Orthonormalbasis von $\mathbb{C}^n$ gilt: $\overline{M}^T = M$. (Man sagt auch: M bzw. T ist symmetrisch in bezug auf das hermitesche Skalarprodukt.)

$9°$ Für den Fall, daß der Hilbertraum H unendlichdimensional ist, gilt zunächst, daß ein Operator T mit $D(T) = H$ genau dann abgeschlossen ist, wenn er stetig (oder äquivalent dazu: beschränkt) ist. Es gibt aber viele unbeschränkte und abgeschlossene Operatoren T auf $\mathbb{H}$ mit $D(T) \neq \mathbb{H}$. Insbesondere sind die für die Quantenmechanik wichtigen Operatoren meistens unbeschränkte, selbstadjungierte Operatoren.

10° Dazu das Beispiel eines Teilchens auf der reellen Achse: $\mathbb{H} = L^2(\mathbb{R})$. Typische Observable ist der *Ortsoperator* Q mit $D(Q) := \{ f \in \mathbb{H} : \int |qf(q)|^2 dq < \infty \}$ und $Qf(q) := qf(q)$ für $q \in \mathbb{R}$ und $f \in D(Q)$. Man sieht leicht, daß Q selbstadjungiert ist. Q ist aber nicht beschränkt, denn für die Folge $f_n := \chi_{[n,n+1]}$ der Indikatorfunktionen der Intervalle $[n,n+1]$ gilt $\|f_n\| = 1$, aber $\|Qf_n\| \geq n$. Eine weitere Observable ist der *Impulsoperator* P mit $D(P) := \{ f \in \mathbb{H} :$ Es gibt $Df \in \mathbb{H}$ mit $\langle Df, g \rangle = -\langle f, g' \rangle$ für alle $\mathscr{C}^{\infty}$-Funktionen g auf $\mathbb{R}$ mit kompakten Träger} und $Pf := -iDf$ für $f \in D(P)$. Dabei ist g' die übliche Ableitung der differenzierbaren Funktion g, während Df die "schwache" Ableitung von f darstellt.

11° Eine mathematisch befriedigende und auch für die Quantenmechanik sinnvolle Beschreibung der selbstadjungierten Operatoren erfolgt mittels der Spektralschar (siehe auch Axiom 4 weiter unten). Diesen recht komplizierten Begriff wollen wir vorerst noch vermeiden. In Analogie zu unseren bisherigen Symmetriebetrachtungen, insbesondere im Paragraphen 9 des Kapitels II, und zur Vorbereitung des nachfolgenden dritten Axioms soll stattdessen ein selbstadjungierter Operator als der infinitesimale Erzeuger einer 1-Parametergruppe von unitären Operatoren beschrieben werden. Dabei ist ein *unitärer Operator* eine surjektive $\mathbb{C}$-lineare Abbildung

$$U : \mathbb{H} \longrightarrow \mathbb{H},$$

welche das Skalarprodukt invariant läßt, das heißt, es gilt $\langle Uf, Ug \rangle = \langle f, g \rangle$ für alle $f, g \in \mathbb{H}$. Ein unitärer Operator U ist automatisch beschränkt (und deshalb auch stetig, s.u.), denn es gilt ja $\|Uf\| = \langle Uf, Uf \rangle = \langle f, f \rangle = \|f\|$ wegen der Invarianz, also $\|U\| = \sup\{ \|Uf\| : \|f\| = 1 \} = \sup\{ \|f\| : \|f\| = 1 \} = 1$. Dabei ist allgemein für $\mathbb{C}$-lineare Abbildungen $L : \mathbb{H} \longrightarrow \mathbb{H}$, die auf ganz $\mathbb{H}$ definiert sind, die *Operatornorm* $\|L\|$ definiert als $\|L\| := \sup\{ \|Lf\| : \|f\| = 1 \}$, und es ist leicht zu zeigen, daß die *beschränkten* Operatoren L (d.h. $\|L\| < \infty$) genau die stetigen Operatoren sind. Ein unitärer Operator ist außerdem injektiv, denn für Vektoren $f, g \in \mathbb{H}$ mit $Uf = Ug$ gilt $U(f - g) = 0$, also $\|f - g\| = \|U(f - g)\| = 0$, und es folgt $f - g = 0$, das heißt $f = g$. Insgesamt hat sich also ergeben, daß jeder unitäre Operator U stetig und bijektiv ist. Daher ist auch der Umkehroperator U^{-1} als linearer Operator auf ganz $\mathbb{H}$ definiert, und man sieht sofort, daß U^{-1} ein unitärer Operator ist.

Da außerdem für zwei unitäre Operatoren U und V auf $\mathbb{H}$ auch die Komposition $U \circ V : \mathbb{H} \longrightarrow \mathbb{H}$ unitär ist, bildet die Gesamtheit aller unitären Operatoren auf $\mathbb{H}$ eine Gruppe, die *unitäre Gruppe*, welche im folgenden mit $\mathscr{U}(\mathbb{H})$ bezeichnet werde. Mit den bereits eingeführten Bezeichnungen gilt $\mathscr{U}(\mathbb{C}^n) = U(n)$, wenn mit $\mathbb{C}^n$ der in Punkt 2° beschriebene Hilbertraum ist (und die $\mathbb{C}$-linearen Abbildungen von $\mathbb{C}^n$ nach $\mathbb{C}^n$, die ja alle automatisch stetig sind, mit den zugehörigen Matrizen, die sie darstellen, gleichgesetzt werden).

12° Eine *1-Parametergruppe von unitären Operatoren* ist eine mit $s \in \mathbb{R}$ indizierte Schar $(U_s)_{s \in \mathbb{R}}$, welche durch eine Wirkung (vgl. Paragraph 3 in Kapitel I)

$$\Phi : \mathbb{R} \times \mathbb{H} \longrightarrow \mathbb{H}$$

der Gruppe $\mathbb{R}$ auf $\mathbb{H}$ gegeben ist, also $U_s f = \Phi(s,f)$ für $(s,f) \in \mathbb{R} \times \mathbb{H}$, mit den folgenden Eigenschaften:

i) Es ist $U_s \in \mathcal{U}(\mathbb{H})$ für alle $s \in \mathbb{R}$.

ii) Die Abbildung $s \longmapsto U_s(f)$, $s \in \mathbb{R}$, ist für alle $f \in \mathbb{H}$ stetig.

Insbesondere folgt aus der Eigenschaft von Φ als Wirkung, daß für alle $s,t \in \mathbb{R}$ stets $U_s \circ U_t = U_{s+t}$ gilt. In der Terminologie des übernächsten Paragraphen ist die Abbildung $s \longmapsto U_s$, $s \in \mathbb{R}$, von $\mathbb{R}$ nach $\mathcal{U}(\mathbb{H})$ eine unitäre Darstellung der additiven Gruppe $\mathbb{R}$ der reellen Zahlen.

13° Zu einer 1-Parametergruppe von unitären Operatoren (U_s) gehört immer der *infinitesimale Erzeuger* T, der wie folgt definiert ist:

$$D(T) := \{ f \in \mathbb{H} : \lim_{s \to 0} \tfrac{1}{s}(U_s f - f) \text{ existiert}\}$$
$$T(f) := i(\lim_{s \to 0} \tfrac{1}{s}(U_s f - f)), \quad f \in D(T).$$

Es gilt jetzt der folgende

Satz (von Stone): 1. Der infinitesimale Erzeuger einer 1-Parametergruppe von unitären Transformationen ist selbstadjungiert.

2. Zu jedem selbstadjungierten Operator T auf $\mathbb{H}$ gibt es eine eindeutig bestimmte 1-Parametergruppe von unitären Operatoren, zu der T der infinitesimale Erzeuger ist. Diese 1-Parametergruppe von unitären Transformationen wird in Abhängigkeit von T mit $U_s = e^{-isT}$ bezeichnet. Vgl. [SUD, S.92] oder [TRI].

Die Observablen im Sinne des zweiten Axioms stehen also in einer eineindeutigen Korrespondenz zu den 1-Parametergruppen von unitären Operatoren. Mit der Charakterisierung von selbstadjungierten Operatoren als Erzeuger von 1-Parametergruppen unitärer Operatoren läßt sich das dritte Axiom unmittelbar formulieren:

Axiom 3. *$\mathcal{H}$ ist eine Observable und bestimmt die Dynamik des quantenmechanischen Systems $(\mathbb{H},\mathcal{H})$ in folgendem Sinne: Ist $\varphi_0 \in \mathbb{P}(\mathbb{H})$ ein Zustand des quantenmechanischen Systems, welcher durch $f_0 \in \mathbb{H}$, $\|f_0\| = 1$, repräsentiert wird, so ist die zeitliche Veränderung $\varphi(t)$ des Zustands gegeben durch die Differentialgleichung*

$$\text{(S)} \quad \dot{f} = -i\mathcal{H}(f)$$

mit der Anfangsbedingung $f(0) = f_0$.

Das bedeutet: $\varphi(t)$ für t aus einem geeigneten Intervall $J \subset \mathbb{R}$ wird repräsentiert durch die eindeutig bestimmte Lösung $f(t)$ von (S) mit $f(0) = f_0$, wobei $\varphi_0 = \gamma(f_0)$: $\varphi(t) = \gamma(f(t))$. (S) ist die *Schrödinger-Gleichung*, und $\mathcal{H}$ ist der *Hamiltonoperator* (bzw. der *Schrödingeroperator*) des quantenmechanischen Systems $(\mathbb{H},\mathcal{H})$. Unter Verwendung des Satzes von Stone ergibt sich die Lösung von (S) und damit die

Dynamik des quantenmechanischen Systems als $f(t) = e^{-it\mathcal{H}}f_0$, $t \in J$. (Die Einheiten sind in der Formulierung des Axioms 3 so gewählt worden, daß für das Plancksche Wirkungsquantum h die Gleichung $\frac{h}{2\pi} = 1$ gilt.)

Zur Formulierung des vierten Axioms, welches für den weiteren Verlauf des Buches keine Rolle spielt, benötigen wir noch den Begriff der Spektralschar.

14° Spektralsatz. Zu jedem selbstadjungierten Operator $T \in \mathcal{O}$ gibt es eine *Spektralschar* $(E_\lambda)_{\lambda \in \mathbb{R}}$, welche den Operator auf die folgende Art beschreibt:

$$D(T) = \{ f \in \mathbb{H} : \text{ Für alle } g \in \mathbb{H} \text{ existiert } \int_{\mathbb{R}} \lambda d\langle g,E_\lambda f\rangle \text{ als uneigentliches}$$
$$\text{Riemann-Stieltjes-Integral} \}$$

Für $f \in D(T)$ ist Tf derjenige Vektor aus $\mathbb{H}$, der für alle $g \in \mathbb{H}$ die Bedingung $\langle g,Tf\rangle = \int_{\mathbb{R}} \lambda d\langle g,E_\lambda f\rangle$ erfüllt. Kurz: $T := \int \lambda dE_\lambda$. Dabei ist eine *Spektralschar* $(E_\lambda)_{\lambda \in \mathbb{R}}$ eine Schar von *orthogonalen Projektionen* $E_\lambda : \mathbb{H} \longrightarrow \mathbb{H}$, $\lambda \in \mathbb{R}$, (d.h. E_λ ist selbstadjungiert, stetig, und es gilt $E_\lambda = E_\lambda \circ E_\lambda$) mit den folgenden Eigenschaften:

i) Für $\lambda \le \mu$ gilt $E_\lambda \le E_\mu$, das heißt $\langle f,E_\lambda f\rangle \le \langle f,E_\mu f\rangle$ für alle $f \in \mathbb{H}$.

ii) Für alle $f \in \mathbb{H}$ und $\lambda \in \mathbb{R}$ gilt $E_\lambda f = \lim_{\varepsilon \to 0} E_{\lambda+\varepsilon} f$, $\varepsilon > 0$.

iii) Für alle $f \in \mathbb{H}$ gilt $\lim_{\lambda \to \infty} E_\lambda f = f$ und $\lim_{\lambda \to -\infty} E_\lambda f = 0$.

Zum Beispiel ist für den oben in $10°$ beschriebenen eindimensionalen Ortsoperator Q die Spektralschar gegeben durch

$$E_\lambda f := f\big|_{]-\infty,\lambda]}, \quad \lambda \in \mathbb{R}.$$

15° Für jede Spektralschar wird durch $T := \int \lambda dE_\lambda$ ein selbstadjungierter Operator definiert. Die zugehörige 1-Parametergruppe von unitären Operatoren ist dann $U_s = \int e^{-is\lambda} dE_\lambda$ (vgl. [TRI]).

16° Für eine Spektralschar (E_λ) definiert man für Intervalle $J =]a,b] \subset \mathbb{R}$ die Projektion $E(J)$ durch $E(J) := E_b - E_a$, und erhält so sukzessive ein *Spektralmaß* auf den Borelmengen von $\mathbb{R}$.

Axiom 4. *Sei* $\varphi \in \mathbb{P}(\mathbb{H})$ *ein Zustand des quantenmechanischen Systems mit Repräsentant* $f \in \mathbb{H}$, $\|f\| = 1$, *und sei* T *eine Observable mit zugehöriger Spektralschar* (E_λ). *Für ein Intervall* $J =]a,b]$ *ist dann*

$$p(\varphi,T,J) := \|E(J)f\|^2 = \langle f,E(J)f\rangle = \int_a^b d(\|E_\lambda f\|^2)$$

die Wahrscheinlichkeit dafür, daß ein Meßwert der Observablen T *im Zustand* φ *im vorgegebenen Intervall* J *liegt.*

Beispiele von quantenmechanischen Systemen erhält man durch kanonische Quantisierung von klassischen Hamilton-Systemen, und diesem Thema wenden wir uns im folgenden Paragraphen zu.

2 Kanonische Quantisierung

Unter einer *Quantisierung* eines klassischen mechanischen Systems versteht man ganz allgemein die Zuordnung eines quantenmechanischen Systems zu diesem klassischen System. Die *kanonische Quantisierung* eines klassischen Systems geht von der Hamiltonschen Formulierung des klassischen Systems aus und besteht im wesentlichen darin, die Poissonklammer des klassischen Systems durch den Kommutator von Operatoren zu ersetzen. In diesem Paragraphen soll das Konzept der kanonischen Quantisierung kurz beschrieben werden, um dann die Axiome des vorangehenden Paragraphen durch einige Beispiele zu beleben.

Zuerst erinnern wir an den *Kommutator* von Operatoren. Für zwei Operatoren im Hilbertraum $\mathbb{H}$, also $\mathbb{C}$-linearen Abbildungen $S, T : D \longrightarrow \mathbb{H}$ auf einem Teilraum D von $\mathbb{H}$ ist der Kommutator $[S,T]$ von S und T definiert als

$$[S,T] := S \circ T - T \circ S.$$

Dabei muß sichergestellt sein, daß $S(D) \subset D$ und $T(D) \subset D$ gilt, damit $S \circ T$ und $T \circ S$ überhaupt auf D wohldefiniert sind. Im allgemeinen werden S und T auf ihren Definitionsbereichen $D(S)$ und $D(T)$ gegeben sein und die entsprechende Definition $[S,T](f) := S \circ T(f) - T \circ S(f)$ wird nur Bestand haben für $f \in D := \{f \in D(T) \cap D(S) : T(f) \in D(S)$ und $S(f) \in D(T)\}$.

Sei jetzt (P,H) ein Hamilton-System, gegeben durch einen Phasenraum $P \cong Q \times \mathbb{R}^n$ für eine offene Menge Q in $\mathbb{R}^n$, oder durch eine symplektische Mannigfaltigkeit P, zusammen mit einer Hamilton-Funktion H. Die Struktur von P liefert die Poissonklammer $\{F,G\}$, die für klassische Observable $F,G \in \mathcal{E} := \mathcal{E}(P,\mathbb{C})$ definiert ist und $\mathcal{E}$ zu einer Lie-Algebra macht. Sind (q,p) kanonische Koordinaten von P, wie sie im 9. Paragraphen des Kapitels II ständig verwendet werden, so gilt:

$$\{F,G\} := \frac{\partial F}{\partial q^\nu}\frac{\partial G}{\partial p_\nu} - \frac{\partial F}{\partial p_\mu}\frac{\partial G}{\partial q^\mu}$$

Zu einer kanonischen Quantisierung von (P,H) gehört ferner die Auswahl einer Menge $\mathfrak{a} \subset \mathcal{E}$ von klassischen Observablen, welche quantisiert werden sollen. Zum Beispiel wird oft $\mathfrak{a} = \{q^\nu, p_\mu, H\}$ gewählt oder $\mathfrak{a} =$ alle Konstanten, alle Linearformen in den q^ν, p_μ und alle quadratischen Polynome in den q^ν, p_μ.

Eine *kanonische Quantisierung* von $(P,H,\mathfrak{a})$ ist dann eine Abbildung $\rho : \mathfrak{a} \longrightarrow \mathcal{O}$ von $\mathfrak{a}$ in die Menge der Observablen $\mathcal{O}$ auf einem Hilbertraum $\mathbb{H}$ mit den folgenden drei Bedingungen:

(2.1) $[\rho(F),\rho(G)] = i\rho(\{F,G\})$ für alle $F,G \in \mathfrak{a}$ mit $\{F,G\} \in \mathfrak{a}$ und

(2.2) $\rho(1) = \mathrm{id}_{\mathsf{H}}$, falls die konstante Funktion 1 in a enthalten ist.

Mit $Q^\nu := \rho(q^\nu)$ und $P_\mu := \rho(p_\mu)$ bedeutet die erste Bedingung zum Beispiel

(2.3) $[Q^\nu, P_\mu] = i\delta^\nu_\mu$,

wobei δ^ν_μ das Kronecker–Symbol ist, welches für $\nu = \mu$ gleich 1 ist und für $\nu \neq \mu$ verschwindet. 2.3 ist die *Heisenberg-Relation*, während 2.1, 2.2 unter dem Namen *Dirac-Bedingungen* laufen. Natürlich sollte die Hamiltonfunktion H, die die Dynamik des klassischen Systems bestimmt, zu a gehören, so daß dann die Quantisierung von H, der Operator $\mathcal{H} := \rho(H)$, die Dynamik des quantenmechanischen Systems bestimmt. Außerdem legt die Bedingung 2.1 nahe, daß a eine Lie–Unteralgebra der Poissonalgebra $\mathcal{E}$ sein sollte. Für den Fall, daß dieses nicht von vornherein der Fall ist, muß man zu der kleinsten Lie–Unteralgebra $\hat{a}$ von $\mathcal{E}$ übergehen, welche a enthält.

(2.4) Beispiele.

1° Der eindimensionale harmonische Oszillator: Phasenraum ist $P = \mathbb{R}^2$. Als die zu quantisierenden Observablen nimmt man $a = \{q,p,H,1\}$, wobei wie in Paragraph 6 des Kapitels II die Hamiltonfunktion durch $H = \frac{1}{2}(p^2 + q^2)$ gegeben ist. Im Anschluß an das Beispiel 10° des ersten Paragraphen wird als Hilbertraum H der Raum der quadratintegrierbaren Funktionen $\mathsf{H} := L^2(\mathbb{R})$ auf $\mathbb{R}$ genommen. Durch $\rho(q) := Q$, $\rho(p) := P$ (Q und P wie in 10°), $\rho(1) := \mathrm{id}$ und $\rho(H) := \mathcal{H}$ ist dann eine kanonische Quantisierung gegeben, wobei $\mathcal{H}$ folgendermaßen definiert ist:

$D(\mathcal{H})$ enthält den linearen Unterraum $D := \{f \in L^2(\mathbb{R}) : \int_{\mathbb{R}} |q|^4 |f(q)|^2 dq < \infty$ und es gibt $\Delta f \in L^2(\mathbb{R})$ mit $\int_{\mathbb{R}} g \Delta f\, dq = \int_{\mathbb{R}} g'' f\, dq$ für alle $g \in \mathcal{E}(\mathbb{R})$ mit kompaktem Träger in $\mathbb{R}\}$,

$$\mathcal{H}(f) := \tfrac{1}{2}(-\Delta f + q^2 f) = \tfrac{1}{2}(-\Delta f + Q \circ Q(f)), \text{ für } f \in D.$$

Man rechnet nach, daß 2.1 und 2.2 erfüllt sind, und kann außerdem feststellen, daß $\mathcal{H}$ der Identität $\mathcal{H} = \frac{1}{2}(P^2 + Q^2)$ genügt, wenn T^2 für $T \circ T$ steht.

$\mathcal{H}$ entspricht übrigens dem *Hermiteschen Differentialoperator*

$f \longmapsto \frac{1}{2}(-f'' + q^2 f)$,

wobei hier wie oben in der Definition von D die Bezeichnung f'' für die zweite Ableitung von f nach q steht. Denn für jede zweimal stetig differenzierbare Funktion f auf $\mathbb{R}$, deren zweite Ableitung f'' in $L^2(\mathbb{R})$ liegt, gilt natürlich $f'' = \Delta f$ bezüglich der in der Definition von D benutzten Notation. Aus der Theorie der Linearen Differentialoperatoren (vgl. z. B. [TRI], S. 314) ist bekannt, daß der Operator $\mathcal{H}$ die Eigenwerte $\lambda_n = n + \frac{1}{2}$, $n \in \mathbb{N}$, hat mit den sogenannten *Hermiteschen Funktionen* $h_n = h_n(q)$ als Eigenvektoren, das heißt, es gilt

$$\mathcal{H}(h_n) = (n + \tfrac{1}{2}) h_n$$

Bei geeigneter Normierung von h_n auf $\|h_n\| = 1$ gilt noch der folgende Entwicklungssatz: Jeder Vektor $f \in L^2(\mathbb{R})$ hat die eindeutige Darstellung als konvergente Reihe $f = \sum_{n=0}^{\infty} \langle h_n, f \rangle h_n$. Insbesondere gilt für f aus dem Definitionsbereich von $\mathcal{H}$:

$$\mathcal{H}(f) = \sum_{n=0}^{\infty} \langle h_n, f \rangle (n + \tfrac{1}{2}) h_n .$$

2° Der n-dimensionale harmonische Oszillator wird analog behandelt: $\mathbb{H} = L^2(\mathbb{R}^n)$. Ohne hier explizit auf die genauen Definitionsbereiche der Operatoren einzugehen, sei nur mitgeteilt, daß die Festsetzungen $Q^{\nu}f := q^{\nu}f$, $P_{\mu}f := -i\frac{\partial f}{\partial q^{\mu}}$, $\mathcal{H}f := \mathcal{H}_0 f + \tfrac{1}{2}|Q|^2 f$, mit $\mathcal{H}_0 f := -\tfrac{1}{2}\Delta f$ und $|Q|^2 = \sum_{\nu=1}^{n} Q^{\nu} \circ Q^{\nu}$ eine kanonische Quantisierung von $\{1, q^{\nu}, p_{\mu}, H\}$ liefern. (Dabei ist Δ der klassische Laplace-Operator).

3° Einfacher noch als der harmonische Oszillator ist das freie nichtrelativistische Teilchen in $Q = \mathbb{R}^3$ mit $L = \tfrac{1}{2}mv^2 = H$ als Lagrange-Funktion, also mit verschwindendem Potential $U = 0$: Wieder mit $\mathbb{H} = L^2(\mathbb{R}^3)$ und Q^{ν}, P_{μ} wie in 2°, aber $\rho(H) = \mathcal{H}_0$.

4° Komplizierter wird Beispiel 3° mit allgemeineren Potentialen oder bei Mehrteilchensystemen. Dabei ist es zunehmend schwieriger zu zeigen, daß die auftretenden Operatoren überhaupt selbstadjungiert sind (vgl. [JÖW]).

5° Man kann eine kanonische Quantisierung auch auf eine algebraisch orientierte Art konstruieren. Die Grundidee soll wieder am Beispiel des harmonischen Oszillators erläutert werden. Unter der Annahme, daß man eine kanonische Quantisierung schon hätte, würde für die quantisierten Observablen notwendig gelten:

$$[Q,P] = i, \quad [\mathcal{H},Q] = -iP, \quad [\mathcal{H},P] = iQ,$$

wie man leicht nachrechnet und im übrigen in 1° schon benötigt hat. Gesucht ist jetzt ein "minimaler" Hilbertraum und dazu Operatoren Q, P und $\mathcal{H}$, welche diese Relationen erfüllen. (Dieser Weg entspricht im übrigen der Einführung des Fockraumes in der Quantenfeldtheorie.) In Analogie zu der komplexen Schreibweise $z = q + ip$ führt man $Z := Q + iP$ und $Z^* := Q - iP$ ein. Man setzt für Z und Z^* voraus, daß sie bezüglich des noch zu bestimmenden Hilbertraumes $\langle Z\varphi, \psi \rangle = \langle \varphi, Z^*\psi \rangle$ erfüllen, daß ZZ^* einen Eigenvektor φ_0 in diesem Hilbertraum hat und daß $ZZ^* = 2\mathcal{H} + 1$ gilt. Unter diesen natürlichen Annahmen gilt zunächst

$$ZZ^* = Q^2 + P^2 + i(PQ - QP) = Q^2 + P^2 - i[Q,P] = Q^2 + P^2 + 1 = 2\mathcal{H} + 1$$

und daher $Q^2 + P^2 = 2\mathcal{H}$, also

$$Z^*Z = Q^2 + P^2 - 1 = 2\mathcal{H} - 1 = ZZ^* - 2.$$

Es sei $N := \tfrac{1}{2}ZZ^*$ und $N(\varphi_0) = \lambda\varphi_0$. Es gilt dann $\mathcal{H}(\varphi_0) = (\lambda - \tfrac{1}{2})\varphi_0$. Für $\varphi_1 := Z\varphi_0$ folgt

$$N(\varphi_1) = \tfrac{1}{2}ZZ^*Z\varphi_0 = \tfrac{1}{2}Z(ZZ^* - 2)\varphi_0 = (\lambda - 1)Z\varphi_0 = (\lambda - 1)\varphi_1 .$$

Analog gilt $N(Z^*\varphi_0) = (\lambda + 1)Z^*\varphi_0$. Weiterhin hat man allgemein $Z^*\varphi \neq 0$, falls $\varphi \neq 0$, denn

$$\langle Z^*\varphi, Z^*\varphi \rangle = \langle \varphi, ZZ^*\varphi \rangle = \langle \varphi, Z^*Z\varphi \rangle + 2\langle \varphi, \varphi \rangle = \langle Z\varphi, Z\varphi \rangle + 2\langle \varphi, \varphi \rangle > 0.$$

Für $\varphi_n := Z^n\varphi_0$ gilt $N\varphi_n = (\lambda - n)\varphi_n$ und

$$\langle Z^*\varphi_n, Z^*\varphi_n \rangle = \langle \varphi_n, ZZ^*\varphi_n \rangle = 2\langle \varphi_n, N\varphi_n \rangle = 2(\lambda - n)\langle \varphi_n, \varphi_n \rangle,$$

für alle $n \in \mathbb{N}$. Es folgt: $(\lambda - n) \geq 0$ oder $\langle \varphi_n, \varphi_n \rangle = 0$ für alle $n \in \mathbb{N}$. Daraus ergibt sich die Existenz einer natürlichen Zahl n_0 mit $\varphi_{n_0} \neq 0$ und $\varphi_{n_0+1} = Z\varphi_{n_0} = 0$. Es gilt also $\lambda = n_0 + 1 \in \mathbb{N}$. Mit $\psi_0 := \varphi_{n_0}$ beginnt man von neuem und definiert eine Folge $\psi_{n+1} := Z^*\psi_n$ mit den folgenden Eigenschaften:

$$N\psi_n = (n+1)\psi_n, \quad \mathcal{H}\psi_n = (n+\tfrac{1}{2})\psi_n .$$

Mit all diesen Informationen kann man sich jetzt tatsächlich einen geeigneten Hilbertraum mit den Operatoren $\mathcal{H}, P, Q$ konstruieren:

Es sei $\mathbb{H} := \ell^2$ der Hilbertraum der komplexen, quadratsummierbaren Folgen $\ell^2 := \{(z_\nu) : z_\nu \in \mathbb{C}$ mit $\sum_{\nu=1}^\infty |z_\nu|^2 < \infty\}$ (vgl. I.2.9) mit dem Skalarprodukt $\langle z, w \rangle = \sum_{\nu=1}^\infty \overline{z}_\nu w_\nu$ und den Einheitsvektoren e_ν. Setze

$$(*) \qquad \mathcal{H}(e_\nu) := (\nu + \tfrac{1}{2})e_\nu, \text{ also } \mathcal{H}(z) = \sum_{\nu=1}^\infty z_\nu (\nu + \tfrac{1}{2})e_\nu \quad \text{für geeignete } z,$$

$$Z^* e_\nu := \sqrt{2\nu+2}\, e_{\nu+1},$$

$$Z e_\nu := \sqrt{2\nu}\, e_{\nu-1}, \quad \nu > 0, \quad Z e_0 = 0.$$

Geeignete Fortsetzungen von $\mathcal{H}$, $Q := \tfrac{1}{2}(Z + Z^*)$ und $P := -i\tfrac{1}{2}(Z - Z^*)$ sind dann selbstadjungierte Operatoren auf $\mathbb{H}$, die den gewünschten Kommutatorbeziehungen genügen.

Aus naheliegenden Gründen wird in diesem Formalismus der Operator Z als *Vernichtungsoperator* bezeichnet und Z^* als *Erzeugungsoperator*. Der n-dimensionale harmonische Oszillator läßt sich entsprechend behandeln. Eine analoge Konstruktion funktioniert sogar für ein System von unendlich vielen harmonischen Oszillatoren. Der letzte Fall ist bereits ein Beispiel für eine Feldquantisierung.

Bemerkenswert an dem 1-dimensionalen Beispiel ist einerseits, daß es nicht möglich ist, die so einfach strukturierte Menge $a = \{H, q, p, 1\}$ von klassischen Observablen auf dem Phasenraum $\mathbb{R}^2$ unter Verwendung eines endlichdimensionalen Hilbertraumes $\mathbb{H}$ kanonisch zu quantisieren. Andrerseits ist bei der letzten Konstruktion der wichtigste Operator, nämlich der Hamiltonoperator $\mathcal{H}$, der die Dynamik des quantenmechanischen Systems bestimmt, von vornherein als in seine Eigenräume zerlegt gegeben $(*)$: Eigenvektoren, Eigenwerte nebst Vielfachheiten und auch der Definitionsbereich von $\mathcal{H}$ lassen sich an dieser Zerlegung direkt ablesen.

Im Anschluß an die Eigenwertentwicklung im letzten Beispiel wollen wir eine kurze Diskussion über die Bedeutung von Eigenwerten und Eigenvektoren in der Quantenmechanik einfügen:

Ein Zustand $\varphi_0 \in \mathbb{P}(\mathbb{H})$ eines quantenmechanischen Systems $(\mathbb{H}, \mathcal{H})$ heißt *stationär*, wenn die nach Axiom 3 bestimmte Zeitentwicklung $\varphi(t)$ konstant ist: $\varphi(t) = \varphi_0$. Die Bestimmung der stationären Zustande ist eines der wesentlichen Anliegen in der Quantenmechanik. Daher ist man daran interessiert, die Bedingung $\varphi(t) = \varphi_0$ genauer zu analysieren.

Dazu sei $\varphi(t) = \varphi_0$ stationär. Ist $f_0 \in \mathbb{H}$ mit $\gamma(f_0) = \varphi_0$, so gilt $\varphi(t) = \gamma(f(t))$ für $t \in J$ mit

$$f(t) = e^{-it\mathcal{H}} f_0$$

nach Axiom 3. Die Bedingung $\varphi(t) = \varphi_0$, also $\gamma(f(t)) = \gamma(f_0)$, bedeutet $f(t) = c(t)f_0$

und $-i\mathcal{H}f(t) = \dot{f}(t) = \rho(t)f_0$ für geeignete Funktionen $c(t) \in \mathbb{C}$ und $\rho(t) \in \mathbb{C}$. Es folgt $\mathcal{H}f_0 = \lambda(t)f_0$ für geeignete Zahlen $\lambda(t) \in \mathbb{C}$. (Wenn c differenzierbar ist, so wähle man $\rho = \dot{c}$ und $\lambda = i\dot{c}c^{-1}$.) Daraus ergibt sich: $\lambda(t) = \lambda(0) =: \lambda$ ist konstant. Insgesamt haben wir für stationäre Zustände $\varphi = \gamma(f_0)$ gezeigt:

> i) f_0 ist Eigenvektor von $\mathcal{H}$ zum Eigenwert λ,
> ii) $f(t) = e^{-it\lambda}f$, $t \in J$.

Im übrigen ist $\lambda \in \mathbb{R}$, da $\mathcal{H}$ selbstadjungiert ist. Man kann jetzt leicht beweisen (vgl. [SUD], [TRI] oder [BÖH]):

(2.5) Satz. $\varphi_0 = \gamma(f_0)$ ist genau dann stationär, wenn f_0 Eigenvektor von $\mathcal{H}$ ist.

Ein letztes Beispiel noch, welches ein wenig die Problematik der kanonischen Quantisierung beleuchtet, vor allem die Tatsache, daß öfters Produkte von klassischen Observablen quantisiert werden sollen, und die Reihenfolge, in der die zugehörigen Operatorprodukte geschrieben werden, nicht durch die kanonische Quantisierung festgelegt ist. Anders ausgedrückt: Die Festlegung der Reihenfolge von Operatorprodukten bei der kanonischen Quantisierung unterliegt der Willkür.

(2.6) Beispiel. Kanonische Quantisierung des Keplerproblems (Wasserstoffatom). Neben den Ortskoordinaten q^ν und den Impulsen p_μ sollen die Drehimpulse I_μ und die Komponenten R_ν des Runge–Lenz–Vektors R (vgl. II.7.12) quantisiert werden. Mit $\mathbb{H} = L^2(\mathbb{R}^3\setminus\{0\})$ und P_μ, Q^ν wie in $2°$ ist es naheliegend, $\rho(I) := Q \times P$ zu setzen. In dieser Festlegung hat man keine Probleme der Anordnung, da zum Beispiel $\rho(I_1) = Q^2P_3 - Q^3P_2 = P_3Q^2 - P_2Q^3$. Anders ist die Situation beim Runge–Lenz–Vektor. Der Ansatz

$$\rho(R_1) = \frac{1}{m}\big(\rho(I_2)P_3 - \rho(I_3)P_2\big) + k\frac{Q^1}{|Q|}$$

ist verschieden von

$$\frac{1}{m}\big(P_3\rho(I_2) - P_2\rho(I_3)\big) + k\frac{Q^1}{|Q|} \ ,$$

da

$$\rho(I_2)P_3 = (P_1Q^3 - P_3Q^1)P_3 \neq P_3(P_1Q^3 - P_3Q^1) = P_3\rho(I_2)$$

wegen

$$Q^3P_3 \neq P_3Q^3 \ .$$

Als Lösung des Konflikts, in welcher Anordnung die Produkte geschrieben werden sollen, bietet sich eine Art Mittelwertbildung an: $\frac{1}{2}(Q^3P_3 + P_3Q^3)$ statt Q^3P_3 oder P_3Q^3. Ergebnis für die Quantisierung: Aus $\rho(I_2)P_3 - \rho(I_3)P_2$ wird

$$\left(P_1\tfrac{1}{2}(Q^3P_3 + P_3Q^3) - Q^1(P_3)^2\right) - \left(Q^1(P_2)^2 - \tfrac{1}{2}(Q^2P_2 + P_2Q^2)P_1\right), \text{ also}$$

$$\rho(R_1) = \frac{1}{m}\left(\tfrac{1}{2}P_1(Q^3P_3 + P_3Q^3 + Q^2P_2 + P_2Q^2) - Q^1((P_3)^2 + (P_2)^2)\right) + k\frac{Q^1}{|Q|}.$$

Dabei muß $|Q|$ noch extra definiert werden. In jedem Falle gehört es zu den wesentlichen Problemen der kanonischen Quantisierung, die Quantisierung von Produkten wie q^3p_3 in Einklang mit 2.1 und 2.2 festzulegen, soweit man an der Quantisierung dieser Observablen interessiert ist. Eine relativ einfache Rechnung zeigt, daß eine natürliche Festlegung der Quantisierung aller quadratischen Polynome auf $\mathbb{R}^2$ es unmöglich macht, auch die Polynome vom Grad 3 in Übereinstimmung mit 2.1 und 2.2 zu quantisieren (Satz von Groenwald–van Hove, vgl. z. B. [GUS, S. 101]).

(2.7) Geometrische Quantisierung. Im Rahmen des Themas "Geometrie und Symmetrie" darf bei der Diskussion der kanonischen Quantisierung die sogenannte *Geometrische Quantisierung* nicht fehlen. Die Geometrische Quantisierung ist eine mathematisch geprägte kanonische Quantisierung, in der geometrische Konzepte und Symmetriebetrachtungen eine besondere Rolle spielen. Hier soll nur kurz die wesentliche Idee erläutert werden.

Ausgehend von der Hamiltonschen Formulierung der Klassischen Mechanik hat man bereits einen Kandidaten für ρ, wenn auch die entsprechenden Operatoren $\rho(F)$ nicht auf einem Hilbertraum gegeben sind, sondern zunächst auf dem Funktionenraum $\mathscr{E}$ aller klassischen Observablen. Um das zu erklären, sei (P, H) ein Hamilton-System und $\mathscr{E} = \mathscr{E}(P, \mathbb{C})$ der $\mathbb{C}$-Vektorraum der klassischen (komplexwertigen) Observablen mit der Poissonklammer $\{\ ,\ \}$. Für $F \in \mathscr{E}$ definiere man erst einmal

$$\rho(F) : \mathscr{E} \longrightarrow \mathscr{E} \quad \text{durch} \quad \rho(F)(I) := i\{F, I\}$$

Offenbar ist $\rho(F)$ ein $\mathbb{C}$-linearer Operator auf $\mathscr{E}$. (Es ist übrigens $\rho(F) = -iL_{X_F}$ unter Verwendung der Lie-Ableitung L_X für Vektorfelder X, vgl. M.12.1° und im Anschluß an II.9.7.) Es gilt

$$\rho(\{F, G\})(I) = i\{\{F, G\}, I\} = i\{F, \{G, I\}\} - i\{G, \{F, I\}\}$$

nach der Jacobi-Identität (vgl. II.9.5.3°), also ist

$$\rho(\{F, G\})(I) = \{F, \rho(G)(I)\} - \{G, \rho(F)(I)\}$$
$$= (-i)\rho(F) \circ \rho(G)(I) - (-i)\rho(G) \circ \rho(F)(I).$$

Damit ist die Bedingung 2.1 erfüllt: $[\rho(F), \rho(G)] = i\rho(\{F, G\})$.

Allerdings ist $\rho(1) = 0$. Ein neuer Ansatz mit $\rho(F)(I) := i\{F, I\} + F \cdot I$ leistet zwar 2.2 aber nicht mehr 2.1. Erst die Korrektur

$$\textbf{(2.8)} \quad \rho(F)(I) := i\{F, I\} + (F - \sum_{\nu=1}^{n} q^\nu \frac{\partial F}{\partial q^\nu})I$$

erfüllt 2.1 und 2.2: 2.2 läßt sich unmittelbar ablesen, während 2.1 einer längeren Rechnung bedarf. Zunächst ist

$$-\sum_{\nu=1}^{n} q^{\nu}\,\frac{\partial F}{\partial q^{\nu}} = \alpha(X_F),$$

wenn α die 1-Form $\alpha := q^{\nu}dp_{\nu}$ bezeichnet. Mit der Abkürzung $\sigma(F) := F + \alpha(X_F)$ gilt dann für $I \in \mathcal{E} : \rho(F)(I) = i\{F,I\} + \sigma(F)\,I$. Daher ist für $F,G,I \in \mathcal{E}$

$$\begin{aligned}
\rho(F)\circ\rho(G)\,(I) &= \rho(F)(i\{G,I\} + \sigma(G)I) = \\
&= i\{F,i\{G,I\} + \sigma(G)I\} + \sigma(F)(i\{G,I\} + \sigma(G)I) \\
&= i^2\{F,\{G,I\}\} + i\{F,\sigma(G)I\} + i\sigma(F)\{G,I\} + \sigma(F)\sigma(G)I
\end{aligned}$$

und

$$\begin{aligned}
[\rho(F),\rho(G)] &= i^2\{F,\{G,I\}\} + i\{F,\sigma(G)I\} + i\sigma(F)\{G,I\} \\
&\quad - i^2\{G,\{F,I\}\} - i\{G,\sigma(F)I\} - i\sigma(G)\{F,I\} \\
&= i^2\{\{F,G\},I\} + i\{F,\sigma(G)\}I + i\{F,I\}\sigma(G) + i\{G,I\}\sigma(F) \\
&\quad - i\{G,\sigma(F)\}I - i\{G,I\}\sigma(F) - i\{F,I\}\sigma(G) \qquad \text{(nach II.9.5)} \\
&= i^2\{\{F,G\},I\} + i\big(\{F,\sigma(G)\} + \{\sigma(F),G\}\big)I
\end{aligned}$$

Da andereseits

$$i\rho(\{F,G\})\,(I) = i^2\{\{F,G\},I\} + i\sigma(\{F,G\})I$$

ist, gilt es also, die Identität

$$(2.9) \quad \sigma(\{F,G\}) = \{\sigma(F),G\} + \{F,\sigma(G)\}$$

zu zeigen. Diese folgt aus den folgenden Gleichungen:

$$\begin{aligned}
1^{\circ}\ & X_{\{F,G\}} = -[X_F,X_G] && \text{(wie oben)}, \\
2^{\circ}\ & \{F,G\} = \omega(X_F,X_G) && \text{(vgl. II.9.7)} \\
3^{\circ}\ & d\alpha = \omega && (d\alpha = d(q^{\nu}dp_{\nu}) = dq^{\nu}\wedge dp_{\nu}) \\
4^{\circ}\ & d\alpha(X,Y) = L_X(\alpha(Y)) - L_Y(\alpha(X)) - \alpha([X,Y]).
\end{aligned}$$

Dabei ist die letzte Gleichung für beliebige 1-Formen richtig (und kann auch als Definition für die äußere Ableitung $d\alpha$ von α dienen, vgl. M.17.2°), während $d\alpha = \omega$ der besonderen Wahl von α zuzuschreiben ist. Um der Vollständigkeit halber 2.9 tatsächlich aus $1^{\circ}-4^{\circ}$ herzuleiten, stellt man erst einmal $\sigma(\{F,G\}) = \{F,G\} - \alpha([X_F,Y_G])$ nach 1° fest. Nach 4° folgt $\sigma(\{F,G\}) = \{F,G\} + d\alpha(X_F,X_G) - \{\alpha(X_G),F\} + \{\alpha(X_F),G\}$ (unter Benutzung von $L_{X_F}\alpha(X_G) = \{\alpha(X_G),F\}$, vgl. die Bemerkung im Anschluß an II.9.7), und nach 2° und 3° ergibt sich daraus die gewünschte Gleichung

$$\sigma(\{F,G\}) = 2\{F,G\} + \{\alpha(X_F),G\} + \{F,\alpha(X_G)\} = \{F + \alpha(X_F),G\} + \{F,G + \alpha(X_G)\}.$$

Damit erfüllt der Ansatz 2.8 die Bedingungen 2.1 und 2.2.

Man stellt außerdem fest, daß man anstelle der speziellen 1-Form α auch eine andere mit $d\alpha = \omega$ hätte nehmen können, zum Beispiel $-p_{\nu}dq^{\nu}$. In der Form

$$(2.10) \quad \rho(F) := -iL_{X_F} + F + \alpha(X_F)$$

hat der Ansatz 2.8 daher eine Verallgemeinerung auf beliebige symplektische Mannigfaltigkeiten als Phasenräume, sofern α eine 1-Form mit $d\alpha = \omega$, also ein "symplektisches Potential" zur symplektischen Form ω ist. Wenn die geometrisch-topologische Bedingung $d\alpha = \omega$ nicht erfüllt werden kann, betrachtet man statt des Raumes $\mathcal{E}$ der Funktionen den Raum der Schnitte in einem komplexen Geradenbündel über dem Phasenraum mit einem Zusammenhang α, so daß $d\alpha = \omega$. Darauf kommen wir im sechsten Paragraphen des fünften Kapitel zurück.

Polarisierung. Mit der $\mathbb{C}$-linearen Abbildung ρ wie in 2.10 (oder 2.8) ist lediglich eine "Präquantisierung" $\rho : \mathcal{E} \longrightarrow \mathrm{Hom}_{\mathbb{C}}(\mathcal{E},\mathcal{E})$ gefunden worden. Zwar erfüllt ρ die Dirac-Bedingungen 2.1 und 2.2, aber weder ist $\mathcal{E}$ ein Hilbertraum noch haben die Funktionen in $\mathcal{E}$ die richtige Anzahl von Variablen: Statt von n Veränderlichen hängen die Funktionen aus $\mathcal{E}$ in der Regel von 2n Veränderlichen ab. Um nun unter Verwendung der Präquantisierung ρ zu einer Quantisierung zu kommen, in der die potentiellen "Wellenfunktionen" die richtige Anzahl von Variablen haben, wird auf dem klassischen Phasenraum P eine Polarisierung eingeführt. Im Falle von $P = \mathbb{R}^{2n}$ ist eine Polarisierung zum Beispiel durch einen n-dimensionalen $\mathbb{R}$-linearen Unterraum V von $\mathbb{R}^{2n}$ gegeben, von dem man noch $\omega(v,v') = 0$ für alle $v,v' \in V$ verlangt. (Es gibt allerdings noch weitere Polarisierungen auf $\mathbb{R}^{2n}$.) Unter Beibehaltung von ρ wird der Raum, auf dem $\rho(F)$ für $F \in \mathcal{E}$ operiert abgeändert zu

$$\mathcal{E}_V := \{ f \in \mathcal{E} : \text{Für alle } x \in \mathbb{R}^{2n} \text{ ist } v \longmapsto f(x+v) \text{ konstant auf } V \text{ und}$$
$$\text{es gilt } \int_{V^\perp} |f(w)|dw < \infty \}.$$

Hierbei ist $V^\perp$ das orthogonale Komplement zu V, und dw soll das übliche Maß auf diesem Raum $V^\perp \cong \mathbb{R}^n$ bezeichnen. Auf $\mathcal{E}_V$ hat man das Skalarprodukt

$$\langle f,g \rangle := \int_{V^\perp} \overline{f}(w)g(w)dw$$

und kann daher $\mathcal{E}_V$ zu einem Hilbertraum $\mathbb{H}_V$ vervollständigen. Es gilt jetzt zu prüfen, für welche der klassischen Observablen $F \in \mathcal{E}$ der früher definierte Operator (vgl. 2.10) $\rho(F) : \mathcal{E}_V \longrightarrow \mathcal{E}$ die Einschränkung eines selbstadjungierten Operators $\rho_V(F)$ des Hilbertraumes $\mathbb{H}_V$ ist. Für die Menge $\mathfrak{a}_V$ dieser F ist dann durch $F \longmapsto \rho_V(F)$ eine kanonische Quantisierung gegeben, die die *geometrische Quantisierung zur Polarisierung* V heißt.

(2.11) Beispiel. An einem einfachen Beispiel soll die Konstruktion der Geometrischen Quantisierung mittels der geometrischen Daten α und V illustriert werden: Dazu sei $V := \{(0,p) : p \in \mathbb{R}^n\}$. Dann ist $\mathcal{E}_V$ der Raum der differenzierbaren Funktionen auf $\mathbb{R}^{2n}$, die von p unabhängig sind, und kann daher einfach als der Raum der differenzierbaren Funktionen $\psi = \psi(q)$ auf $\mathbb{R}^n$ aufgefaßt werden. Der zugehörige Hilbertraum ist demzufolge $\mathbb{H}_V = L^2(\mathbb{R}^n)$. Mit der Wahl $\alpha = -p_\nu dq^\nu$ gilt für Observable $F \in \mathcal{E}$ nach 2.10: $\rho(F)\psi := i\{F,\psi\} + (F - p_\nu \frac{\partial F}{\partial p_\nu})\psi$. Insbesondere erhält man für $F = q^\mu$: $\rho(q^\mu)\psi = q^\mu\psi$, weil $\{q^\mu,\psi\} = 0$, und für $F = p_\mu$: $\rho(p_\mu) = -i\frac{\partial}{\partial q^\mu}$, weil $\{p_\mu,\psi\} = -\frac{\partial}{\partial q^\mu}\psi$. In beiden Fällen liefert das selbstadjungierte Operatoren auf $\mathbb{H}_V$. Im ersten Fall ist damit die kanonische Quantisierung $\rho_V(q^\mu) = q^\mu$, $\rho_V(p_\mu) = -i\frac{\partial}{\partial q^\mu}$ und $\rho_V(1) = $ id auf H_V gefunden worden. Auf diese Weise erhält man also gerade die übliche Quantisierung der Observablen $1, q^\mu, p_\mu$ mit der Heisenberg–Relation 2.3. Allerdings kann eine so einfache Observable wie etwa $F = p_\mu^2$ in dieser geometrischen Quantisierung nicht quantisiert werden, denn es ist $\rho(F)\psi = i(-2p_\mu\frac{\partial}{\partial q^\mu}\psi) + (p_\mu^2 - 2p_\mu^2)\psi$, und diese Funktion liegt nicht in $\mathcal{E}_V$. Eine kurze Rechnung zeigt, daß nur die linearen affinen Funktionen mit dieser geometrischen Quantisierung quantisiert werden.

Für die durch $V' = \{(q,0) : q \in \mathbb{R}^n\}$ gegebene und zu V orthogonale Polarisierung mit $\alpha' = q^\nu dp_\nu$ gilt: $H_{V'}$ ist der Hilbertraum der quadratintegrierbaren Funktionen in der Variablen $p \in \mathbb{R}^n$, und die Quantisierungen der Koordinatenfunktionen errechnen sich entsprechend zu $\rho_{V'}(q^\mu) = i\frac{\partial}{\partial p_\mu}$ bzw. $\rho_{V'}(p_\mu) = p_\mu$.

Um mehr Flexibilität zu erlangen und zum Beispiel wenigstens den harmonischen Oszillator quantisieren zu können, müssen allgemeinere Polarisierungen, insbesondere auch sogenannten komplexe Polarisierungen zugelassen werden. Beispiele dazu sind im Falle des Phasenraumes $\mathbb{R}^{2n}$ komplex n–dimensionale Unterräume P der Komplexifizierung von $\mathbb{R}^{2n}$. Bei geeigneter Wahl von P (*holomorphe Polarisierung*) kommt man so zunächst auf den Raum $\mathcal{E}_P := \{\psi \in \mathcal{E} : \psi$ ist holomorph bezüglich der Koordinaten $z_\mu := p_\mu + iq^\mu$ auf $\mathbb{R}^{2n}\}$ und dann auf den sogenannten *Fockraum* $H_P := \{\psi \in \mathcal{E}_P : \int |\psi(z)|^2 \exp(-|z|^2)dz < \infty\}$ (vgl. [WOO, S. 138]). Die geometrische Quantisierung der Energie $H = \frac{1}{2}z\overline{z}$ nach 2.10 ist bei der Wahl von $\alpha = \frac{1}{2}(qdp - pdq)$ der Operator $\rho(H)\psi = i\{H,\psi\} + (H - \frac{1}{2}(q^2 + p^2))\psi$. Wegen $i\{H,\psi\} = z\frac{\partial\psi}{\partial z} + \overline{z}\frac{\partial\psi}{\partial z}$ für beliebige $\psi \in \mathcal{E}$ gilt also $\rho(H)\psi = z\frac{\partial\psi}{\partial z}$ auf H_P. Immerhin ist dadurch tatsächlich ein selbstadjungierter Operator $\rho_P(H)$ auf H_P gegeben. Die Eigenwerte von $\rho(H)$ sind aber gerade die natürlichen Zahlen, und nicht, wie es der physikalischen Situation angemessen wäre, die Zahlen $n + \frac{1}{2}$, $n \in \mathbb{N}$ (vgl. auch mit dem Beispiel 2.4.5°). Um zu einer physikalisch relevanten Quantisierung zu kommen, muß also noch eine Korrektur des Quantisierungsschemas vorgenommen werden, die sogenannte *metaplektische Korrektur* [WOO].

Bei der Durchführung des Programms der Geometrischen Quantisierung, das wir auf den vorangehenden Seiten in seinen Anfängen skizziert haben, tritt eine Reihe von Problemen auf:

1. Nicht alle der angegebenen Schritte sind für jeden Fall durchführbar.

2. Selbst bei relativ einfachen klassischen Systemen (wie Wasserstoffatom oder Harmonischer Oszillator) erfordert die Geometrische Quantisierung schwierige mathematische Überlegungen, und das liegt nicht nur an der metaplektischen Korrektur.

3. Diverse kanonische Quantisierungen, die ad hoc gefunden wurden, lassen sich mit der Geometrischen Quantisierung nicht beschreiben.

4. Das Ergebnis der Geometrischen Quantisierung ist abhängig von der Wahl der Polarisation.

Diese in 4. angesprochene Mehrdeutigkeit liegt natürlich erst recht bei sonstigen Quantisierungen vor (vgl. die Diskussion zur Quantisierung des Runge-Lenz-Vektors). Der Vorteil der Geometrischen Quantisierung liegt darin, daß es sich um eine systematische, geometrisch geprägte Methode zur Gewinnung einer kanonischen Quantisierung handelt, die sich insbesondere auch für allgemeine symplektische Räume als Phasenräume beschreiben läßt: Für ein Kotangentialbündel mit der üblichen symplektischen Form ω ($= dq^\mu \wedge dp_\mu$ in kanonischen Bündelkoordinaten) gibt es wie im Falle $\mathbb{R}^{2n}$ ein symplektisches Potential α mit $d\alpha = \omega$, so daß der Ansatz 2.10 auch hier Sinn gibt und eine Präquantisierung liefert. Es ist klar, daß dieser Ansatz auch für sonstige symplektische Mannigfaltigkeiten jedenfalls dann funktioniert, wenn es ein symplektisches Potential gibt. Im allgemeinen ist das aber nicht der Fall, schon eine so einfache Mannigfaltigkeit wie die 2-Sphäre S^2, welche durch die übliche Volumenform auf S^2 (Oberflächenintegral) eine symplektische Struktur erhält, besitzt kein symplektisches Potential. Für ein solches Potential α wäre ja nach dem Satz von Gauß wegen $d\alpha = \omega$: $\int_{S^2} \omega = \int_{\partial S^2} \alpha = 0$. Daß eine symplektische Mannigfaltigkeit wie S^2 für die Quantisierung von Bedeutung ist, sieht man bereits am Pendel (vgl. II.4) oder bei der Quantisierung des Bahnenraumes zum Wasserstoffatom, der ja als $S^2 \times S^2$ beschrieben werden kann (Keplerproblem, vgl. II.7.12). Wenn für eine symplektische Mannigfaltigkeit (M,ω) als Phasenraum die geometrisch-topologische Bedingung $d\alpha = \omega$ nicht erfüllt werden kann, so betrachtet man statt des Raumes $\mathscr{E}$ der Funktionen, auf dem die Präquantisierungsoperatoren nach 2.10 definiert werden, einen anderen Raum, und zwar den Raum der differenzierbaren Schnitte in einem geeigneten komplexen Geradenbündel L über M mit einem Zusammenhang D auf L, dessen Krümmung gerade $i\omega$ ist (wir kommen darauf in V.6 zurück). Die Existenz solcher (L,D) ist gewährleistet, wenn ω eine *"ganze"* Form ist, das heißt wenn die Integrale $\int_S \omega$ für alle kompakten orientierten Flächen $S \subset M$ ganze Zahlen sind. Diese topologische Quantenbedingung, die mit der Bohr-Sommerfeld-Bedingung in enger Beziehung steht [WOO, S. 123], bedeutet zum Beispiel im Falle des Wasserstoffatoms das Folgende: Der Bahnenraum B_E zur Energie E (< 0) ist $S^2 \times S^2$ mit der von Σ_E (vgl. II.7.12.4°) induzierten 2-Form ω_E, und diese Form erfüllt genau dann die eben beschriebene Ganzheitsbedingung, wenn E der Balmerformel genügt, also ganz bestimmte diskrete Werte annimmt.

Eine gründliche Einführung in die Geometrische Quantisierung findet man in [WOO].

3 Symmetrie als unitäre Darstellung

Nachdem in den ersten beiden Paragraphen der Begriff des quantenmechanischen Systems $(H, \mathcal{H})$ vorgestellt worden ist, wenden wir uns nun der Frage zu, wie "Symmetrie" bezüglich einer Gruppe G sich bei einem quantenmechanischen System $(H, \mathcal{H})$ auswirkt und mathematisch formulieren läßt.

Vorweg das Beispiel der Standardwirkung der Drehgruppe $G = SO(3)$ auf den Hilbertraum $H = L^2(\mathbb{R}^3)$. Bei einem von der Drehung $A \in SO(3)$ erzeugten Koordinatenwechsel von $\mathbb{R}^3$ wird jeder Wellenfunktion $f \in H$ die neue Wellenfunktion

$$L_A f := f \circ A^{-1}$$

zugeordnet. Für eine weitere Drehung $B \in SO(3)$ erhält man

$$L_B \circ L_A f = L_B(f \circ A^{-1}) = f \circ A^{-1} \circ B^{-1} = f \circ (B \circ A)^{-1} = L_{B \circ A} f$$

Wir erhalten also eine Wirkung der Gruppe $SO(3)$ auf dem Hilbertraum H im Sinne des Paragraphen 3 aus Kapitel I. L ist ein Beispiel für eine unitäre Darstellung der Gruppe $SO(3)$ in dem Hilbertraum H:

(3.1) Definition. Sei G eine Matrixgruppe, H ein komplexer Hilbertraum und $\mathcal{U}(H)$ die unitäre Gruppe von H (vgl. 11° in Paragraph 1). Eine *unitäre Darstellung von G in H* ist ein Gruppenhomomorphismus

$$R : G \longrightarrow \mathcal{U}(H),$$

der in folgendem Sinne stetig ist: Für alle konvergenten Folgen (g_ν) in der Gruppe G und alle $f \in H$ gilt: Die Folge $(R(g_\nu)f)$ konvergiert bezüglich der Norm in H und es gilt $\lim R(g_\nu)f = R(\lim g_\nu)f$.

Die Darstellung heißt *treu*, wenn R injektiv ist, das heißt also, wenn G isomorph zur Untergruppe $R(G) \subset \mathcal{U}(H)$ ist.

Die Stetigkeitsbedingung läßt sich auch folgendermaßen beschreiben: Für alle $f \in H$ ist die Abbildung $G \longrightarrow H$, $g \longmapsto R_g f := R(g)(f)$, $g \in G$, eine stetige Abbildung, und das bedeutet nichts anderes, als daß $R : G \longrightarrow \mathcal{U}(H)$ stetig ist, wenn $\mathcal{U}(H)$ mit der sogenannten *starken Topologie* versehen wird. Die starke Topologie ist folgendermaßen definiert: Die *fundamentalen offenen Mengen* von $\mathcal{U}(H)$ sind die Mengen der Form $\mathcal{V} = \mathcal{V}(U_0, f_1, f_2, \ldots, f_n, \varepsilon_1, \varepsilon_2, \ldots, \varepsilon_n) := \{U \in \mathcal{U}(H) : \|U_0 f_j - U f_j\| < \varepsilon_j$ für $j = 1, 2, \ldots, n\}$, wobei $f_j \in H$ und $\varepsilon_j > 0$; und eine allgemeine Teilmenge $\mathcal{W}$ von $\mathcal{U}(H)$ heißt *offen*, wenn es für alle $U \in \mathcal{W}$ eine solche fundamentale offene Menge $\mathcal{V}$ mit $U \in \mathcal{V} \subset \mathcal{W}$ gibt. Eine unitäre Darstellung ist also mit dieser Begriffsbildung nichts anderes als ein stetiger Homomorphismus $R : G \longrightarrow \mathcal{U}(H)$. Es ist klar, daß man auf diese Weise unitäre Darstellungen auch für beliebige topologische Gruppen definieren kann als stetige Homomorphismen nach $\mathcal{U}(\mathbb{H})$. Dabei heißt eine Gruppe G, auf der noch eine Topologie festgelegt ist, eine *topologische Gruppe*, wenn Topologie und Gruppenstruktur in dem folgenden Sinne zusammenpassen:

$$G \times G \longrightarrow G, \quad (g,h) \longmapsto g\,h, \text{ und}$$
$$G \longrightarrow G, \quad g \longmapsto g^{-1},$$

sind stetige Abbildungen. Jede Matrixgruppe und jede Lie-Gruppe ist also eine topologische Gruppe. Ebenso die unitäre Gruppe $\mathcal{U}(\mathbb{H})$ (auch für $\dim \mathbb{H} = \infty$):

(3.2) Satz. $\mathcal{U}(\mathbb{H})$ ist eine topologische Gruppe.

Beweis. Zur Stetigkeit der Gruppenoperation genügt es zu zeigen, daß es zu jedem Paar (U,U') von unitären Abbildungen und zu $f \in \mathbb{H}$, $\varepsilon > 0$, stets offene Mengen $\mathcal{W}$ und $\mathcal{W}'$ in $\mathcal{U}(\mathbb{H})$ gibt mit $\{V \circ V' : (V,V') \in \mathcal{W} \times \mathcal{W}'\} \subset \mathcal{V}(U \circ U', f, \varepsilon)$. Wegen

$$\|U \circ U'(f) - V \circ V'(f)\|$$
$$= \|U \circ U'(f) - V \circ U'(f) + V \circ U'(f) - V \circ V'(f)\|$$
$$\leq \|U \circ U'(f) - V \circ U'(f)\| + \|V \circ U'(f) - V \circ V'(f)\|$$
$$= \|U \circ U'(f) - V \circ U'(f)\| + \|U'(f) - V'(f)\|$$

(V ist ja unitär) ist die Bedingung mit den folgenden fundamentalen offenen Mengen erfüllt: $\mathcal{W} = \mathcal{V}(U, f', \varepsilon')$ und $\mathcal{W}' = \mathcal{V}(U', f, \varepsilon')$, wobei $f' := U'(f)$ und $\varepsilon' := \frac{1}{2}\varepsilon$. Ähnlich einfach läßt sich die Stetigkeit der Inversenbildung beweisen.

Für eine unitäre Darstellung R in $\mathbb{H}$ macht die durch R definierte Wirkung
$$\Phi : G \times \mathbb{H} \longrightarrow \mathbb{H}, \quad (g,f) \longmapsto R_g f = \Phi(g,f)$$
G zu einer Symmetriegruppe im Sinne des Paragraphen 3 in Kapitel I: Die Struktur, die erhalten wird, ist die *unitäre Struktur des Hilbertraumes* $\mathbb{H}$, die durch das Skalarprodukt oder eben durch die unitäre Gruppe $\mathcal{U}(\mathbb{H})$ gegeben ist. Zu der seinerzeit getroffenen Definition kommt hier allerdings noch die Stetigkeitsbedingung hinzu. Als Beispiele kennen wir bereits die 1-Parametergruppen von unitären Transformationen aus dem ersten Paragraphen (1.12°) mit $G = \mathbb{R}$ als die Gruppe, die dargestellt wird.

Man kann bei dem einleitenden Beispiel der Koordinatendrehungen L_A mit einigem Aufwand zeigen, daß die dort definierte Abbildung $L : SO(3) \longrightarrow L^2(\mathbb{R}^3)$ tatsächlich eine unitäre Darstellung ist, die sogenannte *Linksdarstellung*. Dieses Beispiel alleine rechtfertigt aber nicht, den Begriff der unitären Darstellung für Symmetriebetrachtungen bei quantenmechanischen Systemen in das Zentrum des Interesses zu stellen. Das kommt vielmehr von der Tatsache, daß eine unitäre Darstellung das Skalarprodukt und damit die Übergangswahrscheinlichkeit unverändert läßt (vgl. 1.5°). Eine unitäre Darstellung läßt daher die neben $\mathbb{H}$ und $\mathcal{H}$ wesentliche physikalische Größe des quantenmechanischen Systems $(\mathbb{H}, \mathcal{H})$ invariant. Unter diesem Aspekt ist es sicherlich gerechtfertigt, eine unitäre Darstellung $R : G \longrightarrow \mathcal{U}(\mathbb{H})$ jedenfalls dann eine *Symmetrie des quantenmechanischen Systems* $(\mathbb{H}, \mathcal{H})$ zu nennen, wenn außerdem noch die

Rolle des Hamilton-Operators $\mathcal{H}$ invariant gelassen wird: Jede Lösung f der Glei-chung $\dot{f} = -i\mathcal{H}f$ (vgl. Axiom 3) soll durch R(g) für jedes $g \in G$ in eine Lösung überführt werden, das heißt, es soll gelten

$$\frac{d}{dt}R(g)f = -i\mathcal{H}(R(g)f).$$

Wegen

$$\frac{d}{dt}R(g)f = R(g)\dot{f} = R(g)(-i\mathcal{H}f) = -iR(g)\mathcal{H}f$$

folgt $\mathcal{H}R(g)f = R(g)\mathcal{H}f$. Diese Gleichung ergibt sich aus der folgenden Invarianzbe-dingung: $\mathcal{H}R(g) = R(g)\mathcal{H}$ für alle $g \in G$. Fassen wir zusammen:

(3.3) Definition. Eine unitäre Darstellung R der Matrixgruppe G in dem Hilbertraum $\mathbb{H}$ ist eine Symmetrie des quantenmechanischen Systems $(\mathbb{H},\mathcal{H})$, wenn $\mathcal{H}$ mit allen R(g), $g \in G$, kommutiert.

Daß mit diesem Ansatz einer Definition von quantenmechanischer Symmetrie noch nicht ohne weiteres alle auftretenden Symmetrien erfaßt werden können, und daß man insbesondere eigentlich mit projektiven statt mit unitären Darstellungen beginnen sollte, wird im nächsten Paragraphen erläutert.

Mit dieser Definition von Symmetrie ist in Analogie zu der Situation in der Klassischen Mechanik ein Erhaltungssatz verbunden: Man nennt eine Observable des Systems $(\mathbb{H},\mathcal{H})$, also einen selbstadjungierten Operator T, eine *Bewegungskonstante*, wenn T mit dem Hamiltonoperator $\mathcal{H}$ kommutiert: $\mathcal{H}T = T\mathcal{H}$. Daß eine solche Observable die Bezeichnung Bewegungskonstante zu Recht verdient, wird zum Beispiel in [SUD], S. 91, begründet und liegt im wesentlichen daran, daß die Eigenräume des Operators T von $\mathcal{H}$ invariant gelassen werden. Der angesprochene Erhaltungssatz lautet jetzt folgendermaßen: Sei $(\mathbb{H},\mathcal{H})$ ein quantenmechanisches System mit einer Symmetrie, die durch eine unitäre Darstellung $R : G \longrightarrow \mathcal{U}(\mathbb{H})$ gegeben ist. Für jedes Element $X \in \mathfrak{g}$ der Lie-Algebra $\mathfrak{g}$ von G ist der infinitesimale Erzeuger $\sigma(X)$ (vgl. 1.13°) von $R(e^{sX})$ eine Bewegungskonstante. Das ist klar, denn $\sigma(X)$ kommu-tiert mit $\mathcal{H}$, weil nach Voraussetzung alle $R(e^{sX})$ mit $\mathcal{H}$ kommutieren. (Zur Defini-tion von $\sigma(X)$ vergleiche man die vorliegende Situation mit dem Begriff des Fundamen-talfeldes $\tilde{X}$ bei einer klassischen Symmetriegruppe eines Hamilton-Systems, insbeson-dere das Bild auf Seite 145. Siehe auch die nachfolgende Erörterung auf S. 177.)

In diesem Paragraphen soll vor der Diskussion allgemeinerer Symmetrien im vierten Paragraphen ein Überblick über alle unitären Darstellungen von SO(3) gegeben werden und parallel dazu ein Einblick in die Darstellungstheorie von kompakten Grup-pen. Als erstes benötigen wir noch den Begriff der irreduziblen Darstellung:

(3.4) Definition. Sei $R : G \longrightarrow \mathcal{U}(\mathbb{H})$ eine unitäre Darstellung.

1° Ein abgeschlossener linearer Unterraum $V \subset \mathbb{H}$ heißt *invariant* (bezüglich dieser Darstellung), wenn für alle $g \in G$ gilt: $R_g(V) \subset V$.

2° Ist V ein invarianter Teilraum, so definiert $R|_V : G \longrightarrow \mathscr{U}(V)$,
$R|_V(g) := R_g|_V : V \longrightarrow V$, für $g \in G$, eine unitäre Darstellung in V, die *Reduktion von R auf V*.

3° R heißt *irreduzibel*, wenn es keine solche Reduktion gibt, das heißt, wenn für jeden invarianten Unterraum V bereits gilt: $V = H$ oder $V = \{0\}$.

Man kann für eine unitäre Darstellung $R : G \longrightarrow \mathscr{U}(H)$ leicht zeigen, daß zu einem invarianten Teilraum $V \subset H$ auch das *orthogonale Komplement*

$$V^{\perp} := \{ f \in H : \text{für alle}\ g \in V\ \text{gilt}\ \langle f,g \rangle = 0 \}$$

ein invarianter Teilraum zu R ist. (An dieser Stelle der Untersuchungen von Gruppendarstellungen macht sich der Vorteil bemerkbar, daß der Darstellungsraum ein Hilbertraum ist und nicht nur ein Banachraum oder noch allgemeiner!) Deshalb zerlegt sich im Falle $0 \neq V \neq H$ die Darstellung R in die Restriktionen $R' = R|_V$ bzw. $R'' = R|_{V^{\perp}}$ von R auf V bzw. $V^{\perp}$. Das heißt, es gilt $R = R|_V \oplus R|_{V^{\perp}} = R' \oplus R''$ in folgendem Sinne: Jedes $f \in H$ hat die eindeutige Zerlegung $f = f' \oplus f''$ mit $f' \in V$ und $f'' \in V^{\perp}$ und für $g \in G$ gilt $R_g f = R'_g f' \oplus R''_g f''$. Falls nun V oder $V^{\perp}$ ebenfalls nichttriviale, invariante Teilräume enthalten, läßt sich dieses Zerlegungsverfahren wiederholen. Für kompakte Gruppen hat man in diesem Zusammenhang den folgenden Zerlegungssatz:

(3.5) Satz von Peter und Weyl. Sei G eine kompakte Matrixgruppe. Dann gilt für jede unitäre Darstellung $R : G \longrightarrow \mathscr{U}(H)$ in einem Hilbertraum H:

1° Ist R irreduzibel, so ist H endlichdimensional.

2° R zerfällt in irreduzible Komponenten R_j in folgendem Sinne: Es gibt invariante Teilräume $H_j \subset H$, welche paarweise orthogonal zueinander sind und den Raum H aufspannen (das heißt $H = \oplus H_j$), so daß für die Restriktionen $R_j := R|_{H_j}$ gilt $R = \oplus R_j$. Je nachdem, ob H endlichdimensional oder unendlichdimensional ist, ist die Summation über eine endliche oder unendliche Indexmenge $\{j\}$ zu verstehen.

Eine allgemeine und elementare Einführung in die Darstellungstheorie von Lie-Gruppen und insbesondere einen Beweis des Satzes findet man zum Beispiel in [SUG] oder in [BRD]. Mehr physikalisch orientierte Informationen über Darstellungstheorie von Matrixgruppen werden in [SEU], [WAE] und [TUN] gegeben.

Um den Satz von Peter und Weyl auf physikalische Symmetrien mit einer kompakten Symmetriegruppe G anwenden zu können, ist es also sinnvoll, die irreduziblen unitären Darstellungen von G möglichst umfassend zu beschreiben. Das soll im folgenden für die Drehgruppe SO(3) geschehen, und es wird sich herausstellen, daß auch die irreduziblen Darstellungen der verwandten Gruppe SU(2) mitbehandelt werden. Bei der folgenden ausführlichen Herleitung werden anstelle der direkten Symmetrien der Gruppe G erst einmal die zugehörigen "infinitesimalen" Symmetrien, also die Elemente aus g = Lie G, untersucht. Auf diese Weise kommt im Falle von SO(3) die *"Drehimpulsalgebra"* $\mathfrak{so}(3)$ ins Spiel.

Eine Rechtfertigung für dieses Vorgehen findet sich in der Tatsache, daß eine unitäre Darstellung der Gruppe G in natürlicher Weise eine Darstellung der zugehörigen Lie-Algebra induziert, wie wir im folgenden erläutern. Sei also $R : G \longrightarrow \mathcal{U}(\mathbb{H})$ eine endlichdimensionale unitäre Darstellung (d.h. $\mathbb{H}$ ist ein endlichdimensionaler Hilbertraum) der Matrixgruppe G. Dann ist für $X \in g$ = Lie G durch $U_t := R(\exp tX)$, $t \in \mathbb{R}$, eine 1-Parametergruppe von unitären Transformationen gegeben. Nach Nr. 13° in Paragraph 1 hat U_t einen infinitesimalen Erzeuger $\sigma(X)$. $\sigma(X)$ bildet $f \in \mathbb{H}$ auf $i\lim_{s \to 0} \frac{1}{s}(U_s f - f)$ ab. $\sigma(X)$ ist auf ganz $\mathbb{H}$ definiert als $\sigma(X) = i\frac{d}{ds}(U_s)|_{s=0}$ (z.B. weil $\mathbb{H}$ endlichdimensional ist und daher alle unitären Operatoren durch unitäre Matrizen dargestellt werden können) und es gilt für die Lie-Klammern auf g bzw. End $\mathbb{H}$ (vgl. L.5.3°):

$$(*) \qquad [\sigma(X),\sigma(Y)] = i\sigma([X,Y]) \quad \text{für } X,Y \in g.$$

Diese Relation ergibt sich, wenn man für $\rho(X) := -i\sigma(X)$, also $\rho(X) = \frac{d}{dt}R(e^{tX})|_{t=0}$.

$$[\rho(X),\rho(Y)] = \rho([X,Y])$$

nachrechnet (vgl. Anhang L.7.6°). $\rho : g \longrightarrow$ End $\mathbb{H}$ ist also eine Darstellung der Lie-Algebra g in $\mathbb{H}$, welche auch mit Lie $R = \rho$ bezeichnet wird.

Man prüft leicht nach, daß eine unitäre Darstellung $R : G \longrightarrow \mathcal{U}(\mathbb{H})$ genau dann irreduzibel ist, wenn die zugehörige Darstellung Lie $R = \rho : g \longrightarrow$ End $\mathbb{H}$ von g *irreduzibel* ist, das heißt hier, daß es keinen Untervektorraum $\mathbb{V} \subset \mathbb{H}$ mit $0 \neq \mathbb{V} \neq \mathbb{H}$ und $\rho(X)(\mathbb{V}) \subset \mathbb{V}$ für alle $X \in g$ gibt.

Es ist daher sinnvoll, auf dem Wege zur Beschreibung der irreduziblen Darstellungen der Gruppe SO(3) erst einmal die irreduziblen Darstellungen der Lie-Algebra $\mathfrak{so}(3) \cong \mathfrak{su}(2)$ aufzuspüren.

(3.6) Analyse der irreduziblen Darstellungen von $\mathfrak{so}(3)$: Sei $\mathbb{H}$ endlichdimensional und sei $\rho : \mathfrak{so}(3) \longrightarrow$ End $\mathbb{H}$ eine Lie-Algebra-Darstellung. Setze

$$J_k := i\rho(M_k), \ k = 1,2,3,$$

wobei (M_1, M_2, M_3) die typische Basis von $\mathfrak{so}(3)$ der infinitesimale Drehungen M_j ist (vgl. 6.j) in Anhang L). J_k entspricht dann der selbstadjungierten Version des Drehimpulses; tatsächlich kann man auf $\mathbb{H}$ ein Skalarprodukt voraussetzen, für das die J_k selbstadjungiert sind. Da ρ die Lie-Klammern erhält gilt:

$$[J_1,J_2] = iJ_3, \ [J_2,J_3] = iJ_1, \ [J_3,J_1] = iJ_2, \text{ kurz: } [J_j,J_k] = i\varepsilon_{jkl}J_l.$$

Setze weiterhin

$$H := J_3, \ A := J_1 - iJ_2, \ A^* := J_1 + iJ_2 \text{ und } J := J_1^2 + J_2^2 + J_3^2$$

Dann gelten die folgenden Relationen:

$$[H,A^*] = A^*, \ [H,A] = -A, \ [A^*,A] = 2H \text{ und } J = AA^* + H + H^2.$$

Außerdem kommutiert J mit allen J_k, und es ist A^* die Adjungierte zu A, wie die Notation ja bereits erwarten läßt. Die folgenden drei Aussagen enthalten die wesentlichen Informationen über irreduzible Darstellungen von $\mathfrak{so}(3)$:

(3.7) Lemma. Sei $\zeta \in \mathbb{H}$ Eigenvektor von H mit $H\zeta = \lambda\zeta$. Dann gilt $H(A^*\zeta) = (\lambda + 1)A^*\zeta$ und $H(A\zeta) = (\lambda - 1)A\zeta$.

Denn $HA^*\zeta = [H,A^*]\zeta + A^*H\zeta = A^*\zeta + A^*\lambda\zeta = (\lambda+1)A^*\zeta$, und analog für $A\zeta$.

A und A^* verhalten sich also ähnlich wie Z und Z^* beim harmonischen Oszillator (Beispiel 2.4.5°).

(3.8) Lemma. Es gibt einen Eigenvektor $\zeta_0 \in \mathbb{H}$ von H mit $A^*\zeta_0 = 0$.

Beweis. Sei ζ zunächst irgendein Eigenvektor mit Eigenwert λ. Für die induktiv definierte Folge $\eta_0 := \zeta$, $\eta_n = A^*(\eta_{n-1})$, liefert Lemma 3.7: $H\eta_n = (\lambda + n)\eta_n$. Es gibt ein $m \in \mathbb{N}$ mit $\eta_{m+1} = 0$, da sonst die (η_n) linear unabhängig wären im Gegensatz zu $\dim_\mathbb{C}\mathbb{H} < \infty$. Dieses m sei minimal gewählt, dann gilt für $\zeta_0 := \eta_m$: $\zeta_0 \neq 0$, $H\zeta_0 = (\lambda + m)\zeta_0$ und $A^*\zeta_0 = \eta_{m+1} = 0$.

(3.9) Lemma. Sei $\zeta_0 \in \mathbb{H}$, $\zeta_0 \neq 0$, mit $H\zeta_0 = \lambda\zeta_0$ und $A^*\zeta_0 = 0$. Dann gilt $2\lambda \in \mathbb{N}$ und mit $\zeta_\mu := A^\mu\zeta_0$ ist $(\zeta_0,\zeta_1, \dots ,\zeta_{2\lambda})$ Basis eines invarianten Untervektorraumes V von $\mathbb{H}$. Es gilt $J\zeta_\mu = \lambda(\lambda+1)\zeta_\mu$, das heißt V ist Eigenraum zu J mit Eigenwert $\lambda(\lambda+1)$.

Denn es gilt zunächst $H\zeta_\mu = (\lambda - \mu)\zeta_\mu$ nach Lemma 3.7 und $A\zeta_\mu = \zeta_{\mu+1}$ nach Definition der ζ_μ. Außerdem ist $A^*\zeta_\mu = \mu(2\lambda - \mu +1)\zeta_{\mu-1}$, wie man durch Induktion nach μ unter Festsetzung von $\zeta_{-1} := 0$ sieht. Sei $m \in \mathbb{N}$ maximal mit $\zeta_m \neq 0$. Es gibt ein solches m, da $\mathbb{H}$ endlichdimensional ist. Dann ist $\zeta_{m+1} = 0$ und es gilt $0 = A^*\zeta_{m+1} = (m+1)(2\lambda - m)\zeta_m$, also wegen $\zeta_m \neq 0$: $2\lambda - m = 0$. Daher ist 2λ ganzzahlig. Falls $T \in \{H,A,A^*\}$, zeigen die oben aufgestellten Gleichungen für $T\zeta_\mu$, daß $T\zeta_\mu$ eine Linearkombination der $\zeta_0,\zeta_1, \dots ,\zeta_{2\lambda}$ ist, daß also $T(V) \subset V$ gilt und damit V invariant ist. Schließlich ergibt sich $J\zeta_\mu = \lambda(\lambda+1)\zeta_\mu$ aus $J = AA^* + H + H^2$.

Mit einer in der physikalischen Literatur üblichen Bezeichnung erhalten wir aus den vorangehenden Lemmata:

(3.10) Satz. Es sei $\rho : \mathfrak{so}(3) \longrightarrow \mathrm{End}\,\mathbb{H}$ eine endlichdimensionale Lie-Algebra-Darstellung. Mit den obigen Notationen sei j ein Eigenwert von H mit Eigenvektor $v_j \in \mathbb{H}$, welcher $A^*v_j = 0$ erfüllt. (Man nennt dann v_j einen *primitiven Vektor vom Gewicht* j.)

1° Für $m = 0,1,2, \dots$ sei $v_{j-m} := A^m v_j$, $v_{j+1} := 0$. Dann gilt für $\mu = j - m$: $Av_\mu = v_{\mu-1}$, $Hv_\mu = \mu v_\mu$, $A^*v_\mu = (j(j+1) - \mu(\mu-1))v_{\mu+1}$, $v_{j-\mu} = 0$ für $\mu > 2j$.

2° $2j$ ist ganzzahlig, und $(v_{-j},v_{1-j}, \dots ,v_j)$ ist Basis eines $(2j+1)$-dimensionalen invarianten Unterraums $V(j)$ von $\mathbb{H}$.

$3°$ $Jv = j(j+1)v$ für $v \in V(j)$. Daher gibt es $j_1, j_2, \dots, j_n$, so daß J auf $H = \oplus_{v=1}^{n} V(j_v)$ die Darstellung $J = \oplus_{v=1}^{n} j_v(j_v+1)P_v$ hat, wobei $P_v : H \longrightarrow H$ die orthogonale Projektion auf den Teilraum $V(j_v)$ ist.

$4°$ Die Restriktion ρ_v von ρ auf $V(j_v)$ ist eine irreduzible Darstellung $\rho_v : \mathfrak{so}(3) \longrightarrow \text{End } V(j_v)$, und ρ zerlegt sich folgendermaßen: $\rho = \oplus_{v=1}^{n} \rho_v$.

(3.11) Folgerung. $1°$ Jede endlichdimensionale irreduzible Darstellung ρ von $\mathfrak{so}(3)$ hat die im Satz angegebene Form mit $V(j) = H$ für $n = 1$, $j = j_1$.

$2°$ Für jede Zahl $j \geq 0$ mit $2j \in \mathbb{N}$ gibt es eine irreduzible Darstellung
$$\rho^{(j)} : \mathfrak{so}(3) \longrightarrow \text{End } H_j$$
in einen $(2j+1)$-dimensionalen $\mathbb{C}$-Vektorraum H_j mit einer Basis (v_μ) und der Wirkung der A, A^*, H wie in $1°$ des Satzes. j heißt der *Spin* der Darstellung (vgl. [SUD] für die physikalische Bedeutung von j).

Zur Frage nach der Auflistung aller irreduziblen unitären Darstellungen von $SO(3)$ wissen wir jetzt unter Ausnutzung des Satzes von Peter und Weyl und wegen der gerade gezogenen Folgerung über die endlichdimensionalen irreduziblen Darstellungen von $\mathfrak{so}(3)$, daß zu jeder solchen Darstellung R die zugehörige Lie-Algebra-Darstellung Lie R von der Form $\rho^{(j)}$ sein muß. Aber nicht alle diese $\rho^{(j)}$ kommen als Lie R irreduzibler Darstellungen R von $SO(3)$ vor, wie wir gleich sehen werden. Es wird zunächst eine Realisierung von $\rho^{(j)}$ durch Darstellungen von $SU(2)$ angegeben. Das ist sinnvoll, weil ja $\mathfrak{so}(3) \cong \mathfrak{su}(2)$ gilt, und weil $SU(2)$ einfach zusammenhängend ist (vgl. Satz in L.7).

Für $j \geq 0$ mit $k := 2j \in \mathbb{N}$ sei $\mathbb{P}_j \subset \mathbb{C}[z,w]$ der $\mathbb{C}$-Vektorraum der k-homogenen Polynome in zwei Variablen mit komplexen Koeffizienten. Die Elemente aus $\mathbb{P}_j$ sind also endliche Linearkombinationen der $k+1$ *Monome*
$$z^k, \; z^{k-1}w, \; z^{k-2}w^2, \; \dots, \; zw^{k-1}, \; w^k.$$
Da diese Monome eine Basis von $\mathbb{P}_j$ bilden, gilt $\dim_{\mathbb{C}} \mathbb{P}_j = k+1 = 2j+1$. Die "Rechtsdarstellung" zu j
$$R^{(j)} : SU(2) \longrightarrow GL(\mathbb{P}_j),$$
wird definiert durch
$$R^{(j)}_g P(z,w) := P((z,w)g) \quad \text{für } P \in \mathbb{P}_j \text{ und } g \in SU(2),$$
wobei $(z,w)g$ einfach die Matrizenmultiplikation des Zeilenvektors (z,w) mit der 2×2-Matrix g bezeichnet. Es sei
$$H := i\text{Lie } R^{(j)}(\tfrac{1}{2}\tau_3) = \text{Lie } R^{(j)} \tfrac{1}{2}\begin{pmatrix} 1 & 0 \\ 0 & -1 \end{pmatrix}$$
entsprechend dem natürlichen Isomorphismus $\mathfrak{so}(3) \cong \mathfrak{su}(2)$ von Lie-Algebren, der durch $M_v \longmapsto \tfrac{1}{2}\tau_v$ vermittelt wird (vgl. L.7.1°).

Sei $X := \tfrac{1}{2}\begin{pmatrix} 1 & 0 \\ 0 & -1 \end{pmatrix}$. Dann ist $\exp(tX) = \begin{pmatrix} \exp(\tfrac{1}{2}t) & 0 \\ 0 & \exp(-\tfrac{1}{2}t) \end{pmatrix}$.

Bezüglich der Basis (p_μ) von $\mathbb{P}_j$,

ist
$$p_\mu(z,w) := z^{j+\mu} w^{j-\mu} \quad \text{für} \quad \mu \in \{-j, -j+1, \dots, j-1, +j\},$$

also
$$R^{(j)}_{\exp(tX)}\, p_\mu(z,w) = (z\exp(\tfrac{1}{2}t))^{j+\mu}(w\exp(-\tfrac{1}{2}t))^{j-\mu} = p_\mu(z,w)\exp\mu t,$$

$$\frac{d}{dt}\Big(R^{(j)}_{\exp(tX)}\, p_\mu(z,w) \Big)\Big|_{t=o} = \text{Lie } R^{(j)}(X)\, p_\mu(z,w) = \mu\, p_\mu(z,w).$$

Damit wurde nachgerechnet, daß $Hp_\mu = \mu p_\mu$ gilt. Analog überprüft man die Wirkung von $J_\nu := i\,\text{Lie}\,R^{(j)}(\tfrac{1}{2}\tau_\nu)$, $\nu = 1,2$, um festzustellen:

$$J_1(p_\mu) = \tfrac{1}{2}(j+\mu)p_{\mu-1} + \tfrac{1}{2}(j-\mu)p_{\mu+1},$$
$$J_2(p_\mu) = i\tfrac{1}{2}(j+\mu)p_{\mu-1} - i\tfrac{1}{2}(j-\mu)p_{\mu+1}.$$

Daher $A(p_\mu) = (j+\mu)p_{\mu-1}$ und $A^*(p_\mu) = (j-\mu)p_{\mu+1}$. Für $v_\mu := \lambda_\mu p_\mu$ mit geeigneten Konstanten λ_μ ($\lambda_{\mu-1} = \lambda_\mu(j-\mu)$ und $\lambda_\mu \ne 0$) gelten dann die Identitäten von 3.10.1°, und das bedeutet, daß $\text{Lie } R^{(j)} = \rho^{(j)}$ gilt. Daher:

(3.12) Satz. Die irreduziblen unitären Darstellungen der Gruppe SU(2) sind (bis auf Isomorphie) die oben eingeführten Darstellungen $R^{(j)} : \text{SU}(2) \longrightarrow \mathcal{U}(\mathbb{P}_j)$.

Zum Beweis dieses Satzes fehlt nur noch die Einführung eines Skalarproduktes auf $\mathbb{P}_j$, so daß $\mathbb{P}_j$ zu einem Hilbertraum wird und $R^{(j)}(\text{SU}(2))$ aus unitären Operatoren besteht. Das findet man durch invariante Integration über SU(2) (vgl. L.10) oder durch eine weitergehende Untersuchung der Wirkung von $R^{(j)}$.

Die irreduziblen unitären Darstellungen von SO(3) ergeben sich jetzt folgendermaßen: Man benutzt den stetigen Homomorphismus $\Lambda : \text{SU}(2) \longrightarrow \text{SO}(3)$ mit $\text{Ker}\,\Lambda = \{1,-1\}$ und $\text{Im}\,\Lambda = \text{SO}(3)$ (vgl. L.8.). Jede irreduzible Darstellung U von SO(3) liefert eine Darstellung $R := U \circ \Lambda$ von SU(2). R ist ebenfalls irreduzibel, also von der Form $R = R^{(j)}$ nach Satz 3.12 mit der Zusatzeigenschaft $R(1) = R(-1)$. Eine Inspektion der Definition von $R^{(j)}$ ergibt sofort, daß $R^{(j)}(1) = R^{(j)}(-1)$ genau dann gilt, wenn $k = 2j$ gerade ist, das heißt, wenn $j \in \mathbb{N}$ ist. Für $j \in \mathbb{N}$ läßt sich $R^{(j)}$ dann tatsächlich herunterdrücken zu einer irreduziblen unitären Darstellung auf SO(3), welche ebenfalls mit $R^{(j)}$ bezeichnet wird:

(3.13) Satz. Die irreduziblen unitären Darstellungen von SO(3) sind (bis auf Isomorphie) die gerade definierten $R^{(j)} : \text{SO}(3) \longrightarrow \mathcal{U}(\mathbb{P}_j)$ mit $j \in \mathbb{N}$.

Eine an SO(3) besser angepaßte Beschreibung dieser irreduziblen Darstellungen ist die folgende: Für $j \in \mathbb{N}$ sei $\mathbb{H}_j := \{P \in \mathbb{C}[x,y,z] : P \text{ ist } j\text{-homogen und harmonisch, das heißt } \Delta P = 0\}$. $\mathbb{H}_j$ ist ein $(2j+1)$-dimensionaler $\mathbb{C}$-Vektorraum und durch $R^{(j)}_g P(x,y,z) := P((x,y,z)g)$ wird eine irreduzible Darstellung $R^{(j)} : \text{SO}(3) \longrightarrow \mathcal{U}(\mathbb{H}_j)$ mit $\text{Lie } R^{(j)} = \rho^{(j)}$ gegeben. (Dabei ist $(x,y,z)g$ wieder die Matrizenmultiplikation des Zeilenvektors mit der 3×3-Matrix $g \in \text{SO}(3)$.) Eine geeignete Basis von $\mathbb{H}_j$ wird durch die *Kugelfunktionen* gegeben.

4 Von projektiven zu unitären Darstellungen

Eine genauere Analyse des Problems der mathematischen und physikalischen Formulierung von "Symmetrie" in einem quantenmechanischen System $(H, \mathcal{H})$ zeigt allerdings, daß aus physikalischer Sicht z.B. bei dem Koordinatenwechsel $A \in SO(3)$ lediglich die Zustände $[f]$, $f \in H = L^2(\mathbb{R}^3)$, transformiert werden. Man erhält also eine Abbildung

$$T_A : \mathbb{P}(H) \longrightarrow \mathbb{P}(H) .$$

Ganz allgemein bewirkt eine klassische Gruppensymmetrie mit Gruppe G für jedes $g \in G$ bei der Quantisierung eine Transformation $T_g : \mathbb{P}(H) \longrightarrow \mathbb{P}(H)$. Für je zwei dieser Transformationen verlangt man die natürliche Homomorphiebedingung $T_g \circ T_h = T_{gh}$. Da jedes T_g die physikalischen Gesetze erhalten muß, wenn man von einer Symmetrie des physikalischen Systems sprechen will, wird von T_g die Übergangswahrscheinlichkeit (vgl. 5° in Paragraph 1) in $\mathbb{P}(H)$ erhalten, das heißt es gilt

$$\langle T_g \varphi, T_g \psi \rangle = \langle \varphi, \psi \rangle$$

für alle $\varphi, \psi \in \mathbb{P}(H)$ und alle $g \in G$ ($\langle \ , \ \rangle$ wie in 4° zu Beginn von Paragraph 1).

Definition. Sei G eine Matrixgruppe. Für einen komplexen Hilbertraum H bezeichne zur Abkürzung $\mathbb{P}$ den zu H gehörigen projektiven Raum $\mathbb{P} = \mathbb{P}(H)$ (vgl. 1.3°) und $\text{Aut}(\mathbb{P})$ die Gruppe aller bijektiven Transformationen T von $\mathbb{P}(H) = \mathbb{P}$ in sich, die die Übergangswahrscheinlichkeit invariant lassen, die also $\langle T\varphi, T\psi \rangle = \langle \varphi, \psi \rangle$ für alle $\varphi, \psi \in \mathbb{P}$ erfüllen.

Eine *projektive Darstellung von* G *in* $\mathbb{P}$ (man sagt auch *in* H) ist ein Gruppenhomomorphismus

$$T : G \longrightarrow \text{Aut}(\mathbb{P}), \quad g \longmapsto T(g) = T_g : \mathbb{P} \longrightarrow \mathbb{P},$$

der noch der folgenden Stetigkeitsbedingung genügt: Für jedes $\varphi \in \mathbb{P}$ ist die induzierte Abbildung

$$G \longrightarrow \mathbb{P}, \quad g \longmapsto T_g \varphi ,$$

eine stetige Abbildung. (Man sagt auch: T *ist stark stetig.*)

Es gilt also, zunächst die projektiven Transformationen aus $\text{Aut}(\mathbb{P})$ genauer zu beschreiben. Man sieht leicht, daß jede unitäre Transformation $U : H \longrightarrow H$ (also U bijektiv, $\mathbb{C}$-linear und für alle $f, g \in H$ gilt $\langle Uf, Ug \rangle = \langle f, g \rangle$; vgl. 1.11°) durch

$$(4.1) \quad \hat{U}([f]) := [Uf], \quad f \in H,$$

ein $\hat{U} \in \text{Aut}(\mathbb{P})$ definiert. $\hat{U}$ ist wohldefiniert, denn für $f \sim g$ gilt ja $Uf \sim Ug$. Mehr über $\text{Aut}(\mathbb{P})$ im Satz von Wigner, siehe 4.3 unten.

Definition. Sei $(\mathbb{H}, \mathcal{H})$ ein quantenmechanisches System im Sinne des ersten Paragraphen, und sei G eine Matrixgruppe. Man spricht von G als einer *Symmetriegruppe des Systems*, wenn G über eine projektive Darstellung

$$T : G \longrightarrow \text{Aut}(\mathbb{P})$$

auf dem System wirkt, derart daß für die dynamische 1-Parametergruppe (U_t) zum Hamiltonoperator $\mathcal{H}$ ($U_t = e^{-it\mathcal{H}}$, vgl. Paragraph 1) gilt:

$$T_g \circ \hat{U}_t = \hat{U}_t \circ T_g \text{ für alle } g \in G \text{ und alle } t \in \mathbb{R}.$$

Demnach kann man genaugenommen nicht von der Symmetriegruppe G allein sprechen, sondern nur von der Symmetriegruppe in Verbindung mit der entsprechenden Darstellung, welche die Wirkung von G als Symmetriegruppe liefert. Die Bedingung, daß T eine projektive Darstellung von G sein soll, leitet sich (abgesehen von der natürlichen Stetigkeitsbedingung) allein aus dem ersten Axiom für $(\mathbb{H}, \mathcal{H})$ ab. Die Vertauschbarkeit von T_g mit $\hat{U}_t$ ergibt sich aus dem dritten Axiom, denn die Symmetrie soll ja die durch $\mathcal{H}$ bestimmte Dynamik invariant lassen (vgl. auch 3.3).

Das Thema dieses Paragraphen ist eine Begründung der Tatsache, warum in der üblichen Quantenmechanik als Symmetrien meistens "unitäre Darstellungen" von Lie-Gruppen anstelle der zunächst in natürlicher Weise auftretenden projektiven Darstellungen angenommen werden können, und welche zusätzliche Hypothesen dabei als erfüllt angesehen werden müssen.

Es ist also das Problem zu erörtern, unter welchen Annahmen eine vorgegebene projektive Darstellung $T : G \longrightarrow \text{Aut}(\mathbb{P})$ sich auf die in 4.1 beschriebene Art durch eine unitäre Darstellung induzieren läßt. Die Verträglichkeit mit $\mathcal{H}$ soll dabei außer acht gelassen werden. Es stellt sich also die Frage, wann sich eine vorgegebene projektive Darstellung

$$T : G \longrightarrow \text{Aut}(\mathbb{P})$$

von G "liften" läßt zu einer unitären Darstellung (vgl. 3.1)

$$R : G \longrightarrow \mathcal{U}(\mathbb{H}),$$

mit $T_g \circ \gamma = \gamma \circ R_g$ für alle $g \in G$, wobei γ wie bisher (vgl. 1.3°) die Projektion

$$\gamma : \mathbb{H} \backslash \{0\} \longrightarrow \mathbb{P} = \mathbb{P}(\mathbb{H}), \ f \longmapsto [f],$$

bezeichnet. Unter Verwendung der Abbildung $\gamma^* : \mathcal{U}(\mathbb{H}) \longrightarrow \text{Aut}(\mathbb{P})$, $\gamma^*(U) := \hat{U}$ für $U \in \mathcal{U}(\mathbb{H})$ (vgl. 4.1) schreibt sich die letzte Bedingung als

$$(4.2) \quad T_g = \gamma^*(R_g) \text{ für alle } g \in G, \text{ also } T = \gamma^* \circ R.$$

Zur Verdeutlichung können die folgenden zwei kommutativen Diagramme
dienen:

Es zeigt sich, daß nicht alle projektiven Darstellungen T einer Matrixgruppe
G eine unitäre Liftung R besitzen, daß es aber immer Liftungen auf eine geeignet
veränderten Gruppe $\hat{G}$ gibt. In diesem Falle erhält man also eine neue Symmetriegruppe $\hat{G}$, welche eng verwandt ist mit der ursprünglichen Gruppe G und welche als die
eigentliche (quantenmechanische) Symmetriegruppe angesehen werden kann. Im Falle
von SO(3) = G kommt man zum Beispiel zu $\hat{G}$ = SU(2), und es manifestieren sich
auf diese Weise die irreduziblen Darstellungen von $\mathfrak{so}(3) = \mathfrak{su}(2)$, die keinen Darstellungen von SO(3) entsprechen können (vgl. 3.12/3.13), doch noch als Symmetrien im
Sinne des Paragraphen 3, jetzt aber als unitäre Darstellungen von SU(2) (vgl. auch
$4.9.1^{\circ}$).

Die Frage der Liftung von projektiven Darstellungen zu unitären Darstellungen läßt sich in vier Etappen behandeln:

1. In der ersten Etappe wird zunächst erörtert, zu welcher Art Abbildungen
von $\mathbb{H}$ nach $\mathbb{H}$ sich die Transformationen aus Aut($\mathbb{P}$) überhaupt liften lassen.

2. In der zweiten Etappe wird begründet, warum sich eine projektive Darstel-
lung T zu einer stetigen Abbildung V : G $\longrightarrow$ $\mathcal{U}(\mathbb{H})$ liften läßt (d.h. T = $\gamma^{*} \circ$ V,
aber V ist im allgemeinen nicht Homomorphismus), wenn die Symmetriegruppe G zu-
sammenhängend und einfach zusammenhängend ist. Für den Fall, daß G nicht einfach
zusammenhängend ist, muß man an dieser Stelle zur universellen Überlagerung $\tilde{G}$ von
G übergehen. Als Beispiel: SU(2) ist universelle Überlagerung von SO(3).

3. In der dritten Etappe wird dargelegt, wie eine stetige Liftung V der
projektiven Darstellung T aufgefaßt werden kann als eine unitäre Darstellung R
einer zugehörigen zentralen Erweiterung E (= $\hat{G}$) der Gruppe G

4. In der vierten und letzten Etappe wird diskutiert, unter welchen Bedingungen an die Gruppe G diese unitäre Darstellung der zentralen Erweiterung E zu
einer unitären Darstellung R von G führt, welche dann schließlich T = $\gamma^{*} \circ$ R erfüllt. Das ist immer dann der Fall, wenn die zentrale Erweiterung trivial ist, und es zeigt
sich, daß für die meisten natürlichen Symmetriegruppen wie SO(3), SU(n), Sp(2n),...
alle zentralen Erweiterungen trivial sind. Das gilt auch für die Poincaré-Gruppe, allerdings nicht für die Galilei-Gruppe Γ.

1. Charakterisierung von Aut($\mathbb{P}(\mathbb{H})$).

(4.3) Satz von Wigner. Zu jedem Automorphismus T $\in$ Aut($\mathbb{P}(\mathbb{H})$) gibt es eine Abbildung $U: \mathbb{H} \longrightarrow \mathbb{H}$ mit

1° $T \circ \gamma = \gamma \circ U$, also $\gamma^*(U) = T$.

2° U ist $\mathbb{R}$-linear und bijektiv.

3° Für eine der zwei Funktionen $\chi(z) = z$ oder $\chi(z) = \bar{z}$, $z \in \mathbb{C}$, gilt für alle $\lambda \in \mathbb{C}$ und für alle $f,g \in \mathbb{H}$: $U(\lambda f) = \chi(\lambda) U(f)$ und $\langle Uf, Ug \rangle = \chi(\langle f,g \rangle)$.

Bemerkungen: Der Beweis des Satzes von Wigner ist elementar, erfordert aber viele Einzelschritte [siehe zum Beispiel die Arbeit von V. Bargmann: "Note on Wigner's Theorem on Symmetry Operations." *J. Math. Phys.* 5 (1964), 862–868].

Im Falle $\chi = \mathrm{id}_{\mathbb{C}}$ ist U also eine unitäre Transformation! Im Falle $\chi(z) = \bar{z}$ heißt die Abbildung U *antiunitär*. Wir interessieren uns hier nur für die unitären Transformationen, und definieren $\mathcal{U}(\mathbb{P}) := \gamma^*(\mathcal{U}(\mathbb{H}))$. Dann ist $\mathcal{U}(\mathbb{P})$ eine Untergruppe von $\mathrm{Aut}(\mathbb{P})$. Für $U, V \in \mathcal{U}(\mathbb{H})$ mit $\gamma^*(U) = \gamma^*(V)$ gilt $U = \lambda V$ für eine komplexe Zahl λ mit dem Betrag 1, also $\lambda \in U(1)$. Damit hat man für den unitären Fall die folgende Sequenz von natürlichen stetigen Homomorphismen

$$(4.4) \quad 1 \longrightarrow U(1) \longrightarrow \mathcal{U}(\mathbb{H}) \longrightarrow \mathcal{U}(\mathbb{P}) \longrightarrow 1.$$

Dabei steht **1** für die triviale Gruppe, die nur aus dem neutralen Element (= 1) besteht. Der erste Pfeil bedeutet die Inklusion $1 \longmapsto 1$, der zweite Pfeil ist die Inklusion $\lambda \longmapsto \lambda \, \mathrm{id}_{\mathbb{H}}$, der dritte Pfeil ist γ^*, und der vierte Pfeil ist der konstante Homomorphismus $T \longmapsto 1$ für alle $T \in \mathcal{U}(\mathbb{P})$. Die Sequenz ist *exakt*, das bedeutet allgemein, daß alle Pfeile Gruppenhomomorphismen sind, daß der zweite Pfeil injektiv ist und der dritte surjektiv, und daß der Kern des dritten Pfeils gleich dem Bild des zweiten Pfeils ist.

Für eine projektive Darstellung $T : G \longrightarrow \mathrm{Aut}(\mathbb{P})$ ist $T(1) = \mathrm{id}_{\mathbb{P}}$ stets in $\mathcal{U}(\mathbb{P})$, und es folgt für den Fall, daß die Matrixgruppe G zusammenhängend ist: $T(G) \subset \mathcal{U}(\mathbb{P})$. Beweis dazu: Mit Hilfe der Exponentialreihe $\exp : \mathrm{Lie}\,G \longrightarrow G$ (vgl. L.6) findet man eine offene Umgebung W von $1 \in G$ mit der folgenden Eigenschaft: Zu jedem $g \in W$ gibt es ein $h \in W$ mit $h^2 = g$. Um das einzusehen, sei $W_0 \subset \mathrm{Lie}\,G$ eine konvexe, offene Umgebung von $0 \in \mathrm{Lie}\,G$, so daß $\exp|_{W_0}$ bijektiv ist (vgl. $\mathrm{L.6.15}^\circ$). Für $W := \exp(W_0)$ gilt dann: Jedes $g \in W$ hat die Form $g = e^X$ mit $X \in W_0$, daher ist $g = h^2$ für $h := e^{\frac{1}{2}X}$. Als ein Zwischenergebnis folgt $T(g) \in \mathcal{U}(\mathbb{P})$ für alle $g \in W$, denn für beliebige $h \in G$ ist stets $T(h) \circ T(h) \in \mathcal{U}(\mathbb{P})$ wegen $\bar{\bar{z}} = z$ (nach $4.3.3^\circ$). Sei jetzt $g \in G$ beliebig. Da G zusammenhängend ist, gibt es eine stetige Abbildung $\gamma : [0,1] \longrightarrow G$ mit $\gamma(0) = 1$ und $\gamma(1) = g$. Die kompakte Menge $\gamma([0,1])$ kann durch endlich viele der $\gamma(t)W := \{\gamma(t)h : h \in W\}$ überdeckt werden. Deshalb hat g die Darstellung als Produkt $g = g_1 g_2 \ldots g_m$ mit $g_\mu \in W$. Es folgt $T(g) \in \mathcal{U}(\mathbb{P})$, weil $T(g_\mu) \in \mathcal{U}(\mathbb{P})$ für alle $\mu = 1, 2, \ldots, m$.

Im folgenden soll G immer als zusammenhängend vorausgesetzt werden. Dann gibt es nach dem Satz von Wigner zu jedem $T_g \in \mathcal{U}(\mathbb{P})$ einen unitären Operator

W_g mit $T_g = \gamma^*(W_g)$ finden. Die Abbildung $W : G \longrightarrow \mathcal{U}(\mathbb{H})$, $g \longmapsto W_g$ erfüllt daher $T = \gamma^* \circ W$, ist allerdings im allgemeinen weder stetig noch ein Gruppenhomomorphismus.

2. Stetige Liftung. Ein topologischer Raum Y heißt *einfach zusammenhängend*, wenn sich jeder geschlossene Weg α in Y zu einem konstanten Weg auf stetige Weise zusammenziehen läßt. Dabei ist ein *geschlossener Weg* α in Y eine stetige Abbildung wenn $\alpha : [a,b] \longrightarrow Y$ auf einem abgeschlossenen Intervall $[a,b] \subset \mathbb{R}$ mit $\alpha(a) = \alpha(b)$. Y ist also einfach zusammenhängend, wenn es zu jedem solchen α einen Punkt $q \in Y$ und eine stetige Abbildung $\Gamma : [a,b] \times [0,1] \longrightarrow Y$ (*"Homotopie"*) gibt, so daß:

$$\Gamma(t,0) = \alpha(t) \qquad \text{für alle } t \in [a,b],$$
$$\Gamma(t,1) = q \qquad \text{für alle } t \in [a,b],$$
$$\Gamma(a,s) = \Gamma(b,s) \qquad \text{für alle } s \in [0,1].$$

Zum Beispiel sind $\mathbb{R}^n$, $\mathbb{R}^3 \setminus \{0\}$, $\mathbb{S}^n$ für $n \geq 2$, $SU(2)$ und $SL(2,\mathbb{C})$ einfach zusammenhängend, während $\mathbb{R}^2 \setminus \{0\}$, $\mathbb{S}^1$, $SO(3)$, $SO(3,1)$ nicht einfach zusammenhängend sind.

(4.5) Satz von Bargmann. Jede stetige Abbildung $T : G \longrightarrow \mathrm{Aut}(\mathbb{P})$ auf einer zusammenhängenden und einfach zusammenhängenden Matrixgruppe G hat eine stetige Liftung $V : G \longrightarrow \mathcal{U}(\mathbb{H})$, das heißt V ist stetig und $T = \gamma^* \circ V$.

Ein Beweis des Satzes steht in [SIM]. Der dortige Beweis kann aber noch wesentlich vereinfacht werden unter Berücksichtigung der Tatsache, daß $\mathcal{U}(\mathbb{H})$ (entgegen der dort ausgesprochenen Behauptung!) eine topologische Gruppe ist (vgl. 3.2). Man muß im wesentlichen zeigen, daß die in 4.4 angegebene exakte Sequenz den Raum $\mathcal{U}(\mathbb{H})$ zu einem Prinzipalfaserbündel über $\mathcal{U}(\mathbb{P})$ mit der Strukturgruppe $U(1)$ macht. (Vgl. V.5 für den Begriff eines endlichdimensionalen Prinzipalfaserbündels.)

Wenn G nicht einfach zusammenhängend ist, muß man zur universellen Überlagerung $\tilde{G}$ übergehen. Die *universelle Überlagerung* eines topologischen Raumes Y ist ein (bis auf Isomorphie) eindeutig gegebener topologischer Raum $\tilde{Y}$ zusammen mit einer stetigen, surjektiven Projektion $\pi : \tilde{Y} \longrightarrow Y$, so daß die folgenden zwei Eigenschaften erfüllt sind: $\tilde{Y}$ ist einfach zusammenhängend und $\pi : \tilde{Y} \longrightarrow Y$ ist eine *Überlagerung*: Das heißt definitionsgemäß, daß es zu jedem Punkt $y \in Y$ eine offene Umgebung U von y gibt mit einer Zerlegung von $\pi^{-1}(U)$ in disjunkte offene Umgebungen V_x der Punkte $x \in \pi^{-1}(y)$ (also $\pi^{-1}(U) = \bigcup \{V_x : x \in \pi^{-1}(y)\}$) derart, daß die Restriktion von π auf V_x als Abbildung $\pi|_{V_x} : V_x \longrightarrow U$ topologisch ist.

Jede Mannigfaltigkeit Y hat eine universelle Überlagerung. Im Falle einer Lie-Gruppe G ist die universelle Überlagerung $\tilde{G}$ von G wieder eine Lie-Gruppe und $\pi : \tilde{G} \longrightarrow G$ ist ein differenzierbarer Gruppenhomomorphismus (vgl. z.B. [HIN, S. 77 ff.]). Zum Beispiel ist $\mathbb{R}$ universelle Überlagerung von $\mathbb{S}^1$ mit $\pi(t) := \exp(it)$,

$t \in \mathbb{R}$, SU(2) ist universelle Überlagerung von SO(3), und SL(2,$\mathbb{C}$) ist universelle Überlagerung von SO(3,1) (vgl. Anhang L.8).

Da $T \circ \pi : \tilde{G} \longrightarrow \mathcal{U}(\mathbb{P})$ eine projektive Darstellung ist, erhält man nach 4.5 eine stetige Abbildung $V : \tilde{G} \longrightarrow \mathcal{U}(\mathbb{H})$ mit $T \circ \pi = \gamma^* \circ V$, das heißt, das folgende Diagramm ist kommutativ:

$$
\begin{array}{ccc}
\tilde{G} & \xrightarrow{\ \pi\ } & G \\
\downarrow{\scriptstyle V} & & \downarrow{\scriptstyle T} \\
\mathcal{U}(\mathbb{H}) & \xrightarrow[\gamma^*]{} & \mathcal{U}(\mathbb{P})
\end{array}
$$

Im allgemeinen ist V kein Homomorphismus.

3. Liftung als stetiger Homomorphismus auf einer zentralen Erweiterung.

Im folgenden sei G stets zusammenhängend und einfach zusammenhängend.

Zur projektiven Darstellung $T : G \longrightarrow \mathcal{U}(\mathbb{P})$ sei eine stetige Abbildung $V : G \longrightarrow \mathcal{U}(\mathbb{H})$ mit $T = \gamma^* \circ V$ gegeben. T ist Homomorphismus, so daß für alle $g, h \in G$ gilt: $T_{gh} = T_g \circ T_h$, also $\gamma^*(V_{gh}) = \gamma^*(V_g) \circ \gamma^*(V_h)$. Nach 4.3 und Bemerkungen dazu gibt es $\omega(g,h) \in U(1)$ mit $V_g \circ V_h = \omega(g,h) V_{gh}$. Es kann außerdem noch $\omega(1,1) = 1$ gewählt werden (durch Wahl von $V_e = 1 = \mathrm{id}_{\mathbb{H}}$ für das neutrale Element e von G). Für $f, g, h \in G$ folgt aus $T_f \circ (T_g \circ T_h) = (T_f \circ T_g) \circ T_h$ zunächst

$$V_f \circ (\omega(g,h) V_{gh}) = \omega(f,gh)\,\omega(g,h)\,V_{fgh} = \omega(f,g)\,V_{fg} \circ V_h = \omega(f,g)\,\omega(fg,h)\,V_{fgh}$$

und deshalb:

(4.6) Die Abbildung $\omega : G \times G \longrightarrow \mathbb{S}^1 = U(1)$ ist stetig und erfüllt $\omega(1,1) = 1$ sowie $\omega(f,g)\,\omega(fg,h) = \omega(f,gh)\,\omega(g,h)$ für alle $f, g, h \in G$.

Die *zentrale Erweiterung* $E = E_\omega$ von G durch ω mit 4.6 ist die folgende Lie-Gruppe:

— Als Mannigfaltigkeit ist E das Produkt $E = G \times U(1)$,

— Die Gruppenoperation ist definiert durch $(g,z)(h,w) := (gh, \omega(g,h)\,zw)$.

Mit $\varepsilon(z) := (1,z)$ und $\pi(g,z) := g$ rechnet man leicht nach:

1. E ist eine Gruppe mit (e,1) als neutralem Element. 2. Multiplikation und Inversenbildung sind differenzierbar. 3. $\varepsilon : U(1) \longrightarrow E$ und $\pi : E \longrightarrow G$ sind differenzierbare Homomorphismen. 4. $\mathrm{Im}\,\varepsilon = \mathrm{Ker}\,\pi$, $\mathrm{Ker}\,\varepsilon = 1$, $\mathrm{Im}\,\pi = G$. 5. $\mathrm{Im}\,\varepsilon$ liegt im Zentrum von E, das heißt für alle $g \in \varepsilon(U(1))$ und $h \in E$ gilt $gh = hg$.

E, ε, π mit 1.– 5. liefern den Begriff der *zentralen Erweiterung* von G. Die folgende Sequenz ist wegen 4. exakt

$$1 \longrightarrow U(1) \xrightarrow{\ \varepsilon\ } E \xrightarrow{\ \pi\ } G \longrightarrow 1.$$

(4.7) Satz von Bargmann. Sei $T : G \longrightarrow \mathcal{U}(\mathbb{P})$ projektive Darstellung einer zusammenhängenden und einfach zusammenhängenden Lie-Gruppe G. Dann existieren eine zentrale Erweiterung $U(1) \xrightarrow[\varepsilon]{} E \xrightarrow[\pi]{} G$ von G und eine unitäre Darstellung $U : E \longrightarrow \mathcal{U}(\mathbb{H})$ mit $T \circ \pi = \gamma^* \circ U$.

Wir haben also das kommutative Diagramm von zwei exakten Sequenzen:

$$
\begin{array}{ccccccc}
1 & \longrightarrow & U(1) & \xrightarrow[\varepsilon]{} & E & \xrightarrow[\pi]{} & G & \longrightarrow & 1 \\
  & & \| & & \downarrow{\scriptstyle U} & & \downarrow{\scriptstyle T} & & \\
1 & \longrightarrow & U(1) & \longrightarrow & \mathcal{U}(\mathbb{H}) & \xrightarrow[\gamma^*]{} & \mathcal{U}(\mathbb{P}) & \longrightarrow & 1
\end{array}
$$

Beweis: Sei $U(g,z) := z\,V_g$ für $(g,z) \in E$ mit V und $E = E_\omega$ wie oben. Dann ist $U : E \longrightarrow \mathcal{U}(\mathbb{H})$ stetig. Für $(g,z), (h,w) \in E$ ist

$$U(g,z) \circ U(h,w) = zw\,V_g \circ V_h = \omega(g,h)zw\,V_{gh}$$

und $\qquad U((g,z)(h,w)) = U(gh,\,\omega(g,h)zw) = \omega(g,h)zw\,V_{gh}.$

Also ist U Gruppenhomomorphismus und damit unitäre Darstellung.

4. Trivialität von zentralen Erweiterungen

Eine zentrale Erweiterung $U(1) \xrightarrow[\varepsilon]{} E \xrightarrow[\pi]{} G$ durch ω wie in 4.6 heißt *trivial*, wenn es einen stetigen Homomorphismus $\sigma : G \longrightarrow E$ mit $\pi \circ \sigma = \mathrm{id}_G$ gibt. (σ heißt dann *Spaltung* der Sequenz $U(1) \xrightarrow[\varepsilon]{} E \xrightarrow[\pi]{} G$.) In solchem Falle liefert der Satz von Bargmann 4.7 eine unitäre Darstellung R der ursprünglichen Gruppe G, welche eine Liftung von T ist. Denn $R := U \circ \sigma : G \longrightarrow \mathcal{U}(\mathbb{H})$ ist unitäre Darstellung und es gilt

$$\gamma^* \circ R = \gamma^* \circ U \circ \sigma = T \circ \pi \circ \sigma = T.$$

Die Existenz von σ wie oben bedeutet $\sigma(g) = (g, \lambda(g))$ mit einer stetigen Abbildung $\lambda : G \longrightarrow U(1)$, die sich folgendermaßen verhält:

(4.8) $\quad \lambda(gh) = \omega(g,h)\,\lambda(g)\,\lambda(h).$

Denn es gilt $(gh, \lambda(gh)) = \sigma(gh) = \sigma(g)\sigma(h)$ und
$$\sigma(g)\sigma(h) = (g, \lambda(g))(h, \lambda(h)) = (gh, \omega(g,h)\,\lambda(g)\,\lambda(h)).$$

Die Existenz einer Spaltung σ ist im übrigen gleichbedeutend damit, daß die zentrale Erweiterung E auch als Gruppe isomorph zur Produktgruppe $G \times U(1)$ ist. Für Lie-Gruppen G mit Lie-Algebra $\mathfrak{g} = \mathrm{Lie}\,G$ kann gezeigt werden, daß es zu ω mit 4.6 stets eine stetige Abbildung $\lambda : G \longrightarrow U(1)$ mit 4.8 gibt, wenn die zweite "Kohomologiegruppe" $H^2(\mathfrak{g}, \mathbb{R})$ verschwindet. Ohne auf diese technische Bedingung näher eingehen zu wollen (vgl. [SIM]), sei hier nur berichtet, daß diese Bedingung für die Matrixgruppen mit einfachen Lie-Algebren (vgl. L.10) also insbesondere für die Gruppen $SO(3,1)$, $SO(n)$, $SU(n)$, $Sp(2n)$, $SL(2,\mathbb{C})$ erfüllt ist. Für diese Gruppen sind also alle zentralen Erweiterungen trivial, nach dem Satz von Bargmann läßt sich daher jede projektive Darstellung zu einer unitären Darstellung der universellen Überlagerung liften.

Damit ist die abstrakte Diskussion über die Liftung von projektiven Darstellungen zu unitären Darstellungen im Rahmen der Punkte 1 - 4 abgeschlossen. Für die Quantenmechanik ergibt sich das Resultat, daß bei der Quantisierung eines klassischen Systems die klassische Symmetriegruppe G ersetzt werden muß durch die zugehörige quantenmechanische Symmetriegruppe $\hat{G}$, welche in der allgemeinsten Situation eine zentrale Erweiterung der universellen Überlagerung von G ist.

(4.9) Dazu drei Beispiele:

1° Die klassische Drehgruppe $SO(3)$ ist nicht einfach zusammenhängend. Ihre universelle Überlagerung ist $SU(2)$ mit einem kanonischen Homomorphismus $\Lambda : SU(2) \longrightarrow SO(3)$ von Lie-Gruppen (vgl. Anhang L.8). Die quantenmechanische Drehgruppe ist also $SU(2)$. Insbesondere erhalten die infinitesimalen Darstellungen $\rho^{(j)}$ der Drehimpulsalgebra $\mathfrak{so}(3) \cong \mathfrak{su}(2)$ (vgl. Paragraph 3) auch für halbzahligen Spin j ihre Realisierung als irreduzible unitäre Darstellungen auf $SU(2)$.

2° Der Lie-Gruppenhomomorphismus Λ hat eine Fortsetzung auf $SL(2,\mathbb{C})$ mit Werten in der eigentlichen Lorentzgruppe $SO(3,1)$, welche ebenfalls mit Λ bezeichnet wird (siehe den Beweis in Anhang L.8). $\Lambda : SL(2,\mathbb{C}) \longrightarrow SO(3,1)$ ist also die universelle Überlagerung von $SO(3,1)$. Auch wenn auf die Bedeutung der Lorentzgruppe $SO(3,1)$ (oder äquivalent: $SO(1,3)$) als Symmetriegruppe der relativistischen Mechanik erst im nachfolgenden Kapitel eingegangen wird, soll an dieser Stelle schon darauf hingewiesen werden, daß die zugehörige quantenmechanische Symmetriegruppe demzufolge $SL(2,\mathbb{C})$ ist. Auf diese Weise kommen über endlichdimensionale Darstellungen $R : SL(2,\mathbb{C}) \longrightarrow GL(n)$ *Spinoren* als die Vektoren $\psi \in \mathbb{C}^n$ des Darstellungsraumes $\mathbb{C}^n$ ins Spiel. Die volle klassische Symmetriegruppe der relativistischen Mechanik ist die Poincaré-Gruppe $SO(3,1) \ltimes \mathbb{R}^4$; sie wird auf der quantenmechanischen Ebene durch das semidirekte Produkt $SL(2,\mathbb{C}) \ltimes \mathbb{R}^4$ ersetzt. (Zur Darstellungstheorie der Poincaré-Gruppe mit physikalischen Interpretationen vgl. z.B. [SIM].) Im übrigen hat $SO(3,1)$ im Gegensatz zu den kompakten Gruppen unendlichdimensionale, irreduzible unitäre Darstellungen (vgl. [SIM]).

3° In der Galilei-Gruppe Γ, die in Paragraph 2 des zweiten Kapitels als doppeltes semidirektes Produkt beschrieben wurde, ist zunächst die Gruppe $SO(3)$ durch $SU(2)$ zu ersetzen, um die universelle Überlagerung $\tilde{\Gamma}$ von Γ zu erhalten. Da nicht alle zentralen Erweiterungen von $\tilde{\Gamma}$ trivial sind, ist die quantenmechanische Symmetriegruppe $\hat{\Gamma}$ der nichtrelativistischen Mechanik eine geeignete zentrale Erweiterung von $\tilde{\Gamma}$.

IV Elektrodynamik und Relativitätstheorie

Für die Entwicklung der Physik dieses Jahrhunderts waren Symmetriebetrachtungen in der Elektrodynamik von eminenter Bedeutung.

Zum einen führte die Entdeckung der Poincaré-Invarianz der Maxwell-Gleichungen auf das Problem, das Relativitätsprinzip von Galilei mit dieser neuen Symmetrie in Beziehung zu setzen. Einsteins Lösung dieses Problems ist die Postulierung eines neuen Relativitätsprinzips, welches die Spezielle Relativitätstheorie begründet. Das bedeutet, daß die Galilei-Gruppe als die Symmetriegruppe der Physik zu ersetzen ist durch die Poincaré-Gruppe.

Zum anderen tritt in den Maxwell-Gleichungen, den grundlegenden Differentialgleichungen der Elektrodynamik, eine koordinatenunabhängige Symmetrie auf: Die Eichinvarianz der Elektrodynamik, die ein Modellfall für die Eichtheorien der modernen Feldtheorien ist. Auf die Eichinvarianz kommen wir im nächsten Kapitel zurück.

Im ersten Paragraphen stellen wir eine geometrische Formulierung der Elektrodynamik vor, die sukzessive aus der üblichen Form der Maxwell-Gleichungen hergeleitet wird. In dieser geometrischen Formulierung werden Differentialformen benutzt, die hier in ihrer einfachsten Ausprägung eingeführt werden. Außerdem werden die Maxwell-Gleichungen in Beziehung zum Hodge-Operator des Minkowski-Raumes gesetzt. Insbesondere wird erläutert, inwiefern die Maxwell-Gleichungen die Geometrie des unterliegenden Raumes $\mathbb{R}^4$ (bis auf konforme Invarianz) als die Geometrie des Minkowski-Raums festlegen. Im zweiten Paragraphen wird dann die Poincaré-Invarianz der Elektrodynamik auf elementare Weise behandelt, und es wird auf weitere Symmetrien der Maxwell-Gleichungen hingewiesen. Die einfachsten Symmetrien der Poincaré-Gruppe, nämlich die Translationen des Minkowski-Raumes, werden im dritten Paragraphen in den Vordergrund gestellt. Getreu der Beziehung zwischen Symmetrie und Bewegungsinvarianten führen diese Symmetrien zu den Erhaltungsgrößen des Energie-Impuls-Tensors. Zugleich wird in diesem dritten Paragraphen die Elektrodynamik als Beispiel einer Feldtheorie mit Lagrange-Dichte und Wirkungsfunktional dargestellt. Im vierten und letzten Paragraphen wird kurz auf einige Aspekte von Geometrie und Symmetrie im Rahmen der Relativitätstheorie eingegangen.

Insgesamt werden in diesem Kapitel nur einige ausgewählte geometrische Gesichtspunkte in Elektrodynamik und in der Relativitätstheorie angesprochen; viele weitere interessante Phänomene können hier nicht dargestellt werden. Diese Unvollständigkeit betrifft in der Elektrodynamik unter anderem die wichtige Lösungstheorie der Maxwell-Gleichungen und der Wellengleichung, bei der es darum geht, Lösungen zu vorgegebenen physikalischen oder idealisierten Anfangs- und/oder Randbedingungen zu bestimmen oder zu beschreiben. In diesem Zusammenhang ist es zum Beispiel von Interesse, nach symmetrischen Lösungen zu suchen, also nach Lösungen, die gegenüber Lorentztransformationen invariant sind oder wenigstens gegenüber den Transformationen einer nicht zu kleinen Untergruppe der Lorentzgruppe.

Die Unvollständigkeit in der Darstellung gilt für die Relativitätstheorie noch viel mehr, weil die fundamentalen Differentialgleichungen der Allgemeinen Relativitätstheorie, also die *Einsteinschen Feldgleichungen*, in diesem Paragraphen nicht einmal erwähnt werden. Ein Grund dafür ist, daß die zum eigentlichen Verständnis und zur Formulierung der Einsteinschen Feldgleichungen nötigen und etwas tiefer liegenden geometrischen Konzepte der Allgemeinen Relativitätstheorie nicht entwickelt werden können wie etwa *Paralleltransport* von Tangentialvektoren längs Kurven, *Geodätische* in der Raumzeit M als die Bahnen von *frei fallenden Beobachtern* und *Krümmung* als Abweichung im Kleinen von der Minkowski-Raumzeit und damit als Maß für die Stärke des Gravitationsfeldes. Zum Studium all dieser Zusammenhänge sei auf die gute Lehrbuchliteratur hingewiesen, wie zum Beispiel [BEE], [HAE], [ONE], [PERI], [ST2].

1. Maxwell-Gleichungen

Der mathematische Gehalt von Faradays Theorie über magnetische und elektrische Felder läßt sich durch die Maxwell-Gleichungen beschreiben. In konventioneller Notation lauten sie bei geeigneter Wahl der Einheiten:

$$\textbf{(1.1)} \quad \text{rot } \mathbf{E} + \frac{\partial \mathbf{B}}{\partial t} = 0 \qquad \text{div } \mathbf{B} = 0,$$

$$\textbf{(1.2)} \quad \text{rot } \mathbf{H} - \frac{\partial \mathbf{D}}{\partial t} = 4\pi\, \mathbf{j} \qquad \text{div } \mathbf{D} = 4\pi\,\rho,$$

$$\textbf{(1.3)} \quad \mathbf{B} = \mathbf{H} \quad \text{und} \quad \mathbf{E} = \mathbf{D}.$$

Dabei sind $\mathbf{E} = (E_1, E_2, E_3)$ und $\mathbf{B} = (B_1, B_2, B_3)$ wie auch $\mathbf{H}$ und $\mathbf{D}$ Vektorfelder auf $\mathbb{R}^3$, die noch von der Zeitvariablen t abhängen. Für ein solches (differenzierbares) Vektorfeld $\mathbf{X} : \mathbb{R}^3 \longrightarrow \mathbb{R}^3$ mit den Komponenten X_1, X_2, X_3 ist

$$\text{rot } \mathbf{X} := \nabla \times \mathbf{X} := \Big(\frac{\partial X_3}{\partial q^2} - \frac{\partial X_2}{\partial q^3},\ \frac{\partial X_1}{\partial q^3} - \frac{\partial X_3}{\partial q^1},\ \frac{\partial X_2}{\partial q^1} - \frac{\partial X_1}{\partial q^2}\Big),$$

$$\text{div } \mathbf{X} := \frac{\partial X_1}{\partial q^1} + \frac{\partial X_2}{\partial q^2} + \frac{\partial X_3}{\partial q^3}.$$

ρ und $\mathbf{j} = (j^1, j^2, j^3)$ in 1.2 sind aufzufassen als vorgegebene Größen: ρ ist die *Ladungsdichte* und $\mathbf{j}$ die *Stromdichte*. $\mathbf{E}$ ist das *elektrische Feld*, $\mathbf{D}$ ist die *elektrische Verschiebung*, $\mathbf{H}$ ist das *Magnetfeld* und $\mathbf{B}$ ist die *magnetische Induktion*. ρ und $\mathbf{j}$ verursachen die Felder $\mathbf{E}, \mathbf{B}, \mathbf{H}$ und $\mathbf{D}$ nach Maßgabe von 1.1 und 1.2. Im Falle von $\rho = 0$ und $\mathbf{j} = 0$ spricht man von den Maxwell-Gleichungen im *Vakuum* oder von den *homogenen* Maxwell-Gleichungen.

Lösungen der Maxwell-Gleichungen erhält man, indem man zunächst die homogenen Gleichungen 1.1 analysiert. div $\mathbf{B} = 0$ legt den Ansatz $\mathbf{B} = \text{rot } \mathbf{A}$ nahe, denn solche Vektorfelder $\mathbf{A} = (A_1, A_2, A_3)$ gibt es zu differenzierbaren Vektorfeldern $\mathbf{B}$ mit div $\mathbf{B} = 0$ stets, und alle $\mathbf{B}$ mit div $\mathbf{B} = 0$ haben diese Form. $\mathbf{A}$ heißt dann das *Vektorpotential* zu $\mathbf{B}$ und ist bei Vorgabe von $\mathbf{B}$ bis auf ein Gradientenfeld eindeutig bestimmt: Denn für $\mathbf{A}$ und $\mathbf{A}'$ gilt rot $\mathbf{A} = \mathbf{B} = \text{rot } \mathbf{A}'$ genau dann, wenn rot$(\mathbf{A}' - \mathbf{A}) = 0$ ist, das heißt also genau dann, wenn es eine differenzierbare Funktion $\varphi : \mathbb{R}^3 \longrightarrow \mathbb{R}$ mit $\mathbf{A}' = \mathbf{A} + \text{grad}\,\varphi$ gibt (Lemma von Poincaré, vgl. M.17.14°).

Bei dem Ansatz $\mathbf{B} = \text{rot } \mathbf{A}$ (mit der Freiheit, $\mathbf{A}$ durch $\mathbf{A} + \text{grad }\varphi$ zu ersetzen) haben wir $\mathbf{B}$ und damit $\mathbf{A}$ und φ zunächst als zeitunabhängig angesehen. Um die vollen homogenen Gleichungen 1.1 zu erfüllen, muß noch rot $\mathbf{E} = -\frac{\partial \mathbf{B}}{\partial t}$ gelten. $\mathbf{A}, \varphi$ und $\mathbf{B}$ fassen wir deshalb im folgenden als zeitabhängig auf. Unter dem

Ansatz $B = \operatorname{rot} A$ muß zur Erfüllung der ersten Gleichung in 1.1 noch $\operatorname{rot} E = -\frac{\partial B}{\partial t}$ gelten. Wegen $\frac{\partial B}{\partial t} = \operatorname{rot}\frac{\partial A}{\partial t}$ ist diese Gleichung offenbar für $E' := -\frac{\partial A}{\partial t}$ erfüllt, und jede weitere Lösung E dazu hat die Form

$$(1.4) \quad E = -\operatorname{grad} V - \frac{\partial A}{\partial t}, \quad B = \operatorname{rot} A,$$

wobei V eine differenzierbare Funktion auf $\mathbb{R} \times \mathbb{R}^3$ ist, und $\operatorname{grad} V$ den dreidimensionalen Gradienten

$$\operatorname{grad} V := \left(\frac{\partial V}{\partial q^1}, \frac{\partial V}{\partial q^2}, \frac{\partial V}{\partial q^3}\right)$$

bezeichnet. (Denn die Gleichung $\operatorname{rot} E = \operatorname{rot} E'$ impliziert wie oben die Existenz einer differenzierbaren Funktion V mit $E' - E = -\operatorname{grad} V$.) V heißt das *skalare Potential*.

Die Potentiale (V, A) zu B und E sind folgendermaßen festgelegt: Für (V', A') gilt $\operatorname{rot} A = B = \operatorname{rot} A'$ und $-\operatorname{grad} V - \frac{\partial A}{\partial t} = E$, $E = -\operatorname{grad} V' - \frac{\partial A'}{\partial t}$ genau dann, wenn es eine differenzierbare Funktion $\varphi : \mathbb{R} \times \mathbb{R}^3 \longrightarrow \mathbb{R}$ gibt mit

$$(1.5) \quad V' = V - \frac{\partial \varphi}{\partial t} \quad \text{und} \quad A' = A + \operatorname{grad} \varphi.$$

Die Tatsache, daß viele verschiedene Potentiale (V, A) dieselben elektromagnetischen Felder B und E ergeben und daher dieselbe Physik beschreiben, ist ein Phänomen der *Eichinvarianz* der klassischen Elektrodynamik. Auf diese Eichinvarianz werden wir im folgenden Kapitel näher eingehen. Die Festlegung der Potentiale (V, A) durch eine geeignete Zusatzbedingung ist eine *"Eichung"* des Potentials (V, A).

Für eine weitere Behandlung der Lösungstheorie von 1.1 – 1.2 ist zum Beispiel die *Lorentzeichung* sinnvoll:

$$(1.6) \quad \operatorname{div} A + \frac{\partial V}{\partial t} = 0.$$

Nach den vorangehenden Überlegungen kann man (V, A) mit 1.4 nach Maßgabe von 1.5 abwandeln, ohne daß sich B und E ändern, und ohne die Gültigkeit von 1.1 zu verletzen. Damit (V', A') auch noch 1.6 erfüllt, muß daher eine Funktion φ mit $\operatorname{div} A + \operatorname{div} \operatorname{grad} \varphi + \frac{\partial V}{\partial t} - \frac{\partial^2 \varphi}{\partial t^2} = 0$ gefunden werden. Mit der Notation

$$\Box := \frac{\partial^2}{\partial t^2} - \Delta$$

für den *Wellenoperator* gilt es also, zu vorgegebenem $\operatorname{div} A + \frac{\partial V}{\partial t}$ die Wellengleichung $\Box \varphi = \operatorname{div} A + \frac{\partial V}{\partial t}$ zu lösen. Damit ist gezeigt, daß es immer Lösungen von 1.1 in der Lorentzeichung gibt. Man erkennt zudem: Selbst nach der Lorentzeichung kann man Potentiale (V, A) noch nach 1.5 verändern, ohne 1.6 zu verletzen, wenn nur $\Box \varphi = 0$ gilt.

Unter der Lorentzeichung und 1.4 sind die Gleichungen 1.2 im Falle der Gültigkeit von 1.3 äquivalent zu

(1.7) $\Box\, V \;=\; 4\,\pi\,\rho$ und $\Box\, A \;=\; 4\,\pi\, j\,,$

wie man leicht nachrechnet.

Notwendig für die Lösbarkeit von 1.1–1.3 ist deshalb die Lösbarkeit von 1.7 unter der Lorentzeichung. Das bedeutet

$$4\,\pi\,\frac{\partial\rho}{\partial t} \;=\; \Box\,\frac{\partial V}{\partial t} \;=\; \Box\,(-\operatorname{div} A) \;=\; -\operatorname{div}\Box\, A \;=\; -\,4\,\pi\operatorname{div} j\,,$$

und es folgt die *Kontinuitätsgleichung*

(1.8) $\operatorname{div} j \;+\; \dfrac{\partial\rho}{\partial t} \;=\; 0\,.$

Unter dieser Bedingung gibt es dann auch immer Lösungen, nämlich die Lösungen der 4 entkoppelten Wellengleichungen in 1.7.

Die Maxwell-Gleichungen lassen sich kompakter formulieren, wenn die Zeitkoordinate t und die Raumkoordinaten q^1, q^2, q^3 als im wesentlich gleichartig behandelt werden. Diese Formulierung der Maxwell-Gleichungen stammt von H. Minkowski aus dem Jahre 1908, der diese Entdeckung in einem Vortrag folgendermaßen kommentiert:

> *Die Anschauungen über Raum und Zeit, die ich Ihnen*
> *entwickeln möchte, sind auf experimentell physikalischem Boden*
> *erwachsen. Darin liegt ihre Stärke. Ihre Tendenz ist eine radikale.*
> *Von Stund an sollen Raum für sich und Zeit für sich völlig zu*
> *Schatten herabsinken und nur noch eine Art Union der beiden*
> *soll Selbständigkeit bewahren.*
>
> **H. Minkowski**

Tatsächlich ist der Gebrauch von zeitabhängigen Vektorfeldern in dem obigen Formalismus etwas holperig; auch die Benutzung von 3-dimensionalen Operatoren wie Gradient, Divergenz und Rotation bei Funktionen und Vektorfeldern, die in Wirklichkeit von vier Variablen abhängen, und die gleichzeitige Verwendung des vierdimensionalen Wellenoperators $\Box$ kann keineswegs als geometrisch durchsichtig bezeichnet werden. Die im folgenden dargelegte Formulierung im Sinne Minkowskis ist geometrisch und erlaubt es insbesondere, Symmetrien im System der Lösungen zu erkennen. Außerdem erhält in dieser Formulierung die Gleichung 1.3 eine geometrische Interpretation.

Als erstes setzen wir $q^0 = t$ (auch $q^4 = t$ ist eine vernünftige Wahl). Für die Ableitungsoperatoren schreiben wir

$$\partial_\mu \;:=\; \frac{\partial}{\partial q^\mu}\,, \qquad\qquad \mu = 0,1,2,3\,.$$

Mit $\vec{j} := (\rho, j^1, j^2, j^3)$, $j^0 := \rho$, lautet die Kontinuitätsgleichung entsprechend:

$$(1.9) \quad \partial_\mu j^\mu = 0 \qquad \text{oder} \qquad \operatorname{div} \vec{j} = 0.$$

wobei div jetzt die Divergenz in $\mathbb{R}^4$ bezeichnet.

Setze $A_0 := -V$. Der Ansatz 1.4 bedeutet in dieser neuen Notation

$$
\begin{aligned}
E_1 &= -(\partial_0 A_1 - \partial_1 A_0) & B_1 &= \partial_2 A_3 - \partial_3 A_2 \\
E_2 &= -(\partial_0 A_2 - \partial_2 A_0) & B_2 &= -(\partial_1 A_3 - \partial_3 A_1) \\
E_3 &= -(\partial_0 A_3 - \partial_3 A_0) & B_3 &= \partial_1 A_2 - \partial_2 A_1.
\end{aligned}
$$

Mit der Definition $F_{\mu\nu} := \partial_\mu A_\nu - \partial_\nu A_\mu$ erhält man die antisymmetrische Matrix

$$(1.10) \quad (F_{\mu\nu}) := \quad
\begin{array}{c}
\nu \to \\[-2pt]
\mu \downarrow
\end{array}
\left(
\begin{array}{cccc}
0 & -E_1 & -E_2 & -E_3 \\
E_1 & 0 & B_3 & -B_2 \\
E_2 & -B_3 & 0 & B_1 \\
E_3 & B_2 & -B_1 & 0
\end{array}
\right)
$$

Die Komponenten dieser Matrix bilden den *Faraday–Tensor* F bzw. den *Feldstärketensor*. Aus dem Ansatz $F_{\mu\nu} := \partial_\mu A_\nu - \partial_\nu A_\mu$ mit 1.10 ergibt sich unmittelbar die Äquivalenz von 1.1 mit

$$(1.11) \quad \partial_\mu F_{\nu\lambda} + \partial_\nu F_{\lambda\mu} + \partial_\lambda F_{\mu\nu} = 0,$$ für paarweise verschiedene μ, ν, λ zwischen 0 und 3.

Im übrigen ist 1.11 für solche $F_{\mu\nu}$ immer erfüllt (weil diese Gleichung in der Schreibweise der Differentialformen auf $d \circ dA = 0$ hinausläuft, wie wir gleich sehen werden).

Bisher haben wir nur den ersten Teil 1.1 der Maxwell–Gleichungen behandelt, abgesehen von der kurzen Erörterung im Anschluß an die Einführung der Lorentzeichung 1.6, die zur Kontinuitätsgleichung 1.7 geführt hat. Den zweiten Teil 1.2 der Maxwell–Gleichungen kann man ähnlich in Angriff nehmen, indem man mit den Komponenten von **H** und **D** wie oben eine antisymmetrische Matrix

$$(1.12) \quad (G_{\mu\nu}) :=
\left(
\begin{array}{cccc}
0 & H_1 & H_2 & H_3 \\
-H_1 & 0 & D_3 & -D_2 \\
-H_2 & -D_3 & 0 & D_1 \\
-H_3 & D_2 & -D_1 & 0
\end{array}
\right)
$$

bildet. Die Gleichungen 1.2 sind dann äquivalent zu

(1.13) $\partial_\mu G_{\nu\lambda} + \partial_\nu G_{\lambda\mu} + \partial_\lambda G_{\mu\nu} = + 4\pi j^\varkappa$, für alle $\varkappa,\mu,\nu,\lambda$, für die $(\varkappa,\mu,\nu,\lambda)$ eine gerade Permutation von $(0,1,2,3)$ ist.

(Anmerkung: Die in dieser Formel enthaltene Vorzeichenregel läßt sich besser im Kalkül der Differentialformen beschreiben (vgl. 1.15).)

Differentialformen auf $\mathbb{R}^4$ (siehe auch Anhang M.16/17).

Unter einer *0-Form* verstehen wir im folgenden eine differenzierbare Funktion $\varphi : \mathbb{R}^4 \longrightarrow \mathbb{R}$.

Eine *1-Form* ist ein Ausdruck der Form $\alpha = \alpha_\mu dq^\mu$ mit differenzierbaren $\alpha_\mu : \mathbb{R}^4 \longrightarrow \mathbb{R}$, für $\mu = 0,1,2,3$. Typisches Beispiel ist das Differential $d\varphi$ einer differenzierbaren Funktion $\varphi : \mathbb{R}^4 \longrightarrow \mathbb{R} : d\varphi := \partial_\mu \varphi\, dq^\mu$ mit $\alpha_\mu = \partial_\mu \varphi$.

Eine *2-Form* ω ist ein Ausdruck der Form $\omega = \omega_{\mu\nu} dq^\mu \wedge dq^\nu$, wobei die Koeffizienten $\omega_{\mu\nu}$ wieder differenzierbare Funktionen $\omega_{\mu\nu} : \mathbb{R}^4 \longrightarrow \mathbb{R}$ sind und $dq^\mu \wedge dq^\nu = - dq^\nu \wedge dq^\mu$ gilt, also insbesondere $dq^\nu \wedge dq^\nu = 0$. Typisches Beispiel einer 2-Form ist das Differential $d\alpha$ einer 1-Form $\alpha = \alpha_\mu dq^\mu$:

$$d\alpha := d\alpha_\mu \wedge dq^\mu = \partial_\nu \alpha_\mu dq^\nu \wedge dq^\mu$$
$$= \sum_{\mu < \nu} (\partial_\mu \alpha_\nu - \partial_\nu \alpha_\mu) dq^\mu \wedge dq^\nu$$
$$= \tfrac{1}{2}(\partial_\mu \alpha_\nu - \partial_\nu \alpha_\mu) dq^\mu \wedge dq^\nu$$

Weiterhin interessiert man sich für *3-Formen* $\gamma = \gamma_{\mu\nu\lambda} dq^\mu \wedge dq^\nu \wedge dq^\lambda$ mit differenzierbaren $\gamma_{\mu\nu\lambda} : \mathbb{R}^4 \longrightarrow \mathbb{R}$, wobei $dq^\mu \wedge dq^\nu \wedge dq^\lambda$ antisymmetrisch in den Indizes ist. Beispiel: Differential $d\omega$ einer 2-Form $\omega = \omega_{\nu\lambda} dq^\nu \wedge dq^\lambda$:

$$d\omega := d\omega_{\nu\lambda} \wedge dq^\nu \wedge dq^\lambda = \partial_\mu \omega_{\nu\lambda} dq^\mu \wedge dq^\nu \wedge dq^\lambda .$$

Schließlich gibt es noch die *4-Formen* auf $\mathbb{R}^4$, das sind die Ausdrücke von der Form $\eta = \eta_{\mu\nu\lambda\varkappa} dq^\mu \wedge dq^\nu \wedge dq^\lambda \wedge dq^\varkappa$ mit differenzierbaren $\eta_{\mu\nu\lambda\varkappa} : \mathbb{R}^4 \longrightarrow \mathbb{R}$, wobei $dq^\mu \wedge dq^\nu \wedge dq^\lambda \wedge dq^\varkappa$ antisymmetrisch in den Indizes ist. Wegen dieser Antisymmetrie sind die $dq^\mu \wedge dq^\nu \wedge dq^\lambda \wedge dq^\varkappa$ bis auf Vorzeichen alle gleich $dq^0 \wedge dq^1 \wedge dq^2 \wedge dq^3$, und deshalb hat jede 4-Form die Gestalt $\eta = h dq^0 \wedge dq^1 \wedge dq^2 \wedge dq^3$. Beispiele von 4-Formen sind die Differentiale $d\gamma$ von 3-Formen: $d\gamma := d\gamma_{\mu\nu\lambda} \wedge dq^\mu \wedge dq^\nu \wedge dq^\lambda$.

5-Formen auf $\mathbb{R}^4$ gibt es nicht, in dem Sinne, daß eine 5-Form automatisch verschwindet; denn die Antisymmetriebedingung an die $dq^\mu \wedge dq^\nu \wedge dq^\lambda \wedge dq^\varkappa \wedge dq^\rho$ erzwingt $dq^\mu \wedge dq^\nu \wedge dq^\lambda \wedge dq^\varkappa \wedge dq^\rho = 0$, weil mindestens ein Index doppelt auftritt. Insbesondere ist für eine 4-Form η stets $d\eta = 0$.

Die Operation d, die auf den Differentialformen wirkt, wird die *äußere Ableitung* genannt. Sie erfüllt $d \circ d = 0$, wie man leicht nachrechnet.

Mit dem Formalismus der Differentialformen ist der Faraday-Tensor F aus 1.10 als eine 2-Form $F = \tfrac{1}{2} F_{\mu\nu} dq^\mu \wedge dq^\nu = \sum_{\mu < \nu} F_{\mu\nu} dq^\mu \wedge dq^\nu$ aufzufassen, welche aufgrund der Definition $F_{\mu\nu} := \partial_\mu A_\nu - \partial_\nu A_\mu$ als Differential $dA = F$ des Potentials $A = A_\mu dq^\mu$ zu gelten hat. Wegen $d \circ d = 0$, also $d(dA) = 0$ ist $dF = 0$. Umgekehrt ist 1.1 äquivalent zu $\partial_\mu F_{\nu\lambda} + \partial_\nu F_{\lambda\mu} + \partial_\lambda F_{\mu\nu} = 0$ (vgl. 1.11) und damit hat man die Äquivalenz von 1.1 zu

$$(1.14) \qquad dF = 0.$$

Dazu muß man nur nachprüfen, daß allgemein für eine 2-Form $K = \frac{1}{2} K_{\mu\nu} dq^\mu \wedge dq^\nu$, also $K = \sum_{\mu<\nu} K_{\mu\nu} dq^\mu \wedge dq^\nu$, das Differential dK in der Form

$$dK = \sum_{\mu<\nu<\lambda} (\partial_\mu K_{\nu\lambda} + \partial_\nu K_{\lambda\mu} + \partial_\lambda K_{\mu\nu}) dq^\mu \wedge dq^\nu \wedge dq^\lambda$$

geschrieben werden kann.

1.14 ist zum homogenen Teil 1.1 der Maxwell-Gleichungen äquivalent. Die Überlegungen zu Beginn dieses Paragraphen haben jetzt im Kalkül der Differentialformen die folgende einfache Form: Wegen $dF = 0$ ist sofort klar, daß man die 2-Form F als dA für eine 1-Form A darstellen kann (Lemma von Poincaré). Verschiedene A und A' mit $dA = F = dA'$ unterscheiden sich dann um das totale Differential $d\varphi$ einer differenzierbaren Funktion $\varphi : \mathbb{R}^4 \longrightarrow \mathbb{R}$.

Ebenso wie F läßt sich auch der Tensor G aus 1.12 als eine Differentialform $G = \frac{1}{2} G_{\mu\nu} dq^\mu \wedge dq^\nu$ auffassen, und die gerade beschriebene Form von dG für solche 2-Formen läßt erkennen, daß 1.13 eine Gleichung für das Differential dG ist. Die Gleichungen 1.2 sind daher äquivalent zu

$$(1.15) \qquad dG = 4\pi J,$$

wobei $J := j^0 dq^1 \wedge dq^2 \wedge dq^3 - j^1 dq^0 \wedge dq^2 \wedge dq^3 + j^2 dq^1 \wedge dq^3 \wedge dq^0 - j^3 dq^1 \wedge dq^2 \wedge dq^0$
$ = j_0 dq^1 \wedge dq^2 \wedge dq^3 + j_1 dq^0 \wedge dq^2 \wedge dq^3 + j_2 dq^0 \wedge dq^3 \wedge dq^1 + j_3 dq^0 \wedge dq^1 \wedge dq^2,$

mit $j_0 := j^0 = \rho$ sowie $j_n := -j^n$ für $n = 1,2,3$. Die 3-Form J wird auch als die *Stromdichte* bezeichnet.

Wegen $d(dG) = 0$ folgt $dJ = 0$ aus 1.15 für die 3-Form J. Aus der expliziten Form von J läßt sich unmittelbar $dJ = \partial_\nu j^\nu dq^0 \wedge dq^1 \wedge dq^2 \wedge dq^3$ ablesen. Damit ergibt sich auch ohne 1.3 die Kontinuitätsgleichung 1.8 in der Form 1.9 als eine notwendige Bedingung für die Lösbarkeit der Maxwell-Gleichungen.

Die Abhängigkeit der 2-Formen F und G von **E, B, H, D** kann man schematisch durch die Formeln

$$F = B + E \wedge dq^0 \qquad \text{und} \qquad G = D - H \wedge dq^0$$

zum Ausdruck bringen, wobei die E, H bzw. B, D hier in naheliegender Weise durch **E, B, H, D** eindeutig bestimmte 1-Formen bzw. 2-Formen bezeichnen.

Zum Schluß des Paragraphen wollen wir auf die geometrische Bedeutung der Identitäten 1.3 eingehen. Was bedeutet 1.3 für die Formen F und G? Als die zu F duale 2-Form *F definiert man die durch die Koeffizienten

$$(1.16) \quad *F = (*F_{\mu\nu}) := \begin{pmatrix} 0 & B_1 & B_2 & B_3 \\ -B_1 & 0 & E_3 & -E_2 \\ -B_2 & -E_3 & 0 & E_1 \\ -B_3 & E_2 & -E_1 & 0 \end{pmatrix}$$

gegebene 2-Form, die aus F durch die Ersetzungen $E \longmapsto -B$, $B \longmapsto E$ hervor-
geht. Die Gleichungen 1.3 sind dann nichts anderes als $*F = G$. Wesentlich für das
Verständnis der Bedeutung von 1.3 ist also die Zuordnung $F \longmapsto *F$ auf dem Raum
$\mathscr{A}^2$ der 2-Formen auf $\mathbb{R}^4$, die schematisch durch $B + E \wedge dq^0 \longmapsto E - B \wedge dq^0$ gegeben ist. Diese Zuordnung ist linear über $\mathscr{E}(\mathbb{R}^4)$ und sie erfüllt $*(*F) = -F$. In der
Differentialgeometrie kommen solche linearen Abbildungen $* : \mathscr{A}^2 \longrightarrow \mathscr{A}^2$ vor als
die Hodge-Operatoren zu einer Metrik auf dem Raum $\mathbb{R}^4$. Tatsächlich stimmt die in
1.16 eingeführte Dualität $*$ mit dem Hodge-Operator zur Minkowski-Metrik auf $\mathbb{R}^4$
überein, wie wir gleich zeigen wollen. Erst durch 1.3 kommt also die Geometrie ins
Spiel, bei den vorangehenden Überlegungen wurde nur von der differenzierbaren Struktur des $\mathbb{R}^4$ Gebrauch gemacht. Im übrigen gilt noch Folgendes: Will man 1.16 als
Hodge-Operator einer Metrik verstehen, so ist diese Metrik bis auf einen Konformfak-
tor festgelegt. In diesem Sinne legen die Maxwell-Gleichungen daher die konforme
Struktur des Minkowski-Raumes fest.

(1.17) Hodge-Operator zum Minkowski-Raum. (Vgl. G.16) In Übereinstimmung mit einer in der Lehrbuchliteratur gebräuchlichen Formulierung der Elektrodynamik verstehen wir in diesem Kapitel unter dem Minkowski-Raum $\mathbb{M}$ die Mannigfaltigkeit $\mathbb{R}^4$ mit der durch die Matrix $\eta = \mathrm{diag}(+1,-1,-1,-1)$ gegebenen Minkowski-
Metrik und mit der durch die Volumenform $\mu = dq^0 \wedge dq^1 \wedge dq^2 \wedge dq^3$ gegebenen Orientierung bezüglich der Standardkoordinaten q^0, q^1, q^2, q^3. Das steht in Gegensatz zu
der in dem Buch bisher üblichen Verwendung des Begriffs Minkowski-Raum als $\mathbb{R}^{3,1}$
mit Metrik $\mathrm{diag}(+1,+1,+1,-1)$ und Orientierung $dq^1 \wedge dq^2 \wedge dq^3 \wedge dq^4$, und kann leider
zu einem Wirrwarr bezüglich Vorzeichen und Konventionen in bekannten Formeln
führen.

Im folgenden sei $\mathscr{A}^s(\mathbb{M})$ der Raum der s-Formen auf $\mathbb{M}$ für $s = 0,1,2,3,4$,
und $\mathscr{A}(\mathbb{M})$ der Raum aller endlichen Summen von solchen Differentialformen. Auf jedem Raum $\mathscr{A}^s(\mathbb{M})$ wird durch die Minkowski-Metrik in folgender Weise eine bilineare
Abbildung gegeben: Für $\alpha, \beta \in \mathscr{A}^s(\mathbb{M})$ mit den Koeffizienten $\alpha_{\mu_1\mu_2\ldots\mu_s}$ und $\beta_{\nu_1\nu_2\ldots\nu_s}$
ist

$$\hat{\eta}(\alpha,\beta) := \frac{1}{s!}\eta^{\mu_1\nu_1}\eta^{\mu_2\nu_2}\ldots\eta^{\mu_s\nu_s}\alpha_{\mu_1\mu_2\ldots\mu_s}\beta_{\nu_1\nu_2\ldots\nu_s}.$$

Dabei sind die $\eta^{\mu\nu}$ die Koeffizienten der zu η inversen Matrix η^{-1} (hier $= \eta$). Der
zu η und μ gehörige *Hodge-Operator* ist der durch folgende Vorschrift definierte
Operator $* : \mathscr{A}^s \longrightarrow \mathscr{A}^{4-s}$: Für $\beta \in \mathscr{A}^s(\mathbb{M})$ ist $*\beta$ diejenige $(4-s)$-Form auf $\mathbb{M}$,
für die $\alpha \wedge *\beta = \hat{\eta}(\alpha,\beta)\mu$ für alle s-Formen α auf $\mathbb{M}$ gilt.

Der Hodge-Operator $* : \mathscr{A}(\mathbb{M}) \longrightarrow \mathscr{A}(\mathbb{M})$ zu $\mathbb{M}$ ist als $\mathscr{E}(\mathbb{M})$-lineare

Abbildung vollständig beschrieben, wenn er für die "Basis"

$$\omega^{\mu\nu\dots\lambda} := dq^{\mu} \wedge dq^{\nu} \wedge \dots \wedge dq^{\lambda} \quad , \quad \mu < \nu < \dots < \lambda ,$$

von $\mathcal{A}(M)$ bekannt ist. Da diese Basis orthogonal (in Bezug auf $\hat{\eta}$) ist, reduziert sich die Bestimmung von $*\omega^{\mu\nu\dots\lambda}$ jeweils auf die Bestimmung eines Vorzeichens ε, denn es gilt $*\omega^{\mu\nu\dots\lambda} = \varepsilon\omega^{\varkappa\dots\rho}$, wobei $\{\varkappa,\dots\rho\}$ die angeordnete Komplementärmenge von $\{\mu,\nu,\dots\lambda\}$ in $\{0,1,2,3\}$ ist. Wegen $\omega^{\mu\nu\dots\lambda} \wedge *\omega^{\mu\nu\dots\lambda} = \hat{\eta}(\omega^{\mu\nu\dots\lambda},\omega^{\mu\nu\dots\lambda})\mu$ läßt sich das jeweilige Vorzeichen ε aus

$$\omega^{\mu\nu\dots\lambda} \wedge \varepsilon\omega^{\varkappa\dots\rho} = \hat{\eta}(\omega^{\mu\nu\dots\lambda},\omega^{\mu\nu\dots\lambda})\omega^{0123} \qquad (\mu = \omega^{0123})$$

direkt ablesen. Im einzelnen:

k = 0:

Für Funktionen $f \in \mathcal{E}(M)$ ist $\hat{\eta}(f,f) = f^2$, und das gilt insbesondere für die konstante Funktion $f = 1 = \omega^{\emptyset}$: $\hat{\eta}(1,1) = 1$. Also gilt $1 \wedge *1 = *1 = \varepsilon\mu$ mit

$$1 \wedge \varepsilon\mu = \hat{\eta}(1,1)\mu = \mu.$$

Damit haben wir als erstes Ergebnis:

$$\boxed{*1 = \mu.}$$

k = 1:

Für ω^{μ} ist $\hat{\eta}(\omega^0,\omega^0) = 1$ und $\hat{\eta}(\omega^{\mu},\omega^{\mu}) = -1$ für $\mu = 1,2,3$. Daher

$$\omega^0 \wedge \varepsilon\omega^{123} = \omega \text{ , also} \qquad \boxed{*\omega^0 = \omega^{123} ;}$$
$$\omega^1 \wedge \varepsilon\omega^{023} = -\omega \text{ , also} \qquad *\omega^1 = \omega^{023} ;$$
$$\omega^2 \wedge \varepsilon\omega^{013} = -\omega \text{ , also} \qquad *\omega^2 = -\omega^{013} ;$$
$$\omega^3 \wedge \varepsilon\omega^{012} = -\omega \text{ , also} \qquad *\omega^3 = \omega^{012} .$$

k = 2:

Es gilt $\hat{\eta}(\omega^{0\mu},\omega^{0\mu}) = -1$ und $\hat{\eta}(\omega^{\mu\nu},\omega^{\mu\nu}) = +1$ für $\mu,\nu \in \{1,2,3\}$, $\mu < \nu$. Daher

$$\omega^{01} \wedge \varepsilon\omega^{23} = -\omega \text{ , also} \qquad *\omega^{01} = -\omega^{23} ;$$
$$\omega^{02} \wedge \varepsilon\omega^{13} = -\omega \text{ , also} \qquad *\omega^{02} = \omega^{13} ;$$
$$\omega^{03} \wedge \varepsilon\omega^{12} = -\omega \text{ , also} \qquad *\omega^{03} = -\omega^{12} ;$$
$$\omega^{12} \wedge \varepsilon\omega^{03} = \omega \text{ , also} \qquad *\omega^{12} = \omega^{03} ;$$
$$\omega^{23} \wedge \varepsilon\omega^{01} = \omega \text{ , also} \qquad *\omega^{23} = \omega^{01} ;$$
$$\omega^{13} \wedge \varepsilon\omega^{02} = \omega \text{ , also} \qquad *\omega^{13} = -\omega^{02} .$$

k = 3:

Es ist $\hat{\eta}(\omega^{123},\omega^{123}) = -1$ und $\hat{\eta}(\omega^{0\mu\nu},\omega^{0\mu\nu}) = +1$ für $\mu,\nu \in \{1,2,3\}$, $\mu < \nu$. Daher

$$\omega^{123} \wedge \varepsilon\omega^0 = -\omega \text{ , also} \qquad *\omega^{123} = \omega^0 ;$$
$$\omega^{012} \wedge \varepsilon\omega^3 = \omega \text{ , also} \qquad *\omega^{012} = \omega^3 ;$$
$$\omega^{023} \wedge \varepsilon\omega^1 = \omega \text{ , also} \qquad *\omega^{023} = \omega^1 ;$$
$$\omega^{013} \wedge \varepsilon\omega^2 = \omega \text{ , also} \qquad *\omega^{013} = -\omega^2 .$$

k = 4:

Es gilt $\eta(\omega,\omega) = -1$, daher

$$\omega \wedge \varepsilon 1 = -\omega \text{ , also} \qquad \boxed{*\omega = -1 .}$$

Insbesondere erkennt man

$$*^2 = ** = -\text{id} \quad \text{auf} \quad \mathscr{A}^k(M) \quad \text{für} \quad k = 0,2,4 \; ;$$
$$*^2 = ** = \text{id} \quad \text{auf} \quad \mathscr{A}^k(M) \quad \text{für} \quad k = 1,3 \, .$$

Die Formeln für $k = 2$ zeigen, daß der Hodge-Operator des Minkowski-Raumes auf den 2-Formen mit dem in 1.16 definierten Dualitätsoperator übereinstimmt. Für die im Anschluß an 1.15 definierte 3-Form J gilt aufgrund der für $k = 3$ aufgestellten Formeln für den Hodge-Operator: $*J = j$, wenn j die durch $\vec{j}$ gegebene 1-Form $j := j_\mu dq^\mu = \eta_{\mu\nu} j^\nu dq^\mu$ bezeichnet. Mit dem durch den Hodge-Operator $*$ definierten *Kodifferential* $\delta := *d* : \mathscr{A}^k \longrightarrow \mathscr{A}^{k-1}$ erhält man daher eine weitere äquivalente Formulierung der Maxwell-Gleichungen: Unter der Festlegung der Minkowski-Metrik auf $\mathbb{R}^4$ und der Realisierung von 1.3 durch den Hodge-Operator als $*F = G$ (mit F und G wie in 1.10 und 1.12) sind die verbleibenden Maxwell-Gleichungen 1.1 und 1.2 (oder 1.11 und 1.13, bzw. 1.14 und 1.15) äquivalent zu

$$(1.18) \quad dF = 0 \quad \text{und} \quad \delta F = 4\pi j,$$

denn es ist ja $dG = 4\pi J$, also $\delta F = *d*F = *dG = 4\pi(*J) = 4\pi j$. Die Kontinuitätsgleichung ist einfach $\delta j = 0$.

Will man die Gleichungen 1.18 unter Verwendung der Komponenten von F schreiben ohne d oder δ zu benutzen so erhält man schließlich die folgende äquivalente Form der Maxwell-Gleichungen:

$$(1.19) \quad \partial_\mu F_{\nu\lambda} + \partial_\nu F_{\lambda\mu} + \partial_\lambda F_{\mu\nu} = 0 \quad \text{und} \quad \partial_\mu(F^{\nu\mu}) = 4\pi j^\nu.$$

Dabei ist $F^{\mu\nu} = \eta^{\mu k}\eta^{\nu\lambda} F_{k\lambda}$ und $(\eta^{\varkappa\lambda})$ ist, wie vorher, die zu $(\eta_{\mu\nu})$ inverse Matrix, das heißt hier: $\eta^{\mu\nu} = \eta_{\mu\nu}$. (An anderer Stelle wird $-F$ als Faraday-Tensor genommen, so daß die zweite Gleichung dann die Form $\partial_\mu(F^{\mu\nu}) = 4\pi j^\nu$ erhält.) Mit der Dualität $*F$ liest sich der Satz 1.19 von Gleichungen auch in der folgenden symmetrischen Form:

$$(1.20) \quad \partial_\mu(*F^{\nu\mu}) = 0 \quad \text{und} \quad \partial_\mu(F^{\nu\mu}) = 4\pi j^\nu.$$

Der Vorteil von 1.18 liegt aber gerade darin, daß diese Formulierung der Maxwell-Gleichungen koordinatenunabhängig ist. Entsprechende Gleichungen hat man daher auch für den Fall von gekrümmten Raumzeiten M anstelle des Minkowski-Raumes (vgl. [PAR]) und allgemeiner noch in der Eichfeldtheorie (vgl. V.6).

2 Symmetrien der Elektrodynamik

Eine der wichtigsten Entdeckungen in der klassischen Feldtheorie ist die Poincaré-Invarianz der Maxwell-Gleichungen. Diese Invarianz wurde erst im Rahmen der Formulierung der Speziellen Relativitätstheorie durch A. Einstein im Jahre 1905 richtig verstanden, und kann als Ausgangspunkt für die Postulierung der "Relativität" genommen werden (vgl. Paragraph 4).

Der Beweis der Poincaré-Invarianz kann sich auf irgendeine der im letzten Paragraphen vorgestellten Formen der Maxwell-Gleichungen stützen. Dabei ist in der ursprünglichen Fassung 1.1, 1.2 kaum eine Symmetrie in den Gleichungen zu erkennen, während mit zunehmender Verdichtung in der Formulierung der Maxwell-Gleichungen mehr und mehr an Symmetrie offenbar wird. Am einfachsten läßt sich die Symmetrie aus den zum Schluß des ersten Paragraphen vorgeführten Varianten der Maxwell-Gleichungen 1.18 $dF = 0$, $\delta F = 4\pi j$ ablesen; dazu genügt es festzustellen, daß das Differential d invariant ist gegenüber beliebigen Diffeomorphismen (vgl. M.17.4°) und daß das Kodifferential δ invariant gegenüber Poincaré-Transformationen ist.

Wir benutzen die Maxwellgleichungen in der Lorentzeichung zum Nachweis der Poincaré-Invarianz. Das ist ein Kompromiß zwischen einer direkten Rechnerei mit 1.1, 1.2 einerseits und der Benutzung von Differentialformen andererseits. Außerdem wird die Poincaré-Invarianz der Wellengleichung mitbewiesen. Vom geometrischen Standpunkt aus ist $\Box$ der zur Geometrie des $\mathbb{R}^4$ mit Minkowski-Skalarprodukt gehörige geometrische Operator (*Laplace-Beltrami-Operator*) $\Box = \delta d$; insofern ist klar, daß $\Box$ Poincaré-invariant ist.

Was bedeutet nun Poincaré-Invarianz? Ausgangspunkt ist der Minkowski-Raum $\mathbb{M} := \mathbb{R}^4$ mit dem schon oft verwendeten Minkowski-Skalarprodukt

$$\langle q, \overline{q} \rangle := q^T \eta \overline{q} = q^0 \overline{q}^0 - \sum_{\mu=1}^{3} q^\mu \overline{q}^\mu = q^\mu \eta_{\mu\nu} \overline{q}^\nu = q^\mu \overline{q}_\mu.$$

($\eta = \mathrm{diag}(1, -1, -1, -1)$ wie in Paragraph 1 und anders als in Kapitel III oder in Anhang L.) Die volle Symmetriegruppe von $\mathbb{M}$ mit diesem Skalarprodukt wird erzeugt von den Translationen $T_b : \mathbb{M} \longrightarrow \mathbb{M}$, $q \longmapsto q + b$, für $b \in \mathbb{M}$ und den *orthogonalen* Transformationen

$$O(1,3) = \{\Lambda \in \mathbb{R}(4) \mid \Lambda^T \eta \Lambda = \eta\}.$$

(vgl. Anhang L; $O(1,3)$ und $O(3,1)$ sind in natürlicher Weise isomorph als Matrixgruppen). Unter der *Poincaré-Gruppe* $P = P(1,3)$ verstehen wir hier die von den Translationen und der eigentlichen *Lorentzgruppe* (vgl. L.4.4°)

$$SO(1,3) := \{\Lambda \in O(1,3) : \det \Lambda = 1 \text{ und } \Lambda_0^0 \geq 1\}$$

erzeugte Untergruppe der vollen Symmetriegruppe von $\mathbb{M}$. $P(1,3)$ besteht also aus denjenigen bijektiven stetigen Transformationen von $\mathbb{M} \longrightarrow \mathbb{M}$, die $\langle \ , \ \rangle$ invariant lassen, die Orientierung des Raumes $\mathbb{M}$ erhalten und die Zeitrichtung nicht verändern.

Definition. Die *Poincaré-Invarianz* der Maxwell-Gleichungen bedeutet jetzt, daß die Maxwell-Gleichungen ihre Form beibehalten, wenn die Raum- und Zeitkoordinaten von $\mathbb{M}$ mittels einer Koordinatentransformation T aus $P(1,3)$ verändert werden.

Satz. Es seien $j, A : \mathbb{M} \longrightarrow \mathbb{R}^4$ differenzierbare Vektorfelder, welche den Gleichungen

$$(2.1) \qquad \operatorname{div} A := \partial_\mu A^\mu = 0 \qquad\qquad \text{(Lorentzeichung, vgl. 1.6)}$$

$$(2.2) \qquad \Box A = 4\pi j \qquad\qquad\qquad \text{(Maxwell-Gleichungen, vgl. 1.7)}$$

genügen. Sei $T \in P(1,3)$. Für die vermöge $q' = Tq$ transformierten Felder

$$A'(q') := (A'^0, A'^1, A'^2, A'^3) \quad \text{mit} \quad A'^k(q') := A^\nu(q)\frac{\partial q'^k}{\partial q^\nu}(q)$$

und analog $j'(q')$ gelten die entsprechenden Gleichungen:

$$(2.1)' \qquad \operatorname{div}' A' = 0,$$

$$(2.2)' \qquad \Box' A' = 4\pi j'.$$

Dabei ist: $\partial'_\mu := \dfrac{\partial}{\partial q'^\mu}$, $\operatorname{div}' A' = \partial'_\mu A'^\mu$ und $\Box' = \eta^{\mu\nu}\partial'_\nu \partial'_\mu$.

Beweis: Um auf den wesentlichen Punkt zu kommen, zeigen wir statt des Satzes zunächst die Poincaré-Invarianz von $\Box$ auf Funktionen: Seien $u, \rho : \mathbb{M} \longrightarrow \mathbb{R}$ differenzierbar mit $\Box u = \rho$, so gilt für $u'(q') = u(q)$, das heißt $u'(q') := u(T^{-1}(q'))$, und $\rho'(q') = \rho(q)$ stets: $\Box' u' = \rho'$.

Das ist klar für Translationen $T = T_b$ und muß noch für $T = \Lambda \in SO(1,3)$ gezeigt werden. Dazu sei $\Omega = \Lambda^{-1}$ die inverse Transformation. Es gilt $\Omega \in SO(1,3)$, was sich in den Koeffizienten Ω^μ_ν von $\Omega = (\Omega^\mu_\nu)$ auch folgendermaßen ausdrücken läßt:

$$(*) \qquad \Omega^k_\mu \, \eta^{\mu\nu} \, \Omega^\lambda_\nu = \eta^{k\lambda}.$$

Wegen $u'(q') = u(q) = u \circ \Omega(q')$ und wegen $\dfrac{\partial q^k}{\partial q'^\mu} = \Omega^k_\mu$ gilt:

$$\partial'_\mu u'(q') = \partial_k u(q)\frac{\partial q^k}{\partial q'^\mu} = \partial_k u(q)\Omega^k_\mu.$$

Weiterhin gilt dann genauso

$$\partial'_\nu \partial'_\mu u' = \partial'_\nu(\Omega^k_\mu \partial_k u) = \Omega^k_\mu(\partial'_\nu \partial_k u) = \Omega^\lambda_\nu \Omega^k_\mu \partial_k \partial_\lambda u$$

und daher

$$\Box' u' = \eta^{\mu\nu}\partial'_\mu \partial'_\nu u' = \eta^{\mu\nu}\Omega^\lambda_\nu \Omega^k_\mu \partial_k \partial_k u, \text{ also wegen } (*)$$

$$\Box' u' = \eta^{k\lambda}\partial_k \partial_\lambda u = \rho(q) = \rho'(q').$$

Damit ist $\Box' u' = \rho'$ bewiesen.

Um den Satz darauf zurückzuführen, seien jetzt A und j mit $\Box A = 4\pi j$, das heißt $\Box A^\mu = 4\pi j^\mu$ für $\mu = 0,1,2,3$. $A'^k(q') = A^\nu(q)\dfrac{\partial q'^k}{\partial q^\nu} = A^\nu(q)\Lambda^k_\nu$ gilt nach Definition von A', sowie $j'(q') = j(q)\Lambda_\nu$, wenn $T = \Lambda \in SO(1,3)$, (für Translationen $T = T_b$ ist die Invarianz wieder sofort klar). Aus $\Box A^\nu = 4\pi j^\nu$ folgt unmittelbar für $u(q) := A^\nu(q)\Lambda^k_\nu$ und $\rho(q) := 4\pi j^\nu(q)\Lambda^k_\nu$: $\Box u = \rho$. Wie gerade gezeigt worden ist, gilt daher $\Box' u' = \rho'$ und das ist 2.2': $\Box' A'^k = 4\pi j'^k$. Es bleibt noch 2.1', also $\partial'_k A'^k = 0$, zu zeigen:

$$\partial'_k A'^k(q') = \partial'_k A^\nu(\Omega q')\Lambda^k_\nu = \partial_\mu A^\nu(q)\Omega^\mu_k\Lambda^k_\nu,$$

wobei $\Omega = (\Omega^\mu_k)$ wieder die zu Λ inverse Matrix mit $\Lambda^k_\nu\Omega^\mu_k = \delta^\mu_\nu$ bezeichnet. Es folgt

$$\partial'_k A'^k = \partial_\mu A^\nu \delta^\mu_\nu = \partial_\mu A^\mu = 0.$$

Nach dieser ausführlichen Behandlung der Poincaré-Invarianz soll noch kurz über weitere Symmetrien der Elektrodynamik berichtet werden.

Der obige Beweis der Poincaré-Invarianz liefert sofort, daß die Maxwell-Gleichungen invariant sind gegenüber der vollen Symmetriegruppe des Minkowski-Raumes, denn statt $\Lambda \in SO(1,3)$ hätte man in den obigen Regeln auch $\Lambda \in O(1,3)$ zulassen können. Insbesondere sind die Maxwell-Gleichungen daher auch invariant gegenüber der *Zeitinversion*

$$(t,q) \longmapsto (-t,q), \quad q \in \mathbb{R}^3, t \in \mathbb{R},$$

und der Spiegelung (*"Parität"*)

$$(t,q) \longmapsto (t,-q), \quad q \in \mathbb{R}^3, t \in \mathbb{R},$$

welche die Orientierung von $\mathbb{R}^3$ ändert.

Eine ganz anders geartete Symmetrie wurde von Heaviside 1893 für die *stationären, homogenen Maxwellgleichungen*

(2.3) $\operatorname{rot} E = \operatorname{rot} B = 0 \qquad \operatorname{div} B = \operatorname{div} E = 0$

festgestellt. 2.3 bleibt invariant gegenüber der Vertauschung $B \longmapsto -E$, $E \longmapsto B$. Allgemeiner hat man für 2.3 noch die 1-Parameter-Symmetrie

$$B_s = B\cos s - E\sin s, \quad E_s = E\cos s + B\sin s, \quad s \in \mathbb{R},$$

wie man leicht nachrechnet.

Die *homogenen* Maxwell-Gleichungen $dF = 0$, $\delta F = 0$ sind invariant gegenüber allgemeinen *konformen Transformationen* von $\mathbb{M}$, wie zum Beispiel

Dilatationen: $q \longmapsto R\cdot q$, $R \in \mathbb{R}$, $r > 0$ fest, und

Inversionen: $q \longmapsto \dfrac{q}{\langle q,q\rangle}$, $\langle q,q\rangle \neq 0$.

sowie deren Kompositionen. Die konforme Gruppe, das ist die Gruppe aller konformen Transformationen von $\mathbb{M}$, ist im übrigen isomorph zu $SO(2,4)$.

Weitere Symmetrien für Spezialfälle der Maxwell-Gleichungen findet man zum Beispiel in der Monographie [FUN].

3 Energie-Impuls-Tensor

Im Sinne der Paragraphen 7,8 und 9 des zweiten Kapitels über Klassische Mechanik stellt sich die Frage, ob den verschiedenen Symmetrien der Maxwell-Gleichungen wieder Erhaltungsgrößen entsprechen. Das ist in der Tat der Fall. Analog zur Situation in der Klassischen Mechanik gibt es auch in der Feldtheorie Erhaltungsgrößen, welche durch Symmetrien erzeugt werden, und die zugehörigen Sätze heißen wieder Noethersche Sätze. Um diese Sätze formulieren zu können, benötigt man einen Hamilton-Formalismus oder einen Lagrange-Formalismus für Felder. Darauf soll hier nicht in voller Allgemeinheit eingegangen werden. Stattdessen wird die Translationssymmetrie in der Elektrodynamik in Beziehung gebracht zur Erhaltung des Energie-Impuls-Tensors, ohne daß viel auf Motivationen und Erklärungen eingegangen werden kann.

Zu einer vorgegebenen Ladungsdichte $j = (j^0, j^1, j^2, j^3) : M \longrightarrow \mathbb{R}^4$ kann man die *Lagrangedichte*

$$(3.1) \quad \mathscr{L} = \mathscr{L}(A, \partial_\mu A) := -\tfrac{1}{4} F_{\mu\nu} F^{\mu\nu} - 4\pi j^\nu A_\nu$$

einführen: Dabei ist $F_{\mu\nu} := \partial_\mu A_\nu - \partial_\nu A_\mu$ wie in Paragraph 1 und $F^{\mu\nu} = \eta^{\mu k} \eta^{\nu\lambda} F_{k\lambda}$. $\mathscr{L}$ läßt sich auffassen als Funktional

$$\mathscr{L} : \mathscr{E}(M)^4 \longrightarrow \mathscr{E}(M)$$

oder, noch besser, als Funktional auf dem Raum $\mathscr{A}^1(M)$ der differenzierbaren 1-Formen auf M (vgl. 1.14): $\mathscr{A}^1(M) = \{A_\mu dq^\mu : A_\mu \in \mathscr{E}(M)\}$.

Zu einer allgemeinen Lagrangedichte $\mathscr{L}$ und insbesondere für $\mathscr{L}$ wie in 3.1 läßt sich das *Wirkungsfunktional*

$$(3.2) \quad S(A) := \int_M \mathscr{L}(A, \partial_\mu A) \, d^4q$$

definieren. Dabei sind naturgemäß nur noch diejenigen $A \in \mathscr{A}^1(M)$ zugelassen, für die das uneigentliche Integral in 3.2 existiert. Es sei dieser Unterraum mit $\mathscr{A}_0^1(M)$ bezeichnet. Es gilt zum Beispiel $\mathscr{A}_c^1(M) \subset \mathscr{A}_0^1(M)$, wobei

$$\mathscr{A}_c^1(M) := \{A_\mu dq^\mu \in \mathscr{A}^1(M) : A_\mu \text{ hat kompakten Träger für } \mu = 0,1,2,3\}.$$

Nach Definition hat $f \in \mathscr{E}(M)$ einen *kompakten Träger*, wenn $\{x \in M : f(x) \neq 0\}$ in M beschränkt ist, also in M einen kompakten Abschluß hat. Im übrigen läßt sich die Einschränkung auf 1-Formen aus $\mathscr{A}_0^1(M)$ als eine Randbedingung verstehen.

In Analogie zu der Situation in der Klassischen Mechanik (vgl. II.7) soll als *Bewegung* des Systems $(\mathscr{A}_0^1(M), \mathscr{L})$ jedes $A \in \mathscr{A}_0^1(M)$ gelten, welches der folgenden

Eigenschaft genügt: Für alle $B \in \mathscr{A}_c^1(M)$ ist

$$(3.3) \quad \frac{d}{d\varepsilon} S(A + \varepsilon B)\big|_{\varepsilon=0} = 0.$$

Diese Bedingung ist die typische notwendige Bedingung dafür, daß für das Funktional S in A ein lokales Extremum vorliegt. In diesem Sinne wird $A \in \mathscr{A}_0^1(M)$ mit 3.3 auch *stationär* genannt.

Eine leichte Rechnung mit partieller Integration zeigt (unter Ausnutzung der Eigenschaft, daß B außerhalb einer großen Kugel verschwindet), daß für stetig differenzierbare $\mathscr{L}$ die Bedingung 3.3 äquivalent ist zu den *Euler–Lagrange–Gleichungen*

$$(3.4) \quad \frac{\partial \mathscr{L}}{\partial A_\nu} = \partial_\mu \frac{\partial \mathscr{L}}{\partial(\partial_\mu A_\nu)}, \quad \nu = 0,1,2,3 \ \text{(über } \mu \text{ wird summiert).}$$

Diese Äquivalenz ist richtig für beliebige $\mathscr{L}$ und beliebige $\mathbb{R}^{n+1}$ statt $\mathbb{R}^4$, wenn nur $\mathscr{L}$ genügend oft differenzierbar ist. In dem von uns diskutierten Falle 3.1 gilt, wie man unmittelbar nachrechnet:

$$\frac{\partial \mathscr{L}}{\partial A_\nu} = -4\pi j^\nu$$

$$\frac{\partial \mathscr{L}}{\partial(\partial_\mu A_\nu)} = -\tfrac{1}{4} \frac{\partial}{\partial(\partial_\mu A_\nu)} (F_{\mu\nu} F^{\mu\nu} + F_{\nu\mu} F^{\mu\nu}) \quad \text{(ohne Summation)}$$

$$= -F^{\mu\nu}$$

Also bedeutet 3.4 gerade $\partial_\mu F^{\mu\nu} = 4\pi j^\nu$. Da für $F = dA$ stets $dF = 0$ gilt, sind daher für A bezüglich $\mathscr{L}$ die Gleichungen 3.4 äquivalent zu 1.19 und damit zu den Maxwell-Gleichungen. Der *Energie–Impuls–Tensor* $\Theta = (\Theta^{\mu\nu})$ wird definiert als

$$(3.5) \quad \Theta^{\mu\nu} := \frac{\partial \mathscr{L}}{\partial(\partial_\mu A_\sigma)} \eta^{\nu\lambda} \partial_\lambda A_\sigma - \eta^{\mu\nu} \mathscr{L}$$

Im Falle 3.1 gilt also $\Theta^{\mu\nu} = \tfrac{1}{4}\eta^{\mu\nu} F^2 - F^{\mu\sigma} \eta^{\nu\lambda} \partial_\lambda A_\sigma + \eta^{\mu\nu} 4\pi j^\lambda A_\lambda$, wobei $F^2 := F_{\mu\nu} F^{\mu\nu}$. Direktes Nachrechnen ergibt (unter Verwendung von 3.4) im Falle $j = 0$ den infinitesimalen "Erhaltungssatz":

$$(3.6) \quad \partial_\mu \Theta^{\mu\nu} = 0.$$

Gleichung 3.6 ist eine Folge der Translationssymmetrie von $\mathscr{L}$ und S und läßt sich im folgenden Sinne als Erhaltungssatz auffassen: Für die vier Integrale

$$P^\nu(t) := \int_{\mathbb{R}^3} \Theta^{0\nu}(t,q) d^3q, \quad \nu = 0,1,2,3,$$

gilt

$$\frac{d}{dt} P^\nu(t) = 0,$$

denn

$$\frac{d}{dt} P^\nu(t) = \int_{\mathbb{R}^3} \partial_0 \Theta^{0\nu} d^3q = -\sum_{j=1}^{3} \int_{\mathbb{R}^3} \partial_j \Theta^{j\nu}(t,q) d^3q = 0$$

wegen

$$\int_{\mathbb{R}^3} \sum_{j=1}^{3} \partial_j \Theta^{j\nu}(t,q)d^3q \;=\; \lim_{R\to\infty} \int_{S_R^2} N_j \Theta^{j\nu} d\omega_S \;=\; 0\,,$$

jedenfalls für Felder A_μ die genügend schnell abfallen für $|q| = R \longrightarrow \infty$. (Dabei bezeichnet $d\omega_S$ das Oberflächenintegral über S_R^2 und (N_1,N_2,N_3) ist das Einheitsnormalenfeld an die Sphäre S_R^2. Die verwendete Formel folgt dann aus dem Gaußschen Integralsatz.)

P^o ist die *Gesamtenergie* und P^ν ($\nu = 1,2,3$) sind die drei *Impulse* bezüglich der drei Raumrichtungen.

Wie in der Klassischen Mechanik ist die Lagrange–Dichte $\mathscr{L}$ nicht eindeutig durch das physikalische System festgelegt. Insofern gibt es auch zu $\Theta^{\mu\nu}$ Varianten. Es gibt gute Gründe, den Energie–Impuls–Tensor in den Indizes μ,ν als symmetrischen Tensor aufzufassen. Einen Grund dafür liefert die Allgemeine Relativitätstheorie, denn in den Einsteinschen Feldgleichungen kommt ein symmetrischer Tensor vor, welcher als Energie–Impuls–Tensor verstanden werden kann. Ein anderer Grund ist die Beschreibung des Drehimpulses als Erhaltungsgröße (siehe unten).

Den Tensor $\Theta^{\mu\nu}$ kann man durch Addition des Termes $\partial_\lambda(F^{\mu\lambda}\eta^{\nu\sigma}\partial_\lambda A_\sigma)$ in der Lagrange–Dichte $\mathscr{L}$ (nach 3.1) zu einem symmetrischen Tensor machen. Die übliche symmetrische Form des Energie–Impuls–Tensors in der Elektrodynamik, die sich daraus ergibt, ist im Falle $j = 0$ die folgende:

$$(3.7) \quad T^{\mu\nu} := \tfrac{1}{4}\eta^{\mu\nu}F^2 + F^{\mu\sigma}\eta^{\nu\lambda}F_{\sigma\lambda}\,.$$

Man sieht leicht: $T^{\mu\nu} = T^{\nu\mu}$, und es gilt wieder $\partial_\mu T^{\mu\nu} = 0$. Außerdem ist der Tensor $T = (T^{\mu\nu})$ spurfrei: $\mathrm{Spur}(T) = T^\mu_\mu = 0$ (mit $T^\mu_\nu := \eta_{\nu\lambda}T^{\lambda\mu}$). Die Komponenten von $T^{\mu\nu}$ haben die folgende Form bzw. physikalische Bedeutung

$$(3.8) \quad T^{oo} = \tfrac{1}{2}(E^2 + B^2) \qquad\qquad\qquad \textit{Energiedichte}$$

$$T^{\mu o} = (E \times B)_\mu \quad \mu = 1,2,3 \qquad\qquad \textit{Poynting–Vektor}$$

$$T^{\mu\nu} \qquad\qquad\qquad (1 \le \mu,\nu \le 3) \qquad\qquad \textit{Spannungstensor}$$

$$T^\mu_\nu = E_\mu E_\nu + B_\mu B_\nu + \eta_{\mu\nu}\tfrac{1}{2}(E^2 + B^2) \qquad (1 \le \mu,\nu \le 3)$$

Als Erhaltungsgrößen, die zu den Raumdrehungen der Poincaré–Gruppe gehören, hat man analog die *Drehimpulse*

$$(3.9) \quad M^{\mu\nu} = \int_{\mathbb{R}^3}(T^{o\mu}q^\nu - T^{o\nu}q^\mu)d^3q,\; 1 \le \mu,\nu \le 3.$$

Mit $t = q^o$ gilt wieder $\dfrac{d}{dt}M^{\mu\nu} = 0$.

Zum Abschluß dieses Paragraphen noch 3 wichtige Bemerkungen:

(3.10) **1°** Die Lagrange-Dichte $\mathscr{L}$ in 3.1 ist (bei $j = 0$) Poincaré-invariant in folgendem Sinne: Für jede Transformation $\Lambda \in P(1,3)$ gilt $\mathscr{L}(A) = \mathscr{L}(\Lambda^* A)$. (Es ist $\Lambda^* A(X) := A(\Lambda X)$ für die Vektorfelder X auf $\mathbb{M}$). Daraus folgt bereits die Hauptaussage des vorangehenden Paragraphen, nämlich die Poincaré-Invarianz der Maxwell-Gleichungen. Außerdem zieht diese Invarianz die Erhaltung der Größen P^μ und $M^{\mu\nu}$ nach sich (vgl. 3.9 und 3.6).

2° Die Poincaré-Symmetrie bestimmt die Maxwell-Gleichungen in sehr starkem Maße. Fordert man eine Poincaré-invariante Lagrange-Theorie im Minkowski-Raum $\mathbb{M}$, so gelangt man mit ganz wenig Zusatzeigenschaften an $\mathscr{L}$ (wie "Einfachheit", siehe unten) zu den Maxwell-Gleichungen 1.1 und 1.2 (mit $B = H$ und $E = D$), wobei allerdings in 1.1 jeweils auf der linken Seite noch Funktionen analog zu σ und j stehen könnten (siehe unten). Man stellt also fest, daß aufgrund einer bekannten Symmetrie die möglichen dynamischen Theorien weitgehend eingeschränkt werden. Man kann sich leicht vorstellen, welche Bedeutung diese Beobachtung für die Formulierung neuer Theorien hat, in denen die Symmetrie oft festgelegt oder postuliert wird und mangels experimenteller Befunde wenigstens durch die Symmetrie die Auswahl der Theorien wesentlich reduziert wird. Der Fall Elektrodynamik: Will man eine Poincaré-invariante Lagrangedichte $\mathscr{L}$ aufspüren, in der zu $A = A_\nu dq^\mu$ nur $A_\mu, F_{\mu\nu}, j^\mu$ polynomial bis zur Ordnung 2 auftreten, so sieht $\mathscr{L}$ im wesentlichen wie $\mathscr{L}$ in 3.1 aus (vgl. z.B. [ITZ, S. 11]).

3° Die Form der inhomogenen Maxwell-Gleichungen 1.1 und 1.2 ist nicht vollständig symmetrisch insofern, als in 1.1 die Inhomogenitäten fehlen. Eine Version der Maxwell-Gleichungen, die in diesem Sinne symmetrisch wäre, ist

$$\text{div } B = 4\pi\sigma \qquad\qquad \text{rot } E = -\frac{\partial B}{\partial t} - 4\pi k$$

$$\text{div } E = 4\pi\rho \qquad\qquad \text{rot } B = +\frac{\partial E}{\partial t} + 4\pi j$$

(oder äquivalent dazu: $dF = 4\pi k$ und $\delta F = 4\pi j$ im Kalkül der Differentialformen) mit "magnetischen" Stromdichten $k = (\sigma, k^1, k^2, k^3)$. Eine Lösung für $k \neq 0$ entspräche einem *magnetischen Monopol*. Magnetische Monopole sind bisher experimentell noch nicht gefunden worden, nehmen aber in der theoretisch orientierten Literatur einen wichtigen Platz ein. Unter anderem würde die Existenz von magnetischen Monopolen erklären, warum die elektrische Ladung gequantelt ist (vgl. auch V.6.8).

Zur Theorie von Monopolen, auch mit SU(N) als interne Symmetriegruppe, siehe zum Beispiel [ATH].

4 Relativitätstheorie und Kosmologie

Es ist verlockend, im Anschluß an den im dritten Paragraphen vorgestellten Lagrange-Formalismus mit der Elektrodynamik fortzufahren und sie als eine Eichtheorie vorzustellen, in der die Erhaltung der elektrischen Ladung, also die Kontinuitätsgleichung, mit der U(1)-Eichsymmetrie in Verbindung gebracht wird. Wir kommen darauf im nächsten Kapitel zurück und wenden uns stattdessen kurz der Darstellung von Symmetrieprinzipien der Relativitätstheorie zu.

Die Relativitätstheorie ist bekanntermaßen eine geometrische Theorie. Deshalb könnte man sie im Rahmen des Buches ins Zentrum der Erörterungen stellen und an vielen Aspekten der Relativitätstheorie die geometrische Natur der Physik herausarbeiten. Es geht mir aber in diesem Buch darum, geometrische Strukturen und Symmetrien in der Physik aufzuzeigen, die nicht ganz so offensichtlich sind. Aus diesem Grund scheint es gerechtfertigt zu sein, die Relativitätstheorie nur kurz abzuhandeln, gerade weil sie für jedermann eine geometrische Theorie ist.

Der Paragraph gliedert sich in vier Teile: Spezielle Relativitätstheorie, Allgemeine Relativitätstheorie, Kausalität und Konforme Invarianz, Kosmologie und Isotropie.

1. Spezielle Relativitätstheorie

Bereits in der Klassischen Mechanik haben wir das Relativitätsprinzip von Galilei kennengelernt als ein Symmetrieprinzip: Die Gesetze der Klassischen Mechanik sind dieselben in allen Inertialsystemen (vgl. II.2.5), und sie sind invariant gegenüber Transformationen der Galilei-Gruppe.

In diesem Sinne war für die Physiker des ausgehenden 19. Jahrhunderts die neue Elektrodynamik, die sich durch die Maxwell-Gleichungen beschreiben läßt, nicht relativistisch. Denn die Maxwell-Gleichungen sind ja invariant gegenüber der Poincaré-Gruppe, und nicht invariant gegenüber Galilei-Transformationen. Es ist Einsteins Verdienst, die Situation umgedreht zu haben: Nicht die Elektrodynamik verletzt die Relativität, sondern die althergebrachte Klassische Mechanik ist nicht relativistisch. Das heißt in unserer Sprache der Geometrie und Symmetrie: Statt der Galilei-Gruppe ist die Poincaré-Gruppe als die Symmetriegruppe der Physik anzusehen. Das ist der Inhalt von *Einsteins Relativitätsprinzip*.

Allerdings hat Einstein die Poincaré-Invarianz seiner Speziellen Relativitätstheorie nicht nur damit begründet, daß die Elektrodynamik auf diese Weise relativistisch wird. Aber er hat den Effekt, daß das Relativitätsprinzip mit der Poincaré-Gruppe automatisch viele Asymmetrien in der damaligen Elektrodynamik und auch die Probleme des absoluten Raumes in der Form des seinerzeit diskutierten *"Äthers"* wegzaubert, als ein wichtiges Argument für sein Relativitätsprinzip ins Feld geführt hat.

Einsteins Relativitätsprinzip hat natürlich eine Änderung des Raum-Zeit-Begriffs zur Folge. Als *Raumzeit* fungiert jetzt (anstelle der Galilei-Raumzeit, vgl. II.2.4) der Minkowski-Raum $M = \mathbb{R}^4$ (oder analog zu Paragraph 2 in Kapitel II ein 4-dimensionaler affiner Raum) mit dem *Minkowski-Skalarprodukt* $\langle q,q' \rangle = \eta_{\mu\nu} q^\mu q'^\nu$, mit einer Orientierung von M und mit einer Zeitorientierung, das heißt einer Anordnung auf der Zeitachse q^0. Die zugehörige Symmetriegruppe, welche $\langle \, , \, \rangle$, die Orientierung und Zeitorientierung von M invariant läßt, ist dann genau die in Paragraph 2 studierte Poincaré-Gruppe $P(1,3)$.

Analog zur Symmetrie in der Klassischen Mechanik (vgl. II.2.5.ff. und II.7.10) gehören zu der Poincaré-Invarianz zehn unabhängige Erhaltungsgrößen, welche man als die vier unabhängigen Komponenten des Impuls-Vektors (Energie-Impuls), als die drei Drehimpulskomponenten und als die drei Komponenten des "relativistischen" Drehimpulses identifizieren kann.

Symmetriebetrachtungen in der elementaren *relativistischen Quantenmechanik* führen daher zur Theorie der unitären Darstellungen der Poincaré-Gruppe $P(1,3)$ und der eigentlichen Lorentzgruppe $SO(1,3)$ (vgl. Paragraph 3 in Kapitel III). Unter Berücksichtigung der in Paragraph 4 des Kapitels III geführten Überlegungen ist die Gruppe $SO(1,3)$ durch die einfach zusammenhängende Überlagerung $SL(2,\mathbb{C})$ von $SO(1,3)$ zu ersetzen (siehe Anhang L.8). Entsprechend ist die in der Quantenmechanik richtige Symmetriegruppe nicht $P(1,3) = SO(1,3) \ltimes \mathbb{R}^4$, sondern die entsprechende Überlagerung $SL(2,\mathbb{C}) \ltimes \mathbb{R}^4$ ("$\ltimes$" ist das semidirekte Produkt, vgl. Paragraph 2 in Kapitel II) von $P(1,3)$. Zu der Poincaré-Invarianz gehören dann entsprechend zehn unabhängige quantenmechanische Erhaltungsgrößen (vgl. Paragraph 3 in Kapitel III).

Die Gruppe $SL(2,\mathbb{C})$ überlagert nicht nur die eigentliche Lorentzgruppe, sondern sie tritt auch als Überlagerungsgruppe der Gruppe Mb aller Möbiustransformationen von $\mathbb{C}$ nach $\mathbb{C}$ auf. Eine Möbiustransformation ist eine holomorphe Funktion der Form

$$S(z) := \frac{az+b}{cz+d}, \quad z \in \mathbb{C}, \quad cz + d \neq 0,$$

wobei $a,b,c,d \in \mathbb{C}$ mit $ad - bc \neq 0$. S ist holomorph auf $\mathbb{C}\setminus\{-\frac{d}{c}\}$ mit einem einfachen Pol in $-\frac{d}{c}$. Deshalb liefert eine solche Möbiustransformation einen Automorphismus $\tilde{S}$ der Riemannschen Zahlenkugel $\mathbb{P}$, das heißt hier eine biholomorphe (oder auch *konforme*) Abbildung von $\mathbb{P}$ auf sich. $\mathbb{P}$ kann als die komplex-projektive Gerade $\mathbb{P} = \mathbb{P}(\mathbb{C}^2) = \mathbb{C} \cup \{\infty\}$ aufgefaßt werden und ist topologisch mit der 2-Sphäre S^2 zu identifizieren. Für $S \in Mb$ ist

$$\tilde{S}(z) := \begin{cases} S(z) & z \in \mathbb{C}\backslash\{-\frac{d}{c}\} \\ \infty & z = -\frac{d}{c} \\ \frac{a}{c} & z = \infty \end{cases}$$

die zu S gehörige biholomorphe Abbildung von $\mathbb{P}$ für $c \neq 0$ mit den offensichtlichen Korrekturen für $c = 0$.

Jede biholomorphe Abbildung von $\mathbb{P}$ auf sich ist von der Form $\tilde{S}$ für eine geeignete Möbiustransformation S. Vom Standpunkt der Geometrie der Riemannschen Zahlenkugel $\mathbb{P}$ ist die Gruppe Mb daher besser zu verstehen, wenn sie als die Gruppe $Hol\,\mathbb{P}$ aller biholomorphen Abbildungen von $\mathbb{P}$ aufgefaßt wird: $Hol\,\mathbb{P}$ ist die Symmetriegruppe von $\mathbb{P}$ bezüglich der komplexen Struktur auf $\mathbb{P}$.

Als eine natürliche Abbildung $\pi : SL(2,\mathbb{C}) \longrightarrow Hol\,\mathbb{P}$ hat man

$$\pi(g)(z) := \frac{az+b}{cz+d} \quad \text{für} \quad g = \begin{pmatrix} a & b \\ c & d \end{pmatrix} \in SL(2,\mathbb{C}).$$

Offensichtlich ist π ein Gruppenhomomorphismus. Wenn auf $Hol\,\mathbb{P}$ die Topologie der kompakten Konvergenz eingeführt wird, ist π stetig, da diese Topologie übereinstimmt mit der Topologie der Konvergenz der "Komponenten" a,b,c,d in $\mathbb{C}$. Aus der Identität

$$\frac{\lambda az + \lambda b}{\lambda cz + \lambda d} = \frac{\lambda}{\lambda} \frac{az + b}{cz + d} = \frac{az + b}{cz + d} \quad \text{für} \quad \lambda \in \mathbb{C}\backslash\{0\}$$

liest man jetzt ab: π ist eine surjektive Abbildung und es gilt $\pi(g) = id_{\mathbb{P}}$ genau dann, wenn $g = id_{\mathbb{C}^2}$ oder $g = - id_{\mathbb{C}^2}$. Damit ist gezeigt:

$$\pi : SL(2,\mathbb{C}) \longrightarrow Hol\,\mathbb{P}$$

ist die universelle Überlagerung von $Hol\,\mathbb{P}$. Da π wie $SL(2,\mathbb{C}) \longrightarrow SO(1,3)$ eine zweifache Überlagerung mit denselben Fasern ist, ergibt sich insbesondere, daß $Hol\,\mathbb{P}$ und die eigentliche Lorentzgruppe $SO(1,3)$ isomorph als Lie-Gruppen sind. Dieser einfache Sachverhalt hat seinen Ursprung in der "abstrakten" zweifachen Überlagerung $SL(n,\mathbb{C}) \longrightarrow PL(n,\mathbb{C})$, wobei $PL(n,\mathbb{C})$, ähnlich wie der projektive Raum, die Quotientengruppe $SL(n,\mathbb{C})/_\sim$ bezüglich der Äquivalenzrelation "$A \sim B \Leftrightarrow \exists \lambda \in \mathbb{C}: A = \lambda B$" ist: Es gilt $Hol\,\mathbb{P} \cong PL(2,\mathbb{C}) \cong SO(1,3)$. Im übrigen entspricht der Übergang von linearen Abbildungen aus $SL(n,\mathbb{C})$ zu Transformationen auf $\mathbb{P}(\mathbb{C}^n)$ der in III.4 studierten Zuordnung $\gamma^*(U) = \hat{U}$ (vgl. III.4.1); hier allerdings nicht auf unitäre oder antiunitäre Abbildungen angewandt, sondern auf spezielle lineare Abbildungen.

Mit der Kenntnis von $SO(1,3) \cong Hol\,\mathbb{P}$ stellt sich dann die Frage, ob dieser Isomorphie eine physikalische Bedeutung gegeben werden kann. Das ist in der Tat der Fall. Ein Beobachter in Hier-Jetzt mit Koordinaten $0 \in M$ erhält Signale aus dem *Rückwärtslichtkegel*

$$C_- := \{q \in M : q^o < 0, \ \eta_{\mu\nu}q^\mu q^\nu \geq 0\}$$

Die *Lichtsignale*, die er als seinen "Himmel" wahrnimmt, lassen sich mit

$$\partial C_- \cap \{q^0 = -1\} = \{q^0 = -1 \text{ und } \eta_{\mu\nu}q^\mu q^\nu = 0\}$$

identifizieren. Denn die Lichtsignale verlaufen geradlinig ganz in ∂C_-, und sie befinden sich, wenn sie zu einem festen Zeitpunkt wahrgenommen werden, eine Zeiteinheit vorher in der Ebene $\{q^0 = -1\}$. Diese Menge ist aber zur Sphäre $S^2 = \mathbb{P}$ isomorph:

$$\partial C_- \cap \{q^0 = -1\} = \{q^0 = -1 \text{ und } \sum_{j=1}^{3} q^j q^j = 1\} \cong \mathbb{P}.$$

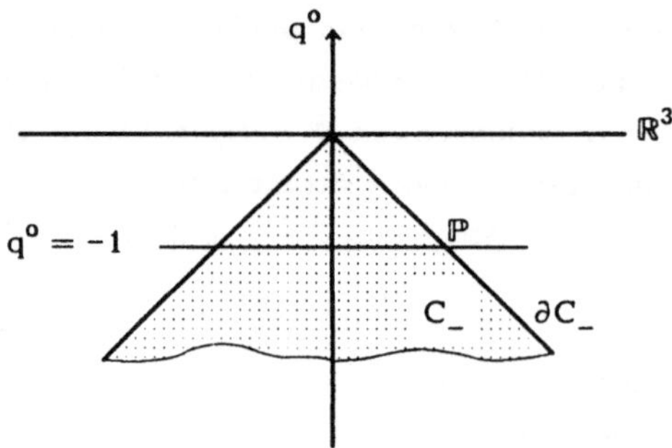

Verändert man die Koordinaten des Beobachters durch eine Lorentztransformation $\Lambda \in SO(1,3)$, so verändert sich sein "Himmel" gerade um die zugeordnete biholomorphe Transformation von $\mathbb{P}$. Zwei verschiedene Beobachter, die sich in 0 treffen, erleben ihre jeweilige Himmelssphäre $\mathbb{P}$ also als durch eine holomorphe Bijektion zueinander in Beziehung gesetzt.

Der hier dargestellte einfache Zusammenhang zwischen der Geometrie des Minkowski-Raumes und der Komplexen Analysis, der insbesondere eine Parametrisierung aller Lichtstrahlen durch den Ursprung mit Hilfe der Riemannschen Zahlenkugel liefert, erfährt im Rahmen des Twistor-Programms von Penrose eine weitgehende Verallgemeinerung mit vielen interessanten Resultaten (siehe z.B. [WAW], [HUT], [PERI], [MAN2]).

2. Allgemeine Relativitätstheorie

Auch wenn die Spezielle Relativitätstheorie als neue relativistische Theorie der Mechanik und der Elektrodynamik außerordentlich erfolgreich ist, so erklärt sie nicht, woher die Inertialsysteme kommen, und sie läßt auch keine befriedigende Beschreibung der Gravitation zu. Die physikalische Auszeichnung der Klasse der Inertialsysteme läßt befürchten, daß noch ein Rest von Newtons absolutem Raum in der Formulierung der Speziellen Relativitätstheorie übriggeblieben ist. Daß gerade die Gravitation im Rahmen der Speziellen Relativitätstheorie nicht beschrieben werden kann, muß als besonders unbefriedigend gelten.

Beide Probleme hat Einstein mit einem Federstrich gelöst durch die Postulierung des Äquivalenzprinzips. Das Äquivalenzprinzip (das weiter unten genauer erklärt wird) läßt sich auffassen als Verschärfung des Prinzips der Äquivalenz von träger und gravitativer Masse. Für ein homogenes Gravitationsfeld bedeutet das Äquivalenzprinzip zum Beispiel, daß in einer frei fallenden Kabine dieses äußere Gravitationsfeld innerhalb der Kabine nicht beobachtet werden kann. Für ein allgemeines inhomogenes und zeitabhängiges Gravitationsfeld wird Entsprechendes im Kleinen gefordert. Das *Äquivalenzprinzip* kann daher folgendermaßen formuliert werden: In jedem Raum–Zeit–Punkt läßt sich lokal ein Inertialsystem so einführen, daß in einem kleinen Bereich um diesen Punkt die Naturgesetze die gleiche Form haben wie in einem unbeschleunigten euklidischen Koordinatensystem ohne Gravitation. In der Sprechweise der Eichinvarianz kann man das Äquivalenzprinzip auch als folgende Verschärfung des Einsteinschen Relativitätsprinzip (der Speziellen Relativitätstheorie) auffassen: Das Einsteinsche Relativitätsprinzip verlangt, daß die Gesetze der Physik invariant gegenüber beliebigen ("globalen") Poincaré-Transformationen $\Lambda \in P(1,3)$ sind. Das Äquivalenzprinzip der Allgemeinen Relativitätstheorie verlangt, daß die Gesetze der Physik invariant gegenüber beliebigen *lokalen* Poincaré-Transformationen $\Lambda(q) \in P(1,3)$ sind. Die Transformation $\Lambda = \Lambda(q)$ darf sich also im Gegensatz zur Speziellen Relativitätstheorie noch von Punkt zu Punkt der unterliegenden Raumzeit differenzierbar ändern. Wie im Falle der Eichinvarianz führt dieses Prinzip zu eine "kovarianten" Ableitung; diese kovariante Ableitung kommt in der Allgemeinen Relativitätstheorie von dem Levi–Civita–Zusammenhang (vgl. G.15.6°) einer semi–Riemannschen Metrik g.

Zur mathematische Formulierung des Äquivalenzprinzips ist die folgende Modifikation des Konzepts der Raumzeit sinnvoll:

Raumzeit: Das mathematische Modell für Raum und Zeit ist eine vierdimensionale Mannigfaltigkeit M mit einer semi–Riemannschen Metrik g auf M. Das heißt für jeden Punkt $q \in M$ ist $g_q : T_qM \times T_qM \longrightarrow \mathbb{R}$ eine symmetrische Bilinearform, welche für eine geeignete Basis $e_0, e_1, e_2, e_3 \in T_qM$ als

$$g_q(X, Y) = \eta_{\mu\nu} X^{\mu} Y^{\nu}$$

für Tangentenvektoren $X, Y \in T_qM$, $X = X^{\mu}e_{\mu}$, $Y = Y^{\nu}e_{\nu}$, geschrieben werden kann. Außerdem hängen die g_q noch in dem folgenden Sinne differenzierbar von q ab: Für differenzierbare Vektorfelder X und Y auf offenen Mengen $U \subset M$ ist die Funktion $q \longmapsto g_q(X(q), Y(q))$ ebenfalls differenzierbar (siehe auch II.8 und G.12). (M,g) heißt *Raumzeit* oder *Lorentzmannigfaltigkeit*.

Die Metrik g macht also M in jedem Punkt $q \in M$ infinitesimal zu einem Minkowski–Raum, in dem Sinne, daß (T_qM, g_q), $q \in M$, zum Minkowski–Raum isometrisch isomorph ist. g wird als *Gravitationspotential* interpretiert. Die Naturgesetze sind in der Raumzeit (M,g) *kovariant*, das heißt invariant gegenüber beliebigen lokalen Koordinatentransformationen. Es gibt also keine ausgezeichneten Koordinatensysteme, insbesondere keine Inertialsysteme, wenn auch der Begriff des lokalen Inertialsystems geprägt werden kann:

Lokale Inertialsysteme: Zu jedem Punkt $q_0 \in M$ findet man ein Koordinatensystem in einer Umgebung U von q_0, welches für

$$g_{\mu\nu}(q) := g_q\left(\frac{\partial}{\partial q^\mu}, \frac{\partial}{\partial q^\nu}\right)$$

folgende Bedingungen erfüllt:

$$g_{\mu\nu}(q_0) = \eta_{\mu\nu}, \quad \partial_\lambda g_{\mu\nu}(q_0) = 0.$$

Ein solches Koordinatensystem ist dann das oben postulierte *lokale Inertialsystem* und es gelten, jedenfalls in q_0 und das heißt in $T_{q_0}M$, die Gesetze der Speziellen Relativitätstheorie.

Das Äquivalenzprinzip in präzisierter Fassung besagt jetzt, daß in den Gleichungen der Naturgesetze in der Allgemeinen Relativitätstheorie nur die Metrik g der vorgegebenen Raumzeit (M,g) und ihre Ableitungen vorkommen dürfen neben den Größen, die bereits in der Speziellen Relativitätstheorie auftreten. Außerdem müssen sie kovariant sein und sich in einem lokalen Inertialsystem auf die speziell-relativistischen Gesetze reduzieren.

Man verlangt von einer Raumzeit (M,g) in der Regel noch, daß M zusammenhängend, orientiert und zeitorientiert (siehe unten) ist. Von besonderem Interesse ist dann die zugehörige Symmetriegruppe $\text{Isom}(M,g)$ aller Transformationen φ von M in sich, welche die Metrik invariant lassen wie auch Orientierung und Zeitorientierung. Zum Beispiel ist der Minkowski-Raum $\mathbb{M}$ mit der Metrik η eine Raumzeit mit $\text{Isom}(\mathbb{M},\eta) = P(1,3)$. Im allgemeinen haben andere Raumzeiten weniger Symmetrien. Vergleichsweise viel an Symmetrie haben allerdings die folgenden zwei Beispiele:

In dem fünfdimensionalen Minkowski-Raum $\mathbb{R}^5 = \mathbb{R}^{1,4}$ mit dem Skalarprodukt $\langle q,q' \rangle := q^0 q'^0 - (q^1 q'^1 + q^2 q'^2 + q^3 q'^3 + q^4 q'^4)$ sei

$$M_+ := \{ q \in \mathbb{R}^5 : \langle q,q \rangle = -1 \text{ und } q^0 > 0 \}$$

mit der von $\langle \ , \ \rangle$ induzierten Metrik g, sowie der von $\mathbb{R}^{1,4}$ kommenden natürlichen Orientierung und Zeitorientierung. M_+ ist dann topologisch mit $\mathbb{R} \times \mathbb{S}^3$ äquivalent und heißt die *de-Sitter-Raumzeit*. Isometriegruppe ist $\{\Lambda \in O(1,4): \det\Lambda = 1 \text{ und } \Lambda_0^0 > 0\} =: SO(1,4)$.

In dem fünfdimensionalen Raum $\mathbb{R}^5 = \mathbb{R}^{2,3}$ mit dem indefiniten Skalarprodukt $\langle q,q' \rangle := q^0 q'^0 + q^1 q'^1 - (q^2 q'^2 + q^3 q'^3 + q^4 q'^4)$ sei zunächst
$$M'_- := \{ q \in \mathbb{R}^5 : \langle q,q \rangle = +1 \}$$

mit der von $\langle\ ,\ \rangle$ induzierten Metrik g. M'_- ist dann diffeomorph zu $S^1 \times \mathbb{R}^3$ und enthält geschlossene zeitartige Kurven. Die universelle Überlagerung von (M'_-,g) mit mit der von g induzierten Metrik heißt dann *Anti-de-Sitter-Raumzeit* und wird mit M_- bezeichnet. Zu den Isometrien M_- von gehören die Transformationen aus $SO(2,3)$.

3. Kausalität und Konformstruktur.

Es sei (M,g) eine Raumzeit, die als zusammenhängend angenommen werden soll. Eine *Zeitorientierung* auf M ist gegeben durch ein Vektorfeld Z auf M mit $g_q(Z_q,Z_q) > 0$ für alle $q \in M$. Eine Kurve $\gamma : [t_0,t_1] \longrightarrow M$ heißt *kausal* (das heißt *zeitartig* oder *lichtartig*), wenn gilt: $g_{\gamma(t)}(\dot\gamma(t),\dot\gamma(t)) \geq 0$ für alle $t \in [t_0,t_1]$. Die *kausale Vergangenheit* von $a \in M$ ist

$$C_-(a) := \{b \in M: \text{Es gibt eine kausale Kurve } \gamma : [t_0,t_1] \longrightarrow M \text{ mit}$$
$$\gamma(t_0) = b,\ \gamma(t_1) = a \text{ und } g_{\gamma(t)}(Z_{\gamma(t)},\dot\gamma(t)) \geq 0 \text{ für alle } t \in [t_0,t_1]\}.$$

Im Falle des Minkowski-Raumes ist $C_-(0) = C_-$ der oben eingeführte Rückwärts-lichtkegel. Die Menge der $C_-(a)$, $a \in M$, (und analog $C_+(a)$) kann man als die *Kausalstruktur* von (M,g) mit Zeitorientierung Z auffassen. Jede andere Zeitorientierung Z' liefert $C'_-(a) = C_-(a)$ und $C'_+(a) = C_+(a)$ für alle $a \in M$ oder $C'_-(a) = C_+(a)$ und $C'_+(a) = C_-(a)$ für alle $a \in M$. Die Transformationen von M, welche die Kausalstruktur invariant lassen, sind die *konformen* Abbildungen, also die differenzierbaren Abbildungen $\varphi : M \longrightarrow M'$, zu denen es eine positive, differenzierbare, skalare Funktion $\lambda : M \longrightarrow \mathbb{R}$ mit $g(X,Y) = \lambda g'(T\varphi(X),T\varphi(X))$ für alle differenzierbaren Vektorfelder X,Y auf M gibt.

Neben der Isometriegruppe $\text{Isom}(M,g)$, welches die volle Symmetriegruppe von (M,g) ist, hat man also die größere Gruppe $\text{Konf}(M,g)$ derjenigen Diffeomorphismen, welche neben den Orientierungen die Kausalstruktur invariant lassen.

Für den Minkowski-Raum $\mathbb{M}$ hat man $\text{Konf}(\mathbb{M}) \cong SO(2,4)$, wobei die in Paragraph 2 beschriebenen konformen Abbildungen von $\mathbb{M}$ noch neu hinzukommen. Für M_+ bzw. M_- gehören die Elemente aus $SO(2,5)$ bzw. $SO(3,4)$ zur konformen Gruppe.

4. Kosmologie

Das *"Kosmologische Prinzip"* verschärft das Kopernikanische Prinzip in der folgenden Weise: Das Universum als Raumzeit ist in allen Raumzeitpunkten (approximativ) räumlich *isotrop*, das heißt keine Richtung ist ausgezeichnet. Man kann dieses Prinzip physikalisch und philosophisch begründen, aber man kann es natürlich nicht nachprüfen. Bestenfalls einige Konsequenzen des Kosmologischen Prinzips lassen sich anhand von Beobachtungen überprüfen. Mathematisch präzise ausformuliert bedeutet das Kosmologische Prinzip zunächst die Existenz von lokalen oder globalen (vgl.

[HAE]) Symmetrien, unter denen die physikalischen Gesetze invariant bleiben. Das hat besondere Konsequenzen für das Gravitationspotential, das ja in einer Raumzeit (M,g) durch die Metrik g repräsentiert wird. Eine genaue Analyse der Isotropiebedingungen liefert als eine befriedigende Definition, daß (M,g) genau dann dem Kosmologischen Prinzip genügt, wenn die *Schnittkrümmung* von (M,g) konstant ist. Ohne auf den Begriff der Schnittkrümmung näher einzugehen (es handelt sich im wesentlichen um die Krümmungen von 2-dimensionalen Flächenstücken $S \subset M$, vgl. G.14.4°) ist klar, daß jetzt die Mathematiker aufgerufen sind, alle 4-dimensionalen Raumzeiten mit konstanter Schnittkrümmung aufzuzählen (*Raumformenproblem*). Ein erstes Resultat in diese Richtung (siehe z.B. [ONE]):

Satz. Sei (M,g) zusammenhängende und einfach zusammenhängende Raumzeit mit konstanter Schnittkrümmung σ. Dann ist (M,g) isometrisch isomorph zu einem der folgenden Modelle:

$$1^\circ \quad \sigma > 0 \;:\quad M \cong \mathbb{R} \times \mathbb{S}^3_r \qquad\qquad \sigma = r^{-2}$$

$$2^\circ \quad \sigma = 0 \;:\quad M \cong \mathbb{R} \times \mathbb{E}^3 \cong \mathbb{M} \qquad \text{Minkowski-Raum}$$

$$3^\circ \quad \sigma < 0 \;:\quad M \cong \mathbb{R} \times \mathbb{H}^3_r \qquad\qquad \sigma = -r^{-2}$$

Die Metriken sind in allen drei Fällen die natürlichen Produktmetriken, auf der zweiten (Raum-)Komponente jeweils negativ zu nehmen. $\mathbb{S}^3_r$ ist die bereits wohlbekannte 3-dimensionale Sphäre mit Radius $r > 0$ im euklidischen $\mathbb{R}^4$. $\mathbb{E}^3$ ist einfach der euklidische 3-dimensionale Raum. $\mathbb{H}^3_r$ ist der dreidimensionale *hyperbolische Raum* mit Radius $r > 0$ (vgl. G.14.5°). $\mathbb{H}^3_r$ kann realisiert werden als die folgende 3-dimensionale Untermannigfaltigkeit von $\mathbb{M}$

$$\mathbb{H}^3_r := \{q \in \mathbb{M} : \langle q,q \rangle = r^2,\; q^\circ > 0\} = \{q^\circ = \sqrt{\sum_{j=1}^{3} q^j q^j + r^2}\}$$

mit der von $\mathbb{M}$ induzierten Riemannschen Metrik auf $\mathbb{H}^3_r$. Für geeignetes r ist 1° isometrisch isomorph zur de-Sitter-Raum-Zeit M_+ und 3° zur Anti-de-Sitter-Raumzeit M_-. Die 3 Modelle des Satzes haben die gleiche Kausalstruktur: $\mathbb{M}$ ist zu dichten Unterräumen von $\mathbb{R} \times \mathbb{S}^3_r$ bzw. $\mathbb{R} \times \mathbb{H}^3_r$ konform äquivalent.

Stellt man also zusätzlich zum Kosmologischem Prinzip zur Vereinfachung die Bedingung, daß das Universum einfach zusammenhängend ist, so ist das Universum isometrisch isomorph zu einem der drei Modelle des Satzes. Ansonsten hat das Universum als universelle Überlagerung eines dieser drei Modelle. Anders ausgedrückt: Das Universum ist geeigneter Quotient eines dieser drei Modelle. Die Klassifizierung dieser Quotienten ist noch nicht abgeschlossen.

V EICHINVARIANZ

Seit der Entdeckung der Quantenmechanik ist es ein Hauptanliegen der Theoretischen Physik, Atomkerne und deren Bestandteile zu verstehen und zu systematisieren. Als ein wichtiges Hilfsmittel dazu dienten Symmetriebetrachtungen. Aber trotz der großen Erfolge, etwa der Vorhersage neuer Teilchen, fehlte es bis Mitte der siebziger Jahre an einer fundamentalen physikalischen Theorie zur Erklärung des komplizierten dynamischen Verhaltens der verschiedenen Elementarteilchen. Neben der elektrodynamischen Wechselwirkung, welche im Rahmen der *Quantenelektrodynamik* befriedigend behandelt werden konnte, galt es vor allem, für die *schwache* und die *starke Wechselwirkung* eine fundamentale Theorie zu finden.

Aus heutiger Sicht läßt sich sagen, daß es an "Geometrie" fehlte. Geometrie hat in Form von Eichtheorien, in der Symmetrieprinzipien und Geometrie in besonders enger und fruchtbarer Verbindung stehen, ihren Eingang in die modernen Elementarteilchentheorie gefunden. Tatsächlich liefert erst die Idee der Eichinvarianz und die damit verbundene Eichfeldtheorie ein brauchbares und äußerst wirkungsvolles Werkzeug zur Formulierung fundamentaler Physik der Elementarteilchen. Durchgesetzt haben sich die Eichtheorien, zu denen H. Weyl bereits 1918 erste geometrische Ansätze bei dem Versuch lieferte, Elektrodynamik und Relativitätstheorie einheitlich zu beschreiben, erst in den siebziger Jahren, nachdem mit der sogenannten Symmetriebrechung ein Mittel gefunden worden war, den Austauschteilchen der jeweiligen Theorie eine nichtverschwindende Masse zuzuordnen. Bis dahin forderte die Theorie, daß solche Austauschteilchen – wie zum Beispiel das Photon – masselos zu sein haben, im Widerspruch zu der kurzen Reichweite der untersuchten schwachen und starken Wechselwirkungen.

Aus mathematischer Sicht manifestieren sich in der Geometrie der Prinzipalfaserbündel mit Strukturgruppe die gemeinsamen Aspekte von Geometrie und Symmetrie auf besonders überzeugende Weise. Daß auch eine der bedeutendsten Entwicklungen in der Theoretischen Physik, nämlich die Verwendung der Eichtheorie, nichts anderes als eine andere Formulierung der Faserbündelgeometrie ist, hat vor etwa 25 Jahren große Verwunderung ausgelöst.

In diesem Kapitel soll die Idee der Eichinvarianz und ihr geometrischer Gehalt dargelegt werden. Damit wird nicht mehr als der Ausgangspunkt beschrieben, von dem man fortschreiten kann zur Quantisierung von Eichtheorien und zur eigentlichen *Quantenfeldtheorie* mit ihren vielen Verästelungen, Erfolgen und Problemen. Wir beginnen im ersten Paragraphen mit der in Kapitel IV bereits angesprochenen Eichinvarianz der Elektrodynamik, welche insbesondere die Ladungserhaltung erklärt, kommen im zweiten Paragraphen unter Voraussetzung der Quantenmechanik und der Forderung von U(1)-Eichinvarianz zu Wechselwirkungstermen und schließlich zu einer Formulierung

der *Quantenelektrodynamik*, um im dritten Paragraphen die Eichinvarianz auf nichtabelsche Gruppen, insbesondere auf SU(2) als *Isospingruppe*, zu übertragen. Diese ersten
drei kurzen Paragraphen haben einführenden Charakter und sollen die späteren Begriffsbildungen motivieren. Die beiden folgenden Paragraphen vier und fünf sind der mathematischen Formulierung der geometrischen Aspekte der Eichtheorie gewidmet. Diese
zwei Paragraphen lassen sich unabhängig von dem Rest des Kapitels lesen als eine Einführung in die Grundbegriffe der Faserbündelgeometrie, zuerst im Rahmen der Vektorbündel und dann im Rahmen der Prinzipalfaserbündel. Im sechsten Paragraphen wird
diese geometrische Sprache benutzt, um die Dynamik von Eichtheorien zusammen mit
einer Reihe von Beispielen zu behandeln.

Mit der in diesem Kapitel dargestellten klassischen Eichtheorie ist man noch
weit davon entfernt, die Elementarteilchen zu beschreiben. Denn eine Elementarteilchentheorie muß eine *Quantentheorie* sein. Die zur Zeit beste Quantentheorie der
Elementarteilchen ist die Quantenfeldtheorie. In der Quantenfeldtheorie spielt die
klassische Eichtheorie lediglich die Rolle der zugehörigen "unquantisierten" Feldtheorie:
Seit längerem versucht man nämlich, ähnlich wie die Photonen in der erfolgreichen
Quantenelektrodynamik auch die anderen Elementarteilchen als quantisierte Felder zu
beschreiben. Die Photonen sind die Quanta einer quantisierten Elektrodynamik. Deshalb
sucht man zu den anderen Elementarteilchen entsprechend klassische Feldtheorien,
deren Quanta als die jeweiligen Elementarteilchen aufgefaßt werden. Als solche klassische Theorien haben sich die Eichtheorien bewährt, insbesondere die Yang-Mills-Theorien. Die Gruppe U(1) der Phasenfaktoren der Elektrodynamik wird dabei ersetzt durch
nichtabelsche Gruppen wie SU(2), SU(3) und andere. Die Nichtkommutativität der
Gruppen bewirkt u.a., daß die entsprechenden Bewegungsgleichungen (als Verallgemeinerung der Maxwell-Gleichungen) nicht mehr linear sind.

Auch wenn die Quantentheorie von vielen Physikern als die eigentlich primä-
re Theorie angesehen wird, aus der sich die klassischen Theorien als Grenzfall ergeben
sollten, so wird dennoch Gebrauch von klassischen Theorien gemacht, um zu quanten-
theoretischen Modellen zu kommen. Im Falle der Quantenmechanik wird dabei auf die
Klassische Mechanik zurückgegriffen, im Fall der Quantenelektrodynamik auf die Elektrodynamik. Im Falle der Quantenfeldtheorie dagegen werden die jeweiligen klassischen
Theorien erst als geeignete Eichtheorien künstlich eingeführt, sie basieren nicht auf bereits bekannten klassischen Theorien. Sie sind in diesem Sinne als unphysikalisch einzu-
stufen, sie haben ihre Berechtigung nur als die klassischen Gegenstücke zu den gesuchten Quantenfeldtheorien. Trotzdem ist es wünschenswert, den bereits eingeführten "un-
physikalischen" Theorien eine gewisse physikalische Realität zuzusprechen, wie das zum
Beispiel zu Beginn des sechsten Paragraphen kurz versucht wird.

Es ist klar, daß bei dem oben geschilderten Gebrauch der Eichfeldtheorien
nicht nur das Studium der klassischen Eichtheorien sondern vor allem der Übergang von
der jeweiligen klassischen Theorie zur zugehörigen Quantentheorie – also die *Quantisierung* – von großer Bedeutung ist. Literatur dazu z. B.: [SUN], [GIT], [POK], ... [GLJ].

1 Eichinvarianz in der Elektrodynamik

Bei der Beschreibung der Maxwellschen Gleichungen in Paragraph 1 von Kapitel IV wurde ausdrücklich darauf hingewiesen, daß die Elektrodynamik *eichinvariant* in folgendem Sinne ist:

Zu jedem Viererpotential $A = (A_0, A_1, A_2, A_3) = (V, A)$, $A = A_\mu dq^\mu$, $A_\mu \in \mathcal{E}(M)$, welches Lösung der Maxwell-Gleichungen ist (vgl. IV.1.19), das heißt für $F := dA$ gilt

$$dF = 0 \qquad \text{und} \qquad \partial_\mu F^{\nu\mu} = 4\pi j^\nu,$$

ist auch $A' = A + d\varphi$ für $\varphi \in \mathcal{E}(M)$ Lösung der Maxwell-Gleichungen. Denn es gilt $dA' = dA$, also $F' = F$, wegen $dd\varphi = 0$.

Es sollte möglich sein, diese Eichinvarianz der Maxwell-Gleichungen bereits beim Wirkungsfunktional S zu erkennen, denn S bestimmt die Dynamik (vgl. IV.3).

Sei also $S(A) := -\int_M (\tfrac{1}{4} F_{\mu\nu} F^{\mu\nu} + 4\pi j^\nu A_\nu) d^4 q$

für $A \in \mathcal{A}_0^1(M)$ und $F = dA$, das heißt $F_{\mu\nu} = \partial_\mu A_\nu - \partial_\nu A_\mu$.
Die Bedingung

$$(1.1) \quad S(A) = S(A + d\varphi) \quad \text{für alle} \quad A \in \mathcal{A}_0^1(M) \quad \text{und} \quad \varphi \in \mathcal{E}_c(M)$$

zieht offenbar nach sich, daß mit jeder Lösung A der zugehörigen Euler-Lagrange-Gleichungen (vgl. IV.3), also hier der Maxwell-Gleichungen, auch $A + d\varphi$ eine Lösung ist. $(\mathcal{E}_c(M) := \{\varphi \in \mathcal{E}(M) : \varphi = 0 \text{ außerhalb einer kompakten Menge } K \subset M\})$

Um 1.1 zu analysieren, vergleiche man $S(A + d\varphi)$ mit $S(A)$:

$$S(A + d\varphi) = -\int_M (\tfrac{1}{4} F_{\mu\nu} F^{\mu\nu} + 4\pi j^\nu A_\nu + 4\pi j^\nu \partial_\nu \varphi) d^4 q$$
$$= S(A) - 4\pi \int_M (j^\nu \partial_\nu \varphi) d^4 q.$$

Also gilt 1.1 genau dann, wenn das Integral $\int_M (j^\nu \partial_\nu \varphi) d^4 q$ für alle $\varphi \in \mathcal{E}_c(M)$ verschwindet. Wegen

$$\int_M \partial_\nu (j^\nu \varphi) d^4 q = \int_M (\partial_\nu j^\nu) \varphi d^4 q + \int_M j^\nu (\partial_\nu \varphi) d^4 q$$

und

$$\int_M \partial_\nu (j^\nu \varphi) d^4 q = \int_K \partial_\nu (j^\nu \varphi) d^4 q = \int_{\partial K} N_\nu j^\nu \varphi \, d\omega_K = 0$$

ist 1.1 daher äquivalent zu $\int (\partial_\nu j^\nu) \varphi d^4 q = 0$ für alle $\varphi \in \mathcal{E}_c(M)$, also zur Kontinuitätsgleichung $\partial_\nu j^\nu = 0$. Dabei wurde der Satz von Gauß für eine große (euklidische)

Kugel $K \subset M$ mit $\{q \in M : \varphi(q) \neq 0\} \subset K$ benutzt, um $\int_K \partial_\nu (j^\nu \varphi) d^4q$ als Integral über die "Oberfläche" von K, nämlich die 3–Sphäre $S^3 = \partial K$ mit Hilfe der äußeren Normalen (N_0, N_1, N_2, N_3) zu schreiben. Wegen $\varphi|_{\partial K} = 0$ verschwindet dieses Integral.

Damit erweist sich die Kontinuitätsgleichung, die im letzten Kapitel eine Verträglichkeitsbedingung zur Lösbarkeit der Maxwellschen Gleichungen war, jetzt als die Bedingung dafür, daß die zugehörige Wirkung S eichinvariant ist. Die Kontinuitätsgleichung, welche die Lösbarkeit der Maxwell–Gleichungen garantiert, ist zugleich ein Resultat der Eichinvarianz und entspricht tatsächlich einer Erhaltungsgröße zu dieser Invarianz: Der lokale Erhaltungssatz $\partial_\nu j^\nu = 0$ wird aufintegriert zu

$$Q(t) := \int_{\mathbb{R}^3} j^0(t, q^1, q^2, q^3) \, dq^1 dq^2 dq^3 = \int_{\mathbb{R}^3} j^0(t, q) d^3q \; ,$$

wobei $t = q^0$ und $q = (q_1, q_2, q_3)$.

$Q(t)$ ist die *Ladung* zur Ladungsdichte $j^0 = \rho$ und Q ist eine Erhaltungsgröße:

$$\dot{Q}(t) = \partial_0 Q(t) = \int_{\mathbb{R}^3} \partial_0 j^0(t, q) d q = -\int_{\mathbb{R}^3} \operatorname{div} j(t, q) d q = 0$$

wie oben, wenn j kompakten Träger hat oder genügend schnell gegen Null geht für $|q| \longrightarrow \infty$.

Damit hat die Ladungserhaltung in der Elektrodynamik eine Erklärung durch eine geeignete Symmetrie gefunden, ganz im Sinne der Umkehrung der Noetherschen Sätze (vgl. Paragraph 9, Kapitel II). Die Symmetriegruppe ist die unendlichdimensionale Gruppe $\mathcal{E}(M, U(1))$ (der Eichtransformationen), wie wir im nächsten Paragraphen sehen werden.

2 Wechselwirkung eines geladenen Teilchens mit dem elektrodynamischen Feld

In diesem Paragraphen soll die Elektrodynamik aus einem Invarianzprinzip der Quantenmechanik hergeleitet werden.

Ein quantenmechanischer Zustand wird beschrieben durch eine Wellenfunktion $\psi = \psi(q)$, $\|\psi\| = 1$, $\psi \in \mathbb{H}$ (vgl. Paragraph 1 in Kapitel III). Der Zustand bleibt invariant unter den *globalen Phasenrotationen*:

$$(2.1) \quad \psi(q) \longmapsto \psi'(q) = e^{i\theta}\psi(q),$$

wobei $\theta \in \mathbb{R}$ ein fester Winkel ist. Die Phase $e^{i\theta}$ von ψ kann also nicht als physikalische Größe angesehen werden.

Es stellt sich die Frage, ob Phasenrotationen an verschiedenen Orten verschieden gewählt werden können. Das heißt, es gilt zu untersuchen, ob der quantenmechanische Zustand für differenzierbare $\theta = \theta(q)$ auch invariant bleibt unter den sogenannten *lokalen Phasenrotationen*:

$$(2.2) \quad \psi(q) \longmapsto \psi'(q) = e^{i\theta(q)}\psi(q).$$

Es zeigt sich, daß die Zustände invariant gegenüber lokalen Phasenrotationen sind, wenn man die Bewegungsgleichung, also hier die Schrödinger–Gleichung, in geeigneter Weise modifiziert. Diese Modifikation läßt sich dann anschließend interpretieren als die Einführung von elektromagnetischen Feldern. Zugleich läßt sich bei dieser Interpretation die Wechselwirkung aus dieser Modifikation ablesen. Zur Terminologie: In der Physik wird (anders als in der Mathematik) eine von q abhängige Phasenrotation wie 2.2 eine *lokale* Phasenrotation genannt. Sie heißt *global*, wenn $\theta(q)$ konstant ist wie in 2.1.

Geht man aus von einer kanonischen Quantisierung (wie in den Beispielen $1° – 4°$ in III.2) mit Hilbertraum $\mathbb{H} = L^2(\mathbb{R}^n)$ und zugehörigem Schrödinger-Operator

$$\mathscr{H}\psi = \mathscr{H}_0\psi + V\psi, \quad \psi \in D(\mathscr{H}),$$

wobei $\mathscr{H}_0 = -\frac{1}{2}\Delta$ (im nichtrelativistischen Fall) gilt, und $V = V(q)$ ein Potential ist, so verändert die lokale Phasenrotation $\psi \longmapsto \psi'$ nach 2.2 im wesentlichen an $\mathscr{H}\psi$ nur $\mathscr{H}_0\psi$ und dort die Ableitungen $\partial_\mu\psi$ von ψ. Dasselbe gilt für ein freies relativistisches Teilchen im Minkowskiraum $\mathbb{M}$: $\mathscr{H}_0 := -\frac{1}{2}\Delta_q + \frac{1}{2}\partial_0^2 = \frac{1}{2}\square = \frac{1}{2}\partial_\mu\partial^\mu$ (mit $\partial^\mu := \eta^{\mu\nu}\partial_\nu$) oder $\mathscr{H} = \mathscr{H}_0 + V$ auf $\mathbb{H} = L^2(\mathbb{M})$, und es gilt auch für Vielteilchensysteme (vgl. z.B. [JÖW]).

In der jeweiligen Schrödinger-Gleichung bei einer kanonischen Quantisierung mit dem Hilbertraum der quadratintegrierbaren Funktionen verändern sich durch 2.2 also im wesentlichen nur die Ableitungen ∂_μ:

$$\partial_\mu \psi'(q) = \partial_\mu (e^{i\theta(q)}) \psi(q) + e^{i\theta(q)} \partial_\mu \psi(q)$$

$$= e^{i\theta(q)} (\partial_\mu \psi(q) + i\partial_\mu \theta(q) \psi(q))$$

Lokale Phaseninvarianz, das wäre etwa $\partial_\mu \psi' = e^{i\theta(q)} \partial_\mu \psi$, ist natürlich vordergründig verletzt, kann aber erzwungen werden, wenn die Ableitungen ∂_μ modifiziert werden durch Einführung eines differenzierbaren (*Eich-*) *Potentials* $A_\mu = A_\mu(q)$ und der zugehörigen, sogenannten *kovarianten Ableitung*

$$(2.3) \quad D_\mu := \partial_\mu + ieA_\mu,$$

wobei $e \in \mathbb{R}$, $e \neq 0$, eine Konstante ist. Das Feld (A_μ) wird jetzt am günstigsten als 1-Form $A = A_\mu dq^\mu$ geschrieben. A soll sich unter 2.2 wie folgt transformieren:

$$(2.4) \quad A_\mu \longmapsto A'_\mu = A_\mu - \tfrac{1}{e}\partial_\mu \theta \ , \text{ das heißt } A \longmapsto A' = A - \tfrac{1}{e}d\theta.$$

Jetzt prüft man leicht nach, daß unter 2.2 und 2.4 mit

$$(2.5) \quad D_\mu \longmapsto D'_\mu = \partial_\mu + ie A_\mu$$

gilt

$$(2.6) \quad D_\mu \psi \longmapsto D'_\mu \psi' = e^{i\theta} D_\mu \psi.$$

Denn
$$D'_\mu \psi'(q) = \partial_\mu \psi'(q) + ie A'_\mu \psi'(q)$$

$$= e^{i\theta(q)} (\partial_\mu \psi(q) + i\partial_\mu \theta(q)\psi(q) + ie A_\mu(q)\psi(q) - i\partial_\mu \theta(q)\psi(q))$$

$$= e^{i\theta(q)} (\partial_\mu \psi + ie A_\mu \psi)(q)$$

$$= e^{i\theta(q)} D_\mu \psi(q)$$

Als Ergebnis haben wir: Die *lokale Phasenrotation* 2.2 läßt die Ausdrücke $D_\mu \psi$ invariant im Sinne von 2.6. Damit ist also die modifizierte Schrödinger-Gleichung, in der ∂_μ durch D_μ ersetzt wird, das heißt $\mathcal{H} := \tfrac{1}{2} D_\mu D^\mu + V$, invariant gegenüber 2.2:

$$\mathcal{H}'\psi' := \tfrac{1}{2} D'_\mu D'^\mu \psi' + V\psi' = \tfrac{1}{2} D'_\mu \eta^{\mu\nu}(e^{i\theta} D^\mu \psi) + V e^{i\theta}\psi$$

$$= \tfrac{1}{2} e^{i\theta}\eta^{\mu\nu} D_\mu D_\nu \psi + e^{i\theta} V\psi = (\mathcal{H}\psi)'.$$

Bemerkungen und Beispiele:

$1°$ Größen wie $\overline{\psi} D_\mu \psi$ bleiben invariant gegenüber lokalen Phasenrotationen und eignen sich daher als Bestandteile einer invarianten Lagrange-Dichte.

2° Das Transformationsverhalten 2.4 entspricht gerade der in Paragraph 1 ausgesprochenen Eichinvarianz beim elektromagnetischen Potential: Mit $\varphi = -\frac{1}{e}\theta$ gilt ja $A' = A - \frac{1}{e}d\theta = A + d\varphi$.

3° Lokale Phaseninvarianz (i.e. Eichinvarianz) erfordert also die Einführung eines Feldes A mit dem Transformationsgesetz 2.4. Wird A als elektromagnetisches Potential interpretiert, so ist durch $\partial_\mu \longmapsto D_\mu = \partial_\mu + ieA_\mu$ bereits die Wechselwirkung zwischen dem Feld ψ und A mit der Kopplungskonstanten e bestimmt. e entspricht dann der Ladung des durch ψ beschriebenen Teilchens und A genügt den Maxwell-Gleichungen mit einer geeigneter Stromdichte. Dieses Verfahren hat als Prinzip der Eichinvarianz eine weitgehende Verallgemeinerung für andere Gruppen und damit für andere potentielle Wechselwirkungen erfahren, (vgl. 6.10).

4° Für das freie relativistische Teilchen der Masse $m > 0$ gilt $p^2 = m^2$ aufgrund der Erhaltung von *Energie-Impuls* ($p^2 = \eta^{\mu\nu}p_\mu p_\nu$ mit der Energie $p_0 = E$ und den Impulsen p_1, p_2, p_3). Bei der kanonischen Quantisierung mit $E \longmapsto i\partial_0$ und $p_\nu \longmapsto -i\partial_\nu$, $\nu = 1,2,3$, wird aus $p^2 - m^2 = 0$ die *Klein-Gordon-Gleichung*

$$(2.7)\quad (\square + m^2)\psi = 0$$

2.7 kann im übrigen auch als Euler-Lagrange-Gleichung zur Lagrange-Dichte $\mathscr{L}_0 := \frac{1}{2}\eta^{\mu\nu}\partial_\mu\psi\partial_\nu\psi - \frac{1}{2}m^2\psi^2$ erhalten werden (vgl. IV.3.4).

2.7 besteht in Wirklichkeit aus 2 Gleichungen für Real- und Imaginärteil von ψ, was auch durch

$$(\square + m^2)\psi = 0 \quad \text{und} \quad (\square + m^2)\overline{\psi} = 0$$

ausgedrückt wird, wobei ψ und $\overline{\psi}$ als unabhängige Felder behandelt werden. Diese beiden Gleichungen haben als Lagrange-Dichte zum Beispiel

$$\mathscr{L}_0 := \eta^{\mu\nu}\partial_\mu\psi\overline{\partial_\nu\psi} - m^2\psi\overline{\psi}.$$

Die Ersetzung $\partial_\mu \longmapsto D_\mu = \partial_\mu + ieA_\mu$ in $\mathscr{L}_0$ liefert die neue Lagrange-Dichte

$$\mathscr{L} = \eta^{\mu\nu}D_\mu\psi\overline{D_\nu\psi} - m^2\psi\overline{\psi},$$

die natürlich eichinvariant ist. Es gilt (bei $\partial^\mu := \eta^{\mu\nu}\partial_\nu$ und $A^\mu := \eta^{\mu\nu}A_\nu$)

$$\mathscr{L} = \partial^\mu\psi\partial_\nu\overline{\psi} - m^2\psi\overline{\psi} - ieA_\mu((\partial^\mu\psi)\overline{\psi} - \psi(\partial^\mu\overline{\psi})) + e^2 A^\mu A_\mu\psi\overline{\psi}$$
$$= \mathscr{L}_0 - ieA_\mu((\partial^\mu\psi)\overline{\psi} - \psi(\partial^\mu\overline{\psi})) + e^2 A^\mu A_\mu\psi\overline{\psi}.$$

Dabei kann jetzt $j^\mu := ie((\partial^\mu\psi)\overline{\psi} - \psi(\partial^\mu\overline{\psi}))$ als *Stromdichte* mit $\partial_\mu j^\mu = 0$ aufgefaßt werden, denn

$$\partial_\mu j^\mu = ie((\partial_\mu\partial^\mu\psi)\overline{\psi} + \partial^\mu\psi\partial_\mu\overline{\psi} - \partial_\mu\psi(\partial^\mu\overline{\psi}) - \psi\partial_\mu\partial^\mu\overline{\psi})$$
$$= ie(\square\psi\overline{\psi} - \psi\square\overline{\psi}) = ie(-m^2\psi\overline{\psi} + \psi m^2\overline{\psi}) = 0.$$

$e^2 A^\mu A_\mu\psi\overline{\psi}$ entspricht einer Selbstwechselwirkung mit Strom $J = e^2\psi\overline{\psi}$. Also:

$$\mathscr{L} = \mathscr{L}_0 - j^\mu A_\mu + A^2 J, \text{ mit } A^2 := A^\mu A_\mu.$$

5° Die *Dirac-Gleichung*

$$(2.8) \quad (i\gamma^\mu \partial_\mu - m)\psi = 0$$

entstand unter anderem aus dem Bemühen, die Klein-Gordon-Gleichung zu linearisieren, bzw. die "Wurzel" aus $\square + m^2$ zu ziehen. 2.8 ist ein sinnvoller Ausdruck, wenn zunächst die "Wellenfunktion" $\psi = \psi(q)$ jetzt ihre Werte in $\mathbb{C}^n$ hat, also ein Spinor ist, und wenn γ^μ, $\mu = 0,1,2,3$, Matrizen aus $\mathbb{C}(n)$ mit

$$\gamma^\mu \gamma^\nu + \gamma^\nu \gamma^\mu = 2\eta^{\mu\nu}$$

sind. Zum Beispiel kann man im Falle $n = 4$ die von Dirac eingeführten *Gamma-Matrizen* γ^μ verwenden: Die Blockmatrizen

$$\gamma^0 = \begin{pmatrix} 1 & 0 \\ 0 & -1 \end{pmatrix} \quad , \quad \gamma^\mu = \begin{pmatrix} 0 & \sigma_\mu \\ -\sigma_\mu & 0 \end{pmatrix} , \quad \mu = 1,2,3 .$$

Hier sind die σ_μ die Pauli-Matrizen (vgl. L.6.6°) und 1 ist die 2×2-Einheitsmatrix. Für ψ gilt $i\gamma^\mu \partial_\mu i\gamma^\nu \partial_\nu = -\square$ und $(i\gamma^\mu \partial_\mu + m)(i\gamma^\nu \partial_\nu - m) = -(\square + m^2)$. Aus 2.8 folgt sofort $(\square + m^2)\psi = 0$.

Als eine Lagrange-Dichte $\mathscr{L}_0$, die zu 2.8 führt, kann $\mathscr{L}_0 = \overline{\psi}(i\gamma^\mu \partial_\mu - m)\psi$ angesehen werden, wenn dies als Abkürzung von

$$\mathscr{L}_0 \psi := \sum_{j=1}^{4} \overline{\psi}_j \left((i\gamma^\mu \partial_\mu - m)\psi\right)_j$$

verstanden wird. Die entsprechende eichinvariante Lagrange-Dichte ist dann

$$\begin{aligned} \mathscr{L}\psi &= \overline{\psi}(i\gamma^\mu D_\mu - m)\psi \\ &= \overline{\psi}(i\gamma^\mu \partial_\mu - e\gamma^\mu A_\mu - m)\psi \\ &= \mathscr{L}_0 \psi - e\overline{\psi}\gamma^\mu \psi A_\mu , \end{aligned}$$

wobei wieder $j^\mu = e\overline{\psi}\gamma^\mu \psi$ als Stromdichte mit $\partial_\mu j^\mu = 0$ aufgefaßt werden kann. Die vollständige eichinvariante Lagrange-Dichte der Quantenelektrodynamik erhält man daraus durch die Addition eines Terms $-\frac{1}{4}F_{\mu\nu}F^{\mu\nu}$ für die Selbstwechselwirkung, welcher die Ausbreitung freier Photonen beschreibt:

$$(2.9) \quad \mathscr{L}_{QED} = \mathscr{L}_0 - j^\mu A_\mu - \frac{1}{4}F_{\mu\nu}F^{\mu\nu}$$

6° Die Einführung einer Masse zum Photonenfeld in 2.9 würde einen Term der Form $\frac{1}{2}m^2 A^\mu A_\mu$ erfordern. Dieser Term ist **nicht** eichinvariant gegenüber 2.2, 2.4 denn $A^\mu A_\mu \longmapsto (A^\mu - \frac{1}{e}\partial^\mu \theta)(A_\mu - \frac{1}{e}\partial_\mu \theta) \neq A^\mu A_\mu$ für nichtkonstante θ. Folgerung: Die lokale Eichinvarianz verlangt hier, daß die Photonen masselos sind.

Abschließend zu diesem Paragraphen wollen wir den historischen Ursprung der Eichtheorien kurz erläutern. Um die Allgemeine Relativitätstheorie zusammen mit

der Elektrodynamik einheitlich beschreiben zu können, hat Hermann Weyl 1918 vorgeschlagen, die Veränderungsrate von Funktionen f nicht wie üblich durch einen uniformen Maßstab zu bestimmen, sondern durch einen ortsabhängigen Maßstab von Punkt
zu Punkt verschieden zu gewichten.

Das ist die ganze Idee der Eichinvarianz !

In Formeln ausgedrückt ist die Veränderungsrate von differenzierbaren Funktionen $f = f(q)$ für einen uniformen Maßstab proportional zum Gradienten von f :
Für kleine h gilt

$$f(q + h) = f(q) + \partial_\mu f(q) h^\mu + O(|h|^2) \ , \ \text{i.e.} \ f(q + h) - f(q) \approx \nabla f(q) h.$$

Eine ortsabhängige *Eichung* oder *Reskalierung* des Maßstabs bedeutet eine Beschreibung der Veränderungsrate durch zusätzliche Funktionen $S_\mu = S_\mu(q)$, so daß statt
$\partial_\mu f(q) h^\mu$ nun

$$(\partial_\mu f(q) + S_\mu(q) f(q)) h^\mu$$

als Änderungsrate aufgefaßt wird.

Für den Fall von $S_\mu(q) \in \mathbb{R}$, den H. Weyl ursprünglich vorgesehen hatte,
führt eine Formulierung der Physik mit der entsprechenden Eichtheorie zu Unstimmig-
keiten. (Einsteins Gegenargument: Man beobachte zwei Uhren, die von einem Punkt a
ausgehen und längs verschiedener Wege nach a zurückkehren. Sollten sich die Maßstäbe für die beiden Uhren im Verlauf ihrer Geschichte verändert haben, so hätten sie
verschiedene Größen und die Uhren zeigten verschiedene Zeiten an. Das Uhrenmaß wäre
daher abhängig von der Vorgeschichte der Uhr. Damit aber wäre Physik unmöglich, da
jeder seine eigenen Gesetze hätte.) Deshalb wurde H. Weyls Ansatz zunächst verworfen.
Nach der Entdeckung der Quantenmechanik im Jahre 1925 wurde Weyls Idee aufgegriffen
von Fock und London (und auch von Weyl) und statt einer Maßstabs-Reskalierung eine
Phasenverschiebung betrachtet, indem S_μ als imaginär angenommen wird: $S_\mu = \text{ie} A_\mu$,
wie in der obigen Einführung der kovarianten Ableitung. (Auf dem Niveau von Symmetriebetrachtungen kann diese Veränderung des Weylschen Ansatzes verstanden werden
als ein Wechsel von der additiven Gruppe $\mathbb{R}$ mit infinitesimalen Reskalierungen
$S_\mu(q) \in \mathbb{R} = \text{Lie} \, \mathbb{R}$ zur multiplikativen Gruppe $U(1)$ mit infinitesimalen Reskalierungen
$\text{ie} A_\mu(q) \in i\mathbb{R} = \text{Lie} \, U(1)$.) Mit dieser Veränderung beschreibt die hier vorgestellte
$U(1)$-Eichinvarianz eine Symmetrie der Elektrodynamik und der Quantenelektrodynamik,
im übrigen auch der Geometrischen Quantisierung (vgl. III.2 und V.6.12). Diese Theorien
sind invariant unter der "Eichgruppe" $\mathscr{E}(M, U(1)) = \{e^{i\theta(q)} \mid \theta : M \longrightarrow \mathbb{R}$ differenzier-
bar$\}$. In dieser Form hat Weyls Idee eine Verallgemeinerung auf allgemeinere Lie-Grup-
pen G anstelle von $U(1)$ und führt zu den Yang-Mills-Eichtheorien (vgl. Paragraph
6). Weiterhin hat die Theorie der Eichinvarianz eine schöne geometrische Fassung, die
wir in den Paragraphen 4 und 5 besprechen werden. Insbesondere erhält die kovariante
Ableitung, die in der obigen Herleitung als Rechentrick oder Verträglichkeitsbedingung
erscheint, eine geometrische Deutung als kovariante Ableitung eines geometrischen
Zusammenhangs im Rahmen einer Geometrie, in der der Paralleltransport längs Kurven
der fundamentale geometrische Begriff ist.

3 Eichinvarianz der Isospingruppe

Die Überlegungen des Paragraphen 2 werden jetzt von $U(1)$ auf die Isospingruppe $SU(2)$ übertragen.

In Experimenten hat sich gezeigt, daß die starke Wechselwirkung zwischen zwei Protonen, zwischen Proton und Neutron, sowie zwischen zwei Neutronen jeweils fast übereinstimmen. Auch die Massen von Proton und Neutron sind nahezu gleich: 938,2 MeV und 939,5 MeV. Aufgrund dieser Beobachtungen schlug W. Heisenberg im Jahre 1939 vor, daß die Ursache für diese Übereinstimmungen in einer internen Symmetrie zu finden sei, welche es erlaubt, das Neutron wie auch das Proton bei Vernachlässigung von schwacher Kraft, elektrodynamischer Wechselwirkung und Schwerkraft jeweils als speziellen Zustand eines *Nukleons* aufzufassen. Diese verschiedenen Zustände seien insbesondere durch eine Art Phasenrotation ineinander überführbar. Die starke Wechselwirkung sei dann invariant bezüglich dieser Symmetrie.

Diese Symmetrie, welche aus historischen Gründen *Isospin-Symmetrie* genannt wird, und welche eine Symmetrie der Gruppe $SU(2)$ ist, kann im wesentlichen folgendermaßen beschrieben werden: Die Wellenfunktionen von Proton bzw. Neutron seien mit p bzw. n bezeichnet. Sie werden zu einem Vektor $\psi = \binom{n}{p}$ zusammengefaßt. Auf ψ können dann die Matrizen $g \in SU(2)$ durch Matrixmultiplikation wirken.

Die Theorie erweist sich zunächst invariant gegenüber Transformationen der Form $\psi \longmapsto g\psi$ mit $g \in SU(2)$, welche jetzt *globale* $SU(2)$-Eichtransformationen heißen. Ohne die genauen Gleichungen für die freie Theorie von Nukleonen zu kennen, kann man analog zu den Überlegungen des Paragraphen 2 Invarianz gegenüber *lokalen* $SU(2)$-*Eichtransformationen* verlangen. Eine *lokale* $SU(2)$-*Eichtransformation* ist von der Form

$$(3.1) \qquad \psi(q) \longmapsto \psi'(q) = S(q)\psi(q) \,.$$

wobei $S : \mathbb{M} \longrightarrow SU(2)$ eine differenzierbare Abbildung ist. S ist Element der Gruppe $\mathscr{E}(\mathbb{M}, SU(2))$ und läßt sich auch als $S(q) = \exp \alpha(q)$ schreiben mit $\alpha \in \mathscr{E}(\mathbb{M}, \mathfrak{su}(2))$. Eine in Lehrbüchern der Physik übliche Schreibweise ist

$$\alpha(q) = \tfrac{1}{2} i \sigma \cdot \theta(q) \,, \quad \sigma \cdot \theta(q) := \sigma_j \theta^j(q) \,,$$

mit den Pauli-Matrizen $\sigma_1, \sigma_2, \sigma_3$ (siehe $6.6°$ in Anhang L) und mit $\theta^j \in \mathscr{E}(\mathbb{M}, \mathbb{R})$. Es ist dann $S(q) = \exp\left(\tfrac{1}{2} i \sigma \cdot \theta(q)\right)$.

Unter der Annahme, daß in den relevanten Gleichungen unter den Transformationen 3.1 wieder nur bei den Ableitungen ∂_μ Veränderungen auftreten, muß man jetzt ∂_μ so modifizieren zu D_μ, daß stets gilt:

$$(3.2)\quad D_\mu\psi(q) \longmapsto D'_\mu\psi'(q) = S(q)D_\mu\psi(q) \text{ mit } \psi'(q) = S(q)\psi(q).$$

Um mit dem Ansatz $D_\mu := \partial_\mu + icB_\mu$ mit $c \in \mathbb{R}$ und $iB_\mu(q) \in \mathfrak{su}(2)$ auf die geeignete Form von D'_μ zu kommen, rechnet man :

$$\begin{aligned} D'_\mu\psi' &= \partial_\mu\psi' + icB'_\mu\psi' \\ &= (\partial_\mu S)\psi + S\partial_\mu\psi + icB'_\mu S\psi \end{aligned}$$

sowie

$$SD_\mu\psi = S\partial_\mu\psi + SicB_\mu\psi$$

Für die Gültigkeit von 3.2 muß daher stets

$$icB'_\mu S = icSB_\mu - \partial_\mu S$$

sein und daher

$$(3.3)\quad B'_\mu = SB_\mu S^{-1} + \frac{i}{c}(\partial_\mu S)S^{-1}$$

gelten.

Zusammengefaßt: Die neu eingeführte "kovariante Ableitung" $D_\mu\psi$ ist *eichinvariant* im Sinne von 3.2 unter lokalen SU(2)-Transformationen der Form 3.1 genau dann, wenn sich $D_\mu = \partial_\mu + icB_\mu$ vermöge 3.3 transformiert.

Um einen Vergleich mit der U(1)-Invarianz 2.4 aus Paragraph 2 herzustellen, betrachte man 3.3 für solche S, die ihre Werte in der Untergruppe $U := \{\left(\begin{smallmatrix} z & 0 \\ 0 & \bar{z} \end{smallmatrix}\right): z \in \mathbb{C},\ |z| = 1\} \cong U(1)$ von U(2) haben. Dann ist $S(q) = \exp(i\theta(q)\sigma_3)$ mit $\theta \in \mathcal{E}(\mathbb{M},\mathbb{R})$, und 3.3 bedeutet wegen $\partial_\mu S(q) = i\partial_\mu\theta(q)S(q)$:

$$B'_\mu = SB_\mu S^{-1} + \frac{i}{c}(\partial_\mu S)S^{-1} = SB_\mu S^{-1} - \frac{1}{c}\partial_\mu\theta.$$

Das entspricht für $B_\mu \in \mathrm{Lie}\,U$ wegen $SB_\mu = B_\mu S$ gerade dem Transformationsverhalten 2.4, wenn $A_\mu = B_\mu$ und $e = c$ gesetzt wird.

Als Ergebnis dieser Erörterungen erhält man Felder B_μ, welche ihre Werte in $\mathfrak{su}(2)$ haben und sich nach 3.3 transformieren. Zusammengefaßt geben die B_μ eine $\mathfrak{su}(2)$-wertige 1-Form $B := B_\mu dq^\mu$, für $q \in \mathbb{M}$ also $B(q) = B_\mu(q)dq^\mu : T_q\mathbb{M} \longrightarrow \mathfrak{su}(2)$. Physikalisch entspricht den drei Komponenten von $B(q)$ ($\mathfrak{su}(2)$ ist dreidimensional!) bei geeigneter Interpretation je ein Feld (analog zur Situation bei $A = A_\mu dq^\mu$), und diese drei Felder beschreiben die Wechselwirkung mit c als der Kopplungskonstanten.

Analog zur Elektrodynamik hat man auch hier eine Wechselwirkung des Potentials mit sich selbst, welche in der Elektrodynamik durch den Term $-\frac{1}{4}F_{\mu\nu}F^{\mu\nu}$ in der Lagrange-Dichte $\mathscr{L}$ beschrieben wird. In der allgemeineren Situation sucht man nach $G_{\mu\nu} \in \mathscr{E}(\mathbb{M}, SU(2))$ mit dem Transformationsgesetz $G'_{\mu\nu} = S\,G_{\mu\nu}\,S^{-1}$. Der erste Ansatz $G_{\mu\nu} = \partial_\mu B_\nu - \partial_\nu B_\mu$ führt nicht zum Ziel, aber

$$(3.4) \quad G_{\mu\nu} := \partial_\mu B_\nu - \partial_\nu B_\mu + ic[B_\mu, B_\nu]$$

mit der Lieklammer $[\ ,\ ]$ von $\mathfrak{su}(2)$ ist eichinvariant, das heißt für $S \in \mathscr{E}(\mathbb{M}, SU(2))$ gilt $G'_{\mu\nu} = S\,G_{\mu\nu}\,S^{-1}$.

Als typische Lagrange-Dichte betrachtet man zum Beispiel zum freien Dirac-Operator $i\gamma^\mu \partial_\mu$ (vgl. 2.8) und zur Masse $m > 0$ (ψ ist jetzt ein Paar von $\mathbb{C}^4$-wertigen Funktionen, bzw. Feldern):

$$(3.5) \quad \mathscr{L} = -\tfrac{1}{2}\,\mathrm{spur}\,(G_{\mu\nu} G^{\mu\nu}) + \overline{\psi}(i\gamma^\mu D_\mu - m)\psi$$

Die vorgestellte Theorie ist anwendbar auf den "Isospin", wie wir zu Beginn des Paragraphen dargelegt haben, aber auch auf die schwache Wechselwirkung, welche ebenfalls einer SU(2)-Symmetrie unterliegt. Eine gemeinsame Untersuchung der U(1)-Symmetrie (Elektrodynamik) und der SU(2)-Symmetrie (schwache Wechselwirkung) führt dann zu einer U(1) × SU(2)-Eichtheorie, welche zu der erfolgreichen Beschreibung des *Glashow-Salam-Weinberg-Modells* der *elektroschwachen Wechselwirkung* (= vereinheitlichte schwache und elektromagnetische Wechselwirkung) verwendet wird (siehe z.B. [QUI], [RYD]).

Eine offensichtliche Verallgemeinerung der vorgestellten Theorie auf SU(3) bezüglich der achtdimensionalen Darstellung von SU(3) (durch λ-Matrizen, vgl. [QUI], Seite 196) hat Anwendungen in der Beschreibung von größeren Familien von Elementarteilchen (wie zum Beispiel Baryonen-Oktetts) und auf die *Quantenchromodynamik*, die Theorie der Quarks.

In fast allen Fällen ergibt sich, daß die in Frage kommenden Teilchen zunächst in der Theorie keine Masse haben (vgl. Ende von Paragraph 1). Eine geeignete Masse kann diesen Teilchen aber doch zugeordnet werden über den Mechanismus der Symmetriebrechung (vgl. z.B. [ORA], [QUI], [RYD]).

4 Geometrie der Eichtheorien: Vektorbündel

In den folgenden zwei Paragraphen soll ein Einführung in die geometrischen Aspekte der Eichinvarianz gegeben werden. Es gilt also, den Potentialen A_μ bzw. B_μ aus den vorangehenden Paragraphen und den Größen $F_{\mu\nu}$ bzw. $G_{\mu\nu}$ eine geometrische Rolle zuzuschreiben.

In diesem Paragraphen konzentrieren wir uns dabei auf Vektorbündel, im nächsten behandeln wir die Geometrie der Prinzipalfaserbündel. Der ganze vierte Paragraph kann als eine ausführliche Vorübung zum Begriff des Zusammenhangs aufgefaßt werden. Denn im nächsten Paragraphen wird die Geometrie von Zusammenhängen auf Vektorbündeln in dem allgemeineren Rahmen der Geometrie von Zusammenhängen auf Prinzipalfaserbündeln kurz wiederholt. Insofern kann der vorliegende Paragraph auch übergangen werden.

Zu Beginn werden die Vektorbündel zunächst einmal als trivial angenommen. Für viele physikalische Anwendungen ist es ausreichend mit trivialen Vektorbündeln zu arbeiten; lokal hat man in jedem Falle die Situation eines trivialen Vektorbündels.

(4.1) Definition. Ein *triviales Vektorbündel* vom Rang r über einer Mannigfaltigkeit M ist einfach ein Produkt $E := M \times \mathbb{F}$, wobei $\mathbb{F}$ ein r-dimensionaler Vektorraum über $\mathbb{K}$ ist.

Dabei steht $\mathbb{K}$ für $\mathbb{R}$ oder für $\mathbb{C}$, und entsprechend spricht man von einem *reellen* oder von einem *komplexen* Vektorbündel. Unter einer Mannigfaltigkeit wird hier und im folgendem stets eine beliebig oft differenzierbare Mannigfaltigkeit verstanden, die für viele Zwecke einfach als eine offene Menge im $\mathbb{R}^n$ aufgefaßt werden kann (vgl. Anhang M). $\mathbb{F}$ ist nach der Wahl einer Basis gleichzusetzen mit $\mathbb{K}^r$. $\mathbb{F}$ erhält auf diese Weise die Struktur einer Mannigfaltigkeit, die von der üblichen differenzierbaren Struktur des Raumes $\mathbb{K}^r$ der r-Tupel von Zahlen aus $\mathbb{K}$ stammt. Daher hat auch das Vektorbündel E als Produkt die natürliche Struktur einer Mannigfaltigkeit (vgl. M.8), und die Projektion $\pi := \mathrm{pr}_1 : M \times \mathbb{F} \longrightarrow M$ auf die erste Komponente ist eine differenzierbare Abbildung. ("Differenzierbar" steht hier und im folgendem stets für beliebig oft differenzierbar.) Die *Fasern* $E_a := \pi^{-1}(a) = \{a\} \times \mathbb{F}$ der Projektion π erhalten von $\mathbb{F}$ die Struktur eines $\mathbb{K}$-Vektorraums.

Von besonderem Interesse sind aus Sicht der Eichtheorien die $\mathbb{F}$-wertigen Funktionen, die den Materiefeldern der letzten Paragraphen entsprechen, sowie die Schnitte im Vektorbündel E. Der Raum aller differenzierbaren $\mathbb{F}$-wertigen Funktionen auf einer offenen Menge $U \subset M$ wird mit $\mathcal{E}(U,\mathbb{F})$ oder $\mathcal{E}(U,\mathbb{K}^r)$ bezeichnet. Jede differenzierbare $\mathbb{F}$-wertige Funktion $\psi : U \longrightarrow \mathbb{F}$ kann vermöge $s_\psi(a) := (a, \psi(a))$,

$a \in U$, auch als "Schnitt" in dem Vektorbündel E aufgefaßt werden, also als differenzierbare Abbildung $s : U \longrightarrow E$ mit $\pi \circ s = \mathrm{id}_U$, und umgekehrt: Ein *differenzierbarer Schnitt* s des Vektorbündels E über U, also eine differenzierbare Abbildung $s : U \longrightarrow E$ mit $\pi \circ s = \mathrm{id}_U$, liefert eine differenzierbare $\mathbb{F}$-wertige Funktion $\psi := \mathrm{pr}_2 \circ s$ mit $s = s_\psi$, also $s(a) := (a, \psi(a))$ für alle $a \in U$. Aufgrund dieser Beziehung zwischen differenzierbaren $\mathbb{F}$-wertigen Funktionen auf $U \subset M$ und differenzierbaren E-wertigen Schnitten auf U kann der Raum der differenzierbaren Schnitte $s : U \longrightarrow E$ in E, den wir mit $\mathscr{E}(U,E)$ bezeichnen wollen, mit $\mathscr{E}(U,\mathbb{F})$ identifiziert werden. Bezüglich der punktweisen Addition und Multiplikation sind $\mathscr{E}(U,E)$ wie auch $\mathscr{E}(U,\mathbb{F})$ $\mathbb{K}$-Vektorräume. Weiterhin ist die Multiplikation einer "skalaren" Funktion $f \in \mathscr{E}(U) := \mathscr{E}(U,\mathbb{K})$ mit einem Schnitt $s \in \mathscr{E}(U,E)$ punktweise definiert (durch $(fs)(a) := f(a)s(a)$ für $a \in U$) und ergibt einen Schnitt $fs \in \mathscr{E}(U,E)$. Diese Multiplikation macht $\mathscr{E}(U,E)$ zu einem $\mathscr{E}(U)$-Modul. Die Zuordnung $\psi \longmapsto s_\psi$ erhält diese Modulstruktur, das heißt es gilt $s_{\psi + \varphi} = s_\psi + s_\varphi$ und $s_{f\psi} = fs_\psi$.

Zur Beschreibung der kovarianten Ableitung sind die differenzierbaren 1-Formen auf M mit Werten in einem Vektorraum $\mathbb{F}$ oder einem Vektorbündel E nützlich: Im Falle einer offenen Menge $M \subset \mathbb{R}^n$ und Koordinaten $q^1, q^2, \ldots, q^n$ auf M ist eine solche $\mathbb{F}$-wertige differenzierbare 1-Form A gegeben durch $A = A_\mu dq^\mu$ mit $A_\mu \in \mathscr{E}(M,\mathbb{F})$, $\mu = 1, 2, \ldots, n$. Im allgemeinen hat A mittels lokaler Koordinaten (vgl. M.8) bezüglich einer Karte auf einer offenen Menge $U \subset M$ die entsprechende Beschreibung $A|_U = A_\mu dq^\mu$ mit $A_\mu \in \mathscr{E}(U,\mathbb{F})$. Eine koordinatenfreie Definition funktioniert folgendermaßen (vgl. M.17.5°): Eine differenzierbare 1-Form auf einer offenen Menge $W \subset M$ mit Werten in $\mathbb{F}$ ist eine Abbildung $A : \mathfrak{B}(W) \longrightarrow \mathscr{E}(W,\mathbb{F})$, die linear bezüglich $\mathscr{E}(W)$ ist. Dabei bezeichnet $\mathfrak{B}(W)$ den Raum der differenzierbaren Vektorfelder auf W (vgl. M.12), und eine solche Abbildung ist $\mathscr{E}(W)$-linear, wenn für alle $X, Y \in \mathfrak{B}(W)$ und alle skalaren Felder $f \in \mathscr{E}(W)$ die Identitäten $A(fX) = fA(X)$ sowie $A(X + Y) = A(X) + A(Y)$ gültig sind. Tatsächlich liefert A mit $A|_U = A_\mu dq^\mu$ für offene $U \subset W$ eine solche $\mathscr{E}(W)$-lineare Abbildung vermöge $A(X)|_U := A_\mu X^\mu$ für $X \in \mathfrak{B}(W)$ mit lokaler Darstellung $X|_U = X^\mu \partial_\mu$, $X^\mu \in \mathscr{E}(U)$. Insbesondere lassen sich solche 1-Formen auch als differenzierbare Abbildungen $A : TM \longrightarrow \mathbb{F}$ auffassen, für die $A(a) := A|_{T_a M}$ jeweils eine lineare Abbildung $A(a) : T_a M \longrightarrow \mathbb{F}$ ist für alle $a \in W$. Den Raum der differenzierbaren $\mathbb{F}$-wertigen 1-Formen auf einer offenen Menge $W \subset M$ bezeichnen wir mit $\mathscr{A}^1(W,\mathbb{F})$. $\mathscr{A}^1(W,\mathbb{F})$ ist wie auch $\mathscr{E}(W,\mathbb{F})$ in natürlicher Weise ein $\mathbb{K}$-Vektorraum (punktweise Addition und Multiplikation!). Weiterhin ist die Multiplikation mit skalaren Funktionen $f \in \mathscr{E}(W)$ definiert und macht $\mathscr{A}^1(W,\mathbb{F})$ zu einem $\mathscr{E}(W)$-Modul. Für das triviale Vektorbündel $E = M \times \mathbb{F}$ definiert man die *E-wertigen 1-Formen* auf W in Analogie als die $\mathscr{E}(W)$-linearen Abbildungen $\eta : \mathfrak{B}(W) \longrightarrow \mathscr{E}(W,E)$. Den Raum aller E-wertigen 1-Formen auf W bezeichnen wir mit $\mathscr{A}^1(W,E)$. Natürlich ist auch $\mathscr{A}^1(W,E)$ ein $\mathbb{K}$-Vektorraum und $\mathscr{E}(W)$-Modul, und es lassen sich wie zuvor die Räume $\mathscr{A}^1(W,\mathbb{F})$ und $\mathscr{A}^1(W,E)$ miteinander identifizieren: Für eine 1-Form $A \in \mathscr{A}^1(W,\mathbb{F})$ ist ja durch $\eta_A(X)(a) := (a, A(X)(a))$, $a \in W$, eine

E-wertige 1-Form $\eta_A \in \mathscr{A}^1(W,E)$ definiert und umgekehrt; außerdem ist die Zuordnung $A \longmapsto \eta_A$ ist $\mathscr{E}(W)$-linear. (Tatsächlich lassen sich die E-wertigen 1-Formen auf W auch als die differenzierbaren Schnitte in dem Bündel $T^*M \otimes E$ auffassen.)

Für den speziellen Fall des Vektorraumes $g = \mathrm{End}(\mathbb{F})$ aller $\mathbb{K}$-linearen Abbildungen von $\mathbb{F}$ nach $\mathbb{F}$ (also des Raumes $\mathbb{K}(r)$ der $r \times r$-Matrizen bezüglich einer Basis von $\mathbb{F}$) bestimmt eine g-wertige differenzierbare 1-Form $A \in \mathscr{A}^1(M,g)$ stets eine $\mathscr{E}(M)$-lineare Abbildung $\tilde{A} : \mathscr{E}(M,\mathbb{F}) \longrightarrow \mathscr{A}^1(M,\mathbb{F})$ durch $\tilde{A}(\psi)(X) := A(X)(\psi)$ für $\psi \in \mathscr{E}(M,\mathbb{F})$ und $X \in \mathfrak{B}(M)$, und umgekehrt: Eine solche $\mathscr{E}(M)$-lineare Abbildung $B : \mathscr{E}(M,\mathbb{F}) \longrightarrow \mathscr{A}^1(M,\mathbb{F})$ ist immer von der Form $B = \tilde{A}$ mit $A \in \mathscr{A}^1(M,g)$, wobei $A(X)(\psi) := B(\psi)(X)$.

Eine Inspektion der Beispiele aus den vorangehenden Paragraphen ergibt, daß dort die kovariante Ableitung bezüglich der lokalen Koordinaten jeweils gegeben ist durch "Potentiale" A_μ, die auf den vektorwertigen ψ zusammen mit der partiellen Ableitung ∂_μ in der Form $D_\mu\psi = \partial_\mu\psi + A_\mu\psi = (\partial_\mu + A_\mu)\psi$ wirken. Für $\mathbb{F}$-wertige ψ gibt das Sinn, wenn die A_μ ihre Werte in dem Raum der $r \times r$-Matrizen haben, wie zum Beispiel im Falle der Isospingruppe mit $A_\mu := \mathrm{i}cB_\mu \in \mathfrak{su}(2) \subset \mathbb{C}(2)$ (vgl. mit dem Ansatz vor 3.3). Ohne Bezug auf eine Basis von $\mathbb{F}$ ist die adäquate Bedingung an die A_μ, daß sie ihre Werte in dem Raum $\mathrm{End}(\mathbb{F})$ aller $\mathbb{K}$-linearen Abbildungen von $\mathbb{F}$ nach $\mathbb{F}$ haben, den wir wieder mit g bezeichnen. Damit haben wir eine g-wertige 1-Form $A = A_\mu dq^\mu$ gefunden, mit der folgenden Eigenschaft: $d + A$ wirkt auf differenzierbare $\mathbb{F}$-wertige Funktionen ψ durch

$$(d + A)\psi = d\psi + A\psi$$

(mit d komponentenweise wie in M.15). Bezüglich einer Basis $e_1, e_2, \dots, e_r$ von $\mathbb{F}$ hat ψ die Form $\psi = \psi^j e_j$ und A_μ kann als Matrix $(\alpha^i_{j\mu})$ von skalaren Funktionen geschrieben werden. Mit all diesen Indizes ergibt sich die Wirkung von $d + A$ als

$$(d + A)\psi = \partial_\mu\psi^j dq^\mu e_j + \alpha^i_{j\mu}\psi^j dq^\mu e_i = (\partial_\mu\psi^i dq^\mu + \alpha^i_{j\mu}\psi^j dq^\mu)e_i$$

über

$$d\psi := (d\psi^j)e_j = (\partial_\mu\psi^j dq^\mu)e_j$$

und

$$A\psi = \alpha^i_{j\mu}\psi^j dq^\mu e_i.$$

Wichtig an diesen Formeln ist zweierlei: Erstens lassen sie erkennen, daß das Ergebnis $(d + A)\psi$ eine $\mathbb{F}$-wertige 1-Form ist. Zweitens hat $d + A$ als ein Operator $D := d + A$ von $\mathscr{E}(W,\mathbb{F})$ nach $\mathscr{A}^1(W,\mathbb{F})$ die folgenden Linearitätseigenschaften:

$$D(\psi + \varphi) = D(\psi) + D(\varphi) \quad \text{für} \quad \psi, \varphi \in \mathscr{E}(W,\mathbb{F}),$$
$$D(f\psi) = (df)\psi + fD\psi \quad \text{für alle} \quad f \in \mathscr{E}(W) \quad \text{und} \quad \psi \in \mathscr{E}(W,\mathbb{F}).$$

Nach diesen Vorbereitungen ist die folgende Definition natürlich:

(4.2) Definition. Sei $E = M \times \mathbb{F}$ ein triviales Vektorbündel über M. Ein *Zusammenhang* auf E ist eine Abbildung $D : \mathscr{E}(M,E) \longrightarrow \mathscr{A}^1(M,E)$ mit

(Z1) $D(s + t) = D(s) + D(t)$ für alle Schnitte $s, t \in \mathscr{E}(M,E)$ (das heißt D ist *additiv*) und

(Z2) $D(fs) = df\,s + fD(s)$ für alle $s \in \mathcal{E}(M,E)$ und $f \in \mathcal{E}(M)$ (das heißt
D erfüllt die *Leibnizregel*).

Dabei muß $df\,s$ noch erklärt werden: Allgemein ist für eine (skalarwertige)
1-Form α auf M und $s \in \mathcal{E}(M,E)$ die E-wertige 1-Form $\alpha s : \mathfrak{B}(M) \longrightarrow \mathcal{E}(M,E)$
durch $(\alpha s)(X) := \alpha(X)s$ definiert. (αs wird gelegentlich auch als $\alpha \otimes s$ bezeichnet.
Dann hat (Z2) die Form $D(fs) = df \otimes s + fD(s)$.)

Im übrigen ist ein Zusammenhang D immer $\mathbb{K}$-linear, denn für eine konstante Funktion λ gilt $D(\lambda s) = d\lambda\,s + \lambda Ds = \lambda Ds$, da $d\lambda = 0$.

Ein Zusammenhang wird auch kovariante Ableitung genannt, obwohl dieser
Begriff meist für den folgenden Sachverhalt reserviert ist:

(4.3) Kovariante Ableitung. Sei D ein Zusammenhang auf E und $X \in \mathfrak{B}(M)$
ein Vektorfeld. Dann heißt die Abbildung $D_X : \mathcal{E}(M,E) \longrightarrow \mathcal{E}(M,E)$, $D_X s := (Ds)(X)$,
für $s \in \mathcal{E}(M,E)$, die *kovariante Ableitung* von s *in Richtung* X . Es gelten die folgenden Regeln:

(D1) $D_X + D_Y = D_{X+Y}$,

(D2) $D_{fX} = fD_X$,

(D3) $D_X(s + t) = D_X s + D_X t$,

(D4) $D_X(fs) = (L_X f)\,s + fD_X s$,

für alle $X, Y \in \mathfrak{B}(M)$, alle $f \in \mathcal{E}(M)$ und alle $s, t \in \mathcal{E}(M,E)$.

Diese Regeln folgen unmittelbar aus der Definition des Zusammenhangs
unter Beachtung von $df(X) = L_X f$ (vgl. M.15). Umgekehrt läßt sich leicht zeigen, daß
eine Kollektion $(D_X)_{X \in \mathfrak{B}(M)}$ von Abbildungen $D_X : \mathcal{E}(M) \longrightarrow \mathcal{E}(M)$ mit den Regeln (D1)–(D4) einen Zusammenhang D auf E mit $Ds(X) := D_X s$ definiert.

Vor der Definition 4.2 haben wir bereits gesehen, daß die Operatoren $d + A$
mit $A \in \mathcal{A}^1(M,g)$ Beispiele von Zusammenhängen liefern: Ein Schnitt $s \in \mathcal{E}(M,E)$ ist
von der Form $s(a) = (a,\psi(a))$, $a \in M$, mit $\psi \in \mathcal{E}(M,\mathbb{F})$. $Ds = Ds_\psi$ wird dann als diejenige 1-Form mit Werten in E definiert, die zu der 1-Form $d\psi + A\psi$ gehört, das heißt
$Ds_\psi := \eta_{d\psi + A\psi}$. Die Rechnungen vor 4.2 zeigen, daß dieses D tatsächlich die Regeln
(Z1) und (Z2) erfüllt. Es gibt keine weiteren Zusammenhänge, denn:

(4.4) Satz. Zu jedem Zusammenhang D auf einem Vektorbündel $E = M \times \mathbb{F}$
über M gibt es eine g-wertige 1-Form $A \in \mathcal{A}^1(M,g)$ mit $Ds_\psi = \eta_{d\psi + A\psi}$ für alle
$\psi \in \mathcal{E}(M,\mathbb{F})$ ($g = \mathrm{End}(\mathbb{F})$). Kurz: $D = d + A$. A heißt das *Eichpotential* zu D .

Beweis: D induziert eine Abbildung $D_0 : \mathcal{E}(M,\mathbb{F}) \longrightarrow \mathcal{A}^1(M,\mathbb{F})$ mit den zu
(Z1) und (Z2) analogen Eigenschaften: Ist $\psi \in \mathcal{E}(M,\mathbb{F})$ und $s_\psi(a) := (a,\psi(a))$ der zugehörige Schnitt, so ist $D_0\psi \in \mathcal{A}^1(M,\mathbb{F})$ die zu Ds_ψ gehörige 1-Form, das heißt es gilt
$Ds_\psi = \eta_{D_0\psi}$. Die Aussage des Satzes ist nichts anderes, als daß D_0 von der Form

$D_0 = d + A$ mit $A \in \mathcal{A}^1(M,g)$ ist. Durch $B(\psi) := D_0\psi - d\psi$, $\psi \in \mathcal{E}(M,\mathbb{F})$, wird eine Abbildung $B : \mathcal{E}(M,\mathbb{F}) \longrightarrow \mathcal{A}^1(M,\mathbb{F})$ definiert, die $\mathbb{K}$-linear ist, weil D und d $\mathbb{K}$-linear sind. Außerdem gilt für alle $\psi \in \mathcal{E}(M,\mathbb{F})$ und alle $f \in \mathcal{E}(M)$ die Identität $B(f\psi) = D_0(f\psi) - d(f\psi) = (df)\psi + f(D_0\psi) - (df)\psi - f(d\psi) = f(D_0\psi - d\psi) = f(B(\psi))$. Also ist B $\mathcal{E}(M)$-linear und kann, wie weiter oben gezeigt wurde, als eine 1-Form mit Werten in g aufgefaßt werden, genauer: $B = \tilde{A}$ mit $A \in \mathcal{A}^1(M,g)$. Insgesamt ist damit $D_0\psi = d\psi + B(\psi) = d\psi + A\psi$ bewiesen worden.

Aus dem Satz folgt, daß die Menge $\mathcal{A}$ aller Zusammenhänge auf dem Vektorbündel E sich als $d + \mathcal{A}^1(M,g)$ schreiben läßt. Insbesondere ist $\mathcal{A}$ in natürlicher Weise ein (allerdings unendlichdimensionaler) affiner Raum (vgl. II.1) über dem Körper $\mathbb{K}$ mit zugehörigen Vektorraum $\mathcal{A}^1(M,g)$, wobei $g = g(\mathbb{F}) = \mathrm{End}(\mathbb{F})$.

Die in den vorangehenden Paragraphen beschriebene Eichinvarianz der kovarianten Ableitung hat für ein Vektorbündel E die folgende Formulierung. Wählt man für das Bündel $E = M \times \mathbb{F}$ eine andere Trivialisierung $\Phi : E \longrightarrow M \times \mathbb{F}$, also einen Diffeomorphismus Φ mit $\pi \circ \Phi = \pi$, der in den Fasern von π linear ist, so ist Φ gegeben durch eine eindeutig bestimmte differenzierbare Abbildung $g : M \longrightarrow GL(\mathbb{F})$ mit $\Phi(a,y) = (a, g(a).y)$ für $(a,y) \in E = M \times \mathbb{F}$. Eine solche Abbildung g heißt *Eichtransformation* und kann verstanden werden als ein Basiswechsel $g(a)$ von $\mathbb{F}$, der von den Punkten $a \in M$ differenzierbar abhängt, und daher einen Basiswechsel der einzelnen Fasern E_a liefert. Ein Schnitt $s \in \mathcal{E}(M,E)$ im Vektorbündel $E = M \times \mathbb{F}$ hat jetzt bezüglich der Trivialisierung Φ eine neue Realisierung: Für ein $\psi \in \mathcal{E}(M,\mathbb{F})$ ergibt sich $s_\psi(a) = (a, \psi(a))$ in der bisherigen Beschreibung der Schnitte durch $\mathbb{F}$-wertige Funktionen ψ und $s'_\psi(a) := \Phi^{-1}(a, \psi(a)) = (a, g^{-1}(a).\psi(a))$ in der Beschreibung bezüglich der neuen Trivialisierung Φ. Also ist $s_\psi = s'_{g\psi}$.

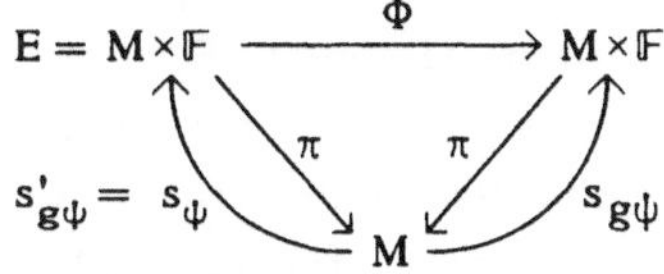

Den Übergang von einer vorgegebenen Trivialisierung zu einer neuen Trivialisierung, die durch eine Eichtransformation g gegeben wird, kann man auch verstehen als einen Wechsel von dem bekannten Isomorphismus $\psi \longmapsto s_\psi$ zwischen den $\mathcal{E}(M)$-Moduln $\mathcal{E}(M,\mathbb{F})$ und $\mathcal{E}(M,E)$ zu einem neuen Isomorphismus $\psi \longmapsto s'_\psi$ dieser beiden $\mathcal{E}(M)$-Moduln, der durch $s_\psi = s'_{g\psi}$ vermittelt wird. Dieser Wechsel entspricht dem Automorphismus $\psi \longmapsto g\psi$ des $\mathcal{E}(M)$-Moduls $\mathcal{E}(M,\mathbb{F})$.

Den Zusammenhang $D : \mathcal{E}(M,E) \longrightarrow \mathcal{A}^1(M,E)$ kann man auch in der neuen Trivialisierung als eine Summe $d + A'$ darstellen, wobei $A' \in \mathcal{A}^1(M,g)$. Zwischen der 1-Form A, welche D wie oben in 4.4 beschreibt, und A' muß dann wegen der Gleichungen $Ds'_\psi = \eta'_{d\psi + A'\psi}$ und $Ds_\psi = \eta_{d\psi + A\psi}$ sowie $s_\psi = s'_{g\psi}$ und $\eta_B = \eta'_{gB}$ für $B \in \mathcal{A}^1(M,\mathbb{F})$ die folgende Beziehung bestehen: $g(d + A)\psi = (d + A')g\psi$ für alle

$\psi \in \mathcal{E}(M,\mathbb{F})$. Wegen $d(g\psi) = (dg)\psi + g(d\psi)$ folgt daraus $gA\psi = dg + A'g$, also $A' = gAg^{-1} - (dg)g^{-1}$, und wegen $0 = d(gg^{-1}) = (dg)g^{-1} + g\,dg^{-1}$ ergibt sich daher

$$(4.5) \quad A' = gAg^{-1} + g\,dg^{-1}.$$

Bis zu dieser Stelle ist im Vergleich zu der Ansätzen der vorigen Paragraphen fast nichts Neues dargestellt worden. Es ist lediglich der Begriff der kovarianten Ableitung verallgemeinert worden auf beliebige Mannigfaltigkeiten M und Vektorräume $\mathbb{F} \cong \mathbb{K}^r$, und die Formel 4.5 kann verstanden werden als Folge des Wechsels der Trivialisierungen von E. Die Bedeutung der Symmetriegruppe ($U(1)$ bzw. $SU(2)$ in den Beispielen) tritt dagegen etwas in den Hintergrund. Die Invarianz 4.5 läßt sich allerdings für jede Gruppe G mit $G \subset GL(\mathbb{F})$ oder mit einer Darstellung $\rho : G \longrightarrow GL(\mathbb{F})$ formulieren. Dieser Aspekt erhält seine Bedeutung erst richtig im Rahmen der Zusammenhänge auf Prinzipalfaserbündeln und ihren assoziierten Vektorbündeln, wie im nächsten Paragraphen dargestellt werden soll.

Es ist das Anliegen dieses Paragraphen, die geometrische Bedeutung des Zusammenhangs herauszuarbeiten. Dazu beschreiben wir zunächst das *vertikale Bündel* des Vektorbündels E. Durch die Projektion $\pi : E \longrightarrow M$ wird für jeden Punkt $\xi \in E$ ein natürlicher linearer Unterraum $V_\xi := \operatorname{Ker} T_\xi \pi$ des Tangentialraumes $T_\xi E$ induziert. V_ξ ist der sogenannte *vertikale Anteil* des Tangentialraumes $T_\xi E$ an E. Im Falle $\xi = (a,y) \in E = M \times \mathbb{F}$ hat V_ξ auch die Beschreibung $V_\xi = \{x \in T_\xi E : \text{wobei}$ $x = [\gamma]_\xi = \frac{d}{dt}\gamma|_{t=0} = \dot{\gamma}(0)$ mit $\gamma(t) = (a,\eta(t))$ für eine differenzierbare Kurve $\eta(t)$ in $\mathbb{F}$ mit $\eta(0) = y\}$. Die Vereinigung $V := \bigcup\{V_\xi : \xi \in E\} \subset TE$ erweist sich als ein triviales Vektorbündel über der Mannigfaltigkeit E mit Faser $\mathbb{F}$, denn die Abbildung $j : E \times \mathbb{F} \longrightarrow V$, gegeben durch $j(a,y,v) := [(a,y + tv)]_{(a,y)}$, ist bijektiv und bildet $\{\xi\} \times \mathbb{F}$ linear auf V_ξ ab. Als Abbildung nach TE ist $j : E \times \mathbb{F} \longrightarrow V \subset TM$ außerdem differenzierbar. Das Bündel V heißt das *vertikale Bündel* von E. Die Trivialisierung $E = M \times \mathbb{F}$ liefert zudem einen weiteren linearen Unterraum R_ξ von $T_\xi E$: $R_\xi := \{x \in T_\xi E : \; x = [\gamma]_\xi = \dot{\gamma}(0)$ mit $\gamma(t) = (\alpha(t),y)$ für eine differenzierbare Kurve $\alpha(t)$ in M mit $\alpha(0) = a\}$. Der Raum R_ξ ist zu V_ξ komplementär, das heißt es gilt $T_\xi E = R_\xi \oplus V_\xi$, also hat jeder Vektor $z \in T_\xi E$ eine eindeutige Darstellung als Summe $z = x + v$ mit $x \in R_\xi$ und $v \in V_\xi$, die wir mit $z = x \oplus v$ oder $z = (x,v)$ bezeichnen. Die Restriktion von $T_\xi\pi$ auf R_ξ ist ein Isomorphismus von R_ξ auf $T_{\pi(\xi)}M$. Insgesamt hat R_ξ alle Eigenschaften, die man an einen horizontalen Unterraum von $T_\xi E$ stellen kann. Die Vereinigung der R_ξ gibt wieder ein Vektorbündel R.

Ein Unterraum V eines Vektorraumes T hat (außer in den trivialen Fällen $V = \{0\}$ und $V = T$) viele verschiedene Komplementärräume, von denen in der Regel keiner ausgezeichnet ist (vgl. das Bild auf S. 255). Die Festlegung auf einen bestimmten Komplementärraum bedeutet in gewisser Weise die Festlegung einer Geometrie. So ist es auch in unserer Situation. Zwar ist der vertikale Anteil V_ξ des Tangentialraumes $T_\xi E$ durch π in natürlicher Weise gegeben, aber er hat viele verschiedene horizontale

Komplemente, das heißt lineare Unterräume $K \subset T_\xi E$ mit $K \oplus V_\xi = T_\xi E$. Zum Beispiel wird durch eine andere Trivialisierung von E, die wie oben durch ein $g \in \mathcal{E}(M, GL(\mathbb{F}))$ gegeben sei, ein im allgemeinen von R_ξ verschiedener Komplementärraum R'_ξ festgelegt: $R'_\xi := \{x \in T_\xi E: x = [\gamma]_\xi = \dot\gamma(0)$ für $\gamma(t) = (\alpha(t), g^{-1}(\alpha(t)) g(a).y)$, wobei α ein differenzierbarer Weg in M mit $\alpha(0) = a$ ist$\}$.

In der Beschreibung von horizontalen Komplementen zum vertikalen Bündel V kommen jetzt die Zusammenhänge auf dem Vektorbündel E ins Spiel. Dazu sei ein Zusammenhang D auf E bezüglich einer festen Trivialisierung $E = M \times \mathbb{F}$ wie in 4.4 als $d + A$ gegeben mit $A \in \mathcal{A}^1(M, \mathfrak{g})$. Für $\xi = (a, y) \in E$ definiert die 1-Form A eine $\mathbb{R}$-lineare Abbildung $v_\xi : T_\xi E \longrightarrow T_\xi E$ auf die folgende Weise:

(4.6) Definition der horizontalen Projektion. Jeder Tangentialvektor $z \in T_\xi E$ hat bezüglich der Trivialisierung $E = M \times \mathbb{F}$ die Darstellung $z = (x, v) \in R_\xi \times V_\xi$ $(= R_\xi \oplus V_\xi)$ mit $x = [(\alpha(t), y)]_\xi \in R_\xi$ sowie $v = [(a, \eta(t))]_\xi \in V_\xi$. Die Kurve α in M geht durch a und definiert einen Tangentialvektor $[\alpha]_a \in T_a M$. Daher ist $A([\alpha]_a) \in \mathfrak{g}$ $(\mathfrak{g} = \mathrm{End}(\mathbb{F}))$ und weiterhin $A([\alpha]_a).y \in \mathbb{F}$. Insgesamt erhalten wir eine Abbildung $N_\xi : T_\xi E \longrightarrow V_\xi$ durch $N_\xi(x, v) := A(x).y := j(a, y, A([\alpha]_a).y)$, wobei mit der oben eingeführten Bezeichnung $j(a, y, w) = [(a, y + tw)]_\xi$ für $(\xi, w) = (a, y, w) \in E \times \mathbb{F}$. N_ξ ist $\mathbb{R}$-linear in x sowie unabhängig von v und kann auch $N_\xi(x, v) = N_\xi(x)$ geschrieben werden. Durch $v_\xi(x, v) := (0, v + N_\xi(x))$ wird jetzt die gewünschte $\mathbb{R}$-lineare Abbildung definiert. Es ist $v_\xi \circ v_\xi = v_\xi$, weil $v_\xi(0, v) = (0, v)$ gilt, das heißt v_ξ ist eine Projektion, für die nach Konstruktion $V_\xi = \mathrm{Im}\, v_\xi$ gilt. Deshalb ist der Kern von v_ξ, der Unterraum $H_\xi := \mathrm{Ker}\, v_\xi = \{(x, v) \in T_\xi E : v + N_\xi(x) = 0\}$, ein Komplementärraum zu V_ξ: Es gilt $T_\xi E = H_\xi \oplus V_\xi$. Die dadurch gegebene eindeutige Zerlegung von Vektoren $(x, v) \in T_\xi E$ ist $(x, v) = (x, -N_\xi(x)) \oplus (0, v + N_\xi(x))$. Der Komplementärraum H_ξ heißt der durch den Zusammenhang festgelegte *horizontale Raum* in $T_\xi E$, und v_ξ heißt die *horizontale Projektion*. Eine nützliche Beschreibung von H_ξ mit den früher eingeführten Kurven α und η ist $H_\xi = \{(x, v) \in T_\xi E : \dot\eta(0) + A([\alpha]_a).y = 0\}$. Elementare Rechnungen zeigen, daß H_ξ unabhängig von der speziellen Wahl der Trivialisierung ist. (Das folgt auch aus einer anderen Beschreibung von H_ξ durch horizontale Liftungen, wie wir sie später kennenlernen werden, vgl. mit der Bemerkung nach 4.14.) Damit ist vorläufig eine geometrische Interpretation eines Zusammenhangs D auf dem Vektorbündel E gegeben:

(4.7) Satz. Jeder Zusammenhang D auf dem Vektorbündel E induziert in jedem Tangentialraum $T_\xi E$, $\xi \in E$, einen horizontalen Vektorraum H_ξ und damit eine Zerlegung $T_\xi E = H_\xi \oplus V_\xi$.

Welche Zerlegungen kommen auf diese Weise vor?

Zur Beantwortung dieser Frage stellt man als erstes fest, daß in der obigen Konstruktion die Zuordnung $\xi \longmapsto H_\xi$ *differenzierbar* ist im folgenden Sinne: Zu jedem $\xi_0 \in E$ gibt es eine Umgebung U und Vektorfelder $X_1, X_2, \ldots, X_n \in \mathfrak{B}(U)$, so daß für alle $\xi \in U$ der horizontale Unterraum H_ξ von den Vektoren $X_1(\xi), X_2(\xi), \ldots,$ $X_n(\xi)$ aufgespannt wird. Ein solches U findet man zum Beispiel als ein $U_0 \times \mathbb{F} \subset E$, wobei $U_0 \subset M$ eine Kartenumgebung von $\pi(\xi)$ ist. (Im übrigen ist die hier festgelegte Differenzierbarkeitsbedingung äquivalent dazu, daß die Vereinigung der H_ξ ein Vektorbündel bildet, welches ein Unterbündel von TE ist; allgemeine Vektorbündel (vgl. 4.19) haben wir allerdings noch nicht in die Betrachtung mit einbezogen, abgesehen von den Tangentialbündeln, die in der Diskussion auftreten. Will man die Darstellung ganz auf triviale Vektorbündel beschränken, so betrachte man nur offene Mengen M in $\mathbb{R}^n$.)

Eine weitere Eigenschaft zur Charakterisierung derjenigen horizontalen Zerlegungen, die von Zusammenhängen kommen, ist die Invarianz gegenüber der Skalarmultiplikation auf E: Für $c \in \mathbb{K}\setminus\{0\}$ sei $m_c : E \longrightarrow E$ die Multiplikation mit c, $m_c(\xi) := c\xi$ für $\xi \in E$, die sich als $m_c(a,y) = (a,cy)$ für $(a,y) \in M \times \mathbb{F}$ bezüglich der Trivialisierung $E = M \times \mathbb{F}$ schreibt. m_c ist differenzierbar und induziert daher die Tangentialabbildung $T_\xi m_c : T_\xi E \longrightarrow T_{c\xi}E$ (oder Ableitung, vgl. M.10), gegeben durch $T_\xi m_c([\xi(t)]_\xi) := [m_c\xi(t)]_{c\xi}$ für differenzierbare Kurven $\xi(t)$ in E durch ξ. Bezüglich der Trivialisierung und der davon induzierten Zerlegung $T_\xi E = R_\xi \oplus V_\xi$ gilt für $x = [(\alpha(t),y)]_\xi \in R_\xi$ und $v = [(a,\eta(t))]_\xi \in V_\xi$: $T_\xi m_c(x,v) = (x',v')$ mit $x' = [(\alpha(t),cy)]_{c\xi}$ und $v' = [(a,c\eta(t))]_{c\xi}$. Aus dieser Beschreibung von $T_\xi m_c$ folgt aus $(x,v) \in H_\xi$ stets auch $T_\xi m_c(x,v) = (x',v') \in H_{c\xi}$. Denn $(x,v) \in H_\xi = \operatorname{Ker} v_\xi$ bedeutet $v + A(x).y = 0$, also $\dot\eta(0) + A([\alpha]_a).y = 0$, und daraus folgt unmittelbar $c\dot\eta(0) + A([\alpha]_a).cy = c(\dot\eta(0) + A([\alpha]_a).y) = 0$, das heißt $v' + A(x').cy = 0$, und daher $T_\xi m_c(x,v) \in H_{c\xi}$. Also ist $T_\xi m_c(H_\xi) \subset H_{c\xi}$, und ebenso sieht man die umgekehrte Inklusion $T_\xi m_c(H_\xi) \supset H_{c\xi}$. Wir haben damit gezeigt, daß $T_\xi m_c(H_\xi) = H_{c\xi}$ für alle $c \in \mathbb{K}\setminus\{0\}$ und $\xi \in E$ gilt. Daran schließt sich die folgende geometrische Charakterisierung von Zusammenhängen an:

(4.8) Satz. Ein Zusammenhang auf einem Vektorbündel E ist durch eine differenzierbare Schar von Untervektorräumen $H_\xi \subset T_\xi E$, $\xi \in E$, gegeben mit den folgenden Eigenschaften:

(H1) $T_\xi E = H_\xi \oplus V_\xi$ für alle $\xi \in E$, das heißt H_ξ ist *horizontal*.

(H2) $T_\xi m_c(H_\xi) = H_{c\xi}$ für alle $c \in \mathbb{K}\setminus\{0\}$ und $\xi \in E$, das heißt H_ξ ist *invariant* gegenüber Multiplikationen m_c.

Umgekehrt definiert jeder Zusammenhang D auf E eine differenzierbare Schar H_ξ mit (H1)-(H2), wie wir gerade gesehen haben.

Beweisskizze: Die Zerlegung $T_\xi E = H_\xi \oplus V_\xi$ nach (H1) bedeutet, daß es zu jedem $\xi \in E$ eine $\mathbb{R}$-lineare Projektion v_ξ von $T_\xi E$ auf $T_\xi E$ mit $H_\xi = \operatorname{Ker} v_\xi$ und $V_\xi = \operatorname{Im} v_\xi$ gibt. Also läßt sich v_ξ als lineare Abbildung $v_\xi : T_\xi E \longrightarrow V_\xi$ auffassen, die sich zu einer Abbildung $v : TE \longrightarrow V$ zusammensetzt. v ist eine differenzierbare Abbildung, weil $\xi \longmapsto H_\xi$ differenzierbar ist. Das vertikale Bündel V hat neben der Bündelprojektion $V \longrightarrow E$ noch eine weitere Projektion $\operatorname{pr}_2 : V \longrightarrow E$, die dadurch definiert ist, daß jedem Vektor $v \in V_\xi$, der von einer Kurve $\xi + t\zeta$ mit $\pi(\xi) = \pi(\zeta)$, $\xi, \zeta \in E$, herkommt, also $v = [\xi + t\zeta]_\xi$, der Wert $\mathrm{pr}_2(v) := \zeta \in E$ zugeordnet wird. Auch pr_2 ist differenzierbar und liefert zusammen mit v die differenzierbare Abbildung $x := \mathrm{pr}_2 \circ v : TE \longrightarrow E$ mit verschiedenen Verträglichkeitseigenschaften. Der zugehörige Zusammenhang D läßt sich jetzt durch $D_X s := x \circ Ts(X) = x \circ Ts \circ X$ definieren, für einen Schnitt $s \in \mathscr{S}(M,E)$ mit der Tangentialabbildung $Ts : TM \longrightarrow TE$ und ein Vektorfeld $X \in \mathfrak{B}(M)$, das ja insbesondere eine differenzierbare Abbildung von M nach TM ist. Also $Ts \circ X := Ts(X) : M \longrightarrow TE$ und $x \circ Ts \circ X \in \mathscr{S}(M,E)$. Die Regeln (D1)–(D3) für die so definierten Abbildungen $D_X : \mathscr{S}(M,E) \longrightarrow \mathscr{S}(M,E)$ ergeben sich leicht, während zum Nachweis von (D4) die Abbildung x eingehend untersucht werden muß. Wir erlauben uns diesen Nachweis nicht zu führen und gehen stattdessen gleich auf weitere geometrische Bedeutungen des Zusammenhangsbegriffs ein. (Einen vollständigen Beweis kann man zum Beispiel aus den Darlegungen in [POO] ablesen.)

Davor allerdings wollen wir noch auf folgendes hinweisen: Die Abbildung $v : TE \longrightarrow V$ läßt sich als eine 1-Form auf E mit Werten in V auffassen, die offenbar die Eigenschaften $v(z) = z$ für $z \in V$ und $m_c^* v = v$ (vgl. M.16 für $f^* \omega$) für alle $c \in \mathbb{K} \setminus \{0\}$ erfüllt. Daher

(4.9) Satz. Ein Zusammenhang auf einem Vektorbündel E ist durch eine V-wertige 1-Form $v \in \mathscr{A}^1(E,V)$ gegeben, welche die folgenden Eigenschaften hat:

(**v**1) $v(z) = z$ für alle $z \in V$,

(**v**2) $m_c^* v = v$ für alle $c \in \mathbb{K} \setminus \{0\}$.

Ganz ähnlich ist eine weitere Charakterisierung des Zusammenhangsbegriffs: Die Restriktion der Tangentialabbildung $T_\xi \pi : T_\xi E \longrightarrow T_a M$ zur Projektion π auf den horizontalen Unterraum $H_\xi \subset T_\xi E$ ist bijektiv. Denn $T_\xi \pi |_{H_\xi}$ ist surjektiv, weil $T_\xi \pi$ surjektiv ist und $T_\xi E$ die Zerlegung $T_\xi E = H_\xi \oplus V_\xi$ mit $V_\xi = \mathrm{Ker}\, T_\xi \pi$ hat. Weiterhin ist $T_\xi \pi |_{H_\xi}$ dann bijektiv aus Dimensionsgründen: Wegen $\dim T_\xi E = n + r$ und $\dim V_\xi = r$ folgt ja $\dim H_\xi = \dim T_\xi E - \dim V_\xi = n = \dim T_a M$ aus der Zerlegung. Daher wird durch einen Zusammenhang auf E eine Kollektion von $\mathbb{R}$-linearen Abbildungen $\Gamma_\xi := (T_\xi \pi |_{H_\xi})^{-1} : T_a M \longrightarrow T_\xi E$ gegeben mit $T_a \pi \circ \Gamma_\xi = \mathrm{id}_{T_a M}$ und $T_\xi m_c \circ \Gamma_\xi = \Gamma_{c\xi}$.

(4.10) Satz. Ein Zusammenhang ist gegeben durch eine Familie Γ_ξ von $\mathbb{R}$-linearen Abbildungen $\Gamma_\xi : T_a M \longrightarrow T_\xi E$, die differenzierbar von ξ und a abhängen, mit

(G1) $T_a \pi \circ \Gamma_\xi = \mathrm{id}_{T_a M}$ für alle $a \in M$,

(G2) $T_\xi m_c \circ \Gamma_\xi = \Gamma_{c\xi}$ für alle $\xi \in TE$ und $c \in \mathbb{K} \setminus \{0\}$.

(Vgl. auch mit 4.22 zum weiteren Verständnis dieser Bedingungen.)

Die zuletzt beschriebene Abbildung Γ_ξ hat in der früher benutzten Zerlegung $T_\xi E = H_\xi \oplus V_\xi$ die Form $\Gamma_\xi(T_\xi \pi(z)) = z$ für $z \in H_\xi$. Für einen Tangentialvektor $X \in T_a M$ heißt $\Gamma_\xi(X)$ die *horizontale Liftung* von X nach $T_\xi E$ (bezüglich des Zusammenhangs, der durch die horizontalen H_ξ nach 4.7 bzw. 4.8 gegeben ist). Von großer Wichtigkeit für die geometrische Beschreibung des Zusammenhangsbegriffs ist die Tatsache, daß sich diese "infinitesimale" Liftung ausdehnen läßt auf Kurven in M:

(4.11) Horizontale Liftung. Sei D ein Zusammenhang auf dem Vektorbündel E über M mit der zugehörigen Zerlegung $TE = H + V$ in horizontale und vertikale Richtungen.

1° Eine Kurve $\xi : I \longrightarrow E$ in E heißt *horizontal* (oder auch *parallel*), wenn die durch ξ gegebenen Tangentialvektoren $\dot\xi(t) := [\xi(t)]_{\xi(t)} \in T_{\xi(t)}$ sämtlich horizontal sind, also $\dot\xi(t) \in H_{\xi(t)}$ für alle $t \in I$.

2° Sei $\alpha : I \longrightarrow M$ eine Kurve in der Basismannigfaltigkeit M. Eine *horizontale Liftung* von α (durch $\xi_0 \in \alpha(t_0)$) ist eine horizontale Kurve ξ in E mit $\alpha = \pi \circ \xi$ (mit $\xi(t_0) = \xi_0$). Die folgende Abbildung veranschaulicht eine solche horizontale Liftung über dem Punkt $\alpha(t_0) = b$.

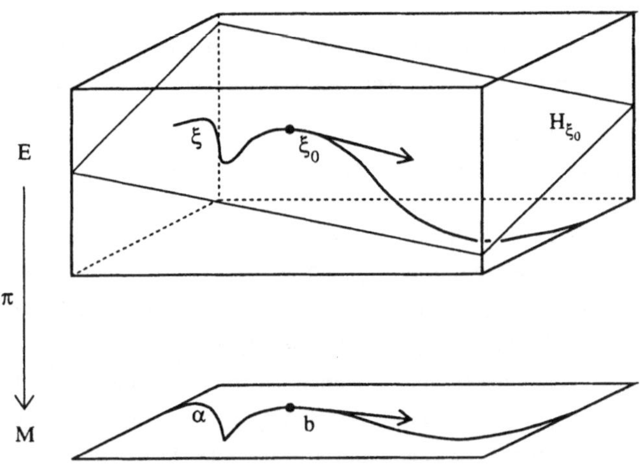

3° Entsprechend heißt eine differenzierbare Abbildung $\xi : N \longrightarrow M$ (von einer offenen Menge $N \subset \mathbb{R}^k$ oder einer k-dimensionalen Mannigfaltigkeit N nach M) *horizontal*, wenn $T_b \xi(T_b N) \subset H_{\xi(b)}$ für alle $b \in N$ gilt. Und ξ ist *horizontale Liftung* einer differenzierbaren Abbildung $f : N \longrightarrow M$, wenn ξ horizontal ist und $f = \pi \circ \xi$ erfüllt.

4° Schließlich wird ein Schnitt von E über einer offenen Teilmenge $U \subset M$ (also eine differenzierbare Abbildung $s : U \longrightarrow E$ mit $\mathrm{id}_U = \pi \circ s$) *horizontal* genannt, wenn $T_a s(T_a M) \subset H_{s(a)}$ für alle $a \in U$ gilt, das heißt wenn s horizontale Liftung von id_U ist.

Unter "Kurve" in 1° und 2° soll eine *stückweise differenzierbare* Kurve verstanden werden, das ist für eine Kurve in M eine stetige Abbildung $\alpha : I \longrightarrow M$ von einem Intervall $I = [t_1, t_2] \subset \mathbb{R}$ mit einer Unterteilung $t_1 = r_1 < r_2 < ... < r_{k+1} = t_2$, so daß jeweils die Restriktion von α auf die Intervalle $[r_j, r_{j+1}]$ differenzierbar ist. Damit sind also endlich viele "Kanten" zugelassen, in denen die Kurve möglicherweise zwei Tangenten hat.

Mit der 1-Form $A \in \mathscr{A}^1(M,\mathbb{F})$, welche den Zusammenhang D bezüglich einer Trivialisierung beschreibt (vgl. 4.4), ist die Bedingung an eine Kurve $\xi = (\alpha, \eta)$, eine horizontale Liftung von $\alpha = \pi \circ \xi$ zu sein, gleichbedeutend mit der Gleichung $v + A(x).\eta(t) = 0$, wobei $x = \dot{\alpha}(t)$ und $v = \dot{\eta}(t)$. Daher gilt:

(4.12) Satz. Sei E ein Vektorbündel über M mit Zusammenhang D.

1° Eine Kurve $\xi = (\alpha, \eta)$ in E ist genau dann eine horizontale Liftung von $\alpha = \pi \circ \xi$, wenn die Gleichung
$$\dot{\eta}(t) + A(\dot{\alpha}(t)).\eta(t) = 0$$
erfüllt ist.

2° Ein Schnitt s in E über $U \subset M$ ist genau dann horizontal, wenn die Gleichung
$$Ds = 0$$
erfüllt ist, das heißt wenn s *kovariant konstant* ist.

Beweis. 1° wurde gerade hergeleitet. Ein Schnitt s hat bezüglich der Trivialisierung $E = M \times \mathbb{F}$ die Form $s(a) = (a, \psi(a))$, $a \in U$, mit $\psi \in \mathscr{E}(U,\mathbb{F})$. Aus $Ds = 0$ ergibt sich sofort $d\psi + A\psi = 0$, also $L_X\psi + A(X)\psi = 0$ für alle $X \in \mathfrak{B}(U)$. Es sei α eine geeignete Kurve durch $a \in U$, die X in diesem Punkt repräsentiert (das heißt: $X(a) = [\alpha]_a = \dot{\alpha}(0)$). Setze $\eta := \psi \circ \alpha$ und $y := \eta(0) = \psi(a)$. Aus $Ds = 0$ folgt wegen $L_X\psi(a) = \frac{\mathrm{d}}{\mathrm{dt}}\psi \circ \alpha|_{t=0} = \dot{\eta}(0)$ unmittelbar die Gleichung $\dot{\eta}(0) + A(\dot{\alpha}(0)).y = 0$. Also erfüllt $(x,v) \in T_{s(a)}E$ mit $x = [(\alpha,y)]_{s(a)}$ und $v = [(a,\eta)]_{s(a)}$ die entscheidende Bedingung $v + A(x).y = 0$ und gehört daher zu $H_{s(a)}$. Wegen $T_a s(X) = (x,v)$ ist daher $T_a s(T_a M) \subset H_{s(a)}$ für alle $a \in U$ gezeigt, das heißt s ist horizontal. Wenn umgekehrt s horizontaler Schnitt ist, so liegt $T_{\alpha(t)}s(\dot{\alpha}(t))$ in $H_{s(t)}$ für alle Kurven α in $U \subset M$, so α ist also horizontale Liftung von α. Nach 1° bedeutet das gerade $\dot{\eta}(t) + A(\dot{\alpha}(t)).\eta(t) = 0$, wenn $s \circ \alpha(t) = (\alpha(t), \eta(t))$ ist, und für ein Vektorfeld X mit $X(\alpha(t)) := \dot{\alpha}(t)$ folgt dann $L_X\psi(\alpha(t)) + A(\dot{\alpha}(t)).\psi(\alpha(t)) = 0$. Da alle Vektorfelder X auf diese Weise beschrieben werden können, ist stets $L_X\psi + A(X)\psi = 0$ und das heißt $Ds = 0$. Damit ist auch 2° gezeigt.

(4.13) Beispiele. 1° Für den Zusammenhang D auf $E = M \times \mathbb{F}$, der zur verschwindenden 1-Form $A = 0$ gehört, gilt: Ein Schnitt $s = s_\psi$ ist horizontal, wenn ψ lokal konstant ist. Denn s ist genau dann horizontal, wenn $d\psi = 0$ gilt.

2° Die Geometrie einer Fläche im Raum führt zu einem Zusammenhang auf dem zugehörigen Tangentialbündel der Fläche: Sei $\Sigma \in \mathbb{R}^3$ ein Flächenstück mit einer Parametrisierung $\psi : Q \longrightarrow \Sigma$, $Q \subset \mathbb{R}^2$. Die euklidische Metrik auf $\mathbb{R}^3$ induziert auf dem Tangentialbündel $T\Sigma \cong \Sigma \times \mathbb{R}^2 =: E$ eine Metrik, die sich bezüglich der durch ψ gegebenen Basis $\partial_1\psi(q), \partial_2\psi(q)$ von $T_{\psi(q)}\Sigma$ mit den Koeffizienten $g_{\mu\nu} = \langle \partial_\mu\psi, \partial_\nu\psi \rangle$ ausdrücken läßt. Zur Metrik gehören die Christoffelsymbole $\Gamma^i_{j\mu}$ (vgl. Anhang G.4), die auf E einen Zusammenhang festlegen: Die 1-Formen $\Gamma^i_j := \Gamma^i_{j\mu}dq^\mu$ bestimmen eine Matrix $\Gamma := (\Gamma^i_j)$, also ein $A = \Gamma \in \mathscr{A}^1(\Sigma, g(\mathbb{R}^2))$. Dieses A liefert einen Zusammenhang in der uns gewohnten Weise: Für einen Schnitt s im Tangentialbündel E, also ein Vektorfeld $X = s$, wird $Ds \in \mathscr{A}^1(\Sigma, E)$ durch die Angabe aller $Ds(Y)$, $Y \in \mathfrak{B}(\Sigma)$, vollständig beschrieben. Es ist $Ds(Y) = ds(Y) + \Gamma(Y)s$, also mit vielen Indizes und $X = s$: $Ds(Y) = ((\partial_\nu X^i)Y^\nu + \Gamma^i_{j\mu}Y^\mu X^j)\partial_i\psi$ (vgl. G.8.1°). Ganz analog liefert eine Riemannsche Metrik auf einer Mannigfaltigkeit M einen Zusammenhang auf dem Tangentialbündel TM (vgl. G.15). Dieser Zusammenhang heißt der Levi-Civita-Zusammenhang.

3° Im allgemeinen gibt es keine horizontalen Schnitte, die vom Nullschnitt verschieden sind. Zum Beispiel sei für $M = \mathbb{R}^2$ und $\mathbb{F} = \mathbb{R}$ der Zusammenhang auf dem "Geradenbündel" $M \times \mathbb{R}$ durch die 1-Form $A := ydx - xdy$ gegeben. Ein horizontaler Schnitt $s = s_\psi$ müßte $\partial_\mu\psi = -A_\mu\psi$ für $\mu = 1,2$ erfüllen, wobei ψ eine differenzierbare Funktion auf einer offenen Menge $U \subset \mathbb{R}^2$ ist. Sei $a \in U$. Wenn $\psi(a) \neq 0$ gilt, so kann man wegen der Stetigkeit von ψ die Menge U so klein wählen, daß $\psi(b) \neq 0$ für alle $b \in U$ gilt. Dann ist

$$\partial_1 A_2 = -\partial_1\left(\frac{\partial_2\psi}{\psi}\right) = -\partial_2\left(\frac{\partial_1\psi}{\psi}\right) = \partial_2 A_1$$

im Widerspruch zu $\partial_1 A_2 = -1$ und $\partial_2 A_1 = 1$. Also gibt es keinen horizontalen Schnitt mit $s(a) \neq 0$. Es gibt aber immer horizontale Liftungen von Kurven. Eine Kurve der Form (α, β) hat die horizontale Liftung (α, β, η), wenn die Funktion η der Differentialgleichung $\dot\eta + (\beta\dot\alpha - \alpha\dot\beta)\eta = 0$ genügt. Dazu gibt es immer Lösungen, sogar zu einer beliebigen Anfangsbedingung $\eta(0) \in \mathbb{R}$.

Der zuletzt genannte Sachverhalt gilt allgemein:

(4.14) Satz. E sei ein Vektorbündel über M mit Zusammenhang. Zu jeder Kurve $\alpha : [t_0, t_1] \longrightarrow M$ und jedem Vektor $\xi_0 \in E$ gibt es genau eine horizontale Liftung ξ auf $[t_0, t_1]$ mit $\xi(t_0) = \xi_0$.

Beweis. Bezüglich einer Trivialisierung $E = M \times \mathbb{F}$ gilt $\xi_0 = (\alpha(t_0), \eta_0)$ mit $\eta_0 \in \mathbb{F}$. Eine horizontale Liftung (α, η) von α muß nach 4.12.1° die Differentialgleichung $\dot\eta + A(\dot\alpha(t)).\eta = 0$ erfüllen. Diese lineare Differentialgleichung hat zu dem Anfangswert η_0 genau eine Lösung auf dem Intervall $[t_0, t_1]$.

Im übrigen kann die Bedingung 4.12.1° auch $D_{\dot\alpha(t)}\xi(t) = 0$ geschrieben werden. Damit erschließt sich die Möglichkeit, die horizontalen Komplementärräume H_ξ direkt mit D zu beschreiben: Für alle $\xi \in E$ ist $H_\xi = \{[\xi(t)]_\xi \in T_\xi E : \xi(t)$ ist Kurve in E mit $\xi(0) = \xi$ und mit $D_{\dot\alpha(t)}\xi(t) = 0$, wobei $\alpha(t) := \pi\circ\xi(t)\}$. Aus dieser Beschreibung folgt insbesondere auch die Unabhängigkeit der Definition der H_ξ von der speziellen Trivialisierung.

Mit dem Resultat 4.14 können wir schließlich die Parallelverschiebung bezüglich eines Zusammenhangs definieren.

(4.15) Definition. Unter den Angaben des letzten Satzes ist $\xi_1 := \xi(t_1) \in E$ die *Parallelverschiebung* (oder die *horizontale Verschiebung*) von ξ_0 *längs der Kurve* α. Die Parallelverschiebung definiert einen Vektorraumisomorphismus

$$\mathbb{P}^\alpha_{t_0,t_1} : E_{\alpha(t_0)} \longrightarrow E_{\alpha(t_1)},$$

wobei E_a die Faser des Vektorbündels im Punkte $a \in M$ ist: $E_a := \pi^{-1}(a)$.

Bei der Restriktion der Kurvenstücke auf Teilintervalle $[t,u] \subset [t_0,t_1]$ ergeben sich entsprechende Verschiebungsoperatoren $\mathbb{P}^\alpha_{t,u} : E_{\alpha(t)} \longrightarrow E_{\alpha(u)}$, die einer Reihe von Verträglichkeitsbedingungen genügen. Zum Beispiel gilt $\mathbb{P}^\alpha_{u,r}\circ\mathbb{P}^\alpha_{t,u} = \mathbb{P}^\alpha_{t,r}$ für $t < u < r$.

Der Zusammenhang als Operator $D : \mathcal{E}(M,E) \longrightarrow \mathcal{A}^1(M,E)$ mit (Z1) und (Z2) kann in enger Verbindung mit den Verschiebungsoperatoren $\mathbb{P}^\alpha$ auch folgendermaßen definiert werden: Für Schnitte $s \in \mathcal{E}(U,E)$ über U und für Kurven α in U gilt im Punkte $a = \alpha(t)$ mit $X = \dot\alpha(t)$:

$$(*) \quad D_X s(a) = \lim_{h \to 0} \frac{1}{h}\Big((\mathbb{P}^\alpha_{t,t+h})^{-1}(s\circ\alpha(t + h) - s\circ\alpha(t))\Big).$$

Die kovariante Ableitung D_X mißt also längs α (das heißt in Richtung des Tangentialvektors $X = \dot\alpha(t)$) die infinitesimale Abweichung des Schnittes s, horizontal zu sein.

Bevor wir in diesem Paragraphen auf allgemeine, nicht notwendig triviale Vektorbündel zu sprechen kommen, soll noch einmal auf die Existenz von horizontalen Schnitten eingegangen werden. Aufgrund des Resultats über horizontale Liftungen von Kurven macht der folgende Ansatz sicherlich Sinn: Sei $\varphi : U \longrightarrow Q \subset \mathbb{R}^n$ eine Karte auf einer Umgebung $U \subset M$ eines Punktes $a \in M$ mit $\varphi(a) = 0$, so daß Q ein Produkt $Q = I_1 \times I_2 \times ... \times I_n$ von offenen Intervallen I_μ ist, seien ∂_ν die Vektorfelder in Koordinatenrichtungen und $D_\nu := D_{\partial_\nu}$ die entsprechenden kovarianten Ableitungen. Sei außerdem $\xi_0 \in E$ ein beliebiger Punkt mit $\pi(\xi_0) = a$. Längs der ersten Koordinate der Karte φ hat man aufgrund von 4.14 die eindeutig bestimmte horizontale Liftung $\xi(t)$ von $t \longmapsto \varphi^{-1}(te_1)$, $t \in I_1$, mit $\xi(0) = \xi_0$. Durch jeden Punkt $\xi(t_1) \in E$ gibt es ebenfalls nach 4.14 die horizontale Liftung $t \longmapsto \xi(t_1,t)$, $t \in I_2$. Dieser Ansatz führt zu einem horizontalen Schnitt über U, wenn zunächst $\xi : I_1 \times I_2 \longrightarrow E$ horizontal ist und bei weiteren Schritten, bei denen sukzessive die anderen Koordinaten einbezogen werden, die entsprechende Abbildung ebenfalls horizontal ist. Unter welchen Umständen ist nun $\xi : I_1 \times I_2 \longrightarrow E$ horizontal? Nach Definition ist ξ genau dann horizontal, wenn die Gleichungen $D_1\xi = 0$ und $D_2\xi = 0$ erfüllt sind. $D_2\xi = 0$ gilt aber unmittelbar, weil das die Gleichung $D_{\dot\alpha(t)}\xi(t_1,t) = 0$ für die horizontale Liftung der Kurve $\alpha(t) := \varphi^{-1}(t_1e_1 + te_2)$ ist. Unter der Annahme, daß die kovarianten Ableitungen D_1 und D_2 vertauschen, gilt $D_2D_1\xi = D_1D_2\xi = D_1(0) = 0$. Also ist $\gamma(t) := D_1\xi(t_1,t)$ horizontale Liftung von α durch $\gamma(0) = D_1\xi(t_1,0) = D_1\xi(t_1) = 0$. Da 0 aber wegen der Eindeutigkeit der horizontalen Liftung (vgl. 4.14) stets nach 0 verschoben wird, heißt das, daß $\gamma(t) = 0$ für alle $t \in I_2$ ist. Damit haben wir gezeigt, daß ξ horizontal ist, falls $D_1D_2 = D_2D_1$ gilt. Entsprechend erhält man einen horizontalen Schnitt s über U, falls alle D_μ miteinander vertauschen. Umgekehrt läßt sich genauso zeigen, daß die Existenz eines horizontalen Schnittes bedeutet, daß sämtliche Kommutatoren $[D_\mu,D_\nu] := D_\mu D_\nu - D_\nu D_\mu$ verschwinden. Übertragen auf beliebige Vektorfelder ist damit das folgende Resultat gut begründet:

(4.16) Satz. Für einen Zusammenhang D auf einem Vektorbündel E über M sind die folgenden Eigenschaften äquivalent:

1° Für alle Vektorfelder $X,Y \in \mathfrak{V}(M)$ gilt $[D_X,D_Y] - D_{[X,Y]} = 0$.

2° Zu jedem Punkt $a \in M$ gibt es eine offene Umgebung $U \subset M$, so daß es durch jeden Punkt $\xi_0 \in E_a$ einen horizontalen Schnitt $s : U \longrightarrow E$ gibt.

3° Der Paralleltransport zu D ist *lokal wegunabhängig*: Zu jedem Punkt $a \in M$ gibt es eine offene Umgebung U, so daß für je zwei Kurven α und β in U mit $\alpha(0) = \beta(0)$ und $\alpha(1) = \beta(1)$ der Paralleltransport übereinstimmt, d.h. $\mathbb{P}^{\alpha}_{0,1} = \mathbb{P}^{\beta}_{0,1}$.

Der Beweis zur Äquivalenz von 1° und 2° wurde vor dem Satz skizziert. Wenn 2° erfüllt ist, so gibt es zu $\xi_0 \in E_{\alpha(0)} = E_{\beta(0)}$ einen horizontalen Schnitt s mit $s(\alpha(0)) = \xi_0$. Weil s horizontal ist, wird durch $\xi(t) := s\circ\alpha(t)$ die horizontale Liftung von α durch den Punkt ξ_0 gegeben: $D_{\dot\alpha(t)}\xi(t) = 0$ wegen $Ds = 0$. Daher ist $\mathbb{P}^{\alpha}_{0,1}(\xi_0) = s\circ\alpha(1) = s(\alpha(1))$. Ebenso ist $\xi'(t) := s\circ\beta(t)$ horizontale Liftung von β, und es folgt $\mathbb{P}^{\beta}_{0,1}(\xi_0) = s(\beta(1))$. Also gilt $\mathbb{P}^{\alpha}_{0,1}(\xi_0) = \mathbb{P}^{\beta}_{0,1}(\xi_0)$ wegen $\alpha(1) = \beta(1)$, und wir haben 3° gezeigt. Wenn umgekehrt 3° gilt, so ist für $b \in U$ und für eine Kurve α in U von $a = \alpha(0)$ nach $b = \alpha(1)$ der Wert $s(b) := \mathbb{P}^{\alpha}_{0,1}(\xi_0)$ unabhängig von α und daher wohldefiniert. Der dadurch definierte Schnitt s ist differenzierbar. Er ist horizontal, weil für beliebige α die Gleichung $D_{\dot\alpha(t)}s = D_{\dot\alpha(t)}\xi(t) = 0$ gilt, wenn $\xi(t)$ die horizontale Liftung von α durch ξ_0 bezeichnet.

(4.17) Definition. Die *Krümmung* eines Zusammenhangs D auf einem Vektorbündel E über M ist der Operator F, der je zwei Vektorfeldern $X,Y \in \mathfrak{V}(M)$ die Abbildung $F_D(X,Y) := F(X,Y) := [D_X,D_Y] - D_{[X,Y]} : \mathcal{S}(M,E) \longrightarrow \mathcal{S}(M,E)$ zuordnet. Der Zusammenhang D heißt *flach*, wenn die Krümmung F_D verschwindet, das heißt wenn (wie in Satz 4.16) $F_D(X,Y) = 0$ für alle $X,Y \in \mathfrak{V}(M)$ gilt.

Die Bedeutung der Krümmung als ein Hindernis für die Existenz von lokalen horizontalen Schnitten haben wir bereits kennengelernt (zur Krümmungstheorie auf Flächen und riemannschen Räume vgl. Anhang G). Von welcher Art die Krümmung ist, wollen wir im folgenden genauer untersuchen.

1° $F(X,Y) : \mathcal{E}(M,E) \longrightarrow \mathcal{E}(M,E)$ ist $\mathcal{E}(M)$-linear für alle $X, Y \in \mathfrak{B}(M)$.
Denn für $f \in \mathcal{E}(M)$ und $s \in \mathcal{E}(M,E)$ ist

$$F(X,Y)(fs) = [D_X, D_Y]fs - D_{[X,Y]}fs =$$
$$= D_X((L_Yf)s + fD_Ys) - D_Y((L_Xf)s + fD_Xs) - (L_{[X,Y]}f)s - fD_{[X,Y]}s$$
$$= (L_XL_Yf)s + (L_Yf)D_Xs + (L_Xf)D_Ys + fD_XD_Ys$$
$$\quad - ((L_YL_Xf)s + (L_Xf)D_Ys + (L_Yf)D_Xs + fD_YD_Xs)$$
$$\quad - (L_{[X,Y]}f)s - fD_{[X,Y]}s$$
$$= ([L_X,L_Y]f)s + f[D_X,D_Y]s - (L_{[X,Y]}f)s - fD_{[X,Y]}s$$
$$= f([D_X,D_Y]s - D_{[X,Y]}s) = f(F(X,Y)(s)).$$

Dabei wurde in der vorletzten Zeile die Identität $[L_X,L_Y] = L_{[X,Y]}$ benutzt (vgl. auch M.12).

2° Sei $\mathrm{Hom}_{\mathcal{E}(M)}(\mathcal{E}(M,E))$ der $\mathcal{E}(M)$-Modul der $\mathcal{E}(M)$-linearen Abbildungen $S : \mathcal{E}(M,E) \longrightarrow \mathcal{E}(M,E)$. Ähnlich wie 1° zeigt man, daß der Krümmungsoperator $F : \mathfrak{B}(M) \times \mathfrak{B}(M) \longrightarrow \mathrm{Hom}_{\mathcal{E}(M)}(\mathcal{E}(M,E))$ $\mathcal{E}(M)$-linear in jedem Argument ist. Außerdem ist $F(X,Y) = -F(Y,X)$.

3° Eine E-wertige (differenzierbare) k-Form auf einer offenen Menge U in M ist nach Definition (vgl. M.17.5°) eine Abbildung $\eta : (\mathfrak{B}(U))^k \longrightarrow \mathcal{E}(M,E)$, die alternierend und in jedem der k Argumente $\mathcal{E}(U)$-linear ist. Der $\mathcal{E}(U)$-Modul der E-wertigen k-Formen wird mit $\mathcal{A}^k(U,E)$ bezeichnet. Nach 2° vermittelt jeder Schnitt $s \in \mathcal{E}(M,E)$ eine solche 2-Form $(X,Y) \longmapsto F(X,Y)(s)$ mit Werten in E, die wir mit Fs oder F_Ds bezeichnen. Nach 1° ist nun $F : \mathcal{E}(M,E) \longrightarrow \mathcal{A}^2(M,E)$ linear in bezug auf $\mathcal{E}(M)$.

Damit haben wir die Krümmung $F = F_D$ einerseits als $\mathcal{E}(M)$-bilinearen Operator $F : \mathfrak{B}(M) \times \mathfrak{B}(M) \longrightarrow \mathrm{Hom}_{\mathcal{E}(M)}(\mathcal{E}(M,E))$ und andrerseits als $\mathcal{E}(M)$-lineare Abbildung $F : \mathcal{E}(M,E) \longrightarrow \mathcal{A}^2(M,E)$ kennengelernt. Wie vergleicht sich jetzt F unter dem zweiten Aspekt mit dem Zusammenhang $D : \mathcal{E}(M,E) \longrightarrow \mathcal{A}^1(M,E)$? Um das zu beschreiben, setzen wir D fort zu einer Abbildung

4° $D : \mathcal{A}^1(M,E) \longrightarrow \mathcal{A}^2(M,E)$,

durch $D(\theta s) := d\theta s - \theta \wedge Ds$ für $\theta \in \mathcal{A}^1(M)$ und $s \in \mathcal{E}(M,E)$, von der wir ansonsten verlangen, daß sie $\mathbb{K}$-linear ist. (Die 2-Form $\theta \wedge \phi \in \mathcal{A}^2(M,E)$ für 1-Formen $\theta \in \mathcal{A}^1(M)$ und $\phi \in \mathcal{A}^1(M,E)$ ist durch $\theta \wedge \phi(X,Y) := \theta(X)\phi(Y) - \theta(Y)\phi(X)$ für Vektorfelder $X, Y \in \mathfrak{B}(M)$ definiert, vgl. M.16.7°.)

(4.18) Satz. $F_D = D \circ D = D^2$.

Beweis. Diese Identität ergibt sich durch direktes Einsetzen. Für $s \in \mathcal{E}(M,E)$ hat Ds eine Darstellung als Summe $Ds = \theta^k s_k$ mit geeigneten $\theta^k \in \mathcal{A}^1(M)$ und $s_k \in \mathcal{E}(M,E)$. Also ist $D \circ Ds = D(\theta^k s_k) = (d\theta^k)s_k - \theta^k \wedge Ds_k$. Angewandt auf zwei

Vektorfelder X, Y erhält man daraus $D^2 s(X,Y) = (d\theta^k(X,Y))s_k - \theta^k \wedge Ds_k(X,Y)$. Wegen $d\theta(X,Y) = L_X \theta(Y) - L_Y \theta(X) - \theta([X,Y])$ und $\theta \wedge Ds(X,Y) = \theta(X)Ds(Y) - \theta(Y)Ds(X)$ ist $D^2 s(X,Y) = L_X(\theta^k(Y))s_k + \theta^k(Y)Ds_k(X) - (L_Y(\theta^k(X))s_k + \theta^k(X)Ds_k(Y)) - \theta^k([X,Y])s_k$, also $D^2 s(X,Y) = D_X(\theta^k(Y)s_k) - D_Y(\theta^k(X)s_k) - \theta^k([X,Y])s_k$. Wegen $D_Z s = \theta^k(Z)s_k$ für Vektorfelder $Z = X$, $Z = Y$ und $Z = [X,Y]$ bedeutet die letzte Gleichung bereits $D^2 s(X,Y) = D_X D_Y s - D_Y D_X s - D_{[X,Y]}s = Fs(X,Y)$.

Zum Schluß des Paragraphen soll kurz erläutert werden, daß Zusammenhang und Krümmung mit ihren verschiedenen Erscheinungsformen auch für allgemeine Vektorbündel sinnvoll definiert werden können und die vorangehenden Ergebnisse im wesentlichen ihre Gültigkeit behalten. Ein Großteil der Aussagen auf den letzten Seiten ist ja bereits ohne Bezug auf eine Trivialisierung des Bündels formuliert.

(4.19) Definition. Ein $(\mathbb{K}-)$*Vektorbündel* E vom *Rang* r über der Mannigfaltigkeit M ist eine Mannigfaltigkeit E mit einer surjektiven, differenzierbaren Abbildung $\pi : E \longrightarrow M$ zusammen mit einer $\mathbb{K}$-Vektorraumstruktur auf jeder Faser $E_a := \pi^{-1}(a)$, so daß noch folgendes gilt:

(V) Zu jedem Punkt $a \in M$ gibt es eine offene Umgebung U und einen Diffeomorphismus

$$\varphi : \pi^{-1}(U) \longrightarrow U \times \mathbb{K}^r,$$

für den $\pi_U := \pi|_{\pi^{-1}(U)} = pr_2 \circ \varphi$ gilt und für den für alle $b \in U$ die Restriktionen $\varphi_b := pr_2 \circ \varphi|_{E_b} : E_b \longrightarrow \mathbb{K}^r$ $\mathbb{K}$-linear sind. (Dabei ist $pr_2 : U \times \mathbb{K}^r \longrightarrow \mathbb{K}^r$ die Projektion auf die zweite Komponente.)

E ist der *Totalraum* des Vektorbündels und π ist die *Projektion*. Die Diffeomorphismen φ in (V) heißen auch *lokale Trivialisierungen*. Sie legen auf den entsprechenden $E_U := \pi^{-1}(U)$ eine Struktur fest, die bisher in diesem Paragraphen ein triviales Bündel genannt wurde. Sind für offene U und U' mit nichtleerem Durchschnitt $W = U \cap U'$ lokale Trivialisierungen φ und φ' gegeben, so hat man die sogenannten *Übergangsabbildungen* $\varphi' \circ \varphi^{-1} : W \times \mathbb{K}^r \longrightarrow W \times \mathbb{K}^r$, welche einen Wechsel der Trivialisierungen über W vermitteln, von denen zu Beginn des Paragraphen die Rede war.

$$W \times \mathbb{K}^r \xrightarrow{\ \varphi^{-1}\ } \pi^{-1}(W) \xrightarrow{\ \varphi'\ } W \times \mathbb{K}^r$$
$$pr_2 \searrow \quad \pi \downarrow \quad \swarrow pr_2$$
$$W$$

Für alle $b \in W$ und $y \in \mathbb{K}^r$ gilt $\varphi' \circ \varphi^{-1}(b,y) = (b, \varphi'_b \circ \varphi_b^{-1}(y)) = (b, g(b).y)$, wobei durch $g(b) := \varphi'_b \circ \varphi_b^{-1} \in GL(\mathbb{K}^r) = GL(r,\mathbb{K})$, $b \in W$, eine differenzierbare Abbildung $g : W \longrightarrow GL(\mathbb{K}^r)$ definiert ist, welche auch die *Verklebungsfunktion* genannt wird.

g ist eine *lokale Eichtransformation*, die zwischen den lokalen Trivialisierungen φ und φ' vermittelt.

Ein Vektorbündel vom Rang r liefert eine Kollektion U_ι ($\iota \in J$) von offenen Mengen aus M mit lokalen Trivialisierungen φ_ι, so daß die U_ι die Mannigfaltigkeit M überdecken, es gilt also $M = \bigcup\{U_\iota : \iota \in J\}$. Die Trivialisierungen geben auf den Durchschnitten $U_{\iota\varkappa} := U_\iota \cap U_\varkappa$ die *Verklebungsfunktionen* $g_{\iota\varkappa} : U_{\iota\varkappa} \longrightarrow GL(\mathbb{K}^r)$ mit $\varphi_\iota \circ \varphi_\varkappa^{-1}(a,y) = (a, g_{\iota\varkappa}(a).y)$. Für das Tangentialbündel TM über einer Mannigfaltigkeit M kann man zum Beispiel aus dem Transformationsverhalten von je zwei Bündelkarten (vgl. M.10) ablesen, daß $g_{\iota\varkappa}(a) := D(\varphi_\iota \circ \varphi_\varkappa^{-1})(\varphi_\varkappa(a))$ geeignete Verklebungsfunktionen auf $U_{\iota\varkappa} = U_\iota \cap U_\varkappa$ sind, wenn die $\varphi_\iota : U_\iota \longrightarrow Q_\iota$ Karten auf M mit $M = \bigcup\{U_\iota : \iota \in J\}$ sind. Offensichtlich gelten die folgenden

(4.20) (*Kozyklus-*)**Bedingungen:** Für alle $\iota, \varkappa, \lambda \in J$

(C1) $g_{\iota\iota} = 1$,

(C2) $g_{\iota\varkappa} g_{\varkappa\iota} = 1$,

(C3) $g_{\iota\varkappa} g_{\varkappa\lambda} g_{\lambda\iota} = 1$.

Dabei bezeichnet $1 = id$ die Identität ($= $ Einheitsmatrix) in $GL(\mathbb{K}^r) = GL(r,\mathbb{K})$, also das neutrale Element in dieser Gruppe. Umgekehrt:

(4.21) Satz. Durch eine offene Überdeckung $(U_\iota : \iota \in J)$ von M und differenzierbare Funktionen $g_{\iota\varkappa} : U_{\iota\varkappa} \longrightarrow GL(r,\mathbb{K})$ mit den Bedingungen (C1)–(C3) wird ein Vektorbündel E definiert, so daß die $g_{\iota\varkappa}$ Verklebungsfunktionen sind.

Zur Konstruktion von E führt man auf der disjunkten Vereinigung $\bigcup E_\iota$ der trivialen Vektorbündel $U_\iota \times \mathbb{K}^r = E_\iota$ eine geeignete Äquivalenzrelation mit Hilfe der $g_{\iota\varkappa}$ ein und bildet den Quotienten.

Zur Definition des Begriffs "Vektorbündel" gehören noch die zulässigen Abbildungen zwischen Vektorbündeln, die Vektorbündelhomomorphismen. Ein *Vektorbündelhomomorphismus* zwischen Vektorbündeln E und F über M ist eine differenzierbare Abbildung $\varphi : E \longrightarrow F$, die die Projektionen respektiert, das heißt $\pi = \tau \circ \varphi$ (wobei $\tau : F \longrightarrow M$ die Projektion des Vektorbündels F ist), und die faserweise $\mathbb{K}$-linear ist, das heißt $\varphi_a := \varphi|_{E_a} : E_a \longrightarrow F_a$ ist $\mathbb{K}$-linear für alle $a \in M$.

Weiterhin gehören zu den Vektorbündeln natürlich die Schnitte. Ein *Schnitt* in dem Vektorbündel E über der offenen Menge $U \subset M$ ist eine differenzierbare Abbildung $s : U \longrightarrow E$ mit $\pi \circ s = id_U$. Der Raum der Schnitte in E über U sei wieder mit $\mathscr{E}(U,E)$ bezeichnet, oder gelegentlich genauer mit $\Gamma(U,E)$, wenn der Raum der Schnitte von dem Raum aller differenzierbaren Abbildungen von U nach E deutlich unterschieden werden soll. Bezüglich der punktweisen Addition und Multiplikation ist $\mathscr{E}(U,E)$ ein Modul über dem Ring $\mathscr{E}(U)$.

An Beispielen von Vektorbündeln kennen wir neben den trivialen Vektorbündeln bereits die Tangentialbündel TM über einer Mannigfaltigkeit M und die

Kotangentialbündel T^*M, (vgl. M.10, die lokalen Trivialisierungen kommen in diesen beiden Fällen von den Karten auf M) sowie das horizontalen Vektorbündel H eines Zusammenhangs (vgl. 4.8). H ist ein *Unterbündel* von TE, das heißt, daß die Injektion $H \subset TE$ ein Vektorbündelhomomorphismus ist. Typische Vektorbündelhomomorphismen, die uns bereits bekannt sind: Die Tangentialabbildung $Tf : TM \longrightarrow TN$ einer differenzierbaren Abbildung $f : M \longrightarrow N$ und die horizontale Projektion $v : TE \longrightarrow TE$ zu einem Zusammenhang auf einem trivialen Bündel E (vgl. 4.9).

Auch Γ aus 4.10 kann als Vektorbündelhomomorphismus aufgefaßt werden. Dazu benötigen wir das Pullback eines Vektorbündels. Sei $f : N \longrightarrow M$ eine differenzierbare Abbildung und sei $\pi : E \longrightarrow M$ ein Vektorbündel. Das *Pullback* f^*E von E ist ein Vektorbündel über N mit den gleichen Fasern wie die von E: f^*E ist die Untermannigfaltigkeit $f^*E := \{(b,w) \in N \times E : f(b) = \pi(w)\}$ von $N \times E$ mit der offensichtlichen Projektion auf die erste Komponente und der offensichtlichen Vektorraumstruktur auf $f^*E_b = \{b\} \times E_{f(b)}$. Wenn E durch Verklebungsfunktionen $(g_{\iota\varkappa})$ gegeben ist (siehe oben), dann ist das Vektorbündel f^*E bezüglich der Überdeckung (U'_ι), $U'_\iota := f^{-1}(U_\iota)$, von N durch die Verklebungsfunktionen $f^*g_{\iota\varkappa} := g_{\iota\varkappa} \circ f$ auf den Durchschnitten $f^{-1}(U_{\iota\varkappa}) = U'_{\iota\varkappa} = U'_\iota \cap U'_\varkappa$ gegeben. Insbesondere kann man auf diese Weise das Tangentialbündel TM auf den Totalraum E eines Vektorbündels mittels der Projektion $\pi : E \longrightarrow M$ anstelle von f zurückziehen zu dem Vektorbündel π^*TM über E. Ein direkter Vergleich mit 4.10 zeigt, daß dort die folgende Eigenschaft mit anderen Mitteln formuliert worden ist.

(4.22) Satz. Ein Zusammenhang D auf einem Vektorbündel $\pi : E \longrightarrow M$ über M wird auch durch einen Vektorbündelhomomorphismus $\Gamma : \pi^*TM \longrightarrow TE$ mit den folgenden Eigenschaften gegeben:

(G1) $T\pi \circ \Gamma = pr_2$ (wobei $pr_2 : \pi^*TM \longrightarrow TM$ die Projektion auf die zweite Komponente ist).

(G2) $T_\xi m_c \circ \Gamma_\xi = \Gamma_{c\xi}$ für alle $c \in \mathbb{K}\setminus\{0\}$ und alle $\xi \in E$.

Ein triviales Bündel ist unter Berücksichtigung der weitergefaßten Definition 4.19 eines Vektorbündels aufzufassen als ein Vektorbündel, zu dem es eine globale Trivialisierung $\varphi : E \longrightarrow M \times \mathbb{K}^r$ gibt, und eine solche Trivialisierung ist natürlich ein Vektorbündelisomorphismus, das heißt ein bijektiver Vektorbündelhomomorphismus, dessen Inverse φ^{-1} ebenfalls ein Vektorbündelhomomorphismus ist, oder – äquivalent dazu – ein Vektorbündelhomomorphismus, der zugleich Diffeomorphismus ist. Unter den Tangentialbündeln TM gibt es viele, die nicht trivial sind, das heißt zu denen es keine globale Trivialisierung gibt. Der bekannteste Fall ist wohl das Tangentialbündel über der 2-Sphäre S^2. Ein anderes typisches Beispiel für ein Vektorbündel ohne globale Trivialisierung ist das Möbiusband, das sich ja als ein Vektorbündel vom Rang 1 über der Kreislinie $M = S^1$ auffassen läßt. Weitere Vektorbündel vom Rang 1, die keine globale Trivialisierung besitzen, sind die *tautologischen Geradenbündel*: Das sind die Vektorbündel $T := \{(a,y) \in \mathbb{P}_n(\mathbb{K}) \times \mathbb{K}^{n+1} : y \in a\} \subset \mathbb{P}_n(\mathbb{K}) \times \mathbb{K}^{n+1}$ mit der Projektion $\pi = pr_1 : T \longrightarrow \mathbb{P}_n(\mathbb{K})$ über den projektiven Räumen. Sie heißen tautologisch, weil $\pi^{-1}(a) \subset \mathbb{K}^{n+1} \setminus \{0\}$ mit derjenigen Geraden übereinstimmt, die durch die Äquivalenzklasse a repräsentiert wird. Das Möbiusband ist der Fall $n = 1$ und $\mathbb{K} = \mathbb{R}$. Ob ein Vektorbündel E über M trivialisierbar ist, läßt sich im übrigen auch an den oben eingeführten Verklebungsfunktionen $(g_{\iota\varkappa})$ ablesen: E hat genau dann eine globale Trivialisierung, wenn es geeignete $g_\iota \in \mathscr{E}(U_\iota,GL(r,\mathbb{K}))$ gibt, für die $g_{\iota\varkappa} = g_\iota^{-1} g_\varkappa$ auf $U_{\iota\varkappa} = U_\iota \cap U_\varkappa$ gilt. Man sagt dann, daß der Kozyklus *zerfällt*. Im übrigen gilt für offene, konvexe Mengen $M \subset \mathbb{R}^n$, insbesondere für $\mathbb{R}^n$ selbst, daß alle Vektorbündel über M eine globale Trivialisierung haben.

Neben den genannten Vektorbündeln sind uns implizit noch weitere bekannt. Denn alle üblichen algebraischen Manipulationen, die aus vorgegebenen Vektorräumen neue machen, lassen sich auch für Vektorbündel in sinnvoller Weise definieren: Sind E und F Vektorbündel, so werden dadurch zum Beispiel die Bündel E^* , $E \oplus F$, $E \otimes F$, Hom(E,F), etc. festgelegt. Auf diese Weise kann man zum Beispiel aus einem vorgegebenen Vektorbündel E über M das Bündel $T^*M \otimes E$ bilden. Die Schnitte in diesem Bündel sind gerade die E-wertigen 1-Formen, also $\mathscr{E}(M,T^*M \otimes E) = \mathscr{A}^1(M,E)$, wie man leicht nachprüft. Entsprechend hat man zu einem vorgegebenen Vektorbündel E die Vektorbündel $\Lambda^k E^*$ der k-multilinearen Formen auf E. Man findet so die Differentialformen (vgl. $4.17.3^\circ$) wieder als Schnitte in $\Lambda^k T^*M$: $\mathscr{A}^k(M) = \Gamma(M,\Lambda^k T^*M)$. Allgemeiner gilt analog $\mathscr{A}^k(M,E) = \Gamma(M,\Lambda^k T^*M \otimes E)$. Auch die Krümmung F eines Zusammenhangs auf E erweist sich in diesem Spiel als ein Schnitt in dem richtigen Vektorbündel, nämlich in $\Lambda^2 T^*M \otimes End(E) \cong \Lambda^2 T^*M \otimes E^* \otimes E$. (Hier ist End(E) das Endomorphismenbündel Hom(E,E)).

Nun zur Geometrie auf allgemeinen, nichttrivialen Vektorbündeln:

(4.23) Zusammenhang. Auf einem Vektorbündel $\pi : E \longrightarrow M$ läßt sich ein *Zusammenhang* auf die folgenden verschiedenen aber äquivalenten Arten definieren:

1° Ein Zusammenhang auf E ist eine Abbildung $D : \mathscr{E}(M,E) \longrightarrow \mathscr{A}^1(M,E)$, die additiv ist (Z1) und die Leibnizregel (Z2) erfüllt: Es ist $D(fs) = dfs + fDs$ für $f \in \mathscr{E}(M)$ und $s \in \mathscr{E}(M,E)$ (vgl. 4.2).

$1^\circ A$ Ein Zusammenhang auf E ist eine kovariante Ableitung, das heißt eine Kollektion $(D_X : X \in \mathfrak{B}(M))$ von Operatoren $D_X : \mathscr{E}(M,E) \longrightarrow \mathscr{E}(M,E)$, die den Regeln (D1) – (D4) aus 4.3 genügen.

Bezüglich einer offenen Überdeckung $(U_\iota)_{\iota \in J}$ von M habe E die lokalen Trivialisierungen $\varphi_\iota : \pi^{-1}(U) \longrightarrow U \times \mathbb{K}^r$ mit den zugehörigen Verklebungsfunktionen $g_{\iota\varkappa} : U_{\iota\varkappa} \longrightarrow GL(r,\mathbb{K})$. Ein Schnitt $s \in \mathscr{E}(M,E)$ bestimmt die lokalen Funktionen $\psi_\iota := pr_2 \circ \varphi_\iota \circ s|_{U_\iota} : U_\iota \longrightarrow \mathbb{K}^r$ mit $\varphi_\iota \circ s(a) = (a,\psi_\iota(a))$ für $a \in U_\iota$. Es gilt $\varphi_\iota \circ \varphi_\varkappa^{-1} \circ (\varphi_\varkappa \circ s) = (\varphi_\iota \circ s)$ für $\iota,\varkappa \in J$ mit $U_{\iota\varkappa} = U_\iota \cap U_\varkappa \neq \emptyset$, also $\psi_\iota = g_{\iota\varkappa} \psi_\varkappa$. Umgekehrt definiert jede Familie (ψ_ι) von differenzierbaren Funktionen $\psi_\iota : U_\iota \longrightarrow \mathbb{K}^r$

mit $\psi_\iota = g_{\iota x}\psi_x$ einen globalen Schnitt s in E mit $s(a) = \varphi_\iota^{-1}(a,\psi_\iota(a))$ für $a \in U_\iota$. Ein Zusammenhang D nach $1°$ ergibt auf $U_\iota \times \mathbb{K}^r$ einen Zusammenhang D_ι durch $D_\iota(\varphi_\iota \circ s) := \varphi_\iota(Ds)$ für lokale Schnitte $s \in \mathcal{S}(U_\iota,E)$. Nach 4.4 kennen wir solche Zusammenhänge und wissen, daß D_ι auf den lokalen Schnitten $a \longmapsto (a,\psi(a))$ als $\psi \longmapsto d\psi + A_\iota\psi$ operiert mit einer 1- Form $A_\iota \in \mathcal{A}^1(U_\iota,g)$, wobei $g = \mathrm{End}(\mathbb{K}^r) = \mathbb{K}(r)$. Diese g-wertigen 1-Formen A_ι, $\iota \in J$, sind die lokalen *Eichpotentiale*! Ihre Beziehung untereinander ist bekannt (vgl. 4.5): Aus $D_\iota(\varphi_\iota \circ s) = \varphi_\iota \circ \varphi_x^{-1}(D_x(\varphi_x \circ s))$ folgt die Identität $d\psi_\iota + A_\iota\psi_\iota = g_{\iota x}(d\psi_x + A_x\psi_x)$. Zusammen mit $\psi_\iota = g_{\iota x}\psi_x$ führt das zu der Verträglichkeitsbedingung $(d + A_\iota)(g_{\iota x}\psi_x) = g_{\iota x}(d + A_x)\psi_x$. Es folgt wie bei 4.5:

$$\textbf{(A)} \quad A_\iota = g_{\iota x}A_x g_{\iota x}^{-1} + g_{\iota x}dg_{\iota x}^{-1} \quad \text{auf} \quad U_{\iota x} \quad \text{im Falle} \quad U_{\iota x} \neq \varnothing.$$

Damit kommen wir zur einer weiteren äquivalenten Definition:

$2°$ Ein Zusammenhang auf E ist eine Familie $(A_\iota)_{\iota \in J}$ von lokalen Eichpotentialen $A_\iota \in \mathcal{A}^1(U_\iota,g)$ mit der Verträglichkeitsbedingung (A).

Wie im trivialen Fall ist das vertikale Bündel durch $V := \mathrm{Ker}\, T\pi$ gegeben. Über die A_ι erhält man wie in 4.6 – 4.8 horizontale Komplemente H_ξ zu V_ξ in $T_\xi E$, $\xi \in \pi^{-1}(U_\iota)$.

$3°$ Ein Zusammenhang auf E ist ein Vektorbündel H, welches Unterbündel von TE ist, mit

(H1) $TE = H \oplus V$,

(H2) $T_\xi m_c(H_\xi) = H_{c\xi}$ für alle $\xi \in E$ und $c \in \mathbb{K}\backslash\{0\}$.

Nicht sehr viel verschieden davon sind die nächsten drei Definitionen:

$3°A$ Ein Zusammenhang auf E ist ein Vektorbündelhomomorphismus $v : TE \longrightarrow TE$ mit

(V1) $v \circ v = v$ und $\mathrm{Im}\, v = V$,

(V2) $Tm_c \circ v = v \circ Tm_c$ für alle $c \in \mathbb{K}\backslash\{0\}$.

$3°B$ Ein Zusammenhang auf E ist eine 1-Form $v \in \mathcal{A}^1(E,V)$ mit

(v1) $v|_V = \mathrm{id}_V$,

(v2) $m_c^* v = v$, für alle $c \in \mathbb{K}\backslash\{0\}$ (vgl. 4.9).

$3°C$ Ein Zusammenhang auf E ist ein Vektorbündelhomomorphismus Γ mit den in 4.22 formulierten Eigenschaften.

Horizontale Liftungen, horizontale Abbildungen und horizontale Schnitte sind unter Benutzung von $3°$ wie für triviale Vektorbündel definiert; bei der Definition 4.11 wurde kein Bezug auf eine globale Trivialisierung genommen. Es gelten auch die grundlegenden Resultate 4.12 und 4.14 für den allgemeinen Fall. Ebenso haben daher die Definitionen des Paralleltransports 4.15 auch für einen Zusammenhang auf einem nichttrivialen Vektorbündel ihre Gültigkeit.

$4°$ Ein Zusammenhang auf E ist ein Paralleltransport $\mathbb{P}$ auf E, das heißt für je zwei Punkte a und b aus M und für jede Kurve α in M mit Anfangspunkt a und Endpunkt b die Festlegung eines Vektorraumisomorphismus $\mathbb{P}^\alpha_{a,b} : E_a \longrightarrow E_b$ mit geeigneten Verträglichkeitsbedingungen.

Diese Verträglichkeitsbedingungen wollen wir hier nicht formulieren (vgl. z.B. [Poo], S. 43 ff.), es sei nur darauf hingewiesen, daß man soviel an Verträglichkeit verlangen sollte, um mit der bei 4.15 festgestellten Formel (∗) die kovarianten Ableitungen D_X zu erhalten.

Auch der Begriff der Krümmung $F = F_D$ (vgl. 4.17) überträgt sich auf Zusammenhänge D auf einem allgemeinen Vektorbündel, und es gelten die Resultate 4.16 über die Bedeutung der Krümmungsbedingung $F = 0$ sowie die Beschreibung von F als $F = D \circ D$.

(4.24) Lokale Beschreibung des Zusammenhangs und der Krümmung. Es sei $\pi : E \longrightarrow M$ ein Vektorbündel über M mit einem Zusammenhang D. Über einer offenen Menge $U \subset M$ sei eine lokale Trivialisierung $\varphi : \pi^{-1}(U) \longrightarrow U \times \mathbb{K}^r$ gegeben. Es seien außerdem r Schnitte $s_1, s_2, \ldots, s_r \in \Gamma(U,E)$ festgelegt, so daß $(s_1(a), s_2(a), \ldots, s_r(a))$ für alle $a \in U$ eine Basis von E_a ist (z. B. $s_j(a) := \varphi^{-1}(a, e_j)$ für eine Basis (e_j) des Vektorraums $\mathbb{K}^r$). Dann gilt $Ds_j = A_j^k s_k$ mit eindeutig bestimmten 1-Formen $A_j^k \in \mathscr{A}^1(U,\mathbb{K})$. Diese 1-Formen kann man als Matrix zusammenfassen zu einer g-wertigen 1-Form $A := (A_j^k) \in \mathscr{A}^1(U,g)$ auf U, wobei wieder $g = \mathbb{K}(r)$. Zu jedem Schnitt $s \in \Gamma(U,E)$ gibt es eindeutig bestimmte Funktionen $\psi^k \in \mathscr{E}(U,\mathbb{K})$ mit $s = \psi^k s_k$. Aus den grundlegenden Eigenschaften (Z1) und (Z2) des Zusammenhangs folgt $Ds = d\psi^k s_k + \psi^k Ds_k$, also $Ds = (d\psi^j + A_k^j \psi^k)s_j$. Abkürzend schreibt man dafür

$$1^{\circ} \quad D = d + A,$$

wie uns das ja bereits in 4.4 und wieder in $4.23.1^{\circ}A$ begegnet ist. A ist also das lokale Eichpotential, das den Zusammenhang über U vollständig beschreibt. Bezüglich einer Wahl von Koordinaten q^μ in der Umgebung U (falls U klein genug gewählt worden ist) kann man sich die 1-Form A auch als $A = A_\mu dq^\mu = (A_{j\mu}^k dq^\mu)$ mit $A_\mu \in \mathscr{E}(U,g)$ und $A_{j\mu}^k \in \mathscr{E}(U,\mathbb{K})$ vorstellen. Es ist dann

$$2^{\circ} \quad D_\mu = \partial_\mu + A_\mu, \quad \mu = 1,2, \ldots, n,$$

wenn $D_\mu s = Ds(\partial_\mu)$ die kovariante Ableitung in Richtung ∂_μ bezeichnet.

Für die Krümmung $F = D \circ D$ gilt:

$$\begin{aligned}
Fs_j &= D(A_j^k s_k) = d(A_j^k)s_k - A_j^k \wedge Ds_k = d(A_j^k)s_k - A_j^k \wedge A_k^i s_i \\
&= (dA_j^i + A_k^i \wedge A_j^k)s_i,
\end{aligned}$$

und das wird entsprechend

$$3^{\circ} \quad F = dA + A \wedge A$$

abgekürzt, oder in der Koordinatenschreibweise: $F = \tfrac{1}{2} F_{\mu\nu} dq^\mu \wedge dq^\nu$ mit

$$4^{\circ} \quad F_{\mu\nu} = \partial_\mu A_\nu - \partial_\nu A_\mu + [A_\mu, A_\nu].$$

Diese Beschreibung von F durch A nennt man oft die *Strukturgleichungen*. Genau genommen müßte man in 3° eine neue Bezeichnung für den Ausdruck $dA + A \wedge A$ einführen, die evtl. auch noch die Abhängigkeit von der jeweiligen Trivialisierung zum Ausdruck bringt.

Bereits kurz vor 4.23 wurde festgestellt, daß die Krümmung F eines Zusammenhangs D auf einem Vektorbündel E als eine 2-Form mit Werten in dem Endomorphismenbündel End(E) aufgefaßt werden kann. Das spiegelt sich wieder in der lokalen Beschreibung von F als eine Matrix von 2-Formen: $F = (dA_j^i + A_k^i \wedge A_j^k)$ (nach 4.25. 3°). Aus dieser lokalen Beschreibung läßt sich unmittelbar die folgende Version der *Bianchi-Identität* (vgl. 5.31) ablesen:

(4.25) Satz. Für die Krümmung F eines Zusammenhangs D mit lokalem Eichpotential A gilt

$1^\circ \quad dF = F \wedge A - A \wedge F.$

Beweis. $dF = d(dA + A \wedge A) = ddA + dA \wedge A - A \wedge dA = dA \wedge A - A \wedge dA$ und
$F \wedge A - A \wedge F = (dA + A \wedge A) \wedge A - A \wedge (dA + A \wedge A) = dA \wedge A - A \wedge dA.$

Die kovariante Ableitung eines Zusammenhangs wurde bereits fortgesetzt zu
$D : \mathscr{A}^1(M,E) \longrightarrow \mathscr{A}^2(M,E)$ durch $D(\eta s) = d\eta s - \eta \wedge Ds$ (vgl. $4.17.4^\circ$). Sie kann weiter fortgesetzt werden zu $D : \mathscr{A}^k(M,E) \longrightarrow \mathscr{A}^{k+1}(M,E)$ durch die Definition
$D(\eta s) := (d\eta)s + (-1)^k \eta \wedge Ds$ für k-Formen $\eta \in \mathscr{A}^k(M)$.

D induziert außerdem einen natürlichen Zusammenhang auf dem Endomorphismenbündel End(E), den wir ebenfalls mit D bezeichnen, und zwar durch
$DL(s) := D(Ls) - L(Ds)$
für $L \in \Gamma(W,End(E))$ und $s \in \Gamma(W,E)$. Insbesondere kann man deshalb die kovariante Ableitung $D : \mathscr{A}^2(M,End(E)) \longrightarrow \mathscr{A}^3(M,End(E))$ auf die Krümmung F als 2-Form anwenden mit dem folgenden Ergebnis (vgl. auch 5.30):

(4.25.2°) Satz *(Bianchi-Identität)*: $DF = 0$.

Dazu muß wegen $4.25.1^\circ$ nur $DF = dF + A \wedge F - F \wedge A$ aus der Definition von D (auf End(E)) abgeleitet werden (für "$\wedge$" vgl. $M.16.7^\circ$).

Eine weitere Folgerung aus den Strukturgleichungen $4.24.3^\circ/4^\circ$ ist das Verhalten der lokalen Darstellungen der Krümmung beim Wechsel der lokalen Eichung. Um das zu beschreiben, sei $\varphi' : \pi^{-1}(U) \longrightarrow U \times \mathbb{K}^r$ eine weitere lokale Trivialisierung des Vektorbündels mit der Übergangsabbildung $\varphi' \circ \varphi^{-1} : U \times \mathbb{K}^r \longrightarrow U \times \mathbb{K}^r$. Weil diese Abbildung faserweise linear ist, gilt $\varphi' \circ \varphi^{-1}(a,y) = (a,g(a).y)$ mit einer *lokalen Eichtransformation* $g : U \longrightarrow GL(r,\mathbb{K})$. Sei F' die lokale Darstellung der Krümmungsform bezüglich der neuen Trivialisierung, dann gilt $F' = dA' + A' \wedge A'$ wobei die transformierte 1-Form A' mit A in der Beziehung $A' = gAg^{-1} + gdg^{-1}$ steht (vgl. 4.5 und (A) in 4.23). Deshalb gilt, wie man durch Einsetzen unmittelbar sieht:

(4.26) Satz. Es ist $F' = gFg^{-1}$ mit den gerade eingeführten Bezeichnungen.

5 Geometrie der Eichtheorien: Prinzipalfaserbündel

Zu einer *Eichtheorie* (oder auch: *Eichfeldtheorie*) gehören ein *Prinzipalfaserbündel* P über einer Mannigfaltigkeit M mit *Strukturgruppe* G, auf dem die jeweilige *Geometrie* als ein *Zusammenhang* gegeben ist, und eine *endlichdimensionale Darstellung* $\rho : G \longrightarrow GL(r,\mathbb{C})$ der Strukturgruppe.

Der Raum P entspricht in der physikalischen Sprechweise dem Raum der (verallgemeinerten) *Phasen* (*-faktoren*) über der *Raumzeit* M und die Gruppe G ist die *interne Symmetriegruppe*. Die *kinematischen Variablen* sind in diesem Bild die Zusammenhänge auf P, die als die globalen *Eichpotentiale* gegeben sind, und die Darstellung ρ kontrolliert die *Materiefelder*, das sind diejenigen $\mathbb{C}^r$-wertigen Funktionen ψ auf P, die sich entsprechend der Darstellung ρ transformieren.

Für viele Anwendungen in der Physik können die auftretenden Bündel als *triviale* Bündel vorausgesetzt werden. Aus diesem Grunde, und auch weil wesentliche geometrische Eigenschaften bereits bei den trivialen Bündeln auftreten, wird dieser Fall im folgenden besonders hervorgehoben. Der ganze fünfte Paragraph ist so angelegt, daß man die Erörterungen über nichttriviale Bündel überspringen kann und dann ohne Kenntnis des nichttrivialen Falles die meisten der Beispiele im nächsten Paragraphen verstehen kann. Es wird außerdem versucht, den fünften Paragraphen unabhängig vom vierten Paragraphen aufzubauen, obwohl natürlich die Geometrie der Vektorbündel an mehreren Stellen von Nutzen ist.

Wir beginnen also mit dem Konzept eines trivialen Prinzipalfaserbündels:

(5.1) Definition. Zur Beschreibung eines *trivialen Prinzipalfaserbündels* benötigt man die folgenden Bestandteile:

1° Eine differenzierbare Mannigfaltigkeit M der Dimension n, welche *Basismannigfaltigkeit* genannt wird.

In vielen physikalischen Situationen ist M der Minkowski-Raum $\mathbb{M} \cong \mathbb{R}^4$ wie zum Beispiel in den vorangegangenen Paragraphen 2 und 3 oder eine allgemeinere Raumzeit M. Unter einer Mannigfaltigkeit soll hier immer eine differenzierbare Mannigfaltigkeit verstanden werden (vgl. Anhang M), und differenzierbar steht für unendlich oft differenzierbar.

2° Eine Matrixgruppe G, meistens kompakt, welche *Strukturgruppe* genannt wird. Es sei $g = \mathrm{Lie}\,G$ die zugehörige Lie-Algebra (vgl. Anhang L). g ist insbesondere ein $\mathbb{R}$-Vektorraum und $k := \dim_{\mathbb{R}} g$ ist die Dimension der Gruppe G als Mannigfaltigkeit.

Entsprechend dem physikalischen Sprachgebrauch ist G die *interne Symmetriegruppe* (oder die *Eichgruppe*). G wird deshalb *interne* Symmetriegruppe genannt, weil die Wirkung von G (siehe Nr. 3° unten) nicht die Raumpunkte verändert. In den vorangegangenen Paragraphen 1 bis 3 kommen die folgenden Matrixgruppen als interne Symmetriegruppen vor (Dimensionen jeweils in eckigen Klammern): $U(1)_{[1]}$, $SU(2)_{[3]}$, $SU(3)_{[8]}$, $U(1) \times SU(2)_{[4]}$. An anderer Stelle wurden die Gruppen $Z_{n[0]}$, $SO(3)_{[3]}$, $SO(4)_{[6]}$, $SL(2,\mathbb{C})_{[6]}$, $SU(5)_{[24]}$, $SO(3,1)_{[6]}$, $P(3,1)_{[10]}$, $SO(4,2)_{[15]}$ $\Gamma_{[10]}$ (Galilei-Gruppe, vgl. II.2), und weitere behandelt oder genannt. Ansonsten von Interesse in der Physik: $SO(8)_{[28]}$, $SO(32)_{[496]}$, $SU(10)_{[99]}$, $E_{8[496]}$ (exzeptionelle Lie-Gruppe), ...

3° Die beiden Objekte M und G geben zusammen den *Totalraum* P als das Produkt $P := M \times G$ mit der *Projektion*

$$\pi = pr_1 : M \times G \longrightarrow M$$

auf die erste Komponente und mit der natürlichen *Gruppenaktion*

$$\Psi : P \times G \longrightarrow P \, ,$$

gegeben durch $\Psi_g(a,h) := (a,hg)$ für $a \in M$ und $g, h \in G$. Es gilt $\Psi_g \circ \Psi_{g'} = \Psi_{g'g}$ für $g, g' \in G$ und $\Psi_e = id_P$ für das neutrale Element $e \in G$. Das bedeutet, wenn man allgemein auch pg für $\Psi_g(p)$, $p \in P$, schreibt: $(pg')g = p(g'g)$ und $pe = p$. Deshalb nennt man Ψ auch *Rechtsaktion*, im Gegensatz zu den in Paragraph 3, Kap. I, eingeführten Linksaktionen.

Das Prinzipalfaserbündel besteht jetzt aus dem Totalraum P zusammen mit der Rechtsaktion Ψ der Strukturgruppe G auf P und der Projektion $\pi : P \longrightarrow M$. $P_a = \pi^{-1}(a) = \{a\} \times G$ für $a \in M$ sind die *Fasern* von π.

Ein *Schnitt* im Prinzipalfaserbündel über einer offenen Menge $U \subset M$ ist eine differenzierbare Abbildung $\sigma : U \longrightarrow P$ mit $\pi \circ \sigma = id_U$. Ein solcher Schnitt ist also gegeben durch eine differenzierbare Abbildung $g : U \longrightarrow P$ mit $\sigma(a) = (a,g(a))$ für $a \in U$. Insbesondere gibt es zu einem solchen trivialen Prinzipalfaserbündel immer globale Schnitte, das heißt Schnitte auf ganz M.

$$
\begin{array}{ccc}
P & \xrightarrow{\;\cong\;} & M \times G \\
\sigma \nearrow \big\downarrow \pi & \swarrow pr_1 & \big\downarrow pr_2 \\
U \subset M & \xrightarrow[\;g\;]{} & G
\end{array}
\qquad g := pr_2 \circ \sigma
$$

Die Wirkung Ψ definiert im übrigen eine Äquivalenzrelation auf P mit den *Fasern* $\pi^{-1}(a)$, $a \in M$, als Äquivalenzklassen. Der zugehörige Quotient ist gerade M mit der Projektion π als Quotientenabbildung. Diese Beschreibung führt zu allgemeinen Prinzipalfaserbündeln, die lokal wie ein triviales Prinzipalfaserbündel aussehen. (Wer nur an trivialen Bündeln interessiert ist, kann das Folgende überschlagen und bei 5.5 weiterlesen.)

(5.2) Definition. Seien P und M Mannigfaltigkeiten und sei G eine Matrixgruppe. Ein *Prinzipalfaserbündel* (oder *Hauptfaserbündel*) (P,M,G,π) mit dem

Totalraum P und der Strukturgruppe G ist durch eine differenzierbare Abbildung $\pi : P \longrightarrow M$ zusammen mit einer differenzierbaren Rechtsaktion $\Psi : P \times G \longrightarrow P$ gegeben, so daß lokal die oben in 5.1 beschriebene Situation vorliegt:

(P) Zu jedem Punkt $a \in M$ gibt es eine offene Umgebung U von a und einen Diffeomorphismus $\varphi : \pi^{-1}(U) \longrightarrow U \times G$ mit $\Psi(\varphi^{-1}(a,h),g) = \varphi^{-1}(a,hg)$ und $\pi(\varphi^{-1}(a,h)) = a$ für alle $a \in M$ und alle $g, h \in G$.

Wenn man die jeweilige Rechtsaktion von G auf $\pi^{-1}(U)$ bzw. $U \times G$ einfach als Rechtsmultiplikation schreibt und wenn man, wie üblich, mit pr_1 die Projektion $\mathrm{pr}_1 : U \times G \longrightarrow U$ des trivialen Prinzipalfaserbündels $U \times G$ auf die erste Komponente bezeichnet, so haben die in (P) gegebenen Bedingungen die Form $\varphi(p\,g) = \varphi(p)\,g$ und $\mathrm{pr}_1 \circ \varphi(p) = \pi(p)$ für alle $p \in U$ und $g \in G$. Eine prägnante Schreibweise dieser beiden Bedingungen ist daher auch: $\varphi \circ \Psi_g = \Psi'_g \circ \varphi$ für alle $g \in G$ und $\mathrm{pr}_1 \circ \varphi = \pi_U$, wobei Ψ'_g die übliche Rechtsaktion auf $U \times G$ (vgl. $5.2.1^\circ$) und π_U die Restriktion von π auf $\pi^{-1}(U)$ bezeichnet.

$$
\begin{array}{ccc}
\pi^{-1}(U) \xrightarrow{\ \varphi\ } U \times G & \qquad & \pi^{-1}(U) \xrightarrow{\ \Psi_g\ } \pi^{-1}(U) \\
\pi_U \downarrow \ \swarrow \mathrm{pr}_1 & & \varphi \downarrow \qquad\qquad \downarrow \varphi \\
U & & U \times G \xrightarrow{\ \Psi'_g\ } U \times G
\end{array}
$$

Der Diffeomorphismus φ in der Bedingung (P) vermittelt einen Isomorphismus des Bündels $\pi^{-1}(U)$ über U mit dem trivialen Bündel $U \times G$ über U; φ heißt daher auch *lokale Trivialisierung*.

In der Definition eines Prinzipalfaserbündels wird offensichtlich die differenzierbare Struktur der Matrixgruppe G benötigt (vgl. Anhang L). Natürlich ist der Begriff genauso sinnvoll mit einer allgemeineren, abstrakten Lie-Gruppe. Die Bedingung (P) zieht im übrigen nach sich, daß die Projektion π eine surjektive Abbildung und Submersion ist. Die Rechtsaktion von G auf P definiert wie beim trivialen Prinzipalfaserbündel eine natürliche Äquivalenzrelation mit den *Fasern* $P_a := \pi^{-1}(a)$ von π als Äquivalenzklassen bzw. Bahnen, und es gilt auch hier, daß M der Quotient als Mannigfaltigkeit mit π als Quotientenabbildung ist (vgl. M.8). Diese Beobachtung gestattet die Definition eines Prinzipalfaserbündels als die Quotientenabbildung einer freien differenzierbaren Lie-Gruppenaktion auf P (vgl. I.4.18). Im übrigen ist P_a diffeomorph zur Matrixgruppe G vermöge irgendeiner der lokalen Trivialisierungen in einer Umgebung U von a, aber P_a ist nicht isomorph zu G, weil ja P_a keine Gruppenstruktur hat.

Ein *Schnitt* im Prinzipalfaserbündel über einer offenen Menge $U \subset M$ ist wie oben eine differenzierbare Abbildung $\sigma : U \longrightarrow P$ mit $\pi \circ \sigma = \mathrm{id}_U$, die im allgemeinen nichttrivialen Fall allerdings eine Produktdarstellung der Form $a \longmapsto (a,g(a))$ nur bezüglich der lokalen Trivialisierungen hat (vgl. Diagramm zu 5.1). Den Raum der Schnitte über U bezeichnet man als $\Gamma(U,P)$.

Der Unterschied zwischen dem in 5.1 definierten trivialen Prinzipalfaserbündel und dem in 5.2 allgemeiner gefaßten Begriff ist lediglich, daß global keine Aufspaltung von P als Produkt gefordert wird. Ein einfaches Beispiel eines nichttrivialen Prinzipalfaserbündels mit der 0-dimensionalen Gruppe $G = \{1, -1\} \subset \mathbb{C}(1)$ als Strukturgruppe ist gegeben durch $P = S^1 = M$, $\pi(z) = z^2$ für $z \in S^1$ und $\Psi_\lambda(z) = z\lambda$ für $z \in S^1$, $\lambda \in G$. Daß $\pi : P \longrightarrow M$ nicht trivial ist, liegt im wesentlichen daran, daß es auf S^1 keine Quadratwurzel gibt! Dazu gibt es das folgende Resultat:

(5.3) Satz. Sei (P, M, G, π) ein Prinzipalfaserbündel. Es gibt genau dann einen Diffeomorphismus $\varphi : P \longrightarrow M \times G$ mit $\pi = \mathrm{pr}_1 \circ \varphi$ und $\varphi(pg) = \varphi(p)g$, also eine *"globale Trivialisierung"* von P, wenn es einen globalen Schnitt in P gibt, das ist eine differenzierbare Abbildung $\sigma : M \longrightarrow P$ mit $\pi \circ \sigma = \mathrm{id}_M$.

Beweis. Ist φ eine globale Trivialisierung, so ist $\sigma(a) := \varphi^{-1}(a,e)$ ein globaler Schnitt. Umgekehrt läßt sich mit Hilfe eines globalen Schnittes σ die globale Trivialisierung $\varphi(p) := (\pi(p), \hat{\sigma}(p))$, $p \in P$, definieren, wobei $\hat{\sigma}(p) \in G$ das eindeutig bestimmte Gruppenelement mit $p = \sigma(\pi(p)) \hat{\sigma}(p)$ ist. Es gilt $\varphi^{-1}(a,g) = \sigma(a)g$ für diese Trivialisierung.

Jedes Prinzipalfaserbündel über $M = \mathbb{R}^n$ besitzt eine globale Trivialisierung; allgemeiner gilt das auch für eine zusammenziehbare Mannigfaltigkeit M. Über einer dreidimensionalen Mannigfaltigkeit ist jedes Prinzipalfaserbündel mit der Strukturgruppe $SU(2)$ trivialisierbar. Im allgemeinen gibt es aber viele nichttriviale Prinzipalfaserbündel, wie man auch aus den folgenden Beispielen ablesen kann.

(5.4) Beispiele.

1° Das Reperbündel einer Mannigfaltigkeit. Ein Prinzipalfaserbündel, das sich auf jeder Mannigfaltigkeit M in natürlicher Weise ergibt, ist das Bündel der Basen der Tangentialräume, das wir *Reperbündel* nennen ("frame bundle" im Englischen): Zu jedem Punkt a sei R_a die Menge der Basen des Tangentialraumes T_aM. Ist eine Basis $b = (b_1, b_2, \ldots, b_n)$ von T_aM gewählt, so ist jede andere Basis aus R_a von der Form $bh := (b_1 h, b_2 h, \ldots, b_n h)$, wobei $b_\mu h := h^\nu_\mu b_\nu$ mit einer eindeutig bestimmten regulären Matrix $(h^\nu_\mu) = h \in GL(n,\mathbb{R})$. Also kann R_a durch die Gruppe $G := GL(n,\mathbb{R})$ parametrisiert werden, diese Parametrisierung hängt allerdings von der Wahl einer Basis von T_aM ab. Der Totalraum des gesuchten Prinzipalfaserbündels ist als Menge $R := \bigcup\{R_a : a \in M\}$. Die Projektion $\pi : R \longrightarrow M$ ist durch $\pi(R_a) = \{a\}$ festgelegt. Die geforderte Rechtsaktion $\Psi : R \times G \longrightarrow R$ auf R ergibt sich in natürlicher Weise aus der gerade geschilderten Parametrisierung der Basen von T_aM: Wir setzen $\Psi(b,h) := bh$ für $(b,h) \in R \times G$, also $(bh)_\mu = h^\nu_\mu b_\nu$. Natürlich ist $b\,\mathrm{id} = b$. Außerdem gilt für je zwei Gruppenelemente $g, h \in G$: $b(gh) = (bg)h$, denn es ist

$$(b(gh))_\mu = (gh)^\nu_\mu b_\nu = g^\nu_\lambda h^\lambda_\mu b_\nu = h^\lambda_\mu g^\nu_\lambda b_\nu = h^\lambda_\mu (bg)_\lambda = ((bg)h)_\mu.$$

Die Struktur eines topologischen Raumes und die einer differenzierbaren Mannigfaltig-
keit erhält R mit Hilfe der folgenden lokalen Trivialisierungen: Sei $\varphi : U \longrightarrow Q \subset \mathbb{R}^n$
eine Karte der Mannigfaltigkeit M. Durch φ wird in jedem Tangentialraum $T_a M$,
$a \in U$, die Basis $\{\partial_1(a), \partial_2(a), \ldots, \partial_n(a)\} \in R_a$ der Koordinatenrichtungen ausgezeichnet
(vgl. M.10). Für $b \in R_a$ sei $\tilde{\varphi}(b) \in G$ die Matrix mit $b_\mu = \tilde{\varphi}(b)_\mu^{\;\nu} \partial_\nu(a)$, also gilt in der
oben eingeführten Notation: $b = \partial(a)\tilde{\varphi}(b)$. Es ist leicht zu sehen, daß die Abbildung
$\hat{\varphi} : \pi^{-1}(U) \longrightarrow U \times G$, $b \longmapsto (\pi(b), \tilde{\varphi}(b))$ für $b \in R$, bijektiv ist. Die Topologie auf
$\pi^{-1}(U)$ wird so gewählt, daß $\hat{\varphi}$ topologisch ist. Dann ist $\hat{\varphi}$ eine Karte und die
Kollektion all dieser Karten definiert einen differenzierbaren Atlas, wenn für je zwei
Karten $\varphi_\iota : U_\iota \longrightarrow Q_\iota$, $\varphi_\varkappa : U_\varkappa \longrightarrow Q_\varkappa$ der Basismannigfaltigkeit M der Übergang
$\hat{\varphi}_\iota \circ \hat{\varphi}_\varkappa^{-1} : U_{\iota\varkappa} \times G \longrightarrow U_{\iota\varkappa} \times G$ stets differenzierbar ist (vgl. M.8).

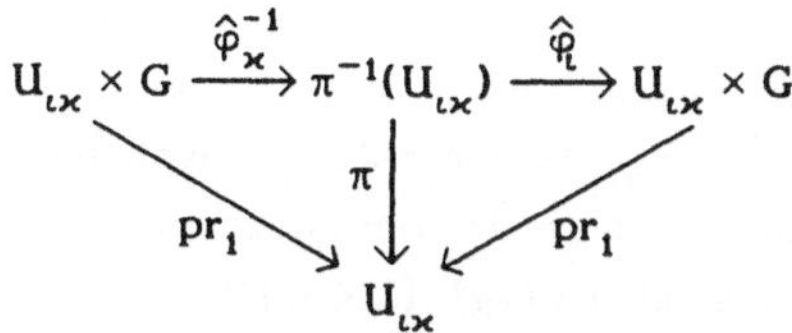

Um das zu beweisen, genügt es wegen $\hat{\varphi}_\iota \circ \hat{\varphi}_\varkappa^{-1}(a,h) = (a, \tilde{\varphi}_\iota \circ \tilde{\varphi}_\varkappa^{-1}(h))$ die Differenzier-
barkeit von $\tilde{\varphi}_\iota \circ \tilde{\varphi}_\varkappa^{-1} : G \longrightarrow G$ zu zeigen. Es ist $D(\varphi_\iota \circ \varphi_\varkappa^{-1})(\varphi_\varkappa(a))\, \tilde{\varphi}_\varkappa(b) = \tilde{\varphi}_\iota(b)$ für
$b \in R_a$ nach Definition der $\tilde{\varphi}$ (siehe auch M.10 für den Vergleich der durch $\varphi_\iota = \overline{\varphi}$ und
$\varphi_\varkappa = \varphi$ gegebenen Basen von $T_a M$). Wenn man jetzt $h = \tilde{\varphi}_\varkappa(b)$ setzt, folgt daraus
schließlich $\tilde{\varphi}_\iota \circ \tilde{\varphi}_\varkappa^{-1}(h) = D(\varphi_\iota \circ \varphi_\varkappa^{-1})(\varphi_\varkappa(a))\, h$. Also sind alle $\hat{\varphi}_\iota \circ \hat{\varphi}_\varkappa^{-1}$ differenzierbar. Auf R ist damit eine differenzierbare Struktur definiert, für welche die Projektion
π und die Rechtsaktion Ψ differenzierbar sind und für welche außerdem die $\hat{\varphi}_\iota$ die
Trivialisierungsbedingung (P) erfüllen. Damit ist das Reperbündel R = R(M) als ein
Prinzipalfaserbündel über M mit der Strukturgruppe GL(n,ℝ) nachgewiesen. R(M) ist
genau dann trivialisierbar, wenn das für das Tangentialbündel gilt, also wenn M parallelisierbar ist.

    2° **Restriktion der Strukturgruppe.** Die Vorgabe einer Struktur auf M kann
zu einem Prinzipalfaserbündel P $\subset$ R mit einer Strukturgruppe G $\subset$ GL(n,ℝ) führen.
Beispielsweise sei die Mannigfaltigkeit M orientierbar mit einer festen Orientierung
(vgl. M.18 und I.4.7). Man betrachte die Menge $R_+ \subset R$ der positiv orientierten Basen
der $T_a M$ und erhält so ein Prinzipalfaserbündel R_+ über der Mannigfaltigkeit M mit
$GL_+(n,\mathbb{R}) = \{\, g \in GL(n,\mathbb{R}) : \det g > 0 \,\}$ als Strukturgruppe. Ähnlich erhält man bei der
Zusatzstruktur einer Volumenform auf M das Prinzipalfaserbündel aller orientierten
und volumentreuen Basen (vgl. I.4.8) mit der Strukturgruppe SL(n,ℝ). Im Falle einer
Riemannschen Mannigfaltigkeit M mit einer Riemannschen Metrik g (vgl. G.12) bilden
die Orthonormalbasen der $T_a M$ bezüglich g(a) ein Prinzipalfaserbündel R(M,g) $\subset$ R(M)
über M mit der Strukturgruppe O(n). Unter Berücksichtigung einer Orientierung auf
M (falls M orientierbar ist) kommt man entsprechend zu dem Prinzipalfaserbündel
$R_+(M,g)$ aller positiv orientierten Orthonormalbasen mit der Strukturgruppe SO(n).

Bei allen diesen Konstruktionen bleiben die lokalen Trivialisierungen erhalten. Analoge Überlegungen für eine semi-Riemannsche Mannigfaltigkeit M führen zu den Bündeln $R(M,g) \subset R(M)$ bzw. $R_+(M,g)$ mit den Strukturgruppen $O(p,q)$ bzw. $SO(p,q)$.

3° **Das Reperbündel eines Vektorbündels.** Für ein $\mathbb{K}$-Vektorbündel E vom Rang r über M hat man analog zu der in 1° durchgeführten Konstruktion das Reperbündel $GL(E)$ der Basen aller Fasern E_a, $a \in M$, mit $GL(r,\mathbb{K})$ als Strukturgruppe. Für diesen allgemeineren Fall geht man anstatt von Karten auf M, welche geeignete Bündelkarten des Tangentialbündels vermitteln, gleich von lokalen Trivialisierungen φ des Vektorbündels E aus, um analog zu 1° die lokalen Trivialisierungen von $\hat{\varphi}$ zu erhalten. Ein Vergleich mit 1° zeigt $R(M) = GL(TM)$. Die Fixierung einer zusätzlichen Struktur auf E führt ähnlich wie in 2° zu weiteren Prinzipalfaserbündeln mit Untergruppen G von $GL(r,\mathbb{K})$ als Strukturgruppen. Ein typischer Fall für komplexe Vektorbündel E: Die Festlegung einer hermiteschen Metrik auf E ergibt das $U(n)$-Prinzipalfaserbündel der Orthonormalbasen der E_a. Auch ein Zusammenhang D auf dem Vektorbündel E (vgl. Paragraph 4) kann über die Holonomiegruppe des Zusammenhangs zu einer Reduktion der Strukturgruppe führen (vgl. [LIC], [POO]).

4° **Homogene Räume.** Durch geeignete Quotienten von differenzierbaren Mannigfaltigkeiten nach freien Gruppenoperationen werden viele konkrete Beispiele von Prinzipalfaserbündeln gegeben (vgl. $I.4.18^o$). Als bekannten Fall wollen wir hier nur die projektiven Räume hervorheben: Der reell-projektive Raum $\mathbb{P}_n(\mathbb{R})$ entsteht als Quotient von S^{n+1} bezüglich der Gruppenaktion $x \longmapsto -x$. S^{n+1} ist also ein Prinzipalfaserbündel über $\mathbb{P}_n(\mathbb{R})$ mit der Gruppe $\{1,-1\} \cong \mathbb{Z}_2$ als Strukturgruppe. (Das vor 5.3 genannte Beispiel ist übrigens der Fall $n = 1$.) Entsprechend ist S^{2n+1} Prinzipalfaserbündel über dem komplex-projektiven Raum $\mathbb{P}_n(\mathbb{C})$ mit Strukturgruppe $U(1)$. Im Falle $n = 1$ ist dieses Beispiel aus II.6.13 als Hopf-Abbildung $S^3 \longrightarrow S^2 \cong \mathbb{P}(\mathbb{C})$ bekannt. Eine andere Beschreibung des projektiven Raumes als homogener Raum (vgl. $I.4.15^o$) geht von den Gruppen orthogonaler bzw. unitärer Matrizen als Totalraum aus: Auf diese Weise ist $SO(n+1)$ Prinzipalfaserbündel über $\mathbb{P}_n(\mathbb{R})$ mit $O(n)$ als Strukturgruppe. Die Wirkung von $SO(n)$ kann folgendermaßen beschrieben werden: Indem man jeder Matrix A aus $O(n)$ die $(n+1)\times(n+1)$-Block-Matrix $\begin{pmatrix} c & 0 \\ 0 & A \end{pmatrix}$, $c := (\det A)^{-1}$, aus $SO(n+1)$ zuordnet, wird eine Einbettung $O(n) \longrightarrow SO(n+1)$ definiert. Daher kann $O(n)$ als Untergruppe von $SO(n+1)$ aufgefaßt werden. Die Wirkung von $O(n)$ auf $SO(n+1)$ ist jetzt einfach die Multiplikation von rechts. Analog ist $SU(n+1)$ ein Prinzipalfaserbündel über $\mathbb{P}_n(\mathbb{C})$ mit $U(n)$ als Strukturgruppe. Entsprechend hat man auch $SL(n+1,\mathbb{K})/GL(n,\mathbb{K}) \cong \mathbb{P}_n(\mathbb{K})$ für $\mathbb{K} \in \{\mathbb{R},\mathbb{C}\}$ und sogar für die Quaternionen.

(5.5) Das vertikale Bündel. Eine geometrische Struktur erhält man auf einem Prinzipalfaserbündel $\pi : P \longrightarrow M$ mit Strukturgruppe G erst durch die Festlegung eines Zusammenhangs. Dazu benötigen wir das vertikale Bündel V im Tangentialbündel TP von P: Die Tangentialabbildungen $T_p\pi : T_pP \longrightarrow T_{\pi(p)}M$ für $p \in P$ bestimmen den *vertikalen Anteil* $V_p := \text{Ker}\, T_p\pi$ von T_pP, der auch *vertikaler Raum* genannt wird. Zusammengefaßt liefern die vertikalen Räume das *vertikale Bündel* V:

$$V := \bigcup \{V_p : p \in P\} \subset TP$$

V ist Unterbündel von TP. Die Fasern V_p von V sind k-dimensional, denn V_p ist als $\mathbb{R}$-Vektorraum in natürlicher Weise isomorph zur Lie-Algebra $\mathfrak{g}$ von G. Außerdem hängt V_p differenzierbar von p ab. Daher ist V ein $\mathbb{R}$-Vektorbündel vom Rang k. Wir werden gleich sehen (vgl. 5.8), daß sich V stets als ein Produkt $V = P \times \mathfrak{g}$ schreiben läßt, also ein triviales Vektorbündel über P ist. In dem Spezialfall eines trivialen Prinzipalfaserbündels $P = M \times G$ hat $T_p P$ die durch $P = M \times G$ gegebene Zerlegung in $T_p P = \mathbb{R}^n \times \mathfrak{g}$ und es gilt offenbar $V_p = \{0\} \times \mathfrak{g}$.

(5.6) Definition. Sei $\pi : P \longrightarrow M$ ein Prinzipalfaserbündel mit der Strukturgruppe G und der Wirkung $\Psi : P \times G \longrightarrow P$. Ein *Zusammenhang* auf dem Prinzipalfaserbündel ist durch eine differenzierbare Schar $(H_p)_{p \in P}$ von Untervektorräumen $H_p \subset T_p P$ gegeben mit den folgenden Eigenschaften:

(H1) $T_p P = H_p \oplus V_p$ für alle $p \in P$, das heißt H_p ist *horizontal*,

(H2) $T_p \Psi_g (H_p) = H_{pg}$ für alle $p \in P$ und $g \in G$, das heißt H_p ist *invariant* gegenüber der Wirkung Ψ.

Dabei bedeutet die Differenzierbarkeit von $p \longmapsto H_p$, daß es zu jedem Punkt $p_0 \in P$ eine offene Umgebung U von p_0 und differenzierbare Vektorfelder $X_\mu : U \longrightarrow TP$, $\mu = 1, \ldots n$, gibt, so daß $(X_1(p), X_2(p), \ldots X_n(p))$ für alle $p \in U$ eine Basis von H_p ist. (Übrigens ist V ebenfalls differenzierbar in diesem Sinne.)

Eine Zerlegung $T_p P = H_p \oplus V_p$ von $T_p P$ nach (H1) in einen horizontalen und einen vertikalen Anteil wird durch eine eindeutig bestimmte $\mathbb{R}$-lineare Abbildung $v_p : T_p P \longrightarrow T_p P$ mit $H_p = \mathrm{Ker}\, v_p$ und $v_p|_{V_p} = \mathrm{id}_{V_p}$ gegeben. v_p erfüllt dann auch die Identität $v_p \circ v_p = v_p$ und wird die *horizontale Projektion* genannt.

Im allgemeinen gibt es viele solche Projektionen, wie man sich an dem folgenden einfachen Beispiel klarmachen kann: Sei T ein 2-dimensionaler $\mathbb{R}$-Vektorraum und $V \subset T$ ein eindimensionaler Teilraum von T. Sei $v \in V$ ein fester Vektor $v \neq 0$. Für jeden Vektor $h \in T \setminus V$ ist (v,h) eine Basis von T, also hat jeder Vektor $t \in T$ eine eindeutige Darstellung $t = \alpha v + \beta h$ mit $\alpha, \beta \in \mathbb{R}$. Jetzt gilt: $v(t) := \alpha v$ definiert eine $\mathbb{R}$-lineare Projektion auf V mit $\mathrm{Ker}\, v = \{\beta h : \beta \in \mathbb{R}\} =: H$. Je zwei solche Projektionen v, v' sind genau dann verschieden, wenn $\mathrm{Ker}\, v \neq \mathrm{Ker}\, v'$, das heißt, wenn h und h' linear unabhängig sind.

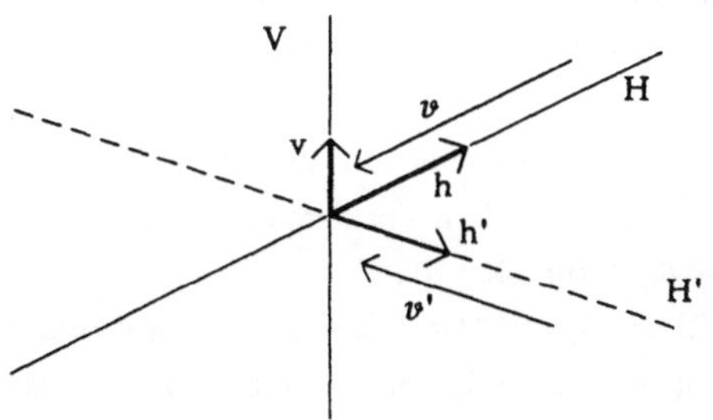

Die Bedingung (H2) übersetzt sich im trivialen Fall mit der oben angesprochenen Identifizierung $T_p P \cong \mathbb{R}^n \times g$ als $H_p = H_{pg}$ für alle $g \in G$ und $p \in P$. Die Differenzierbarkeitsbedingung in der Definition 5.6 bedeutet im übrigen gerade, daß die Schar $(H_p)_{p \in P}$ sich zu einem Vektorbündel $H := \bigcup \{ H_p : p \in P \} \subset TP$ zusammensetzt, welches zugleich ein Unterbündel des Tangentialbündels TP ist. H wird das *horizontale Bündel* genannt und erfüllt $TP = H \oplus V$ im Sinne der direkten Summe von Vektorbündeln.

(5.7) Satz. Ein *Zusammenhang* auf einem Prinzipalfaserbündel $\pi : P \longrightarrow M$ mit Strukturgruppe G definiert einen Vektorbündelhomomorphismus $v : TP \longrightarrow TP$ (also: v ist differenzierbar, und $v_p := v|_{T_p P} : T_p P \longrightarrow T_p P$ ist $\mathbb{R}$-linear für alle $p \in P$) mit den folgenden Eigenschaften:

(V1) $v \circ v = v$ und $\operatorname{Im} v = V$, das heißt v ist Projektion auf V,

(V2) $T\Psi_g \circ v = v \circ T\Psi_g$ für alle $g \in G$, das heißt v ist Ψ-*invariant*.

Umgekehrt bestimmt ein solches v stets einen Zusammenhang auf dem Prinzipalfaserbündel, der durch $H_p := \operatorname{Ker} v_p$, $p \in P$, definiert ist.

Beweis. Bei Vorgabe eines Zusammenhangs durch eine Schar (H_p) von horizontalen Unterräumen setzen sich die weiter oben eingeführten Projektionen v_p zu einer Abbildung $v : TP \longrightarrow TP$, $v(\xi) := v_p(\xi)$ für $\xi \in T_p P$, zusammen, welche faserweise linear ist und unmittelbar die Bedingung (V1) erfüllt. Es gilt daher nur nachzuprüfen, daß die Differenzierbarkeit von H_p gerade die Differenzierbarkeit von v bedeutet, und daß aus (H2) die Bedingung (V2) folgt.

(5.8) Das Fundamentalfeld. Es sei wieder $g = \operatorname{Lie} G$ die Lie-Algebra zu G. Für $X \in g$ ist das *Fundamentalfeld* $\tilde{X}$ zu X analog zu Paragraph 9 in Kapitel III (nach II.9.13, vgl. Bild S. 145) definiert:

$$\tilde{X}(p) := \frac{d}{dt}(p \exp tX)\big|_{t=0} = [p \exp tX]_p \in T_p P .$$

Man kann leicht nachprüfen, daß $V_p = \{ \tilde{X}(p) : X \in g \}$ gilt. Deshalb ist die Umkehrung der Abbildung $P \times g \longrightarrow V$, $(p,X) \longmapsto \tilde{X}(p)$, eine natürliche globale Trivialisierung des vertikalen Bündels. Es sei $\sigma_p : V_p \longrightarrow g$ die zu $X \longmapsto \tilde{X}(p)$ inverse Abbildung. Dann erhält man die $\mathbb{R}$-linearen Abbildungen $\omega_p : T_p P \longrightarrow g$ durch $\omega_p := \sigma_p \circ v_p$, $p \in P$, die man zu einer *g-wertigen 1-Form* $\omega := \sigma \circ v : TP \longrightarrow g$ zusammenfaßt ($\omega \in \mathscr{A}^1(P,g)$, vgl. M.16 oder Paragraph 4).

(5.9) Satz. Ein Zusammenhang auf dem Prinzipalfaserbündel definiert eine g-wertige 1-Form $\omega \in \mathscr{A}^1(P,g)$ auf dem Totalraum P mit

(ω1) $\omega(\tilde{X}) = X$ für $X \in g$,

(ω2) $\omega(T\Psi_g(Z)) = g^{-1} \omega(Z) g$ für $g \in G$ und Vektorfelder Z auf P.

Umgekehrt liefert jede g-wertige 1-Form ω mit (ω1) und ω2) über $H_p := \operatorname{Ker} \omega_p$ einen Zusammenhang auf P.

Für $p \in P$, $X \in \mathfrak{g}$ und $Z \in T_p P$ bedeuten (ω1) und (ω2) $\omega_p(\tilde{X}(p)) = X$ und $\omega_{pg}(T_p\Psi_g(Z)) = g^{-1}\omega_p(Z)\,g$. (Hier und in ($\omega$2) ist $g^{-1}\omega_p(Z)\,g$ wohldefiniert für Matrixgruppen $G \subset GL(m,\mathbb{C})$, da in dieser Situation $\text{Lie}\,G = \mathfrak{g} \subset \mathbb{C}(m)$ gilt. Daher ist $X\,g$ für die Matrizen $X = \omega_p(Z) \in \mathfrak{g}$ und $g \in G$ als Matrixprodukt gegeben und es gilt $g^{-1}X\,g \in \mathfrak{g}$. Für allgemeine Lie-Gruppen wird in (ω2) der Ausdruck $g^{-1}\omega(Z)\,g$ durch $\text{Ad}_{g^{-1}}(\omega(Z))$ ersetzt.) Im übrigen ist $\Psi_g^*\omega := \omega\circ T\Psi_g$ das Pullback von ω (vgl. M.16); mit dieser Notation schreibt sich (ω2) auch in der kompakteren Form: $\Psi_g^*\omega = g^{-1}\omega g$ für alle $g \in G$. Für den Beweis des Satzes benötigt man im wesentlichen nur die Formel $\sigma_{pg}(T_p\Psi_g(\tilde{X}(p))) = g^{-1}X\,g$, die sich direkt aus den Definitionen und aus (V2) ergibt.

ω heißt die *Zusammenhangsform* des Zusammenhangs. Im physikalischen Sprachgebrauch ist P der *Raum der Phasenfaktoren* und ω das (*globale*) *Eichpotential*. Die Eichpotentiale der vorangehenden zwei Paragraphen 2 und 3 sind dagegen *lokale Eichpotentiale*, die sich aus ω folgendermaßen ergeben:

Sei $U \subset M$ offene Menge und $\sigma : U \longrightarrow P$ ein Schnitt, also eine differenzierbare Abbildung $\sigma : U \longrightarrow P$ mit $\pi\circ\sigma = \text{id}_U$. Im trivialen Fall bedeutet das einfach $\sigma(a) = (a,g(a))$, für $g : U \longrightarrow G$ differenzierbar. σ wird in der Physik als *lokale Eichung* bezeichnet und definiert auf U mit Hilfe von ω eine $\mathfrak{g}$-wertige 1-Form $A^\sigma := \sigma^*\omega$ auf U, durch

$$\sigma^*\omega(Y) := \omega(T\sigma(Y)) \quad \text{für Vektorfelder } Y \text{ auf } U.$$

A^σ heißt das zu σ gehörige *Eichpotential* bzw. die lokale *Zusammenhangsform*. A^σ ist auf U eine 1-Form im folgenden Sinne: Für alle $a \in U$ ist mit $p = \sigma(a)$ die Abbildung $A_a^\sigma = A^\sigma(a) = \omega_p\circ T_a\sigma : T_a M \longrightarrow \mathfrak{g}$ $\mathbb{R}$-linear $(T_a M = T_a U)$.

(5.10) Satz. Für je zwei Schnitte $\sigma_j : U_j \longrightarrow P$, $j = 1,2$, mit $U := U_1 \cap U_2 \neq \emptyset$ gilt mit $A = \sigma_1^*\omega$ und $A' = \sigma_2^*\omega$, sowie $g := \sigma_2^{-1}\sigma_1$ auf U:

$$\text{(A)} \quad A' = gAg^{-1} + g\,dg^{-1} \quad (= gAg^{-1} - (dg)g^{-1}).$$

Dabei ist die Abbildung $g := \sigma_2^{-1}\sigma_1 = \Psi_{\sigma_1}(\sigma_2^{-1}) : U \longrightarrow G$ für $a \in U$ durch das eindeutig bestimmte Gruppenelement $g(a) \in G$ mit $\sigma_1(a) = \sigma_2(a)\,g(a)$ gegeben. In lokalen Koordinaten geschrieben ist das die in 3.3 hergeleitete Transformationsbedingung (mit $A_\mu = icB_\mu$ und g statt S):

$$A_\mu' = gA_\mu g^{-1} + g\partial_\mu g^{-1} \quad (= gA_\mu g^{-1} - (\partial_\mu g)\,g^{-1}).$$

Den Beweis dieser wichtigen Transformationseigenschaft zeigen wir exemplarisch etwas ausführlicher (die vorangehenden Sätze haben einfachere Beweise): Der Tangentenvektor $Y \in T_a M$ sei durch die Kurve γ in M gegeben: $Y = \frac{d}{dt}\gamma(t)\big|_{t=0}$. Dann gilt mit $p = \sigma_1(a)$ und $p' = \sigma_2(a)$:

$$A_a(Y) = \sigma_1^*\omega_a(Y) = \omega_p(T_a\sigma_1(Y)) = \omega_p\big(\tfrac{d}{dt}\sigma_1\circ\gamma(t)\big|_{t=0}\big), \quad \text{sowie analog}$$

$$A_a'(Y) = \omega_{p'}\big(\tfrac{d}{dt}\sigma_2\circ\gamma(t)\big|_{t=0}\big).$$

Es ist

$$\frac{d}{dt}\sigma_2 \circ \gamma(t)\big|_{t=0} = \frac{d}{dt}(\sigma_1 g^{-1}) \circ \gamma(t)\big|_{t=0} = \frac{d}{dt}(\sigma_1 \circ \gamma(t))(g^{-1} \circ \gamma(t))\big|_{t=0}$$

$$= \frac{d}{dt}(\sigma_1 \circ \gamma(t)\, g^{-1}(a))\big|_{t=0} + \frac{d}{dt}(\sigma_1(a) g^{-1} \circ \gamma(t))\big|_{t=0}$$

$$= \frac{d}{dt}\Psi_h(\sigma_1 \circ \gamma(t))\big|_{t=0} + \frac{d}{dt}(\sigma_2(a)g(a))(g^{-1} \circ \gamma(t))\big|_{t=0} \quad (\text{mit } h = g^{-1}(a))$$

$$= T_p\Psi_h(T_a\sigma_1(Y)) + \frac{d}{dt}(\sigma_2(a)g(a))(g^{-1} \circ \gamma(t))\big|_{t=0}.$$

Um den zweiten Term dieser Summe zu verstehen, betrachten wir die durch γ gegebene Kurve $g(a) g^{-1} \circ \gamma(t)$ in der Matrixgruppe G. Wegen $g(a)g^{-1} \circ \gamma(0) = e$ $(= \text{Ein-}$ heitsmatrix) in G ist der zugehörige Tangentenvektor $X := \frac{d}{dt}(g(a) g^{-1} \circ \gamma(t))\big|_{t=0}$ ein Element von T_eG und kann als ein Element der Lie-Algebra $g \cong T_eG$ aufgefaßt werden. Da $g(a) g^{-1} \circ \gamma(t)$ nichts weiter als ein Matrixprodukt ist, kann X auch als $X := \frac{d}{dt}(g(a) g^{-1} \circ \gamma(t))\big|_{t=0} = g(a)\frac{d}{dt}(g^{-1} \circ \gamma(t))\big|_{t=0} = g(a)T_ag^{-1}(Y)$ geschrieben werden. Für das zu $X \in g$ gehörige Fundamentalfeld $\tilde{X}$ auf P gilt allgemein für jede Kurve $\eta(t)$ in G mit $\eta(0) = e$ und $\frac{d}{dt}\eta(t)\big|_{t=0} = X$: $\tilde{X}(p) = \frac{d}{dt}(p\,\eta(t))\big|_{t=0}$. Angewandt auf die Kurve $g(a) g^{-1} \circ \gamma(t)$ ergibt das $\tilde{X}(p') = \frac{d}{dt}(\sigma_2(a)g(a)g^{-1} \circ \gamma(t))\big|_{t=0}$, denn es ist $p' = \sigma_2(a)$. Jetzt kommt die Eigenschaft $(\omega 1)$ der Zusammenhangsform zum Zug: Es ist $\omega_p \cdot (\tilde{X}(p')) = X$ nach $(\omega 1)$, und das bedeutet die Identität:

$$(1) \quad \omega_p \cdot \left(\frac{d}{dt}(\sigma_2(a)g(a)g^{-1} \circ \gamma(t))\big|_{t=0}\right) = X = g(a)T_ag^{-1}(Y).$$

Aufgrund von $(\omega 2)$ gilt (mit $h \in G$ statt dort g) für den ersten Term der Summe

$$\omega_{ph}(T_p\Psi_h(T_a\sigma_1(Y))) = h^{-1}\omega_p(T_a\sigma_1(Y))h.$$

Es folgt wegen $p' = ph, h^{-1} = g(a)$ und $A_a(Y) = \omega_p(T_a\sigma_1(Y))$

$$(2) \quad \omega_p \cdot (T_p\Psi_h(T_a\sigma_1(Y))) = g(a)A_a(Y)g^{-1}(a).$$

Insgesamt folgt aus

$$A'_a(Y) = \omega_p \cdot \left(\frac{d}{dt}\sigma_2 \circ \gamma(t)\big|_{t=0}\right)$$

$$= \omega_p \cdot \left(T_p\Psi_h(T_a\sigma_1(Y)) + \frac{d}{dt}(\sigma_2(a)g(a))(g^{-1} \circ \gamma(t))\big|_{t=0}\right)$$

wegen (1) und (2) die angestrebte Bedingung (A):

$$A'_a(Y) = g(a)A_a(Y)g^{-1}(a) + g(a)T_ag^{-1}(Y).$$

Damit ist der Satz bewiesen.

In welcher Weise bestimmen geeignete lokale Eichpotentiale eine globale Zusammenhangsform auf dem Totalraum P des Prinzipalfaserbündels? Darauf gibt der folgende Satz eine Antwort unter Verwendung der gerade hergeleiteten Bedingung (A):

(5.11) Satz. Auf dem Prinzipalfaserbündel $\pi : P \longrightarrow M$ mit der Strukturgruppe G sei eine Familie von lokalen Schnitten $\sigma_\iota : U_\iota \longrightarrow P$, $\iota \in I$, über offenen Mengen $U_\iota \subset M$ gegeben, welche M überdecken: $M = \bigcup\{U_\iota : \iota \in I\}$. Es seien durch $\sigma_\iota = \sigma_\varkappa g_{\iota\varkappa}$ im Falle $U_{\iota\varkappa} := U_\iota \cap U_\varkappa \neq \emptyset$ die differenzierbaren "Verklebungsfunktionen" $g_{\iota\varkappa} : U_{\iota\varkappa} \longrightarrow G$ definiert. Zu jeder Familie $(A_\iota)_{\iota \in I}$ von differenzierbaren, g-wertigen 1-Formen $A_\iota \in \mathscr{A}^1(U_\iota, g)$ mit der Verträglichkeitsbedingung

$$(A) \quad A_x = g_{\iota x} A_\iota g_{\iota x}^{-1} + g_{\iota x} dg_{\iota x}^{-1} \quad \text{auf } U_{\iota x} \text{ für alle } (\iota,x) \in I \times I \text{ mit } U_{\iota x} \neq \emptyset.$$

gibt es dann eine eindeutig bestimmte Zusammenhangsform ω auf dem Prinzipalfaserbündel mit $\sigma_\iota^* \omega = A_\iota$ für alle $\iota \in I$.

Die verschiedenen lokalen Eichpotentiale A_ι mit der Transformationseigenschaft (A) bestimmen also ein globales Objekt, die *Zusammenhangsform* ω auf P.

Zum Beweis definiert man zu $a \in U_\iota$, $p := \sigma_\iota(a)$, $Y \in T_a M$ und $X \in g$ erst einmal $\eta_{\iota,p}(T_a \sigma_\iota(Y) + \tilde{X}_p) := A_{\iota,a}(Y) + X$. Dann ist η_ι eine g-wertige 1-Form auf $\sigma_\iota(U_\iota)$. Fortsetzen auf $\pi^{-1}(U_\iota)$ erfolgt durch $\omega_{\iota,pg}(Z) := g^{-1} \eta_{\iota,p}(T_{pg} \Psi_{g^{-1}}(Z)) g$ für $g \in G$ und $Z \in T_{pg} P$. Man erkennt, daß dadurch eine differenzierbare, g-wertige 1-Form auf $\pi^{-1}(U_\iota)$ definiert ist. Es läßt sich nachprüfen, daß dieses ω_ι die Bedingungen (ω1) und (ω2) erfüllt, und daß $\sigma_\iota^* \omega_\iota = A_\iota$ gilt. Bis zu dieser Stelle wird die Eigenschaft (A) noch nicht benötigt. Um zu zeigen, daß es eine g-wertige 1-Form ω auf P mit $\omega = \omega_\iota$ auf $\pi^{-1}(U_\iota)$ gibt, muß festgestellt werden, daß für alle $(\iota,x) \in I \times I$ mit $U_{\iota x} \neq \emptyset$ die Formen ω_ι und ω_x auf $\pi^{-1}(U_{\iota x})$ übereinstimmen. Dazu genügt es wegen der Invarianz (ω2) für die ω_ι, die Gleichheit $\omega_\iota|_{\sigma_\iota(U_\iota)} = \omega_x|_{\sigma_x(U_x)}$ zu beweisen. Mit einigem Aufwand folgt diese gerade aus der Bedingung (A).

(5.12) Beispiel. Die aus Paragraph 2 bekannte U(1)-Eichtheorie soll in dem neuen Formalismus dargelegt werden.

Der Rahmen der Eichtheorie ist in dieser Situation das triviale U(1)-Prinzipalfaserbündel über dem Minkowski-Raum $\mathbb{M}$: Der zugehörige Totalraum P ist der Raum $P := \mathbb{M} \times U(1)$ der Phasenfaktoren mit der Projektion $\pi : P \longrightarrow \mathbb{M}$ auf die erste Komponente und mit der Rechtsaktion

$$\Psi_z(q,w) = (q,w)z = (q,wz)$$

für $q \in \mathbb{M}$ und $w,z \in U(1)$. Als Koordinaten wählen wir die kartesischen Koordinaten $q = (q^0, q^1, q^2, q^3)$ im Minkowski-Raum $\mathbb{M}$ und die Winkelvariable $s \in \mathbb{R}$ für $z = e^{is}$ in U(1). Entsprechend ist $\{\partial_0, \partial_1, \partial_2, \partial_3, \partial_4\}$ eine Basis des Tangentialraumes $T_p P$, wenn $s = q^4$ gesetzt wird. $(\partial_4 = \frac{d}{dt}(q, e^{i(s+t)})|_{t=0}$, bzw. $\partial_4 f(q, e^{is}) = \frac{d}{dt} f(q, e^{i(s+t)})|_{t=0})$ Zur Gruppe $G = U(1) \subset GL(1,\mathbb{C}) \cong \mathbb{C}^*$ ist $g = u(1) = i\mathbb{R} \subset \mathbb{C}$ die Lie-Algebra. Das Fundamentalfeld eines Lie-Algebra-Elements $X := i\theta \in g$, $\theta \in \mathbb{R}$, in $p = (q, e^{is}) \in P$ ist dann durch $\tilde{X}(p) = \theta \partial_4$ gegeben (wegen $\tilde{X}(p) = \frac{d}{dt}(q, e^{i(s+t\theta)})|_{t=0} = \theta \partial_4$). Sei ω eine g-wertige 1-Form auf P, die als eine Zusammenhangsform dienen soll. Es gilt also, für diesen Spezialfall die Bedingungen (ω1) und (ω2) zu verstehen. ω ist für $p \in P$ als eine $\mathbb{R}$-lineare Abbildung $\omega(p) = \omega_p : T_p P \longrightarrow g$ gegeben. Bezüglich der oben festgelegten Koordinaten ist $\omega(p)$ daher von der Form $\omega(p) = \omega_\nu(p) dq^\nu$ mit differenzierbaren Funktionen $\omega_\nu := \omega(\partial_\nu)$ auf P.

Die Bedingung (ω1) ist $\omega_p(\tilde{X}(p)) = X$, also für $X = i\theta$: $\omega_p(\theta \partial_4) = i\theta$. Es folgt $\omega_4 = \omega_p(\partial_4) = i$.

Die Bedingung (ω2) ist $\omega_{pz}(T_p\Psi_z(Z)) = z^{-1}\omega_p(Z)z = \omega_p(Z)$ für $p \in P$, $z \in U(1)$ und für Vektorfelder Z auf P (letztere Gleichheit wegen der Kommutativität der Gruppe $U(1)$). Aufgrund von $T_p\Psi_z(\partial_\nu) = \partial_\nu$ für $\nu \le 3$ folgt aus (ω2) also, daß die Koeffizienten ω_ν von $z \in U(1)$ unabhängig sind.

Insgesamt haben wir hergeleitet, daß eine g-wertige 1-Form ω auf P genau dann Zusammenhangsform des trivialen Prinzipalfaserbündels ist, wenn sie sich als $\omega(q,z) = i(eA_\nu(q)dq^\nu + ds)$ darstellen läßt (mit einer willkürlichen Konstanten $e \in \mathbb{R}$ und differenzierbaren Funktionen $A_\nu : M \longrightarrow \mathbb{R}$). Für den speziellen ("Eins-")Schnitt $\sigma_0 : M \longrightarrow P$, $\sigma_0(q) := (q,1)$, ist das zugehörige lokale Eichpotential $A = ieA_\nu dq^\nu$; für beliebige differenzierbare Schnitte $\sigma(q) = (q,g(q))$ mit $g(q) = e^{i\varphi(t)}$ entsprechend $A^\sigma = A + id\varphi = A + g^{-1}dg$. Die Transformationseigenschaften lassen sich jetzt direkt ablesen. (Man beachte, daß wegen der Kommutativität der Gruppe $U(1)$ stets $g^{-1}Ag = A$ gilt.)

Zur Geometrie des Zusammenhangs auf einem Prinzipalfaserbündel gehört neben den bisher dargelegten Begriffen wie horizontales Bündel, Zusammenhangsform und lokale Eichpotentiale auch der Paralleltransport und die kovariante Ableitung. Der Paralleltransport eines Zusammenhangs wird über die horizontalen Liftungen von Kurven der Basismannigfaltigkeit definiert.

(5.13) Definition. Auf (P,M,G,π) sei ein Zusammenhang durch die horizontalen Räume $H_p \subset T_pP$, $p \in P$, nach 5.6 gegeben. Eine (stückweise differenzierbare, vgl. die Definition im Anschluß an 4.11) Kurve $\beta : I \longrightarrow P$ in P heißt *horizontal*, wenn alle Tangentenvektoren an β horizontal sind, das heißt wenn $\dot\beta(t) \in H_{\beta(t)}$ für alle $t \in I$ gilt. Ist $\alpha : I \longrightarrow M$ eine Kurve in M, so heißt die Kurve β in P *horizontale Liftung* von α, wenn $\alpha = \pi \circ \beta$ gilt und wenn β horizontal ist. (Siehe das Bild im vierten Paragraphen: 4.11.)

Ähnlich wie bei Vektorbündeln (vgl. 4.14) gibt es immer horizontale Liftungen zu den Kurven in der Basismannigfaltigkeit:

(5.14) Satz. Sei (P,M,G,π) ein Prinzipalfaserbündel mit Zusammenhang und sei $\alpha : I \longrightarrow M$ eine Kurve in M durch den Punkt $a = \alpha(t_0)$. Dann gibt es zu jedem $p \in \pi^{-1}(a)$ genau eine horizontale Liftung β von α mit $\beta(t_0) = p$.

Beweis. Da die Aussage lokaler Natur ist, genügt es anzunehmen, daß das Prinzipalfaserbündel trivial ist. Dann ist $p = (a,h) \in M \times G = P$ und jede Kurve β in P mit $\alpha = \pi \circ \beta$ hat die Form $\beta(t) = (\alpha(t),hg(t))$ mit einer Kurve g in G, für die $g(t_0) = e$ gilt. Für den Schnitt $\sigma_0(a) := (a,h)$, $a \in M$, gilt also $\beta(t) = \beta_0(t)g(t)$, wobei $\beta_0 = \sigma_0 \circ \alpha$. β ist genau dann horizontal, wenn $\omega_{\beta(t)}(\dot\beta(t)) = 0$ gilt, und das rechnet sich mit $\beta = \beta_0 g$ oder $\beta_0^{-1}\beta = g$ um in eine Bedingung an g und $\dot\alpha$. Analog zu dem Beweis zu 5.10 (wobei β die Rolle von σ_1 und β_0 bzw. σ_0 die Rolle von σ_2 spielen) läßt sich die Gleichung

$$(\sigma_0^* \omega)_\alpha(\dot\alpha) = g\,\omega_\beta(\dot\beta)\,g^{-1} + g\frac{d}{dt}(g^{-1})$$

herleiten. Mit der g-wertigen 1-Form $A := \sigma_0^*\omega$ auf M ist diese Gleichung wegen $0 = \frac{d}{dt}(g\,g^{-1}) = (\frac{d}{dt}g)\,g^{-1} + g\frac{d}{dt}(g^{-1})$ gleichbedeutend mit $\dot g + A_\alpha(\dot\alpha)\,g = g\,\omega_\beta(\dot\beta)$. β ist also genau dann horizontale Liftung von α durch p, wenn $\dot g + A_\alpha(\dot\alpha)\,g = 0$ und $g(t_0) = e$ gilt. Dieses Anfangswertproblem für ein System von gewöhnlichen Differentialgleichungen hat aber eine eindeutig bestimmte Lösung.

(5.15) Paralleltransport. Für eine Kurve α von $a = \alpha(t_0)$ nach $b = \alpha(t_1)$ wird durch die horizontalen Liftungen von α eine Abbildung $\mathbb{P}^\alpha_{t_0,t_1} : P_a \longrightarrow P_b$ definiert, indem $\mathbb{P}^\alpha_{t_0,t_1}(p) := \beta(t_1)$ gesetzt wird für die eindeutig bestimmte horizontale Liftung β von α durch den Punkt $p \in P_a$, d.h. $p = \beta(t_0)$. $\mathbb{P}^\alpha_{t_0,t_1} : P_a \longrightarrow P_b$ ist der *Paralleltransport von* a *nach* b *längs* α. $\mathbb{P}^\alpha_{t_0,t_1}$ ist Diffeomorphismus und genügt einer Reihe von Verträglichkeitsbedingungen. Insbesondere ist $\mathbb{P}^\alpha_{t_0,t_1}$ invariant gegenüber der auf P definierten Rechtsaktion.

(5.16) Beispiel. Wir setzen das Beispiel eines trivialen $U(1)$-Prinzipalfaserbündels fort (vgl. 5.12): Ein Tangentenvektor $Z = Z^\nu\partial_\nu + \theta\partial_4$ (mit der Summation nur bis $\nu = 3$) aus T_pP liegt in H_p, wenn $\omega_p(Z) = 0$ gilt. Nach 5.12 folgt wegen $\omega_p = i(eA_\nu dq^\nu + ds)$: $H_p = \{Z \in T_pP : eA_\nu(q)Z^\nu + \theta = 0\}$. ($e \in \mathbb{R}$ ist hier ein Parameter.) Die horizontale Liftung einer Kurve α in M mit $\alpha(t_0) = q_0$ durch den Punkt $p := (q_0,1)$ ist daher $\beta = (\alpha,e^{i\varphi})$, wobei φ die Lösung der Differentialgleichung $\dot\varphi + eA_\nu(\alpha)\dot\alpha^\nu = 0$ mit $\varphi(t_0) = 0$ ist. Für das konkrete Beispiel $A_1(q) = q^2$, $A_2(q) = -q^1$ und $A_0 = A_3 = 0$ (vgl. 4.13.3°) gilt es, die gewöhnliche Differentialgleichung $\dot\varphi + e(\alpha^2\dot\alpha^1 - \alpha^1\dot\alpha^2) = 0$ zu lösen. Für die Kurve $\alpha(t) := (0,\cos t,\sin t,0)$, $t \in [0,2\pi]$, etwa mit den Werten $t_0 = 0$ und $q_0 = (0,1,0,0)$ ist $\varphi(t) = et$ die Lösung, und es gilt $\beta(t) = (0,\cos t,\sin t,0,e^{iet})$. Damit haben wir auch ein konkretes Beispiel eines Paralleltransportes: $b = \alpha(2\pi) = q_0 = a$, also $t_1 = 2\pi$. Der Paralleltransport $\mathbb{P}^\alpha_{t_0,t_1} : P_a \longrightarrow P_a$ längs der Kurve α ist deshalb einfach die Zuordnung $(0,1,0,0,z) \longmapsto (0,1,0,0,z\,e^{i2\pi e})$. Insbesondere ist der Paralleltransport für diesen Zusammenhang auf dem trivialen Bündel $P = M \times U(1)$ im allgemeinen nicht wegunabhängig. Denn für die Kurve $\gamma(t) := (0,\cos t,\sin t,0)$, $t \in [0,4\pi]$ (doppeltes Durchlaufen der Kreislinie), ist mit $t_1 = 4\pi$ der Paralleltransport längs der Kurve γ die Zuordnung $(0,1,0,0,z) \longmapsto (0,1,0,0,z\,e^{i4\pi e})$. Der Paralleltransport ist also nur dann wegunabhängig für diese spezielle Situation, wenn e ganzzahlig ist.

Um schließlich den Zusammenhang als allgemeine kovariante Ableitung beschreiben zu können, benötigen wir die vektorwertigen Differentialformen, die wir auch zu Beginn des vierten Paragraphen eingeführt haben (vgl. auch Anhang M.16). Sei $\mathbb{F}$ ein endlichdimensionaler Vektorraum über $\mathbb{K} \in \{\mathbb{R},\mathbb{C}\}$ und U offene Menge in einer

Mannigfaltigkeit. Die (beliebig oft) differenzierbaren Funktionen von U nach $\mathbb{F}$ werden auch als 0-Formen aufgefaßt. Den Raum dieser Funktionen schreiben wir als $\mathcal{E}(U,\mathbb{F})$ oder als $\mathcal{A}^0(U,\mathbb{F})$. $\mathcal{E}(U,\mathbb{F})$ ist in natürlicher Weise ein Modul über dem Ring $\mathcal{E}(U,\mathbb{K})$ (punktweise Addition und Multiplikation). Eine $\mathbb{F}$-wertige (differenzierbare) 1-Form ist eine $\mathcal{E}(U,\mathbb{K})$-lineare Abbildung $\eta : \mathfrak{B}(U) \longrightarrow \mathcal{E}(U,\mathbb{F})$ auf dem $\mathcal{E}(U,\mathbb{K})$-Modul der differenzierbaren Vektorfelder auf U. Zu jedem Punkt $a \in U$ definiert eine solche 1-Form eine $\mathbb{R}$-lineare Abbildung $\eta(a) = \eta_a : T_a U \longrightarrow \mathbb{F}$, und eine Kollektion solcher $\mathbb{R}$-linearen Abbildungen η_a bestimmen eine 1-Form, wenn sie differenzierbar von a abhängen. Der Raum der 1-Formen auf U wird mit $\mathcal{A}^1(U,\mathbb{F})$ bezeichnet. $\mathcal{A}^1(U,\mathbb{F})$ ist wieder ein Modul über dem Ring $\mathcal{E}(U,\mathbb{K})$. Eine (differenzierbare) k-Form η ist eine Abbildung $\eta : \mathfrak{B}(U)^k \longrightarrow \mathbb{F}$, die k-fach multilinear bezüglich des Moduls $\mathcal{E}(U,\mathbb{K})$ und außerdem alternierend ist. Wieder hat man eine alternative Beschreibung einer k-Form als eine differenzierbare Familie von k-linearen, alternierenden Abbildungen $\eta_a : (T_a U)^k \longrightarrow \mathbb{F}$. (Vgl. M.16 für weitere Beschreibungen der differenzierbaren, vektorwertigen k-Formen in lokalen Koordinaten und ihr Transformationsverhalten. Siehe auch die Bemerkungen vor 4.23 für die Definition der k-Formen als Schnitte in geeigneten Vektorbündeln.) Der Raum der $\mathbb{F}$-wertigen k-Formen auf U wird mit $\mathcal{A}^k(U,\mathbb{F})$ bezeichnet. $\mathcal{A}^k(U,\mathbb{F})$ ist wieder ein $\mathcal{E}(U,\mathbb{K})$-Modul.

Ein Zusammenhang auf einem Prinzipalfaserbündel (P,M,G,π) legt auf allen vektorwertigen k-Formen auf P kovariante Ableitungen auf die folgende Weise fest. Der Zusammenhang sei durch die Zerlegungen $T_p P = H_p \oplus V_p$ gegeben. Diese Zerlegungen sind auch durch eindeutig bestimmte Projektionen $\sigma_p : T_p P \longrightarrow T_p P$ auf die horizontalen Räume H_p gegeben, und zwar gilt: σ_p ist $\mathbb{R}$-linear, $\sigma_p \circ \sigma_p = \sigma_p$, $\mathrm{Ker}\,\sigma_p = V_p$, $\mathrm{Im}\,\sigma_p = H_p$ und $p \longmapsto \sigma_p$ ist differenzierbar. (Anders ausgedrückt in der Sprache der Vektorbündel (vgl. Paragraph 4): σ ist eine Vektorbündelhomomorphismus $\sigma : TP \longrightarrow TP$ mit $\sigma \circ \sigma = \sigma$, $\mathrm{Ker}\,\sigma = V$ und $\mathrm{Im}\,\sigma = H$.) Mit der oben (unmittelbar nach 5.6) verwendeten, komplementären Projektion v_p steht σ_p in der Beziehung $v_p + \sigma_p = \mathrm{id}_{T_p P}$. In Ergänzung zu den vielen Charakterisierungen des Zusammenhangsbegriffs gilt daher: Ein Zusammenhang wird auch durch einen Vektorbündelhomomorphismus $\sigma : TP \longrightarrow TP$ gegeben, der $\mathrm{Ker}\,\sigma = V$ und $\sigma \circ \sigma = \sigma$ sowie $\sigma \circ T\Psi_g = T\Psi_g \circ \sigma$ für alle $g \in G$ erfüllt. Anschaulich gesprochen ist für einen Tangentenvektor $Z \in T_p P$ durch den Vektor $\sigma_p(Z) \in H_p$ gerade der *horizontale Anteil* von Z beschrieben. Insbesondere ist $Z = v_p(Z) \oplus \sigma_p(Z)$. Für einen beliebigen endlichdimensionalen $\mathbb{K}$-Vektorraum $\mathbb{F}$ definiert die Projektion σ die folgenden Operatoren

$$\sigma^* : \mathcal{A}^k(P,\mathbb{F}) \longrightarrow \mathcal{A}^k(P,\mathbb{F})$$

durch $\sigma^*\eta(Z_1, Z_2, \ldots, Z_k) := \eta(\sigma(Z_1), \sigma(Z_2), \ldots, \sigma(Z_k))$ für Vektorfelder $Z_1, Z_2, \ldots, Z_k$ auf P. Für 1-Formen ausführlicher: $(\sigma^*\eta)_p(Z_p) := \eta_p(\sigma(Z_p))$, $p \in P$. Offenbar gilt für k-Formen η und θ sowie für Funktionen $f \in \mathcal{E}(P,\mathbb{K})$: $\sigma^*(\eta + \theta) = \sigma^*(\eta) + \sigma^*(\theta)$ und $\sigma^*(f\eta) = f\sigma^*(\eta)$. Außerdem folgt aus $\sigma \circ \sigma = \sigma$ unmittelbar die entsprechende Beziehung $\sigma^* \circ \sigma^* = \sigma^*$. σ^* ist also auch eine Projektion, und es ist klar, daß in dieser Projektion die gesamte Information über den Zusammenhang enthalten ist.

(5.17) Definition. Die *kovariante Ableitung* D eines Zusammenhangs auf einem Prinzipalfaserbündel (P, M, G, π) ist die Abbildung

$$D := \sigma^* \circ d : \mathscr{A}^k(P, \mathbb{F}) \longrightarrow \mathscr{A}^{k+1}(P, \mathbb{F}).$$

Dabei ist $d : \mathscr{A}^k(P, \mathbb{F}) \longrightarrow \mathscr{A}^{k+1}(P, \mathbb{F})$ die äußere Ableitung (vgl M.17).

Die kovariante Ableitung zu einem Zusammenhang ist nicht linear bezüglich des Ringes $\mathscr{E}(P, \mathbb{K})$, weil auch d nicht linear ist: $d(f\eta) = df \wedge \eta + f d\eta$ für k-Formen η und Funktionen f, und im allgemeinen ist $df \wedge \eta \neq 0$. Es gilt aber für D die entsprechende *Leibnizregel* für skalare Funktionen $f, g \in \mathscr{E}(P, \mathbb{K})$:

$$D(fg) = Df\,g + f Dg.$$

Im übrigen ist D natürlich additiv und es gilt $D(\lambda\eta) = \lambda D\eta$ für die vektorwertige k-Formen η und die Konstanten $\lambda \in \mathbb{K}$, das heißt D ist $\mathbb{K}$-linear.

Welche der Eigenschaften einer kovarianten Ableitung D als $\mathbb{K}$-lineare Abbildung $D : \mathscr{A}^k(P, \mathbb{F}) \longrightarrow \mathscr{A}^{k+1}(P, \mathbb{F})$ grundlegend sind in dem Sinne, daß sie einen Zusammenhang definieren, wird in dem folgenden Satz gezeigt:

(5.18) Satz. Ein Zusammenhang auf einem Prinzipalfaserbündel (P, M, G, π) mit der Rechtswirkung $\Psi : P \times G \longrightarrow P$ sei durch die Projektion σ auf den horizontalen Anteil gegeben. Die zugehörige kovariante Ableitung $D : \mathscr{E}(P) \longrightarrow \mathscr{A}^1(P)$ auf den Funktionen, definiert durch $D := \sigma^* \circ d$, erfüllt dann die folgenden Eigenschaften:

- **(Z1)** $D(f_1 + f_2) = Df_1 + Df_2$ für alle $f_1, f_2 \in \mathscr{E}(P)$,
- **(Z2)** $D(f_1 f_2) = (Df_1)f_2 + f_1(Df_2)$ für alle $f_1, f_2 \in \mathscr{E}(P)$,
- **(Z3)** $Df(\tilde{X}) = 0$ für alle $f \in \mathscr{E}(P)$ und alle $X \in \mathfrak{g}$,
- **(Z4)** $\Psi_g^* \circ D = D \circ \Psi_g^*$ für alle $g \in G$,
- **(Z5)** $Df = df$ für alle $f \in \pi^*(\mathscr{E}(P))$, das heißt $f = f_0 \circ \pi$ mit $f_0 \in \mathscr{E}(M)$.

Umgekehrt wird durch eine Abbildung $D : \mathscr{E}(P) \longrightarrow \mathscr{A}^1(P)$ mit (Z1)-(Z5) ein eindeutig bestimmter Zusammenhang festgelegt, der D als kovariante Ableitung hat (vgl. 4.2 bzw. $4.23.1^\circ$).

Beweis. (Z1) und (Z2) wurden bereits gezeigt. Wegen $\tilde{X}(p) \in V_p$ für $X \in \mathfrak{g}$ und $p \in P$ ist $v_p(\tilde{X}(p)) = \tilde{X}(p)$, also $\sigma_p(\tilde{X}(p)) = \tilde{X}(p) - v_p(\tilde{X}(p)) = 0$, und es folgt $Df(\tilde{X})(p) = (df)_p(\sigma_p(\tilde{X}(p))) = 0$. Also gilt (Z3). (Z4) ergibt sich unmittelbar aus $\sigma^* \circ \Psi_g^* = \Psi_g^* \circ \sigma^*$: $\Psi_g^* \circ D = \Psi_g^* \circ \sigma^* \circ d = \sigma^* \circ \Psi_g^* \circ d = \sigma^* \circ d \circ \Psi_g^* = D \circ \Psi_g^*$ wegen $d \circ \Psi_g^* = \Psi_g^* \circ d$ (vgl. $M.17.4^\circ$). Diese Invarianz prüft man nach durch direktes Einsetzen: $((\sigma^* \circ \Psi_g^*)\eta)_p(Z) = (\Psi_g^*\eta)_p(\sigma_p(Z)) = \eta_{pg}(T_p\Psi_g \circ \sigma_p(Z))$ für $Z \in T_pP$, $(p,g) \in P \times G$, und ebenso $((\Psi_g^* \circ \sigma^*)\eta)_p(Z) = (\sigma^*\eta)_{pg}(T_p\Psi_g(Z)) = \eta_{pg}(\sigma_{pg} \circ T_p\Psi_g(Z))$. Daher ergibt sich $\sigma^* \circ \Psi_g^* = \Psi_g^* \circ \sigma^*$ aus $T_p\Psi_g \circ \sigma_p = \sigma_{pg} \circ T_p\Psi_g$ bzw. $T\Psi \circ \sigma = \sigma \circ T\Psi$, und das ist wegen $\sigma = \mathrm{id} - v$ gleichbedeutend mit (V2). Die fünfte Eigenschaft (Z5) ergibt sich wie (Z3): Es ist $T\pi \circ v = 0$ wegen $\mathrm{Im}\, v = V = \mathrm{Ker}\, T\pi$, also $T\pi = T\pi \circ \sigma$, und daher $D(f_0 \circ \pi)(Z) = d(f_0 \circ \pi)(\sigma(Z)) = df_0(T\pi \circ \sigma(Z)) = df_0(T\pi(Z)) = d(f_0 \circ \pi)(Z)$.

Umgekehrt sie D mit (Z1)-(Z5) gegeben. Für Vektorfelder $Z \in \mathfrak{B}(P)$ setze man

$$Q_Z(f) := df(Z) - Df(Z), \quad f \in \mathcal{E}(P).$$

Dann ist die Abbildung $Q_Z : \mathcal{E}(P) \longrightarrow \mathcal{E}(P)$ eine Derivation (vgl. M.12). Also gibt es ein eindeutig bestimmtes Vektorfeld $v(Z) \in \mathfrak{B}(P)$ mit $Q_Z = L_{v(Z)}$, das heißt für alle $f \in \mathcal{E}(P)$ und $Z \in \mathfrak{B}(P)$ gilt: $df(v(Z)) = df(Z) - Df(Z)$. Die dadurch definierte Abbildung $v : \mathfrak{B}(P) \longrightarrow \mathfrak{B}(P)$ bestimmt eine differenzierbare Abbildung $TP \longrightarrow TP$, die wieder mit v bezeichnet werden soll. Nach (Z1) und (Z2) ist $v : TP \longrightarrow TP$ faserweise $\mathbb{R}$-linear und daher ein Vektorbündelhomomorphismus. Aus (Z3) folgt $v(\tilde{X}) = \tilde{X}$ für alle $X \in \mathfrak{g}$, denn es gilt $L_{v(\tilde{X})}f = df(\tilde{X}) - Df(\tilde{X}) = df(\tilde{X}) = L_{\tilde{X}}f$. Aus (Z5) ergibt sich $T\pi \circ v = 0$, denn es ist $df_0(T\pi \circ v(Z)) = d(f_0 \circ \pi)(v(Z)) = 0$ wegen $D(f_0 \circ \pi) = d(f_0 \circ \pi)$. Aus Dimensionsgründen folgt $\operatorname{Im} v = V$ und weiter $v \circ v = v$. Damit ist (V1) nachgewiesen. Schließlich ist (V2) eine direkte Konsequenz aus der Bedingung (Z4): Es ist $\Psi_g^* \circ Df = Df \circ T\Psi_g = df \circ T\Psi_g - df \circ v \circ T\Psi_g$ für alle $f \in \mathcal{E}(P)$ und $D \circ \Psi_g^* f = D(f \circ \Psi_g) = d(f \circ \Psi_g) - d(f \circ \Psi_g) \circ v = df \circ T\Psi_g - df \circ T\Psi_g \circ v$, also nach (Z4) zunächst $df \circ v \circ T\Psi_g = df \circ T\Psi_g \circ v$ und daher $v \circ T\Psi_g = T\Psi_g \circ v$.

Im übrigen kann ein Zusammenhang auch als eine Kollektion von kovarianten Ableitungen $D_Z : \mathcal{E}(P) \longrightarrow \mathcal{E}(P)$ mit Eigenschaften analog zu (D1)-D4) aus 4.3 definiert werden.

Wir wollen kurz beschreiben, was an der kovarianten Ableitung "kovariant" ist. Dabei gehen wir von unseren Beispielen in den Paragraphen 2 und 3 aus und formulieren nur einen ziemlich naiven Aspekt der Kovarianz. (Weitergehende Überlegungen findet man u. a. in [PER, S.34/35].) Aus der Sicht der genannten Beispiele sollen vektorwertige Funktionen $\psi \in \mathcal{E}(P,\mathbb{F})$ transformiert werden zu $\psi' \in \mathcal{E}(P,\mathbb{F})$ mit Hilfe einer lokalen "Phasenverschiebung" $g : M \longrightarrow G$ bezüglich der von den Punkten $a \in M$ der Basismannigfaltigkeit abhängigen Phasen $g(a) \in G$ in der internen Symmetriegruppe G. In diesem Bild wird also die Struktur eines Prinzipalfaserbündels (P,M,G,π) mit Wirkung $\Psi : P \times G \longrightarrow P$ zugrundegelegt und ein endlichdimensionaler $\mathbb{C}$-Vektorraum $\mathbb{F}$ fixiert. Die Gruppenelemente $g(a)$ können im allgemeinen allerdings nicht direkt in sinnvoller Weise auf die Funktionen ψ wirken. Wenn aber das Prinzipalfaserbündel trivial ist mit $P = M \times G$, so ist $\psi'(a,h) := \psi(a,g(a)h)$, $(a,h) \in P$, die richtige Transformierte von ψ. *Eichinvarianz* der kovarianten Ableitung ist nun die Identität

(5.19) $D'\psi' = (D\psi)'$ für alle $\psi \in \mathcal{E}(P,\mathbb{F})$,

wobei D' eine geeignete Transformation von D ist. Um D' zu beschreiben, verwenden wir die durch g definierte Abbildung $\tau_g = \tau : P \longrightarrow P$, $\tau(a,h) := (a,g(a)h)$. τ ist ein Diffeomorphismus, wenn g als differenzierbar vorausgesetzt wird. ψ' kann dann in der Form $\psi' = \psi \circ \tau = \tau^*\psi$ geschrieben werden. Sei jetzt $D' := \tau^* D \tau^{*-1}$, das heißt $D'\varphi = \tau^*(D(\varphi\circ\tau^{-1}))$ für $\varphi \in \mathscr{E}(P,\mathbb{F})$. Setzt man in diese Formel ψ' für φ ein, so erhält man sofort $D'\psi' = \tau^*D\psi = (D\psi)'$. Ihre Bedeutung erhält dieser einfache Sachverhalt erst durch die Feststellung, daß D' wieder eine kovariante Ableitung eines Zusammenhangs ist. Dazu müssen nur die Eigenschaften (Z1)–(Z5) nachgeprüft werden, um den Satz 5.18 anwenden zu können. Für die zugehörige Zusammenhangsform ω' gilt im übrigen $\omega' = \tau^*\omega$, wenn ω die Zusammenhangsform zu D ist.

Die (differenzierbaren) Abbildungen $g : M \longrightarrow G$ sind im Falle eines trivialen Prinzipalfaserbündels die (*lokalen*) *Eichtransformationen*. Die Menge $\mathscr{E}(M,G)$ aller Eichtransformationen ist in natürlicher Weise eine Gruppe vermöge der Gruppenoperation $(g\,h)(a) := g(a)\,h(a)$ für $a \in M$. Diese Gruppe heißt die *Eichgruppe* des Prinzipalfaserbündels und wird mit $\mathscr{G} = \mathscr{G}(P)$ bezeichnet. $\mathscr{G}$ kann als eine unendlichdimensionale Lie–Gruppe aufgefaßt werden. Jede Eichtransformation $g \in \mathscr{G}$ definiert wie oben einen Diffeomorphismus $\tau_g : P \longrightarrow P$, der ein Automorphismus des Prinzipalfaserbündels ist. Dabei ist (auch für nichttriviale Bündel) ein *Automorphismus* des Prinzipalfaserbündels ein Diffeomorphismus $\tau : P \longrightarrow P$ mit der Invarianzeigenschaft $\Psi_h\circ\tau = \tau\circ\Psi_h$ für alle $h \in G$. (Man nennt τ dann auch *äquivariant*.) Die Automorphismen $\mathrm{Aut}\,P$ bilden in natürlicher Weise eine Gruppe bezüglich der Komposition als Gruppenoperation. Die oben eingeführten Diffeomorphismen τ_g sind äquivariant wegen $\tau_g(a,h_0 h) = (a,g(a)\,h_0 h) = (a,g(a)\,h_0)\,h = \tau_g(a,h_0)\,h$. Daher hat man im trivialen Fall einen injektiven Homomorphismus $\mathscr{G}(P) \longrightarrow \mathrm{Aut}\,P$, und man kann die Eichgruppe auch als eine Untergruppe der Automorphismengruppe des Prinzipalfaserbündels auffassen. Wie man leicht sieht, handelt es sich dabei um die Untergruppe aller Automorphismen τ, welche die Projektion π respektieren: $\pi = \pi\circ\tau$. Solche Automorphismen werden *vertikal* genannt. Im allgemeinen Fall eines nicht notwendig trivialen Prinzipalfaserbündels wird die *Eichgruppe* $\mathscr{G} = \mathscr{G}(P)$ in Übereinstimmung mit dem Vorangehenden daher als die Gruppe der vertikalen Automorphismen definiert:

Definition. Die Eichgruppe des Prinzipalfaserbündels (P,M,G,π) ist die Gruppe $\mathscr{G} := \{\tau \in \mathscr{E}(P,P) : \tau \text{ ist Diffeomorphismus mit } \pi = \pi\circ\tau \text{ und } \Psi_h\circ\tau = \tau\circ\Psi_h$ für alle $h \in G\}$. $\mathscr{G}$ ist Untergruppe der Automorphismengruppe $\mathrm{Aut}\,P$.

$$
\begin{array}{ccc}
P \xrightarrow{\ \tau\ } P & & P \xrightarrow{\ \tau\ } P \\[4pt]
\pi\Big\downarrow\ \ \swarrow\,\pi & \qquad\qquad & \Psi_h\Big\downarrow\qquad\Big\downarrow\Psi_h \\[4pt]
M & & P \xrightarrow{\ \tau\ } P
\end{array}
$$

Es ist klar, daß auch für die allgemeinen *Eichtransformationen* $\tau \in \mathscr{G}$ die Eichinvarianz 5.19 erfüllt ist, wenn man wie oben $\psi' = \tau^*\psi$ und $D' := \tau^*D\tau^{*-1}$ setzt, und es läßt sich zeigen, daß D' ein Zusammenhang auf dem Prinzipalfaserbündel ist. In manchen Situationen wird als Eichgruppe auch eine geeignete Untergruppe von $\mathscr{G}$ bezeichnet, z.B. die Gruppe aller $\tau \in \mathscr{G}$, die nur über einer kompakten Menge aus M

verschieden von der Identität sind oder die auf einer festen Faser $\pi^{-1}(a_0) = P_{a_0}$ mit der Identität übereinstimmen.

Die Eichtransformationen $\tau \in \mathcal{G}$ wirken auf den Zusammenhängen in der gerade beschriebenen Weise $D \longmapsto D' = \tau^* D \tau^{*-1}$. Der Zusammenhang D' wird dabei aus geometrischer und physikalischer Sicht als zu D unmittelbar äquivalent angesehen. Von Interesse ist daher der Raum aller Zusammenhänge auf einem Prinzipalfaserbündel modulo Eichtransformationen. Um diesen Quotienten zu beschreiben, ist es sinnvoll, den Raum der Zusammenhänge zu untersuchen. Für je zwei Zusammenhangsformen ω und ω' ist natürlich die Differenz $\eta = \omega' - \omega$ eine g-wertige 1-Form $\eta \in \mathcal{A}^1(P,g)$. Für Fundamentalfelder $\tilde{X}$ mit $X \in g$ gilt $\eta(\tilde{X}) = \omega'(\tilde{X}) - \omega(\tilde{X}) = X - X = 0$. Daher verschwindet η auf den vertikalen Bündel V. Außerdem ist stets $\Psi_g^* \eta = g^{-1} \eta g$ erfüllt. Der Raum $\mathcal{A}_b^1(P,g)$ der "*Basisformen*" $\mathcal{A}_b^1(P,g) := \{ \eta \in \mathcal{A}^1(P,g) : \eta|_V = 0$ und $\Psi_g^* \eta = g^{-1} \eta g$ für alle $g \in G \}$ ist ein Untervektorraum von $\mathcal{A}^1(P,g)$, und die 1-Form $\omega + \eta$ ist für alle $\eta \in \mathcal{A}_b^1(P,g)$ wieder eine Zusammenhangsform: $(\omega 1)$ und $(\omega 2)$ folgen unmittelbar. Damit haben wir bewiesen:

(5.20) Satz. Der Raum $\mathcal{A} = \mathcal{A}(P)$ aller Zusammenhänge auf (P, M, G, π) ist ein affiner Raum (vgl. II.1) mit $\mathcal{A}_b^1(P,g)$ als dem zugehörigen $\mathbb{R}$-Vektorraum (bzw. Translationsgruppe). $\mathcal{A}$ ist insbesondere ein unendlichdimensionaler affiner Unterraum von $\mathcal{A}^1(P,g)$. (Vgl. auch mit 5.26.)

Der oben angesprochene Quotient $\mathcal{A}/\mathcal{G}$ kann daher auch als $\mathcal{A}_b^1(P,g)/\mathcal{G}$ aufgefaßt werden, wobei die Wirkung von $\tau \in \mathcal{G}$ auf $\eta \in \mathcal{A}_b^1(P,g)$ wieder durch $\tau^* \eta$ gegeben ist. $\mathcal{A}/\mathcal{G}$ bzw. $\mathcal{A}_b^1(P,g)/\mathcal{G}$ ist der *Modulraum der Zusammenhänge* oder auch der Raum der "Eichbahnen" des Prinzipalfaserbündels.

Der fundamentale Begriff des Zusammenhangs auf einem Prinzipalfaserbündel ist in diesem Paragraphen auf fünf zum Teil wesentlich verschiedenen Arten eingeführt worden: Erstens als horizontales Bündel in TP, zweitens als Zusammenhangsform oder globales Eichpotential, drittens als Familie von verträglichen lokalen Eichpotentialen, viertens als Paralleltransport und fünftens als kovariante Ableitung. (Eine Kollektion von Parallelverschiebungen $\mathbb{P}^\alpha$ zu allen Kurven α in M mit geeigneten Verträglichkeitsbedingungen bestimmt über die kovariante Ableitung tatsächlich einen Zusammenhang, vgl. dazu die Formel $(*)$ nach 4.15 in Paragraph 4.)

Es wird den Leser nicht überraschen zu hören, daß das Thema der verschiedenen äquivalenten Beschreibungen des Zusammenhangsbegriffs auf einem Prinzipalfaserbündel damit noch keineswegs ausgereizt ist. Zum Beispiel läßt sich analog zu 4.22 ein Zusammenhang als eine geeignete Abbildung $\Gamma : \pi^* TM \longrightarrow TP$ definieren, so daß die natürliche Sequenz $0 \longrightarrow V \longrightarrow TP \longrightarrow \pi^* TM \longrightarrow 0$ spaltet. Eine weitere Beschreibung greift die Momentenabbildung auf (vgl. II.9), die durch die Wirkung von Ψ auf dem Kotangentialbündel $T^* P$ induziert wird (vgl. [GUS, S. 272 ff.]).

Assoziierte Bündel.

Die Verwandtschaft der Begriffsbildungen eines Zusammenhangs auf einem Vektorbündel einerseits (vgl. Paragraph 4) und eines Zusammenhangs auf einem Prinzipalfaserbündel andrerseits kann kein Zufall sein. In der Tat besteht eine enge Beziehung, die wir als nächstes darstellen wollen: Dem Prinzipalfaserbündel (P, M, G, π) mit Strukturgruppe G ist eine Schar von assoziierten Vektorbündeln zugeordnet, und zwar induziert jede endlichdimensionale Darstellung ρ von G ein solches assoziiertes Vektorbündel $E_\rho \longrightarrow M$. Bei Vorgabe eines Zusammenhangs auf dem Prinzipalfaserbündel überträgt sich dieser auf jedes assoziierte Bündel als assoziierter Zusammenhang (siehe unten). Den entsprechenden Übergang von einem Vektorbündel E über M zu einem Prinzipalfaserbündel haben wir bereits in $5.4.3^\circ$ angesprochen. Es handelt sich um das Reperbündel $GL(E)$, auf das sich jeder auf E vorgegebene Zusammenhang überträgt.

Es kommt also eine Darstellung $\rho : G \longrightarrow GL(r, \mathbb{C})$ ins Spiel, das bedeutet, in den geometrischen Rahmen des Prinzipalfaserbündels P über M mit einem Zusammenhang ω ist noch ein stetiger Homomorphismus $\rho : G \longrightarrow GL(r, \mathbb{C})$ einzubauen. Aus physikalischer Sicht dienen die Darstellungen ρ der Beschreibung von Materiefeldern. In den vorangehenden Beispielen hat man die Inklusionen $U(1) \subset GL(1, \mathbb{C})$ oder $U(1) \longrightarrow GL(4, \mathbb{C})$, $\lambda \longmapsto \lambda\, \mathrm{id}_{\mathbb{C}^4}$, als Darstellungen (V.2), sowie $SU(2) \subset GL(2, \mathbb{C})$, $SU(2) \longrightarrow GL(4, \mathbb{C})$ oder $SU(3) \longrightarrow GL(8, \mathbb{C})$ in (V.3).

In gewohnter Weise behandeln wir zunächst einmal den Fall eines trivialen Prinzipalfaserbündels (P, M, G, π), $P = M \times G$. Daneben ist noch die (stetig differenzierbare) Darstellung $\rho : G \longrightarrow GL(\mathbb{F})$ mit einem r-dimensionalen Vektorraum $\mathbb{F}$ über $\mathbb{C}$ als Darstellungsraum gegeben. Sei $\pi_E : E \longrightarrow M$ das *triviale Vektorbündel* $E := M \times \mathbb{F}$ mit Projektion $\pi_E : M \times \mathbb{F} \longrightarrow M$ auf die erste Komponente. Die Darstellung ρ induziert durch $\gamma(a, h, z) := (a, \rho(h).z)$ für $(a, h, z) \in M \times G \times \mathbb{F}$ eine natürliche Abbildung $\gamma : P \times \mathbb{F} \longrightarrow E$, welche die beiden Bündel P und E in Beziehung setzt. Dabei ist $\rho(h).z$ das Bild der $\mathbb{C}$-linearen Abbildung $\rho(h) : \mathbb{F} \longrightarrow \mathbb{F}$ im Punkte $z \in \mathbb{F}$. γ ist surjektiv wegen $\gamma(a, e, z) = (a, z)$, und die Fasern von γ sind von der Form $\gamma^{-1}(a, z) = \{(a, h, \rho(h^{-1}).z) : h \in G\}$.

Die *Materiefelder* sind in dieser Situation die Schnitte in E über offenen Mengen $U \subset M$, das heißt die (differenzierbaren) Abbildungen $s : U \longrightarrow E$ mit $\pi_E \circ s = \mathrm{id}_U$. Im Falle eines trivialen Vektorbündels $E = M \times \mathbb{F}$ sind die Schnitte über U von der Form $s(a) = (a, \varphi(a))$ mit einer differenzierbaren Abbildung $\varphi : U \longrightarrow \mathbb{F}$. Der $\mathbb{C}$-Vektorraum der Schnitte im Vektorbündel E über U wird mit $\Gamma(U, E)$ oder $\mathscr{E}(U, E)$ bezeichnet. Ein Schnitt $s \in \Gamma(M, E)$ kann unter Verwendung von γ auch aufgefaßt werden als eine differenzierbare Abbildung $\psi : P \longrightarrow \mathbb{F}$ auf dem Totalraum des Prinzipalfaserbündels, welche sich entsprechend der Darstellung ρ transformiert: $\psi(pg) = \rho(g^{-1}).\psi(p)$ für alle $(p, g) \in P \times G$: Für $\psi(a, h) := \rho(h^{-1}).\varphi(a)$ gilt nämlich diese Invarianz und es ist $s(a) = \gamma(p, \psi(p))$ für jeden Punkt $p \in P_a$ über a. Der Raum der ρ-invarianten Abbildungen auf P werde mit $\mathscr{E}_\rho(P, \mathbb{F})$ bezeichnet. Damit haben wir für triviale Prinzipalfaserbündel gezeigt:

(5.21) Lemma. Die Räume $\Gamma(M,E)$ und $\mathcal{S}_\rho(P,\mathbb{F})$ sind isomorph als $\mathbb{C}$-Vektorräume.

(5.22) Der assoziierte Zusammenhang. Jeder Zusammenhang auf dem Prinzipalfaserbündel induziert über die Darstellung ρ von G einen Zusammenhang auf E mit Hilfe der Abbildung $\gamma : P \times \mathbb{F} \longrightarrow E$. Dieser Zusammenhang heißt der *assoziierte Zusammenhang*. Er läßt sich auf verschiedene Arten beschreiben, die letztlich alle gleichwertig sind:

1° Der Zusammenhang auf P sei durch das horizontale Bündel H auf P gegeben, das die Zerlegung $T_pP = V_p \oplus H_p$ für jeden Punkt $p \in P$ beschreibt. Für jeden Vektor z aus der allgemeinen Faser $\mathbb{F}$ von E wird durch $\gamma_z(p) := \gamma(p,z)$, $p \in P$, eine differenzierbare Abbildung $\gamma_z : P \longrightarrow E$ definiert. Es gilt $\pi = \pi_E \circ \gamma_z$ also $T\pi = T\pi_E \circ T\gamma_z$ nach der Kettenregel.

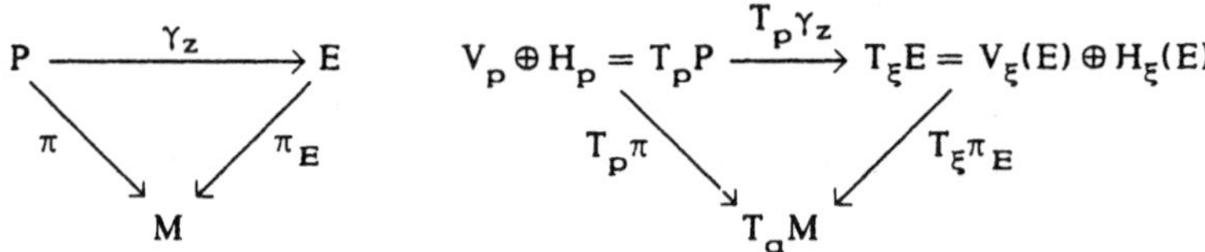

Für $(p,z) \in P \times \mathbb{F}$ mit $\gamma(p,z) =: \xi$ gilt deshalb $T_p\gamma_z(\mathrm{Ker}\, T_p\pi) \subset \mathrm{Ker}\, T_\xi\pi_E$. Wegen $T_p\pi(H_p) = T_a(M)$ hat $T_p\gamma_z(H_p)$ die Dimension $\dim H_p = \dim M$. Weil außerdem $T_p\gamma_z(H_p) \cap \mathrm{Ker}\, T_\xi\pi_E = \{0\}$ ist, hat daher $T_\xi E$ aus Dimensionsgründen die Zerlegung $T_p\gamma_z(H_p) \oplus \mathrm{Ker}\, T_\xi\pi_E = T_\xi E$. Mit der Definition $V_\xi(E) := \mathrm{Ker}\, T_\xi\pi_E$ als *vertikaler* Unterraum von $T_\xi E$ und $H_\xi(E) := T_p\gamma_z(H_p)$ als *horizontaler* Unterraum wird deshalb ein Zusammenhang

$$T_\xi E = V_\xi(E) \oplus H_\xi(E)$$

auf dem Vektorbündel E festgelegt. Dazu muß allerdings noch nachgeprüft werden, daß die $H_\xi(E)$ unabhängig von der Wahl von (p,z) sind: Für andere $(p',z') \in P \times \mathbb{F}$ mit $\gamma(p',z') = \xi = \gamma(p,z)$ gibt es ein eindeutig bestimmtes $g \in G$ mit $p' = pg$ und $z' = \rho(g^{-1}).z$. Damit folgt $T_{p'}\gamma_{z'}(H_{p'}) = T_{p'}\gamma_{z'}(T_p\Psi_g(H_p))$ aufgrund der Invarianz (H2) (vgl. 5.6); weiterhin die gewünschte Unabhängigkeit $T_{p'}\gamma_{z'}(H_{p'}) = T_p\gamma_z(H_p)$ $(= H_\xi(E))$ wegen $T_{p'}\gamma_{z'} \circ T_p\Psi_g = T_p(\gamma_{z'} \circ \Psi_g)$ und wegen $\gamma_{z'} \circ \Psi_g = \gamma_z$ für feste z,z' und g mit $z' = \rho(g^{-1}).z$: $\gamma_{z'} \circ \Psi_g(p) = \gamma(pg,\rho(g^{-1}).z) = \gamma(p,z)$.

2° Der Zusammenhang auf P sei durch die Projektion $v : TP \longrightarrow TP$ nach 5.7 gegeben. Die in 1° verwendete Faktorisierung $T\pi = T\pi_E \circ T\gamma_z$ liefert dann einen eindeutig bestimmten Vektorbündelhomomorphismus $v_E : TE \longrightarrow TE$, welcher durch die Gleichungen $T\gamma_z \circ v_E = v \circ T\gamma_z$ festgelegt wird. Dieser definiert den assoziierten Zusammenhang auf E.

3° Der Zusammenhang auf P sei durch eine Zusammenhangsform ω gegeben. Diese läßt sich bezüglich eines globalen Schnitts σ zu einem lokalen Eichpotential $A := \sigma^*\omega$ auf M herunterziehen. Zur Darstellung ρ von G gehört die Darstellung

Lie$\rho : \mathfrak{g} \longrightarrow \mathfrak{g}(\mathbb{F})$ der Lie-Algebra $\mathfrak{g}$, und zwar ist Lie$\rho(X) := \frac{d}{dt}\rho(\exp(tX))\big|_{t=0}$. Für die 1-Form $A \in \mathscr{A}^1(M,\mathfrak{g})$ wird durch $(\rho_* A)(Y) := \mathrm{Lie}\,\rho(A(Y))$ die $\mathfrak{g}(\mathbb{F})$-wertige 1-Form $\rho_* A \in \mathscr{A}^1(M,\mathfrak{g}(\mathbb{F}))$ definiert. Der assoziierte Zusammenhang auf E wird dann durch $\rho_* A$ festgelegt.

4° Der Zusammenhang auf P sei durch die kovariante Ableitung D gegeben. Diese ist insbesondere auf $\mathscr{E}(P,\mathbb{F})$ definiert. Für $\psi \in \mathscr{E}_\rho(P,\mathbb{F})$ und $X \in \mathfrak{B}(M)$ ist $D\psi(X)$ wieder invariant, das heißt $D\psi(X) \in \mathscr{E}_\rho(P,\mathbb{F})$, wie man aus (Z4) in 5.18 folgern kann. Unter Verwendung von 5.20 definiert D daher für jedes X eine Abbildung $D_X : \Gamma(M,E) \longrightarrow \Gamma(M,E)$ mit den Eigenschaften einer kovarianten Ableitung auf einem Vektorbündel.

usw.

Die vorangehenden Erläuterungen in 1°-4° sind insofern nicht ganz vollständig, als nicht alle Eigenschaften nachgewiesen werden, die ein Zusammenhang auf einem Vektorbündel erfüllen muß. Die Erläuterungen sind so angelegt, daß sie auch ohne Verwendung des vierten Paragraphen zu verstehen sind. In diesem Falle sind die jeweiligen Konstruktionen so aufzufassen, als daß dadurch der Begriff Zusammenhang auf einem Vektorbündel überhaupt erst definiert wird. Setzt man dagegen den Begriff des Zusammenhangs auf einem Vektorbündel voraus, so müssen in allen Fällen noch gewisse Verträglichkeitsbedingungen nachgewiesen werden (vgl. Paragraph 4).

(5.23) Das assoziierte Vektorbündel im nichttrivialen Fall.

1° Für den Fall, daß das Prinzipalfaserbündel nicht trivial, also nicht als Produkt darstellbar ist, erhält man $\pi_E : E \longrightarrow M$ als ein nichttriviales Vektorbündel folgendermaßen: Auf $P \times \mathbb{F}$ führt man die Äquivalenzrelation $(p,y) \sim (pg,\rho(g^{-1}).y)$ für $g \in G$ und $(p,y) \in P \times \mathbb{F}$ ein, und definiert E_ρ als den Quotienten $E_\rho := P \times \mathbb{F}/{\sim}$ mit der Quotientenabbildung $\gamma : P \times \mathbb{F} \longrightarrow E_\rho$. Zur Existenz des Quotienten als differenzierbare Mannigfaltigkeit (vgl. M.8) genügt es zu zeigen, daß die Relation $R := \{((p,y),(p',y')) : (p,y) \sim (p',y')\}$ als Teilmenge des Produkts $(P \times \mathbb{F}) \times (P \times \mathbb{F})$ eine abgeschlossene Untermannigfaltigkeit ist (vgl. z.B. [ABM, S.262]). Um das einzusehen, sei $R_P := \{(p,p') \in P \times P : \pi(p) = \pi(p')\}$ die Relation auf P, welche von der Wirkung Ψ auf P kommt. R_P ist eine abgeschlossene Untermannigfaltigkeit von $P \times P$, denn π ist Submersion, also auch $\pi \times \pi$, und es gilt $R_P = (\pi \times \pi)^{-1}(\Delta)$ mit der Diagonalen $\Delta = \{(a,a) : a \in M\}$. Das Urbild einer abgeschlossenen Untermannigfaltigkeit unter einer Submersion ist aber nach dem Satz vom Rang (vgl. M.3) stets eine abgeschlossene Untermannigfaltigkeit. R ist aber genau dann eine abgeschlossene Untermannigfaltigkeit von $(P \times \mathbb{F}) \times (P \times \mathbb{F})$, wenn $R' := \{((p,p'),(y,y')) \in R_P \times \mathbb{F} \times \mathbb{F} : (p,y) \sim (p',y')\}$ eine abgeschlossene Untermannigfaltigkeit von $R_P \times \mathbb{F} \times \mathbb{F}$ ist. Für $(p,p') \in R_P$ sei jetzt $\phi(p,p') \in G$ das durch $p' = p\phi(p,p')$ eindeutig bestimmte Gruppenelement. Dann ist die Abbildung $\phi : R_P \longrightarrow G$ differenzierbar, und es gilt $R' = \{((p,p'),(y,y')) \in R_P \times \mathbb{F} \times \mathbb{F} : y' = \rho(\phi(p,p')).y\}$, also $R' = \{(x,(y,\rho\circ\phi(x).y)) : x \in R_P \text{ und } y \in \mathbb{F}\}$. R' ist also der Graph von $(x,y) \longmapsto \rho\circ\phi(x).y$ und daher eine abgeschlossene Untermannigfaltigkeit. Nach dem zitierten Resultat hat also die Menge $E_\rho = E$ der Äquivalenzklassen die Struktur einer Quotientenmannigfaltigkeit mit einer differenzierbaren Submersion $\gamma : P \times \mathbb{F} \longrightarrow E_\rho$ als Quotientenabbildung. Natürlich ist dann auch $\pi_E : E \longrightarrow M$, $\gamma(p,y) \longmapsto \pi(p)$, wohldefiniert und differenzierbar. Die Fasern zu π_E, $E_a := \pi_E^{-1}(a)$, erhalten ihre Vektorraumstruktur von $\mathbb{F}$ über die Bijektion $\mathbb{F} \longrightarrow E_a$, $y \longmapsto \gamma(p,y)$, wobei $p \in P_a$. Weiterhin hat $\pi_E : E \longrightarrow M$ lokale Trivialisierungen mit der Eigenschaft (V) aus 4.19. Um das einzusehen, sei $\sigma : U \longrightarrow P$ ein Schnitt im Prinzipalfaserbündel (P, M, G, π) über einer offenen Menge $U \subset M$. Dann definiert $(a,y) \longmapsto \gamma(\sigma(a),y)$ eine differenzierbare Abbildung $f : U \times \mathbb{F} \longrightarrow \pi_E^{-1}(U)$ mit $pr_1 = \pi \circ f$. f ist surjektiv, weil für jeden Punkt $\gamma(p,z) \in E_a$ ein $g \in G$ existiert mit $\sigma(a) = pg$. Daher gilt für $y = \rho(g^{-1}).z$: $\gamma(\sigma(a),y) = \gamma(pg,\rho(g^{-1}).z) = \gamma(p,z)$ nach Definition der Äquivalenzrelation. f ist offensichtlich injektiv, und die Umkehrabbildung $\varphi = f^{-1}$ erweist sich ebenfalls als differenzierbar. Schließlich ist f und damit auch φ faserweise linear. φ ist also eine lokale Trivialisierung. Insgesamt haben wir nachgewiesen, daß $E = E_\rho$ ein Vektorbündel über M ist. E_ρ heißt das zur Darstellung ρ *assoziierte Vektorbündel*.

$$
\begin{array}{ccc}
P \times \mathbb{F} & \xrightarrow{\ \gamma\ } & E_\rho \\
{\scriptstyle pr_1}\downarrow & & \downarrow{\scriptstyle \pi_E} \\
P & \xrightarrow[\ \pi\ ]{} & M
\end{array}
$$

2° Entscheidend für das Verständnis der Konstruktion des zu ρ assoziierten Bündels ist die Gültigkeit der zu 5.21 analogen Aussage: Der Raum der ρ-invarianten $\mathbb{F}$-wertigen Abbildungen sei wie vorher $\mathscr{E}_\rho(P,\mathbb{F}) := \{\psi \in \mathscr{E}(P,\mathbb{F}) : \psi(pg) = \rho(g^{-1}).\psi(p)$ für alle $p \in P$ und $g \in G\}$. Für $\psi \in \mathscr{E}_\rho(P,\mathbb{F})$ setze $s_\psi(a) := \gamma(p,\psi(p))$, $p \in P_a$. Wir werden gleich zeigen, daß s_ψ stets einen globalen Schnitt in E definiert und daß die Abbildung $\psi \longmapsto s_\psi$ ein Vektorraumisomorphismus von $\mathscr{E}_\rho(P,\mathbb{F})$ nach $\Gamma(M,E_\rho)$ ist. Die Schnitte in E sind also wieder die $\mathbb{F}$-wertigen Abbildungen auf P, "die sich nach ρ transformieren".

Beweis von 5.21 für den nichttrivialen Fall: Zunächst ist s_ψ wohldefiniert, denn es ist $\gamma(pg,\psi(pg)) = \gamma(pg,\rho(g^{-1}).\psi(p)) = (a,\rho(hg)\rho(g^{-1}).\psi(p))$ für $p = (a,h)$, also $\gamma(pg,\psi(pg)) = (a,\rho(h).\psi(p)) = \gamma(p,\psi(p))$. Die Definition ist daher unabhängig von der Wahl von $p \in \pi^{-1}(a) = P_a$. Andererseits findet man zu jedem Schnitt $s \in \Gamma(M,E_\rho)$ eine Funktion $\psi \in \mathscr{E}(P,\mathbb{F})$ mit $s(a) = \gamma(p,\psi(p))$, $p \in P_a$. Denn für jedes $a \in M$ und $p \in P_a$ ist die Abbildung $y \longmapsto \gamma(p,y)$ eine Bijektion zwischen $\mathbb{F}$ und der Faser E_a nach Definition der Äquivalenzrelation. Also existiert ein eindeutig bestimmter Vektor $\psi(p) \in \mathbb{F}$ mit $s(a) = \gamma(p,\psi(p))$. Natürlich ist ψ differenzierbar. Zur ρ-Invarianz: Wegen $s(a) = \gamma(pg,\psi(pg)) = \gamma(p,\psi(p))$ ist $(pg,\psi(pg)) \sim (p,\psi(p))$, und deshalb gilt $\psi(pg) = \rho(g^{-1}).\psi(p)$ nach Definition von $\sim$. Also ist $\psi \in \mathscr{E}_\rho(P,\mathbb{F})$ und $s = s_\psi$, woraus sich 5.21 ergibt.

3° Eine äquivalente Art, das zu ρ assoziierte Vektorbündel zu konstruieren, ist die folgende: Nach Definition gibt es zu dem Prinzipalfaserbündel (P,M,G,π) eine offene Überdeckung $(U_\iota)_{\iota \in I}$ von M mit lokalen Schnitten $\sigma_\iota : U_\iota \longrightarrow P$, die jeweils lokale Trivialisierungen festlegen. Die Funktionen $g_{\iota\varkappa} : U_{\iota\varkappa} \longrightarrow G$ mit $\sigma_\iota = \sigma_\varkappa g_{\iota\varkappa}$ auf den Durchschnitten $U_{\iota\varkappa} = U_\iota \cap U_\varkappa$ bestimmen das Prinzipalfaserbündel insofern, als man (P,M,G,π) bis auf Isomorphie aus diesen Verklebungsfunktionen $(g_{\iota\varkappa})$ rekonstruieren kann. Denn die $(g_{\iota\varkappa})$ erfüllen die Kozyklus-Bedingungen (vgl. 4.20, jetzt mit Werten in der Gruppe G mit 1 als neutralem Element); und jede Kollektion von $(g_{\iota\varkappa})$ mit diesen Kozyklus-Bedingungen bestimmt ein Prinzipalfaserbündel (analog zu 4.21). Die Funktionen $\rho \circ g_{\iota\varkappa} : U_{\iota\varkappa} \longrightarrow GL(\mathbb{F})$ erfüllen die Kozyklus-Bedingungen 4.20 und definieren daher nach 4.21 ein Vektorbündel vom Rang $\dim \mathbb{F}$. Dies ist das assoziierte Vektorbündel E_ρ (bis auf Isomorphie). Insbesondere erweist sich auf diese Weise jedes Vektorbündel E als das assoziierte Vektorbündel zu dem Reperbündel GL(E) bezüglich der natürlichen Darstellung $\rho = \mathrm{id} : GL(\mathbb{F}) \longrightarrow GL(\mathbb{F})$ (vgl. 5.4), und TM ist das assoziierte Vektorbündel zu R(M).

4° Den *assoziierten Zusammenhang* auf dem assoziierten Vektorbündel erhält man auch im allgemeinen Fall wie in 5.22. Mit der gerade hergeleiteten Beziehung zwischen den Verklebungsfunktionen von (P,M,G,π) und E_ρ ergibt sich insbesondere die zu 3° analoge Aussage: Ist der Zusammenhang auf (P,M,G,π) durch lokale Eichpotentiale $A_\iota \in \mathscr{A}^1(U_\iota,\mathfrak{g})$ mit der Bedingung (A) aus 5.11 gegeben, so erfüllen die $\rho_*(A_\iota) \in \mathscr{A}^1(U_\iota,\mathfrak{g}(\mathbb{F}))$ die entsprechende Bedingung (A) aus $4.23.2^\circ$ und legen damit den assoziierten Zusammenhang fest.

5° Auf diese Weise kann ein Zusammenhang D^E auf dem assoziierten Bündel unter Umständen auch einen Zusammenhang auf den Prinzipalfaserbündel induzieren, wenn es nämlich für die lokalen Eichpotentiale A_ι^E zu D^E geeignete A_ι mit (A) gibt, für die $\rho_*(A_\iota) = A_\iota^E$ gilt. Diese Bedingung ist für alle Zusammenhänge auf E erfüllt in bezug auf das Reperbündel GL(E) des Vektorbündels, weil ja in dieser Situation $\rho = \mathrm{id}$ ist. Die Geometrie der Zusammenhänge auf Vektorbündeln ordnet sich daher der Geometrie der Zusammenhänge auf Prinzipalfaserbündeln unter.

(5.24) Assoziierte Faserbündel. Das oben besprochene Assoziationsschema hat noch eine interessante Verallgemeinerung auf Faserbündel, die nicht notwendig Vektorbündel sind. Dazu sei jetzt F eine beliebige Mannigfaltigkeit (die "typische" Faser) und $\Phi : F \times G \longrightarrow F$ eine differenzierbare Linkswirkung. Beispielsweise hat man eine solche Linkswirkung auf $F = \mathbb{F}$ in dem bereits diskutierten Falle einer Darstellung $\rho : G \longrightarrow GL(\mathbb{F})$ durch $\Phi(y,g) := \rho(g).y$. Andere interessante Beispiele werden durch die Adjungierte $\mathrm{Ad} : G \longrightarrow \mathrm{Aut}\,G$, $\mathrm{Ad}_g(h) := ghg^{-1}$, gegeben mit der Wirkung $(h,g) \longmapsto \mathrm{Ad}_g(h) = ghg^{-1} = \Phi(h,g)$ auf der Gruppe G als Faser oder durch die Adjungierte $\mathfrak{Ab} : G \longrightarrow GL(\mathfrak{g})$, $\mathfrak{Ab}_g(X) := gXg^{-1}$, mit der entsprechenden Wirkung $(X,g) \longmapsto \mathfrak{Ab}_g(X) = \Phi(X,g)$ auf der Lie-Algebra $\mathfrak{g}$ als Faser. Wie im linearen Fall definiert man eine natürliche Äquivalenzrelation "~" auf dem Produkt $P \times F$, indem man (p,y) und $(pg,\Phi(y,g^{-1}))$ als äquivalent erklärt für alle $g \in G$ und für alle $(p,y) \in P \times F$. Genau wie oben in $5.23.1^{\circ}$ läßt sich zeigen, daß der Quotient $P \times F/_{\sim}$ als Mannigfaltigkeit existiert und bezüglich der natürlichen Projektion $\pi' : P \times F/_{\sim} \longrightarrow M$ lokale Trivialisierungen hat. Dieser Quotient $P \times_G F := P \times F/_{\sim}$ ist dann ein *Faserbündel* über M der allgemeinen Faser F (sowie der Strukturgruppe G) und heißt das zu Φ *assoziierte Faserbündel*.

Für das Beispiel Ad ergibt diese Konstruktion das *adjungierte Bündel* AdP. AdP ist kein Prinzipalfaserbündel, aber ein Bündel von Gruppen. Aus Sicht der Eichtheorie besteht ein besonderes Interesse an diesem Bündel, weil die Schnitte in AdP gerade den weiter oben eingeführten Eichtransformationen entsprechen. Ein Schnitt $\sigma \in \Gamma(M,AdP)$ kann mit einer Ad-invarianten differenzierbaren Abbildung $\psi \in \mathscr{E}_{Ad}(P,G)$ identifiziert werden (Beweis wie der Beweis zu 5.21 in $5.23.2^{\circ}$). Eine solche Abbildung definiert eine Eichtransformation $\tau_\sigma : P \longrightarrow P$ vermöge $\tau_\sigma(p) := p\psi(p)$, $p \in P$: Offensichtlich ist diese Abbildung differenzierbar und bijektiv mit der Umkehrabbildung $p \longmapsto p(\psi(p))^{-1}$ und es ist $\pi(\tau_\sigma(p)) = \pi(p)$. Außerdem ist τ_σ äquivariant wegen

$$\tau_\sigma(pg) = (pg)\psi(pg) = (pg)(Ad_{g^{-1}}\psi(p)) = (pg)(g^{-1}\psi(p)g) = (\tau_\sigma(p))g,$$

also $\tau_\sigma \circ \Psi_g = \Psi_g \circ \tau_\sigma$ für alle $g \in G$. Weiterhin läßt sich $\tau_{\sigma\sigma'} = \tau_\sigma \circ \tau_{\sigma'}$ von der Definition von τ_σ ablesen. Insgesamt wurde damit gezeigt:

(5.25) Satz. Es gibt einen natürlichen Isomorphismus zwischen der Eichgruppe $\mathscr{G}(P)$ und der Gruppe $\Gamma(M,AdP)$ der Schnitte im adjungierten Bündel. Beide Gruppen sind außerdem isomorph zur Gruppe $\mathscr{E}_{Ad}(P,G)$ der Ad-invarianten Abbildungen auf P mit Werten in G.

Analog sind die $\mathfrak{Ab}$-invarianten $\mathfrak{g}$-wertigen 1-Formen $\eta \in \mathscr{A}_b^1(P,\mathfrak{g})$, die auf dem vertikalen Bündel verschwinden, zu identifizieren mit den 1-Formen mit Werten in dem zu $\mathfrak{Ab}$ assoziierten Bündel $\mathfrak{Ab}P$. Unter Verwendung von 5.20 und 5.21 (siehe auch 5.33) folgt

(5.26) Satz. Sei ω eine Zusammenhangsform (P,M,G,π). Dann läßt sich der Raum $\mathscr{A}$ aller Zusammenhänge mit $\omega + \mathscr{A}^1(M,\mathfrak{Ab}P)$ identifizieren.

Zum Abschluß des Paragraphen kommen wir zur Krümmungstheorie der Prinzipalfaserbündel und ihrer assoziierten Vektorbündel.

(5.27) Definition. Die *Krümmung* eines Zusammenhangs auf einem Prinzipalfaserbündel (P,M,G,π) mit Zusammenhangsform ω und zugehöriger kovarianter Ableitung $D = D^\omega$ ist durch die $\mathfrak{g}$-wertige 2-Form

$$\Omega := D\omega \in \mathscr{A}^2(P,\mathfrak{g})$$

gegeben.

Ω ist des eigentliche *Eichfeld* der Theorie, das auch *Feldstärke, Feldstärke-Tensor* oder *Kraftfeld* genannt wird. Einen Bezug zu dem Krümmungsbegriff für einen Zusammenhang auf einem Vektorbündel (vgl. Paragraph 4) stellen wir weiter unten her. Aus den grundlegenden Eigenschaften $(\omega 1)$ und $(\omega 2)$ der Zusammenhangsform ω ergeben sich sofort die folgenden Invarianzeigenschaften von Ω:

(5.28) Satz. Für die Krümmungsform Ω eines Zusammenhangs auf einem Prinzipalfaserbündel (P, M, G, π) mit der Rechtsaktion Ψ gilt:

1° $\Omega_p(Y,Z) = 0$, wenn einer der beiden Tangentenvektoren $Y, Z \in T_pP$ vertikal ist.

2° $\Psi_g^* \Omega = g^{-1} \Omega g$ für alle $g \in G$.

Beweis: Ist $Y \in T_pP$ vertikal, so gilt $v_p(Y) = Y$ und folglich $\sigma_p(Y) = 0$. Deshalb gilt $\Omega_p(Y,Z) = d\omega_p(\sigma_p(Y),\sigma_p(Z)) = d\omega_p(0,\sigma_p(Z)) = 0$. Für die zweite Eigenschaft benutzt man $\Psi_g^* \circ \sigma^* = \sigma^* \circ \Psi_g^*$ (vgl. Beweis von 5.18, Teil (Z4)):

$$\Psi_g^* \Omega = \Psi_g^* \circ \sigma^* d\omega = \sigma^* \circ \Psi_g^* d\omega = \sigma^*(d(\Psi_g^* \omega)),$$

also nach $(\omega 2)$: $\Psi_g^* \Omega = \sigma^* d(g^{-1} \omega g) = g^{-1}(\sigma^* d\omega)g = g^{-1} \Omega g$.

Für g–wertige 1–Formen $\eta, \vartheta \in \mathscr{A}^1(P,g)$ sei $[\eta,\vartheta] \in \mathscr{A}^2(P,g)$ definiert durch $[\eta,\vartheta](Y,Z) := [\eta(Y),\vartheta(Z)] - [\eta(Z),\vartheta(Y)]$ für $Y, Z \in \mathfrak{B}(P)$. Im Falle $\eta = \vartheta$ gilt dann $[\eta,\eta](Y,Z) = 2[\eta(Y),\eta(Z)]$. Wir kommen jetzt zu den wichtigen Strukturgleichungen:

(5.29) Satz. (Strukturgleichungen) Die Krümmung Ω eines Zusammenhangs ω auf einem Prinzipalfaserbündel erfüllt:

$$\Omega = d\omega + \tfrac{1}{2}[\omega,\omega].$$

Beweis: Es gilt also, für $Y, Z \in T_pP$ und $p \in P$ die Gleichung

$(*)$ $\Omega_p(Y,Z) = d\omega_p(Y,Z) + [\omega_p(Y),\omega_p(Z)]$

zu zeigen. Da jeder Tangentenvektor in T_pP eine Zerlegung in einen vertikalen und horizontalen Anteil hat, genügt es die folgenden zwei Fälle zu untersuchen:

1. Fall: Y und Z sind horizontal. Dann gilt $[\omega_p(Y),\omega_p(Z)] = 0$ wegen $\omega_p(Y) = \omega_p(Z) = 0$ und $\Omega_p(Y,Z) = d\omega_p(Y,Z)$ wegen $\sigma_p(Y) = Y$ und $\sigma_p(Z) = Z$. Also ist die Gleichung $(*)$ erfüllt.

2. Fall: Y oder Z ist vertikal. Dann ist $\Omega_p(Y,Z) = 0$ nach $5.28.1^{\circ}$. Ohne Einschränkung der Allgemeinheit sei Y vertikal. Sei $X := \omega(Y)$, also $Y = \tilde{X}(p)$. Z werde fortgesetzt zu einem Vektorfeld auf P, welches wieder mit Z bezeichnet werde. Allgemein gilt die Homotopieformel $L_{\tilde{X}} \omega = d(\iota_{\tilde{X}} \omega) + \iota_{\tilde{X}} d\omega$ (vgl. $M.17.11^{\circ}$). Weil $\iota_{\tilde{X}} \omega = \omega(\tilde{X}) = X$ (nach $(\omega 1)$) konstant ist, gilt in unserer Situation $L_{\tilde{X}} \omega = \iota_{\tilde{X}} d\omega$. Nach Definition ist $L_{\tilde{X}} \omega(Z) = \frac{d}{dt} \varphi_t^* \omega(Z)\big|_{t=0}$ mit dem Fluß $\varphi_t(p) = pe^{tX}$ zu $\tilde{X}$. Aufgrund von $(\omega 2)$ folgt

$$L_{\tilde{X}} \omega(Z) = \frac{d}{dt} e^{-tX} \omega(Z) e^{tX}\big|_{t=0} = [\omega(Z),X].$$

Insgesamt ergibt sich damit:

$$(d\omega + \tfrac{1}{2}[\omega,\omega])(\tilde{X},Z) = \iota_{\tilde{X}}d\omega(Z) + [\omega(\tilde{X}),\omega(Z)] = L_{\tilde{X}}\omega(Z) + [X,\omega(Z)] = 0,$$

also gilt unsbesondere $d\omega_p(Y,Z) + [\omega_p(Y),\omega_p(Z)] = 0$, und das war zu zeigen.

(5.30) Folgerungen.

1° Die Strukturgleichungen liefern eine Zerlegung von $d\omega$ in den horizontalen und vertikalen Anteil: $d\omega = \Omega - \tfrac{1}{2}[\omega,\omega]$.

2° $D\Omega = 0$. (Diese Gleichung heißt die *Bianchi-Identität*, vgl. 4.25.)

Eine k-Form η heißt *horizontal* (bzw. *vertikal*), wenn $\eta_p(Z_1,Z_2, \ldots ,Z_k)$ verschwindet, falls nur einer der Tangentenvektoren Z_j vertikal (bzw. horizontal) ist. Die Zusammenhangsform ω ist also vertikal nach Definition der horizontalen Richtungen $H = \mathrm{Ker}\,\omega$, und die Krümmung Ω ist horizontal nach 5.28. Damit ergibt sich 1°. Zum Beweis der Bianchi-Gleichungen ist es zweckmäßig, die Klammer $[\ ,\ ]$ auch zwischen 1- und 2-Formen einzuführen (vgl. M.16.6°): Für $\eta \in \mathscr{A}^2(P,g)$ und $\vartheta \in \mathscr{A}^1(P,g)$ ist

$$[\eta,\vartheta](X,Y,Z) := [\eta(X,Y),\vartheta(Z)] + [\eta(Y,Z),\vartheta(X)] + [\eta(Z,X),\vartheta(Y)]$$

für Vektorfelder X,Y,Z auf P und $[\vartheta,\eta] := -[\eta,\vartheta]$. Man sieht sofort, daß die naheliegenden Formeln $[[\vartheta,\vartheta],\vartheta] = 0$ und $d[\vartheta,\vartheta] = [d\vartheta,\vartheta] - [\vartheta,d\vartheta] = 2[d\vartheta,\vartheta]$ erfüllt sind. Angewandt auf die Strukturgleichungen erhalten wir daher (unter Verwendung von $dd\omega = 0$):

$$d\Omega = d(d\omega + \tfrac{1}{2}[\omega,\omega]) = [d\omega,\omega] = [d\omega + \tfrac{1}{2}[\omega,\omega],\omega] = [\Omega,\omega].$$

Daher ist $D\Omega = \sigma^*d\Omega = 0$, weil ω vertikal ist, also auf den horizontalen Anteilen der eingesetzten Vektorfelder verschwindet.

Die Theorie wird häufig bezüglich einer lokalen Trivialisierung benötigt, daher sollen im folgenden einige der entsprechenden Formeln beschrieben werden. Sei also $U \subset M$ eine offene Menge und $\sigma : U \longrightarrow P$ ein Schnitt über U in (P,M,G,π). Die Zusammenhangsform ω legt durch $A := \sigma^*\omega \in \mathscr{A}^1(U,g)$ das lokale Eichpotential fest und außerdem die *lokale Feldstärke* $F := \sigma^*\Omega \in \mathscr{A}^2(U,g)$. Die vorangehenden Resultate bedeuten dann wegen $d\circ\sigma^* = \sigma^*\circ d$ (M.17.4°) unmittelbar:

(5.31) Für das lokale Eichpotential A und die lokale Feldstärke F gelten die Gleichungen

$$F = dA + \tfrac{1}{2}[A,A] \quad \text{und} \quad dF = [F,A].$$

Will man das Dachprodukt $\eta \wedge \vartheta$ für g-wertige Formen benutzen, das für Matrixgruppen in der offensichtlichen Weise mittels der Matrixmultiplikation definiert wird (vgl. M.16.6°), so erhalten die obigen Gleichungen die Form (vgl. 4.24/25)

$$F = dA + A \wedge A \quad \text{und} \quad dF = F \wedge A - A \wedge F.$$

(5.32) Satz. Bei einem Wechsel der lokale Eichung stehen die jeweiligen lokalen Feldstärken $F' := \sigma'^*\Omega$ und $F = \sigma^*\Omega$ über die zugehörige lokale Eichtransformation $g \in \mathcal{E}(U,G)$, $\sigma = \sigma'g$, in der folgenden Beziehung

$$F' = gFg^{-1}.$$

Nach 5.10 gilt $A' = gAg^{-1} + g\,dg^{-1}$ und daraus ergibt sich die Aussage aus 5.31 durch Einsetzen und Differenzieren.

Das im letzten Satz formulierte Transformationsverhalten der lokalen *Eichfelder* (= Feldstärken) macht einen gravierenden Unterschied zwischen einer abelschen und einer nichtabelschen Eichtheorie deutlich: Im Falle einer abelschen Symmetriegruppe G wird durch die Formel $F' = gFg^{-1} = F$ ein globales Eichfeld auf ganz M definiert. Wenn G eine nichtabelsche Gruppe ist, gilt dagegen $gFg^{-1} \neq F$ im allgemeinen und die Feldstärke existiert aus diesem Grunde in der Regel als ein globales Objekt nur auf dem Totalraum P des Prinzipalfaserbündels.

Um schließlich die Krümmungstheorie auf einem vorgegebenen Prinzipalfaserbündel (P,M,G,π) mit der Krümmungstheorie auf den assoziierten Vektorbündeln zu vergleichen, benötigen wir die folgenden Räume von äquivarianten Formen: Dazu sei $\rho : G \longrightarrow GL(\mathbb{F})$ eine Darstellung der Matrixgruppe auf einem endlichdimensionalen $\mathbb{K}$-Vektorraum und sei E_ρ das assoziierte Vektorbündel vom Rang $\dim\mathbb{F}$. Eine k-Form $\eta \in \mathcal{A}^k(P,\mathbb{F})$ heißt *äquivariant (in Bezug auf ρ)*, wenn $\Psi_g^*\eta = \rho(g^{-1})\eta$ für alle $g \in G$ gilt. Wir setzen:

$$\mathcal{A}_\rho^k(P,\mathbb{F}) := \{\eta \in \mathcal{A}^k(P,\mathbb{F}) : \eta \text{ ist horizontal und äquivariant}\}.$$

Als Spezialfall haben wir die Basisformen, das sind die Formen aus $\mathcal{A}_\rho^k(P,\mathfrak{g})$ für die adjungierte Darstellung $\rho = \mathfrak{Ad} : G \longrightarrow GL(\mathfrak{g})$, die auch mit $\mathcal{A}_b^k(P,\mathfrak{g})$ bezeichnet werden. Zum Beispiel sind die Differenzen $\omega - \omega'$ zweier Zusammenhangsformen solche Basisformen (vgl. 5.20) wie auch die Krümmungsformen (vgl. 5.28). Der in 5.23.2° ausgeführte Beweis von 5.21 läßt sich auf den Fall von Formen verallgemeinern und liefert die folgende Aussage:

(5.33) Lemma. Für $\eta \in \mathcal{A}_\rho^k(P,\mathbb{F})$ setze man

$$\breve{\eta}(T\pi(Z_1),T\pi(Z_2), \dots ,T\pi(Z_k))(a) := \gamma(p,\eta(Z_1,Z_2, \dots ,Z_k)(p)) \in E_a,$$

wobei $\pi(p) = a \in M$ und $Z_j \in T_pP$. Dann ist $\breve{\eta} \in \mathcal{A}^k(M,E_\rho)$ eine wohldefinierte k-Form mit Werten in dem assoziierten Vektorbündel $E_\rho = E$, das heißt ein (differenzierbarer) Schnitt im Vektorbündel $\Lambda^kT^*M \otimes E_\rho$ (vgl. die Erläuterung vor 4.23). Die Zuordnung $\eta \longmapsto \breve{\eta}$ ist ein Vektorraumisomorphismus von $\mathcal{A}_\rho^k(P,\mathbb{F})$ nach $\mathcal{A}^k(M,E_\rho)$ (der auch als Isomorphismus von $\mathcal{E}(M)$-Moduln aufgefaßt werden kann).

Die so wichtigen Basisformen auf P lassen sich daher als $\mathfrak{Ad}P$-wertige Formen auf der Basismannigfaltigkeit M verstehen: Es gilt $\mathcal{A}_b^k(P,\mathfrak{g}) \cong \mathcal{A}^k(M,\mathfrak{Ad}P)$.

Die kovariante Ableitung D zu dem Zusammenhang auf dem Prinzipalfaser-bündel respektiert die Äquivarianz: Aus $\Psi_g^* \eta = \rho(g^{-1})\eta$ folgt $\Psi_g^* D\eta = \rho(g^{-1})D\eta$, denn $\Psi_g^* D\eta = \Psi_g^* \circ \sigma^* d\eta = \sigma^* \circ \Psi_g^* d\eta = \sigma^* d(\Psi_g^* \eta) = \sigma^* d(\rho(g^{-1})\eta) = D(\rho(g^{-1})\eta) = \rho(g^{-1})D\eta$, wie im Beweis zu 5.28.2°. Deshalb gilt für $\eta \in \mathscr{A}_\rho^k(P,\mathbb{F})$ stets $D\eta \in \mathscr{A}_\rho^{k+1}(P,\mathbb{F})$.

Die Beweismethode zu 5.29 liefert mit geringfügigen Anpassungen auch die folgende nützliche Formel:

(5.34) Satz. Für jede Basisform $\eta \in \mathscr{A}_b^1(P,g)$ oder $\eta \in \mathscr{A}_b^2(P,g)$ gilt $D\eta = d\eta + [\omega,\eta]$.

Man beachte, daß diese Formel nicht für die Zusammenhangsform ω, die ja auch keine Basisform ist, richtig ist. Nach 5.29 gilt vielmehr $D\omega = d\omega + \frac{1}{2}[\omega,\omega]$. Die lokale Variante von 5.34 bezüglich eines lokalen Schnittes σ ist für $B = \sigma^* \eta$ entsprechend

(5.35) $DB = dB + [A,B]$,

wobei $A = \sigma^* \omega$ das lokale Eichpotential der kovarianten Ableitung D ist. Genau genommen muß dazu noch DB definiert werden, nämlich als $DB := \sigma^*(D\eta)$. Dann gilt nach 5.34 unmittelbar $DB = \sigma^*(d\eta + [\omega,\eta]) = d(\sigma^*\eta) + [\sigma^*\omega,\sigma^*\eta] = dB + [A,B]$.

In lokalen Koordinaten bezüglich einer Karte gilt:

(5.36) Für den Fall einer 1-Form $\sigma^*\eta = B = B_\nu dq^\nu$ mit kovarianter Ableitung $DB = \frac{1}{2}(D_\mu B_\nu - D_\nu B_\mu)dq^\mu \wedge dq^\nu$ ist
$$D_\mu B_\nu = \partial_\mu B_\nu + [A_\mu, B_\nu].$$
Für 2-Formen $B = \frac{1}{2}B_{\mu\nu}dq^\mu \wedge dq^\nu$ mit $DB = \frac{1}{6}(D_\mu B_{\nu\lambda} + D_\nu B_{\lambda\mu} + D_\lambda B_{\mu\nu})dq^\mu \wedge dq^\nu \wedge dq^\lambda$ ist
$$D_\mu B_{\nu\lambda} = \partial_\mu B_{\nu\lambda} + [A_\mu, B_{\nu\lambda}].$$

Die Ableitungsausdrücke D_μ, die wir hier als rechentechnische Terme eingeführt haben, lassen sich auch folgendermaßen auffassen. Bezüglich der adjungierten Darstellung gehört zu dem auf (P,M,G,π) vorgegebenen Zusammenhang ein assoziierter Zusammenhang auf dem Vektorbündel $\mathfrak{Ab}P$. Dieser Zusammenhang werde wieder mit D bezeichnet. Dann ist $D_\mu = D_{\partial_\mu}$ im Sinne von 4.3, also $D_\mu s = Ds(\partial_\mu)$ für Schnitte s in $\mathfrak{Ab}P$. Die $B_\mu, B_{\mu\nu}$ in den obigen Formeln sind solche Schnitte.

Im übrigen hat die Bianchi-Identität 5.30.2° für die lokale Krümmungsform $F = \sigma^*\Omega$ die Gestalt $DF = 0$. Da Ω nach 5.28 eine Basisform ist, bedeutet diese Identität nichts anderes als $dF + [A,F] = 0$ (vgl. 5.31). Daraus erhält man die

(5.37) Lokale Version der Bianchi-Identität:

$$D_\mu F_{\nu\lambda} + D_\nu F_{\lambda\mu} + D_\lambda F_{\mu\nu} = 0 \quad \text{oder} \quad D_{[\mu} F_{\nu\lambda]} = 0 .$$

Mit dem Ergebnis 5.33 können wir einmal mehr (vgl. 5.22/5.23.4°) den asso-ziierten Zusammenhang auf $E = E_\rho$ beschreiben. Dabei wird ein Vergleich der Krüm-mung Ω des Zusammenhangs auf dem Prinzipalfaserbündel mit der Krümmung F des assoziierten Zusammenhangs auf dem Vektorbündel E angestrebt: Beschränkt man die kovariante Ableitung $D : \mathscr{A}^1(P,\mathbb{F}) \longrightarrow \mathscr{A}^2(P,\mathbb{F})$ des Zusammenhangs ω auf $\mathscr{A}^1_\rho(P,\mathbb{F})$, so erhält man eine Abbildung $D : \mathscr{A}^1_\rho(P,\mathbb{F}) \longrightarrow \mathscr{A}^2_\rho(P,\mathbb{F})$, die nach 5.33 eine entspre-chende Abbildung $\nabla : \mathscr{A}^1(M,E) \longrightarrow \mathscr{A}^2(M,E)$ induziert. Aufgrund der Eigenschaften (Z1)–(Z5) aus 5.18 ist diese Abbildung ∇ ein Zusammenhang auf dem Vektorbündel im Sinne von 4.2 und 4.23.1°. Für die Krümmung $\Omega = D\omega$ auf dem Prinzipalfaserbündel ist $\rho_*(\Omega) = \mathrm{Lie}\,\rho \circ \Omega$ eine differenzierbare 2-Form mit Werten in den Endomorphismen $g(\mathbb{F}) = \mathrm{End}\,\mathbb{F}$. Die durch ρ bestimmte Darstellung $R := \mathfrak{Ab}\circ\rho : G \longrightarrow GL(g(\mathbb{F}))$ mit dem Darstellungsraum $g(\mathbb{F})$ ist durch $R(g)(T) := \rho(g)\circ T\circ\rho(g^{-1})$, $T \in g(\mathbb{F})$, gege-ben. (Dabei steht "$\circ$" natürlich für die Komposition in $g(\mathbb{F})$.) Der angestrebte Zusam-menhang zwischen den Krümmungsformen ist der folgende:

(5.38) Satz. Mit den eingeführten Bezeichnungen gilt:

1° $\rho_*\Omega \in \mathscr{A}^2_R(P,g(\mathbb{F}))$.

2° Das Endomorphismenbündel $\mathrm{End}\,E_\rho$ ist das zur Darstellung R assozi-ierte Vektorbündel E_R (bis auf Isomorphie).

3° Die Krümmung $F = \nabla\circ\nabla \in \mathscr{A}^2(M,\mathrm{End}\,E_\rho)$ des assoziierten Zusammen-hangs ∇ auf dem Vektorbündel E_ρ ist gerade die 2-Form, die nach 5.33 durch die äquivariante 2-Form $\rho_*\Omega \in \mathscr{A}^2_R(P,g(\mathbb{F}))$ bestimmt wird.

Beweis: Natürlich ist $\rho_*\Omega$ horizontal, da Ω horizontal ist. Für $g \in G$ gilt außerdem $\Psi_g^*\rho_*\Omega = \rho_*(\Psi_g^*\Omega) = \rho_*(g^{-1}\Omega g) = \rho(g^{-1})\circ\rho_*\Omega\circ\rho(g) = R(g^{-1})\rho_*\Omega$, also 1°. Zu 2°: Wenn $\varphi : \pi_E^{-1}(U) \longrightarrow U \times \mathbb{F}$ eine lokale Trivialisierung ist, so erhält man eine lokale Trivialisierung $\Phi : (\pi_{\mathrm{End}\,E})^{-1}(U) \longrightarrow U \times g(\mathbb{F})$ des Endomorphismenbündels $\mathrm{End}\,E$ durch $\Phi_a(\Xi) := \varphi_a\circ\Xi\circ\varphi_a^{-1}$ für $\Xi \in \mathrm{End}\,E_a$. Daher: Sind $g'_{\iota\varkappa} \in \mathscr{E}(U_{\iota\varkappa},GL(\mathbb{F}))$ die Verklebungsfunktionen des Bündels E bezüglich einer offenen Überdeckung von M (vgl. 4.21), so sind entsprechende Verklebungsfunktionen $G_{\iota\varkappa} \in \mathscr{E}(U_{\iota\varkappa},GL(g(\mathbb{F})))$ von $\mathrm{End}\,E$ durch $G_{\iota\varkappa}(a)(T) := g'_{\iota\varkappa}(a)\circ T\circ g'_{\iota\varkappa}(a)^{-1}$ gegeben. Die $g'_{\iota\varkappa}$ sind aber von der Form $g'_{\iota\varkappa} = \rho(g_{\iota\varkappa})$, wobei die $g_{\iota\varkappa}$ Verklebungsfunktionen des Prinzipalfaserbündels sind (vgl. 5.23.4°). Also ist $G_{\iota\varkappa} = R(g_{\iota\varkappa})$, das heißt $\mathrm{End}\,E_\rho$ ist das zu R assoziierte Vektorbündel. Die Eigenschaft 3° folgt schließlich aus der oben dargelegten Beziehung zwischen D und ∇.

Mit diesem Resultat ordnet sich das Studium der Krümmung in der Riemann-schen Geometrie (vgl. Anhang G) der Krümmungstheorie in Prinzipalfaserbündeln unter: Die auftretenden Prinzipalfaserbündel sind die Reperbündel $R(M)$ oder $R(M,g)$.

6. Dynamik der Eichtheorien und Beispiele

Eine ausführliche Behandlung des Themas dieses Paragraphen würde die Seiten eines ganzen Buches füllen. Deshalb kann dieser Paragraph, in dem als Ausklang des Kapitels der bündeltheoretische Formalismus der letzten Paragraphen anhand von Yang-Mills-Gleichungen und weiteren Beispielen in Beziehung zu physikalischen Modellen gesetzt werden soll, nur skizzenhaft sein. Vor den eigentlichen Beispielen wird versucht zu erklären, wieso die Faserbündelgeometrie bei der Beschreibung von klassischen Feldtheorien überhaupt eine so wichtige Rolle spielen kann.

Aus der Sicht von Geometrie und Physik läßt sich das Auftreten von Zusammenhang und Krümmung in der klassischen Feldtheorie folgendermaßen interpretieren. Ein klassisches, strukturiertes Teilchen werde beschrieben durch einen Punkt in der Raumzeit M (z.B. $M = \mathbb{R}^4$) und durch einen internen Strukturzustand, der durch ein Element der Strukturgruppe G gegeben ist. Auf diese Weise ist jedem Punkt $a \in M$ der Raumzeit ein interner Phasenraum P_a zugeordnet, und dieser Phasenraum steht in Bijektion zu G. Die P_a sind allerdings für verschiedene Punkte als verschieden aufzufassen, ähnlich wie etwa zwei Tangentialvektoren im $\mathbb{R}^n$, die in verschiedenen Punkten definiert sind, grundsätzlich nicht gleich sein können, selbst wenn sie in dieselbe Richtung weisen. Rein mengentheoretisch ergibt sich damit als Konfigurationsraum P des strukturierten Teilchens, also als Raum der Zustände des Teilchens, die folgende "Faserung": $P = \bigcup \{\{a\} \times P_a : a \in M\}$. In speziellen Fällen haben die vielen verschiedenen P_a, $a \in M$, jeweils eine so gut zueinander passende Identifizierung mit der Strukturgruppe G, daß man sich den Konfigurationsraum als das Produkt $P = M \times G$ (im Sinne von Mannigfaltigkeiten) vorstellen kann, also als das triviale Prinzipalfaserbündel. Es ist eine sinnvolle Forderung, eine solche Situation jeweils im Kleinen anzunehmen, und damit die Struktur eines (in der Regel nichttrivialen) Prinzipalfaserbündels für den Konfigurationsraum P zu postulieren.

Wenn äußere Kräfte auf das Teilchen einwirken, kann eine Produktstruktur $P \cong M \times G$, also ein trivialisierbares Prinzipalfaserbündel, nicht erwartet werden, denn solche Kräfte verursachen eine Verschiebung der verschiedenen P_a zueinander. Wie allerdings eine mögliche Identifizierung von P_a und P_b für zwei Punkte $a, b \in M$ in einem Prinzipalfaserbündel aussehen kann, ist uns im Rahmen der Geometrie der Prinzipalfaserbündel bekannt: Die Fasern längs eines Weges von a nach b lassen sich mittels eines Paralleltransports miteinander identifizieren. Bei einer Veränderung des Weges oder des Paralleltransports ändert sich in der Regel auch die Identifizierung.

Aus physikalischer Sicht entspricht die Einführung eines Paralleltransports der Vorstellung, daß ein Teilchen, welches sich längs eines Weges γ in M, also auf einer Weltlinie, bewegt, den jeweils internen Raum $P_{\gamma(t)}$ der Phasen mit sich trägt und auf diese Weise den Paralleltransport definiert. In dieser Situation bedeutet die Identifizierung längs verschiedener Wege eine Verschiebung der Phase durch einen Phasenfaktor $g \in G$, welche ihre Ursache in dem äußeren Kraftfeld hat. Aus geometrischer Sicht ist dieser Phasenfaktor darstellbar durch die Krümmung des jeweiligen Paralleltransports, und wir haben damit eine Erklärung dafür, daß in abstrakter Auffassung das äußere Feld mit der Krümmung des Paralleltransports bzw. des zugehörigen Zusammenhangs gleichgesetzt wird. Unter diesem Gesichtspunkt ist die Zusammenhangsform des Paralleltransports das globale Eichpotential und die zugehörige Krümmung ist das Eichfeld: Wir sind mitten in der Beschreibung einer Eichtheorie und ihrer Beziehung zur Geometrie der Faserbündel.

In einer solchen Theorie müssen noch endlichdimensionale Darstellungen von G berücksichtigt werden, denn als Darstellungen manifestieren sich die Elementarteilchen. Diese Berücksichtigung erfolgt in natürlicher und sinnvoller Weise, indem die Geometrie der assoziierten Vektorbündel mit in die Betrachtung einbezogen wird.

Zu einer bündeltheoretischen Formulierung der Eichtheorie, wie sie in den letzten zwei Paragraphen vorbereitet wurde, gehören erst einmal ein Prinzipalfaserbündel (P,M,G,π) und eine endlichdimensionale Darstellung $\rho : G \longrightarrow GL(\mathbb{F})$. Dabei ist M aufzufassen als die Raumzeit, die in der Regel als vierdimensional vorausgesetzt wird. Es gibt aber interessante Modelle, in denen höherdimensionale oder auch niederdimensionale Mannigfaltigkeiten M als Raumzeit dienen. Der Totalraum P ist der Raum der verallgemeinerten Phasenfaktoren und die Strukturgruppe G, die wir der Einfachheit halber als eine Matrixgruppe voraussetzen, ist die interne Symmetriegruppe, die nur die Phasen, also die Fasern von π, nicht aber die Mannigfaltigkeitspunkte $a \in M$ verändert. Die Darstellung ρ legt das Transformationsverhalten der Materiefelder fest, das sind die invarianten $\mathbb{F}$-wertigen Funktionen auf P oder die Schnitte über M im assoziierten Vektorbündel $E_\rho : \mathscr{F} := \mathscr{E}_\rho(P,\mathbb{F}) \cong \Gamma(M,E_\rho)$. Die globalen Eichpotentiale sind die Zusammenhangsformen auf dem Prinzipalfaserbündel. Sie werden oft auch als lokale Eichpotentiale gegeben oder als kovariante Ableitung auf dem Raum $\mathscr{F}$ der Felder. Der Raum $\mathscr{A}$ aller Eichpotentiale auf dem Prinzipalfaserbündel ist ein affiner Raum mit Modellen in dem Vektorraum der Basisformen $\mathscr{A}^1_b(P,\mathfrak{g}) \cong \mathscr{A}^1(M,\mathfrak{Ab}P)$, den man auch als den Vektorraum der $\mathfrak{Ab}P$-wertigen 1-Formen $\mathscr{A}^1(M,\mathfrak{Ab}P)$ verstehen kann. An wesentlichen abgeleiteten Größen kommen noch die Eichfelder oder Feldstärke-Tensoren als die Krümmungen der Zusammenhänge vor.

Die kinematischen Variablen der Eichtheorie sind also die Paare (ω,ψ) von Eichpotentialen $\omega \in \mathscr{A}$ und Teilchenfelder $\psi \in \mathscr{F}$, oder besser die Eichäquivalenzklassen von solchen Paaren bezüglich der Wirkung der Eichgruppe $\mathscr{G} \cong \Gamma(M,AdP)$, die als Abbildung $\mathscr{A} \times \mathscr{F} \times \mathscr{G} \longrightarrow \mathscr{A} \times \mathscr{F}$ von der Form $(\omega,\psi,\tau) \longmapsto (\tau^*\omega,\tau^*\psi)$ ist.

Je nach der speziellen Situation werden noch weitere geometrische Strukturen benötigt wie zum Beispiel Metriken auf M oder E_ρ , Bilinearformen auf der Lie-Algebra g von G oder weitere Prinzipalfaserbündel, die, wie z. B. die Spinbündel, in enger Beziehung zu dem Ausgangsbündel (P, M, G, π) stehen.

Soweit die Kinematik einer eichinvarianten Feldtheorie. Eine für viele Zwecke sinnvolle Dynamik läßt sich wie in der Klassischen Mechanik aus geeigneten Variationsprinzipien gewinnen, wie wir in Kürze darlegen werden. Aber vorher noch einmal das Beispiel der Elektrodynamik als eine U(1)-Eichtheorie, bei der wir die Dynamik bereits kennen.

(6.1) Beispiel. Die lokalen Eichpotentiale auf dem trivialen Prinzipalfaserbündel $P = M \times U(1)$ über M haben nach 5.12 die Form $A = ie A_\nu dq^\nu$ mit Funktionen $A_\nu \in \mathcal{E}(M)$. Die Feldstärke (oder Krümmung) ist in dieser Situation die auch aus IV.1 wohlbekannte 2-Form $F = dA = ie\frac{1}{2}(\partial_\mu A_\nu - \partial_\nu A_\mu)dq^\mu \wedge dq^\nu$. Sie erfüllt natürlich $dF = 0$, wie man sofort aus $d \circ d = 0$ folgern kann. Dies ist die Bianchi-Identität. Mit Blick auf die Dynamik (vgl. IV.1) bedeutet $dF = 0$ einen Teil der Maxwell-Gleichungen. Die vollen Maxwell-Gleichungen $dF = 0$ und $\delta F = j$ lassen sich aus einem Variationsprinzip herleiten (vgl. IV.3), in dem die Eichinvarianz und die Poincaré-Invarianz bereits "eingebaut" sind (vgl. 1.1 und IV.3.10.1°). Die entsprechende eichinvariante Lagrangedichte ist

$$\mathcal{L} = \mathcal{L}(A, \partial_\mu A) := -\tfrac{1}{4} F_{\mu\nu} F^{\mu\nu} - 4\pi j^\nu A_\nu ,$$

wie wir in IV.3.1 und in V.1.1 gesehen haben. Ohne große Veränderungen läßt sich dieser Ansatz von U(1) auf eine Matrixgruppe G verallgemeinern, wenn deren Lie-Algebra g eine invariante, nichtausgeartete symmetrische Bilinearform hat. Das soll als nächstes behandelt werden:

(6.2) Reine Yang-Mills-Theorie. Zur Beschreibung der Dynamik von Eichtheorien beschränken wir uns erst einmal auf den Fall, in dem nur die Eichfelder $\omega \in \mathcal{A}$ auftreten, also auf die sogenannte *reine Yang-Mills-Theorie.*

Es wird dazu ein Prinzipalfaserbündel (P, M, G, π) zugrundegelegt. Als weitere Struktur wird eine (semi-Riemannsche) Metrik g auf M , eine Volumenform λ auf M und eine invariante, nichtausgeartete symmetrische Bilinearform β auf der Lie-Algebra g der Strukturgruppe G benötigt. (Zur Existenz von β vergleiche L.10.)

Wir behandeln zunächst den Fall eines trivialen Bündels $P = M \times G$ mit $\pi = pr_1$. Über den Standardschnitt $\sigma : M \longrightarrow P$, $a \longmapsto (a,1)$, wird jede Zusammenhangsform $\omega \in \mathcal{A}$ zu einem lokalen Eichpotential $A := \sigma^* \omega \in \mathcal{A}^1(M, g)$ zurückgeholt und die Krümmung $\Omega = D\omega$ wird zur lokalen Feldstärke $F = \sigma^* \Omega \in \mathcal{A}^2(M, g)$. Die geometrischen Vorgaben g und β legen auf den g-wertigen k-Formen eine symmetrische Bilinearform $(\, , \,) : \mathcal{A}^k(M, g) \times \mathcal{A}^k(M, g) \longrightarrow \mathcal{E}(M)$ fest: Für $\varphi, \psi \in \mathcal{A}^k(M, g)$ ist

$$(\varphi, \psi) := \frac{1}{k!} \beta(\varphi_{\mu_1 \mu_2 \cdots \mu_k}, \psi^{\mu_1 \mu_2 \cdots \mu_k}),$$

wenn φ in lokalen Koordinaten als $\frac{1}{k!}\varphi_{\mu_1\mu_2\,..}\,dq^{\mu_1}\wedge dq^{\mu_2}\wedge\ ...\ \wedge dq^{\mu_k}$ gegeben ist und $\varphi^{\mu_1\mu_2\,..}$ wie üblich mit Hilfe von g als $\varphi^{\mu_1\mu_2\,..\mu_k} := g^{\mu_1\nu_1}g^{\mu_1\nu_2}..\,g^{\mu_k\nu_k}\varphi_{\nu_1\nu_2\,..\,\nu_k}$ definiert ist. Aufgrund des Transformationsverhaltens von φ,ψ und g bei Kartenwechseln (vgl. M.16) ist (φ,ψ) unabhängig von der jeweiligen Karte und daher wohldefiniert. Für eine Eichtransformation $h \in \mathscr{E}(M,G)$ (die einer anderen Trivialisierung von P entspricht) gilt $(h\varphi h^{-1},h\psi h^{-1}) = (\varphi,\psi)$, weil β invariant ist (also für $X,Y \in \mathfrak{g}$ und $h \in G$ stets $\beta(X,Y) = \beta(hXh^{-1},hYh^{-1})$ erfüllt ist). In diesem Sinne ist $(\ ,\ )$ eichinvariant. Für $F \in \mathscr{A}^2(M,\mathfrak{g})$ ist insbesondere $\|F\|^2 := (F,F) = \beta(F_{\mu\nu},F^{\mu\nu})$. Für die Krümmung Ω des Zusammenhangs $\omega \in \mathscr{A}$ ist $\|\Omega\|^2 := \|F\|^2$ und diese Definition ist unabhängig von der Wahl des Schnittes σ , also der speziellen Wahl der lokalen Feldstärke, weil $(\ ,\ )$ eichinvariant ist. Dieser Ausdruck ist im wesentlichen die *Yang-Mills-Lagrangedichte* $\mathscr{L}_{YM} : \mathscr{A} \longrightarrow \mathscr{E}(M)$,

$$\mathscr{L}_{YM}(\omega) := c\,\|\Omega\|^2 \quad \text{für } \omega \in \mathscr{A}, \text{ wobei } \Omega = D\omega,$$

mit einer geeigneten Konstanten $c \in \mathbb{R}\setminus\{0\}$. Diese Konstante wird zum Beispiel so gewählt, daß $\mathscr{L}_{YM}$ ein gewünschtes Vorzeichen erhält. Für die Bewegungsgleichungen hat die Wahl von c aber keine Bedeutung.

Definition. Die *Bewegungen* des Systems sind die Zusammenhänge ω auf dem Prinzipalfaserbündel, welche *stationär* bezüglich des Wirkungsfunktionals

$$S_{YM}(\omega) := \int_M \mathscr{L}_{YM}(\omega)\lambda$$

sind. S_{YM} ist die *Yang-Mills-Wirkung*.

Hierbei muß man sich gegebenenfalls auf solche Zusammenhänge und Variationen beschränken, für die das Integral jeweils existiert. Oder man integriert nicht über ganz M , sondern stattdessen über genügend viele kompakte Teilmengen $K \subset M$.

Es ist klar, daß auch das Wirkungsfunktional S_{YM} eichinvariant ist. Die Eichgruppe $\mathscr{G}$ führt daher Bewegungen in Bewegungen über. Als den Raum der Bewegungen faßt man daher auch die Menge der stationären Punkte von S_{YM} modulo der Gruppe der Eichtransformationen auf. Dieser Raum entspricht dem Bahnenraum der Klassischen Mechanik.

Wie lauten nun die zugehörigen Bewegungsgleichungen? Ein Zusammenhang $\omega \in \mathscr{A}$ ist stationär bezüglich der Yang-Mills-Wirkung, wenn

$$\frac{d}{d\varepsilon}S_{YM}(\omega(\varepsilon))\Big|_{\varepsilon=0} = 0$$

gilt für alle zulässigen Kurven $\omega(\varepsilon)$ in $\mathscr{A}$ mit $\omega(0) = \omega$. Da $\mathscr{A}$ ein affiner Raum ist — mit dem Raum $\mathscr{A}^1(M,\mathfrak{g})$ der $\mathfrak{g}$-wertigen 1-Formen als Vektorraum der Translationen (vgl. 5.20 und 5.26 im Fall eines nichttrivialen Prinzipalfaserbündels) — genügt es sich auf Kurven der Form $\omega(\varepsilon) = \omega + \varepsilon B$ mit $B \in \mathscr{A}^1(M,\mathfrak{g})$ zu beschränken. Für die jeweiligen lokalen Feldstärken F und $F(\varepsilon)$ zu ω und $\omega(\varepsilon)$ gilt

$$F(\varepsilon) = F + \varepsilon DB + \tfrac{1}{2}\varepsilon^2[B,B],$$

wenn hier D die kovariante Ableitung zu ω bezeichnet. Das kann man zum Beispiel aus $F = dA + \frac{1}{2}[A,A]$ (vgl. 5.31) ablesen:

$$F(\varepsilon) = d(A + \varepsilon B) + \tfrac{1}{2}[A + \varepsilon B, A + \varepsilon B]$$
$$= dA + \tfrac{1}{2}[A,A] + \varepsilon(dB + \tfrac{1}{2}[A,B] + \tfrac{1}{2}[B,A]) + \tfrac{1}{2}\varepsilon^2[B,B]$$
$$= F + \varepsilon(dB + [A,B]) + \tfrac{1}{2}\varepsilon^2[B,B]$$
$$= F + \varepsilon\,DB + \tfrac{1}{2}\varepsilon^2[B,B].$$

Dabei wurde $[A,B] = [B,A]$ und $DB = dB + [A,B]$ (vgl. 5.35) verwendet. Für die Yang-Mills-Dichte hat man deshalb $\mathscr{L}_{YM}(\omega + \varepsilon B) = c\big(\|F\|^2 + 2\varepsilon\,(F,DB) + \varepsilon^2(F,[B,B])$ + weitere Terme, die in ε mindestens quadratisch sind$\big)$. Die Bewegungen sind daher genau die $\omega \in \mathscr{A}$ mit

$$\int_M (F,DB)\lambda = 0$$

für alle $B \in \mathscr{A}^1(M,g)$, für die dieses Integral existiert. Wir benötigen den zu D formal adjungierten Operator $D^* : \mathscr{A}^2(M,g) \longrightarrow \mathscr{A}^1(M,g)$, der durch

$$\int_M (D^*F,B)\lambda = \int_M (F,DB)\lambda$$

für alle $F \in \mathscr{A}^2(M,g)$ und alle $B \in \mathscr{A}^1(M,g)$ definiert ist, um schließlich die Bewegungsgleichungen zur Yang-Mills-Dichte in der folgenden kompakten Form schreiben zu können:

(6.3) Yang-Mills-Gleichungen. Die Bewegungen der reinen Yang-Mills-Theorie sind die Lösungen der sogenannten *Yang-Mills-Gleichungen*

$$D^*F = 0.$$

D^* wird auch als *Kodifferentialoperator* bezeichnet und mit δ oder, um die Abhängigkeit von ω auszudrücken, mit δ^ω bezeichnet. Aus rein geometrischen Gründen gilt zudem noch die Bianchi-Identität $DF = 0$ (vgl. 5.30). Zusammen also

$$D^\omega\Omega = 0 \quad\text{und}\quad \delta^\omega\Omega = 0.$$

Die Analogie zu den homogenen Maxwellgleichungen ist evident. Allerdings sind die Yang-Mills-Gleichungen im nichtabelschen Fall in der Regel nichtlinear, wie wir auch an speziellen Beispielen sehen werden.

(6.4) Beispiel. SU(N)-Eichfeldtheorie. Auf der Lie-Algebra g zu SU(N) gibt es eine natürliche Bilinearform β, nämlich die Spurabbildung (tr = Spur):

$$\beta(X,Y) := -\tfrac{1}{2}\,\mathrm{tr}(X \circ Y)$$

für $X, Y \in g$. β ist symmetrisch, nichtausgeartet und invariant (vgl. Anhang L.10). Zur Beschreibung der Yang-Mills-Gleichungen nehmen wir noch an, daß die n-dimensionale Mannigfaltigkeit M orientiert ist und λ die zur Metrik gehörige Volumenform ist (das heißt für jede positive Orthonormalbasis $(e_1, e_2, \dots, e_n)$ von T_aM, $a \in M$, gilt $\lambda(e_1, e_2, \dots, e_n) = 1$). Als spezielle Beispiele können der $\mathbb{R}^4$ mit der üblichen euklidischen Metrik oder der Minkowski-Metrik und der zugehörigen üblichen Integration dienen. In dieser Situation läßt sich für k-Formen φ, ψ die Bilinearform (φ,ψ) auch mit

Hilfe des Hodge-Operators $* : \mathscr{A}^k(M,g) \longrightarrow \mathscr{A}^{n-k}(M,g)$ beschreiben (vgl. G.16):

$$(\varphi,\psi)\lambda = -\tfrac{1}{2}\,\mathrm{tr}(\varphi \wedge *\psi).$$

Daraus ergibt sich mittels partieller Integration, daß $D^* = *D*$ oder $D^* = -*D*$ (je nach Signatur von g und Dimension n) gilt. In jedem Falle sind die Yang-Mills-Gleichungen äquivalent zu

$$D(*F) = 0.$$

Im Falle $M = \mathbb{R}^4$ mit euklidischer Metrik oder mit der Minkowski-Metrik errechnet sich daraus in lokalen Koordinaten das System

$$D_\mu F^{\mu\nu} = 0$$

von Gleichungen, also (vgl. 5.36)

$$\partial_\mu F^{\mu\nu} + [A_\mu, F^{\mu\nu}] = 0$$

als vergleichsweise explizite Form der Yang-Mills-Gleichungen.

(6.5) Harmonische Formen. Ein Zusammenhang ω definiert (in der Situation von 6.4) den zugehörigen *Laplace-Operator* $\Delta^\omega := \delta^\omega D^\omega + D^\omega \delta^\omega$ auf den g-wertigen k-Formen auf M , und eine k-Form ψ heißt *harmonisch*, wenn sie $\Delta^\omega\psi = 0$ erfüllt. Die Lösungen der Yang-Mills-Gleichungen erfüllen $D^\omega F = 0$ und $\delta^\omega F = 0$. Daher lassen sich diese Lösungen auch als diejenigen Eichpotentiale beschreiben, die eine harmonische Krümmung haben, und die reine Yang-Mills-Theorie kann aus dieser Sicht als eine nichtabelsche Verallgemeinerung der üblichen Hodge-Theorie (vgl. [WAR]) auf Riemannschen Mannigfaltigkeiten angesehen werden.

(6.6) Nichttriviale Prinzipalfaserbündel. Im Falle eines nichttrivialen Prinzipalfaserbündels läßt sich die reine Yang-Mills-Theorie entsprechend formulieren. Statt der g-wertigen Formen auf M , muß man aber jetzt die Basisformen auf P oder besser die Formen mit Werten im adjungierten Vektorbündel $\mathfrak{Ab}P$ mit typischer Faser g zur Grundlage der Untersuchungen machen. Mit denselben Vorgaben einer Metrik g auf M , einer nichtausgearteten, invarianten, symmetrischen Bilinearform β auf g (wie die Killingform bei den halbeinfachen Lie-Algebren, vgl. Anhang L.10.6°) und einer Volumenform λ auf M erhält man zunächst eine eichinvariante Bilinearform (,) auf den Formen $\mathscr{A}^k(M,\mathfrak{Ab}P)$ wie in 6.2. Für lokale Schnitte $\sigma : U \longrightarrow P$ des Bündels kann daher als ein erster Ansatz auf der Suche nach einer Yang-Mills-Dichte zu $\omega \in \mathscr{A}$ mit Krümmung $\Omega = D\omega$ die Größe $\|\Omega\|^2\big|_U := \|\sigma^*\Omega\|^2 = (\sigma^*\Omega, \sigma^*\Omega)$ dienen. Wegen 5.32 und der Eichinvarianz von (,) ist diese Größe unabhängig von dem Schnitt σ und definiert daher eine globale *Yang-Mills-Dichte* $\mathscr{L}_{YM}(\omega) := c\|\Omega\|^2$ mit der zugehörigen Yang-Mills-Wirkung

$$S_{YM}(\omega) = \int_M \mathscr{L}_{YM}(\omega)\lambda\,.$$

Die Bewegungen, also die stationären ω, sind wie vorher die Lösungen der Yang-Mills-Gleichungen

$$D^*F = 0,$$

wobei D^* der zu D formal adjungierte Operator ist. Falls λ wieder (wie in 6.4) eine metrische Volumenform zur Metrik g ist, so kann D^* mit Hilfe des Hodge-Operators durch $*D*$ ausgedrückt werden, so daß sich die Yang-Mills-Gleichungen in der Form

$$D*F = 0$$

schreiben lassen. Daneben haben wir außerdem noch die geometrisch bedingte Bianchi-Identität

$$DF = 0.$$

(6.7) Instantonen. Instantonen sind spezielle Lösungen der reinen Yang-Mills-Theorie im Falle einer 4-dimensionalen orientierten Raumzeit M. In diesem Falle liefert der Hodge-Operator $*$ auf $\mathbb{F}$-wertigen 2-Formen eine Bijektion

$$* : \mathscr{A}^2(M,\mathbb{F}) \longrightarrow \mathscr{A}^2(M,\mathbb{F}).$$

Ein Zusammenhang eines Prinzipalfaserbündels P über M mit Strukturgruppe G und zugehöriger Lie-Algebra $\mathfrak{g}$ heißt *selbstdual* (bzw. *antiselbstdual*), wenn für die Krümmung $F \in \mathscr{A}^2(M,\mathfrak{g})$ die Identität $*F = F$ (bzw. $*F = -F$) gilt. Ein solcher selbstdualer oder antiselbstdualer Zusammenhang ist stets auch Lösung der Yang-Mills-Gleichungen (wenn die Wirkung endlich ist): Denn nach der Bianchi-Identität ist $DF = 0$, also auch $D*F = 0$. Eine spezieller selbstdualer Zusammenhang für den euklidischen $\mathbb{R}^4 = M$ mit der üblichen Orientierung läßt sich im Falle der Gruppe $SU(2)$ (und Prinzipalfaserbündel $M \times SU(2)$) folgendermaßen angeben: Die Punkte von $\mathbb{R}^4$ können als Quaternionen geschrieben werden, und die Lie-Algebra $\mathfrak{su}(2)$ ist in dieser Situation als die Menge der rein imaginären Quaternionen aufzufassen. Ein spezielles Beispiel ist durch die Formel

$$A(q) = \tfrac{1}{2}(1 + |q|^2)^{-1}(q\,d\overline{q} - dq\,\overline{q})$$

gegeben. Diese definiert eine 1-Form $A \in \mathscr{A}^1(M,\mathfrak{su}(2))$, also ein lokales Eichpotential, und damit ein Zusammenhang auf dem trivialen Prinzipalfaserbündel $M \times SU(2)$. (Dabei ist "$\overline{}$" die Konjugation der Quaternionen und $q\,d\overline{q}$ steht für das Produkt zweier Quaternionen.) Für die Krümmung errechnet sich

$$F = (1 + |q|^2)^{-2}(dq \wedge d\overline{q}),$$

und diese 2-Form ist selbstdual. Außerdem garantiert der Term $(1 + |q|^2)^{-2}$, daß die Wirkung endlich ist. Also ist damit eine Lösung der Yang-Mills-Gleichungen gefunden.

Im übrigen hat A eine differenzierbare Fortsetzung $\tilde{A}$ nach S^4, der Ein-Punkt-Kompaktifizierung von $\mathbb{R}^4$. Allerdings ist $\tilde{A}$ nicht mehr ein Zusammenhang auf dem trivialen Prinzipalfaserbündel über S^4, sondern auf einem geeigneten nichttrivialen Prinzipalfaserbündel über S^4, wie zum Beispiel in [AT1] gezeigt wird. Auf diese Weise treten nichttriviale Prinzipalfaserbündel auch bei der Untersuchung von ursprünglich trivialen Prinzipalfaserbündeln auf. Unter einem *Instanton* versteht man nun eine anti-selbstduale oder selbstduale Lösung der Yang-Mills-Gleichungen, die eine Fortsetzung auf ein SU(2)-Bündel über S^4 hat. Solche Instantonen werden eingeteilt nach dem topologischen Typ des zugehörigen Bündels. Die Prinzipalfaserbündel über S^4 mit der Strukturgruppe SU(2) können mit der sogenannten Chern-Zahl $k \in \mathbb{Z}$ klassifiziert werden (vgl. [WAW, S. 273]). Dieses k ist im physikalischen Sprachgebrauch die *Instantonenladung*. Die Gesamtheit aller Instantonen zu vorgegebener Instantonenladung läßt sich als eine Lösungsmannigfaltigkeit der Dimension $8k-3$ beschreiben. Das ist in [AT1] gründlich ausgeführt worden (siehe auch [NAS] oder [WAW]). Im übrigen werden durch die Instantonen nicht alle Lösungen der Yang-Mills-Gleichungen (im Falle dim M $= 4$ und $G = SU(2)$) beschrieben, wie kürzlich von Sibner und Uhlenbeck gezeigt wurde.

Obwohl für viele Eichtheorien die entsprechenden Prinzipalfaserbündel als trivial angenommen werden können, gibt es einige wichtige physikalische Situationen, in denen die auftretenden Prinzipalfaserbündel nichttrivial sind. Das gilt zum Beispiel für den Aharonov-Bohm-Effekt, der allerdings erst in der Quantentheorie seine Bedeutung erhält (vgl. z.B. [WOO] oder [NAK]) und für Berrys Phase. Im Rahmen der klassischen Eichtheorien ist die einfachste Situation, in der ein nichttriviales Prinzipalfaserbündel unvermeidlich erscheint, die Theorie des magnetischen Monopols nach Dirac.

(6.8) U(1)-Monopol. Das elektromagnetische Feld F zu einem magnetischen Monopol ist ein zeitunabhängiges Feld, welches als 2-Form $F \in \mathscr{A}^2(M)$ auf dem Raum $M := \mathbb{R}^3 \setminus \{0\}$ gegeben ist. Der *magnetische Fluß* durch eine Fläche $\Sigma \subset M$ wird durch das Integral

$$\Phi(\Sigma) := \int_\Sigma F$$

definiert, und der magnetische Fluß durch die 2-Sphäre S^2 ist die *magnetische Ladung* c des Monopols: $c := \Phi(S^2)$. Im übrigen ist der Wert des magnetischen Flusses unabhängig von der speziellen Wahl der Fläche $\Sigma = S^2$, das heißt es gilt für alle kompakten, orientierten (und zusammenhängenden) Flächen $\Sigma \subset M$, welche 0 im Inneren enthalten (welche sich also in M nicht stetig zu einem Punkt zusammenziehen lassen): $c = \Phi(\Sigma)$. Die Nichttrivialität des entsprechenden Prinzipalfaserbündels bei einer bündeltheoretischen Beschreibung des magnetischen Monopols liegt an dem folgenden einfachen Resultat:

Satz. Wenn die magnetische Ladung c von Null verschieden ist, so gibt es kein globales Potential $A \in \mathscr{A}^1(M)$ mit $dA = F$.

Denn nach dem Integralsatz von Gauß ist $g = \int_{S^2} dA = \int_{\partial S^2} A = 0$ für jede 1-Form $A \in \mathscr{A}^1(M)$ wegen $\partial S^2 = \emptyset$.

Aber es gibt für die Bereiche $M_+ := \{(x,y,z) \in M : z > 0 \text{ falls } x = y = 0\}$ und $M_- := \{(x,y,z) \in M : z < 0 \text{ falls } x = y = 0\}$ stets 1-Formen $A_+ \in \mathscr{A}^1(M_+)$ und $A_- \in \mathscr{A}^1(M_-)$ mit $dA_+ = F|_{M_+}$ und $dA_- = F|_{M_-}$, denn M_+ und M_- sind sternförmige Gebiete (vgl. M.17). Diese Beobachtung führte Dirac dazu, längs des "Strings"

$M \setminus (M_+ \cap M_-) = \{(0,0,z) : z \in \mathbb{R}, z \neq 0\}$ eine Singularität der Potentiale zuzulassen. Die Lage eines solchen Strings ist aber willkürlich, und sie hat keine physikalische Bedeutung.

In einer uns geläufigen U(1)-Theorie mit dem trivialen Prinzipalfaserbündel $M \times U(1)$ kann die 2-Form F aufgrund des Satzes nicht als Krümmung eines Zusammenhangs auf $M \times U(1)$ vorkommen. Aber die Potentiale A_+ und A_- weisen bereits den Ausweg aus diesem Dilemma: Sie lassen sich auffassen als die lokalen Eichpotentiale eines geeigneten Zusammenhangs auf einem nichttrivialen Prinzipalfaserbündel (P, M, G, π) mit der Strukturgruppe U(1). Dazu muß (bei der üblichen Identifizierung der Lie-Algebra $\mathfrak{u}(1)$ mit $i\mathbb{R}$) nur $iA_+ = iA_- + dg\,g^{-1}$ mit einer differenzierbaren Abbildung $g : M_+ \cap M_- \longrightarrow U(1)$ gelten, denn dann definiert die Verklebungsfunktion g ein U(1)-Bündel bezüglich der Überdeckung $\{M_+, M_-\}$ von M. Schreibt man schließlich $g = \exp(i\varphi)$, so muß also nur $A_+ = A_- + d\varphi$ gefunden werden.

Dazu ein explizites Beispiel: Die Feldstärke sei

$$F = c(4\pi r^3)^{-1}(xdy \wedge dz + ydz \wedge dx + zdx \wedge dy), \quad r := \sqrt{x^2 + y^2 + z^2} \neq 0.$$

F ist wohldefiniert als 2-Form auf M und hat in 0 eine Singularität. F erfüllt die Bianchi-Identität $dF = 0$ und die Yang-Mills-Gleichung $d(*F) = 0$. Für die zweite Bedingung rechnet man zunächst $*F = c(4\pi r^3)^{-1}(xdx + ydy + zdz)$ nach, um daraus $d(*F) = 0$ direkt abzulesen. Ein Potential auf M_+ ist

$$A_+ := c(4\pi r(r+z))^{-1}(xdy - ydx),$$

wie man mit einiger Rechnerei nachprüft: $dA_+ = F$. A_+ ist auf dem "Dirac-String" $\{(0,0,z) : z < 0\}$ singulär. Entsprechendes gilt auf dem Bereich M_- für das Potential

$$A_- := c(4\pi r(r-z))^{-1}(-xdy + ydx).$$

Auf dem Durchschnitt $M_+ \cap M_-$ gilt $A_+ - A_- = c(2\pi(x^2 + y^2))^{-1}(xdy - ydx)$ wegen $(r(r+z))^{-1} + (r(r-z))^{-1} = (r(r^2 - z^2))^{-1}(r - z + r + z) = 2(r^2 - z^2)^{-1} = 2(x^2 + y^2)^{-1}$. Daher hat man mit $\varphi(x,y,z) := \frac{c}{2\pi} \arctan\frac{y}{x}$ eine Funktion gefunden, welche das gesuchte Prinzipalfaserbündel durch die Verklebungsfunktion $g := \exp(i\varphi) : M_+ \cap M_- \longrightarrow U(1)$ definiert. Die Einfachheit dieser Verklebungsfunktion erkennt man am besten, wenn man Polarkoordinaten (r, θ) für (x,y) benutzt (von z und r hängt g nicht ab): Dann ist $g(r, \theta, z) = \exp(i\frac{c}{2\pi}\theta)$. Damit dadurch wirklich eine eindeutige Funktion festgelegt ist, muß c eine ganze Zahl sein. (c ist die Chern-Zahl des Bündels, als Integral der ersten Chern-Form des Bündels (vgl. z.B. [WAW]) über der Sphäre.) Für den in unserer Diskussion uninteressanten Fall $c = 0$ ist auf diese Weise das triviale Prinzipalfaserbündel gegeben. Für $c \in \mathbb{Z} \setminus \{0\}$ wird ein nichttriviales Prinzipalfaserbündel definiert, und zwar für verschiedene c auch nichtisomorphe Prinzipalfaserbündel (siehe oben). Im Falle $c = 1$ sind wir wieder einmal bei der Hopf-Faserung $\psi : \mathbb{S}^3 \longrightarrow \mathbb{S}^2$ (vgl. II.6): Eine vollständige Beschreibung des Prinzipalfaserbündels für $c = 1$ wird nämlich unter Beachtung von $M \cong \mathbb{S}^2 \times \mathbb{R}_+$ folgendermaßen gegeben: $P := \mathbb{S}^3 \times \mathbb{R}_+$ mit Projektion $\pi : P \longrightarrow M, (p,r) \longmapsto (\psi(p), r)$.

Die Ganzheitsbedingung $c \in \mathbb{Z}$ kann als eine Quantisierungsbedingung aufgefaßt werden. Aus der entsprechenden Quantisierung der Theorie zusammen mit der Quantisierung der elektrodynamischen Felder bedeutet diese Ganzheitsbedingung, daß im Falle der Existenz auch nur eines Monopols, die elektrische Ladung wie auch die Monopolladung nur gequantelt auftreten können.

Im übrigen sind die Konstanten so gewählt, daß tatsächlich $\Phi(\mathbb{S}^2) = c$ gilt: Denn das Integral von F über $\mathbb{S}^2$ ist gleich der Summe der beiden Integrale über die Halbsphären, die sich in $z = 0$ berühren. Nach dem Integralsatz von Gauß ist das Integral über die obere Halbsphäre H_+ gleich dem Integral $\int_{H_+} F = \int_{\partial H_+} A_+$, und daher $\int_{H_+} F = \int_0^{2\pi} c(4\pi)^{-1} dt = \tfrac{1}{2} c$, und das gilt analog auch für die untere Halbsphäre.

Monopole werden in Analogie zu 6.7 auch für SU(2) und für weitere interne Symmetriegruppen studiert, vgl. z.B. [ATH], [GÖS], [NAS] und [WAW, 8.4].

(6.9) Lagrangeformalismus im Rahmen der Eichtheorie. Mit der Untersuchung von reinen Yang–Mills–Theorien ist nur ein erster Schritt auf dem Wege zu einer eichtheoretischen Feldtheorie getan. Im folgenden werden Materiefelder mit in die Betrachtung einbezogen, und es wird auf die Herleitung von Bewegungsgleichungen für Materiefelder und Eichfelder eingegangen. Dabei wird ein allgemeines Verfahren zur Gewinnung von geeigneten Lagrangedichten erläutert, das wir hier das Prinzip der Eichinvarianz nennen wollen.

Neben dem Prinzipalfaserbündel (P, M, G, π) ist also noch eine Darstellung $\rho : G \longrightarrow GL(\mathbb{F})$ der internen Symmetriegruppe G gegeben und damit insbesondere das assoziierte Vektorbündel E_ρ mit der Faser $\mathbb{F}$. Sei wie zuvor $\mathcal{A}$ der Raum der Zusammenhänge auf dem Prinzipalfaserbündel bzw. der assoziierten Zusammenhänge auf dem Vektorbündel E_ρ, und sei $\mathcal{F}$ der Raum $\Gamma(M, E_\rho)$ der Schnitte. Eine Lagrangedichte $\mathscr{L}$ ist zum Beispiel eine Abbildung $\mathscr{L} : \mathcal{A} \times \mathcal{F} \longrightarrow \mathcal{A}^n(M)$ (oder auch $\mathscr{L} : \mathcal{A} \times \mathcal{F} \longrightarrow \mathcal{E}(M)$, wenn außerdem noch eine feste Volumenform $\lambda \in \mathcal{A}^n(M)$ auf M vorgegeben ist). Je nach Situation ist $\mathscr{L}$ gelegentlich auch nur auf einer Teilmenge $\mathcal{V} \subset \mathcal{A} \times \mathcal{F}$ definiert, die sich etwa durch Randbedingungen oder Zwangsbedingungen ergibt. Allgemeinere Lagrangedichten beziehen auch die Metriken auf der Mannigfaltigkeit M ein: Es sei $\mathcal{M}$ der Raum der Metriken auf M (mit einer festen Signatur). Eine Lagrangedichte $\mathscr{L}$ ist dann auf einer Teilmenge $\mathcal{V}$ von $\mathcal{A} \times \mathcal{F} \times \mathcal{M}$ (oder von $\mathcal{A} \times \mathcal{F} \times \mathcal{M} \times \ldots$ unter Einbeziehung von weiteren kinematischen Variablen) definiert.

Eine Lagrangedichte $\mathscr{L}$ definiert das *Wirkungsfunktional*

$$S := \int_M \mathscr{L} \quad \text{oder} \quad S := \int_M \mathscr{L} \lambda$$

auf $\mathcal{V}$, und die Bewegungen des Systems sind die stationären Punkte des Funktionals S, das heißt diejenigen $\phi \in \mathcal{V}$, deren Variation nach einer geeigneten Menge $\mathcal{W}$ von Vergleichsvariablen verschwindet. Diese Bedingung wird häufig mit $\delta S = 0$ abgekürzt, und sie bedeutet im Falle von linearen oder affinen Räumen $\mathcal{W} \subset \mathcal{V} \subset \mathcal{A} \times \mathcal{F} \times \mathcal{M} \ldots$: $\phi \in \mathcal{V}$ ist genau dann stationär, also Bewegung, wenn

$$\frac{d}{d\varepsilon} S(\phi + \varepsilon\psi)\Big|_{\varepsilon=0} = 0$$

für alle $\psi \in \mathcal{W}$, wie wir das bereits an vielen Stellen gesehen haben (zuletzt in 6.2).

An die Lagrangedichte $\mathcal{L}$ einer klassischen Feldtheorie werden in der Regel im voraus einige Bedingungen, und zwar vor allem Symmetriebedingungen gestellt. Beispiele dazu:

1. Eichinvarianz: Im Falle $\mathcal{V} = \mathcal{A} \times \mathcal{F}$ heißt $\mathcal{L}$ *eichinvariant*, wenn

$$\mathcal{L}(\tau^*\omega, \tau^*s) = \mathcal{L}(\omega, s)$$

für alle $(\omega, s) \in \mathcal{A} \times \mathcal{F}$ und alle Eichtransformationen $\tau \in \mathcal{G}$ (vgl. Definition nach 5.19). Dabei ist für Schnitte $s \in \mathcal{F}$ der "zurückgezogene Schnitt" τ^*s folgendermaßen definiert: Bezüglich einer lokalen Trivialisierung des Prinzipalfaserbündels über einer offenen Menge $U \subset M$ habe τ die Form $\tau(a,h) = (a,g(a)h)$ und s die Darstellung $s(a) = (a,\psi(a))$ mit $g \in \mathcal{E}(U,G)$ und $\psi \in \mathcal{E}(U,\mathbb{F})$. Dann ist $\tau^*s(a)$ lokal durch die Formel $\tau^*s(a) := (a,\rho(g(a)^{-1})\psi(a))$ definiert, und diese Definition ist unabhängig von der lokalen Trivialisierung. Diese etwas komplizierte Definition wird verständlicher, wenn man berücksichtigt, daß jeder Schnitt durch eine eindeutig bestimmte invariante Funktion $\varphi \in \mathcal{E}_\rho(P,\mathbb{F})$ beschrieben werden kann (vgl. 5.21 und 5.23.2°), und die Eichtransformation τ auf diesen Funktionen in der üblichen Weise als $\tau^*\varphi = \varphi \circ \tau$ wirkt. Umgerechnet auf die Schnitte s als Abbildungen $s : M \longrightarrow E_\rho$ bedeutet das gerade die obige Definition für τ^*s .

2. Kovarianz: Im Falle $\mathcal{V} \subset \mathcal{A} \times \mathcal{F} \times \mathcal{M}$ heißt $\mathcal{L}$ *kovariant*, wenn für alle Paare (f, f_M) von Diffeomorphismen $f : P \longrightarrow P$ und zugehörigen Diffeomorphismen $f_M : M \longrightarrow M$ mit $\pi \circ f = f_M \circ \pi$

$$\mathcal{L}(f^*\omega, f^*s, f_M^*g) = \mathcal{L}(\omega, s, g)$$

für alle $(\omega, s, g) \in \mathcal{V}$ gilt.

3. Natürlichkeit: $\mathcal{L}$ ist *natürlich*, wenn $\mathcal{L}$ in lokalen Koordinaten durch gewisse universelle Polynome ausdrückbar ist (zum Beispiel höchstens quadratische Polynome).

4. Konforme Invarianz: Unter einer *konformen Invarianz* von $\mathcal{L}$ versteht man zum Beispiel

$$\mathcal{L}(\omega, s, e^\lambda g) = \mathcal{L}(\omega, s, g)$$

für alle $(\omega, s, g) \in \mathcal{A} \times \mathcal{F} \times \mathcal{G}$ und alle differenzierbare Funktionen $\lambda : M \longrightarrow \mathbb{R}_+$.

(6.10) Prinzip der Eichinvarianz. Im Rahmen diese Kapitels sind wir natürlich vor allem an der Eichinvarianz interessiert, die im folgenden genauer untersucht werden soll. Wie kommt man zu physikalisch sinnvollen und eichinvarianten Lagrangedichten? In vielen Fällen durch die Einführung einer zunächst nur G-invarianten Dichte, welche dann durch den Übergang von den üblichen Ableitungen zu den kovarianten Ableitungen und die Einfügung des "Selbstwechselwirkungsterms" $\mathscr{L}_{YM}$ aus der reinen Yang-Mills-Theorie zu einer eichinvarianten Lagrangedichte wird.

Diese Methode beschreiben wir erst einmal für den Fall einer offenen Menge $M \subset \mathbb{R}^n$ und eines trivialen Prinzipalfaserbündels $P = M \times G$. Eine differenzierbare Funktion $L : M \times \mathbb{C}^r \times \mathrm{Hom}(\mathbb{R}^n, \mathbb{C}^r) \longrightarrow \mathbb{R}$ definiert in natürlicher Weise ein Funktional $\mathscr{L}_0 : \mathscr{F} \longrightarrow \mathcal{E}(M)$ durch $\mathscr{L}_0(\psi)(a) := L(a, \psi(a), T\psi(a))$ für differenzierbare $\psi : M \longrightarrow \mathbb{C}^r \cong \mathbb{F}$, das heißt hier $\psi \in \mathscr{F}$. Dabei ist $T\psi(a)$ die Ableitung von ψ im Punkte a (Jacobi-Matrix), die wir hier nicht, wie üblich, mit $D\psi$ bezeichnen, um eine Verwechslung mit später auftretenden kovarianten Ableitungen D zu vermeiden. L heißt *Lagrangefunktion* und das durch L definierte Funktional $\mathscr{L}_0$ ist eine Lagrangedichte im Sinne der obigen Erläuterungen.

Definition. L (bzw. die induzierte Lagrangedichte $\mathscr{L}_0$) ist G-*invariant*, wenn
$$L(a, gv, gT) = L(a, v, T)$$
für alle $(a, v, T) \in M \times \mathbb{C}^r \times \mathrm{Hom}(\mathbb{R}^n, \mathbb{C}^n)$ und alle $g \in G$ gilt. Dabei sind gv und gT die folgenden Abkürzungen: $gv := \rho(g).v$ und $gT(x) := \rho(g).T(x)$, $x \in \mathbb{R}^n$.

Die oben angesprochene Prozedur führt zu der folgenden eichinvarianten Lagrangedichte auf $\mathscr{A} \times \mathscr{F}$: Zur Verdeutlichung der Abhängigkeiten bezeichnen wir die kovariante Ableitung eines Zusammenhangs ω als D^ω (anstelle von D) und entsprechend die Krümmung Ω^ω (anstelle von Ω). Sei jetzt $\mathscr{L}_0$ eine G-invariante Lagrangedichte, die durch L wie oben induziert sei. Dann liefert L die folgende eichinvariante Lagrangedichte $\mathscr{L}$ auf $\mathscr{A} \times \mathscr{F}$:

$$\mathscr{L}(\omega, \psi)(a) := L(a, \psi(a), D^\omega\psi(a)) + \mathscr{L}_{YM}(\omega)(a)$$

für $a \in M$ und $(\omega, \psi) \in \mathscr{A} \times \mathscr{F}$.

Beispiele dazu:

$1°$ Skalarfeld im Minkowski-Raum. $\mathscr{L}_0(\phi) := \partial^\mu \phi \overline{\partial_\mu \phi} - m^2 \phi \overline{\phi}$ für Skalarfelder $\phi : M \longrightarrow \mathbb{C}$ ist U(1)-invariant bezüglich der natürlichen Darstellung ρ von U(1), $\rho(\lambda).z = \lambda z$ für $z \in \mathbb{C}$ und $\lambda \in$ U(1). $\mathscr{L}(\omega, \phi) := D^\mu \phi \overline{D_\mu \phi} - m^2 \phi \overline{\phi} - \frac{1}{4} F_{\mu\nu} F^{\mu\nu}$ ist die zugehörige eichinvariante Lagrangedichte. Dabei steht D_μ für die kovariante Ableitung D^ω in Richtung ∂_μ und D^μ für $\eta^{\mu\nu} D_\nu$, sowie F für die lokale Feldstärke zur Krümmung Ω^ω. Die Bewegungsgleichungen stehen mit der Klein-Gordon-Gleichung in Beziehung (vgl. auch 2.7 ff.).

$2°$ Dirac-Feld im Minkowski-Raum. $\mathscr{L}_0(\psi) := \overline{\psi}(i\gamma^\mu \partial_\mu - m)\psi$ für Spinorfelder $\psi : M \longrightarrow \mathbb{C}^4$ ist U(1)-invariant bezüglich der Darstellung $\rho(\lambda).\psi := \lambda\psi$, wobei γ^μ geeignete Gamma-Matrizen sind (vgl. 2.8 ff insbesondere auch für die Bedeutung von $\overline{\psi}$). Die zugehörige Lagrangedichte ist $\mathscr{L}(\psi) = \overline{\psi}(i\gamma^\mu D_\mu - m)\psi - \frac{1}{4} F_{\mu\nu} F^{\mu\nu}$ $(= \mathscr{L}_{QED}$, vgl. 2.9).

$3°$ Materiefelder zur Isospingruppe. Die Dichte $\mathscr{L}_0(\psi) := \overline{\psi}(i\gamma^\mu \partial_\mu - m)\psi$ für ("Isospin-") Felder $\psi : M \longrightarrow (\mathbb{C}^4)^2$ ist SU(2)-invariant bezüglich der fundamentalen Matrix-Darstellung: $\rho(T).\psi := (T^j_k \psi_j)_{k=1,2}$, wobei $T^j_k \in \mathbb{C}$ und $\psi_j \in \mathbb{C}^4$. Die zugehörige Lagrangedichte ist dann wie in 3.5: $\mathscr{L}(\psi) = \overline{\psi}(i\gamma^\mu \partial_\mu - m)\psi - \frac{1}{2} \mathrm{tr}(F_{\mu\nu} F^{\mu\nu})$.

4° Allgemeiner sei $\rho : SU(N) \longrightarrow GL(\mathbb{C}^k)$ eine Darstellung, die das hermitesche Skalarprodukt von $\mathbb{C}^k$ erhält, und sei durch $\tilde{\rho}(T).\psi := (\rho(T)^i_j \psi_i)_{j=1,2,\dots k}$ für Spaltenvektoren $\psi = (\psi_i)_{i=1,2\dots k}$, $\psi_i \in \mathbb{C}^4$, die zugehörige Darstellung $\tilde{\rho}$ auf $(\mathbb{C}^4)^k$ gegeben. Dann sind unter anderem die Terme von der Form $\overline{\psi}(i\gamma^\mu \partial_\mu - m)\psi$ oder $\partial^\mu \psi \overline{\partial_\mu \psi}$ oder $\psi \overline{\psi}$ SU(N)-invariant. Sie lassen sich daher mit geeigneten Kopplungskonstanten zu einer SU(N)-invarianten Lagrangefunktion L aufaddieren mit zugehöriger eichinvarianter Lagrange-Dichte

$$\mathscr{L}(\omega,\psi)(a) = L(a,\psi(a),D^\omega \psi(a)) - \tfrac{1}{2} \operatorname{tr}(F_{\mu\nu}F^{\mu\nu}) .$$

Die Lagrangedichte zum Standardmodell besteht zu einem wesentlichen Teil aus Summanden von dieser Form (vgl. I.3).

5° Für allgemeine Matrixgruppen G sind bezüglich der adjungierten Darstellung $\mathfrak{Ab} : G \longrightarrow GL(\mathfrak{g})$ unter anderem die Terme der Form $\beta(\partial_\mu \varphi, \partial^\mu \varphi)$ und $\beta(\varphi,\varphi)$ invariant, wobei die Felder $\varphi : M \longrightarrow \mathfrak{g}$ ihre Werte in $\mathfrak{g}$ haben. Hier ist β wie in 6.2 die nicht ausgeartete, symmetrische $\mathfrak{Ab}$-invariante Bilinearform auf $\mathfrak{g}$. Auf diese Weise erhält man zum Beispiel die folgende eichinvariante Lagrangedichte:

$$\mathscr{L}(\omega,\varphi) = \beta(D_\mu \varphi, D^\mu \varphi) - m^2 \beta(\varphi,\varphi) + \mathscr{L}_{YM}(\omega).$$

Die Felder φ mit einer solchen Lagrangedichte (wo anstelle von $- m^2 \beta(\varphi,\varphi)$ auch allgemeinere Potentiale wie zum Beispiel $-\tfrac{1}{4}(\beta(\varphi,\varphi) - 1)^2$ von Bedeutung sind) werden gelegentlich *Yang-Mills-Higgs-Felder* genannt.

Wesentlich am Prinzip der Eichinvarianz ist der folgende Satz:

Satz. Sei L (bzw. $\mathscr{L}_0$) G-invariant. Dann ist die zugehörige Lagrangedichte $\mathscr{L} : \mathscr{A} \times \mathscr{F} \longrightarrow \mathscr{E}(M)$ eichinvariant.

Tatsächlich ist in der Summe $\mathscr{L}(\omega,\psi) = L(\psi,D^\omega \psi) + L_{YM}(\omega)$ jeder der beiden Summanden eichinvariant. Sei $\tau \in \mathscr{G}$ eine Eichtransformation. Dann gibt es eine differenzierbare Funktion $g : M \longrightarrow G$ mit $\tau(a,h) = (a,g(a)h)$ (das Prinzipalfaserbündel ist als trivial vorausgesetzt worden). Für $s \in \mathscr{F}$, also für $s(a) = (a,\psi(a))$, ist dann $\tau^* s(a) = (a,g^{-1}(a)\psi(a))$. Die Eichinvarianz des ersten Summanden bedeutet $L(a,\psi'(a),D'\psi'(a)) = L(a,\psi(a),D\psi(a))$ mit $\psi' := g^{-1}\psi$ und $D' := D^{\tau^* \omega}$. Diese Eichinvarianz folgt also unmittelbar aus $D'\psi' = g^{-1}(D\psi) = (D\psi)'$, weil ja L G-invariant ist. Diese Gleichung ist uns als Eichinvarianz der kovarianten Ableitung aus 5.19 bekannt, dort allerdings formuliert für die invarianten Abbildungen $\varphi : P \longrightarrow \mathbb{F}$, welche die Schnitte im Vektorbündel repräsentieren. Die Eichinvarianz des zweiten Terms folgt aus 5.32 wegen der Invarianz von β.

Bewegungsgleichungen. Die Bewegungsgleichungen zu der gerade beschriebenen Lagrangedichte $\mathscr{L}$ lassen sich mit Hilfe der Lagrangefunktion L ausdrücken.

Dazu sei $L = L(a, \psi_\alpha, T_{\mu,\alpha})$ die Lagrangefunktion. Die Bewegungsgleichungen bestehen aus den *Euler–Lagrange–Gleichungen*:

$$(\partial_\mu - A_\mu)\left(\frac{\partial L}{\partial T_{\mu,\alpha}}\right) - \frac{\partial L}{\partial \psi_\alpha} = 0 \quad \text{für} \quad \alpha = 1,2, \dots ,r\,;$$

und den *inhomogenen Feldgleichungen* zum *Strom* $J_\mu^\omega(\psi) := -\left(\frac{\partial L}{\partial T_{\mu,\alpha}}\right)\psi_\alpha$:

$$\delta^\omega F = J^\omega.$$

Diese Bewegungsgleichungen lassen sich wie in 6.2 herleiten. Das Beispiel 5° mit der Lagrangedichte $\mathscr{L}(\omega,\varphi) = \beta(D_\mu\varphi, D^\mu\varphi) - m^2\beta(\varphi,\varphi) + \mathscr{L}_{YM}(\omega)$ führt z. B. zu den Bewegungsgleichungen eines Yang–Mills–Higgs–Feldes:

$$D_\mu D^\mu \varphi + m^2\varphi = 0, \text{ sowie } D^\mu F_{\mu\nu} = [\varphi, D_\nu\varphi].$$

Im Falle eines nichttrivialen Prinzipalfaserbündels behalten die vorangehenden Überlegungen des Abschnitts 6.10 ihre Gültigkeit, wenn man alles entsprechend koordinatenunabhängig formuliert. Das beginnt damit, daß der Definitionsbereich $M \times \mathbb{C}^r \times \text{Hom}(\mathbb{R}^n, \mathbb{C}^r)$ der Lagrangefunktion L durch das zu $E = E_\rho$ gehörige *Jet-bündel* ersetzt wird: Es sei $\text{Hom}(TM,E) \cong T^*M \otimes E$ das Vektorbündel der $\mathbb{R}$-linearen Abbildungen von $T_a M$ nach E_a über M. Dann ist $J(E) := E \oplus \text{Hom}(TM,E)$ das koordinatenfreie Analogon von $M \times \mathbb{C}^r \times \text{Hom}(\mathbb{R}^n, \mathbb{C}^r)$ und heißt das *Jetbündel zu* E. Die G-Invarianz einer Funktion L auf dem Jetbündel definiert man wie oben jeweils lokal; oder global bezüglich von geeigneten Vektorbündelautomorphismen von E. Eine G–invariante Lagrangefunktion L definiert dann wie oben die Lagrangedichte

$$\mathscr{L}(\omega,s) := L(s, D^\omega s) + \mathscr{L}_{YM}(\omega), \quad (\omega,s) \in \mathscr{A} \times \mathscr{F},$$

die sich ebenfalls als eichinvariant erweist. Die Bewegungsgleichungen dazu haben lokal die gleiche Form wie im trivialen Fall, lassen aber auch eine koordinatenfreie Formulierung zu, bei der die relevanten Größen durch geeignete Differentialformen ausgedrückt werden (vgl. [BLE]). Um die oben angegebenen Beispiele übertragen zu können, muß im Falle des dort öfter auftretenden Dirac-Operators $i\gamma^\mu\partial_\mu$ die Existenz einer Spin-Struktur auf der Mannigfaltigkeit M verlangt werden, um den Dirac-Operator überhaupt definieren zu können (vgl. [BLE], [LAM] oder [BGV]). Für vierdimensionale nicht-kompakte Lorentzmannigfaltigkeiten M gilt nach einem Satz von Geroch: M hat genau dann eine Spin-Struktur, wenn M parallelisierbar ist (d.h. wenn das Tangentialbündel TM eine globale Trivialisierung hat).

(6.11) Chern–Simons–Theorie. Eine Eichtheorie, in der keine Metrik der Basis-mannigfaltigkeit verwendet wird (und die streng genommen nicht ganz eichinvariant ist, vgl. [NAS]), ist die Chern–Simons–Theorie auf dreidimensionalen Mannigfaltigkeiten M: Es sei $P = M \times SU(N)$ das triviale Prinzipalfaserbündel mit mit $SU(N)$ als Strukturgruppe. Die Lagrangedichte ist

$$\mathscr{L}_{CS}(\omega) \; := \; -\tfrac{1}{2}\,\mathrm{tr}(\omega\wedge d\omega + \tfrac{2}{3}\,\omega\wedge\omega\wedge\omega)\,.$$

Die Bewegungsgleichung der Chern-Simons-Theorie ist dann

$$D\omega \;=\; 0\,.$$

Beweis: Wie in 6.2 genügt es bei der Variation $\frac{d}{d\varepsilon}S_{CS}(\omega(\varepsilon))\big|_{\varepsilon=0} = 0$, sich auf Kurven der Form $\omega(\varepsilon) = \omega + \varepsilon B$ mit $B \in \mathscr{A}^1(M,\mathfrak{su}(N))$ (evtl. mit Randbedingungen) zu beschränken. Es gilt

$$\begin{aligned}
\mathscr{L}_{CS}(\omega + \varepsilon B) &= -\tfrac{1}{2}\,\mathrm{tr}((\omega + \varepsilon B)\wedge d(\omega +\varepsilon B) + \tfrac{2}{3}\,(\omega +\varepsilon B)\wedge(\omega +\varepsilon B)\wedge(\omega + \varepsilon B))\\
&= -\tfrac{1}{2}\,\mathrm{tr}(\omega\wedge d\omega + \tfrac{2}{3}\,\omega\wedge\omega\wedge\omega)\\
&\quad - \varepsilon\tfrac{1}{2}\,\mathrm{tr}(B\wedge d\omega + \omega\wedge dB + \tfrac{2}{3}\,(B\wedge\omega\wedge\omega + \omega\wedge B\wedge\omega + \omega\wedge\omega\wedge B))\\
&\quad - \varepsilon^2\tfrac{1}{2}\,\mathrm{tr}(B\wedge dB + \tfrac{2}{3}\,(B\wedge B\wedge\omega + \omega\wedge B\wedge B + B\wedge\omega\wedge B + \varepsilon\,B\wedge B\wedge B))\,.
\end{aligned}$$

Also
$$\begin{aligned}
\frac{d}{d\varepsilon}S_{CS}(\omega(\varepsilon))\big|_{\varepsilon=0} &= -\tfrac{1}{2}\int_M \mathrm{tr}(B\wedge d\omega + \omega\wedge dB + \tfrac{2}{3}\,(B\wedge\omega\wedge\omega + \omega\wedge B\wedge\omega + \omega\wedge\omega\wedge B))\\
&= -\tfrac{1}{2}\int_M \mathrm{tr}(2\,B\wedge d\omega + 2\,B\wedge\omega\wedge\omega) \;=\; -\int_M \mathrm{tr}(B\wedge D\omega)\,.
\end{aligned}$$

Dabei wird insbesondere $\mathrm{tr}(B\wedge\omega\wedge\omega + \omega\wedge B\wedge\omega + \omega\wedge\omega\wedge B) = 3\,\mathrm{tr}(B\wedge\omega\wedge\omega)$ verwendet. Das folgt aus $\mathrm{tr}(A_1\wedge A_2\wedge A_3) = \mathrm{tr}(A_{\sigma 1}\wedge A_{\sigma 2}\wedge A_{\sigma 3})$ für Permutationen $\sigma \in \mathfrak{S}_3$ und 1-Formen A_j, da allgemein $\mathrm{tr}(AB) = \mathrm{tr}(BA)$ für Matrizen $A,B \in \mathfrak{su}(N)$. (Man beachte, daß im allgemeinen nicht $\omega\wedge B = -B\wedge\omega$!). Außerdem wird $\int_M \mathrm{tr}(d(\omega\wedge B)) = 0$ benötigt: Diese Bedingung ist über den Satz von Stokes entweder eine Folge der Kompaktheit von M, oder muß andernfalls als eine Randbedingung an die Vergleichsformen B gefordert werden (indem man z.B. nur solche mit kompaktem Träger zuläßt). Dann hat man $0 = \int_M \mathrm{tr}(d\omega\wedge B - \omega\wedge dB)$ wegen $d(\omega\wedge B) = d\omega\wedge B - \omega\wedge dB$ (vgl. M.17.6°), und es folgt $\int_M \mathrm{tr}(\omega\wedge dB) = \int_M \mathrm{tr}(B\wedge d\omega)$ wegen $\mathrm{tr}(d\omega\wedge B) = \mathrm{tr}(B\wedge d\omega)$ (siehe oben). Aus $\int_M \mathrm{tr}(B\wedge D\omega) = 0$ für genügend viele Vergleichsformen ergibt sich $D\omega = 0$ als Bewegungsgleichung.

Die Bewegungen der Chern-Simons-Theorie sind daher gerade die flachen Zusammenhänge auf dem Prinzipalfaserbündel. Es ist klar, daß die Chern-Simons-Theorie in besonderer Weise die Topologie der Mannigfaltigkeit widerspiegelt, da sie ja unabhängig von jeglicher Metrik ist. Aus diesem Grunde wird die zugehörige quantisierte Theorie auch als eine topologische Quantenfeldtheorie bezeichnet. Die flachen Zusammenhänge stehen mit der Darstellungstheorie der Fundamentalgruppe $\pi_1(M)$ in enger Beziehung. Weiterhin besteht ein interessanter Zusammenhang zwischen der Ausgangsmannigfaltigkeit M und Flächen $\Sigma \subset M$, die M zerlegen. Eine schöne Anwendung der Chern-Simons-Theorie in der Knotentheorie ist unter Beachtung dieser Ergebnisse von E. Witten vorgeschlagen worden: Der Paralleltransport längs geschlossener Kurven in M (also auch längs eines Knotens in M) liefert über die Quantisierung der Chern-Simons-Theorie eine geometrische Interpretation der im Jahre 1984 entdeckten neuen Knoteninvarianten: Der Jones-Polynome. Aus physikalischer Sicht ist diese Interpretation befriedigend (vgl. z.B. [NAS], [AT2]), aus mathematischer Sicht bleibt jedoch einiges zu beweisen, denn die von Witten verwendete Quantisierung basiert auf einem mathematisch nicht wohldefinierten Pfadintegral.

(6.12) Geometrische Quantisierung. Wir nehmen das Thema "Geometrische Quantisierung" wieder auf, obwohl die Geometrische Quantisierung nicht zu den Eichtheorien gehört. Aber um die Geometrische Quantisierung allgemein auch für symplektische Mannigfaltigkeiten ohne ein symplektisches Potential durchführen zu können, werden komplexe Geradenbündel bzw. $U(1)$-Prinzipalfaserbündel und ihre Geometrie benötigt. Die Gemeinsamkeit mit den Eichtheorien ist daher, daß in beiden Fällen in der klassischen Ausgangssituation jeweils die Geometrie der Prinzipalfaserbündel die wesentliche Struktur ist.

Ausgangspunkt für die Geometrische Quantisierung ist eine symplektische Mannigfaltigkeit (M,ω) mit einer Hamiltonfunktion H auf M, wodurch das klassische System, das es zu quantisieren gilt, repräsentiert wird. Wir behandeln hier nur die *Präquantisierung* (vgl. III.2 im Anschluß an 2.10, für die weitergehende Theorie verweisen wir auf [WOO] und den Übersichtsartikel von Kirillov in [DYS IV]): Gesucht ist eine $\mathbb{C}$-lineare Abbildung ρ auf der (komplexen) Poisson-Algebra $\mathcal{E} := \mathcal{E}(M,\mathbb{C})$ mit Werten im Raum $\mathrm{Hom}_{\mathbb{C}}(W,W)$ der linearen Operatoren auf einem geeigneten Vektorraum W, mit den folgenden Eigenschaften: $\rho(f,g) = i\rho(\{f,g\})$ für alle $f, g \in \mathcal{E}$ und $\rho(1) = \mathrm{id}_W$ (vgl. III.2.1 und 2.2). Wenn es ein symplektisches Potential zu ω gibt, also eine 1-Form α auf M mit $d\alpha = \omega$, so ist mit $W := \mathcal{E}$ durch

$$\rho(f) := -iL_{X_f} + f + \alpha(X_f), \quad f \in \mathcal{E},$$

stets eine Präquantisierung gegeben, wie in III.2.8–10 gezeigt wurde. Anderenfalls läßt sich diese Konstruktion immerhin lokal durchführen, weil ω als geschlossene Form lokal exakt ist, also immer lokal ein Potential existiert. Es stellt sich heraus, daß diese lokalen Konstruktionen sich zu einer Präquantisierung zusammenfügen lassen, wenn $i\omega$ die Zusammenhangsform eines $U(1)$-Prinzipalfaserbündels über M ist, wie im folgenden dargelegt wird.

Dazu sei L ein komplexes Geradenbündel über M, also ein komplexes Vektorbündel vom Rang 1. L sei außerdem mit einer hermiteschen Metrik $\langle \, , \, \rangle$ versehen und mit einem Zusammenhang D, der die Metrik respektiert, das heißt für alle (differenzierbaren) Schnitte in L und alle Vektorfelder X auf M gilt

$$L_X\langle s,t \rangle = \langle D_X s,t \rangle + \langle s,D_X t \rangle.$$

Solche Metriken gibt es immer (zumindest, wenn M als parakompakt vorausgesetzt wird), und zu einer vorgegebenen Metrik findet man auch leicht einen Zusammenhang, der die Metrik respektiert. Es sei $\sigma : U \longrightarrow L$ ein Schnitt über einer offenen Menge $U \subset M$ mit $\sigma(q) \neq 0$ für alle $q \in U$. Es gilt für $g \in \mathcal{E}$ und Vektorfelder X:

$$D_X(g\sigma) = (L_X g)\sigma + gD_X\sigma = (L_X g + i\alpha(X)g)\sigma,$$

wobei $i\alpha = A$ das auf U durch σ definierte lokale Eichpotential zu D ist. (Vgl. 4.23.2° oder auch 4.4; man kann $i\alpha$ auch über das Reperbündel $R \longrightarrow M$ zu L verstehen als $i\alpha = \sigma^*\theta$, wobei θ die von D induzierte Zusammenhangsform auf R ist.

Im übrigen ist R ein U(1)-Prinzipalfaserbündel, und daher hat θ seine Werte in
Lie U(1) $=$ $\mathfrak{u}(1)$ $\cong$ i$\mathbb{R}$.) Die Krümmung F_D zu D läßt sich als ein 2-Form auf ganz
M definieren (wegen 4.27 und weil U(1) abelsch ist), und es gilt lokal $F_D = dA$
(beachte $F_D = dA + A \wedge A$ nach 4.24.3° und $A \wedge A = 0$ im eindimensionalen Fall). Es
folgt mit $W := \Gamma(M,L)$, dem Raum aller differenzierbaren Schnitte:

Satz. $\rho(f) := -iD_{X_f} + f : \Gamma(M,L) \longrightarrow \Gamma(M,L)$, $f \in \mathcal{E}$, definiert genau dann
eine Präquantisierung der symplektischen Mannigfaltigkeit (M,ω), wenn $F_D = i\omega$ gilt.

Denn aus $F_D = i\omega$ folgt für die weiter oben betrachteten lokalen Eich-
potentiale $A = i\alpha$: $d\alpha = \omega|_U$. α ist also ein lokales symplektisches Potential von ω
und es ist $\rho(f)(g\sigma) = (L_{X_f}g + i\alpha(X_f)g + fg)\sigma$ für $g \in \mathcal{E}$. Damit zeigen die Ergebnisse
von III.2.8-10, daß ρ eine Präquantisierung ist. Umgekehrt zeigen dieselben Rechnun-
gen, daß $\rho(f,g) = i\rho(\{f,g\})$ nur erfüllt sein kann, wenn α lokales symplektisches
Potential ist, und deshalb $F_D = i\omega$ gilt.

Die entscheidende Frage, ob ein Geradenbündel mit Krümmung $i\omega$ existiert,
das heißt ob die symplektische Mannigfaltigkeit (M,ω) überhaupt eine Präquantisierung
nach der oben beschriebenen Vorschrift zuläßt, ist nach einem Resultat von A. Weil mit
der folgenden "mathematischen" Quantisierungsbedingung beantwortet: Es gibt genau
dann ein hermitesches Geradenbündel mit Zusammenhang D auf M, so daß $F_D = i\omega$
erfüllt ist, wenn die Form $\frac{1}{2\pi}\omega$ eine *ganze* Form ist, das heißt wenn für alle kompakten,
orientierten zweidimensionalen Untermannigfaltigkeiten $S \subset M$ das Integral $\frac{1}{2\pi}\int_S \omega$
stets ganzzahlig ist (vgl. z.B. [WOO, S. 116]).

Zum Verständnis dieses Resultates ist es hilfreich zu wissen, daß bei einem
vorgegebenen Geradenbündel L über einer Mannigfaltigkeit sämtliche Zusammenhänge
über ihre Krümmungen eng miteinander verbunden sind. Für je zwei Zusammenhänge D
und D' auf L gilt für die entsprechenden Krümmungsformen F_D und $F_{D'}$ auf M:
$F_D - F_{D'}$ ist eine exakte Form, hat also ein Potential α mit $d\alpha = F_D - F_{D'}$, und das
bedeutet, daß die beiden Krümmungen dieselbe de-Rham-Klasse $[F_D]$ in $H^2_{dR}(M,\mathbb{R})$
definieren (vgl. z.B. [WAW, Thm. 3.2]). Diese de-Rham-Klasse ist bis auf einen Faktor
(nämlich $\frac{1}{2\pi}i$) gleich der ersten *Chern-Klasse* von L, welche die Chern-Zahl $c_1(L) \in \mathbb{Z}$
des Geradenbündels definiert [WAW]. Aus diesen Tatsachen folgt, daß die angegebene
Ganzheitsbedingung an ω zumindest notwendig dafür ist, daß eine symplektische
Mannigfaltigkeit (M,ω) überhaupt eine Präquantisierung von der im Satz angegebenen
Form hat.

Chern-Zahlen sind bereits in den Beispielen 6.7 (Instantonen) und 6.8 (Dirac-
Monopol) aufgetreten. Sie sind Bestandteil einer Klassifikationstheorie der komplexen
Vektorbündel auf Mannigfaltigkeiten, nämlich der Theorie der charakteristischen Klas-
sen (vgl. z.B. [WAW]), auf die wir hier nicht weiter eingehen können.

ANHANG M: MANNIGFALTIGKEITEN

Ausführliche Einführungen in die Theorie der differenzierbaren Mannigfaltigkeiten unter Berücksichtigung von Vektorfeldern, Tensorfeldern und Differentialformen werden zum Beispiel in [ABM] oder in [WAR] gegeben. Physikalisch orientierte Einführungen findet man in [CUM] und [GÖS]. Die zur Beschreibung des Begriffs der differenzierbaren Mannigfaltigkeit benötigten grundlegenden Sätze der Analysis werden auch in [BRÖ] dargestellt.

Zur Übersicht eine Liste der einzelnen Abschnitte dieses Anhangs:

1. Offene Untermannigfaltigkeiten des $\mathbb{R}^n$. Das fundamentale Beispiel einer n-dimensionalen Mannigfaltigkeit mit Modellcharakter ist eine *offene Untermannigfaltigkeit* des $\mathbb{R}^n$, das ist einfach eine offene, nichtleere Menge M in $\mathbb{R}^n$. Wir sind in diesem Buch nur an *differenzierbaren Mannigfaltigkeiten* interessiert, daher gehört zu M nicht nur die *Topologie* (das heißt hier: der Konvergenzbegriff, den M von $\mathbb{R}^n$ erbt), sondern auch die *differenzierbare Struktur*. Diese wird festgelegt durch Angabe derjenigen Abbildungen $f : U \longrightarrow V$ ($U \subset M$ offen in $M \subset \mathbb{R}^n$, $V \subset \mathbb{R}^k$ offen in $\mathbb{R}^k$), die als differenzierbar zu gelten haben. Der Einfachheit halber wird in diesem Anhang unter einer *differenzierbaren Abbildung* $f : U \longrightarrow V \subset \mathbb{R}^k$ eine *beliebig oft* differenzierbare Abbildung verstanden, obwohl die meisten der nachfolgenden Erörterungen auch für p-mal ($p \in \mathbb{N}$) stetig differenzierbare Abbildungen Sinn haben. Also heißt eine Abbildung $f : U \longrightarrow V \subset \mathbb{R}^k$ im folgenden *differenzierbar*, wenn die Komponenten $f^j : U \longrightarrow \mathbb{R}$, $j = 1,\dots,k$, von $f = (f^1, f^2, \dots, f^k)$ beliebig oft partiell differenzierbare Funktionen sind (vgl. auch Abschnitt 3). Mit $\mathscr{E}(U,V)$ bezeichnen wir die Menge der differenzierbaren Abbildungen $f : U \longrightarrow V$ und mit $\mathscr{E}(U) := \mathscr{E}(U,\mathbb{R})$ die Menge der differenzierbaren Funktionen.

Unter anderem interessieren wir uns für die *Diffeomorphismen* $f : U \longrightarrow V$, das sind bijektive Abbildungen f, für die f und die Umkehrabbildung $f^{-1} : V \longrightarrow U$ differenzierbar sind. In diesem Falle sind U und V vom Standpunkt der differenzierbaren Mannigfaltigkeiten als gleich anzusehen. (Und es muß $k = n$ gelten.)

2. Tangentialvektoren. Selbst dieses wohlbekannte Beispiel einer offenen Menge $M \subset \mathbb{R}^n$ birgt interessante Strukturen, die durch den Differenzierbarkeitsbegriff automatisch mitgeliefert werden: In M verlaufen zunächst Kurven, das sind (beliebig oft) differenzierbare Abbildungen $\gamma : I \longrightarrow \mathbb{R}^n$ auf einem Intervall $I \subset \mathbb{R}$ mit $\gamma(I) \subset M$. Zu jedem Punkt $t_0 \in I$ liefert

$$\dot{\gamma}(t_0) := \frac{d}{dt}\gamma(t_0) \in \mathbb{R}^n$$

einen *"Geschwindigkeitsvektor"*, welcher auch als *Tangentialvektor* an M im Punkte $\gamma(t_0) \in M$ bezeichnet wird. Alle Vektoren aus $\mathbb{R}^n$ kommen auf diese Weise als Tangentialvektoren vor und man erhält $\mathbb{R}^n$ als den zu $\gamma(t_0)$ gehörigen *"Tangentialraum"*.

Ein *Vektorfeld* ist eine Abbildung $X : M \longrightarrow \mathbb{R}^n$. X ordnet also jedem Punkt $a \in M$ einen Tangentialvektor $X(a) \in \mathbb{R}^n$ zu. Wir sind nur an differenzierbaren Vektorfeldern interessiert. Mehr über Vektorfelder in 12 - 14.

Tensorfelder und *Differentialformen* auf Mannigfaltigkeiten werden in Abschnitt 16 eingeführt.

3. k-dimensionale Untermannigfaltigkeiten des $\mathbb{R}^n$. Eine k-*dimensionale Untermannigfaltigkeit* M *in* $\mathbb{R}^n$ (oder *von* $\mathbb{R}^n$) ist eine Teilmenge $M \subset \mathbb{R}^n$ mit der folgenden Eigenschaft: Zu jedem Punkt $a \in M$ gibt es eine offene Umgebung $U \subset \mathbb{R}^n$ von a und eine differenzierbare Abbildung $g \in \mathscr{E}(U, \mathbb{R}^{n-k})$, so daß

1° $M \cap U = g^{-1}(0) = \{x \in U: g(x) = 0\}$,

2° $\operatorname{rg} Dg(x) = n - k$ für alle $x \in M \cap U$.

In 2° bezeichnet $Dg(x)$ die *Ableitung* von g im Punkte $x \in U$ als $\mathbb{R}$-lineare Abbildung

$$Dg(x) : \mathbb{R}^n \longrightarrow \mathbb{R}^{n-k}.$$

Die Ableitung $Dg(x)$ wird meistens durch die *Jacobi-Matrix*

$$\left(\frac{\partial g^j}{\partial q^i}(x) \right)_{1 \le j \le n-k \,, \, 1 \le i \le n},$$

von g in x repräsentiert. Deshalb wird die Jacobi-Matrix oft ebenfalls mit $Dg(x)$
bezeichnet. Dabei steht g^j für die Komponenten von g und q^i für die Koordinaten
von $\mathbb{R}^n$. Zur Erinnerung: Nach Definition ist

$$\frac{\partial g^j}{\partial q^i}(x) = \lim_{t \to 0} \frac{1}{t} \left(g^j(x + te_i) - g^j(x) \right),$$

wobei $e_i = (\delta_i^j)$ der i-te Einheitsvektor in $\mathbb{R}^n$ ist. Mit der Einführung des *Gradienten*

$$\nabla f(x) = \operatorname{grad} f(x) := \left(\frac{\partial f}{\partial q^i}(x) \right)_{1 \le i \le n}$$

für $f \in \mathcal{E}(U)$, erweist sich 2° als äquivalent zu

3° Für alle $x \in M \cap U$ sind die Gradienten $\nabla g^1(x)$, $\nabla g^2(x)$, ... $\nabla g^{n-k}(x)$
linear unabhängig. Denn $\operatorname{rg} Dg(x)$ ist der Rang der Matrix $Dg(x)$, also die Maximalzahl
linear unabhängiger Zeilenvektoren, das heißt die Dimension des Bildraumes der linearen
Abbildung $Dg(x) : \mathbb{R}^n \longrightarrow \mathbb{R}^{n-k}$.

Für die Beschreibung der differenzierbaren Struktur auf Mannigfaltigkeiten
ganz allgemein und insbesondere auch auf Untermannigfaltigkeiten von $\mathbb{R}^n$ sowie zur
Erläuterung der Rangbedingung in 2° ist der "Umkehrsatz" von fundamentaler Bedeutung. (Einen Beweis findet man z.B. in [BRÖ, S. 81] oder in [WAR, S.23].)

4° **Satz über die Umkehrabbildung.** Es sei $f : U \longrightarrow V$ eine differenzierbare Abbildung mit $\det Df(a) \ne 0$ für einen Punkt $a \in U$. Dann gibt es eine offene
Umgebung U' von $a \in U'$, $U' \subset U \subset \mathbb{R}^n$, und eine offene Umgebung $V' \subset V \subset \mathbb{R}^k$,
so daß die Restriktion $f|_{U'} : U' \longrightarrow V'$ ein Diffeomorphismus ist. Das bedeutet (vgl.
1), daß $f|_{U'} : U' \longrightarrow V'$ eine *differenzierbare Umkehrabbildung* $(f|_{U'})^{-1} : V' \longrightarrow U'$
hat. Im übrigen verlangt die Bedingung $\det Df(a) \ne 0$, daß bereits $n = k$ gilt.

Für den Fall, daß f eine $\mathbb{R}$-lineare Abbildung ist, also $f(x) = Bx, x \in \mathbb{R}^n$,
für eine Matrix $B \in \mathbb{R}(n)$ gilt, reduziert sich der Umkehrsatz auf ein Resultat der
linearen Algebra: Es ist $Df(a) = B$ für alle $a \in \mathbb{R}^n$. Also bedeutet $\det Df(a) \ne 0$,
daß die Matrix B invertierbar ist. Die inverse Matrix B^{-1} liefert dann die auf ganz
$\mathbb{R}^n$ definierte lineare Umkehrabbildung $B^{-1} : \mathbb{R}^n \longrightarrow \mathbb{R}^n$ von f, die als lineare Abbildung insbesondere auch differenzierbar ist.

Ähnlich wie bei der Auflösung von linearen Gleichungssystemen kann der Umkehrsatz dazu benutzt werden, ein Resultat über die lokale Auflösung von nichtlinearen Gleichungssystemen zu erhalten:

5° Satz über implizite Funktionen. Ein Gleichungssystem

$$F(x,y) = 0$$

sei durch eine Abbildung $F \in \mathcal{E}(M,\mathbb{R}^n)$, $M \subset \mathbb{R}^k \times \mathbb{R}^n$ offen, gegeben. (Dabei wird ein Punkt $z \in M$ in der Form $z = (x,y)$ mit $x \in \mathbb{R}^k$ und $y \in \mathbb{R}^n$ geschrieben.) Es sei $(a,b) \in M$ mit $F(a,b) = 0$ und der Auflösungsbedingung $\det\left(\frac{\partial F^i}{\partial y^j}(a,b)\right) \neq 0$. Unter diesen Voraussetzungen läßt sich das Gleichungssystem $F(x,y) = 0$ in folgendem Sinne nach y auflösen: Es gibt eine offene Umgebung $U \subset \mathbb{R}^k$ von a und eine offene Umgebung $V \subset \mathbb{R}^n$ von b mit $U \times V \subset M$, sowie eine differenzierbare Abbildung $h : U \longrightarrow V$, so daß für alle $(x,y) \in U \times V$ stets $F(x,h(x)) = 0$ gilt; umgekehrt folgt aus $F(x,y) = 0$ jeweils $y = h(x)$. Anders formuliert:

$$\{(x,y) \in U \times V : F(x,y) = 0\} = \{(x,h(x)) : x \in U\}.$$

Insbesondere ist diese Menge eine Untermannigfaltigkeit von $\mathbb{R}^{k+n}$ der Dimension k; denn es ist $\{(x,h(x)) : x \in U\} = g^{-1}(0)$, wenn $g(x,y) := y - h(x)$ gesetzt wird für $(x,y) \in U \times V$, und es gilt $\mathrm{rg}\, Dg(x,y) = n$ für alle $(x,y) \in U \times V$.

Der Satz über implizite Funktionen läßt sich direkt aus dem Satz über die Umkehrabbildung folgern, indem man die Abbildung $f(x,y) := (x,F(x,y))$ von M nach $\mathbb{R}^{k+n}$ in einer offenen Umgebung von $c := (a,b)$ invertiert. Das ist nach dem Satz über die Umkehrabbildung möglich, da $\det Df(c) = \det\left(\frac{\partial F^i}{\partial y^j}(a,b)\right) \neq 0$ gilt.

Eine nützliche Umformulierung der letzten zwei Sätze ist der Satz vom Rang, der sich ebenfalls unmittelbar auf den Umkehrsatz zurückführen läßt (vgl. [BRÖ, S. 250]):

6° Satz vom Rang. Es sei $f \in \mathcal{E}(U,V)$ ($U \subset \mathbb{R}^n$ offen, $V \subset \mathbb{R}^k$ offen) von konstantem Rang, das heißt $\mathrm{rg}\, Df(x) = r$ für alle $x \in U$. Dann gibt es zu jedem $a \in U$ eine offene Umgebung $U' \subset U$ mit einen Diffeomorphismus $\varphi : U' \longrightarrow U''$ und eine offene Umgebung $V' \subset V$ von $f(a)$ mit einem Diffeomorphismus $\psi : V' \longrightarrow V''$, so daß die Abbildung $\psi \circ f \circ \varphi^{-1} : U'' \longrightarrow V''$ gerade die Projektion

$$\mathrm{pr} : U'' \longrightarrow V', \quad (x^1,x^2,\dots,x^n) \longmapsto (x^1,x^2,\dots,x^r,0,\dots,0)$$

ist. Abgesehen von geeigneten Koordinatentransformationen bei a und b verhält sich f also wie eine solche Projektion. Man erhält das folgende kommutative Diagramm (*kommutativ* heißt hier $\mathrm{pr} \circ \varphi = \psi \circ f|_{U'}$):

$$
\begin{array}{ccc}
U \supset U' & \overset{\varphi}{\underset{\sim}{\longrightarrow}} & U'' \\
f \downarrow \quad & \downarrow f|_{U'} & \downarrow \mathrm{pr} \\
V \supset V' & \overset{\sim}{\underset{\psi}{\longrightarrow}} & V''
\end{array}
$$

Mit dem Satz vom Rang kann man die Definition des Begriffs Untermannigfaltigkeit ein wenig allgemeiner fassen, denn es läßt sich zeigen:

Eine Teilmenge $M \subset \mathbb{R}^n$ ist genau dann eine Untermannigfaltigkeit in $\mathbb{R}^n$, wenn es zu jedem Punkt $a \in M$ eine offene Umgebung $U \subset \mathbb{R}^n$ von a und eine differenzierbare Abbildung $h \in \mathcal{E}(U, \mathbb{R}^m)$ gibt, so daß

$1'^\circ$ $M \cap U = h^{-1}(0) = \{x \in U : h(x) = 0\}$,

$2'^\circ$ $\operatorname{rg} Dh(x) = r$ für alle $x \in M \cap U$.

Die Dimension von M ist dann $n - r$.

4. Beispiele. In der Klassischen Mechanik ergeben sich Untermannigfaltigkeiten des $\mathbb{R}^n$ durch *holonome Zwangsbedingungen*, wie im zweiten Kapitel an verschiedenen Stellen erläutert wird (z.B. II.4.3).

Spezielle Beispiele: In Paragraph 4 des zweiten Kapitels werden bereits die *Sphären* $\mathbb{S}^n$ als n-dimensionale Untermannigfaltigkeiten des $\mathbb{R}^{n+1}$ genannt. Leichte Abwandlungen davon sind *Ellipsoide*. Allgemein interessiert man sich für *Hyperflächen* M in $\mathbb{R}^n$: Das sind (n-1)-dimensionale Untermannigfaltigkeiten des $\mathbb{R}^n$ wie zum Beispiel die fünfdimensionale Energienieveaufläche beim Keplerproblem (vgl. II.7.12.3°) oder die Kurven in der Ebene $\mathbb{R}^2$ sowie Flächen im $\mathbb{R}^3$ (vgl. Anhang G). Man kann zeigen, daß abgeschlossene Hyperflächen $M \subset \mathbb{R}^n$ immer eine globale definierende Funktion $g \in \mathcal{E}(\mathbb{R}^n, \mathbb{R})$ zulassen mit $M = g^{-1}(0)$ und $\nabla g(x) \neq 0$ für alle $x \in M$, wie wir es für die Sphären bereits kennen. Neben den *"hyperbolischen Schalen"*

$$\mathbb{H} := \{x \in \mathbb{R}^n : (x^1)^2 + (x^2)^2 + \dots (x^p)^2 - ((x^{p+1})^2 + \dots + (x^n)^2) = c\}$$

(für $c \neq 0$) als Verallgemeinerung der Sphären treten allgemeinere Hyperflächen häufig als Ränder von geeigneten offenen Mengen des $\mathbb{R}^n$ auf.

Jede (n-2)-dimensionale Untermannigfaltigkeit M des $\mathbb{R}^n$ läßt sich lokal auffassen als Durchschnittsmenge zweier Hyperflächen, denn es ist (mit $g = (g^1, g^2)$)

$$U \cap M = g^{-1}(0) = \{x \in U : g^1(x) = 0\} \cap \{x \in U : g^2(x) = 0\}.$$

Analog ist eine k-dimensionale Untermannigfaltigkeit des $\mathbb{R}^n$ lokal als Durchschnitt von $n-k$ Hyperflächen darstellbar.

5. Karten. Für eine Untermannigfaltigkeit M von $\mathbb{R}^n$ werden durch Anwendung des Satzes über die Umkehrabbildung (vgl. Abschnitt 3.4°) auf die folgende Weise Karten induziert: Die Abbildung $g : U \longrightarrow \mathbb{R}^{n-k}$ (mit 3.1°/2°) kann durch geeignete differenzierbare Funktionen $\varphi^1, \dots, \varphi^k \in \mathcal{E}(U, \mathbb{R})$ ergänzt werden zu einer differenzierbaren Abbildung

$$\Phi : U \longrightarrow \mathbb{R}^n, \quad \Phi = (g^1, \dots, g^{n-k}, \varphi^1, \dots, \varphi^k),$$

so daß $\Phi(a) = 0$ und $\det D\Phi(a) \neq 0$ gilt (z.B. $\varphi^j := q^{n-k+j}$), und daher für geeignete offene Umgebungen U' von a, $U' \subset U$, und $W \subset \mathbb{R}^n$ von 0, die Einschränkung

$$\Phi|_{U'} : U' \longrightarrow W$$

ein Diffeomorphismus ist. Sei jetzt

$$E = \{y \in W: y^1 = y^2 = \ldots = y^{n-k} = 0\}$$

das k-dimensionale "ebene Flächenstück" im $\mathbb{R}^n$. Wir haben dann eine natürliche Identifikation von E mit einer offenen Umgebung V von 0 in $\mathbb{R}^k$ durch E = $\{0\} \times$ V, und wir erhalten die Einschränkung von Φ auf U' $\cap$ M als die Abbildung, an der wir interessiert sind:

$$\varphi := \mathrm{pro}\Phi\big|_{U' \cap M} : U' \cap M \longrightarrow V,$$
$$x \longmapsto (\varphi^1(x), \ldots \varphi^k(x)) .$$

φ ist aufgrund der Wahl von U' und V bijektiv und stetig. Außerdem ist φ^{-1} stetig und nach Konstruktion auch differenzierbar als Abbildung in den $\mathbb{R}^n$. Schließlich ist die Menge U" := U' $\cap$ M abgeschlossen in U' und offen in M, also offene Umgebung von a.. Eine solche Abbildung $\varphi : U" \longrightarrow V$ heißt *Karte* von M in der Umgebung U" von a. U" ist die *Koordinatenumgebung* der Karte φ, und die Umkehrabbildung $\varphi^{-1} : V \longrightarrow U"$ wird *Parametrisierung* oder gelegentlich ebenfalls *Karte* genannt.

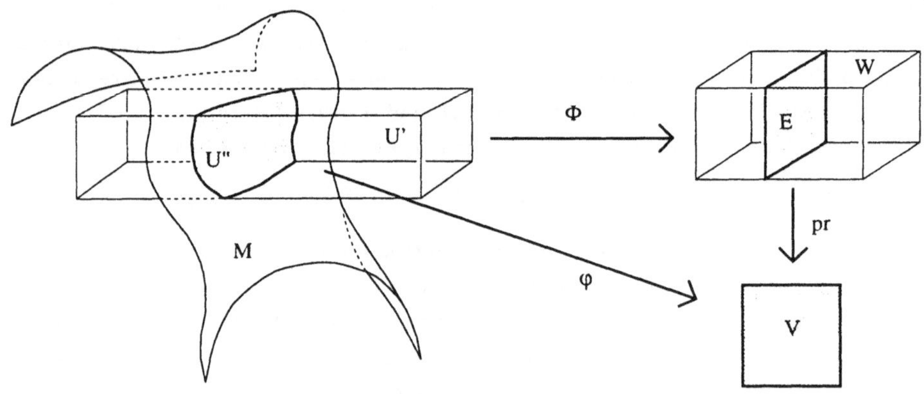

Die Beschreibung von U" mit Hilfe der Karte φ bzw. der Parametrisierung $\psi := \varphi^{-1}$ läßt sich so auffassen, daß durch

$$x = \psi(q), \quad q = (q^1, \ldots q^k) \in V, \text{ bzw. } q = \varphi(x).$$

auf U" = U' $\cap$ M *Koordinaten* definiert werden: Man sagt auch, daß der Punkt $x = \psi(q) \in U"$ die Koordinaten $q^1, \ldots q^k$ hat.

Mit Hilfe des gerade beschriebenen Übergangs von g über Φ nach φ läßt sich zeigen, daß eine Untermannigfaltigkeit auch folgendermaßen beschrieben werden kann:

Eine Teilmenge M $\subset \mathbb{R}^n$ ist genau dann eine k-dimensionale Untermannigfaltigkeit von $\mathbb{R}^n$, wenn es zu jedem Punkt a $\in$ M eine Umgebung U $\subset \mathbb{R}^n$ von a und eine Abbildung $\varphi : U \cap M \longrightarrow V$ auf eine offene Umgebung V $\subset \mathbb{R}^k$ von 0 gibt mit den folgenden Eigenschaften:

$1°$ $U \cap M$ ist abgeschlossen in U.

$2°$ φ ist bijektiv und stetig, $\psi = \varphi^{-1} : V \longrightarrow \mathbb{R}^n$ ist differenzierbar.

$3°$ $\operatorname{rg} D\psi(q) = k$ für alle $q \in V$.

Jetzt ist man auch in der Lage, die differenzierbaren Abbildungen auf der Untermannigfaltigkeit M und damit die *differenzierbare Struktur* anzugeben: Eine Abbildung $f : U \cap M \longrightarrow \mathbb{R}^m$ ist definitionsgemäß *differenzierbar*, wenn die Komposition $f \circ \psi : V \longrightarrow \mathbb{R}^m$ differenzierbar ist. Entsprechend erhält man auch den Begriff der differenzierbaren Abbildung zwischen Untermannigfaltigkeiten über geeignete Karten. (Siehe auch Abschnitt 8 für den allgemeinen Fall.)

6. Tangentialraum. Wie in 2 interessiert man sich für Kurven γ in der Untermannigfaltigkeit M von $\mathbb{R}^n$ und deren Geschwindigkeitsvektoren. Ist γ eine solche Kurve, also $\gamma \in \mathcal{E}(I, \mathbb{R}^n)$ mit $\gamma(I) \subset M$, so ist $\dot{\gamma}(t_0) \in \mathbb{R}^n$ ein *Tangentialvektor* an M im Punkte $\gamma(t_0) = a$. Bei festgehaltenem $a \in M$ und Veränderung der γ erhält man alle möglichen Tangentialvektoren an M in a, die man zum *Tangentialraum* $T_a M$ an M in a zusammenfaßt. $T_a M$ ist eine Untervektorraum von $\mathbb{R}^n$: Mit den in $3.1°$ und $3.2°$ gegebenen Daten gilt

$$T_a M = \operatorname{Ker} Dg(a) = \{ h \in \mathbb{R}^n : Dg(a).h = 0 \}$$
$$= \{ h \in \mathbb{R}^n : \langle \nabla g^i(a), h \rangle = 0 \quad \text{für} \quad i = 1, \dots n-k \}$$

und mit der in Abschnitt 5 gegebenen Karte φ und deren Umkehrung $\psi = \varphi^{-1}$ gilt für $q_0 := \varphi(a)$ auch:

$$T_a M = \operatorname{Im} D\psi(q_0) = \{ D\psi(q_0).v : v \in \mathbb{R}^k \}.$$

(Notation: $D\psi(q_0).v$ ist der Wert der $\mathbb{R}$-linearen Abbildung $D\psi(q_0) : \mathbb{R}^k \longrightarrow \mathbb{R}^n$ in $v \in \mathbb{R}^k$.) Insbesondere ist $(D\psi(q_0).e_j)_{1 \le j \le k}$ eine Basis von $T_a M$, wenn $(e_1, \dots, e_k)$ die Standardbasis von $\mathbb{R}^k$ bezeichnet. Tatsächlich ist $D\psi(q_0).e_j$ durch die Kurve $\psi(q_0 + te_j)$, $|t| < \varepsilon$, als Geschwindigkeitsvektor gegeben: denn

$$\frac{d}{dt} \psi(q_0 + te_j)\big|_{t=0} = D\psi(q_0).e_j.$$

Jeder Tangentialvektor $X \in T_a M$ hat daher eine Darstellung

$$X = \sum_{j=1}^{k} X^j D\psi(q_0).e_j$$

mit eindeutig bestimmten $X^j \in \mathbb{R}$, und zwar ergibt sich im Falle $\dot{\gamma}(t_0) = X$, daß

$$\varphi \circ \gamma(t) = q_0 + \sum_{j=1}^{k} q^j(t) e_j$$

geschrieben werden kann. Deshalb gilt aufgrund der Kettenregel

$$\dot{\gamma}(t_0) = \frac{d}{dt} \psi\big(q_0 + \sum_{j=1}^{k} q^j(t) e_j\big)\big|_{t=t_0} = D\psi(q_0).\big(\sum_{j=1}^{k} \dot{q}^j(t_0) e_j \big).$$

Es folgt: $X = \sum_{j=1}^{k} \dot{q}^j(t_0) D\psi(q_0).e_j$. d.h. $\dot{q}^j(t_0) = X^j$.

Da sich jeder Tangentialvektor $X \in T_a M$ über die Definition

$$L_X f(a) := \frac{d}{dt} f(\gamma(t))\big|_{t = t_0} \quad (\text{mit } X = \dot{\gamma}(t_0))$$

als Richtungsableitung von Funktionen $f \in \mathscr{E}(U,\mathbb{R})$ auffassen läßt, schreibt man auch

$$\frac{\partial}{\partial q^j}(a), \quad \frac{\partial}{\partial q^j}\big|_a, \quad \frac{\partial}{\partial q^j}, \text{ oder einfach } \partial_j \text{ anstelle von } D\psi(q_0).e_j,$$

und

$$\frac{\partial f}{\partial q^j}(a) \text{ oder } \partial_j f(a) \text{ statt } L_{D\psi(q_0).e_j} f = \frac{d}{dt} f \circ \psi(q_0 + te_j)\big|_{t = 0}.$$

Ergebnis dieser Schreibweise:

$$L_X f(a) = \sum_{j=1}^{k} X^j \frac{\partial f}{\partial q^j}(a) = X^j \partial_j f(a),$$

wobei in der letzten Formel die Einsteinsche Summenkonvention verwendet wurde.

7. Tangentialbündel und Vektorfelder. Als *Tangentialbündel* einer k-dimensionalen Untermannigfaltigkeit M von $\mathbb{R}^n$ bezeichnet man

$$TM := \bigcup \{\{a\} \times T_a M \subset \mathbb{R}^n \times \mathbb{R}^n : a \in M\}.$$

Es läßt sich unter Verwendung der Beschreibung $T_a M = \operatorname{Ker} Dg(a)$ aus 6 direkt erkennen, daß TM eine 2k-dimensionale Untermannigfaltigkeit von $\mathbb{R}^n \times \mathbb{R}^n \cong \mathbb{R}^{2n}$ ist und daß die natürliche Projektion $\tau : TM \longrightarrow M$ mit $\tau^{-1}(a) = T_a M$ eine differenzierbare Abbildung ist: Es gilt $TM = G^{-1}(0)$, wobei $G : \mathbb{R}^n \times \mathbb{R}^n \longrightarrow \mathbb{R}^k \times \mathbb{R}^k$ durch $G(a,h) := (g(a),DG(a).h)$ definiert ist und $\operatorname{rg} DG(a,h) = 2 \operatorname{rg} Dg(a)$ erfüllt. (Vgl. auch Abschnitt 10.) Die Tangentialbündel haben unter anderem ihre Bedeutung als natürliche Phasenräume der Klassischen Mechanik (vgl. z.B. II.4.5). Bei den Matrixgruppen haben die Tangentialbündel eine spezielle Darstellung, die wir für das Beispiel SO(3) in II.5.6/7 beschreiben (vgl. auch L.4.8°). Außerdem sind die Tangentialbündel wichtige Beispiele von Vektorbündeln. Schließlich gestatten sie eine ansprechende Definition des Begriffs "Vektorfeld":

Die *Vektorfelder* auf M sind definitionsgemäß die differenzierbaren Abbildungen $X : M \longrightarrow TM$ mit $X(a) \in T_a M$ für alle $a \in M$ (also die Schnitte im Tangentialbündel im Sinne von V.4). Solche *Vektorfelder* definieren *Richtungsableitungen* auf $\mathscr{E}(M)$ vermöge $L_X f(a) := \frac{d}{dt} f(\gamma(t))\big|_{t = t_0}$, $f \in \mathscr{E}(M)$, wobei die Kurve $\gamma(t)$ durch a ($\gamma(t_0) = a$) wieder den jeweiligen Vektor $X(a)$ durch $X(a) = \dot{\gamma}(t_0)$ repräsentiert. (L_X wird auch *Lie-Ableitung* genannt. Wir kommen auf die Lie-Ableitungen in den Abschnitten 12 und 14 zurück.) Mit Karten $\varphi : U \cap M \longrightarrow V$ und $\psi = \varphi^{-1}$ als Mittel zur Beschreibung der lokalen Situation der Mannigfaltigkeit hat man die folgende Darstellung des Vektorfeldes: $X(b) = X^j(b)\frac{\partial}{\partial q^j}(b)$ für alle $b \in U \cap M$ mit eindeutig bestimmten "Koeffizientenfunktionen" $X^j \in \mathscr{E}(U \cap M)$. Es gilt also

$$L_X f(b) = X^j(b)\frac{\partial f}{\partial q^j}(b), \quad L_X f = X^j \partial_j f.$$

Aufgrund dieser Formel wird oft die Notation Xf statt $L_X f$ verwendet.

8. Abstrakte Mannigfaltigkeiten. Quotienten. Eine *n-dimensionale (differenzierbare) Mannigfaltigkeit* ist zunächst einmal ein Hausdorffraum M. (M ist also ein topologischer Raum mit der Eigenschaft, daß es zu je zwei verschiedenen Punkten aus M disjunkte offene Umgebungen gibt; zum Beispiel hat jeder metrisierbare Raum M diese Eigenschaft.)

1° **Karten.** Damit M eine n-dimensionale Mannigfaltigkeit ist, muß es zu jedem Punkt $a \in M$ eine offene Umgebung U und eine bijektive Abbildung $\varphi : U \longrightarrow V$ auf eine offene Menge V im $\mathbb{R}^n$ geben, die stetig ist und für die auch $\varphi^{-1} : V \longrightarrow U$ stetig ist. Eine solche Abbildung heißt wie oben eine *Karte*. Eine Karte $\varphi : U \longrightarrow V$ vermittelt wie in Abschnitt 5 die *Koordinaten* $q^1, q^2, \dots, q^n$: Der Punkt $a \in U$ hat die Koordinaten $(q^1, q^2, \dots, q^n) = q = \varphi(a)$. Je zwei Karten

$$\varphi : U \longrightarrow V \subset \mathbb{R}^n \quad \text{und} \quad \bar{\varphi} : \bar{U} \longrightarrow \bar{V} \subset \mathbb{R}^n$$

heißen (*differenzierbar*) *verträglich*, wenn $U \cap \bar{U} = \emptyset$ gilt oder wenn

$$\bar{\varphi} \circ \varphi^{-1} : \varphi(U \cap \bar{U}) \longrightarrow \bar{\varphi}(U \cap \bar{U})$$

ein Diffeomorphismus ist. (Man beachte, daß $\varphi(U \cap \bar{U})$ und $\bar{\varphi}(U \cap \bar{U})$ offene Mengen in $\mathbb{R}^n$ sind.)

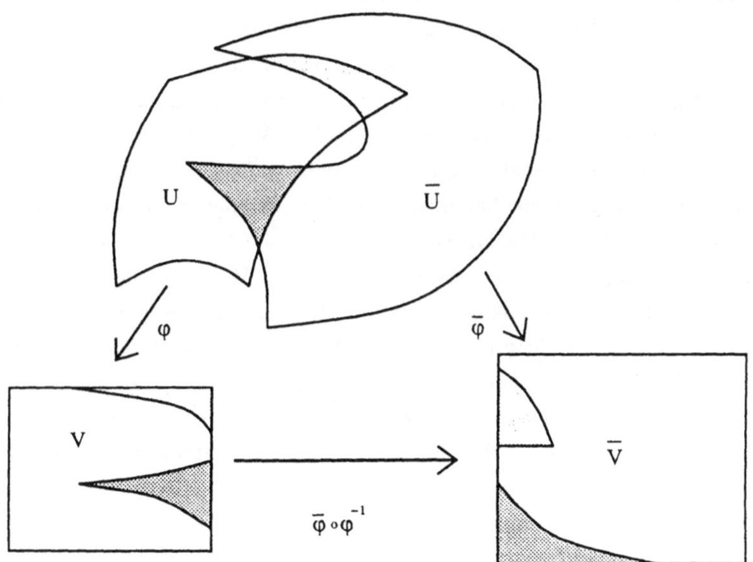

2° **Atlas.** Ein (*differenzierbarer*) *Atlas* auf M ist eine Kollektion $\mathfrak{A}$ von Karten, derart daß $M = \bigcup \{U \subset M \mid \varphi : U \longrightarrow V$ Karte aus $\mathfrak{A}\}$ gilt und je zwei Karten aus $\mathfrak{A}$ verträglich sind. Zwei Atlanten $\mathfrak{A}$ und $\mathfrak{A}'$ auf M heißen *äquivalent*, wenn die Vereinigung $\mathfrak{A} \cup \mathfrak{A}'$ auch ein Atlas ist. Das bedeutet, daß jede Karte aus $\mathfrak{A}$ mit jeder Karte aus $\mathfrak{A}'$ verträglich ist. Eine *n-dimensionale differenzierbare Mannigfaltigkeit* ist nun ein Hausdorffraum M zusammen mit einer Äquivalenzklasse von differenzierbaren Atlanten. Diese Äquivalenzklasse von Atlanten heißt auch die *differenzierbare*

Struktur der Mannigfaltigkeit M. Wenn im folgenden eine differenzierbare Mannigfaltigkeit durch M und eine Äquivalenzklasse [𝔄] von Atlanten vorgegeben ist und man von einer Karte spricht, so ist in der Regel immer gemeint, daß diese Karte zu einem Atlas 𝔄' mit 𝔄' ∈ [𝔄] gehört. Zur Abkürzung der Sprechweise ist im folgenden mit einer *Mannigfaltigkeit* stets eine differenzierbare Mannigfaltigkeit gemeint.

$3°$ **Metrisierbare und zusammenhängende Mannigfaltigkeiten.** In der Regel wird bei dem Begriff einer Mannigfaltigkeit M noch vorausgesetzt, daß M metrisierbar ist. Das ist für zusammenhängende Mannigfaltigkeiten M äquivalent dazu, daß M abzählbare Topologie hat und auch dazu, daß M parakompakt ist (vgl. [WAR, S. 8 ff.]). Allgemein heißt ein topologischer Raum Y *zusammenhängend*, wenn es keine zwei Mengen $A, B \subset Y$ gibt mit $A \cup B = Y$, $A \cap B = \emptyset$ und $A \neq \emptyset \neq B$, die beide zugleich offen und abgeschlossen in Y sind. Typische zusammenhängende Räume sind $\mathbb{R}$ und [0,1]; in diesen beiden Fällen ist der Zusammenhang eine Folge der Vollständigkeit der reellen Zahlen. Allgemein gilt für stetige Abbildungen $\varphi : Y \longrightarrow X$: Ist Y zusammenhängend, so auch $\varphi(Y)$ (in der von X induzierten Topologie). Ein topologischer Raum Y heißt *wegzusammenhängend*, wenn es zu je zwei Punkten $x, y \in Y$ eine stetige Abbildung $\gamma : [0,1] \longrightarrow Y$ gibt mit $\gamma(0) = x$ und $\gamma(1) = y$. (γ heißt "Weg" von x nach y) Es ist leicht zu zeigen, daß ein wegzusammenhängender Raum Y immer auch zusammenhängend ist. Denn sonst hätte man eine Zerlegung wie oben und einen stetigen Weg γ von einem Punkt $x \in A$ nach $y \in B$, und die Mengen $\gamma^{-1}(A)$ und $\gamma^{-1}(B)$ wären offen und zusammenhängend im Widerspruch dazu, daß [0,1] zusammenhängend ist. Die Umkehrung ist aber nicht richtig: Es gibt zusammenhängende Räume, die nicht wegzusammenhängend sind. Zum Beispiel trifft das zu für den Raum $Y := \{(0,y) \in \mathbb{R}^2 : y \in \mathbb{R}\} \cup \{(x, \sin\frac{1}{x}) : x \in \mathbb{R} \text{ mit } x > 0\}$ mit der von $\mathbb{R}^2$ induzierten Topologie. Für Mannigfaltigkeiten M gilt aber doch: M ist genau dann zusammenhängend, wenn M wegzusammenhängend ist. Das liegt daran, daß diese Aussage für offene Teilmengen $V \subset \mathbb{R}^n$ richtig ist und daher lokal für Mannigfaltigkeiten gilt.

$4°$ **Differenzierbarkeit.** Eine Abbildung $f : W \longrightarrow \mathbb{R}^m$ auf einer offenen Menge $W \subset M$ aus einer Mannigfaltigkeit M heißt *differenzierbar*, wenn für alle Karten $\varphi : U \longrightarrow V$ aus einem Atlas der differenzierbaren Struktur mit $W \cap U \neq \emptyset$ die Abbildung $f \circ \varphi^{-1} : \varphi(W \cap U) \longrightarrow \mathbb{R}^m$ auf $\varphi(W \cap U) \subset \mathbb{R}^n$ differenzierbar ist. Entsprechend heißt eine Abbildung $f : M \longrightarrow M'$ zwischen differenzierbaren Mannigfaltigkeiten M und M' *differenzierbar*, wenn $\varphi' \circ f \circ \varphi^{-1}$ stets differenzierbar ist für alle Karten φ auf M und φ' auf M', für die die Komposition $\varphi' \circ f \circ \varphi^{-1}$ sinnvoll ist.

$$
\begin{array}{ccc}
M \supset U & \xrightarrow{\;\;f\;\;} & U' \subset M' \\
{\scriptstyle\varphi}\downarrow & & \downarrow{\scriptstyle\varphi'} \\
V & \xrightarrow[\varphi' \circ f \circ \varphi^{-1}]{} & V'
\end{array}
$$

f heißt *Diffeomorphismus*, wenn f differenzierbar und bijektiv mit differenzierbarer Inversen f^{-1} ist. Wie bisher bezeichnet $\mathscr{E}(M, M')$ die Menge der differenzierbaren

Abbildungen von M nach M' und $\mathcal{E}(W) := \mathcal{E}(W,\mathbb{R})$ die Menge der differenzierbaren Funktionen auf $W \subset M$.

5° **Untermannigfaltigkeiten** einer differenzierbaren Mannigfaltigkeit M definiert man wie in 3. analog zu den Untermannigfaltigkeiten des $\mathbb{R}^n$.

6° **Produktmannigfaltigkeit.** Sind M und N differenzierbare Mannigfaltigkeiten mit Atlanten $\mathfrak{A}$ auf M und $\mathfrak{B}$ auf N aus der jeweiligen differenzierbaren Struktur, so definiert man die Produktmannigfaltigkeit folgendermaßen: Auf der Menge $M \times N$ der Paare (a,b), $a \in M$ und $b \in N$, definiert man zunächst die *Produkttopologie*. Demnach heißt eine Menge $W \subset M \times N$ genau dann offen, wenn es zu jedem Punkt $(a,b) \in M \times N$ offene Umgebungen $U \subset M$ von a und $V \subset N$ von b mit $U \times V \subset W$ gibt. $M \times N$ mit dieser Topologie heißt das *topologische Produkt*. $M \times N$ ist ein Hausdorffraum, wenn M und N Hausdorffräume sind. Die differenzierbare Struktur auf dem topologischen Produkt $M \times N$ ist dann definitionsgemäß $[\mathfrak{A} \overset{\sim}{\times} \mathfrak{B}]$, wobei

$$\mathfrak{A} \overset{\sim}{\times} \mathfrak{B} := \{\varphi \times \psi : \varphi \in \mathfrak{A} \text{ und } \psi \in \mathfrak{B}\}.$$

Dabei sei für Abbildungen $\varphi : U \longrightarrow V$ und $\psi : X \longrightarrow Y$ das "Produkt"

$$\varphi \times \psi : U \times X \longrightarrow V \times Y$$

in natürlicher Weise durch $(\varphi \times \psi)(a,b) := (\varphi(a),\psi(b))$ definiert.

7° **Quotientenmannigfaltigkeit.** Während nach dem Vorangehenden die Produktmannigfaltigkeit stets existiert, ist das für Quotienten keineswegs immer der Fall. Es sei M eine differenzierbare Mannigfaltigkeit. Auf M sei eine Äquivalenzrelation "~" gegeben. (Es gilt also für alle $a,b,c \in M$: $a \sim a$; $a \sim b \Rightarrow b \sim a$; $a \sim b$ und $b \sim c$ $\Rightarrow a \sim c$.) Es sei $M/_\sim$ der *Quotient* von M nach "~", also die Menge aller Äquivalenzklassen bezüglich "~", zusammen mit der *natürlichen Projektion* $\pi : M \longrightarrow M/_\sim$, die jedem Punkt $a \in M$ seine zugehörige Äquivalenzklasse zuordnet. $M/_\sim$ hat eine kanonische *Quotiententopologie*. Demnach ist eine Menge U aus $M/_\sim$ genau dann offen, wenn die Urbildmenge $\pi^{-1}(U)$ offen in M ist. Die Quotiententopologie ist durch die folgende universelle Eigenschaft festgelegt: Eine Abbildung $f : M/_\sim \longrightarrow Y$ in irgendeinen topologischen Raum Y ist genau dann stetig, wenn die Komposition $f \circ \pi : M \longrightarrow Y$ auf M stetig ist. Im allgemeinen ist nicht gesichert, daß $M/_\sim$ mit der Quotiententopologie ein Hausdorffraum ist. Selbst wenn das der Fall ist, kann keineswegs allgemein erwartet werden, daß es auf dem Quotientenraum $M/_\sim$ eine differenzierbare Struktur gibt, welche zu der Äquivalenzrelation "~", also zu π paßt.

Definition: Wir sagen, daß der Quotient $M/_\sim$ als differenzierbare Mannigfaltigkeit existiert, wenn es auf $M/_\sim$ eine differenzierbare Struktur gibt, für die die folgende universelle Eigenschaft erfüllt ist: Die kanonische Projektion $\pi : M \longrightarrow M/_\sim$ ist differenzierbar, und eine Abbildung $f : M/_\sim \longrightarrow Y$ in irgendeine differenzierbare Mannigfaltigkeit Y ist genau dann differenzierbar, wenn $f \circ \pi : M \longrightarrow Y$ auf M differenzierbar ist. $M/_\sim$ ist dann ein Hausdorffraum, und die auf $M/_\sim$ gegebene differenzierbare Struktur heißt die *Quotientenstruktur*; und $M/_\sim$ heißt

Quotientenmannigfaltigkeit. Es ist klar, daß im Falle der Existenz der Quotientenstruktur diese wegen der universellen Eigenschaft eindeutig bestimmt ist (bis auf Diffeomorphismen).

In diesem Sinne existiert zum Beispiel der Quotient $\mathbb{R}/_{\mathbb{Z}}$ als differenzierbare Mannigfaltigkeit ($x \sim y \Leftrightarrow x - y \in \mathbb{Z}$) und ist diffeomorph zu S^1. Analoges gilt für den Quotienten $\mathbb{R}^2/_{\mathbb{Z}^2}$, der zum "Torus" $S^1 \times S^1$ diffeomorph ist. Als weitere Beispiele finden sich die projektiven Räume im nächsten Abschnitt und der ausführlich diskutierte Bahnenraum zum Keplerproblem (II.7.12). Ein hinreichendes Kriterium für die Existenz des Quotienten als differenzierbare Mannigfaltigkeit für den wichtigen Fall, daß "$\sim$" durch eine differenzierbare Wirkung einer Lie–Gruppe auf M gegeben ist, wird zum Beispiel in [ABM, S. 262] bewiesen (siehe auch [DIE, 16.10.3]): Es genügt, daß der Graph R der zugehörigen Äquivalenzrelation $R := \{(a,b) \in M \times M \mid \exists g \in G : ga = b\}$ in der Produktmannigfaltigkeit $M \times M$ eine abgeschlossene Untermannigfaltigkeit ist. Ein nützliches differentielles Kriterium zur Feststellung, ob eine differenzierbare Struktur auf $M/_\sim$ bereits die Quotientenstruktur ist, wird am Ende des übernächsten Abschnitts (in 10.3°) nach der Einführung der Tangentialabbildung einer differenzierbaren Abbildung dargestellt.

Natürlich sind die in 1. und 3. definierten Untermannigfaltigkeiten des $\mathbb{R}^n$ Mannigfaltigkeiten in dem Sinne der neu gefaßten Definition. Im wesentlichen kommt jede n-dimensionale Mannigfaltigkeit M (bis auf Diffeomorphie) als Untermannigfaltigkeit eines $\mathbb{R}^N$ mit genügend großem $N \in \mathbb{N}$ vor. Das gilt aufgrund des Einbettungssatzes von Whitney jedenfalls für metrisierbare, zusammenhängende Mannigfaltigkeiten. Aber nicht jede Mannigfaltigkeit ist als eine solche Untermannigfaltigkeit gegeben; viele wichtige Mannigfaltigkeiten, wie zum Beispiel Bahnenräume, sind als Quotienten definiert. Hier ein Beispiel einer Mannigfaltigkeit, die a priori nicht als Untermannigfaltigkeit eines $\mathbb{R}^N$ sondern als Quotient gegeben ist:

9. Der projektive Raum. Sei $\mathbb{K} \in \{\mathbb{R}, \mathbb{C}\}$. In $\mathbb{K}^{n+1} \setminus \{0\}$ heißen zwei Vektoren $a, b \in \mathbb{K}^{n+1} \setminus \{0\}$ äquivalent, wenn sie linear abhängig sind, das heißt wenn es $\lambda \in \mathbb{K}$ mit $a = \lambda b$ gibt. Äquivalenzklassen bezüglich dieser Äquivalenzrelation werden folgendermaßen geschrieben: Für $b = (b^0, b^1, \dots, b^n) \in \mathbb{K}^{n+1} \setminus \{0\}$ setzt man
$$\gamma(b) := \{a : a \sim b\} =: (b^0 : b^1 : \dots : b^n).$$

Es sei $\mathbb{P}_n(\mathbb{K})$ die Menge aller Äquivalenzklassen. Auf $\mathbb{P}_n(\mathbb{K})$ hat man zunächst die Quotiententopologie (siehe oben). Eine Menge $U \subset \mathbb{P}_n(\mathbb{K})$ ist also offen, wenn $\gamma^{-1}(U) \subset \mathbb{K}^{n+1} \setminus \{0\}$ offen ist. Auf diese Weise wird $\mathbb{P}_n(\mathbb{K})$ zu einem metrisierbaren Raum. Als Metrik, die diese Topologie erzeugt, kann zum Beispiel
$$d(\gamma(a), \gamma(b)) := \min\{|x - y| : x \in \gamma(a), y \in \gamma(b), |x| = |y| = 1\}$$
dienen.

Für $i = 0, 1, \dots n$ ist insbesondere die Menge
$$U_i = \{(b^0 : \dots : b^n) \mid b^i \neq 0\} \subset \mathbb{P}_n(\mathbb{K})$$
offen, und die Abbildung

$$\varphi_i : U_i \longrightarrow \mathbb{K}^n \, , \quad (b^0 : \ldots : b^n) \longmapsto \tfrac{1}{b^i}(b^0, \ldots b^{i-1}, b^{i+1}, \ldots b^n) \, ,$$

ist bijektiv und stetig mit stetiger Umkehrabbildung. Also ist $\varphi_i : U_i \longrightarrow \mathbb{K}^n$ eine Karte. Je zwei dieser Karten φ_i und φ_j sind differenzierbar verträglich:

Sei etwa $i < j$. Es ist $\varphi_j^{-1}(y^1, \ldots y^n) = (y^1 : y^2 : \ldots : y^j : 1 : y^{j+1} : \ldots y^n)$, also $\varphi_i \circ \varphi_j^{-1}(y^1, \ldots, y^n) = \tfrac{1}{y^i}(y^1, \ldots, y^{i-1}, y^{i+1}, y^j, 1, y^{j+1}, \ldots, y^n)$, und diese Abbildung ist ein Diffeomorphismus von $\mathbb{K}^n \setminus \{y^i \neq 0\}$ nach $\mathbb{K}^n \setminus \{y^j \neq 0\}$.

Also erhält man einen endlichen Atlas $\mathfrak{A} := \{\varphi_i : U_i \longrightarrow \mathbb{K}^n : i = 0, \ldots n\}$ von $\mathbb{P}_n(\mathbb{K})$ mit paarweise verträglichen Karten und damit eine differenzierbare Struktur auf $\mathbb{P}_n(\mathbb{K})$ durch die Äquivalenzklasse der zu $\mathfrak{A}$ äquivalenten Atlanten.

Zur universellen Eigenschaft, die $\mathbb{P}_n(\mathbb{K})$ als Quotienten im Sinne des letzten Abschnitts ausweist: Zu jeder Kartenumgebung $U_j \subset \mathbb{P}_n(\mathbb{K})$ betrachte man die Menge $W_j := \{(b^0, b^1, b^2, \ldots, b^n) \in \mathbb{K}^{n+1} : b^j = 1\}$ in $\mathbb{K}^{n+1}$ und die Abbildung $\sigma_j : U_j \longrightarrow W_j$, $\sigma_j(b^0 : \ldots : b^n) := \tfrac{1}{b^j}(b^0, \ldots, b^{j-1}, b^j, b^{j+1}, \ldots, b^n)$. W_j ist eine (linear-affine) Untermannigfaltigkeit von $\mathbb{K}^{n+1}$ (mit der Dimension n im Falle $\mathbb{K} = \mathbb{R}$ und der Dimension $2n$ im Falle $\mathbb{K} = \mathbb{C}$). Die Komposition $\sigma_j \circ \varphi_j^{-1} : \mathbb{K}^n \longrightarrow W_j$ von σ_j und der Parametrisierung φ_j^{-1} ist die bijektive und differenzierbare Abbildung

$$(y^1, y^2, \ldots, y^n) \longmapsto (y^1, y^2, \ldots, y^j, 1, y^{j+1}, \ldots, y^n) \, .$$

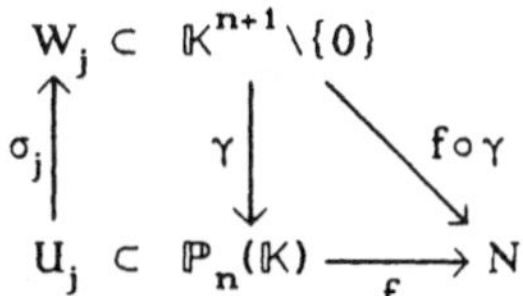

Nach Definition der Differenzierbarkeit auf Mannigfaltigkeiten ist also $\sigma_j : U_j \longrightarrow W_j$ eine differenzierbare Abbildung. Sei jetzt $f : \mathbb{P}_n(\mathbb{K}) \longrightarrow N$ eine Abbildung in eine differenzierbare Mannigfaltigkeit N, für die die Komposition $f \circ \gamma : \mathbb{K}^{n+1} \setminus \{0\} \longrightarrow N$ von f mit der kanonischen Projektion $\gamma : \mathbb{K}^{n+1} \setminus \{0\} \longrightarrow \mathbb{P}_n(\mathbb{K})$ differenzierbar ist. Dann ist auch die Restriktion $f_j := (f \circ \gamma)|_{W_j} : W_j \longrightarrow N$ differenzierbar und daher auch $f_j \circ \sigma_j : U_j \longrightarrow N$ für alle $j = 0, 1, 2, \ldots, n$. Wegen $\gamma(\sigma_j(b)) = b$ für $b \in U_j$ gilt $f_j \circ \sigma_j = (f \circ \gamma)|_{W_j} \circ \sigma_j = f|_{U_j}$. Also sind alle $f|_{U_j}$ $(j = 0, 1, 2, \ldots, n)$ differenzierbar, und deshalb ist schließlich f differenzierbar.

Anmerkungen: 1) Die σ_j sind lokale Schnitte zur Projektion γ.
2) Für $\mathbb{K} = \mathbb{R}$ gilt $\gamma(S_r^n) = \mathbb{P}_n(\mathbb{R})$ und $\mathbb{P}_n(\mathbb{R})$ kann auch definiert werden als die Menge der $\{b, -b\}$, $b \in S_r^n$. Ähnlich für $\mathbb{K} = \mathbb{C}$: $\gamma(S_r^{2n+1}) = \mathbb{P}_n(\mathbb{C})$ mit $a \sim b$ für $a, b \in S_r^{2n+1}$, wenn $a = \lambda b$ für ein $\lambda \in \mathbb{C}, |\lambda| = 1$. (Vgl. mit V.5.4.4°.) Es folgt, daß $\mathbb{P}_n(\mathbb{K})$ kompakt und zusammenhängend ist.

Analog zu dieser Konstruktion wird der Raum aller k-dimensionalen $\mathbb{K}$-linearen Teilräume von $\mathbb{K}^n$ $(k < n)$ zu einer Mannigfaltigkeit. Diese Mannigfaltigkeit wird die *Graßmann-Mannigfaltigkeit* genannt und mit $G_{k,n}(\mathbb{K})$ bezeichnet. $G_{k,n}(\mathbb{K})$ ist zum

Beispiel Quotient von $M_k := \{A \in \mathbb{K}(n) : \operatorname{rg} A = k\}$ unter der Äquivalenzrelation: $A \sim B \Leftrightarrow \operatorname{Im} A = \operatorname{Im} B$. Es gilt also mit dieser Notation: $\mathbb{P}_n(\mathbb{K}) = G_{1,n+1}(\mathbb{K})$.

10. Tangentialbündel und Tangentialabbildung. Sei M eine n-dimensionale abstrakte Mannigfaltigkeit, deren differenzierbare Struktur durch einen Atlas $\mathfrak{A}$ gegeben sei. Dann wird der Tangentialraum $T_a M$ an M in $a \in M$ in Analogie zu Abschnitt 6 unter Benutzung von "Geschwindigkeitsvektoren" von Kurven durch a definiert: Eine Kurve γ durch a ist eine Abbildung $\gamma :]-\varepsilon, \varepsilon[\longrightarrow M$ ($\varepsilon > 0$) mit $\gamma(0) = a$, die differenzierbar ist, das bedeutet, daß für eine geeignete Karte $\varphi : U \longrightarrow V$ von $\mathfrak{A}$ mit $\gamma(]-\varepsilon, \varepsilon[) \subset U$ ist $\varphi \circ \gamma :]-\varepsilon, \varepsilon[\longrightarrow M$ differenzierbar. (Um $\gamma(]-\varepsilon, \varepsilon[) \subset U$ zu gewährleisten, muß $\varepsilon > 0$ eventuell noch verkleinert werden. Für das Folgende kommt es aber nur auf das Verhalten von Kurven in unmittelbarer Nähe von a an.)

Zwei solche Kurven γ und $\bar{\gamma}$ heißen *äquivalent* in a, wenn

$$\frac{d}{dt}\varphi \circ \gamma\big|_{t=0} = \frac{d}{dt}\varphi \circ \bar{\gamma}\big|_{t=0}$$

gilt. Ein *Tangentialvektor* an M im Punkte a ist eine Äquivalenzklasse zu dieser Äquivalenzrelation, und ein durch γ gegebener Tangentialvektor, also die durch γ definierte Äquivalenzklasse, wird mit $[\gamma]_a$ bezeichnet. Für diesen Tangentialvektor wird auch $\dot{\gamma}(0)$ anstelle von $[\gamma]_a$ geschrieben. Die Gesamtheit aller Äquivalenzklassen von Kurven in a ist der *Tangentialraum* $T_a M$ an M in a. Durch eine Karte $\varphi : U \longrightarrow V$ des Atlanten $\mathfrak{A}$ mit $a \in U$ ist eine Abbildung $d\varphi_a : T_a M \longrightarrow \mathbb{R}^n$ vermöge

$$d\varphi_a([\gamma]_a) := \frac{d}{dt}(\varphi \circ \gamma)\big|_{t=0}$$

gegeben. $d\varphi_a$ ist bijektiv, wie man leicht nachweisen kann. Über diese bijektive Abbildung erhält $T_a M$ die Struktur eines n-dimensionalen $\mathbb{R}$-Vektorraums, so daß $d\varphi_a$ ein Vektorraumisomorphismus ist: Für $X, Y \in T_a M$ und $\lambda \in \mathbb{R}$ setze man

$$X + Y := (d\varphi_a)^{-1}(d\varphi_a(X) + d\varphi_a(Y)) \quad \text{und}$$
$$\lambda X := (d\varphi_a)^{-1}(\lambda d\varphi_a(X)).$$

Diese Vektorraumstruktur auf $T_a M$ ist unabhängig von der speziellen Karte φ.

Entsprechend der Notation in Abschnitt 6 bezeichnet man die durch die Karte φ definierten Basisvektoren $(d\varphi_a)^{-1}(e_j)$ mit

$$\frac{\partial}{\partial q^j}(a), \quad \frac{\partial}{\partial q^j}\big|_a, \quad \frac{\partial}{\partial q^j}, \quad \partial_j(a) \quad \text{oder} \quad \partial_j.$$

Es gilt dann

$$\frac{\partial}{\partial q^j}(a) = [\varphi^{-1}(\varphi(a) + t e_j)]_a.$$

1° Tangentialbündel. Das *Tangentialbündel* $TM := \bigcup\{T_a M : a \in M\}$ besitzt in natürlicher Weise die Struktur einer 2n-dimensionalen differenzierbaren Mannigfaltigkeit, wie im folgenden ausführlich erläutert wird. (Vgl. auch Abschnitt 7 für den Fall von Untermannigfaltigkeiten des $\mathbb{R}^n$ und die Beispiele in II.4 – 6.)

Mit $\tau : TM \longrightarrow M$ wird die natürliche Projektion bezeichnet: Es ist $\tau([\gamma]_a) := a$ für jede Kurve γ durch a (also $\tau^{-1}(a) = T_a M$). Sei $\varphi : U \longrightarrow V$ eine Karte aus $\mathfrak{A}$. Setze $TU := \tau^{-1}(U)$. Die zugehörige *Bündelkarte* $\hat{\varphi}$ ist

$$\hat{\varphi} : TU \longrightarrow V \times \mathbb{R}^n , \; X \longmapsto (\varphi(\tau(X)), d\varphi_a(X)), \; a = \tau(X),$$

also für $X = [\gamma]_a$: $\hat{\varphi}(X) := (\varphi(a), \frac{d}{dt}\varphi \circ \gamma|_{t=0})$. Man erhält das folgende kommutative Diagramm (das heißt $\varphi \circ \tau = pr_1 \circ \hat{\varphi}$, wobei pr_1 die Projektion auf den ersten "Faktor" im Produkt $V \times \mathbb{R}^n$ bezeichnet):

$$
\begin{array}{ccc}
TU & \overset{\hat{\varphi}}{\underset{\sim}{\longrightarrow}} & V \times \mathbb{R}^n \\
\downarrow{\scriptstyle \tau} & & \downarrow{\scriptstyle pr_1} \\
U & \underset{\varphi}{\overset{\sim}{\longrightarrow}} & V
\end{array}
$$

Es läßt sich leicht nachprüfen, daß $\hat{\varphi}$ bijektiv ist. Über die Bündelkarten erhält man auf TM eine eindeutig bestimmte Topologie, so daß alle $\hat{\varphi}$ ($\varphi \in \mathfrak{A}$) topologische Abbildungen sind (das heißt $\hat{\varphi}$ und $\hat{\varphi}^{-1}$ sind stetig). In dieser Topologie ist eine Menge $Z \subset TM$ genau dann Umgebung eines Tangentialvektors $X \in TM$, wenn es eine offene Umgebung $W \subset V \times \mathbb{R}^n$ von $\hat{\varphi}(X) \in V \times \mathbb{R}^n$ gibt mit $\hat{\varphi}^{-1}(W) \subset Z$.

Zunächst muß gezeigt werden, daß TM mit dieser Topologie ein Hausdorffraum ist: Je zwei Tangentialvektoren $X, Y \in TM$ mit verschiedenen Projektionen $\tau(X) \neq \tau(Y)$ werden durch offene Umgebungen der Form $\tau^{-1}(U) \subset TM$ getrennt. Ist aber $\tau(X) = \tau(Y) =: a$ mit $X \neq Y$, so gibt es bezüglich einer Karte $\varphi : U \longrightarrow V$ mit $a \in U$ wegen $\hat{\varphi}(X) \neq \hat{\varphi}(Y)$ stets offene $W, W' \subset V \times \mathbb{R}^n$ mit $\hat{\varphi}(X) \in W$ und $\hat{\varphi}(Y) \in W'$. Diese Umgebungen W, W' können disjunkt gewählt werden, da ja $V \times \mathbb{R}^n$ ein Hausdorffraum ist. Deshalb ist $\hat{\varphi}^{-1}(W)$ offene Umgebung von X und $\hat{\varphi}^{-1}(W')$ offene Umgebung von Y mit $\hat{\varphi}^{-1}(W) \cap \hat{\varphi}^{-1}(W') = \emptyset$.

Sei jetzt $\hat{\mathfrak{A}} := \{\hat{\varphi} : \varphi \in \mathfrak{A}\}$. Um zu zeigen, daß $\hat{\mathfrak{A}}$ eine differenzierbare Struktur auf TM definiert, genügt es nachzuprüfen, daß je zwei solche Bündelkarten $\hat{\varphi}$ und $\hat{\overline{\varphi}}$ differenzierbar verträglich sind. Seien also $\varphi : U \longrightarrow V$, $\overline{\varphi} : \overline{U} \longrightarrow \overline{V}$ Karten aus $\mathfrak{A}$ mit $U \cap \overline{U} \neq \emptyset$. Im folgenden kann dann $U = \overline{U}$ angenommen werden. Zu zeigen ist jetzt: Der Kartenwechsel
$$\hat{\overline{\varphi}} \circ \hat{\varphi}^{-1} : V \times \mathbb{R}^n \longrightarrow \overline{V} \times \mathbb{R}^n$$
ist differenzierbar. Für $(q,v) \in V \times \mathbb{R}^n$ ist zunächst
$$\hat{\varphi}^{-1}(q,v) = [\varphi^{-1}(q + tv)]_a, \; a = \varphi^{-1}(q).$$
Also gilt mit der Notation $\Phi := \overline{\varphi} \circ \varphi^{-1} : V \longrightarrow \overline{V}$:
$$
\begin{aligned}
\hat{\overline{\varphi}} \circ \hat{\varphi}^{-1}(q,v) &= \left(\overline{\varphi} \circ \varphi^{-1}(q), d\overline{\varphi}_a([\varphi^{-1}(q + tv)]_a)\right) \\
&= \left(\Phi(q), \frac{d}{dt}\overline{\varphi} \circ \varphi^{-1}(q + tv)|_{t=0}\right) \\
&= (\Phi(q), D\Phi(q).v).
\end{aligned}
$$

Da nach Voraussetzung Φ beliebig oft differenzierbar ist (das ist ja gerade die Verträglichkeit der Karten $\overline{\varphi}$ und φ), ist auch der neue Kartenwechsel $\hat{\overline{\varphi}} \circ \hat{\varphi}^{-1}$ beliebig oft differenzierbar. Eine typische Notation für die Koordinaten, die durch $\hat{\varphi}$ gegeben sind, ist $(q,v) = \hat{\varphi}(X)$, $X \in TU$.

2° **Tangentialabbildung.** Die Ableitung $Df(a) : \mathbb{R}^n \longrightarrow \mathbb{R}^m$ einer differenzierbaren Abbildung $f : U \longrightarrow \mathbb{R}^m$ auf einer offenen $U \subset \mathbb{R}^n$ als die lineare Approximation im Punkte $a \in U$ hat eine natürliche Verallgemeinerung auf differenzierbare Abbildungen zwischen Mannigfaltigkeiten durch die Tangentialabbildung. Für eine differenzierbare Abbildung $f : M \longrightarrow M'$ zwischen den Mannigfaltigkeiten M, M' ist die zugehörige *Tangentialabbildung* $Tf : TM \longrightarrow TM'$ folgendermaßen definiert: Für $[\gamma]_a \in T_a M$ ist

$$Tf([\gamma]_a) := [f \circ \gamma]_{f(a)}.$$

Die Restriktion $T_a f$ von Tf auf den Tangentialraum $T_a M$, $T_a f : T_a M \longrightarrow T_{f(a)} M'$, ist $\mathbb{R}$-linear. $T_a f$ entspricht der Ableitung $Df(a)$. Unter Verwendung von Bündelkarten läßt sich leicht sehen, daß die Tangentialabbildung $Tf : TM \longrightarrow TM'$ eine differenzierbare Abbildung zwischen den Tangentialbündeln ist. Sie erfüllt $\tau' \circ Tf = f \circ \tau$, was sich auch durch das kommutative Diagramm

$$
\begin{array}{ccc}
TM & \xrightarrow{\;Tf\;} & TM' \\
\downarrow{\scriptstyle\tau} & & \downarrow{\scriptstyle\tau'} \\
M & \xrightarrow[f]{} & M'
\end{array}
$$

ausdrücken läßt. Für eine weitere differenzierbare Abbildung $g : M' \longrightarrow M''$ in eine differenzierbare Mannigfaltigkeit M'' ist auch die Komposition $g \circ f : M \longrightarrow M''$ differenzierbar, und es gilt die *Kettenregel*, die sich einfach in der Form

$$T(g \circ f) = Tg \circ Tf$$

schreibt. Für Kurven $\gamma : I \longrightarrow M$ wird auch $\dot{\gamma}(t_0)$ anstelle von $T_{t_0}\gamma([t_0 + t]_{t_0})$ geschrieben, also: $\dot{\gamma}(t_0) = T_{t_0}\gamma([t_0 + t]_{t_0}) = [\gamma(t_0 + t)]_{\gamma(t_0)}$.

Mit Hilfe der Tangentialabbildung läßt sich im übrigen ein nützliches (hinreichendes) Kriterium formulieren, um festzustellen, ob eine differenzierbare Struktur auf $M/_{\sim}$ die Quotientenstruktur ist:

3° **Satz.** Ist die Quotiententopologie auf $M/_{\sim}$ Hausdorffsch, so ist eine differenzierbare Struktur auf $M/_{\sim}$ die Quotientenstruktur, wenn die natürliche Projektion $\pi : M \longrightarrow M/_{\sim}$ differenzierbar ist und alle Tangentialabbildungen $T_a\pi$, $a \in M$, surjektiv sind. (Eine differenzierbare Abbildung f, für die alle Tangentialabbildungen $T_a f$ surjektiv sind, heißt im übrigen eine *Submersion*.)

Der Rang $\operatorname{rg} T_a\pi$ ist dann nämlich konstant $(= \dim M/_{\sim})$, so daß nach dem Satz vom Rang (vgl. Abschnitt 3) zu jedem Punkt $b \in M/_{\sim}$ und $a \in \pi^{-1}(b)$ offene Umgebungen W von a und U von b existieren, sowie eine differenzierbare Abbildung $\sigma : U \longrightarrow W$ mit $\pi \circ \sigma = \mathrm{id}_U$. Ist jetzt $f : M/_{\sim} \longrightarrow Y$ eine Abbildung in irgendeine differenzierbare Mannigfaltigkeit Y, für die die Komposition $f \circ \pi : M \longrightarrow Y$ auf

M differenzierbar ist, so ist auch $f \circ \pi \circ \sigma = f|_U$ differenzierbar. Also ist f in einer geeigneten Umgebung eines jeden Punktes $b \in M/_\sim$ differenzierbar. Deshalb ist f als Abbildung von $M/_\sim$ nach Y differenzierbar, und das bedeutet, daß die auf $M/_\sim$ betrachtete differenzierbare Struktur die Quotientenstruktur ist. Im übrigen wurden in 9 zur Beschreibung des projektiven Raumes als Quotienten solche "lokalen Schnitte" der Projektion explizit als σ_j auf den Koordinatenumgebungen U_j angegeben.

11. Kotangentialbündel. Sei Q eine n-dimensionale differenzierbare Mannigfaltigkeit. Für $a \in Q$ ist

$$T_a^* Q := (T_a Q)^* := \{\alpha : T_a Q \longrightarrow \mathbb{R} \mid \alpha \text{ ist } \mathbb{R}\text{-linear}\}$$

der *Kotangentialraum* an Q im Punkte a. Die Kotangentialräume faßt man zusammen zum *Kotangentialbündel* $T^* Q := \bigcup \{T_a^* Q : a \in Q\}$. $T^* Q$ ist ähnlich wie $T Q$ in natürlicher Weise eine differenzierbare Mannigfaltigkeit. Die zugehörigen Bündelkoordinaten, die in der Klassischen Mechanik auch *kanonische Koordinaten* heißen (vgl. II.9), sollen hier beschrieben werden: Sei $\tau : T^* Q \longrightarrow Q$ die Projektion mit $\tau^{-1}(a) = T_a^* Q$, $a \in Q$. Für eine Karte $\varphi : U \longrightarrow V$ sei im folgenden $T^* U := \tau^{-1}(U)$. Man hat zu den Koordinaten $q = \varphi(a) \in U$ die Basisvektoren $\frac{\partial}{\partial q^\mu}(a) \in T_a M$, gegeben durch

$$\frac{\partial}{\partial q^\mu}(a) = [\varphi^{-1}(\varphi(a) + t e_\mu)]_a,$$

abgekürzt als ∂_μ oder $\frac{\partial}{\partial q^\mu}$ (siehe 6 und 10). Jede Linearform $p \in (\mathbb{R}^k)^*$ hat die Gestalt $p = p_\mu \varepsilon^\mu$ bezüglich der speziellen Linearformen $\varepsilon^\mu : \mathbb{R}^k \longrightarrow \mathbb{R}$, $\varepsilon^\mu(e_\nu) = \delta_\nu^\mu$. (ε^μ) ist die zu (e_ν) *duale Basis*. Analog hat man zur Basis $(\frac{\partial}{\partial q^\mu})$ von $T_a U$ die dualen Basiselemente $dq^\nu(a) = dq^\nu$ in $T_a^* U$

$$dq^\nu : T_a U \longrightarrow \mathbb{R},$$

gegeben durch $dq^\nu(X^\mu \frac{\partial}{\partial q^\mu}) := X^\nu$, also $dq^\nu(\frac{\partial}{\partial q^\mu}) = \delta_\nu^\mu$. Jede Linearform $\alpha \in T_a^* U$ hat daher die Darstellung $\alpha = \alpha_\nu dq^\nu$ bezüglich der Basis (dq^ν) mit $\alpha_\nu := \alpha(\frac{\partial}{\partial q^\nu}) \in \mathbb{R}$.

Die *Bündelkarte* $\hat{\varphi} : T^* U \longrightarrow V \times (\mathbb{R}^n)^*$ zu φ ist definiert durch

$$\hat{\varphi}(\alpha) := \left(\varphi \circ \tau(\alpha), \alpha(\frac{\partial}{\partial q^\mu}) \varepsilon^\mu\right) = \left(\varphi \circ \tau(\alpha), \alpha_\mu \varepsilon^\mu\right)$$

Es ist leicht zu sehen, daß $\hat{\varphi}$ bijektiv ist. Die Umkehrabbildung ist

$$\hat{\varphi}^{-1}(q,p) = p_\mu dq^\mu \in T_a^* U, \text{ wenn } p = p_\mu \varepsilon^\mu.$$

$$
\begin{array}{ccc}
T^* U & \xrightarrow{\ \sim\ \hat{\varphi}\ } & V \times (\mathbb{R}^n)^* \\
\tau \downarrow & & \downarrow pr_1 \\
U & \xrightarrow[\varphi]{\ \sim\ } & V
\end{array}
$$

Ähnlich wie am Schluß von Abschnitt 10 läßt sich zeigen, daß je zwei Bündelkarten $\hat{\varphi}$

und $\hat{\bar{\varphi}}$ differenzierbar verträglich sind. Also definiert $\hat{\mathfrak{A}} := \{\hat{\varphi}: \varphi \in \mathfrak{A}\}$ wie dort die Struktur einer differenzierbaren Mannigfaltigkeit auf T^*M. Typische Bündelkoordinaten auf T^*U sind

$$(q,p) = \hat{\varphi}(\alpha), \quad \alpha \in T^*U.$$

Bezüglich (q,p) kann man jetzt für $F,G \in \mathcal{E}(T^*U)$ die *Poissonklammer* einführen als

$$\{F,G\} := \frac{\partial F}{\partial q^\mu}\frac{\partial G}{\partial p_\mu} - \frac{\partial F}{\partial p_\mu}\frac{\partial G}{\partial q^\mu},$$

und eine kurze Rechnung zeigt, daß $\{F,G\}$ unabhängig von der speziellen Wahl der Bündelkarte ist.

12. Vektorfelder als Derivationen. In naheliegender Verallgemeinerung zu Abschnitt 7 sind die Vektorfelder X auf einer offenen Menge $W \subset M$ einer abstrakten Mannigfaltigkeit die differenzierbaren Abbildungen

$$X : W \longrightarrow TM$$

mit $\tau \circ X = \mathrm{id}_W$ (das bedeutet $X(\alpha) \in T_\alpha M$ für alle $\alpha \in W$), also die Schnitte im Tangentialbündel. Sei $\varphi : U \longrightarrow V \subset \mathbb{R}^n$ eine Karte mit $U \subset W$. φ definiert für $\mu \in \{1, 2,\dots,n\}$ die Basisvektorfelder ∂_μ auf U über $\partial_\mu(\alpha) := [\varphi^{-1}(\varphi(\alpha) + te_\mu)]_\alpha$, $\alpha \in U$ (vgl. 10 und 6). Zu jedem Punkt $\alpha \in W$ gibt es daher eindeutig bestimmte Koeffizienten $X^\mu(\alpha) \in \mathbb{R}$ mit $X(\alpha) = X^\mu(\alpha)\partial_\mu(\alpha)$. Weil X als differenzierbar vorausgesetzt ist, sind die Koeffizientenfunktionen $\alpha \longmapsto X^\mu(\alpha)$, $\alpha \in U$, differenzierbar. Es gilt also $X|_U = X^\mu \partial_\mu$ mit eindeutig bestimmten $X^\mu \in \mathcal{E}(U)$. Im Falle einer weiteren Karte $\bar{\varphi} : U \longrightarrow \bar{V}$ transformieren sich die Koeffizienten folgendermaßen:

$$X^i = \frac{\partial q^i}{\partial \bar{q}^\mu}\,\bar{X}^\mu$$

wobei die $\dfrac{\partial q^i}{\partial \bar{q}^\mu}$ die Komponenten der Jacobi-Matrix $D(\varphi \circ \bar{\varphi}^{-1})$ des Kartenwechsels $\varphi \circ \bar{\varphi}^{-1} : \bar{V} \longrightarrow V$ und $\bar{X}^\mu$ die Koeffizienten von X bezüglich der Basis $(\frac{\partial}{\partial \bar{q}^\mu})$ sind: $X = \bar{X}^\mu \frac{\partial}{\partial \bar{q}^\mu}$. Das folgt unmittelbar aus $\frac{\partial}{\partial \bar{q}^\mu} = \frac{\partial q^i}{\partial \bar{q}^\mu}\partial_i$.

$1°$ **Lie–Ableitung.** Jedes Vektorfeld X auf W definiert die *Richtungsableitung* oder *Lie-Ableitung* $L_X f$ für Funktionen $f \in \mathcal{E}(W)$: Ist $X(\alpha) = [\gamma]_\alpha$ in der Notation von Abschnitt 10, so ist

$$L_X f(\alpha) := \frac{d}{dt} f \circ \gamma(t)\big|_{t=0}.$$

Offenbar gilt $L_X f \in \mathcal{E}(W)$. Im Falle von $X = \partial_\mu$ auf $U = W$ schreibt man statt $L_X f$ auch $\partial_\mu f$, $f_{,\mu}$ oder $\frac{\partial f}{\partial q^\mu}$. Es ist also zum Beispiel

$$\frac{\partial f}{\partial q^\mu}(\alpha) = \frac{d}{dt} f \circ \varphi^{-1}(\varphi(\alpha) + te_\mu) = \frac{\partial(f \circ \varphi^{-1})}{\partial q^\mu}(\varphi(\alpha)) = f_{,\mu}(\alpha).$$

Die Lie-Ableitung L_X als Abbildung $L_X : \mathcal{E}(W) \longrightarrow \mathcal{E}(W)$ ist $\mathbb{R}$-linear und erfüllt die *Produktregel*: $L_X(fg) = (L_X f)g + f(L_X g)$ für alle $f,g \in \mathcal{E}(W)$.

Zu dieser Aussage gilt eine Art Umkehrung: Eine *Derivation* auf der $\mathbb{R}$-Algebra $\mathcal{E}(W)$ ist eine $\mathbb{R}$-lineare Abbildung $D : \mathcal{E}(W) \longrightarrow \mathcal{E}(W)$ mit

$$D(fg) = (Df)g + f(Dg)$$

für alle $f,g \in \mathcal{E}(W)$. (Eine $\mathbb{R}$-Algebra $\mathcal{R}$ ist eine $\mathbb{R}$-Vektorraum $\mathcal{R}$, auf dem noch eine Multiplikation $\mathcal{R} \times \mathcal{R} \longrightarrow \mathcal{R}$ erklärt ist mit einigen Verträglichkeitsbedingungen wie zum Beispiel: $f(g + h) = fg + fh$, $f(gh) = (fg)h$, etc. ; insbesondere ist $\mathcal{R}$ ein Ring.) $\mathcal{E}(W)$ ist eine $\mathbb{R}$-Algebra bezüglich der punktweisen Addition und Multiplikation, die wie folgt definiert sind: Für $f,g \in \mathcal{E}(W)$ und $\lambda \in \mathbb{R}$ ist

$$(f + g)(a) := f(a) + g(a),$$
$$(\lambda f)(a) := \lambda(f(a)) \quad \text{und}$$
$$(fg)(a) := f(a)g(a), \quad a \in W.$$

$\mathcal{E}(W)$ ist eine kommutative $\mathbb{R}$-Algebra mit 1, das heißt es gilt stets $fg = gf$ und es gibt eine Element 1 in $\mathcal{E}(W)$ mit $1f = f$, nämlich die Funktion auf W, die konstant gleich 1 ist. .

Für Vektorfelder X ist L_X nach dem Vorangehenden eine Derivation. Umgekehrt gilt (vgl. z.B. [ABM, S. 83]):

2° **Satz.** Zu jeder Derivation D auf $\mathcal{E}(W)$ gibt es genau eine Vektorfeld X auf W mit $D = L_X$.

3° **Lie-Klammer.** Mit Hilfe dieses Satzes läßt sich die *Lie-Klammer* zweier Vektorfelder X, Y auf W definieren: Zwar ist $L_X \circ L_Y$ zunächst keine Derivation, aber es ist

$$[L_X,L_Y] := L_X \circ L_Y - L_Y \circ L_X$$

eine Derivation. Es gibt daher nach dem Satz ein eindeutig bestimmtes Vektorfeld Z auf W mit $L_Z = [L_X,L_Y]$. Dieses Vektorfeld Z heißt die Lie-Klammer von X,Y und wird mit $[X,Y]$ bezeichnet. In lokalen Koordinaten bezüglich der Karte $\varphi : U \longrightarrow V$ sei $X = X^\mu \partial_\mu$ und $Y = Y^\nu \partial_\nu$. Dann ergibt sich aus $L_{[X,Y]} = L_X \circ L_Y - L_Y \circ L_X$: $[X,Y] = (X^\mu Y^\nu_{,\mu} - Y^\mu X^\nu_{,\mu})\partial_\nu$. Die Lie-Klammer erfüllt die folgenden Identitäten:

4° $[X,Y] = -[Y,X]$ und $[X,[Y,Z]] + [Y,[Z,X]] + [Z,[X,Y]] = 0,$

für beliebige Vektorfelder X,Y,Z auf W.

Die Menge aller Vektorfelder auf W bezeichnen wir mit $\mathfrak{V}(W)$. (Das "gotische" V trägt der Tatsache Rechnung, daß $\mathfrak{V}(W)$ eine Lie-Algebra ist, wie wir gleich erläutern werden.) Zunächst ist $\mathfrak{V}(W)$ in natürlicher Weise ein $\mathbb{R}$-Vektorraum: Für $X,Y \in \mathfrak{V}(W)$ und $\lambda \in \mathbb{R}$ werden durch

$$(X + Y)(a) := X(a) + Y(a) \quad \text{und}$$
$$(\lambda X)(a) := \lambda(X(a)) , \quad a \in W,$$

Vektorfelder $X + Y$ und λX auf W definiert. Darüberhinaus gilt für Funktionen $f \in \mathcal{E}(W)$ und Vektorfelder $\mathfrak{V}(W)$ sogar $fX \in \mathfrak{V}(W)$, wobei

$$(fX)(a) := f(a)X(a), \quad a \in W.$$

Deshalb ist $\mathfrak{V}(W)$ ein Modul über dem Ring $\mathcal{E}(W)$ der differenzierbaren Funktionen auf W.

5° **Modulstruktur.** Sei $\mathscr{R}$ ein kommutativer Ring mit 1. Ein $\mathscr{R}$-*Modul* V ist eine abelsche Gruppe V zusammen mit einer Multiplikation

$$\mathscr{R} \times V \longrightarrow V,$$

so daß die zu den Vektorraumaxiomen analogen Regeln gültig sind: Für $v,w \in V$ und $r,s \in \mathscr{R}$ gilt stets

$$r(v + w) = rv + rw, \quad 1v = v, \quad (rs)v = r(sv), \quad (r + s)v = rv + sv.$$

6° **Lie-Algebra der Vektorfelder.** Durch die Lie-Klammer ist auf $\mathfrak{B}(W)$ ein Produkt

$$[\, , \,] : \mathfrak{B}(W) \times \mathfrak{B}(W) \longrightarrow \mathfrak{B}(W)$$

gegeben, welches $\mathfrak{B}(W)$ zu einer Lie-Algebra über $\mathbb{R}$ macht. Das heißt, die Abbildung $[\, , \,]$ ist bilinear bezüglich $\mathbb{R}$ und es gelten die Identitäten 4° (vgl. auch L.5). Daß mit der Lie-Klammer tatsächlich die Struktur einer Lie-Algebra auf $\mathfrak{B}(W)$ erzeugt wird, ist leicht einzusehen, wenn man beachtet, daß die Menge der Derivationen auf einer Algebra $\mathscr{R}$ (hier: $\mathscr{R} = \mathscr{E}(W)$) als Unteralgebra der Algebra $\mathrm{Hom}_{\mathbb{R}}(\mathscr{R},\mathscr{R}) = \mathrm{End}_{\mathbb{R}}(\mathscr{R})$ aller Endomorphismen von $\mathscr{R}$ nach $\mathscr{R}$ mit dem *Kommutator* $[A,B] := A \circ B - B \circ A$ für $A,B \in \mathrm{End}_{\mathbb{R}}(\mathscr{R})$ als Lie-Klammer stets eine Lie-Algebra über $\mathbb{R}$ ist (vgl. L.S.3°).

13. Vektorfelder und autonome Differentialgleichungen auf dem $\mathbb{R}^{n}$. Für offene Mengen $M \subset \mathbb{R}^{n}$ als Mannigfaltigkeit kann das Tangentialbündel TM mit $M \times \mathbb{R}^{n}$ identifiziert werden, und die Vektorfelder auf M sind dann die differenzierbaren Abbildungen $X : M \longrightarrow \mathbb{R}^{n}$ (vgl. Abschnitt 2). Ein solches Vektorfeld definiert eine *autonome Differentialgleichung* durch

$$\dot{\gamma} = X(\gamma),$$

deren Lösungen gerade die Kurven $\gamma : J \longrightarrow M$ in M mit $\dot{\gamma}(t) = X(\gamma(t))$ für alle $t \in J$ sind. (Die Differentialgleichung heißt autonom, weil X nur von $a \in M$ und nicht von der Zeit t abhängt. γ wird auch *Integralkurve* genannt. $J \subset \mathbb{R}$ ist hier und im folgenden stets ein nichtleeres Intervall.) Wird γ als eine Bewegung in M aufgefaßt, so wird über die Differentialgleichung $\dot{\gamma} = X(\gamma)$ durch X die Geschwindigkeit der Bewegung festgelegt.

Nach allgemeinen Sätzen über Existenz, Eindeutigkeit und differenzierbare Abhängigkeit von Lösungen gewöhnlicher Differentialgleichungen (vgl. z.B. [DYS I], [BRÖ] oder [WAR, S. 36 ff.]) gilt wegen der Differenzierbarkeit von X :

1° **Lokaler Fluß zu einem Vektorfeld.**

i) Zu jedem $a \in M$ gibt es eine Lösung $\gamma : J(a) \longrightarrow M$ des Anfangswertproblems $\dot{\gamma} = X(\gamma)$, $\gamma(0) = a$, welche eindeutig und maximal ist. Das bedeutet, daß für jede weitere Lösung $\beta : J \longrightarrow M$ von $\dot{\beta} = X(\beta)$, $\beta(0) = a$, gilt: Das Intervall $J(a)$ umfaßt J und es ist $\gamma|_{J} = \beta$. $J(a)$ ist ein offenes Intervall.

ii) Es sei $\Omega := \bigcup\{J(a) \times \{a\} : a \in M\}$. Dann ist Ω eine offene Teilmenge von $\mathbb{R} \times M$. Die in 1° beschriebene maximale Lösung werde mit γ_{a} bezeichnet. Dann ist die Abbildung

$$\varphi : \Omega \longrightarrow M, \quad \varphi(t,a) := \gamma_{a}(t) \quad \text{für } (t,a) \in \Omega,$$

differenzierbar. φ heißt der *lokale Fluß* von X und wird auch mit φ_X bezeichnet.

iii) Mit den Notationen von i) und ii) sei für jeden Parameterwert $t \in \mathbb{R}$:
$M_t := \{a \in M : t \in J(a)\}$ sowie $\varphi_t(a) := \varphi(t,a) = \gamma_a(t)$, falls $a \in M_t$. Dann ist M_t offen in M und $\varphi_t : M_t \longrightarrow M_{-t}$ ist ein Diffeomorphismus. Außerdem gilt neben $\varphi_0 = \mathrm{id}_M$

$$(*) \qquad \varphi_s \circ \varphi_t(a) = \varphi_{s+t}(a), \text{ falls } a \in M_{s+t} \cap M_t \text{ und } \varphi_t(a) \in M_s.$$

Diese Eigenschaft $(*)$ folgt aus der Eindeutigkeit der Lösungen. Denn für festes t sind $s \longmapsto \varphi_s \circ \varphi_t(a) = \varphi(s, \varphi_t(a))$ und $s \longmapsto \varphi_{s+t}(a) = \varphi(s + t, a)$ jeweils Lösungen des Anfangswertproblems $\dot{\gamma} = X(\gamma)$, $\gamma(0) = a$.

2° **Definition.** Eine *lokale 1–Parametergruppe von Diffeomorphismen* (φ_t) *auf* M ist durch eine differenzierbare Abbildung $\varphi : \Omega \longrightarrow M$ auf einer offenen Teilmenge Ω von $\mathbb{R} \times M$ mit den folgenden Eigenschaften gegeben:

i) $\{0\} \times M \subset \Omega$.

ii) $\varphi_t : M_t \longrightarrow M_{-t}$, $\varphi_t(a) := \varphi(t,a)$, ist ein Diffeomorphismus für alle $t \in \mathbb{R}$, wobei $M_t := \{a \in M : (t,a) \in \Omega\}$.

iii) $\varphi_0 = M$ und es gilt $(*)$.

(M, φ) mit i) – iii) wird auch *dynamisches System* genannt.

Es läßt sich unmittelbar zeigen: Ist (φ_t) eine lokale 1–Parametergruppe, so ist φ bereits der lokale Fluß zu einem eindeutig bestimmten Vektorfeld X, nämlich zu
$$X(a) := \frac{d}{dt} \varphi(t,a)\Big|_{t=0}.$$

3° Ein Vektorfeld X heißt *vollständig*, wenn $\Omega = \mathbb{R} \times M$ ist, wenn also $J(a) = \mathbb{R}$ für alle $a \in M$ gilt. Lineare Vektorfelder sind vollständig auf $M = \mathbb{R}^n$. Ein einfaches nichtvollständiges Vektorfeld auf $M = \mathbb{R}$ ist durch $X(a) = a^2$, $a \in \mathbb{R}$, gegeben. Für $a > 0$ ist zum Beispiel $J(a) = \,]-\infty, \frac{1}{a}[$ das maximale Definitionsintervall mit der Lösung $\gamma_a(t) = (\frac{1}{a} - t)^{-1}$, $t \in J(a)$. Es gilt $\Omega = \{(t,a) \in \mathbb{R} \times \mathbb{R} : ta < 1\}$ und $\varphi(t,a) = (\frac{1}{a} - t)^{-1}$ für $a \neq 0$ sowie $\varphi(t,0) = 0$.

14. Vektorfelder auf Mannigfaltigkeiten und dynamische Systeme. Wie im Falle von offenen Mengen $M \subset \mathbb{R}^n$ als Mannigfaltigkeiten (vgl. Abschnitt 13) liefert ein Vektorfeld auch im Falle abstrakter Mannigfaltigkeiten M eine autonome Differentialgleichung
$$\dot{\gamma} = X(\gamma).$$
Hier muß nur $\dot{\gamma}(t_0)$ für Kurven $\gamma : J \longrightarrow M$ (also $\gamma \in \mathcal{E}(J,M)$ und $J \subset \mathbb{R}$ ein Intervall) verstanden werden als
$$\dot{\gamma}(t_0) := [\gamma(t + t_0)]_a, \text{ wobei } a = \gamma(t_0).$$
Unter Verwendung der in Abschnitt 10 eingeführten Tangentialabbildung läßt sich $\dot{\gamma}(t_0)$ auch als $T_{t_0}\gamma(1)$ schreiben, wobei $1 \in T_{t_0}\mathbb{R}$ für $[t_0 + t]_{t_0} = [t_0 + 1t]_{t_0}$ steht. In lokalen Koordinaten bezüglich einer Karte $\varphi : U \longrightarrow V \subset \mathbb{R}^n$ bei a hat man für $q(t) := \varphi \circ \gamma(t)$, $t \in J$, die Darstellung
$$\dot{\gamma}(t_0) = \dot{q}^\mu(t_0)\partial_\mu(a), \text{ kurz: } \dot{\gamma} = \dot{q}^\mu \partial_\mu = \dot{q}^\mu \frac{\partial}{\partial q^\mu}.$$

Die Resultate des voranstehenden Abschnitts übertragen sich unmittelbar von $\mathbb{R}^n$ auf n-dimensionale Mannigfaltigkeiten M: Jedes Vektorfeld $X \in \mathfrak{V}(M)$ definiert über die maximalen Lösungen von $\dot{\gamma} = X(\gamma)$ den zugehörigen *lokalen Fluß* $\varphi = \varphi_X$ auf einer offenen Teilmenge Ω von $\mathbb{R} \times M$, so daß

$$\dot{\varphi}(t,a) = X(\varphi(t,a)) \quad \text{und} \quad \varphi(0,a) = a$$

für alle $(t,a) \in \Omega$ gilt. Darüber hinaus liefert der Fluß φ_X über die Definition

$$\varphi_t(a) := \varphi(t,a)$$

für $(t,a) \in \Omega$, also $a \in M_t := \{a \in M : (t,a) \in \Omega\}$, eine Familie (φ_t) von Diffeomorphismen $\varphi_t : M_t \longrightarrow M_{-t}$ mit den folgenden zwei Eigenschaften: $\varphi_0 = \mathrm{id}_M$ und (∗) wie in 13.1°.

Durch X ist also über $\varphi = \varphi_X$ eine *lokale 1-Parametergruppe* oder ein *dynamisches System* gegeben. (Definition wie in Abschnitt 13, nur daß das dortige M jetzt für eine abstrakte Mannigfaltigkeit steht.) Umgekehrt wird durch jede lokale 1-Parametergruppe (φ_t) ein Vektorfeld X auf M definiert, dessen lokaler Fluß gerade φ ist: $X(a) := \dot{\varphi}(0,a) = [\varphi(t,a)]_a$.

Für die Lie-Ableitung (vgl. 7, 10 und 12) ergibt sich damit die folgende Formel ("Flußgleichung"):

$$L_X f(a) = \frac{d}{dt} f \circ \varphi_X(t,a)\big|_{t=0},$$

und allgemeiner noch

$$L_X f \circ \varphi_X(s,a) = \frac{d}{dt} f \circ \varphi_X(t,a)\big|_{t=s}.$$

Im allgemeinen ist $\Omega \neq \mathbb{R} \times M$. Vektorfelder, deren maximaler Fluß als Deformationsbereich $\Omega = \mathbb{R} \times M$ haben, heißen *vollständig* (vgl. 13.3°). Auf einer kompakten Mannigfaltigkeit sind alle Vektorfelder vollständig. Auf einer Lie-Gruppe sind die linksinvarianten und die rechtsinvarianten Vektorfelder vollständig (vgl. L.6).

15. Pfaffsche Formen. Sei W eine offene Menge in einer n-dimensionalen Mannigfaltigkeit M. Eine *Pfaffsche Form* (man sagt auch: *Differentialform vom Grad 1* oder *1-Form*) auf W ist ein differenzierbarer Schnitt im Kotangentialbündel T^*M über W, das heißt eine differenzierbare Abbildung

$$\alpha : W \longrightarrow T^*M$$

mit $\tau \circ \alpha = \mathrm{id}_W$. Jedem $a \in W$ ist also auf differenzierbare Weise eine Linearform $\alpha(a)$ auf dem Tangentialraum $T_a M$ zugeordnet. In lokalen Koordinaten, die durch eine Karte $\varphi : U \longrightarrow V \subset \mathbb{R}^n$ mit $U \subset W$ gegeben sind, hat man die Pfaffschen Formen $dq^1, dq^2, \dots, dq^n$ auf U (vgl. 11) mit $dq^\mu(\partial_\nu) = \delta_\nu^\mu$. Zu jeder 1-Form α auf W gibt es daher analog zu der Situation bei den Vektorfeldern (vgl. Abschnitt 12) differenzierbare Koeffizientenfunktionen $\alpha_\nu \in \mathscr{E}(U)$ mit $\alpha|_U = \alpha_\nu dq^\nu$. Im Falle einer weiteren Karte $\overline{\varphi} : U \longrightarrow \overline{V}$ transformieren sich diese Koeffizienten folgendermaßen: Gilt $\alpha|_U = \overline{\alpha}_i d\overline{q}^i$ bezüglich der durch $\overline{\varphi}$ gegebenen Koordinaten $\overline{q}^1, \overline{q}^2, \dots, \overline{q}^n$, so ist

$$\alpha_\mu = \frac{\partial \overline{q}^i}{\partial q^\mu}\, \overline{\alpha}_i,$$

wobei die $\dfrac{\partial \bar{q}^i}{\partial q^\mu}$ die Komponenten der Jacobi-Matrix von $\bar{\varphi} \circ \varphi^{-1} : V \longrightarrow \bar{V}$ sind. Das folgt sofort aus

$$d\bar{q}^i = \frac{\partial \bar{q}^i}{\partial q^\mu} dq^\mu .$$

Eine 1-Form α auf W liefert durch $\tilde{\alpha}|_{T_a M} := \alpha(a)$, $a \in W$, eine differenzierbare Funktion $\tilde{\alpha} : TW \longrightarrow \mathbb{R}$, deren Restriktionen $\tilde{\alpha}|_{T_a M}$ $\mathbb{R}$-linear sind. Jede Funktion $\beta \in \mathcal{E}(TW, \mathbb{R})$ mit linearen $\beta|_{T_a M}$ für alle $a \in W$ definiert umgekehrt eine 1-Form.

Eine 1-Form α auf W läßt sich auch auffassen als eine $\mathcal{E}(W)$-lineare Abbildung $\alpha : \mathfrak{B}(W) \longrightarrow \mathcal{E}(W)$ auf dem $\mathcal{E}(W)$-Modul $\mathfrak{B}(W)$, indem

$$\alpha(X)(a) := \alpha(a)(X(a))$$

für alle $a \in W$ gesetzt wird. Die $\mathcal{E}(W)$-Linearität von α bedeutet, daß für $f \in \mathcal{E}(W)$ und für $X, Y \in \mathfrak{B}(W)$ stets gilt: $\alpha(X + fY) = \alpha(X) + f\alpha(Y)$. In lokalen Koordinaten sei $\alpha = \alpha_\mu dq^\mu$ und $X = X^\nu \partial_\nu$. Dann ist $\alpha(X) = \alpha_\mu X^\mu$ auf U.

Umgekehrt ist jede $\mathcal{E}(W)$-lineare Abbildung $\mathfrak{B}(W) \longrightarrow \mathcal{E}(W)$ auf diese Weise durch eine 1-Form auf W erzeugt. Schreibt man jetzt $\mathfrak{B}^*(W)$ für den $\mathcal{E}(W)$-Modul der 1-Formen auf W und $\mathfrak{B}(W)^* := \text{Hom}(\mathfrak{B}(W), \mathcal{E}(W))$ für den zu $\mathfrak{B}(W)$ *dualen Modul* (der $\mathcal{E}(W)$-linearen Abbildungen $\mathfrak{B}(W) \longrightarrow \mathcal{E}(W)$), so haben wir gezeigt, daß die $\mathcal{E}(W)$-Moduln $\mathfrak{B}^*(W)$ und $\mathfrak{B}(W)^*$ in natürlicher Weise isomorph sind. Es wird daher oft so gerechnet, als wäre $\mathfrak{B}^*(W) = \mathfrak{B}(W)^*$. Genauso läßt sich herleiten: $\mathfrak{B}(W)$ ist außerdem *reflexiv* in dem Sinne, daß $(\mathfrak{B}^*(W))^*$ wieder in natürlicher Weise isomorph zu $\mathfrak{B}(W)$ als $\mathcal{E}(W)$-Modul ist.

Jede Funktion $f \in \mathcal{E}(W)$ liefert eine 1-Form auf W, nämlich das *totale Differential* df von f: $df(X) := L_X f$. Die Differentiale dq^μ der Koordinaten $q^\mu : U \longrightarrow \mathbb{R}$ zu einer Karte $\varphi : U \longrightarrow V$ wurden bereits in Abschnitt 11 eingeführt.

In lokalen Koordinaten ist

$$df|_U = f_{,\mu} dq^\mu, \text{ mit } \frac{\partial f}{\partial q^\mu} = f_{,\mu} \text{ wie in Abschnitt 12.}$$

16. Tensorfelder und Differentialformen. Es sei W wieder eine offene Teilmenge einer n-dimensionalen Mannigfaltigkeit M und es seien $r, s \in \mathbb{N}$ natürliche Zahlen. Ein *Tensorfeld* t *vom Typ* $\binom{r}{s}$ *auf* W ist eine $\mathcal{E}(W)$-multilineare Abbildung

$$t : (\mathfrak{B}^*(W))^r \times (\mathfrak{B}(W))^s \longrightarrow \mathcal{E}(W) .$$

(t kann auch definiert werden als differenzierbarer Schnitt in dem entsprechenden Tensorbündel vom Typ $\binom{r}{s}$, vgl. V.4.) Die $\binom{0}{1}$-Tensorfelder auf W sind also gerade die 1-Formen, während die $\binom{1}{0}$-Tensorfelder den Vektorfeldern entsprechen. Unter den $\binom{0}{2}$-Tensorfeldern t sind die nichtausgearteten, symmetrischen Tensorfelder von besonderem Interesse, weil sie eine semi-Riemannsche Geometrie auf M definieren (vgl. G.12, G.15 und G.16, sowie II.8.8 und II.8.19), und die alternierenden Tensorfelder,

weil sie mit geeigneten Zusatzbedingungen eine symplektische Struktur auf der Mannigfaltigkeit M definieren (vgl. Abschnitt 19). Der Riemannsche Krümmungstensor (vgl.
G.14) R ist ein Beispiel für ein Tensorfeld vom Typ $\binom{1}{3}$.

1° **Tensorprodukt.** Für ein weiteres Tensorfeld t' vom Typ $\binom{r'}{s'}$ auf W ist
das *Tensorprodukt* $t \otimes t'$, ein Tensorfeld vom Typ $\binom{r+r'}{s+s'}$ auf W, definiert durch

$$t \otimes t'(\alpha^1,\alpha^2,\dots,\alpha^r,\alpha^{r+1},\alpha^{r+2},\dots,\alpha^{r+r'},X_1,X_2,\dots,X_s,X_{s+1},\dots X_{s+s'}) :=$$
$$= t(\alpha^1,\alpha^2,\dots,\alpha^r,X_1,X_2,\dots,X_s)\, t'(\alpha^r,\alpha^{r+1},\alpha^{r+2},\dots,\alpha^{r+r'},X_{s+1},\dots X_{s+s'}).$$

Mit $\mathscr{T}^r_s(W)$ werde der $\mathscr{E}(W)$-Modul der Tensorfelder vom Typ $\binom{r}{s}$ auf W
bezeichnet, und mit $\mathscr{T}(W) := \oplus\, \mathscr{T}^r_s(W)$ die direkte Summe über alle $\mathscr{T}^r_s(W)$.

In lokalen Koordinaten bezüglich einer Karte $\varphi : U \longrightarrow V,\ U \subset W$, hat
jedes $t \in \mathscr{T}^r_s(W)$ die eindeutige Darstellung

$$t|_U = t^{\mu_1\mu_2\cdots\ \mu_r}_{\ \nu_1\nu_2\cdots\ \nu_s}\, \partial_{\mu_1} \otimes \partial_{\mu_2} \otimes \dots \otimes \partial_{\mu_r} \otimes dq^{\nu_1} \otimes dq^{\nu_2} \otimes \dots \otimes dq^{\nu_s}$$

(Einsteinsche Summenkonvention: Über gleiche Indizes oben und unten wird von 1 bis
n summiert!), wobei

$$t^{\mu_1\mu_2\cdots\ \mu_r}_{\ \nu_1\nu_2\cdots\ \nu_s} := t(dq^{\mu_1},dq^{\mu_2}\dots,dq^{\mu_r},\partial_{\nu_1},\partial_{\nu_2},\dots,\partial_{\nu_s}) \in \mathscr{E}(U).$$

Das Transformationsverhalten bei einem Kartenwechsel beschreibt sich wie folgt: Sei
$\bar{\varphi} : U \longrightarrow \bar{V}$ eine weitere Karte und $\Phi = \bar{\varphi} \circ \varphi^{-1} : V \longrightarrow \bar{V}$ der Kartenwechsel. Mit

$$\bar{d}^i_\mu := \frac{\partial \bar{q}^i}{\partial q^\mu} \quad \text{bzw.} \quad d^i_\mu := \frac{\partial q^i}{\partial \bar{q}^\mu}$$

als Abkürzungen für die Koeffizienten der Matrix $D\Phi$ bzw. $D\Phi^{-1}$ gilt

$$t^{\mu_1\mu_2\cdots\ \mu_r}_{\ \nu_1\nu_2\cdots\ \nu_s} = d^{\mu_1}_{\lambda_1}d^{\mu_2}_{\lambda_2}\cdots d^{\mu_r}_{\lambda_r}\bar{d}^{\varkappa_1}_{\nu_1}\cdots\bar{d}^{\varkappa_s}_{\nu_s}\bar{t}^{\lambda_1\lambda_2\cdots\ \lambda_r}_{\ \varkappa_1\varkappa_2\cdots\ \varkappa_s}.$$

2° **Differentialformen.** Differentialformen sind alternierende Tensorfelder
vom Typ $\binom{0}{s}$. Eine *Differentialform* η *vom Grad* s (oder eine *s-Form*) *auf* W ist
also eine $\mathscr{E}(W)$-multilineare Abbildung

$$\eta : \mathfrak{B}(W)^s \longrightarrow \mathscr{E}(W),$$

so daß für alle Permutationen σ von $\{1,2,\dots,s\}$ und alle $X_1, X_2,\dots, X_s \in \mathfrak{B}(W)$ gilt

$$\eta(X_1, X_2,\dots, X_s) = \operatorname{sgn}(\sigma)\,\eta(X_{\sigma(1)},X_{\sigma(2)},\dots,X_{\sigma(s)}).$$

Mit $\mathscr{A}^s(W)$ wird der $\mathscr{E}(W)$-Modul der s-Formen auf W bezeichnet. Man
setzt $\mathscr{T}^0_0(W) = \mathscr{A}^0(W) := \mathscr{E}(W)$ und man weiß $\mathscr{A}^1(W) = \mathfrak{B}^*(W) \cong \mathfrak{B}(W)^*$.
Außerdem gilt $\mathscr{A}^s(W) = \{0\}$ für s > n, da es auf $\mathbb{R}^n$ keine bezüglich $\mathbb{R}$ s-multi-
linearen alternierenden Abbildungen außer der Nullabbildung geben kann.

3° **Äußeres Produkt.** Für zwei 1-Formen $\alpha,\beta \in \mathscr{A}^1(W)$ ist das sogenannte *äußere Produkt* (oder *Dachprodukt*) $\alpha \wedge \beta$ die durch

$$\alpha \wedge \beta := \alpha \otimes \beta - \beta \otimes \alpha$$

definierte 2-Form. Also $\alpha \wedge \beta(X,Y) = \alpha(X)\beta(Y) - \alpha(Y)\beta(X)$ für $X, Y \in \mathfrak{B}(W)$. Allgemeiner ist für 1-Formen $\alpha^1,\alpha^2,\dots,\alpha^s \in \mathscr{A}^1(W)$ durch die folgende Formel eine s-Form $\alpha^1 \wedge \alpha^2 \wedge \dots \wedge \alpha^s$ auf W definiert:

$$\alpha^1 \wedge \alpha^2 \wedge \dots \wedge \alpha^s := \sum_{\sigma \in \mathfrak{S}_s} \mathrm{sgn}(\sigma)\, \alpha^{\sigma(1)} \otimes \alpha^{\sigma(2)} \otimes \dots \otimes \alpha^{\sigma(s)}.$$

Für $\eta \in \mathscr{A}^s(W)$ und $\omega \in \mathscr{A}^r(W)$ definiert man schließlich:

$$\eta \wedge \omega(X_1,\dots,X_{s+r}) := \frac{1}{s!\,r!}\sum_{\sigma \in \mathfrak{S}_{s+r}} \mathrm{sgn}(\sigma)\, \eta(X_{\sigma(1)},\dots,X_{\sigma(s)})\, \omega(X_{\sigma(s+1)},\dots,X_{\sigma(s+r)})$$

und erhält eine $(s+r)$-Form $\eta \wedge \omega$ auf W.

In lokalen Koordinaten bezüglich einer Karte $\varphi : U \longrightarrow V$ mit $U \subset W$ hat jede s-Form $\eta \in \mathscr{A}^s(W)$ die Darstellung

$$\eta\big|_U = \eta_{\mu_1 \mu_2 \dots \mu_s}\, dq^{\mu_1} \wedge dq^{\mu_2} \wedge \dots \wedge dq^{\mu_s},$$

wobei $\eta_{\mu_1\mu_2\dots\mu_s} = \eta(\partial_{\mu_1},\partial_{\mu_2},\dots,\partial_{\mu_s}) \in \mathscr{E}(U)$ ist. Das Transformationsverhalten der Koeffizienten $\eta_{\mu_1\mu_2\dots\mu_s}$ bei Kartenwechsel läßt sich aus den entsprechenden Gleichungen für Tensoren (s.o. in 1°) ablesen.

4° **Pullback.** Das *"Pullback"* einer Form $\alpha \in \mathscr{A}^s(W)$ unter einer differenzierbaren Abbildung $\varphi : N \longrightarrow M$ ist die Form $\varphi^*\alpha \in \mathscr{A}^s(\varphi^{-1}(W))$, die durch die Formel

$$\varphi^*\alpha(X_1,\dots,X_s) := \alpha(T\varphi(X_1),\dots,T\varphi(X_s))$$

für $X_1,\dots,X_s \in \mathfrak{B}(W)$ gegeben ist. Es gilt $\varphi^*(\alpha \wedge \beta) = \varphi^*\alpha \wedge \varphi^*\beta$.

5° **Vektorwertige Differentialformen.** Sei $\mathbb{F}$ ein endlichdimensionaler Vektorraum über $\mathbb{R}$ oder über $\mathbb{C}$. Die $\mathbb{F}$-wertigen Differentialformen auf $W \subset M$ vom Grad s werden analog zum skalaren Fall definiert als die $\mathscr{E}(W)$-multilinearen und alternierenden Abbildungen

$$\theta : \mathfrak{B}(W)^s \longrightarrow \mathscr{E}(W,\mathbb{F}).$$

(Siehe auch zu Beginn von V.4.) Mit $\mathscr{A}^s(W,\mathbb{F})$ wird entsprechend der $\mathscr{E}(W)$-Modul der $\mathbb{F}$-wertigen s-Formen bezeichnet. Für eine skalare s-Form $\eta \in \mathscr{A}^s(W)$ und $f \in \mathscr{E}(W,\mathbb{F})$ sei $\eta \otimes f$ die $\mathbb{F}$-wertige s-Form

$$(X_1,X_2,\dots,X_s) \longmapsto \eta(X_1,X_2,\dots,X_s)\,f,$$

für Vektorfelder $X_\sigma \in \mathfrak{B}(W)$. Dieses "Tensorprodukt" vermittelt bei der Wahl einer Basis $(b_1,\dots,b_k)$ von $\mathbb{F}$ einen Vektorraumisomorphismus $(\mathscr{A}^s(W))^k \longrightarrow \mathscr{A}^s(W,\mathbb{F})$ durch $(\eta^1,\eta^2,\dots,\eta^k) \longmapsto \eta^j \otimes b_j$.

Die s-Form $\eta \otimes f$ bezeichnen wir auch als ηf oder $f\eta$. Bezüglich lokaler Koordinaten auf einer offenen Menge $U \subset W$ hat man mit dieser Notation wie im skalaren Fall die folgende Darstellung für $\theta \in \mathscr{A}^s(W,\mathbb{F})$:

$$\theta\big|_u = \theta_{\mu_1\mu_2\ \dots\ \mu_s}\, dq^{\mu_1}\wedge dq^{\mu_2}\wedge\ \dots\ \wedge dq^{\mu_s}$$

mit $\theta_{\mu_1\mu_2\ \dots\ \mu_s} := \theta(\partial_{\mu_1},\partial_{\mu_2},\ \dots\ ,\partial_{\mu_s}) \in \mathcal{E}(W,\mathbb{F})$.

6° Lie–Algebra–wertige Differentialformen. Für den Fall, daß $\mathbb{F}$ außerdem noch eine Lie–Algebra g ist (vgl. L.5), überträgt sich die Lie–Klammer $[\ ,\ ]$ auf die g–wertigen Differentialformen in der folgenden Weise: Für $\alpha \in \mathcal{A}^r(W,g)$, $\theta \in \mathcal{A}^s(W,g)$ und Vektorfelder $X_1,\ \dots\ ,X_{r+s} \in \mathfrak{B}(W)$ sei

$$[\alpha,\theta](X_1,\ \dots\ ,X_{r+s}) := \frac{1}{r!s!}\sum_{\sigma\in\mathfrak{S}_{r+s}}\operatorname{sgn}(\sigma)\Big[\alpha(X_1,\ \dots\ ,X_r),\theta(X_{r+1},\ \dots\ ,X_{r+s})\Big].$$

Dann ist $[\alpha,\theta]$ eine wohldefinierte $(r+s)$–Form. Bezüglich einer Basis $(T_1,\ \dots\ ,T_m)$ von g hat jede Form $\theta \in \mathcal{A}^s(W,\mathbb{F})$ die eindeutige Darstellung $\theta = \theta^\mu\otimes T_\mu$ mit skalarwertigen s-Formen $\theta^\mu \in \mathcal{A}^s(W)$. Für $\alpha \in \mathcal{A}^r(W,g)$, $\theta \in \mathcal{A}^s(W,g)$ hat dann das gerade eingeführte Produkt mit Hilfe der Strukturkonstanten $c_{\mu\nu}^\lambda$ auch die Beschreibung

$$[\alpha,\theta] = (\alpha^\mu\wedge\theta^\nu)\otimes[T_\mu,T_\nu] = (\alpha^\mu\wedge\theta^\nu)c_{\mu\nu}^\lambda\otimes T_\lambda .$$

Aus den Eigenschaften der Lie–Klammer auf g folgen die beiden Identitäten:

$$[\alpha,\theta] = -(-1)^{rs}[\theta,\alpha],$$

$$(-1)^{rs}[\alpha,[\theta,\gamma]] + (-1)^{st}[\theta,[\gamma,\alpha]] + (-1)^{tr}[\gamma,[\alpha,\theta]] = 0,$$

wobei $\gamma \in \mathcal{A}^t(W,g)$ eine weitere g–wertige Differentialform ist. Durch lineare Fortsetzung von $[\ ,\ ]$ auf den Vektorraum $\mathcal{A}^*(W,g) := \oplus\mathcal{A}^r(W,g)$ aller g–wertigen Differentialformen ergibt sich eine $\mathbb{R}$–bilineare Abbildung

$$[\ ,\ ]: \mathcal{A}^*(W,g)\times\mathcal{A}^*(W,g) \longrightarrow \mathcal{A}^*(W,g)$$

mit den gerade dargestellten Identitäten. ($\mathcal{A}^*(W,g)$ wird damit zu einer Z–graduierten *Lie–Algebra* und eine *Lie–Super–Algebra*.)

7° Für den Fall, daß g eine Matrix–Lie–Algebra $g \subset \mathbb{C}(N)$ ist, hat man außerdem noch das folgende "äußere" Produkt für g–wertige Differentialformen α,θ wie oben: Zunächst hat $\alpha \in \mathcal{A}^r(W,g)$ die Darstellung $\alpha = (\alpha_\rho^\sigma)$ mit $\alpha_\rho^\sigma \in \mathcal{A}^r(W,\mathbb{C})$ und entsprechend $\theta = (\theta_\rho^\sigma)$. $\alpha\wedge\theta \in \mathcal{A}^{r+s}(W,g)$ ist dann definiert durch

$$(\alpha\wedge\theta)_\rho^\sigma := \alpha_\tau^\sigma\wedge\theta_\rho^\tau .$$

Im Vergleich zu $[\ ,\ ]$ gilt $[\alpha,\theta] = \alpha\wedge\theta - (-1)^{rs}\theta\wedge\alpha$, also insbesondere für 1-Formen $[\alpha,\theta] = \alpha\wedge\theta + \theta\wedge\alpha$ und $[\alpha,\alpha] = 2\alpha\wedge\alpha$.

17. Äußere Ableitung und Lemma von Poincaré. Es sei W wieder eine offene Teilmenge einer n-dimensionalen Mannigfaltigkeit M. Die *äußere Ableitung* $d = d^s$ ist ein $\mathbb{R}$-linearer Operator

$$d: \mathcal{A}^s(W) \longrightarrow \mathcal{A}^{s+1}(W),$$

der sich in lokalen Koordinaten schreibt als

$$1^\circ \quad d(\eta_{\mu_1\mu_2\cdots\,\mu_s}\,dq^{\mu_1}\wedge dq^{\mu_2}\wedge\ldots\wedge dq^{\mu_s}) := d\eta_{\mu_1\mu_2\cdots\,\mu_s}\wedge dq^{\mu_1}\wedge dq^{\mu_2}\wedge\ldots\wedge dq^{\mu_s},$$

wobei df für differenzierbare Funktionen f die totale Ableitung von f ist (vgl. Abschnitt 15). Daß die lokale Formel 1° tatsächlich einen globaler Operator auf $\mathscr{A}^s(W)$ definiert, ergibt sich aus der alternativen, aber äquivalenten Definition:

$$2^\circ \quad d\eta(X_0,X_1,\ldots,X_s) := \sum_{j=0}^{s}(-1)^j L_{X_j}(\eta(X_0,X_1,\ldots,\widehat{X}_j,\ldots,X_s)) +$$

$$+ \sum_{i<j}(-1)^{i+j}\eta([X_i,X_j],X_0,X_1,\ldots,\widehat{X}_i,\ldots,\widehat{X}_j,\ldots,X_s)\,.$$

Dabei bedeutet $\widehat{X}_j$, daß X_j jeweils ausgelassen wird.

Von den zahlreichen Formeln für d vermerken wir neben

$$3^\circ \quad d(\alpha\wedge\beta) = d\alpha\wedge\beta + (-1)^s\alpha\wedge d\beta$$

für $\alpha\in\mathscr{A}^s(W)$ und

$$4^\circ \quad d(\varphi^*\alpha) = \varphi^*(d\alpha)$$

für differenzierbare $\varphi:M'\longrightarrow M$, also $d\circ\varphi^* = \varphi^*\circ d$, noch die folgende, die sich durch Einsetzen direkt aus der Definition ergibt:

$$5^\circ \quad d\circ d = 0 \text{ , oder genauer } d^{s+1}\circ d^s = 0\,.$$

Für vektorwertige Formen wird $d:\mathscr{A}^s(W,\mathbb{F})\longrightarrow\mathscr{A}^{s+1}(W,\mathbb{F})$ genauso definiert, und man hat ebenfalls die Formel $1^\circ,2^\circ,3^\circ$ sowie 5°; außerdem 4° bei Matrix-Lie-Algebren $\mathfrak{g}$:

$$6^\circ \quad d(\alpha\wedge\theta) = d\alpha\wedge\theta + (-1)^s\alpha\wedge d\theta\,,$$

wenn $\alpha\in\mathscr{A}^s(W,\mathfrak{g})$. Für allgemeine endlichdimensionale Lie-Algebren $\mathfrak{g} = \mathbb{F}$ gilt entsprechend

$$7^\circ \quad d[\alpha,\theta] = [d\alpha,\theta] + (-1)^s[\alpha,d\theta]\,.$$

Die Vektorfelder $X\in\mathfrak{B}(W)$ wirken auf den Formen ähnlich wie auf den Funktionen als *Lie-Ableitung*

$$8^\circ \quad L_X\alpha := \frac{d}{dt}(\varphi_t^*\alpha)\big|_{t=0}\,,$$

wobei (φ_t) den lokalen Fluß von X bezeichnet (vgl. 13.1° und 14). Für $L_X,d,\wedge$ gelten die Formeln

$$9^\circ \quad L_X d\alpha = dL_X\alpha, \text{ also } L_X\circ d = d\circ L_X,$$

$$10^\circ \quad L_X(\alpha\wedge\beta) = (L_X\alpha)\wedge\beta + \alpha\wedge L_X\beta\,.$$

Ein Zusammenhang zwischen L_X und d wird durch die "Homotopieformel" von Cartan hergestellt:

$$11^\circ \quad L_X\alpha = d\iota_X\alpha + \iota_X d\alpha\,.$$

Dabei ist $\iota_X:\mathscr{A}^s\longrightarrow\mathscr{A}^{s-1}$ die "Kontraktion" definiert durch $\iota_X\alpha := 0$ für $\alpha\in\mathscr{A}^0$ und $\iota_X\alpha(Y_1,Y_2,\ldots,Y_{s-1}) := \alpha(X,Y_1,Y_2,\ldots,Y_{s-1})$ für $\alpha\in\mathscr{A}^s$ mit $s>0$.

Beweis von 11° durch Induktion nach s: Im Falle $s = 0$ gilt $L_X f = df(X)$, also $L_X f = d(\iota_X f) + \iota_X df$ wegen $\iota_X f = 0$. Im Falle $s + 1 > 0$ genügt es, 11° für Formen $\alpha \in \mathscr{A}^{s+1}$ von der Gestalt $\alpha = df \wedge \beta$ zu zeigen mit $f \in \mathscr{A}^0 = \mathscr{E}$ und $\beta \in \mathscr{A}^s$. Es ist

$$\iota_X d\alpha = \iota_X (ddf \wedge \beta - df \wedge d\beta) = -\iota_X (df \wedge d\beta) = -(\iota_X df) \wedge d\beta + df \wedge \iota_X d\beta,$$

$$d\iota_X \alpha = d((\iota_X df) \wedge \beta - df \wedge \iota_X \beta) = (d\iota_X df) \wedge \beta + \iota_X df \wedge d\beta + df \wedge d\iota_X \beta.$$

Also gilt

$$
\begin{aligned}
d\iota_X \alpha + \iota_X d\alpha &= (d\iota_X df) \wedge \beta + df \wedge d\iota_X \beta + df \wedge \iota_X d\beta \\
&= L_X(df) \wedge \beta + df \wedge (d\iota_X \beta + \iota_X d\beta) \\
&= L_X(df) \wedge \beta + df \wedge L_X \beta \quad \text{(nach Induktionsvoraussetzung)} \\
&= L_X(df \wedge \beta) = L_X \alpha.
\end{aligned}
$$

12° **Definition.** Eine s-Form $\eta \in \mathscr{A}^s(W)$ heißt *geschlossen*, wenn $d\eta = 0$ ist. η heißt *exakt*, wenn es eine $(s-1)$-Form β mit $d\beta = \eta$ gibt.

Aufgrund von 5° ist jede exakte s-Form auch geschlossen. Die Umkehrung ist im allgemeinen falsch. Wieweit auf einer vorgegebenen offenen Menge W die geschlossenen von den exakten s-Formen abweichen, wird durch die *de Rhamsche Kohomologie* gemessen: Für $s \in \mathbb{N}$ ist $H^s_{dR}(W)$ der Quotient

$$H^s_{dR}(W) := \operatorname{Ker} d^s \big/ \operatorname{Im} d^{s-1}$$

der durch d^s und d^{s-1} definierten $\mathbb{R}$-Vektorräume

$$\operatorname{Ker} d^s := \{\eta \in \mathscr{A}^s(W) : d\eta = 0\} \text{ und}$$
$$\operatorname{Im} d^{s-1} := \{\eta \in \mathscr{A}^s(W) : \text{Es gibt } \beta \in \mathscr{A}^{s-1}(W) \text{ mit } d\beta = \eta\}.$$

Es gilt $H^s_{dR}(W) = \{0\}$ für $s > n$.

13° **Bedeutung von $H^1_{dR}(W)$:** Es sei α eine 1-Form auf W. Das übliche *Wegintegral* $\int_\gamma \alpha$ von α längs Kurven $\gamma : [t_0, t_1] \longrightarrow W$ ist definiert als

$$\int_\gamma \alpha := \int_{t_0}^{t_1} \alpha(\dot{\gamma}(t)) \, dt.$$

In lokalen Koordinaten bezüglich einer Karte $\varphi : U \longrightarrow V$ mit $\gamma([t_0, t_1]) \subset U \subset W$ sei $\alpha|_U = F_\mu dq^\mu$ und $q(t) := \varphi \circ \gamma(t)$. Dann hat das Wegintegral $\int_\gamma \alpha$ die Darstellung

$$\int_\gamma \alpha = \int_{t_0}^{t_1} F_\mu(\gamma(t)) \dot{q}^\mu(t) \, dt = \int_{t_0}^{t_1} \langle F, \dot{q} \rangle \, dt.$$

Man erkennt in diesem Ausdruck das *Arbeitsintegral längs* γ des durch die 1-Form α gegebenen "Kraftfeldes" $F = (F_1, F_2, \dots, F_n)$. Für exakte α ist der Wert von $\int_\gamma \alpha$ unabhängig von der speziellen Kurve von $a_0 = \gamma(t_0)$ nach $a_1 = \gamma(t_1)$. Denn mit $dg = \alpha$ gilt für jede Kurve γ in W von a_0 nach a_1:

$$\int_\gamma \alpha = \int_{t_0}^{t_1} \frac{d}{dt}(g \circ \gamma(t)) \, dt = g(a_1) - g(a_0).$$

g spielt die Rolle des *Potentials* von F. Die Bedingung $d\alpha = 0$, die ja erfüllt sein muß,
wenn α exakt sein soll, ist in den lokalen Koordinaten nichts anderes als die "Integra-
bilitätsbedingung" $\frac{\partial}{\partial q^\mu}F_\nu = \frac{\partial}{\partial q^\nu}F_\mu$ ($\mu,\nu \in \{1,2,\dots ,n\}$) für das "Kraftfeld" $F = (F_1,F_2,$
$\dots ,F_n)$ (andernorts auch rot $F = 0$ geschrieben). $H^1_{dR}(W) = \{0\}$ ist daher genau
die Eigenschaft an die offene Menge W, die garantiert, daß jede geschlossene 1-Form
auf W wegunabhängig integrierbar ist und daher ein Potential besitzt.

$H^1_{dR}(P) = \{0\}$ für symplektische Mannigfaltigkeiten P hat deshalb zur
Folge, daß jedes lokal Hamiltonsche Vektorfeld bereits global Hamiltonsch ist (vgl.
II.9).

$H^1_{dR}(W) = \{0\}$ gilt zum Beispiel für konvexe oder sternförmige offene
Mengen W des $\mathbb{R}^n$ und allgemeiner für einfach zusammenhängende W. In jedem
Falle gilt $H^1_{dR}(U) = \{0\}$ lokal, das heißt für geeignete offene Umgebungen eines jeden
Punktes einer Mannigfaltigkeit. Das folgt aus dem Lemma von Poincaré:

14° Lemma von Poincaré. Zu jedem Punkt $a \in M$ gibt es eine offene Umgebung $U \subset M$ von a mit $H^s_{dR}(U) = \{0\}$ für alle $s > 0$.

Zum Beweis: Es genügt $H^s_{dR}(B) = \{0\}$ für offene Kugeln $B = B(0,r)$ des
$\mathbb{R}^n$ zu zeigen. Dazu definiert man eine "Homotopie" $H : \mathscr{A}^s(B) \longrightarrow \mathscr{A}^{s-1}(B)$ mit
$d\circ H + H\circ d = \mathrm{id}$. Für alle $\eta \in \mathscr{A}^s(B)$ mit $d\eta = 0$ folgt dann $d(H(\eta)) = \eta$, also ist
jede geschlossene s-Form auf B exakt.

Zur Definition von H : Für s-Formen $\eta = f\,dq^{\mu_1}\wedge dq^{\mu_2}\wedge\dots \wedge dq^{\mu_s}$ sei
zunächst

$$A^s\eta := \left(\int_0^1 t^{s-1} f(tq)dt\right) dq^{\mu_1}\wedge dq^{\mu_2}\wedge\dots \wedge dq^{\mu_s},$$

und es werde A^s als eine $\mathbb{R}$-lineare Abbildung $\mathscr{A}^s(W) \longrightarrow \mathscr{A}^s(W)$ fortgesetzt. Sei
$R := q^\mu \partial_\mu \in \mathfrak{B}(B)$ des *radiale Vektorfeld*. Für eine allgemeine s-Form η auf B ist η_R
die folgende $(s-1)$-Form: $\eta_R(X_1,X_2,\dots ,X_{s-1}) := \eta(R,X_1,X_2,\dots ,X_{s-1})$ für Vektorfelder $X_1,X_2,\dots ,X_{s-1} \in \mathfrak{B}(B)$. H^s ist schließlich über $H^s(\eta) := A^{s-1}\eta_R$ für s-Formen
η auf B definiert. Es ist $H^s(\eta) \in \mathscr{A}^{s-1}(W)$, und eine längere Rechnung zeigt tatsächlich $d^{s-1}\circ H^s + H^{s+1}\circ d^s = \mathrm{id}$ auf $\mathscr{A}^s(B)$. Anstelle des allgemeinen Beweises, den
man zum Beispiel in [WAR] findet, soll hier exemplarisch der Fall $s = 1$ nachgerechnet
werden. Es wird also gezeigt, daß für jede 1-Form $\eta = f_\mu dq^\mu \in \mathscr{A}^1(B)$ mit $d\eta = 0$
stets $d(H^1(\eta)) = \eta$ gilt:

Es ist $\eta_R = f_\mu q^\mu$, also gilt

$$H^1(\eta)(q) = A^0\eta_R = \int_0^1 t^{-1} f_\mu(tq)tq^\mu dt = q^\mu\int_0^1 f_\mu(tq)dt =: g(q).$$

Es folgt

$$\partial_k g(q) = \left(\partial_k q^\mu\right)\int_0^1 f_\mu(tq)dt + q^\mu\int_0^1 \partial_k f_\mu(tq)tdt = \int_0^1 (f_k(tq) + t\partial_\mu f_k(tq)q^\mu)dt$$

wegen $\partial_\mu f_k = \partial_k f_\mu$. Aus

$$\frac{d}{dt}(tf_k(tq)) = f_k(tq) + t\partial_\mu f_k(tq)q^\mu$$

ergibt sich schließlich

$$\partial_k g(q) = t f_k(tq)\big|_0^1 = f_k(q)$$

und damit $dg = \eta$.

Mehr über die Kohomologiegruppen $H_{dR}^s(W)$ und über weitere Kohomologietheorien findet man zum Beispiel in [WAR], [BOT] oder [SIT].

18. Orientierung und Integration von Differentialformen. Eine *Volumenform* auf einer n-dimensionalen Mannigfaltigkeit M ist ein n-Form η auf M mit $\eta(a) \neq 0$ für alle $a \in M$. M heißt *orientierbar*, wenn es auf M eine Volumenform gibt.

Beispiele. $M = \mathbb{R}^n$ als Mannigfaltigkeit ist orientierbar, weil zum Beispiel die Determinantenform $\det : \mathbb{R}^n \longrightarrow \mathbb{R}$ die folgende (Standard-)Volumenform

$$\eta(X_1,\dots ,X_n)(q) := \det(X_1(q),\dots ,X_n(q)), \quad X_j \in \mathfrak{B}(\mathbb{R}^n),$$

definiert. Es ist $\eta = dq^1 \wedge dq^2 \wedge \dots \wedge dq^n$, wenn die Funktionen q^j die üblichen kartesischen Koordinaten bezeichnen. Die offenen Teilmengen einer orientierbaren Mannigfaltigkeit und die abgeschlossenen Hyperflächen des $\mathbb{R}^n$ sind wieder orientierbare Mannigfaltigkeiten. Das Möbiusband im $\mathbb{R}^3$ ist nicht orientierbar, ebensowenig wie die projektive Ebene $\mathbb{P}_2(\mathbb{R})$, welche als Kompaktifizierung des Möbiusbandes angesehen werden kann.

Da es auf dem $\mathbb{R}^n$ bis auf skalare Vielfache nur eine alternierende und bezüglich $\mathbb{R}$ n-lineare Abbildung nach $\mathbb{R}$ gibt, nämlich die Determinantenform, gilt für orientierbare Mannigfaltigkeiten M : Zu je zwei Volumenformen η und η' gibt es ein $f \in \mathscr{E}(M)$ mit $\eta = f\eta'$. Diese Funktion f erfüllt $f(a) \neq 0$ für alle $a \in M$.

Zwei Volumenformen η und η' heißen äquivalent, wenn es eine Funktion $f \in \mathscr{E}(M)$ gibt mit $f(a) > 0$ für alle $a \in M$. Eine Äquivalenzklasse $[\eta]$ von Volumenformen heißt dann eine *Orientierung* von M, und das Paar $(M,[\eta])$ wird *orientierte Mannigfaltigkeit* genannt. Eine zusammenhängende und orientierbare Mannigfaltigkeit hat genau zwei Orientierungen, nämlich $[\eta]$ und $[-\eta]$, wenn η eine beliebige Volumenform auf M ist. Für zusammenhängende Mannigfaltigkeiten gelten die folgenden zwei Sätze (vgl. z.B. [ABM] oder [WAR, S.138]):

1° **Satz.** Die Mannigfaltigkeit M ist genau dann orientierbar, wenn $\mathscr{A}^n(M)$ als $\mathscr{E}(M)$-Modul eindimensional ist, das heißt wenn es einen $\mathscr{E}(M)$-Modulisomorphismus $\mathscr{E}(M) \longrightarrow \mathscr{A}^n(M)$ gibt.

2° **Satz.** M ist genau dann orientierbar, wenn es einen Atlas $\mathfrak{A}$ gibt, für den sämtliche Kartenwechsel positive Funktionaldeterminante haben. Das heißt für je zwei Karten φ und ψ aus $\mathfrak{A}$ gilt: $\det D(\psi \circ \varphi^{-1}) > 0$ oder die Definitionsbereiche von φ und ψ haben keine Punkte gemeinsam. Eine Orientierung wird dann auch durch einen solchen Atlas festgelegt.

Zur Definition des Integrals einer Differentialform wird eine elementare Integrationstheorie auf $\mathbb{R}^n$ benötigt. Es genügt zu wissen, wie das Integral $\int_Q f(q)dq$ definiert ist für differenzierbare $f : Q \longrightarrow \mathbb{R}$ auf einer offenen Menge $Q \subset \mathbb{R}^n$ (z.B.

durch das Riemann-Integral). Als ein wesentliches Resultat ist die Transformationsformel zu nennen, die für Diffeomorphismen $\Phi : Q \longrightarrow \overline{Q}$ folgendermaßen lautet:

$$3^{\circ} \quad \int_{\overline{Q}} f(\overline{q})d\overline{q} = \int_{Q} f \circ \Phi(q) \, |\det D\Phi(q)| \, dq \,.$$

Eine n-Form α auf $Q \subset \mathbb{R}^n$ hat die Darstellung $\alpha = f\,dq^1 \wedge dq^2 \wedge \ldots \wedge dq^n$ mit einer eindeutig bestimmten differenzierbaren Funktion f auf Q. Das Integral von α über Q ist

$$\int_{Q} \alpha := \int_{Q} f\,dq \,,$$

falls dieses Integral überhaupt existiert. Für einen Diffeomorphismus $\Phi : Q \longrightarrow \overline{Q}$ und $\alpha \in \mathscr{A}^n(\overline{Q})$ folgt dann aus der Transformationsformel 3°:

$$4^{\circ} \quad \int_{\overline{Q}} \alpha = \pm \int_{Q} \Phi^* \alpha \,,$$

je nachdem, ob $\det D\Phi > 0$ oder $\det D\Phi < 0$ gilt. Denn für $\alpha = f\,dq^1 \wedge \ldots \wedge dq^n$ ist $\Phi^*\alpha = f\det D\Phi\,dq \wedge \ldots \wedge dq^n$ wegen $\Phi^*(dq^1 \wedge \ldots \wedge dq^n) = \det D\Phi\,dq^1 \wedge \ldots \wedge dq^n$.

Sei jetzt M eine n-dimensionale orientierbare Mannigfaltigkeit, die durch einen Atlas $\mathfrak{A}$ nach 2° orientiert sei. Für eine n-Form θ auf M und eine Karte $\varphi : U \longrightarrow Q$ aus $\mathfrak{A}$ sei $\int_U^{\varphi} \theta := \int_Q (\varphi^{-1})^* \theta$. Für eine weitere Karte $\overline{\varphi} : U \longrightarrow \overline{Q}$ aus $\mathfrak{A}$ gilt dann mit $\Phi := \overline{\varphi} \circ \varphi^{-1} : Q \longrightarrow \overline{Q}$ nach 4° wegen $\det D\Phi < 0$:

$$\int_U^{\overline{\varphi}} \theta := \int_{\overline{Q}} (\overline{\varphi}^{-1})^* \theta = \int_Q \Phi^* (\overline{\varphi}^{-1})^* \theta = \int_Q (\varphi^{-1})^* \theta = \int_U^{\varphi} \theta$$

Daher ist $\int_U \theta := \int_U^{\varphi} \theta$ unabhängig von den Karten aus $\mathfrak{A}$ und liefert eine Definition von θ über U. $\int_W \theta$ für weitere offen Mengen $W \subset M$ definiert man dann mit Hilfe einer Teilung der Eins (vgl. z.B. [WAR]).

Die Integralsätze von Gauß und Stokes findet man zum Beispiel in [BRÖ] und [WAR].

19. Symplektische Mannigfaltigkeiten. An den Begriff der symplektischen Struktur, welcher grundlegend für die Hamiltonsche Formulierung der Klassischen Mechanik ist, wird im 9. Paragraphen des 2. Kapitels über verschiedene Stationen herangeführt. Weil dort aber der Begriff der Mannigfaltigkeit so lange wie möglich vermieden wird, und auch Differentialformen nur kurz erwähnt werden, soll an dieser Stelle ein kurzer Abriß über symplektische Mannigfaltigkeiten gegeben werden. Wir beginnen mit einer Definition, die von der in II.9 vorgestellten abweicht, aber dazu äquivalent ist.

Definition. Eine *symplektische Mannigfaltigkeit* ist eine Mannigfaltigkeit zusammen mit einer geschlossenen, nichtausgearteten 2-Form $\omega \in \mathscr{A}^2(M)$. ω heißt die *symplektische Form* der symplektischen Mannigfaltigkeit.

Dabei heißt ω *nichtausgeartet*, wenn für jedes Vektorfeld $X \in \mathfrak{B}(M)$ aus der Bedingung $\omega(X,Y) = 0$ für alle $Y \in \mathfrak{B}(M)$ bereits $X = 0$ folgt. Äquivalent dazu: ω ist nichtausgeartet, wenn für alle Punkte $a \in M$ die durch ω induzierte Bilinearform $\omega(a) : T_a M \times T_a M \longrightarrow \mathbb{R}$ durch eine Matrix mit nichtverschwindender Determinante repräsentiert wird. Ebenfalls äquivalent dazu: Die 2n-Form $\omega^n := \omega \wedge \omega \wedge \ldots \wedge \omega$ (n-fach, mit dim M = 2n) ist eine Volumenform. Insbesondere hat eine symplektische Mannigfaltigkeit immer eine geradzahlige Dimension, und sie ist orientierbar.

Beispiele: 1) $\mathbb{R}^{2n}$ mit der Form $\omega_0(X,Y) = X^T \sigma Y$ (σ wie in L.4.6° und II. 9.6). Bezüglich der kartesischen Koordinaten $(q,p) = (q^1, q^2, \ldots, q^n, p_1, p_2, \ldots, p_n)$ von $\mathbb{R}^{2n} \cong \mathbb{R}^n \times \mathbb{R}^n$ hat ω_0 die Darstellung $\omega_0 = dq^\mu \wedge dp_\mu$. Anhand dieser Darstellung erkennt man $d\omega_0 = 0$. ω_0 ist die in II.9 hauptsächlich verwendete symplektische Form und heißt auch die *Standardform* auf $\mathbb{R}^{2n}$.

2) Jedes Kotangentialbündel T^*M hat eine natürliche symplektische Form ω, die bezüglich der kanonischen Koordinaten (q,p) von Bündelkarten (vgl. 11) als $\omega|_{T^*U} := dq^\mu \wedge dp_\mu$ definiert ist. Eine Analyse des Kartenwechsels von Bündelkarten zeigt, daß damit tatsächlich eine globale 2-Form ω definiert ist. ω ist nicht nur geschlossen, sondern sogar exakt: Zum Beispiel wird durch $\alpha|_{T^*U} := -p_\mu dq^\mu$ eine 1-Form mit $d\alpha = \omega$ definiert. α heißt *symplektisches Potential* von ω. Das Beispiel 1) ist das Kotangentialbündel zu $\mathbb{R}^n$.

3) Die 2-Sphäre S^2 mit der üblichen Volumenform ("Flächeninhalt") ω ist eine symplektische Mannigfaltigkeit, die nicht isomorph zu einem Kotangentialbündel ist (denn S^2 ist kompakt). ω ist automatisch geschlossen, da die 3-Form $d\omega$ auf der 2-dimensionalen Mannigfaltigkeit S^2 verschwindet. ω ist nicht exakt, hat also kein symplektisches Potential α, weil sonst nach dem Satz von Stokes das Integral von ω über S^2 verschwinden müßte: $\int_{S^2} \omega = \int_{S^2} d\alpha = \int_{\partial S^2} \alpha = 0$. Ganz analog gibt es auf jeder kompakten, orientierbaren Fläche S eine symplektische Form ohne Potential.

Der Begriff der symplektischen Mannigfaltigkeit hat formale Verwandtschaft mit dem Begriff der Riemannschen Mannigfaltigkeit (vgl. G.12). Allerdings ist die symplektische Geometrie stets "flach" im folgenden Sinne:

Satz von Darboux (vgl. z.B. [ABM]). Sei (M,ω) eine symplektische Mannigfaltigkeit. Dann gibt es zu jedem Punkt $a \in M$ eine offene Umgebung $U \subset M$ von a und eine Karte $\varphi : U \longrightarrow V \subset \mathbb{R}^{2n}$, $\varphi(b) = (q,p) = (q^1, q^2, \ldots, q^n, p_1, p_2, \ldots, p_n)$, so daß $\omega|_U = dq^\mu \wedge dp_\mu$.

Für Riemannsche Mannigfaltigkeiten M mit einer Riemannschen Metrik g würde eine zum Satz von Darboux analoge Eigenschaft verlangen, daß g bezüglich genügend vieler Karten $\varphi : U \longrightarrow V \subset \mathbb{R}^n$ jeweils die Darstellung $g|_U = \delta_{\mu\nu} dq^\mu \otimes dq^\nu$ hat (das heißt $g_{\mu\nu} = \delta_{\mu\nu}$). Diese Eigenschaft ist gleichbedeutend damit, daß die Krümmung der Riemannschen Mannigfaltigkeit (M,g) verschwindet (vgl. G.14.6°), (M,g) also flach ist. Im allgemeinen sind Riemannsche Mannigfaltigkeiten aber keineswegs flach; schon die Kurven in der Ebene sind nicht flach, es sei denn sie sind Geraden, und auch die Flächen im $\mathbb{R}^3$ haben in der Regel nichtverschwindende Krümmung, weil ihre Gauß-Krümmung nicht Null ist (vgl. die Beispiele im Anhang G).

Definition. Eine *kanonische Transformation* (auch *Symplektomorphismus* genannt) ist eine differenzierbare Abbildung $\varphi : M \longrightarrow M'$ zwischen symplektischen Mannigfaltigkeiten (M,ω) und (M',ω'), welche die symplektische Form erhält, also $\varphi^*\omega' = \omega$ erfüllt. Gleichbedeutend damit ist $\omega(X,Y) = \omega'(T\varphi(X),T\varphi(Y))$ für alle Vektorfelder $X, Y \in \mathfrak{B}(M)$.

Insbesondere sind kanonische Transformationen nach dem Umkehrsatz lokale Diffeomorphismen. Sie sind aber im allgemeinen weder injektiv noch surjektiv. Die Komposition von zwei kanonischen Transformationen ist wieder eine kanonische Transformation.

Der Satz von Darboux hat auch die folgende Formulierung: Zu jedem Punkt $a \in M$ einer symplektischen Mannigfaltigkeit (M,ω) gibt es eine offene Umgebung $U \subset M$ und eine bijektive kanonische Transformation $\varphi : U \longrightarrow V$ zwischen den symplektischen Mannigfaltigkeiten $(U,\omega|_U)$ und $(V,\omega_0|_V)$, wobei $V \subset \mathbb{R}^{2n}$ offen ist und ω_0 die in Beispiel 1) erwähnte Standardform auf $\mathbb{R}^{2n}$ ist. φ ist insbesondere eine Karte der differenzierbaren Struktur auf M, und eine solche Karte wird auch *kanonische Karte* genannt. Die Kollektion aller kanonischen Karten auf der symplektischen Mannigfaltigkeit liefert einen Atlas $\mathfrak{K}$ mit der folgenden Eigenschaft: Für je zwei Karten $\varphi, \overline{\varphi}$ aus $\mathfrak{K}$ ist der Kartenwechsel $\overline{\varphi} \circ \varphi^{-1}$ kanonisch bezüglich der Standardstruktur auf $\mathbb{R}^{2n}$ (das heißt es gilt $D(\overline{\varphi} \circ \varphi^{-1})(a) \in \mathrm{Sp}(2n)$ für alle $a \in U \cap \overline{U}$; vgl. II.9.10 und die Definition davor).

Ein *kanonischer Atlas* $\mathfrak{K}$ einer Mannigfaltigkeit M der Dimension $2n$ ist ein Atlas, für den die Kartenwechsel $\overline{\varphi} \circ \varphi^{-1}$ stets kanonische Transformationen bezüglich der Standardstruktur auf $\mathbb{R}^{2n}$ sind. Ein solcher kanonischer Atlas definiert in natürlicher Weise eine symplektische Struktur, also eine symplektische Form ω auf M: Dazu setze man für jede Karte $\varphi : U \longrightarrow V$ aus $\mathfrak{K}$ einfach

$$\omega|_U := \varphi^*\omega_0|_V.$$

Für eine weitere Karte $\overline{\varphi} : \overline{U} \longrightarrow \overline{V}$ aus $\mathfrak{K}$ gilt $(\overline{\varphi} \circ \varphi^{-1})^*\omega_0 = \omega_0$, weil ja $\overline{\varphi} \circ \varphi^{-1}$ kanonisch ist, und daraus folgt $\varphi^*\omega_0 = \varphi^*(\overline{\varphi} \circ \varphi^{-1})^*\omega_0 = \overline{\varphi}^*\omega_0$. Also passen die lokalen Definitionen zusammen und liefern eine wohldefinierte symplektische Form ω auf der Mannigfaltigkeit M. Im übrigen gilt nach Definition von ω: $\omega|_U = dq^\mu \wedge dp_\mu$ für alle Kartenumgebungen U des Atlanten $\mathfrak{K}$.

Wir haben damit zwei verschiedene Definitionen des Begriffs der symplektischen Mannigfaltigkeit kennengelernt. Wir wollen noch eine dritte Definition vorstellen, in der die Poissenklammer im Mittelpunkt steht. Für eine symplektische Mannigfaltigkeit M läßt sich die Poissonklammer $\{F,G\}$ für $F, G \in \mathcal{E}(M)$ definieren über die Karten eines kanonischen Atlanten $\mathfrak{K}$ oder mit Hilfe der symplektischen Form. Im ersten Falle setzt man für eine Karte $\varphi : U \longrightarrow V$ aus $\mathfrak{K}$ einfach

$$\{F,G\}|_U := \varphi \circ \{\varphi^{-1} \circ F, \varphi^{-1} \circ G\}_0 ,$$

wobei $\{\ ,\ \}_0$ die Poissonklammer bezüglich der Standardstruktur auf $\mathbb{R}^{2n}$ ist, also

$$\{f,g\}_0 := \frac{\partial f}{\partial q}\frac{\partial g}{\partial p} - \frac{\partial f}{\partial p}\frac{\partial g}{\partial q} = \frac{\partial f}{\partial q^\nu}\frac{\partial g}{\partial p_\nu} - \frac{\partial f}{\partial p_\mu}\frac{\partial g}{\partial q^\mu} ,$$

$f, g \in \mathcal{E}(V)$, $V \subset \mathbb{R}^{2n}$ offen. $\{F,G\} \in \mathcal{E}(M)$ ist wohldefiniert, weil kanonische Transformationen zwischen offenen Mengen des $\mathbb{R}^{2n}$ die Poissonklammer $\{\ ,\ \}_0$ invariant lassen (vgl. auch II.9.10).

Unter Verwendung der symplektischen Form ω erhält man $\{F,G\}$ in zwei Schritten. Zunächst definiert man zu einer Funktion $F \in \mathcal{E}(M)$ das *Hamiltonsche Vektorfeld* X_F durch die Gleichung $\omega(X_F,Y) = dF(Y)$ für alle Vektorfelder $Y \in \mathfrak{B}(M)$. Anschließend setzt man für $F, G \in \mathcal{E}(M)$ auf koordinatenfreie Weise

$$\{F,G\} := \omega(X_F, X_G)$$

Die zwei Definitionen von $\{\ ,\ \}$ stimmen überein. Das folgt zum Beispiel sofort aus der Beschreibung von X_F in den Koordinaten einer Karte aus $\mathfrak{K}$: Es gilt

$$X_F|_U = \frac{\partial F}{\partial p_\mu} \frac{\partial}{\partial q^\mu} - \frac{\partial F}{\partial q^\nu} \frac{\partial}{\partial p_\nu},$$

denn für $Y = \frac{\partial}{\partial q^i}$ ist $\omega(X_F,Y) = 0 - dq^\mu(Y)dp_\mu(X) = -dp_i(X_F) = \frac{\partial F}{\partial q^i}$ und analog für $Y = \frac{\partial}{\partial p_i}$: $\omega(X_F,Y) = dq^i(X_F) - 0 = \frac{\partial F}{\partial p_i}$. Die so definierte Poissonklammer macht M zu einer Poisson-Mannigfaltigkeit in folgendem Sinne:

Definition. Eine *Poisson-Mannigfaltigkeit* ist eine Mannigfaltigkeit mit einer $\mathbb{R}$-bilinearen Abbildung $\{\ ,\ \}: \mathcal{E}(M) \times \mathcal{E}(M) \longrightarrow \mathcal{E}(M)$ mit den folgenden Eigenschaften (vgl. II.9.5):

1° $(\mathcal{E}(M),\{\ ,\ \})$ ist eine Lie-Algebra, d.h. $\{\ ,\ \}$ ist alternierend und erfüllt die Jacobi-Identität.

2° Es gilt $\{F,GH\} = G\{F,H\} + \{F,G\}H$ für alle $F, G, H \in \mathcal{E}(M)$.

Für die Poissonklammer einer symplektischen Mannigfaltigkeit lassen sich diese Eigenschaften leicht nachweisen; eine symplektische Mannigfaltigkeit ist also immer auch eine Poisson-Mannigfaltigkeit. Aber nicht jede Poisson-Mannigfaltigkeit ist eine symplektische Mannigfaltigkeit, zum Beispiel definiert die triviale "Poissonklammer" $\{F,G\} := 0$ für $F, G \in \mathcal{E}(M)$ auf jeder Mannigfaltigkeit M die Struktur einer Poisson-Mannigfaltigkeit. Auch auf dem Produkt $M \times N$ einer Poisson-Mannigfaltigkeit M mit einer beliebigen Mannigfaltigkeit N, auf der ein Punkt $y_0 \in N$ ausgezeichnet ist, wird analog durch $\{F,G\} = \{F(\ ,y_0),G(\ ,y_0)\}$ die Struktur einer Poisson-Mannigfaltigkeit definiert. Was die symplektischen Mannigfaltigkeiten unter den Poisson-Mannigfaltigkeiten auszeichnet, ist die Vollständigkeit (vgl. II.9.5.5°):

Satz. Die Poissonklammer einer Poisson-Mannigfaltigkeit $(M,\{\ ,\ \})$ kommt genau dann von einer symplektischen Struktur auf M, wenn die folgende Vollständigkeitsbedingung erfüllt ist:

Aus $\{F,G\} = 0$ für alle $F \in \mathcal{E}(M)$ folgt, daß G lokalkonstant ist.

Den Beweis dieser Aussage findet man z.B. in [LIM, III.8.11].

Anhang G: Geometrie der Flächen und Riemannsche Mannigfaltigkeiten

Dieser Anhang vermittelt zunächst in den Abschnitten 1–11 eine *Einführung in die Geometrie der Flächen* im $\mathbb{R}^3$. Auch wenn es ökonomischer wäre, die geometrischen Konzepte von vornherein möglichst allgemein zu behandeln, soll auf diese Weise dem Einsteiger die Möglichkeit geboten werden, für den relativ übersichtlichen zweidimensionalen Fall die wichtigsten geometrischen Grundbegriffe wie *Paralleltransport, Geodätische* und *Krümmung* kennenzulernen. Der Formalismus ist so aufgebaut, daß er sich ohne viel Aufwand auf *Riemannsche* und *semi-Riemannsche Mannigfaltigkeiten* und auf die Geometrie von (*affinen*) *Zusammenhängen* auf dem Tangentialbündel einer Mannigfaltigkeit überträgt.

Zur Übersicht eine Liste der einzelnen Abschnitte dieses Anhangs:

0. Kurven in $\mathbb{R}^2$ und $\mathbb{R}^3$. Unter einer *Kurve im* $\mathbb{R}^n$ verstehen wir in der Regel eine beliebig oft differenzierbare Abbildung

$$\gamma : J \longrightarrow \mathbb{R}^n$$

auf einem Intervall $J \subset \mathbb{R}$ mit der Eigenschaft: $\dot{\gamma}(t) := \frac{d}{dt}\gamma(t) \neq 0$ für alle $t \in J$. (Solche Kurven werden anderswo *reguläre Kurven* genannt. Im 7. Abschnitt allerdings benötigen wir auch stückweise differenzierbare Kurven.)

In Bezug auf das übliche euklidische Skalarprodukt $\langle \, , \, \rangle$ auf $\mathbb{R}^n$ und Länge $|X| = \sqrt[2]{\langle X,X \rangle}$ von Vektoren X aus $\mathbb{R}^n$ hat eine Kurve γ für endliche Teilintervalle $[t_0,t_1] \subset J$ die *Bogenlänge*

$$B(\gamma|_{[t_0,t_1]}) := \int_{t_0}^{t_1} |\dot{\gamma}(t)|\,dt\,.$$

(Vgl. auch: II.8.8) γ heißt *natürlich parametrisiert*, wenn $|\dot{\gamma}(t)| = 1$ für alle $t \in J$, also wenn stets

$$B(\gamma|_{[t_0,t_1]}) = t_1 - t_0$$

gilt. Jede Kurve besitzt eine *natürliche Parametrisierung*: Denn für $t_0 \in J$ ist die Funktion $B : J \longrightarrow \mathbb{R}$, $B(t) := \int_{t_0}^{t_0+t} |\dot{\gamma}(\tau)|\,d\tau$, $t \in J$, differenzierbar und streng monoton wachsend mit positiver Ableitung $\dot{B}(t) = |\dot{\gamma}(t)| > 0$. Deshalb existiert zu B eine differenzierbare Umkehrfunktion $\sigma := B^{-1} : I \longrightarrow J$, $I := B(J)$. Für die Kurve $\tilde{\gamma} := \gamma \circ \sigma$ gilt dann:

1) $\tilde{\gamma}(I) = \gamma(J)$ und
2) $\frac{d}{ds}|\tilde{\gamma}(s)| = 1$ für alle $s \in I$,

denn $\frac{d}{ds}\gamma(s) = \frac{d\gamma}{dt}(\sigma(s))\frac{d\sigma}{ds}(s)$ und $\frac{d\sigma}{ds}(s) = \frac{1}{|\dot{\gamma}(\sigma(s))|}$.

Natürlich parametrisierte Kurven γ haben wegen $\frac{d}{dt}\langle \dot{\gamma},\dot{\gamma} \rangle = \frac{d}{dt}|\dot{\gamma}|^2 = 0$ und $\frac{d}{dt}\langle \dot{\gamma},\dot{\gamma} \rangle = \langle \ddot{\gamma},\dot{\gamma} \rangle + \langle \dot{\gamma},\ddot{\gamma} \rangle = 2\langle \dot{\gamma},\ddot{\gamma} \rangle$ die Eigenschaft $\langle \dot{\gamma},\ddot{\gamma} \rangle = 0$, das heißt der *Beschleunigungsvektor* $\ddot{\gamma}$ steht stets senkrecht auf dem Geschwindigkeitsvektor $\dot{\gamma}$.

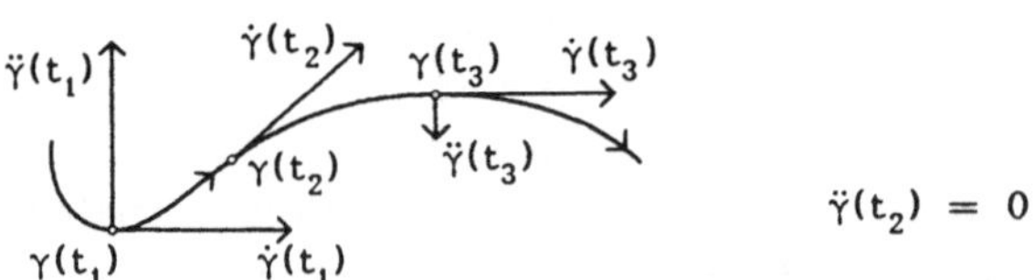

Definition. Die *Krümmung* einer natürlich parametrisierten Kurve γ ist definiert als

$$\varkappa(t) := |\ddot{\gamma}(t)|, \quad t \in J\,.$$

Sie beschreibt die lokale Winkeländerung des Geschwindigkeitsvektors $\dot{\gamma}(t)$.

Beispiele: Die Gerade $\gamma(t) = t a + b$, $a, b \in \mathbb{R}^n$, $|a| = 1$, hat die Krümmung $\varkappa = |\ddot\gamma(t)| = 0$. Die Kreislinie $\gamma(t) = R(\cos\frac{t}{R}, \sin\frac{t}{R})$, $t \in \mathbb{R}$, mit Radius $R > 0$ hat die Krümmung $\varkappa(t) = |\ddot\gamma(t)| = \frac{1}{R}$.

Im Falle einer natürlich parametrisierten Kurve γ in $\mathbb{R}^2$ sei $\ddot\gamma(t) \neq 0$. Dann ist durch $v(t) := \dot\gamma(t)$ und $n(t) := \frac{\ddot\gamma(t)}{|\ddot\gamma(t)|}$ die Orthonormalbasis $(v(t), n(t))$ von $\mathbb{R}^2$ gegeben. Das "*Zweibein*" $(v(t), n(t))$ erfüllt die *Frénetschen* Formeln:

$$\dot v = \varkappa n \quad , \quad \dot n = -\varkappa v,$$

wie man leicht nachrechnet. Faßt man γ als Kurve im $\mathbb{R}^3$ auf, deren Bild ganz in $\mathbb{R}^2$ liegt, so hat man für nicht notwendig natürlich parametrisierte γ die Formel

$$\varkappa = |\dot\gamma|^{-3} |\dot\gamma \times \ddot\gamma|.$$

Im dreidimensionalen Fall sei wieder $v := \dot\gamma$ und $n := \frac{\ddot\gamma}{|\ddot\gamma|}$, $\ddot\gamma \neq 0$, für eine natürlich parametrisierte Kurve γ in $\mathbb{R}^3$. Dann heißt $b := v \times n$ die *Binormale* und (n, v, b) ist Orthonormalbasis von $\mathbb{R}^3$. Die Frénetschen Formeln lauten jetzt:

$$\dot v = \varkappa n \quad , \quad \dot n = -\tau b - \varkappa v \quad , \quad \dot b = \tau n,$$

wobei die *Torsion* τ durch $\dot b = \tau n$ definiert ist. (Wegen $\dot b = \dot v \times n + v \times \dot n = v \times \dot n$ und $0 = \frac{d}{dt}|b|^2 = 2\langle b, \dot b\rangle$ steht $\dot b$ senkrecht auf v und b, ist daher ein Vielfaches von n. Für ebene Kurven ist $\tau = 0$.) Die zweite Formel ergibt sich dann direkt aus den anderen beiden: $n = b \times v$ und

$$\dot n = \dot b \times v + b \times \dot v = \tau n \times v + b \times \varkappa n = -\tau(v \times n) - \varkappa(n \times b) = -\tau b - \varkappa v,$$

da $b = v \times n$, $v = n \times b$.

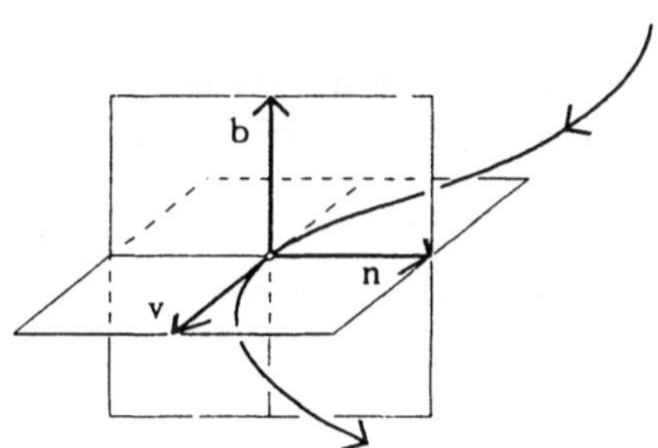

1. Flächen im Raum. Unter einer *Fläche im* $\mathbb{R}^3$ versteht man eine zweidimensionale Untermannigfaltigkeit $\Sigma \subset \mathbb{R}^3$ zusammen mit dem von $\mathbb{R}^3$ auf Σ vererbten Längenbegriff. (Der Raum $\mathbb{R}^3$ wird dabei als euklidischer Raum mit seinem üblichen euklidischen Skalarprodukt $\langle\ ,\ \rangle$ aufgefaßt.) Es gibt also zu jedem Punkt $a \in \Sigma$ eine offene Umgebung U von a in Σ und eine Karte $\varphi : U \longrightarrow Q \subset \mathbb{R}^2$, $Q \subset \mathbb{R}^2$ offen, mit den folgenden Eigenschaften (vgl. M.5)

1) φ ist stetig.

2) φ ist bijektiv und $\psi := \varphi^{-1} : Q \longrightarrow U$ ist differenzierbar.

3) $\operatorname{rg} D\psi(q) = 2$ für $q \in Q$, das heißt die Matrix $D\psi(q) = \left(\frac{\partial\psi^j}{\partial q^\mu}(q)\right)_{\substack{1\le j\le 3\\ 1\le\mu\le 2}}$ hat Maximalrang.

Die Umkehrabbildung $\psi = \varphi^{-1}$ zur Karte φ wird auch *Parametrisierung* des *Flächenstücks* $U = \psi(Q) \subset \Sigma$ genannt.

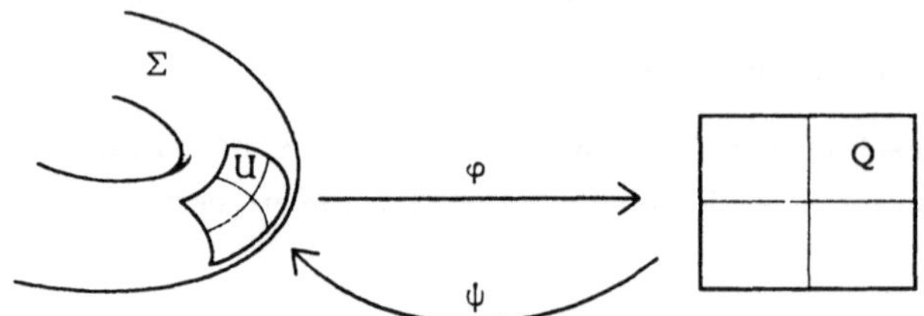

Der bereits angesprochene Längenbegriff auf der Fläche ist der folgende: Jeder Tangentialvektor $X \in T_\alpha\Sigma$ an Σ im Punkte $\alpha \in \Sigma$ (vgl. M.6) ist ein Vektor in $\mathbb{R}^3$ und hat dort die euklidische Länge $|X| = \sqrt[2]{\langle X,X\rangle}$, die als die Länge von X als Vektor in $T_\alpha\Sigma$ aufgefaßt wird. Durch Restriktion des Skalarprodukts $\langle\ ,\ \rangle$ von $\mathbb{R}^3$ auf den 2-dimensionalen Unterraum $T_\alpha\Sigma$ erhält $T_\alpha\Sigma$ also die positiv definite symmetrische Bilinearform $g_\alpha = g(\alpha) : T_\alpha\Sigma \times T_\alpha\Sigma \longrightarrow \mathbb{R}$

$$g_\alpha(X,Y) := \langle X,Y\rangle \quad\text{für}\quad X,Y \in T_\alpha\Sigma \subset \mathbb{R}^3.$$

In der Flächentheorie heißt g_α die *erste Fundamentalform* von Σ in α, die oft auch mit I_α bezeichnet wird. Sie definiert eine *Riemannsche Metrik* g auf Σ im Sinne von II.8.10 und Abschnitt 12 dieses Anhangs.

Bezüglich einer Karte $\varphi : U \longrightarrow Q$ der Fläche bei $\alpha \in \Sigma$, also $\alpha \in U$, gilt mit $q = \varphi(\alpha)$ für die Parametrisierung $\psi = \varphi^{-1} : Q \longrightarrow U$:

$$\partial_\mu\psi(q) := \frac{\partial\psi}{\partial q^\mu}(q) = \frac{d}{dt}\psi(q + te_\mu)\big|_{t=0}\,, \quad \mu = 1,2,$$

liefert eine Basis von $T_\alpha\Sigma$ (vgl. auch M.6). Zu $X,Y \in T_\alpha\Sigma$ gibt es also eindeutig bestimmte $X^\mu, Y^\nu \in \mathbb{R}$ mit $X = X^\mu\partial_\mu\psi(q)$ und $Y = Y^\nu\partial_\nu\psi(q)$.

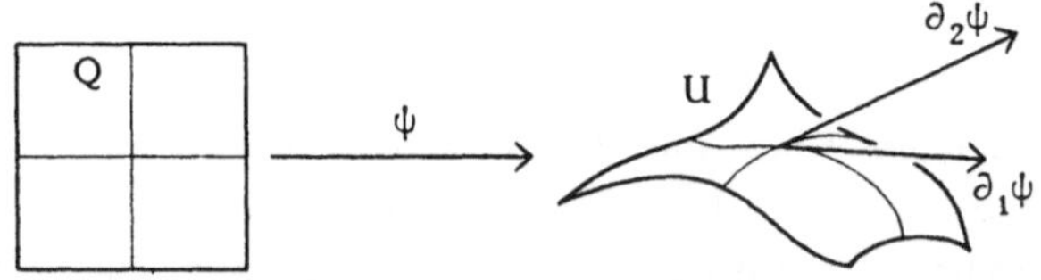

Mit der Festsetzung

$$(1.1°)\quad g_{\mu\nu}(q) := \langle\partial_\mu\psi(q),\partial_\nu\psi(q)\rangle = g_{\psi(q)}(\partial_\mu\psi(q),\partial_\nu\psi(q))$$

folgt $g_\alpha(X,Y) = X^\mu Y^\nu g_{\mu\nu}(q)$. Die klassische Bezeichnung für die metrischen Größen

$g_{\mu\nu}$ ist $E = g_{11}$, $F = g_{12} = g_{21}$ und $G = g_{22}$ (vgl. z.B. [DFN I, S. 69]). In Bezug auf die üblichen orthonormalen Basisvektoren e_1, e_2, e_3 des $\mathbb{R}^3$ habe ψ die Komponenten $\psi^1, \psi^2, \psi^3 \in \mathcal{E}(Q)$. Dann gilt

$$g_{\mu\nu}(q) = \sum_{\varkappa=1}^{3} \partial_\mu \psi^\varkappa(q)\, \partial_\nu \psi^\varkappa(q).$$

Für eine andere Karte $\bar\varphi : U \longrightarrow \bar Q$ mit Parametrisierung $\bar\psi = \bar\varphi^{-1}$ sei entsprechend

$$\bar g_{\mu\nu}(\bar q) = \langle \partial_\mu \bar\psi(\bar q), \partial_\nu \bar\psi(\bar q)\rangle$$

Dann ist $F := \bar\varphi \circ \varphi^{-1} : Q \longrightarrow \bar Q$ ein Diffeomorphismus mit $\psi(q) = \bar\psi \circ F(q)$. Aufgrund der Kettenregel

$$\partial_\mu \psi(q) = \frac{\partial}{\partial q^\mu} \bar\psi \circ F(q) = \frac{\partial \bar\psi}{\partial \bar q^k} \frac{\partial F^k}{\partial q^\mu} = \partial_k \bar\psi \partial_\mu F^k$$

erkennt man das Transformationsverhalten von $g_{\mu\nu}$ unter solchen Kartenwechseln:

$$g_{\mu\nu}(q) = \bar g_{kj}(F(q)) \partial_\mu F^k \partial_\nu F^j.$$

Kurz

$$(1.2^\circ) \quad g_{\mu\nu} = \bar g_{kj} \frac{\partial \bar q^k}{\partial q^\mu} \frac{\partial \bar q^j}{\partial q^\nu} \quad \text{mit } \bar q = F(q),\ \bar q^k = F^k(q).$$

2. Beispiele von Flächen im Raum

(2.1°) Affine Ebene. $\psi(q) := c_0 + q^1 c_1 + q^2 c_2$, $q = (q^1, q^2) \in \mathbb{R}^2 = Q$, mit Vektoren $c_0, c_1, c_2 \in \mathbb{R}^3$, c_1 und c_2 linear unabhängig. $E := \psi(Q) \subset \mathbb{R}^3$ ist Fläche. E ist die zu $c_1 \times c_2$ senkrechte *affine Ebene* durch den Punkt c_0. Es gilt

$$g_{11}(q) = |c_1|^2 \neq 0, \quad g_{12} = \langle c_1, c_2\rangle, \qquad g_{22}(q) = |c_2|^2 \neq 0.$$

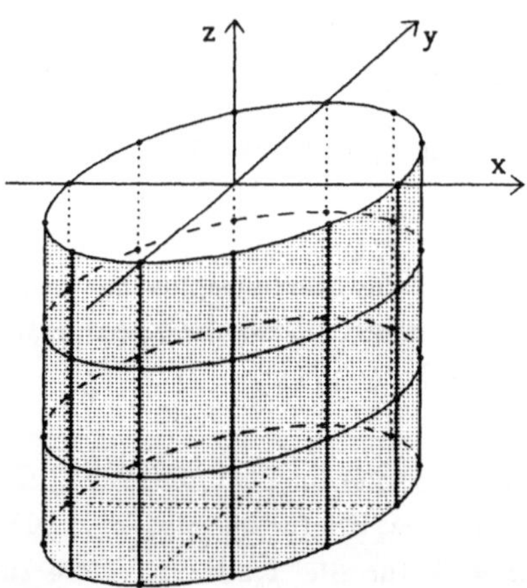

(2.2°) Zylinder. $Z := \{(x,y,z) \mid x^2 + y^2 = R^2\} \subset \mathbb{R}^3$, $R > 0$. Eine Parametrisierung ist zum Beispiel

$$\psi(q) := R(\cos q^2, \sin q^2, q^1), \quad q = (q^1, q^2) \in \mathbb{R} \times \,]-\pi, \pi\,[\; =: Q.$$

Es ist $\psi(Q) = Z \setminus \{(-1, 0, z) \mid z \in \mathbb{R}\}$. Für diese Parametrisierung gilt

$$g_{11}(q) = R^2, \qquad g_{12}(q) = 0, \qquad g_{22}(q) = R^2.$$

(2.3°) Sphäre. $\mathbb{S}_R^2 := \{(x, y, z) \mid x^2 + y^2 + z^2 = R^2\}$ ist die *Sphäre* mit Radius $R > 0$. Sei $N := (0, 0, R) \in \mathbb{S}_R^2$ der "Nordpol". Eine Karte auf $\mathbb{S}_R^2$ ist zum Beispiel durch die *stereographische Projektion*

$$\varphi_N := \varphi : \mathbb{S}_R^2 \setminus \{N\} \longrightarrow \mathbb{R}^2 =: Q$$
$$\varphi(x, y, z) := \frac{R}{R - z} (x, y), \quad (x, y, z) \in \mathbb{S}_R^2 \setminus \{N\} =: U$$

gegeben.

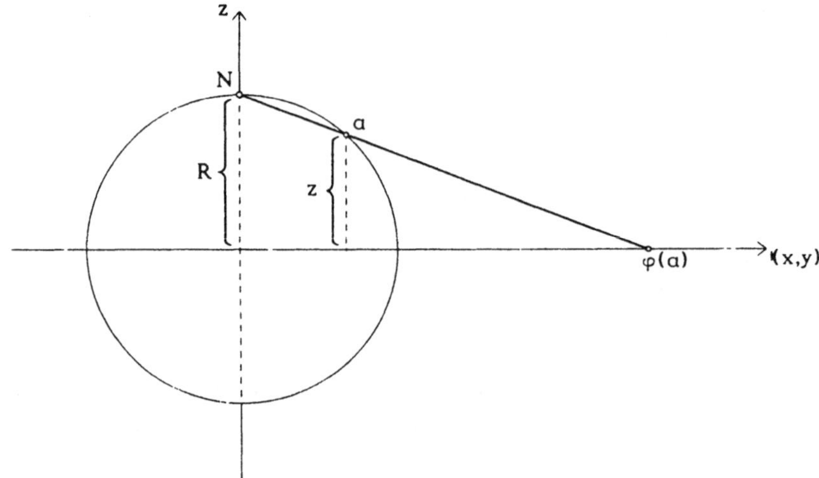

Die zugehörige Parametrisierung $\psi = \varphi^{-1}$ ist

$$\psi(x, y) = \frac{1}{x^2 + y^2 + R^2} (2R^2 x, 2R^2 y, R(x^2 + y^2 - R^2))$$

für $(x, y) \in \mathbb{R}^2 = Q$. Deshalb gilt für $q = (x, y) \in \mathbb{R}^2$

$$g_{jk}(q) = \frac{4R^4}{(R^2 + |q|^2)^2} \delta_{jk}.$$

Eine analoge Karte erhält man durch die stereographische Projektion vom "Südpol" $S := (0, 0, -R)$ aus: $\varphi_S : \mathbb{S}_R^2 \setminus \{S\} \longrightarrow \mathbb{R}^2$. Insbesondere hat man so zwei Karten gefunden, die die Sphäre überdecken: $\mathbb{S}_R^2 \setminus \{N\} \cap \mathbb{S}_R^2 \setminus \{S\} = \mathbb{S}_R^2$.

(2.4°) Rotationsflächen. Vorgegeben ist die Bahn $C = \gamma(]t_0, t_1[)$ einer differenzierbaren Kurve $\gamma : \,]t_0, t_1[\longrightarrow \mathbb{R}^3$, für die $C \subset \mathbb{R}_+ \times \{0\} \times \mathbb{R}$ gilt und γ injektiv ist. (Außerdem gelte $\dot{\gamma}(t) \neq 0$ für alle $t \in \,]t_0, t_1[$.) Die zugehörige *Rotationsfläche* um die z-Achse ist dann die Menge

$$\Sigma := \{(r\cos\varphi, r\sin\varphi, s) \in \mathbb{R}^3 \mid (r,0,s) \in C,\ \varphi \in \mathbb{R}\}:$$

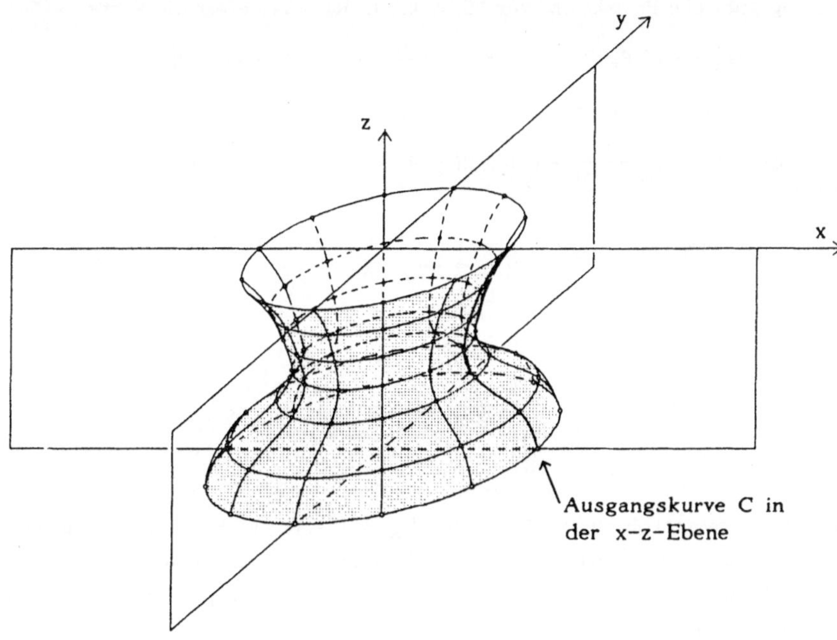

Unter den angegebenen Voraussetzungen gibt es differenzierbare $\rho,\sigma :]t_0,t_1[\longrightarrow \mathbb{R}$ mit $\dot\rho^2 + \dot\sigma^2 =: \beta > 0$ und $\rho > 0$, so daß γ von der Form $\gamma = (\rho,0,\sigma)$ ist. Durch

$$\psi(q) := (\rho(q^1)\cos q^2, \rho(q^1)\sin q^2, \sigma(q^1)), \quad q \in Q :=]t_0,t_1[\times]-\pi,\pi[,$$

ist eine Parametrisierung von $\Sigma \setminus \{(-x,0,z) \mid (x,z) \in C\}$ gegeben. Man erhält:

$$g_{11} = \dot\rho^2 + \dot\sigma^2 = \beta, \qquad g_{12} = 0, \qquad\qquad g_{22} = \rho^2.$$

Wenn die Kurve γ natürlich parametrisiert ist, ergibt sich wegen $\beta = 1$ noch $g_{11} = 1$. Die letzten zwei Beispiele sind im wesentlichen Rotationsflächen. Für die Sphäre hat man daher insbesondere auch die bekannte Parametrisierung

$$\psi(\theta,\varphi) := (R\sin\theta\cos\varphi,\ R\sin\theta\sin\varphi,\ R\cos\theta), \quad (\theta,\varphi) \in]0,\pi[\times]-\pi,\pi[,$$

durch "Winkelkoordinaten". Es gilt in diesen Koordinaten $q = (\theta,\varphi)$:

$$g_{11}(q) = R^2, \qquad\qquad g_{12} = 0, \qquad\qquad g_{22}(q) = R^2\sin^2\theta.$$

(2.5°) Torus. Es sei $T := \{(x,y,z) \in \mathbb{R}^3 \mid (\sqrt{x^2+y^2} - R)^2 + z^2 = r^2\}$, wobei $R > r > 0$. T ist Rotationsfläche zur Kreislinie $C = \{(x,0,z) \mid (x-R)^2 + z^2 = r^2\}$ mit $\rho(t) = R + r\cos t$, $\sigma(t) = r\sin t$. Eine Parametrisierung ist daher

$$\psi(q) = ((R + r\cos\theta)\cos\varphi, (R + r\cos\theta)\sin\varphi, r\sin\theta),$$

für $q = (\theta,\varphi) \in]-\pi,\pi[\times]-\pi,\pi[= Q$. Es gilt für diese Parametrisierung:

$$g_{11} = r^2, \qquad\qquad g_{12} = 0, \qquad\qquad g_{22} = (R + r\cos\theta)^2.$$

(2.6°) Pseudosphäre. $\mathbb{H}_R^2 := \{(x,y,z) \in \mathbb{R}^3 \mid z \geq 0,\ z^2 - x^2 - y^2 = R^2\}$, $R > 0$.
Die "stereographische Projektion" von $S = (0,0,-R)$ aus liefert die Karte

$$\varphi : \mathbb{H}_R^2 \longrightarrow B_R, \quad \varphi(x,y,z) := \frac{R}{R+z}(x,y), \quad (x,y,z) \in \mathbb{H}_R^2,$$

mit Parametrisierung $\psi := \varphi^{-1} : B_R \longrightarrow \mathbb{H}_R^2$

$$\psi(x,y) := \frac{R}{(R^2 - |q|^2)}\,(2Rx,\,2Ry,\,R^2 + |q|^2), \quad q = (x,y) \in B_R.$$

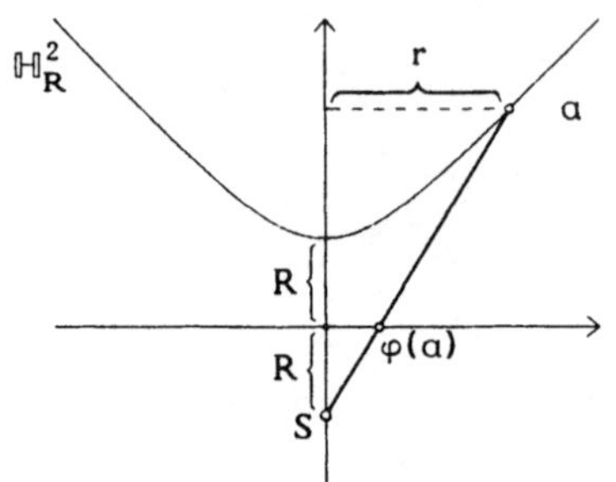

$\mathbb{H}_R^2$ ist also diffeomorph zur Kreisscheibe $B_R = \{(x,y) : x^2 + y^2 < R^2\}$. Man benötigt
nur die eine Karte zur Überdeckung der Pseudosphäre. In Abweichung zu unserer
generellen Voraussetzung verändern wir das euklidische Skalarprodukt auf $\mathbb{R}^3$ zu dem
Minkowski-Skalarprodukt

$$\langle\!\langle q, q' \rangle\!\rangle := xx' + yy' - zz', \quad q = (x,y,z), q' \in \mathbb{R}^3$$

Mit $g_a(X,Y) := \langle\!\langle X, Y \rangle\!\rangle$ für $X, Y \in T_a\mathbb{H}_R^2$ wie oben erhält man positiv definite Skalarprodukte auf $T_a\mathbb{H}_R^2$, $a \in \mathbb{H}_R^2$, also eine Riemannsche Metrik. Bezüglich der Parametrisierung ψ gilt für $g_{\mu\nu} = \langle\!\langle \partial_\mu\psi, \partial_\nu\psi \rangle\!\rangle$:

$$g_{\mu\nu}(q) = \frac{4R^4}{(R^2 - |q|^2)^2}\,\delta_{\mu\nu}, \quad q \in B_R.$$

In den natürlichen Koordinaten als Rotationsfläche hat $\mathbb{H}_R \setminus \{(0,0,R)\}$ die Parametrisierung

$$\psi(q) = R(\sinh\theta\cos\varphi,\,\sinh\theta\sin\varphi,\,\cosh\theta), \quad q = (\theta,\varphi) \in \,]0,\infty[\,\times\,]-\pi,\pi[$$

mit: $\quad g_{11} = (R\cosh\theta\cos\varphi)^2 + (R\cosh\theta\sin\varphi)^2 - (R\sinh\theta)^2 = R^2,$

$$g_{12} = 0,$$

$$g_{22} = R^2\sinh^2\theta.$$

(2.7°) Graph. Es sei $f : Q \longrightarrow \mathbb{R}$ eine differenzierbare Funktion auf einer
offenen Menge $Q \subset \mathbb{R}^2$. Dann ist der Graph $G_f := \{(x,y,z) \in \mathbb{R}^3 : z = f(x.y)\}$ von f
eine Fläche im $\mathbb{R}^3$, welche durch $\psi : Q \longrightarrow G_f$, $\psi(q) = \psi(x,y) := (x,y,f(x,y))$ für
$q = (x,y) \in Q$, parametrisiert wird:

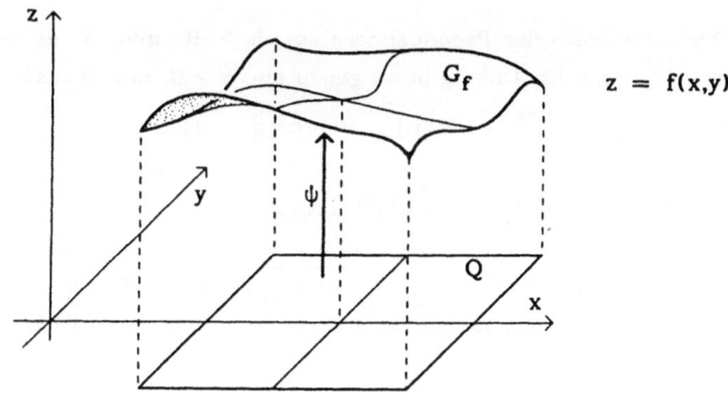

Jede Fläche Σ im $\mathbb{R}^3$ hat lokal die Form eines solchen Graphen, abgesehen von Vertauschungen der Variablen: Zu jedem Punkt $a \in \Sigma$ gibt es nach dem Satz über implizite Funktionen (vgl. M.3.5°) eine Umgebung $U \subset \Sigma$ von a, eine differenzierbare Funktion $f : Q \longrightarrow \mathbb{R}^3$ und eine Vertauschung $\sigma : \mathbb{R}^3 \longrightarrow \mathbb{R}^3$ der Veränderlichen $(\sigma(q^1, q^2, q^3) = (q^{\tau(1)}, q^{\tau(2)}, q^{\tau(3)})$ für eine Permutation $\tau \in \mathfrak{S}_3$), so daß $U = \sigma(G_f)$.

Für diese Parametrisierung gilt: $\partial_1 \psi(q) = (1, 0, \partial_1 f(q))$, $\partial_2 \psi(q) = (0, 1, \partial_2 f(q))$ und daher

$$g_{\mu\nu}(q) = \delta_{\mu\nu} + \partial_\mu f(q) \partial_\nu f(q).$$

3. Flächeninhalt. Der *Flächeninhalt* eines Teils $S \subset \Sigma$ der Fläche Σ in einer Kartenumgebung $S \subset U$, $\varphi : U \longrightarrow Q \subset \mathbb{R}^2$ ist folgendermaßen definiert:

$$A(S) := \int_{\varphi(S)} \sqrt{\det(g_{\mu\nu}(q))} \; dq^1 dq^2$$

Aufgrund des Transformationsverhaltens der Integrale (vgl. M.18) und der $g_{\mu\nu}$ (vgl. 1.2°) ist diese Definition unabhängig von der speziellen Wahl der Karte. Eine geometrische Interpretation von $A(S)$ wird durch $\det(g_{\mu\nu}(q)) = |\partial_1 \psi(q) \times \partial_2 \psi(q)|^2$ gegeben (vgl. II.5.7.14 f)) und damit sind wir schon bei dem ersten der obigen Beispiele:

(3.1°) Für die affine Ebene E ist $\det g_{\mu\nu} = |c_1 \times c_2|^2$ in 2.1°, also gilt zum Beispiel für $S := \psi([0,1] \times [0,1])$: $A(S) = |c_1 \times c_2|$ ist der elementargeometrische Flächeninhalt des von c_1 und c_2 aufgespannten Parallelogramms (vgl. I.4.8°).

(3.2°) Sei $S := \psi([0,k] \times \,]-\pi, \pi[) \subset Z$ das "Zylinderstück" der Höhe Rk: Wegen $\det g_{\mu\nu} = R^4$ ist $A(S) = \int_0^k \int_{-\pi}^{\pi} R^2 dq^1 dq^2 = 2\pi R^2 k$.

(3.3°) Für die "Halbsphäre" $S := \mathbb{S}_R^2 \setminus \{(x,y,z) \mid x \le 0\}$ gilt unter Verwendung der in 2.4° beschriebenen Parametrisierung durch die Winkel θ, φ:

$$A(S) = \int_0^\pi R^2 \int_0^\pi \sin\theta \, d\theta \, d\varphi = 2\pi R^2.$$

(3.4°) $A(\psi(Q)) = 2\pi \int_{t_0}^{t_1} \rho(t) dt$ bei natürlicher Parametrisierung von C.

(3.5°) Für den Torus gilt $A(\psi(Q)) = \int_0^{2\pi} \int_0^{2\pi} r(r\cos\varphi + R)\,d\varphi\,d\theta = 4\pi^2 rR$.

(3.6°) Im Falle der Pseudosphäre sei $h > R$, und S es sei die "Kappe"
$S := \{(x,y,z) \in H_R^2 \mid z \le h\}$. Dann gibt es genau ein $\alpha > 0$ mit $R\cos h\alpha = h$ und

$$A(S) = \int_{-\pi}^{\pi} R^2 \int_0^{\alpha} \sin h\theta\,d\theta\,d\varphi = 2\pi R^2 (\tfrac{h}{R} - 1) = 2\pi R(h - R).$$

(3.7°) $A(G_f) = \int_Q \sqrt{1 + |\nabla f|^2}\,dxdy$.

Die Integration $A(S) = \int_{\varphi(S)} \sqrt{\det g_{\mu\nu}}\,dq^1 dq^2$ definiert eine Volumenform $d\sigma$ auf $U \subset \Sigma$, die es erlaubt, auch andere 2-Formen $\eta = fd\sigma$, $f : U \longrightarrow \mathbb{R}$ stetig, zu integrieren:

$$\int_S \eta := \int_{\varphi(S)} f(\psi(q)) \sqrt{\det g_{\mu\nu}}\,dq^1 dq^2 \text{, wobei } S \subset U.$$

4. Bogenlänge und Geodätische. Für eine differenzierbare Kurve γ in der Fläche $\Sigma \subset \mathbb{R}^3$, $\gamma : [t_0, t_1] \longrightarrow \Sigma$, ist

$$B(\gamma) := \int_{t_0}^{t_1} \sqrt{g(\dot\gamma(t), \dot\gamma(t))}\,dt$$

die *Bogenlänge* der Kurve, die ja mit der Bogenlänge von γ im $\mathbb{R}^3$ übereinstimmt (abgesehen von 2.6°). Eine natürlich parametrisierte Kurve (das heißt $g(\dot\gamma(t), \dot\gamma(t)) = 1$) heißt *Geodätische*, wenn sie *stationär* ist bezüglich des Funktionals B. Im Rahmen der Untersuchungen von kräftefreien Bewegungen mechanischer Systeme wird in II.8 gezeigt, daß eine natürlich parametrisierte Kurve γ genau dann stationär ist, wenn sie in lokalen Koordinaten $\varphi : U \longrightarrow Q$ in der Notation $q^j := (\varphi \circ \gamma)^j$, $j = 1,2$, jeweils die Differentialgleichung

(4.1°) $\quad \ddot q^k + \Gamma_{ij}^k \dot q^i \dot q^j = 0$, $\quad k = 1,2$,

erfüllt mit den *Christoffelsymbolen*

(4.2°) $\quad \Gamma_{ij}^k := \tfrac{1}{2} g^{k\mu} (g_{i\mu,j} + g_{j\mu,i} - g_{ij,\mu})$,

wobei $g_{i\mu,j}(q) := \frac{\partial}{\partial q^j} g_{i\mu}(q)$. Aufgrund der Existenz- und Eindeutigkeitssätze für Systeme von gewöhnlichen Differentialgleichungen (vgl. z.B. [DYS. I] oder [WAR]) gilt: Zu jedem $a \in \Sigma$ und jedem $v \in T_a\Sigma$ mit $g(v,v) = 1$ gibt es eine eindeutig bestimmte (maximale) Geodätische $\gamma : \,]t_-, t_+[\longrightarrow \Sigma$ mit $\gamma(0) = a$, $\dot\gamma(0) = v$ und maximalem Definitionsintervall $]t_-, t_+[\subset \mathbb{R}$. Aufgrund der Nichtlinearität von 4.1° lassen sich diese Lösungen im allgemeinen nicht auf ganz $\mathbb{R}$ fortsetzen. In der Regel kann man sie nicht durch elementare Funktionen ausdrücken.

(4.3°) Definition. $\Sigma \subset \mathbb{R}^3$ heißt *geodätisch vollständig*, wenn alle maximalen Geodätischen $\mathbb{R}$ als Definitionsbereich haben.

5. Beispiele von Geodätischen.

(5.1°) Affine Ebene. Es ist $\Gamma_{ij}^{k} = 0$, da die g_{ij} konstante Funktionen sind. Die Differentialgleichungen $\ddot{q}^{k} = 0$ haben die Lösungen $q(t) = at + b$ mit $a, b \in \mathbb{R}^2$, wobei die Bedingungen $\langle a, a \rangle = 1$ und $a \in \{\alpha c_1 + \beta c_2 \mid \beta \in \mathbb{R}\}$ erfüllt sein müssen. E ist geodätisch vollständig. Die punktierte Ebene $E \setminus \{c_0\}$ dagegen ist nicht geodätisch vollständig.

(5.2°) Zylinder. Hier gilt ebenfalls $\Gamma_{ij}^{k} = 0$. Die Geodätischen sind daher von der Form $\gamma(t) = \psi(at + b)$, $a, b, \in \mathbb{R}^2$ mit $g(\dot{\gamma}, \dot{\gamma}) = 1$. Also sind die Geodätischen die Kurven

$$\gamma(t) = R(\cos(a_2 t + b_2), \sin(a_2 t + b_2), a_1 t + b_1), \quad t \in \mathbb{R},$$

mit $a_1^2 + a_2^2 = R^{-2}$. Das ergibt als Geodätische die Mantellinien ("Meridiane") $(a_2 = 0)$, die geschlossenen Kreise $(a_1 = 0)$ und die Spiralen $(a_1 \neq 0 \neq a_2)$ mit der "Steigung" $\frac{a_1}{a_2}$. Zwei solche Spiralen mit verschiedener Steigung haben unendlich viele Schnittpunkte. Z ist geodätisch vollständig.

(5.3°) Sphäre. Für die Sphäre $\mathbb{S}_R^2$ sind die Christoffelsymbole in den Winkelkoordinaten (vgl. 2.4°):

$$\Gamma_{22}^{1} := -\sin\theta \cos\theta, \quad \Gamma_{12}^{2} = \Gamma_{21}^{2} = \cot\theta, \quad q = (\theta, \varphi),$$

während die übrigen Γ_{ij}^{k} verschwinden. Es gilt also die Lösungen des Systems

$$\ddot{\theta} - \sin\theta \cos\theta \, \dot{\varphi}^2 = 0$$
$$\ddot{\varphi} + 2\cot\theta \, \dot{\varphi} \, \dot{\theta} = 0$$

zu bestimmen. Mit dem Ansatz $\varphi_0 = $ constans ergibt sich $\ddot{\theta} = 0$, also $\theta(t) = \alpha t + \beta$ mit geeigneten $\alpha, \beta \in \mathbb{R}$. Um für $\gamma(t) = \psi(\theta(t), \varphi_0)$ auch noch $g(\dot{\gamma}, \dot{\gamma}) = 1$ erfüllt zu haben, muß $\alpha \in \{\frac{1}{R}, -\frac{1}{R}\}$ gewählt werden. Damit folgt wegen der Eindeutigkeit der Lösungen des Differentialgleichungssystems, daß die Geodätischen durch den Punkt $N = (R, 0, 0)$ genau die Großkreise durch N in der Parametrisierung

$$\gamma(t) = R(\sin\tfrac{t}{R} \cos\varphi_0, \sin\tfrac{t}{R} \sin\varphi_0, \cos\tfrac{t}{R}), \quad t \in \mathbb{R},$$

sind, wobei $\varphi_0 \in [0, 2\pi[$. Durch Veränderung der Orthonormalbasis von $\mathbb{R}^3$ oder der Parametrisierung von $\mathbb{S}_R^2$ ergibt sich wegen der Invarianz von B gegenüber Drehungen ebenso: Durch jeden Punkt $a \in \mathbb{S}_R^2$ sind die Geodätischen genau die natürlich parametrisierten Großkreise (vgl. auch 8.18.2°). Insbesondere ist $\mathbb{S}_R^2$ geodätisch vollständig.

Da die stereographische Projektion $\varphi : \mathbb{S}_R^2 \setminus \{N\} \longrightarrow \mathbb{R}^2$ Kreise in Kreise oder Geraden überführt, folgt jetzt für $\mathbb{R}^2$ mit der Metrik

$$g_{\mu\nu} = \frac{4R^4}{(R^2 + |q|^2)^2} \delta_{\mu\nu} \quad \text{(vgl. 2.3°)}:$$

Sämtliche Geodätische von $\mathbb{R}^2$ als Fläche mit dieser Metrik haben Kreislinien oder Geraden als Bahnen (nämlich die stereographischen Projektionen der Großkreise). Für einen Punkt $b \in \mathbb{R}^2$ lassen sich mit Hilfe der stereographischen Projektion φ diese Bahnen von Geodätischen folgendermaßen beschreiben:

1. Ist $b = 0$, so sei $V := \{v \in \mathbb{R}^2 : |v| = R\}$, und für jedes v sei C_v die Gerade durch v und 0.

2. Ist $b \neq 0$ und $|b| \neq R$, so sei wieder $V := \{v \in \mathbb{R}^2 : |v| = R\}$. Für $v \in V$ sei C_v diejenige Kreisbahn, die durch $v, -v, b \in C_v$ festgelegt ist. (Im Falle $v = \pm R \frac{b}{|b|}$ ist C_v die Gerade durch b und 0.)

3. Ist $|b| = R$, so sei $V := \{v \in \mathbb{R}^2 : \langle v, b \rangle = 0\}$. Für $v \in V$ sei C_v diejenige Kreisbahn die durch $v, b, -b \in C_v$ festgelegt ist. (C_0 ist die Gerade durch b und 0.)

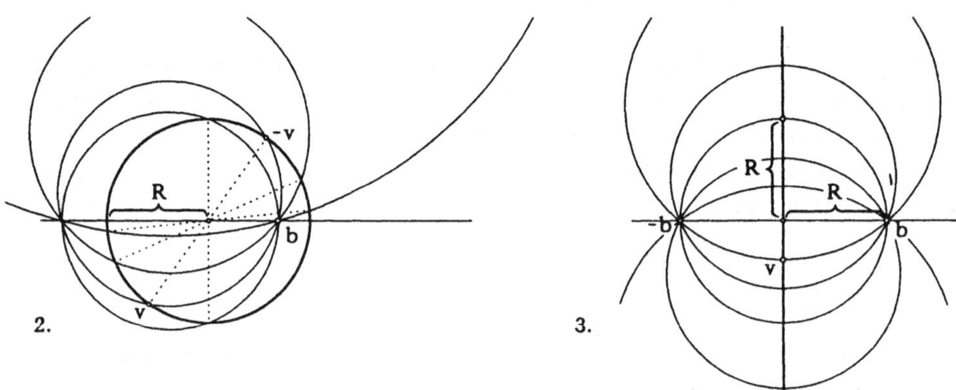

Mit diesen Bezeichnungen gilt jetzt in jedem Punkt $b \in \mathbb{R}^2$: Für $v \in V$ ist C_v Bahn einer Geodätischen durch b und durch $\{C_v : v \in V\}$ werden sämtliche geodätische Bahnen durch b beschrieben. Faßt man die geodätischen Bahnen als die "Geraden" der jeweiligen Geometrie auf, so hat man auch den Begriff von parallelen Geraden: Zwei Geraden sind zueinander *parallel*, wenn sie sich nicht schneiden. Das Beispiel der "sphärischen Geometrie" zeigt, daß das Parallelenaxiom im folgenden Sinne verletzt ist: Je zwei Geraden schneiden sich, können also nicht parallel sein (vgl. auch II.8.11).

(5.4°) Rotationsfläche. Aus 2.4° errechnen sich die Christoffelsymbole für eine Rotationsfläche als

$$\Gamma_{11}^1 = \tfrac{1}{2}\frac{\dot{\beta}}{\beta}, \quad \Gamma_{22}^1 = -\frac{\dot{\rho}\rho}{\beta}, \quad \Gamma_{12}^2 = \frac{\dot{\rho}}{\rho},$$

mit $\Gamma_{ij}^k = 0$ für die übrigen Christoffelsymbole. Die Gesamtheit der Geodätischen läßt sich nicht so einfach wie in den vorangehenden Fällen angeben. Aber die *Meridiane* (d.h. $\varphi_0 = $ constans) beschreiben wieder Geodätische: Sei $\dot{\rho}^2 + \dot{\sigma}^2 = \beta = 1$, und setze

$$\gamma(t) := (\rho(t)\cos\varphi_0, \rho(t)\sin\varphi_0, \sigma(t)).$$

Dann ist γ natürlich parametrisiert und γ ist Geodätische: Denn mit $q^1(t) = t$ und $q^2(t) = \varphi_0$ sind die Gleichungen

$$\ddot{q}^1 - \frac{\dot{\rho}\rho}{\beta}(\dot{q}^2)^2 = 0, \quad \ddot{q}^2 + 2\frac{\dot{\rho}}{\rho}\dot{q}^1\dot{q}^2 = 0 \quad \text{(beachte } \Gamma_{11}^1 = 0 \text{ wegen } \beta = 1\text{)},$$

trivialerweise erfüllt.

Für die Breitenkreise $\gamma(t) = (\rho(\theta_0)\cos\varphi(t), \rho(\theta_0)\sin\varphi(t), \sigma(\theta_0))$ ist γ natürlich parametrisiert, wenn $|\rho(\theta_0)\dot{\varphi}(t)| = 1$ gilt, also z.B. wenn $\varphi(t) = ct$, $t \in \mathbb{R}$, mit $\rho(\theta_0)c = 1$ ist. Da für $q^1(t) = \theta_0$, $q^2(t) = \varphi(t) = ct$ die zweite Gleichung $\ddot{q}^2 + 2\frac{\dot{\rho}}{\rho}\dot{q}^1\dot{q}^2 = 0$ unmittelbar erfüllt ist, ergibt sich: Ein Breitenkreis von Σ ist genau dann Bahn einer Geodätischen, wenn $\dot{\rho}(\theta_0)\rho(\theta_0)c^2 = 0$ gilt, also wenn $\dot{\rho}(\theta_0) = 0$ ist. Im allgemeinen ist die Rotationsfläche Σ nicht geodätisch vollständig. Sie ist aber vollständig, wenn $]t_0, t_1[= \mathbb{R}$.

(5.5°) Torus. Für den Torus T hat man für die Geodätischen die Differentialgleichungen (vgl. 2.5°)

$$\ddot{\theta} + \frac{1}{r}\sin\theta\,(R + r\cos\theta)\,\dot{\varphi}^2 = 0$$
$$\ddot{\varphi} - 2\frac{r\sin\varphi}{R + r\cos\varphi}\,\dot{\varphi}\,\dot{\theta} = 0$$

als Spezialfall von 4°. Die dort gefundenen Geodätischen haben als Bahnen gerade die Schnitte von T mit Ebenen, die die z-Achse enthalten. Die zwei Kreisbahnen von T in der x-y-Ebene sind nach 4° ebenfalls Bahnen von Geodätischen. T ist geodätisch vollständig.

(5.6°) Pseudosphäre. Der Fall der Pseudosphäre $\mathbb{H}_R^2$ ist dem der Sphäre verwandt. Die geodätischen Gleichungen sind

$$\ddot{\theta} - \sinh\theta\cosh\theta\,\dot{\varphi}^2 = 0$$
$$\ddot{\theta} + 2\coth\theta\,\dot{\varphi}\,\dot{\theta} = 0$$

und die Geodätischen haben als Bahnen die Schnitte von $\mathbb{H}_R^2$ mit Ebenen E durch 0. Bezüglich der stereographischen Projektion $\varphi : \mathbb{H}_R^2 \longrightarrow B_R$ sind die Bilder der Geodätischen wieder Kreise in B_R, und zwar handelt es sich um sämtliche Kreisbahnen $C \cap B_R$, die den Rand $\partial B_R = \{(x,y)\,|\,x^2 + y^2 = R\}$ von B_R senkrecht schneiden. Auch $\mathbb{H}_R^2$ ist geodätisch vollständig. Mit dem Parallelismus von Geraden (siehe 5.3°) hat man hier zu jeder Geraden durch jeden Punkt außerhalb der Geraden unendlich viele parallele Geraden (vgl. II.8.11).

(5.7°) Graph. Wir wollen hier nur die Christoffelsymbole berechnen. Mit der Determinante $\Delta := \det g_{\mu\nu}$ gilt $g^{11} = \Delta^{-1}g_{22}$, $g^{12} = -\Delta^{-1}g_{12}$ und $g^{22} = \Delta^{-1}g_{11}$. Wegen $g_{i\mu,j} = (\delta_{i\mu} + \partial_i f\partial_\mu f)_{,j} = \partial_{ij}f\partial_\mu f + \partial_i f\partial_{\mu j}f$ (vgl. 2.7°) ist

$$\Gamma_{ij}^k = \tfrac{1}{2}g^{k\mu}(\partial_{ij}f\partial_\mu f + \partial_i f\partial_{\mu j}f + \partial_{ji}f\partial_\mu f + \partial_j f\partial_{\mu i}f - \partial_{i\mu}f\partial_j f - \partial_i f\partial_{j\mu}f) = g^{k\mu}\partial_{ij}f\partial_\mu f,$$

dh. $\Gamma_{ij}^1 = \Delta^{-1}(g_{22}\partial_{ij}f\partial_1 f - g_{12}\partial_{ij}f\partial_2 f) = \Delta^{-1}\partial_{ij}f\partial_1 f$ und $\Gamma_{ij}^2 = \Delta^{-1}\partial_{ij}f\partial_k f$.

Die Differentialgleichungen für die Geodätischen haben daher in der Notation $f_x := \partial_1 f$, $f_y := \partial_2 f$ etc. die folgende Form:

$$\ddot{x} + f_x\Delta^{-1}(f_{xx}\dot{x}^2 + 2f_{xy}\dot{x}\dot{y} + f_{yy}\dot{y}^2) = 0,$$
$$\ddot{y} + f_y\Delta^{-1}(f_{xx}\dot{x}^2 + 2f_{xy}\dot{x}\dot{y} + f_{yy}\dot{y}^2) = 0.$$

6. Weitere Bedeutung der Christoffelsymbole. Es sei $\varphi : U \longrightarrow Q \subset \mathbb{R}^2$ eine Karte der Fläche $\Sigma \subset \mathbb{R}^3$, $U \subset \Sigma$ offen, und es sei $\psi = \varphi^{-1}$ die zugehörige Parametrisierung. Für

$$N_\psi(q) = N(q) := \frac{\partial_1\psi(q) \times \partial_2\psi(q)}{|\partial_1\psi(q) \times \partial_2\psi(q)|}, \quad q \in Q,$$

gilt offenbar: $|N| = 1$ und $N(q)$ ist senkrecht zum Tangentialraum $T_{\psi(q)}\Sigma$. $N(q)$ heißt der *Normaleneinheitsvektor* zu ψ in q bzw. in $\psi(q)$. Für jede weitere Parametrisierung $\overline{\psi} : \overline{Q} \longrightarrow \overline{U}$ mit $\psi(\overline{q}) = \psi(q)$ gilt stets $N_{\overline{\psi}}(\overline{q}) = + N_\psi(q)$ oder $N_{\overline{\psi}}(\overline{q}) = - N_\psi(q)$ für den Normaleneinheitsvektor $N_{\overline{\psi}}(\overline{q})$ zu $\overline{\psi}$.

Zum Beispiel errechnet man für die weiter oben erwähnte Parametrisierung $\psi(\theta,\varphi) = R(\sin\theta \cos\varphi,\, \sin\theta \sin\varphi,\, \cos\theta)$ der Sphäre: $N_\psi(\theta,\varphi) = R^{-1}\psi(\theta,\varphi)$, während für die Parametrisierung $\overline{\psi}(\varphi,\theta) := R(\sin\theta \cos\varphi,\, \sin\theta \sin\varphi,\, \cos\theta)$, in der im Vergleich zu ψ nur die Variablen vertauscht sind, gilt: $N_{\overline{\psi}}(\varphi,\theta) = -R^{-1}\overline{\psi}(\varphi,\theta) = -N_\psi(\theta,\varphi)$.

Da $(\partial_1\psi(q), \partial_2\psi(q), N(q))$ für jedes $q \in Q$ eine Basis von $\mathbb{R}^3$ ist, läßt sich der Vektor

$$\partial_{ij}\psi(q) := \frac{\partial^2\psi}{\partial q^i \partial q^j}(q)$$

eindeutig als Linearkombination bezüglich dieser Basis darstellen. Die Koeffizienten dieser Darstellung vor $\partial_k\psi(q)$, $k = 1,2$ kennen wir bereits. Es läßt sich nämlich durch Auswertung von Skalarprodukten leicht nachrechnen, daß

$$\partial_{ij}\psi = \Gamma_{ij}^k \partial_k\psi + h_{ij}N$$

gilt mit $h_{ij}(q) := \langle \partial_{ij}\psi(q), N(q)\rangle$.

Wegen $\langle N, \partial_\nu\psi\rangle = 0$, $\nu = 1,2$, genügt es dazu $\langle \partial_{ij}\psi, \partial_\nu\psi\rangle = \Gamma_{ij}^k g_{k\nu}$ für $i,j,\nu \in \{1,2\}$ nachzuprüfen. Das folgt aber sofort aus $g_{i\nu,j} = \langle \partial_{ij}\psi, \partial_\nu\psi\rangle + \langle \partial_i\psi, \partial_{\nu j}\psi\rangle$ etc. durch Einsetzen:

$$\Gamma_{ij}^k g_{k\nu} = \tfrac{1}{2} g_{k\nu} g^{k\mu}(g_{i\mu,j} + g_{j\mu,i} - g_{ij,\mu}) = \tfrac{1}{2}(g_{i\nu,j} + g_{j\nu,i} - g_{ij,\nu}) = \langle \partial_{ij}\psi, \partial_\nu\psi\rangle.$$

Auf die h_{ij} als die Komponenten der 2. Fundamentalform kommen wir in Abschnitt 10 zurück. Für die Sphäre ergibt sich bezüglich der mehrfach benutzten Parametrisierung $\psi(\theta,\varphi) = R(\sin\theta \cos\varphi,\, \sin\theta \sin\varphi,\, \cos\theta)$:

$$h_{11} = -R\,, \qquad\qquad h_{12} = 0\,, \qquad\qquad h_{22} = -R\sin\theta\,.$$

Für einen allgemeinen Graphen G_f mit Parametrisierung $\psi(x,y) = (x,y,f(x,y))$ ist der Normalenvektor $N = \Delta^{-\frac{1}{2}}(-\partial_1 f, -\partial_2 f, 1)$, wobei $\Delta := \det g_{\mu\nu}$. Wegen $\partial_{\mu\nu}\psi = (0,0,\partial_{\mu\nu}f)$ folgt $h_{\mu\nu} = \Delta^{-\frac{1}{2}}\partial_{\mu\nu}f$.

7. Parallelverschiebung auf Flächen. Es sei $\gamma : [t_0, t_1] \longrightarrow \Sigma$ Geodätische auf einer Fläche Σ im $\mathbb{R}^3$. Die *Parallelverschiebung* eines Tangentialvektors $X_0 \in T_{a_0}\Sigma$ ($a_i := \gamma(t_i)$, $i = 0,1$) *längs* γ bedeutet, den Vektor X_0 differenzierbar auf der Kurve γ so nach $T_{a_1}\Sigma$ zu "verschieben", daß die Länge des Vektors und das Skalarprodukt des Vektors mit $\dot{\gamma}(t)$ nicht verändert werden. Es ist also eine differenzierbare

Abbildung $X : [t_0, t_1] \longrightarrow \mathbb{R}^3$ gesucht mit $X(t) \in T_{\gamma(t)}\Sigma$ für alle $t \in [t_0, t_1]$, so daß $X(t_0) = X_0$ und

$$g_{\gamma(t)}(X(t), X(t)) = g_{a_0}(X(t_0), X(t_0)),$$
$$g_{\varphi(t)}(X(t), \dot\gamma(t)) = g_{a_0}(X(t_0), \dot\gamma(t_0)) \quad \text{für alle } t \in [t_0, t_1].$$

X heißt dann *Parallelfeld längs* γ. Das Ergebnis $X_1 := X(t_1)$, $X_1 \in T_{a_1}\Sigma$, ist definitionsgemäß der *längs* γ *parallel verschobene* Vektor. Die Abbildung $X_0 \longmapsto X_1$ ist ein Isomorphismus

$$(7.1^\circ) \quad \mathbb{P}^{\gamma}_{t_0, t_1} : T_{a_0}\Sigma \longrightarrow T_{a_1}\Sigma$$

mit $g_{a_0}(X_0, Y_0) = g_{a_1}(\mathbb{P}^{\gamma}_{t_0, t_1}(X_0), \mathbb{P}^{\gamma}_{t_0, t_1}(Y_0))$. $\mathbb{P}^{\gamma}_{t_0, t_1}$ ist also eine lineare Isometrie. $\mathbb{P}^{\gamma}_{t_0, t_1}$ heißt *Paralleltransport längs* γ.

(7.2°) **Satz.** $X(t)$ ist genau dann Parallelfeld längs der Geodätischen γ, wenn in lokalen Koordinaten stets gilt

$$(7.3^\circ) \quad \dot X^k + \Gamma^k_{ij}\, \dot q^i X^j = 0, \quad k = 1, 2$$

(mit $q^i(t) = (\varphi \circ \gamma(t))^i$ wie bisher).

Beweis. Es sei $X(t)$ ein Feld längs γ mit $\dot X^k + \Gamma^k_{ij}\, \dot q^i X^j = 0$, wobei $\gamma(t) = \psi(q(t))$. Dann ist

$$\begin{aligned}
g_{\mu\nu}\dot X^\nu &= -g_{\mu\nu}\Gamma^\nu_{kj}\, \dot q^k X^j \\
&= -g_{\mu\nu}\tfrac{1}{2}g^{\nu\rho}(g_{k\rho,j} + g_{j\rho,k} - g_{kj,\rho})\, \dot q^k X^j \\
&= \tfrac{1}{2}(-g_{k\mu,\nu} - g_{\nu\mu,k} + g_{k\nu,\mu})\, \dot q^k X^\nu.
\end{aligned}$$

Daher gilt

$$\begin{aligned}
\frac{d}{dt}(g_{\mu\nu}X^\mu X^\nu) &= g_{\mu\nu,k}\, \dot q^k X^\mu X^\nu + 2g_{\mu\nu}\dot X^\nu X^\mu = \\
&= (g_{\mu\nu,k} - g_{k\mu,\nu} - g_{\nu\mu,k} + g_{k\nu,\mu})\, \dot q^k X^\mu X^\nu \\
&= (g_{k\nu,\mu} - g_{k\mu,\nu})\, \dot q^k X^\mu X^\nu = 0,
\end{aligned}$$

da $g_{k\nu,\mu}X^\mu X^\nu = g_{k\mu,\nu}X^\mu X^\nu$. Also ist die Länge $\sqrt{g(X,X)}$ von X konstant. Ebenso folgt die Konstanz von $g(X, \dot\gamma)$: Da γ Geodätische ist, hat man noch

$$g_{\nu\mu}\ddot q^\mu = (-g_{\mu\nu,k} + \tfrac{1}{2}g_{\mu k,\nu})\, \dot q^k \dot q^\mu$$

zum Einsetzen:

$$\begin{aligned}
\frac{d}{dt}(g_{\mu\nu}\dot q^\mu X^\nu) &= g_{\mu\nu,k}\, \dot q^k \dot q^\mu X^\nu + g_{\mu\nu}\ddot q^\mu X^\nu + g_{\mu\nu}\dot q^\mu \dot X^\nu \\
&= (g_{\mu\nu,k} + (-g_{\mu\nu,k} + \tfrac{1}{2}g_{\mu k,\nu}) + \tfrac{1}{2}(-g_{k\mu,\nu} - g_{\nu\mu,k} + g_{\nu k,\mu}))\, \dot q^k \dot q^\mu X^\nu \\
&= \tfrac{1}{2}(g_{\nu k,\mu} - g_{\nu\mu,k})\, \dot q^k \dot q^\mu X^\nu = 0,
\end{aligned}$$

da stets $g_{\nu k,\mu}\, \dot q^k \dot q^\mu = g_{\nu\mu,k}\, \dot q^k \dot q^\mu$. Also ist $X(t)$ ein Parallelfeld.

Sei umgekehrt $Y : [t_0, t_1] \longrightarrow \Sigma$ Parallelfeld. Zu $Y(t_0)$ gibt es dann eine eindeutig bestimmte Lösung $X(t)$ des folgenden (linearen) Systems

$$\dot{X}^k + \Gamma_{ij}^k \, \dot{q}^i X^j = 0 \quad \text{mit} \quad X(t_0) = Y(t_0)$$

auf ganz $[t_0, t_1]$. Weil die Gleichungen $g(X, X) = g(Y, Y)$ und $g(X, \dot{\gamma}) = g(Y, \dot{\gamma})$ in jedem Tangentialraum $T_{\gamma(t)}\Sigma$ gelten und weil $T_{\gamma(t)}\Sigma$ zweidimensional ist, folgt $X = Y$ aus der Stetigkeit von X und Y. Also erfüllt Y die Differentialgleichungen 7.3°.

Eine *stückweise differenzierbare Kurve* γ in Σ ist eine stetige Abbildung $\gamma : [t_0, t_1] \longrightarrow \Sigma$, zu der es eine Zerlegung $t_0 = s_0 < s_1 < ... < s_k = t_1$ des Intervalls $[t_0, t_1]$ gibt, so daß $\gamma|_{[s_{j-1}, s_j]} : [s_{j-1}, s_j] \longrightarrow \Sigma$ (beliebig oft) differenzierbar ist für $j = 1, 2, ... k$. Eine solche Kurve heißt *Geodätische*, wenn $\gamma|_{[s_{j-1}, s_j]} =: \gamma_j$ Geodä-, tische ist für alle $j \in \{1, 2, ... k\}$. *Parallelverschiebung längs* γ ist dann entsprechend auf ganz $[t_0, t_1]$ definiert, indem $X_0 \in T_{a_0}\Sigma$, $a_i := \gamma(s_i)$, zunächst längs γ_1 parallel zu $X_1 \in T_{a_1}\Sigma$ verschoben wird, dann X_1 längs γ_2 parallel zu $X_2 \in T_{a_2}\Sigma$ usw.

(7.4°) Beispiel. Auf $\Sigma = \mathbb{S}^2$ sei ein "geodätisches" Dreieck γ gegeben durch 3 zueinander orthogonalen Großkreisbögen $\gamma_1, \gamma_2, \gamma_3$. Es werde $X_0 := \dot{\gamma}_1(t_0)$ ($a = \gamma_1(t_0)$ ist der erste Eckpunkt) parallel verschoben. Parallelverschiebung längs der ersten Kante des Dreiecks liefert zunächst $X_1 := \dot{\gamma}_1(s_1)$, denn γ_1 ist Geodätische. (Dabei ist jetzt $\gamma_1(s_1) = \gamma_2(s_1) =: b$ der zweite Eckpunkt.) In $\mathbb{R}^3$ steht X_1 senkrecht zu $\dot{\gamma}_2(s_1)$, und das bleibt so längs γ_2, so daß $X_2 = \dot{\gamma}_2(s_2)$ die Gleichung $X_2 = -\dot{\gamma}_3(s_2)$ (in $\mathbb{R}^3$) erfüllt. ($c := \gamma_2(s_2) = \gamma_3(s_2)$ ist der dritte Eckpunkt.) Also steht $X_3 = \dot{\gamma}_3(s_3) \in T_{\gamma(t_0)}\Sigma$, die Parallelverschiebung von X_0 längs γ, senkrecht in $T_{\gamma(t_0)}\Sigma$ zu dem Ausgangsvektor X_0.

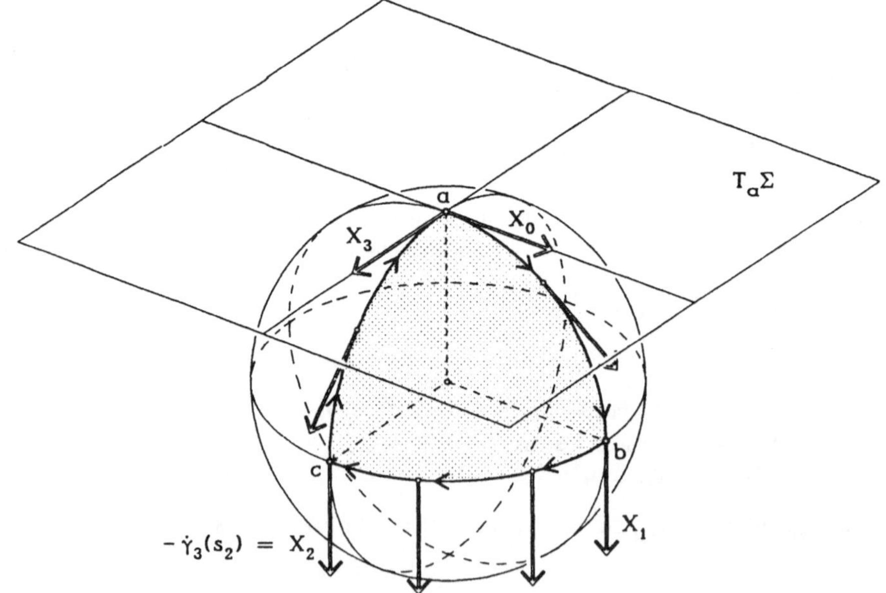

Der Satz 7.2 gilt entsprechend, nur daß X jetzt wie γ lediglich stückweise differenzierbar ist.

Für beliebige stückweise differenzierbare Kurven $\gamma : [t_0, t_1] \longrightarrow \Sigma$ werde γ (zusammen mit $\dot{\gamma}$) durch stückweise Geodätische γ_n gleichmäßig approximiert: $\gamma_n \longrightarrow \gamma$ und $\dot{\gamma}_n \longrightarrow \dot{\gamma}$. Zu $X_0 \in T_{a_0}\Sigma$ sei X_n ($n \geq 1$) das Parallelfeld längs γ_n. Dann konvergiert X_n gegen ein $X : [t_0, t_1] \longrightarrow \Sigma$. X heißt dann *Parallelfeld* längs γ mit $X(t_0) = X_0$. X erfüllt ebenfalls die Differentialgleichung 7.3° und ist deshalb beliebig oft differenzierbar außerhalb der Ausnahmepunkte $s_1, \dots, s_{k-1}$.

(7.5°) Definition. Ohne diese Zwischenschritte als Motivationen kann für eine stückweise differenzierbare Kurve $\gamma : [t_0, t_1] \longrightarrow \Sigma$ definiert werden: Eine Abbildung $X : [t_0, t_1] \longrightarrow \mathbb{R}^3$ mit $X(t) \in T_{\gamma(t)}\Sigma$ für alle $t \in [t_0, t_1]$ ist *Parallelfeld längs* γ (oder einfach *parallel längs* γ), wenn X stückweise differenzierbar ist und wenn außerhalb der Ausnahmepunkte $s_1, \dots, s_{k-1}$ in lokalen Koordinaten stets 7.3° erfüllt ist.

8. Kovariante Ableitung. Die Bedeutung der Differentialgleichungen 7.3° läßt sich auch über die kovariante Ableitung erläutern. Es sei $Y \in T_a\Sigma$ ein Tangentialvektor, und es sei X ein Vektorfeld längs einer Kurve γ, welche Y definiert. Es ist also $\gamma : \,]-\varepsilon, \varepsilon[\, \longrightarrow \Sigma$, $\gamma(0) = a$, $\dot{\gamma}(0) = Y$, $X(t) \in T_{\gamma(t)}\Sigma$. Es sei $\psi : Q \longrightarrow U$ Parametrisierung mit $\gamma(]-\varepsilon, \varepsilon[) \subset U$.

Die Ableitung $\dot{X}(t)$ ist in $\mathbb{R}^3$ definiert als $\frac{d}{dt}X(t)$. Im allgemeinen gilt $\dot{X}(t) \notin T_{\gamma(t)}\Sigma$. Mit $\gamma(t) = \psi \circ q(t)$ und $X(t) = X^\mu(t)\partial_\mu\psi(q(t))$ ist

$$\dot{X}(t) = \dot{X}^k \partial_k\psi + X^\mu \dot{q}^\nu \partial_{\nu\mu}\psi(q(t))$$

und nach Abschnitt 6 folgt wegen $\partial_{\mu\nu}\psi(q(t)) = \Gamma^k_{\mu\nu}\partial_k\psi + h_{\mu\nu}N$

$$\dot{X}(t) = (\dot{X}^k + \Gamma^k_{\mu\nu}\dot{q}^\mu X^\nu)\partial_k\psi + (h_{\mu\nu}\dot{q}^\mu X^\nu)N.$$

Also ist $\dot{X}(t) \in T_{\gamma(t)}\Sigma$ nur wenn $h_{\mu\nu}\dot{q}^\mu X^\nu = 0$. Durch

$$(8.1^\circ) \quad D_Y X(0) := (\dot{X}^k + \Gamma^k_{\mu\nu}\dot{q}^\mu X^\nu)\partial_k\psi\big|_{t=0}$$

wird also genau die orthogonale Projektion von $\dot{X}(0)$ auf die Tangentialebene $T_a\Sigma$ beschrieben. $D_Y X(0)$ heißt die *kovariante Ableitung* von X in Richtung Y. (Für eine ordentliche Definition muß allerdings noch gezeigt werden, daß $(\dot{X}^k + \Gamma^k_{\mu\nu}\dot{q}^\mu X^\nu)\partial_k\psi\big|_{t=0}$ unabhängig von der Wahl von γ und von ψ ist.) Es gilt für Felder X längs Kurven γ:

> X Parallelfeld längs γ $\Leftrightarrow$ $D_{\dot{\gamma}(t)}X(t) = 0$.
>
> γ Geodätische $\Leftrightarrow$ $\dot{\gamma}$ Parallelfeld längs γ und γ natürlich parametrisiert
>
> $\Leftrightarrow$ $D_{\dot{\gamma}(t)}\dot{\gamma}(t) = 0$ und γ natürlich parametrisiert.

(8.2°) Folgerung. γ ist genau dann Geodätische von Σ, wenn $\ddot{\gamma}(t) \perp T_{\gamma(t)}\Sigma$ für alle $t \in [t_0, t_1]$ gilt und wenn γ natürlich parametrisiert ist.

Mit diesem Resultat folgt zum Beispiel sofort, daß die Geodätischen von $\mathbb{S}_R^2$ die natürlich parametrisierten Großkreise sind.

(8.3°) Beschleunigung. Faßt man eine Kurve γ in Σ als eine Bewegung in Σ auf, so ist die Ableitung $\dot{\gamma}(t) \in T_{\gamma(t)}\Sigma$ die Geschwindigkeit. Im allgemeinen ist aber die "Beschleunigung" $\ddot{\gamma}(t) \in \mathbb{R}^3$ kein Vektor in $T_{\gamma(t)}\Sigma$. Als Ersatz dafür kann $D_{\dot{\gamma}}\dot{\gamma}$ als diejenige "Beschleunigung" verstanden werden, die man von der Fläche aus beobachtet, ohne den umliegenden Raum $\mathbb{R}^3$, in den Σ eingebettet ist, zu benutzen. In diesem Sinne sind die Geodätischen gerade die unbeschleunigten Bewegungen auf der Fläche.

Obwohl $D_Y X(a)$ mit Hilfe von lokalen Koordinaten und den zugehörigen Christoffelsymbolen definiert ist, liefert dieser Ausdruck als Projektion auf die Tangentialebene doch eine koordinatenunabhängige Abbildung. Es sei $W \subset \Sigma$ eine offene Umgebung von $a \in \Sigma$. Mit $\mathfrak{B}(W)$ wird der $\mathscr{E}(W)$-Modul der differenzierbaren Vektorfelder bezeichnet (vgl. Anhang M.12), also hier:

$$\mathfrak{B}(W) := \{X : W \longrightarrow \mathbb{R}^3 \mid X \text{ differenzierbar und } \forall w \in W: X(w) \in T_w\Sigma\}$$
$$\mathscr{E}(W) = \{f : W \longrightarrow \mathbb{R} \mid f \text{ differenzierbar}\}.$$

Für $X, Y \in \mathfrak{B}(W)$ ist dann $D_Y X \in \mathfrak{B}(W)$ definiert wie in 8.1° :

$$(D_Y X)(w) := (L_Y(X^k) + \Gamma_{\mu\nu}^k Y^\mu X^\nu)\, \partial_k \psi(w),$$

wobei $L_Y f$ die Ableitung in Richtung Y bezeichnet (Lie-Ableitung, M.12). D hat die folgenden Eigenschaften:

$$\textbf{(8.4°)} \quad D_Y : \mathfrak{B}(W) \longrightarrow \mathfrak{B}(W) \text{ ist } \mathbb{R}\text{-linear}$$
$$D_Y(fX) = f(D_Y X) + L_Y(f)\, X$$
$$D_{fY+Z} X = f(D_Y X) + D_Z X$$

für $X, Y, Z \in \mathfrak{B}(W)$ und $f \in \mathscr{E}(W)$, sowie

$$\textbf{(8.5°)} \quad L_X g(Y, Z) = g(D_X Y, Z) + g(Y, D_X Z).$$

$8.4°$ bedeutet, daß D ein Zusammenhang auf dem Tangentialbündel ist (vgl. Abschnitt 15 und auch V.4), und $8.5°$ bedeutet, daß D mit der Metrik verträglich ist. Für die Eindeutigkeit von D siehe $15.6°$.

9. Isometrien und Isometriegruppen. Es seien Σ und Σ' Flächen mit den zugehörigen Riemannschen Metriken g und g'. Eine differenzierbare Abbildung $\Phi : \Sigma \longrightarrow \Sigma'$ heißt *lokale Isometrie*, wenn in allen Punkten $a \in \Sigma$ die Tangentialabbildung (vgl. M.10.2°)

$$T_a\Phi : T_a\Sigma \longrightarrow T_b\Sigma', \quad b = \Phi(a),$$

eine lineare Isometrie der euklidischen Räume $T_a\Sigma$, $T_b\Sigma'$ ist, das heißt es gilt stets

$$g(X,Y) = g'(T_a\Phi(X),T_a\Phi(Y))$$

für $X,Y \in T_a\Sigma$. Φ ist also eine lokale Isometrie, wenn es zu jedem Punkt a eine offene Umgebung U von a und eine Parametrisierung $\psi : Q \longrightarrow U$ gibt, so daß $\psi' := \Phi\circ\psi : Q \longrightarrow U'$, $U' := \Phi(U)$, eine Parametrisierung für Σ' ist (Umkehrsatz, M.3.4°) mit der Eigenschaft

$$g_{ij}(q) = g'_{ij}(q) \text{ für alle } q \in Q.$$

Denn $g(X,Y) = g'(T_a\Phi(X),T_a\Phi(Y))$ für $X,Y \in T_a\Sigma$, $a = \psi(q)$, bedeutet wegen

$$T_a\Phi(\partial_j\psi(q)) = T_a\Phi(T_q\psi(e_j)) = T_q(\Phi\circ\psi)(e_j) = T_q\psi'(e_j) = \partial_j\psi'(q)$$

(oder $T_a\Phi(\partial_j\psi(q)) = D\Phi\circ D\psi(q).e_j = D(\Phi\circ\psi)(q).e_j = \partial_j\psi'(q)$ unter Verwendung der Jacobi-Matrizen $D\Phi,...$) sowie wegen $g_{ij}(q) = \langle\partial_i\psi(q),\partial_j\psi(q)\rangle$ und entsprechend $g'_{ij}(q) = \langle\partial_i\psi'(q),\partial_j\psi'(q)\rangle$:

$$g_{ij}(q) = g'\big(T_a\Phi(\partial_i\psi(q)),T_a\Phi(\partial_j\psi(q))\big) = g'(\partial_i\psi'(q),\partial_j\psi'(q)) = g'_{ij}(q).$$

Eine lokale Isometrie $\Phi : \Sigma \longrightarrow \Sigma'$ heißt *Isometrie*, wenn Φ außerdem noch bijektiv ist mit differenzierbarer Umkehrabbildung $\Phi^{-1} : \Sigma' \longrightarrow \Sigma$. (Oft verlangt man außerdem noch, daß die Orientierung erhalten bleibt.)

Einfache Beispiele: In der euklidischen Ebene $E = \mathbb{R}^2 \subset \mathbb{R}^3$ als Fläche sind alle euklidischen Bewegungen $\Phi \in SO(2) \times \mathbb{R}^2$ Isometrien von E auf sich. Isometrien von $\mathbb{S}^2_R$ auf sich sind alle Drehungen $A \in SO(3)$; aber auch die Punktspiegelung $x \longmapsto -x$ ist eine Isometrie der Sphäre, die allerdings die Orientierung umdreht. Durch die Abbildung $\Phi : E \longrightarrow Z$, $\Phi(x,y) := (\cos x, \sin x, y)$ der Ebene auf den Zylinder Z (vgl. 2.2°) wird eine lokale Isometrie gegeben, wie sich aus 2.2° ablesen läßt.

Beobachtung. Für Isometrien Φ und Ψ sind auch $\Phi\circ\Psi$ und Φ^{-1} Isometrien. Deshalb ist die Menge

$$\text{Isom}(\Sigma,g) := \{\Phi : \Sigma \longrightarrow \Sigma \mid \Phi \text{ Isometrie}\}$$

in natürlicher Weise eine Gruppe, die *Isometriegruppe* von Σ. Zum Beispiel gilt

$$\text{Isom}(E) = O(2) \times \mathbb{R}^2$$
$$\text{Isom}(\mathbb{S}^2_R) = O(3)$$
$$\text{Isom}(\mathbb{H}^2_R) = O(2,1)$$
$$= \{A \in \mathbb{R}^3 \mid \langle\!\langle Ax, Ay\rangle\!\rangle = \langle\!\langle x,y\rangle\!\rangle \text{ für alle } x,y \in \mathbb{R}^3\}.$$

Die Isometriegruppe $\text{Isom}(\Sigma,g)$ ist natürlich gerade die volle Symmetriegruppe im Sinne von I.3 bezüglich der Struktur "Fläche mit der durch g gegebenen geometrischen Struktur".

Zwei vorgegebene Flächen Σ und Σ', zu denen es eine (lokale) Isometrie $\Phi : \Sigma \longrightarrow \Sigma'$ gibt, heißen (*lokal*) *isometrisch*. Diejenigen Größen, welche unter lokalen

Isometrien erhalten bleiben, heißen *innere Größen* der Geometrie oder auch *geometrische Invarianten*. Beispielsweise sind die erste Fundamentalform $g = I$ und alle davon abgeleiteten Größen innere Größen wie zum Beispiel Bogenlänge, Winkel, Flächeninhalt, Geodätische, Parallelverschiebung und kovariante Ableitung:

Für jede Isometrie $\Phi : \Sigma \longrightarrow \Sigma'$ gilt:

$$B(\gamma) = B(\Phi \circ \gamma) \text{ für Kurven } \gamma : [t_0, t_1] \longrightarrow \Sigma;$$
$$A(S) = A(\Phi(S)) \text{ für Flächenteile } S \subset \Sigma;$$
$$\gamma \text{ Geodätische} \Leftrightarrow \Phi \circ \gamma \text{ Geodätische};$$
$$T\Phi(D_Y X) = D_{Y'} X' \text{ mit } Y' = T\Phi(Y), \ X' = T\Phi(X).$$

Dagegen sind zum Beispiel die Normale $N = N_\psi$ und die zweite Fundamentalform keine inneren Größen.

Die sogenannte *innere Geometrie* der Flächen ist die mathematische Disziplin, die sich mit der Untersuchung von inneren Größen der Flächen befaßt.

10. Krümmungstheorie der Flächen. Eine sinnvolle Krümmungstheorie für Flächen Σ im $\mathbb{R}^3$ läßt sich mit Hilfe der Krümmungstheorie solcher Kurven entwikkeln, die ganz in Σ verlaufen.

Ein Punkt $a \in \Sigma$ sei vorgegeben. Wir betrachten natürlich parametrisierte Kurven $\gamma : [t_0, t_1] \longrightarrow \Sigma$ mit $a \in \gamma([t_0, t_1])$, etwa $a = \gamma(0)$ und $0 \in \,]t_0, t_1[$. Die Krümmung $\varkappa(t)$ von γ in $\gamma(t)$ ist $\varkappa(t) = |\ddot{\gamma}(t)|$, $t \in [t_0, t_1]$, und die Kurvennormale $n(t)$ ist im Falle $\varkappa(t) \neq 0$ durch $\ddot{\gamma}(t) = \varkappa(t) n(t)$ festgelegt (vgl. Abschnitt 0). Es sei $\psi : Q \longrightarrow U$ eine Parametrisierung eines Flächenstücks $U \subset \Sigma$ mit $a \in U$. Das Definitionsintervall $[t_0, t_1]$ sei klein genug gewählt, so daß $\gamma([t_0, t_1]) \subset U$. Wie oben sei $N(q) = N_\psi(q)$ (vgl. 6) der Normaleneinheitsvektor. Setze $N(t) := N(\psi^{-1} \circ \gamma(t)), t \in [t_0, t_1]$.

(10.1°) Definition. $\varkappa_N(t) := \varkappa(t)\langle N(t), n(t)\rangle = \langle N(t), \ddot{\gamma}(t)\rangle$ ist die *Normalkrümmung* von γ in $\gamma(t) \in \Sigma$.

Die Normalkrümmung $\varkappa_N(t)$ mißt also den Anteil der Krümmung von γ in Richtung der Flächennormalen. Bei einer anderen Parametrisierung $\overline{\psi}$ mit $N_{\overline{\psi}} = -N_\psi$ (vgl. 6) ergibt sich $\overline{\varkappa}_N = -\varkappa_N$. $\varkappa_N$ ist also eindeutig festgelegt bis auf Vorzeichen unabhängig von den speziellen Parametrisierung von Σ (aber abhängig von γ).

Für eine weitgehend kurvenunabhängige Beschreibung der Normalkrümmung benötigt man die zweite Fundamentalform:

(10.2°) Definition. Die *zweite Fundamentalform* II_a auf $T_a\Sigma$ ist durch

$$II_a(X, Y) := h_{ij}(q)X^i Y^j, \quad X = X^i \partial_i \psi(q), \quad Y = Y^j \partial_j \psi(q)$$

definiert. Dabei ist $h_{ij}(q) = \langle N(q), \partial_{ij}\psi(q)\rangle$ wie in 6, und $q \in Q$ ist der Parameterwert mit $\psi(q) = a$.

(Zur Erinnerung: Die erste Fundamentalform ist $g = I$.)

Es ist $\gamma(t) = \psi \circ q(t)$ mit $q(t) := \psi^{-1} \circ \gamma : [t_0, t_1] \longrightarrow Q$. Deshalb gilt $\dot\gamma = \dot{q}^i \partial_i \psi(q)$ und $\ddot\gamma = \ddot{q}^i \partial_i \psi(q) + \dot{q}^i \dot{q}^j \partial_{ij} \psi(q)$. Wegen $\langle N, \partial_i \psi \rangle = 0$ folgt

$$II_{\gamma(t)}(\dot\gamma(t), \dot\gamma(t)) = h_{ij} \dot{q}^i \dot{q}^j = \langle N, \partial_{ij}\psi(q)\dot{q}^i\dot{q}^j \rangle = \langle N, \ddot\gamma(t) \rangle, \text{ und daher}$$

$$II_{\gamma(t)}(\dot\gamma(t), \dot\gamma(t)) = \varkappa_N(t).$$

Damit ist gezeigt:

(10.3°) Satz von Meusnier. Alle natürlich parametrisierten Kurven auf einer Fläche Σ, die in einem gegebenen Punkte $a \in \Sigma$ denselben Tangentialvektor $X \in T_a\Sigma$ haben, besitzen in diesem Punkt dieselbe Normalkrümmung.

Man kann deshalb für $X \in T_a\Sigma$, $|X| = 1$, von der *Normalkrümmung* $\varkappa_N(X)$ *von* X sprechen, welche als die Normalkrümmung $\varkappa_N(0) = \langle N(0), \ddot\gamma(0) \rangle$ irgendeiner in Σ verlaufenden Kurve γ mit $\gamma(0) = a$ und $\dot\gamma(0) = X$ definiert ist. Dadurch wird die geometrische Bedeutung von II_a hervorgehoben, denn es folgt

$$\varkappa_N(X) = II_a(X, X).$$

Die Normalkrümmung $\varkappa_N(X)$ läßt sich anschaulich erklären als die Normalkrümmung des *Normalschnitts*, das ist (im Kleinen) diejenige natürlich parametrisierte Kurve γ mit $\dot\gamma(0) = X$ und $\gamma(0) = a$, deren Bahn der Durchschnitt von Σ und der von N und X aufgespannten Ebene ist (vgl. Bild).

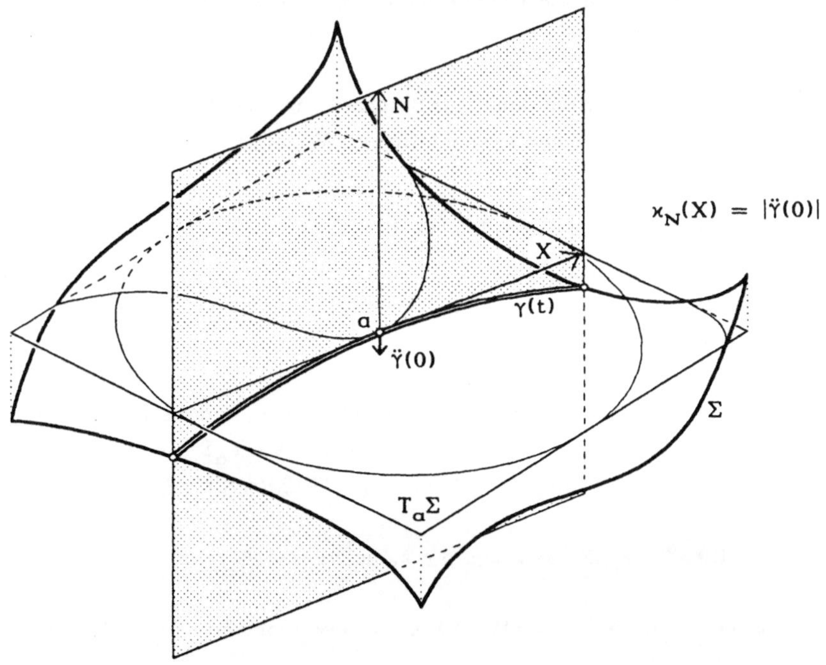

$(10.4°)$ **Beispiele.** 1) Im Falle der affinen Ebene gilt $\varkappa_N(X) = 0$ für alle $X \in T_a E$, $|X| = 1$.

2) Im Falle des Zylinders erhält man zum Beispiel im Punkte $b = (R,0,0)$ zu jeder Richtung $X \in T_b Z$, $X = a_1\partial_1\psi(0) + a_2\partial_2\psi(0) = R(0,a_2,a_1)$ (vgl. $2.2°$) mit der Länge $|X| = R\sqrt{a_1^2 + a_2^2} = 1$ eine natürlich parametrisierte Kurve (vgl. $5.2°$)

$$\gamma(t) = R(\cos(a_2 t), \sin(a_2 t), a_1 t)$$

mit $\gamma(0) = b = (R,0,0)$ und $\dot{\gamma}(0) = X$. (γ ist nicht Normalschnitt.) Es gilt

$$\ddot{\gamma}(t) = -R(a_2^2\cos(a_2 t), a_2^2\sin(a_2 t), 0)$$

also $\varkappa(0) = Ra_2^2$ und $n(0) = -(1,0,0)$. Wegen $N(0) = -(1,0,0)$ folgt

$$\varkappa_N(X) = Ra_2^2.$$

Aus 1) und 2) ergibt sich: $\varkappa_N$ ist keine innere Größe der Flächentheorie. Denn E und Z sind nach 9 lokal isometrisch isomorph.

3) Für die Sphäre S_R^2 in der Parametrisierung durch Winkelkoordinaten (vgl. $2.4°$) gilt $N(\psi(q)) = -\frac{1}{R}\psi(q)$. Zu $a \in S_R^2$ und $X \in T_a S_R^2$ mit $|X| = 1$, hat man die natürlich parametrisierte Kurve

$$\gamma(t) = a\cos\frac{t}{R} + RX\sin\frac{t}{R}$$

mit $\gamma(0) = a$, $\dot{\gamma}(0) = X$. (γ ist Geodätische !) Es ist $\ddot{\gamma}(t) = -\frac{1}{R^2}\gamma(t)$. Also gilt $n(t) = -\frac{1}{R}\gamma(t)$ und $\varkappa(t) = \frac{1}{R}$. Es folgt $\varkappa(0) = \varkappa_N(X) = \frac{1}{R}$.

4) Analog für die Pseudosphäre H_R^2 : $\varkappa_N(X) = -\frac{1}{R}$ für $X \in T_a H_R^2$ mit $|X| = 1$.

Weingarten-Abbildung. Zur Beschreibung aller Normalkrümmungen in einem Punkte $a \in \Sigma$ ist die *Weingarten*-Abbildung $W_a : T_a\Sigma \longrightarrow T_a\Sigma$ nützlich. W_a ist durch II_a über

$$\langle W_a(X), Y \rangle = II_a(X, Y) \quad \text{für alle} \quad X, Y \in T_a\Sigma$$

definiert. W_a ist $\mathbb{R}$-linear, und wegen $h_{ij} = h_{ji}$ ist W_a auch symmetrisch (selbstadjungiert). Es gibt daher in $T_a\Sigma$ ein Orthonormalsystem e_1, e_2 und $k_1, k_2 \in \mathbb{R}$ mit

$$W_a(e_j) = k_j e_j, \quad j = 1,2.$$

e_1, e_2 heißen die *Hauptkrümmungsrichtungen* in $a \in \Sigma$, und die Eigenwerte k_1, k_2 sind die *Hauptkrümmungen*. Für allgemeine Richtungen $X \in T_a\Sigma$ ist $X = \cos\theta\, e_1 + \sin\theta\, e_2$ für ein geeignetes θ, wenn $|X| = 1$. Es folgt die *Eulerformel*

$$(10.5°) \quad \varkappa_N(X) = k_1\cos^2\theta + k_2\sin^2\theta;$$

denn $\varkappa_N(X) = II_a(X,X) = \langle W_a(X), X \rangle = \langle W_a(\cos\theta\, e_1 + \sin\theta\, e_2), \cos\theta\, e_1 + \sin\theta\, e_2 \rangle$

und $W_a(\cos\theta\, e_1 + \sin\theta\, e_2) = k_1\cos\theta + k_2\sin\theta$. Aus 10.5° folgt für $k_1 \le k_2$: $[k_1, k_2]$ ist die Menge aller Normalkrümmungen im Punkte $a \in \Sigma$.

Der wichtigste Krümmungsbegriff für Flächen ist schließlich die *Gauß-Krümmung*:

$$(10.6^\circ) \quad K = K(a) := k_1 k_2 \quad \text{in} \quad a \in \Sigma.$$

Es gilt $K = \det W_a$, denn W_a hat als Matrix bezüglich der Basis e_1, e_2 Diagonalgestalt $\mathrm{diag}(k_1, k_2) = W_a$. Für die Standardbasis $(\partial_1\psi, \partial_2\psi)$ gilt (jeweils im Parameterpunkt $q \in Q$ mit $\psi(q) = a$):

$$\langle W_a(\partial_j\psi), \partial_k\psi \rangle = II_a(\partial_j\psi, \partial_k\psi) = h_{jk},$$

also mit $W_a(\partial_j\psi) = w_j^\mu \partial_\mu\psi$:

$$h_{jk} = \left(W_a(\partial_j\psi), \partial_k\psi \right) = w_j^\mu \left(\partial_\mu\psi, \partial_k\psi \right) = w_j^\mu g_{\mu k},$$

und daher hat W_a als Matrix bezüglich der Basis $(\partial_1\psi, \partial_2\psi)$ die Koeffizienten

$$w_j^{\ k} = h_{j\mu} g^{\mu k}.$$

Damit folgt die nützliche Formel

$$(10.7^\circ) \quad K = K(a) = \frac{\det(h_{jk})}{\det(g_{\mu\nu})} = \frac{\det II_a}{\det I_a}.$$

(10.8°) **Beispiel.** Die Gauß-Krümmung K soll für alle Punkte auf dem Torus T berechnet werden: Zur Parametrisierung

$$\psi(\theta, \varphi) = ((R + r\cos\theta)\cos\varphi, (R + r\cos\theta)\sin\varphi, r\sin\theta)$$

(vgl. 2.5°) werden alle Ableitungen von ψ bis zur Ordnung 2 benötigt:

$$\partial_1\psi = (-r\sin\theta\cos\varphi, -r\sin\theta\sin\varphi, r\cos\theta)$$
$$\partial_2\psi = (-(R + r\cos\theta)\sin\varphi, (R + r\cos\theta)\cos\varphi, 0)$$
$$\partial_1\psi \times \partial_2\psi = -(R + r\cos\theta)(r\cos\theta\cos\varphi, r\cos\theta\sin\varphi, r\sin\theta)$$

Daher ist $\quad N = -(\cos\theta\cos\varphi, \cos\theta\sin\varphi, \sin\theta)$.

$$\partial_{11}\psi = (-r\cos\theta\cos\varphi, -r\cos\theta\sin\varphi, -r\sin\theta)$$
$$\partial_{22}\psi = (-(R + r\cos\theta)\cos\varphi, -(R + r\cos\theta)\sin\varphi, 0)$$
$$\partial_{12}\psi = (r\sin\theta\sin\varphi, -r\sin\theta\cos\varphi, 0)$$

Durch Einsetzen erhält man:

$$h_{11} = \langle N, \partial_{11}\psi \rangle = r$$
$$h_{22} = \langle N, \partial_{22}\psi \rangle = (R + r\cos\theta)\cos\theta$$
$$h_{12} = 0$$

Insgesamt:

$$K(\psi(\theta, \varphi)) = \frac{r(R + r\cos\theta)\cos\theta}{r^2(R + r\cos\theta)^2} = \frac{\cos\theta}{r(R + r\cos\theta)}$$

Folgerung: Längs der Kreise $\theta = \frac{1}{2}\pi$ und $\theta = -\frac{1}{2}\pi$ ist $K = 0$. Für $\theta \in\,]-\frac{1}{2}\pi,\frac{1}{2}\pi[$ (also im "Außenteil") ist $K > 0$. Für $\theta \in\,]-\pi,-\frac{1}{2}\pi[\cup]\frac{1}{2}\pi,\pi[$ (also im "Innenteil") ist $K < 0$.

(10.9°) Beispiel. Für Rotationsflächen, die durch ρ,σ mit $\dot\rho^2+\dot\sigma^2 = 1$ in der Parametrisierung $\psi(\theta,\varphi) = (\rho(\theta)\cos\varphi,\rho(\theta)\sin\varphi,\sigma(\theta))$ gegeben sind (vgl. 2.4°), erhält man analog

$$K(\theta,\varphi) = -\frac{\ddot\rho}{\rho}(\theta), \quad \text{sowie} \quad k_1 = \frac{\dot\sigma}{\rho}, \quad k_2 = \dot\rho\ddot\sigma - \ddot\rho\dot\sigma$$

Abschließend zu diesem Abschnitt wollen wir die Formel

$$(10.10°) \qquad \Gamma^2_{11,2} - \Gamma^2_{12,1} + \Gamma^\mu_{11}\Gamma^2_{\mu2} - \Gamma^\mu_{12}\Gamma^2_{\mu1} = g_{11}K$$

herleiten: Neben $\partial_{ij}\psi = \Gamma^k_{ij}\partial_k\psi + h_{ij}N$ (vgl. 6) gilt $N_{,i} := \frac{\partial}{\partial q^i}N = -w^k_i\partial_k\psi$, wie man wegen $\langle N,\partial_j\psi\rangle = 0$ und $h_{ij} = \langle N,\partial_{ij}\psi\rangle$ aus

$$0 = \frac{\partial}{\partial q^i}\langle N,\partial_j\psi\rangle = \langle N_{,i},\partial_j\psi\rangle + \langle N,\partial_{ij}\psi\rangle$$

abliest. Eingesetzt in

$$\frac{\partial}{\partial q^2}\partial_{11}\psi = \frac{\partial}{\partial q^1}\partial_{12}\psi$$

erhält man

$$\Gamma^k_{11,2}\partial_k\psi + \Gamma^\mu_{11}\partial_{\mu2}\psi + h_{11}N_{,2} + h_{11,2}N =$$
$$\Gamma^k_{12,1}\partial_k\psi + \Gamma^\mu_{12}\partial_{\mu1}\psi + h_{12}N_{,1} + h_{12,1}N$$

und daraus

$$\Gamma^k_{11,2} - \Gamma^k_{12,1} + \Gamma^\mu_{11}\Gamma^k_{\mu2} - \Gamma^\mu_{12}\Gamma^k_{\mu1} = h_{11}w^k_2 - h_{12}w^k_1, \text{ für } k = 1,2.$$

Die rechte Seite der letzten Gleichung wegen $w^k_j = h_{j\mu}g^{\mu k}$ und $g^{11} = \frac{g_{22}}{\det I_\alpha}$ etc. für $k = 2$ von der Form

$$h_{11}w^2_2 - h_{12}w^2_1 = (h_{11}(h_{21}g^{12} + h_{22}g^{22}) - h_{12}(hy_{11}g^{12} + h_{12}g^{22}))$$
$$= (\det I_\alpha)^{-1}(-h_{11}h_{21}g_{12} + h_{11}h_{22}g_{11} + h_{12}h_{11}g_{12} - h^2_{12}g_{11})$$
$$= g_{11}\frac{\det II_\alpha}{\det I_\alpha} = g_{11}K$$

Damit ist 10.10° bewiesen.

(10.11°) Bemerkung *(theorema egregium)*. Die Gaußkrümmung ist eine innere Größe der Geometrie der Flächen, das heißt K bleibt bei Isometrien $\phi : \Sigma \longrightarrow \Sigma'$ invariant: $K(\alpha) = K(\phi(\alpha))$. Das folgt unmittelbar aus 10.10°.

11. Krümmung und Paralleltransport. Die geometrische Bedeutung der Gauß-Krümmung für den Paralleltransport soll in diesem Abschnitt erläutert werden.

Es sei $\Sigma \subset \mathbb{R}^3$ eine Fläche und $a \in \Sigma$. Es sei $\gamma : [t_0, t_1] \longrightarrow \Sigma$ eine stückweise differenzierbare geschlossene Kurve mit $\gamma(t_0) = \gamma(t_1) = a$. Der Paralleltransport längs γ liefert dann eine lineare Isometrie.

$$\mathbb{P}(\gamma) := \mathbb{P}^{\gamma}_{t_0, t_1} : T_a\Sigma \longrightarrow T_a\Sigma$$

(vgl. 7.1°). $\mathbb{P}(\gamma)$ ist Drehung in $T_a\Sigma$ um einen Winkel $\theta = \theta(\gamma)$. Ist γ der parametrisierte Rand eines stückweise glatten und orientierten Flächenteils $S \subset \Sigma$ und zerschneidet man S durch eine stückweise differenzierbare Kurve in zwei Teile S_1, S_2 mit $S = S_1 \cup S_2$, so gilt für die entsprechenden Winkel der Parallelverschiebung längs der parametrisierten Ränder:

$$\theta(\partial S) = \theta(\partial S_1) + \theta(\partial S_2),$$

sowie $\theta(\partial \overline{S}) = -\theta(\partial S)$, wenn $\overline{S}$ den Bereich S mit entgegengesetzter Orientierung bezeichnet. (Man mache sich diese Eigenschaften an dem Beispiel des geodätischen Dreiecks 7.4° klar, wenn das Dreieck in zwei geodätische Dreiecke mit gemeinsamem Eckpunkt a zerlegt wird.) θ verhält sich also wie das Integral über eine 2-Form, und es gibt tatsächlich eine 2-Form Ω auf Σ mit

$$\theta(\partial S) = \int_S \Omega.$$

Für Vektoren $X, Y \in T_a\Sigma$ erhält man $\Omega(X, Y)$ folgendermaßen: Bezüglich einer Karte $\varphi : U \longrightarrow Q$ bei $a \in U$, $\varphi(a) = q$, sei $P_\varepsilon := \psi(\{q + tX + sY : t, s \in \,]0, \varepsilon[\})$, also das Bild des Parallelogramms $\{q + tX + sY : t, s \in \,]0, \varepsilon[\} \subset Q$ unter der Parametrisierung $\psi = \varphi^{-1}$. Dann setze

$$(11.1^\circ) \quad \Omega(X, Y) := \lim_{\varepsilon \to 0} \frac{1}{\varepsilon^2} \theta(\partial P_\varepsilon).$$

Ω heißt die *Krümmungsform* zum Paralleltransport. In welcher Beziehung steht die hier angedeutete Definition zu der letzten Abschnitt dargestellten Theorie von Hauptkrümmungen und Gauß-Krümmung? Ω ist als 2-Form ein Vielfaches der durch die Metrik g definierten (lokalen) "Volumenform" $d\sigma$ auf U (vgl. 3): Es gibt eine stetige Funktion $f : U \longrightarrow \mathbb{R}$ mit $\Omega = f d\sigma$. Die Antwort auf die obige Frage ist nun, daß dieser Proportionalitätsfaktor f gerade die Gaußkrümmung ist: $K = f$. Auf diese Weise läßt sich die Gaußkrümmung K auch ohne Verwendung der in Abschnitt 10 entwickelten Konzepte einführen.

Statt nun dieses Programm durchzuführen, bei welchem man wie oben über $\theta(\partial S)$ und $\Omega(X, Y)$ zu K gelangt, zeigen wir direkt:

(11.2°) **Satz.** Die Form $\Omega := K d\sigma$ mit K wie in 10 beschreibt den Paralleltransport längs Rändern ∂S insofern, als für stückweise glatte $S \subset U \subset \Sigma$ der Paralleltransport

$$\mathbb{P}(\partial S) : T_a\Sigma \longrightarrow T_a\Sigma$$

für $a \in \partial S$ gerade die Drehung um den Winkel $\int_S \Omega$ ist. (Für die Definition von $d\sigma$ und dem Integral vgl. 3: Es ist $\int_S \Omega = \int_{\varphi(S)} K(\psi(q)) \sqrt{\det g_{\mu\nu}}\, dq^1 dq^2$. Siehe auch M.18.)

Beweis. Eine offene Teilmenge $S \subset U$ heißt stückweise glatt, wenn der Abschluß $\overline{S}$ von S (in U) kompakt ist und wenn der Rand ∂S von S das Bild einer stückweise differenzierbaren Kurve ist, die (abgesehen von den Endpunkten) injektiv ist. Dabei ist $\varphi : U \longrightarrow Q$ wie zuvor eine Karte mit zugehöriger Parametrisierung $\psi : Q \longrightarrow U$ ($\psi = \varphi^{-1}$). Wir setzen dem Spezialfall $g_{12} = 0$ voraus, um die nachfolgenden Rechnungen übersichtlicher zu gestalten. (Tatsächlich gibt es immer Karten mit $g_{12}(q) = 0$ auf Q. Es gibt sogar *isotherme Koordinaten*, das sind Koordinaten mit $g_{\mu\nu}(q) = f(q)\delta_{\mu\nu}$ für eine geeignete Funktion, vgl. z.B. [DFN I, § 13].) Setze für $q \in Q$

$$E(\psi(q)) := \lambda(q)\partial_1\psi(q), \quad \lambda(q) := \sqrt{g_{11}}^{-1} \text{ und}$$
$$E_2(\psi(q)) := \lambda_2(q)\partial_2\psi(q), \quad \lambda_2(q) := \sqrt{g_{22}}^{-1}.$$

Dann gilt für die Vektorfelder E und E_2 offensichtlich: $g(E,E) = 1 = g(E_2,E_2)$ und $g(E,E_2) = 0$ (da ja $g_{12} = 0$). Die Drehung um $90°$ in $T_a\Sigma \cong \mathbb{R}^2$ entspricht der Multiplikation mit $i = \sqrt{-1}$, wenn wir $\mathbb{R}^2$ mit $\mathbb{C}$ identifizieren. Dann gilt also $E_2 = iE$, also $\partial_2\psi = i\sqrt{g_{22}}E$, und jedes Vektorfeld auf U läßt sich als komplexes Vielfaches von E schreiben. Für jeden Tangentialvektor $Y \in T_{\psi(q)}\Sigma$ gilt für die kovariante Ableitung (vgl. 8)

$$D_Y E = (L_Y\lambda + \Gamma_{11}^1 Y^i\lambda)\partial_1\psi + (\Gamma_{11}^2 Y^i\lambda)\partial_2\psi$$
$$= ((\lambda_{,\mu}\lambda^{-1} + \Gamma_{\mu 1}^1)Y^\mu + i\Gamma_{\mu 1}^2\lambda\sqrt{g_{22}}Y^\mu)E$$

Es ist $\lambda_{,\mu}\lambda^{-1} = -\frac{1}{2}\frac{g_{11,\mu}}{g_{11}} = -\Gamma_{\mu 1}^1$ für $\mu = 1,2$. Daher gilt mit der Definition

$$\alpha(Y) := -\Gamma_{\mu 1}^2\sqrt{\frac{g_{22}}{g_{11}}}Y^\mu = \alpha_\mu Y^\mu,$$
$$D_Y E = i\Gamma_{\mu 1}^2\lambda\sqrt{g_{22}}Y^\mu E = -i\alpha(Y)E.$$

α ist eine 1 – Form, das heißt $\alpha(\psi(q)) : T_{\psi(q)}\Sigma \longrightarrow \mathbb{R}$ ist $\mathbb{R}$-linear, und für Vektorfelder Y auf U ist $\alpha(Y)$, also $q \longmapsto \alpha(Y(\psi(q)))$, differenzierbar (vgl. M.16).

Es sei jetzt γ eine Parametrisierung von ∂S und $X : [t_0,t_1] \longrightarrow T\Sigma$ ein Parallelfeld längs γ mit $g(X(t_0),X(t_0)) = 1$. Wegen der Wahl von E hat $X(t)$ die Form $X(t) = (\xi(t) + i\eta(t))E(\gamma(t))$. Aufgrund von $g(X(t),X(t)) = 1$ gibt es daher eine differenzierbare Funktion $\theta : [t_0,t_1] \longrightarrow \mathbb{R}$ mit $X(t) = e^{i\theta(t)}E(\gamma(t))$. Der gesuchte Drehwinkel $\theta(\partial S)$ ist dann $\theta(t_1) - \theta(t_0)$, insofern ist die Bezeichnung $\theta(t)$ für den Vergleichswinkel zwischen $X(t)$ und $E(\gamma(t))$ berechtigt. Da X Parallelfeld ist, gilt $D_{\dot\gamma}X = 0$, also

$$D_{\dot\gamma}(e^{i\theta}E) = i\dot\theta e^{i\theta}E + e^{i\theta}D_{\dot\gamma}(E) = ie^{i\theta}(\dot\theta - \alpha(\dot\gamma))E = 0.$$

Es folgt $\dot\theta = \alpha(\dot\gamma)$, also

$$\theta(t_1) - \theta(t_0) = \int_{t_0}^{t_1}\alpha(\dot\gamma(t))\,dt = \int_{\partial S}\alpha.$$

Also gilt $\theta(\partial S) = \int_{\partial S} \alpha$. Nach dem Satz von Gauß $(\int_{\partial S} \alpha = \int_S d\alpha)$ ergibt sich

$$\theta(\partial S) = \int_S \Omega$$

mit $\Omega := d\alpha$ als Krümmungsform. In den lokalen Koordinaten ist $\alpha = \alpha_\mu dq^\mu$ und $\Omega = \omega\, dq^1 \wedge dq^2$ mit $\omega = \alpha_{2,1} - \alpha_{1,2}$. Schließlich ist

$$\alpha_\mu = -\Gamma^2_{\mu 1}\sqrt{\frac{g_{22}}{g_{11}}}\,,\ \text{und daher}$$

$$\alpha_{2,1} = -\Gamma^2_{21,1}\sqrt{\frac{g_{22}}{g_{11}}} - \Gamma^2_{21}\tfrac{1}{2}\sqrt{\frac{g_{11}}{g_{22}}}\left(\frac{g_{22,1}g_{11} - g_{11,1}g_{22}}{g_{11}^2}\right)$$

$$= \sqrt{\frac{g_{22}}{g_{11}}}\left(-\Gamma^2_{21,1} - \Gamma^2_{21}\left(\tfrac{1}{2}\frac{g_{22,1}}{g_{22}} - \tfrac{1}{2}\frac{g_{11,1}}{g_{11}}\right)\right)$$

$$= \sqrt{\frac{g_{22}}{g_{11}}}\left(-\Gamma^2_{12,1} - \Gamma^2_{12}\left(\Gamma^2_{21} - \Gamma^1_{11}\right)\right),$$

denn es ist ja z. B. $\Gamma^2_{21} = \tfrac{1}{2}g^{22}(g_{22,1} + g_{12,2} - g_{21,2}) = \tfrac{1}{2}\frac{g_{22,1}}{g_{22}}$ wegen $g^{22} = \frac{1}{g_{22}}$ und $g_{12} = 0$. Ebenso:

$$\alpha_{1,2} = \sqrt{\frac{g_{22}}{g_{11}}}\left(-\Gamma^2_{11,2} - \Gamma^2_{11}\left(\Gamma^2_{22} - \Gamma^1_{12}\right)\right)$$

Es folgt nach 10.10°: $\omega = \sqrt{\frac{g_{22}}{g_{11}}}\,g_{11}K = K\sqrt{\det(g_{\mu\nu})}$, also $\Omega = K d\sigma$.

12. Riemannsche Mannigfaltigkeiten. Eine *Riemannsche Mannigfaltigkeit* ist eine differenzierbare Mannigfaltigkeit M der Dimension $n \geq 2$ mit einer Riemannschen Metrik g. Dabei ist eine Riemannsche Metrik g gegeben durch die Festlegung von positiv definiten, symmetrischen Bilinearformen

$$g_a = g(a) : T_a M \times T_a M \longrightarrow R$$

für jedes $a \in M$, welche differenzierbar zusammenpassen: Für differenzierbare Vektorfelder X, Y auf einer offenen Menge $W \subset M$ ist die Funktion

$$a \longmapsto g_a(X(a), Y(a))$$

stets differenzierbar. (Vgl. auch II.8.19 ff.) In lokalen Koordinaten $\varphi : U \longrightarrow Q \subset \mathbb{R}^n$ hat man ähnlich wie bei Flächen $\Sigma \subset \mathbb{R}^3$: φ liefert für jedes $a = \varphi(q)$ die Basis $(\frac{\partial}{\partial q^\mu}\,|\,\mu = 1,\dots n)$, $\frac{\partial}{\partial q^\mu} = [\varphi^{-1}(q + te_\mu)]_a$ (vgl. M.10) und g(a) hat die Darstellung

$$g(a)(X, Y) = g_{\mu\nu}(q)X^\mu Y^\nu \quad \text{für} \quad X = X^\mu\frac{\partial}{\partial q^\mu},\ Y = Y^\nu\frac{\partial}{\partial q^\nu},$$

wobei $g_{\mu\nu}(q) := g_a(\frac{\partial}{\partial q^\mu}, \frac{\partial}{\partial q^\nu})$.

Als Beispiele dienen natürlich die Flächen im $\mathbb{R}^3$. Ein Großteil der Geometrie der Flächen verallgemeinert sich zunächst auf die Hyperflächen im $\mathbb{R}^{n+1}$. (Natürlich haben die Beispiele aus 2 ihre Verallgemeinerungen, siehe auch 14.5°.) Auch allgemeine Untermannigfaltigkeiten des $\mathbb{R}^{n+1}$ sind automatisch Riemannsche Mannigfaltigkeiten über die induzierte Metrik. Abstrakte Riemannsche Mannigfaltigkeiten ergeben sich bei Quotienten, wie zum Beispiel die projektiven Räume $\mathbb{P}_n(\mathbb{C})$ und $\mathbb{P}_n(\mathbb{R})$. Schließlich haben wir in II.8 die Matrixgruppen als Riemannsche Mannigfaltigkeiten kennengelernt. In diesem Fall stimmt die Riemannsche Metrik im allgemeinen nicht mit der durch die Einbettung $G \subset \mathbb{C}(n) \cong \mathbb{R}(2n)$ induzierten Metrik überein.

Aus den vorangehenden Abschnitten übertragen sich alle diejenigen geometrischen Größen von Flächen Σ im $\mathbb{R}^3$ auf allgemeine Riemannsche Mannigfaltigkeiten, die unabhängig von der Einbettung $\Sigma \subset \mathbb{R}^3$ sind, also die inneren Größen.

Eine lokale *Volumenform* $d\sigma$ definiert man z.B. wie in Abschnitt 3 für $S \subset U$:

$$\int_S f d\sigma := \int_{\varphi(S)} f \circ \varphi^{-1}(q) \sqrt{\det g_{\mu\nu}(q)}\, dq^1 \dots dq^n$$

Über die *Bogenlänge* von Kurven $\gamma : [t_0, t_1] \longrightarrow M$

$$B(\gamma) := \int_{t_0}^{t_1} g(\dot\gamma, \dot\gamma) dt \qquad (\text{mit } \dot\gamma(t_0) := [\gamma(t_0+t)]_{\gamma(t_0)})$$

definieren sich der Begriff der *natürlichen Parametrisierung* und der Begriff der *Geodätischen*. Mit Hilfe der wie in 4.2° eingeführten *Christoffelsymbole* Γ^k_{ij} erhält man wie in 4.1° die Differentialgleichung.

$$\ddot q^k + \Gamma^k_{ij} \dot q^i \dot q^j = 0 \qquad k = 1,2,\dots n$$

als Bedingung dafür, daß eine natürlich parametrisierte Kurve γ in M mit lokalen Koordinaten $\dot q(t) = (q^1(t), \dots q^n(t)) = \varphi \circ \gamma(t)$ eine Geodätische ist.

Abschnitt 6 läßt sich nur auf Hyperflächen $M \subset \mathbb{R}^{n+1}$ verallgemeinern.

13. Parallelverschiebung auf Riemannschen Mannigfaltigkeiten. Der in 7 vorgestellte geometrische Ansatz zur Definition der Parallelverschiebung auf Flächen verallgemeinert sich ebenfalls von Flächen auf allgemeine Riemannsche Mannigfaltigkeiten, allerdings nicht ohne kleine Zusatzanstrengungen:

Es sei also $\gamma : [t_0, t_1] \longrightarrow M$ eine Geodätische in M und $X \in T_{\gamma(t_0)}M$. Ein *Vektorfeld längs* γ ist eine differenzierbare Abbildung $X : [t_0, t_1] \longrightarrow TM$ (also eine Kurve im Tangentialbündel TM von M mit Projektion $\tau : TM \longrightarrow M$ (vgl. $M.10.1^\circ$)) mit $X(t) \in T_{\gamma(t)}M$ für alle $t \in [t_0, t_1]$ (also $\gamma = \tau \circ X$). Die Bedingungen

$$g_{\gamma(t)}(X(t), X(t)) = g_{a_0}(X_0, X_0), \quad a_0 := \gamma(t_0),$$
$$g_{\varphi(t)}(X(t), \dot\gamma(t)) = g_{a_0}(X_0, \dot\gamma(t_0)), \quad X_0 := X(t_0),$$

für alle $t \in [t_0, t_1]$ legen ein solches Feld X im Falle $n \geq 3$ noch nicht fest (vgl. 7).

Es sei $X_0 = X(t_0) \in T_{\gamma(t_0)}M$ linear unabhängig von $\dot\gamma(t_0)$. Die Geodätischen λ durch $\gamma(t_0)$ mit Ableitung $\dot\lambda(t_0)$ in der durch X_0 und $\dot\gamma(t_0)$ aufgespannten Ebene H_0 definieren bei $\gamma(t_0)$ ein kleines Stück einer 2-dimensionalen Untermannigfaltigkeit Σ_0 von M. Für einen Punkt $\gamma(s_1)$, mit $s_1 - t_0$ klein, erhält man so eine Ebene in $T_{\gamma(s_1)}M$, nämlich

$$H_1 = \{\dot\rho(0) \in T_{\gamma(s_1)}M \mid \rho : \,]-\varepsilon, \varepsilon[\, \longrightarrow \Sigma_0 \text{ differenzierbar und } \rho(0) = \gamma(s_1)\}.$$

Mit den Daten $\gamma(s_1)$ und H_1 erhält man analog eine weitere Fläche $\Sigma_1 \subset M$, welche im Kleinen durch alle Geodätischen durch $\gamma(s_1)$ in Richtung H_1 definiert wird. Dieser Prozeß läßt sich wiederholen mit $s_1 < s_2 < ... < s_k = t_1$ und man erhält zur Geodätischen γ in jedem Punkte $\gamma(t)$ einen zweidimensionalen Unterraum H_t von $T_{\gamma(t)}M$, welcher $\dot\gamma(t)$ enthält. Im allgemeinen wird H_t von der Zerlegung $\{s_1, s_2, ... , s_k\}$ und der Schrittweite $\Delta = \max\{ s_j - s_{j-1} \mid j = 1, ... k \}$ abhängen. Aber der Grenzübergang $\Delta \longrightarrow 0$ liefert eine eindeutig bestimmte Familie $H_t \in T_{\gamma(t)}M$ von Unterräumen der Dimension 2 mit $\dot\gamma(t) \in H_t$ und $X_0 \in H_{t_0}$.

$X(t)$ heißt jetzt *Parallelfeld längs* γ mit $X(t_0) = X_0$, wenn $X(t) \in H_t$ für alle $t \in [t_0, t_1]$ gilt, neben $g(X(t), X(t)) = g(X_0, X_0)$ und $g(X(t), \dot\gamma(t)) = g(X_0, \dot\gamma(t_0))$.

(13.1°) Satz. $X : [t_0, t_1] \longrightarrow M$ ist genau dann Parallelfeld längs der Geodätischen γ, wenn die Differentialgleichung

$$(13.2°) \quad \dot X^k + \Gamma_{ij}^k \dot q^i X^k = 0, \quad k = 1, ... n,$$

für alle Karten $\varphi : U \longrightarrow Q \subset \mathbb{R}^n$ erfüllt ist.

Der Beweis läßt sich auf $7.2°$ zurückführen.

Durch Approximation allgemeiner stückweise differenzierbarer Kurven durch stückweise Geodätischen übertragen sich diese Überlegungen (vgl. 7) und führen zu folgender Definition:

(13.3°) Definition. Ein stückweise differenzierbares Feld $X : [t_0, t_1] \longrightarrow M$ längs γ ist genau dann *Parallelfeld längs* γ, wenn (außerhalb der Ausnahmepunkte)

$$\dot X^k + \Gamma_{ij}^k \dot q^i X^j = 0$$

in lokalen Koordinaten gilt.

Zu jeder Vorgabe $X_0 \in T_{\gamma(t_0)}M$ gibt es das eindeutig bestimmte Parallelfeld X längs γ mit $X(t_0) = X_0$, denn $\dot X^k = (-\Gamma_{ij}^k \dot q^i) X^j$ ist ein lineares System von Differentialgleichungen (mit differenzierbaren Koeffizienten).

Die *kovariante Ableitung* definiert man genauso wie in Abschnitt 8, allerdings ohne Rückgriff auf die Normale N : Für $X, Y \in \mathfrak{B}(W)$ setze

$$D_Y X := (L_Y X^k + \Gamma_{ij}^k X^i Y^j) \frac{\partial}{\partial q^k} ;$$

dann sind die Eigenschaften $8.4°$ und $8.5°$ erfüllt. (Vgl. auch mit dem Begriff der kovarianten Ableitung in allgemeinen Vektorbündeln in V.4.)

Isometrien definiert man wie in 9 auch für allgemeine Riemannsche Mannigfaltigkeiten, wobei die Isometriegruppe $\mathrm{Isom}(M, g)$ wieder eine Symmetriegruppe im Sinne von I.3 ist.

14. Krümmung Riemannscher Mannigfaltigkeiten. Die *Krümmungstheorie* allgemeiner Riemannscher Mannigfaltigkeiten wird zurückgeführt auf den folgenden Operator: Für $X, Y \in T_a M$ sei (vgl. auch mit V.4.17)

$$(14.1^\circ) \quad F_a(X, Y) := [D_X, D_Y] - D_{[X,Y]} \, .$$

$F_a(X, Y)$ ist also für jedes $a \in M$ eine lineare Abbildung $F_a(X, Y) : T_a M \longrightarrow T_a M$. Für Vektorfelder X, Y, Z auf $W \subset M$, W offen, ist

$$F(X, Y)(Z)(a) := F_a(X(a), Y(a))(Z(a)) \, , \, a \in W,$$

ein differenzierbares Vektorfeld. F ist $\mathscr{E}(W)$-linear und daher ein Tensor (vgl. M.16). F heißt der *Krümmungsoperator*. (Anderswo wird $-F$ als Krümmung definiert.)

Eine *geometrische Interpretation* ist die folgende: Paralleltransport längs der Randkurve zu ∂P_ε von $P_\varepsilon(X, Y) = \psi(\{q + tX + sY \mid t, s \in \,]0, \varepsilon[\})$, $\psi(q) = a$, (vgl. 11.1°) definiert eine lineare Isometrie

$$\mathbb{P}_\varepsilon : T_a M \longrightarrow T_a M$$

nahe bei der Identität 1. $F(X, Y)$ ist dann

$$F(X, Y) := \lim_{\varepsilon \to 0} \frac{1}{\varepsilon^2} (\mathbb{P}_\varepsilon - 1) \, .$$

folglich ist $F(X, Y)$ schiefsymmetrisch bezüglich g:

$$(14.2^\circ) \quad g(F(X, Y)Z, Z') + g(Z, F(X, Y)Z') = 0 \, .$$

In lokalen Koordinaten gilt

$$F\left(\frac{\partial}{\partial q^i}, \frac{\partial}{\partial q^j}\right) \frac{\partial}{\partial q^k} = R^\mu_{kij}(q) \frac{\partial}{\partial q^\mu} \, .$$

R^μ_{kij} sind die lokalen Koeffizienten des *Riemannschen Krümmungstensors* R vom Typ 1,3, welcher koordinatenfrei durch

$$R : \mathfrak{B}(W)^* \times \mathfrak{B}(W) \times \mathfrak{B}(W) \times \mathfrak{B}(W) \longrightarrow \mathscr{E}(W), \; R(\alpha, X, Y, Z) := \alpha(F(Y, Z)X),$$

gegeben ist. Es gilt ja $R(\alpha, X, Y, Z) = R^\mu_{kij} X^k Y^i Z^j \alpha_\mu$ für $\alpha = \alpha_\mu dq^\mu$, $X = X^i \partial_i$, etc.

Die zu 10.10° analoge Beziehung zwischen Krümmung und Christoffelsymbolen ist

$$(14.3^\circ) \quad R^m_{kij}(q) = \Gamma^m_{jk,i} - \Gamma^m_{ik,j} + \Gamma^\mu_{jk} \Gamma^m_{i\mu} - \Gamma^\mu_{ik} \Gamma^m_{j\mu} \, .$$

Beweis. Wegen $[\partial_i, \partial_j] = 0$ ist $F(\partial_i, \partial_j)\partial_k = [D_i, D_j]\partial_k$, also

$$F(\partial_i, \partial_j)\partial_k = D_i(\Gamma^\mu_{jk}\partial_\mu) - D_j(\Gamma^\mu_{ik}\partial_\mu)$$

$$= \Gamma^\mu_{jk,i}\partial_\mu + \Gamma^\mu_{jk}\Gamma^\nu_{i\mu}\partial_\nu - \Gamma^\mu_{ik,j}\partial_\mu - \Gamma^\mu_{ik}\Gamma^\nu_{j\mu}\partial_\nu$$

$$= (\Gamma^m_{jk,i} + \Gamma^\mu_{jk}\Gamma^m_{i\mu} - \Gamma^m_{ik,j} - \Gamma^\mu_{ik}\Gamma^m_{j\mu})\partial_m \, .$$

Im zweidimensionalen Fall gilt also nach 10.10°:

$$g_{11} K = R^2_{121}.$$

Setze $R_{ijkm} := g_{i\mu} R^\mu_{jkm}$. R_{ijkm} sind dann die lokalen Koeffizienten des durch $\widehat{R}(X,Y,Z,Z')) := g(F(Y,Z)X,Z')$ gegebenen Tensorfeldes. R_{ijkm} ist antisymmetrisch in k, m, weil F antisymmetrisch ist, und antisymmetrisch in i, j nach 14.2°.

Für Flächen läßt sich aus der vorangehenden Gleichung unter Berücksichtigung der Antisymmetrie $R_{1121} = 0$ die Formel

$$R_{1212} = (\det g_{\mu\nu}) K$$

herleiten. Diese Relation gibt eine klare Beziehung zwischen der Gauß–Krümmung und der neuen Krümmung F bzw. R.

In $a \in M$ sei ein 2-dimensionaler Unterraum $H \subset T_a M$ vorgegeben. Die Gesamtheit aller Geodätischen durch a mit Ableitung in H definiert ein kleines Flächenstück $\Sigma_H \subset M$. M induziert eine Riemannsche Metrik auf Σ_H und somit eine Gauß–Krümmung $K_H(a)$, die Gauß–Krümmung von Σ_H in a. Für $X, Y \in H$ mit $g(X,X) = g(Y,Y) = 1$ und $g(X,Y) = 0$ gilt

$$K_H(a) = g(F(X,Y)X,Y) = \widehat{R}(X,Y,X,Y).$$

(14.4°) Definition. $K_H(a)$ heißt die *Schnittkrümmung* von M in a bezüglich H.

Es gilt für $H_{ij} = \mathrm{span}\left\{\dfrac{\partial}{\partial q^i}, \dfrac{\partial}{\partial q^j}\right\}$: $K_{H_{ij}}(a) = \dfrac{R_{ijij}}{g_{ii}\, g_{jj} - g_{ij}^2}$.

(14.5°) Beispiele: $M = \mathbb{R}^n$ mit der üblichen euklidischen Metrik hat die Krümmung $F = 0$. Insbesondere ist auch die Schnittkrümmung für alle Ebenen konstant gleich 0.

Die n-Sphäre $M = \mathbb{S}^n_R$ mit Radius $R > 0$ hat in allen Punkten bezüglich aller Ebenen H die Krümmung $K_H(a) = R^{-2}$. $\mathbb{S}^n_R$ hat also konstante Schnittkrümmung R^{-2}.

Die allgemeine Pseudosphäre $\mathbb{H}^n_R$, $R > 0$, ist folgendermaßen definiert:

$$\mathbb{H}^n_R := \{x \in \mathbb{R}^{n+1} \mid x_{n+1}^2 - \sum_{i=1}^n x_i^2 = R^2 \text{ und } x_{n+1} \geq 0\}$$

als Untermannigfaltigkeit mit induzierter Metrik von der Minkowski–Metrik auf $\mathbb{R}^{n+1}$

$$\langle\!\langle x, y \rangle\!\rangle := \sum_{i=1}^n x_i y_i - x_{n+1} y_{n+1}$$

$\mathbb{H}^n_R$ hat konstante Schnittkrümmung $-R^{-2}$.

Ohne Beweis sei abschließend der folgende Satz zitiert (vgl. V.4.16).

(14.6°) Satz. Für Riemannsche Mannigfaltigkeit (M, g) sind die folgenden Aussagen äquivalent (und (M, g) heißt dann *flach*):

i) $F = 0$.

ii) Zu jedem Punkt $a \in M$ existiert eine Karte $\varphi : U \longrightarrow Q \subset \mathbb{R}^n$, $a \in U$, mit $g_{ij}(q) = \delta_{ij}$ für alle $q \in Q$.

iii) Zu jedem Punkt $a \in M$ existiert eine Umgebung $U \subset M$ mit der Eigenschaft: In U ist der Paralleltransport wegunabhängig.

15. Zusammenhang und semi-Riemannsche Geometrie. Ein (*linearer* oder *affiner*) *Zusammenhang* auf einer Mannigfaltigkeit M wird gegeben durch Abbildungen

$$\nabla : \mathfrak{B}(W) \times \mathfrak{B}(W) \longrightarrow \mathfrak{B}(W) \quad \text{für alle offenen } W \subset M$$

mit den in $8.4°$ aufgezeigten Eigenschaften: Für alle $X, Y, Z \in \mathfrak{B}(W)$ und alle $f \in \mathcal{E}(W)$ gilt mit $\nabla_Y X := \nabla(Y, X)$:

$$\nabla_Y : \mathfrak{B}(W) \longrightarrow \mathfrak{B}(W) \text{ ist } \mathbb{R}\text{-linear}$$

$$\nabla_Y(f X) = L_Y(f) X + f \nabla_Y X$$

$$\nabla X : \mathfrak{B}(W) \longrightarrow \mathfrak{B}(W) \text{ ist } \mathcal{E}(W)\text{-linear, das heißt}$$

$$\nabla_{(fY + Z)} X = f \nabla_Y X + \nabla_Z X$$

$\nabla_Y X$ heißt dann wie früher die *kovariante* Ableitung von X in bezug auf Y.

Zusammenhänge verallgemeinern den Begriff einer Riemannschen Mannigfaltigkeit, und sie stehen in enger Beziehung zur Geometrie von Prinzipalfaserbündeln mit $GL(n, \mathbb{R})$ als Strukturgruppe (vgl. V.4 und V.5). Sie liefern ebenfalls die oben eingeführten geometrischen Begriffe wie Paralleltransport, Geodätische und Krümmung:

In naheliegender Weise ist eine *Geodätische* eine natürlich parametrisierte Kurve γ mit $\nabla_{\dot\gamma} \dot\gamma = 0$. Und der *Paralleltransport* längs γ wird durch $\nabla_{\dot\gamma} X = 0$ definiert. Auch eine zu 14 analoge *Krümmungstheorie* mit F und R wie dort ergibt sich sofort. In lokalen Koordinaten $\varphi : U \longrightarrow Q \subset \mathbb{R}^n$ definiert man die *Christoffel-symbole* Γ_{ij}^k des Zusammenhangs ∇ als die Koeffizienten zu

$$\nabla_{\partial_i} \partial_j = \Gamma_{ij}^k \partial_k \quad \text{(dabei } \partial_j = \frac{\partial}{\partial q^j} \text{)},$$

und hat dann die entsprechenden lokalen Ausdrücke wie z.B.

$$\nabla_{\dot\gamma} X = (\dot{X}^k + \Gamma_{ij}^k \dot{q}^i X^j) \partial_k .$$

(15.1°) Beispiel. Es sei M eine parallelisierbare Mannigfaltigkeit, das heißt es gibt globale Vektorfelder $B_1, \dots B_n \in \mathfrak{B}(M)$, so daß für alle $a \in M$ $(B_1(a), \dots B_n(a))$ eine Basis von $T_a M$ ist. Jede solche Basis $(B_1, \dots B_n)$ des Tangentialbündels legt auf die folgende Weise einen Zusammenhang fest: Zu $Y \in \mathfrak{B}(W)$, $W \subset M$ offen, gibt es eindeutige $Y^k \in \mathcal{E}(W)$ mit $Y = Y^k B_k|_W$ und $X \in \mathfrak{B}(W)$ setzt man

$$\nabla_X Y := (L_X Y^k) B_k|_W .$$

Es gilt offenbar: Alle B_j, $j = 1, \dots n$, sind Parallelfelder längs jeder Kurve. Insbesondere ist der Paralleltransport lokal wegunabhängig und die Krümmung $F = F_\nabla$

erfüllt: $F = 0$. Im übrigen entspricht die Wahl einer Basis $(B_1, \ldots B_n)$ einer globalen Trivialisierung des Tangentialbündels, vgl. V.4 und V.5.

(15.2°) Beispiel. Semi-Riemannsche Geometrie. Ausgangspunkt ist wieder eine Mannigfaltigkeit M mit einer Kollektion von symmetrischen Bilinearformen

$$g(a) : T_a M \times T_a M \longrightarrow \mathbb{R}, \quad a \in M,$$

so daß für $X, Y \in \mathfrak{B}(W)$ die Abbildung $a \longmapsto g(a)(X(a), Y(a))$ differenzierbar ist. Statt aber wie im Falle der Riemannschen Geometrie zu verlangen, daß jede Bilinearform positiv definit ist, verallgemeinert man diese Bedingung auf folgende Weise: Es gibt ein $p \in \{0, 1, \ldots n\}$, so daß $g(a)$ in jedem Punkte $a \in M$ p positive und $n-p$ negative Eigenwerte hat. Insbesondere ist $g(a)$ nicht ausgeartet. Natürlich sind Riemannsche Mannigfaltigkeiten auch semi-Riemannsche Mannigfaltigkeiten mit $p = n$. Der Standardfall ist $\mathbb{R}^{p,q}$.

(15.3°) Mit $\mathbb{R}^{p,q}$ werde der $\mathbb{R}^n$ mit der folgenden Bilinearform bezeichnet:

$$\eta_p(x, y) = \eta(x, y) = \sum_{i=1}^{p} x_i y_i - \sum_{i=p+1}^{n} x_i y_i$$

Als Spezialfall hat man das *Minkowski-Skalarprodukt* ($p = 1$ oder $p = n-1$, je nach Konvention). $\mathbb{R}^{n,0}$ ist der übliche euklidische Raum.

Geeignete Untermannigfaltigkeiten von $\mathbb{R}^{p,q}$ liefern eine Fülle von weiteren semi-Riemannschen Mannigfaltigkeiten. Zum Beispiel sei in $\mathbb{R}^{p,q+1}$, $n = p + q + 1$, die verallgemeinerte Sphäre $\mathbb{S}_R^{p,q}$ definiert als eine der Zusammenhangskomponenten der Hyperfläche $\{x \in \mathbb{R}^{n+1} \mid R^2 + \eta_p(x, x) = 0\}$. $\mathbb{S}_R^{p,q}$ ist im wesentlichen diffeomorph zu $\mathbb{R}^p \times \mathbb{S}_1^q$. Der Tangentialraum $T_a \mathbb{S}_R^{p,q}$ mit der von $\mathbb{R}^{p,q+1}$ induzierten Metrik ist isometrisch isomorph zu $\mathbb{R}^{p,q}$. Neben $\mathbb{S}^n$ und $\mathbb{H}^n$ (14.5°) ordnen sich auch die de-Sitter-Raumzeiten (vgl. IV.4) in diese Reihe von semi-Riemannschen Mannigfaltigkeiten ein.

Die Metrik g liefert im semi-Riemannschen Fall wie für Riemannsche Mannigfaltigkeiten eine reichhaltige Geometrie, die man zum Beispiel über den zugehörigen Zusammenhang beschreiben kann: Dieser läßt sich mit Hilfe der entsprechenden kovarianten Ableitung D definieren, welche über der Christoffelsymbole $\Gamma_{ij}^k = \Gamma_{ij}^k(g)$ gegeben sind: Die Γ_{ij}^k werden wie in 4.2°

$$\textbf{(15.4°)} \quad \Gamma_{ij}^k := \tfrac{1}{2} g^{k\mu}(g_{i\mu,j} + g_{j\mu,i} - g_{ij,\mu})$$

gesetzt. Also ist $D_{\partial_i}\partial_j := \Gamma_{ij}^k \partial_k$. Damit hat man auch für (M, g) die fundamentalen geometrischen Begriffe wie Geodätische, Paralleltransport, Krümmung etc. zur Verfügung.

(15.5°) Definition. Ein Zusammenhang heißt *symmetrisch* (oder *torsionsfrei*), wenn $\Gamma_{ij}^k = \Gamma_{ji}^k$ gilt für $i, j, k \in \{1, \ldots n\}$ und alle Christoffelsymbole.

Der Zusammenhang nach 15.4° ist symmetrisch, während der Zusammenhang in dem Beispiel 15.1° im allgemeinen nicht symmetrisch ist.

Die Beziehung zwischen der Geometrie von Zusammenhängen und der semi-Riemannschen Geometrie wird schließlich durch den folgenden Satz geklärt:

(15.6°) **Fundamentalsatz.** Sei (M,g) semi-Riemannsche Mannigfaltigkeit. Dann gibt es genau einen symmetrischen Zusammenhang ∇ mit

$$(*) \quad L_X g(Y,Z) = g(\nabla_X Y, Z) + g(Y, \nabla_X Z)$$

für alle Vektorfelder $X, Y, Z \in \mathfrak{B}(W)$, $W \subset M$ offen. ∇ heißt der zu g gehörige *Levi-Civita-Zusammenhang*.

Beweis. D definiert über 15.4° ist ein symmetrischer Zusammenhang und erfüllt die zusätzliche Verträglichkeitsbedingung, wie durch direktes Einsetzen von 15.4° nachgeprüft werden kann. Sei umgekehrt ∇ ein symmetrischer Zusammenhang mit (*). Aus der Symmetrie folgt für alle Vektorfelder $X, Y \in \mathfrak{B}(M)$: $[X,Y] = \nabla_X Y - \nabla_Y X$. Mit

$$A(X,Y,Z) := L_X g(Y,Z) + L_Y g(X,Z) - L_Z g(X,Y)$$
$$= g(\nabla_X Y, Z) + g(Y, \nabla_X Z) + g(\nabla_Y X, Z) + g(X, \nabla_Y Z) - g(\nabla_Z X, Y) - g(X, \nabla_Z Y)$$
$$= 2g(\nabla_X Y, Z) - g(Z, [X,Y]) - g(Y, [Z,X]) - g(X, [Z,Y]) \ ,$$

also

$$g(\nabla_X Y, Z) = \tfrac{1}{2}(A(X,Y,Z) + g(Z, [X,Y]) + g(Y, [Z,X]) + g(X, [Z,Y])),$$

folgt, daß $\nabla_X Y$ eindeutig bestimmt ist.

16. Der Hodge-Operator. Es sei M eine n-dimensionale, semi-Riemannsche und orientierbare Mannigfaltigkeit (vgl. M.18 zum Begriff der Orientierung). Auf M ist also ein symmetrisches, nichtausgeartetes Tensorfeld (vgl. M.16) $g \in \mathscr{T}_2^0(M)$ vorgegeben. In jedem Punkt $a \in M$ ist

$$g(a) : T_a M \times T_a M \longrightarrow \mathbb{R}$$

bilinear und symmetrisch mit der folgenden zusätzlichen Eigenschaft: Ist $X \in T_a M$ und gilt für alle $Y \in T_a M$ stets $g(a)(X,Y) = 0$, so folgt $X = 0$.

g definiert eine bilineare Abbildung $\hat{g} : \mathscr{A}^s(M) \times \mathscr{A}^s(M) \longrightarrow \mathscr{E}(M)$ auf die folgende Weise: Zu $a \in M$ und einer Karte $\varphi : U \longrightarrow V$ haben g und $\alpha, \beta \in \mathscr{A}^s(M)$ lokale Darstellungen $g|_U = g_{\mu\nu} dq^\mu \otimes dq^\nu$, $\alpha|_U = \alpha_{\mu_1\mu_2\ldots\mu_s} dq^{\mu_1} \wedge dq^{\mu_2} \wedge \cdots \wedge dq^{\mu_s}$ und $\beta|_U = \beta_{\mu_1\mu_2\ldots\mu_s} dq^{\mu_1} \wedge dq^{\mu_2} \wedge \cdots \wedge dq^{\mu_s}$. Die zu $(g_{\mu\nu})$ inverse Matrix werde mit (g^{ij}) bezeichnet. $\hat{g}(\alpha,\beta)$ wird jetzt auf U gegeben durch

$$\hat{g}(\alpha,\beta)|_U := \frac{1}{s!} g^{\mu_1\nu_1} g^{\mu_2\nu_2} \cdots g^{\mu_s\nu_s} \alpha_{\mu_1\mu_2\ldots\mu_s} \beta_{\nu_1\nu_2\ldots\nu_s} ,$$

und diese Definition ist unabhängig von der speziellen Wahl der Karte wegen des Transformationsverhaltens der involvierten Größen beim Kartenwechsel (vgl. M.16).

Durch die Wahl einer Volumenform $\eta \in \Omega^n(M)$ sei eine Orientierung von M vorgenommen. Eine Basis $(e_1, e_2, \ldots, e_n)$ von $T_a M$ heiße *positiv orientiert*, wenn $\eta(a)(e_1, e_2, \ldots, e_n) > 0$ gilt. Eine Basis $(e_1, e_2, \ldots, e_n)$ heißt Orthonormalbasis, wenn $|g(a)(e_\mu, e_\nu)| = \delta_{\mu\nu}$ gilt. Zu η und g gibt es eine Funktion $f \in \mathcal{E}(M)$, $f > 0$, so daß die zu η äquivalente Volumenform $\mu_g = \mu := f\eta$ auf allen positiv orientierten Orthonormalbasen $(e_1, e_2, \ldots, e_n)$ in allen Punkten $a \in M$ den Wert 1 hat.

Der zur Orientierung und zur Metrik g gehörige *Hodge-Operator* ist der durch die folgende Vorschrift definierte $\mathcal{E}(M)$-lineare Operator

$$* : \mathcal{A}^s(M) \longrightarrow \mathcal{A}^{n-s}(M):$$

Für $\beta \in \mathcal{A}^s(M)$ ist $*\beta$ diejenige eindeutig bestimmte $(n-s)$-Form auf M, die für alle $\alpha \in \mathcal{A}^s(M)$ die Bedingung

$$\alpha \wedge *\beta = \hat{g}(\alpha, \beta)\mu$$

erfüllt.

Beispiele: 1) $M = \mathbb{R}^2$ mit der euklidischen Metrik $g_{\mu\nu} = \delta_{\mu\nu}$ und der Standardvolumenform $\mu = dq^1 \wedge dq^2$ bezüglich der üblichen kartesischen Koordinaten. Es ist $\hat{g}(dq^\mu, dq^\nu) = \delta^{\mu\nu}$. Daraus läßt sich der Hodge-Operator $* : \mathcal{A}^1(M) \longrightarrow \mathcal{A}^1(M)$ sofort bestimmen:

Aus $dq^1 \wedge *dq^1 = \mu$ und $dq^2 \wedge *dq^1 = 0$ folgt $*dq^1 = dq^2$, und aus $dq^2 \wedge *dq^2 = \mu$ und $dq^1 \wedge *dq^2 = 0$ folgt $*dq^2 = -dq^1$. Insgesamt ergibt sich für $\beta = f_1 dq^1 + f_2 dq^2$: $*\beta = f_1 dq^2 - f_2 dq^1$. Insbesondere ist $** = -\mathrm{id}$ auf $\mathcal{A}^1(M)$. Ferner ist $*\mu = 1$ und $*1 = \mu$.

2) $M = \mathbb{R}^2 = \mathbb{R}^{1,1}$ mit der Minkowski-Metrik $g_{11} = 1 = -g_{22}$, $g_{12} = 0$, und der Standardvolumenform $\mu = dq^1 \wedge dq^2$. Es ist $\hat{g}(dq^\mu, dq^\nu) = g^{\mu\nu}$.

Aus $dq^1 \wedge *dq^1 = \mu$ und $dq^2 \wedge *dq^1 = 0$ folgt wieder $*dq^1 = dq^2$, und aus $dq^2 \wedge *dq^2 = -\mu$ und $dq^1 \wedge *dq^2 = 0$ folgt $*dq^2 = dq^1$. Also $*\beta = f_1 dq^2 + f_2 dq^1$ für $\beta = f_1 dq^1 + f_2 dq^2$. Insbesondere ist $** = \mathrm{id}$ auf $\mathcal{A}^1(M)$. Außerdem: $*\mu = 1$, $*1 = \mu$.

3)   Der Hodge-Operator für $M = \mathbb{R}^4 = \mathbb{R}^{1,3}$ mit der Minkowski-Metrik $g = \mathrm{diag}(1,-1,-1,-1)$ und der Standardvolumenform $\mu = dq^0 \wedge dq^1 \wedge dq^2 \wedge dq^3$ wird ausführlich im Rahmen der Elektrodynamik beschrieben (vgl. III.1).

Bemerkung. Der Hodge-Operator hängt im wesentlichen nur von der Konformklasse der Metrik g ab: Für jede positive differenzierbare Funktion λ auf M hat die Metrik $g' = \lambda g$ den Hodge-Operator $*' = (\lambda^{\frac{1}{2}n-s})*$ auf den s-Formen. Also ist $*' = *$ auf den k-Formen einer 2k-dimensionalen orientierten, semi-Riemannschen Mannigfaltigkeit. Die Formel $*' = (\lambda^{\frac{1}{2}n-s})*$ folgt aus $\mu_{g'} = \lambda^{\frac{1}{2}n}\mu_g$ und $\hat{g}' = \lambda^{-s}\hat{g}$ auf den s-Formen.

Anhang L: Lie - Gruppen und Lie - Algebren

In diesem Anhang werden einige Begriffe und Resultate über Lie-Gruppen und ihre Lie-Algebren zusammengestellt, die an verschiedenen Stellen des Buches zur Sprache kommen. Da es für das Buch nicht unbedingt erforderlich ist, den Begriff der abstrakten Lie-Gruppe in voller Allgemeinheit zur Verfügung zu haben, werden erst einmal Beispiele von besonders wichtigen Lie-Gruppen behandelt. Anhand dieser Beispiele wird an die benötigten Begriffe und Ergebnisse herangeführt. Die allgemeine Theorie wird dann vor allem für die Klasse der Matrixgruppen dargestellt. An guten Monographien zur Lie-Theorie ist kein Mangel, vgl. z.B. [BRD], [FUH], [HIN], [HUM], [KIR], [LIE].

Zur Übersicht eine Liste der einzelnen Abschnitte dieses Anhangs:

1. Die Kreisgruppe. Sei $U(1) := \{\lambda \in \mathbb{C} : |\lambda| = 1\}$. $U(1)$ mit der von $\mathbb{C}$ induzierten Multiplikation, welche für $\lambda = e^{i\varphi}$ und $\lambda' = e^{i\psi}$ durch $\lambda\lambda' = e^{i(\varphi+\psi)}$ gegeben ist, ist eine abelsche Gruppe, weil stets $\lambda\lambda' = \lambda'\lambda$ gilt. Es ist einfach zu sehen, daß $U(1)$ als Gruppe isomorph ist zur Gruppe

$$SO(2) = \{\begin{pmatrix} \cos t & -\sin t \\ \sin t & \cos t \end{pmatrix} : t \in \mathbb{R}\}$$

der Drehmatrizen. Als Teilmenge von $\mathbb{C} \cong \mathbb{R}^2$ ist $U(1)$ in natürlicher Weise auch eine differenzierbare Untermannigfaltigkeit von $\mathbb{R}^2$, nämlich $U(1) = S^1$. Mit der in M.5 eingeführten differenzierbaren Struktur auf Untermannigfaltigkeiten im $\mathbb{R}^n$ ist für den Fall S^1 klar, daß eine Abbildung $f : S^1 \longrightarrow \mathbb{R}^m$ immer schon dann differenzierbar ist, wenn die Komposition $\varphi \longmapsto f(e^{i\varphi})$, $\varphi \in \mathbb{R}$, in $\mathbb{R}$ differenzierbar ist. Daraus ergibt sich, daß die Multiplikation

$$\mu : S^1 \times S^1 \longrightarrow S^1 \, , \qquad \mu(e^{i\varphi}, e^{i\psi}) := e^{i(\varphi+\psi)} = e^{i\varphi} \, e^{i\psi}$$

eine differenzierbare Abbildung ist. Ebenso ist die Inversenbildung

$$j : S^1 \longrightarrow S^1 \, , \quad e^{i\varphi} \longmapsto e^{-i\varphi} \, ,$$

differenzierbar.

In diesem einfachen Beispiel kommt es auf das Zusammenwirken der *Gruppenstruktur* und der *differenzierbaren Struktur* an, das durch die Differenzierbarkeit der Gruppenoperationen zum Ausdruck kommt. In natürlicher Weise läßt sich an diese Beobachtung die Definition des Begriffs Lie-Gruppe anschließen. Statt eines Studiums dieses Begriffs steht unmittelbar nach dieser Definition erst einmal die Beschreibung von Beispielen im Vordergrund.

Definition: Eine *Lie-Gruppe* G ist eine Gruppe, die zugleich eine differenzierbare Mannigfaltigkeit ist, derart daß die Multiplikation

$$\mu : G \times G \longrightarrow G, \ \mu(f,g) := fg,$$

und die Inversenbildung

$$j : G \longrightarrow G, \ j(f) := f^{-1},$$

jeweils differenzierbare Abbildungen sind.

2. Die spezielle unitäre Gruppe SU(2). Das nächste Beispiel ist die wichtige *spezielle unitäre Gruppe* SU(2). Zunächst die *unitäre Gruppe*:

$$U(2) := \{ A \in \mathbb{C}(2) : \langle Az, Aw \rangle = \langle z, w \rangle \ \text{für alle} \ z, w \in \mathbb{C} \},$$

wobei $\langle z, w \rangle := \bar{z}^1 w^1 + \bar{z}^2 w^2$ das hermitesche Skalarprodukt in $\mathbb{C}^2$ ist. Die *spezielle unitäre Gruppe* ist

$$SU(2) := \{ A \in U(2) : \det A = 1 \}.$$

Die Gruppenmultiplikation ist hier die Matrixmultiplikation. SU(2) und U(2) sind im Gegensatz zu U(1) nicht abelsch. Beispielsweise gehören die Matrizen

$$\tau_1 = \begin{pmatrix} 0 & -i \\ -i & 0 \end{pmatrix} \quad \text{und} \quad \tau_2 = \begin{pmatrix} 0 & -1 \\ 1 & 0 \end{pmatrix}$$

zu SU(2). Es ist einerseits

$$\tau_1 \tau_2 = \begin{pmatrix} -i & 0 \\ 0 & i \end{pmatrix} =: \tau_3$$

und andrerseits $\tau_2 \tau_1 = -\tau_3$, also $\tau_1 \tau_2 \neq \tau_2 \tau_1$ und $\tau_1 \tau_2 - \tau_2 \tau_1 = 2\tau_3$. (Die $\sigma_k := i\tau_k$ sind die *Pauli-Matrizen*, vgl. 6.6°.)

Nach Definition von SU(2) hat eine allgemeine Matrix $A \in SU(2)$ die Form

$$A = \begin{pmatrix} z & w \\ \xi & \lambda \end{pmatrix} \, ,$$

mit $|z|^2 + |w|^2 = 1$, $\xi = -\bar{w}$ und $\lambda = \bar{z}$. Also

$$SU(2) = \{ \begin{pmatrix} z & w \\ -\bar{w} & \bar{z} \end{pmatrix} : |z|^2 + |w|^2 = 1 \}.$$

Die Gleichung $|z|^2 + |w|^2 = 1$ zeigt, daß sich $SU(2)$ vom Standpunkt der Theorie der Mannigfaltigkeiten als die 3-Sphäre S^3 in $\mathbb{C}^2 \cong \mathbb{R}^4$ auffassen läßt. Daher hat $SU(2)$ die Struktur einer dreidimensionalen Untermannigfaltigkeit des $\mathbb{R}^4$ und man kann aus der Definition der Matrixmultiplikation und der Cramerschen Regel zur Bestimmung der inversen Matrix leicht ablesen, daß die Gruppenoperationen μ und j bezüglich der von S^3 induzierten differenzierbaren Struktur differenzierbar sind (vgl. auch die nachfolgenden Paragraphen). Damit erweist sich auch $SU(2)$ als eine Lie-Gruppe.

3. Die allgemeine lineare Gruppe. Die Gruppe $GL(n,\mathbb{R})$ aller invertierbaren reellen $(n \times n)$-Matrizen ist in dem $\mathbb{R}$-Vektorraum $\mathbb{R}(n) \cong \mathbb{R}^{n^2}$ aller $(n \times n)$-Matrizen eine offene Menge. Das ergibt sich aus

$$GL(n,\mathbb{R}) = \{A \in \mathbb{R}(n) : \det A \neq 0\},$$

denn die Abbildung $\det : \mathbb{R}(n) \longrightarrow \mathbb{R}$ ist als polynomiale Abbildung stetig. Die *allgemeine lineare Gruppe* $GL(n,\mathbb{R})$ hat also eine einfache differenzierbare Struktur als offene Teilmenge eines $\mathbb{R}^N$, $N = n^2$ (vgl. M.1). Die Matrixmultiplikation

$$\mu : GL(n,\mathbb{R}) \times GL(n,\mathbb{R}) \longrightarrow GL(n,\mathbb{R}), \quad (A,B) \longmapsto AB,$$

ist in den Koeffizienten a_i^k und b_j^i der Matrizen $A = (a_i^k)$ und $B = (b_j^i)$ polynomial vom Grad 2:

$$AB = \left(\sum_{\nu=1}^{n} a_\nu^k b_j^\nu \right)$$

Also ist μ differenzierbar (sogar analytisch). Ebenso sieht man nach der *Cramerschen Regel*, daß die Inversenbildung

$$A \longmapsto A^{-1}$$

rational in den Koeffizienten der Matrix A ist, also insbesondere differenzierbar. Ergebnis: $GL(n,\mathbb{R})$ ist eine Lie-Gruppe. Mit denselben Argumenten zeigt man, daß die Gruppe $GL(n,\mathbb{C})$ der invertierbaren komplexen $(n \times n)$-Matrizen eine Lie-Gruppe ist.

4. Matrixgruppen. Eine *Matrixgruppe* (bzw. *lineare Lie-Gruppe* oder *Matrix-Lie-Gruppe*) ist eine abgeschlossene Untergruppe G von $GL(n,\mathbb{C})$ (für geeignetes $n \in \mathbb{N}$). Dabei wird die vom $\mathbb{R}$-Vektorraum $\mathbb{C}(n) \cong \mathbb{C}^{n^2} \cong \mathbb{R}^{4n^2}$ auf der offenen Teilmenge $GL(n,\mathbb{C})$ von $\mathbb{C}(n)$ induzierte Topologie benutzt: Demnach ist eine Untergruppe $G \subset GL(n,\mathbb{C})$ eine Matrixgruppe, wenn für jede konvergente Folge (A_k) von Matrizen $A_k \in G$ mit $A = \lim_{k \to \infty} A_k \in GL(n,\mathbb{C})$ stets gilt: $A \in G$. ($A = \lim_{k \to \infty} A_k$ gilt, wenn sämtliche Koeffizienten von A_k gegen die entsprechenden Koeffizienten von A konvergieren.) Als Beispiele hat man damit sofort: $GL(n,\mathbb{C})$ selbst ist eine Matrixgruppe, ebenso $GL(n,\mathbb{R}) \subset GL(n,\mathbb{C})$, sowie $U(1) \subset GL(1,\mathbb{C})$, $SU(2) \subset GL(2,\mathbb{C})$ und $SO(3) \subset GL(3,\mathbb{R})$.

Weitere Beispiele von Matrixgruppen.

(4.1°) Die *speziellen linearen Gruppen*.

$$SL(n,\mathbb{R}) := \{A \in \mathbb{R}(n) : \det A = 1\}$$
$$SL(n,\mathbb{C}) := \{A \in \mathbb{C}(n) : \det A = 1\}$$

Es handelt sich offenbar um Untergruppen von $GL(n,\mathbb{C})$, denn die Determinantenfunktion ist multiplikativ: $\det(AB) = \det A \det B$. Sie sind abgeschlossene Untergruppen, denn für $A_k \in GL(n,\mathbb{C})$ mit $A_k \longrightarrow A \in GL(n,\mathbb{C})$ gilt $\det A = \lim_{k \to \infty} \det A_k$.

$SL(2,\mathbb{C})$ ist nicht kompakt, denn $\left(\begin{smallmatrix} \lambda & 0 \\ 0 & \lambda^{-1} \end{smallmatrix} \right) \in SL(2,\mathbb{C})$ für $\lambda \in \mathbb{C} \setminus \{0\}$, und die Menge dieser Matrizen ist nicht beschränkt in $\mathbb{C}(2) \cong \mathbb{C}^4$.

$SL(2,\mathbb{C})$ ist zusammenhängend. Ein direkter, elementarer Nachweis dieser Eigenschaft ist der folgende (einen anderen Beweis findet man am Ende von Abschnitt 8): Es genügt, jede Matrix $A = \left(\begin{smallmatrix} a & b \\ c & d \end{smallmatrix} \right) \in SL(2,\mathbb{C})$ mit der Einheitsmatrix 1 durch einen stetigen Weg $\gamma : [0,1] \longrightarrow SL(2,\mathbb{C})$ zu verbinden. Denn dann kann man auch je zwei Matrizen aus $SL(2,\mathbb{C})$ durch einen stetigen Weg miteinander verbinden, d.h. $SL(2,\mathbb{C})$ ist wegweise zusammenhängend und damit auch zusammenhängend (vgl. M.8.3°). Im Falle $b = c = 0$ ist $d = a^{-1}$. Gilt noch $a \in \,]0,\infty[$, so wird ein solcher stetiger Weg γ durch $a(t) := a + t(1 - a)$, $c(t) = b(t) = 0$ und $d(t) := (a(t))^{-1}$ gegeben. Gilt $a \notin \,]0,\infty[$, so ist $a := re^{i\varphi}$, und A kann durch den Weg $a(t) := re^{i(1-t)\varphi}$ und $d(t) := (a(t))^{-1}$ mit einer Matrix $\left(\begin{smallmatrix} r & 0 \\ 0 & r^{-1} \end{smallmatrix} \right) \in SL(2,\mathbb{C})$ verbunden werden. Von dieser kennen wir bereits einen Weg in $SL(2,\mathbb{C})$ nach 1. Im Falle $a \neq 0$ wird durch $a(t) := a$, $b(t) := bt$, $c(t) := ct$ und $d(t) := a^{-1}(1 + bct^2)$ ein Weg in $SL(2,\mathbb{C})$ angegeben, der $\left(\begin{smallmatrix} a & 0 \\ 0 & a^{-1} \end{smallmatrix} \right)$ mit A verbindet. Daher gibt es auch einen Weg in $SL(2,\mathbb{C})$ von A nach 1. Schließlich gilt im Falle $a = 0$ wegen $\det A \neq 0$: $bc \neq 0$, also insbesondere $c \neq 0$. Der folgende Weg verbindet A mit einer Matrix in $SL(2,\mathbb{C})$, deren erster Koeffizient nicht verschwindet: $a(t) := t$, $b(t) := c^{-1}(td - 1)$, $c(t) = c$ und $d(t) := d$.

Analog läßt sich zeigen, daß $SL(n,\mathbb{C})$ zusammenhängend ist.

(4.2°) Die *orthogonalen* und die *speziellen orthogonalen Gruppen*.

$$O(n) := \{A \in \mathbb{R}(n) : \text{Für alle } x,y \in \mathbb{R}^n \text{ gilt } \langle Ax,Ay \rangle = \langle x,y \rangle \}$$

sind die *orthogonalen Gruppen*, wobei $\langle \ , \ \rangle$ hier das euklidische Skalarprodukt im $\mathbb{R}^n$ bezeichnet. Offensichtlich ist $O(n)$ eine Untergruppe von $GL(n,\mathbb{R})$. Weil die bilineare Abbildung $\langle \ , \ \rangle : \mathbb{R}^n \times \mathbb{R}^n \longrightarrow \mathbb{R}$ stetig ist, gilt für jede konvergente Folge (A_k) von Matrizen mit $A_k \in O(n)$ und $A_k \longrightarrow A$: $\langle Ax,Ay \rangle = \lim_{k \to \infty} \langle A_k x, A_k y \rangle = \langle x,y \rangle$ für alle $x,y \in \mathbb{R}^n$. Es folgt $A \in O(n)$; also ist $O(n)$ abgeschlossene Untergruppe von $GL(n,\mathbb{R})$ und damit auch von $GL(n,\mathbb{C})$. Übrigens gilt

$$O(n) = \{A \in GL(n,\mathbb{R}) : A^T A = \mathrm{id}_{\mathbb{R}^n}\},$$

wobei A^T die zu A *transponierte* Matrix ist: Für $A = (A^i_j)$ ist $A^T = (B^i_j)$ mit $B^i_j := A^j_i$.

$O(n)$ ist kompakt, weil die Koeffizienten der Matrizen $A \in O(n)$ beschränkt sind: $|A^i_j| \leq 1$ und weil $O(n)$ in $\mathbb{C}(n)$ abgeschlossen ist (Satz von Heine–Borel).

Es gilt $|\det A| = 1$ für alle $A \in O(n)$, und es gibt orthogonale Matrizen A mit $\det A = -1$. Deshalb ist $O(n)$ nicht zusammenhängend, denn $A \in O(n)$ mit det A $= -1$ und die Einheitsmatrix $e \in O(n)$ können nicht in $O(n)$ durch einen stetigen Weg verbunden werden. Ein solcher Weg $A : [0,1] \longrightarrow O(n)$ hätte ja die Eigenschaften $|\det A(t)| = 1$, sowie $\det A(0) = -1$ und $\det A(1) = 1$, und das widerspräche der Stetigkeit von $\det A(t)$.

Analog wird die *komplexe orthogonale Gruppe* als die folgende Matrixgruppe definiert:

$$O(n,\mathbb{C}) := \{A \in \mathbb{C}(n) : A^T A = id_{\mathbb{C}}n\} .$$

$O(n,\mathbb{C})$ ist nicht kompakt, aber zusammenhängend.

Ebenso sind die *speziellen orthogonalen Gruppen*

$$SO(n) := O(n) \cap SL(n,\mathbb{R}) \quad \text{und} \quad SO(n,\mathbb{C}) := O(n,\mathbb{C}) \cap SL(n,\mathbb{C})$$

Matrixgruppen. Die Drehgruppe $SO(3)$ wird im 5. Paragraphen des zweiten Kapitels ausführlich behandelt. Die Drehgruppe ist (wie alle Gruppen $SO(n)$) zusammenhängend. Das sieht man an der bekannten Darstellung der Drehmatrizen durch die Eulerwinkel: Sei $R_j(t) := e^{tM_j}$ die positive Drehung um die j-te Achse mit dem Winkel t (M_j wie in 6.9° vgl. auch $II.5.7.3^\circ$). Dann gibt es zu jeder orthogonalen Matrix A die *Eulerwinkel* $t_1, t_2, t_3 \in \mathbb{R}$ mit $A = R_3(t_1) R_1(t_2) R_3(t_3)$. Das läßt sich ähnlich wie bei der Darstellung von Lorentztransformationen (siehe 4.4°) zeigen. Die Identität $A = R_3(t_1) R_1(t_2) R_3(t_3)$ liefert unmittelbar einen stetigen Weg von A zur Einheitsmatrix, indem die Parameter t_1, t_2, t_3 nacheinander variiert werden. Also ist $SO(3)$ zusammenhängend.

(4.3°) Die *unitäre Gruppe* und die *spezielle unitäre Gruppe*.

$$U(n) := \{A \in GL(n,\mathbb{C}) : \langle Az, Aw \rangle = \langle z, w \rangle \ \text{für alle} \ z, w \in \mathbb{C}^n\}$$

ist die *unitäre Gruppe*, wobei $\langle \ , \ \rangle$ jetzt das hermitesche Skalarprodukt

$$\langle z, w \rangle := \sum_{\nu=1}^{n} \bar{z}^j w^j$$

ist. Es gilt $U(n) = \{A \in GL(n,\mathbb{C}) : A^* A = id\}$, wobei für $A = (A_j^i)$ gilt: $A^* := (B_j^i)$ mit $B_j^i := \bar{A}_i^j$, kurz: $A^* := \bar{A}^T$.

Die *spezielle unitäre Gruppe* ist

$$SU(n) := \{A \in U(n) : \det A = 1\} .$$

Die Gruppen $U(n)$ und $SU(n)$ sind zusammenhängend und kompakt.

(4.4°) Die *Lorentzgruppe* ist

$$\begin{aligned} O(3,1) &:= \{A \in \mathbb{R}(4) : \eta(Ax, Ay) = \eta(x,y) \ \text{für alle} \ x,y \in \mathbb{R}^4\} \\ &= \{A \in \mathbb{R}(4) : A^T \eta A = \eta\} . \end{aligned}$$

Dabei ist η das *Minkowski-Skalarprodukt* $\eta : \mathbb{R}^4 \times \mathbb{R}^4 \longrightarrow \mathbb{R}^4$, das durch

$$\eta(x,y) := \sum_{j=1}^{3} x^j y^j - x^4 y^4$$

für $x,y \in \mathbb{R}^4$ gegeben ist. Mit η wird auch (z.B. in der Formel $A^T \eta A = \eta$) die zugehörige Diagonalmatrix $\eta = \mathrm{diag}(1,1,1,-1)$ bezeichnet. (In Kapitel IV und V wird oft $O(1,3)$ anstelle von $O(3,1)$ verwendet.)

$O(3,1)$ enthält unter anderem die Matrizen $L_k(t) = (\Lambda_i^j)$ ("Boosts" in die k-te Richtung) für $t \in \mathbb{R}$, $k = 1,2,3$, mit den folgenden Koeffizienten: Auf der Diagonalen $\Lambda_4^4 = \Lambda_k^k = \cosh t$ sowie $\Lambda_j^j = 1$ für $j \neq 4$ und $j \neq k$; außerhalb der Diagonalen sind alle Koeffizienten 0 abgesehen von den folgenden beiden: $\Lambda_4^k = \Lambda_k^4 = \sinh t$ (vgl. I.4.9). An diesen Beispielen sieht man, daß die Koeffizienten der Matrizen aus $O(3,1)$ nicht beschränkt sind. Daher ist die Lorentzgruppe $O(3,1)$ nicht kompakt.

$O(3,1)$ ist nicht zusammenhängend. Für $A \in O(3,1)$ gilt $|\det A| = 1$ wegen $-1 = \det \eta = \det A^T \eta A = \det A^T \det \eta \det A = -(\det A)^2$. Für den vierten Einheitsvektor $e_4 = (\delta_4^j)$ gilt $-1 = \eta(e_4,e_4) = \eta(Ae_4,Ae_4) = (A_1^4)^2 + (A_2^4)^2 + (A_3^4)^2 - (A_4^4)^2$, also $(A_4^4)^2 = 1 + (A_1^4)^2 + (A_2^4)^2 + (A_3^4)^2 \geq 1$. Daher sind die folgenden vier Teilmengen von $O(3,1)$ abgeschlossen und offen in $O(3,1)$:

$$L_+^\uparrow := \{A \in O(3,1) : \det A = 1 \text{ und } A_4^4 \geq 1\},$$
$$L_-^\uparrow := \{A \in O(3,1) : \det A = -1 \text{ und } A_4^4 \geq 1\},$$
$$L_+^\downarrow := \{A \in O(3,1) : \det A = 1 \text{ und } A_4^4 \leq 1\},$$
$$L_-^\downarrow := \{A \in O(3,1) : \det A = -1 \text{ und } A_4^4 \leq 1\}.$$

In der Tat sind diese Mengen abgeschlossen direkt nach Definition, denn $A \longmapsto A_4^4$ und $\det$ sind stetige Abbildungen. Sie sind auch offen, weil z.B. $L_+^\uparrow$ folgendermaßen beschrieben werden kann: $L_+^\uparrow = \{A \in O(3,1) : \det A \in \,]\tfrac{1}{2},2[\text{ und } A_4^4 > \tfrac{1}{2}\}$. Wieder wegen der Stetigkeit ist eine solche Menge offen. Die Lorentzgruppe läßt sich also zerlegen in die disjunkten Mengen

$$O(3,1) = L_+^\uparrow \cup L_-^\uparrow \cup L_+^\downarrow \cup L_-^\downarrow,$$

die alle vier zugleich offen und abgeschlossen sind. Daher ist $O(3,1)$ nicht zusammenhängend (vgl. M.8.3°).

Die *eigentliche, orthochrone Lorentzgruppe* ist

$$SO(3,1) := L_+^\uparrow = \{A \in O(3,1) : \det A = 1 \text{ und } A_4^4 \geq 1\}.$$

$SO(3,1)$ ist zusammenhängend. Das liegt daran, daß sich jede Matrix A aus $SO(3,1)$ als Produkt von "Drehungen" $R(B) := \begin{pmatrix} B & 0 \\ 0 & 1 \end{pmatrix}$, $B \in SO(3)$, und Boosts $L_j(t)$ darstellen läßt. Und zwar gilt $A = R(B)L_j(t)R(B')$ mit geeigneten $B,B' \in SO(3)$ und $j \in \{1,2,3\}$ sowie $t \in \mathbb{R}$. Um das einzusehen, greife man wieder die letzte Spalte Ae_4 von A heraus, für die wir weiter oben bereits $(A_4^4)^2 = 1 + (A_1^4)^2 + (A_2^4)^2 + (A_3^4)^2$ hergeleitet haben. Im Falle $A_1^4 = A_2^4 = A_3^4 = 0$ ist $A = R(B)$ mit einer Matrix $B \in SO(3)$, wie man aus der Bedingung $A \in SO(3,1)$ unmittelbar ablesen kann. Sind zwei der drei räumlichen Komponenten A_1^4, A_2^4, A_3^4 verschieden von Null, etwa $A_1^4 \neq 0$ und $A_2^4 \neq 0$, so gibt es eine Drehung $R = R(R_3(\alpha))$ (R_3 wie in 2°), so daß für das

Produkt $A' = RA$ der Koeffizient A'^4_1 verschwindet, denn es gilt aufgrund der expliziten Form von $R_3(\alpha)$ (vgl. II.5.7.3°): $A'^4_1 = \cos\alpha\, A^4_1 - \sin\alpha\, A^4_2$. Sollten bei $A' = RA$ die Komponenten A'^4_2 und A'^4_3 beide nicht verschwinden, so findet man entsprechend eine weitere Drehung $R_1(\varphi)$, so daß für $A'' = R(R_1(\varphi)R_3(\alpha))A$ jetzt die beiden Koeffizienten A''^4_1 und A''^4_2 Null sind. Wegen $(A''^4_4)^2 = 1 + (A''^4_3)^2$ gibt es ein $t \in \mathbb{R}$ mit $A''^4_4 = \cosh t$ und $A''^4_3 = \sinh t$. Daher ist für die Matrix $A''' = L_3(-t)A''$ die letzte Spalte der Einheitsvektor e_4 (man beachte $L_3(t)^{-1} = L_3(-t)$). Das bedeutet, daß es eine Drehung B' gibt mit $A''' = R(B')$. Für $B := (R_1(\varphi)R_3(\alpha))^{-1} = R_3(-\alpha)R_1(-\varphi)$ folgt wegen $A''' = L_3(-t)R(R_1(\varphi)R_3(\alpha))A = L_3(-t)R(B^{-1})A = R(B')$ die gewünschte Darstellung

$$A = R(B)L_3(t)R(B').$$

Weil $SO(3)$ zusammenhängend ist (vgl. 2°), gibt es einen stetigen Weg γ in $SO(3)$, der B mit der Einheitsmatrix verbindet, also einen stetigen Weg $R(\gamma)L_3(t)R(B')$ in $SO(3,1)$, der A mit $L_3(t)R(B')$ verbindet und einen weiteren, der $L_3(t)R(B')$ mit $L_3(t)$ in $SO(3,1)$ verbindet. Schließlich läßt sich ganz leicht ein Weg in $SO(3,1)$ finden, der $L_3(t)$ mit der Einheitsmatrix $e = L_3(0)$ verbindet, indem man den Parameter t variiert. (In [BLE, S. 73] wird gezeigt, daß $SO(3,1)$ diffeomorph zu einem Prinzipalfaserbündel P über $\mathbb{R}^3$ mit $SO(3)$ als Strukturgruppe ist und einen globalen Schnitt zuläßt, also sogar ein triviales Prinzipalfaserbündel ist. Daher ist $SO(3,1)$ diffeomorph zu $SO(3) \times \mathbb{R}^3$. Ein genereller Zugang zu der Frage, welche Matrixgruppen zusammenhängend sind, findet sich in [LIE, S. 21 ff.], wo unter anderem die Gruppen $GL(n,\mathbb{C})$, $SL(n,\mathbb{R})$, $SL(n,\mathbb{C})$, $U(n)$, $SU(n)$, $Sp(2n)$, $SO(p,q)$ untersucht werden.)

Als Ergebnis der vorangehenden Überlegungen hat man noch die folgende Charakterisierung von $SO(3,1)$: $SO(3,1)$ ist die größte zusammenhängende Teilmenge von $O(3,1)$, welche die Eins $1 = \mathrm{id}_{\mathbb{R}^4}$ enthält (also die Zusammenhangskomponente der Eins). Außerdem sind auch die anderen Bestandteile $L^\uparrow_-, L^\downarrow_+$ und $L^\downarrow_-$ in der Zerlegung $O(3,1) = L^\uparrow_+ \cup L^\uparrow_- \cup L^\downarrow_+ \cup L^\downarrow_-$ zusammenhängend, weil sie jeweils diffeomorph zu $L^\uparrow_+$ sind: Zum Beispiel ist $L^\uparrow_- = \{\eta A : A \in L^\uparrow_+\}$ und $L^\downarrow_- = \{-A : A \in L^\uparrow_+\}$.

(4.5°) Verallgemeinerte *orthogonale Gruppen*. Für $p,q \in \mathbb{N}$, $n = p + q$, definiert man über die Bilinearform

$$\beta(x,y) := \sum_{j=1}^{p} x^j y^j - \sum_{j=p+1}^{n} x^j y^j$$

(vgl. G.15.3°) die folgenden Matrixgruppen (verallgemeinerte *orthogonale Gruppen*):

$$O(p,q) := \{A \in GL(n,\mathbb{R}) : \text{Für alle } x,y \in \mathbb{R}^n \text{ ist } \beta(Ax,Ay) = \beta(x,y)\}$$
$$= \{A \in GL(n,\mathbb{R}) : A^T \beta A = \beta\}.$$

Die zugehörige spezielle orthogonale Gruppe $SO(p,q)$ definiert man in der Regel als die Zusammenhangskomponente der 1 in $O(p,q)$, also als die größte zusammenhängende Untergruppe von $O(p,q)$, welche die Einheitsmatrix enthält.

(4.6°) Symplektische Gruppen. $\sigma \in \mathbb{R}(2n)$ sei die Matrix $\sigma = \begin{pmatrix} 0 & 1 \\ -1 & 0 \end{pmatrix}$, wobei **0** für die $(n \times n)$-Matrix mit lauter Nullen als Koeffizienten und **1** für die $(n \times n)$-Einheitsmatrix steht. σ definiert ein "Skalarprodukt"

$$\langle x,y \rangle_\sigma := x^T \sigma y = \sum_{j=1}^{n} (x^j y^{n+j} - y^j x^{n+j}).$$

Die zugehörige Gruppe heißt die *symplektische Gruppe*:

$$\begin{aligned} Sp(2n) &:= \{A \in \mathbb{R}(2n) : \langle Ax, Ay \rangle_\sigma = \langle x,y \rangle_\sigma \text{ für alle } x,y \in \mathbb{R}^{2n}\} \\ &= \{A \in \mathbb{R}(2n) : A^T \sigma A = \sigma\} \\ &= \{A \in \mathbb{R}(2n) : A^{-1} = -\sigma A^T \sigma\}. \end{aligned}$$

Man interessiert sich ebenso für die *komplexe symplektische Gruppe*

$$Sp(2n,\mathbb{C}) := \{A \in \mathbb{C}(2n) : A^T \sigma A = \sigma\}.$$

Für alle diese Untergruppen von $GL(n,\mathbb{C})$ sieht man wie in 1° und 2°, daß sie abgeschlossen in $GL(n,\mathbb{C})$ und deshalb Matrixgruppen sind.

Mit einiger Mühe kann man zeigen, daß jede Matrixgruppe eine Lie-Gruppe ist. Weil Matrixmultiplikation und Inversenbildung differenzierbar sind (vgl. Abschnitt 3), genügt es dazu, den folgenden Satz zu beweisen:

(4.7°) Satz: Eine Matrixgruppe $G \subset GL(n,\mathbb{C})$ ist eine differenzierbare Untermannigfaltigkeit von $\mathbb{R}^{4n^2}$. Allgemeiner gilt: Eine abgeschlossene Untergruppe einer Lie-Gruppe ist Untermannigfaltigkeit der Lie-Gruppe. (Beweis z.B. in [BRD, S.28] oder [ABM])

(4.8°) Folgerung. Das Tangentialbündel TG (vgl. M.7) an eine Matrixgruppe $G \subset GL(n,\mathbb{C})$ hat die folgende direkte Beschreibung, wie wir das in II.5.7.5° bereits für den Fall der Drehgruppe $G = SO(3)$ festgestellt haben:

$$\begin{aligned} TG &= \{(A,v) \in \mathbb{C}(n) \times \mathbb{C}(n) : A \in G \text{ und } A^{-1}v \in T_e G\} \\ &= \{(A,AX) \in \mathbb{C}(n) \times \mathbb{C}(n) : A \in G \text{ und } X \in T_e G\}. \end{aligned}$$

Denn ein Tangentialvektor $v \in T_A G \subset \mathbb{C}(n)$ ist Ableitung $v = \dot{\gamma}(0)$ einer differenzierbaren Kurve γ in G mit $\gamma(0) = A$. Daher ist $\beta(t) := A^{-1}\gamma(t)$ eine differenzierbare Kurve in G mit $\beta(0) = e$ (Einheitsmatrix) und $\dot{\beta}(0) = A^{-1}v \in T_e G$. Also ist jedes Element in TG von der Form (A,v) mit $A \in G$ und $A^{-1}v \in T_e G$. Umgekehrt gilt für jedes Paar (A,v) mit den Bedingungen $A \in G$ und $A^{-1}v \in T_e G$: $A^{-1}v$ wird durch eine Kurve β in G mit $\beta(0) = e$ repräsentiert, das bedeutet $\dot{\beta}(0) = A^{-1}v$. Deshalb ist $\gamma := A\beta$ eine differenzierbare Kurve in G mit $\gamma(0) = A$ und $\dot{\gamma}(0) = AA^{-1}v = v$. Also ist $(A,v) \in TG$.

Analog hat TG auch die Beschreibung

$$TG = \{(A,w) \in \mathbb{C}(n) \times \mathbb{C}(n) : A \in G \text{ und } wA^{-1} \in T_e G\}.$$

5. Lie-Algebren. Eine *Lie-Algebra* über $\mathbb{K} \in \{\mathbb{R}, \mathbb{C}\}$ ist ein $\mathbb{K}$-Vektorraum L mit einer Abbildung

$$[\ ,\ ] : L \times L \longrightarrow L,$$

welche die folgenden Eigenschaften hat: Für alle $X, Y, Z \in L$ und $c \in \mathbb{K}$ gilt

   1. $[cX + Y, Z] = c[X, Z] + [Y, Z]$ (Linearität),

   2. $[X, Y] = -[Y, X]$ (Antisymmetrie),

   3. $[X, [Y, Z]] + [Y, [Z, X]] + [Z, [X, Y]] = 0$ (Jacobi-Identität).

$[\ ,\ ]$ wird oft als "Lie-Klammer" bezeichnet.

Beispiele.

1° **Abelsche Lie-Algebren.** Jeder $\mathbb{K}$-Vektorraum L mit $[X, Y] = 0$ für alle $X, Y \in L$ ist eine Lie-Algebra über $\mathbb{K}$, die sogenannte *triviale* oder *abelsche* Lie-Algebra.

2° **Kreuzprodukt.** $\mathbb{R}^3$ mit $[X, Y] := X \times Y$ (Kreuzprodukt) ist eine dreidimensionale Lie-Algebra über $\mathbb{R}$ (vgl. II.5.7.14° ff.).

3° **Die Endomorphismenalgebra.** V sei ein $\mathbb{K}$-Vektorraum und

$$L = \mathrm{Hom}(V, V) =: \mathrm{End}\, V$$

sei der $\mathbb{K}$-Vektorraum aller $\mathbb{K}$-linearen Abbildungen (*Endomorphismen*) von V nach V. Mit dem *"Kommutator"* $[X, Y] := X \circ Y - Y \circ X$ für $X, Y \in \mathrm{End}\, V$ als Lie-Klammer wird auf $\mathrm{End}\, V$ die Struktur einer Lie-Algebra definiert. L mit $\circ$ und $[\ ,\ ]$ heißt die *Endomorphismenalgebra*. Im folgenden werden die Axiome 1–3 nachgeprüft:

$$
\begin{aligned}
1.\quad [cX + Y, Z] &= (cX + Y) \circ Z - Z \circ (cX + Y) \\
&= cX \circ Z + Y \circ Z - Z \circ cX - Z \circ Y \\
&= c(X \circ Z - Z \circ X) + Y \circ Z - Z \circ Y \\
&= c[X, Z] + [Y, Z].
\end{aligned}
$$

$$
2.\quad [X, Y] = X \circ Y - Y \circ X = -(Y \circ X - X \circ Y) = -[Y, X],
$$

$$
\begin{aligned}
3.\quad &[X, [Y, Z]] + [Y, [Z, X]] + [Z, [X, Y]] \\
&= X \circ [Y, Z] - [Y, Z] \circ X + Y \circ [Z, X] - [Z, X] \circ Y + Z \circ [X, Y] - [X, Y] \circ Z \\
&= X \circ Y \circ Z - X \circ Z \circ Y - Y \circ Z \circ X + Z \circ Y \circ X + Y \circ Z \circ X - Y \circ X \circ Z + \\
&\quad - Z \circ X \circ Y + X \circ Z \circ Y + Z \circ X \circ Y - Z \circ Y \circ X - X \circ Y \circ Z + Y \circ X \circ Z = 0.
\end{aligned}
$$

4° **Die Lie-Algebra der Vektorfelder.** Sei M eine Mannigfaltigkeit. Für (differenzierbare) Vektorfelder X auf M sei $L_X : \mathcal{E}(M) \longrightarrow \mathcal{E}(M)$ die Lie-Ableitung (vgl. Anhang M.12). Zu Vektorfeldern X, Y gibt es ein eindeutig bestimmtes Vektorfeld Z mit $L_Z = L_X \circ L_Y - L_Y \circ L_X$. Setze $Z := [X, Y]$. Damit wird der $\mathbb{R}$-Vektorraum der Vektorfelder auf M zu einer unendlichdimensionalen Lie-Algebra $\mathfrak{B}(M)$. In lokalen Koordinaten von M gilt

$$[X, Y]^k = X^\mu Y^k_{,\mu} - Y^\mu X^k_{,\mu}.$$

5° **Die Poisson-Algebra.** P sei Phasenraum der Hamiltonschen Mechanik, also eine symplektische Mannigfaltigkeit, oder allgemeiner eine Poisson-Mannigfaltigkeit. Dann ist $\mathcal{E}(P)$ bzgl. der Poissonklammer eine Lie-Algebra (vgl. Paragraph 9 in Kapitel II, sowie M.19).

6. Lie-Algebren zu Matrixgruppen und zu Lie-Gruppen. Für eine beliebige Matrix $X \in \mathbb{C}(n)$ konvergiert die *Exponentialreihe*

$$e^{tX} = \sum_{\nu=0}^{\infty} \frac{1}{\nu!} X^{\nu} \; ,$$

und es gilt $e^{tX} \in GL(n,\mathbb{C})$. Weiter unten zeigen wir in Verallgemeinerung der Untersuchungen zur Drehgruppe $G = SO(3)$ in II.5.7:

(6.1°) Satz: Sei $G \subset GL(n,\mathbb{C})$ eine Matrixgruppe. Dann ist

$$\mathfrak{g} := \operatorname{Lie} G := \{X \in \mathbb{C}(n) : \forall t \in \mathbb{R} \text{ ist } e^{tX} \in G\}$$

eine Lie-Algebra über $\mathbb{R}$ bezüglich der Lie-Klammer $[X,Y] = X \circ Y - Y \circ X$, $X,Y \in \mathfrak{g}$, (also eine Unter-Lie-Algebra der Endomorphismenalgebra $\mathbb{C}(n) \cong \operatorname{End} \mathbb{C}^n$) und es gilt

$$\operatorname{Lie} G = \{\dot{\gamma}(0) : \gamma \text{ Kurve in } G \text{ mit } \gamma(0) = \operatorname{id}_{\mathbb{C}^n} = e\}.$$

$\mathfrak{g} = \operatorname{Lie} G$ läßt sich also auch auffassen als Tangentialraum $T_e G$ an die Eins e der Matrixgruppe G.

Beispiele zum Satz: Für die in 1–4 angegebenen Matrixgruppen erhält man mit Hilfe des Satzes die folgenden zugehörigen Lie-Algebren:

(6.2°) $\mathfrak{u}(1) = \operatorname{Lie} U(1)$:

Es gilt für $X \in \mathbb{C}(1) = \mathbb{C}$: $X \in \mathfrak{u}(1)$ genau dann, wenn $e^{tX} \in U(1)$ für alle $t \in \mathbb{R}$, also $|e^{tX}| = 1$. Daher gilt $\mathfrak{u}(1) = \{iy : y \in \mathbb{R}\}$. Die Lie-Klammer ist für diese eindimensionale Lie-Algebra trivial, d.h. $[X,Y] = 0$ für alle $X,Y \in \mathfrak{u}(1)$.

(6.3°) $\mathfrak{u}(2) = \operatorname{Lie} U(2)$ und $\mathfrak{su}(2) = \operatorname{Lie} SU(2)$:

Für $X \in \mathbb{C}(2)$ gilt $X \in \mathfrak{u}(2)$ genau dann, wenn $e^{tX} \in U(2)$ für alle $t \in \mathbb{R}$, das heißt $\left(\overline{e^{tX}}\right)^T e^{tX} = \operatorname{id}_{\mathbb{C}^2}$. Differentiation nach t liefert

$$\overline{X}^T e^{t\overline{X}^T} e^{tX} + e^{t\overline{X}^T} X e^{tX} = 0,$$

also $\overline{X}^T + X = 0$, beziehungsweise $X^* + X = 0$. Umgekehrt garantiert diese Bedingung $e^{tX} \in U(2)$ für alle $t \in \mathbb{R}$. Also:

$$\mathfrak{u}(2) = \{X \in \mathbb{C}(2) : \overline{X}^T + X = 0\}.$$

Für $X \in \mathbb{C}(2)$ gilt $\det e^{tX} = 1$ genau dann, wenn $\operatorname{Spur} X = 0$ (siehe unten: $\mathfrak{sl}(n,\mathbb{K})$ in 6.5°). Also:

$$\mathfrak{su}(2) = \{X \in \mathbb{C}(2) : \overline{X}^T + X = 0 \text{ und } \operatorname{Spur} X = 0\}.$$

Für eine Matrix

$$X = \begin{pmatrix} a & b \\ c & d \end{pmatrix} \in \mathfrak{su}(2)$$

gilt also $\overline{a} + a = 0 = \overline{d} + d$ und $\overline{c} + b = 0$ wegen $\overline{X}^T + X = 0$, sowie $a + d = 0$ wegen $\operatorname{Spur} X = 0$. Es folgt: a und d sind rein imaginär mit $d = -a$ und $b = -\overline{c}$.

Eine Vektorraumbasis von $\mathfrak{su}(2)$ über $\mathbb{R}$ ist daher durch die in 2 genannten Matrizen τ_1, τ_2, τ_3 gegeben. (Es ist allerdings nicht typisch, daß für Elemente $X \in \mathfrak{g}$ auch $X \in G$ gilt wie in diesem besonderen Beispiel). Nach Abschnitt 2 sind die Kommutatoren zu dieser Basis: $[\tau_1,\tau_2] = 2\tau_3$, $[\tau_2,\tau_3] = 2\tau_1$, sowie $[\tau_3,\tau_1] = 2\tau_2$.

(6.4°) $\mathfrak{gl}(n,\mathbb{K}) = $ Lie $GL(n,\mathbb{K}) \cong \mathrm{End}(\mathbb{K}^n)$:

Natürlich ist $\mathfrak{gl}(n, \mathbb{K}) = \mathbb{K}(n)$, denn es ist $\det e^{tX} = e^{\mathrm{Spur}\, tX} \neq 0$ für alle $X \in \mathbb{K}(n)$ und $t \in \mathbb{R}$. $\mathbb{K}(n)$ entspricht der Endomorphismenalgebra aus 5.3° für den n–dimensionalen Fall.

(6.5°) $\mathfrak{sl}(n,\mathbb{K}) = $ Lie $SL(n,\mathbb{K})$:

Wegen $\det e^{tX} = e^{\mathrm{Spur}\, tX}$ gilt $X \in \mathfrak{sl}(n,\mathbb{K})$, also $e^{tX} \in SL(n,\mathbb{K})$ für alle $t \in \mathbb{R}$, genau dann, wenn $\mathrm{Spur}\, X = 0$. Daher

$$\mathfrak{sl}(n,\mathbb{K}) = \{X \in \mathbb{K}(n) : \mathrm{Spur}\, X = 0\}.$$

(6.6°) $\mathfrak{sl}(2,\mathbb{C})$:

Eine Basis von $\mathfrak{sl}(2,\mathbb{C})$ (über $\mathbb{C}$) ist durch die *Pauli–Matrizen*

$$\sigma_1 = \begin{pmatrix} 0 & 1 \\ 1 & 0 \end{pmatrix} \qquad \sigma_2 = \begin{pmatrix} 0 & -i \\ i & 0 \end{pmatrix} \qquad \sigma_3 = \begin{pmatrix} 1 & 0 \\ 0 & -1 \end{pmatrix}$$

gegeben. Es gilt $\sigma_k = i\tau_k$ und folglich (vgl. Abschnitt 2)

$$[\sigma_1,\sigma_2] = -2\tau_3 = 2i\sigma_3, \quad [\sigma_2,\sigma_3] = 2i\sigma_1, \quad [\sigma_3,\sigma_1] = 2i\sigma_2.$$

Natürlich ist auch (τ_1,τ_2,τ_3) Basis von $\mathfrak{sl}(2,\mathbb{C})$ über $\mathbb{C}$ (vgl. 6.3°).

Im übrigen ist $\mathfrak{sl}(2,\mathbb{C})$ eine komplexe Lie–Algebra, während die Beispiele aus 2° und 3° lediglich Lie–Algebren über $\mathbb{R}$ sind.

(6.7°) $\mathfrak{o}(n) = $ Lie $O(n)$:

Für eine Matrix $X \in \mathbb{R}(n)$ ist $e^{tX} \in O(n)$ genau dann für alle $t \in \mathbb{R}$, falls $(e^{tX})^T e^{tX} = e^{tX^T} e^{tX} = \mathrm{id}_{\mathbb{R}^n}$ gilt. Durch Differentiation nach t sieht man:

$$\mathfrak{o}(n) = \{X \in \mathbb{R}(n) : X^T + X = 0\},$$
$$\mathfrak{o}(n,\mathbb{C}) = \{X \in \mathbb{C}(n) : X^T + X = 0\} \text{ (vgl. } 4.2^\circ).$$

(6.8°) $\mathfrak{so}(n) = $ Lie $SO(n)$:

Für $X \in \mathfrak{o}(n)$ gilt bereits $\mathrm{Spur}\, X = 0$, daher ist $\mathfrak{so}(n) = \mathfrak{o}(n)$ und ebenso $\mathfrak{so}(n,\mathbb{C}) = \mathfrak{o}(n,\mathbb{C})$.

(6.9°) $\mathfrak{so}(3) = \mathfrak{o}(3)$:

Eine Basis von $\mathfrak{so}(3)$ ist durch die drei Matrizen

$$M_1 = \begin{pmatrix} 0 & 0 & 0 \\ 0 & 0 & -1 \\ 0 & 1 & 0 \end{pmatrix}, \qquad M_2 = \begin{pmatrix} 0 & 0 & 1 \\ 0 & 0 & 0 \\ -1 & 0 & 0 \end{pmatrix}, \qquad M_3 = \begin{pmatrix} 0 & -1 & 0 \\ 1 & 0 & 0 \\ 0 & 0 & 0 \end{pmatrix}$$

gegeben. Es gilt $[M_1,M_2] = M_3$, $[M_2,M_3] = M_1$, $[M_3,M_1] = M_2$. (Man beachte die

Verwandtschaft von $\mathfrak{so}(3)$ zu $\mathfrak{su}(2)$ und $\mathfrak{sl}(2,\mathbb{C})$! $\mathfrak{so}(3)$ gleicht außerdem der "Kreuz-produkt"-Lie-Algebra in 5.2°, vgl. II.5.7.15°.)

(6.10°) $\mathfrak{o}(3,1) = \text{Lie } O(3,1)$:

Sei $\eta = \text{diag}(1,1,1,-1)$ die Diagonalmatrix mit $(1,1,1,-1)$ als Diagonale. Wegen $O(3,1) = \{A \in \mathbb{R}(4) : A^T\eta A = \eta\}$ ist $\mathfrak{o}(3,1) = \{X \in \mathbb{R}(4) : X^T\eta + \eta X = 0\}$. Außerdem gilt für die Lie-Algebra $\mathfrak{so}(3,1)$ von $SO(3,1)$: $\mathfrak{so}(3,1) = \mathfrak{o}(3,1)$. Ebenso mit $\mathfrak{o}(1,3) = \text{Lie } O(1,3) \cong \mathfrak{o}(3,1)$.

(6.11°) $\mathfrak{o}(p,q) = \text{Lie } O(p,q) = \mathfrak{so}(p,q)$:

Analog zu $\mathfrak{o}(3,1)$ erhält man für $\mathfrak{o}(p,q) = \text{Lie } O(p,q)$:

$$\mathfrak{o}(p,q) = \{X \in \mathbb{R}(n) : A^T\beta + \beta A = 0\} = \mathfrak{so}(p,q)$$

mit β wie in 4.5°.

(6.12°) $\mathfrak{sp}(2n) = \text{Lie } Sp(2n)$:

beschreibt man analog als $\mathfrak{sp}(2n) = \{X \in \mathbb{R}(2n) : X^T\sigma + \sigma X = 0\}$. Ganz entsprechend für den Fall von komplexen Koeffizienten: $\mathfrak{sp}(2n,\mathbb{C}) = \{X \in \mathbb{C}(2n) : X^T\sigma + \sigma X = 0\}$.

Der zu Beginn dieses Paragraphen zitierte Satz 6.1° über die Beschreibung der Lie-Algebra zu einer Matrixgruppe $G \subset GL(n,\mathbb{C})$ hat größere Bedeutung als in der obigen Formulierung zum Ausdruck kommt. Die auf

$$\mathfrak{g} = \{X \in \mathbb{C}(n) : e^{tX} \in G \text{ für alle } t \in \mathbb{R}\}$$

von $\mathbb{C}(n) = \text{End } \mathbb{C}^n$ induzierte Lie-Klammer stimmt nämlich überein mit der durch die Lie-Algebra $\mathfrak{B}(G)$ der Vektorfelder auf G gegebene Lie-Klammer. Um diesen Sachverhalt genauer beschreiben zu können, sei zu einer Matrix $X \in \mathfrak{g}$ das zugehörige *linksinvariante* Vektorfeld $\tilde{X} \in \mathfrak{B}(G)$ (als Fundamentalfeld, vgl. V.5.8) durch

$$\tilde{X}(A) := \frac{d}{dt} A e^{tX}\Big|_{t=0} = AX, \quad A \in G,$$

definiert. Dabei ist ganz allgemein im Sinne von M.6 ein Tangentialvektor $\xi \in \mathbb{C}(n)$ an die Untermannigfaltigkeit G von $\mathbb{C}(n) \cong \mathbb{R}^{4n^2}$ im Punkte $A \in G$ durch eine differenzierbare Kurve $\gamma : J \longrightarrow G$ mit $\gamma(0) = A$ und $\dot{\gamma}(0) = \xi$ gegeben; und die Gesamtheit dieser Tangentialvektoren an G in A bildet den Tangentialraum $T_A G$. Die Matrix $X \in \mathfrak{g}$ liefert also für jeden Punkt $A \in G$ den Tangentialvektor $\tilde{X}(A) \in T_A G$, der durch die spezielle Kurve $t \longmapsto A e^{tX}$ festgelegt wird. $\tilde{X}$ ist aufzufassen als differenzierbare Abbildung $\tilde{X} : G \longrightarrow \mathbb{C}(n)$ mit $\tilde{X}(A) = AX \in T_A G$ für alle $A \in G$ oder gleich als differenzierbare Abbildung $A \longmapsto (A,AX)$ in das Tangentialbündel $TG \subset \mathbb{C}(n) \times \mathbb{C}(n)$, vgl. M.7 und 4.8°. $\tilde{X}$ heißt linksinvariant, weil für die Linksmulti-plikationen

$$\mathscr{L}_g : G \longrightarrow G, \quad A \longmapsto gA,$$

$g \in G$, die Invarianzbedingung $\tilde{X} \circ \mathscr{L}_g = T\mathscr{L}_g \circ \tilde{X}$ richtig ist:

$$\tilde{X} \circ \mathscr{L}_g(A) = \tilde{X}(gA) = \frac{d}{dt}(gA)e^{tX}\Big|_{t=0} = \frac{d}{dt}\mathscr{L}_g(Ae^{tX})\Big|_{t=0}$$

$$= T_A\mathscr{L}_g(\tilde{X}(A)) = T\mathscr{L}_g \circ \tilde{X}(A).$$

Im übrigen ist für jede Matrix Z das entsprechende linksinvariante Vektorfeld $\tilde{Z}$ auf ganz $GL(n,\mathbb{C})$ definiert.

Die Lie-Klammer $[Y,Z]$ zweier Vektorfelder $Y, Z \in \mathfrak{B}(M)$ auf einer Mannigfaltigkeit M ist definiert durch ihre Wirkung als Richtungsableitung auf beliebigen Funktionen (vgl. 5.4° und M.12), das heißt es gilt für alle $f \in \mathscr{E}(M)$:

$$L_{[Y,Z]}f = L_Y L_Z f - L_Z L_Y f,$$

wobei die Richtungsableitung $L_Y f(a)$ im Falle $\dot{\gamma}(0) = Y(a)$ und $\gamma(0) = a$ für eine Kurve $\gamma \in \mathscr{E}(J,M)$ durch die folgende Formel gegeben ist:

$$L_Y f(a) := \frac{d}{dt}f(\gamma(t))\Big|_{t=0}.$$

Die oben angesprochene enge Beziehung zwischen der Lie-Klammer auf der Matrixalgebra $\mathfrak{g} = \operatorname{Lie} G$ und der Lie-Algebra-Struktur auf $\mathfrak{B}(G)$ kann jetzt folgendermaßen ausgedrückt werden:

(6.13°) **Lemma.** In der Situation von Satz 6.1° gilt für Matrizen $X, Y \in \mathfrak{g}$ mit $Z := [X,Y] \in \mathbb{C}(n) : [\tilde{X}, \tilde{Y}] = \tilde{Z}$. Dabei ist $[X,Y]$ zunächst als Kommutator in $\mathbb{C}(n)$ aufzufassen und $\tilde{Z}$ als Vektorfeld auf $GL(n,\mathbb{C})$.

Beweis. Es ist $\dfrac{d}{ds}(e^{sX}Ye^{-sX})\Big|_{s=0} = XY - YX = [X,Y] \in \mathbb{C}(n)$. Also gilt

$$\frac{\partial}{\partial s}\frac{\partial}{\partial t}(e^{sX}e^{tY}e^{-sX})\Big|_{t=0,s=0} = [X,Y].$$

Setze $\gamma(s,t) := e^{sX}e^{tY}e^{-sX}$ für $s,t \in \mathbb{R}$. Für $f \in \mathscr{E}(G)$ und $A \in G$ ist dann

$$L_{\tilde{Z}}f(A) = df(A[X,Y]) = \frac{\partial}{\partial s}\frac{\partial}{\partial t}f(A\gamma(s,t))\Big|_{t=0,s=0} =$$

$$= \frac{\partial}{\partial \rho}\frac{\partial}{\partial t}f(Ae^{\rho X}e^{tY})\Big|_{\rho=0,t=0} - \frac{\partial}{\partial t}\frac{\partial}{\partial \sigma}f(Ae^{tY}e^{\sigma X})\Big|_{t=0,\sigma=0}.$$

Die letzte Gleichung erhält man nach der Kettenregel angewandt auf die Komposition von $(s,t) \longmapsto (s,t,-s)$ und $(\rho,t,\sigma) \longmapsto f(Ae^{\rho X}e^{tY}e^{\sigma X})$. Außerdem ist

$$L_{\tilde{X}}L_{\tilde{Y}}f(A) = L_{\tilde{X}}\frac{d}{dt}f(Ae^{tY})\Big|_{t=0} = \frac{d}{ds}\frac{d}{dt}f(Ae^{sX}e^{tY})\Big|_{t=0,s=0},$$

und es gilt eine entsprechende Gleichung für $L_{\tilde{Y}}L_{\tilde{X}}$. Eingesetzt in die obere Identität ist also $L_{\tilde{Z}} = L_{\tilde{X}}L_{\tilde{Y}} - L_{\tilde{Y}}L_{\tilde{X}}$ bewiesen worden, und das bedeutet nach Definition der Lie-Klammer für Vektorfelder gerade die Behauptung $\tilde{Z} = [\tilde{X}, \tilde{Y}]$.

Beweis des Satzes 6.1°. Wir zeigen erst einmal: $\operatorname{Lie} G = T_e G$. Natürlich ist für jede Matrix $X \in \mathbb{C}(n)$ mit $e^{tX} \in G$ für alle $t \in \mathbb{R}$ wegen $\frac{d}{dt}e^{tX}\Big|_{t=0} = X$ diese Matrix X ein Tangentenvektor $X \in T_e G$, das heißt es gilt $\operatorname{Lie} G \subset T_e G$. Umgekehrt definiert jeder Tangentenvektor $X \in T_e G$ ein linksinvariantes Vektorfeld $\tilde{X}$ auf G und zugleich auf $GL(n,\mathbb{C})$. $\varphi(t,A) := Ae^{tX}$ ist die zugehörige 1-Parametergruppe der

Lösungen der autonomen Differentialgleichung $\dot{\varphi} = \tilde{X}(\varphi)$ auf $GL(n,\mathbb{C})$; denn es gilt $\dot{\varphi}(t,A) = Ae^{tX}X = \tilde{X}(\varphi(t,A))$ und $\varphi(0,A) = A$. Da $\tilde{X}$ wie jedes Vektorfeld auf G lokal eindeutig bestimmte Lösungen zu $\dot{\varphi} = \tilde{X}(\varphi)$ auf G besitzt, muß $Ae^{tX} \in G$ gelten und damit insbesondere $e^{tX} \in G$. Daher $T_eG \subset \text{Lie } G$.

Für je zwei Vektoren $X, Y \in \mathfrak{g}$ sind $\tilde{X}$ und $\tilde{Y}$ Vektorfelder auf G. Deshalb ist auch $[\tilde{X},\tilde{Y}]$ ein Vektorfeld auf G mit einem wohldefinierten Tangentenvektor in der Eins: $[\tilde{X},\tilde{Y}](e) \in T_eG$. Es gilt $[\tilde{X},\tilde{Y}] = \tilde{Z}$ nach dem vorangehenden Lemma, wobei $Z = [X,Y] \in \mathbb{C}(n)$, und das bedeutet $Z = [X,Y] = [\tilde{X},\tilde{Y}](e) \in T_eG$. Die Behauptung $[X,Y] \in \text{Lie } G$ folgt jetzt aus dem gerade Bewiesenen $T_eG = \text{Lie } G$.

(6.14°) Lie-Algebren zu abstrakten Lie-Gruppen und Exponentialabbildung. Einer allgemeinen Lie-Gruppe G wird auf die folgende Weise ebenfalls eine Lie-Algebra $\mathfrak{g} = \text{Lie } G$ zugeordnet: Dazu betrachtet man wieder den Tangentialraum T_eG an G in der Eins $e \in G$ und definiert für jeden Tangentenvektor $X \in T_eG$ das *linksinvariante* Vektorfeld $\tilde{X}$ zu X:

$$\tilde{X}(g) := T_e\mathscr{L}_g(X),$$

$g \in G$, wobei wie oben $\mathscr{L}_g : G \longrightarrow G$ die Linksmultiplikation $x \longmapsto gx$, $x \in G$, ist. $\mathscr{L}_g$ ist differenzierbar (weil G Lie-Gruppe ist), daher ist die Tangentialabbildung $T_e\mathscr{L}_g : T_eG \longrightarrow T_gG$ wohldefiniert. $\tilde{X}$ ist ein Vektorfeld auf der Mannigfaltigkeit G, und für zwei solche linksinvarianten Vektorfelder $\tilde{X}$ und $\tilde{Y}$ ist die Lie-Klammer $[\tilde{X},\tilde{Y}]$ als Vektorfeld auf G gegeben (vgl. 5.4°). $[X,Y] := [\tilde{X},\tilde{Y}](e) \in T_eG$ ist daher ein wohldefinierter Tangentenvektor und es ist leicht zu sehen, daß T_eG mit dieser Klammer $[\,,\,]$ zu einer Lie-Algebra wird. T_eG mit dieser Lie-Klammer ist *die Lie-Algebra zur Lie-Gruppe G* und wird mit $\text{Lie } G$ oder $\mathfrak{g}$ bezeichnet.

Analog zur Exponentialreihe e^X für Matrizen X hat man im Falle einer allgemeinen Lie-Gruppe G die Exponentialabbildung $X \longmapsto \text{Exp } X$, $X \in T_eG$. Um $\text{Exp } X$ für $X \in T_eG$ zu beschreiben, beginne man mit einer Lösung der autonomen Differentialgleichung $\dot{\gamma} = \tilde{X}(\gamma)$ durch e, das heißt mit $\gamma(0) = e$. Eine solche Kurve gibt es aufgrund des Existenzsatzes für Systeme von gewöhnlichen Differentialgleichungen zu beliebigen Vektorfeldern auf Mannigfaltigkeiten (vgl. M.14). Es ist aber im allgemeinen nicht gesichert, daß die Kurve auf ganz $\mathbb{R}$ definiert werden kann (vgl. dazu das Beispiel am Ende von Abschnitt M.13). Linksinvariante Vektorfelder $\tilde{X}$ auf einer Lie-Gruppe haben aber aufgrund der Invarianz doch diese Vollständigkeitseigenschaft: Ist die Kurve γ zunächst nur auf dem Intervall $]-\varepsilon,\varepsilon[$ definiert, so ist für $g \in G$ durch $\varphi_g(t) := g\gamma(t)$, $-\varepsilon < t < \varepsilon$, eine Kurve durch g definiert mit $\dot{\varphi}_g = \tilde{X}(\varphi_g)$. Denn es ist (wegen $\dot{\gamma}(t) = [\gamma(t+s)]_{\gamma(t)}$, vgl. M.10.2°)

$$\dot{\varphi}_g(t) = [g\gamma(t+s)]_{\gamma(t)} = T_{\gamma(t)}\mathscr{L}_g([\gamma(t+s)]_{\gamma(t)}) = T_{\gamma(t)}\mathscr{L}_g(\dot{\gamma}(t))$$

$$= T_{\gamma(t)}\mathscr{L}_g(\tilde{X}(\gamma(t))) = T_{\gamma(t)}\mathscr{L}_g \circ T_e\mathscr{L}_{\gamma(t)}(X) = T_e(\mathscr{L}_g \circ \mathscr{L}_{\gamma(t)})(X)$$

$$= T_e\mathscr{L}_{g\gamma(t)}(X) = \tilde{X}(g\gamma(t)) = \tilde{X}(\varphi_g(t)).$$

Daher definiert für $g := \gamma(\tfrac{1}{2}\varepsilon)$

$$\gamma_1(t) := \begin{cases} \gamma(t) & \text{für } -\varepsilon < t < \varepsilon \\ \varphi_g(t - \tfrac{1}{2}\varepsilon) & \text{für } -\varepsilon + \tfrac{1}{2}\varepsilon < t < \varepsilon + \tfrac{1}{2}\varepsilon \end{cases}$$

eine Lösung von $\dot{\gamma} = \tilde{X}(\gamma)$ auf dem Intervall $]-\varepsilon, \varepsilon + \tfrac{1}{2}\varepsilon[$. (Wegen der Eindeutigkeit der Lösungen stimmen $\gamma(t)$ und $\varphi_g(t - \tfrac{1}{2}\varepsilon)$ auf $]-\varepsilon + \tfrac{1}{2}\varepsilon, \varepsilon[$ überein.) γ_1 kann man genauso fortsetzen zu einer Lösung γ_2, die auf dem Intervall $]-\varepsilon, 2\varepsilon[$ definiert ist, und entsprechend kann man die Lösung nach links auf das Intervall $]-2\varepsilon, 2\varepsilon[$ fortsetzen. Durch Iteration dieser Prozedur erhält man für jedes Intervall $]-r, r[$ eine Lösung von $\dot{\gamma} = \tilde{X}(\gamma)$, $\gamma(0) = e$, und das bedeutet, daß es eine Lösung γ_∞ auf ganz $\mathbb{R}$ gibt. Diese Lösung entspricht der oben verwendeten Exponentialreihe e^{tX}, und sie kann zusammengesetzt werden zu der Lösungsschar $\varphi(t,g) := g\gamma_\infty(t)$, $(t,g) \in \mathbb{R} \times G$, des Vektorfeldes $\tilde{X}$. Die linksinvarianten Vektorfelder auf einer Lie-Gruppe sind also vollständig (vgl. M.13.3° und M.14)!

Insbesondere ist $\mathrm{Exp}\, X := \gamma_\infty(1) = \varphi(1,e) \in G$ ein wohldefiniertes Gruppenelement $\mathrm{Exp}\, X \in G$, und es gilt $\mathrm{Exp}\, tX = \gamma_\infty(t)$ für alle $t \in \mathbb{R}$. Die *Exponentialabbildung* $\mathrm{Exp} : \mathfrak{g} \longrightarrow G$ ist differenzierbar wegen der differenzierbaren Abhängigkeit der Lösungen von allen Ausgangsdaten. Wegen $X = [\mathrm{Exp}\, tX]_e$ entspricht die Tangentialabbildung $T_0\mathrm{Exp} : T_0\mathfrak{g} \cong \mathfrak{g} \longrightarrow T_eG = \mathfrak{g}$ der Identität und ist insbesondere invertierbar. Aufgrund des Umkehrsatzes (M.3.4°) folgt deshalb:

(6.15°) Satz. Es gibt eine offene Umgebung $V \subset \mathfrak{g}$ von $0 \in \mathfrak{g}$ und eine offene Umgebung $U \subset G$ von $e \in G$, so daß $\mathrm{Exp}|_V : V \longrightarrow U$ ein Diffeomorphismus ist. Insbesondere ist $(\mathrm{Exp}|_V)^{-1} : U \longrightarrow V$ eine Karte von G.

7. Homomorphismen von Lie-Gruppen und Lie-Algebren.

Definition. Es seien $\mathfrak{g}$ und $\mathfrak{h}$ Lie-Algebren über $\mathbb{K} \in \{\mathbb{R}, \mathbb{C}\}$, und es seien G, H Lie-Gruppen.

1. Eine Abbildung $\rho : \mathfrak{g} \longrightarrow \mathfrak{h}$ heißt *Homomorphismus von Lie-Algebren* oder *Lie-Algebra-Homomorphismus*), wenn ρ $\mathbb{K}$-linear ist und die Lie-Klammern erhält, das heißt, $[\rho(X), \rho(Y)] = \rho([X,Y])$ für alle $X, Y \in \mathfrak{g}$ erfüllt. Ein *Isomorphismus von Lie-Algebren* ist ein bijektiver Lie-Algebra-Homomorphismus ρ. Die Umkehrung ρ^{-1} ist dann ebenfalls ein Lie-Algebra-Homomorphismus. $\mathfrak{h}$ ist *Lie-Unteralgebra von* $\mathfrak{g}$, wenn $\mathfrak{h}$ in $\mathfrak{g}$ enthalten ist und die Inklusion $\mathfrak{h} \longrightarrow \mathfrak{g}$, $X \longmapsto X$ für $X \in \mathfrak{h}$ ein Lie-Algebra-Homomorphismus ist

2. Eine *Darstellung der Lie-Algebra* $\mathfrak{g}$ in dem $\mathbb{K}$-Vektorraum V ist ein Lie-Algebra-Homomorphismus $\rho : \mathfrak{g} \longrightarrow \mathrm{End}\, V$ in die Lie-Algebra der Endomorphismen von V (vgl. 5.c)).

3. Ein *Homomorphismus von Lie-Gruppen* (oder *Lie-Gruppen-Homomorphismus*) ist ein Gruppenhomomorphismus $\varphi : G \longrightarrow H$, der zugleich differenzierbar ist. Entsprechend: φ ist ein *Isomorphismus* (von Lie-Gruppen), wenn φ ein Isomorphismus von Gruppen und zugleich ein Diffeomorphismus ist. Beispielsweise gilt für einen

n-dimensionalen $\mathbb{K}$-Vektorraum V: GL(V) und GL(n,$\mathbb{K}$) sind isomorph als Lie-Gruppen. In Zeichen: GL(V) $\cong$ GL(n,$\mathbb{K}$).

Bemerkung: Der Begriff der Lie-Untergruppe wird uneinheitlich verwendet. In der älteren Literatur ist H $\subset$ G bereits dann eine *Lie-Untergruppe*, wenn die Inklusion ein Homomorphismus von Lie-Gruppen ist. Dabei kann die Situation auftreten, daß H nicht abgeschlossen in G ist und auch keine Untermannigfaltigkeit ist. Beispielsweise ist der Torus $\mathbb{T} := U(1) \times U(1)$ eine (kompakte) Lie-Gruppe. Für jeden Wert $\alpha \in \mathbb{R}$ ist $H_\alpha := \{(e^{i\alpha t}, e^{it}) \in U(1) \times U(1) : t \in \mathbb{R}\}$ eine Untergruppe von $\mathbb{T}$. Für irrationale α ist aber H_α nicht abgeschlossen in $\mathbb{T}$, weil H_α dicht in $\mathbb{T}$ ist. Offenbar kann H_α dann auch keine Untermannigfaltigkeit von $\mathbb{T}$ sein. H_α ist aber in natürlicher Weise eine Lie-Gruppe, wenn man auf H_α die differenzierbare Struktur betrachtet, welche von $\mathbb{R}$ durch die Abbildung $t \longmapsto (e^{i\alpha t}, e^{it})$ induziert wird. Im Falle $\alpha \in \mathbb{Q}$ ist diese Abbildung nicht injektiv, und H_α erweist sich als diffeomorph zu $S^1 \cong U(1)$. Außerdem hat H_α die von $\mathbb{T}$ induzierte Topologie und ist eine abgeschlossene Untermannigfaltigkeit von $\mathbb{T}$. Im Falle $\alpha \notin \mathbb{Q}$ ist die Abbildung $t \longmapsto (e^{i\alpha t}, e^{it})$ injektiv, und die von $\mathbb{R}$ induzierte Struktur macht H_α diffeomorph zu $\mathbb{R}$. Die Inklusionsabbildung $(e^{i\alpha t}, e^{it}) \longmapsto (e^{i\alpha t}, e^{it})$ ist ein Homomorphismus von Lie-Gruppen, aber die Topologie auf H_α (die von $\mathbb{R}$ kommt) ist echt feiner als die von $\mathbb{T}$ induzierte. Verlangt man für Lie-Gruppen H $\subset$ G neben der Bedingung, daß die Inklusion ein Homomorphismus von Lie-Gruppen ist zusätzlich noch, daß H abgeschlossen ist (vgl. 4.7°), so ist H mit der von G induzierten Struktur als Gruppe und als Mannigfaltigkeit eine Lie-Gruppe, die zur ursprünglichen Gruppe H als Lie-Gruppe isomorph ist. Diese Bedingungen ergeben somit eine eingeschränkten Begriff der Lie-Untergruppe, den der abgeschlossenen Lie-Untergruppe.

4. Eine *Darstellung* der Lie-Gruppe G in dem $\mathbb{K}$-Vektorraum V endlicher Dimension ist ein Lie-Gruppen-Homomorphismus $\varphi : G \longrightarrow GL(V)$. Eine Darstellung entspricht einer differenzierbaren Wirkung $\Phi : G \times V \longrightarrow V$, $(g,v) \longmapsto \varphi(g)v$ (vgl. I.3/4).

Beispiele und Bemerkungen.

1° Zwischen $\mathfrak{su}(2)$ und $\mathfrak{so}(3)$ erhält man zum Beispiel den folgenden Isomorphismus von Lie-Algebren $\rho : \mathfrak{su}(2) \longrightarrow \mathfrak{so}(3)$ durch Angabe von $\rho(\xi)$ für Basisvektoren ξ von $\mathfrak{su}(2)$: $\rho(\frac{1}{2}\tau_k) := M_k$, $k = 1,2,3$ (vgl. 2 und 6.9°). Entsprechend hat man einen natürlichen injektiven Lie-Algebra-Homomorphismus $\rho : \mathfrak{su}(2) \longrightarrow \mathfrak{sl}(2,\mathbb{C})$ mit $\rho(\tau_k) := \tau_k$. Man sieht: $\rho(\mathfrak{su}(2))$ erzeugt $\mathfrak{sl}(2,\mathbb{C})$ über $\mathbb{C}$. $\mathfrak{sl}(2,\mathbb{C})$ ist eine *Komplexifizierung* von $\mathfrak{su}(2)$. Allerdings ist $\mathfrak{sl}(2,\mathbb{C})$ auch eine Komplexifizierung von $\mathfrak{sl}(2,\mathbb{R})$, und die Lie-Algebren $\mathfrak{su}(2)$ und $\mathfrak{sl}(2,\mathbb{R})$ sind nicht isomorph. Auch die in 5.2° beschriebene Lie-Algebra ist isomorph zu $\mathfrak{so}(3)$ (vgl. II.5.7.15°).

2° Zu jeder endlichdimensionalen Lie-Algebra $\mathfrak{g}$ gibt es eine injektive Darstellung $\rho : \mathfrak{g} \longrightarrow$ End V in einem endlichdimensionalen Vektorraum V (Satz von Ado; vgl. z.B. [FUH], S. 500). Insofern ist jede endlichdimensionale Lie-Algebra als Lie-Algebra isomorph zu einer Lie-Algebra von (endlichen) Matrizen, das heißt zu einer

Lie-Unteralgebra von $\mathbb{C}(N)$ für ein geeignetes $N \in \mathbb{N}$. Mit diesem Resultat läßt sich die Lie-Klammer einer endlichdimensionalen Lie-Algebra stets als Kommutator auffassen.

3° Eine entsprechende Aussage für Lie-Gruppen ist falsch. Es gibt Lie-Gruppen, die nicht Matrixgruppen sind, und auch zu keiner Matrixgruppe isomorph sind.

4° Aus 2° läßt sich herleiten, daß jede endlichdimensionale Lie-Algebra L isomorph zur Lie-Algebra einer Lie-Gruppe ist. Aus dem Satz von Ado (siehe 2°) folgt ja, daß L als Lie-Unteralgebra von $\mathbb{C}(N)$ aufgefaßt werden kann. Die Exponentialreihe $\mathrm{Exp} : \mathbb{C}(N) \longrightarrow GL(N,\mathbb{C})$ definiert auf der Menge $\mathrm{Exp}(L) \subset GL(N,\mathbb{C})$ die Struktur einer Lie-Gruppe G mit $\mathrm{Lie}\, G = L$ (vgl. [HIN, S. 47 ff.]). G ist im allgemeinen nicht abgeschlossen in $GL(N,\mathbb{C})$ und auch keine Untermannigfaltigkeit, daher ist G auch nicht immer eine Matrixgruppe. Aber die Injektion ist eine Immersion, das heißt die zugehörige Tangentialabbildung ist in allen Punkten injektiv.

5° Ein Gruppenhomomorphismus zwischen Lie-Gruppen ist bereits dann differenzierbar, wenn er stetig ist. Das läßt sich mit Hilfe der Exponentialreihe zeigen (siehe [HIN, S. 209]).

6° Jeder Homomorphismus von Lie-Gruppen $\varphi : G \longrightarrow H$ induziert einen Homomorphismus von Lie-Algebren $\mathrm{Lie}\, \varphi : \mathrm{Lie}\, G \longrightarrow \mathrm{Lie}\, H$ über die Formel

$$\mathrm{Lie}\, \varphi := T_e \varphi ,$$

also im Falle einer Matrixgruppe G: $\mathrm{Lie}\, \varphi(X) = \frac{d}{dt}\varphi(e^{tX})\big|_{t=0}$ für $X \in \mathrm{Lie}\, G$. Natürlich ist $\mathrm{Lie}\, \varphi$ als Tangentialabbildung linear. Daß $\mathrm{Lie}\, \varphi$ auch die Lie-Klammern respektiert, folgt im wesentlichen aus dem Lemma in Abschnitt 6 (vgl. [HIN, S. 206]).

Es gilt die funktorielle Eigenschaft $\mathrm{Lie}\, \varphi \circ \psi = (\mathrm{Lie}\, \varphi) \circ (\mathrm{Lie}\, \psi)$ für Homomorphismen φ, ψ von Lie-Gruppen.

7° Aus 5° ergibt sich für eine unitäre Darstellung $R : G \longrightarrow \mathcal{U}(H)$ einer Matrixgruppe G in einem endlichdimensionalem Hilbertraum H (vgl. Paragraph 3 in Kapitel III), daß $\mathrm{Lie}\, R : \mathrm{Lie}\, G \longrightarrow \mathrm{Lie}\, \mathcal{U}(H)$ als Lie-Algebra-Homomorphismus wegen $\mathrm{Lie}\, \mathcal{U}(H) \cong \mathfrak{u}(n) \subset \mathrm{End}(\mathbb{C}^n) \cong \mathrm{End}\, H$ eine Darstellung der Lie-Algebra $\mathrm{Lie}\, G$ in H festlegt, welche ebenfalls mit $\mathrm{Lie}\, R$ bezeichnet wird: $\mathrm{Lie}\, R : \mathfrak{g} \longrightarrow \mathrm{End}\, H$.

8° Es seien jetzt Lie-Gruppen G und H mit den zugehörigen Lie-Algebren $\mathfrak{g}$ und $\mathfrak{h}$ gegeben. Jeder Homomorphismus $\varphi : G \longrightarrow H$ von Lie-Gruppen bestimmt einen Lie-Algebra-Homomorphismus $\mathrm{Lie}\, \varphi : \mathfrak{g} \longrightarrow \mathfrak{h}$, wie wir in 6° gesehen haben. Aber nicht jeder Lie-Algebra-Homomorphismus ist von dieser Form. Beispielsweise gibt es zu dem Isomorphismus $\sigma : \mathfrak{so}(3) \longrightarrow \mathfrak{su}(2)$, $M_k \longmapsto \frac{1}{2}\tau_k$, also zu der Umkehrabbildung von ρ in 1°, keinen Homomorphismus $\varphi : SO(3) \longrightarrow SU(2)$ mit $\mathrm{Lie}\, \varphi = \sigma$. Das läßt sich direkt nachprüfen, es folgt aber auch aus allgemeineren Resultaten über die irreduziblen Darstellungen von $SO(3)$ und $SU(2)$ (vgl. Paragraph 3 in Kapitel III). Für einfach zusammenhängende G gilt dagegen (vgl. z.B. [FUH, S. 119]):

9° **Satz.** Seien G und H Lie-Gruppen, und sei G einfach zusammenhängend. Dann gibt es zu jedem Lie-Algebra-Homomorphismus $\rho : \mathrm{Lie}\, G \longrightarrow \mathrm{Lie}\, H$ einen eindeutig bestimmten Lie-Gruppen-Homomorphismus $\varphi : G \longrightarrow H$ mit $\rho = \mathrm{Lie}\, \varphi$.

8. Universelle Überlagerungen von Lie-Gruppen. Statt einer allgemeinen Theorie der universellen Überlagerung, zu der in Paragraph 4 von Kapitel III ein wenig zu finden ist, werden hier nur zwei für dieses Buch wichtige Beispiele ausführlich behandelt (ansonsten vgl. z.B. [OSS], [LIE] oder [HIN]). Vorweg wollen wir feststellen, daß die Drehgruppe SO(3) auf eine natürliche Weise durch den injektiven Homomorphismus $A \longmapsto \begin{pmatrix} A & 0 \\ 0 & 1 \end{pmatrix} =: R(A)$ als abgeschlossene Untergruppe der eigentlichen Lorentzgruppe SO(3,1) aufgefaßt werden kann.

Satz. Es gibt einen Homomorphismus
$$\Lambda : SL(2,\mathbb{C}) \longrightarrow SO(3,1)$$
von Lie-Gruppen mit

1° Λ ist surjektive Submersion, und es gilt $\Lambda(SU(2)) = SO(3)$.

2° $\operatorname{Ker} \Lambda = \{+1,-1\}$, wobei 1 die Einheitsmatrix in $\mathbb{C}(2)$ bezeichnet.

3° Lie $\Lambda : \mathfrak{sl}(2,\mathbb{C}) \longrightarrow \mathfrak{so}(3,1)$ ist ein Isomorphismus von Lie-Algebren, und das gilt auch für die Restriktion Lie $\Lambda|_{\mathfrak{su}(2)} : \mathfrak{su}(2) \longrightarrow \mathfrak{so}(3)$.

Bemerkungen: Die Restriktion von Λ auf $SU(2) \subset SL(2,\mathbb{C})$, die wieder mit Λ bezeichnet werde, $\Lambda : SU(2) \longrightarrow SO(3)$, hat im wesentlichen dieselben Eigenschaften wie die volle Abbildung. Insbesondere gibt es zu jedem $A \in SO(3,1)$ (bzw. $A \in SO(3)$) ein $C \in SL(2,\mathbb{C})$ (bzw. $C \in SU(2)$) mit $\Lambda^{-1}(A) = \{C,-C\}$. Es folgt wegen der Stetigkeit von Λ, daß $\Lambda : SL(2,\mathbb{C}) \longrightarrow SO(3,1)$ (bzw. $\Lambda : SU(2) \longrightarrow SO(3)$) universelle Überlagerung von SO(3,1) (bzw. SO(3)) ist, wenn man noch weiß, daß SU(2) und SL(2,$\mathbb{C}$) einfach zusammenhängend sind. Für SU(2) ist das klar, da SU(2) als Mannigfaltigkeit mit der Sphäre $\mathbb{S}^3$ identifiziert werden kann, und für SL(2,$\mathbb{C}$) wird der einfache Zusammenhang noch im folgenden zur Sprache kommen. (Im übrigen ist eine Submersion eine differenzierbare Abbildung φ, für die sämtliche Tangentialabbildungen $T_a\varphi$ surjektiv sind.)

Beweis des Satzes. Es sei
$$\mathbb{H} := \{A \in \mathbb{C}(2) : A^* = A\}$$
der $\mathbb{R}$-Vektorraum der *hermiteschen* 2×2-Matrizen, $A^* := \overline{A}^T$. $\mathbb{H}$ ist vierdimensional und es gibt einen Vektorraumisomorphismus $\iota : \mathbb{R}^4 \longrightarrow \mathbb{H}$, der folgendermaßen festgelegt ist: Für $q \in \mathbb{R}^4$ sei

$$\iota(q) := q^\mu \sigma_\mu = q\sigma = \begin{pmatrix} q^3+q^4 & q^1-iq^2 \\ q^1+iq^2 & -q^3+q^4 \end{pmatrix}$$

Dabei ist $\sigma_4 := \operatorname{id}_{\mathbb{C}^2}$ die Einheitsmatrix und σ_k, $k = 1,2,3$, sind die Pauli-Matrizen (vgl. 6.6°). Die Linearität und die Bijektivität von ι sind offensichtlich. Man rechnet außerdem leicht nach, daß $\det q\sigma = -\eta_{\mu\nu}q^\mu q^\nu = -\langle q,q \rangle$ für alle $q \in \mathbb{R}^4$ gilt.

Der gesuchte Homomorphismus $\Lambda(A) = \Lambda_A : \mathbb{R}^4 \longrightarrow \mathbb{R}^4$ für $A \in SL(2,\mathbb{C})$ wird jetzt folgendermaßen definiert: Zunächst stellt man fest, daß mit $B \in \mathbb{H}$ für beliebige $A \in SL(2,\mathbb{C})$ auch $ABA^* \in \mathbb{H}$ gilt; denn $(ABA^*)^* = A^{**}B^*A^* = AB^*A^* = ABA^*$.

Für $A \in SL(2,\mathbb{C})$ und $q \in \mathbb{R}^4$ ist also $A\iota(q)A^* \in \mathbb{H}$, und daher gibt es einen eindeutig bestimmten Vektor $\Lambda_A q = \Lambda(A)q \in \mathbb{R}^4$ in $\mathbb{R}^4$, der $\iota(\Lambda_A q) = A\iota(q)A^*$ erfüllt.

Wegen $A\iota(q + q')A^* = A\iota(q)A^* + A\iota(q')A^*$ etc. ist die so definierte Abbildung $\Lambda_A : \mathbb{R}^4 \longrightarrow \mathbb{R}^4$ $\mathbb{R}$-linear. Ferner gilt für alle $q \in \mathbb{R}^4$ die für den Beweis entscheidende Identität $\langle \Lambda_A q, \Lambda_A q \rangle = \langle q,q \rangle$:

$$\langle \Lambda_A q, \Lambda_A q \rangle = - \det \iota(\Lambda_A q) = - \det A\iota(q)A^* = - \det A \det \iota(q) \det A^* = \langle q,q \rangle,$$

wegen $\det A = 1 = \det A^*$ und $\det \iota(q) = - \langle q,q \rangle$. Also ist $\Lambda(A) = \Lambda_A$ eine allgemeine Lorentztransformation, das heißt $\Lambda(A) \in O(3,1)$.

Die Abbildung $\Lambda : SL(2,\mathbb{C}) \longrightarrow O(3,1)$ ist differenzierbar, weil die Koeffizienten der Matrix $\Lambda(A) \in O(3,1)$ rationale Funktionen in den Koeffizienten der Matrix $A \in SL(2,\mathbb{C})$ sind. Also ist Λ insbesondere stetig, und es folgt, daß $\Lambda(SL(2,\mathbb{C}))$ in $O(3,1)$ eine zusammenhängende Menge ist (denn $SL(2,\mathbb{C})$ ist zusammenhängend, vgl. 4.1°). Weil $\Lambda(1) = 1 = \mathrm{id}_{\mathbb{R}^4} \in SO(3,1)$ gilt, und $SO(3,1)$ die größte zusammenhängende Teilmenge von $O(3,1)$ ist, welche die Einheitsmatrix 1 enthält (vgl. 4.4°), muß die zusammenhängende Menge $\Lambda(SL(2,\mathbb{C}))$ in $SO(3,1)$ liegen. Das bedeutet, daß die Abbildung Λ als eine Abbildung

$$\Lambda : SL(2,\mathbb{C}) \longrightarrow SO(3,1)$$

aufzufassen ist.

Λ respektiert die Matrizenmultiplikation, ist also ein Homomorphismus von Lie-Gruppen. Denn für Matrizen $A,B,C \in \mathbb{C}(2)$ gilt $ABC(AB)^* = A(BCB^*)A^*$ und deshalb $\Lambda_{AB} q = \iota^{-1}(AB\iota(q)(AB)^*) = = \iota^{-1}(A\iota(\Lambda_B(q))A^*) = \Lambda_A \Lambda_B(q)$ für $q \in \mathbb{R}^4$ und $A,B \in SL(2,\mathbb{C})$, das heißt $\Lambda(AB) = \Lambda(A)\Lambda(B)$.

Aus $A \in \mathrm{Ker}\, \Lambda$ ergibt sich $\iota(q) = A\iota(q)A^*$ für alle $q \in \mathbb{R}^4$, und daraus läßt sich $\mathrm{Ker}\, \Lambda = \{1,-1\}$ durch Einsetzen verschiedener q sogleich herleiten.

Die Tangentialabbildung $T_1\Lambda : \mathfrak{sl}(2,\mathbb{C}) \longrightarrow \mathfrak{so}(3,1)$ ist injektiv: Das sieht man zum Beispiel, indem man die $T_1\Lambda(X_j)$ für geeignete $X_j \in T_1 SL(2,\mathbb{C})$ als linear unabhängig erkennt, z.B. für $X_j := \sigma_j$, $j = 1,2,3$, und $X_{3+j} := i\sigma_j$, $j = 1,2,3$. Statt Λ betrachte man den Homomorphismus $\lambda : SL(2,\mathbb{C}) \longrightarrow GL(\mathbb{H})$, $\lambda(A)B := ABA^*$, der mit Λ durch $\Lambda = \iota^{-1} \circ \lambda \circ \iota$ verbunden ist. Für $X \in T_1 SL(2,\mathbb{C})$ gilt $T_1\lambda(X)B = XB + BX^*$, denn für $X = \dot{\gamma}(0)$ ist $T_1\lambda(X)B = \frac{d}{dt}\lambda(\gamma(t))|_{t=0}B = \dot{\gamma}(0)B + B\dot{\gamma}(0)^*$. Angewandt auf die X_j zeigt sich, daß die $T_1\lambda(X_j)$ linear unabhängig sind (mit Hilfe der Kenntnis von allen $\sigma_j \circ \sigma_k$ (vgl. 5.6°) stelle man die Beschreibungen der $T_1\lambda(X_j)$ als (4×4)-Matrizen bezüglich der Basis $(\sigma_1, \sigma_2, \sigma_3, \sigma_4)$ von $\mathbb{H}$ auf).

$T_1\Lambda$ ist auch surjektiv, da $\dim_{\mathbb{R}} \mathfrak{sl}(2,\mathbb{C}) = \dim_{\mathbb{R}} \mathfrak{so}(3,1) = 6$ ist. Damit ist neben 2° auch 3° bewiesen.

Um auch 1° nachzuprüfen, stellt man fest, daß $T_A\Lambda$ für alle $A \in SL(2,\mathbb{C})$ bijektiv ist, da $T_A\Lambda = T_1\mathscr{L}_{\Lambda(A)} \circ T_1\Lambda \circ T_A\mathscr{L}_{A^{-1}}$ gilt mit den Linksmultiplikationen $\mathscr{L}_{A^{-1}}$ auf $SL(2,\mathbb{C})$ und $\mathscr{L}_{\Lambda(A)}$ auf $SO(3,1)$. Nach dem Umkehrsatz ($M.3.4^\circ$) ist daher Λ in allen Punkten A von $SL(2,\mathbb{C})$ lokal umkehrbar als differenzierbare Abbildung, und es folgt insbesondere, daß $\Lambda(SL(2,\mathbb{C}))$ in $SO(3,1)$ offen ist. Da $SO(3,1)$

zusammenhängend ist, muß deshalb $\Lambda(SL(2,\mathbb{C}))$ gleich der ganzen Komponente $SO(3,1)$ von $O(3,1)$ sein, das heißt Λ ist surjektiv. (Zum Beweis der Surjektivität von Λ kann man auch die Urbilder der Erzeugenden von $SO(3,1)$ (vgl. 4.4°) ausrechnen.)

Schließlich ergibt die Definition von Λ: $\Lambda(SU(2)) \subset SO(3)$. Die Restriktion von Λ auf $SU(2)$ ist daher wieder Submersion und insbesondere offen. Wie oben folgt $\Lambda(SU(2)) = SO(3)$, da $SO(3)$ zusammenhängend ist. Damit ist der Satz vollständig bewiesen.

Anhand der Projektion $\pi : SL(2,\mathbb{C}) \longrightarrow \mathbb{C}^2 \setminus \{0\}$, $A \longmapsto A\begin{pmatrix}0\\1\end{pmatrix}$, auf die zweite Spalte der Matrix A läßt sich die topologische Natur von $SL(2,\mathbb{C})$ genauer bestimmen. π ist nämlich stetig, surjektiv und hat die Fasern $\pi^{-1}(w) \cong \mathbb{C}$. Es kann gezeigt werden, daß π sich zu einer topologische Abbildung $\pi : SL(2,\mathbb{C}) \longrightarrow \mathbb{C}^2 \setminus \{0\} \times \mathbb{C}$ ausdehnen läßt: Dazu setze man $\pi\begin{pmatrix}a & w\\c & z\end{pmatrix} := (w,z,\lambda)$ mit $\lambda := w^{-1}(a - r^{-2}\overline{z})$, falls $w \neq 0$, und $\lambda := z^{-1}(c + r^{-2}\overline{w})$, falls $z \neq 0$. Dabei ist $r^2 := |z|^2 + |w|^2$. (Dieser Sachverhalt bedeutet, daß $\pi : SL(2,\mathbb{C}) \longrightarrow \mathbb{C}^2 \setminus \{0\}$ als Faserbündel trivial ist.) $SL(2,\mathbb{C})$ ist also diffeomorph zu $\mathbb{C}^2 \setminus \{0\} \times \mathbb{C} \cong \mathbb{S}^3 \times \,]0,\infty[\, \times \mathbb{R}^2 \cong \mathbb{S}^3 \times \mathbb{R}^3$. Es folgt: $SL(2,\mathbb{C})$ ist zusammenhängend (wie in 4.1° gezeigt) und einfach zusammenhängend, denn $\mathbb{S}^3$ und $\mathbb{R}^3$ sind einfach zusammenhängend. Deshalb ist der im Satz angegebene Homomorphismus $\Lambda : SL(2,\mathbb{C}) \longrightarrow SO(3,1)$ die universelle Überlagerung von $SO(3,1)$.

Ebenso ist $\Lambda : SU(2) \longrightarrow SO(3)$ universelle Überlagerung von $SO(3)$. Daraus ergibt sich insbesondere, daß $SO(3)$ diffeomorph zum projektiven Raum $\mathbb{P}_3(\mathbb{R})$ ist.

9. Adjungierte und koadjungierte Darstellung. Zu einer Lie-Algebra L über $\mathbb{K} \in \{\mathbb{R},\mathbb{C}\}$ mit der Lie-Klammer $[\ ,\ ]$ gehören die *adjungierte Darstellung*

$$\mathrm{ad} : L \longrightarrow \mathrm{End}_{\mathbb{K}}(L),\ \mathrm{ad}_X(Y) := [X,Y],$$

und die *koadjungierte Darstellung*

$$\mathrm{ad}^* : L \longrightarrow \mathrm{End}_{\mathbb{K}}(L^*),\ \mathrm{ad}^*_X(\mu)(Y) := \mu([X,Y]),$$

für $X,Y \in L$ und $\mu \in L^* := \mathrm{Hom}_{\mathbb{K}}(L,\mathbb{K})$. Diese Darstellungen sind im allgemeinen nicht injektiv.

Beispiele. $L = \mathbb{K}$ ergibt wegen $[X,Y] = 0$ die Nullabbildung als adjungierte Darstellung. Für $L = \mathfrak{sl}(2,\mathbb{C})$ (entsprechend $\mathfrak{su}(2)$ über $\mathbb{R}$) mit Basis (τ_1,τ_2,τ_3) gilt $\mathrm{ad}_{\tau_j} = 2M_j$ für $j = 1,2,3$ (vgl. $6.3^{\circ}/9^{\circ}$). Insbesondere sind die adjungierte Darstellung $\mathrm{ad} : \mathfrak{sl}(2,\mathbb{C}) \longrightarrow \mathrm{End}(\mathfrak{sl}(2,\mathbb{C}))$ und die koadjungierte Darstellung injektiv.

Die Darstellungen ad und ad^* sind auch für unendlichdimensionale Lie-Algebren definiert. Im endlichdimensionalen Fall kommen sie von entsprechenden Darstellungen einer Lie-Gruppe G mit Lie $G = L$, wie im folgenden dargelegt wird.

Eine Lie-Gruppe wirkt auf sich selbst durch *Konjugation*

$$\mathrm{Ad} : G \times G \longrightarrow G,\ \mathrm{Ad}(g,x) = \mathrm{Ad}_g(x) := gxg^{-1}.$$

Es gilt $\mathrm{Ad}_g \circ \mathrm{Ad}_h = \mathrm{Ad}_{gh}$, das bedeutet, daß

$$\text{Ad} : G \longrightarrow \text{Aut}(G), \quad g \longmapsto \text{Ad}_g,$$

ein Gruppenhomomorphismus von G in die Gruppe $\text{Aut}(G)$ der Automorphismen von G nach G ist. Da $\text{Ad}_g : G \longrightarrow G$ für alle $g \in G$ differenzierbar ist (G ist ja eine Lie-Gruppe) und $\text{Ad}_g(e) = e$ erfüllt, wird durch die Ableitung $T_e \text{Ad}_g$ für jedes $g \in G$ eine Abbildung

$$\mathfrak{Ab}_g := T_e \text{Ad}_g : T_e G = \mathfrak{g} \longrightarrow \mathfrak{g}$$

gegeben, die eine Darstellung

$$\mathfrak{Ab} : G \longrightarrow GL(\mathfrak{g})$$

von G in ihrer Lie-Algebra $\mathfrak{g} = \text{Lie}\, G$ festlegt. Denn $\mathfrak{Ab}_g \circ \mathfrak{Ab}_h = \mathfrak{Ab}_{gh}$ folgt nach der Kettenregel aus $\text{Ad}_g \circ \text{Ad}_h = \text{Ad}_{gh}$, und $\mathfrak{Ab}$ ist differenzierbar, weil Ad differenzierbar ist. Außerdem ist $\mathfrak{Ab}_g : \mathfrak{g} \longrightarrow \mathfrak{g}$ ein Lie-Algebra-Homomorphismus:

$$(*) \quad \mathfrak{Ab}_g([X,Y]) = [\mathfrak{Ab}_g(X), \mathfrak{Ab}_g(Y)].$$

Für Matrixgruppen G ist $\mathfrak{Ab}_g(X) = T_e \text{Ad}_g(X) = \frac{d}{dt} g e^{tX} g^{-1}\big|_{t=0} = gXg^{-1}$. Aus dieser Beschreibung von $\mathfrak{Ab}_g(X)$ ergibt sich die Formel $(*)$ wegen $gXYg^{-1} = gXg^{-1}gYg^{-1}$ sofort. Im allgemeinen läßt sie sich analog mit Hilfe der Exponentialabbildung beweisen.

Die Ableitung $\text{Lie}\,\mathfrak{Ab} : \mathfrak{g} \longrightarrow \text{End}\,\mathfrak{g}$ (vgl. 7.6°) von $\mathfrak{Ab}$ erfüllt

$$(**) \quad (\text{Lie}\,\mathfrak{Ab})_X(Y) = [X,Y],$$

da

$$(\text{Lie}\,\mathfrak{Ab})_X(Y) = \frac{d}{dt} \mathfrak{Ab}(e^{tX})(Y)\big|_{t=0} = \frac{d}{dt} e^{tX} Y e^{-tX}\big|_{t=0} = [X,Y].$$

Lie $\mathfrak{Ab}$ ist also nichts anderes als die zu Beginn des Abschnitts eingeführte adjungierte Darstellung ad der Lie-Algebra $\mathfrak{g}$! Diese Identität kann im übrigen verwendet werden, um die Lie-Klammer auf $T_e G$ einzuführen. Da jede endlichdimensionale Lie-Algebra die Lie-Algebra einer geeigneten Lie-Gruppe G ist (vgl. 7.4°), ergibt sich die Adjungierte ad als die "zweifache" Ableitung der Konjugation Ad auf G.

Im übrigen können Ad und $\mathfrak{Ab}$ in der Regel kaum verwechselt werden, deshalb wird die Darstellung $\mathfrak{Ab}$ häufig ebenfalls mit Ad bezeichnet. Wir wollen aber bei der Unterscheidung bleiben, weil in V.5 zwei verschiedene Bündel AdP und $\mathfrak{Ab}P$ benötigt werden: Sei (P, M, G, π) ein Prinzipalfaserbündel mit Strukturgruppe G. Dann ist AdP das zu Ad $: G \longrightarrow \text{Aut}(G)$ assoziierte Bündel von Gruppen mit der allgemeinen Faser G, und $\mathfrak{Ab}P$ ist das zu $\mathfrak{Ab} : G \longrightarrow GL(\mathfrak{g})$ assoziierte Vektorbündel mit der allgemeinen Faser $\mathfrak{g}$ (vgl. V.5.24).

Analog zu ad $= \text{Lie}\,\mathfrak{Ab}$ läßt sich die koadjungierte Darstellung ad* einer endlichdimensionalen Lie-Algebra L als Ableitung der "koadjungierten Darstellung" $\mathfrak{Ab}^*$ von G in $\mathfrak{g}^*$ beschreiben: ad$^* = \text{Lie}\,(\mathfrak{Ab}^*)$. Die Bahnen der koadjungierten Darstellung $\mathfrak{Ab}^* : G \longrightarrow GL(\mathfrak{g}^*)$ in $\mathfrak{g}^*$ sind in natürlicher Weise symplektische Mannigfaltigkeiten (mit G als symplektischer Symmetriegruppe), falls sie überhaupt Untermannigfaltigkeiten sind (vgl. [KIR]). Auf diese Weise wird eine große Klasse von symplektischen Mannigfaltigkeiten mit Symmetrie gegeben.

10. Halbeinfache Lie-Algebren und Killingform.

(10.1°) Definition. Eine endlichdimensionale Lie-Algebra g über $\mathbb{K}$ heißt *einfach*, wenn sie nicht abelsch ist (d.h. es gibt $X, Y \in g$ mit $[X,Y] \neq 0$) und wenn sie keine Ideale enthält außer den trivialen Idealen $\{0\}$ und g. Dabei ist ein *Ideal* von g ein Untervektorraum $I \subset g$ mit der Eigenschaft: Für alle $X \in g$ und alle $Y \in I$ ist $[X,Y] \in I$. Anders ausgedrückt: $\mathrm{ad}_X(I) \subset I$ für alle $X \in g$.

Zum Beispiel ist die Lie-Algebra $\mathfrak{sl}(2,\mathbb{C})$ einfach: Wegen $[\tau_1,\tau_2] \neq 0$ (vgl. 2 und 6.6°) ist $\mathfrak{sl}(2,\mathbb{C})$ nicht abelsch. Für ein Ideal $I \subset \mathfrak{sl}(2,\mathbb{C})$ mit $\{0\} \neq I$ sei $Y \in I$, $Y = Y^j \tau_j \neq 0$. Dann gilt $[\tau_1,Y] = 2Y^2 \tau_3 - 2Y^3 \tau_2 \in I$ und daher auch $[\tau_2,[\tau_1,Y]] \in I$, d.h. $4Y^2 \tau_1 \in I$. Ebenso ist $[\tau_3,[\tau_2,Y]] = 4Y^3 \tau_2 \in I$. Daher gilt im Falle $Y^2 \neq 0$: $\tau_1 \in I$ und dann auch $\tau_2 = \frac{1}{2}[\tau_3,\tau_1] \in I$ sowie $\tau_3 = -\frac{1}{2}[\tau_2,\tau_1] \in I$. Im Falle $Y^3 \neq 0$ folgt analog $\tau_3 \in I$ und damit $\tau_1,\tau_2 \in I$. Wenn aber $Y^2 = Y^3 = 0$ gilt, so ist $\tau_1 \in I$ wegen $Y = Y^1 \tau_1 \in I$ mit $Y^1 \neq 0$, und es folgt wie vorher $\tau_2,\tau_3 \in I$. In jedem Fall ist also die Basis (τ_1,τ_2,τ_3) von $\mathfrak{sl}(2,\mathbb{C})$ in I enthalten, so daß $I = \mathfrak{sl}(2,\mathbb{C})$ gilt. Ganz entsprechend kann man zeigen, daß $\mathfrak{su}(2) \cong \mathfrak{so}(3)$ einfach ist als Lie-Algebra über $\mathbb{R}$.

(10.2°) Die einfachen Lie-Algebren über $\mathbb{C}$ sind gut klassifiziert. Eine vollständige Liste (bis auf Isomorphie) ohne Wiederholungen ist (in eckigen Klammern die Dimension der jeweiligen Lie-Algebra als Vektorraum über $\mathbb{C}$):

$$\mathfrak{sl}(n,\mathbb{C}), \qquad n \in \mathbb{N}, \quad n \geq 2, \quad [n^2 - 1],$$
$$\mathfrak{so}(2n+1,\mathbb{C}), \quad n \in \mathbb{N}, \quad n \geq 2, \quad [n(2n+1)],$$
$$\mathfrak{sp}(2n,\mathbb{C}), \qquad n \in \mathbb{N}, \quad n \geq 3, \quad [n(2n+1)],$$
$$\mathfrak{so}(2n,\mathbb{C}), \qquad n \in \mathbb{N}, \quad n \geq 4, \quad [n(2n-1)],$$

sowie die fünf exzeptionellen Lie-Algebren

$$e_6[78],\ e_7[133],\ e_8[248],\ f_4[52],\ g_2[14].$$

(Vgl. z.B. [HUM].)

(10.3°) Definition. Eine endlichdimensionale Lie-Algebra g über $\mathbb{K}$ heißt *halbeinfach*, wenn sie keine abelschen Ideale außer $\{0\}$ hat.

Offenbar sind einfache Lie-Algebren halbeinfach, und ebenso sind endliche Produkte von einfachen Lie-Algebren halbeinfach. Es gilt auch die Umkehrung, wie man mit Hilfe der Killingform zeigen kann.

(10.4°) Definition. Die *Killingform* $\varkappa : g \times g \longrightarrow \mathbb{K}$ einer Lie-Algebra g ist definiert durch

$$\varkappa(X,Y) := \mathrm{Spur}(\mathrm{ad}_X \circ \mathrm{ad}_Y),$$

für $X, Y \in g$.

(10.5°) Invarianz der Killingform. $\varkappa$ ist eine symmetrische Bilinearform, und $\varkappa$ erfüllt die folgende Invarianzbedingung

$$(*) \quad \varkappa(X,[Y,Z]) = \varkappa([X,Y],Z),$$

für alle $X, Y, Z \in \mathfrak{g}$. (∗) läßt sich auch in der Form $\varkappa(\mathrm{ad}_Y(X), Z) + \varkappa(X, \mathrm{ad}_Y(Z)) = 0$ ausdrücken.

Die Invarianz (∗) ergibt sich aus Vertauschbarkeitseigenschaften für Endomorphismen unter der Spur: Für $X', Y', Z' \in \mathrm{End}\,\mathfrak{g}$ gilt $\mathrm{Spur}(X' \circ Y') = \mathrm{Spur}(Y' \circ X')$, also $\mathrm{Spur}(X' \circ Z' \circ Y') = \mathrm{Spur}(Y' \circ X' \circ Z')$ und deshalb auch

$$\mathrm{Spur}(X', [Y', Z']) = \mathrm{Spur}(X' \circ Y' \circ Z' - X' \circ Z' \circ Y') =$$
$$= \mathrm{Spur}(X' \circ Y' \circ Z' - Y' \circ X' \circ Z') = \mathrm{Spur}([X', Y'], Z').$$

Mit $\mathrm{ad}_X = X'$ etc. folgt (∗).

Eine wichtige Folgerung aus (∗) ist, daß für Teilmengen $I \subset \mathfrak{g}$ das "orthogonale" Komplement $I^\perp := \{X \in \mathfrak{g} : \varkappa(X, Y) = 0 \ \forall Y \in I\}$ ein Ideal in $\mathfrak{g}$ ist.

Für welche Lie-Algebren $\mathfrak{g}$ ist die Killingform nichtausgeartet, d.h. für welche $\mathfrak{g}$ gilt $\mathfrak{g}^\perp = \{0\}$? Natürlich ist $\varkappa$ nichtausgeartet für einfache Lie-Algebren $\mathfrak{g}$: Es gilt $\mathfrak{g}^\perp \neq \mathfrak{g}$, sonst wäre $\mathfrak{g}$ abelsch: also folgt $\mathfrak{g}^\perp = \{0\}$, weil $\mathfrak{g}$ keine echten Ideale haben kann. Ebenso ist $\varkappa$ nichtausgeartet für halbeinfache Lie-Algebren. Damit sind wir bei der folgenden Charakterisierung (vgl. z.B. [HUM]):

(10.6°) Satz. Für eine endlichdimensionale Lie-Algebra sind die folgenden Aussagen äquivalent:

$1°$ $\mathfrak{g}$ ist halbeinfach.

$2°$ $\varkappa$ ist nicht ausgeartet.

$3°$ $\mathfrak{g}$ ist endliche direkte Summe von Idealen $\mathfrak{g}_j \subset \mathfrak{g}$ ist, welche als Lie-Algebren einfach sind: $\mathfrak{g} = \mathfrak{g}_1 \oplus \mathfrak{g}_2 \oplus \dots \oplus \mathfrak{g}_k$ und alle $\mathfrak{g}_j$ einfach.

Im Rahmen der Diskussion über die globale Existenz einer Momentenabbildung sind die perfekten Lie-Algebren von Interesse (vgl. II.9.18), und dazu gehören die halbeinfachen Lie-Algebren:

(10.7°) Satz. Jede halbeinfache Lie-Algebra $\mathfrak{g}$ über $\mathbb{K}$ ist *perfekt*, das heißt es gilt $\mathfrak{g} = \{[X, Y] : X, Y \in \mathfrak{g}\}$.

Beweis. Sei $\mathfrak{g} = \mathfrak{g}_1 \oplus \mathfrak{g}_2 \oplus \dots \oplus \mathfrak{g}_k$ mit einfachen Idealen $\mathfrak{g}_j \subset \mathfrak{g}$, $j = 1, 2, \dots, k$. Für $X = \sum X_j \in \mathfrak{g}$ mit eindeutig bestimmten $X_j \in \mathfrak{g}_j$ und entsprechend $Y = \sum Y_j$ gilt $[X, Y] = \sum [X_j, Y_j]$, denn $[X_j, Y_k] = 0$ für $j \neq k$. Also genügt es, die Behauptung des Satzes für einfache Lie-Algebren zu zeigen. Zu $Z = \sum Z_j$ gibt es dann ja stets $X_j, Y_j \in \mathfrak{g}_j$ mit $Z_j = [X_j, Y_j]$, so daß $Z = [X, Y]$ für $X := \sum X_j$ und $Y := \sum Y_j$. Für einfache $\mathfrak{g}$ ist $I := \{[X, Y] : X, Y \in \mathfrak{g}\}$ ein Ideal $\neq \{0\}$, also gilt $I = \mathfrak{g}$.

(10.8°) Die Killingform $\varkappa$ steht im übrigen mit den Strukturkonstanten der Lie-Algebra $\mathfrak{g}$ in der folgenden Beziehung: Ist $(T_1, T_2, \dots, T_m)$ eine Basis von $\mathfrak{g}$ und gilt $[T_i, T_j] = c_{ij}^k T_k$ mit den Strukturkonstanten c_{ij}^k, so ist $\varkappa(T_i, T_j) = c_{i\mu}^\nu c_{j\nu}^\mu =: \varkappa_{ij}$, wie man durch Einsetzen nachprüfen kann. Also hat man wegen der Bilinearität von $\varkappa$ die Beschreibung $\varkappa(X,Y) = \varkappa_{ij}X^iY^j$ für die Killingform. Für das Beispiel $\mathfrak{su}(2)$ folgt, bezüglich der Basis (τ_1,τ_2,τ_3): $\varkappa(\tau_i,\tau_i) = \mathrm{Spur}(2M_i\circ 2M_i) = -8$. Da $\mathrm{Spur}(\tau_i\circ\tau_j) = -2$ folgt $\varkappa(X,Y) = 4\,\mathrm{Spur}(X\circ Y)$ für $X,Y \in \mathfrak{su}(2)$. Allgemein ist $\varkappa(X,Y) = 2n\,\mathrm{Spur}(X,Y)$ für die Lie-Algebra $\mathfrak{su}(n)$.

(10.9°) Invariante Bilinearformen auf Lie-Algebren. In der Eichtheorie werden invariante, nichtausgeartete und symmetrische Bilinearformen auf der Lie-Algebra $\mathfrak{g} = \mathrm{Lie}\,G$ einer Lie-Gruppe G benötigt (vgl. V.6.2). Eine Bilinearform $\beta: \mathfrak{g} \times \mathfrak{g} \longrightarrow \mathbb{K}$ heißt *invariant*, wenn

$$\beta(\mathfrak{Ad}_g X, \mathfrak{Ad}_g Y) = \beta(X,Y)$$

für alle $g \in G$ und alle $X,Y \in \mathfrak{g}$ gilt. Sie heißt *nichtausgeartet*, wenn aus $\beta(X,Y) = 0$ für alle $Y \in \mathfrak{g}$ schon $X = 0$ folgt. Die Killingform $\varkappa$ ist für halbeinfache $\mathfrak{g}$ nichtausgeartet nach dem oben zitierten Satz und daher ein interessanter Kandidat für eine solche Bilinearform. Die Killingform ist tatsächlich immer invariant in Bezug auf zusammenhängende Gruppen G mit $\mathrm{Lie}\,G = \mathfrak{g}$. Das folgt aus dem in Abschnitt 9 hergeleiteten Zusammenhang zwischen der adjungierten Darstellung $\mathfrak{Ad}$ von G und der Lie-Klammer auf der zugehörigen Lie-Algebra $\mathrm{Lie}\,G$: Für die Kurven $\gamma(t) = e^{tZ}$ (bzw. $\mathrm{Exp}\,tZ$ für abstrakte Lie-Gruppen G) gilt

$$\frac{d}{dt}\varkappa(\mathfrak{Ad}_{\gamma(t)}X, \mathfrak{Ad}_{\gamma(t)}Y)\big|_{t=0} = \varkappa(\mathrm{ad}_Z(X),Y) + \varkappa(X,\mathrm{ad}_Z(Y)) = 0$$

wegen (∗), also ist $g \longrightarrow \varkappa(\mathfrak{Ad}_g X, \mathfrak{Ad}_g Y)$ konstant.

Für Lie-Gruppen G mit einer halbeinfachen Lie-Algebra $\mathrm{Lie}\,G$ hat man also immer die Killingform als eine invariante, nichtausgeartete symmetrische Bilinearform.

(10.10°) Kompakte Lie-Gruppen. Für eine kompakte Lie-Gruppe G erhält man eine positiv definite und invariante symmetrische Bilinearform auf $\mathfrak{g} = \mathrm{Lie}\,G$ in der folgenden Weise: Man beginne mit irgendeinem Skalarprodukt $\langle\ ,\ \rangle$ auf der Lie-Algebra $\mathfrak{g}$, also $\langle\ ,\ \rangle: \mathfrak{g} \times \mathfrak{g} \longrightarrow \mathbb{R}$ symmetrisch, bilinear und positiv definit. Auf der kompakten Gruppe gibt es ein invariantes Maß $d\lambda$ (also

$$\textstyle\int_G f(h)\,d\lambda(h) = \int_G f(hg)\,d\lambda(h)$$

für alle stetigen Funktionen $f: G \longrightarrow \mathbb{R}$, vgl. [HIN, S. 232 ff.]). Mit Hilfe von $d\lambda$ kann $\langle\ ,\ \rangle$ durch Mittelung zu einer invarianten Bilinearform verändert werden:

$$\beta(X,Y) := \textstyle\int_G \langle\mathfrak{Ad}_h(X), \mathfrak{Ad}_h(Y)\rangle d\lambda(h),$$

für $X,Y \in \mathfrak{g}$. β ist wohldefiniert, weil G kompakt ist. Natürlich ist β wie $\langle\ ,\ \rangle$ bilinear und symmetrisch. Außerdem ist β positiv definit, da $\langle\mathfrak{Ad}_h(X), \mathfrak{Ad}_h(X)\rangle > 0$ für $X \neq 0$, also $\beta(X,X) > 0$. Schließlich ist die Invarianz durch die Integration gewährleistet: Für $g \in G$ und $X,Y \in \mathfrak{g}$ gilt

$$\begin{aligned}
\beta(\mathfrak{Ad}_g(X), \mathfrak{Ad}_g(Y)) &= \textstyle\int_G \langle\mathfrak{Ad}_h(\mathfrak{Ad}_g X), \mathfrak{Ad}_h(\mathfrak{Ad}_g Y)\rangle d\lambda(h) \\
&= \textstyle\int_G \langle\mathfrak{Ad}_{hg}(X), \mathfrak{Ad}_{hg}(Y)\rangle d\lambda(h) \\
&= \textstyle\int_G \langle\mathfrak{Ad}_h(X), \mathfrak{Ad}_h(Y)\rangle d\lambda(h) = \beta(X,Y).
\end{aligned}$$

Übersetzungen der Zitate

... My Dear Sir - I received your paper, and thank you very much for it. I do not say I venture to thank you for what you have said about "Lines of Force", because I know you have done it for the interests of philosophical truth; but you must suppose it is work graceful to me, and gives me much encouragement to think on. I was at first frightened when I saw such mathematical force made to bear upon the subject, and then wondered to see that the subject stood so well

M. Faraday

.. Mein lieber Herr - Ich habe Ihre Arbeit erhalten und danke Ihnen vielmals dafür. Ich sage nicht, daß ich es wage, Ihnen zu danken für das, was Sie über "Kraftlinien" gesagt haben, weil ich weiß, daß Sie es im Interesse der philosophischen Wahrheit getan haben; aber Sie müssen annehmen, daß die Arbeit mich ehrt und sie mich sehr ermuntert, darüber nachzudenken. Ich war zunächst erschrocken, als ich eine solche mathematische Kraft auf den Gegenstand einwirken sah, und dann war ich erstaunt, den Gegenstand so gut dastehen zu sehen.

How is it possible that mathematics, a product of human thought that is independent of experience, fits so excellently the objects of physical reality?

A. Einstein

Wie ist es möglich, daß Mathematik, ein Produkt menschlichen Denkens, welches unabhängig von Erfahrung ist, so exzellent den Objekten physikalischer Realität entspricht?

The enormous usefulness of mathematics in the natural sciences is something bordering in the mysterious and there is no rational explanation for it. It is not at all natural that "laws of nature" exist, much less that man is able to discover them. The miracle of the language of mathematics for the formulation of the laws of physics is a wonderful gift which we neither understand nor deserve.

E. Wigner

Die enorme Nützlichkeit der Mathematik in den Naturwissenschaften ist etwas, das ans Mysteriöse grenzt, und es gibt keine rationale Erklärung dafür. Es ist überhaupt nicht natürlich, daß es "Naturgesetze" gibt, und viel weniger ist es natürlich, daß der Mensch fähig ist, sie zu entdecken. Das Wunder der mathematischen Sprache für die Formulierung der physikalischen Gesetze ist ein phantastisches Geschenk, das wir weder verstehen noch verdienen.

It seems to be one of the fundamental features of nature that fundamental physical laws are described in terms of great beauty and power ...

As time goes on it becomes increasingly evident that the rules that the mathematician finds interesting are the same as those that Nature has chosen.

P.A.M. Dirac

Es scheint eine der grundlegenden Eigenschaften der Natur zu sein, daß fundamentale physikalische Gesetze in Form von großer Schönheit und Kraft beschrieben werden ...

Im Laufe der Zeit wird es immer klarer, daß die Regeln, die die Mathematiker interessant finden, dieselben sind, die die Natur gewählt hat.

I believe that mathematical reality lies outside us, that our function is to discover or observe it, and that the theorems we prove and which we describe grandiloquently as our "creations" are simply notes of our observations.

G.H. Hardy

Ich glaube, daß die mathematische Realität außerhalb von uns liegt, daß es unsere Aufgabe ist, sie zu entdecken oder zu beobachten, und daß die Theoreme, die wir beweisen und die wir großspurig als unsere "Schöpfungen" beschreiben, einfach Aufzeichnungen unserer Beobachtungen sind.

My work always tried to unite the true with the beautiful, but when I had to choose one over the other, I usually chose the beautiful.

H. Weyl

Meine Arbeit hat immer versucht, das Wahre mit dem Schönen zu vereinen, aber wenn ich zwischen diesen beiden wählen mußte, habe ich mich in der Regel für das Schöne entschieden.

LITERATURVERZEICHNIS

[ABM]   ABRAHAM, R. / MARSDEN, J.E.: *Foundations of Mechanics* (2. Edition). New York: Benjamin, 1978.

[ASH]   ASHTEKAR, A.: *New Perspectives in Canonical Gravity*. Napoli: Bibliophilis, 1988

[ARM]   ARMSTRONG, M.A.: *Groups and Symmetry*. New York: Springer-Verlag, 1988.

[ARN]   ARNOLD, V.I.: *Mathematical Methods in Classical Mechanics*. New York: Springer-Verlag, 1978.

[ART]   ARTIN, M.: *Algebra*. Basel: Birkhäuser Verlag, 1993.

[AT1]   ATIYAH, M: *The Geometry of Yang-Mills Fields*. Pisa: Acad. Naz. dei Lincei, 1979.

[AT2]   ATIYAH, M.: *Geometry and Physics of Knots*. Cambridge: Cambridge University Press, 1990.

[ATH]   ATIYAH, M. / HITCHIN, N.: *The Geometry and Dynamics of Magnetic Monopoles*. Princeton: Princeton University Press, 1989.

[BEE]   BEEM, J.K. / EHRLICH, P.E.: *Global Lorentzian Geometry*. New York: Dekker, 1981.

[BER]   BERGER,M.: *Geometry I, II*. Berlin: Springer-Verlag, 1987.

[BLE]   BLEECKER, D.: *Gauge Theory and Variational Principles*. Reading, Mass.: Addison-Wesley, 1981.

[BÖH]   BÖHM, A.: *Quantum Mechanics*. New York: Springer-Verlag, 1979.

[BRÖ]   BRÖCKER, T.: *Analysis in mehreren Variablen*. Stuttgart: Teubner, 1980.

[BRD]   BRÖCKER, T. / TOM DIECK, T.: *Representations of Compact Lie Groups*. New York: Springer-Verlag, 1985.

[CON]   CONNES, A.: *Géométrie non commutative*. Paris: InterEditions, 1990.

[COJ]   COQUEREAUX, R. / JADCZYK, A.: *Riemannian Geometry, Fiber Bundles, Kaluza-Klein Theories and All That....* Singapore: World Scientific, 1988.

[COX]   COXETER, H.S.M. et al. (Eds.): *M.C. ESCHER: Art and Science*. Amsterdam: North-Holland, 1986.

[CUM]   CURTIS, W. / MILLER, F.R.: *Differential Manifolds and Theoretical Physics*. New York: Academic Press, 1985.

[DAV]   DAVIES, P.C.W.: *Die Urkraft*. München: Deutscher Taschenbuchverlag, 1990.

[DAV2] DAVIES, P.C.W.: *The Forces of Nature*. Cambridge: Cambridge University Press, 1986.

[DAB]   DAVIES, P.C.W. / BROWN, J.: *Superstrings. A Theory of Everything?* Cambridge: Cambridge University Press, 1988.

[DAB2] DAVIES, P.C.W. / BROWN, J.: *Der Geist im Atom.* Basel: Birkhäuser, 1988.

[DIE]   DIEUDONNÉ, J.: *Éléments d´analyse, tome III.* (Variétés différentielles) Paris: Gauthier-Villars, 1970.

[DOC]   DO CARMO, M.P.: *Differentialgeometrie von Kurven und Flächen*. Braunschweig: Vieweg, 1983.

[DOP]   DODSON, C.T.J. / POSTON, T.: *Tensor Geometry*. (2. Edition) New York: Springer-Verlag, 1991.

[DOK]   DONALDSON, S.K. / KRONHEIMER, P.B. : *The Geometry of Four-Manifolds*. Oxford: Oxford University Press, 1990.

[DFN]   DUBROVIN, B.A. / FOMENKO, A.T. / NOVIKOV, S.P.: *Modern Geometry - Methods and Applications. Vol. I - III.* New York: Springer-Verlag, 1984 - 90.

[DYS I]   *Dynamical Systems I.* (Eds.: ANOSOV, D.V. / ARNOLD, V.I.) Encyclopaedia of Mathematical Sciences, Vol. 1. New York: Springer-Verlag, 1988.

[DYS III] *Dynamical Systems III.* (Ed.: ARNOLD, V.I.) Encyclopaedia of Mathematical Sciences, Vol. 3. New York: Springer-Verlag, 1987.

[DYS IV]   *Dynamical Systems IV.* (Eds.: ARNOLD, V.I. / NOVIKOV, S.P.) Encyclopaedia of Mathematical Sciences, Vol. 4. New York: Springer-Verlag, 1990.

[FAL]   FALTER, W. / LUDWIG, W.: *Symmetries in Physics.* Berlin: Springer-Verlag, 1988.

[FEL]   FELSAGER, B.: *Geometry, Particles and Fields.* Odense: Odense University Press, 1981.

[FO1]   FOMENKO, A.T.: *Differential Geometry and Topology.* New York: Plenum, 1987.

[FO2]   FOMENKO, A.T. : *Integrability and Nonintegrability in Geometry and Mechanics.* Dordrecht: Kluwer, 1988.

[FOG]   FONDA, L. / GHIRARDI, G.C.: *Symmetry Principles in Quantum Mechanics.* New York: Dekker, 1970.

[FOR]   FORSTER, O: *Analysis I - III.* Braunschweig: Vieweg, ab 1976.

[FRU]   FREED, D.S. / UHLENBECK, K.K.: *Instantons and Four-Manifolds.* New York: Springer-Verlag, 1984.

[FRE]   FREUND, P.G.O.: *Supersymmetry.* Cambridge: Cambridge University Press, 1986.

[FUH]   FULTON, W. / HARRIS, J.: *Representation Theory.* New York: Springer-Verlag, 1991.

[FUN]   FUSHCHICH, W.I. / NIKITIN, A.G.: *Symmetries of Maxwell´s Equation.* Dordrecht: Reidel, 1987.

[GAP]   GALINDO, A. / PASCUAL, P.: *Quantum Mechanics I,II.* New York: Springer- Verlag, 1990.

[GEOM]   *Geometry I.* (Ed.: GAMKRELIDZE, R.V.) Encyclopaedia of Mathematical Sciences, Vol. 28. New York: Springer-Verlag, 1991.

[GEO]   GEORGI, H.: *Lie Algebras in Particle Physics.* Reading, Mass.: Benjamin, 1982.

[GIT]   GITMAN, D.M. / TYUTIN, I.V.: *Quantization of Fields with Constraints.* Berlin: Springer-Verlag, 1992.

[GLJ]   GLIMM, J. / JAFFE, A.: *Quantum Physics.* New York: Springer-Verlag, 1981.

[GÖS]   GÖCKELER, M. / SCHÜCKER, T.: *Differential Geometry, Gauge Theories, and Gravity.* Cambridge: Cambridge University Press, 1987.

[GRS]   GRÜNBAUM, B. / SHEPHARD, G.C.: *Tilings and Patterns.* New York: Freemann and Co., 1987.

[GUS]   GUILLEMIN, V. / STERNBERG, S.: *Symplectic Techniques in Physics.* Cambridge: Cambridge University Press, 1984.

[HAE]   HAWKING, S. / ELLIS, G.: *The Large Scale Structure of Space-Time.* Cambridge: Cambridge University Press, 1973.

[HEL]   HELGASON, S.: *Differental Geometry, Lie Groups and Symmetric Spaces.* New York: Academic Press, 1978.

[HIN]   HILGERT, J. / NEEB, K.-H.: *Lie-Gruppen und Lie-Algebren.* Braunschweig: Vieweg-Verlag, 1991.

[HUT]   HUGGETT, S.A. / TOD, K.P.: *An Introduction to Twistor Theory.* Cambridge: Cambridge University Press, 1985.

[HUM]   HUMPHREYS, J.E.: *An Introduction to Lie Algebras and Representation Theory.* Berlin: Springer-Verlag, 1972.

[IBR]   IBRAGIMOV, N.H.: *Transformation Groups Applied to Mathematical Physics.* Dordrecht: Reidel, 1985.

[ITZ]   ITZYKSON, C. / ZUBER, J.-B.: *Quantum Field Theory.* New York: McGraw-Hill, 1985

[JÖW]   JÖRGENS, K. / WEIDMANN, J.: *Spectral Properties of Hamiltonian Operators.* New York: Springer-Verlag. Lecture Notes in Mathematics **313**, 1973.

[KIR] KIRILLOV, A.A.: *Elements of the Theory of Representations*. New York: Springer-Verlag, 1976.

[KLE] KLEMM, M.: *Symmetrien von Ornamenten und Kristallen*. Berlin: Springer- Verlag, 1982.

[KLI] KLINGENBERG, W.: *Lineare Algebra und Geometrie* (3. Auflage). Berlin: Springer-Verlag, 1992.

[KON] KOBAYASHI, S. / NOMIZU, K.: *Foundations of Differential Geometry I,II*. New York: Wiley, 1963/1968.

[LAM] LAWSON, H.B. / MICHELSON, M.-L.: *Spin Geometry*. Princeton: Princeton University Press, 1990.

[LAZ] LAZUTKIN, V.F.: *KAM Theory and Semiclassical Approximations to Eigenfunctions*. New York: Springer-Verlag, 1993.

[LIC] LICHNEROWICZ, A.: *Global Theory of Connections and Holonomy Groups*. Leyden: Nordhoff, 1976.

[LIE] *Lie Groups and Lie Algebras I*. (Ed.: ONISHCHIK, A.L.) Encyclopaedia of Mathematical Sciences, Vol. **20**. New York: Springer-Verlag, 1993.

[LIM] LIBERMAN, P. / MARLE, C.-M.: *Symplectic Geometry and Analytical Mechanics*. Dordrecht: Reidel, 1987.

[MAI] MAINZER, K.: *Symmetrien der Natur*. Berlin: De Gruyter, 1988.

[MAN1] MANIN, Y.I.: *Mathematics and Physics*. Boston: Birkhäuser, 1981.

[MAN2] MANIN, Y.I.: *Gauge Field Theory and Complex Geometry*. New York: Springer- Verlag, 1988.

[MAN3] MANIN, Y.I.: *Quantum Groups and Noncommutative Geometry*. Montreal: Presses Univ. de Montreal, 1988.

[MSSV] MARMO, M. / SALETAN, E.J. / SIMONI, A. / VITALE, B.: *Dynamical Systems*. New York: J. Wiley, 1985.

[MAR] MARSDEN, J.E.: *Lectures on Mechanics*. Cambridge: Cambridge University Press, 1992.

[MEH] MEYER, K.R. / HALL, G.R.: *Introduction to Hamiltonian Dynamical Systems and the N-Body Problem*. New York: Springer-Verlag, 1992.

[MON] MONASTYRSKY, M.: *Riemann, Topology, and Physics*. Boston: Birkhäuser, 1987.

[NAK] NAKAHARA, M.: *Geometry, Topology and Physics*. New York: A. Hilger, 1990.

[NAS] NASH, C.: *Differential Topology and Quantum Field Theory*. New York: Academic Press, 1991.

[NIS] NIKULIN, V.V. / SHAFAREVICH, I.R.: *Geometry and Groups*. New York: Springer-Verlag, 1987.

[ONE] O´NEILL, B.: *Semi-Riemannian Geometry*. New York: Academic Press, 1983.

[ORA] O´RAIFEARTAIGH, L.: *Group Structure of Gauge Theories*. Cambridge: Cambridge University Press, 1986.

[OSS] OSSA, E.: *Topologie*. Wiesbaden: Vieweg, 1992.

[PAR] PARROT, S.: *Relativistic Electrodynamics and Differential Geometry*. NewYork: Springer-Verlag, 1986.

[PEN] PENROSE, R. : *The Emperor´s New Mind*. Oxford: Oxford University Press, 1989.

[PERI] PENROSE, R. / RINDLER, W.: *Spinors and Space-Time,Vol. 1/2*. Cambridge: Cambridge University Press, 1984/1986.

[PER] PERCACCI, R.: *Geometry of Non-Linear Field Theories*. Singapore: World Scientific, 1985.

[PERE] PEREMOLOV, A.M.: *Integrable Systems of Classical Mechanics and Lie Algebras*. Basel: Birkhäuser, 1990.

[POK] POKORSKI, S.: *Gauge Field Theories*. Cambridge: Cambridge University Press, 1987.

[POO] POOR, W.: *Differential Geometric Structures*. New York: McGraw-Hill, 1986.

[PRS] PRESSLEY, A. / SEGAL, G.: *Loop Groups*. Oxford: Oxford University Press, 1986.

[QUI] QUIGG, C.: *Gauge Theorie of the Strong, Weak and Electromagnetic Interactions*. Reading, Mass.: Benjamin/Cummings, 1983.

[ROZ]   ROZENTAL, I.L.: *Big Bang Big Bounce*. New York: Springer-Verlag, 1988.

[RYD]   RYDER, L.H.: *Quantum Field Theory*. Cambridge: Cambridge University Press, 1985.

[SAW]   SATTINGER, D.H. / WEAVER, O.L.: *Lie Groups and Algebras with Applications to Physics, Geometry, and Mechanics*. New York: Springer-Verlag, 1986.

[SEU]   SEXL, R. / URBANTKE, H.: *Relativität, Gruppen, Teilchen* (2. Aufl.). Wien: Springer-Verlag, 1982. Mathematics **52**, 1968.

[SHK]   SHUBNIKOV, A.V. / KOPTSIK, V.A.: *Symmetry in Science and Art*. New York: Plenum Press, 1974.

[SIM]   SIMMS, D.: *Lie Groups and Quantum Mechanics*. New York: Springer-Verlag. Lecture Notes in Mathematics **52**, 1968.

[SIT]   SINGER, I.M. / THORPE, J.A.: *Lecture Notes on Elementary Topology and Geometry*. New York: Springer-Verlag, 1976.

[SUN]   SUNDERMEYER, K.: *Constrained Systems*. Lect. Notes in Physics **169**. Berlin: Springer-Verlag, 1982.

[STO]   STORK, H. (Ed.): *Symmetrie*. Köln: Aulis-Verlag ("Leitthemen"), 1985.

[ST1]   STRAUMANN, N.: *Klassische Mechanik*. Berlin: Springer-Verlag, Lecture Notes of Physics **289**, 1987.

[ST2]   STRAUMANN, N.: *Allgemeine Relativitätstheorie und relativistische Astrophysik*. New York: Springer-Verlag, Lecture Notes in Physics **150**, 1981.

[SUD]   SUDBERY, A.: *Quantum Mechanics and the Particles of Nature*. Cambridge: Cambridge University Press, 1986.

[SUG]   SUGIURA, M.: *Unitary Representation and Harmonic Analysis*. New York: J. Wiley, 1975.

[THI]   THIRRING , W.: *Lehrbuch der Mathematischen Physik* 1 -4. Wien: Springer-Verlag, ab 1977.

[TRI]   TRIEBEL, H.: *Höhere Analysis*. Frankfurt: H. Deutsch, 1980 (2. Aufl.).

[TUN]   TUNG, W.-K.: *Group Theory in Physics*. Singapore: World Scientific, 1985.

[WAE]   WAERDEN, v.d. B. L.: *Group Theory and Quantum Mechanics* (Neuauflage). New York: Springer-Verlag, 1974.

[WAW]   WARD, R.S. / WELLS, O.: *Twistor Geometry and Field Theory*. Cambridge: Cambridge Univ. Press, 1990.

[WAR]   WARNER, F.W.: *Foundations of Differential Manifolds and Lie Groups*. Glenview: Scott, Foresman & Co., 1971. (Neuauflage im Springer-Verlag.)

[WE1]   WEYL, H.: *Gruppentheorie und Quantenmechanik*. Leipzig: Hirzel-Verlag, 1928.

[WE2]   WEYL, H.: *Symmetrie*. Basel: Birkhäuser, 1955.

[WE3]   WEYL, H.: *Riemanns geometrische Ideen, ihre Auswirkung und ihre Verknüpfung mit der Gruppentheorie* (Herausgegeben von K. CHANDRASEKHARAN). New York: Springer-Verlag, 1988.

[WIG]   WIGNER, E.: *Gruppentheorie*. Braunschweig: Vieweg, 1931.

[WIL]   WILLE, R. (Ed.): *Symmetrie*. New York: Springer-Verlag, 1988.

[WOO]   WOODHOUSE, N.: *Geometric Quantisation*. Oxford: Clarendon, 1980.

[YAG]   YAGLOM, I.M.: *Felix Klein und Sophus Lie. Evolution of the Idea of Symmetry in the Nineteenth Century*. Boston: Birkhäuser, 1988.

[ZEE]   ZEE, A.: *Fearful Symmetry. The Search for Beauty in Modern Physics*. New York: MacMillan, 1986.

Sachwort- und Namensverzeichnis

Quantentheorie I

von Horst Rollnik

*1995. Ca. 250 Seiten (vieweg studium, Bd. 69; Aufbaukurs Physik;
hrsg. von Ruder, Hanns) Pb.
ISBN 3-528-07269-5*

Aus dem Inhalt: Physikalische Grundlagen der Quantenmechanik – Wellen-
mechanik – Axiomatischer Aufbau der Quantenmechanik – Anhänge zur
Mathematik.
Die üblicherweise zweisemestrig aufgebaute Quantentheorie-Vorlesung
bildet den Kern des Hauptstudiums eines jeden Physikers. In ihr werden die
Grundlagen für das Verständnis praktisch der gesamten modernen Physik
gelegt. Das zweibändige Werk erarbeitet dieses wichtige Stoffgebiet –
ausgehend von den physikalischen Grundlagen – auf systematische Weise
und stellt auch die dafür notwendigen mathematischen Hilfsmittel bereit.
Auch die erkenntnistheoretischen Fragestellungen und die noch heute nicht
aufgelösten Paradoxa, die mit der Quantentheorie verbunden sind, werden
ausführlich behandelt.

Quantentheorie II

von Horst Rollnik

*1995. Ca. 250 Seiten (vieweg studium, Bd. 70; Aufbaukurs Physik;
hrsg. von Ruder, Hanns) Pb.
ISBN 3-528-07270-9*

Aus dem Inhalt: Quantisierung des harmonischen Oszillators, Phononen,
Photonen – Quantentheorie des Drehimpulses, Elemente der Atomphysik –
Quantenmechanik mehrerer unterscheidbarer Teilchen – Einführung in die
Relativistische Quantentheorie

Über den Autor: Prof. Dr. Dr. h. c. Horst Rollnik lehrt und forscht am
Physikalischen Institut der Universität Bonn.

Verlag Vieweg · Postfach 58 29 · 65048 Wiesbaden

JEAN-PIERRE PETIT

DIE ABENTEUER DES ANSELM WÜßTEGERN